Gesamtverzeichnis des deutschsprachigen Schrifttums (GV) 1700 – 1910

Bearbeitet unter der Leitung von
Hilmar Schmuck und Willi Gorzny

Bibliographische und redaktionelle Beratung:
Hans Popst und Rainer Schöller

97

Mit - Moc

K · G · Saur München · New York · London · Paris 1983

CIP-Kurztitelaufnahme der Deutschen Bibliothek

Gesamtverzeichnis des deutschsprachigen Schrifttums :
(GV). – München, New York, London, Paris : Saur.
Bd. 1 – 6 bearb. unter d. Leitung von Peter Geils
u. Willi Gorzny.
ISBN 3-598-30000-X

1700 – 1910 / bearb. unter d. Leitung von Hilmar
Schmuck u. Willi Gorzny. Bibliograph. u. red.
Beratung: Hans Popst u. Rainer Scholler

NE: Schmuck, Hilmar [Bearb.]

97. Mit - Moc. - 1983.

Techn. Realisierung und Druck: Norbert Gärtner, Mainz-Kastel
Binden: Karl Schaumann, Darmstadt
Printed in the Federal Republic of Germany
ISBN 3-598-30000-X (Gesamtwerk)

Mit geschlossenen Augen. Eine Geschichte. Hamburg 1864. V: *Aegidi, Ludwig.* (Kü 1900, Sp. 1637) (Zeitschr. f. Büch. N. F. 15, 1923, S. 117)

Mit geschloßnen Augen. Eine Geschichte. Hamburg 864. Boyes & Geisler. 16. (16 S.) 6 ngr.

Mit Büchse u. Lasso. Nr. 1. (32 S.) 8. Berlin (910). Verlagshaus f. Volksliteratur u. Kunst. — 10

Mit Dampf — voran! Bern [1905]. V: *Streckeisen, Fritz.* (BBullschw 5, 1905)

Mit dem Glockenschlag Zwölf! eine ernsthafte Operette. Ansbach 1781. V: *Soden, Friedrich Julius Heinrich Reichsgraf von.* (Ky) (MGT) (BrMm).

Mit dem Glockenschlag zwölf. Ernsthafte Operette (von F. Jul. H. v. Soden). 8. Ansb. 781. Gassert. 6 Kr

Mit dem Glockenschlag zwölf. Lustspiel. gr. 8. Halle, Curt. 786.

Mit dem Glockenschlag zwölf. Lstspl. gr. 8. Halle 786. (Laue in Berl.) 6 Kr

— den deutschen Truppen nach Paris 1870/71, s.: Projections-Vorträge. 72. Heft.

— der bremisch-hannoverschen Kleinbahn durch Haide u. Moor. „Blockland — Lilienthal — Falkenberg — Mooreude — Worpswede — Tarmstedt — Zeven etc." 8. (32 S. m. Abb.) Bremen (901). (G. Winter.) n. — 20

Mit der Feder für das Schwert. Novellen und Erzählungen. I. Ein seltsamer Junggeselle. II. Große Fragen am kleinen Orte. III. Nicoletta. Ein katholisches Lebensbild. Wismar 1866. V: *Stein, Carl von.* (Russell XI, 644)

„**Mit** der Feder für das Schwert." Novellen u. Erzählungen. Wismar 866. Hinstorff'sche Hofbuchh. 8. (200 S.) n. 25 ngr.

Mit der Pennsylvania Eisenbahn zur C[illegible] Welt-Ausstellung nebst beschreibenden Bemerkungen über die Städte New York, Philadelphia, Washington, Chicago, sowie einer ausführlichen Beschreibung des Ausstellungs-Platzes und der Gebäude. Mit Karten und Illustrationen. Philadelphia 1892. 131 S. 1 Tf. 7 Krt. 8°

— der Schutztruppe durch Deutsch-Afrika. Bearb. v. Simplex africanus (Deutsch-Süd-West-Afrika), Laasch (Kamerun u. Togo), Leue (Deutsch-Ost-Afrika). Nebst e. Anh.: Meine Erlebnisse im Kampf gegen die Hereros. Von P. Leutwein. 80. Tauf. (203 S. m. Abbildgn., 8 [1 farb.] Taf. u. 1 Karte.) gr. 8. Minden 905. W. Köhler. n. 1. 75; geb. n. 2. 50; Volksausg. n. n. — 75

— 48 Männern verheirathet. Ein interessantes Kapitel aus der Geschichte der Heirathsgesuche. Mit dem Portr. der heirathslust. Dame Eveline Leal. 8. (16 S.) Chemnitz 891. C. A. Hager. — 10

— deutschen Waffen üb. Paris nach London. Briefe v. der Elbe v. Moriturus. Eine sachl. Antwort auf Seestern, Hansa, Beowulf. (VI, 84 S.) gr. 8. Hanau 906. Clauß & Feddersen. n. 1. 50

Mit Goethe in Italien. Tagebuch u. Briefe des Dichters aus Italien. Für deutsche Italienfahrer hrsg. v. Jul. Vogel. (562 S.) kl. 8. Berlin 908. J. Bard. Geb. 5. —

Mit Gott! Gebetbüchlein f. kathol. Christen. 32. (192 S. m. 1 Stahlst.) Paderborn 873. Junfermann. n. — 40

— Gott. Taschengebetbüchlein. Von einem Priester des Bisth. Basel. 32. (128 S. mit 2 Lichtdr.) Einsiedeln 881. Benziger. — 45

Mit Gott? Vier liegende Kreuze mit Blumen u. biblischen Sprüchen. Chromolith. 16. Berlin 882. Hübner. — 60

Mit Gott! Gedenkblatt zur Feier des 25jährigen Bestehens der St. Joh. Loge zur Eintracht, zu Rudolstadt, am 14. Sept. 1884. Rudolstadt [1884]. V: *Bloss, Carl.* (Tt)

Mit Gott. Dichtungen von A. E. Berlin 1886. V: *Arnim, Gräfin.* (Russell XVI, I, 1, S. 1291)

Mit Gott. Dichtungen v. A. E. 12. (76 S.) Berlin 886. Friedrich Nachf. geb. n. 1. —

— Gott! Worte d. Herzens in Briefen an e Freundin bei ihrem Eintritt in das Leben v. A. G. Eingeführt u. bevorwortet v. M. Frommel. 8. (VII, 175 S.) Halle 888. Fricke's Verl. 1. 50

Mit Gott. Taschen-Gebetbüchlein f. Katholiken. 24 (127 S. m. Vignetten u. farb. Titelbild.) Einsiedeln 893. Benziger & Co. Geb. n. — 50; n. 1. 20 u. n. 2 40

Mit Gott. Taschen-Gebetbüchlein f. Katholiken. M. Farbendr. In-24°. 127 S. Einsiedeln, Benziger & Co. Geb. m. G. 1 50

1894

Mit Gott! 128. (192 S.) Kevelaer 897. J. Thum. Geb. in Chagrin m. Goldschn. — 60

Gott! Geschichten aus d. Leben. Von M. v. O. 8. (IV, 128 S. m. Titelbild.) Schwerin 899. F. Bahn. n. 1 20; geb. n. 1. 50

Mit Gott! Geschichten aus dem Leben. Von M. v. O. 2. Aufl. 8. (IV, 128 S. m. Titelbild.) Schwerin 903. F. Bahn. n. 1. 20; geb. n. 1. 50

— Gott. Kurz gefaßtes Gebetbüchlein. (192 S. m. Titelbild.) 7×5 cm. Kevelaer 909. J. Thum. Geb. in Ldr. m. Goldschn. — 60

— Gott sang an! Evangelisches Gebetbuch f. die Morgen u. Abende der Woche in achtfacher Abwechslg., der Jahreszeiten u. Festtage, f. Beichte u. Kommunion, f. den Haus- u. Berufsstand, sowie f. die verschiedensten Vorkommnisse. Aus den Gebetsschätzen der Kirche aller Zeiten ausgewählt u. f. die Gegenwart eingerichtet nach Augustinus, Bernhard v. Clairvaux, Thomas v. Kempis u. vielen anderen Gottesmännern. 12. (XV, 416 S m. 1 Stahlst.) Erlangen 890. Junge. geb. m. Goldschn. n. 2. 80

— Gott fang' an, mit Gott hör' auf! Ein Lehr- u. Gebetbüchlein für die Jugend. Innsbruck 866. Wagner'sche Universitäts-Buchh. 16. (224 S. mit chromolithogr. Titel.) n.n. 3 ngr.

Mit Gott f. Deutschland, od. Liederbuch f. deutsche Freiwillige. 8. Hamb. Perthes u. B. 815.

Mit Gott für Kaiser und Reich! Patriotisches Liederbuch. 8. Aufl. Halle 1894. H: *Werner, Julius.* (Berl)

„Mit Gott f. Kaiser u. Reich". 1.—7. Bdchn. 8. Köln, Westdeutscher Schriftenverein. Kart. n. 4. 75
1. Du sollst den Feiertag heiligen! Von Wilh. Wiehe. (69 S.) 905. n. — 70
2. Glaube u. Tapferkeit bei verschiedenen Völkern der Erde. Von Rob. Falke. (79 S.) 905. n. — 70
3. Die Treue bis in den Tod. Von Heinr. Rocholl. (71 S.) 905. n. — 70
4. Der Fahneneid. Von Wilh. Wiehe. (100 S.) 905. n. — 70
5. Standesehre u. Standespflichten des Unteroffizierkorps. Von C. Th. Müller. (79 S.) 905. n. — 70
6. 7. Soldatenleben einst u. jetzt. Von Rob. Falke. (152 S.) 906. n. 1. 25

(B) — Gott f. Kaiser u. Reich. 5. Bdchn. Müller, Standesehre. 905. (KVL 81) Jetzt Berlin, Liebel.

—— Gott für König und Vaterland! Für Kaiser und Reich! Ein Mahnruf an den deutschen Soldaten des aktiven Heeres und des Beurlaubtenstandes zum 22. März 1885, 1886 und 1887. Von einem preuß. Stabsoffizier. 8. (à Jahrg. 16 S.) Berlin 886, Eisenschmidt. à Jahrg. **

Mit Gott f. König u. Vaterland! Für Kaiser u. Reich! Ein Mahnruf an den deutschen Soldaten d. aktiven Heeres u. d. Beurlaubtenstandes zum 22. März 1886. Von e. preuß. Stabsoffizier. 8. (16 S.) Berlin, Eisenschmidt. n.n. — 15

— Gott f. König u. Vaterland! Für Kaiser u. Reich! Ein Mahnruf an den deutschen Soldaten des aktiven Heeres u. d. Beurlaubtenstandes zum 22. März 1887. Von e. preuß. Stabsoffizier. 8. (16 S.) Berlin 887. Eisenschmidt. n.n. — 15

Mit Gottes Hülfe habe ich erfunden die Kunst . . . dass ich mit den sonst bey einer Canon nöthigen Leuten, dieselbe sey so schwer als sie wolle . . . in die Höhe heben kann. O. O. 1748. V: *Steuben, Chn Ludw. v.* (Bruun, Bibl. Danica II, 334.)

Mit Gunst! Wegweiser durch das Gesellenleben d. Schornsteinfegers. Auch: Der Schornsteinfegergesellen Handwerks-Gebrauch u. -Gewohnheiten, nebst dazu gehör. Gesellen-Regeln u. Schornsteinfeger-Lieder enth. 12. (57 S.) Berlin (900). G. B. C. Rahn. n. — 50

— Gunst! Wegweiser durch das Gesellenleben des Schornsteinfegers. Der Schornsteinfegergesellen Handwerksgebrauch u. -Gewohnheiten nebst dazu gehör. Gesellenregeln. Die Schornsteinfeger auf der Wanderschaft, unter sich, bei Festlichkeiten u. im Familienkreise. (155 S.) kl. 8. Berlin (907). G. B. C. Rahn. 1 —

Mit Israel am Berge. Gedichte über Matth. 5, 1—11. Gnadau 864. (Leipzig, H. Schultze.) 12. (50 S.) n. 8 ngr.

— dem Kaiser! Ein Ruf an alle, die Deutsche bleiben wollen. Von e. Deutschen. 8. (30 S.) Leipzig 893. E. Herrmann sen. n. — 50

— Kelle u. Schwert. Erlebnisse e. Diaspora-Geistlichen v. W. S. 8. (128 S.) Berlin 899. Wiegandt & Grieben. n. 1. —

— Kraft erfüllt. (4 S.) 8. Falkenhagen-Seegefeld (910). (Verlag „Das Havelland".) 100 Stück 1 50, 1000 Stück 12 —

— Musik. Ein Album für's musikal. Haus. (Ausgestanzt in Form e. Geige.) Fol. (36 S. m. Abbildgn.) Berlin (902). Harmonie. Kart. n. 1. —

— Musik! Ein Album für's musikal. Haus. Neue Folge. (70 S. m. Abbildgn.) qu. 8. Berlin (904). Harmonie. n. 1. —

Mit oder ohne Oesterreich? Ein offenes Wort an die ungarische Nation. Aus dem Ungar. Wien 862. Lechner. Lex.-8. (VII, 45 S.) n. 12 ngr.

Mit Parseval in den Lüften! Berlin & Bitterfeld: Luftfahrtgesellsch. (1910). 30 S. quer-8° [Umschlagt.] [10. 16130 B

— Pinsel u. Palette. Allerlei Künstlerhumor, zusammengetragen v. Apelles. 8. (80 S.) Dresden 897. E. Krug. n. 1. 50

Mit Schaden wird man klug. Schauspiel. Donauwörth 1789. V: *Mayr, Beda.* (ML) (Zeitschr. f. Büch. N. F. 15, 1923, S. 117)

— Schiller durch das Jahr, hrsg. v. Carl Retslem. (Buchschmuck v. Osk. Theuer.) (79 S.) 8. Berlin (908). Concordia. — 75

Mit Skorpionen statt mit Ruthen. Blicke in die Gegenwart und Zukunft des Vaterlandes, insbesondere Enthüllungen über den wahren Charakter der schleswig-holsteinischen Bewegung und der sogenannten Fortschritts und National-Partei. Von einem Demokraten. 2. Theil. London 1864. V: *Winterhoff, Peter Caspar.* (CBH) (Schr)

— der Waffe u. der Feder. Erlebnisse e. jungen Postbeamten im deutschfranzös. Kriege v. 1870/71. gr. 8. (43 S.) Minden 895. J. C. C. Bruns. n. — 60

Mit welchem Geiste ist das Jubiläum zu halten, um die Gnaden desselben vollkommen zu gewinnen? Zugleich von der Vortrefflichkeit des Jubelablasses rc. Nebst sehr kräftigen und eindringl. Gebeten für alle einzelnen vorgeschriebenen Werke. Für alle Jubiläumsfreunde. Augsburg 854. Kollmann. 12. (36 S.) 1½ ngr.

Mit welchen Bedingungen ist die Bibel ein Lese= oder Lehrbuch für Priester, Beamte und Volk zur Wiedergeburt des allgemeinen christlichen Glaubens? München, Stahl (Lentner), 1818, 8°, 180 S., 80 Pf.
Recens. in Felders Litt. Ztg. 1819, III, 423—427

Mit wem kann Bonaparte verglichen werden? Hamb. 1800. V: *Block, August Samuel.* (A)

— Zeppelin zum Pol! Luftschiffahrtbilder-Album m 114 Abbildgn. 10—50 000 Aufl. (102 S.) 14,5×23 cm. Neurode 909. 10. W. W. (E.) Klambt. p — 50

Javų **mitałas** ir kiti ukiszkieji Smulkmenjs. [Tilsit: J. Schönke um 1900.] (15 S.) 8° [Kopftt.]
[Düngmittel u. andere ländl. Kleinigkeiten.] los. 3758 10

Mitan, Nathanael (geb. Berlin 2. 2. 1856): Das Rudern – eine heilgymnastische Übung. Berlin (1882). (45 S.) 8°
Berlin, Med. Diss. v. 14. Aug. 1882

MITARAKIS, Panajiotis Stamatius (Chios): De Graeciae, ac praecipue Chii insulae agricultura. (Titel nach der Urkunde)
10.4.1835 - Urk; F 48
Diss. Ingolst.-Landsh.-Mchn.

Die **Mitarbeit** der Gesellschaft für Geburtshülfe und Gynäkologie zu Berlin an dem Fortschritt der Wissenschaft in den Jahren 1894–1904. Stuttgart 1905 (mon. 180 S. 8° [Umschlagt.] via. 18.. 11

Mitarbeit, Die, der Schule an den nationalen Aufgaben der Gegenwart. Berlin 1890. V: *Münch, Wilhelm.* (Russell XVI, I, 1, S. 1015)

Mitarbeit, die, der Schule, an den nationalen Aufgaben der Gegenwart. gr. 8. (35 S.) Berlin 890. Gaertner. n. — 80

Theologische Mitarbeiten. Eine Quartalschrift in Verbindung mit mehreren Gelehrten herausgeg. von A[NTON AUG.] F[RIEDR.] LUDW. PELT. 1–2. Jahrg. redig. von [GEORG SAM.] FRANCKE, PELT, [HEINR. AUG.] MAU und [ISAAC AUG.] DORNER. — 3–4. Jahrg. von PELT, MAU und DORNER. Kiel. 1838–41. (Fortsættes).

Mitarbeiten, theologische, eine Quartalschrift, in Verbindung mit mehr. Gelehrten herausg. von A. F. Ldw. Pelt. 4 Hfte. gr. 8. Kiel 838. Universitäts=Buchh. (à 5/6 ₰) 3 1/3 ₰ — 2r Jahrg. 4 Hfte. gr. 8. Ebd. 839. (à 5/6 ₰) 3 1/3 ₰ — 3r J. 1840. 4 Hfte. Herausg. von G. S. Francke, A. F. L. Pelt, H. A. Mau u. J. A. Dorner, gr. 8. Ebd. 840. (à 5/6 ₰) 3 1/3 ₰

Mitarbeiten, theologische, eine Quartalschrift, in Verbindung mit mehreren Gelehrten herausgeg. von G. S. Francke, A. F. L. Pelt, H. A. Mau und J. A. Dorner. 3. Jahrg. 1840. 4. Heft, und 4. Jahrg. 1841. 1.—4. Heft. gr. 8. Kiel 841, 43, Universitäts=Buchh. à n. 5/6 ₰

Der Mitarbeiter 1890? 1930?
Monthly. Organ of Deutsch-Reformierte Kirche in den Vereinigten Staaten. Place of publication varies. German Valley, Ill., 1890–1917. Peoria, Ill. 1918–? Wellsburg, Iowa. Quarto, each issue 12–16 pages. Edited by A. F. Beyer 1890–1907, by W. T. Janssen, 1908—11, 1914—18, by George Schnucker 1912–13, by the Rev. Wm. Landsiedel. Published by Central Publishing House 1890? 1930.
German Valley, IL

Der Mitarbeiter 1896? 1905?
Monthly 1896–98, semi-monthly 1898–1905. Organ of the Young People's Christian Union of the Church of the United Brethren in Christ (Die Vereinigten Brüder in Christo). Quarto, each issue 8–12 pages 1896–1901, octavo, each issue 48 pages, 1902–05. Circulation 1899, 3100; 1905, 2000. Edited & published by the Rev. Gottfried Berner 1896–1905.
Buffalo, NY

Mitarbeiter Jahrgang 1–27 no. 12. 1906–Dec. 1934
Monthly. Published in the interests of the Canadian Mennonite Conference and Gretna Collegiate Institute. Sub-title: Gedruckt von der Konferenz der Mennoniten im Mittlern Canada, herausgegeben von der Mitarbeiter Publikationsgesellschaft. Large quarto, each issue 8–16 pages. Circulation in 1911, 650; in 1916, 675. Editors the Rev. H.H. Ewert. Publisher: Mennonite Conference.
Gretna, Man.

Mitarbeiter, Die, an Friedrich Nicolais Allgemeiner deutscher Bibliothek ... Berlin 1842. V: *Wetzel.* H: *Parthey, Gustav Friedrich Constantin.* (cb) (AArK) (ADB)

Mitarbeiter, die, an Friedrich Nicolai's Allgemeiner Deutscher Bibliothek nach ihren Namen und Zeichen in zwei Registern geordnet. Ein Beitrag zur deutschen Literaturgeschichte. gr. 4. Berlin 842, Nicolaische Buchh. 5/6 ₰

Der photographische **Mitarbeiter** Wien Administration 1890 8°

Mitau [Schlagwort]

Mitau. Plan von Mitau. 46×36 cm. Farbdr. Mit Strassenverzerchnis in russ., deutsch. u. lett. Sprache. (4 S.) 8. Mitau (907). (F. Besthorn.) 1.20

Das Mitbringen eines d. 14 April 1713 von Tönningen zu Wismar angelangten Schwed. Couriers. 4

Mitbürger! Heute Mittag um 2 Uhr begiebt sich ein durchaus friedlicher Zug vor das königliche Schloß. — Das Volks-Wahl-Comit. Druck von Marquardt und Steinthal. 1 Bl. Fol.
Flugblatt. Berlin, 20. April 1848.

Mitbürger! Eine Vertrauensparade soll Statt finden — Die in der Villa Colonna versammelt gewesenen Bürger. Vereins-Druckerei. 1 Bl. Fol.
Flugblatt. Berlin, 23. Mai 1848.

Mitbürger! Man versucht, Euch irrezuleiten, — Der constitutionelle Club. Gedruckt bei J. Sittenfeld. 1 Bl. Fol.
Flugblatt. Berlin, 23. Aug. 1848.

Mitbürger! Freunde! Eine Parthei, die sich die demokratische nennt, — Mehrere Urwähler Berlins, Freunde des Volks, der Wahrheit und Gerechtigkeit. Druck von Brandes u. Schultze. 1 Bl. Fol.
Flugblatt. Berlin, 9. Sept. 1848.

Mitbürger. Das Recht der Volksbewaffnung war die erste Errungenschaft. — Der demokratische Urwähler-Verein. Druck von E. Litfaß. 1 Bl. Fol.
Flugblatt. Berlin, 29. Sept. 1848.

Mitbürger! Urwähler! Glück auf zum neuen Jahre — Fr. Elsholtz u. a. Druck von F. Reichardt u. Co. 1 Bl. 8.
Flugblatt. Berlin, 2. Jan. 1849.

Mitbürger! Die Wahlen! Auf zu gemeinsamer Ueberlegung! — Der Hauptvorstand des Treubundes für König und Vaterland. Druck von J. F. Starcke. 1 Bl. 4.
Flugblatt. Berlin, 12. Juli 1849.

Mitbürger und Arbeitsgenossen. Aufruf. Gedruckt bei Jos. Groak und Ekler in Brünn, s. a.

Mitbürger Berlins! Das Vertrauen der Mitkämpfer gab uns den Muth (um Rückkehr des Militärs zu petitioniren). — Im Auftrag des Comites der ersten Volksversammlung. Urban u. a. Druck von A. Bartz. 1 Bl. Fol.
Flugblatt. Berlin, 30. März 1848.

Mitbürger, Deutsche! Gewerbetreibende! Landwirte! Arbeiter! Gedruckt zu Warnsdorf bei Ed. Strache, 1889.

Mitbürger! [Die Constitutions-Ergänzungsacte betreffend.] [Frankfurt 1852.] V: *Herold, Johann Kaspar Georg.* (stBFrankf I, 251)

Mitbürger, (an meine evangel.), in Sachen unsers gottes-dienstl. Lebens u. d. aufzuhebende Kirchentrennung. (v. Gaß.) 8. Bresl. 823. Max u. C. 16 gr. Velinp. 1 ℳ

An meine **Mitbürger** in der Mark. Etwas über den Freymaurerorden. Gedr. in der Mark Brandenburg 1782. 32 S. 8° [Umschlagtit.]

Kl. 436. Verteidigung der Frmrei gegen Verleumdungen durch einen Frmr.

MITBUERGER. An meine – bey Gelegenheit der 3. Redoute zum besten des Kunstler-Institus. o. V. Wien 1794. 2 Bl. 2 S.

Mitbürger, an meine, auf d. recht. Seite des Rhein-ufers, üb. d. Fr.: Besitzen denn die Franzosen d. Frey-heit etc.? 8. Berlin, Unger. 798.

Mitbürger, an meine, auf der rechten Seite des Rhein-ufers etc. 8. Berlin. 798. Jetzt Sommerbrodt.

Mitcalfe, Constance, English made easy. Eine neue Methode, Englisch lesen, schreiben u. sprechen zu lernen. Besonders geeignet f. Privat- u. Pensionats-Unterricht. (IX, 147 S.) 8. Dresden 905. Holze & Pahl.
Geb. u. geh. n. 2. 60

Mitcalfe, Constance, english made easy. Eine neue Methode Englisch lesen, schreiben u. sprechen zu lernen f. Schul-, Privat- u. Pensionsunterricht. 2. verm. u. verb. Aufl. (XVI, 148 S.) 8. Dresden 909. A. Huhle.
Geb. 2. 50

Mitchell, Edm.

— Dunkle Mächte, s. a. Hillgers, Herm., Sammlung illustr. Kriminal-romane.

Dunkle Mächte. Roman von E. **Mitchell**. Autor. Übers. von C[lara] Wessner. Mit Ill. von H. Binde. Berlin & Leipzig: H. Hillger 1907. (158 S.) 8° [F.]
— Sammlung. Hillgers, illustrierter Kriminalromane. Bd 9. 07. 15635

— Das Modell, s.: Lutz' Kriminal- u. Detektiv-Romane.

Mitchell, Edm., gehetzt, s.: Lutz' Kriminal- u. **Detektiv-Romane.**

Mitchell, Frances H., aus Philadelphia. U. S. A.: Älfrics Sigewulfi Interrogationes in Genesin. Kritische Bearbeitung des Textes von Mac Lean mit Übersetzung und sprachlichen Bemerkungen. Zür. J. Schabelitz Dr. 1888. 38 S., 2 Bl. 8°.
Zürich, Phil. Diss. [v. 16. Juli 1887].

Mitchell, H. P., Lieut.-Colonel J., the life of Wallenstein Duke of Friedland. (Jugel's Pocket-Novellists No. 17.) 18. Frankfort o. M. 841, Jugel. n. 1 ℳ

Meditation. Von Henry Bedinger **Mitchell**, Prof., Columbia-Univ. (Autor. Übers. aus d. Engl.) Berlin: P. Raatz [1907]. (71 S.) 8° 08. 11189

Mitchell, John, organisierte Arbeit. Ihre Aufgaben u. Ideale unter Berücksicht. der gegenwärt. u. zukünft. Lage der amerikan. Lohnarbeiterschaft. Einzige autoris. deutsche Uebersetzg. v. Herm. Hasse. (XV, 206 S. m. Bildn.) Lex.-8. Dresden 904. O. V. Böhmert. n. 4.—

Mitchell, J., the life of Wallenstein Duke of Friedland. 18. (380 Seit.) Frankfort o. M. 841, Jugel.

Mitchell, Murray, Bala Sundari Tagore, s.: Missions-schriften, kleine Hermannsburger, Nr. 10.

Mitchell, S. Weir, die Behandlung gewisser Formen v. Neurasthenie u. Hysterie. Mit Genehmigg. d. Verf. nach der IV. Aufl. d. Originals ins Deutsche übertr. v. G. Klemperer. Mit e. Vorwort v. E. Leyden. gr. 8. (V, 102 S.) Berlin 887. Hirschwald.
n. 2. 40

Mitchnik-Ephrussi, Charlotte, a. Kischineff ⟨Rußl.⟩: Ueber Nekrose der Uterusmyome. Berlin (1907): E. Ebering. (26 S.) 8°
Berlin, Med. Fak., Ref. v. Olshausen, Diss. v. 10. Mai 1907
[Geb. 10. Juni 78 Kischineff, Rußland; Wohnort: Kischineff; Staatsangeh.: Rußland; Vorbildung: Gymn. Kischineff Reife M. 98; Studium: Leipzig 2, Halle 1, Zürich 5, Berlin 4 S.; Rig. 28. April 07.]

Mitell, C. M., Hygiene des ersten Lebensjahres, s. a. Buch, das, der jungen Ehe.

Mitell, C. M., Hygiene d. ersten Lebensjahres. gr. 8. (61 S.) Berlin 891. Fried & Co. n. 2. —

MITELLI, Joseph: Angenehme Jagd-Lust, die Vögel auf verschiedene Art zu fangen, aus des Authors eigener Erfindung und würcklicher Erfahrung denen jenigen übergeben, welche die Jagd lieben; aus der Italiänischen Sprach in unsere Kaiserl. Muter-Sprach getreulich übersetzet und mit Kupfer-Blättern versehen von einem Liebhaber des Vogelfangs. - Nürnberg 1739. 35 S., 15 Taf.

Mitford, Miß, das neueste gute Buch für d. Jugend, oder: Moralische Geschichten aus Amerika. Dem Engl. nacherzählt von G. N. Bärmann. gr. 12. Berlin u. Königsberg in der Neumark 833. Vereins-Buchh. 5/6 ℳ

Mitford, A. B., Geschichten aus Alt-Japan. Aus dem Engl. übers. v. J. G. Kohl. Mit Illustr. (Holzschntaf.), gezeichnet u. in Holz geschn. v. japan. Künstlern. 2 Bde. gr. 8. (XXXI, 319 u. 308 S.) Leipzig 875. Grunow.
n. 13. 50

Mitford, J. B., das Auge der Nacht. Eine Erzählg. aus Transvaal. Uebers. v. M. Walter. Einzige autoris. deutsche Ausg. 8. (174 S.) Berlin 900. Internationale Verlags-anstalt. n. 1. —
(Neue Internationale Bibliothek. 1.)

Das Auge der Nacht. Eine Erzählung aus Transvaal von J. B. **Mitford**. Übers. von M[arie] Walter. Einzige autor. deutsche Ausg. Erfurt: F Bartholomäus [1905]. (128 S.) 8° [F.]
(Collection Fahrten u. Abenteuer. Bd 31.) 05. 19797

Mitford, Mary Russell

Mitford, M. R., Rienzi, s. Sammlung moderner englischer Dramen und Tragödien.

Mitford, M. R., Rienzi. A Tragedy, s. Theatre, the British, by Burckhardt, No. 9.

Mitford, Mary Russell, selected stories from our village, hrsg. v. Otto Hallbauer, s. a. Authors, English.

Selected stories from Our village by Mary Russell Mitford. Mit Anm. [= Anhang] z. Schulgebr. hrsg. von Dr. Otto Hallbauer, Prof. zu Holzminden. [Nebst] Wörterbuch. *Bielefeld & Leipzig: Velhagen & Klasing 1902.* 3 Bde 8°
— Sammlung, Velhagen & Klasings, franz. u. engl. Schulausgaben. English authors. Lfg 83 B.

Mitford, William

Mitfords, Wlh., Geschichte Griechenlands; aus d. Engl. von J. F. Baron. 2 Bde. gr. 8. Bresl. 800, 801. J. F. Korn. 3 ℛ 8 gr

— Dies. in einer freien Uebersetz. v. H. K. A. Eichstädt. 6 Bde. gr. 8. Leipz. 802—808. Weidmann. 10 ℛ 18 gr Schreibp. 14 ℛ

— — — Aus dem Engl. von H. C. A. Eichstädt. Leipz. 802-8. 6 Theile. 8. 10 rthl. 18 gr. Nachdruck Wien 818. 6 Theile. 8.

Mitgabe für den deutschen Auswanderer. (Plan und Ansicht von New-York, Belehrung und Anweisung für den deutschen Auswanderer nach Nord-Amerika.) (1 Bl. in gr. Fol.) Leipzig 848, (Joachim's Separat-Conto.) *

Mitgabe in den christl. Ehestand. (Von v. d. Trenck.) gr. 8. (12 S.) Greiz 896. (Leipzig, Akadem. Buchhdlg., F. Jansa.) n. — 08

Mitgabe auf die Ferien. – Güns, Progr. 1851.

Mitgabe, freundliche. 8. (24 S.) Düsselthal 854, Rettungs-Anstalt.

Mitgabe, Fromme — zur Ordens-Einkleidung für Mitglieder des dritten Ordens, genannt von der Buße. 8. (16 S.) Sine loc. et ann. typ. indicat. 1854

Mitgabe, fromme, für kathol. Pilger auf die Reise z. Ewigkeit, aus des ehrwürd. Thomas von Kempis vier Büchern von der Nachfolge Christi, mit Beibehaltung d. eigenen Worte desselb., für die drei Wege des geistl. Lebens, gespendet von P. Georg Heser. Aus d. Latein. übersetzt von J. Georg Waitzmann. Mit Titelkpfr. 8. Augsburg 838. L. Doll'sche Buchh. (Regensburg, Manz.) 2/3 ℛ

Mitgabe für Deutschlands Kämpfer. Lieder gegen die Franzosen von Arndt, Körner, Schiller, Hoffmann v. Fallersleben u. A. Berlin 870. R. Lesser. 8. (24 S.) 2½ ngr

—— zur Confirmation und zur ersten Abendmahlsfeier. (Für den kirchl. und häusl. Gebrauch.) 8. (IV und 27 S.) Oschatz 851, Oldecop's Erben.

— für's Leben. Der konfirmirten Jugend gewidmet. Ein Konfirmations- u. Festgeschenk. Neue umgearb., verm. u. verb. Aufl. 8. Nürnb. 835. Raw. 2/3 ℛ — 3e verm. Aufl. 8. Ebd. 839. 2/3 ℛ

Mitgabe fürs Leben. Der konfirm. Jugend gewidmet. Ein Konfirmations- u. Festgeschenk. 3., verm. u. verb. Aufl. 8. (22½ B.) Nürnberg 839, Raw'sche Buchh.

Mitgabe f. d. ganze Leben, od. väterl., auf eigene Kenntniß u. reife Erfahr. gestützt. Rath e. angeseh. Kauf- u. Handelsherrn an sein. Sohn bei dess. erstem Etablissement. 8. (3¾ B.) Berlin 834, [Lewent.]

— für das ganze Leben, oder väterl., auf eigene Kenntniß und reife Erfahrung gestützter Rath eines angeseh. Kauf- u. Handelsherrn an seinen Sohn bei dessen erstem Etablissement. 8. Berlin 834. Schumann. 5/12 ℛ

Mitgabe für das ganze Leben. Ein Festgeschenk für Jünglinge u. Jungfrauen bei ihrem Eintritt in die Welt. 16. Bautzen 842, Reichel. 3/8 ℛ

Mitgabe ins Leben aus Gottes Wort. gr. 16. (VI, 62 S.) Eisleben 887. Christl. Verein im nördl. Deutschland. Geb. — 38

— auf die Lebensreise. Geistesblüthen edler deutscher Dichter. Auf jeden Tag des Jahres Etwas. Aus dem Nachlaß des Herausgebers der „Beispiele des Guten." kl. 16. Stuttgart 837. Steinkopf. geb. in Futteral 3/4 ℛ

— auf die Lebensreise. Blüthen christlicher Dichtung aus allen Zeiten d. Kirche. In einem Sinngedicht auf jeden Tag d. Jahres. 2. umgearb. Aufl. 16. (XII u. 372 S.) Stuttgart 851, J. F. Steinkopf. 1/2 ℛ; in Engl. Einb. m. Goldschn. u. in Futteral n. 5/6 ℛ

— auf die Lebensreise. Blüthen christlicher Dichtung aus allen Zeiten der Kirche. In einem Gedicht auf jeden Tag des Jahres. 3. umgearb. Aufl. Stuttgart 855. J. F. Steinkopf. 32. (400 S. u. lith. Titel in Farbendr.) 15 ngr

Mitgabe auf die Lebensreise. Blüthen christlicher Dichtung aus allen Zeiten der Kirche für jeden Tag des Jahres. 4. umgearb. Aufl. Stuttgart 860. J. F. Steinkopf. 32. (419 S. u. 1 Lithogr.) 17 ngr

Mitgabe auf die Lebensreise. Blütenstrauß geistl. Lieder u. Gedichte aus allen Zeiten der Kirche auf jeden Tag d. Jahres. 7., m. dem evangel. Namenkalender verm. Aufl. 12. (376 S.) Stuttgart 888. J. F. Steinkopf. geb. n. 2. —; Prachtausg. m. 8 Kompositionen v. C. G. Pfannschmidt, geb. m. Goldschn. n. 4. —

Mitgabe auf die Lebensreise. Blütenstrauß geistl. Lieder u. Gedichte aus allen Zeiten der Kirche auf jeden Tag des Jahres. (Ausg. A.) Mit 8 Bildern in Lichtdr. nach den Originalen v. C. G. Pfannschmidt. 8. m. dem evangel. Stammkalender verm. Aufl. 12. (381 S.) Stuttgart 902. J. F. Steinkopf. Geb. in Leinw. m. Goldschn. n. 4.—; Ausg. B ohne Bilder. Geb. in Leinw. n. 2.—

Mitgabe des Lehrers an seine Confirmanden. Aufs Neue hsg. von Ottmar F. G. Schönhut. Nagold 1851. V: *Woldersdorf, Ernst Gottlieb.* (zu) (Ky)

—— des Lehrers an seine Konfirmanden (von E. G. Woltersdorf). Aufs Neue hrsg. von Ottmar F. H. Schönhut. 8. (14 S.) Nagold 851, Zaiser'sche Buchh.

—— für Taubstumme, zur Belehrung für alle diejenigen, mit welchen sie nach ihrer Schulzeit in Verkehr treten. gr. 16. (24 S.) Stuttgart 848, [Lindemann.]

— für Taubstumme, zur Belehrung für alle diejenigen, mit welchen sie nach ihrer Schulzeit in Verkehr treten. gr. 16. (24 S.) Stuttgart 848, Wagner. 6 ngr

Mitgabe für Taubstumme. Eine Belehrung für alle diejenigen, welche mit Taubstummen zu verkehren haben. (2. Aufl.) 16. (28 S.) Stuttgart 877, Lindemann's Buchh. cart. *

Mitgau, L., Bericht über die in Berlin, Amsterdam, Rochdale, Manchester, Croydon, Leamington u. Abingdon eingeführten Systeme der Städtereinigung. Unter Mitwirkung von R. Blasius, W. Clauss, H. Gebhard, W. Götte, J. Landauer, Rossmann, F. W. Schöttler erstattet. Mit in den Text gedr. Holzschn. u. einem (lith.) Plane von Abingdon. gr. 8. (58 S.) Braunschweig 880. Häring & Co. in Comm. n. 1. 60

Mitgau, L., Canalisation der Stadt Braunschweig. Vortrag, gehalten in der Versammlung des braunschweig. Architekten- und Ingenieur-Vereins und des braunschweig. Bezirks-Vereins deutscher Ingenieure am 13. Febr. 1877. Veröffentlicht vom braunschweig. Architekten- und Ingenieur-Vereine, mit 1 Atlas von 26 (autogr.) Zeichnungen (in qu. gr. Fol.), enth. das Project für den östl. äusseren Stadttheil. gr. 8. (29 S.) Wolfenbüttel 877, Zwissler. *

Mitgefühl. Liedersp. von G. F. Treischke. 8. Wien, Degen. 803.

Mitgefühl, Liederspiel von G. F. Treitschke. 8. Wien, Degen. 804. (Armbruster.)

Mitgift, Die. Eine Erzählung aus dem Familienleben. Wien 1888. V: *Ennemoser, Jos.* (EB)

Mitglied, Ein stimmfähiges, der Urversammlungen der Stadt Bern an das souveraine Volk der Republik Bern. Bern 1835. V: *Tscharner, Rud. v.* (Cat. d. Stadtbibl. Zürich. Zürich 1864—97.)

Mitgliede, Ihrem, dem um das Handelsschulwesen hochverdienten Director Dr. Eduard Amthor bei Gelegenheit des 25jährigen Jubiläums seiner von ihm gegründeten und fortdauernd geleiteten Handelsschule und kaufmännischen Hochschule am 8. October 1874 aus Achtung und in Liebe gewidmet von der Freimaurerloge Archimedes zum ewigen Bunde in Gera 1874. V: *Fischer, Robert.* (Tt)

Mitglieder der kaiserl. Akademie der Wissenschaften. (Am Schlusse des Jahres 1854.) Wien. 1855. K. K. Hof- und Staatsdruckerei (6 S. 4.) geh.

Mitglieder des Schweizerischen Bundesrates = Membres du Conseil Fédéral Membri del Consiglio Federale. 1903. [Porträt-Tafel.] 1 Bl. fol. Zürich, Art. Institut Orell Füssli. [fr. 1. —]
vgl. Bulletin 1901, S. 245 u. 1902, S. 78: [Bundesräte...].

Mitglieder des Schweizerischen Bundesrates = Membres du Conseil Fédéral = Membri del Consiglio Federale. 1904. [Porträt-Tafel.] 1 Bl. fol. Zürich, Orell Füssli. [fr. 1. —]

Mitglieder des Schweizerischen Bundesrates = Membres du Conseil Fédéral = Membri del Consiglio Federale. 1905. [Porträt-Tafel.] 1 Bl. fol. Zürich, Orell Füssli. [fr. 1. —]

Mitglieder des Schweizerischen Bundesrates = Membres du Conseil Fédéral = Membri del Consiglio Federale. 1906. [Porträt-Tafel.] 1 Bl. fol. Zürich, Orell Füssli. [fr. 1. —]

Mitglieder des Schweizerischen Bundesrates = Membres du Conseil Fédéral = Membri del Consiglio Federale. 1907. [Porträt-Tafel.] 1 Bl. fol. Zürich, Orell Füssli. [fr. 1. —]

Mitglieder An die M' der hohen schweizer. Bundesversammlung Bern. ([Eingabe,] 1907 März 26, [nebst 2 Beilagen:] Eingaben .. an den schweizerischen Bundesrat..., 1907 Februar 2 [und] März 19, um Ausrichtung von Teuerungszulagen, [eingereicht vom] Schweizerischen Posthalterverband.) 10 S. fol.

Mitglieder der Erlanger Burschenschaft 1816—1833. Erlangen 1896. V: *Raab, Carl Richard.* (Erman u. Horn, Bibliogr. d. dtsch. Univ. 2. Leipz. u. Berl. 1904.)

Mitglieder, an die, der Dreifaltigkeitskirche — Gemeinen. gr. 8. Berl. 820. Reimer. 2 gr.

Mitglieder des Hauses der Abgeordneten des Reichsrathes, mit Angabe des Namens, Charakters, ständigen Wohnsitzes, Landtags-Wahlbezirkes u. Wohnort. Wien 863. Hof- u. Staatsdruckerei. 8. (54 S. mit 1 lithogr. Plane des Sitzungs-Saales u. der mit den Namen der Herren Abgeordneten bezeichneten Sitzplätze.) n. 8 ngr.

Mitglieder, Die bei der St. Petersfeier 1867 heilig und selig gesprochenen, des Franciscanerordens. Lebensbild derselben und Andachtsübungen für die Gedenkfeier, welche in nächster Zeit in den Kirchen des Ordens abgehalten wird. Warendorf 1868. V: *Jeiler, Franz (Ignatius).* (Rass)

Mitglieder, die — des Pariser Kongresses. Als Ergänzung der Gallerie der hervorragendsten Persönlichkeiten auf dem Kriegsschauplatze. Zweite Abtheilung. 12 Porträts: Ali-Pascha. (Geb. 1815.) — Graf Buol. (17. Mai 1797.) — Baron Bourquenev. — Baron Brunnow. (31. August 1797.) — Graf Cavour. (1809 zu Turin.) — Graf Clarendon. (1800 zu London.) — Lord Cowley. (1804.) — Mehemed-Djemil-Bey. — Baron Hübner. (26. Nov. 1811.) — Graf Orloff. (1784) — Marquis Pés de Villamarina. — Graf Walewski. (4. Mai 1810.) — Sammt Biographien. Wien, 1856. Verlag, Druck und Papier von Leopold Sommer. (23 S. 8.)

Mitglieder, die, des Pariser Congresses. Als Ergänzung der Gallerie der hervorragendsten Persönlichkeiten auf dem Kriegsschauplatze. 2. Abth. 12 (lith.) Portraits (auf 1 Bgn. in Roy.-Fol.). Sammt Biographien. (23 S. in 8.) Wien (856.) Sommer. (F. Klemm.) n. 12 ngr.
1. Abth. s. Gallerie rc.

Mitglieder, Die, der St. Johannis-Loge Minerva zu den drei Palmen im ersten Jahrhundert. 1741—1841. Leipzig 1860. V: *Kunze, Wilhelm Friedrich.* (wolfstieg I, 579)

Mitglieder, an die der Museumsgesellschaft in Zürich, Okt. 1865. 4. (Bauprojekte.)

Mitglieder (An die) der sozialdemokratischen Partei der Schweiz, des Allgemeinen Gewerkschaftsbundes, des Grütlivereines und der deutschen sozialdemokratischen Partei! Flugblatt mit der Unterschrift: Die vom Kongress bestellte Fünfer-Kommission, s. a.

Schulsynode des Kantons Bern. Mitglieder für die Periode vom 1. Januar 1903 bis 31. Dezember 1906 = Synode scolaire du canton de Berne. Membres pour la période 1903 [à]... 1906. 4 S. 8.

Mitglieder, Die, des tirolisch-vorarlbergischen Radetzky-Vereins bis Ende Februar 1850. Innsbruck 1850. V: *Mahlschedl Ritter von Alpenburg, Johann Nepomuk.* (Margr)

Die **Mitglieder** der Schleswig-Holsteinischen provisorischen Regierung. Gez. u. lith. v. W. Heuer. Hamburg. (1848.) 1 Bl. Fol. 23 28 cm (beschn.)

Mitglieder, die, d. deutschen Reichstags in den Legislaturperioden von 1870—1887 d. gegenwärtigen Reichstags, d. konstituirenden u. norddeutschen Reichstags u. d. Zollparlaments. Zusammengestellt v. H. Schoenfeld. Namentliches Verzeichniss der Mitglieder der genannten gesetzgeb. Körperschaften m. Angabe ihrer Geburtsjahre, Konfession, Stellg. im bürgerl. u. öffentl. Leben, Parteistellg, Fraktionszugehörigkeit etc. unter Bezeichng. der v. ihnen vertretenen Wahlkreise. 12. (VIII, 142 S.) Dresden 887. Schoenfeld & Harnisch. — 50

An die **Mitglieder** des akademischen Schutzvereins. (Leipzig 1905.) (2 Bl.) 8°
= **Schutzverein,** Akademischer. [8.] 05. 5634 9

Heidelberger Schloss-Verein. Heidelberg, im Februar 1884. An unsere auswärtigen Mitglieder! (Bericht 1. Ohne bes. Titelblatt.) 4°.

Die **Mitglieder** der Vandalia zu Heidelberg. Juni 1902. *[Heidelberg 1902.]* (138 S.) 8° 04. 5017

Mitglieder der Centralstelle für Jugendfürsorge in Berlin am 25. Juni 1901. (Berlin 1901): G. Buschhardt. (8 S.) 8° 07. 813

Kgl. Akad. d. Künste. Internationale **Mitglieder-Ausstellung.** 1. 1907. Berlin, Stuttgart, Leipzig: Union (1907). 8° 08. 4020

Mitglieder-Liste der A[llgem.] B[ürger-] L[oge]. Stand am 20. August 1900.
Selten.

Eichenkranz, Männergesangverein. **Mitglieder Liste** 1898–99. New York 1898.

Mitglieder-Liste der deutschen Gesellschaft für öffentliche Gesundheitspflege zu Berlin. Berlin 1897

Germanische Gesell. Pittsb. Verein zur Pflege dter Sprache, Lit und Kultur, Gesch und Bestrebung. Mitgliederliste. Pittsb. 1906.

Mitglieder-Liste der Schiffbautechnischen Gesellschaft. Berlin 1903

Hoboken Quartet Club Mitglieder-Liste. Hoboken, NJ, 1901.

[Mitglieder-Liste.] Internationaler Kongress für historische Wissenschaften Berlin. 6.—12. Aug. 1908. Mitglieder-Liste hrsg. vom Organisations-Komitee d. Kongresses. Nr 1—6. (Berlin 1908.) 4°.

Mitgliederliste der deutschen Landwirtschafts-Gesellschaft. Nach dem Stande v. 1. X. 1900. gr. 8. (228 u. 76 S.) Berlin 900. Haasenstein & Vogler. 6. —

Mitgliederliste der deutschen Landwirtschafts-Gesellschaft. Nach dem Stande am 1. X. 1904. (294 u. 93 S.) gr. 8. Berlin (W. 8, Leipziger Str. 31/32) 904. Haasenstein & Vogler. n. 5. —

Deutsche Landwirtschafts-Gesellschaft. — MITGLIEDERLISTE der Deutschen Landwirtschafts-Gesellschaft. Nach dem Stande am 1. Oktober 1910. Herausgegeben zur fünfundzwanzigjährigen Jubiläumstagung. Berlin 1910. (Buchdruckerei der „Deutschen Tageszeitung", Druckerei und Verlag Aktienges., Berlin.)

Mitglieder-Liste der Grossen Loge von Hamburg und der unter ihrer Constitution arbeitenden St. Joh. Logen. Ausgefertigt im Augurt 1882. desgl. 1883. 2 Hefte. Hamburg, Druck von Rademacher. 1882 u. 1883. 8. 148 S. 1 Bl. u. 141 S. 1 Bl.

Deutscher Ostmarken-Verein. Ortsgruppe Berlin. **Mitglieder-Liste.** Aufgest. im Nov. 1905. (Berlin 1905: W. Issleib.) (33 S.) 8° 06. 6084

Mitglieder-Liste des Corps Palatia zu Bonn vom 10. August 1838 bis Dezember 1906. (7. Aufl.) Bonn (1900): Carthaus. XXV, 112 S. 8° A 12. 8938 11

Mitgliederliste des Corps 'Suevia', Freiburg im Breisgau. 1815–1896. *Freiburg i. B. 1896: Ch. Strecker.* (76 Bl., VIII S.) 8° [F. u. Ant.] 03. 11

Syndikat für die Interessen der Schweiz. Pharmacie = Syndicat des Intérêts de la Pharmacie Suisse. Mitglieder-Liste. 11 S. 8. [Schaffhausen, H. Meier & Cie., 1902.]

Mitgliederliste des Vereins königl. preuß. Forstbeamten nach dem Stande vom 15. IX. 1906. Aufgestellt v. der Geschäftsstelle der „Deutschen Forst-Zeitg." (122 S.) kl. 8. Neudamm 906. J. Neumann. n. 1. —

Mitgliederliste des Vereins kgl. preuß. Forstbeamten nach dem Stande v. 15. IX. 1910. Aufgestellt v. der Geschäftsstelle der Deutschen Forst-Zeitg. Mit Vereinssatzgn., Einheitssatzgn. u. Geschäftsordng. f. Bezirks- u. Ortsgruppen, sowie Satzgn. u. Anweisgn. f. d. Krankenkosten-Hilfskasse. 8. Jahrg. (182 S.) kl. 8. Neudamm 910. J. Neumann. 1. —; durchsch. n 1. 40

Mitgliederliste des Vereins für Privatforstbeamte Deutschlands. Aufgest. von d. Geschäftsstelle d. 'Deutschen Forst-Zeitung'. [Jg. 1.] Nach d. Stande v. 1. Jan. 1905. Neudamm: J. Neumann 1905. 8° [F.] 07. 7425

— **des Vereins f. Privatforstbeamte Deutschlands** nach dem Stande vom 1. XII. 1905. Aufgestellt v. der Geschäftsstelle der „Deutschen Forst-Zeitg." (60 S.) kl. 8. Neudamm 906. J. Neumann. n. — 60

— **des Vereins f. Privatforstbeamte Deutschlands.** Nach dem Stande v. 1. III. 1909. Mit Vereinssatzgn., Prüfungsordng. f. Försterprüfgn., Satzgn. u. Hausordnung f. Forstlehrlingsschulen u. Vorschriften f. deren Abgangsprüfg. Aufgestellt v. der Geschäftsstelle der „Deutschen Forst-Zeitg." 5. Jahrg. (122 S.) kl. 8. Ebd. 909. — 80

Fortsetzg., s.: Jahrbuch d. Vereins f. Privatforstbeamte.

Mitgliederliste, Vereinsmitteilungen, Taschenbuch d. Berliner Bez.-Vereines d. Vereines deutscher Chemiker f. d. J. April 1898—1899. Zusammengest. v. Werner Heffter. 12. (VIII, 112 S.) Berlin (R. F. Funcke). Geb. n. 1. 40

BERLINER BEZIRKSVEREIN DES VEREINS DEUTSCHER CHEMIKER. Mitgliederliste, Vereinsmitteilungen, Taschenbuch. Zusammengestellt vom … Dr. WERNER HEFFTER.
Für das Jahr April 1898—99. Berlin 1898. Druck von R. F. Francke. 8°.

— **Vereinsmitteilungen, — Taschenbuch des Berliner Bez.-Vereines des Vereines deutscher Chemiker, Fortsetzg., s.: Chemiker-Taschenbuch.**

Mitgliederliste des Central-Verbandes für Ansichtkarten-Sammler. 2. Ausg. *Nordhausen (1899): C. Kirchner.* (XXVIII S.) 8° [Umschlagt.] Beilage z. Centralbl. f. Ansichtkarten-Sammler. 2. 1899. 3

Mitgliederliste des V. Internationalen Zoologen-Congresses. Berlin 12.–16. Aug. 1901. *Berlin (1901): W. Moeser.* (64 S.) 8° 02. 713

MITGLIEDERLISTE des Berliner Zweigvereins des allgemeinen deutschen Sprachvereins. 1. Juli 1889. (o. O. o. Dr.) 8°.

Allgemeiner deutscher Sprachverein. — MITGLIEDERLISTE des Berliner Zweigvereins. 1890. (o. O. o. Dr.) 8°.
1891. (Berlin. Buchdruckerei Pass & Garleb.)
1893. (o. O. o. Dr.)

Allgemeiner deutscher Sprachverein. — MITGLIEDERLISTE des Zweigvereins Berlin-Charlottenburg.
August 1911. (o. O. o. Dr.) 8°.

Mitgliedern, den, der ständischen Ausschuß-Versammlung. Im Oktbr. 1842. gr. 8. Königsb. 842, Gräfe u. Unzer. 1/6 ℔

Den Mitgliedern des naturwissenschaftlichen Vereines unter Verbindlichkeit strengster Discretion zum Behufe der Deliberations-Versammlung am Mittwoch, den 30. December, mit der Bitte um persönliche Theilnahme an den statthabenden Verhandlungen mitgetheilt vom Vorstand. (Ohne bes. Titelblatt. s. l. & a.) 8°.

Alianzu: [**Mitgliederverzeichnis** der Loge „Alianza 2a" in Buenos Aires. 1909/10.]

Mitglieder-Verzeichniss der . . . St. Johannis-Loge „Alma an der Ostsee" in Kiel. Bei der Feier ihres 7 j. Stiftungs-Festes, am 16. Nov. 1873. Neustadt. (1873.) 4°

Mitglieder-Verzeichniss des Schweizer Alpen-Club mit Notizen über den Club und die Sectionen. Juni 1880. In-8°, 91 S. Bern, Druck v. K. J. Wyss.

Z. ewigen Bunde: [**Mitglieder-Verzeichnis** und Arbeitsplan der Loge Matthäus zum ewigen Bunde in Frankfurt a. M.: o. J.]

Mitglieder-Verzeichnis des Architekten-Vereins zu Berlin. Berlin 1910. (Forts. 1911 ff. enthalten in »Jahrbuch d. Arch. Ver. Berlin« = h 177)

Mitglieder-Verzeichnis des Aerzte-Vereins für den Regierungs-Bezirk Cassel bis 20. Mai 1903. *Marburg [1903]: H. Bauer.* (14 S.) 8° [03.13835 4

Asträa z. d. 3 Ulmen: [**Mitglieder-Verzeichnis** der Loge „Asträa zu den 3 Ulmen" in Ulm. 1793.]

[**Mitglieder-Verzeichnis** der Loge „Aurora Nr. 30" in Milwaukee. 1883.]

Mitglieder-Verzeichniss der St. Joh. Loge Aurora Nr. 30 in Milwaukie unter der Grossloge des Staates Wisconsin. Milwaukie 1864. 4. 4 Bl.

Sektion Basel des Zofingervereins. Mitglieder-Verzeichnis 1821—1902. IV + 48 S. quer-4. Basel, Kreis, 1902. [fr. 2.—]

Mitglieder-Verzeichnis der Sektion Bern des Zofingervereins 1819—1904. ([Bearb. von] Dr. Paul Wäber.) IV + 68 S. quer-4. Bern, Stämpfli & Cie., 1904. (fr. 4. —)

Mitgliederverzeichniss der Brauerei- u. Mälzerei-Berufsgenossenschaft d. Deutschen Reiches. Hrsg. auf Grund d. berufsgenossenschaftl. Katasters v. Max Schlesinger. 2., verb. Aufl. gr. 8. (171 S.) Berlin 892. M. Pasch. n. 2. —

Mitgliederverzeichniss d. Brauerei- u. Mälzerei-Berufsgenossenschaft des Deutschen Reiches. Hrsg. auf Grund d. berufsgenossenschaftl. Katasters v. Max Schlesinger. 4., verb. Aufl. gr. 8. (IV, 108 S.) Berlin 897. M. Pasch. n. 2. —

Mitgliederverzeichniss der Brauerei- u. Mälzerei-Berufsgenossenschaft des Deutschen Reiches. Hrsg. auf Grund des berufsgenossenschaftl. Katasters von Max Schlesinger. 5. Aufl. gr. 8. (IV, 115 u. XIX S.) Berlin 900. M. Pasch. n. 2. —

Bruderkette: [**Mitglieder-Verzeichnis** der Loge „Bruderkette" in Mamornitza und deren Kränzchen in Czernowitz. 1884/85.]

MITGLIEDER-VERZEICHNIS des Bundes der Industriellen für das Geschäftsjahr 1897/98. Berlin 1898. Deutsches Druck- und Verlagshaus (G. m. b. H.). 8°.
für das Geschäftsjahr 1898/99. ib. 1899. —

Mitgliederverzeichnis der alten Bonner Burschenschaft (1818—33). Festgabe . . . Berlin 1894. V: *Pflüger, Alexander.* (Erman u. Horn, Bibliogr. d. dtsch. Univ. 2. Leipz. u. Berl. 1904.) (Berl)

Mitgliederverzeichnis d. Butter-Kontrollstationen (Botercontrôlestations) in den Niederlanden. No. I—IX: 1906—14. [1—3]. U. St. 4°.
[1906 janvier i Fol. og ligesom Nr. I 1906 août m. Tit.: Liste des adhérents des stations de contrôle pour le beurre . . . Hver Aarg. m. diverse »Nachtrag«]. (Generaldirektion f. Landwirthschaft . . .).

Mitglieder-Verzeichniss der unter Constitution der Grossen Landes-Loge der Freimaurer von Deutschland zu Berlin arbeitenden St. Andreas-Loge „Constantia" zu Flensburg. Installirt den 25. Mai 1879. Flensburg. (1879.) 8°

Kronach: [**Mitglieder-Verzeichnis** des Frmr.-Kränzchens „Lucas Cranach" in Kronach: 1884.]

— des deutschen Drogisten-Verbandes v. 1873 E. V. 1910. (S. 65—117.) 8. Berlin (910). A. L. Herrmann. 2. —

Einwohner-Krankenverein der Gemeinde Zofingen. Mitglieder-Verzeichnis auf den 1. Januar 1901. 8 S. 8. Zofingen, Francke & Cie.

[**Mitglieder-Verzeichnis** der Loge „Erwin" in Kehl. 1873.

Mitglieder-Verzeichniss der unter der Grossloge des Staates Missouri arbeitenden St. Joh. Loge Erwin Nr. 121 in St. Louis. Gestiftet 1850. St. Louis. 4 Hefte. 1864, 1868, 1873 u. 1883. 8.

Fidelis: [**Mitglieder-Verzeichnis** der Andreas-Loge „Fidelis" in Hamburg. 1900.]

Mitglieder-Verzeichniss der von der . . . Grossen Landes-Loge der Freimaurer von Deutschland zu Berlin am 6. Dec. 1877 installirten St. Andreas-Loge Fortunata in Kiel. Bei der Feier ihres 2. Stiftungsfestes am 30. Nov. 1878. (Kiel. 1878.) 8°
—— Bei der Feier ihres 7. Stiftungsfestes am 30. Nov. 1883. (Kiel. 1883.) 8°

Mitglieder-Verzeichniß der Fraktionen im deutschen Reichstage. 3. Legislatur-Periode. 1. Session 1877. gr. 8. (23 S.) Berlin 877, C. Heymann's Verlag.

[**Mitglieder-Verzeichnis** der Loge „Franklin Nr. 2" in New York. 1873.]

Mitglieder-Verzeichnis des Vereins 'Frauenbildung'. Febr. 1898. (Karlsruhe 1898: G. Braun.) (16 S.) 8° 05. 5954 10

Mitgliedor-Verzeichniss (u. Gäste-Verzeichniss) der Mittwochs-Gesellschaft für wissenschaftliche Unterhaltung bis zur 500. Sitzung am 26. Juni 1901. *([Berlin] 1901.)* (4 S.) 4° [Kopft.] 02. 2498

Gesangverein Frauenfeld. Mitgliederverzeichnis. (15. März 1901.) 4 S. 8. (Frauenfeld, Joh. Fællmer.)

Mitglieder-Verzeichniss des Freimaurerbundes der Grossloge zur Sonne in Bayreuth. 7 Bände. 1869. 1871. 1872. 1879. 1880. 1882, 1883. kl. 8.

***Sonneberg:* [Mitglieder-Verzeichnis des Freimaurerkränzchens „zur aufgehenden Sonne“ in Sonneberg: 1885.]**

***Homberg a. Rhein:* [Mitglieder-Verzeichnis des Frmr. Kränzchens „Zur Wacht am Rhein“ in Homberg: 1915/16.]**

Mitglieder-Verzeichniss der Freimaurer-Loge zu den 3 Degen in Halle. Für das Mrjahr 1846—47. 8. 39 S.

[Mitglieder-Verzeichnis der Loge „Deutsche Freundschaft zum südlichen Kreuze“ in Joinville. 1862.]

Mitgliederverzeichnis der Burschenschaft Fridericia zu Bonn. (18. Febr. 1843 bis Herbst 1847.) 2. Aufl. sowie der Burschenschaft Arminia zu Bonn (1847—49) und der Burschenschaftlichen Verbindung Germania zu Bonn (1843—49). Bonn 1894. V: *Richarz, Franz.* (Erman u. Horn, Bibliogr. d. dtsch. Univ. 2. Leipz. u. Berl. 1904.) (Berl)

Berner Friedens-Verein (Sektion des Schweiz. Friedens-Vereins). Mitglieder-Verzeichnis. Stand auf 1. März 1903. II + 8 S. 8. Bern, Berger & Albrecht, 1903.

***Lüderitzbucht:* [Mitglieder-Verzeichnis der Loge „Kaiser Friedrich III.“ in Lüderitzbucht. 1913/14.]**

***Friedrich z. gekrönten Hoffnung:* [Mitglieder-Verzeichnis der Loge „Friedrich zur gekrönten Hoffnung“ in Copenhagen. 1842/43.]**

[Mitglieder-Verzeichnis des Vereins „Fürsorge“ zu Dresden. 1902.]

***Boston:* [Mitgliederverzeichnis der unter Constitution der Grossloge von Massachusetts arbeitenden Loge „Germania“ in Boston. 1869/70.]**

***Germania:* [Mitglieder-Verzeichnis der Loge „Germania Nr. 182“ in New York. 1866.]**

Mitglieder-Verzeichniss der unter Autorität der Grossloge des Staates New York arbeitenden St. Joh. Freimaurer Loge Germania Nr. 182 in New York. 1866. 8. 4 Bl.
Mit kurzer geschichtlicher Einleitung: diese Loge wurde gestiftet den 21. Juli 1848 unter dem Namen „Knickerbocker Loge“, der jetzige Name wurde 1854 angenommen.

Mitglieder-Verzeichniss der unter Autorität der Grossloge des Staates Illinois arbeitenden St. Johannis Loge Germania Nr. 182 in Chicago. 3 Hefte. 1867, 1870, 1871. 8.
Gestiftet den 3. October 1855.

Mitgliedorverzoichnis der Deutschen Gesellschaft in Leipzig. *Leipzig 1902: (Gressner & Schramm.)* (12 S.) 8° [S.] 02. 8405 9

Mitglieder Verzeichnis d Dten Gesell d Stadt NY für das Jahr 1863. NY, 1863.

Die Gesellschaft für deutsche Erziehungs- und Schulgeschichte (E. V.). Mitgliedor-Verzoichnis. 1902. *(Berlin 1902: Kroll.)* (23 S.) 8°

Gesellschaft für deutsche Erziehungs- und Schulgeschichte. (E. V.) Mitglieder-Vorzoichnis. 1904. *Berlin: A. Hofmann & Ko. 1904.* (28 S.) 8°

Mitgliederverzeichniss der schweiz. statist. Gesellschaft, 1866.

Gowerbe-Verein Riesbach[-Zürich V]. Gegründet 1877. Mitglieder-Verzeichnis (per Ende März 1902). 7 S. 8. Zürich, F. Lohbauer.

***Concepcion:* [Mitglieder - Verzeichnis der Johannis-Loge „Glück auf“ in Conception, Chile. 1907.]**

Aargauischer kantonaler Handwerker- und Gewerbe-Verband. Mitglieder-Verzeichnis 1901. (Nach Sektionen zusammengestellt.) 53 S. 8. Aarau, H. R. Sauerländer & Co., 1901.

Handwerker- und Gewerbeverein des Kreises Aarau, zugleich Sektion des aargauischen kantonalen Handwerker- u. Gewerbeverbandes. Mitglieder-Verzeichnis. November 1901. 8 S. 8. Aarau, H. R. Sauerländer & Co.

Sängerbund Helvetia Bern. Mitgliederverzeichnis. Bestand auf 1. April 1903. 8 S. 8.

Mitglieder-Verzeichniss der unter Constitution der Gr. Loge des Staates Californien arbeitenden St. Joh. Loge Hermann Nr. 127 in San Francisco. 1868. 8.
Gegründet 1858.

Schweizer Hotelier-Verein. Mitglieder-Verzeichnis. — Société Suisse des Hôteliers. Liste des Membres. April 1901 Avril. II + 40 S. 8. (Basel, Schweizer. Verlags-Druckerei.)

Mitglieder-Verzeichniss der unter der Constitution der Grossloge von Pennsylvanien arbeitenden St. Joh. Loge Humboldt Nr. 359 in Philadelphia. 1867. 8.

[Mitglieder-Verzeichnis und Jahresbericht der Loge Eleusis zur Verschwiegenheit in Bayreuth. Seit 1898.]

Mitglieder-Verzeichnis des Bayerischen Industriellen-Verbandes. München 1903

Club im Baur au lac (Zürich). Mitglieder-Verzeichniss 1902. II + 8 S. 8. (Zürich, Art. Institut Orell Füssli.)

***Copernicus:* [Mitgliederverzeichnis der Loge „Copernicus“ in Brooklyn. 1904.]**

Hanauer Krieger Verein (Mitglieder-Verzeichniss (Stand 1. Jan 1899). (Hanau Waisenhaus 1899.) 10 S. 8 [Kopft.]

[**Mitgliederverzeichnis** der Loge „Lessing“ in Brooklyn. 1905.]

Lessing: [**Mitglieder-Verzeichnis** der Loge „Lessing Nr. 557“ in Chicago. 1873.]

Mitglieder Verzeichniss der unter der Autorität der Grossloge des Staates Illinois arbeitenden St. Johannisloge Lessing Nr 557 in Chicago. 1873. 8. 16 S. Eingeleitet durch einen Bericht über d. Stand u. die Thätigkeit d. Loge seit 1867

Puerto Cabello: [**Mitglieder-Verzeichnis** der Loge „Libertad Nr. 5“ in Puerto Cabello. 1883.]

«Liederkranz-Frohsinn» Bern. Mitgliederverzeichnis abgeschlossen auf 20. März 1901. [Sep.-Abdr. aus dem Jahresbericht pro 1899—1900.] II + 25 S. 8. Bern, Suter & Lierow, 1901.

Verein für Erdkunde Dresden. — MITGLIEDER VERZEICHNIS und Liste der mit dem Vereine in Schriftentausch stehenden Gesellschaften. April 1905. Radebeul. Druck von O. J. W. Schlenkrich 8° Dasselbe. April 1906. ib. — Dasselbe April 1907 Dresden Hansa Druckerei.

[**Mitglieder-Verzeichnis** der Loge „zur Beständigkeit“ in Wien. 1783.]
Vgl. W. 13193.

Mitglieder-Verzeichniss der unter Sr Maj. des Deutschen Kaisers u. Königs von Preussen Wilhelm Allerh. Schutze und Protectorate dirigirenden Grossen Loge von Preussen, genannt Royal York z. Freundschaft im Or. von Berlin, sowie etc. 2 Hefte. Berlin 1879, 1882. 8. 136 u. 134 S.

Z. beständigen Einigkeit: [**Mitglieder-Verzeichnis** der Loge „zur beständigen Einigkeit“ in Wiesbaden. 1783.]
Selten.

[**Mitglieder-Verzeichnis** der Loge „zur Eintracht“ in Rio de Janeiro. 1900/01.]

Chur: [**Mitglieder-Verzeichnis** der Loge „Zur Freiheit und Eintracht“ in Chur:] 1818.

Z. gekrönten Hoffnung: [**Mitglieder-Verzeichnis** der Loge „zur gekrönten Hoffnung“ in Wien. 1790.]
Vgl. W. 13181.

Mitglieder-Verzeichniss der Loge zur goldnen Mauer zu Budissin von Zeit ihrer Begründung den 19. Febr. 1802 bis mit zum Jahre 1853. [Mit Vorw. von Adolf Traugott Edu. Starke.] Budissin [1853]: Monse. IV, 5—123 S. 8°
Nebst statistischen Übersichten.

[**Mitglieder-Verzeichnis** der Loge „zum Schwert“ in Riga:] 1784.
Sehr selten.

[**Mitglieder-Verzeichnis** der Loge „zur Sonne der wahren vereinigten Freunde“ in Brünn. 1787.]
Selten.

Lemberg: [**Mitglieder-Verzeichnis** der Loge „zu den drei Standarten“ in Lemberg. 1777.]
Selten.

Z. Standhaftigkeit: [**Mitgliederverzeichnis** der Loge „zur Standhaftigkeit“ in Posen. 1818/19.]
Selten.

Z. Standhaftigkeit: [**Mitgliederverzeichnisse** der Loge „zur Standhaftigkeit“ in Potsdam. Seit 1806.]

Zu den 9 Sternen: [**Mitglieder-Verzeichnis** der Loge „zu den 9 Sternen“ in Prag. 1791.]
Vgl. W. 13086.

[**Mitglieder-Verzeichnis** der unter der Hamburger Provincial- resp. Grossloge vereinigten Logen von Hamburg:] 1776; 1784; 1787; 1792; 1793 (Supplement); 1794; 1795 (Supplement).

[**Mitgliederverzeichnis** des Schweizerischen Logenvereins, resp. der Grossloge Alpina.] Von 1851 an.

Mitglieder-Verzeichniss des Schweizerischen Logenvereins auf das Jahr 1850. Berne Haller 1850. 8.
Deutsch und französisch.

Lorraine-Breitenrain-Leist [in Bern]. Mitgliederverzeichnis. Bestand auf 1. Januar 1901. 8 S. 8.

Ludwig z. d. 3 goldenen Löwen: [**Mitgliederverzeichnis** der Loge „Ludwig z. d. 3 goldenen Löwen“ in Giessen. 1780.]

Ludewig z. Treue: [**Mitgliederverzeichnis** der Loge „Ludwig zur Treue“ in Giessen. 1845/46.]

Berner Männerchor [in Bern]. Gegründet 1. Januar 1870. Mitglieder-Verzeichnis. Bestand auf 1. Mai 1901. 29 S. 8. Bern, H. Spahr, 1901.

[Kopft.] **Mitglieder-Verzeichniss** des Bonner Männer-Gesang-Vereins. Gestiftet 29. Nov. 1859. [Nebst] Nachtrag. *(Bonn: Carthaus'sche Buchdr. 1896. 97.)* (7, 1 S., 1 Bl.) 1 Bd 8. [97. 7554 K.

Munot-Verein [Schaffhausen]. Mitglieder-Vorzeichnis. April 1903. II + 25 S. 8. Schaffhausen, H. Meier & Cie.

Mitglieder-Verzeichnis des Museum von Meisterwerken der Naturwissenschaft und Technik, München. München, 1905. 57 S.

Navigator: [**Mitglieder-Verzeichnis** der Loge „Navigator“ Nr. 32 in New York. 1860.]

Schaffhauser Centenarfeier 1901. Mitglieder-Verzeichnis des Organisations-Komites und sämtlicher Spezialkomites. 14 S. 8. Schaffhausen, H. Meier & Cie., 1901.

Mitglieder-Verzeichnis der Basler Paedagogia, 1845—1907. Aufgestellt nach der Revision im Winter-Semester 1906/1907. II + 42 S. quer-4. Basel, Emil Birkhäuser, 1907. [fr. 4.—]

Philatelisten-Verein Bern. 8.
Mitglieder-Verzeichnis pro 1903. 8 S. Bern, W. Wälchli.
Reglement über die Versicherungskasse. (1903 Februar 17.) 7 S.
Statuten. (1902 April 8.) II + 8 S. Bern, Obrecht & Käser, 1902.
Tausch-Reglement. (1902 Januar 1.) II + 7 S. Bern, Gottfr. Iseli, 1902.

Piast z. d. 3 sarmatischen Säulen: [**Mitgliederverzeichnis** der Loge „Piast zu den 3 sarmatischen Säulen“ in Posen. 1818/19.]
Selten.

Córdoba: [**Mitglieder-Verzeichnis** der Loge „Piedad y Unión“ in Córdoba. 1912.]

Pobratim: [**Mitglieder-Verzeichnis** der Loge „Probatim“ in Belgrad. 1891.]

Sao Paulo: [**Mitglieder-Verzeichnis** der Loge „Prometheus“ in Sao Paulo (Brasilien). 1904.]

[**Mitgliederverzeichnis** der Loge „Pythagoras“ in Brooklyn. 1873.]

Mitglieder-Verzeichniss der St. Johannisloge Pythagoras Nr. 1 in New York (später Brooklyn). 5 Piecen. 1852—56 in Fol. und 1873 in 8.

Mitgliederverzeichniss der St. Joh. Loge Pythagoras Nr. 86 in New York. 1866. 8. 13 S.
Deutsche Loge, constituirt den 2. April 1841 von der Grossloge des Staates von New York.

Dolores: [**Mitglieder-Verzeichnis** der Loge „15 de Setiembre“ in Dolores, Argentinien. 1909/10.]

Mitglieder-Verzeichniß der Gesellschaft 'Ressource' zu Soest. *Soest 1896: Rochol.* (4 Bl.) 8° [Umschlagt. F.] [03. 12246

Mitglieder-Verzeichniss und Rundschreiben der unter der Grossloge des Staates Illinois arbeitenden St. Joh. Freimaurer-Loge Accordia Nr. 277 in Chicago. 2 Hefte. 1868. 1875. 8.

Mitglieder-Verzeichniss und Rundschreiben der unter der Constitution der Grossloge des Staates Wisconsin arbeitenden Concordia-Loge Nr. 83 in Madison. Für das Jahr 1866. 4. 2 Bl.
Diese Loge wurde gegründet am 11. Juni 1857.

Mitglieder-Verzeichniss und Rundschreiben der unter der Gross-Loge des Staates Missouri arbeitenden St. Joh. Loge Meridian Nr. 2 in St. Louis. Gestiftet 1852. St. Louis 1867. 8. 10 S.

Mitglieder-Verzeichniss und Rundschreiben der unter Constitution der Grossloge des Staates Illinois arbeitenden Schiller Loge Nr. 335 in Peoria für die Jahre 1860—1862. 4. 2 Bl.
Enthält eine kurze Skizze des Entstehens und Wirkens dieser am 11. November 1859 gegründeten Loge.

Samariter-Verein Enge-Wollishofen [Zürich]. Mitglieder-Verzeichnis. 8 S. 8. Zürich, Müller, Werder & Cie., 1902.

Mitglieder-Verzeichniss der nach dem System der Gross-Loge von Pennsylvanien arbeitenden St. Johannesloge zum Hermann Nr. 125 in Philadelphia. 2 Hefte. 1856. 4. 1867. 8.
Gegründet 27. Dec. 1810.

Mitglieder-Verzeichnis der nach dem altenglischen Systeme der Gr. □ zu Hamburg arbeitenden St. Joh. □ zu den drei Cedern in Stuttgart, Carl zu den drei Ulmen in Ulm, Karl zum Brunnen des Heils in Heilbronn, Karl zu den sieben Burgen in Hall, sowie des aus Mitgliedern verschiedener Oriente bestehenden Freimaurer-Kränzchens Am Fuss der Alb in Reutlingen.
1862; 1875.

Mitglieder-Verzeichnis der St. Johannis-Logen der Symbolischen Großloge des Schott. Ritus in Deutschland. 1905–1907. 3. Ausg. [Leipzig 1905.] (130 S.) 8° [05. 24731

Mitgliederverzeichnis und Satzung des Deutschen Werkbundes (E. V.). [Nebst] Nachtr. o. O. (1908–09). 92, 16 S. 8° [11. 10064

Mitglieder-Verzeichnis und **Satzungen** des Vereins für historische Waffenkunde. *Dresden 1901: Albanus.* (22 S.) 4° [Umschlagt.] [01. 4946 B

MITGLIEDERVERZEICHNIS und SATZUNGEN des Deutschen Zentralkomitees für ärztliche Studienreisen. E. V. (Berlin. Druck von Leonhard Simion Nf.) 8°.

Reitverein Schaffhausen. Mitglieder-Verzeichnis 1902. 4 S. 8. [Schaffhausen, H. Meier & Cie.]

Mitglieder-Verzeichnis des Fideikommißvereins Schleswig Holstein. Kiel. 1910. Fol.

Bern. [kantonaler] evangelischer Schulverein. Mitglieder-Verzeichnis. ... als Manuscript gedruckt auf die Hauptversammlung vom 3. August 1901. 8 S. 8.

Evangelischer Schulverein im Kanton Bern. Mitglieder-Verzeichnis pro 1. Juli 1902. 8 S. 8.

Mitglieder-Verzeichnis des Schwarzburg-Bundes. Erlangen 1895. H: *Petri, Leopold.* (Erman u. Horn, Bibliogr. d. dtsch. Univ. 1. Leipz. u. Berl. 1904.)

[F.] **Mitglieder-Verzeichnis** des Schwarzburg-Bundes. Hrsg. v. der Uttenruthia. Als Hs. gedr. *Erlangen: (Druck d. Schreiberhau-Diesdorfer Rettungsanst. Diesdorf bei Gäbersdorf)* 1895. (XXIV, 187 S.) 1 Bd 8. [98. 11374 Be

MITGLIEDER-VERZEICHNIS UND STATUTEN des Heidelberger Schloss-Vereins. Heidelberg 1885. Buchdruckerei von Adolph Emmerling u. Sohn.
Dasselbe. ib. 1886. Universitäts-Buchdruckerei von J. Hörning. 8°.

***Svetlost Balkana:* [Mitglieder-Verzeichnis der Loge „Svetlost Balkana" (Licht des Balkans) in Belgrad. 1879/80.]**

Schweizer. Tapezierer-Meister-Verein. Mitglieder-Verzeichnis pro 1903. 15 S. 8. Luzern, H. Keller, 1903.

Mitglieder-Verzeichniss (und Thätigkeitsbericht) der unter der Constitution der Grossloge des Staates New-York arbeitenden St. Joh. Freimr.-Loge German Union Nr. 54 in New York. Für die Mrjahre 1862—65. 1865—69, 1869—72 und 1872—76. 4 Hefte. gr. 8.
Diese Loge wurde am 14. April 1819 installirt: sie war die erste deutsche Loge in New York und eine der ersten deutschen Logen in Amerika.

***Manitowoc:* [Mitglieder-Verzeichnis der „Tracy Loge Nr. 107" in Manitowoc. 1861.]**

***Umberto I. de Savoia:* [Mitgliederverzeichnis der Loge „Umberto ˙ de Savoia in Buenos Aires. 1905/06.]**

***German Union:* [Mitglieder-Verzeichnis der Loge „German Union" No. 54 in New York. Seit 1862.]**

Mitglieder-Verzeichnis des Verbandes deutscher Elektrotechniker. (Eingetragener Verein.) Ausg. 1905 u. 1906. Berlin, 1905—1906.

Verband der Credit-Vereine zu Berlin. Mitglieder-Verzeichniss, aufgestellt im April 1896.

1897. 1907. **Mitglieder-Verzeichnis** des Verbandes der Kriegsfreiwilligen von 1870–1871. Stammrolle-Nummern 1 bis 1116. ⟨Nach d. Alphabet geord.⟩ Berlin d. 22. März 1907. Berlin: [Verband d. Kriegsfreiwilligen] 1907. (22 S.) 4° [F.] [07. 8035

Bernischer Verein für Handel u. Industrie. Mitgliederverzeichniss. Juni 1872. 28 Stn. 8. Bern, Haller'sche Buchdr.

Mitglieder-Verzeichnis d. Badischen Vereins f. Bienenzucht. Aufgestellt im April 1888. 16. (101 S.) Karlsruhe 888. (Reiff.) — 60

Mitglieder-Verzeichnis d. bad. Vereins f. Bienenzucht. Aufgest. im Juni 1892. 8. (92 S.) Karlsr. 892, (Reiff). * 1 —

Mitglieder-Verzeichnis des Vereins deutscher Chemiker E. V. für 1905, abgeschlossen am 1. Mai. Leipzig (1905)

Mitglieder-Verzeichnis des Vereins deutscher Chemiker, e. V. Ausg. 1908, abgeschlossen am 1. Mai 1908. Leipzig, 1908. 128 S.

Deutscher Verein für Kunstwissenschaft. E. V. Mitgliederverzeichnis. 1. Berlin (1908): Schade. 4° A 12.6097

Mitglieder-Verzeichnis des Deutschen Vereins für den Schutz des gewerblichen Eigenthums. (Stand vom 1. Januar 1897.) Berlin 1897

Mitglieder-Verzeichnis des Elektrotechnischen Vereins des rheinisch-westfälischen Industriebezirkes zu Dortmund. Essen-Ruhr, 1905. 13 S.

MITGLIEDER-VERZEICHNIS des Vereins für Anhaltische Geschichte und Altertumskunde. Beilage zu Heft 6, Bd. IX der Mitteilungen. Dessau 1903. Druck der Hofbuchdruckerei C. Dünnhaupt. 8°.

Mitglieder-Verzeichnis des Vereins f. Geschichte d. Deutschen in Böhmen. 1864. 1866—68. 1870. 1882. 1902. 1905. 1908. 1909. Prag 1864—1909.

Verein Deutscher Ingenieure. — MITGLIEDERVERZEICHNIS ...
1892—1894. Geschäftsführung und Redaktion der Vereinsschriften: Berlin. Kasse und Expedition: Julius Springer, Berlin. ib. 1892—1894. —
1895—1912. Geschäftsführung und Redaktion der Vereinsschriften: Berlin. Kasse und Expedition: Julius Springer, Berlin. (ib. —)
1913, abgeschlossen am 17. April 1913. ib. Expedition der Vereinsschriften: Julius Springer.

Verein freisinniger Katholiken der Stadt Bern und Umgebung. Mitglieder-Verzeichnis für 1902. 8 S. 8. Bern, Jent & Co., 1902.

Mitglieder-Verzeichnis des Königsberger Vereins für erziehliche Knaben-Handarbeit. (Königsberg [um 1900]: Hartung.) (1 Bl.) 4° [Kopft. F.] [e5. 6971 10

Mitglieder-Verzeichnis des Vereins für deutsches Kunstgewerbe in Berlin 1901. *Berlin: Selbstverl. d. Ver. 1901.* (59, 24 S.) 8°
[Umschlagt.:] Verzeichnis d. Mitglieder d. Vereins ... [01. 11957

Mitglieder-Verzeichnis des Vereins inakt. Offiziere der deutschen Armee und Marine. Nebst Vorwort: „Organisation des Vereins". 1904. 1905. Berlin 1904. 1905.

MITGLIEDER-VERZEICHNIS des Vereins für Säuglingsfürsorge im Regierungsbezirk Düsseldorf nach dem Stand vom 15. Juni 1910. (o. O. o. Dr.) 8°.

MITGLIEDER-VERZEICHNIS des Vereins zum Schutze der Kinder vor Ausnutzung und Misshandlung. Eingetragener Verein. 1901. (Königsbrück. Druck von A. Pabst.) kl. 8°. — 1904. (o. O. o. Dr.) 8°.

Verein zum Schutz der Kinder vor Ausnutzung und Misshandlung. — MITGLIEDERVERZEICHNIS. Berlin 1910. Druck von H. S. Hermann. 8°.

Verein ehemaliger Schweizer-Studierender von Stuttgart. Mitglieder-Verzeichnis. [1903.] 6 S. 8.
(Contralkommission: in Bern bis Ende Sommersemester 1903.)

MITGLIEDER-VERZEICHNIS des Vereins für Sächsische Volkskunde. Abgeschlossen am 15. März 1909. Dresden 1909. Druck der Neuen Verkehrs-Anstalt Hansa. 8°.

Verein zur Wahrung der wirthschaftlichen Interessen von Handel und Gewerbe. MITGLIEDER-VERZEICHNIS aufgestellt am 1. November 1885. Herausgegeben vom Vorstande des Vereins. Berlin, 1885. Druck der Norddeutschen Buchdruckerei und Verlagsanstalt. 8°.

Mitglieder-Verzeichnis der dem Verbande deutscher Archit.- u. Ingen.-Vereine angehör. 40 Vereine. 1906. (147 S.) kl. 8. Berlin, Deutsche Bauzeitg. n. 1. 60

— der dem Verbande deutscher Architekten- u. Ingenieur-Vereine angehörenden 41 Vereine. XIII. Jahrg. 1910. (166 S.) kl. 8. Berlin, Deutsche Bauzeitg. 1. 60

Schweizerische Vereinigung zur Förderung des internationalen Arbeiterschutzes. Mitglieder-Verzeichnis, kantonsweise und nach dem Datum des Eintritts geordnet. Abgeschlossen auf 30. Juni 1901. II + 10 S. 8. Bern, Neukomm & Zimmermann.

Mitglieder-Verzeichnis der schweizerischen Vereinigung zur Förderung des internationalen Arbeiterschutzes, kantonsweise u. nach dem Datum des Eintritts geordnet. Abgeschlossen auf 30. VI. 1910. (10 S.) 8. Bern (901). (Zürich, Buchh. des schweizer. Grütlivereins.) — 50

— dasselbe, s. Vereinigung, schweizerische, zur Förderg. des internat. Arbeiterschutzes.

Schweizerische Volksbank [Generaldirektion in Bern]. Mitglieder-Verzeichnis, abgeschlossen auf 30. Juni 1901 = Banque populaire suisse. Liste des sociétaires, bouclée au 30 Juin 1901. 447 S. 8.

Wahrheit und Einigkeit z. d. 3 Säulen: [**Mitglieder-Verzeichnis** der Loge „Wahrheit und Einigkeit zu den drei Säulen" in Prag. 1790.]
Selten.

Charleston: [**Mitgliederverzeichnis** der Loge „Walhalla" Nr. 66 in Charleston. 1855/56.]

Mitgliederverzeichnis des Mitteleuropäischen Wirtschaftsvereins in Deutschland nebst Satzungen. Ausg. 1905—1907. Berlin, 1905—1907.

Mitgliederverzeichnis des Zentral-Vereins für Hebung der deutschen Fluß- und Kanalschiffahrt. Ausg. 1906—1908. Berlin, 1906—1908.

Schweizer Centralverein für Ansichtskartensammler. Mitglieder-Verzeichnis. Bestand am 15. Februar 1903. 16 S. 8. Dübendorf, Eckinger, II [19]03.

Mount Zion: [**Mitglieder-Verzeichnis** der Loge „Mount Zion Nr. 147" in Louisville. 1863.]

Schweizerischer Zofingerverein. Mitgliederverzeichnis. 85. Centralfest den 20., 21. und 22. Juli 1903 in Zofingen. 24 S. 8. (Bern, Stämpfli & Cie.)

[**Mitglieder-Verzeichnis** der Loge „Zorobabel zum Nordstern" in Copenhagen. 1837.]

Zukunft: [**Mitglieder-Verzeichnis** der Loge „Zukunft" in Pressburg. 1871?]

[**Mitgliederverzeichnisse** der Loge Absalom zu den drei Nesseln in Hamburg seit 1775.]

[**Mitglieder-Verzeichnisse** der Loge „Accordia Nr. 277" in Chicago. 1868/69, 1871, 1875.]

Burg: [**Mitglieder-Verzeichnisse** der Loge „Adamas zur heiligen Burg" in Burg. Seit 1845/46.]

Agrippina: [**Mitglieder-Verzeichnisse** der Loge „Agrippina" in Köln. Seit 1840/41.]

Königliche Akademie, Berlin. Mitglieder-Verzeichnisse 1836, 1837, 1839, 1840–42, 1844–67.

Winterthur: [**Mitglieder-Verzeichnisse** der Loge „Akazia" in Winterthur von 1870 an.]

Wenigenjena-Camsdorf: [**Mitglieder-Verzeichnisse** der Loge „Akazie am Saalestrande" zu Wenigenjena-Camsdorf. Seit 1891.]

[**Mitgliederverzeichnisse** der Loge Albert zur Eintracht in Grimma seit 1858.]

[**Mitgliederverzeichnisse** der Loge „Albertine zur Vollkommenheit (Doskonatosci)" in Plock. Von 1803 bis 1807/08.]

[**Mitgliederverzeichnisse** der Loge Albrecht Wolfgang in Stadthagen seit 1877.]

[**Mitgliederverzeichnisse** der Loge Alexius zur Beständigkeit in Bernburg.]
Beginn der Hrsg. unbekannt, sicher aber vor 1847.

[**Mitgliederverzeichnisse** der Loge Alfred zur Linde in Essen a. d. Ruhr seit 1859.]

[**Mitgliederverzeichnisse** der Loge „Allvater zum freien Gedanken" in Lahr. Seit 1869/70.]

[**Mitgliederverzeichnisse** der Loge Amalia in Weimar seit 1808.]

[**Mitgliederverzeichnisse** der Loge „3 goldene Anker zu Liebe und Treue" in Stettin. Seit 1840.]

Vegesack: [**Mitgliederverzeichnisse** der Loge Anker der Eintracht in Vegesack seit 1885.]

Cuxhaven: [**Mitgliederverzeichnisse** der Loge „Anschar zum Friedenshafen". Seit 1895.]

[**Mitgliederverzeichnisse** der Loge Apollo in Leipzig seit 1801.]

[**Mitgliederverzeichnisse** der Loge Archimedes zum ewigen Bunde in Gera seit 1804.]

[**Mitgliederverzeichnisse** der Loge Archimedes zum sächsischen Bunde in Schneeberg seit 1814.]

[**Mitglieder-Verzeichnisse** der Loge Archimedes zu den 3 Reissbretern in Altenburg: seit 1800 gedruckt erschienen.]

[**Mitglieder-Verzeichnisse** der Loge „Aristides zur Wahrheit und Gerechtigkeit" in Rentweinsdorf. 1808/09; 1809/10.]

[**Mitgliederverzeichnisse** der Loge „Armin z. deutschen Treue" in Altona. Seit 1910/11.]

Bielefeld: [**Mitgliederverzeichnisse** der Loge „Armin zur deutschen Treue" in Bielefeld. Seit 1847/48.]

[**Mitgliederverzeichnisse** der Loge Asträa zur grünenden Raute in Dresden von 1815—1832.]

Wolmirstedt: [**Mitgliederverzeichnisse** der Loge Astraea in Wolmirstedt seit 1822.]

[**Mitgliederverzeichnisse** der Loge Augusta in Augsburg seit 1873.]

Augusta z. d. 3 Flammen: [**Mitgliederverzeichnisse** der Loge „Augusta zu den 3 Flammen" in Göttingen. 1779.]

Augusta z. goldenen Krone: [**Mitgliederverzeichnisse** der Loge „Augusta zur goldenen Krone" in Stargard. Seit 1801.]

Sprottau: [**Mitgliederverzeichnisse** der Loge Augusta in Sprottau seit 1861.]

Stargard i. Pr.: [**Mitgliederverzeichnisse** der Loge „Augusta zur Unsterblichkeit" in Stargard. Seit 1865/66.]

Augusta z. goldenen Zirkel: [**Mitgliederverzeichnisse** der Loge „Augusta zum goldenen Zirkel" in Göttingen. Seit 1814.]

[**Mitglieder-Verzeichnisse** der Loge „Aurora zur ehernen Kette" in Reichenbach. Seit 1835/36.]

Aurora: [**Mitglieder-Verzeichnisse** der Loge „Aurora" in Minden. Seit 1885.]

[**Mitgliederverzeichnisse** der Loge Balduin zur Linde in Leipzig seit 1785.]

Baldur: [**Mitgliederverzeichnisse** der Loge Baldur in Hannover seit 1909.]

Kaiserslautern: [**Mitgliederverzeichnisse** der Loge „Barbarossa zur deutschen Treue" in Kaiserslautern. Seit 1866/67.]

Gollnow: [**Mitgliederverzeichnisse** der Loge „Barnim zur goldenen Aue" in Gollnow. Seit 1893/94.]

Blücher von Wahlstadt: [**Mitglieder-Verzeichnisse** der Loge Blücher von Wahlstadt in Charlottenburg. Seit 1868/69.]

[**Mitgliederverzeichnisse** der Loge Boanerges zur Bruderliebe in Hamburg seit 1832.]

Schneidemühl: [**Mitglieder-Verzeichnisse** der Loge „Borussia" in Schneidemühl. Seit 1890/91.]

[**Mitgliederverzeichnisse** der Loge Braunfels zur Beharrlichkeit in Hanau seit 1872.]

Mühlheim: [**Mitglieder-Verzeichnisse** der Loge „Broich zur verklärten Luise" in Mühlheim. Seit 1840/41.]
Vgl. W. 11724.

Mülheim a. d. Ruhr: [**Mitgliederverzeichnisse** der Loge Broich zur verklärten Luise in Mülheim a. d. Ruhr seit 1869.]

Berlin-Steglitz: [**Mitgliederverzeichnisse** der Loge „Bruderbund am Fichtenberg" in Steglitz. Seit 1890/91.]

Ilmenau: [**Mitglieder-Verzeichnisse** der Loge „Bruderbund an der Ilm Glück auf" zu Ilmenau in Thüringen. Seit 1896.]

Reichenhall: [**Mitglieder-Verzeichnisse** des Freimaurer-Kränzchens „Bruderkette am Untersberg" in Reichenhall. Seit 1908/09.]

[**Mitgliederverzeichnisse** der Loge Bruderkette zu den drei Schwanen in Zwickau seit 1864.]

[**Mitglieder-Verzeichnisse** der Loge „Bruno zum Doppelkreuz" in Braunsberg. Seit 1840/41.]

[**Mitglieder-Verzeichnisse** der Johannis-Loge „Charlotte zu den 3 Nelken" in Meiningen. Seit 1817 gedruckt erschienen.]

Wandsbek: [**Mitgliederverzeichnisse** der Loge Matthias Claudius in Wandsbek seit 1892.]

Lissa: [**Mitglieder-Verzeichnisse** der Loge „Comenius" in Lissa. Seit 1878/79.]

Leobschütz: [**Mitgliederverzeichnisse** der Loge Concordia in Leobschütz seit 1895.]

Sankt Gallen: [**Mitglieder-Verzeichnisse** der Loge „Concordia" in St. Gallen von 1862/63 an.]

[**Mitgliederverzeichnisse** der Loge Constantia zur gekrönten Eintracht in Elbing seit 1797.]

Wittstock: [**Mitglieder-Verzeichnisse** der Loge „Constantia" in Wittstock. Seit 1859/60.]

Konstanz: [**Mitglieder-Verzeichnisse** der Loge „Constantia zur Zuversicht" in Konstanz. Seit 1866/67.]

[**Mitgliederverzeichnisse** der Loge Dankward zum rauhen Stein in Braunschweig seit 1905.]

Allgemeines: [**Mitglieder-Verzeichnisse** des neunten Districts (Deutsche Logen) in New York. Seit 1903.]

[**Mitgliederverzeichnisse** der Loge Ditmarsia in Marne (Holst.) seit 1881.]

[**Mitgliederverzeichnisse** der Loge „Durch Nacht zum Licht" in Finsterwalde seit 1900.]

[**Mitgliederverzeichnisse** der Loge Albrecht Dürer in Nürnberg seit 1900.]

Mitglieder-Verzeichnis des Clubs „Die brüderliche Einigkeit" [in Hamburg]. Gegründet den 14. October 1859. Hamburg 1903: Pape. 3 Bl. 8°. [Kopftit.]

[**Mitgliederverzeichnisse** der Loge Eintracht zur Akazie in Eschwege seit 1897.]

[**Mitgliederverzeichnisse** der Loge Eintracht an der Elbe in Blankenese seit 1907.]

Eintracht: [**Mitglieder-Verzeichnisse** der freim. Vereinigung „Eintracht" in Dresden. 1905/06.]

[**Mitgliederverzeichnisse** der Loge Eleusis zur Verschwiegenheit in Bayreuth seit 1779.]

Eos: [**Mitglieder-Verzeichnisse** der Loge „Eos" in Krefeld. Seit 1853/54.]

[**Mitgliederverzeichnisse** der Loge Ernst August zum goldnen Anker in Harburg a. E. seit 1858.]

Moers: [**Mitgliederverzeichnisse** der Loge „Ernst und Falk" in Moers. zwei o. J.; 1906; 1910/11.]

[**Mitgliederverzeichnisse** der Loge „Ernst zum Kompass" in Gotha. Seit 1807.]

[**Mitglieder-Verzeichnisse** der Loge „Ernst für Wahrheit, Freundschaft und Recht" in Koburg. Seit 1819.]

Grünberg: [**Mitgliederverzeichnisse** der Loge „Erwin für Licht und Recht“ in Grünberg. Seit 1862/63.]

Erwin: [**Mitglieder-Verzeichnisse der Loge „Erwin Nr. 121“ in St. Louis. 1873; 1877; 1880; 1882; 1883; 1886.**]

Dessau: [**Mitgliederverzeichnisse** der Loge Esiko zum aufgehenden Licht in Dessau seit 1875.]

[**Mitglieder-Verzeichnisse** der Loge „Eugenia zum gekr. Löwen“ in Danzig. Seit 1781 gedruckt erschienen.]

[**Mitglieder-Verzeichnisse der Loge Euthanasia zur Unsterblichkeit in Beeskow.** Seit 1892.]

[**Mitglieder-Verzeichnisse** der Loge „Euthanasia zur Unsterblichkeit“ in Frankfurt a. O. Seit 1819.]

[**Mitglieder-Verzeichnisse** der Loge „Ferdinand zum roten Adler“ in Neuruppin. Seit 1828/29.]

[**Mitgliederverzeichnisse** der Loge Ferdinand zum Felsen in Hamburg seit 1795.]

Ferdinand z. Glückseligkeit: [**Mitglieder-Verzeichnisse** der Loge „Ferdinand zur Glückseligkeit“ in Magdeburg. Seit 1779.]
Vgl. W. 11498.

[**Mitgliederverzeichnisse** der Loge Ferdinand zur Glückseligkeit in Magdeburg seit 1790.]

[**Mitgliederverzeichnisse** der Loge Ferdinande Karoline in Hamburg seit 1776.]

[**Mitgliederverzeichnisse** der Loge Fichte zur Selbstbeherrschung in Berlin seit 1901.]

Greifenhagen: [**Mitgliederverzeichnisse** der Loge „Franz zum treuen Herzen“ in Greifenhagen. Seit 1847/48.]

Grossenhain: [**Mitgliederverzeichnisse** des Freimaurer-Klubs in Grossenhain seit 1883.]

Köthen: [**Mitglieder-Verzeichnisse** des Freim.-Kränzchens zu Köthen: 1877/78.]

[**Mitglieder-Verzeichnisse** der Loge „Freimut und Wahrheit“ in Köln. Seit 1905.]

[**Mitgliederverzeichnisse des humanitären Vereins Freundschaft in Wien seit 1877.**]

[**Mitgliederverzeichnisse** der Loge „Friederike zur Unsterblichkeit“ in Stade. Seit 1845.]

Parchim: [**Mitglieder-Verzeichnisse** der Loge „Friedrica Ludovica zur Treue“ in Parchim. Seit 1843.]

[**Mitgliederverzeichnisse** der Loge Friedrich zur ernsten Arbeit in Jena seit 1890.]

Wurzen: [**Mitgliederverzeichnisse der Loge Friedrich August zum treuen Bunde in Wurzen seit 1819.**]

Zittau: [**Mitgliederverzeichnisse der Loge Friedrich August zu den drei Zirkeln in Zittau seit 1816.**]

Zittau: [**Mitgliederverzeichnisse** der Loge „Friedrich August z. d. 3 Zirkeln“ in Zittau. Seit 1847.]

[**Mitgliederverzeichnisse** der Loge Friedrich zur Beständigkeit in Zerbst von 1818—1834 u. seit 1844.]

[**Mitgliederverzeichnisse** der Loge Friedrich der Edle in Stettin seit 1901.]

Friedrich z. Einheit: [**Mitglieder-Verzeichnisse** der Loge „Friedr. zur Einheit“ in Braunschweig. Seit 1908.]

[**Mitgliederverzeichnisse** der Loge Friedrich zur Frankentreue in Kulmbach seit 1900.]

Dirschau: [**Mitglieder-Verzeichnisse** der Loge „Friedrich zum unauslöschlichen Gedächtnis" in Dirschau. Seit 1892/93.]

Konitz: [**Mitgliederverzeichnisse** der Loge Friedrich zur wahren Freundschaft in Konitz seit 1802.]

Friedrich Leopold zum Friedensbund: [**Mitgliederverzeichnisse** der Loge „Friedrich Leopold zum Friedensbund" in Berlin. Seit 1900/01.]

Friedrich Leopold z. Morgenröte: [**Mitgliederverzeichnisse** der Loge „Friedrich Leopold z. Morgenröte". Seit 1895.]

[**Mitgliederverzeichnisse** der Loge Friedrich Leopold zur Markaner Treue in Witten seit 1896.]

[**Mitgliederverzeichnisse** der Loge Friedrich zur Morgenröte in Halberstadt seit 1903.]

Friedrich z. weissen Pferde: [**Mitgliederverzeichnisse** der Loge „Friedrich zum weissen Pferde" in Hannover. Seit 1779/80.]

Pyrmont: [**Mitglieder-Verzeichnisse** der Loge „Friedrich zu den 3 Quellen" in Pyrmont: 1778, 1779.]

Brieg: [**Mitgliederverzeichnisse** der Loge Friedrich zur aufgehenden Sonne in Brieg seit 1788.]

Friedrich z. Standhaftigkeit: [**Mitgliederverzeichnisse** der Loge Friedrich zur Standhaftigkeit in Halle a. S. seit 1902.]

Striegau: [**Mitglieder-Verzeichnisse** der Loge „Friedrich zur Treue an den 3 Bergen" in Striegau. Seit 1860/61.]

Friedrich z. deutschen Treue: [**Mitglieder-Verzeichnisse** der Loge „Friedrich zur deutschen Treue" in Kassel. Seit 1890/91.]

[**Mitgliederverzeichnisse** der Loge Friedrich zur Treue in Freiburg i. Br. seit 1897.]

[**Mitgliederverzeichnisse** der Loge Friedrich zur Tugend in Brandenburg a. H. seit 1779.]

Haynau: [**Mitglieder-Verzeichnisse** der Loge „Friedrich zu den 3 Türmen" in Haynau. Seit 1891.]

[**Mitglieder-Verzeichnisse** der Loge „Friedrich zur Vaterlandsliebe" in Koblenz. Seit 1842/43.]

[**Mitgliederverzeichnisse** der Loge Friedrich zur Wahrheit in Altona seit 1892.]

Friedrich Wilh. z. Eintracht: [**Mitglieder-Verzeichnisse** der Loge „Friedrich Wilhelm zur Eintracht" in Bremen. Seit 1876/77.]

[**Mitgliederverzeichnisse** der Loge Friedrich Wilhelm zur Gerechtigkeit in Ratibor seit 1836.]

Schmalkalden: [**Mitglieder-Verzeichnisse** der Loge „Friedrich Wilhelm zur Glückseligkeit" in Schmalkalden. Seit 1892/93.]

Eberswalde: [**Mitgliederverzeichnisse** der Loge Friedrich Wilhelm zu den drei Hammern in Eberswalde seit 1856.]

Arnswalde: [**Mitglieder-Verzeichnisse** der Loge „Friedrich Wilhelm zur Hoffnung" in Arnswalde: seit 1853/54.]

[**Mitgliederverzeichnisse** der Loge Friedrich Wilhelm zum eisernen Kreuz in Bonn seit 1857.]

Demmin: [**Mitglieder-Verzeichnisse** der Loge „Friedr. Wilh. zur Liebe und Treue" in Demmin. Seit 1858.]

Friedrich Wilhelm zur Morgenröte: [**Mitgliederverzeichnisse** der Loge „Friedrich Wilhelm zur Morgenröte" in Berlin. Seit 1869.]

[**Mitgliederverzeichnisse** der Loge „Friedrich Wilhelm zum goldenen Scepter" in Küstrin. Seit 1793.]

[**Mitgliederverzeichnisse** der Loge Friedrich Wilhelm zur Wahrheit und Treue in Rathenow seit 1862.]

[**Mitglieder-Verzeichnisse** der Loge „Friedrich zum goldenen Zepter" in Breslau. Seit 1806.]

[Gemeinschaftliche **Mitgliederverzeichnisse** der Logen „Friedrich zum weissen Pferde" und „zum schwarzen Bär" in Hannover. Seit 1824.]

[**Mitgliederverzeichnisse** der Loge „Furchtlos und Treu" in Heilbronn a. N. seit 1909.]

Galilei: [**Mitglieder-Verzeichnisse** der Loge „Galilei" in Budapest. 1871; 1874; 1875.]

Galilei z. Ewigen Wahrheit: [**Mitgliederverzeichnisse** der Loge Galilei zur ewigen Wahrheit in Berlin seit 1897.]

[Gemeinschaftliche **Mitgliederverzeichnisse** der Logen „Karl zur Eintracht" in Mannheim und „Ruprecht zu den 5 Rosen" in Heidelberg:]
1858/59; 1860/62.

[**Mitgliederverzeichnisse** der Loge Georg zur wahren Brudertreue in Leer seit 1859.]

Uelzen: [**Mitglieder-Verzeichnisse** der Loge „Georg zur deutschen Eiche" in Uelzen. Seit 1862/63.]

[**Mitglieder-Verzeichnisse** der Loge „Georg zum silbernen Einhorn" in Nienburg. Seit 1837.]

[**Mitgliederverzeichnisse** der Loge Georg zur gekrönten Säule in Klausthal-Zellerfeld seit 1851.]

Einbeck: [**Mitglieder-Verzeichnisse** der Loge „Georg zu den 3 Säulen" in Einbeck. Seit 1800.]

Neustrelitz: [**Mitglieder-Verzeichnisse** der Loge „Georg zur wahren Treue" in Neustrelitz. Seit 1847.]

Germania: [**Mitglieder-Verzeichnisse** der Loge „Germania Nr. 182" in Chicago. 1865, 1867, 1870, 1871.]

Shanghai: [**Mitgliederverzeichnisse** der Loge „Germania" in Shanghai. Seit 1896/97.]

[**Mitgliederverzeichnisse** der Loge Germania zur deutschen Treue in Erlangen seit 1875.]

Globus: [**Mitgliederverzeichnisse** der Loge Globus in Hamburg]
Anfang der Hrsg. unbekannt, sicher aber vor 1898.

Reutlingen: [**Mitglieder-Verzeichnisse** des Freimaurer-Kränzchens „Glocke am Fusse der Alb" in Reutlingen: 1874.]

[**Mitgliederverzeichnisse** der Loge „Glocke am Fuss der Alb" in Reutlingen. Seit 1886.]

[**Mitgliederverzeichnisse** der Loge Glückauf zur Brudertreue in Waldenburg i. Schl. seit 1847.]

Stassfurt: [**Mitgliederverzeichnisse** der Loge „Glückauf zur Einigkeit und Treue" in Stassfurt. Seit 1904/05.]

Gelsenkirchen: [**Mitgliederverzeichnisse** der Loge „Glückauf zum Licht" in Gelsenkirchen. Seit 1907.]

Goethe z. Grossen Feuerkugel: [**Mitgliederverzeichnisse** der Loge Goethe zur grossen Feuerkugel in Leipzig seit 1906.]

[**Mitgliederverzeichnisse** der Loge Goethe in Poessneck seit 1880.]

[**Mitgliederverzeichnisse** der Grossloge „zur Eintracht" in Darmstadt, seit 1847/48.]

[**Mitgliederverzeichnisse** der Grloge des Königreichs Hannover von 1830 bis 1867.]

[**Mitglieder-Verzeichnisse** der Grossloge „Zur Sonne" in Bayreuth, seit 1869.]

[**Mitglieder-Verzeichnisse** der Loge „Günther zur Eintracht" in Rudolstadt. Seit 1860/61.]

Günther z. stehenden Löwen:[**Mitglieder-Verzeichnisse** der Loge „Günther zum stehenden Löwen" in Rudolstadt. 1795; 1801; 1804; 1808; 1810; 1812.]
Vgl. W. 12192.

[**Mitgliederverzeichnisse** der Loge „Gustav Adolf zu den 3 Strahlen" in Stralsund. Seit 1800.]

[**Mitgliederverzeichnisse** der Loge Hammonia zur Treue in Berlin seit 1893.]

[**Mitgliederverzeichnisse** der Loge „Harpokrates" in Magdeburg. Seit 1834.]
Vgl. W. 11531.

[**Mitgliederverzeichnisse** der Loge Harpokrates in Magdeburg seit 1841.]

Neustettin: [**Mitgliederverzeichnisse** der Loge Hedwig zum Licht in Neustettin seit 1854.]

Heinrich z. Treue: [**Mitgliederverzeichnisse** der Loge „Heinrich zur Treue" in Gera. Seit 1874/75.]

Hercynia z. Brudertreue: [**Mitglieder-Verzeichnisse** der Loge „Hercynia zur Brudertreue" in Klausthal-Zellerfeld. Seit 1852.]

[**Mitgliederverzeichnisse** der Loge „Hercynia zum flammenden Stern" in Goslar. Seit 1810.]

[**Mitgliederverzeichnisse** der Loge Herder in Bremen seit 1902.]

Riesa: [**Mitglieder-Verzeichnisse** der Loge „Herkules an der Elbe" in Riesa. Seit 1894.]

[**Mitglieder-Verzeichnisse** der Loge „Herkules" in Schweidnitz. Seit 1856.]

Hermann: [**Mitglieder-Verzeichnisse** der Loge „Hermann" Nr. 125 in Philadelphia. 1861, 1867.]

[**Mitgliederverzeichnisse** der Loge Hermann zur Beständigkeit in Breslau seit 1895.]

Soldin: [**Mitgliederverzeichnisse** der Loge Hermann zur Bruderliebe in Soldin seit 1861.]

Elberfeld: [**Mitgliederverzeichnisse** der Loge Hermann zum Lande der Berge in Elberfeld seit 1815.]

[**Mitgliederverzeichnisse** der Loge Hermann von Salza in Langensalza seit 1861.]

Mühlhausen i. Th.: [**Mitglieder-Verzeichnisse** der Loge „Hermann zur deutschen Treue" zu Mühlhausen i. Th. Seit 1839/40.]

Bückeburg: [**Mitglieder-Verzeichnisse** der Loge „Hermine zum Nesselblatt" in Bückeburg. Seit 1862/63.]

Hieronymus Napoleon z. Treue: [**Mitglieder-Verzeichnisse** der Loge „Hieronymus Napoleon zur Treue" in Kassel: 1808—1812.]

[**Mitgliederverzeichnisse** der Loge Hiram zu den drei Sternen in Pressburg seit 1910.]

Hohenzollern Treu und Beständig: [**Mitgliederverzeichnisse** der Loge Hohenzollern treu und beständig in Magdeburg seit 1898.]

Hohenzollern: [**Mitglieder-Verzeichnisse** der Loge „Hohenzollern" in Wiesbaden. Seit 1890/91.]

[Mitgliederverzeichnisse der Loge Horus in Breslau seit 1813.]

Hoboken: **[Mitglieder - Verzeichnisse** der „Hudson Loge" Nr. 71 in Hoboken. 1903, 1910.]
Deutschsprechende Loge.

Humanitas: **[Mitglieder-Verzeichnisse** der Loge „Humanitas" in Neudörfl und des Br. Vereines gleichen Namens in Wien. 1872; 1874; 1876; 1878; 1879.]

Humanitas: **[Mitglieder-Verzeichnisse** des nichtpolitischen Vereins „Humanitas" in Wien. 1870; 1871; 1873.]

Humboldt: **[Mitglieder-Verzeichnisse** der Loge „Humboldt Nr. 359" in Philadelphia. 1866, 1867.]

Paterson: **[Mitgliederverzeichnisse** der Loge Humboldt No 114 in Paterson seit 1871.]

Schweinfurt: **[Mitglieder-Verzeichnisse** und Jahres-Berichte der Loge „Brudertreue am Main" in Schweinfurt. Seit 1905/06.]

[Mitglieder-Verzeichnisse und Jahresberichte der Loge „Walhalla zum aufgehenden Licht" in Regensburg. Seit 1904/05.]

[Mitglieder-Verzeichnisse der Joh.-Loge „Janus" und der Altschott. Loge „Die Säule auf Tabor" in Bromberg. Seit 1828.]

Immanuel: **[Mitglieder-Verzeichnisse** der Loge „Immanuel" in Königsberg. Seit 1892/93.]

[Mitglieder-Verzeichnisse der Andreas-Loge „Indissolubilis" in Berlin. Seit 1901/02.]

Johann Wolfgang z. Flammenden Stern: **[Mitgliederverzeichnisse** der Loge Johann Wolfgang zum flammenden Stern in Frankfurt a. M. seit 1910.]

Darmstadt: **[Mitglieder-Verzeichnisse** der Loge „Johannes Evangelist zur Eintracht" in Darmstadt. Seit 1816.]

[Mitglieder-Verzeichnisse der Loge „Johannes zur brüderlichen Liebe" in Worms. 1781.]

Neustadt a. d. Orla: **[Mitgliederverzeichnisse** der Loge Johannes im Orlagau in Neustadt a. d. Orla seit 1895.]

[Mitgliederverzeichnisse der Loge Johannes zum wiedererbauten Tempel in Ludwigsburg seit 1855.]

[Mitglieder-Verzeichnisse der Loge „Johannes zum Wohl der Menschheit" in Salzwedel. Seit 1803.]

Mitglieder-Verzeichnis der unter Constitution der Grossloge Sokrates zur Selbsterkenntnis arbeitenden Johannis-Freimaurer-Logen. Für das Maurerjahr 1898.
Selten.

[Mitglieder-Verzeichnisse der unter Constitution der Gr. L.-L. d. F. v. D. in Berlin arbeitenden neun Johannislogen in Berlin. Seit 1902.]

[Mitgliederverzeichnisse der Loge Joseph zur Einigkeit in Nürnberg seit 1778.]

Joseph z. d. 3 Helmen: **[Mitglieder-Verzeichnisse** der Loge „Joseph zu den 3 Helmen" in Wetzlar. 1778; ohne Datum.]

Josua z. d. 3 Brücken: **[Mitgliederverzeichnisse** der Loge „Josua zu den 3 Brücken" in Hadersleben. Seit 1891/92.]

[Mitglieder-Verzeichnisse der Loge „Irene" in Tilsit. Seit 1859/60.]

Vereinte Loge: **[Mitglieder-Verzeichnisse** der vereinten Loge „Irene zu den 3 Sternen, Tempel der Wahrheit und Prometheus" in Rostock. Seit 1855/56.]

[**Mitglieder-Verzeichnisse** der verbundenen Logen „Irene zu den drei Sternen", „Tempel der Wahrheit" und „Prometheus" in Rostock. Seit 1839/40.]

Lauban: [**Mitgliederverzeichnisse der Loge „Isis" im Or. Lauban. Seit 1860.]**

Helmstedt: [**Mitglieder-Verzeichnisse** der Loge „Julia Carolina zu den 3 Helmen" in Helmstedt. Seit 1813.]

[**Mitgliederverzeichnisse** der Loge „Julius zur Eintracht" in Stargard. Seit 1805/06.]

Anklam: [**Mitgliederverzeichnisse der Loge „Julius zu den drei empfindsamen Herzen" in Anklam. Seit 1797.]**

Karl z. d. 3 Adlern: [**Mitgliederverzeichnisse der Loge „Carl z. d. 3 Adlern" in Erfurt. Seit 1815/16.]**

Karl August z. d. 3 Rosen: [**Mitglieder-Verzeichnisse** der Loge „Carl August z. d. 3 Rosen" in Jena. Seit 1881/82.]

[**Mitgliederverzeichnisse** der Loge Karl zum Brunnen des Heils in Heilbronn seit 1855.]

Hall (schwäbisch): [**Mitgliederverzeichnisse** der Loge „Carl zu den 7 Burgen in Hall. Seit 1866.]

[**Mitgliederverzeichnisse der Loge Karl und Charlotte zur Treue in Offenbach a. M. seit 1814.]**

Karl z. Eintracht: [**Mitgliederverzeichnisse** der Loge „Karl zur Eintracht" in Mannheim. Seit 1808.]
Vgl. W. 11590.

[**Mitgliederverzeichnisse der Loge Karl zur Eintracht in Mannheim.]**
Beginn der Hrsg. unbekannt, sicher aber vor 1870.

[**Mitgliederverzeichnisse** der Loge Karl zum Felsen in Altona seit 1796.]

[**Mitgliederverzeichnisse** der Loge Karl zu den drei Greifen in Greifswald seit 1823.]

[**Mitgliederverzeichnisse der Loge Karl zum aufgehenden Licht in Frankfurt a. M. seit 1818.]**

Alzey: [**Mitgliederverzeichnisse** der Loge Karl zum neuen Licht in Alzey seit 1819.]

[**Mitgliederverzeichnisse** der Loge Karl zum Lindenberg in Frankfurt a. M.]
Beginn der Hrsg. unbekannt.

Karl z. d. 3 Rädern: [**Mitglieder-Verzeichnisse** der Loge „Karl zu den 3 Rädern" in Erfurt. Seit 1807.]

[**Mitglieder-Verzeichnisse** der Loge „Carl zum Rautenkranz" in Hildburghausen. Seit 1790.]

[**Mitgiederverzeichnisse** der Loge Karl zur gekrönten Säule in Braunschweig seit 1776.]

Karl z. aufgeh. Sonne: [**Mitglieder-Verzeichnisse der Loge „Carl zur aufgehenden Sonne" in Frankfurt a. M. Seit 1824/25.]**

Karl zur Treue: [**Mitglieder-Verzeichnisse der Loge „Carl zur Treue" in** Karlsruhe: **ohne Datum, wahrscheinlich** 1809.]

Schleswig: [**Mitgliederverzeichnisse der Loge Karl zur Treue in Schleswig seit 1867.]**

Pappenheim: [**Mitglieder-Verzeichnisse der Loge „Carl zur Treue" und der Deleg. Altsch. Loge** „Theodor zur **festen Burg im Altmühltal"** in Pappenheim. Seit **1807/08.]**
Vgl. W. 11929.

[**Mitgliederverzeichnisse der Loge Karl zu den drei Ulmen in Ulm seit 1845.]**

[**Mitgliederverzeichnisse der Loge Karl zur Wartburg in Eisenach seit 1859.]**

[**Mitgliederverzeichnisse** des humanitären Vereins Kette in Saaz i. Böhmen von 1895—1907.]

Zwickau: [**Mitgliederverzeichnisse** des freimaurerischen Klubs zu Zwickau von 1860—1862.]

[**Mitglieder-Verzeichnisse** der „König Solomons-Loge Nr. 279“ in New York. Seit 1860.]

[**Mitglieder-Verzeichnis** der Loge „Kosmos“ in Helsingör. 1851.]

[**Mitgliederverzeichnisse** der Gr. Landesloge von Sachsen in Dresden seit 1812.]

Leopold z. Treue: [**Mitglieder-Verzeichnisse** der Loge „Leopold zur Treue“ in Karlsruhe. Seit 1848/49.]

Lessing: [**Mitglieder-Verzeichnisse** der Loge Lessing in Barmen. Seit 1866/67.]

[**Mitgliederverzeichnisse** der Loge Lessing zu den drei Ringen in Greiz seit 1867.]

[**Mitgliederverzeichnisse** der Loge Lessing in Valparaiso seit 1877.]

Leuchte am Strande: [**Mitglieder-Verzeichnisse** der Loge „Leuchte am Strande“ in Eckernförde. Seit 1880.]

Licht Liebe Leben: [**Mitglieder-Verzeichnisse** der Loge „Licht, Liebe, Leben“ in Erlangen. Seit 1887/88.]

[**Mitgliederverzeichnisse** der Loge „Drei Lichter im Felde“ in Gross-Lichterfelde seit 1896.]

[**Mitgliederverzeichnisse** der Loge Lingg zur Brudertreue in Hersfeld seit 1894.]

Z. d. 3 Adlern: [**Mitglieder-Verzeichnisse** der Loge zu den 3 Adlern in Dresden. Seit 1909/08.]

[**Mitglieder-Verzeichnisse** der Loge „zum Frankfurter Adler“ in Frankfurt a. M. Seit 1846.]

Insterburg: [**Mitgliederverzeichnisse** der Loge zum preussischen Adler in Insterburg seit 1846.]

Z. roten Adler: [**Mitgliederverzeichnisse** der Loge „zum roten Adler“ in Hamburg. Seit 1892.]

[**Mitgliederverzeichnisse** der Loge zur Akazie in Meissen seit 1843.]

Akazie am Saalestrande: [**Mitglieder-Verzeichnisse** der Loge „zur Akazie am Saalestrande“ in Jena. Seit 1910.]

[**Mitgliederverzeichnisse** der Loge zu den drei Ankern in Bremerhaven seit 1862.]

[**Mitgliederverzeichnisse** der Loge „zu den 3 goldenen Ankern“ in Stettin. Seit 1805.]

Ueckermünde: [**Mitglieder-Verzeichnisse** der Loge „zur Ankerkette“ in Ueckermünde. Seit 1860/61.]

[**Mitgliederverzeichnisse** der Loge zu den drei Balken in Münster seit 1840.]

Münster: [**Mitglieder-Verzeichnisse** der Loge „zu den drei Balken des neuen Tempels“ resp. „zu den 3 Balken“ in Münster. Seit 1793.]
Vgl. W. 11753.

[**Mitgliederverzeichnisse** der Loge zum schwarzen Bär in Hannover seit 1830.]

[**Mitgliederverzeichnisse** der Loge „zum aufblühenden Baum“ in Eisleben. Seit 1835.]

Berlin-Schöneberg: [**Mitgliederverzeichnisse** der Loge „am Berge der Schönheit“ in Schöneberg. Seit 1908/09.]

Siegen: [**Mitglieder-Verzeichnisse** der Loge „zu den 3 eisernen Bergen" in Siegen. Seit 1842/43.]

[**Mitgliederverzeichnisse** der Loge zu den drei Bergen in Freiberg i. Sa. seit 1805.]

Remscheid: [**Mitglieder-Verzeichnisse** der Loge „zu den Romeriken Bergen" in Remscheid. Seit 1903.]

[**Mitglieder-Verzeichnisse** der Loge zur Bescheidenheit in Zürich von 1814 an.]

[**Mitglieder-Verzeichnisse** der Loge „zur Beständigkeit" in Aachen:] 1779, 1782, 1785, 1788.

Zur Beständigkeit: [**Mitglieder-Verzeichnisse** der Loge zur Beständigkeit in Berlin. Seit 1791.]

Beständigkeit und Eintracht: [**Mitglieder-Verzeichnisse** der Loge zur Beständigkeit und Eintracht in Aachen: seit 1858.]

[**Mitglieder-Verzeichnisse** der Loge „zum Bienenkorb" in Thorn. Seit 1805.]

[**Mitgliederverzeichnisse** der Loge „zum treuen Bruderherzen in Annaberg. Seit 1855.]

Schlettstadt: [**Mitglieder-Verzeichnisse** der Loge „zur elsässischen Bruderkette" in Schlettstadt. Seit 1883/84.]

Z. Bruderkette: [**Mitgliederverzeichnisse** der Loge „zur Bruderkette" in Hamburg. Seit 1874.]

Z. Bruderkette a. d. Saar: [**Mitglieder-Verzeichnisse** der Loge „zur Bruderkette an der Saar" in Saarbrücken. Seit 1903.]

[**Mitglieder-Verzeichnisse** der Loge Zur Brudertreue in Aarau von 1835 an.]

[**Mitgliederverzeichnisse** der Loge zur Brudertreue an der Elbe in Hamburg seit 1846.]

Blankenburg a. H.: [**Mitgliederverzeichnisse** der Loge zur Brudertreue am Regenstein in Blankenburg a. Harz seit 1905.]

[**Mitglieder-Verzeichnisse** der Loge „zur Brudertreue" in Sangerhausen. Seit 1842/43.]

Neumünster: [**Mitglieder-Verzeichnisse** der Loge „zur Brudertreue an der Schwale" in Neumünster. Seit 1880.]

[**Mitglieder-Verzeichnisse** der Loge „zum Brunnen in der Wüste" in Kottbus. Seit 1841.]

Soest: [**Mitgliederverzeichnisse** der Loge zur Bundeskette in Soest seit 1808.]

[**Mitgliederverzeichnisse** der Loge zur deutschen Burg in Duisburg seit 1820.]

Sonderburg: [**Mitgliederverzeichnisse** der Loge zur festen Burg am Alsensund in Sonderburg seit 1890.]

[**Mitgliederverzeichnisse** der Loge zur festen Burg in Krossen a. O. seit 1881.]

Kalbe: [**Mitgliederverzeichnisse** der Loge „zur festen Burg an der Saale" in Kalbe. Seit 1830/31.]

Z. Burg am Saalestrande: [**Mitgliederverzeichnisse** der Loge „zur Burg am Saalestrande" in Halle. Seit 1908/09.]

Bergedorf: [**Mitgliederverzeichnisse** der Loge zum grossen Christoph in Bergedorf seit 1907.]

Z. grossen Christof: [**Mitgliederverzeichnisse** der Loge „zum grossen Christof" in Stade. Seit 1835.]

[Mitgliederverzeichnisse der Loge „An Erwin's Dom" in Strassburg i. E. seit 1882.]

Peine: **[Mitglieder-Verzeichnisse** der Loge „zur grünenden Eiche" in Peine. Seit 1882/83.]

Hameln: **[Mitglieder-Verzeichnisse** der Loge „zur königlichen Eiche" in Hameln. Seit 1866/67.]

[Mitgliederverzeichnisse der Loge „zur Einigkeit" in Danzig. Seit 1809 gedruckt.]

[Mitglieder-Verzeichnisse der Loge zur Einigkeit in Frankfurt a. M. seit 1782.]

[Mitglieder-Verzeichnisse der Loge „zur Einigkeit an der Ostsee" in Rügenwalde. Seit 1811.]

[Mitgliederverzeichnisse der Loge zur Einigkeit und Treue in Kassel seit 1910.]

[Mitglieder-Verzeichnisse der Loge „zur Einigkeit" in Wriezen. Seit 1850.]

[Mitglieder-Verzeichnisse der Loge „zur Eintracht und Standhaftigkeit" in Kassel. Seit 1850/51.]

Treptow: **[Mitglieder-Verzeichnisse** der Loge „zur Eintracht" in Treptow. Seit 1891.]

[Mitgliederverzeichnisse der Loge zur wahren Eintracht in Schweidnitz seit 1805.]

[Mitglieder-Verzeichnisse der Loge „zur wahren Eintracht" in Wien. 1783; 1785.]
Vgl. W. 13197.

[Mitgliederverzeichnisse der Loge zur roten Erde in Herford seit 1899.]

Eilenburg: **[Mitglieder-Verzeichnisse** der Loge „zur Eule auf der Warte" in Eilenburg. Seit 1862/63.]
W. 9431 kennt M.-V. erst von 1869 an.

[Mitgliederverzeichnisse der Loge zur Eule auf der Warte in Eilenburg seit 1869.]

Vom Fels zum Meer: **[Mitgliederverzeichnisse** der Loge „vom Fels zum Meer" in Hamburg. Seit 1897/98.]

Schmiedeberg i. Riesengebirge: **[Mitgliederverzeichnisse** der Loge zu den drei Felsen in Schmiedeberg.]
Anfang der Hrsg. unbekannt, sicher aber vor 1863.

[Mitgliederverzeichnisse der Loge zu den drei weissen Felsen in Weissenfels seit 1841.]

Oberstein: **[Mitglieder-Verzeichnisse** der Loge „zum Felsentempel" in Oberstein. Seit 1869.]

Zum heiligen Feuer: **[Mitglieder-Verzeichnisse** der Loge „zum heiligen Feuer" in Hettstedt. Seit 1819/20.]

Z. Pyramide: **[Mitgliederverzeichnisse** der Loge „zu den 3 Flammen" in Plauen. Seit 1794.]

[Mitglieder-Verzeichnisse der Loge „Zur Freimütigkeit am Rhein" in Frankenthal. Seit 1817.]

Freunde zur Eintracht: **[Mitgliederverzeichnisse** der Loge „die Freunde zur Eintracht" in Mainz. Seit 1842/43.]

[Mitgliederverzeichnisse der Loge „Die Freunde zur Eintracht" in Mainz seit 1847.]

[Mitgliederverzeichnisse der Loge „Die Vereinigten Freunde an der Nahe" in Kreuznach seit 1859.]

[**Mitglieder-Verzeichnisse** der Loge „zu den wahren vereinigten Freunden" in Brünn. 1785/86; 1788; 1789; 1791; 1792.]
Selten.

[**Mitglieder-Verzeichnisse** der Loge Zur Freundschaft und Beständigkeit in Basel von 1821 an.]

Z. Freundschaft: [**Mitglieder-Verzeichnisse** der Loge „zur Freundschaft" in Kassel. Seit 1897.]

[**Mitgliederverzeichnisse** der Loge zum Friedensbunde in Neubrandenburg seit 1815.]

Friedland i. M.: [**Mitgliederverzeichnisse** der Loge zum Friedenstempel in Friedland i. Mecklb. seit 1881.]

Z. Füllhorn: [**Mitglieder-Verzeichnisse** der Loge „zum Füllhorn" in Lübeck. Seit 1803.]

Freiburg i. Schl.: [**Mitgliederverzeichnisse** der Loge zum Fürstenstein in Freiburg i. Schl. seit 1877.]

Z. Geheimnis d. 3 Könige: [**Mitglieder-Verzeichnisse** der Loge „zum Geheimnis der drei Könige" in Köln. Seit 1820/21.]

Arnstadt: [**Mitgliederverzeichnisse** der Loge zu den drei Gleichen in Arnstadt seit 1882.]

Z. vollkommenen Gleichheit: [**Mitglieder-Verzeichnisse** der Loge „zur vollkommenen Gleichheit" in Krefeld: 1789; 1793; 1803.]

Z. Glocke: **Mitgliederverzeichnisse** der Loge „zur Glocke" in Breslau. Seit 1836/36.]

Z. d. 3 Granatäpfeln: [**Mitglieder-Verzeichnisse** der Loge „zu den drei Granatäpfeln" in Dresden. Seit 1785 gedruckt erschienen.]

[**Mitglieder-Verzeichnisse** der Loge „zum gekr. goldenen Greif" in Neubrandenburg: ohne Datum; 1779; 1832.]

Swinemünde: [**Mitglieder-Verzeichnisse** der Loge „zum sicheren Hafen" in Swinemünde. Seit 1851.]

[**Mitgliederverzeichnisse** der Loge zu den drei Hammern in Halberstadt seit 1810.]
Die Loge ruhte von 1825—1835.

Lüdenscheid: [**Mitglieder-Verzeichnisse** der Loge „Zum märkischen Hammer" in Lüdenscheid. Seit 1891.]

[**Mitglieder-Verzeichnisse** der Loge „zu den 3 Hammern" in Naumburg. Seit 1828.]

[**Mitglieder-Verzeichnisse** der Loge „zur Hansa" in Bremen. Seit 1888/89.]

[**Mitgliederverzeichnisse** der Loge „zur goldenen Harfe" in Leer. Seit 1808.]

[**Mitgliederverzeichnisse** der Loge „zur goldenen Harfe" in Marienwerder. Seit 1804.]

[**Mitgliederverzeichnisse** der Loge „zur Harmonie" in Chemnitz. Seit 1845.]

[**Mitglieder-Verzeichnisse** der Loge „zur Harmonie" in Hohenstein. Seit 1802 gedruckt erschienen.]

[**Mitgliederverzeichnisse** der Loge zum aufrichtigen Herzen in Frankfurt a. O. seit 1778.]

[**Mitgliederverzeichnisse** der Loge zum treuen Herzen in Strassburg i. E. seit 1873.]

[**Mitgliederverzeichnisse** der Loge zur goldnen Himmelskugel in Gross-Glogau von 1788—1794.]

[**Mitglieder-Verzeichnisse** der Loge „zum goldenen Hirsch" in Oldenburg. Seit 1815.]
W. 11897 kennt M.-V. von 1776—1801.

[**Mitglieder-Verzeichnisse** der Loge „Zur Hoffnung" in Bern von 1828 an.]

Kleve: [**Mitglieder-Verzeichnisse** der Loge „Zur Hoffnung" in Kleve. Seit 1855.]

[**Mitgliederverzeichnisse** der Loge zur Hoffnung und Stärke am Niederrhein in Düsseldorf seit 1906.]

[**Mitgliederverzeichnisse** der Loge „In Treue Fest" in München seit 1896.]

Z. heiligen Joseph: [**Mitglieder-Verzeichnisse** der Loge „zum heiligen Joseph" in Wien. 1784; 1790.]
Vgl. W. 13188.

Bunzlau: [**Mitgliederverzeichnisse** der Loge zur goldnen Kette in Bunzlau seit 1850.]

Z. Kette: [**Mitgliederverzeichnisse** der Loge zur Kette in München seit 1873.]

Aschersleben: [**Mitgliederverzeichnisse** der Loge zu den drei Kleeblättern in Aschersleben seit 1794.]

[**Mitgliederverzeichnisse** der Loge zum rechtweisenden Kompass in Geestemünde seit 1902.]

[**Mitglieder-Verzeichnisse** der Loge „Zu den 3 Kränzen" resp. „Friedr. Wilh. z. d. 3 Kränzen" in Torgau. Seit 1820/21.]

Z. eisernen Kreuz: [**Mitgliederverzeichnisse** der Loge „zum eisernen Kreuz" in Mainz. Seit 1815/16.]

[**Mitgliederverzeichnisse** der Loge zum goldnen Kreuz in Dresden seit 1894.]

[**Mitglieder-Verzeichnisse** der Loge „zum goldenen Kreuz" in Merseburg. Seit 1805.]
Vgl. W. 11672.

[**Mitgliederverzeichnisse** der Loge zum goldnen Kreuz in Merseburg seit 1844.]

[**Mitglieder-Verzeichnisse** der Loge „zum lebendigen Kreuz" in Lippstadt. Seit 1845/46.]

Z. roten Kreuz: [**Mitglieder-Verzeichnisse** der Loge „zum roten Kreuz" in Danzig. Seit 1873.]

[**Mitgliederverzeichnisse** der Loge zur Krone der Elisabeth in Eisenach seit 1898.]

Stendal: [**Mitgliederverzeichnisse** der Loge „zur goldenen Krone" in Stendal. Seit 1800.]

[**Mitglieder-Verzeichnisse** der Loge zu den 3 Kronen in Königsberg. Seit 1803.]
Vgl. W. 11018.

[**Mitgliederverzeichnisse** der Loge zu den drei Kronen in Königsberg i. Pr. seit ca 1840.]

Gnesen: [**Mitgliederverzeichnisse** der Loge zum bekränzten Kubus in Gnesen seit 1805.]

Z. Goldnen Kugel: [**Mitgliederverzeichnisse** der Loge zur goldnen Kugel in Hamburg seit 1799.]

[**Mitgliederverzeichnisse** der Loge „zur goldenen Leyer" in Gumbinnen. Seit 1841.]

Lübben: [**Mitglieder-Verzeichnisse** der Loge „zum Leoparden" in Lübben. Seit 1830.]

Luckau: [**Mitgliederverzeichnisse** der Loge zum Leoparden in Luckau seit 1860.]

[**Mitgliederverzeichnisse** der Loge „Die Leuchte am Goldnen Horn" in Konstantinopel seit 1909.]

[**Mitglieder-Verzeichnisse** der Loge „zur Leuchte am Strome" in Pirna. Seit 1903.]

Lauenburg: [**Mitgliederverzeichnisse** der Loge „zum Leuchtturm an der Ostsee". Seit 1868.]

[**Mitgliederverzeichnisse** der Loge zum aufgehenden Licht an der Isar in München seit 1903.]

Pyritz: [**Mitglieder-Verzeichnisse** der Loge „zum aufgehenden Licht" in Pyritz. Seit 1880.]

[**Mitgliederverzeichnisse** der Loge zum hellen Licht in Hamm seit 1792.]

Hohensalza: [**Mitglieder-Verzeichnisse** der Loge „zum Licht im Osten" in Hohensalza resp. Inowrazlaw. Seit 1886/87.]

Kattowitz: [**Mitglieder-Verzeichnisse** der Loge „zum Licht im Osten" in Kattowitz. Seit 1873.]

[**Mitgliederverzeichnisse** der Loge zum siegenden Licht in Danzig seit 1874.]

Wernigerode: [**Mitglieder-Verzeichnisse** der Loge „zum starken Licht am Brocken" in Wernigerode. Seit 1902/03.]

[**Mitgliederverzeichnisse** der Loge zum Licht im Walde in Forst i. L. seit 1883.]

Z. d. 3 grossen Lichtern: [**Mitglieder-Verzeichnisse** der Loge „zu den drei grossen Lichtern" in Naumburg. 1828, 1830.]

Z. weissen Lilie: [**Mitgliederverzeichnisse** der Loge „zur weissen Lilie" in Kyritz. Seit 1892/93.]

Z. d. 6 Lilien: [**Mitglieder-Verzeichnisse** der Loge „zu den 6 Lilien" in Neisse. Seit 1842/43.]

[**Mitgliederverzeichnisse** der Loge zur alten Linde in Dortmund seit 1855.]

[**Mitglieder-Verzeichnisse** der Loge „zur goldenen Lotosblume" in Krimmitschau. Seit 1908/09.]

[**Mitgliederverzeichnisse** der Loge zur goldnen Lotosblume in Crimmitschau seit 1909.]

Z. westfälischen Löwen: [**Mitgliederverzeichnisse** der Loge „zum westfälischen Löwen. Seit 1814.]

Schwelm: [**Mitgliederverzeichnisse** der Loge zum westfälischen Löwen in Schwelm seit 1793.]

[**Mitgliederverzeichnisse** der Loge zur goldnen Mauer in Bautzen seit 1803.]

[**Mitglieder-Verzeichnisse** der Loge „zur aufgehenden Morgenröte" in Frankfurt a. M. Seit 1840.]

Stolp: [**Mitgliederverzeichnisse** der Loge „zur Morgenröte des höheren Lichts" in Stolp. Seit 1839/40.]

[**Mitglieder-Verzeichnisse** der Loge „zum Morgenstern" in Hof. Seit 1799.]

Z. Oelzweig: [**Mitglieder-Verzeichnisse** der Loge zum Oelzweig in Bremen. Seit 1819.]

[**Mitgliederverzeichnisse** der Loge zum Palmbaum in Köthen seit 1879.]

Pasewalk: [**Mitglieder-Verzeichnisse** der Loge „zur Palme" in Pasewalk. Seit 1849/50.]

Pegasus: [**Mitglieder-Verzeichnisse** der Loge „zum Pegasus" in Berlin. Seit 1840.]

[**Mitglieder-Verzeichnisse** der Loge „zur Perle am Berge" in Perleberg. Seit 1829.]

[Mitglieder-Verzeichnisse der Loge „zu den 3 Pfeilen" in Nürnberg. Seit 1790.]

Vom Jahre 1889 sind 2 M.-V. vorhanden, eines datiert: „Säcularfeier 1889, 18. März", das andere „Johannis 1889".

[**Mitgliederverzeichnisse** der Loge „zur Pflichttreue" in Birkenfeld. Seit 1837 gedruckt.]

Birkenfeld: [**Mitgliederverzeichnisse** der Loge zur Pflichttreue in Birkenfeld.]

Beginn der Hrsg. unbekannt, sicher aber vor 1856.

Z. Goldnen Pflug: [**Mitgliederverzeichnisse** der Loge zum goldnen Pflug in Berlin seit 1777.]

Zum Pilgrim: [**Mitglieder-Verzeichnisse** der Loge „zum Pilgrim" in Berlin. Seit 1805.]

[**Mitgliederverzeichnisse** der Loge zur Pyramide in Karlsruhe i. B. seit 1907.]

[**Mitgliederverzeichnisse** der Loge „zur Pyramide" in Plauen. Seit 1836.]

[**Mitgliederverzeichnisse** der Loge zur heissen Quelle in Hirschberg seit 1824.]

Warmbrunn: [**Mitglieder-Verzeichnisse** der Loge „zur heissen Quelle" in Warmbrunn. 1830.]

Z. d. 3 Quellen: [**Mitglieder-Verzeichnisse** der Loge „zu den 3 Quellen" in Erfurt. Seit 1908.]

[**Mitglieder-Verzeichnisse** der Loge „zum goldenen Rade" in Osnabrück. Seit 1808.]

Zum goldenen Rad am Rhein: [**Mitgliederverzeichnisse** der Loge „zum goldenen Rad" am Rhein. Seit 1909/10.]

Detmold: [**Mitgliederverzeichnisse** der Loge zur Rose am Teutoburger Walde in Detmold seit 1845.]

Aue: [**Mitglieder-Verzeichnisse** der Loge „zu den drei Rosen im Erzgebirge in Aue: 1913/14.]

Ludwigshafen: [**Mitglieder-Verzeichnisse** der Loge „zu den 3 Rosen am Rhein" in Ludwigshafen. Seit 1906.]

Rüssdorf: [**Mitglieder-Verzeichnisse** der Loge „zu den 3 Rosen" in Rüssdorf. Seit 1787.]

Sachsenfeld: [**Mitglieder-Verzeichnisse** der Loge „zu den 3 Rosen" in Sachsenfeld. 1776; 1777; 1779; 1781.]

[**Mitgliederverzeichnisse** der Loge zu den drei Rosen im Walde in Sorau seit 1820.]

[**Mitgliederverzeichnisse** der Loge zu den drei Rosenknospen in Bochum seit 1788.]

Z. Säule: [**Mitglieder-Verzeichnisse** der Loge zur Säule in Breslau. Seit 1836.]

[**Mitgliederverzeichnisse** der Loge zur Säule an den Vogesen in Mülhausen i. Els. seit 1877.]

[**Mitglieder-Verzeichnisse** der Loge „zu den 3 gekrönten Säulen" in Prag. 1783; 1784.]

Selten.

[**Mitgliederverzeichnisse** der Loge zu den drei Säulen in Triebel von 1808—1812.]

Guben: [**Mitgliederverzeichnisse** der Loge „zu den 3 Säulen am Weinberge" in Guben. Seit 1847/48.]

Z. d. ehern. Säulen: [**Mitglieder-Verzeichnisse** der Loge „zu den ehernen Säulen" in Dresden. Seit 1863.]

[**Mitglieder-Verzeichnisse** der Loge „zum goldenen Schiff" in Berlin. Seit 1836.]

[**Mitgliederverzeichnisse** der Loge „zur gekrönten Schlange" in Görlitz. Seit 1780.]

Z. den drei Goldnen Schlüsseln: [**Mitgliederverzeichnisse** der Loge zu den drei goldnen Schlüsseln in Berlin.]
Beginn der Hrsgabe unbekannt.

Z. Schönheit und Stärke: [**Mitglieder-Verzeichnisse** der Loge „zur Schönheit und Stärke" in Saarbrücken. Seit 1848/49.]

Wesel: [**Mitglieder-Verzeichnisse** der Loge „zum goldenen Schwert" in Wesel. Seit 1805 gedruckt erschienen.]

[**Mitgliederverzeichnisse** der Loge zu den drei Schwertern seit 1779.]

[**Mitgliederverzeichnisse** der Loge zu den drei Schwertern und Asträa zur grünenden Raute in Dresden seit 1832.]

[**Mitglieder-Verzeichnisse** der Loge „zu den drei Schwertern und wahren Freunden" in Dresden. Seit 1799.]

Beuthen: [**Mitgliederverzeichnisse** der Loge „zum Silberfels". Seit 1903.]

Tarnowitz: [**Mitglieder-Verzeichnisse** der Loge „zum Silberfels" in Tarnowitz. Seit 1844/45.]

[**Mitgliederverzeichnisse** der Loge zur aufgehenden Sonne in Sonneberg, S. M. seit 1904.]

[**Mitgliederverzeichnisse** der Loge zur siegenden Sonne in Berlin seit 1907.]

Zur Sonnenrose: [**Mitglieder-Verzeichnisse** der Loge „zur Sonnenrose" in Augsburg. Seit 1907.]

Fürstenwalde: [**Mitgliederverzeichnisse** der Loge „am rauhen Stein" in Fürstenwalde. Seit 1891.]

Celle: [**Mitgliederverzeichnisse** der Loge zum hellleuchtenden Stern in Celle seit 1812.]

[**Mitglieder-Verzeichnisse** der Loge „zu den 3 gekrönten Sternen" in Prag. 1783.]
Vgl. W. 13071.

Harzburg: [**Mitgliederverzeichnisse** der Loge „zur grünenden Tanne" in Harzburg. Seit 1904.]

Z. d. 3 Tannen im Schwarzwald: [**Mitgliederverzeichnisse** der Loge „zu den 3 Tannen im Schwarzwald" in Freiburg i. B.] o. J.

[**Mitglieder-Verzeichnisse** der Loge „zur weissen Taube" in Neisse. Seit 1815/16.]

[**Mitgliederverzeichnisse** der Loge zum Tempel der Bruderliebe in Rawitsch seit 1863.]

Osterode a. H.: [**Mitglieder-Verzeichnisse** der Loge „zum Tempel der Eintracht" in Osterode a. H. Seit 1876.]

Posen: [**Mitgliederverzeichnisse** der Loge zum Tempel der Eintracht in Posen seit 1812.]

Heiligenstadt: [**Mitglieder-Verzeichnisse** der Loge „Zum Tempel der Freundschaft" in Heiligenstadt. Seit 1828/29.]

[**Mitglieder-Verzeichnisse** der Loge „Zum Tempel der Freundschaft und Wohltätigkeit" in Havelberg. Seit 1834/35.]

[**Mitgliederverzeichnisse** der Loge zum Tempel des Friedens in Metz seit 1872.]

Z. neuen Tempel: [**Mitglieder-Verzeichnisse** der Loge „zum neuen Tempel" in Braunschweig. Seit 1901.]

[**Mitglieder-Verzeichnisse** der Loge „zum Tempel der Wahrheit" in Rostock. Seit 1808.]

[**Mitglieder-Verzeichnisse** der Loge „zum wiedererbauten Tempel der Bruderliebe" in Worms. Seit 1836.]

Bruchsal: [**Mitglieder-Verzeichnisse** der Loge „zum Tempel des vaterländ. Wohls" in Bruchsal. Seit 1809.]

Z. d. 3 Totengerippen: [**Mitglieder-Verzeichnisse** der Loge zu den 3 Todtengerippen. Seit 1836.]

Rastenburg: [**Mitgliederverzeichnisse** der Loge zu den drei Toren des Tempels in Rastenburg i. Ostpr. seit 1819.]

Z. Totenkopf: [**Mitgliederverzeichnisse** der Loge zum Totenkopf in Königsberg i. Pr. von 1790—1832.]

[**Mitgliederverzeichnisse** der Loge „zur Treue an der Katzbach" in Goldberg. Seit 1858/59.]

Kolmar: [**Mitglieder-Verzeichnisse** der Loge „zur Treue" in Kolmar i. E. Seit 1892/93.]

[**Mitgliederverzeichnisse** der Loge zur oberbergischen Treue in Gummersbach seit 1907.]

[**Mitgliederverzeichnisse** der Loge „zu den 3 Triangeln" in Glatz. Seit 1789.]

[**Mitgliederverzeichnisse** der Loge zu den drei Türmen a. d. Lahn in Limburg seit 1896.]

Limburg: [**Mitglieder-Verzeichnisse** der Loge „Zu den drei Türmen an der Lahn" in Limburg. Seit 1896/97.]

[**Mitgliederverzeichnisse** der Loge zu den fünf Türmen am Salzquell in Halle a. S. seit 1886.]

Aurich: [**Mitglieder-Verzeichnisse** der Loge „zur ostfries. Union" in Aurich. Seit 1847.]

[**Mitgliederverzeichnisse** der Loge zur ostfriesischen Union in Emden seit 1841.]

Nordhausen: [**Mitgliederverzeichnisse** der Loge zur gekrönten Unschuld in Nordhausen seit ca 1800.]

Wismar: [**Mitglieder-Verzeichnisse** der Loge „zur Vaterlandsliebe" in Wismar. Seit 1819.]

[**Mitglieder-Verzeichnisse** der Loge „zur Verbrüderung" in Oedenburg. 1870/71; 1871.]

[**Mitgliederverzeichnisse** der Loge zur Verbrüderung an der Regnitz in Bamberg seit 1875.]

[**Mitgliederverzeichnisse** der Loge zu den drei Verbündeten in Düsseldorf seit 1806.]

[**Mitgliederverzeichnisse** der Loge „zum innigen Verein am Riesengebirge" i. Or. Landeshut. Seit 1821/22.]

[**Mitgliederverzeichnisse** der Loge zum Verein der Menschenfreunde in Trier seit ca 1880.]

[**Mitgliederverzeichnisse** der Loge zum treuen Verein in Wittenberg seit 1829.]

[**Mitgliederverzeichnisse** der vereinigten Loge zu den drei Totengerippen, zur Säule und zur Glocke in Breslau seit 1844.]

Vereinigte Loge z. Totenkopf und Phönix: [**Mitgliederverzeichnisse** der vereinigten Loge zum Totenkopf und Phönix in Königsberg i. Pr. seit 1832.]

[**Mitgliederverzeichnisse** der Loge zur biedern Vereinigung in Gross-Glogau seit 1803.]

[**Mitgliederverzeichnisse** der Loge zur Verschwisterung der Menschheit in Glauchau seit 1847.]

[**Mitglieder-Verzeichnisse** der Loge „zur goldenen Wage" in Hof. Seit 1805.]

[**Mitgliederverzeichnisse** der Loge zur goldnen Waage in Quedlinburg seit 1880.]

[**Mitglieder-Verzeichnisse** der Loge „die Wachsende zu den drei Schlüsseln" resp. „Karl zu den 3 Schlüsseln" in Regensburg. Seit 1791.]

Strasburg i. Wpr.: [**Mitgliederverzeichnisse** der „Loge „zur Wacht im Osten" in Strasburg i. Wpr. Seit 1901.]

[**Mitgliederverzeichnisse** der Loge zur Wahrhaftigkeit und Bruderliebe in Döbeln seit 1884.]

[**Mitgliederverzeichnisse** der Loge zur Wahrheit und Freundschaft in Fürth seit 1863.]

Prenzlau: [**Mitgliederverzeichnisse** der Loge zur Wahrheit in Prenzlau seit 1804.]

Z. Wahrheit am Rhein: [**Mitgliederverzeichnisse** der Loge zur Wahrheit am Rhein in Köln a. Rh. seit 1904.]

Gleiwitz: [**Mitgliederverzeichnisse** der Loge zur siegenden Wahrheit in Gleiwitz seit 1850.]

[**Mitglieder-Verzeichnisse** der Loge „zur siegenden Wahrheit" in Kosel. Seit 1817/18.]

Z. Wahrheit und Treue: [**Mitglieder-Verzeichnisse** der Loge „zur Wahrheit und Treue" in Neuwied. Seit 1884/85.]

Neusalz: [**Mitglieder-Verzeichnisse** der Loge „zur Wahrheit und Tugend" in Neusalz a. d. O. Seit 1859/60.]

[**Mitglieder-Verzeichnis** der Loge „zu den 3 vereinigten Wässern" in Passau: 1785.]

Osterode i. O.: [**Mitglieder-Verzeichnisse** der Loge „Auf dem Wege zum Osten" in Osterode i. O. Seit 1894/95.]

[**Mitglieder-Verzeichnisse** der Loge „Zum Wegweiser" zu Löwenberg. Seit 1842.]

Linz: [**Mitglieder-Verzeichnisse** der Loge „zu den 7 Weisen" in Linz. 1785; 1786.]
Selten.

[**Mitgliederverzeichnisse** der Loge zur Weltkugel in Lübeck seit 1784.]

[**Mitglieder-Verzeichnisse** der Loge „zum Widder" in Berlin. Seit 1810.]

[**Mitgliederverzeichnisse** der Loge zur Ceder in Hannover.]
Beginn der Hrsg. unbekannt, sicher aber vor 1864.

[**Mitglieder-Verzeichnisse** der Loge „zu den 3 Cedern" in Stuttgart. Seit 1843/44.]

[**Mitgliederverzeichnisse** der Loge zu den drei Zirkeln in Stettin seit 1774.]

Z. grünenden Zweig: [**Mitglieder-Verzeichnisse** der Loge „zum grünenden Zweig" in Triptis. Seit 1875/76.]

[**Mitglieder-Verzeichnisse** der 3 verbundenen Logen „zu den drei Cedern" in Stuttgart, „Carl zu den 3 Ulmen" in Ulm, „Carl zum Brunnen des Heils" in Heilbronn. Von 1856/57 bis 1859/60.]

[**Mitglieder-Verzeichnisse** der verbündeten Logen „zum stillen Tempel" und „Pforte zur Ewigkeit" in Hildesheim. Seit 1822/23.]

[**Mitglieder-Verzeichnisse** der vereinigten Logen „zur Einigkeit" und „Sokrates zur Standhaftigkeit" in Frankfurt a. M. Seit 1812.]

Gottfried z. d. 7 Sternen: [**Mitglieder-Verzeichnisse** der unter der Grossen Loge „Gottfried zu den 7 Sternen" vereinigten Hamburger Logen: 1776; 1778; 1785 (Supplement).]

Vereinigte Loge: [**Mitglieder-Verzeichnisse** der vereinigten Logen zu den 3 Totengerippen, zur Säule und zur Glocke in Breslau: 1838.]
Vor der Vereinigung zu einer einzigen Loge.

Alfeld: [**Mitglieder-Verzeichnisse** der Loge „Luisa-Augusta zu den drei Sternen" in Alfeld: 1805, 1806, 1808.]

Angerburg: [**Mitgliederverzeichnisse** der Loge Louise zum tröstenden Engel in Angerburg.]
f. 1813, 1818, 1819, 1820, 1821, 1822, 1824, 1825, 1826, 1827.

Birkenwerder: [**Mitgliederverzeichnisse** der Loge „Kurfürstin Luise Henriette" zu Birkenwerder. Seit 1900/01.]

Luise z. gekr. Schönheit: [**Mitglieder-Verzeichnisse** der Loge Luise zur gekrönten Schönheit resp. Luise in Charlottenburg. Seit 1803/04 gedruckt erschienen.]

[**Mitglieder-Verzeichnisse** der Loge „Luise zur Unsterblichkeit" in Meseritz. Seit 1845/46.]

Mansfeld z. heiligen Feuer: [**Mitglieder-Verzeichnisse** der Loge „Mansfeld zum heiligen Feuer" in Hettstedt. Seit 1903.]

[**Mitgliederverzeichnisse** der Loge Marc Aurel zum flammenden Stern in Marburg a. d. L. seit 1871.]

Verden: [**Mitglieder-Verzeichnisse** der Loge „Maria zum Rautenkranz" in Verden. Seit 1861.]

Köslin: [**Mitglieder-Verzeichnisse** der Loge „Maria zum goldenen Schwert" in Köslin. Seit 1781.]
Vgl. W. 11049.

Köslin: [**Mitgliederverzeichnisse** der Loge Maria zum goldnen Schwert in Köslin seit 1830.]

Schmiedeberg (Bez. Halle): [**Mitgliederverzeichnisse** des Maurer-Kränzchens zur Schmiede am Berge in Schmiedeberg (Bez. Halle a. S.) seit 1905.]

[**Mitglieder-Verzeichnisse** der Loge „Memphis" in Memel. Seit 1799.]

Querfurt: [**Mitglieder-Verzeichnisse** der Loge „Minerva zu den 3 Lichtern" in Querfurt Seit 1891.]

[**Mitgliederverzeichnisse** der Loge „Minerva" in Potsdam. Seit 1806.]

[**Mitgliederverzeichnisse** der vereinigten Loge Minerva zum vaterländischen Verein und Rhenana zur Humanität in Köln seit 1852.]

Buffalo: [**Mitgliederverzeichnisse der** Loge „Modestia" **Nr. 340 in Buffalo.** 1858, 1862/63.]

[**Mitgliederverzeichnisse** der Grossen Mutterloge des Eklektischen Freimaurerbundes in Frankfurt a. M. und der zu ihr gehörenden Logen seit 1815.]

[**Mitglieder-Verzeichnisse** der Mutterloge „Zu den drey Weltkugeln" in Berlin.] 1775, 1776 (Supplement.)

Rendsburg: [**Mitglieder-Verzeichnisse** der Loge „Nordstern" in Rendsburg. Seit 1865.]

[**Mitglieder-Verzeichnisse** der Loge „Olaus til den hvide Leopard" in Christiania. 1851. 1856.]

Emmerich: [**Mitgliederverzeichnisse** der Loge Pax inimica malis in Emmerich seit 1801.]

Pegasus und Schiff: [**Mitgliederverzeichnisse** der Loge Pegasus und Schiff in Stettin seit 1902.]

[**Mitgliederverzeichnisse** der Loge Pestalozzi zur Wahrheit in Berlin seit 1901.]

Pforte z. Ewigkeit: [**Mitglieder-Verzeichnisse** der Loge „Pforte zur Ewigkeit" in Hildesheim. Seit 1796.]

[**Mitglieder-Verzeichnisse** der Loge „Pforte zum Tempel des Lichts" in Hildesheim. Seit 1844.]

[**Mitgliederverzeichnisse** der Loge „Phöbus Apollo" in Güstrow. Seit 1805.]

Phönix: [**Mitgliederverzeichnisse** der Loge Phönix in Königsberg i. Pr. von 1799—1832.]

[**Mitgliederverzeichnisse** der Loge Phönix in Leipzig seit 1893.]

[**Mitgliederverzeichnisse** der Freimaurer-Vereinigung Pilot in Pillau seit 1898.]

Plato z. beständigen Einigkeit: [**Mitglieder-Verzeichnisse** der Loge „Plato zur beständigen Einigkeit" in Wiesbaden. Seit 1858/59.]

[**Mitglieder-Verzeichnisse** der Provinzial-Loge „Polarstjernen" in Christiania und der unter ihr arbeitenden Logen. 1894; 1903; 1910.]

[**Mitgliederverzeichnisse** der Loge Prinz von Preussen zu den drei Schwertern in Solingen seit 1840.]

[**Mitglieder-Verzeichnisse** der Provinzial-Grossloge von Dänemark. 1801, 1804.]

M.-V. von Zorobabel zum Nordstern, Friedrich zur gekr. Hoffnung und Christian til Palmetraert zu Kopenhagen.

[**Mitgliederverzeichnisse** der Provinzialgrossloge von Hamburg in Berlin seit 1901.]

[**Mitgliederverzeichnisse** der Provinzialloge von Mecklenburg seit 1830/31.]

[**Mitgliederverzeichnisse** der Provinzialloge von Schlesien seit 1836/37.]

[**Mitglieder-Verzeichnisse** der Loge „Psyche" in Oppeln. Seit 1828/29.]

Liegnitz: [**Mitglieder-Verzeichnisse** der Loge „Pythagoras zu den drei Höhen" in Liegnitz. Seit 1819.]

Pythagoras: [**Mitglieder-Verzeichnisse** der Loge „Pythagoras" in New York. 1841; 1849; 1854; 1856; 1866.]

[**Mitglieder-Verzeichnisse** der Loge „Pythagoras zu den drei Strömen" in Münden. Seit 1799.]

[**Mitglieder-Verzeichnisse** des Vereins „Rat und Tat" in Hamburg. Seit 1907.]

[**Mitglieder-Verzeichnisse** des Vereins „Rat und Tat" in Nürnberg. Seit 1908.]

[**Mitgliederverzeichnisse** der Loge Reinoldus zur Pflichttreue in Dortmund seit 1910.]

Pforzheim: [**Mitglieder-Verzeichnisse** der Loge „Reuchlin" in Pforzheim. Seit 1867/68.]

[**Mitgliederverzeichnisse** der Loge Roland in Hamburg seit 1892.]

Rose und Akazie: [**Mitglieder-Verzeichnisse** der Loge „Rose und Akazie" in Düsseldorf. Seit 1897.]

[**Mitgliederverzeichnisse** der Loge „Rudolf zu den 3 Schwanen" in Friedberg. Seit 1780.]

Putbus: [**Mitgliederverzeichnisse** der Loge Rugia zur Hoffnung in Putbus seit 1847.]

[**Mitgliederverzeichnisse** der Loge Ruprecht zu den fünf Rosen in Heidelberg seit 1857.]

Schleswig: [**Mitglieder-Verzeichnisse** der Loge „Salomon zum goldenen Löwen" in Schleswig. 1788; 1793.]

[**Mitgliederverzeichnisse** der Loge St. Georg zur grünenden Fichte in Hamburg seit 1775.]

[**Mitgliederverzeichnisse** der Loge „St. Georgspforte zum Frieden" in Spremberg. Seit 1891.]

[**Mitgliederverzeichnisse** der Loge „St. Johannes zum schwarzen Adler" in Landsberg. Seit 1811.]
W. 11127 kennt Mitgl.-Verz. erst von 1860 an.

Landsberg a. W.: [**Mitgliederverzeichnisse** der Loge St. Johannes zum schwarzen Adler in Landsberg a. W. seit 1860.]

[**Mitgliederverzeichnisse** der Loge St. Martin zu den drei goldnen Ähren in Jauer seit 1850.]

Apenrade: [**Mitgliederverzeichnisse** der Loge St. Nicolaus an der offnen Rhede in Apenrade seit 1899.]

Schiller z. Unsterblichkeit: [**Mitglieder-Verzeichnisse** der Loge „Schiller zur Unsterblichkeit" in Köln. Seit 1909/10.]

[**Mitglieder-Verzeichnisse** der Loge „Selene zu den 3 Türmen" in Lüneburg: seit 1810.]

[**Mitgliederverzeichnisse** der Loge Settegast zur deutschen Treue im Breslau seit 1901].

[**Mitgliederverzeichnisse** der Loge Solon in Chemnitz seit 1900.]

[**Mitgliederverzeichnisse** des Sommer-Logen-Kränzchens zur Freundschaft an der Saale in Kissingen seit 1904.]

Spes: [**Mitglieder-Verzeichnisse** der Andreasloge „Spes" in Neisse. Seit 1909.]

Allenstein: [**Mitglieder-Verzeichnisse** der Loge „Stein an der Alle" in Allenstein: seit 1891.]

[**Mitgliederverzeichnisse** der Loge „Stern St. Johannis" in Zielenzig. Seit 1841/42.]

Holzminden: [**Mitglieder-Verzeichnisse** der Loge „Stern am Solling" in Holzminden. Seit 1904/05.]

Stern z. Treue: [**Mitglieder-Verzeichnisse** der Loge „Stern zur Treue" in Leipzig. Seit 1903.]

Oldesloe: [**Mitgliederverzeichnisse** der Loge Stormarn in Oldesloe seit 1902.]

[**Mitgliederverzeichnisse** der Loge Sundia zur Wahrheit in Stralsund seit 1877.]

Tempel des Friedens: [**Mitgliederverzeichnisse** der Loge „Tempel des Friedens" in Stettin. Seit 1892.]

[**Mitglieder-Verzeichnisse** der Loge „Tempel des Johannes" zu Königsberg i. N. Seit 1840/41.]
Vgl. W. 11010.

Königsberg i. d. Neumark: [**Mitgliederverzeichnisse** der Loge Tempel des Johannes in Königsberg i. d. N. seit 1844.]

Krotoschin: [**Mitgliederverzeichnisse** der Loge Tempel zur Pflichttreue in Krotoschin seit 1827.]

Ostrowo: [**Mitglieder-Verzeichnisse** der Loge „Tempel der Treue im Osten" in Ostrowo. Seit 1879/80.]

Schwedt: [**Mitglieder-Verzeichnisse** der Loge „Tempel der Tugend" in Schwedt. Seit 1846/47.]

Kreuzburg: [**Mitgliederverzeichnisse** der Loge Tempel der Wahrheit in Kreuzburg seit 1877.]

Buenos-Aires: [**Mitgliederverzeichnisse** der Loge Teutonia in Buenos Aires seit 1882.]

[**Mitgliederverzeichnisse** der Loge „Teutonia zur Weisheit“ in Potsdam. Seit 1811.]

[**Mitglieder-Verzeichnisse** der Loge „Theodor zum bergischen Löwen in Düsseldorf“. Seit 1908/09.]

Treue: [**Mitglieder-Verzeichnisse** der Loge „Treue“ in Pressburg. Seit 1898.]

Troppau: [**Mitglieder-Verzeichnisse** der Filiale Troppau des nicht politischen Vereins „Humanitas“ in Wien. 1874; 1875; 1876.]

Bützow: [**Mitglieder-Verzeichnisse** der Loge „Urania zur Eintracht“ in Bützow. Seit 1854/55.]

Saalfeld: [**Mitgliederverzeichnisse** der brüderlichen Vereinigung zum hohen Schwarm an der Saale in Saalfeld seit 1884.]

[**Mitgliederverzeichnisse** der freien Vereinigung von Brüdern in Burgstädt seit 1891.]

Reichenbach i. Vogtl.: [**Mitgliederverzeichnisse** der freien maur. Vereinigung in Reichenbach i. Vogtl. seit 1908.]

[**Mitglieder-Verzeichnisse** der Loge „Vesta zum heiligen Feuer“ in Leipzig. Seit 1907.]

Boizenburg: [**Mitgliederverzeichnisse** der Loge „Vesta zu den 3 Türmen“ in Boizenburg. Seit 1874.]

[**Mitgliederverzeichnisse** der Loge Viktor zum goldnen Hammer in Spandau seit 1859.]

Victoria z. beglückenden Liebe: [**Mitgliederverzeichnisse** der Loge „Victoria z. beglückenden Liebe“ in Zeitz. Seit 1859/60.]

Frankenstein: [**Mitglieder-Verzeichnisse** der Loge „Viktoria zur Liebe und Treue“ in Frankenstein. Seit 1860.]

Victoria z. Morgenröte: [**Mitgliederverzeichnisse** der Loge „Victoria zur Morgenröte“. Seit 1861.]

Münchenbernsdorf: [**Mitglieder-Verzeichnisse** der Loge „Victoria zum flammenden Stern“ in Münchenbernsdorf. Seit 1864/65.]

[**Mitgliederverzeichnisse** der Loge „Victoria z. d. 3 gekrönten Türmen“ in Graudenz. Seit 1818/19.]

Marienburg: [**Mitgliederverzeichnisse** der Loge „Victoria zu den drei gekrönten Türmen“ in Marienburg. Seit 1788.]

Sagan: [**Mitgliederverzeichnisse** der Loge Viktoria vom Fels zum Meer in Sagan seit 1861.]

München-Gladbach-Rheydt: [**Mitgliederverzeichnisse** der Loge Vorwärts in München-Gladbach-Rheydt seit 1846.]

[**Mitglieder-Verzeichnisse** der Loge „Wahrheit und Einigkeit z. d. 7 vereinigten Brüdern“ in Jülich. Seit 1846/47.]

Wiking z. Wahrheit: [**Mitglieder-Verzeichnisse** der Loge „Wiking zur Wahrheit“ in Kiel. Seit 1910/11.]

[**Mitgliederverzeichnisse** der Loge „Wilhelm zum gekrönten Anker“ in Glückstadt. Seit 1891.]

Itzehoe: [**Mitglieder-Verzeichnisse** der Loge „Wilhelm zum gekrönten Anker“ in Itzehoe. Seit 1875/76.]

Wilhelmshaven: [**Mitglieder-Verzeichnisse** der Loge „Wilhelm zum silbernen Anker“ in Wilhelmshaven. Seit 1879/80.]

Wilhelm z. Dankbarkeit: [**Mitgliederverzeichnisse** der Loge Wilhelm zur Dankbarkeit in Mannheim seit 1897.]

Ohlau: [**Mitglieder-Verzeichnisse** der Loge „Wilh. zur deutschen Eiche" in Ohlau. Seit 1879/80.]

Oeynhausen: [**Mitglieder-Verzeichnisse** der Loge „Wilhelm zur Einigkeit" in Oeynhausen. Seit 1884.]

Kulm-Schwetz: [**Mitgliederverzeichnisse** der Loge „Wilhelm zur strahlenden Gerechtigkeit" in Kulm-Schwetz. Seit 1864/65.]

Wilhelm z. d. 3 Helmen: [**Mitglieder-Verzeichnisse** der Loge „Wilhelm zu den 3 Helmen" in Wetzlar. Seit 1849/50.]

Varel: [**Mitglieder-Verzeichnisse** der Loge „Wilhelm zum silbernen Kreuz" in Varel. 1814; 1816—1818; 1820; 1829.]
Vgl. W. 12493.

[**Mitgliederverzeichnisse** der Loge Wilhelm zur Liebe und Treue in Delitzsch seit 1888.]

Kolberg: [**Mitglieder-Verzeichnisse** der Loge „Wilhelm zur Männerkraft" in Kolberg. Seit 1831/32.

Freystadt: [**Mitgliederverzeichnisse** der Loge „Wilhelm zur Morgenröte" in Freystadt. Seit 1906.]

Nauen: [**Mitglieder-Verzeichnisse** der Loge „Wilhelm zur Palme des Friedens" in Nauen. Seit 1885.]

[**Mitglieder-Verzeichnisse** der Loge „Wilhelm zur gekrönten Säule" in Oels. Seit 1828/29.]

Wolfenbüttel: [**Mitglieder-Verzeichnisse** der Loge „Wilh. zu den 3 Säulen" in Wolfenbüttel. Seit 1852/53.]

[**Mitglieder-Verzeichnisse** der Loge „Wilhelm zur aufgehenden Sonne" in Stuttgart. Seit 1836.]

Wilhelm z. Deutschen Treue: [**Mitgliederverzeichnisse** der Loge Wilhelm zur deutschen Treue in Hannover seit 1900.]

[**Mitgliederverzeichnisse** der Loge Wilhelm zur nordischen Treue in Flensburg seit 1868.]

Bartenstein: [**Mitglieder-Verzeichnisse** der Loge Wilhelm zur ostfries. Treue in Bartenstein. Seit 1891.]

Wilhelm z. Unsterblichkeit: [**Mitgliederverzeichnisse** der Loge Wilhelm zur Unsterblichkeit in Frankfurt a. M. seit 1894.]

[**Mitgliederverzeichnisse** der Loge Wilhelm zur Wahrheit und Brudertreue in Lübben seit 1867.]

Wilhelm z. Wahrheit u. Tugend: [**Mitgliederverzeichnisse** der Loge „Wilhelm z. Wahrheit und Tugend" in Glogau. Seit 1863/64.]

Willis Stewart: [**Mitglieder-Verzeichnisse** der Loge „Willis Stewart Nr. 224" in Louisville. 1868/69.]

Minden i. Westf.: [**Mitgliederverzeichnisse** der Loge Wittekind zur westfälischen Pforte in Minden seit 1785.]

Mitgliedschaft der Gemeinden bei den Raiffeisenkassen. Prag 1909.

Marburger Lokomotivbeamten-Verein. Gegr 12 Aug 1896 **Mitgliedskarte** nebst Anhang der Satzungen ... *(Marburg 1904: J. Hamel.)* (4 Bl.) 8° [75.] 4

Mithen [Schlagwort]

Mithen, s.: Schweiz. Atlas.

Mithof, A. L., comparat. inter version. negot. et operat. etc. 8maj. Götting. 788. Brose. 4 gr.

Mithof, Hect. Burch., Diss. inaug. med. de sede irritamenti in epilepsia, adspersis practicis analectis. 4. Götting. 788. Dieterich. 2 gr.

— — Vgl. Mithoff

Mithofen, Balthasar Friedrich von (Quedlinburg), Schediasma de castro sine loco munito perillustri Domino Philipp Carl von Knigge doctori utriusque juris creato inscriptum. Göttingen (A. Vandenhoeck) (1747). 16 S. (4.—) 23417

v. Mithofen, (Sophie,) Robert u. Luise, od. Trennung u. Wiedersehen. 8. Lüneburg 825, Herold u. W.

Mithoff, Hct. Burch., De sede irritamenti in epilepsia, adspersis practicis analectis. 22 pp. Gott. 4°. *Doering*, 1, 159. Erl. Beytr 88. n. 189 p. 1891.

1788

– – Vgl. Mithof

Mithoff, Hekt Wilh Hnr

Mithoff, H. Wilh. H., Archiv für Niedersachsens Kunstgeschichte; eine Darstellung mittelalterl. Kunstwerke in Niedersachsen und nächster Umgebung. 1. Abthl.: Mittelalterliche Kunstwerke in Hannover. 1. Lfg. Imp.-Fol. (IV und 4 S. mit 6 Stnt. und 1 Holzschn.) Hannover 849, (Helwingsche Hofbuchh.) *

Mithoff, H. Wilh. H., Archiv für Niedersachsens Kunstgeschichte; eine Darstellung mittelalterlicher Kunstwerke in Niedersachsen und nächster Umgebung. I. Abthl.: Mittelalterliche Kunstwerke in Hannover. 2—4. Lfg. Imp.-Fol. (S. 5—16 mit eingedr. Holzschn. und 18 Stnt., wovon 3 in Tondr.) Hannover 853, Helwingsche Hofbuchh. à Lfg. * 2 Thlr. *

Mithoff, H. W. H., Archiv für Niedersachsens Kunstgeschichte. Eine Darstellung mittelalterlicher Kunstwerke in Niedersachsen und nächster Umgebung. 2. Abth.: Das Kloster Wienhausen bei Celle. Hannover (853.) (Helwing.) (17 S. mit Holzschn. im Text u 10 lith. Taf. in Fol.) n. 4 Thlr.

— — 3. Abth.: Mittelalterliche Kunstwerke in Goslar. 1—3. Liefg. Hannover (856, 57.) (Helwing). (20 S. mit Holzschn. im Text u. 18 lith. Taf. in Fol.) Jede Lieferung n. 2 Thlr.

Mithoff, H. Wilh. H., Archiv für Niedersachsens Kunstgeschichte, eine Darstellung mittelalterlicher Kunstwerke in Niedersachsen und nächster Umgebung. 3. Abth.: Mittelalterliche Kunstwerke in Goslar. 4—7. Liefg. Hannover 860—62. Helwing. gr. Fol. (S. 21—46 m. Holzschn. u. 24 lith. Taf.) Jede Liefg. n. 2 Thlr.

Mithoff, H. Wilh. H., Kirchen u. Kapellen im Königr. Hannover, Nachrichten über deren Stiftung, Bauart, Geräthe, Kunstschätze u. Alterthümer zusammengestellt. Hrsg. vom histor. Vereine für Niedersachsen. 1. Heft: Gotteshäuser im Fürstenth. Hildesheim. Hannover 865. Hahn'sche Hofbuchh. gr. 4. (VI, 66 S. mit 5 Steintaff.) n. 1 Thlr. 22 ngr.

Mithoff, H. Wilh. H., Kunstdenkmale u. Alterthümer im Hannoverschen. 1—4. Bd. gr. 4. Hannover 871—77 Helwing's Verl. n. 52. —
1. Fürstenth. Calenberg. Mit Abbildgn. auf (lith.) Taf. I—XII. u. in (eingedr.) Holzschn., nebst e. Anh. üb. Kunstausdrücke etc. (VI, 232 S.) n.n. 12. —
2. Fürstenthümer Göttingen u. Grubenhagen nebst dem hannover. Theile des Harzes u. der Grafschaft Hohnstein. Mit (lith.) Abbildgn. auf Taf. I—XII u. in (eingedr.) Holzschn. (206 S.) n.n. 12. —
3. Fürstenthum Hildesheim nebst der ehemals freien Reichsstadt Goslar. Mit (lith.) Abbildgn. auf Taf. I—XII. u. in (eingedr.) Holzschn. (252 S.) n.n. 14. —
4. Fürstenth. Lüneburg. Mit Abbildgn. auf 12 (lith.) Taf. u. in (eingedr.) Holzschn. (290 S.) n.n. 14. —

Mithoff, H. Wilh. H., Kunstdenkmale u. Alterthümer im Hannoverschen. 5—7. Bd. gr. 4. Hannover 878—80. Helwing's Verl. à n.n. 14. —
5. Herzogthümer Bremen u. Verden mit dem Lande Hadeln, Grafschaften Hoya u. Diepholz. Mit Abbildungen auf 10 (lith.) Taf. u. in (eingedr.) Holzschn. (202 S.)
6. Fürstenthum Osnabrück, Niedergrafschaft Lingen, Grafschaft Bentheim u. Herzogthum Arenberg-Meppen. Mit Abbildungen auf 8 (lith.) Taf. u. in (eingedr.) Holzschn. (173 S.)
7. Fürstenthum Ostfriesland u. Harlingerland. Mit Abbildungen auf 6 (lith.) Taf. u. in (eingedr.) Holzschn. Schlusswort mit (lith.) Uebersichtskarte u. Ortsregister zu Bd. I—VII. (242 S.)

— mittelalterliche Künstler u. Werkmeister Niedersachsens u. Westfalens lexikalisch dargestellt. Hannover 866. Helwing'sche Hofbuchh. gr. 8. (X, 216 S.) n. 1 Thlr. 10 ngr.

—— mittelalterliche Künstler und Werkmeister Niedersachsens und Westfalens, lexikalisch dargestellt. 2. umgearb. und verm. Ausg. gr. 8. (IX, 462 S.) Ebendas. 883. **

Mithoff, H. Wilh. H., mittelalterliche Künstler u. Werkmeister Niedersachsens u. Westfalens, lexikalisch dargestellt. 2. Ausg. gr. 8. (IX, 462 S.) Hannover 885. Helwing's Verl. n. 5. —

Mithoff, H. W. H., Mittheilungen über die Mithoff, bürgerlicher und geadelter Linie. Hannover 1881. 4.

—— Taschenwörterbuch für Kunst- und Alterthums-Freunde. 12. (IV, 379 S. mit eingedr. Holzschn.) Ebendas. 883. *

Mithoff, H. Wilh. H., Taschenwörterbuch für Kunst- und Alterthums-Freunde. 2. bereich. und verb. Aufl. 8. (IV, 412 S. mit Holzschn.) Hannover 885, Helwing's Verlag. *

Mithoff, Theodor

Mithoff, Th., die russische Classensteuer nach dem Gesetzentwurfe der Steuerreform-Commission. 8. (95 S.) Dorpat 878. (Berlin, Puttkammer und Mühlbrecht.) *
Aus: Baltische Wochenschrift, besonders abgedruckt.

Mithoff, Th., die Lehre von der Bodenrente in ihrer Beziehung zu den naturgesetzlichen Vorgängen im Landbau. Inaugural-Dissertation. Göttingen 867. Deuerlich'sche Buchh. gr. 8. (32 S.) n. 5 ngr.

Mithoff, Th., Die Stellung der Wissenschaft der Volkswirthschaft zu der Frage nach den Ursachen, welche die ökonomische Lage der Arbeiterklasse in der Gegenwart bedingen. 4°. Dorpat 1882.

Mithoff, Th., u. G. Drechsler, Wilhelm Wicke, Dr. der Philosophie, ordentl. Prof. der Agricultur-Chemie an der Univ. Göttingen. Nekrolog. gr. 8. (15 S.) Göttingen 872. Deuerlich. n. — 20

Mithrasliturgie, s.a. Apathanatismos

Mithrastempel, Die, in den römischen Ruinen bei Heddernheim. 1. Abth. Wiesbaden 1830. V: *Habel.* (Bibl. d. arch. Inst. in Rom. 1. Rom 1900.)

Mithridate. Tragédie de Corneille Straßburg. Treuttel 1780. 8°

Mithridates. Trauerspiel v Racine Straßburg 1731 8°

Mithridates, Trauerspiel von H. K. Stever. Nebst Briefen über alte und neue Tragödie, von D. Breithaupt. 8. Rostock, Stiller. 820.

Mithsecky, Jo. Georg Joseph (Neiße/Schlesien), De inepta ratione decidendi controversias juris publici ex legibus Romanus et jure canonico. Disput. jur. Präs. Friedr. Gregor Lautensack. [Erfurt] (J. H. Grosch) 2. IX. 1710. (6.—) 23418
Gew.: Philipp Wilhelm von Boineburg.

— — De inepta ratione decidendi controversias juris publici ex legibus Romanis et jure canonico. Diss. jur. [Präs.] Fried. Gregor Lautensack. Leipzig (Langenheim) 2. IX. 1710. Editio secunda. 1738. 48 S. (6.—) 23419

Mitis, Thomas, und seine Idylle über Teplitz . . . Prag 1836. V: *Millauer, Maximilian.* (WBL)

Mitis, Caesar, allerlei Brettspiele u. andere Hausspiele, s.: Spielbücher.

— Schach, s.: Spielbücher.

— rechnerische Scherze, Zahlenkunststücke u. Geometrisches f. jung u. alt, s.: Spielbücher.

(Mitis, Ferd. v.,) vergleich. Berechnung der sich nach d. Geldbetrage d. Urkunden richtenden Stempelklassen mit Rücksicht auf d. §§. 14 u. 15. d. Stempel- u. Tax-Gesetzes. qu. gr. Fol. (½ B.) Innsbruck 841, Wagner'sche Buchh.

—— Geschichte d. Wiener Donau-Canales u. Darstellung d. Ursachen sein. unvollkommen schiffbaren Zustandes. gr. 8. (5¾ B. u. 1 Plan.) Wien 835, Beck's Univ.-Buchh. •

Mitis, Ferd. v., das Nivellement mit e. neu erfund. Instrumente. Eine Abhandl. gr. 4. (7¼ B. incl. 19 Tab., u. 3 Stnt. gr. Fol.) Wien 831, Beck.

—— Register d. Stempel- u. Taxgesetzes v. 27. Jän. 1840. Alphabet. geord. nach d. Inhalte d. Kundmachungspatentes u. d. Paragraphen d. Gesetzes. gr. 8. (3 B.) Innsbruck 840, Wagner'sche Buchh.

v. Mitis, Fd. Ritter, Uebersicht der stempel- u. der taxpflichtigen Urkunden, Schriften u. Akte, nach den Bestimmungen des Stempel- u. Tax-Gesetzes vom 27. Jänner 1840. gr. 4. Innsbruck 840, Wagner'sche Buchh. ⅛ ℛ

—— Uebersicht d. stempel- u. d. taxpflicht. Urkunden, Schriften u. Akte, nach d. Bestimmungen d. Stempel- u. Tax-Gesetzes v. 27. Jän. 1840. gr. 4. (3 B.) Innsbruck 841, Wagner'sche Bh.

Mitis, Ferd. v., publicistische Versuche. Wien 861. Manz & Co. gr. 8. (VII, 347 S.) n. 1 ℛ 10 ngr.

Mitis, Frz. Xav., am Strande der Adria. Gedichte. 8. (56 S.) Wien 901. E. Hassenberger. n. 1. —

Mitis, Ignaz von

— —, **Andeutungen bei Gelegenheiten der Aufstellung eines Versuches im größerer Art über die Anwendbarkeit der Drahtseilbrücke.** Wien. 4.

— Handbuch d. populairen Mechanik. gr. 8. Wien 827, Sollinger.

— Handbuch d. populären Mechanik. Nach R. Brunton's Compendium of Mechanics bearb. Mit 3 Kpft. Lex. 8. Wien 828. Sollinger. 1 ℛ

v. Mitis, Ign. Edler, die Karls-Brücke, od. Beschreib. d. ersten Stahl-Kettenbrücke in Wien; nebst umständlicher Darstellung aller, dieser Anwendung d. Stahls vorausgegangenen Versuche üb. dessen Elasticität u. Stärke. Mit 14 Kpft. in Fol. gr. 4. Wien 829. Sollinger. 1 ℛ 12 gr.

— die Sophienbrücke, od. beschreibende Darstell. der ersten Kettenbrücke in Wien; nebst ihren berechneten Verhältnissen, zu einer, v. d. französ. Ober-Ingenieur Navier, üb. die Seine in Paris vorgeschlagenen Kettenbrücke. gr. 8. Nebst 1 Heft m 6 gr. qu. Fol. Kpft. Wien 826. 2e A. 830. Sollinger. (Leipz., Liebeskind.) 1 ℛ 12 gr. Bessere Ausg. 1 ℛ 16 gr.

Mitis Oskar Freiherr von: Die Beziehungen des Burggrafen Friedrich von Nürnberg zu König Rudolf und dessen Politik.
II. 1897 PN 1037 Diss. Wien, Univ 798

Mitis, Osk. Frhr. v., Studien z. älteren österreich. Urkundenwesen. Hrsg. v. Verein f. Landeskde. f. Niederösterreich. 1.—3. Heft. gr. 8. Wien, (H. Kirsch). à 2.—
1. Als Festgabe d. Teilnehmern an d. Hauptversammlg des Gesamtvereins der deutsch. Geschichts- u. Altertumsvereine gewidmet. (77 S.) 906.
2 3. (S. 79—242 m. 1 Tab.) 908.

Mitjukoff, K. Über das Paramucin. Ein Beitrag zur Kenntnis der Eiweiss-Substanzen der Ovarialkystome. In-8°. 28 S. Bern. These.

1896

Mitius, Otto, e. Familienbild aus der Priscillakatakombe m. d. ältesten Hochzeitsdarstellg. d. christl. Kunst,
— Jonas auf d. Denkmälern d. christl Altertums,
s.: Studien, archäolog.; z. christl. Altertum u. Mittelalter.

Jonas auf den Denkmälern des christlichen Altertums v. Dr. Otto **Mitius.** M. 2 Taf. u. 3 Abb. im Text. *Freiburg i. B., Leipzig & Tübingen: J. C. B. Mohr 1897* (VII, 114 S., 2 Taf.) Bd 8.
— **Studien,** Archäolog., z. christl. Altertum u. Mittelalter. H. 4. (97. 1897)

Mitius, Otto: Jonas in der altchristlichen Kunst ... (Erscheint vollst. in d. Archäol. Stud. z. christl. Altert. u. Mittelalt. hrsg. v. J. Ficker.) Freiburg i. B., Buchdr. v. C. A. Wagner, 1896; 40 S. 8.
Strassburg, Phil. Fak., Inaug.-Diss. v 1896

Mitius, Otto, fränkische Lederschnittbände des 15. Jahrh., s.a. Sammlung bibliothekswiss. Arbeiten. 28. Heft.

Mitius, Otto. Fränkische Lederschnittbände des XV. Jahrhunderts. Ein buchgeschichtlicher Versuch. Mit dreizehn Tafeln. VIII + 44 S. 8. Leipzig, Rudolf Haupt, 1909. [M. 6. —]
Sammlung bibliothekswissenschaftlicher Arbeiten.... Heft 28. ⟨Serie II. Heft 11⟩.

Mitivié, (Jean Etienne Frumenthal): Beobachtungen und Bemerkungen über die hitzige Gehirnhöhlenwassersucht bei den Kindern. (Observations et réflexions pour servir à l'histoire de l'hydrocéphale aigue chez les enfants. Dt.) Nach dem Französischen bearb. von Gottlob Wendt. 44 S., gbd.

Leipzig: Hartknoch 1823

JB 4.100

Mitlacher, J. F., vollständ. Procent-Berechn. in Tabellen. gr. 4. Eisleb. 801. (Schwetschke u. S. in Halle). 12 gr

Mitlacher, J. F., vollst. Procent-Berechn. in Tabellen. gr 4. Eisl. (Hemmerde, Halle) 804.

Mitlacher, Wilhelm —. Darstellnng des gerichtlichen Verfahrens in Rechtsgeschäften außer Streitsachen für Ungarn, Kroatien, Slavonien, die serbische Woiwodschaft, das Temeser Banat und Siebenbürgen, mit besonderer Rücksicht auf das praktische Bedürfniß, von — —. 8. (VII, 348 S.) Wien. Gedruckt bei Karl Ueberreuter. Tendler und Komp. 1853.

Mitlacher, Wilhelm —. Darstellung des gerichtlichen Verfahrens in Rechtsgeschäften außer Streitsachen, für Ungarn, Kroatien, Slavonien, die serbische Wojwodschaft, das Temeser Banat und Siebenbürgen, mit besonderer Rücksicht auf das praktische Bedürfniß. 2. Band. 8 (304 S.) Wien. Tendler und Komp. Druck von Karl Ueberreuter. 1854.

Mitlacher, Wilhelm —. Darstellung des gerichtlichen Verfahrens in Rechtsgeschäften außer Streitsachen für Ungarn, Kroatien, Slavonien, die serbische Woiwodschaft, das Temeser Banat und Siebenbürgen. Von — —. Supplement zur ersten Auflage. 8. (24 S.) Wien. Gedruckt bei Karl Ueberreuter. Tendler und Komp. 1854.

— praktisches Handbuch des gerichtlichen Verfahrens in Rechtsgeschäften außer Streitsachen, für die sämmtlichen Kronländer des österr. Kaiserstaates, nach den neuesten Gesetzen. 3 Thle. (in 2 Bdn.) Wien 855. Tendler u. Co. gr. 8. (VIII, 448; 4 Bl., 320 S.) n. 4 ℛ𝓅. 24 ngr

Mitlacher, Wilh., Handbuch der Civil-Jurisdictionsnormen für sämmtliche Kronländer der österreich. Monarchie. Wien 859. Tendler & Co. (Gerold.) gr. 8. (VII, 452 S.) n. 2 ℛ𝓅

Mitlacher, Wilh., *k. k. Landesgerichtsrath in Wien.* Handbuch der Civil-Jurisdictionsnormen für sämmtliche Kronländer der österreichischen Monarchie. *Wien* 1859. Verlag von *Tendler & C. (Pötzelberger & Fromme.)* IV, 452 S. 8°.

Mitlacher, Wilh., toxikologisch od. forensisch wichtige Pflanzen u. vegetabilische Drogen, m. besond. Berücksicht. ihrer mikroskop. Verhältnisse. (XXIII, 200 S. m. 106 Abbildgn.) Lex.-8. Wien 904. Urban & Schwarzenberg n. 6. —; geb. n.n. 7. 50

Mitlacher. Wilh., Pharmakognosie, s.a. Lehrbuch f. Aspiranten der Pharmazie IV.

Mitlacher, W., Pharmakognosie. [Lehrbuch für Aspiranten der Pharmazie. IV. Bd.] Gr.-8°. (ill. XXIV, 269 S.) geb K 9.—
Wien: Fromme 1909

Mitlacher, Wilh., das gerichtliche Verfahren außer Streitsachen, nach den neuesten Vorschriften u. mit Rücksicht auf die Militärgesetze erläutert. 2 Hfte. gr. 8. (VIII u. 225 S.) Wien 851, Tendler & Co. 1 ℛ𝓅

Mitleiden, Ueber das Ableben Hn. I. R. empfundenes ..., der patriotischen Gesellschaft. Hamburg o. J. V: *Zimmermann, Joh. Joach. Daniel.* (Cat. d. Stadtbibl. Zürich. Zürich 1864—97.)

Mitleiden, Gesammletes, beim Ableben der jüngeren Demoiselle Charlotte Ackermann. Hamburg den 10. May 1775. [S. l.] V: *Rathlef, Ernst Ludwig Michael.* (Mitth. Dr. Georg Herzfeld-Berlin.) (Antiqu. Anz. Nr. 4. F. Waldau-Fürstenwalde a. d. Spree. 1910. Nr. 2.)

HEILIGES MITLEYDEN, Und Andacht, Zu dem Schmertzhaften Heyland im Kercker, Und Mutter Gottes Maria, Besonders eingerichtet vor die jenige, So dessen heilige Bildnuss ofters besuchen. Presburg 1753: J. M. Landerer. (64 S.) - gr. 8°

Mitleiden, Das, der Maitresse Intrigue de France mit dem gefangenen Marschall von Belleisle. O. O. 1745. V: *Vetter, Johann Friedrich.* **(ML)**

Mitleiden | der christlichen Seele | mit ihrem | Erlöser. | Das ist: | andächtige Betrachtung | des | bittern Leidens und Sterbens | Jesu Christi, | auf alle Tage in der Woche. | (Fig.: *Kruzifixus*, 32 × 25) | Dritte Auflage. | 1843.
o. O. (Augsburg?), 36 S., 167 × 100.
BHStA München M. Inn 25125 (Beschlagnahme).
Schenda VoB S. 352.

Mit-Leiden, unser, mit der schmerzhaften Mutter Christi. Betrachtungen über die sieben Schmerzen Mariä, sowie besondere u. allgemeine Andachten zu Ehren der schmerzhaften Mutter Maria. Aus dem Italien. übers. u. bearb. von Frdr. Willam. Geziert mit (4) Stahlst. Einsiedeln 859. Gebr. Benziger. 12. (VIII, 536 S. u. lith. Titel.) 22½ ngr

Mitletons, ... Untersuchung v. d. Wundergaben der christl. Kirche. 4. Hannov. 757. Helwing. 1 ℛ𝓅

Mitmenschen! Man hat den Berlinern stets und zwar mit Recht einen gewissen Mutterwitz nachgerühmt — Bürgerwehrmänner aus dem 9. Bezirk Druck von F. Reichardt. 1 Bl. 4.
Flugblatt. Berlin, 15. Mai 1848.

Mito, Th., Nimm mich mit auf Deinen Lebensweg. Eine Festgabe für Jungfrauen in Worten der Liebe und Vorbilder edler Frauen. Naumburg 859. Garcke. (Tauerschmidt.) 8. (2 Bl., 84 S.) 7½ ngr

Mitrailleuse, die französische. Zum ersten Male vollständig u. getreu beschrieben u. dargestellt in ihrer äusseren u. inneren Construction m. allen einzelnen Theilen u. deren Gebrauchs-Erläuterg. Von G. v. P. Mit 4 (lith.) Taf. Abbildgn. (in qu. Fol.) gr. 4. (11 S.) Berlin 871. Hempel. n. 4. 50

Mitrailleuse, la, Maxim et son emploi. Traduit de l'allemand. gr. 8. (43 S. m. 23 Fig. u. 2 Taf.) Berlin 901. R. Eisenschmidt. n. 1. 50

Mitrakev, Cyril: Düngungs-Versuche mit schwefelsaurem Ammoniak und Hafer-Untersuchungen ... Leipzig, H. Voigt, 1892; 41 S. 8.
Leipzig, Phil. Fak., Inaug.-Diss. v. [19. Okt.] 1892

Mitrapport der Finanzdirection betr. die Subventionirung des Eisenbahnbaues der Linie Langnau-Luzern. 8 Stn. 4.
Bern 1871

Mitraton [Pseud.], s. Koethner, Paul

Mitregenten u. fremde Hände in Deutschland. In-8°, 32 S. Zürich, Verlagsmagazin. — 75
1885

Mitregenten und fremde Hände in Deutschland. Zürich 1886. V: *Herzog Ernst von Coburg*. Vgl. Mor. Busch, Tagebuchblätter 3 (1899), S. 230. (DARP)

Mitregenten und fremde Hände in Deutschland. gr. 8. (28 S.) Zürich 886, Verlags-Magazin. *

Mitreiter, Max, die Gewinnung des Broms in der Kaliindustrie, s. Monographien üb. chemisch-technische Fabrikationsmethoden. 20. Bd.

Mitreiter (Max). Die Gewinnung des Broms in der Kaliindustrie. M. 24 i. d. T gedr. Abb. Halle a. S. 1910. 54 S. (Monograph. üb. chem.-techn. Fabrikationsmethoden. Hrsg. von L. M. Wohlgemuth. Bd 20.)

Mitreiter, Max, aus Dresden: Ueber wechselnde Zusammensetzung von Cementen und ähnlichen colloidalen Salzen. *Heidelberg 1904: K. Rößler.* (50 S.) 8°
Heidelberg, Naturw.-math. Diss. v. 1904

Mitreuter, Christian Gottlieb, Diss. jur. Observationes practicas continens. Präs. Fried. Gottlieb Zoller. Leipzig (Loeper) 23. XII. 1779. 22 S. (4.—) 23420
Gew.: Gottlieb August Mitreuter (Vater).

— — (Leipzig), De praesumtione mutui ex solutione usurarum petenda. Exercit. jur. Präs. Fried. Gottlieb Zoller. Leipzig (Langenheim) 28. VI. 1776. 15 S. (4.—) 23421

Mitreuter's, C. A., Leben, s. Leben, das, Carl Aug. Mitreuters.

Mitrofanoff, Benjamin: Über die Schnellformation von positiven Bleiakkumulatorenplatten. 1909. 70 S. 8° ¶ Ausz. in: Zeitschrift f. Elektrochemie. Jg. 15.
Karlsruhe, Dr.-Ing.-Diss. v. 27. 7. 1909

Paul [Pavel Pavlović] v. **Mitrofanov**. Joseph II. Seine politische u. kulturelle Tätigkeit [Političeskaja dějatel'nost' Iosifa II eja storonniki i eja vragi 1780–1790]. Aus d. Russ. ins Deutsche übers. von V[era] v. Demelič. Mit e. Geleitwort von Dr. Hanns Schlitter. T. 1. 2. Wien & Leipzig: Stern 1910. 8° [10. 5564]

Mitrofanowicz, Mich., praktische Grammatik der kleinrussischen [ruthenischen] Sprache f. den Selbstunterricht, s. Kunst, die, der Polyglottie.

Mitrofanowicz, M., Praktische Grammatik der Kleinrussischen (ruthenischen) Sprache für den Selbstunterricht. Kurzgefaßte, theoretisch-praktische Anleitung, die Kleinrussische Sprache in kürzester Zeit durch Selbstunterricht sich anzueignen. Mit zahlreichen Uebungsaufgaben, Gesprächen, Lesestücken, einem kleinrussisch-deutschen und deutsch-kleinrussischen Wörter-Verzeichnisse. 8. (VIII, 184 S.) [Bibliothek der Sprachenkunde. 36. Thl.] Geb. —.10
Wien: Hartleben 1891.

Mitrofanowicz, Michael. Praktische Grammatik der kleinrussischen (ruthenischen) Sprache für den Selbstunterricht. Theoretisch-praktische Sprachlehre für Deutsche mit zahlreichen Uebungsaufgaben, Lesestücken mit phonetischer Aussprachebezeichnung und interlinearer deutscher Uebersetzung und einem kleinrussisch-deutschen und deutsch-kleinrussischen Wörterverzeichnisse. (Aus:) „Bibliothek der Sprachenkunde" kl. 8. Wien, Pest, Leipzig (1898).

Mitrović, Bartolomeo, Cipro nella storia medioevale del commercio levantino. gr. 8. (108 S.) Triest 894. F. H. Schimpff. n. 3. 20

— Federico II e l'opera sua in Italia. Studio. gr. 8. (127 S.) Ebd. 890. n. 3. 20

Versuch einer Darstellung der Lebensweise, Herkunft und Sprache der Zigeuner (von *Rudolph Wratislaw* Graf *v. Mitrovic*). Prag 1868.
Anon.-Lex V p. 310 (Eigenbericht).

Mitrović, Velizar J., a. Belgrad: Die Königlich Serbische Staats-Hypothekenbank Uprava Fondova verglichen mit staatlichen und provinziellen Bodenkreditinstituten in Deutschland. München 1907: M. Steinebach. (94 S.) 8°
München, Staatswirtsch. Fak., Ref. Lotz, Diss. v. 26. Juli 1907
[Geb 27. Okt. 79 Belgrad; Wohnort: Belgrad; Staatsangeh.: Serbien; Vorbildung: I. Gymn. Belgrad Reife Juni 98; Studium: Univ. Belgrad 8, Handels-Hochsch. Leipzig 4, Univ. 1, München 2 S.; Rig. 26. Juli 07.]

Mitrovica [Schlagwort]

Mitrovica, s.: Oesterreich-Ungarn. Spezialkarte.

Mitrovits, Tschedomilj, Docent an d. theol. Lehranstalt zu Belgrad: Die Kormtschaja Kniga oder Nomokanon der slavischen morgenländischen Kirche. *Wien [1899]: F. Jasper.* (63 S.) 8°
Tübingen, Jur. Diss. v. 1899
(Nicht für den Austausch)

Mitrovits, Tschedomilj, Nomokanon d. slavischen morgenländ. Kirche od. die Kormtschaja Kniga. gr. 8. (VII. 63 S) Wien 898. W. Braumüller. n. 1. 40

Mitrowitsch, Georg, aus Belgrad i. Serbien: Beitrag zur Kenntnis der Rinderseuche. ⟨Septicaemia haemorrhagica.⟩ *Homberg a. d. Ohm 1904: Th. M. Spamer Nachf.* (45 S.) 8°
Gießen, Veterinär-med. Diss. v. 1904

Mitsch, Georg

Mitsch, die Rechtsverhältnisse zwischen Dienstherrschaften u. Dienstboten im Großherzogth. Baden. (Dienstbotengesetz vom 8. II. 1868 in der durch das Gesetz vom 20. VIII. 1898 bewirkten Fassg.) Mit Erläutergn. u. Sachregister. 4. Aufl. 12. (20 S.) Mannheim 899. (Heidelberg, A. Wolff.) n. —50

Die Rechtsverhältnisse zwischen Dienstherrschaften und Dienstboten im Grossherzogtum Baden. (Dienstbotengesetz v. 3. Febr. 1868 in der durch d. Gesetze v. 3. März 1879 u. v. 20. August 1898 bewirkten Fassung.) Nebst Vollzugsverordnung. Mit Erl. u. Sachreg. von Grossh. Polizeikommissär [Georg] **Mitsch.** 6., neubearb. Aufl. Heidelberg A. Wolff in Komm. 1908. (50 S.) 8° [J.]
[Umschlagt.] Neuestes Badisches Dienstboten-Gesetz. Erl. v. Mitsch. (08.11755

Mitsch, Was müssen die Wirte u. Vereinsvorstände in Baden bei Abhaltung v. Tanzbelustigungen u. Musikaufführungen wissen? (34 S.) 8. Heidelberg. A. Wolff. 1910. —. 80.

Mitsch, Geo., Zusammenstellung der orts- u. bezirkspolizeil. Vorschriften f. die Stadt u. den Bez. Heidelberg nach dem Stande vom 1. VIII. 1906, nebst e. allgem. Tl., enth. e. Reihe weiterer im Bezirke gelt. polizeil. Vorschriften u. Grundsätze. Im amtl. Auftrag hrsg. (VIII, 281 S.) gr. 8. Heidelberg 906. J. Hörning. n. 3. —

— Zusammenstellung der orts- u. bezirkspolizeilichen Vorschriften f. die Stadt u. den Bez. Heidelberg nach dem Stande v. 1. VIII. 1906, nebst e. allgemeinen Tl., enth. e. Reihe weiterer im Bezirke gelt. polizeil. Vorschriften u. Grundsätze. Im amtl. Auftr. hrsg. Nachtrag. Stand v. 1. IV. 1909. (IV, 65 S.) gr. 8. Heidelberg 909. J. Hörning. 1. 20
Hauptwerk Ebd. 906. 3.—

— dasselbe f. die Stadt u. den Amtsbez. Mannheim, 4. Aufl., f.: Meng, K., Sammlung der orts- u. bez.-polizeil. Vorschriften f. den Amtsbez. Mannheim.

Mitsch, Josef. Aphorismen moralisch-philosophischen Inhaltes. Klgft., v. Kleinmayr. 1840. 75 S.

Mitsch, Josef. Etwas über die Unsterblichkeit der Seele. Klgft., Gelb. 1817. 28 S.

Mitschein, Eugen, die Askariden (Mastdarmmaden) oder: die größte Plage der Menschheit u. meist unerkannte Ursache der verwickeltsten Leiden. 8. Nordhausen 844, Fürst. 5/12 ℛ

Mitschein, Eug., die Ausschlags- u. Hautkrankheiten u. ihre vernunftgemäße Behandlung, oder wie heilt man: Aussatz, Blattern ꝛc. schnell, sicher u. ohne nachtheilige Folgen. (Neue Titel-Ausg.) 8. (IV u. 159 S.) Leipzig (844) 850, Hentze. 1/3 ℛ

— die Blähungen, besonders in ihren Beziehungen zu Hypochondrie, Hysterie, Krämpfen, Nervenleiden u. a. gefährl. und hartnäck. Krankheiten dargestellt. Nebst Angabe eines bisher unbekannten Mittels zur Heilung aller Blähungsbeschwerden. 8. Ebend. 842. 1/2 ℛ — 2. unveränd. Aufl. 8. Ebend. 843. 1/2 ℛ — 4. umgearb. Aufl. 8. Ebd. 844. 1/2 ℛ

—— die Blähungen, besonders in ihren Beziehungen zu Hypochondrie, Hysterie, Krämpfen ꝛc. dargestellt. Eine gemeinnützige und gemeinfaßl. Lehre von der Entstehung, Verhütung und Heilung der Blähungen ꝛc. Nebst Angabe eines bisher unbekannten Mittels zur Heilung aller Blähungsbeschwerden. 4., umgearb. Aufl. 8. (IV und 135 S.) Quedlinburg 849, Ernst'sche Buchh.

—— der Kinderarzt, od. faßl. Unterricht üb. die Erkennung, Verhütung u. Heilung der Kinderkrankheiten. 12. (12½ B.) Nordhausen 845, Fürst.

—— der Kinder-Arzt, oder: Faßlicher Unterricht über Erkennung, Verhütung und Heilung der Krankheiten des kindl. Lebens ꝛc. Ein unentbehrl. Hilfs- und Lesebuch für junge Eheleute und gebildete Eltern überhaupt. Nach Capuron, Feiler, Girtanner ꝛc. bearb. 2. (Titel-)Aufl. 12. (VII und 285 S.) Leipzig 850, Hentze.

—— der Schlagfluß u. die Lähmungen. Eine Anleitung, die Anlage zu diesen Leiden zu erkennen, dieselben zu verhüten u. sie zu heilen. 12. (4½ B.) Nordhausen 844, Fürst. —

Mitschel, J., dissert. de principiis botanicor. et zoologor. 4. Nürnb. 769. Stein. 3 gr.

Mitscher u. Röstell. Uniformen der Preussischen Armee. 8. Berlin 1859.

Mitscher, Geo., zur Baugeschichte d. Straßburger Münsters. Mit 1 Abbildg. (Holzschntaf. in 4.) gr. 8. (60 S.) Straßburg 876. Schultz & Co. n. 1. 60

Mitscher, Els.-Lothr. unter deut. Verwaltg. Berl. 873.

— Elsaß-Lothringen unter deutscher Verwaltung. Eine Denkschrift. [Aus: „Preuß. Jahrbücher."] gr. 8. (163 S.) Berlin 874. Mitscher & Röstell. n. 2. —

—— die in Elsaß-Lothringen geltenden Forst- und Jagdgesetze, s. Solff, F.

Mitscher, Paul, Referendar aus Berlin. Das Recht der stillen Gesellschaft auf Grund der Bestimmungen des Handelsgesetzbuchs vom 10. Mai 1897 und des Bürgerlichen Gesetzbuchs. *Würzburg 1903: C. J. Becker.* (VIII, 63 S.) 8°
Würzburg, Jur. Diss. v. 1903

Mitscherlich, Eilhard. Erinnerung an Eilhard Mitscherlich. 1794—1863. Lex.-8. (V, 26 S. m. Bildnis.) Berlin 894. E. S. Mittler & Sohn. n.n. 1. 25

Mitscherlich — Diana sospita. Progr. Goett. 820. 4.

Mitscherlich. Ueber die Krystallisation, in denen das Metall der Basis mit zwei Proportionen Sauerstoff verbunden ist. (Aus den Abh. d. k. Ak.) Berlin. 1819. 4.

Mitscherlich. A. Beiträge zur analytischen Chemie. (Aus Erdmann's Journal für praktische Chemie. Vol. 83.) Leipzig. 1861. 8.

Fortsetzung der Beiträge zur analytischen Chemie, Untersuchung des Alaunsteines, des Löwigites und der Thonerdehydrate. (Aus Erdmann's Journal für prakt. Chemie. Vol. 83.) Leipzig. 1861. 8.

——— Elementaranalyse mittelst Quecksilberoxyd. Berlin 1875. 8.

Mitscherlich (A.), Untersuchung des Alaunsteins und des Löwigits. (J. f. pract. Chemie.) Leipzig 1862. 8.

MITSCHERLICH, ALEXANDER.
Chemische Abhandlungen veröffentlicht in den Jahren 1859–1865. Berlin, 1865–75. 3 parts, 8vo.

Mitscherlich, A. Chemische Abhandlungen. Erlangen, 1866.

Mitscherlich, Alex., chemische Abhandlungen. 1. u. 2. Heft. [Aus: Poggendorff's Annalen der Physik u. Chemie.] Berlin 867. Mittler & Sohn. gr. 8. n. 25 ngr.
1. Heft. Chemische Abhandlungen veröffentlicht in den J. 1859—65. (V, 107 S. mit eingedr. Holzschn. u. 2 Steintaf. in qu. 4.) n. 15 ngr.
2. Heft. Neue Methoden zur Bestimmung der Zusammensetzung organischer Verbindungen. (42 S. mit 1 Steintaf. in 4.) n. 10 ngr.

Mitscherlich, Alex., chemische Abhandlungen. 3. Hft. Elementaranalyse vermittelst Quecksilberoxyd. Mit 17 (eingedr.) Holzschn. gr. 8. (VII, 66 S.) Berlin 875. Mittler & Sohn. n. 1. 50 (1—3.: n. 4. —)

Mitscherlich, Alexander (geb. Berlin 28. 5. 1836). De alunite. Berolini (1861). (48 S.) 8°
Berlin, Phil. Diss. v. 12. Aug. 1861

Mitscherlich, A: Gesammelte Schriften von Eilhard Mitscherlich. Berlin 1896

— Ueber die Spectren der Verbindungen und der einfachen Körper Berlin 1864.

Mitscherlich, Alfred: Beurteilung der physikalischen Eigenschaften des Ackerbodens mit Hilfe seiner Benetzungswärme. *Kiel 1898: A. F. Jensen.* (52 S. mit Taf.) 8°
Kiel, Phil. Diss. v. [11 März] 1898

Mitscherlich, Gust. Alfr. (geb. Heidelberg 4. 1832) De cacao. Berolini (1857). (35 S.) 8°
Berlin, Med. Diss. v. 26. Aug. 1857

Mitscherlich, Alfr., der Cacao und die Chocolade. Lex.-8. (VI und 129 S. mit 1 lithogr. Karte und 8 Stnt., wovon 1 ill. in Lex.-8. und qu. Fol.) Berlin 859, A. Hirschwald. *

Die Schwankungen der landwirtschaftlichen Reinerträge berechnet für einige Fruchtfolgen mit Hilfe der Fehlerwahrscheinlichkeitsrechnung. Von Dr. Alfred **Mitscherlich**, Privatd., Kiel. Mit 2 Taf. u. vielen Tab. *Tübingen: H. Laupp 1903.* (VII, 120 S.) 8°
— **Zeitschrift** f. d. gesamte Staatswissenschaft. Erg.H. 8.

Mitscherlich, C. G., s. Mitscherlich, Karl Gustav

Mitscherlich, C. W., Praenotiones juris publici et privati Romanorum. Götting. 790. 8.

Mitscherlich, C. W., Racemationum Venusinarum fasc. II—V. Gel. 1829—1831. 10, 10, 6, 10 S.

Mitscherlich, Cph. Wlh.

– s. Achilles, Tatius Alexandrinus

— eclogae recent. carminum lat. ed. 8maj. Hannov. 793. Hahn. 18 gr.

Mitscherlich, Cph. Wlh., epistola critica in Apollodorum ad Chr. G. Heyne. 12. Götting. 782. Vandenhöck u. R. 4 gr.

Mitscherlichii, Epistola critica ad Heyne in Apollodorum Acc. nonnulla in Statium et Catullum. Götting. 782. 8. 4 gr.

– s. Homerus

– s. Heliodorus

– s. Horatius Flaccus, Quintus

— lectiones in Catullum et Propertium. 8. Götting. 786. Brose; (u. Göthe in Leipz.) 10 gr.

– s. Longus

— Ode inter Solenn. Semisaecularia Georgiae August. a 1787 decantata. 4. Götting. 787. Brose. 4 gr.

— **Christ. Wilhelm,** Oratio qua. D. M. Christian Gottlob Heyne (Chemnitz), August Gottlob Richter (Zörbig) et Christian Aug. Gottl. Goede (Dresden) academiae nomine parentavit. Göttingen. (J. Fr. Röwer) 22. VIII. 1822. 14 S. (4.—) 23423

– s. Ovidius Naso, Publius

– s. Pietas Acad. Georgiae.

– s. Scriptores erotici.

— tentamen criticum in aliquot Tibulli loca. (Pr.) 4. Götting. 800. Dieterich. 2 gr.

Mitscherlich, Eilh

– Üb. d. Benzin u. d. Verbindgn. desselben, s.a Ostwald's, W, Klassiker d. exakten Wissenschaften

Ueber das Benzin und die Verbindungen desselben. Von Eilhard **Mitscherlich.** Gel. in der Akad. d. Wiss. am 6. Febr. 1834 Hrsg. v. J[ohannes] Wislicenus. *Leipzig W. Engelmann 1898.* (39 S.) 1 Bd 8.
— **Klassiker,** Ostwald's, d. exakten Wissenschaften No 98.

Mitscherlich, E., über die vulkanischen Erscheinungen in der Eifel u. über die Metamorphie der Gesteine durch erhöhte Temperatur. Im Auftrage der k. Akademie der Wissenschaften zu Berlin hersg. von J. Roth. [Aus: Abhandlungen der k. Akademie der Wissenschaften zu Berlin.] Berlin 865. (Dümmler's Verlag.) gr. 4. (78 S. mit 5 Tabb. in qu. Fol.) u. 5 chromolithogr. Taff., in 4. u. gr. Fol.) cart. n. 3 Thlr 15 ngr.

Mitscherlich, E. Geognostische Karte der vulkanischen Eifel. Berlin, 1856.

Mitscherlich, Eilhard, a. Münden in Hannover: Über einige Kondensationsprodukte der Hippursäure und deren Umwandlungen. Straßburg i. E. 1904: C. Müh. (61 S.) 8°
Gießen, Phil. Fak., Ref. Elbs, Diss. v. 4. Okt. 1904
[Geb. 12. Mai 78 Münden; Wohnort: Münden, Staatsangeh. Preußen; Vorbildung. Oberrealsch. Straßburg i. E. Reife O. 00; Studium: Freiburg i. B. 1, München 1, Straßburg 3, Darmstadt T.H. 2 S.; Rig. 25. Juli 04.]

Mitscherlich, Eilhardt.
Lehrbuch der Chemie; mit Holzschnitten von Unzelmann. Berlin, 1829–30. 2 vols., 8vo.
Zweite Auflage. Berlin, 1833–35. 2 vols.
Vierte Auflage. Berlin, 1844–47.

Mitscherlich, E., Lehrbuch d. Chemie. 1e u. 2e Heft. (Mit vielen eingedruckten Abbildd.) gr. 8. Berl. 829—31. Mittler. 2 Thlr 18 gr.

Mitscherlich, E., Lehrbuch der Chemie, 1r Bd, 1e u. 2e Abthl. 2e Aufl. Mit (vielen) Holzschnitten von F. L. Unzelmann. gr. 8. Berlin 833, 34. Mittler. 3 7/12 Thlr — 1r Bd, 3e Aufl. Mit Holzschn. gr. 8. Ebd. 837. n. 3 1/3 Thlr — 2r Bd. 1e Abthl. Mit Holzschn. gr. 8. Ebd. 835, 2e Aufl. 840, u. 2e Abthl. gr. 8. Ebd. 840. n. 4 Thlr

Mitscherlich, E., Lehrbuch der Chemie. 1. Bd. Die Metalloide. 4. Aufl. gr. 8. (57 B. mit eingedr. Holzschn.) Berlin 840, Mittler, Verl.
2. Bd. (2 Abthlgn.) Ebendas. 840. 4 Thlr.

Mitscherlich, E., Lehrbuch der Chemie. 2. Bd. Die Metalle. 4. Aufl. gr. 8. (XXXII u. 864 S. m. eingedr. Holzschn.) Berlin 848, Mittler & Sohn. n. 4 Thlr (1 u. 2: n. 9 Thlr)

— f. Mirchondi historia.

```
Mitscherlich, Eilert  (Jever)
1.) Historia regum Sedjestanae.
2.) Historia Ghuridorum.
[lt. Dekanatsbuch 1822 handschriftlich nachgeliefert.]
Dr. phil. Giessen 10.4.1814.
```

Mitscherlich, Eilhard, gesammelte Schriften. Lebensbild, Briefwechsel u. Abhandlgn. Hrsg. v. A. Mitscherlich. M. d. Bildnissen Mitscherlichs u. Berzilius' in Heliograv., 85 Abb. im Text u. 10 Taf. in Steindr. gr. 8. (XIV, 678 S.) Berlin 896. E. S. Mittler & Sohn. n. 15.—

Ueber das Verhältniss der Krystallform zu den chemischen Proportionen. (Aus d. Abh. d. k. Akad.) Berlin. 1823. 4.

Mitscherlich, Eilh. Über das Verhältniss der Krystallform zu den chemischen Proportionen. Abh. 3 und 4. 1823. 4.

– Üb d Verhältniss zwischen d. chem. Zusammensetzg. u der Krystallform arseniksaurer u. phosphorsaurer Salze, s.a. Ostwald's, W, Klassiker der exakten Wissenschaften

Ueber das Verhältniss zwischen der chemischen Zusammensetzung und der Krystallform arseniksaurer u. phosphorsaurer Salze. '(Uebs. a. d. Schwedischen.)' Von Eilhard Mitscherlich. '(1821.)' Hrsg. v. Paul Groth. M.35 Fig. im Text. *Leipzig: W Engelmann 1898.* (59 S.) 1 Bd 8. = Klassiker, Ostwald's, d. exakten Wissenschaften No 94. (98. 7386 B.)

Ueber das Verhältniss zwischen der chemischen Zusammensetzung und der Krystallform arseniksaurer u. phosphorsaurer Salze. '(Uebs. a. d. Schwedischen.)' Von Eilhard Mitscherlich. '(1821.)' Hrsg. v. Paul Groth. M 35 Fig. im Text. *Leipzig: W Engelmann 1898.* (59 S.) 1 Bd 8. = Klassiker, Ostwald's, d. exakten Wissenschaften No 95. (98. 6591 B.)

Mitscherlich (E.). Ueber die chemischen Verwandtschaften. (Berichte der Berliner Akademie. Februar 1871.) 8.

Mitscherlich, Eilh. Alfr., Bodenkunde f. Land- u. Forstwirte. (VIII, 364 S. m. 38 Abbildgn.) gr. 8. Berlin 905. P. Parey. Geb. in Leinw. n. 9. —

— die Schwankungen der landw. Reinerträge, berechnet f. einige Fruchtfolgen, s.: Zeitschrift f. die ges. Staatswissenschaft.

Mitscherlich, Harbord: Ueber die Darstellung flüssiger und fester Chloride in der Wechselstrom-Hochspannungsflamme. 1908. 46 S., 7 Taf. 8°
München, Dr.-Ing.-Diss. v. 6. 12. 1907

Mitscherlich, Hilde Engel, s. Engel Mitscherlich

Mitscherlich, Karl Gustav

Mitscherlich, Car Gust De acidi acetici, oxalici, tartarici, citrici, formici et boracici effectu in animalibus observato Berolini 1845. (IV, 52 S.) 4°
Berlin, Med. Fak Antrittsprogr. v. [2? März] 1845

Mitscherlich, **Car. Gust., de acidi acetici, oxalici, tartarici, citrici, formici et boracici effectu in animalibus observato. 1 (7 B.) Berolini 845. Gust. Bethge.** *

Mitscherlich, Car Gust De salivae indole in nonnullis morbis Berolini 1834. (20 S.) 8°
Berlin. Med. Fak., Hab.-Schr v 30. Sept. 1834

Mitscherlich, C. G., Lehrbuch der Arzneimittellehre, 1r Bd. 1e Abthl, Allgem. Arzneimittellehre. gr. 8. Berlin 837, Bethge, n. $^2/_3$ ₰ — 1r Bd. 2e Abthl, Spec, Arzneimittellehre (Medicamenta tonica). gr 8. Ebd. 838, n. 1 $^1/_4$ ₰ — 1r Bd. 3e Abthl. Specielle Arzneimittellehre (Medicamenta emollientia et nutrientia). gr. 8. Ebd. 840. n. 1 $^1/_6$ ₰

—— dass. 2 Bd. 2 Abthlgn. (Schluss.) gr. 8. Ebds. *
Abthl. . Medicamenta excitantia. (20 $^1/_4$ B.) 843. 2 Thlr. 5 Ngr.
.. Medicamenta acria. (12 $^1/_4$ B.) 846. 1 Thlr.

Mitscherlich, Carl Gust., Lehrbuch der Arzneimittellehre. 1 u. 2. Bd. 2. verb. Aufl. gr. 8. (I: XVI u. 655 S. II: 698 S.) Berlin 847. 49, G. Bethge. 1: n. 3 $^1/_3$ ₰ 2: n. 3 $^1/_2$ ₰ — 3. Bd. 1. Abth: Medicamenta refrigerantia s. temperantia. gr. 8. (119 S.) Ebd. 851. n. n. $^2/_3$ ₰ (I—III, 1: n. 7 $^5/_6$ ₰)

Mitscherlich, Carl Gust., Lehrbuch der Arzneimittellehre. 3. Bd. 2. Abthl.: Medicamenta resolventia. gr. 8. (S. 121—278.) Berlin 854, G. Bethge. *
1—3. Bd. 1. Abthl. Ebendas. 1847—51. * 7 Thlr. 25 Ngr.

Mitscherlich, C. G., Lehrbuch der Arzneimittellehre. 3. Bd. 3. Abthl.: Medicamenta narcotica. gr. 8. (S. 279 — 508.) Berlin 861, G. Bethge. *
1—3. Bd. 3. Abthl. Ebendas. 1847—61. * 8 Thlr. 20 Ngr.

Mitscherlichii, C. G., Oratio parentalis de C. G. Heyne, A. G. Richter et C. A. G. Goede. Götting. 1812. f.
Auf dem Titel steht unrichtig 1822.

Mitscherlich, Carl Gustav (Oldenburg), Hydrargyri praeparata usitatissima analytice accuratius perscrutata. Diss. Berlin (Brandes et Klewert) 15. V. 1829. 32 S. mit Biogr. (M.: E. Eden.) (3.—) 23422
Oppon.: C. E. Rudolphi, F. Ziegler, H. von Pommeresche.

MITSCHERLICH, Oskar: Die Tiefcultur in forstlicher Hinsicht, wie über die bei der Tiefcultur vorkommenden Verhältnisse des Wurzelwachsthums. - Breslau o. J. 58 S., 9 Abb., 3 Taf., 1 Tab.

Mitscherlich, Richard Eilhard Alexander (geb. Berlin 5. 12. 1834): De Rolandica ... Rodermonte. Berolini 1863. (52 S.) 8°
Berlin, Phil Diss. v. 21 Jan 1863

Mitscherlich, Sigurt, aus Freiburg i. B. **Ueber das 1-Phenyl-3-hydroxyl-5-Pyrazolon.** *Rostock 1901: C. Hinstorff.* (45 S.) 8°
Rostock, Phil. Diss. v. [24 Juli] 1901

Mitscherlich, Waldemar, aus Münden: **Eine soziologische Betrachtung über die Entstehung der deutschen Frauenbewegung.** (Abschn. 1 u. 2.) *(Berlin 1904: G. Schade.)* (54 S.) 8° ¶ (Der Rest erscheint bei Puttkammer & Mühlbrecht in Berlin.)
Berlin, Phil. Diss. v. 11. Juni 1904

Der Einfluß der wirtschaftlichen Entwicklung auf den ostmärkischen Nationalitätenkampf. Von Waldemar **Mitscherlich**, Prof. Leipzig: Hirschfeld 1910. 48 S. 8° (10. 10531)

Mitscherlich, Waldem., Entstehung der deutschen Frauenbewegung. Eine soziolog. Betrachtg. (95 S.) gr. 8. Berlin 905. Puttkammer & Mühlbrecht. n. 1. —

Waldemar **Mitscherlich**, Prof. Der wirtschaftliche Fortschritt. Sein Verlauf u. Wesen. Dargest an Hand d. wirtschaftl. Entwicklung von d Mitte d Mittelalters bis z. d. neuesten Zeit. Leipzig: Hirschfeld 1910. VIII, 202 S. 8° (10. 4783)

Mitscherling, Linus, Beitrag zur Casuistik d. spontanen Inguinalaneurysma u. seiner Therapie. Diss. gr. 8. (90 S.) Jurjew (Dorpat) 890. (E. J. Karow.) n. 2.50

Mitsching, Gr. Glo., († 1798.) f. 1) Anweis. z. Erlern. d. französischen Sprache. 2) Hauswirth.

Mitsching, Ernst Gottlob (Görlitz), Disput. jur. secunda selectiora juris principia ad ordinem digestorum exposita libri I. specimen II. continens. Präs. Jo. Tobias Richter. Leipzig (Langenheim) 6. IX. 1747. 20 S. (4.—) 23424

Mitsching, Fr. Gr. Aug., kurze aber deutl. Anleit., die Witterung nach meteorol. Grundsätzen 6 Monate voraus zu bestimmen rc. Mit 2 Kpft. 4. Zittau 802. Schöps. 12 gr

Mitsching, Car(olus) Guil(ielmus) Ferd(inandus): De articulatione spuria et nova eam curandi methodo. Halae (1822): Schimmelpfennig. 35 S. 8°
Halle-Wittenberg, Med. Diss. v 13. Nov. 1822
Geb. Düben (Kr Bitterfeld) 7. 6. 1793. V vorh. Marburg UB

Ernst MITSCHKA — Über die Plasma — Ansaulung an der concaven Seite gekeimter Pollenschläuche
Prag, Phil. Diss. 1898/99.

Mitschke, Herm. Wilh. (geb. Lauban 20. 3. 1847) Ueber die Vergiftung durch Kohlendampf. Berlin (1869). (31 S.) 8°
Berlin, Med. Diss. v. 1 Mai 1869

Mitschke, J. G., das Haus im Dienste der Schule, s. Haus, das.

Mitschke, Karl (Hrsg.), s. Vadász, Magyar.

Mitschke, Paul Richard, approb. Arzt aus Dresden Ueber sogenannten **Rheumatismus** cerebralis. *Leipzig 1904: B. Georgi.* (37 S.) 8°
Leipzig, Med. Diss. v. (10. Juni) 1904

Mitschke-Collande, v., das Wentzel'sche System der Beschäftigung der Sträflinge mit Feld- und Handarbeiten, s. System, das Wentzelsche.

(v. Mitschke-Collande.) Das Wentzel'sche System der Beschäftigung der Sträflinge mit Feld- und Handarbeiten beleuchtet von einem Freunde der freien Arbeiter auf dem Lande. Berlin 855. Moeser. gr 8. (15 S.) n. 5 ngr

—— einige Worte zur Neutralitäts-Frage, s. Worte.

(—) Einige Worte zur Neutralitäts-Frage. Berlin 855. F. Schneider in Comm. gr. 8. (14 S.) n. 4 ngr

v. Mitschke-Kollande, Aug., politisches Glaubensbekenntniß. 8. (48 S.) Münsterberg 848. Reiße, Hennings. 6 ngr

Mitschke-Kollande, A. v., Politisches Glaubensbekenntniß. Münsterberg, J. Troedel, 1848. 48 S. 8°.

Mitschke-Kollande, A. v., Abgeordneter zum deutschen Volkshause, Die Grundrechte und das Wahlgesetz. Vorschläge und Motive. Erfurt, Cramer u. Sittenfeld (Otto), 1850. 16 S. 8°.

— die Noth Oberschlesiens u. die Mittel zu deren Abhülfe nebst einem Anhang üb. die Errichtung eines ländlichen Kreditinstituts. 8. (75 S.) Breslau 848, Trewendt & Granier in Comm. 1/4 rß

—— der preußische Staat und die Entwickelung seiner Verfassung. 8. (IV und 151 S.) Breslau 847, [Trewendt und Granier.]

Mitschke-Collande, F. v., die thierzüchterischen Controversen der Gegenwart. Eine Beleuchtg. der durch H. v. Nathusius u. H. Settegast vertretenen Züchtungstheorien in Rücksicht ihres Gegensatzes u. ihrer Bedeutg. f. die Praxis. gr. 8. (188 S.) Breslau 874. Trewendt. n. 4. 50

Mitschke-Collande, F v
Der praktische Merinozüchter. Gründliche Anleitung zur rationellen Züchtung des Merinoschafes mit Hinblick auf die jetzigen Zeitverhältnisse.
Berlin: Parey 1883. XII 435 S.
Dr. phil. Giessen 21.3.1883.

— die Wollzollfrage, erörtert m. Hinblick auf den jetzigen Standpunkt der deutschen Merinozucht. gr. 8. (81 S.) Dresden 886. G. Schönfeld's Verl. n. — 80

Die Mitschuldigen. Lustspiel v. Göthe. Leipzig. Göschen 1787. 8°

Mitsotakis, Johs. K., Chrestomathie d. neugriech. Schrift- u. Umgangssprache, s. a. Lehrbücher des Seminars f. oriental. Sprachen zu Berlin, XIV.

Chrestomathie der neugriechischen Schrift- und Umgangssprache. E. Sammlg v. Musterstücken d. neugriech. Lit. in Prosa u. Poesie. Zsgest. u. m. Erläut., Anm. u. biogr. Notizen vers. v. Prof. Johannes K **Mitsotakis,** Lehrer am Seminar. *Stuttgart & Berlin: W. Spemann 1895.* (2 Bl., VIII S., 1 Bl., 360 S.) 1 Bd 8.
= Lehrbücher d. Seminars f. Oriental. Sprachen zu Berlin. Bd 14. (96. 8609

Mitsotakis, Johs. K. Neugriechische Grammatik, s. Lehrbücher d. Seminars f. orientalische Sprachen in Berlin.

Mitsotakis, J. K, praktische Grammatik der neugriechischen Schrift- u. Umgangssprache, s.: Lehrbücher d. Seminars f. orientalische Sprachen in Berlin.

Mitsotakis, Joh. K., neugriechischer Sprachführer, s. a. Meyer's Sprachführer.

— neugriechischer Sprachführer. Konversations-Wörterbuch. 32. (VI, 386 S.) Leipzig 892. Bibliograph. Institut. Geb. n. 4 —

Methode Toussaint-Langenscheidt. Taschenwörterbuch der neugriechischen Schrift- und Umgangssprache. Mit Angabe d. Aussprache nach d. phonet. System d. Methode Toussaint-Langenscheidt. Zsgest. von Prof. Johannes K. Mitsotakis [**Mitsotakes**], Berlin. (2 von Karl Dieterich, Doc. an d. Univ. Leipzig). T. 1. 2. Berlin-Schöneberg: Langenscheidt (1905–09). 8°
1. Neugriechisch-Deutsch. (1905.)
2. Deutsch-Neugriechisch. (1909.) [Nebent.:] Μικρον λεξικον της νεοελληνικης γλωσσης ... Μερος β. Γερμανο-νεοελληνικον μερος. Απο Καρολον [!] Διτεριχ. Εν Αθηναις: Μπεκκαι Μπαρτ (1909).
(Langenscheidts Taschenwörterbücher f. Reise, Lektüre, Konversation u. d. Schulgebrauch.) (11. 11973

Mitsotakis, Johs. K., Taschenwörterbuch der neugriechischen Schrift- u. Umgangssprache. Mit Angabe der Aussprache nach dem phonet. System der Methode Toussaint-Langenscheidt. I. Tl.: Neugriechisch-Deutsch. (XVI, 996 S.) kl. 8. Berlin-Schöneberg (905). Langenscheidt's Verl. Geb. in Leinw. n. 3. 50

— Taschenwörterbuch der neugriechischen Umgangs- u. Schriftsprache. 2. Bd., s. a. Dieterich, Karl.

Mitsotakis, J., ausgewählte griechische Volksmärchen. Für das deutsche Volk bearb. Mit 4 Illustr. v. P. Geh. 3. Aufl. gr. 8. (VII, 162 S.) Berlin 889. Sauernheimer. geb. n. 4. —

Mitsukuri, G.: Ein Beitrag zur Geschichte der japanischen Christen im 17. Jahrhundert. 8°
[Aus. Hist. Zeitschr 1901] (01. 8721 3

Mitsukuri, Gempachi, englisch-niederländische Unionsbestrebungen im Zeitalter Cromwells. gr. 8. (107 S.) Tübingen 891. H. Laupp. n. 2 —

Mittag, A., latein. Wörterbuch, s.: Kraetsch, E.

Mittag, Albert. (geb. Potsdam 3. 10. 1820) De urinae sedimentis. Berolini (1843). (28 S.) 8°
Berlin, Med. Diss. v. 7. Febr. 1843

Mittag, August [Dr.]: Die Arbeitsweise ([Umschlagt.:] Die Darstellungsweise) Ruotgers in der Vita Brunonis. Seine Abhängigkeit v. augustin. Ideen. Berlin, R. Gaertner, 1896; 27 S. 4.
Berlin, Askanisches G, OP 1896 (50)

Mittag, August: Erzbischof Friedrich von Mainz und die Politik Ottos des Grofsen. Berlin, R. Gaertner, 1895; 52 S. 4.
Berlin, Askanisches G, OP 1895 (51)

Mittag, August [aus Berlin]: Erzbischof Friedrich von Mainz und die Politik Ottos des Grossen ... Halle a. S., Hofbuchdr. v. C. A. Kaemmerer & C., 1895; 90 S., 1 Bl. 8.
Halle, Phil. Fak., Inaug.-Diss. v. [19. Nov] 1895

Mittag, A[ugust] Sängerfahrten. S 15—19. 4.
Progr. Königstädtisches Gymn. *Berlin* 1909 (70)

Mittag, Carl, s. Mittag, Karl

Mittag, E(rnst) (geb. am 10 Juni 1860 in Sülldorf Rgbz. Magdeburg): Beiträge zur Geschichte Oestreichs während der ersten Jahre des dreissigjährigen Krieges ... Bonn, Univ.-Buchdr. v. C. Georgi 1882. 64 S., 1 Bl. 8. ¶ In Komm. bei Behrendt in Bonn.
Bonn, Phil. Fak., Diss. v. 14 März 1882

Mittag, E., Beiträge zur Geschichte Oestreichs während der ersten Jahre des dreissigjährigen Krieges. Inaugural-Dissertation. gr. 8. (64 S.) Bonn 882. (Behrendt.) n. 1. 20

Mittag, H., liturgische Musterblätter, für Altargewänder evangelischer Kirchen entworfen. Bearb. u. m. erläut. Text versehen v. W. Johnsen. qu. Fol. (6 Chromolith. m. 16 S. Text in gr. 8.) Hannover 889. Gebr. Stoffregen. n. 30. —

Mittag, Hermann [pract. Arzt aus Erxleben]: Beiträge zur Lehre vom Pemphigus. Jena, Druck v. B. Engau, 1887; 34 S. 8°
Jena, Med. Fak., Inaug.-Diss. v [27. Apr.] 1887.

Mittag, Hermann, Beiträge zur Lehre vom Pemphigus. Diss. Jena 1887. G. Neuenhahn. 8° 34 S.

Mittag, J. G., Leben Carls VI. röm. Kaisers. 8. Frkft. 713.

— hallische Schulhistorie. 3 Thle. 8. Halle, Hemmerde und Schw. 747.

Mittag, J. H. A., specimen inaug. de solutione, qua ab eo, qui ex pluribus causis debitor alterius existit. 4. Rostock 795. 4 ₰

Mittag, Joh. Geo. Geschichte Friedrichs I., Königs von Preussen. 8. Bautzen 1734.

Mittag, Joh. Gottfr. Leben und Thaten Friedrich Augusts III. 8. Leipzig 1737

Mittag, Joh. Gottfr. Leben und Thaten Friedrich Augusts II. 8. Leipzig 1733. — Vermehrt. 8. ib. 1734.

Mittag, Joh. Gottfr. Wunderwürdiges Leben und Thaten Gustav Adolphs des Grossen, Königs in Schweden. Mit Vorrede von M. Schmeitzel. 8. Halle 1740.

Mittag, Johann, approb. Arzt aus Wittenberg (Bz. Halle): Über Anurie. *Halle a. S. 1904: C. A. Kaemmerer & Co.* (53 S.) 8°
Halle, Med. Diss. v 24. Febr 1904

Mittag, Jh. Hnr., Etwas üb. d. Unruhen in Rostock.

Mittag, Karl

Mittag, Carl, Gerichtsref. Die Rechtsstellung desjenigen, dem der Niessbraucher die Ausübung des Niessbrauchs übertragen hat, nach gemeinem und preussischem Rechte. *Baruth (Mark) 1899: J. Särchen.* (65 S.) 8°
Erlangen, Jur. Diss. v. 18. Sept. 1897

Mittag, Karl Wilh., Chronik der königlich sächsischen Stadt Bischofswerda. Nach Acten des dasigen Rathhauses und nach Urkunden des königl. sächs. Haupt-Staats-Archivs, des Meißner Stifts-Archivs und des geheimen Finanz-Archivs bearb. Bischofswerda 861. (Dresden, am Ende.) gr. 8. (XVI, 639 S. u. 1 Lithogr. in 4.) n. 3 ₰

—— Handbuch zur Gewichtsreform in Sachsen. Die gesetzl. Bestimmungen über Einführung eines allgemeinen Landesgewichts nebst Erläuterung und zwölf genau ausgerechneten Tabellen zur Verwandelung des bisher. Gewichts in neues (Zoll-)Gewicht, des neuen Gewichts in altes Gewicht, und Berechnung der Preise des neuen Gewichts nach den Preisen des alten Gewichts. Ein Rechenknecht für Geschäftsleute wie für jede Haushaltung. 8. (54 S.) Meißen 858, Klinkicht und Sohn Verlag. *

Mittag, Karl Wilh., der neue sächsische Rechenknecht, oder der schnellste und sicherste Ausrechner beim Ein- und Verkauf von 1 bis 1000 Stück für den Preis von 1 Pfennig bis 1 Thaler nach sächs. Gelde rc. Ein bequemes Hilfsbuch für Geschäftsleute, Kaufleute, Fabrikherren rc. 6., mit einem starken Anh. verm. Aufl. 8. (IV und 204 S.) Meißen 864, Klinkicht und Sohn Verlag.

Mittag, M., Chemie u. Mineralogie. Als Anh. zu K. Sumpfs Anfangsgründen der Physik neu bearb. 4. Aufl. gr. 8. (34 S. m. 22 Abbildgn.) Hildesheim 902. A. Lax. n. — 40

Mittag, M., Chemie u. Mineralogie. Als Anh. zu Dr. K. Sumpfs Anfangsgründen der Physik neu bearb. 6. Aufl. (56 S. m. 40 Abbildgn.) 8. Hildesheim 906. A. Lax. n. — 60

Mittag, M., Naturlehre, s.: Sumpf, K.

— chemisches Schulpraktikum. Aufgabensammlung f. den ersten prakt. Unterricht zur Einführg. in die experim. Naturwissenschaft. (55 S.) 8. Ebd. 906. n. — 70

— Stereoskop, s.: Spiel u. Arbeit. V.

Mittag, M[ax] Zur geometrischen Darstellung algebraischer Formeln. *Cöthen 1901: (Frankenstein & Wagner, Leipzig).* (S. 3—35.) 8° [S.-]
Cöthen, herz. Landes-Sm., OP 1901 **

Mittag, Nikolaus Johann (Celle), De probatione per delationem juramenti. Diss. jur. Präs. Justus Henning Boehmer. Halle/Magdeburg (J. Fr. Grunert) 1. II. 1743. 37 S. (5.50) 23425
Widm. v.: Justus Henning Boehmer.

Mittag, Rich., s.: Dampf. Kalender.

— s.: Kraft.

— s.: Werkmeister-Kalender.

Mittag, Walter, Referendar: Das Stimmrecht des Aktionärs (§ 252 HGB.). Borna-Leipzig 1908: Noske. IX, 64 S. 8°
Leipzig, Jur. Diss. v. 24. Nov. 1908
[Geb. 25. Sept. 79 Buchholz i. S.; Wohnort: Dresden-A.; Staatsangeh.: Sachsen; Vorbildung: Kgl. Gymn. Dresden-N. Reife O. 00; Studium: Freiburg i. B. 1, Leipzig 6 S.; Rig. 25. Juni 04.] [U 09. 2608

Mittag-Leffler, Goesta

Mittag-Leffler, G. (Hrsg.), s. Acta mathematica.

— s.. Compte rendu du congrès des mathematiciens 1909.

Mittags-Betrachtungen eines Christen. Zürich 1758. V: *Vögelin, Sal.* (Cat. d. Stadtbibl. Zürich. Zürich 1864—97.)

Mittagsblatt zur Abwehr des Hungers u. der Indigestion. Redigirt von Fr. Rork. 1r Jahrg. 1839. 156 Numm. (1/2 Bog.) Mit Titelvign. gr. 4. Leipzig 839. Künzel. n. 5 ₰

Mittagsblatt f. gebildete Leser aus allen Ständen. Herausgeg. v. Prof. Schütz. 1r u. 2r Jahrgg. 1826, April bis Dec. u. 1827. gr. 4. Hannover, Helwing. 1r J 3 Rthl. 8 gr 2r J., 6 Rthl. Rthlr.

Mittagsblatt f. gebildete Leser aus allen Ständen. Hersgg. v. Jul. Schütz. 1r Jahrg. 1826. April—Dec. u. Jahrg. 1817. gr. 8. Hannov., Helwing. 9 ß 8 gl

Mittagsmal, Das patriotische, oder Toaste für jedes teutsche Mittagsmahl. [1815.] V: *Weissenbach, Alois.* (GGr VI/663, Nr. 10/24) (Biblport)

Zur Mittagsruhe für die galante Welt. 2 Sammlgn. Leipzig 1770—71. 8°.
Selten! In I der Roman Die artige Frau oder Geschichte der Fräulein v Vasy — Bibl. J. J. Schwabu II. p. 330.

Mittagsruhe, zur, f. d. galante Welt. 2 Thle. 8. Leipz. 771. Holle. 1 ß

Mittasch, Alwin, aus Grossdehsa: Über die chemische Dynamik des Nickelkohlenoxyds. Mit 20 Fig. im Text. *Leipzig: W. Engelmann 1902.* (87 S.) 8° ¶ (Aus Zeitschrift f. physikal. Chemie, Bd 40, H. 1.)
Leipzig, Phil. Diss. v. [13. März] 1902

Mittasch, Theodor, Referendar in Dresden: Das Frachtbrief-Duplikat. Leipzig: O. Wigand 1908. (58 S.) 8° [F.]
Leipzig, Jur. Fak., Diss. v. 27. Febr. 1908
[Geb. 4. Aug. 82 Dresden; Wohnort: Dresden; Staatsangeh.: Sachsen; Vorbildung: Kgl. Gymn. Dresden-N. Reife O. 02; Studium: Freiburg i. B. 3, Kiel 1, Leipzig 4 S.; Rig. 24. Jan. 07.]

Mittasch, Walth., die Krone des Lebens. Roman. (326 S.) 8. Berlin 907. Schuster & Loeffler. 4.—; geb. 5.—

Mittau, Adalb., (Herm. Francke), das Mährchen der Thränen. 12. (118 S.) Halle 848, Pfeffer. n. 16 ngr

Mittau, Adalb., das Mährchen der Thränen. 12. (118 S.) Halle 851, Pfeffer. *

Mitte, die gerechte, histor., polit. u. moral. beleuchtet. gr. 8. (1 B.) Leipzig 832, Glück.

—— die rechte, polit. Herzensergießung e. Preußen. Von Ludw. v. d. H****. 8. (1 B.) Berlin 832, Bechtold u. Hartje.

Mitte, die rechte, oder Rationalismus und Christianismus. Sendschreiben an Deutschlands junge Theologen der evangel. Kirche. 8. Leipzig 841, Köhler's Verlagsb. 1/4 ß

Mitte, die richtige. Als Widerlegungsschrift der vorläufigen Bemerkungen der Herren DD. *Hess* u. *Creizenach* zu der Schrift des Hrn. Dr. *Paulus.* Von *M. J. B. M. S.* („Audiatur et altera pars.") Hamburg, im Monat Mai 1831. 8°. Cart.
30 S.

Mittheilung, amtliche, an die Gemeinden der evang.-luth. Kirche in Preußen betr. den Bekenntnißstand der evang.-luth. Landeskirche Hannovers u. die Kirchengemeinschaft mit derselben. Der Oeffentlichkeit übergeben vom Ober-Kirchen-Collegium der evang.-luth. Kirche in Preußen. 8. (78 S.) Breslau 880. Leipzig, J. Naumann in Comm. n. — 60

— über die Ausstellung gewerblicher Unterrichtsanstalten des Königreichs Sachsen im Jahre 1898. (148 S 1 T) Dresden 1898

Mittheilung einer Bekanntmachung des Grafen von Brandenburg vom 21 Sept 1848: Mitbürger! Das Netz der Militairdespotie wird immer enger um uns gezogen. — Gedruckt bei E Krause 1 Bl. Fol.
Flugblatt. Berlin, 21 Sept. 1848.

An Erwins Dom: **Mitteilung** an die Brr. der Loge „An Erwins Dom" betreffend Zuführung neuer Mitglieder. Leipzig o. J.: Findel. 8 S. 8°. [Umschlagtit.]
Selten.

Mitteilung, 7. u. 8., üb. die Darstellung der Kieselsäuren. gr. 8. Wien, (A. Hölder). 1. 25
Bruckmoser, Jos., Harmotom u. Titanit. (15 S. m. 1 Fig.) 907. (7. Mitteilg.) — 55
Hillebrand, Silvia, über die chemische Konstitution der Sodalith- u. Nephelingruppe. (32 S.) 910. (8. Mitteilg.) — 70
2 Sonderabdr. a.: „Sitzungsber. d. k. Akad. d. Wiss."

Mittheilung, erste, der protestant. Freunde in Breslau. gr. 8. Breslau 845. (Leuckart.) 1/6 ß

Mittheilung über die Gedächtnissfeier der Grossen Landesloge von Sachsen [in Dresden] und der drei Logen zu Dresden zum Andenken an den verewigten Allerdurchlauchtigsten Protector der Freimaurerei in Deutschland Se. Kaiserl. Majestät Friedrich III. abgehalten am Donnerstag, den 18. Oct. 1888. [Dresden 1888: Heinrich.] 14 S. 8° [Kopftit.]
Bericht. Gedächtnisrede von F. A. Peuckert.

Mitteilungen [1: Mitteilung] der Gesellschaft für wirtschaftliche Ausbildung, Frankfurt a. M. [1.] *Berlin: J. Springer 1903.* 8° [F.] [c4. n6.]

Mittheilung der Gesellschaft zur Förderung deutscher Wissenschaft, Kunst u. Literatur in Böhmen. Nr. 1—16. Prag (1894—1905).

Mitteilung Nr. XV der Gesellschaft zur Förderg. deutscher Wissenschaft, Kunst u. Literatur in Böhmen. Lex.-8. Prag 903. (J G. Calve.) n. 2.—
Vorläufiger Bericht üb. e. archäologische Expedition nach Kleinasien, unternommen im Auftrage der Gesellschaft zur Förderg. deutscher Wissenschaft, Kunst u. Literatur in Böhmen. Von Jul. Jüthner, Fritz Knoll, Karl Patsch, Heinr. Swoboda. (52 S. m. Abbildgn. u. 2 Taf.)
Nr. I—XIV sind nicht im Handel.

Mittheilung des Komité der Geograph. Gesellschaft von Bern. Oktober 1883. Jahresversamml. des Verbandes d. schweiz. geogr. Gesellschaften, 5. bis 7. August 1883. In-8°, 8 S. Bern, Haller.

— 1.—11., aus dem mechanisch-technischen Laboratorium der k. k. techn. Hochschule in Wien. gr. 8. Wien, Lehmann & Wentzel. 14. 60
Kirsch, Bernh., über das Anbinden der Mörtel nach verschiedenen Zeiten. [Aus: „Öst. Wochenschr. f. den öffentl. Baudienst".] (10 S. m. Fig.) 909. (Nr. 5.) — 80
— Einfluss wiederholter Beanspruchung auf die Haltfestigkeit v. Beton an Eisen m. reiner u. verrosteter Oberfläche. [Aus: „Österr. Wochenschr. f. den öffentl. Baudienst".] (9 S.) 909. (Nr. 7.) — 60

— Über e. Spiegelapparat zur Messung elast. Längenänderungen. [Aus: „Öst. Wochenschr. f. den öffentl. Baudienst".] (11 S. m. Fig.) 908. (Nr. 2.) — 80
— Experimentelle Untersuchungen zu dem Maxwellschen Satze v. der Gegenseitigkeit der Verschiebgn. [Aus „Österr. Wochenschr. f. d. öffentl. Baudienst".] (18 S. m. 1 Fig.) 909. (Nr. 9.) — 80
Leon, Alfons, Kerbgrösse u. Kerbwirkung. Hiezu 13 Textfig. u. 28 Tafelfig. (auf 4 Taf.). (56 S.) 910. (Nr. 10.) 2. 80
— Über die Spannungsstörgn. durch Kerben u. Tellen u. üb. die Spannungsverteilung in Verbundkörpern. Hiezu 3 Taf. [Aus: „Öst. Wochenschr. f den öffentl. Baudienst".] (35 S.) 908. (Nr. 3.) 2. 40
Über die Spannungsverteilung in der Umgebung e. halbkreisförm. Kerbe u. e. viertelkreisförm. Hohlkehle. Hiezu 3 Taf. [Aus: „Öst. Wochenschr. f. den öffentl. Baudienst".] (III, 12 S. m. Fig.) 908. (Nr. 1.) 1. —
— Über die Spannungsverteilung in Verbundkörpern. [Aus: „Öst. Wochenschr. f. d. öffentl. Baudienst".] (38 S. m. Fig.) 909. (Nr. 4.) 1. 60
— u. P. Ludwik, vergleichende statische u. dynam. Kerbbiegeproben. Hiezu 1 Taf. [Aus: „Öst. Wochenschrift f. d. öffentl. Baudienst".] (11 S.) 909. (Nr. 6.) 1. —
— u. F. Willheim, über die Zerstörungen in tunnelartig gelochten Gesteinen. [Aus „Öst. Wochenschr. f. d. öffentl. Baudienst".] (24 S. m. 20 Fig. u. 2 Taf.) 910. (Nr. 11.) 1. 60
Renezeder, Heinr., einiges üb. Trass-, Trasszement- u. Zementkalkmörtel. Hiezu 1 Taf. [Aus: „Öst. Wochenschrift f. d. öffentl. Baudienst".] (19 S. m. 2 Abbild.) 909. (Nr. 8.) 1. 20

Mittheilung der eidg. Linthcommission an die Beitragspflichtigen. Glarus 1870. 4.

Maurerische Mittheilung 1—5 für abwesende Brüder der g. u. v. ▭ z. goldnen Apfel Or. Dresden 5817—5818. [Dresden 1817—1818.] 8° [Umschlagtit.]
1. 30 S. [1817]. [Dasselbe] . . . für anwesende Brüder . . .
2. 30 S. [1817]. [Dasselbe] . . . für anwesende Brüder . . .
3. 23 S. 2 Bl. Noten [1817]. [Dasselbe] . . . für anwesende Brüder . . .
4. Maurerische Mittheilung für Brüder . . . 16 S. 1 Bl. Noten [1817].
5. Maur. Mittheilung aus der ▭ z. goldnen Apfel. Or. Dresden. 29 S. 1 Bl. Noten [1818].
Kl. 1205. Enthält Vorträge, Lieder und Gedichte.
[Andere Ausg. u. d. Tit.:]

MITTHEILUNG des Missionsprocurats über die zur Erinnerung des fünfzigjährigen Regierungs-Jubiläums Kaiser und König Franz Josef I. offerirten Werke Budapest 1898: Dr. Möller. 27 S. - 150 mm

Mittheilung an die Herren Mitglieder des Central-Vereins. Kornegg's Buchdruckerei. 1 Bl. Fol.
Flugblatt. Berlin, 12. Juni 1849.

Mittheilung an die Herren Mitglieder des Central-Vereins. 1 Bl. Fol.
Flugblatt. Berlin, 7. Juli 1849.

— neue amtliche, des Ober-Kirchen-Collegiums der evang.-luth. Kirche in Preußen an deren Gemeinden, betr. den Bekenntnißstand der evang.-luth. Landeskirche Hannovers u. die Kirchengemeinschaft mit derselben. gr. 8. (51 S.) Breslau 882. Dülfer in Comm. n. — 80

Offizielle **Mitteilung** der obligatorischen Übungen für das Eidgenössische Turnfest in Basel 1886, Luzern 1886, 5 S., 8°.

Mitteilung, XI. u. XIII., d. Phonogramm-Archivs-Kommission der kaiserl. Akademie der Wissenschaften in Wien. gr. 8. Wien, (A. Hölder). 1.05
Kirste, J., die altind. Platten. (11 S.) 908. (XIII.) — 35
Seemüller, Jos., deutsche Mundarten. I. (28 S.) 908. (XI.) — 70
2 Sonderabdr. a.: „Sitzungsber. d. k. Akad. d. Wiss."
— dasselbe XV, s.: Sitzungsberichte der kais. Akademie der Wissenschaften in Wien. Philos.-histor. Kl. 161, VI.
Vergl. a.: Bericht, bzw Berichte der Phonogramm-Archivs-Kommission.

Mittheilung der Revolutionsgeschichte in Wien vom 13. 14. u. 15. März 1848 . . . Wien [ca. 1848]. V: *Iwán, Theodor.* (EB)

Mitteilung des Sanitatscollegiums an die Schleswig-Holsteinische Regierung über das Wesen und die Behandlung der Krätze o. O. u. J. 1 Bl. Fol

Mitteilung des Senats v. Bremen. Jahrg. 1906. (1 Stück. 4 S.) 4 Bremen, C. Schünemann 1. —

Mittheilung des Senats an die Bürgerschaft Hamburgs, betreffend die Vermehrung der Maschinenkraft der Stadtwasserkunst. Hamburg 1865

Mittheilung des Senats an die Bürgerschaft Hamburgs. (Ausdehnung des Sielsystems, namentlich der Entleerung in den Elbstrom.) Hamburg 1868

Mittheilung an solche, welche die Aufnahme in den Freimaurerbund suchen. o. O. u. J. 2 Bl. 4° [Kopftit.]

Mittheilung an solche, welche die Aufnahme in den Freimaurerbund suchen. [Stuttgart] o. J. 2 Bl. 4° [Kopftit.]

[**Mittheilung** an die Studierenden der Rheinischen Friedrich-Wilhelms-Universität über die akademische Krankenkasse.] [Bonn, gedr. bei C. F. Thormann] (1831). *Anf.:* Es besteht auf hiesiger Universität schon seit 1828 die Einrichtung, dass Studirende für den Fall ihres Erkrankens unentgeltlich mit Arzt und Arznei versorgt werden, wenn sie einen halbjährigen Beitrag von 15 Silbergroschen in die Kasse dieser Pfleganstalt gezahlt haben. — *Am Ende* Bonn, d. 22 Apr. 1831. Rektorat der Rh. F. W. Universität. 1 Bl. 8.

[Mittheilung an Suchende.] [Unterz.:] Die Freimaurerloge „Zur Harmonie" zu Chemnitz. [Chemnitz 1881.] 2 Bl. 8°
Abgedr. in: Bh. 24 (1881) S. 397—399.
Tt. 1692.

[Mitteilung an Suchende für die Loge Akazie in Meissen. Meissen] o. J.: [Klinkicht]. 4 Bl. 8°

Mittheilung von Thatsachen zur Beleuchtung der angeblichen „Enthüllungen" über den badischen Verrath. Karlsruhe 866. Braun'sche Hofbuchh. 8. (24 S.) n. 4 ngr.

Mitteilung der Teltowkanal-Bauverwaltung über den elektrischen Schiffszug und die elektrische Treidelei auf dem Teltowkanal. Hrsg. von Ch. Havestadt & M. Contag. Berlin, 1905. 7 S. mit 1 Taf.

Mittheilung über die Trauerfeier der Grossen Landes-Loge von Sachsen vom 17. Oct. 1856. [Dresden 1856: Heinrich.] 11 S. 2° [Kopftit.]
Abgedr. in: L. 14 (1858) S. 142—159, 175—184.

Erdmann, Bernh. Arthur: **Mitteilung** über die Trauerfeier der Grossen Landesloge von Sachsen [in Dresden] zum Gedächtnis des am 16. Nov. 1908 i. d. e. O. eingegangenen Br. Bernh. Arthur Erdmann abgehalten am 28. Dez. 1908. [Dresden 1908: Ulrich.] 12 S. 8° [Kopftit.]

Wengler, Friedr. Albert: **Mittheilung** über die Trauerfeier der Gr. Landesloge von Sachsen zum Gedächtniss des am 1. Juli 1884 i. d. e. O. eingegangenen Br. Friedr. Albert Wengler, abgehalten am 7. Sept. 1884. [Dresden 1884: Heinrich.] 15 S. 8° [Kopftit.]
Nekrolog des Verstorbenen von E. A. F. Rumpelt gen. Walther.

Mittheilung über die Trauerfeier der GrLandesloge von Sachsen [in Dresden] zum Gedächtniss des am 9. März 1888 i. d. e. O. eingegangenen Erlauchten Protectors der Freimaurerei in Deutschland, Sr. Majestät Kaiser Wilhelm, abgehalten am 22. März 1888. [Dresden 1888: Heinrich.] 12 S. 8° [Kopftit.]
Abgedr. in: FZ. 42 (1888) S. 131—136.
Bericht. Gedächtnisrede von E. A. F. Rumpelt gen. Walther, abgedr. in: DrL. 17 (1887—1888) S. 1368—1371.

Warnatz, Gust. Heinr.: **Mittheilung** über die Trauerfeier der Grossen Landes-Loge von Sachsen [für Warnatz] am 9. Juni 1872. [Dresden 1872: Heinrich.] 4 S. 2° [Kopftit.]

Gartenbau-Verein. **Mittheilung** an die Vereins-Mitglieder. August 1859. (Preetz.) o. J. 1 Bl. 8°.

Auf Schreiben der S. Ehrw. Tochter-Loge zur Einigkeit d. d. 5. Febr. a. c. **Mittheilung** von Vergleichsvorschlägen zur Beseitigung der durch die Entlassung der Loge Carl zum aufgehenden Licht entstandenen Streitigkeiten betreffend, so wie auf Schreiben der S. Ehrw. Tochter-Loge Sokrates zur Standhaftigkeit, d. d. 22. Febr. a. c. sammt Mittheilung ihrer Antwort an vorgedachte S. Ehrw. Schwester-Loge in Beziehung auf jene Vergleichsvorschläge, und auf die weiter in dieser Angelegenheit anher gelangten Aktenstücke wird beschlossen: [Frankfurt a. M. 1845.] 2 Bl. 2° [Kopftit.]
(Anl. z. Protokoll d. Gr. M.-L. d. Eklekt. Frmr-Bundes v. 9. Juni 5845.)

[**Mitteilung** über die Verhandlungen der Gr. Landesloge von Sachsen in Dresden vom 9. Juli 1840ff.] 2° [seit Nr 101:] 4°

Mittheilung üb. die große Versammlung v. 2000 christl. Männern im Bürgersaal d. Rathhauses zu Berlin am 4. März 1873. 8. (18 S.) Berlin 873. Beck in Comm. n. — 20

—— über die zu Gnadau gehaltene 2—9. Versammlung des kirchl. Central-Vereins in der Provinz Sachsen, nebst einigen darin gehaltenen Vorträgen. Der Mittheilgn. 2—9. Hft. gr. 8. 2—4. Versamml. Halle. [Schmidt's Verl. à 7½ Ngr.] 5—9. Vers. Magdeburg. [Falckenberg u. Comp. à * 5 Ngr.] * 1
Versamml. 2. am 26. April 1843. (3½ B.)
" 3. am 20. Septemb. 1843. (3½ B.)
" 4. am 17. April 1844. (3½ B.)
" 5. am 25. Septemb. 1844. Nebst 1 Bericht üb. die Gesangbuchssache. (4½ B.)
" 6. am 2. April 1845. Nebst der darin gehalt. Rede des Consistorialr. Tholuck. (3½ B.)
" 7. am 24. Septemb. 1845. (4 B.)
" 8. am 22. April 1846. (3 B.)
" 9. am 22. u. 23. Septemb. 1846. (4 B.)
1. Versammlung??

Vertrauliche **Mitteilung** des Bezirksvorstandes des „Vereins deutscher Freimaurer" Or. Düsseldorf. Sitzung des Arbeitsamtes der L. „Hermann z. Lande d. Berge" 31. Juli 1909. 2 Bl. 8°. [Kopftit.]

Vertrauliche **Mitteilung** des Bezirksvorstandes des „Vereins Deutscher Freimaurer" Or. Düsseldorf. Sitzung des Arbeitsamtes zu Elberfeld, in den Räumen der L. „Hermann z. Lande d. Berge", 31. Juli 1909. o. O. 1909. 2 Bl. 8° [Kopftit.]
Die Verhandlung beschäftigte sich mit den Fragen: Ist ein frmrischer Alumnatverein wünschenswert, durchführbar u. auf welche Weise durchführbar?

Vertrauliche Mittheilung für die Mitglieder des konservativen Central-Vereins. Korneggs Buchdruckerei. 1 Bl. Fol.
Flugblatt. Berlin, 16. Mai 1849.

MITTHEILUNG der Verwaltung des Freien Deutschen Hochstifts für Wissenschaften, Künste und höhere Bildung in Goethes Vaterhause zu Frankfurt a. M. an die geehrten Genossen! Juli 1882. (Frankfurt a. M. Druck von Henning & Henrich.) (Ohne bes. Titelbl.) 8°.

Mittheilung, vollständige — der Begräbniß-Feierlichkeit des Wilhelm Erich Karl-Kotschy, Pastor-Sohnes und Handlungs-Praktikanten in Efferding, der am 7. Januar 1836 geboren, auf einem Berufswege den 29. Oktober 1855 plötzlich gestorben und den 1. November 1855 von einer sehr großen Anzahl christgläubiger Seelen zu seiner Ruhestätte begleitet worden. Angehörigen und Theilnehmenden Freunden achtungsvoll gewidmet von den Eltern und Geschwistern des Verstorbenen. Linz 1855. Aus der Buchdruckerei des Josef Wimmer. (35 S. 8.)

— vollständige, der Verhandlungen bei den Stadtverordneten zu Annaberg in den öffentl. Sitzungen vom 1. Nov. u. 2. Dec. 1844 in Betreff der Weihe der dasigen kathol. Kirche, verbürgt von Herrm. Haustein. gr. 8. Annaberg 845. (Rudolph u. Dieterici.) n. 1/6 ₰

Chemnitz, Königl. sächs. meteorolog. Institut, Vorläufige Mittheilung aus den Jahrbüchern des —. Jahrgang 1887—88.

Mittheilung: Wöchentliche Mittheilung von Burgdorf

Im «Verzeichnis der Zeitungen, auf welche für das Jahr 1833 bey der Zeitungs-Expedition des Oberpostamtes Luzern Bestellungen ... angenommen werden» (Luzernerisches Intelligenz-Blatt 1832, Nr. 50) findet sich u. a. obiger Zeitungstitel. Wahrscheinlich handelt es sich um den 1831 gegründeten «Berner-Volksfreund».

Mittheilung des Central-Ausschusses der ob der ennsischen Landwirthschafts-Gesellschaft an seine Mitglieder. Linz, 1856. Feichtinger'sche Buchdruckerei. (2 Bl. 4.)

Mitteilung der Centralkommission für schweizerische Landeskunde. VI. Bericht der Centralkommission über den Stand der Arbeit an der Bibliographie der schweizerischen Landeskunde Ende März 1894 und Protokoll der V. Plenarsitzung vom 10. u. 11. März 1894. Gr. in-8°. 41 S. Bern, K. J. Wyss.

Mitteilung, VII, der Centralkommission f. schweiz. Landeskunde. Bericht d. Centralkommission üb. den Stand der Arbeit an der Bibliographie der schweizer. Landeskunde Ende März 1895 u. Protokoll der VI. Plenarsitzung vom 30. u. 31. März 1895. Gr. in-8°. 42 S. Bern, K. J. Wyss.

Mitteilung, VIII., d. Centralkommission für schweiz. Landeskunde. Bericht der Centralkomm. über den Stand der Arbeit an der Bibliographie der schweiz. Landeskunde Ende März 1896 u. Protokoll der VII. Plenarsitzung vom 28. u. 29. März 1896. Gr. in-8°. 40 S. Bern, K. J. Wyss.

Mitteilung, IX., der Zentralkommission für schweiz. Landeskunde. Bericht der Zentralkommission über den Stand der Arbeit an der Bibliographie der schweiz. Landeskunde Ende März 1897 u. Protokoll der VIII. Plenarsitzung vom 20. u. 21. März 1897. Gr. in 8°. 20 S. Bern, K. J. Wyss.

Mitteilung, IX., der Centralkommission für schweizer. Landeskunde. Bericht d. Centralkommission über den Stand der Arbeit an der Bibliographie der schweizer. Landeskunde Ende März 1899 und Protokoll der X. Plenarsitzung vom 19. und 20. März 1899. Ausgegeben im Juli 1899. Gr. 8°. 15 S. Bern. Buchdruckerei K. J. Wyss.

— XII., der Centralkommission f. schweiz. Landeskunde. Bericht der Centralkommission über den Stand der Arbeit an der Bibliographie d. schweiz. Landeskunde, Ende März 1900 und Protokoll der XI. Plenarsitzung vom 17. u. 18. März 1900. Gr. 8°. 38 S. Bern, Centralkommission f. schweiz. Landeskunde.

Mitteilunge üs'm Elsasser Theater Milhüse. Verantwortlich: G. Gide. 1. Jahrg. April 1899—März 1900. 12 Nrn. Fol. (à ca. 8. S.) Mülhausen i/E. (C. Ehrmann). n. 2. 40; einzelne Nrn. n. — 20
Fortsetzung s.: E.T.M.

Mitteilungen

Mitteilungen (Mittheilungen)
v. **Bremgartner** Wochenblatt, Tägliches **Fremden-** und Anzeigeblatt der Stadt Basel. Der **Grenzbote** (Sh). **Schweizer** Grenzpost und Tagblatt der Stadt Basel. **Tagblatt** der Bundesstadt Bern. Schweizerischer **Volksfreund aus Basel.**

Mitteilungen. Magdeburg: Friese 1898-(1902). 8°
Hrsg.: Verb. d. Eisenbahnsupernumerar-Vereins;
Red.: E. Müller.

— aargauische landwirthschaftliche. Organ der landwirthschaftl. Gesellschaft des Kantons. Red.: Hannemann u. Abt. 47. Jahrg. 1889. 52 Nrn. (à 1/2—3/4 B.) gr. 4. Aarau, Wirz-Christen. n. 3. 60

— dasselbe. Red.: Hannemann. 48. Jahrg. 1890. 52 Nrn. (à 1/2—3/4 B.) gr. 4. Ebd. n. 3. 60

— aargauische landwirthschaftliche. Organ der landwirthschaftl. Gesellschaft d. Kantons. Red.: Hannemann. 49. u. 50. Jahrg. 1891. 1892. à 52 Nrn. (à 1/2—3/4 Bog.) gr. 4. Aarau, J. J. Christen.
à Jahrg. n. 3. 60

MITTEILUNGEN DER ABTEILUNG FÜR FREIE ARZTWAHL DES AERZTLICHEN BEZIRKSVEREINS MÜNCHEN. April—Juni 1905. Aus „Bayer. Aerztliches Correspondenzblatt" 1905, No. 7 bis 12. (München 1905.) 4°.

— **aus der chirurgischen Abtheilung des Berliner städtischen Krankenhauses in Friedrichshain. 1. Hft. Unter Mitwirkung der Herren Böters, Rinne, Stahl u. Wildt hrsg. v. Max Schede. gr. 8. (130 S.) Leipzig 878. Breitkopf & Härtel.** n. 3. —

— **aus d. chirurgischen Abtheilg. d. bosn.-herceg. Landesspitales in Sarajevo (1. VII. 1894—31. XII. 1896) v. Jos. Preindlsberger. Mit 32 Abb. im Texte u. 1 Plane. [Aus: „Jahrb. d. bosn.-herceg. Landesspitales in Sarajevo".] Lex.-8. (260 S.) Wien 898. J. Šafář.** n. 5. —

— **aus d. Abtheilung f. Geburtshülfe u. Gynäkologie d. bosn.-herceg. Landesspitales in Sarajevo. (1. VII. 1894—31. XII. 1896) von Otto v. Weiss. M. 17 Abb. im Texte. [Aus: „Jahrb. des bosn.-herceg. Landesspitales in Sarajevo".] Lex.-8. (140 S.) Wien 898. J. Šafář.** n. 3. 60

Mitteilungen der Geologischen Abteilung des K. Württembergischen Statistischen Landesamts, hrsg. von d. K. Württ. Statist. Landesamt. No. 1. Stuttgart 1907: (C. Grüninger). 8°
— **Jahreshefte** d. Vereins f. vaterländ. Naturkunde in Württemberg. Jg. 63, Beil. [2]. [07. 14406 9

— der geologischen Abteilung des kgl. württ. stat. Landesamtes. Nr. 1—8. 8. Stuttgart, C. Grüninger. nn 7. 25

Bräuhäuser, Manfr., Beiträge zur Kenntnis d. Rotliegenden an der oberen Kinzig, s.: Schmidt, Axel.
— Beiträge zur Statigraphie des Cannstatter Diluviums. Mit 4 Profilen, 1 Taf., 1 Situationsplan u. e. Anh.: Über den altdiluvialen Torf des Stuttgarter Tales v. J. Stoller u. D. Geyer. (92 S. m. 1 Bl. Erklärgn.) 909. (Nr. 6.) 1. —
— Über Vorkommen v. Phosphorsäure im Buntsandstein u. Wellengebirge des östlichen Schwarzwalds. (22 S.) 907. (Nr. 4.) — 30
Münst, Max, Ortsteinstudien im ober. Murgtal (Schwarzwald). (60 S. m. 1 Fig., 1 Taf. u. 1 Bl. Erklärgn.) 910. (Nr. 8.) nn — 75
Schlenker, Geo., das Schwenninger Zwischenmoor u. zwei Schwarzwald-Hochmoore in bezug auf ihre Entstehung, Pflanzen- u. Tierwelt. (Geologisch-biolog. Untersuchg. v. Torfmooren.) Mit 2 Taf. Abb. u. 1 Übersichtskarte. (280 S. m. 2 Bl. Erklärgn.) 908. (Nr. 5.) 2. 50
Schmidt, Axel, über Fossilhorizonte im Buntsandstein des östlichen Schwarzwaldes. — Bräuhäuser, M., Beiträge zur Kenntnis des Rotliegenden an d. oberen Kinzig. (36 S. m. 1 Fig. u. 1 Tab.) 910. (Nr. 7.) — 40
Schmidt, M., über Glazialbildungen auf Blatt Freudenstadt. Mit vielfachen Beiträgen v. K. Rau. Mit 4 Abb. u. 1 Texttaf. (41 S.) 907. (Nr. 1.) — 50
Schmidt, Mart., Labyrinthodontenreste aus d. Hauptkonglomerat v. Altensteig im württemberg. Schwarzwald. Mit 1 Taf. (10 S.) 907. (Nr. 2.) — 30
— Das Wellengebirge der Gegend v. Freudenstadt. Mit 8 Textfig. u. 2 Taf. (99 S.) 907. (Nr. 3.) 1. 50

— aus d. internen Abtheilung d. bosn.-hercegowin. Landesspitales in Sarajevo (1. VII. 1894—31. XII. 1896) v. G. Kobler. M. 2 Taf., 4 Abb. im Texte u. 5 Temperaturcurven. [Aus: „Jahrb. d. bosn.-herceg. Landesspitales in Sarajevo".] Lex.-8. (III, 107 S.) Wien 898. J. Šafář. n. 2. 80

— aus d. Abtheilg. f. Syphilis- u. Hautkranke d. bosn.-hercegow. Landesspitales in Sarajevo. (1. VII. 1894—31. XII. 1896) v. Leop. Glück. M. 7 Abb. u. 1 Kärtchen im Texte u. 5 Temperaturcurven. [Aus: „Jahrb. d. bosn.-herceg. Landesspitales in Sarajevo".] Lex.-8. (135 S) Wien 898. J. Šafář. n. 3. 60

—— des k. k. Ackerbau-Ministeriums 1870—1874. à 12 Nrn. (à ca. 2 Bog.) gr. 4. Wien, Faesy und Frick. à Jahrg. *

—— des k. k. Ackerbau-Ministeriums 1875. 12 Nrn. (à ca. 2 Bog.) gr. 4. Wien, Faesy und Frick. *
Nicht weiter erschienen.

— über die Ackerbauschule u. das Klostergut zu Badersleben. Enthaltend: 1. Bericht üb. die Ackerbauschule als Lehr- u. Erziehungsanstalt; abgefaßt von W. Wagner. 2. Ausführlichere Beschreibung des Klostergutes u. seines Wirthschaftsbetriebes; verf. v. W. Schönermark, nebst (2 lith.) Plänen; entworfen u. gezeichnet v. E. Tryller. Hrsg. v. dem Dir. u. dem Curatorio der Anstalt. 1850. 8. (105 S.) Magdeburg 850, Baensch in Comm. n. 5/12 ₰

— der kgl. bayer. Akademie f. Landwirtschaft u. Brauerei in Weihenstephan. Hrsg. zur Jahrhundertfeier 1905. (III, 288 S. m. Abbildgn. u. 50 [2 farb.] Taf.) 4. Freising 905. F. G. Wölfle. n. 5. —

— der königl. landwirthschaftlichen Akademie Poppelsdorf. I. Bonn 868. A. Marcus. Lex.-8. (IV, 146 S. mit 6 Steintaf., wovon 1 in Buntdr.) n. 1 ₰ 10 ngr.

— — II. Ebend. 869. Lex.-8. (79 S. mit 2 Steintaff. in qu. gr. 4.) n. 1 ₰

Akademische Mitteilungen. Wochenschrift für die staatlich technischen Hochschulen. Jg. 1–5. Hannover: Ernst 1896–1900. 8°

— akademische, für die Studierenden d. Ruprecht-Karls-Universität Heidelberg. Sommer-Halbj. 1898 u. Winter-Halbj. 1898/99. 33 Nrn. (Bog.) gr. 4. Heidelberg, J. Hörning. 3. —

— akademische, f. die Studierenden der Ruprecht-Karls-Universität Heidelberg. Sommer-Halbj. 1899 u. Winter-Halbj. 1902/1903. à Jahrg. ca. 38 Nrn. gr. 4. (à ca. 8 S.) Heidelberg, J. Hörning. à Halbjahr 1.50

— akademische, f. die Studierenden der Ruprecht-Karls-Universität Heidelberg. Sommer-Halbj. 1903 bis 1906. à 18 Nrn. (à ca. 8 S.) gr. 4. Heidelberg, J. Hörning. à Halbj. 1. 50

— dasselbe. Winter-Halbj. 1903/04–1906/07. à 18 Nrn. (à ca. 8 S.) gr. 4. Ebd. à Halbj. 1. 50

— akademische, f. die Studierenden der Ruprecht-Karls-Universität Heidelberg. Winter-Halbj. 1909/10 u. Sommer-Halbj. 1910. 19 bzw. 14 Nrn. (152 bzw. 112 S.) 31,5×23,5 cm. Heidelberg, J. Hörning. Halbjährl. 1. 50

Mittheilungen aus den Akten der zürcher Fabrikkommission bearbeitet von J. J. Treichler. 2 Thle. 8°. Zürich 1858.

Mittheilungen aus den Akten des Prozesses De Giorgi. [Zürich 1855.] H: *Kurz, Alb.* (Cat. d. Stadtbibl. Zürich. Zürich 1864—97.)

Mittheilungen aus den Akten über das Innere der Pauliner Kirche. [Leipzig 1876.] V: *Windisch, Ernst.* (Erman u. Horn, Bibliogr. d. dtsch. Univ. 2. Leipz. u. Berl. 1904.)

Hadik-Barkóczy, Helene: Actenmässige **Mitteilungen** über die gesetzwidrige Aufnahme der Gräfin Helene Hadik-Barkóczy in den Freimaurerbund. (Officieller Bericht an den „Bundesrath des Grossorientes von Ungarn", erstattet in der Sitzung vom 1. Okt. 1876.) Budapest: Rosenberg 1876. 34 S. 8°
cf. Hn. 2 (1875) S. 17—24; Fr. 9 (1876) S. 428, 525; F. 1 (1876) S. 55—62, 111—113, 125—126, 129—132, 152—153 (S. 129—132 abgedr. in: FZ. 30 1876 S. 385—389); FZ. (Wien) 3 (1876) S. 142—145 (B. Stall), 166—167 (E. Regen); T. 22 (1876) S. 177—179; MRc. 13 (1876—1877) S. 290—291; F. 2 (1877) S. 22—23 (H. Hadik-Barkóczy), abgedr. in: FZ. 31 (1877) S. 45 bis 47; Hn. 4 (1877) S. 31—34, 124 (H. Hadik Barkóczy; S. 124 abgedr. in: FZ. 31 1877 S. 203—204).

Mittheilungen aus den Akten-Resten der Bergischen Obergerichte (Hrsg. Carl vom Berg jr. u. Peter Göring). *Düsseldorf: E. Lintz 1897* (XXV, 224 S.) 1 Bd 8. [98. 3184 IIo

Mitteilungen über den Alkoholismus. Red.: Paul Hübscher. Jg. 1. Breslau. Hübscher 1906. 8° [11. 13326 2

Mittheilungen: Allgemeine Mittheilungen über Land- und Hauswirtschaft v. Oberland.

Mittheilungen, allgemein unterrichtende, zur Einführung in die Jugend- u. Volksspiele. Vom Zentral-Ausschuß zur Förderg. der Jugend- u. Volksspiele in Deutschland. Hrsg. v. E. v. Schenckendorff-Görlitz u. F. A. Schmidt-Bonn. gr. 4. (16 S.) Leipzig 894. (R. Voigtländer's Verl.) n. — 30

Allgemein unterrichtende **Mitteilungen** über den Knabenhandarbeitsunterricht. (Glauchau [1905]: R. Dulce.) (8 S.) 8° [06. 5619 6

Allgemein unterrichtende **Mitteilungen** über den Knabenhandarbeitsunterricht. (Leipzig [1905?]: Frankenstein & Wagner.) (8 S.) 8° [J.] [06. 8756

—— des deutschen und oesterreichischen Alpenvereins. Redig. von Thdr. Petersen. 1. und 2. Jahrg. 1875 und 1876. à Jahrg. 6 Nrn. gr. 8. (à Nr. ca. 40 S.) Frankfurt a. M., (Zimmer'sche Buchh.) à Jahrg. *

—— dass. — Redig. von Th. Trautwein. 3.—5. Jahrg. 1877—1879. à Jahrg. 6 Hefte. gr. 8. (à Nr. 40—48 S.) München, (Lindauer'sche Buchh.) à Jahrg. *

—— des deutschen und österreichischen Alpenvereins. Redig. von Th. Trautwein. Jahrg. 1880. 6 Hefte. gr. 8. (à Heft 32 S.) München, (Lindauer'sche Buchh.) *

Mittheilungen des deutschen und österreichischen Alpenvereins. Redig. von Th. Trautwein. Jahrg. 1881 und 1882. à Jahrg. 10 Hefte. gr. 8. (à Heft 32 S.) Wien. (München, Lindauer'sche Buchh.) à Jahrg. *

—— dass. — Jahrg. 1883 und 1884. à Jahrg. 10 Hefte. (à Heft 2 Bog.) gr. 8. Salzburg. (München, Lindauer'sche Buchh.) à Jahrg. *

—— des deutschen und österreichischen Alpenvereins. Redact.: Johs. Emmer. Jahrg. 1885. 24 Nrn. (à Nr. 2 Bog.) gr. 4. Salzburg. (München, Lindauer'sche Buchh.) *

—— dass. — Jahrg. 1886 und 1887. à Jahrg. 24 Nrn. (à Nr. 2 Bog.) gr. 4. München, (Lindauer'sche Buchh.) à Jahrg. *

—— dass. — Schriftleiter: Johs. Emmer. Jahrg. 1888. 24 Nrn. (à Nr. 2 Bog.) gr. 4. (Ebendas.) *

—— d. deutschen u. österreichischen Alpenvereins. Schriftleiter: Heinr. Hess. Jahrg. 1889—1892. à Jahrg. 24 Nrn. (à Nr. 2 Bog.) gr. 4. [Wien.] Berl. (Münch., Lindauer.) à Jahrg. * 6 —

— d. deutschen u. österreichischen Alpenvereins. Schriftleiter: Heinr. Hess. Jahrg. 1891—1894. à 24 Nrn. (2 Bog.) gr. 4. Berlin. (München, J. Lindauer.) à Jahrg. n. 6. —

— d. deutschen u. österr. Alpenvereins. Schriftleiter: Heinr. Hess. Jahrg. 1895—1898. à 24 Nrn. (à ca. 12 S.) gr. 4. Wien. (München, J. Lindauer.) à Jahrg. n. 6. —

Mitteilungen des deutschen u. österr. Alpenvereins. Schriftleiter: Heinr. Hess. Jahrg. 1899—1902. à 24 Nrn. gr. 4. (VIII, 296 S.; VIII, 288 S. m. 1 Karte; VIII, 296 u. VIII, 294 S.) München-Wien. (München, J. Lindauer). à Jahrg. n. 6. —

Mitteilungen des deutschen u. österreichischen Alpenvereins. Schriftleiter: Heinr. Hess. Jahrg. 1903—1906. à 24 Nrn. (296, 296, 290 u. 298 S.) Lex.-8. München-Wien. (München, J. Lindauer.) à Jhrg. n. 6. —

— des deutschen u. österreichischen Alpenvereins. Schriftleiter: Heinr. Hess. Jahrg. 1907—1910. à 24 Nrn. (à Jahrg. 298 S. m. Abbild.) Lex. 8. München-Wien. (München, J. Lindauer.) à Jahrg. 6. —

—— des österreichischen Alpen-Vereines. Redig. von Edm. v. Mojsisovics und Paul Grohmann. 1. Bd. 8. (V und 393 S. mit eingedr. Holzschn. und 3 panoramat. Ansichten, wovon 2 in Kpfrst. und 1 lithogr., in gr. 4. und qu. Imp.-Fol.) Wien 863, Braumüller's Sortiment. *

—— dass. — Redig. von Paul Grohmann. 2. Bd. 8. (V und 502 S. mit 1 lithogr. Farbendr., 1 Holzschn., 1 Radirung und 1 chromolithogr. Karte des Bedole- und Matterot-Gletschers in 4.) Ebendas. 864. *
Vgl.: Jahrbuch des oesterreichischen Alpen-Vereines.

— der Altertums-Kommission für Westfalen. 1. u. 2. Hft. gr. 8. Münster, Aschendorff. n. 18. —
1. (VIII, 123 S. m. Abbildgn. u. 9 Taf.) 899. n. 8. —
2. Haltern u. die Altertumsforschg. an der Lippe. (X, 228 S. m. Abbildgn. u. 39 Taf.) 901. n. 10. —

— der Altertums-Kommission f. Westfalen. 3. u. 4. Heft. gr. 8. Münster, Aschendorff. à n. 10. —
3. (VIII, 131 S. m. Abbildgn. u. 21 Taf.) 903.
4. (VII, 163 S. m. Abbildgn. u. 20 Taf.) 905.

— der Altertums-Kommission f. Westfalen. V. (X, 428 S. m. Abbildgn. u. 41 Taf.) gr. 8. Münster 909. Aschendorff. 10. —

MITTEILUNGEN DES ALTERTUMSVEREINS.
Herausgegeben von ERNST KAPFF
No. 1) m d. T Unter- und Ober-Vögte in Cannstatt. Vortrag von THEODOR SCHÖN aus Stuttgart. Gehalten im Altertums-Verein Cannstatt am 11 Februar 1896. Cannstatt. Druck und Verlag der G. F Rapp'schen Buchdruckerei. 4°.
) Nr. 2 habe ich nicht einsehen können; mehr als 7 Nummern sind nicht erschienen.
Nr 3. Februar 1897 Die St. Veits Kirche zu Mühlhausen am Neckar. Vortrag, gehalten von THEODOR SCHÖN aus Stuttgart. (ib.) —
Nr 4. Juli 1898. Des Apothekers Heinrich Efferen Kampf gegen den Hexenwahn. Vortrag, gehalten von THEODOR SCHÖN aus Stuttgart. (ib.) —
Nr 5. November 1898. Geschichte Cannstatts als Bad bis zum Tode Königs Friedrich. Vortrag, gehalten von THEODOR SCHÖN aus Stuttgart. (ib.) —
Nr 6. Cannstatt als Bad von 1816 bis 1823, vom Regierungsantritt Königs Wilhelm I bis zur Anlegung des Wegs auf der Höhe des Sulzerrains. Vortrag, gehalten von THEODOR SCHÖN aus Stuttgart. (ib.) —
Nr 7 Cannstatt als Bad von 1824 bis 1837, von der Anlegung des Wegs auf der Höhe des Sulzerrains bis zur Eröffnung der Veiel'schen Heilanstalt. Vortrag, gehalten von THEODOR SCHÖN aus Stuttgart. (ib.) —

— des Freiberger Alterthumsvereins. 1. Heft. Freiberg 862. (Craz & Gerlach.) gr. 8. (68 S.) 15 ngr.

— des Freiberger Alterthumsvereins. 2. Heft. Freiberg 863. (Gerlach'sche Buchdruckerei.) gr. 8. (S. 69—160 mit eingedr. Holzschn.) n. 20 ngr.

— — auf das 4—7. Vereinsjahr 1864—67. Herausg. im Auftrage des Vereins von Heinr. Gerlach. 3—6. Heft. Ebend. gr. 8. [3. Heft. (IV u. S. 161—308 mit 3 Steintaff. in gr. 8. u. 4.) 865., 4. Heft. (VIII u. S. 309—420 mit 2 Steintaff.) 866., 5. Heft. (IV u. S. 421—514 mit 2 lithogr. Wappentaff. in qu. 4.) 866., 6. Heft. (S. 515—662 mit 2 lith. Wappentaff.) 868.] Jedes Heft n. 20 ngr.

— des Freiberger Alterthumsvereins auf das 8. Vereinsjahr 1868. Im Auftrag d. Vereins v. Heinr. Gerlach. 7—12. Hft. gr. 8. (IV, u. S. 663—959, 840, XII, 158 u. Katalog der Bibliothek d. Ver 92 S.) Freiberg 870—73. Gerlach'sche Buchdr. à n. 2. —

— vom Freiberger Altertumsverein, hrsg. von Heinr. Gerlach. 13—18. Hft. Mit Abbildungen. gr. 8. (à ca. IV, 128 S.) Freiberg 877—82. Gerlach'sche Buchdr. à n. 2. —

— des Freiberger Altertumsvereins m. Bildern aus Freibergs Vergangenheit. Hrsg. v. Heinr. Gerlach. 19.—30. Hft.: 1882—1895. gr. 8. Freiberg, Gerlach'sche Buchdr. à n. 2. —
19. (XI, 152 S. m. 1 Holzschn.-Taf.) 883.
20. (IV, 144 S. m. 1 Holzschn.-Taf.) 884.
21. (60 S. m. 1 Panorama.) Nebst Bibliographisches Repertorium üb. die Geschichte der Stadt Freiberg u. ihres Berg- u Hüttenwesens. Hrsg. v. Ed. Heydenreich. (XI, 128 S.) 885.
22. (VIII, 100 S. m. 1 Holzschn.-Taf.) 886.
23. (III, 108 S. m. 1 Bildnis.) 887.
24. (VIII, 96 S. m. 1 Lichtdr.-Taf. 888.
25. (V, VI, 96 S. m. 1 Abbildg. u. 1 Bildnis.) 889.
26. (IV, 112 S. m. 1 Zinkogr.) 890.
27. (XVI, 104 S. m. 1 Wappentaf. u. 2 Bildnissen.) 891.
28. (IV, 92 S. m. 1 Ansicht.) 892.
29. (III, 170 S. m. 1 Taf.) 893.
30. (III, 118 S. m. Abbildgn. u. 19 Taf.) 894.

— des Freiberger Altertumsvereins m. Bildern aus Freibergs Vergangenheit. Hrsg. v. Heinr. Gerlach. 31.—34. Hft. gr. 8. Freiberg, Gerlach'sche Buchdr. à n. 2. —
31. 1894. (VIII, 140 S. m. 11 Lichtdr.-Taf.) 895.
32. 1895. Sachregister zu Hft. 1—31. Von Heinr. Gerlach. (VIII, 60 S.) 896.
33. 1896. (III, 80 S. m. 9 Fig. u. 1 Taf.) 897.
34. 1897. (XXIV, 148 S. m. Abb. u. 5 Taf.) 898.

— des Freiberger Altertumsvereins m. Bildern aus Freibergs Vergangenheit. Hrsg. v. Konr. Knebel. 35.—37. Hft. gr. 8. Freiberg, Gerlach'sche Buchdr. à n. 2. —
35. 1898. (IV, 139 S. m. 3 Taf.) 899.
36. 1899. (VI, 164 S. m. 4 Taf.) 900.
37. 1900. (IV, 105 S. m. 2 Abbildgn.) 901.

— des Freiberger Altertumsvereins m. Bildern aus Freibergs Vergangenheit. Hrsg. v. Konr. Knebel. 38. bis 42. Heft. gr. 8. Freiberg, Gerlach'sche Buchdr. à n. 2. —
38. (IV, 115 S. m. Abbildgn.) 902. — 39. (IV, 184 S. m. Abbildgn.) 903. — 40. (IV, 114 S. m. Abbildgn. u. 5 Taf.) 904. — 41. 1905. (IV, 196 S. m. 1 Bildnis u. 3 Taf.) 906. — 42. (III, 144 S. m. 1 Stammtaf.) 906.

Mitteilungen des Freiberger Altertumsvereins m. Bildern aus Freibergs Vergangenheit. Zur 50jähr. Jubelfeier hrsg. v. Konr. Knebel. 43. 44. u. 45. Jahrg. (Jubiläums-)Heft. 1907—1909. (III, 92 S.; III, 158 S. m. 1 Taf. u. 178 S. m. 1 Taf.) 8. Freiberg 907—10. Gerlach'sche Buchdr. à 2. —

— des Alterthumsvereins zu Plauen i. V. Jahresschrift auf die J. 1875—80. Hrsg. von Joh. Müller gr. 8. (VIII, 168 S.) Plauen 880. Neupert in Comm. n. 2. —

Mittheilungen des Alterthumsvereins zu Plauen i. V. 2. Jahresschrift. Hrsg. von Joh. Müller. gr. 8. (VI, CII, 88 S. m. 1 Steintaf. u. 1 photolith. Portr.) Plauen 882. Neupert in Comm. n. 2. 80

— des Altertumsvereins zu Plauen i. V. 3. Jahresschrift auf das J. 1882—83. Hrsg. v Joh. Müller. gr. 8. (V, CII, 106 S.) Plauen 883. (Neupert.) n. 2. 80

— dasselbe. 4. Jahresschrift auf d. J. 1883—84. gr. 8. (LXXXVI, 66 S. m. Steintaf.) Ebend. 884. n. 2. 80

— dasselbe. 5. Jahresschrift auf d. J. 1884—85. gr. 8. (X, 220 S. m. 1 Steintaf.) Ebend. 885. n. 3. 60

— d. Altertumsvereins zu Plauen i/V. 6. Jahresschrift auf die J. 1886—87. Im Auftrage hrsg. v. J. Müller. gr. 8. (IV, XCV, 107 S. m. 1 Steintaf.) Plauen 887. (Neupert.) n. 3 60

— des Altertumsvereins zu Plauen i. V. 7.—10. Jahresschrift. Im Auftrage hrsg. v. Jul. Vogel. gr. 8. Plauen, (F. E. Neupert's Verl.). n.n. 14. 40
7. 1888/89. (IV, 100 S. m. 1 farb. Karte.) 889. n.n. 2. —
8. 1890/91. (127 S. m. 1 Taf. u. 1 farb. Karte.) 891. n.n. 2. 50
9. 1892/93. (IV, 71 S.) 893. n. 2. 40
10. 1893/94. (X, 310 S.) 893. n. 7. 50

Mitteilungen des Altertumsvereins zu Plauen i/V. 11. u. 12. Jahresschrift. Hrsg. v. Chr. A. Scholtze. gr. 8. Plauen, R. Neupert jun. n. 5. 40
11. Auf d. J. 1894/95. (II, V, 44 S.) 895. n. 2. 40
12. Auf d. J. 1895/96. (147 S.) 896. n. 3. —

— des Altertumsvereins zu Plauen i. V. 13. Jahresschrift auf die J. 1897—1900. Hrsg. v. Chr. A. Scholtze. gr. 8. (IV, 54 S.) Plauen (R. Neupert jr.). n. 1. 50

— dasselbe. 14. Jahresschrift auf die J. 1900. gr. 8. (III, 128 u. CVII S.) Ebd. 901. n. 3. 20

— dasselbe. 15. Jahresschrift auf die J. 1901. gr. 8. (VIII, 51 S.) Ebd. 902. n. 1. 50

— dasselbe, Beilage, s.: Raab, C. v., das Amt Plauen.

— des Altertumsvereins zu Plauen i. V. 16. u. 17. Jahresschrift. Hrsg. v. Chr. A. Scholtze. gr. 8. Plauen (R. Neupert jr.) n.n. 7. —
16. Auf die J. 1903—1904. (VIII, 200 S.) 904. n. 3. —
17. Auf die J. 1905—1906. (VII, 227 S. m. 8 Karten.) 906. n.n. 4. —

— des Altertumsvereins zu Plauen i. V. 18. u. 19. Jahresschrift auf die J. 1907/08 u. 1908/09. gr. 8. Plauen, (R. Neupert jr.). nn 12. 20
18. Schloss u. Amt Vogtsberg bis Mitte des 16. Jahrh. u. Das Erbbuch vom J. 1542. Bearb. u. hrsg. von C. v. Raab. (V, 527 S.) 907. nn 8. —
19. 1908—1909. Hrsg. vom Vereins-Vorstand. (XV, 271 S. m. 3 Taf.) 908. nn 4. 20

— dasselbe. 19. Jahresschrift, Beilageheft. gr. 8. Ebd. nn 1. 75
Uebersicht üb. erschienene Schriften u. Aufsätze zur Geschichte, Landes- u. Volkskunde des Vogtlandes. Von Alwin Neupert. (IV, 96 S.) 908. nn 1. 75

— dasselbe. 20. Jahresschrift auf d. J. 1910. Hrsg. v C. Angermann. Hierzu 2 Beihefte: Neupert jen., A., kleine Chronik der Stadt Plauen i. Vogtl. von 1122 bis zum Ausgang des 19. Jahrh. Aus Anlaß des 35jähr Bestehens des Altertumsvereins zu Plauen i. V. bearb u. hrsg. — Dasselbe. Neue Folge 1901—1908. (III 256 S. m. 1 Taf.; VII, 84 S. m. Abbildgn u. 67 S.) gr. 8 u. 8. Ebd. 909. 08. 09. nn 5. 75

— des königl. sächs. Alterthums-Vereins. Historischen Inhalts. I. (Thl.) A. u. d. T.: Züge aus dem Familienleben der Herzogin Sidonie und ihrer fürstl. Verwandten aus dem 15. und 16. Jahrhundert. Nach ungedr. Briefen dargestellt von Friedr. Albert v. Langen. gr. 8. (VI und 138 S.) Dresden 852, Meinhold und Söhne.

MITTHEILUNGEN DES KÖNIGLICH SÄCHSISCHEN ALTERTHUMSVEREINS. Heft 21—27. Mit Abbildungen. ib. 1871—1877. —

— des königl. sächsischen Alterthums-Vereins. Namens desselben hrsg. von H. Ermisch und A. v. Eye. 28. und 29. Heft. 8. (XIV, 162 S. mit 4 Taf. in Lichtdr.; XVI, 144 S.) Dresden 878, Baensch. à Heft *

—— des königl. sächsischen Alterthumsvereins. Namens desselben hrsg. von H. Ermisch und A. v. Eye. 30. Heft. [Register zu Heft 1—29.] gr. 8. (XII, 133 S.) Dresden 880, Baensch. *
Fortsetzung mit dem Archiv für sächsische Geschichte vereinigt u. d. T.: Neues Archiv für sächsische Geschichte.

MITTEILUNGEN DES ALTERTUMSVEREINS FÜR ZWICKAU UND UMGEGEND. Heft I. Ausgegeben im Juli 1887. (Mit 1 Tafel.) Zwickau 1887. Druck von R. Zückler. 8° — II. ib. 1888. — III. (Mit Tafeln.) ib. 1891. — IV ib. 1894. — V ib. 1896. — VI. ib. 1899. — VII ib. 1902. — VIII. ib. 1905. — IX mit dem Titel Inquisition und Ketzerprozesse in Zwickau zur Reformationszeit. Dargestellt im Zusammenhang mit der Entwicklung der Ansichten Luthers und Melanchthons über Glaubens- und Gewissensfreiheit. Von PAUL WAPPLER. Leipzig 1908. Verlag von M. Heinsius Nachfolger — X (Mit 1 Karte.) Zwickau 1910. Zwickauer Zeitungs-(Amtsblatt) Druckerei. — A. u. d. T. Festschrift zum 25jährigen Bestehen des Altertumsvereins für Zwickau und Umgegend 8. Dezember 1910. — XI (Mit 2 Tafeln.) ib. 1914. —

—— des Altertumsvereins für Zwickau und Umgegend. 1. und 2. Heft. gr. 8. Zwickau, (Kongen.) *
Inhalt:
Heft 1. Fabian, Ernst, die Stadt Zwickau unter den Einwirkungen des schmalkaldischen Kriegs. (XXIII, 131 S. mit 1 Ansicht.) 887. *ℳ 2.25.
„ 2. —— die Wiederaufrichtung der Zwickauer Schule nach dem Schmalkaldischen Kriege. Mit archival. Beiträgen. — Schilling, Quellen zur Geschichte der Stadt Zwickau während des 30jähr. Krieges, 1632–1633. — Beck, Leibnizens Beziehungen zu Christian Daum, Rektor zu Zwickau. — Buchwald, zur Kirchen-, Schul- und Sittengeschichte von Härtensdorf und Wildenfels. (XXIII, 81 S.) 888. *ℳ 1.80.

—— d. Altertumsvereins f. Zwickau u. Umgegend. 3. Heft. gr. 8. (XXXI, 97 S. m. 1 Bildnis u. 1 Faksim.) Zwickau 891, (Richter.) * 2 —
1 u. 2. Heft. Ebd. 1887,88. * 4 05.

— des Altertumsvereins f. Zwickau u. Umgegend. IV. u. V. Hft. gr. 8. (XIX, 134 u. XXIV, 79 S.) Zwickau 894. 96. (Richter.) à n. 2. — (I—V: n. 10. 05)

— des Altertumsvereins f. Zwickau u. Umgegend. VI. u. VII. Hft. gr. 8. (XVII, 128 u. XIV, 147 S.) Zwickau 899. 902. (Richter.) à n. 2. —

— des Altertumsvereins f. Zwickau u. Umgegend VIII. Heft. (XIII, 184 S.) 8. Zwickau 905. (Richter.) n. 3. —

— des Altertumsvereins f. Zwickau u. Umgegend. IX. Heft. (XVI, 219 S.) 8. Leipzig 908. M. Heinsius Nachf. 5. 60

— des historischen Vereins „Alt-Wertheim". Nr. 1. 8. Wertheim, (E. Buchheim Nachf.). — 50
Wertheim am Main, e. Beitrag zur Städtekultur. Vortrag, geh. anlässlich der Feier des 600jähr. Stadtjubiläums am 2. XII. 1906. Von Geo. Kappes. (27 S.) (907.)

— dasselbe. Nr. 2, : Löwenstein, Licht- u. Schattenseiten aus der Geschichte der Juden in Wertheim.

Mitteilungen d. arbeitsstatistischen Amtes im k. k. Handelsministerium. Heft 1—4. Lex.-8°. Wien, A. Hölder, 1900—1906.

— des arbeitsstatistischen Amtes im k. k. Handelsministerium. 1.—3. Hft. Lex.-8. Wien, A. Hölder. n. 4.50
1. Die Lohnarbeiter der k. u. k. Kriegsmarine. Im Auftrage der Marinesection des k. u. k. Reichs-Kriegsministeriums bearb. Von Rainer Kesslitz. (77 S. m. 1 Taf.) 900. n. 1. 10
2. Die Arbeitsverhältnisse im Lloydarsenale u. Stabilimento tecnico Triestino, unter Zugrundelegg. der v. den Directionen der beiden Anstalten zur Verfügung gestellten Daten. Von Gust. Lippert. Mit e. Planbeilage. (97 S.) 902. n. 1. 10
3. Gesindewesen u. Gesinderecht in Oesterreich. Von Hugo Morgenstern. 1. Thl. Geschichtlicher Überblick. Statistik u. wirtschaftl. Lage des Gesindes. (VII, 215 S.) 902. n. 2. 30

— des k. k. arbeitsstatistischen Amtes im Handelsministerium. 4. Heft. Lex.-8. Wien, A. Hölder. n. 1. 80 (1.—4.: n. 6. 30)
Die organisierte Forstarbeiterschaft der in oberster Verwaltung des k. k. Ackerbau-Ministeriums stehenden Staats- u. Fondsforste. Im Auftrage des k. k. Ackerbau-Ministeriums nach amtl. Berichten bearb. Von Adf. Stengel. (111 S.) 906.

— des bremischen statistischen Amts im J. 1902. Nr. 1 u. 2. Lex.-8. Bremen (G. A. v. Halem). à n. — 70
1. Die bremische Bevölkerung nach dem Religionsbekenntnis. Von Wilh. Böhmert. (11 S.) (902.)
2. Beiträge zur bremischen Wohnungsstatistik. Von Wilh. Böhmert. (16 S.) (902.)

— des bremischen statistischen Amts im J. 1903. Hrsg.: Böhmert. Nr. 1 u. 2. Lex.-8. Bremen (F. Leuwer). à n.n. — 50
1. Beiträge zur bremischen Wohnungsstatistik. Von Wilh. Böhmert. (23 S.)
2. Die Zählung der leerstehenden Wohnungen im Novbr. 1903. (12 S.)
1902 Nr. 1 u. 2 jetzt Ebd. erm. Pr. à n.n. — 50.

— des bremischen statistischen Amts in den J. 1904—1909. Lex. 8. Bremen, F. Leuwer. nn 7. 90
1904. 1. Beiträge zur bremischen Wohnungsstatistik. Von Wilh. Böhmert. 4. Die nicht zur engeren Familie gehör. Hausgenossen u. ihr Einfluss auf d. Wohnungsverhältnisse. (Nach der Volkszählg. v. 1. XII. 1900) (53 S.) nn 1. 50
2. Das bremische Landgebiet u. die bremische Landwirtschaft. Von Wilh. Böhmert. (90 S.) nn 2. 40
1905. 1. Zählung, die, der leerstehenden Wohngn. im Novbr. 1904. (8 S.) nn — 50
2. Beiträge z. bremischen Wohnungsstatistik. Von Wilh. Böhmert. 5. Das Aftermieterwesen in der Stadt Bremen am 1. XII. 1900. (20 S. m. 1 farb. Plan.) nn — 75
1906. 1. Zählung, die, d. leerstehenden Wohnungen im Novbr. 1905. (8 S.) nn — 50
2. (23 S.) nn — 75
1907. 1. Zählung, die, d. leerstehenden Wohnungen im Novbr. 1906. (8 S.) nn — 50
1908. 1. Dasselbe im Novbr. 1907. (12 S.) nn — 50
1909. 1. Dasselbe im Novbr. 1908. (8 S.) nn — 50

Mitteilungen des Statist. Amtes des Kantons Basel-Stadt. No. 1-8 Basel 1903-06

Mitteilungen des Statistischen Amtes des Kantons Basel-Stadt 9-26. Basel 1907-11

— des statistischen Amtes des Kantons Basel-Stadt. Nr. 1.—8. 8. Basel, (C. F. Lendorff). n. 9. 50
1. Die Arbeitslosigkeit in Basel im Winter 1902/03. Bericht des statist. Amts des Kantons Basel-Stadt. (VII, 74 S. m. 1 Formular u. 2 graph. Taf.) gr. 8. 903. n.n. 1. 40
2. Die Arbeitslosigkeit in Basel im Winter 1903/04. Von F. Mangold. (27 S.) gr. 8. 904. n. — 80
3. Basels Staatseinnahmen u. Steuerverteilung 1888—1903, tabellarisch dargestellt. Von F. Mangold. (80 u. XXVI S. m. 4 [1 farb.] Taf.) 4. 905. n. 3. 50
4. Die Zählung der leerstehenden Wohnungen u. Geschäftslokale in Basel im Dezbr. 1904. Von F. Mangold. (34 S. m. 1 Plan.) gr. 8. 905. n. — 80
5. Statistik der Grossratswahlen vom 6./7. V. 1905 im Kanton Basel-Stadt. Von F. Mangold. (26 S. m. 1 Taf.) gr. 8. 905. n. 1. —
6. Die Arbeitslosigkeit in Basel im Winter 1904/05. Von F. Mangold. (18 S.) gr. 8. 905. n. — 60
7. Die Zählung der leerstehenden Wohnungen u. Geschäftslokale in Basel im Dezbr. 1905. Von F. Mangold. (15 S.) 906. n. — 40
8. Bericht üb. die Bautätigkeit im Kanton Basel-Stadt im J. 1905. Von F. Mangold. (Mit 10 Taf.: Reproduktionen einiger typ. Bauten v. Ein- u. Mehrfamilienhäusern.) (48 S.) 906. n. 1. —

Mitteilungen des statistischen Amtes des Kantons Basel-Stadt. gr. 8. Basel, C. F. Lendorff.
Nr. 9. Mangold, F., Die Zählung der leerstehenden Wohnungen u. Geschäftslokale in Basel im Dezbr. 1906. (15 S.) —. 45. — Nr. 10. Mangold, F., Die im J. 1906 im Kanton Basel-Stadt erstellten Neubauten. (35 S.) —. 80. 1907.

Mitteilungen des Statistischen Amtes des Kantons Basel-Stadt. N° 10. 8. Basel, Komm. C. F. Lendorff, 1907. [fr. —. 60]
s. Mangold, F[ritz].

— des statistischen Amtes des Kantons Basel-Stadt. gr. 8. Basel, C. F. Lendorff.
Nr. 11. Mangold, F., Die Zählung der leerstehenden Wohnungen u. Geschäftslokale in Basel im Dezbr. 1907. (23 S.) —. 50.

1308

Mitteilungen des statistischen Amtes des Kantons Basel-Stadt. gr 8. Basel, C. F. Lendorff.

Nr. 12. Mangold, F., Die im J. 1907 im Kanton Basel-Stadt erstellten Neubauten. (28 S.) — 60. — Nr 13. Mangold, F., Statistik der Grossratswahlen vom 9./10. V 1908 im Kanton Basel-Stadt. (17 S.) — 50.

1908

— des Statistischen Amtes des Kantons Basel-Stadt. Basel '08, Buchdr. Gasser & Cie.

Nr 13. Mangold. F., Statistik der Grossratswahlen vom 9/10. Mai 1908 im Kanton Basel-Stadt. 17 S. 8. 50 c. — Nr 14. Mangold, F., Statistik der Basler Nationalratswahlen vom 31. Oktober—1. November 1908. II. (Wahlgang.) 16 S. 8. 30 c

— des statistischen Amtes des Kantons Basel-Stadt. 8. Basel, C. F. Lendorff.

Nr. 16. Mangold, F., Die im Jahre 1908 im Kanton Basel-Stadt erstellten Neubauten. (21 S.) 60 c. — Nr. 17 Mangold, F., Die Zählung der leerstehenden Wohnungen und Geschäftslokale in Basel im Dezember 1908. (17 S.) 50 c.

1909

— des statistischen Amtes des Kantons Basel-Stadt. Basel, C F. Lendorff.

Nr. 16. Mangold, F. Die im J. 1908 im Kanton Basel-Stadt erstellten Neubauten. (21 S.) gr 8. —. 60. — Nr 18. I. Heft Mangold F., Industrie, Handel u. Verkehr, künstl. u. wissenschaftl. Gewerbe u. Landwirtschaft im Kanton Basel-Stadt nach den Ergebnissen der eidgen. Betriebszählung vom 9. VIII 1905. (V. 70 S.) Lex.-8. 2. —. — Nr. 18, II. Heft. Mangold, F., Die Verlagsbetriebe u. die Heimatsbetriebe in Basel nach den Ergebnissen der eidgenössischen Betriebszählung vom 9. VIII. 1905. Sep.-Ausg. (19 S.) Lex.-8. 1 10.

1909

Mitteilungen des Statistischen Amts der Stadt Berlin. No 1. (Berlin 1907: W. & S. Loewenthal.) 4° 107 13174

Mitteilungen des statistischen Amts der Stadt Berlin Nr. 1 u. 2. 33,5×26,5 cm. Berlin, Puttkammer & Mühlbrecht. 3.20

1. Verurteilungen, die, wegen Übertretungen beim Amtsgericht Berlin I in den J. 1904 u. 1905. (22 S.) 907. 1.20
2. Bautätigkt. u. Wohnungsmarkt in Berlin 1906—1908/1909. (VI, XXII, 12 u. 39 S. m. 1 eingedr. Plan.) (910.) 2. —

Mitteilungen des Statistischen Amtes über die Bewegung der Bevölkerung der Stadt Cöln. (monatweise) 1907 (Cöln 1907) 2°

— des statistischen Amtes der Stadt Chemnitz. Hrsg. v. Max Flinzer. 6. u. 7. Hft. gr. 4. (138 S.) Chemnitz 886. Focke. n. 4. 40 (1—7.: n. 16. 90)

Mittheilungen des Statistischen Amtes der Stadt Dortmund. Hrsg im Auftr d. Magistrats. H. 1 Dortmund: W. Crüwell 1898. 8° [04. 3143]

— des statistischen Amtes der Stadt Dortmund. Hrsg. im Auftrage des Magistrats. 3. Hft. gr. 8. Dortmund (Ch. L. Krüger). n. 2. —

Die Gast- u. Schankwirtschaften in den deutschen Gemeinden m. mehr als 15 000 Einwohnern, nach dem Stande vom Novbr. 1898, auf Grund amtl. Angaben der zuständ. Behörden. Von Gust. Tenius. (109 S.) 899.
Hft. 1 u. 2 kamen nicht in den Handel.

Mittheilungen des Statistischen Amtes der Stadt Dortmund. Hrsg. im Auftr. des Magistrats. H. 1 ff. Dortmund 1898 ff. 4°

H. 7—9. 1905 1907.
7: Über d. Umfang d. Säuglings-Sterblichkeit in d. Stadt Dortmund. Von Aug. Busch. 1905.
8: D. Gemeindesteuern d. Jahres 1905 in d. Stadtkreisen, d. übrigen Städten u. d. Landgemeinden d. Prov. Westfalen m. mehr als 10000 Einwohnern. Bearb. von Paul Prigge. 1906.
9: D. Arbeitslöhne, d. Arbeitszeit u. d. Arbeiterruhe der in d. städt. Betrieben beschäftigten Arbeiter u. des sonstigen nicht beamteten Personals, sowie d. städtischerseits vorhandenen Wohlfahrts-Einrichtungen. Bearb. von Paul Prigge. 1907.

— d. statistischen Amtes d. Stadt Dresden. 6.—8. Hft. gr. 4. Dresden (v. Zahn & Jaensch). n.n. 3. 50 (1.—8.: n.n. 18. 50)

6. (30 S.) 897. n.n. 1. 50. — 7. (39 S. m. 1 Plan.) 897. n.n. 1. — 8. (51 S. m. 1 Plan.) 898. n.n. 1. —

Vorh. u. d. T.: Mitteilungen des statistischen Bureaus der Stadt Dresden. H. 1-5. 1875-1885.

— des statistischen Amtes der Stadt Dresden. 9. u. 10. Hft. gr. 4. Dresden (v. Zahn & Jaensch). à n.n. 1.—; (1—10 n.n. 20. 50)

9. (36 S.) 899.
10. Dresdner Berufs- u. Gewerbestatistik u. die Aufgaben der Berufs- u. Gewerbezählungen. Von Herm. Schäbel. (42 u. 58 S.) 901.

— des statistischen Amtes der Stadt Dresden. 11.—15. Heft. Lex.-8. Dresden, v. Zahn & Jaensch. à n.n. 1. -

11. Wohnungen, die, m. Teilvermietungen u. die Dresdner Wohnungsordnung vom 25. 1. 1898 auf Grund e. statist. Untersuchung v. J. 1901. (48 S.) 903.
12. Wohnungsstatistik, Dresdner, vom 1. XII. 1900. Die Wohndichtigkeit der Dresdner Bevölkerung nach Baublöcken von 1880 bis 1900. Lohnstatistik der J. 1899 bis 1902. (79 S.) 904.
13. Inventarien v. 87 Dresdner Arbeiterhaushalten. Aufgenommen im Novbr. 1903. (36 S.) 904.
14. Grundeigentum, das bebaute u. unbebaute private, in Dresden u. die Berufs- u. Einkommensverhältnisse der Eigentümer. Nach e. auf d. J. 1901 bezügl. statist Untersuchg. (31 S.) 904.
15. Verhältnisse, die, des subhastierten Dresdner Hausbesitzes. Ergebnisse e. Untersuchg. über die Zwangsversteigergn. der J. 1904 u. 1905. (51 S.) 906.

— des statistischen Amtes der Stadt Dresden. 16. u. 17. Heft. Lex. 8. Dresden, v. Zahn & Jaensch. à nn 1. —

16. Lohnverhältnisse, die, der städtischen Arbeiterschaft in Dresden in den J. 1904 u. 1905. Anh.: Die Dresdner Kleinverkaufspreise der wichtigsten Lebensmittel in den letzten Jahren u. der Einfluß der eingetretenen Preisändergn. auf das Ausgabebudget e. Arbeiterfamilie. (93 S.) 907. nn 1. —
17. Lage, die, des Dresdner Wohnungsmarktes im J. 1907 m. Rückblicken auf die Vorjahre u. Vorbemerkungen üb. die Methode der Wohnungsstatistik. (54 S.) 908. nn 1. —

— des statistischen Amts der Stadt Elberfeld. 1. Hft. gr. 4. Elberfeld (Baedeker). n. 1. —

Einige Ergebnisse der Volkszählung vom 1. XII. 1900. Im Auftrage des Oberbürgermeisters hrsg. Von Otto Landsberg. (45 S.) (902.)

Mitteilungen des Statistischen Amts der Residenzstadt Cassel. Hrsg. im Auftr. d. Magistr. 1906, No 1 (Cassel 1906.) 4° [S.] [06. 8098 3

Mitteilungen des Statistischen Amts der Stadt Kiel. (H 1 6. 10—20· Im Auftrage des Magistrats hrgg. v E. Rosenberg.) Kiel. Fol.

Nr 1. 1 Die Bautätigkeit in der Stadt Kiel in den letzten Jahren. 2: Die Zählung der leerstehenden Wohnungen Ende Juli 1903. 1903. 4°, geb in Fol

Nr. 2. 1903. 4°, geb. in Fol. [Kopft.]

Nr. 3. Die Wohnungszählung vom Nov 1903. T 1. Die reinen Mietwohnungen, ohne Geschäftslokale ⟨Tabellen⟩ 1904.

Nr. 4. —— T 2: Sämtliche Wohnungen Mit 1 Anh. 1905.

Nr. 5. Krankenkassenstatistik für die Jahre 1904 und 1905. 1906

Nr. 6. 1 Zur Statistik der städtischen Arbeiter 2 Die Rechts- und Dienstvorschriften der städtischen Arbeiter 1906.

Nr 7 Ruhelohn und Hinterbliebenenfürsorge für die städtischen Arbeiter Nach den Bestimmungen einer Anzahl deutscher Städte 1907

Nr 8 Die Zählung der leerstehenden Wohnungen vom 15. Okt. 1907. 1908

Nr 9. Die Tagesbeleuchtung der städtischen Schulen in Kiel v L[eonhard] Weber 1908.

Nr. 10. Krankenkassenstatistik für die Jahre 1906 und 1907 1908.

Nr 11 Die Arbeitslosenzählung in der Stadt Kiel am 13 Dezember 1908. 1909

Nr 12 Die Grundstücks-, Gebäude- und Wohnungszählung vom Dezember 1905. 1909.

Nr 13 Kiels Schiffs- und Warenverkehr im Jahre 1908. 1909

Nr. 14. Der Kieler Wohnungsmarkt Mitte Oktober 1909 (1909.) [Kopft.]

Nr 15. Krankenkassenstatistik für die Jahre 1908 u. 1909. 1910.

Nr 16. Die Tätigkeit des Statistischen Amts in den Jahren 1906—10. (1911.) [Kopft.]

Nr 17 Die Bautätigkeit in der Stadt Kiel 1904—1910 Der Grundbesitzwechsel 1904—1910. Die Zwangsversteigerungen 1907—1910. 1911

Nr. 18. Die Zählung der Grundstücke, Gebäude, Wohnungen und Geschäftslokale vom 1. Dezember 1910. 1912.

Nr. 19. Die Leerwohnungen in Kiel 1910—1912. 1913. 8°, geb. in Fol.

Nr 20 Die älteren Kieler Volkszählungen. Bewegung der Bevölkerung 1835—1865. 1914. 8°, geb. in Fol.

— des statistischen Amts der Stadt Kiel. Nr. 1—15. 32×24,5 cm. Kiel, Lipsius & Tischer. 33. 50

Bautätigkeit, die, in der Stadt Kiel in den letzten Jahren. II. Die Zählung der leerstehenden Wohnungen Ende Juli 1903. Im Auftrage des Magistrats bearb. v. E. Rosenberg. (38 S. m. 1 Taf.) Lex. 8. 903. (Nr. 1.) 2. —

Krankenkassenstatistik f. die J. 1904 u. 1905. (14 S.) 32,5×24,5 cm 906. (Nr. 5.) 2. —

Rosenberg, E., die Arbeitslosenzählung in der Stadt Kiel am 13. XII. 1903. Im Auftrage d. Magistrats bearb. (16 S.) 909. (Nr. 11.) 1. 50

— Die Grundstücks-, Gebäude- u. Wohnungszählung vom Dezbr 1905. Im Auftrage des Magistrats hrsg. (43 u. 45 S. m. 8 farb. Karten.) 909. (Nr. 12.) 6. —

— Kiels Schiffs- u. Warenverkehr im J. 1908. Im Auftrage des Magistrats hrsg. (15 S.) 909. (Nr. 13.) 1. 50

— Krankenkassenstatistik f. d. J. 1906 u. 1907. Im Auftrage d. Magistrats hrsg. (14 S.) 31,5×24 cm. 908. (Nr. 10.) 2. —

— dasselbe. 1908 u. 1909. Im Auftrage des Magistrats hrsg. (14 S.) 910. (Nr. 15.) 2. —

Ruhelohn u. Hinterbliebenenfürsorge f. die städt. Arbeiter. Nach den Bestimmgn. e. Anzahl deutscher Städte. Im Auftrage des Magistrats bearb. vom statist. Amt. (29 S.) 32×24,5 cm. 907. (Nr. 7.) 2. —

Weber, L., die Tagesbeleuchtung der städtischen Schulen in Kiel. (42 S. m. 4 Taf.) 31,5×24 cm. 908. (Nr. 9.) 4. —

Wohnungsmarkt, der Kieler. Mitte Oktbr. 1909. (10 S. m. 1 Karte.) (910.) (Nr. 14.) — 50

Wohnungszählung, die, vom Novbr. 1903. (Vorläufiges Ergebnis.) (16 S.) Lex. 8. 903. (Nr. 2.) 1. —

— dasselbe. I. Tl.: Die reinen Mietwohngn., ohne Geschäftslokale (Tabellen). (20 S.) 31,5×23,5 cm. 904. (Nr. 3.) 2. —

— Dasselbe. II. Tl.: Sämtliche Wohngn. Mit e. Anh.: Die Zählg. der leersteh. Wohngn. in den Nachbargemeinden Hassee, Gaarden (Land), Ellerbek, Weltingdorf u. Dietrichsdorf am 1 XII. 1904. (16 u. 24 S. m. 4 farb. Taf.) 32×24,5 cm. 905. (Nr. 4.) 2. —

Zählung, die, der leerstehenden Wohnungen vom 15. X. 1907. Im Auftrage des Magistrats bearb. vom statist. Amt. (20 S.) 32,5×24,5 cm. 908. (Nr. 8.) 2. —

Zur Statistik der städtischen Arbeiter. II. Die Rechts- u. Dienstvorschriften der städtischen Arbeiter nach den Arbeitsordngn. e. Anzahl deutscher Städte. Im Auftrage des Magistrats bearb. v. E. Rosenberg. (46 S.) 32×24,5 cm. 906. (Nr. 6.) 3. —

Mittheilungen d. statist. Amtes d. Stadt Leipzig. 1—21. Hft. (1—8 hrsg. v. Knapp, 10—18. v. Hasse.) Leipzig 868—90.

1/3. Leipzigs Bevölkerg. (1: vergriffen.) 868—69. à 1 —
4. Vertheilg. d. Gewerbe- u. Personalsteuer in Leipzig. 870. 1 —
5. Bevölkergswechsel in Leipzig 1850—67. 871. 1 —
6. Ältere Nachrichten üb. Leipzigs Bevölkerg. 1595—1849 u. üb. d. Bevölkergswechsel 1868—71. 872. 1 —
7. Leipzigs Bevölkerg. 1871. 873. 1 —
8. Bevölkergswechsel 1868—73. Ändergn. d. Sterblichk. 1751—1870 etc. 874. 1 —
9. Tafeln üb. d. Geborenen, Verstorbenen u. Eheschliessgn. 1874. Hrsg. v. Sonnenkalb. 875. 1 —
10. Bevölkergswechsel. 1875. Nachrichten über die Thätigkeit die Bureaus. Schramm, Einfluss d. Alters d. Erzeugenden. 876. 1 —
11. Ergebnisse d. Volkszählg. 1875. 877.
12. Bevölkerungswechsel. 1876. M. Nachtr. 877.
13. — 1877 u. 78. 880.
14. — 1879 u. 80. — Hauptergebnisse d. Volkszählgn. 1864. 67. 71. 75. u. 80. 881.
15. Ergebnisse d. Volkszählg. 1880. Hrsg. v. Hasse. 884.
16. Bevölkergswechsel. 1881 u. 82. 883.
17. — 1883 u. 84. 885.
18. — 1885 u. 86. 887.
19. — 1887 u. 88. 889.
20. Lehr, Individualstatistik d. öff. Armenpflege. 1886. 890.
21. Dittmann, Getreidepreise i. Leipz. im 17. 18. u. 19. Jahrh. 890.

—— des statistischen Amtes der Stadt Leipzig. 17. und 18. Heft. gr. 4. Leipzig, Duncker und Humblot. à Heft *ℳ 1.—. *

Inhalt:
Heft 17. Der Bevölkerungswechsel in Leipzig in den J. 1883 und 1884. (22 S.) 885.
» 18. Der Bevölkerungswechsel 1885 und 1886. Uneheliche Geburten in den J. 1877—1886. (35 S.) 887.
1.—16. Heft u. d. T.: Mittheilungen des statist. Bureaus der Stadt Leipzig. Ebendas. 1868—83. *ℳ 20.60.

—— des statistischen Amtes der Stadt Leipzig. 19.—23. Heft. gr. 4. Lpz., Duncker u. Humblot. à Heft * 1 —; * 5 —

19. Der Bevölkerungswechsel 1887 u. 1888. (32 S.) 889.
20. Individualstatistik der öffentlichen Armenpflege in Leipzig 1886 v. Adf. Lehr. (30 S.) 890.
21. Die Getreidepreise in der Stadt Leipzig. im 17., 18. u. 19. Jahrh. Ein Beitrag zur Geschichte der Preisbewegg. v. Otto Dittmann. (41 S. m. 7 Taf.) 890.
22. Die Beschlüsse der fünf ersten Konferenzen deutscher Städtestatistiker. Zusammengestellt v. Ernst Hasse. (25 S.) 890.
23. Der Bevölkerungswechsel 1889 u. 1890. (IV, 42 S.) 892
1.—18. Heft. Ebd. 1868—85. * 23 60.

Mittheilungen des Statistischen Amts der Stadt Magdeburg. Nr 4. 7. 10—17. 19—21 Magdeburg 1896—1910. 4°

4. *Silbergleit*, Heinr. Statistik d. leersteh. Wohnungen nach d. Aufnahme von Ende Okt. 1895. 1896
7. *Silbergleit*, Heinr., Statistik d. leersteh. Wohnungen nach d. Aufnahme von Ende Okt. 1896. 1897
10. *Silbergleit*, Heinr., D. Magdeburger Wohnungsmarkt. Ende Okt. 1900 u. 1901. 1902.
11. *Silbergleit*, Heinr. Ergebnisse d. Magdeburger Zählung d. Arbeitslosen sowie d. Beschäftigten mit verkürzter Arbeitszeit vom 7. Dez. 1902 1903.
12. *Silbergleit*, Heinr. D. Magdeburger Wohnungsmarkt. Ende Okt. 1902. 1903.
13. *Silbergleit*, Heinr., Magdeburgs Wohnungen u. Haushaltungen 1890—1900. 1903.
14. *Landsberg*, Otto D. Ergebnisse d. Arbeitslosenzählung vom 24. Jan. 1904. 1904.
15. *Landsberg*, Otto, D. Ergebnisse d. Beobacht. d. Verkehrs auf d. Strom- u. Königsbrücke in d. Zeit vom 1.—14 Juni 1904. 1904.
16. 17. *Landsberg*, Otto, Statistik d. städt. Arbeiter 1904. Tl. 1. 2. 1904. 1905.
19. *Landsberg*, Otto, D. bisherigen Erfahrungen auf d. Gebiete d. Arbeitslosenversicherung. 1906.
20. *Landsberg*, Otto, Arbeitslosigkeit u. verkürzte Arbeitszeit in Magdeburg Ende Nov. 1908. 1909.
21. *Landsberg*, Otto, D. Aufwendungen d. Magdeburger Armenverwaltung innerhalb d. 20 J. 1889/1908. 1910.

Mitteilungen

— des statistischen Amtes der Stadt München. XI. Bd. 4 Hfte. gr. 4. (398 S. m. 3 Taf. u. 2 Kärtchen.) München 891—894. J. Lindauer. n. 9. —

Vorh. u. d. T.: Mittheilungen des statistischen Bureaus der Stadt München. Bd. 1-10. 1876-1890.

— dasselbe. XII. Bd. 1. u. 2. Hft. gr. 4. (162 S.) Ebd. 892. n. 3. —

Mitteilungen des statistischen Amtes d. Stadt München. 12. Bd. 3. u. 4. Hft. gr. 4. (II u. S. 163—328 m. 1 graph. Taf.) München 895. (J. Lindauer.) n. 4. — (12. Bd. kplt.: n. 7. —)

— dasselbe. XIII. Bd. 4 Hfte. u. Anh. (5. Hft.) gr. 4. Ebd. n. 16. —

1. 2. Ergebnisse der Volkszählung vom 1. Dezbr. 1890. 1. Thl. Die Einwohnerschaft Münchens nach Bezirken u. Distrikten, Strassen u. Plätzen, Reichstagwahlkreisen u. Pfarrsprengeln, nach Geschlecht, Alter, Zivilstand, Bekenntnis, Staatsangehörigkeit, Gebürtigkeit u. Dauer d. Wohnsitzes. (100 u. 92 S. m. 3 Taf. u. 4 Kärtchen.) 892. n. 6. —
3. 4. Ergebnisse der Erhebung vom Novbr. 1890 üb. die Wohnverhältnisse. Anwesen, Gebäude u. Wohngn. Der letzteren Größe u. Miethpreise. Art der Benutzg., Wohngemeinschaften, Beruf der Inhaber, Dauer d. Wohnverhältnisses, Stockwertslagen. Anstalten. Vergleichung m. den Ergebnissen v. 1885. Vertheilung auf Stadttheile u. Bezirke. Mit 4 gezeichneten Taf., 12 Plankärtchen u. e. neuen Stadtplane. (IV u. S. 101—240 u. 93—236.) 893. n. 6. —
5. Die Haushalte — nach der Zahl ihrer Angehörigen überhaupt, der Kinder, Pfleglinge, Verwandten, Besuche, Dienstboten, Gehilfen, Aftermiether u. sonstigen Genossen insbesondere, sowie nach dem Berufe der Vorstände — im ganzen Stadtgebiete sowol als in den einzelnen Bezirken u. Stadttheilen nach den Ergebnissen der Wohnungszählung vom Novbr. 1890. (S. 241—304 u. 237—298 m. 2 Taf. u. 8 Kärtchen.) 893. n. 4. —

— dasselbe. XIV. Bd. 1.—3. Hft. u. 4. Hft. (2 Thle.) gr. 4. Ebd. n. 9. 50

1. (172 S. m. 1 graph. Taf.) 895. n. 3. —
2. (S. 173—276 m. eingedr. Skizze.) 897. n. 2. —
3. (II u. S. 277—395.) 898. n. 2. —
4. I. Münchener Jahresübersichten f. 1894. (36 S.) 897. n. 1. —
4. II. Dasselbe f. 1895. (S. 37—102.) 897. n. 1. 50

— dasselbe. XV. Bd. 1. Hft., I. Thl.; 2. Hft., I. Thl. u. 3.—6. Hft gr. 4. Ebd. n. 9. 50

1. I. Beruf- u. Gewerbe-Zälung vom 14. VI. 1895. I. Thl. Einleitg. u. Berufstatistik. (102 S.) 897. n. 2. —
2. I. Beruf- u. Gewerbe-Zälung v. 14. VI. 1895. Tabellen. I. Thl. Berufzälung. (74 S.) 896. n. 1. —
3. Volkszälung v. 2. XII. 1885 in München. (58 S.) 897. n. 2. —
4. Volkszälung v. 2. XII. 1895 in München. (34 S.) 896. n. — 50
5. Anwesen- u. Wohnung-Zälung v. 2. XII. 1895 in München. (68 S.) 897. n. 2. —
6. Anwesen- u. Wohnung-Zälung v. 2. XII. 1895 in München. Tabellen. (12 S.) 897. n. 2. —

— des statistischen Amtes der Stadt München. XV. Bd. 1. Hft. 2. Thl. u. 2. Hft. 2. Thl. u. Anhang. gr. 4. München, J. Lindauer. à n. 2. —

1. II. Gewerbezälung u. Ermittelung der landwirthschaftlichen Betriebe vom 14. VI. 1895. (VI u. S. 103—186 m. 2 Taf.) 898.
2. II. Dasselbe. Tabellarische Nachweisung der Ergebnisse der Gewerbezälg. vom 14. VI. 1895 in München. (S. 75—170.) 898.
Anh.: Die Strassen u. Plätze Münchens, ihre Zugehörigkeit zu Stadtbezirken u. Pfarrsprengeln, derzeit. u. frühere Benenng., Anwesen- u. Einwohner-Zal u. örtl. Lage. Mit Stadtplan u. ergänz. Skizze. (40 S.) 900.

— dasselbe. XVI. Bd. 1. u. 2. Hft. gr. 4. Ebd. 898. à n. 2.—
1. Jahresübersichten, Münchener, f. 1896. (II, 106 S.)
2. Dasselbe f. 1897. (II u. S. 107 230.)

— dasselbe. 16. Bd. 3. u. 4. Hft. gr. 4. Ebd. à n. 2.—; (16. Bd. kplt. n. 8.—)
3. (II u. S. 231—376 m. 1 Taf.) 900.
4. Jahresübersichten, Münchener, J. 1898. (114 S.) 900.

— dasselbe. 17. Bd. 1. u. 2. Hft., 3. Hft. 3 Thle. u. 4. Hft. gr. 4. Ebd. n. 9.—
1. Jahresübersichten, Münchener, f. 1899. (112 S.) 900. n. 2.—
2. Geburten u. Sterbefälle im J. 1900. — Steuern u. Gemeindeumlagen der Einwohnerschaft Münchens in den J. 1899 u. 1900. — Steuern u. Gemeindeumlagen der unmittelbaren Städte Bayerns (1890—1900). — Geburten u. Sterbefälle im J. 1901. (S. 113—234 m. 1 Taf.) 902. n. 2.—
3. I. Volks- u. Wohnungs-Zälung, die, vom 1. XII. 1900 in München. 1. Tl. Die Volkszälg. (II, 56 S.) 901. n. 1.—
II. Dasselbe. 2. Tl. Die Wohnungszälg. (II, 56 S.) 901. n. 1.—
III. Dasselbe. 3. Thl. — I. Die Anwesen- u. Gebäude-Zälung vom 1. XII. 1900 in München. — II. Die Haushalt-Zälung vom 1. XII. 1900 in München. Anh.: Der Bestand an Vieh u. Obstbäumen am 1. XII. 1900 in München. (54 S.) 902. n. 1.—
4. Jahresübersichten, Münchener, f. 1900. (II, 118 S.) 901. n. 2.—

— dasselbe. 18. Bd. 1. Hft. gr. 4. Ebd. 902. n. 2 —
Jahresübersichten, Münchener, f. 1901. (II, 98 S. m. 1 Taf.)

Mitteilungen des statistischen Amtes der Stadt München. 18. Bd. 2.—5. Heft. gr. 4. München, J. Lindauer. n. 8.—
2. (S. 99—194, 7 u. 10 S.) n. 2.—
3. Jahresübersichten, München., f. 1902. (II, 109 S.) 903. n. 2.—
4. Dasselbe, f. 1903. (X, 96 S. m. Fig.) 904. n. 2.—
5. (II, S. 195—297 u. 11—52.) 905. n. 2.—

— dasselbe. 19. Bd. 2. Heft u. 3. Heft. I. u. II. Tl. gr. 4. Ebd. n. 4.—
2. Jahresübersichten, Münchener, f. 1904. (XII, 109 S. m. Fig.) 905. n. 2.—
3. I. Dasselbe, f. 1905. (1. Tl.) (II, IV, 82 S.) 906. n. 1.—
II. Dasselbe. (II. Tl.) (II u. S. 83—109.) 906. n. 1.—
Das 1. Heft des 19. Bds. ist noch nicht erschienen.

— dasselbe. 20. Bd. 1. Heft, I.—III. Tl. u. 2. u. 3. Heft. gr. 4. Ebd. n. 5.—
1. I. Erhebung, die, der Wohnverhältnisse in der Stadt München 1904—1907. I. Tl. Die Altstadt. (30 S. m. 1 eingedr. Plan.) 906. n. 1.—
II. Der X., XI. u. XII. Stadtbezirk. (30 S. m. 1 eingedr. Plan.) 905. n. 1.—
III. Das Ostend. (XIV—XVIII. Stadtbezirk.) (33 S. m. eingedr. Plänen.) 906. n. 1.—
2. Bevölkerung, die, Münchens 1905. Ergebnisse der Volkszählung vom 1. XII. 1905. (38 S. m. Fig.) 906. n. 1.—
3. Wohnungsbestand u. Mietpreise in München. Ergebnisse der Wohnungszählg. vom 1. XII. 1905. (32 S.) 906. n. 1.—

Mitteilungen des statistischen Amtes d. Stadt München. XIX. Bd. 1. Heft; XX. Bd. 1. Heft. IV.—VI. Tl. XXI. Bd. 1.—4. Heft; XXII. Bd. 1. u. 3. Heft u. XXIII. Bd. 1. Heft. Lex. 8. München, J. Lindauer. 17.20
XIX,1. (II, 200 S.) 907. 2.— (19. Bd. vollst. 6.—)
XX,1. IV. Erhebung, die, der Wohnungsverhältnisse in der Stadt München 1904—1907. IV. Tl. Die Stadtbezirke V—IX u. XIII (31 S. m. 1 farb. Plan.) 907. 1.—
XX,1. V. Dasselbe. V. Tl. Das Westend. (XIX—XXIV. Stadtbezirk.) (29 S.) 910. 1.—
XX,1. VI. Dasselbe 1904—1907. VI. Tl. Gesamtergebnis (30 S. m. 1 farb. Plan.) 910. 1.—
XXI,1. (76 S.) 909. 1.—
XXI,2. Jahresübersichten, Münchener, f. 1906. (II, 100 S.) 906. 2.—
XXI,3. Dasselbe. Hauptdaten f. 1907. (II, 62 S.) 908. 1.—
XXI,3. (II. Tl.) Jahresübersichten, Münchener. Ergänzungsheft f. 1907. Beilage: „Die Entwicklg. Münchens", vorgeführt durch graph. Darstellgn. (IV, S. 61—106 u. X S.) 908. 1.—
XXI,4. I. Jahresübersichten, Münchener, f. 1908. I. Tl. (V, 54 S.) 909. 1.—
XXI,4. II. Dasselbe f. 1908. II. Tl. (III u. S. 55—125.) 909. 1.—. — Anh.: Viehzählung, die, in München am 2. XII. 1907. (9 S.) (909.) —20
XXII,1. (65 S.) 910. 1.—
XXII,3. Betriebe, die gewerblichen, Münchens 1907. Ergebnisse der gewerbl. Betriebszählg. vom 12. VI. 1907. (223 S. m. 4 Taf.) 910. 3.—
XXIII,1. Jahresübersichten, Münchener, f. 1909. I. Tl. (V, 42 S.) 910. 1

Mitteilungen des Statistischen Amts der Stadt Wiesbaden. Nr 1—3. [Wiesbaden 1908. 4°. *[Mit Sondertit.]*

Mitteilungen des Statistischen Amts der Stadt Wiesbaden. No 1. Wiesbaden 1908: C. Ritter. 4° 08. 18339

Statistisches Amt der Stadt Wiesbaden.
Mitteilungen.
Nr. 1 Vorläufiges Ergebnis der Wiesbadener Wohnungszählung vom 15. Oktober 1907
» 2. Der Grundbesitz der Stadt Wiesbaden in den Jahren 1876—1907.

— amtliche, aus der Abtheilung für Forsten des königl. preußischen Ministeriums f. Landwirthschaft, Domänen u. Forsten. hoch. 4. (VI, 69 S.) Berlin 901. J. Springer n. 2.—

— amtliche, aus der Abteilung f. Forsten des königl. preußischen Ministeriums f. Landwirtschaft, Domänen u. Forsten. 1900—1903. (IV, 67 S.) Lex.-8. Berlin 905. J. Springer. n. 2.—

— dasselbe. 1904. (IV, 45 S.) Lex.-8. Ebd. 906. n. 2.—

— amtliche, aus der Abteilung f. Forsten des königl. preußischen Ministeriums f. Landwirtschaft, Domänen u. Forsten. 1905—1908. (IV, 45; IV, 45; IV, 49 u. IV, 47 S.) Lex. 8. Berlin 907—10. J. Springer. à 2.—

Ausstellung München 1908. Amtliche **Mitteilungen** der Ausstellungs-Leitung in zwangloser Folge erscheinend. No 1-6 (München: Essinger) 1907-08. 64 S. 4° [Kopft.] 09. 14361 10

AMTLICHE MITTHEILUNGEN DES DEUTSCHEN HANDELSTAGES. — Die Arbeitseinstellungen in Deutschland. Bericht auf Grund des dem Handelstage zugegangenen Materials dem bleibenden Ausschusse erstattet vom General-Secretär. s. l. & a. (Druck von H. S. Hermann, Berlin.) 4°.

—— amtliche, aus dem Jahresberichte des königl. Gewerbe-Rathes für den Reg.-Bez. Düsseldorf. 1880. gr. 8. (40 S.) Düsseldorf 882, Schwann'sche Verlagsh. *

—— dass. — 1881. gr. 8. (46 S.) Berlin 882, Kortkampf. *

—— amtliche, aus den Jahres-Berichten der mit Beaufsichtigung der Fabriken betrauten Beamten. Jahrg. 1879. 2 Bde. [I. Königr. Preußen. II. Die übrigen Bundesstaaten.] gr. 8. (XXXVI, 807; LII, 460 S. mit Tab. und Taf.) Berlin 881, Kortkampf. In 1 Bd. * geb. in 2 Bde. *

— dasselbe. 1880. Behufs Vorlage an den Bundesrath u. Reichstag zusammengestellt im Reichsamt des Innern. 2 Bde. gr. 8. (XXIX, 805 u. XXV, 301 S. m. 4 Tab.) Ebend. 881. n. 11.—; in 1 Bd. geb. n. 12.—

— dasselbe. 1881. Behufs Vorlage an den Bundesrath u. Reichstag zusammengestellt im Reichsamt des Innern. gr. 8. (XXII, 654 S.) Ebend. 882. n. 10.—

— amtliche, aus den Jahresberichten der m. Beaufsichtigung der Fabriken betrauten Beamten. 1882. Behufs Vorlage an den Bundesrath u. den Reichstag zusammengestellt im Reichsamt d. Innern. Lex.-8. (XXX, 832 S.) Berlin 884. Schettler's Erben. n. 15.—; geb. n. 16. 80

— dasselbe. 1883. Lex.-8. (XXII, 831 S.) Ebend. 884. n. 15. — ; geb. n. 16. —

—— amtliche, aus den Jahresberichten der mit Beaufsichtigung der Fabriken betrauten Beamten. 9. Jahrg. 1884. Behufs Vorlage an den Bundesrath und den Reichstag zusammengestellt im Reichsamt des Innern. Lex.-8. (XIV, 781 S.) [Berlin 885, Kortkampf.] Köthen, Schettler's Erben. [ℳ 15.—.] * geb. [*ℳ 16.—.] *

—— dass. — 10. Jahrg. 1885. Behufs Vorlage an den Bundesrath und den Reichstag zusammengestellt im Reichsamt des Innern. Lex.-8. (XXIX, 228 S. mit Abbild.) Ebendas. 886. [*ℳ 4.—.] *ℳ 2.75.; geb. [*ℳ 5.—.] *
1.—3. Jahrg. 1876—78 u. d. T.: Jahresberichte der preußischen Fabrik-Inspektoren; 4.—8. Jahrg. 1879—83. Ebendas. zu herabgesetzten Preisen: 1.—3. Jahrg. à *ℳ 3.75.; geb. à *ℳ 4.75.; 4., 7. und 8. Jahrg. à *ℳ 7.50.; geb. à *ℳ 8.50.; 5. Jahrg. *ℳ 6.—.; geb. *ℳ 7.—.; 6. Jahrg. *ℳ 5.25.; geb. *ℳ 6.25. — 1.—10. Jahrg. zusammen bezogen *ℳ 50.—.; geb. *ℳ 60.—.

— amtliche, aus den Jahres-Berichten der m. Beaufsichtigung der Fabriken betrauten Beamten. 11. Jahrg. 1886. Mit Tabellen u. Abbildgn. Behufs Vorlage an den Bundesrath und den Reichstag zusammengestellt im Reichsamt des Innern. gr. 8. (XXIII, 160 S.) Berlin 887. W. T. Bruer. n. 4. 20; geb. n. 5. —

—— dass. — 12. Jahrg. 1887. Behufs Vorlage an den Bundesrath und den Reichstag zusammengestellt im Reichsamt des Innern. gr. 8. (XIII, 328 S. mit Tab. und Abbild.) Berlin 888, W. T. Bruer. *ℳ 4.35.; geb. *

— dasselbe. 13. Jahrg. 1888. Mit Tabellen u. Abbildgn. gr. 8. (XVIII, 332 S.) Ebd. 889. n. 6. 30; geb. n. 7. 10

— dasselbe. 14. Jahrg. 1889. Mit Tabellen u. Abbildgn. gr. 8. (XVII, 404 S.) Ebd. 890. n. 5. 85; geb. n. 6. 65

— amtliche, aus den Jahres-Berichten der m. Beaufsichtigung der Fabriken betrauten Beamten. XV Jahrg. 1890 Mit Tabellen u. Abbildgn. Behufs Vorlage an den Bundesrath u. den Reichstag zusammengestellt im Reichsamt d. Innern. gr. 8. (XX, 367 S.) Berlin 891. W. T. Bruer. n 6. 75; geb. n. 7. 45

— dasselbe. XVI. Jahrg. 1891. Mit Tabellen u. Abbildgn. gr. 8. (XX, 354 S.) Ebd. 892 n. 5. 40; geb. n 6. 10
Fortsetzg., s.: Mittheilungen, amtliche, aus den Jahres Berichten der Gewerbe-Aufsichtsbeamten.

Mitteilungen, amtliche, aus den Jahresberichten der Gewerbe-Aufsichtsbeamten. Berlin. Jahrg. 893—900.
Jahrg. 1881—99.

Jahrgang	1892.	893.
	1893.	894.
	1894.	895.
	1895.	896.
	1896.	898.
	1897.	899.
	1898.	900.

(Erschien bis 1891 unt. d. T.: Amtl. Mitteilungen aus den Jahresberichten d. mit Beaufsichtigung d. Fabriken betrauten Beamten.)

— amtliche, aus den Jahres-Berichten der Gewerbe-Aufsichtsbeamten. XVII. Jahrg. 1892. Mit Tabellen u. Abbildgn. Behufs Vorlage an den Bundesrath u. den Reichstag zusammengestellt im Reichsamt des Innern. gr. 8. (XX, 405 S.) Berlin 893. W. T. Bruer. n.n. 6. 90; geb. n. 7. 60

— dasselbe. XVIII. Jahrg. 1893. Mit Tabellen u. Abbildgn. gr. 8. (XVII, 409; 9 u. 60 S.) Ebd. 894. n.n. 7. 50; geb. n. 8. 20
Frühere Jahrgänge, s.: Mittheilungen, amtliche, aus den Jahres-Berichten der m. Beaufsichtigung der Fabriken betrauten Beamten.

— amtliche, aus d. Jahres-Berichten d. Gewerbe-Aufsichtsbeamten. XIX.—XXII. Jahrg. Mit Tabellen u. Abbildgn. Behufs Vorlage an d. Bundesrath u. d. Reichstag zusammengest. im Reichsamt d. Innern. gr. 8. Berlin, W. T. Bruer. n.n. 38. 20; geb. n. 40. 95
XIX. Jahrg. 1894. (XV, 430; 103 u. 64 S.) 895. n.n. 7. 35; geb. n. 8. —
XX. Jahrg. 1895. (XIX, 725, 264 u. 78 S.) 896. n.n. 12. —; geb. n.n. 12. 70
XXI. Jahrg. 1896. (XIV, 636, 128 u. 79 S.) 897. n.n. 10. 30; geb. n. 11. —
XXII. Jahrg. 1897. (XIII, 437 u. 57 S.) 898. n.n. 8. 55; geb. n. 9. 25

Mitteilungen, amtliche, aus den Jahresberichten der Gewerbe-Aufsichtsbeamten. XXIII. Jahrg. 1898. Mit Tabellen u. Abbildgn. Behufs Vorlage an den Bundesrath u. den Reichstag zusammengestellt im Reichsamt des Innern. gr. 8. (X, 268, 129 u. 53 S.) Berlin, R. v. Decker. n. 4. 95; geb. in Leinw. n. 5. 65

Mitteilungen, Amtliche, der Landes Versicherungsanstalt Rheinprovinz. Jg. 1—4 (1901/05—1908). Düsseldorf, 1904—1908 u. ff.

Amtliche Mitteilungen über das Stadtschuldbuch der Stadt Frankfurt am Main. Frankfurt am Main 1910.

Amtliche **Mitteilungen** über das Stadtschuldbuch der Residenzstadt Cassel. Eröffnung 1. April 1904. *Cassel 1903: Weber & Weidemeyer.* (16 S.) 8° [F.] [04. 9200

— amtliche, üb. die Umschreibung der württembergischen Staatsschuldverschreibungen. gr. 8. (44 S.) Stuttgart 902. (O. Gerschel.) n. — 50

Amtliche **Mitteilungen** des Konservativen Vereins für die Provinz Brandenburg. Jg. [1], No 1. Berlin: Konserv. Ver. 1908. 4° [F.] [08. 8396

Mittheilungen, amtsbrüderliche, braunschw. Geistlichen, aus d. Kreise der Wissenschaft, der Kirche, des Amts u. Lebens. Eine vaterl. Zeitschrift. Herausg. v. A. C. Wirk. 1r—8r Jhrg. oder 1833—1840. gr. 4. Helmstädt, Fleckeisen. à J. 1 2/3 ℛ

Mittheilungen, amtsbrüderliche, braunschweig. Geistlichen aus d. Kreise der Wissenschaft, der Kirche, des Amtes und des Lebens. 9. Jahrg. 1841. Herausgeg. v. A. C. G. Wirk. gr. 4. Helmstedt. (Fleckeisen.) 1 2/3 ℛ

— über die Madiaische Angelegenheit. Nr. 1—4. gr. 8. (51 S.) Berlin 852, W. Schultze. n. 6 ngr

Mitteilungen für weibliche Angestellte. Organ des Hilfsvereins (1897 ff.: des kaufmännischen u. gewerblichen; 1902 ff.: des kaufmännischen Hilfsvereins) für weibliche Angestellte. (Schriftl.: J[osef] Silbermann.) Jg. [1]-9. — Berlin 1896-1904. 4°
Forts. u. d. T.: Zeitschrift für die weibl. Handlungsgehilfen. Jg. 10-24.

— über die Anlage einer Eisenbahn zur Verbind. des Rheins mit der Weser. ... Minden ... Eßmann. 1/6 ℛ

Mittheilungen von Ansichten die katholische Kirche betreffend. Altenburg 1827. V: *Seyffert, L. H.* (Ky) *Theiner, Ant.* [?] (Th)

—, v. Ansichten d. kathol. Kirche betreffend. gr. 8. Altenb. 827. Lit.-Compt. 8 gl

Mittheilungen über den Deutschen Ansiedelungs-Verein zu Rödding in Nordschleswig. (Berlin 1897) 4° k.

Mitteilungen aus der Kaiserlichen Biologischen Anstalt — von H. 17. 1919 ab: aus der Biologischen Reichsanstalt — für Land- und Forstwirtschaft. H. 1. 1906 ff. Berlin (Die nicht aufgeführten Hefte enthalten: Berichte über die Tätigkeit . . .)

H. 1. Die Kaiserliche Biologische Anstalt für Land- und Forstwirtschaft in Dahlem. Von R. Aderhold. 1906

— aus der kaiserl. biologischen Anstalt f. Land- u. Forstwirtschaft. 1. u. 2. Heft. Lex.-8. Berlin, P. Parey. n. 1.—

1. Die kaiserl. biologische Anstalt für Land- u. Forstwirtschaft in Dahlem. Von Rud. Aderhold. (20 S. m. 10 Abbildgn.) 906. n —40
2. Bericht üb. die Tätigkeit der kaiserl. biologischen Anstalt f. Land- u. Forstwirtschaft im J. 1905 1. Jahresbericht. (Erstattet v. Aderhold.) (40 S.) 906. n. —60

— aus der kaiserl. biologischen Anstalt f. Land- u. Forstwirtschaft. 3.—10. Heft. Lex. 8. Berlin, P. Parey. — J. Springer. (Auslieferung durch Parey.) 7. 30

Appel, Otto, u. Gust. Gaßner, der derzeitige Stand unserer Kenntnisse v. den Flugbrandarten des Getreides u. Ein neuer Apparat zur einfachen Durchführg. der Heißwasserbehandlung des Saatgutes. Mit 8 Textabb. (20 S.) 907 (Heft 3.) n — 80

— u. Wilh. Kreitz, der derzeitige Stand unserer Kenntnisse v. den Kartoffelkrankheiten u. ihrer Bekämpfung. Mit 18 Textabbildgn. (31 S.) 907. (Heft 5.) [illegible]

Bericht üb. die Tätigkeit der kaiserl. biologischen Anstalt f. Land- u. Forstwirtschaft im J. 1906. Mit 11 Abb. im Text. 2. Jahresbericht, erstattet von Aderhold (79 S. m. 1 [illegible] u. 1 Bl. Text.) 907 (Heft 4.) 1 10

— dasselbe. 1907. Mit 4 Abbildgn. im Text. 3. Jahresbericht, erstattet von Behrens. (63 S.) 908. (Heft 6.) 1 —

— dasselbe. 1908. Mit 5 Abbildgn. im Text 4. Jahresbericht, erstattet von Behrens. (91 S.) 909. (Heft 8.) 1 50

— dasselbe. 1909. 5. Jahresbericht, erstattet von Behrens (40 S.) 910. (Heft 10.) — [illegible]

Maaßen, Alb., über die unter dem Namen „Faulbrut" bekannten seuchenhaften Bluterkrankungen der Honigbiene Mit 4 Taf. (Abbildgn. u. Mikrophotogrammen.) (II), 24 S. 908. (Heft 7.) 1 —

Rörig, G., die wirtschaftliche Bedeutung der Vogelwelt als Grundlage des Vogelschutzes. (48 S. m. 13 Abbildgn.) 910. (Heft 9.) — [illegible]

— der k. agrikulturbotanischen Anstalt, s.: Jahrbuch, landwirtschaftliches, f. Bayern.

— aus Justus Perthes' geographischer Anstalt, s. a. Petermann, A.

Mittheilungen aus Justus Perthes' geographischer Anstalt über wichtige neue Erforschungen auf dem Gesammtgebiete der Geographie von A. Petermann, Bd. 1—46. Jahrgang 1855—1900. (Zuletzt: Dr. A. Petermann's Mittheilungen aus Justus Perthes' Geographischer Anstalt, herausgegeben von A. Supan.) — Ferner: Ergänzungsband 1—27 (Heft 1—130). Gotha. 4. Hierzu: Inhaltsverzeichnisse: Jahrg. 1855—1894. Gotha. 4.

—— aus Justus Perthes' geographischer Anstalt über wichtige neue Erforschungen auf dem Gesammtgebiete der Geographie von A. Petermann. (Jahrg.) 1855. 12 Hefte. gr. 4. (V und 378 S. mit 11 lithogr., lithochrom. und in Kpfr. gest. zum Theil ill. Karten in gr. 4. und Fol.) Gotha, J. Perthes. *

—— dass. — (Jahrg.) 1855. 1—3. Heft. 2., unveränd. Abdr. gr. 4. (S. 1—92 mit 7 lithogr. und theils ill. Karten.) Ebds. 856. à Heft 10 Ngr. *

—— dass. — (Jahrg.) 1856. 1—10. (Heft.) gr. 4. (S. 1—392 mit eingedr. Holzschn. und 16 lithogr., chromolith. und ill. Karten in gr. 4. und Fol.) Ebds. 856. à Heft * 10 Ngr. *

—— aus Justus Perthes' geographischer Anstalt über wichtige neue Erforschungen auf dem Gesammtgebiete der Geographie von A. Petermann. (Jahrg.) 1856. 11. und 12. (Heft.) gr. 4. (IV und S. 393—502 mit 2 chromolithogr. Karten in gr. 4. und qu. Imp.-Fol.) Gotha, J. Perthes. à Heft * 10 Ngr. *

—— dass. — (Jahrg.) 1857. 12 Hefte. gr. 4. (XII und 550 S. mit Holzschn., 7 lithogr. und 11 chromolithogr. Karten in gr. 4., Fol. und qu. Imp.-Fol.) Ebendas. à Heft * 10 Ngr. *

—— dass. — (Jahrg.) 1858. 13 Hefte. gr. 4. (VIII und 596 S. mit eingedr. Holzschn. und 15 theilweise ill. Karten in gr. 4., qu. Fol. und Imp.-Fol.) Ebendas. [1—12. Heft. à * 10 Ngr., 13. * 5 Ngr.] *

—— dass. — (Jahrg.) 1859. 12 Hefte. gr. 4. (VI und 532 S. mit eingedr. Holzschn. und 8 lithogr. und 16 ill. Karten in gr. 4., qu. Fol. und gr. Fol.) Ebendas. à Heft * 10 Ngr. *

—— dass. — (Jahrg.) 1860. 12 Hefte. gr. 4. (VI und 490 S. mit eingedr. Holzschn. und 11 lithogr. und ill. und 6 chromolithogr. Karten in gr. 4. und qu. Fol.) Ebendas. 860,61. à Heft * 10 Ngr. *

—— dass. — Jahrg. 1861. 12 Hefte. gr. 4. (482 S. mit 11 lithogr. und ill. und 3 chromolithogr. Karten in gr. 4., Fol. und qu. Fol.) Ebendas. à Heft * 10 Ngr. *
geb. *

—— dass. — Ergänzungshefte. Nr. 1—7. gr. 4. Ebendas. *

Inhalt:

Nr. 1. Vibe, A., Küsten und Meer Norwegens. (24 S. mit 1 lithogr. Karte von A. Petermann und 2 Orig.-Ansichten auf 1 chromolithogr. Taf.) 860. * 10 Ngr.
» 2. Barth's, H., Reise von Trapezunt durch die nördliche Hälfte Klein-Asiens nach Scutari im Herbst 1858. (105 S. mit eingedr. Holzschn. und 1 lithogr. und ill. Karte in qu. gr. Fol. von A. Petermann.) 860. * 1 Thlr.
» 3. Tschudi, J. J., Reise durch die Andes von Süd-Amerika, von Cordova nach Cobija im J. 1858. (II und 38 S. mit eingedr. Holzschn. und 1 lithogr. und ill. Karte.) 860. * 10 Ngr.
» 4. Lejean, G., Ethnographie de la Turquie d'Europe. — Ethnographie der europäischen Türkei. (II und 38 S. mit 1 chromolithogr. Karte in Imp.-Fol.) 861. * 20 Ngr.
» 5. Wagner, Mor., Beiträge zu einer physisch-geographischen Skizze des Isthmus von Panama. (25 S. mit 1 lithogr. und ill. Karte in qu. Fol.) 861. * 10 Ngr.
» 6. Hassenstein, Bruno, Ost-Afrika zwischen Chartum und dem rothen Meere bis Suakin und Massaua. Eine vornehmlich zum Verfolg der v. Heuglin'schen Expedition bestimmte (lithogr. und ill.) Karte (in Imp.-Fol.) Unter A. Petermann's Anleitung ausgeführt und mit einem Mémoire begleitet. Anhang: Th. v. Heuglin: Ein arabischer Schriftsteller über die Bedja-Länder. (16 S.) 861. * 8 Ngr.
» 7. Petermann, A., und Bruno Hassenstein, Inner-Afrika nach dem Stande der geographischen Kenntniss im J. 1861. Nach den Quellen bearb. 1. Abthl. (2 Kartenblätter, Taf. 4 und 6.): Nubische Wüste, Bajuda-Steppe, Darfur, Kordofan und Takale, Land der Dinka und Nuehr, Dar Fertit etc. (30 S. mit 2 lithogr. und ill. Karten in Imp.-Fol.) 862. * 20 Ngr.

—— dass. — Ergänzungshefte. Nr. 8—22. gr. 4. Ebendas. *

Inhalt:

Nr. 8. Petermann, A., und B. Hassenstein, Inner-Afrika nach dem Stande der geographischen Kenntniss im J. 1861. Nach den Quellen bearb. 2. Abthl. (III und S. 31—78 mit 3 lithogr. und ill. Karten in Imp.-Fol.) 862. * 1 Thlr.
» 9. Wagner, Friedr., die Brasilianische Provinz Minas Geraes. Originalkarte nach den offiziellen Aufnahmen von H. G. F. Halfeld, 1836—1855, unter Benutzung älterer Vermessungen und Karten gez. Beschreibender Text von J. J. v. Tschudi. (42 S. mit lithogr. und ill. Karte in Imp.-Fol.) 862. * 20 Ngr.
» 10. Petermann, A., und B. Hassenstein, Inner-Afrika nach dem Stande der geographischen Kenntniss in den J. 1861 und 1862. Nach den Quellen bearb. 3. Abthl. (II und S. 79—96 mit 4 lithogr. und ill. Karten in Imp.-Fol.) 862. * 1 Thlr.
» 11. —— —— Inner-Afrika nach dem Stande der geographischen Kenntniss in den J. 1861—1863. Nach den Quellen bearb. (XIV und 164 S. mit 2 lithogr. und ill. Karten in Imp.-Fol. und 1 Stnt.) 863. * 1 Thlr. 15 Ngr.
» 12. Kořistka, Carl, die hohe Tatra in den Central-Karpaten. Eine geograph. Skizze verfasst auf Grundlage einer Bereisung. (III und 36 S. mit 1 chromolithogr. Terrain-Karte, 4 lithogr. Ansichten in Farbendr. in gr. 4. und qu. Fol. und 1 Holzschn.) 864. * 1 Thlr.

Mittheilungen aus Justus Perthes' geographischer Anstalt etc. Ergänzungshefte.

Nr. 13. Die deutsche Expedition in Ost-Afrika, 1861 und 1862. Zusammenstellung der astronom., hypsometr. und meteorolog. Beobachtungen, und der trigonometr. und itinerar. Aufnahmen von v. Heuglin, Kinzelbach, Munzinger und Steudner im ost-ägypt. Sudan und den nord-abessin. Grenzlanden. Nebst einem allgemeinen Bericht von Werner Munzinger über den Verlauf und seine Betheiligung an der deutschen Expedition von Massua bis Kordofan 1861 und 1862. (VI und 46 S. mit 4 lithogr. Originalkarten, 1 lithogr. Ansicht und 1 lithogr. Gebirgspanorama in Farbendr. in gr. 4. und gr. Fol.) 864. * 1 Thlr. 15 Ngr.

» 14. Richthofen, Ferd. Baron, die Metall-Production Californiens und der angrenzenden Länder. Mittheilungen von den pacifischen Küstenländern Nord-Amerika's. (58 S.) 865. * 15 Ngr.

» 15. Heuglin, Th. v., die Tinne'sche Expedition im westlichen Nil-Quellgebiet 1863 und 1864. Aus dem Tagebuche. Nebst ethnograph., zoolog. und kartograph. Anhängen. (VII und 40 S. mit 1 lithogr. und ill. Originalkarte in gr. Fol.) 865. * 20 Ngr.

» 16. Petermann, A., Spitzbergen und die arktische Central-Region. Eine Reihe von Aufsätzen und Karten als Beitrag zur Geographie und Erforschung der Polar-Regionen. (X und 70 S. mit 3 chromolithogr. Karten in gr. 4. und qu. Fol.) 865. * 20 Ngr.

» 17. Payer, Jul., die Adamello-Presanella-Alpen nach den Forschungen und Aufnahmen. (III und 36 S. mit 1 chromolithogr. Orig.-Karte, 1 lithogr. Ansicht in Farbendr. und 6 chemitypirten Profilen.) 865. * 20 Ngr.

» 18. —— die Ortler-Alpen (Sulden-Gebiet und Monte Cevedale). Nach den Forschungen und Aufnahmen. (IV und 15 S. mit 1 Orig.-Karte in Kpfrst. und 1 lithogr. Ansicht in Farbendr.) 867. * 20 Ngr.

» 19. Behm, E., die modernen Verkehrsmittel, Dampfschiffe, Eisenbahnen, Telegraphen. Eine geographisch-statist. Uebersicht mit histor. und volkswirthschaftl. Notizen. (50 S. mit 1 Telegraphen- und Dampfschifffartskarte der Erde und 1 Kommunikations-Karte von Central-Europa. Kpfrst. und ill. in qu. gr. 4. und Imp.-Fol.) 867. * 25 Ngr.

» 20. P. v. Tschihatscheff's Reisen in Kleinasien und Armenien 1847—1863. Itinerare red. und mit einer neuen Construction der Karte von Kleinasien begleitet von H. Kiepert. (VIII und 68 S. mit 1 lithogr. und ill. Karte in Imp.-Fol.) 867. * 1 Thlr. 15 Ngr.

» 21. Spörer, J., Nowaja Semlä in geographischer, naturhistorischer und volkswirthschaftlicher Beziehung. Nach den Quellen bearb. (VII und 112 S. mit 1 chromolithogr. Uebersichtskarte und 1 chromolithogr. Specialkarte in qu. Fol.) 867. * 1 Thlr. 5 Ngr.

» 22. Fritsch, K. v., Reisebilder von den Canarischen Inseln. (III und 44 S. mit 3 in Kpfr. gest. und ill. Karten von Hierro, Gomera und Canaria.) 867. * 18 Ngr.

Nr. 1—7. Ebendas. 1860—62. * 3 Thlr. 18 Ngr. Vgl. XIII. Bd. 2. Abthl. S. 112.

—— aus Justus Perthes' geographischer Anstalt über wichtige neue Erforschungen auf dem Gesammtgebiete der Geographie von A. Petermann. Jahrg. 1862—67. à Jahrg. 12 Hefte. (à Heft ca. 40 S. mit lithogr. und ill. Karten.) gr. 4. Gotha, J. Perthes. à Heft * 10 Ngr.; à Jahrg. *
à Jahrg. geb. *

—— dass. — Inhaltsverzeichniss von 1855—1864. (10 Jahresbände und 3 Ergänzungsbände.) gr. 4. (III und 47 S. mit chromolithogr. Übersichtskarte der in denselben enthalt. 350 einzelnen Karten und Pläne in qu. Fol.) Ebendas. 865. *

—— aus Justus Perthes' geographischer Anstalt über wichtige neue Erforschungen auf dem Gesammtgebiete der Geographie von A. Petermann. 14.—20. Bd. oder Jahrg. 1868—1874. à Jahrg. 12 Hefte. (à ca. 40 S. mit chromolithogr. Karten, in 4., Fol. und gr. Fol.) gr. 4. Gotha, J. Perthes.
1868 à Heft * ℳ 1. * ℳ 12.; geb. *
1869—1873 à Heft * ℳ 1,20. * ℳ 14,40.; geb. *
1874 à Heft * ℳ 1,50. * ℳ 18.; geb. *

—— dass. — Ergänzungshefte. Nr. 23—38. gr. 4. Ebendas. *

Inhalt:

Nr. 23. Die westlichen Ortler-Alpen [Trafoier-Gebiet]. Nach den Forschungen und Aufnahmen von Jul. Payer. (30 S. mit 1 chromolithogr. Orig.-Karte und 1 chromolithogr. Ansicht in 4. und qu. Fol.) 868. (* ℳ 3,50.) * ℳ 3,60.

» 24. Jeppe, Friedr., die transvaalsche oder süd-afrikanische Republik. Nebst einem Anh.: Dr. Wangemann's Reise in Süd-Afrika, 1866—67. (IV, 24 S. mit 1 lithogr. und color. Orig.-Karte der transvaal'schen Republik & C., in qu. gr. Fol.) 868. * ℳ 2,80.

» 25. Rohlfs', Gerhard, Reise durch Nord-Afrika vom mittelländischen Meere bis zum Busen von Guinea 1865 bis 1867. 1. Hälfte: Von Tripoli nach Kuka (Fesan, Sahara, Bornu). (IV, 75 S. mit 2 in Kpfr. gest. Karten in gr. 4. und Fol.) 868. * ℳ 3.

» 26. Lindeman, Mor., die arktische Fischerei der deutschen Seestädte 1620—1868 in vergleichender Darstellung. (VI, 118 S. mit 2 lithogr. und color. Karten von A. Petermann.) 870. (* ℳ 3,50.) * ℳ 3,60.

» 27. Die südlichen Ortler-Alpen nach den Forschungen und Aufnahmen von Jul. Payer. (II, 30 S. mit 1 Orig.-Karte, Kpfrst. in qu. gr. 4., 1 lithogr. Ansicht in Farbendr. und 3 Profilen in eingedr. Holzschn.) 870. * ℳ 2,80.

» 28. Koldewey, K., die erste deutsche Nordpolar-Expedition im J. 1868. Mit einem Vorwort von A. Petermann. (X, 56 S. mit 2 lithogr. Orig.-Karten und 1 Chromolithogr.) 871. * ℳ 3.

» 29. 30. Petermann, A., Australien in 1871. Mit geographisch-statist. Compendium von O. E. Meinicke. 1. Abthl. Die Nordhälfte, und 2. Abthl. Die Südhälfte. (VI, 28; 15 S., mit je 4 chromolithogr. Karten.) 871. à Abthl. (* ℳ 3,50.) * ℳ 3,60.

» 31. Payer, Jul., die centralen Ortler-Alpen [Gebiete: Martell, Laas und Saent] nebst einem Anh. zu den Adamello-Presanella-Alpen des Ergänzungsheftes Nr. 17. (II, 36 S. mit 1 lithogr. Karte in kl. Fol. und 1 Holzschntaf.) 872. * ℳ 3.

» 32. Sonklar Edler v. Innstädten, Carl, die Zillerthaler Alpen mit besond. Rücksicht auf Orographie, Gletscherkunde und Geologie nach eigenen Untersuchungen dargestellt. (IV, 61 S. mit 3 lithogr. Karten, wovon 2 color.) 872. (* ℳ 3,50.) * ℳ 3,60.

» 33. Behm, E., und H. Wagner, die Bevölkerung der Erde. Jährliche Uebersicht über neue Arealberechnungen, Gebietsveränderungen etc. I. (IV, 90 S.) 872. (* ℳ 2,50.) * ℳ 2,60.

» 34. Rohlfs', Gerh., Reise durch Nord-Afrika vom Mittelländ. Meere bis zum Busen von Guinea 1865—1867. 2. Hälfte: Von Kuka nach Lagos (Bornu, Bautschi, Saria, Nupe, Yoruba). (VI, 124 S. mit 2 chromolithogr. Karten in Fol.) 872. (* ℳ 4,50.) * ℳ 4,60.

» 35. Behm, E., und H. Wagner, die Bevölkerung der Erde. Jährliche Uebersicht über neue Arealberechnungen, Gebietsveränderungen, Zählungen und Schätzungen der Bevölkerung auf der gesammten Erdoberfläche. II. (VI, 104 S. mit 2 lithogr. und color. Karten in Fol.) 874. * ℳ 5.

» 36. Radde, G., vier Vorträge über den Kaukasus. Gehalten im Winter in den grösseren Städten Deutschlands. (VI, 71 S. mit 3 Karten, Kpfrst., in 4. und qu. Fol.) 874. * ℳ 4.

» 37. Mauch's, Carl, Reisen im Inneren von Süd-Afrika 1865—1872. (52 S. mit 1 lithogr. und color. Orig.-Karte in qu. Fol.) 874. * ℳ 2,60.

» 38. Wojeikof, A., die atmosphärische Circulation. Verbreitung des Luftdruckes, der Winde und der Regen auf der Oberfläche der Erde. (35 S. mit 3 lithogr. und color. Orig.-Karten in qu. Fol.) 874. * ℳ 3.

Nr. 1—38. 1860—74. * ℳ 107,60., oder in Bänden: Bd. I. (Nr. 1—6.) * ℳ 8,80.; geb. * ℳ 11,20.; II. (Nr. 7, 8, 10, 11.) * ℳ 12,60.; geb. * ℳ 15.; III und IV. (Nr. 9, 12—15 und 16—20.) à * ℳ 13.; geb. à * ℳ 15,40.; V. (Nr. 21—25.) * ℳ 14,60.; geb. * ℳ 17.; VI. (Nr. 26—29.) * ℳ 12,80.; geb. * ℳ 15,20.; VII. (Nr. 30—34.) * ℳ 17.; geb. * ℳ 19,60.; VIII. (Nr. 35—38.) * ℳ 14,60.; geb. * ℳ 17.

—— aus Justus Perthes' geographischer Anstalt über wichtige neue Erforschungen auf dem Gesammtgebiete der Geographie von A. Petermann. 21.—24. Bd. oder Jahrg. 1875—1878. à Jahrg. 12 Hefte. (à ca. 40 S. mit Karten.) gr. 4. Gotha, J. Perthes. à Heft *
à Jahrg. * ℳ 18.; geb. *

Fortsetzung s. Petermann's, A., Mittheilungen etc.

—— dass. — Ergänzungsheft Nr. 39—58. gr. 4. Ebendas. *

Inhalt:

Nr. 39. Petermann, A., die südamerikanischen Republiken Argentina, Chile, Paraguay und Uruguay nach dem Stande der geograph. Kenntniss 1875. Nach Originalen und offiziellen Quellen kartographisch dargestellt. Nebst einem geographisch-statist. Compendium von H. Burmeister. (24 S. mit 1 lithogr. und color. Karte in Imp.-Fol.) 875. * ℳ 4,20.

» 40. Waltenberger, A., die Rhätikon-Kette, Lechthaler- und Vorarlberger Alpen. (III, 40 S. mit 3 lithogr. und chromolithogr. Karten in gr. 4. und gr. Fol.) 875. * ℳ 4,40.

» 41. Behm, E., und H. Wagner, die Bevölkerung der Erde. Jährliche Uebersicht über neue Arealberechnungen, Gebietsveränderungen, Zählungen und Schätzungen der Bevölkerung auf der gesammten Erdoberfläche. III. (VIII, 122 S.) 875. * ℳ 4,40.

» 42. Sewerzow's, N., Erforschung des Thian-Schan-Gebirgs-Systems 1867. Nebst kartograph. Darstellung desselben Gebietes und der See'nzone des Balkasch-Alakul und Siebenstromlandes nach den Originalen und offiziellen russ. Aufnahmen von A. Petermann. 1. Hälfte, mit 1 chromolithogr. Karte in gr. Fol.). (VI, 50 S.) 875. * ℳ 4,40.

» 43. —— dass. — 2. Hälfte, mit 1 chromolithogr. Karte (in qu. gr. Fol.). (II, 102 S.) 875. * ℳ 4,40.

» 44. Schweizer-Lerchenfeld, Amand Frhr. v., Ingenieur Josef Černik's technische Studien-Expedition durch die Gebiete des Euphrat und Tigris, nebst Ein- und Ausgangs-Routen durch Nord-Syrien. Nach den Tagebüchern, topograph. Aufnahmen und mündl. Mittheilungen des Expeditions-Leiters bearb. und hrsg. 1. Hälfte, mit 3 (lithogr. und color.) Karten (in gr. 4. und qu. Fol.). (VIII, 48 S.) 875. * ℳ 4.

» 45. —— dass. — 2. Hälfte, mit 4 (lithogr. und color.) Karten (in gr. 4. und qu. Fol.). (47 S.) 876. * ℳ 4.

» 46. Bretschneider, E., die Pekinger Ebene und das benachbarte Gebirgsland. (42 S. mit 1 chromolithogr. Orig.-Karte in qu. Fol.) 876. * ℳ 2,20.

» 47. Haggenmacher's, G. A., Reise im Somali-Lande 1874. (45 S. mit 1 lithogr. und color. Orig.-Karte.) 876. * ℳ 1,80.

» 48. Czerny, Frz., die Wirkungen der Winde auf die Gestaltung der Erde. Ein Streifzug im Gebiete der physikal. Geographie. (IV, 53 S. mit 1 chromolithogr. Karte in qu. Fol.) 876. * ℳ 2,20.

» 49. Behm, E., und H. Wagner, die Bevölkerung der Erde. Jährliche Uebersicht über neue Arealberechnungen, Gebietsveränderungen, Zählungen und Schätzungen der Bevölkerung auf der gesammten Erdoberfläche. IV. (VIII, 120 S. mit 2 chromolithogr. Karten in gr. 4. und gr. Fol.) 876. * ℳ 5.

» 50. Pruyssenaere's, E. de, Reisen und Forschungen im Gebiete des Weissen und Blauen Nil, nach seinen hinterlassenen Aufzeichnungen bearb. und hrsg. von K. Zöppritz. Mit 1 Specialkarte vom mittleren Ost-Sudan in 2 Blättern. 1. Hälfte, mit 1 (lithogr.) Karte (in qu. gr. Fol.). (VI, 38 S.) 877. * ℳ 2,80.

» 51. —— dass. — 2. Hälfte, mit 1 (lithogr.) Karte und 1 (lithogr.) Titelbilde. (48 S.) 877. * ℳ 3.

Mittheilungen aus Justus Perthes' geographischer Anstalt über wichtige neue Erforschungen auf dem Gesammtgebiete der Geographie von A. Petermann. Ergänzungshefte.

Nr. 52. Ost-Turkestan und das Pamir-Plateau nach den Forschungen der britischen Gesandtschaft unter Sir T. D. Forsyth 1873 und 1874. Bearb. nach dem officiellen „Report of a mission to Yarkund in 1873, under command of Sir T. D. Forsyth, with historical and geographical information regarding the possessions of the Ameer of Yarkund. Calcutta, 1875." (76 S. mit 1 chromolithogr. Karte.) 877. * ℳ 4.

» 53. Reise des russischen Generalstabs-Obersten N. M. Przewalsky von Kuldscha über den Thian-Schan an den Lob-Nor und Altyn-Tag 1856 und 1877. Uebersetzung des an die kaiserl. russ. Geograph. Gesellschaft in St. Petersburg gerichteten offiziellen Berichtes von Przewalsky, dadirt Kuldscha 18. Aug. 1877. (IV, 31 S. mit 2 lithogr. und color. Karten. 878. * ℳ 2.

» 54. Die Ethnographie Russlands nach A. F. Rittich. (VI, 43 S. mit 2 lithogr. und color. Karten in Imp.-Fol.) 878. * ℳ 5.

» 55. Behm, E., und H. Wagner, die Bevölkerung der Erde. Jährliche Uebersicht über neue Arealberechnungen, Gebietsveränderungen, Zählungen und Schätzungen der Bevölkerung auf der gesammten Erdoberfläche. V. (VIII, 111 S. mit 9 chromolithogr. Karten auf 2 Taf. in gr. 4.) 878. * ℳ 5.

» 56. Credner, Geo. Rud., die Deltas, ihre Morphologie, geographische Verbreitung und Entstehungsbedingungen. Eine Studie auf dem Gebiete der physikal. Erdkunde. (74 S. mit zahlreichen Karten und 3 lithogr. Taf. in qu. Fol.) 878. * ℳ 4.

» 57. Soetbeer, Adf., Edelmetall-Production und Werthverhältniss zwischen Gold und Silber seit der Entdeckung Amerika's bis zur Gegenwart. (III, 141 S. mit 3 lithogr. und color. Taf.) 879. * ℳ 5,60.

» 58. Fischer, Theob., Studien über das Klima der Mittelmeerländer. (II, 64 S. mit 7 Karten auf 3 chromolithogr. Taf.) 879. * ℳ 4.

—— dass. — Inhaltsverzeichniss zu Jahrg. 1865—1874 [10 Jahresbde. und Ergänzungsbde. IV—VIII]. Nebst 2 chromolithogr. Karten zur Uebersicht der in diesen Bänden enthaltenen 380 einzelnen Karten und Pläne. gr. 4. (II, 45 S.) Ebendas. 877. *

Mittheilungen der Anstalt zur Prüfung von Baumaterialien am Eidg. Polytechnikum in Zürich. Von H. 6 ab: Mittheilungen der Materialprüfungsanstalt am Schweiz. Polytechnikum in Zürich. Zürich

H. 1. Methoden und Resultate der Prüfung natürlicher und künstlicher Bausteine. Bearb. von L. Tetmajer. 1884

H. 2. Methoden und Resultate der Prüfung der schweiz. Bauhölzer. Bearb. von L. Tetmajer. 1884

H. 3. Methoden und Resultate der Prüfung von Eisen und Stahl und anderer Metalle. Zsgest. von L. Tetmajer. 1886

H. 4. Methoden und Resultate der Prüfung der Festigkeitsverhältnisse des Eisens und anderer Metalle. Zsgest. von L. Tetmajer. 1890

H. 6. Methoden und Resultate der Prüfung der hydraulischen Bindemittel. Zsgest. von L. Tetmajer. 1893

H. 7. Resultate spezieller Untersuchungen auf dem Gebiete der hydraulischen Bindemittel. Zsgest. von L. Tetmajer. 1894

H. 8. Die Gesetze der Knickungsfestigkeit der technisch wichtigsten Baustoffe. Von L. Tetmajer. 1896

H. 9. Methoden und Resultate der Untersuchung des Aluminiums und seiner Abkömmlinge. Von L. Tetmajer. 1900

H. 10. Resultate der Untersuchung von armiertem Beton auf reine Zugfestigkeit und auf Biegung unter Berücksichtigung der Vorgänge beim Entlasten. Bearb. von F. Schüle. 1906

H. 11. Resultate der technologischen Untersuchung der schweizerischen Tone. Bearb. von B. Zschokke. Geschichtliche Mitteilungen, statistische Angaben und wirtschaftliche Betrachtungen über die schweizerische Tonwarenindustrie. Von R. Moser. 1907

H. 12. Resultate der Untersuchung von Eisenbetonbalken und Ergebnisse der Prüfung von Portlandcementen und hydraulischen Kalken. Bearb. von F. Schüle. 1907

H. 13. Untersuchung des Einflusses der Druckspannungen in Eisenbetonbalken und der Breite bei Druckplatten. Längenänderungen von Mörtel und Beton beim Härten. Bearb. von F. Schüle. 1909

Mitteilungen über Naturwissenschaftliche Anstalten Berlins f. d. Mitglieder des v. Internat. Zoologen-Congr. *Berlin 1901: (A. Hopfer in Burg).* (73 S.) 8° [os. 713]

Mitteilungen der allgem. Anti-Duell-Liga für Österreich. Auf Veranl. d. Vorst. d. Anti-Duell-Liga hrsg. von Dr. Sigismund Frh. v. Bischoffshausen. (1. Folge Nr 1–20.) März 1903–Dez. 1909. [Mehr nicht ersch.] Wien: Selbstverl. 1910. 4° [11. 3967. 11]

Für Bibliotheken. Für Bibliophilen. **Mitteilungen** aus dem Antiquariat ⟨Neuerwerbungen⟩. Buchhandlung u. Antiquariat von Max Harrwitz, Berlin. Jg. [1.] 1903/4. (Berlin: M. Harrwitz 1904.) 8° [os. 1790]

—— aus dem Antiquariate von S. Calvary & Co. in Berlin. 1. Jahrg. Octbr. 1868—Septbr. 1869. 6 Hefte. Lex.-8. (1. Heft. 54 S. mit 2 Stnt.) Berlin 869, Calvary und Comp. *

— aus dem Antiquariat u. verwandten Gebieten f. Bibliophilen, Bibliotheken u. Antiquare, s. a. Mittheilungen aus dem Gebiete der Bibliographie, Literaturgeschichte u. d. Antiquariats.

— aus dem Antiquariat u. verwandten Gebieten f. Bibliophilen, Bibliotheken u. Antiquare, hrsg. v. Max Harrwitz. 1. Jahrg. 1889. 12 Nrn. (B.) gr. 4. Berlin, M. Harrwitz. n. 6. —; einzelne Nrn. à n. — 60

— dasselbe. 2. Jahrg. 1890. 24 Nrn. (½ B.) gr. 4. Ebd. n. 4. —

Mittheilungen. Antiquarische M' aus Basel. [Einziges Heft] s. Vischer, W(ilhelm) I. Die Grabhügel in der Hardt.... Zürich 1842.

Mittheilungen, antiquarische. Bd. XXII, Heft 1, mit 4 Tfln. In-4°. Zürich, Orell Füssli & Cie. 3 50
1886

Mittheilungen über die Anwendung des indirekten Schusses aus den kurzen 15cm Kanonen zum Zerstören von Mauerwerk bei der Belagerung von Strassburg im Jahre 1870. Beihft. z. „Milit.-Wochenblatt". — Berlin 1872.

Mitteilungen und Anzeigen des landwirtschaftlichen Vereins der Pfalz. Speyer 1840–1853.
Fortges. u.d.T.. Blätter für Landwirtschaft und Gewerbewesen.

„Mittheilungen und Anzeigen der landwirthschaftlichen Vereins-Comités in der Pfalz", Speyer 1838—1840.

Mittheilungen des schweiz. Apotheker-Vereines (später schweiz. Zeitschr. für Pharmacie). Jahrg. 1—11. Basel 1848 — Schaffhausen 1862.

—— des schweizerischen Apotheker-Vereins. Unter besond. Mitwirkung von J. J. Bernoulli, A. Gruner, F. Roder, und E. Hübschmann. Redig. von Chr. Müller und Jos. Gastell. 1. Jahrg. 1848. und 2. Jahrg. 1850. à 4 Hefte. gr. 8. Basel, Schweighauser'sche Vrlgsh. à Jahrg. *

Mitteilungen aus der Arbeit der weiblichen Diakonie an der St. Anscharkapelle. Hamburg: St. Anschar-Kapelle 1880– . 8°

Mitteilungen aus der Arbeit des evangelisch-kirchlichen Hilfsvereins. Potsdam: Hilfsverein 1891–1930. 8°

Mitteilungen aus der Arbeit des schlesischen Provinzialvereins für innere Mission. Nr. 1. (Diesdorf b. Gäbersdorf) 1901: (Schreiberhau-Diesdorfer Rettungsanstalten). 8° [09. 15728 2]

Mitteilungen aus der Arbeit des Schleswig Holsteinischen Provinzialvereins zur Bekämpfung etc. I. - XIV. Jahresbericht.

Mittheilungen aus der Arbeit des Schleswig-Holsteinischen Provinzialvereins zur Bekämpfung des Missbrauchs geistiger Getränke. Hrgg. von dem Vorstande des Provinzialvereins. Neumünster. 1889 Bordesholm. (1891) und 1893. 8°.
Zugleich 4., 5. und 7. Jahresbericht.

Mitteilungen aus der Arbeit des Schleswig-Holsteinischen Provinzialvereins (Bezirksvereins) gegen den Mißbrauch geistiger Getränke.
. . . Jahresbericht. Bordesholm (1900 ff.: Glückstadt) . . . 8°
(4)—11, 1889—97. 13—27, 1899—1913.
Fortges. u. d. T.:
Mitteilungen des Schleswig-Holsteinischen Bezirksvereins gegen den Missbrauch geistiger Getränke für 1914. (Lunden. 1914.) Fol.
Fortges. u. d. T.:
Jahresbericht des Scheswig-Holsteinischen (Bezirksvereins) Provinzialverbandes gegen den Missbrauch geistiger Getränke. 1915—1920. (Bordesholm. 1915—20.) Fol.
Fortges. u. d. T.:
Schleswig-Holstein und der Alkohol. ⟨Zugleich Jahresbericht des Provinzialverbands gegen den Alkoholismus. 1921 ff.⟩ v. Christian **Stubbe**. o. O. (1923 ff.: Kiel. 1921 ff.) 8°

Mitteilungen aus der Arbeit unter den Stundisten. 1901, No 1. [Mehr nicht erschienen.] Berlin: Deutsche Orient-Miss. 1901. (16 S.) 8° [Umschlagt.]
Forts. s. u. d. T Grüne Hefte z. christl. Orient. 1902 (04. 4833

Mitteilungen aus der A r b e i t des evangelischen Vereins für kirchliche Zwecke Berlin Evangelischer Verein für kirchliche Zwecke 1896–1919 8°

Mittheilungen aus d. Arbeiten mehr. evangel. Elementar-Schullehrer-Vereine Schlesiens. Hrsg. v. W. A. Schade. 1. Bd. 3 Hfte. 8. Liegnitz 829, Kuhlmey.

—— über die Arbeiten der Moor-Versuchsstation in Bremen. gr. 8. (216 S.) Ebendas. 886. *
Aus: Landwirthschaftliche Jahrbücher und Protokoll der Central-Moor-Commission, besonders abgedruckt.

—— über die Arbeiten der Moor-Versuchsstation in Bremen. Hrsg. v M. Fleischer. 3. Bericht. Lex.-8. (VII, 590 S. m. 7 Taf.) Ebd. 891. • 16 —
Der 1 Bericht ist in den Landwirtschaftl Jahrbüchern 1883 enthalten, 2. Bericht (ohne Bezeichnung als solcher) Berl. 1886, Parey • 8 -

*Mitteilungen üb. die Arbeiten d. Moor-Versuchs-Station in Bremen. . 4.—5. Bericht Herausg. v B. T a c k e. Berl. 1898—1913. 4°
(4 Landwirtschaftliche Jahrbücher. Bd. 27, Erg.-bd. 4). 373-

— über die Arbeiten der Moor-Versuchs-Station in Bremen, hrsg. von Br. Tacke, s.a. Jahrbücher, landwirtschaftliche. 27. Bd. 4. Erg.-Hft.

— über die Arbeiten der k. k. chemisch-physiologischen Versuchs-Station f. Wein- u. Obstbau zu Klosterneuburg bei Wien bis Ende Juli 1902. Hrsg. von Leonh. Roesler. 6. Hft. Mit 43 Tab., 36 Taf. u. e. Uebersichtskarte von Niederösterreich u. Mähren. Fol. (III, 40 S.) Wien 902. W. Braumüller. n.n. 20. —; (1—6 n.n. 53. 60)

— über die Arbeiten der k. k. chemisch-physiolog. Versuchs-Station f. Wein- u. Obstbau zu Klosterneuburg bei Wien bis Ende Juli 1902. Hrsg. v. Leonh. Roesler 7. Heft. Mit 29 Tab., 32 Taf. u. e. Uebersichtskarte v. Steiermark u. Krain. (30 S.) Fol. Wien 902. W. Braumüller. n.n. 20. — (1—7.: n.n. 73. 60)

Mitteilungen des Vereins A r b e i t e r p r e s s e Berlin Expedition 1900–1924 8°
Red Erwin Barth

— des schweizer. Arbeitersekretariates. I. Hft. gr. 8. Zürich 897. (Buchhandlg. d. schweizer. Grütlivereins.) n. 1. 20
Uebersicht der gesetzl. Arbeiterschutz-Bestimmgn. in verschied. Ländern. (167 S.)

Mittheilungen des schweizerischen Arbeitersekretariats. Mai 1899 bis April 1900. gr. 8°. Zürich, Buchhandlg. d. schweiz. Grütlivereins.

Mittheilungen der Arbeiter-Unfallversicherungsanstalt für Niederösterreich in Wien. Nr. 1—33. 4°. Wien 1890—95.

Mitteilungen des Arbeitsausschusses zur Gründung eines Reichsverbandes wissenschaftlicher Verbindungen. (Hrsg. Wolfgang P a e c k e l m a n n.) Nr 1 (Elberfeld · Selbstverl.) 1910. 8° (10. 6437

—— aus dem Gebiete der kirchlichen Archäologie und Geschichte der Diöcese Trier von dem „historisch-archäolog. Verein" 1. Heft. gr. 8. (XI und 148 S.) Trier 856, Lintz'sche Buchh. *

—— aus dem Gebiete der kirchlichen Archäologie und Geschichte der Diöcese Trier von dem „historisch-archäolog. Verein." 2. Heft. gr. 8. (129 S. mit 1 lithogr. Abbild. in qu. gr. 4.) Trier 860, Lintz' Verlag. *
1. Heft. Ebendas. 1856. • 20 Ngr.

— archäologische, aus Griechenland nach Karl Otfr. Müller's hinterlassenen Papieren herausgeg. von Ad. Schöll. I. Athens Antiken-Sammlung. I. Hft. Mit 6 Kpfrtaf. gr. 4. Frankfurt a/M. 843, Hermann'sche Buchh. 2½ ₰

— archaeologisch-epigraphische, aus Oesterreich, hrsg. von A. Conze, O. Benndorf u. O. Hirschfeld. 1—6. Jahrg. 1877—1882. gr. 8. (à Hft. ca. IV, 80 S. m. Kpfr.- u. Steintaf.) Wien, Gerold's Sohn. à Jahrg. n. 9. —

— archaeologisch-epigraphische, aus Oesterreich, hrsg. v. O. Benndorf, O. Hirschfeld u. E. Bormann. 7—10. Jahrg. 1883—1886. gr. 8. (à Hft. 152 S. m. 8 Taf.) Wien, (Gerold's Sohn). à Jahrg. n 9. —

— archaeologisch-epigraphische, aus Oesterreich-Ungarn, hrsg. v. O. Benndorf u. E. Bormann. 11. 12. Jahrg. 1887. 1888. à 2 Hfte. gr. 8. (à Hft. ca. 100 S. m. Taf.) Wien, Gerold's Sohn. à Jahrg. n. 9. —

— dasselbe. 13. Jahrg. 2 Hfte. gr. 8. (211 S. m. 4 Taf.) Wien 890. Tempsky. n. 12. —

— archäologisch-epigraphische, aus Oesterreich-Ungarn, hrsg. v. O. Benndorf u. E. Bormann. 14. Jahrg. gr. 8. (III, 180 S. m. Abbildgn.) Wien 891. F. Tempsky. — Leipzig, G. Freytag. n. 10. —

— dasselbe. 15. Jahrg. 2 Hfte. gr. 8. (III, 222 S. m. 25 Abbildgn.) Ebd. 892. n 12 —

— dasselbe. 16. Jahrg. 2 Hfte. gr. 8. (III, 256 S. m. 86 Abbildgn. u. 4 Taf.) Ebd. 893. n. 14 —

— dasselbe. 17. Jahrg. 1. Hft. gr. 8. (118 S. m. 16 Abbildgn.) Wien 894. A. Hölder. n. 5. —

— archäologisch-epigraphische, aus Oesterreich-Ungarn. Hrsg. v. O. Benndorf u. E. Bormann. 17. Jahrg. 2. Hft. gr. 8. (III u. S. 119—239 m. 5 Abb.) Wien 894. A. Hölder. n. 7. — (17. Jahrg. kplt.: n. 12.—)

— dasselbe. 18. Jahrg. 2 Hfte. gr. 8. (III, 232 S. m. 68 Abb. im Text u. auf 2 Taf.) Ebd. 895. à Hft. n. 7. —

— dasselbe. 19. Jahrg. 2 Hfte. gr. 8. (III, 248 S. m. 89 Abb.) Ebd. 896. à Hft. n. 7. —

— dasselbe. 20. Jahrg. gr. 8. (V, 246 S. m. 57 Abb. u. 7 Taf.) Ebd. 897. n. 14. —
Weiter nicht erschienen. An die Stelle trat: „J a h r e s h e f t e des österreichischen archäologischen Institutes in Wien."

— archäologisch-epigraphische, aus Oesterreich-Ungarn. Register zu Jahrg. I—XX. Bearb. von S. Frankfurter. gr. 8. (XII, 188 S.) Wien 902. A. Hölder. n. 12. —

Mittheilungen des Architecten- u. Ingenieur-Vereins für Böhmen. Redigirt von Dr. E. Winkler, Th. Nosek u. A. Prag 1866—80 — Jahrgang 1—15 — Fol.

—— des Architekten- und Ingenieur-Vereines in Böhmen. Unter Mitwirkung der Vereinsmitglieder und anderer Fachgenossen hrsg. von dem Vereine unter der Redact. des Vorstandes. 2. Jahrg. 1867. 6 Hefte. gr. 4. (1. und 2. Heft 24 S. mit 6 Stnt. in gr. 4. und qu. gr. 4.) Prag 867, (Rziwnatz.) *

Der 1. Jahrg. kam nicht in den Handel.

—— des Architekten- und Ingenieur-Vereines für Böhmen. Unter Mitwirkung von A. Kirpal, A. Brander und W. Bukovsky etc. redig. von E. Winkler und Thdr. Nosek. 3. Jahrg. 1868. 4 Hefte. gr. 4. (à Heft 18—24 S. mit Stnt. in gr. 4. und Fol.) Prag, (Dominicus.) *

—— dass. — Unter Mitwirkung von A. Barvitius, W. Bukovsky, W. Bansen etc. redig. von Chr. Fr. Aug. Jahn und Thdr. Nosek. 4. Jahrg. 1869. 4 Hefte. gr. 4. (à Heft ca. 24 S. mit Stnt. in gr. 4. und Fol.) (Ebendas.) *

—— dass. — Unter Mitwirkung von A. Barvitius, E. Dellin, J. Kraft etc. redig. von Chr. Fr. Aug. Jahn und Wilh. Bukowsky. 5. Jahrg. 1870. 4 Hefte. gr. 4. (à Heft ca. 24 S. mit eingedr. Holzschn. und Stnt.) (Ebendas.) *

—— dass. — Unter Mitwirkung von C. Hendrich, J. Nep. Kraft, A. Rosenberg etc. redig. von Jos. Schulz und Ant. Bělohoubeck. 7. Jahrg. 1872. 4 Hefte. gr. 4. (à Heft ca. 24 S. mit Stnt. in gr. 4. und Fol.) (Ebendas.) *

—— dass. — Redactionscomité: Ed. Bazika, Frz. Riedl, A. Rosenberg etc. Redact.: Jos. Schulz und Ant. Bělohoubeck. 8. und 9. Jahrg. 1873 und 1874. à Jahrg. 4 Hefte. gr. 4. (à Heft ca. 40 S. mit Stnt. in gr. 4. und Fol.) Prag, (Rziwnatz.) à Jahrg. *

—— des Architekten- und Ingenieur-Vereines im Königr. Böhmen. Redact.-Comité: F. Bazika, A. Bělohoubek, W. Bukovský etc. Redact.: Jos. Schulz und Jos. Solin. 10.—14. Jahrg. 1875—1879. à Jahrg. 4 Hefte. gr. 4. (à Jahrg. ca. 100 S. mit Stnt. in gr. 4. und qu. Fol.) Prag, (Rziwnatz.) à Jahrg. *

— des Architekten- u. Ingenieur-Vereins im Königreich Böhmen. Red.: Zd. R. v. Schubert u. K. Vosyka. 15. Jahrg. 1880. Imp.-4. (1 u. 2. Hft. 44 S. m. 5 photolith. Taf.) Prag, Rziwnatz in Comm. n. 12. —

— dasselbe. Red.: Zd. R. v. Schubert u. Jos. Saska. 16. u. 17. Jahrg. 1881 u. 1882. à 4 Hfte. Imp.-8. (1. u. 2. Hft. 50 S. m. 13 photolith. Taf.) Ebend. à Jahrg. n. 14. —

— aus d. f. Fürstenbergischen Archive, hrsg. v. d. fürstl. Archivverwaltg. in Donaueschingen. 1. Bd. Lex.-8. Tübingen 894. (H. Laupp.) n. 12. —

Quellen zur Geschichte d. f. Hauses Fürstenberg u. s. ehedem reichsunmittelbaren Gebietes. 1510—59. Bearb. v. Frz. Ludw. Baumann unt. Beihilfe v. Geo. Tumbült. (XIV, 656 S.)

— aus dem f. Fürstenbergischen Archive, hrsg. v. der fürstl. Archivverwaltung in Donaueschingen. II. (Schluss-)Bd. Quellen zur Geschichte des f. Hauses Fürstenberg u. seines ehedem reichsunmittelbaren Gebietes. 1560—1617. Hrsg. v. Frz. Ludw. Baumann u. Geo. Tumbült. Lex.-8. (VII, 1013 S.) Tübingen 902. H. Laupp. n. 22. —; (vollständig n. 34. —)

— aus dem Archiv der Gesellschaft pract. Aerzte zu Riga. 1e Sammlung. gr. 8. Riga u. Mitau 834. Götschel. 1 ℬ

Mittheilungen aus d. Archiv d. Gesellschaft pract. Aerzte zu Riga. 1. Samml. gr. 8. (13¼ B.) Riga 839, Götschel.

Mitteilungen aus dem Archiv des K. Kriegsministeriums. H. 1—4. Berlin 1891—1895.

—— aus dem Archiv d. königl. Kriegsministeriums. 1. u. 2. Heft. gr. 8. Berl. 891, Mittler u. Sohn. à Heft * 2 —; * 4 —

1. Zwei Ranglisten d. preußischen Heeres 1713 u. 1740. (163 S.)
2. Acht Beiträge zur Geschichte d. preußischen Heeres. (III, 123 S.)

Der Inhalt vorstehender 2 Hefte ist aus dem Militair-Wochenblatt und aus den Beiheften dazu, besonders abgedruckt.

— aus d. Archiv. d. kgl. Kriegsministeriums. III. Hft. gr. 8. (III, 241 S.) Berlin 895. E. S. Mittler & Sohn. n. 4. — (I—III: n. 8. —)

— des k. k. Archivs f. Niederösterreich. Hrsg. im Auftrage des Statthalters Grafen Kielmansegg durch die Direktion des k. k. Archivs f. Niederösterreich v. Alb. Starzer. I. u. II. Jahrg. 1908 u. 1909. à 4 Hefte. (IV, 251 u. IV, 240 S.) gr. 8. Wien, C. Fromme. à Jahrg. 4. 20

— aus d. reichsgräfl. Schaffgotsch'schen Archive. 1. u. 2. Hft. gr. 8. Warmbrunn. (Breslau, G. P. Aderholz.) à Hft. n. 3. —

1. Geschichte d. reichsgräfl. Theaters zu Warmbrunn. Von Heinr. Nentwig. M. e. Holzschn. d. Theaters nach e. photograph. Aufnahme d. Verf. u. 5 Rissen. (VII, 112 S.) 896.
2. Schaffgotsch'sche Gotteshäuser u. Denkmäler im Riesen- u. Isergebirge. Von Heinr. Nentwig. (VI, 188 S. m. 8 Abb.) 898.

— aus dem reichsgräfl. Schaffgotsch'schen Archive. 3. Heft. gr. 8. Warmbrunn (M. Leipelt). n. — 80

Schoff II. Gotsch genannt, Fundator. (c. 1346—1420.) Von Heinr. Nentwig. (VII, 90 S. m. 1 Taf.) 904.

— aus dem reichsgräfl. Schaffgotsch'schen Archive. 4. Heft. 8. Warmbrunn (M. Leipelt). 1. 25

Der gräflich Schaffgotsch'sche Orden der Ritter u. Damen v. der Alten Hacke. Von Heinr. Nentwig. (VII, 56 S. m. 4 Taf.)

— aus dem vaticanischen Archive. Hrsg. von der kaiserl. Akademie der Wissenschaften. 1. Bd. gr. 8. Wien 889. (Tempsky.) n. 10. —

Actenstücke zur Geschichte d. Deutschen Reiches unter den Königen Rudolf I. u. Albrecht I. Gesammelt v. A. Fanta, F. Kaltenbrunner, E. v. Ottenthal. Mitgetheilt v. F. Kaltenbrunner. (XVIII, 695 S.)

— aus dem vaticanischen Archive. Hrsg. v. der kaiserl. Akademie der Wissenschaften. II. Bd. Lex.-8. Wien 894. (F. Tempsky.) n. 7. 20 (I u. II.: n. 17. 20)

Eine Wiener Briefsammlung zur Geschichte des Deutschen Reiches u. der österreichischen Länder in der 2. Hälfte des XIII. Jahrh. Nach den Abschriften v. Alb. Starzer hrsg. v. Osw. Redlich. (LV, 422 S. m. 3 Lichtdr.-Taf.)

MITTHEILUNGEN AUS DEM ARCHIVE DES VOIGTLÄNDISCHEN ALTERTHUMSFORSCHENDEN VEREINS IN HOHENLEUBEN, ...

Im Auftrag(e) des Directoriums herausgegeben von FERD.(INAND) METZNER.:

Nebst dem 38. und 39. Jahresbericht. (Mit 1 genealogischen Tabelle.) ib. s. a. — 8°.

Nebst dem 40. Jahresbericht. ib. 1871. —

Nebst dem 41., 42. u. 43. Jahresbericht. s. l. & a.

Mittheilungen der dritten (Archiv-) Section der k. k. Central-Commission zur Erforschung und Erhaltung der Kunst- und historischen Denkmale. Herausgegeben unter der Leitung Sr. Excellenz des Präsidenten dieser Commission Dr. Joseph Alexander Freiherr v. Helfert. I. Bd. Archiv-Berichte aus Tirol. Von Emil v. Ottenthal und Oswald Redlich. 8. Wien 1888.

— der 3. [Archiv-]Section d. k. k. Central-Commission zur Erforschg. u. Erhaltg. der Kunst- u. historischen Denkmale. 1.—6. Heft. Archiv-Berichte aus Tirol. Von E. v. Ottenthal u. O. Redlich. gr. 8. (S. 1—384.) Ebd. 888. 889. à n. 2. 40

— d. 3. [Archiv-]Section d. k. k. Central-Commission zur Erforschg. u. Erhaltg. der Kunst- u. historischen Denkmale. 1. Bd. 7. u. 8. (Schluss-) Hft. Archiv-Berichte aus Tirol. Von E. v. Ottenthal u. O. Redlich. gr. 8. (S. 385—506.) Ebd. 889. à n. 2. 40

— der 3. (Archiv-)Section der k. k. Central-Commission zur Erforschung u. Erhaltung der Kunst- u. historischen Denkmale. Hrsg. unter der Leitg. Jos. Alex. Frhr. v. Helfert. II. Bd. 3 Hfte. gr. 8. (III, 329 S. m. 12 Taf.) Ebd. 893. 894. n. 13. —

— dasselbe. 3. Bd. 8 Hfte. Archiv-Berichte aus Tirol. Von E. v. Ottenthal u. O. Redlich. II. Thl. gr. 8. (512 S.) Ebd. 895. à Hft. n.n. 2. —

— der 3. (Archiv-)Section der k. k. Central-Commission zur Erforschung u. Erhaltung der Kunst- u. historischen Denkmale. Hrsg. unter Leitg. des Präsidenten dieser Commission Sr. Exc. Jos. Alex. Frh. v. Helfert. 4. Bd. (Der vermischten Aufsätze 2. Bd.) gr. 8. (IV, 414 S.) Ebd. 899. n.n. 10. —

— dasselbe. 5. Bd. Archiv-Berichte aus Tirol von E. v. Ottenthal u. Osw. Redlich. III. Thl. 1.—7. Hft. gr. 8. (S. 1—448.) Ebd. 900—902. à Hft. n.n. 2. —

— der 3. (Archiv-)Section der k. u. k. Zentral-Commission zur Erforschung u. Erhaltung der Kunst- u. historischen Denkmale. 5. Bd. Archiv-Berichte aus Tirol v. E. v. Ottenthal u. Osw. Redlich. III. Thl. 8. u. 9. (Schluss-)Heft. (4 u. S. 449—577.) gr. 8. Wien 903. [W. Braumüller.] A. Schroll & Co. à Heft n.n. 2. —

— dasselbe, hrsg. unter der Leitg. des Präsidenten dieser Kommission Sr. Exz. Jos. Alex. Frhrn. v Helfert. Red.: Osw. Redlich. VI. Bd. (Der vermischten Aufzätze III. Bd. 1. u. 2. Heft. (S. 1—324.) gr. 8. Wien 904. 906. A. Schroll & Co. à Heft n.n. 4. —

— der 3. (Archiv-)Sektion der k. k. Zentral-Kommission zur Erforschung u. Erhaltung der Kunst- u. historischen Denkmale, hrsg. unter der Leitung des Präsidenten dieser Kommission Sr. Exz. Jos. Alex. Frhrn v. Helfert. Red.: Osw. Redlich. VI. Bd. (Der vermischten Aufsätze III. Bd.) 3. Heft. (IV u. S. 343—438.) gr. 8. Ebd. 907. nn 3. — (VI. Bd. kplt. nn 11. —)

Mitteilungen der 3. (Archiv-)Sektion d. k. k. Zentral-Kommission z. Erforschung u. Erhaltung d. Kunst- u. historischen Denkmale, hrsg. unter der Leitg. des Präsidenten dieser Kommission Sr. Exz. Jos. Alex. Frhrn. v Helfert. Red.: Osw. Redlich. VII. Bd. Archiv-Berichte aus Tirol. IV. Bd. von E. v. Ottenthal u. O. Redlich. 1.—4. Heft, bearb. v. F. Kogler. (S. 327—371.) gr. 8. Wien 908—10. (A. Schroll & Co.) nn 9. —

— dasselbe. VIII. Bd. 1. Heft. (100 S.) gr. 8. Ebd. 910. 3. —

— der k. preussisch. Archivverwaltung. 1.—5. Hft. gr. 8. Leipzig, S. Hirzel. n. 16. 80
1. Über den gegenwärtigen Stand der archivalischen Forschung in Preussen. Von Rhold. Koser. (40 S.) 900. n. — 80
2. Geschichte des königl. Staatsarchivs zu Hannover. Von Max Bär. (83 S.) 900. n. 1. 60
3. Übersicht üb. die Bestände des k. Staatsarchivs zu Hannover. Von Max Bär. (VIII, 129 S.) 900. n. 3. —
4. Übersicht üb. die Bestände des k. Staatsarchivs zu Schleswig. Von Geo Hille. (54 S.) 900. n. 1. 40
5. Die städtischen Archive in der Prov. Posen. Von Adf. Warschauer. (XLI, 324 S.) 901. n. 10. —

— der königl. preussischen Archivverwaltung. 6.—8. Heft. Lex.-8. Leipzig, S. Hirzel. n. 15. 60
6. Uebersicht üb. die Bestände des k. Staatsarchivs zu Coblenz. Von Eduard Ausfeld. (XII, 227 S.) 903. n. 8. —
7. Die Neuordnung des preuss. Archivwesens durch den Staatskanzler Fürsten v. Hardenberg. Von Rhold. Koser. (XIX, 72 S.) 904. n. 2. 60
8. Niederrheinische Archivalien in der Nationalbibliothek u. dem Nat'onalarchiv zu Paris. Von Rich. Knipping. (VIII, 126 S.) 904. n. 5. —
Heft 1—5. Ebd. 900. 901. n. 16. 80.

— der k. preussischen Archivverwaltung. 9.—10. Heft. gr. 8. Leipzig, S. Hirzel. 27. —
Bestimmungen aus dem Geschäftsbereich der k. preussischen Archivverwaltg. (39 S.) 908. (Heft 10.) 1. 20
Ilgen, Thdr., die wiederaufgefundenen Registerbücher der Grafen u. Herzöge v. Cleve-Mark. (56 S.) 909. (Heft 14.) 1. 60
Knipping, Rich., u. Thdr. Ilgen, die neuen Dienstgebäude der Staatsarchive zu Coblenz u. Düsseldorf. Mit 14 Fig. (VII, 62 S.) 907. (Heft 9.) 2. 60
Krusch, Bruno, Geschichte d. Staatsarchivs zu Breslau. (VIII, 348 S.) 908. (Heft 11.) 10. —
Lüdicke, Rhard. die Königs- u. Kaiserurkunden der königl. preussischen Staatsarchive u. des königl. Hausarchivs bis 1439. Chronologisches Gesamtverzeichnis der Orig.-Ausfertiggn. (X, 184 S. m. 1 Tab.) 910. (Heft 16.) 6. —
Meinardus, Otto, u. Rud. Martiny, das neue Dienstgebäude des Staatsarchivs zu Breslau u. die Gliederg. seiner Bestände. Mit 7 Fig. u. 1 Vollbild. (VII, 39 S.) 909. (Heft 12.) 1 60
Mente, Otto, u. Adf. Warschauer, die Anwendung der Photographie f. die archivalische Praxis. Mit 15 Abbildgn. auf 8 Taf. (28 S.) 909. (Heft 15.) 1. 40
Warschauer, A., Mitteilungen aus der Handschriftensammlung des Britischen Museums zu London, vornehmlich zur polnischen Geschichte. (80 S.) 909. (Heft 13.) 2. 60

Mitteilungen der k. u. k. Armeeschiessschule. 1.—3. Jahrg. 1908—1910. à 4 Nrn. (233, 224 u. 171 S. m. Fig. u. 4, 6 u. 10 Taf.) gr. 8. Wien, L. W. Seidel & Sohn. à Jahrg. 3. —
Sonderabdruck aus: „Streffleur's militär. Ztschr."

Mitteilungen aus der Armen- und Wohlfahrtspflege der Stadt Dortmund. Jg. 1–3. *Dortmund (1901–04): C. L. Krüger* 4° [F.]

Mittheilungen des k. k Artillerie Comité über Gegenstände der Artillerie- und Kriegswissenschaften. (Als Manuscript gedruckt.) 1.—14. Bd. Jahrg. 1857—1869. (Register hiezu siehe Mittheilungen: Sachregister.) (14 Bde.)
8. Wien 1857—1869.

Mitteilungen der Artillerie-Prüfungs-Kommission. H. 1—11. Berlin 1872—1888.

Mittheilungen der Artillerie-Prüfungs-Commission. H. 6. Ueber Versuche zur Ermittelung der rationellsten Combination von Ladungsraumlängen und Ladung bei 15 cm Stahl- und Bronce-Rohren. Berlin 1875

Mitteilungen. – Aerztliche Mitteilungen H. 1 ff
Giessen Expedition 1899 ff 8°

Mitteilungen. – Aerztliche Mitteilungen. Organ zur Wahrung und Förderung der Standesinteressen der in Elsass-Lothringen praktizierenden Aerzte Strassburg i.E. Back 1900–1914 8°
Hrsg. Back.

—— Ärztliche, aus Baden. Begründet von Rob. Volz. Redact.: Neumann. 34.—38. Jahrg. 1880—1884. à Jahrg. 24 Nrn. (à Nr. ca. 1/2—1 Bog.) gr. 8. Karlsruhe, Malsch und Vogel. à Jahrg. **

Vorh. u. d. T. Mittheilungen des Badischen Ärztlichen Vereins.

—— Ärztliche, aus Baden. Begründet v. Rob. Volz. Redact.: Arnsperger. 39.—46. Jahrg. 1885—1892. à Jahrg. 24 Nrn, (à Nr. 1/2—1 Bog.) gr. 8. Karlsr., Malsch u. Vogel. à Jahrg. ** 4 75

— ärztliche, aus u. f. Baden. Begründet v. Rob. Volz. Red.: Arnsperger. XLVIII. Jahrg. 1894. 24 Nrn. (à ca. 1/2 Bog.) gr. 8. Karlsruhe, Malsch & Vogel. n.n. 4. 75; einzelne Nrn. — 30

— aerztliche, aus u. f. Baden. Begründet v. Rob. Volz. Red.: Arnsperger. XLIX.—LII. Jahrg. 1895—1898. à 24 Nrn. (à ca. 8 S.) gr. 8. Karlsruhe, Malsch & Vogel. à Jahrg. n.n. 4. 75; einz. Nrn. — 30

— ärztliche, üb. Radium u. Radiumtherapie in Bad Kreuznach. Hrsg. vom Kreuznacher Ärzteverein. (47 S.) 8. Kreuznach (910). (K. Scheffel.) — 30

— ärztliche, üb. Schlangenbad u. s. Indicationen. gr. 8. (III, 52 S.) Wiesbaden 893. (R. Bechtold & Co.) n. 1. —

Mitteilungen des Elektrotechnischen Laboratoriums Aschaffenburg. Aschaffenburg
Nr 1. Über Röntgenröhren. 2. Aufl. Mit Preisliste. 1905
Nr 2. Dessauer, F: Einige Hilfsapparate und technische Maßregeln zur Ausübung der Radiotherapie. Nebst: Preisblatt. 1905
Nr 3. Einrichtungen und Hilfsgeräte des Röntgenzimmers. Nebst Preislisten. 1905
Nr 4. Winke zur Einrichtung der Dunkelkammer in Röntgeninstituten. Nebst: Preisliste. 1905

— astronomische, von der königl. Sternwarte zu Göttingen. Hersg. von der königl. Gesellschaft der Wissenschaften zu Göttingen. 1. Thl. Göttingen 869. Rente. 4. n. 5 ℳ
Mittlere Oerter der in den Zonen — 0° u. — 1° der Bonner Durchmusterung enthaltenen Sterne bis zu 9 m 0 Grösse beobachtet u. auf 1875 . 0 reducirt von Ralph Copeland u. Carl Börgen. (XXV, 147 S.)

Mittheilungen, astronomische, v. der königl. Sternwarte zu Göttingen. Hrsg. v. Wilh. Schur. 2. Thl. Gedruckt auf Kosten der königl. Gesellschaft der Wissenschaften zu Göttingen. gr. 4. Göttingen 891. (R. Peppmüller.) n. 7. 50 (1 u. 2.: n. 22. 50)
Stern-Catalog, enth. 6900 Sternörter f. 1860. 0. Nach den v. Klinkerfues in den J. 1858—1863 angestellten Zonenbeobachtgn. unter Mitwirkg. der in der Einleitg. genannten Herren abgeleitet v. Wilh. Schur. (XXVIII, 77 S. m. 1 Tab. u. 1 Taf.)

— astronomische, v. d. kgl. Sternwarte zu Göttingen. Hrsg. v. Wilh. Schur. 3. Thl. gr. 4. Göttingen 894. Leipzig, Dieterich. n. 8. —
Triangulation zwischen 16 Sternen d. Plejadengruppe verm. d. Fraunhofer'schen Heliometers d. Sternwarte zu Göttingen v. Leo Ambronn. [Aus: „Abhandlgn. d. k. Gesellsch. d. Wiss. zu Göttingen".] (V, 58 S. m. 1 Tab., 2 Taf. u. 1 Photolith.)

Mitteilungen, astronomische, v. d. kgl. Sternwarte zu Göttingen. Hrsg. v. Wilh. Schur. 4. Thl. Gedruckt auf Kosten d. kgl. Gesellschaft d. Wissenschaften zu Göttingen. gr. 4. Göttingen 895. (R. Peppmüller.) n. 30. — (1.—4.: n. 60. 50)
Die Oerter d. helleren Sterne d. Praesepe, aus d. am grossen Heliometer in Göttingen u. d. in früherer Zeit v. Winnecke am Bonner Heliometer angestellten Beobachtgn. abgeleitet v. Wilh. Schur. Mit Ansichten d. Sternwarte u. d. Heliometers, sow. 2 Sternkarten. (VIII, 314 S. m. 2 Tab.)

— über die zweckmäßigste Aufbewahrung von Nahrungsmitteln für Menschen u. Hausthiere. Zwei gekrönte Preisschriften. gr. 8. (Mit 4 Steintaf.) Brünn 840. (Winiker.) n. 1 1/6 ℳ

Aufklärende **Mitteilungen** über die Stellung der sogenannten National-Grossloge von Rumänien zu den anerkannten Johannislogen „Zur Brüderlichkeit" und „Sapientia" in Bukarest. Kronstadt-Brasso o. J.: Schneider & Feminger. 24 S. 4°. [Umschalgtit.]

— über Aufnahme und Wirksamkeit der evangel. Gemeinde-Kirchenräthe in der Provinz Preußen, s. Aktenstücke aus der Verwaltung des evangel. Oberkirchenraths.

Mittheilungen für Aufnahme-Suchende. [Bayreuth] o. J.: [Burger.] 2 Bl. 4° [Kopftit.]

[**Mitteilungen** an Aufnahmesuchende des] Freimaurerbund[es] zur aufgehenden Sonne Sitz Nürnberg. o. O. u. J. 2 Bl. 4°. [Kopftit.]
Enthält ausser Mitteilungen auch Satzungen und Formular für Aufnahmeantrag.

[**Mitteilungen** für Aufnahmesuchende der Loge „zur Morgenröte" in Berlin.] o. O. u. J. 2 S. 4°.

[**Mitteilungen** für Aufnahmesuchende aus der Loge „Ludwig zum ewigen Bunde" in München.] o. O. [um 1904]. 1 Bl. 4°.

— über I. Naturgemäße Aufzucht, Nahrung, Pflege u. Benutzung der landwirthschaftl. Hausthiere. II. Leincultur u. Flachsbereitung. III. Mastung des Schlachtviehes. Fünf von der k. k. mährisch-schles. Gesellschaft zur Beförderung d. Ackerbaues, d. Natur- u. Landeskunde gekrönte Preisschriften. gr. 8. (14 1/2 B.) Brünn 843. (Winiker.) *—

— aus der St. Petersburger Augen-Heilanstalt. 1. Hft. gr. 8. (VI, 52 S. m. Curventaf.) St. Petersburg 887. (Ricker.) n. 2. 50

— dasselbe. 2. Hft. gr. 8. (XX, 74 S. m. 4 Taf.) Ebd. 888. n. 4. —

— aus der St. Petersburger Augen-Heilanstalt. 3. u. 4. Hft. gr. 8. St. Petersburg, (C. Ricker). n. 4. 90 (I—IV.: n. 11. 40)
3. (59 S.) 889. n. 2. 50. — 4. (56 S.) 893. n. 2. 40.

— aus d. St. Petersburger Augen-Heilanstalt. V. Hft. gr. 8. (106 S. m. 1 Taf.) St. Petersburg 898. (K. L. Ricker.) n. 3. — (I.—V.: n. 14. 40)

— aus der St. Petersburger Augen-Heilanstalt. VI. Hft. Jubiläums-Heft, zum 75jähr. Bestehen der Anstalt. gr. 8. (II, 67 S. m. 6 Abbildgn. u. 5 Taf.) St. Petersburg 899. (K. L. Ricker.) n. 4. 50; (I—VI n. 18. 90)

— aus d. Augenklinik der Carolin. medico-chirurg. Instituts zu Stockholm. Hrsg. v. J. Widmark. 1. Hft. M. 1 Taf. u. 5 Abb. im Text. gr. 8. (VI, 251 S.) Jena 898. G. Fischer. n. 7.—

— aus der Augenklinik des Carolinischen medico-chirurgischen Institus zu Stockholm. Hrsg. v. J. Widmark. 2.—4. Hft. gr. 8. Jena, G. Fischer. n. 14. 50
2. Mit 2 Taf. u. 12 Abb. im Text. (III, 110 S.) 899. n. 4.50
3. Mit 8 Taf. u. 3 Abb. im Text. (III, 150 S.) 901. n. 6.—
4. Mit 2 Taf. u. 13 Abb. im Text. (III, 130 S.) 902. n. 4. —

— aus der Augenklinik des Carolinischen medico-chirurgischen Instituts zu Stockholm. Hrsg. v. J. Widmark. 5.—8. Heft. Lex.-8. Jena, G. Fischer. n. 16. 60
5. Mit 2 Taf. u. 2 Abbildgn. (III, 99 S.) 904. n. 3. 60
6. Mit 1 Taf. u. 7 Abbildgn. (III, 71 S.) 904. n. 3.—
7. Mit 2 Taf. (106 S.) 905. n. 4.—
8. (III, 132 S. m. 5 Abbildgn. u. 2 Taf.) 906. n. 6.—

— aus der Augenklinik des Carolinischen medico-chirurgischen Instituts zu Stockholm. Hrsg. v. J. Widmark. 9.—11. Heft. Lex. 8. Jena, G. Fischer. 19.—
9. (III, 130 S. m. 12 Abbildgn. u. 1 Taf.) 908. 5. —
10. (III, 152 S. m. 1 Abbildg. u. 2 Taf.) 909. 7. —
11. (VII, 134 S. m. 15 Abbildgn., 2 Taf., 1 Bl. Erklärgn. u. 1 Bildnis.) 910. 7. —

— aus der Augenklinik in Jurjew. 1.—2. Heft. gr. 8. Berlin, S. Karger. n. 7. 50
1. Ueber das Syphilom des Ciliarkörpers. Eine anatomisch-klin. Studie. Von Th. v. Ewetsky. Mit 4 Abbildgn. (III, 110 S.) 904. n. 3. 50
2. Hrsg. von Th. v. Ewetsky. (VI, 119 S. m. 20 Abb.) 905. n. 4. —

Mitteilungen d. Ortsgruppe Augsburg u. d. bayerischen Landesverbandes d. deutschen Esperantisten-Gesellschaft (e. V.). Red.: W. Beideck. April 1909 —März 1910. 12 Hefte. (120 S.) gr. 8. Augsburg, Bayer. Verlagsanstalt. 3. —

Mitteilungen d. Aupa-Elbe-Turngaues, Jg. 1—6, 1893—1898, Trautenau, 8°. 4 Bde.

—— ausführliche, über die Erstechung des Handlungslehrling Nicol. Klopp aus Leer durch den Schneidergesellen Heinr. Behrens aus Scheessel am 1. Weihnachtstage 1844, bis zu dem Augenblicke des Eingeständnisses. gr. 8. (½ B.) Bremen 845. (Kaiser.) *

Mitteilungen des geschäftsführenden Ausschusses des evangelisch-kirchlichen Chorgesang-Verbandes für die Provinz Brandenburg. Berlin: von der Heydt 1890. No. 1–4.

Mittheilungen über die permanente Ausstellung elektrotechnischer Maschinen und Apparate im Landesgewerbemuseum der K. Centralstelle für Gewerbe und Handel in Stuttgart. Stuttgart (1883)

Mitteilungen üb. d. Ausstell. gewerbl. Schulen d. Kgr. Sachsen im Jahre 1888. Dresden 1888

Mittheilungen der katholisch-österreichischen Studenten-Verbindung »Austria« in Wien. Wien 1898 ff. Red: *Puhlowsky, Franz Carl.* (EB)

—— und Auszüge aus dem ärztlichen Intelligenzblatt. 1. Serie. 10 Hefte. gr. 8. München 874, J. A. Finsterlin.
Inhalt:
Heft 1. Tutschek, L., über die Verwendung der Hohlnadel zu diagnostischen und therapeutischen Zwecken. Vortrag, gehalten am 4. Febr. 1874 im aerztl. Verein zu München. (14 S.) 45 Pf.
» 2. Ranke, H., Cholera-Infections-Versuch an weissen Mäusen. Vortrag, gehalten am 24. März 1874 im aerztl. Verein zu München. (15 S.) 45 Pf.
Heft 3. Reiter, Mich., über die Errichtung und den Geschäftsbetrieb der k. bayer. Central-Impfanstalt München. (16 S.) 45 Pf.
» 4. Liebig, v., der Gasaustausch in den Lungen unter dem erhöhten Luftdrucke der pneumatischen Kammer. Vortrag, gehalten am 24. März 1874 im aerztl. Verein zu München. (12 S.) 45 Pf.
» 5. Bezold, F., die Perforation des Warzenfortsatzes vom anatomischen Standpunkte. Vortrag, gehalten am 14. Febr. 1874 im aerztl. Verein zu München. (26 S.) 80 Pf.
» 6. Kerschensteiner, J., die Fürther Industrie in ihrem Einflusse auf die Gesundheit der Arbeiter. (32 S.) 90 Pf.
» 7. Klinger, Chr., über das Vorkommen der entzündlichen Lungenkrankheiten in Bayern. Vortrag, gehalten am 4. Mai 1874 im aerztl. Verein zu München. (31 S. mit 1 lithogr. Curventaf. in gr. 4.) ℳ 1,20.
» 8. Salomon, Max, über Classificirung der typhoiden Krankheiten. (39 S.) ℳ 1,20.
» 9. 10. Ullersperger, Joh. Bapt., die Anwendung der Elektrizität bei Behandlung der Geisteskrankheiten. Eine von der Société médicale d'Anvers mit Mention honorable und Diplom ausgezeichnete Preisschrift. (VII, 51 S.) ℳ 1,80.

Mittheilungen und Auszüge aus dem aerztlichen Intelligenz-Blatt. 2. Serie 10 Hefte. gr. 8. München 875, J. A. Finsterlin.
Inhalt:
Heft 1. Reiter, M., über Zwangs-Revaccination. (14 S.) 45 Pf.
» 2. Nussbaum, v., Lister's grosse Erfindung. Ein klin. Vortrag. (16 S.) 45 Pf.
» 3. —— über die Behandlung unglücklicher Vorkommnisse nach einfachen und complicirten Beinbrüchen, insbesondere über Knochen-Transplantation. Ein Vortrag, gehalten am 13. Febr. 1875 im aerztl. Bezirksvereine zu München. (18 S. mit 1 lithogr. Taf. in qu. gr. 8.) 80 Pf.
» 4. —— über den Krebs vom klinischen Standpunkte. Ein Vortrag, gehalten am 9. März 1875 im ärztl. Vereine zu München. (23 S.) 70 Pf.
» 5. Hemmer, Mor., hygienische Studien. a) Ueber Assanirung der grossen Städte mit besond. Bezugnahme auf hies. Verhältnisse. b) Ueber Leichenbeschau. Drei Vorträge, gehalten im aerztl. Bezirksvereine München. (43 S.) ℳ 1,20.
» 6. 7. Wille, Valent., über den Einfluss des Bodens auf die Verbreitung der indischen Cholera. (94 S.) ℳ 2.
» 8. Wolffhügel, Gust., die Einrichtung der öffentlichen und privaten Erziehungs-Institute mit besond. Rücksicht auf die Gesundheitspflege betr. (28 S.) 80 Pf.
» 9. 10. Seitz, Frz., Beobachtungen über die Cholera, ihre Aetiologie und Therapie während der J. 1873 und 1874 in München. (65 S.) ℳ 1,80.

—— —— dass. — 3. Serie 10 Nrn. gr. 8. Ebendas. 876. *
Inhalt:
Nr. 1. 2. Tutschek, neue Beobachtungen über die Thoracocentese mittelst Hohlnadelstiches und Aussaugung. (43 S.) *ℳ 1,20.
» 3. Vogl, A., Mittheilungen über 50 Typhus-Fälle. (10 S. mit 1 lithogr. Curventaf. in Fol.) 70 Pf.
» 4. 7. 9. 10. Pettenkofer, Max v., 16 Vorträge über Canalisation und Abfuhr. [Nach vom Autor revid. Stenogrammen.] (149 S. mit eingedr. Holzschn.) à * 80 Pf.
» 5. 6. Nussbaum, v., Bildung eines künstlichen Harnleiters. Nervendehnung bei centralen Leiden. Zwei klin. Mittheilungen [nebst einer vorläuf. Anzeige über Heilung von Hernien]. (31 S.) ℳ 1.
» 8. Rothmund, Aug., über Behandlung des Hornhaut-Geschwüres. Vortrag, gehalten im ärztl. Bezirksverein München. (24 S.) 70 Pf.

—— —— dass. — 4. Serie. 10 Nrn. gr. 8. Ebendas. 876. *
Inhalt:
Nr. 1. 2. Schramm, Adf., über Lungenentzündung. (46 S. mit 1 lithogr. Tab. in qu. Fol.) *ℳ 1,60.
» 3. Keyfel, Ant., Syphilis congenita in Folge paterner Infection. (18 S.) 50 Pf.
» 4. Burgl, G., zur Casuistik des Situs viscerum mutatus. (21 S.) 70 Pf.
» 5. Jüdell, G., über Conservirung des Fleisches. (24 S.) 70 Pf.
» 6. 7. Lister's Borverband. Mit Genehmigung des Verf. ins Deutsche übers. von Lindpaintner. (33 S.) 90 Pf.
» 8. Schech, über Heiserkeit und Stimmlosigkeit. Vortrag gehalten im ärztl. Verein zu München. (12 S.) 35 Pf.
» 9. 10. Baierlacher, die schwefelige Säure als Antisepticum im Vergleiche mit der Salicylsäure, der Carbolsäure und dem Chlor. (57 S.) *ℳ 1,20.

—— —— dass. — 5. Serie. 10 Nrn. gr. 8. Ebendas. 877. *
Inhalt:
Nr. 1. Hecker, C. v., über den Gesundheitszustand der Wöchnerinnen in der Kreis- und Lokal-Gebäranstalt München. Vortrag gehalten im ärztl. Vereine zu München. (11 S. mit 1 lithogr. Curventaf.) 45 Pf.
» 2. Wagenhäuser, Jos., zur Casuistik und Geschichte des in die Lunge perforirenden Empyem. (5 S.) *ℳ 1,35.
» 3. 4. Fleischmann, G., acute Infections-Krankheiten in der Straf-Anstalt Kaisheim. (45 S. mit 1 lithogr. Situationsplan und 2 lithogr. Curventaf.) *ℳ 1,80.
» 5. Mayer, Ludw., die Therapie der Kniegelenks-Entzündung. Vortrag, gehalten am 27. Decbr. 1876 im Aerztl. Bezirks-Vereine München. (25 S. mit eingedr. Holzschn.) 90 Pf.
» 6. Nussbaum, v., über den Schok grosser Verletzungen und Operationen, nebst Mittheilungen über Laparatomien. Vortrag, gehalten am 3. März 1877 in der Sitzung des Aerztl. Bezirksvereines München. (26 S. mit 2 eingedr. Holzschn.) 80 Pf.
» 7. Apoiger, Typhus in Burghausen im Winter 1875/76. (36 S. mit 2 Holzschn.) ℳ 1.
» 8. 9. Platzer, Joh., zur innerlichen Anwendung der Salicylsäure, insbesondere beim Typhus. (59 S.) *ℳ 1,50.
» 10. Nussbaum, v., einige Bemerkungen zur Kriegs-Chirurgie aus einem klinischen Vortrage. (10 S.) 30 Pf.

—— —— dass. — 6. Serie. 10 Nrn. gr. 8. Ebendas. *
Inhalt:
Nr. 1. Pürckhauer, H., zur Casuistik der Allantiasis. (33 S.) 877. 90 Pf.
» 2. Roth, über Impfrothlauf. Vortrag, gehalten im ärztl. Bezirksverein Bamberg. (9 S.) 878. 30 Pf.
Nr. 3. Port, über epidemiologische Beobachtungen in Casernen. Vortrag, gehalten in der militärärztl. Section der 50. Naturforscher-Versammlung. (30 S.) 878. 30 Pf.
» 4. Michel, J., die Prüfung des Sehvermögens und der Farbenblindheit beim Eisenbahnpersonal und bei den Truppen. (11 S.) 878. 30 Pf.
» 5. Pürckhauer, H., Propylamin gegen Chorea minor. (11 S.) 878. 30 Pf.
» 6. 7. Wille, V., zur Aetiologie des Abdominaltyphus. (37 S.) 878. *ℳ 1.
» 8. 9. Blumm, V., Stickstoffoxydul als Anaestheticum. (43 S.) 878. *ℳ 1,20.
» 10. Seggel, die Zunahme der Kurzsichtigkeit an den höheren Unterrichtsanstalten. (80 S.) 878. 45 Pf.

—authentische, der letzten Lebenstage u. Stunden der Königin Luise v. Preußen bei Ihrem Durchl. Hrn. Vater zu Neustrelitz u. Hohenzieritz in Mecklenburg v. 25. Juni bis zu Ihrem Todestage, d. 19. Juli 1810. 8. Berl. 811. Mittler. 4 gr.

Mittheilungen für Autographensammler. Redact.: Fischer v. Röslerstamm. 1. Jahrg. 1884. 12 Nrn. (à Nr. ca. 3/4 Bog.) gr. 8. Leipzig, List und Francke. *

—— für Autographensammler. Redact.: Fischer v. Röslerstamm. 2. und 3. Jahrg. 1885 und 1886. à Jahrg. 12 Nrn. (à Nr. ca. 3/4 Bog.) gr. 8. Leipzig, List und Francke. à Jahrg. *
—— dass. — 4. Jahrg. 1887. 12 Nrn. (à Nr. ca. 3/4 Bog.) gr. 8. Graz, Leykam. *
—— dass. — Hrsg. von E. Fischer v. Röslerstamm. Redact.: J. Friedmann. 5. Jahrg. 1888. 12 Nrn. (à Nr. ca. 3/4 Bog.) gr. 8. Ebendas. *

—— für Autographensammler. Hrsg. u. redig. von E. Fischer v. Röslerstamm. 6. u. 7. Jahrg. 1889 u. 1890. à Jahrg. 12 Nrn. gr. 8. (à Nr. 3/4 Bog.) Graz. Dresd., Bertling.
6. Jahrg. * 4 —; 7. Jahrg. * 2 —

— für Autographensammler. Begründet 1884 von E. Fischer v. Röslerstamm. 8.—10. Jahrg. 1891—1893. à 12 Nrn. (à ca. 3/4 Bog.) gr. 8. Dresden, R. Bertling. à Jahrg. n. 4. —

Mitteilungen der freien Jugend Basel
④ Junge Welt ⑤ 1946—Mai 1949 ⑥ 4° ⑦ Monatsblatt ⑧ Basel ⑩ Freie Jugend Basel ⑪ Hans Stebler ⑫ Partei der Arbeit ⑮ Vervielfältigtes Blatt.

Mittheilungen für den Kanton Basel
v. Baslerische Mittheilungen zur Förderung des Gemeinwohls.

—Baslerische, z. Förderung d. Gemeinwohls. 1r. u. 2r Jahrg. 1826 u 27. Basel, Neukirch. (à 2 ℔ 4 gr.) 4 ℔ 8 gr

Mittheilungen: Baslerische Mittheilungen zur Förderung des Gemeinwohls
① Baslerische Mittheilungen zur Förderung des Gemeinwohls (9. 7 1829—5. 1. 1833) ② Baslerische Mittheilungen (10. 1 1829—1 7 1831). Mittheilungen für den Kanton Basel (9. 7. 1831—5. 1 1833) ⑤ 15. 1 1826—5. 1 1833 ⑥ 8° (15 1 1826—1 7 1831), 4° (9. 7 1831—5 1 1833) ⑦ monatlich 2× (1826—1827, 18. 2. 1831—1 7 1831, Januar 1832—März 1832); alle 14 Tage (1828—1830); Wochenblatt (1 4. 1831—28. 1 1831. 9. 7 1831—Ende 1831), vom Mai 1832 bis zum Januar 1833 nur 2 Nummern ⑧ Basel· J. G. Neukirch (15. 1 1862—1 7. 1831), Felix Schneider (9. 7 1831—5. 1 1833) ⑩ Prof. Christoph Bernoulli ⑪ Prof Christoph Bernoulli Mitarbeiter Karl Burckhardt (Referate über Großratssitzungen), Prof Peter Meier (populäre Artikel über Naturwissenschaften), Rektor Hanhart (Schulwesen), Stephan Gutzwiller (Landwirtschaft), Dr de Wette, Prof. Peter Merian ⑫ liberal (Organ der «Dienstagsgesellschaft»), zugleich Organ des «Griechenvereins» und der «schweizerisch-gemeinnützigen Gesellschaft» ⑬ BGSZ 953 (p. 844): Eduard Schweizer: Die Entstehung der Dreißiger Wirren im Kanton Basel. «Basler Zeitschrift für Geschichte und Altertumskunde» Bd. 30, 1931, p. 136—468, bes. p. 147—159. Paul Burckhardt Geschichte der Stadt Basel von der Zeit der Reformation bis zur Gegenwart (Basel 1942), p. 154 ss. Werner Gysin: Zensur und Pressefreiheit in Basel während der Mediation und Restauration. Basler Beiträge zur Geschichtswissenschaft, Bd. 16 p. 76, 78. Fritz Grieder Ein Basler Drucker und Verleger, Felix Schneider «Basler Jahrbuch» 1946, p. 124—143, bes. p. 150—151 Walther Lüthi: Die nationalökonomischen Schriften Christoph Bernoulli. «Basler Zeitschrift für Geschichte und Altertumskunde» Bd. 48, 1949, p. 167—204 ⑭ Bs U. SA., Be L, Zh Z; Lu: Z ⑮ Die Zeitung kann an den Anfang der politischen periodischen Presse in Basel gestellt werden. Erste Veröffentlichung der Großratsverhandlungen. Im Jahre 1827 war geplant, die «Baslerischen Mitteilungen» zum «Basler Bürgerblatt» auszubauen.

— des schweizerischen Bauernsekretariates. Nr. 4—8. gr. 8. Bern, K. J. Wyß. n. 5. 80
4. Protokoll der Delegiertenversammlung des schweizer. Bauernverbandes, Montag den 6. II. 1899 in Bern u. Eingaben an eidgen. Behörden, betr. Viehseuchenpolizei, Kranken- u. Unfallversicherg., (Biersteuer), Lebensmittelgesetz u. Wagenmangel f. den Obstexport. (102 S.) 899. n. 1. 20
5. Gutachten zum Entwurfe f. e. Bundesgesetz betr. den Verkehr m. Lebensmitteln u. Gebrauchsgegenständen (v. 28. II. 1899). Im Auftrage des schweizer. Bauernverbandes verf. vom schweiz. Bauernsekretariate. (84 S.) 899. n. 1. 20
6. Gutachten betr. den Entwurf zu e. Bundesgesetze über das Tarifwesen der schweiz. Bundesbahnen. Dem schweizer. Bauernverbande erstattet vom schweiz. Bauernsekretariate. (37 S.) 899. n. — 80
7. Beiträge f. die Verordnungen zu e. schweizerischen Lebensmittelgesetze. 1. Tl.: Wein, Honig, Milch, Fette u. Molkereiprodukte. Bearb. durch das schweiz. Bauernsekretariat. (47 S.) 899. n. 1. 60
8. Stenogramm der Verhandlungen der außerordentlichen Delegiertenversammlung des schweizerischen Bauernverbandes üb. das Bundesgesetz, betr. die Kranken- u. Unfallversicherung m. Einschluß der Militärversicherung v. 11. XII. 1899 im Museum in Bern. (In deutscher u. französ. Sprache.) (96 S.) 900. n. 1. —
Französische Ausg. — u. d. T.: Publications du sécrétariat suisse des paysans — zu gleichen Preisen.
Nr. 1—3 sind nicht im Buchhandel.

Mitteilungen des Schweizerischen Bauernsekretariates. Nr. 10. 3. Jahresbericht.., des schweizerischen Bauernverbandes und des schweizerischen Bauernsekretariates. 1900. 35 S. 8. Bern, K. J. Wyss, 1901. [fr. 1. 20]

Mitteilungen des Schweizerischen Bauernsekretariates Nr. 11. Protokoll der Delegiertenversammlung des Schweizer. Bauernverbandes Samstag, den 9. März 1901 im Bahnhofrestaurant Olten und Bericht an das Schweizer. Landwirtschafts-Departement betreffend Revision des Viehseuchengesetzes. 52 S. 8. Bern, K. J. Wyss, 1901. [fr. 1. —]

Mitteilungen des Schweizerischen Bauernsekretariates. Nr. 12: Der Entwurf für ein Schweizerisches Zivilgesetzbuch in seinen für die Landwirtschaft wichtigsten Bestimmungen, besprochen vom Schweizerischen Bauernsekretariate. Teil 1: Personen-, Familien- und Erbrecht. 62 S. 8. Bern, K. J. Wyss, 1901. [fr. 1. —]

Mitteilungen des Schweizerischen Bauernsekretariates. Nr. 13: 4. Jahresbericht ... des schweizerischen Bauernverbandes und des schweizerischen Bauernsekretariates. 1901. 57 S. 8. Bern, K. J. Wyss, 1902. [fr. —. 80]

Mitteilungen des Schweizerischen Bauernsekretariates. Nr. 14 u. 15. 8. Bern, K. J. Wyss, 1902.
Nr. 14: Der Entwurf für ein Schweizerisches Zivilgesetzbuch in seinen für die Landwirtschaft wichtigsten Bestimmungen, besprochen vom Schweizerischen Bauernsekretariate. Teil 2: Das Sachenrecht ⟨Eigentum, Dienstbarkeit, Grundlasten, Fahrnispfand⟩. 43 S. [fr. 1. —]
Nr. 15: Protokoll der Delegierten-Versammlung des Schweizer. Bauernverbandes Samstag den 22. Februar 1902... in Bern. 55 S. [fr. —. 60]

Mitteilungen des Schweizerischen Bauernsekretariates. Nr. 16—18. 8. Bern, K. J. Wyss, 1903.

Nr 16: Der Entwurf für ein Schweizerisches Zivilgesetzbuch in seinen für die Landwirtschaft wichtigsten Bestimmungen, besprochen vom Schweizerischen Bauernsekretariate. Teil 3: Das Sachenrecht ⟨Schluss⟩ Grundpfand und Grundbuchrecht⟩. 56 S. [fr. 1. —]

Nr 17: 5. Jahresbericht ... des schweizerischen Bauernverbandes und des schweizerischen Bauernsekretariates. 1902. 45 S. [fr. 1. —]

Nr. 18: Stenogramm der Verhandlungen der ordentlichen Delegiertenversammlung des Schweizer. Bauernverbandes vom 4. April 1903 ... in Bern = Sténogramme des débats... 47 S. [fr. —. 60]

Mitteilungen des Schweizerischen Bauernsekretariates. Nr. 19: Anträge zum Entwurfe für ein Schweizerisches Zivilgesetzbuch, zusammengestellt vom Schweizerischen Bauernsekretariate Anhang: Die Stellung der landwirtschaftlichen Kantonalvereine zum Liegenschaftsvorteil im bäuerlichen Erbrechte 56 S. 8. Bern, K. J. Wyss, 1903. [fr. 1. —]

Mitteilungen des Schweizerischen Bauernsekretariates. Nr. 20: 6. Jahresbericht ... des schweizerischen Bauernverbandes und des schweizerischen Bauernsekretariates. 1903. 43 S. 8. Bern, K. J. Wyss, 1904. [fr. 1. —]

Mitteilungen des Schweizerischen Bauernsekretariates. Nr. 21: 7. Jahresbericht ... des schweizerischen Bauernverbandes und des schweizerischen Bauernsekretariates. 1904. 47 S. 8. Bern, K. J. Wyss, 1905. [fr. 1. —]

Mitteilungen des Schweizerischen Bauernsekretariates. Nr. 22–24. 8. Bern, K. J. Wyss, 1905.

Nr. 22: Der Entwurf für ein Schweizerisches Zivilgesetzbuch in seinen für die Landwirtschaft wichtigsten Bestimmungen besprochen vom Schw' Bauernsekretariate. Teil 4: Das Obligationenrecht. 52 S. [fr. 1. 20]

Nr. 23: Stenogramm der Verhandlungen der ordentlichen Delegiertenversammlung des Schweizer. Bauernverbandes vom 20. März 1905 ... in Bern = Sténogramme des débats... 71 S. [fr. 1. 60]

Nr. 24: Der Verkehr mit Wein in den eidgenössischen Niederlagshäusern. 30 S. [fr. 1. —]

Mitteilungen des Schweizerischen Bauernsekretariates. Nr. 25: 8. Jahresbericht ... des schweizerischen Bauernverbandes und des sch' Bauernsekretariates. 1905. 42 S. 8. Bern, K. J. Wyss, 1906. [fr. 1. —]

Mitteilungen des Schweizerischen Bauernsekretariates. Nr. 26: Stenogramm der Verhandlungen der ordentlichen Delegiertenversammlung des Schweizer. Bauernverbandes vom 17. Februar 1906 ... in Bern = Sténogramme des débats.... 51 S. 8. Bern, K. J. Wyss, 1906. [fr. —. 80]

Mitteilungen des Schweizerischen (*Nr. 28: schw') Bauernsekretariates. Nr. 27—29. 8. Bern, K. J. Wyss.

Nr. 27: Beiträge für die Verordnungen zum Schweizerischen Lebensmittelgesetze. Teil 2: Fleisch und Fleischwaren, Most, Obst, Gemüse und Eier. Bearb. durch das Schweizer. Bauernsekretariat. 139 S. 1906. [fr. 1. 50]

Nr. 28: Die Stellung der Landwirtschaft zum bundesrätlichen Entwurfe eines Bundesgesetzes betreffend die Kranken- und Unfallversicherung ⟨vom 10. Dezember 1906⟩. Gutachten und Vorschläge des schweizerischen Bauernsekretariates. 80 S. 1907. [fr. 1. —]

Nr 29: 9. Jahresbericht des schweizerischen Bauernverbandes und des sch' Bauernsekretariates. 1906. 56 S. 1907. [fr. —.60]

Mitteilungen des Schweizerischen Bauernsekretariates. Nr. 30: Stenogramm der Verhandlungen der ordentlichen Delegiertenversammlung des Sch' Bauernverbandes vom 2. September 1907 ... in Bern = Sténogramme des débats ... 54 S. 8. Bern, K. J Wyss, 1907. [fr. —. 80]

Mitteilungen des schweizerischen (*Nr. 32: Schw') Bauernsekretariates. Nr. 31—33. 8. Bern, K. J. Wyss, 1907—1908.

Nr. (31, *nicht*) 30: Die landwirtschaftliche Arbeiterfrage in der Schweiz. Teil 1: Die Verhältnisse der schweizerischen Landarbeiter in Vergangenheit und Gegenwart, dargestellt vom Sch' Bauernsekretariate. IV + 129 S. 1907. [fr. 1. 80]

Nr. 32: 10. Jahresbericht ... des schweizerischen Bauernverbandes und des sch' Bauernsekretariates. 1907 48 S. 1908. [fr. —. 60]

Nr. 33: Die für die Landwirtschaft wichtigen Bestimmungen der kantonalen Einführungsgesetze zum schweizerischen Zivilgesetzbuche. Kreisschreiben des sch' Bauernsekretariates an die Sektionen des sch' Bauernverbandes und an die landwirtschaftlichen Kantonalvereine. 25 S. 1908. [fr. —. 40]

Mitteilungen des schweizerischen (*Nr. 36 & 37: Schw') Bauernsekretariates. Nr. 34—37. 8. Bern, K. J. Wyss, 1908—1909.

Nr. 34: Die Einführung eines schweizerischen Getreide- und Mehlmonopols und die Landwirtschaft. Gutachten des schw' Bauernsekretariates. 40 S. 1908. [fr. —. 60]

Nr. 35: Der Einfluss des neuen Zolltarifes auf die Lebenshaltung der schweizerischen Bevölkerung, unter besonderer Berücksichtigung der Lage der industriellen und gewerblichen Lohnarbeiter. Vom Schweizerischen Bauernsekretariate. 207 S. 1908. [fr. 2. 50]

Nr. 36: 11 Jahresbericht ... des schweizerischen Bauernverbandes und des sch' Bauernsekretariates. 1908. 58 S. 1909. [fr. — 60]

Nr. 37: Stenogramm der Verhandlungen der ordentlichen Delegiertenversammlung des Schw' B' vom 15. März 1909 . in Bern = Sténogramme des debats... 60 S. 1909. [fr. —. 80]

Mitteilungen des Schweizerischen Bauernsekretariates. Nr 38. 12. Jahresbericht ... des schweizerischen Bauernverbandes und des schw' Bauernsekretariates. 1909. 56 S. 8 Bern, K. J Wyss, 1910 [fr —. 80]

Mittheilungen über die kgl. Baugewerkenschule zu Dresden in den ersten 25 Jahren, 1837—62. 4.

Mitteilungen über das deutsche Baugewerkschulwesen mit besonderer Beziehung auf die Baugewerkschule Holzminden. Holzminden 1877

Mitteilungen des Vereins Bauhütte zu Stuttgart. Jg. 1–8. Dresden Bertling (sp Stuttgart Weise) 1884–1891 4°
Leiter: Karl Mayer.

— des Vereins Bauhütte zu Stuttgart. Leiter: Karl Mayer. 1.—7. Jahrg. 1887 - 1893. à 12 Nrn. (à ca. 1½ Bog.) gr. 8. Stuttgart, J. Weise. à Jahrg. n. 3. —

— d. Vereins Bauhütte zu Stuttgart. Hrsg. v. dem Ausschuss d. Vereins Bauhütte. Für denselben: Karl Mayer. 9.—12. Jahrg. 1895—1898. à 12 Nrn. (à ca. 2 Bog.) gr. 8. Stuttgart, J. Weise. à Jahrg. n. 3. —

Mitteilungen des Vereins Bauhütte zu Stuttgart. Hrsg. v. dem Ausschuss der Bauhütte. 13.—16. Jahrg 1899—1902. à 12 Nrn. gr. 8. (à ca. 32 S.) Stuttgart, J. Weise. à Jahrg. n. 3. —

— des Vereins Bauhütte zu Stuttgart. Hrsg. v. dem Ausschuss der Bauhütte. 17.—20. Jahrg. 1903—1906. à 12 Nrn. (à ca. 32 S.) gr. 8. Stuttgart, J. Weise. à Jhrg. n. 3. —

— des Vereins Bauhütte zu Stuttgart. Hrsg. v. dem Ausschuss der Bauhütte. 21. Jahrg. 1907. 12 Nrn. (à ca. 48 S.) 8. Stuttgart, J. Weise. 3. —
Fortsetzg. s.: Bauhütte-Stuttgart.

—— über die wasserdichten Baumaterialien der Fabrik von Büsscher und Hoffmann zu Neustadt-Eberswalde und der unter der Firma Peter Krall jun. zu M. Gladbach arbeitenden Zweigfabrik. gr. 8. (48 S. mit eingedr. Holzschn.) Berlin 860, Ernst und Korn. *

Baupolizeiliche Mitteilungen. Hrsg. vom Senator Dr. [Adolf] Plathner, Vorsitz. d. Stadt-Baupol.-Amts in Hannover. [Jg. 1,] No 1. *Hannover: Göhmann 1904.* 4° [04. 4218 7

Mitteilungen, Baupolizeiliche. Jg. 2—12. Hannover 1905—1915

— baupolizeiliche. Hrsg. v. Plathner unter Mitarbeit von H. Olshausen, Thormann, Lehmann u. a. Jahrg. 1904—1906. à 12 Nrn. (à ca. 16 S.) Lex.-8. Hannover [Göhmann'sche Buchdr.] Berlin, W. Ernst & Sohn. à Jhrg. n. 8. —

— baupolizeiliche. Hrsg.: Plathner, unter Mitarbeit v. Thormann, Lehmann, Steinhauser u. a. 4. u. 5. Jahrg. 1907 u. 1908. à 12 Nrn. (à ca. 16 S. m. Fig.) Lex. 8. Berlin, W. Ernst & Sohn. à Jahrg. 8. —

Mitteilungen, baupolizeiliche. Hrsg. u. Schriftleit.: Plathner. 6. u. 7. Jahrg. 1909 u. 1910. à 12 Hefte. (à ca. 16 S.) Lex. 8. Hannover, Göhmann'sche Buchdr. à Jahrg. 8. —

Mittheilungen eines jungen Baiers über dessen See- und Landreisen von Hamburg nach Mexiko. München 1827. V: *Altenbach, Franz.* (EngG) (Ky) (BrMm)

— e. jungen Baiern (Franz Attenbach), üb. dessen See u. Land reisen, v. Hamburg nach Mexico. Mit 1 Kpf. u. 1 Vign. 8. Münch. 827. Finsterlin. 6 ℛ

— aus Baiern über das Malzen, Brauen u. Gähren in Nürnberg. Genaue Beschreibung der dortigen Art Bier zu brauen. 2e Ausg. gr. 8. Nürnberg 834. Leuchs u. Comp. 1/2 ℛ

Mitteilungen der Berliner Beamten-Vereinigung. 1–21 Berlin Heymann 1889–1909 8°
Red. Liebau

— d. Berliner Beamten-Vereinigung. Red.: Gust. Liebau. 8.—10. Jahrg. 1896—1898. à 24 Nrn. (Bog.) gr. 4. Berlin, C. Heymann's Verl. à Jahrg. n. 6. —; f. Vereinsmitglieder unentgeltlich.
Kann auch vierteljährlich bezogen werden.

— der Berliner Beamten-Vereinigung. Red.: Gust. Liebau. 11.—14. Jahrg. 1899—1902. à 24 Nrn. gr. 4. (à ca. 20 S.) Berlin, C. Heymann. à Jahrg. n. 6.—; f. Mitglieder unentgeltlich.
Nicht mehr im Handel.

— der Berliner Beamten-Vereinigung. Organ der am 1. III. 1878 gegründeten Berliner Beamten-Vereinigg. Schriftleitung: Seiffert. 15.—18. Jahrg. 1903—1906. à 24 Nrn. (566, 669, 644 u. 692 S.) 4. Berlin, C. Heymann. à Jhrg. n. 6.—; f. Mitglieder unentgeltlich.

— der Berliner Beamten-Vereinigung. Organ der am 1. III. 1878 gegr. Berliner Beamten-Vereinigung. Schriftleitung: Seyffert. 19.—21. Jahrg. 1907—1909. à 24 Nrn. (1907 u. 08. 784 u. 852 S.) 31,5×24 cm. Berlin, C. Heymann. à Jahrg. 6.—; f. Mitglieder unentgeltlich.

— zur Beförderung d. Sicherheitspflege, s. Merker, Polizei-Rath.

Mittheilungen zur Beförderung der Sicherheitspflege Jg 1–36 Berlin Maurer (sp Krause) 1819–54 4°
Hrsg. Merker

Mittheilungen zur Beförderung der Sicherheitspflege. Hrsg. vom Polizeirath Merker. Berlin.
2 Bde fol. + 18 Bde
Jg. 17—29. 1835—47.
„ 32—36. 1850—54.
Hauptreg. von 1835—40. 1841.
„ „ 1841—46. 1847.
[Fortges. u. d. Tit.:]
Königlich Preußisches **Central-Polizei-Blatt.** Berlin. 43 Bde
Jg. 37—79. 1855—97.

— beglaubigte, aus der Geisterwelt und dem Nachtgebiete der Natur. 2 Bdchn. 8. Berlin, Hempel. [1. (96 S.) 2. (80 S.) 853. à * 10 Ngr.] *

Mittheilungen über bessere Behandlung der Thiere und über Abhülfe der Thierquälerei. Basel 1851

Mitteilungen aus dem Marburger Behringwerk gelegentlich des Besuches französischer Aerzte am 14. August 1906. (Vorr. E[mil] v. Behring.) o. O (1906). (28 S.) 8° [c7. 2381 4

— zur Bekämpfung der Trunksucht. Monatsblatt der sächs. Vereine gegen den Mißbrauch geistiger Getränke u. d. österreich. Vereins gegen Trunksucht. Hrsg. v. V. Böhmert u. W. Bode. 6. u. 7. Jahrg. 1889. 1890. à 12 Nrn. (1/2 B.) gr. 4. Dresden. Leipzig, Duncker & Humblot. à Jahrg. n. 6. —

— zur Bekämpfung der Trunksucht. Monatsblatt der sächs. Vereine gegen den Mißbrauch geist. Getränke u. d. Österreich. Vereins gegen Trunksucht. Hrsg. v. Vict. Böhmert u. W. Bode. 8. Jahrg. 1891. 12 Nrn. (1/2 Bog.) gr. 4. Dresden. Leipzig, Duncker & Humblot. n.n. 1 50

— dasselbe. Hrsg. v. W. Bode. 9. Jahrg. 1892. 12 Nrn. (1/2 Bog.) gr. 4. Ebd. n.n. 1. 50
6. u. 7. Jahrg. 1889. 1890. à n.n. 1. 50.
Fortsetzung s.: Volksgesundheit.

– u. **Anzeigen,** bergwirtschaftliche. Sonderausg. des Beiblatts zur Zeitschrift f. prakt. Geologie. Organ des bergwirtschaftl. Seminars an der kgl. Bergakademie zu Berlin. Hrsg. v. Max Krahmann. 1. Jahrg. 1910. 12 Hefte. (VIII, 256 S. m. 2 Abb. u. 3 Taf.) Lex. 8. Berlin, J. Springer. 8. —

[F. u. Ant.] **Mitteilungen** aus dem officiellen Bericht der im französischen Ministerium der öffentl. Arb. gebildeten Commission des Méthodes d'Essai des Matériaux de Construction. 1. Sitzgsper. '(1894)' Bd 1. Uebs. v Assist. Paul Zizmann. *Berlin. J. Springer 1896.* 4.
= **Mittheilungen** a. d. Kgl. technischen Versuchsanstalten zu Berlin. 1896. Ergänzgsh. 1. (95. 186

— aus den amtlichen Berichten über die zum Ministerium des Innern gehörenden königl. preuss. Straf- und Gefängnissanstalten betreffend die J. 1858, 1859, resp. 1860. gr. 8. (X und 408 S.) Berlin 861, Hertz. *

MITTEILUNGEN AUS DEM DEUTSCHEN SPRACHVEREINE BERLIN (vormaligen Berliner Zweigvereine des Allgemeinen Deutschen Sprachvereins). Schriftleiter ADOLF REINECKE.
Jahrg. 4 ib. 1893. Verlag des Deutschen Sprachvereins Berlin. 8°

MITTEILUNGEN DES DEUTSCHEN SPRACHVEREINS BERLIN
Jahrg. 5—7 ib. 1894—1896. —

Mitteilungen für die Turngemeinde Berlin, Berlin, 4°.
Jg. 1: 1879, hrsg. v. Max Löschin u. Emil Jüllig.
Jg. 11 14: 1889 1892, — F. Voigt.
Jg. 15 18: 1893 1896, — W. Haase.
Jg. 19 31: 1897 1909, — E. Lange.
Jg. 32—41 1910—1919, — v. d. Vorst. d. Turngemeinde Berlin. 31 Bde.

Mitteilungen des Zweigvereins Berlin des Vaterländischen Frauenvereins. Jg. 1. Berlin (Selbstverl.) 1904. 8° (10. 6399

Mitteilungen des *Beskiden*vereins. Schriftleit. Erwin Hanslik. Jg 1—10. Bielitz-Biala '04—13. 4°

Besondere *Mitteilungen* üb. das geodätisch-kulturtechnische Studium u. die Prüfungen f. Landmesser u. in Kulturtechnik an der Königl. preussischen landwirtschaftlichen Akademie zu Bonn-Poppelsdorf. Bonn 1910. 18 S. P.

Mitteilungen über die Bestimmung der Schrift Aufgaben für das geometrische Zeichnen zur Einübung der notwendigsten Konstruktionen. Stuttgart 1864

—— über den Betrieb der Rindvieh-, Schaf- und Schweinezucht im Herzogth. Oldenburg. gr. 8. (27 S.) Bremen 874, Hampe. *

Mittheilungen über zweckmässigsten Betrieb der Branntweinbrennerei . . . Bremen 1801. V: *Mester, C. J.* (KY)

—— über zweckmäßigsten Betrieb der Branntweinbrennerei, vortheilhaftester Fabrikation der Preßhefe und Bereitung feinster Spirituosen nach neuesten Methoden von einem prakt. Fabrikanten (C. J. Mester). 8. (VII und 108 S. mit 1 Stnt. in qu. Fol.) Bremen 861. (Nordhausen, Büchting.) geh. und verklebt. *

MITTEILUNGEN DES BEZIRKSKOMITEES FÜR NATURDENKMALPFLEGE IM REGIERUNGSBEZIRK CASSEL UND FÜRSTENTUM WALDECK
Nr 1 1908 Cassel Verlag Bezirkskomitee für Naturdenkmalpflege (Ohne bes. Titelbl.) 8°
Nr 2 1909 ib — (Geschäftsf Prof Dr SCHAEFER, Cassel.)

Mitteilungen des Berliner Bezirksvereines deutscher Ingenieure. Jg. 1908—1922/23 u. 1925 ff. Berlin

MITTHEILUNGEN DES HANAUER BEZIRKSVEREINS FÜR HESSISCHE GESCHICHTE UND LANDESKUNDE.
Nr. 1 und 2. (Mit 1 genealogischen Tafel.) Hanau 1860. Friedrich König. 8°.
Nr. 3. ib. 1863. A. u. d. T.: Historische Beiträge zur Geschichte der Schlacht bei Hanau am 30. und 31. Oktober 1813. Vom hanauischen Bezirksverein für hessische Geschichte und Landeskunde herausgegeben. Bearbeitet und zusammengestellt von G. W ROEDER. (Mit 1 Zeittafel und Karten.) (ib. 1863.) Druck der Waisenhausbuchdruckerei.
Nr 4. u. d. T.: (R. SUCHIER und A. DUNCKER), Das Römercastell und das Todtenfeld in der Kinzigniederung bei Rückingen. Vom hanauischen Bezirksverein für hessische Geschichte und Landeskunde herausgegeben. (Mittheilungen Nr. 4.) Mit 5 lithographischen Tafeln Abbildungen, 1 Kartenskizze und einer Anzahl Holzschnitte. Hanau. 1873. Im Selbstverlage des Vereins. fol.
Nr 5. (Mit genealogischen Tafeln.) ib. 1876. Im Selbstverlage des Vereins. 8°.
Nr 6. (Mit 1 genealogischen Tafel und 1 Tafel Abbildungen.) ib. 1880. —

MITTEILUNGEN DES HANAUER BEZIRKSVEREINS FÜR HESSISCHE GESCHICHTE UND LANDESKUNDE
Nr 7 ersch. u. d Titel REINHARD SUCHIER, Die Grabmäler und Särge der in Hanau bestatteten gräflichen und fürstlichen Personen aus den Häusern Hanau und Hessen. Separatabdruck vom Gymnasialprogramm für den Hanauer Geschichtsverein. Hanau (1879). Waisenhaus-Buchdruckerei. 4°
Nr. 9.: Der römische Grenzwall bei Hanau mit den Kastellen zu Rückingen und Marköbel von GEORG WOLFF und OTTO DAHM. Mit 4 lithographierten Tafeln. Mitteilungen des Hanauer Bezirksvereins für Hessische Geschichte und Landeskunde Nr 9 Hanau 1885. Waisenhaus-Buchdruckerei in Hanau.
Nr 10.: Weitere römische Münzen und Stempel aus der Nähe von Hanau verzeichnet von REINHARD SUCHIER. Festgabe zu der in Hanau am 29. Juli 1885 stattfindenden Jahresversammlung des Vereins für hessische Geschichte und Landeskunde. Mittheilungen des Hanauer Bezirksvereins Nr. 10. (Mit Tafeln.) Hanau 1885. Druck von J. G. Kittsteiner in Hanau.

MITTEILUNGEN DES HANAUER BEZIRKSVEREINS FÜR HESSISCHE GESCHICHTE UND LANDESKUNDE.
Nr 11 Hanau im dreissigjährigen Kriege. Von R. WILLE. Mit 5 Tafeln in Stein- und Lichtdruck. Hanau 1886. Bei G M Alberti. 8°
Nr 12. Die letzten Grafen von Hanau-Lichtenberg Von R WILLE ib. 1886. —
Nr 13. Das römische Lager zu Kesselstadt bei Hanau von GEORG WOLFF Mit 3 lithographischen Tafeln Nebst einem Anhang von REINHARD SUCHIER Fundstücke von Kesselstadt. Mit 1 lithographierten Tafel. ib. 1890. Druck der J G. Kittsteiner'schen Buchdruckerei. 4°

MITTHEILUNGEN DES HANAUER BEZIRKSVEREINS FÜR HESSISCHE GESCHICHTE UND LANDESKUNDE AN SEINE MITGLIEDER
pro 1885. Kassel. Druck von L. Döll. 8°

MITTHEILUNGEN DES HANAUER BEZIRKSVEREINS FÜR HESSISCHE GESCHICHTE UND LANDESKUNDE an seine Mitglieder
für 1886. Kassel. Druck von L. Döll. 8° — für 1887 ib. — für 1888. ib. — für 1889. ib. — für 1890. ib. — für 1891 ib — für 1892*). ib. 1893. —

*) Mittheilungen des Hanauer Bezirksvereins für hessische Geschichte und Landeskunde an seine Mitglieder für 1886 und folgende Jahre sind inhaltlich identisch mit den „Mittheilungen an die Mitglieder des Vereins für hessische Geschichte und Landeskunde" in Kassel und beim Verein für hessische Geschichte und Landeskunde in Kassel verzeichnet.

Mitteilungen des Lausitzer Bezirksvereins des Vereins deutscher Ingenieure. 1907—14 u. 1916—19 Görlitz

— des oberschlesischen Bez.-Vereins deutscher Ingenieure u. des oberschlesischen elektrotechnischen Vereins. Red.: Paul Reichling. 1. u. 2. Jahrg. 1909 u. 1910. à 24 Nrn. (à ca. 16 S. m. Abbildgn.) 30,5×24 cm. Kattowitz, Gebr. Böhm. à Jahrg. 8. —

Mitteilungen des Württ. Bezirksvereins des Vereins Deutscher Ingenieure. 1910-13. 4° Berlin 1910-13

—— aus dem Gebiete der Bibliographie, Literaturgeschichte u. d. Antiquariats. Hrsg. v. Max Harrwitz, fortgeführt v. F. W. E. Roth. 3. Jahrg. 1891. 12 Nrn. (à Nr. ½ Bog.) 4. Berl., M. Harrwitz. * 4 —
Nicht weiter erschienen. Frühere Jahrg. s. u. d. T.: Mittheilungen aus dem Antiquariat u. verwandten Gebieten.

—— bibliographische, über die deutschen Ausgaben von De Bry's Sammlungen der Reisen nach dem abend- u. morgenländ. Indien. gr. 8. (2½ B.) Leipzig 845, T. O. Weigel.*
Aus: Serapeum etc., besond. abgedruckt.

— aus der Bibliothek des Heilbronner Gymnasiums, s. a. Einladungsschrift des königl. Karlsgymnasiums in Heilbronn.

— dasselbe. II. gr. 4. Heilbronn 893. (C. F. Schmidt.) n. 4.
Alter Musikschatz, geordnet u. beschrieben v. Edwin Mayser. (VIII, 82 S.)

Mitteilung der Bibliotheks-Kommission. (Marburg 1904.) (1 Bl.) 8° [Kopft.]
(Nicht für den Austausch)

Mitteilungen aus d. Biela-Elbe-Turngau, D. T., Kr. XV, hrsg. v. Biela-Elbe-Turngau, Jg. 1—3, Aussig 1908—1910, Gr.-8°. 3 Bde.

Mittheilungen, Bienenwirthschaftliche, aus Böhmen, Mähren u. Schlesien. Herausgeg. v. F. Mikuláš Boleslavsky. gr. 8. Heft 1—3. (S. 1—80) geh à 40 kr.
Prag 1881.

— über Bienen- u. Geflügelzucht, Gartenbau u. Fischerei. Schriftleiter: And. Pitl. 13. Jahrg. 1902. 12 Nrn. (à ca. 40 S.) Linz, E. Mareis. n.n. 2. —

— über Bienen- u. Geflügelzucht, Gartenbau u. Fischerei. Organ des oberöst. Landes-Bienenzucht-Vereines, des I. oberöst. Geflügelzucht-Vereines usw. Schriftleiter: And. Pitl. 14.—17. Jahrg. 1903—1906. à 12 Nrn. (à ca. 32 S.) gr. 8. Linz, Zentraldruckerei vorm. E. Mareis. à Jhrg. n. 2. —

— über Bienen-, Geflügel- u. Kaninchenzucht, Gartenbau u. Fischerei. Organ des ob.-öst. Landes-Bienenzucht-Vereines, des I. ob.-öst. Geflügelzucht-Vereines usw. Schriftleiter: And. Pitl. 18.—21. Jahrg. 1907—1910. à 12 Nrn. (IV, 500; IV, 484; IV, 484 u. IV, 500 S.) gr. 8. Linz, Zentraldruckerei vorm. E. Mareis. à Jahrg. 2. —

— des Binnenschiffahrtsvereins f. den Norden u. Westen der Prov. Brandenburg. Nr. 1—3. gr. 8. Berlin, L. Simion Nachf. n. 2. —
1. Der Wasserweg von der Oder zur Havel. Betrachtungen üb. die östl. u. westl. Linie. Von G. Tollmitt. (36 S. m. 1 Karte.) 899. n. 1. —
2. Westliche Linienführg. des Grossschiffahrtsweges Berlin—Stettin. (Technische Einzelheiten.) Vortrag, geh. im grossen Ausschuss des Central-Vereins f. Hebung der deutschen Fluss- u. Kanalschiffahrt. Von Iken. [Aus: „Zeitschr. für Binnenschiffahrt".] (16 S. m. 1 Karte.) 899. n. — 50
3. Großschiffahrtsweg, der, Berlin—Stettin in östlicher u. westlicher Linienführung. (16 S.) 899. n. — 50

— des Binnenschiffahrtsvereins f. den Norden u. Westen der Prov. Brandenburg. Nr. 4. gr. 8. Berlin, L. Simion Nf. n. — 50 (1—4 n. 2. 50)
Die Bedeutung des Großschiffahrtsweges Berlin-Stettin f. die Melioration des Oderbruches u. die Regulierung der unteren Oder. Von Hager. (16 S. m. 1 Karte.) 904.

— des Binnenschiffahrtsvereins f. den Norden u. Westen der Prov. Brandenburg. Nr. 5. gr. 8. Berlin 904. L. Simion Nf. — 50
Die Sicherung der Melioration des Oderbruchs durch die Ausführg. des Großschiffahrtsweges Berlin-Stettin in Verbindg. m. der Regulierg. der unteren Oder. Von Hager. (8 S.)

— über Biochemie. Zeitschrift f. Vereine u. Freunde der v. Schüßler begründeten Heilmethode. 17. Jahrg. 1910. 12 Nrn. (à ca. 8 S.) Lex. 8. Lage, H. Welchert. 2. —

—— des „Bismarck-Vereins", Verein für nationale Politik. 1. Heft. gr. 8. (35 S.) Marburg 885, Elwert's Verlag. *
Nicht weiter erschienen.

— über d. deutsche Blindenmission in China. Hrsg. v. Hildesheimer Missionsverein f. China. gr. 8. (16 S.) Darmstadt 898. (C. F. Winter'sche Buchdr.) n. — 10

Mitteilungen des Dt. Böhmerwaldbundes. Nr 1 ff. — Budweis: Böhmerwaldbund 1884 ff. 4°

Mitteilungen des Deutschen *Böhmerwald*bundes. Nr. 40—52. 1897—1909. Budweis. 4°

— der staatlichen Bohrverwaltung in den Niederlanden. Hrsg. v. der staatl. Bohrverwaltg. in den Niederlanden. Nr. 1. Lex. 8. Amsterdam 908. Freiberg, Craz & Gerlach. 3 —
Der niederländische Boden u. die Ablagerungen des Rheines u. der Maas aus der jüngeren Tertiär- u. der älteren Diluvialzeit. Von P. Tesch. (74 S. m. 1 Karte.)
Nr. 2, s.: Memoirs of the government institute of the geological exploration of the Netherlands.

Mitteilungen der literarhistorischen Gesellschaft Bonn, unter d. Vorsitz von Prof. Berthold Litzmann. Jg. 1, No 1 u. 2 ([Bonn] 1906. F W Ruhfus in Dortmund). 8° 1908. 8597

— der literarhistorischen Gesellschaft Bonn unter dem Vorsitz v. Berth. Litzmann. 2.—4. Jahrg. 1907 bis 1909. à 9 Nrn. (à ca. 24 S.) gr. 8. Dortmund. [F W. Ruhfus.] Bonn, Fr. Cohen. à Jahrg. 5. —

— dasselbe. 2. Jahrg. 1907. Sonderheft Nr. 1. gr. 8. Ebd. — 75
Frankreich, das junge. Kurze Übersicht üb. den von Friedrich v. Oppeln-Bronikowski in Bonn vom 1. II bis 1. III. 1907 geh. Vortragszyklus. (21 S.) — 75

— dasselbe. 5. Jahrg. 1910. Nr. 1—7. gr. 8. Ebd. à — 75
Briefsammlungen, neue. I. Bertram, Ernst, Theodor Fontanes Briefe. Referat. — Diskussion. (S. 167—200.) (Nr. 6.)
Fischer, Johs. Maria, u. Ernst Albert, Carl Hauptmanns Dramen. Referat v. F. — Korreferat v. A. (S. 125 bis 166.) (Nr. 5.)
Morisse, A. M., Ernst v. Wildenbruch. Die epische Kunst Ernst v. Wildenbruchs in ihrer psycholog. Bedingtheit. 1. Tl. Referat. — Geschäftliche Mitteilungen. (S. 39—61.) (Nr. 2.)
— dasselbe. 2. Tl. Referat. — Diskussion. — Geschäftliche Mitteilungen. (S. 87—123.) (Nr. 4.)
Schäfer, Wilh., wie entstanden meine Anekdoten? Vortrag. (S. 203—228.) (Nr. 7.)
Simchowitz, S., die jüdisch-deutsche Literatur. Referat. (S. 65—85.) (Nr. 3.)
Waldhausen, Agn., Hermann Hesse. Referat. — Diskussion. — Selbstanzeigen v. J. M. Fischer, Walt. Steinert u. Ernst Albert. — Geschäftl. Mitteilungen. (S. 1—37.) (Nr. 1.)

MITTEILUNGEN DER LITERARHISTORISCHEN GESELLSCHAFT BONN
unter dem Vorsitz von Professor BERTHOLD LITZMANN

Jahrg. 1. 1906. (Nr 1 bis 7.) — A. u. d. T: Mitteilungen der Literarhistorischen Gesellschaft Bonn unter dem Vorsitz von Professor BERTHOLD LITZMANN

Jahrg. 1 No. 1 und 2. Mai 1906. Inhalt 1 „Zur Einführung" von BERTHOLD LITZMANN 2. Unser Arbeitsprogramm. 3. Satzungen. 4. Mitgliederverzeichnis. 5. Geschäftliche Mitteilungen. (Dortmund. Druck von Fr Wilh. Ruhfus.) 8°

No. 3. Juni 1906. Inhalt: 1 Gustav Frenssen und sein Roman Hilligenlei a) Einleitung, b) Referat von Dr. CARL ENDERS, c) Diskussion. 2. Aus dem Mitgliederkreis. 3. Mitgliederverzeichnis (Fortsetzung). 4. Geschäftliche Mitteilungen. (ib. —.)

No. 4. Juli 1906. Inhalt 1 Aufgaben und Leistungen moderner Essaykunst (Anmerkungen zu den Sammlungen „Die Literatur", „Die Dichtung") a) Referat von Dr. KARL RICK, b) Diskussion. 2. Aus dem Mitgliederkreis. 3. Mitgliederverzeichnis (Fortsetzung). 4. Geschäftliche Mitteilungen. (ib. —.)

No. 5. August 1906. Inhalt 1 Der Wille zum Leben als Form im neueren Drama (Hauptmann „Und Pippa tanzt", Hofmannsthal „Oedipus und die Sphinx", Mann „Fiorenza"), a) Referat von Dr S. SCHMITT, b) Diskussion. 2. Aus dem Mitgliederkreise. 3 Mitgliederverzeichnis (Fortsetzung). 4. Geschäftliche Mitteilungen (ib. —)

No. 6. November 1906. Inhalt 1 Maurice Maeterlinck, a) Referat von G. NOREN-HERZBERG, b) Diskussion. 2. Aus dem Mitgliederkreise. 3. Mitgliederverzeichnis (Fortsetzung). 4 Geschäftliche Mitteilungen. (ib. —.)

No. 7 Dezember 1906. Inhalt 1 Ricarda Huch, a) Referat von Dr. KARL RICK, b) Diskussion. 2. Vortragscyclus in Bonn „Das junge Frankreich" 3. Geschäftliche Mitteilungen. (ib. —.)

Jahrg 2 1907 (Nr 1—9.) — A u d T

Jahrg 2 Nr 1 1 Sitzung am 12. Januar 1907 Ibsens Jugendlyrik Einleitung Die Norwegische Literatur vor Ibsen von Dr CARL ENDERS. — Ibsens Jugendlyrik von ADOLF MIELKE. — Korreferat von NOREN-HERZBERG — Mitgliederverzeichnis. — Geschäftliche Mitteilungen. ib. —

Nr 2 2. Sitzung am 9. Februar 1907 Das Kunstwerk Thomas Manns. Thomas Manns epische Technik von Dr ALEXANDER PACHE. — Das Problem des Verfalls von Ernst Bertram. — Diskussion. — Mitgliederverzeichnis. — Geschäftliche Mitteilungen. — Jahresbericht ib. —

Nr 3. 3. Sitzung am 2 März 1907 C F Meyers dichterisches Schaffen. Referat von FRITZ OHMANN — Diskussion. — Mitgliederverzeichnis. — Geschäftliche Mitteilungen. ib. —

Nr 4. 4 Sitzung am 11 Mai 1907 Jens Peter Jacobsen. Referat von Dr SALADIN SCHMITT — Diskussion. — Mitglieder-Verzeichnis. — Geschäftliche Mitteilungen ib —

Nr 5. 5 Sitzung am 8 Juni 1907 Maxim Gorki. Referat von Dr S. SIMCHOWITZ — Diskussion. — Geschäftliche Mitteilungen. ib. —

Nr 6 6. Sitzung am 6. Juli 1907 Rainer Maria Rilke Referat von FRIEDRICH von OPPELN-BRONIKOWSKI — Correferat von Dr CARL ENDERS — Diskussion — Geschäftliche Mitteilungen. ib —

Nr 7 Sonderheft Ziele und Wege deutscher Dichtung nach Äusserungen ihrer Schöpfer Mit Beiträgen von PETER ALTENBERG. OTTO JULIUS BIERBAUM MARTIN BOELITZ. FRIEDA FREIIN von BÜLOW. KAETE CAJETAN MILNER. WILLRATH DREESEN, GUSTAV FALKE, ANSELMA HEINE. RUDOLF HUCH, THOMAS MANN, ADALBERT MEINHARDT, HUGO SALUS RICHARD SCHAUKAL. JOHANNES SCHLAF, CLARA VIEBIG — Bibliographie — Anzeigen und geschäftliche Mitteilungen ib —

Nr 8 8 (sic! 7) Sitzung am 2 November 1907 Das naturalistische Drama. Von seiner Entstehung und Technik Referat von Frau G LITZMANN — Diskussion. — Mitgliederverzeichnis (Fortsetzung). — Geschäftliche Mitteilungen ib —

Nr 9. 8 Sitzung am 7 Dezember 1907 Über Hugo von Hofmannsthal. Zum ersten Bande der „prosaischen Schriften gesammelt" Referat von ERNST BERTRAM. — Geschäftliche Mitteilungen. ib. —

Jahrg. III 1908. (Nr 1—8.) — A u d T

Jahrg III Nr 1 1 Sitzung am 1 Februar 1908 Frank Wedekind (eine Orientierung über sein Schaffen). Referat von O. NIETEN — Diskussion. — Geschäftliche Mitteilungen. ib. —

Nr 2[1]). Über Stefan George Referat von ERNST BERTRAM — Geschäftliche Mitteilungen. ib. —

Nr 3 3 Sitzung am 1 März 1908. Gottfried Keller als Charakteristiker 1 Referat von KARL RICK. — Korreferat von F OHMANN — Selbstanzeige von O. NIETEN — Geschäftliche Mitteilungen. ib. —

Nr 4. 5. Sitzung am 13. Juni 1908. Über Nietzsches „Gedichte und Sprüche" Referat von SALADIN SCHMITT — Diskussion. — Geschäftliche Mitteilungen. ib. —

Nr. 7 (recte 5[1]) 6. Sitzung am 11 Juli 1908. Über Niederrheinische Dichtung. Referat von WALTER STEINERT — Diskussion. — Geschäftliche Mitteilungen. ib. —

Nr. 6. 4. Sitzung am 2. Mai 1908. Das Tragische in Gerhard Hauptmanns Dramen. Referat von FRITZ OHMANN — Diskussion. — Geschäftliche Mitteilungen. ib. —

Nr 7 Sonderheft. Ziele und Wege deutscher Dichtung nach Äußerungen ihrer Schöpfer Mit Beiträgen von CLARA BLÜTHGEN (C. EYSELL-KILBURGER), VICTOR BLÜTHGEN IDA BOY-ED, ELISABETH DAUTHENDEY, HANNS HEINZ EWERS. HANS v KAHLENBERG, OTTO von LEITGEB, ERICH SCHLAIKJER, WILHELM SCHMIDTBONN, MATHIEU SCHWANN, CARL SPITTELER. Bibliographie — Anzeigen und geschäftliche Mitteilungen. ib. —

Nr 8. 7 Sitzung am 30. Oktober 1908. Otto Erich Hartleben. Ein kritischer Essay Referat von Dr ALEXANDER PACHE. — Diskussion. — Geschäftliche Mitteilungen. ib. —

Nr 9. 8. Sitzung am 12. Januar 1909 Der Dramatiker Schmidtbonn. Referat von Dr ENDERS – Diskussion Geschäftliche Mitteilungen. ib. –

Jahrg 4 1909. (Nr 1—9.) — A. u. d. T

Jahrg 4 Nr 1 u. 2. 1 u. 2. Sitzung am 13. u. 27 Februar 1909. Über den Wiener Roman. Referat von ERNST BERTRAM. — Diskussion. — Geschäftliche Mitteilungen. ib. —

Nr 3. 3. Sitzung am 1 Mai 1909. „Tantris der Narr" Referat von A. WALDHAUSEN — Diskussion. — Geschäftliche Mitteilungen. ib. —

Nr 4 Bericht über einen von Dr SIMCHOWITZ gehaltenen Zyklus von Vorträgen über „Die russische Literatur in der ersten Hälfte des 19. Jahrhunderts" — Geschäftliche Mitteilungen. ib. —

Nr 5. 4. Sitzung am 2. Juli 1909. Clara Viebig I. Die Gestaltung des historischen Stoffes zum Kunstwerk in Clara Viebigs „Die Wacht am Rhein" Referat von A. M. MORISSE. — Diskussion. — Geschäftliche Mitteilungen. ib. —

Nr 6. Briefe von Ernst von Wildenbruch aus den Jahren 1878—80, herausgegeben von BERTHOLD LITZMANN ib. —

Nr 7 5. Sitzung Samstag den 30. Oktober. Carl Hauptmann. Referat von Dr JOHANNES MARIA FISCHER. — Diskussion. — Geschäftliche Mitteilungen ib. —

Nr 8. 6. Sitzung Dienstag, den 16. November Thomas Mann. Zum Roman „Königliche Hoheit" Referat von Dr ERNST BERTRAM — Korreferat von Dr F OHMANN — Geschäftliche Mitteilungen. ib. —

Nr 9 Ideal und Leben in Dehmels Lyrik. Von Dr CARL ENDERS. — Geschäftliche Mitteilungen. ib. —

Jahrg. 5. 1910. (Nr 1—9.) — A u. d. T

Jahrg. 5. Nr 1 1 Sitzung den 12. Februar 1910. Hermann Hesse. Referat von AGNES WALDHAUSEN — Diskussion. — Selbstanzeigen von Dr. J. M. FISCHER, WALTER STEINERT und ERNST ALBERT — Geschäftliche Mitteilungen. ib. —

Nr 2. 2. Sitzung am 26. Februar 1910. Ernst von Wildenbruch. Die epische Kunst Ernst von Wildenbruchs in ihrer psychologischen Bedingtheit. I Teil. Referat von A. M. MORISSE. — Geschäftliche Mitteilungen. ib. —

Nr 3. 3. Sitzung am 7 Mai 1910. Die jüdisch-deutsche Literatur Referat von Dr S. SIMCHOWITZ ib. —

Nr 4 4. Sitzung am 4. Juni 1910. Ernst von Wildenbruch. Die epische Kunst Ernst von Wildenbruchs in ihrer psychologischen Bedingtheit. II. Teil. Referat von A M MORISSE. — Diskussion. — Geschäftliche Mitteilungen. ib. —

Nr 5. 6. Sitzung am 23. Juli 1910. Carl Hauptmanns Dramen. Referat von Dr JOHANNES MARIA FISCHER. — Korreferat von Dr ERNST ALBERT ib.—

Nr 6. 5. Sitzung am 11 Juli 1910. Neue Briefsammlungen. I. Theodor Fontanes Briefe Referat von ERNST BERTRAM. — Diskussion. ib. —

Nr 7 Wie entstanden meine Anekdoten? Vortrag von WILHELM SCHÄFER, Vallendar a. Rhein. — Selbstanzeige. — Geschäftliche Notiz. ib. —

Nr 8. Sitzung vom 29. Oktober 1910. Die Schule in der modernen Literatur Referat von LEO EHLEN — Diskussion. ib. —

Nr 9. Sitzung vom 5 Dezember 1910. Keyserling, die Novellen. Referat von Dr SALADIN SCHMITT ib. —

Jahrg. 6. 1911 (Nr 1—9.) — A. u. d. T

Jahrg. 6. Nr 1 Sitzung vom 16. Januar 1911 Die Geltung des ästhetischen Urteils. Prinzipielles über die Grundvoraussetzung literarischer Kritik. I Teil. Referat von FRITZ OHMANN — Selbstanzeige. — Geschäftliche Mitteilung. ib. — Verlag von Friedrich Cohen.

Nr. 2. Sitzung vom 18. Februar 1911 Die Novelle des Prosper Mérimée. Referat von KARL RICK — Diskussion. — Geschäftliche Mitteilung. ib. —

Nr 3. Bericht über einen von Dr S. SIMCHOWITZ gehaltenen Zyklus von Vorträgen über „russische Literatur seit 1850" ib. —

Nr 4 Rainer Maria Rilke. Zu den Aufzeichnungen des Malte Laurids Brigge. Referat von Dr HANS BERENDT — Diskussion. ib —

Nr. 5. Die Geltung des ästhetischen Urteils. II Teil. Referat von FRITZ OHMANN ib. —

Nr 6. Sitzung am 22. Juli 1911 Neue Briefsammlungen. II Gustave Flauberts Briefe Referat von ERNST BERTRAM. ib. —

Nr 7 Neue Briefsammlungen. II Gustave Flauberts Briefe (Fortsetzung.) Referat von ERNST BERTRAM ib. —

Nr 8. Detlev von Liliencron von BERTHOLD LITZMANN Vortrag, gehalten in der Literarhistorischen Gesellschaft Bonn im Januar 1910. Selbstanzeige — Anzeigen. ib. —

Nr 9. Die Romane Bernhard Kellermanns. Referat von CARL PUETZFELD. — Diskussion. — Selbstanzeige. — Geschäftliche Mitteilung. — Anzeige. ib. —

[1]) 2. Sitzung ist ausgefallen.

Mitteilungen vom Kreis Bonn. H 1 Bonn Georgi 1909. 8° [illegible]

—— aus dem Gesammtgebiete der Botanik hrsg. von A. Schenk und Chr. Luerssen. 1. Bd. in 3 Heften. gr. 8. Leipzig 871, Fr. Fleischer. [1. Heft. (S. 1—144 mit 10 lithogr. Taf.) *M 6.; 2. Heft. (S. 145—312 mit 9 lithogr. Taf. in gr. 8. und qu. 4.) *M 8.; 3. Heft. (VIII, S. 313—485 mit 6 lithogr. Taf. in gr. 8. und qu. 4.) *M 8.] *

—— aus dem Gesammtgebiete der Botanik. Hrsg. von A. Schenk und Chr. Luerssen. 2. Bd. 1. Heft. gr. 8. (204 S. mit 12 lithogr. Taf. in qu. gr. 4.) Leipzig 875, F. Fleischer. *
1. Bd. 3 Hefte. Ebendas. 1871. *M 22.

— botanische, aus den Tropen, hrsg. von A. F. W. Schimper. 1. u. 2. Hft. gr. 8. Jena, Fischer. n. 12. —
1. Die Wechselbeziehungen zwischen Pflanzen und Ameisen im tropischen Amerika. Von A. F. W. Schimper. Mit 1 Taf. in Lichtdr. u. 2 lith. Taf. (96 S.) 888. n. 4. 50
2. Die epiphytische Vegetation Amerikas. Von A. F. W. Schimper. Mit 4 Taf. in Lichtdr. u. 2 lith. Taf. (VIII, 162 S.) 888. n. 7. 50

— botanische, aus den Tropen, hrsg. v. A. F. W Schimper. 3.—6. Hft. gr. 8. Jena, G Fischer. n. 52. — (1—6.: n. 64. —)
3. Die indo-malayische Strandflora. Von A. F. W. Schimper. Mit 7 Textfig., 1 Karte u. 7 Taf. (XII, 204 S.) 891. n. 10. —
4. Beiträge zur Biologie u. Anatomie der Lianen, im Besonderen der in Brasilien einheimischen Arten. Von H. Schenck. 1. Thl. Beiträge zur Biologie der Lianen. (XV, 253 S. m. 7 Taf.) 892. n. 15. —
5. — dasselbe. 2. Thl. Beiträge zur Anatomie der Lianen. Von H. Schenck. Hrsg. m. Unterstützg. der kgl. preuss. Akademie der Wissenschaften zu Berlin. (XIV, 271 S. m. 2 Zinkogr. u. 12 Taf.) 893. n. 20. —
6. Die Pilzgärten einiger südamerikanischer Ameisen. Von Alfr. Möller. (VII, 127 S. m. 4 Holzschn. u. 7 Taf.) 893. n. 7. —

— botanische, aus den Tropen, hrsg. v. A. F. W Schimper. 7. u. 8. Hft. gr. 8. Jena 895. G. Fischer. n 21. — (1.—8.: n 85. —)
7. Brasilische Pilzblumen. Von Alfr. Möller. (VIII, 152 S. m. 8 Taf.) n. 11. —
8. Protobasidiomyceten. Untersuchgn. aus Brasilien v. Alfr. Möller. (XIV, 179 S. m. 6 Taf.) n. 10. —

— botanische, aus den Tropen, hrsg. von A. F. W. Schimper. 9. Hft. gr. 8. Jena, G. Fischer n. 24. —
Phycomyceten u. Ascomyceten. Untersuchungen aus Brasilien. Von Alfr. Möller. Mit 11 Taf. u. 2 Textabbildgn. (XII, 319 S.) 901.

—— über das Brandversicherungswesen in der Schweiz, s. Statistik, schweizerische.

Mitteilungen des Vereinigten Staaten Braumeisterbunds 1900- New York, NY

Mittheilungen über die morgenländische Brechruhr. 2. Aufl. Stuttgart 1831. V: *Riecke, Victor Adolph.* (EngM)

Mittheilungen der Musikalienhandlung Breitkopf und Härtel in Leipzig. (Mitteilungen des Hauses Breitkopf und Härtel.) Leipzig (Brüssel, London, New York): Breitkopf und Härtel. 1876–1940: Nr 1 194.

Breslauer Akademische **Mitteilungen**. Organ d. Freien Studentenschaft zu Breslau. Jg. 1, No 1. Breslau: R. Nischkowsky 1906. 4° [illegible]

— Breslauer akademische. Breslauer Hochschulnachrichten. Schriftleitung: Geo. v. Heydebrand. 3. Jahrg. Winter-Sem. 1907/08. Ca. 26 Nrn. (à ca. 8 S.) Lex. 8. Breslau (I, Schuhbrück 43), R. Nischkowsky. nnn 1. 75

—— aus den vertrauten Briefen eines Katholiken aus Baiern über die religiös. Bewegungen unserer Zeit u. den Protestantismus. Nebst Anmerkungen. Ein Zeichen der Zeit! gr. 8. (1½ B.) Leipzig 846, Pönicke u. Sohn.

—— briefliche, eines wiener Bürgers an einen auswärtigen Freund. Eine der Wahrheit getreue Schilderung der schreckl. Belagerung, Beschießung und Einnahme der Kaiserstadt durch die Kroaten und Tschechen im Oktbr. 1848. Zum Druck befördert von dem Empfänger. 12. (24 S.) München 848, Henzel.

— aus der Stadtbibliothek Bromberg. Hrsg.: Geo. Minde-Pouet. 1. Jahrg. Oktbr. 1906—Septbr. 1907. 12 Nrn. (96 S.) gr. 8. Bromberg, Mittler. n. 1. 40

— aus der Stadtbibliothek Bromberg. Hrsg.: Geo. Minde-Pouet. 2.—4. Jahrg. Oktbr. 1908—Septbr. 1911. 12 Nrn. (à ca. 8 S.) Lex. 8. Bromberg, Mittler. à Jahrg. nn 1. 75

Mitteilungen aus der Brüder-Gemeine zur Förderg. christl. Gemeinschaft. Hrsg. v. d. Direktion d. deutschen Brüderunität. 1. Jahrg. 1895. 12 Hfte. (à ca. 4 Bog.) gr. 8. Gnadau, Unitäts-Buchh. n. 5. —
Erschien bisher u. d. T.: Nachrichten aus d. Brüdergemeine.

— dasselbe. (2.—4.) Jahrg. 1896—1898. à 12 Hfte. (à ca. 50 S.) gr. 8. Ebd. à Jahrg. n. 3. —

— aus der Brüder-Gemeine zur Förderung christlicher Gemeinschaft. Hrsg. v. der Direktion der deutschen Brüderunität. Red.: G. Burkhardt. Jahrg. 1899—1902. à 12 Hfte. gr. 8. (à ca. 48 S.) Gnadau, Unitäts-Buchh. à Jahrg. n. 3.—

— aus der Brüder-Gemeine zur Förderung christlicher Gemeinschaft. Hrsg. v. der Direktion der deutschen Brüderunität. Red.: Jos. Th. Müller. Jahrg. 1903—1906. à 12 Hefte. (à ca. 32 S.) 8. Gnadau, Unitäts-Buchh. à Jhrg. n. 3. —
1903 ist v. G. Burkhardt, 1904 u. 05 v. Th. Schärf redig.

— aus der Brüder-Gemeine zur Förderung christlicher Gemeinschaft. Hrsg. v. der Direktion der deutschen Brüderunität. Schriftleiter: Ad. Schulze. Jahrg. 1907—1910. à 12 Hefte. (582, 571, 507 u. 540 S.) 8. Gnadau, Unitäts-Buchh. à Jahrg. 3. —

— an Deutschlands Buchdrucker. Hersg. vom Leipziger Buchdrucker-Verein durch Heinr. Fischer. Red.: Rob. Gehler. 1. Jahrg. 1870. 24 Nrn. (½ Bgn.) Leipzig, (Hartknoch.) gr. 4. n. 1 *ℛ*; einzelne Nrn. n. 1½ *ngr.*

— an Deutschlands Buchdrucker. Hrsg. vom Leipziger Buchdrucker-Verein durch Heinr. Fischer. 2. u. 3. Jahrg. 1871 u. 1872. à 24 Nrn. (B.) gr. 4. Leipzig, Hartknoch in Comm. à Jahrg. n. 3. —; einzelne Nrn. — 15

— für Buchdrucker u. Schriftgießer. Red.: H. Kannegießer. (1.) Jahrg. 1852. 11 Hfte. 4. (352 S.) Berlin. (Leipzig, Friese.) n. n. 1 *ℛ*

— für Buchdrucker und Schriftgießer. Red.: G. Jansen. 12—37. Heft. Berlin 853—56. Jansen. (Leipzig, Friese.) 4. Preis für je 3 Hefte (à 4—5 Bgn.) nn. 10 *ngr.*
Vorh. u. d. T.: Gutenberg. Berlin 1848 ff

Mitteilungen des Internationalen Buchdrucker-Sekretariat[e]s
⑤ 6. 1. 1902—1914, 1920—Januar/März 1944, Juni 1947—März 1949 ⑥ 8° (6. 1. 1902—November 1929); 4° (Januar 1930—März 1949) ⑦ jährlich 8—9× (1902—1903, 1908); jährlich 5—6× (1904—1905, 1907, 1909); Quartalschrift (1905, 1922—1926); halbjährig (1920–1921); Monatsblatt (1927–1940); jährlich 1× (1941, 1943, 1948); jährlich 3× (1942, 1947) ⑧ Bern (6. 1. 1902—3. 3. 1909, 1920—März 1949); Stuttgart (21. 5. 1909–1914?); Bern: H. Schaub «Graphia» (?—1922—?) ⑩ Internationales Buchdrucker-Sekretariat IBS ⑪ Pierre Stautner (6. 1. 1902—1920), Fritz Verdan (1921—Oktober 1925), Hans Grundbacher (Dezember 1925—Januar/März 1944); Sekretariatskommission (Juni 1947—März 1949) ⑫ Verbandsorgan ⑬ Im neuen Gewand. «Mitteilungen des Internationalen Buchduckerverbands» Nr. 1, Ende Januar 1930, p. 1—2 ⑭ Be: L (1902—1909, 1921—1949) ⑮ französische Ausgabe: Communications du secrétariat typographique.

Mittheilungen üb. d. thüring. Buchdruckerverein u. dess. Unterstützungskassen 850–69. Gotha 870.

Mittheilungen für Bücherfreunde aus dem Antiquariat von Adolf Weigel, Leipzig. Stück 1 (Leipzig: A. Weigel 1902.) 8° [s6. 9864 6

— der deutschen Evang. Buch- u. Tractat-Gesellschaft in Berlin. Jahrg. 1893. 1894. à 3 Nrn. (Bog.) gr. 4. Berlin, Deutsche Evangel. Buch- u. Tractat-Gesellschaft. à Nr. — 15

— buchgewerbliche, aus der Zentralstelle f. Illustrations- u. Druckherstellung, verbunden m. internationalem Clichégeschäft [Paul Hennig]. Jahrg. 1890. 52 Nrn. (3/4 B. m. Abbildgn.) Berlin, Hennig. n. 4. —
s.: Buchgewerbe, das.

— buchgewerbliche. Chronik der Zeitereignisse. Organ f. Clichéhandel u. Illustrationswesen. 3. u. 4. Jahrg. 1891. 1892. à 26 Nrn. (1/2 Bog. m. Abbildgn.) gr. 4. Berlin, P. Hennig & Co. à Jahrg. n.n. 2. —

— dasselbe. 5. u. 6. Jahrg. 1893. 1894. à 26 Nrn. (1/2 Bog. m. Abbildgn.) gr. 4. Ebd. à Jahrg. n.n. 2. 40

— buchgewerbliche. Chronik d. Zeitereignisse. Organ f. Clichéhandel u. Illustrationswesen. 7. Jahrg. 1895. 26 Nrn. (à ca. 4 S.) gr. 4. Leipzig, Schäfer & Schönfelder. n.n.n. 2. 40

— dasselbe, Fortsetzg., s. Cliché-Markt, der.

Mittheilungen, Einige, über den jetzigen deutschen Buchhandel. . . . [Kassel] 1827. V: *Gädicke, Johann Christian.* (cb)

Mittheilungen über den jetzigen deutschen Buchhandel . . . 1828. V: *Gädicke, Johann Chn.* (NN)

Mitteilungen aus dem Buch- und Kunsthandel. Hrsg.: Georg Malkowsky. Berlin: Verlag der deutschen Kunst 1897–1901. 8°

— über neue und erloschene Buchhandlungen, Vertreter-Veränderungen etc. im deutschen Buchhandel, begründet von Adph. Büchting, fortgesetzt von Osk. Leiner. Als Handschr. gedr. 4.—7. Jahrg. 1876—1879. à Jahrg. 12 Nrn. (à 1/4 Bog.) Leipzig, Leiner. Jahrg. 1876 * Jahrg. 1877—1879 à *
Vgl.: Mittheilungen über neue und erloschene Firmen.

— über neue u. erloschene Buchhandlungen, Vertreter-Veränderungen etc. im deutschen Buchhandel, begründet v. Adph. Büchting, fortgeführt v. Osk. Leiner. Als Handschr. gedr. 5—10. Jahrg. 1877—1882. à 12 Nrn. (1/4 B.) Lex.-8. Leipzig, Leiner. à Jahrg. n. 1. 50

— über neue u. erloschene Buchhandlungen, Vertreter-Veränderungen etc. im deutschen Buchhandel, begründet v. † Adph. Büchting, fortgeführt v. Osc. Leiner. Als Handschr. gedr. 11—14. Jahrg. 1883—1886. à 12 Nrn. (1/4 B.) Lex.-8. Leipzig, Leiner. à Jahrg. n.n. 1. 50
Fortges. u. d. T.: Mitteilungen über neue, veränderte und erloschene Firmen. 1885 ff

Mittheilungen des Allgemeinen Buchhandlungs-Gehilfen-Verbandes. H. 1–3. Leipzig: Keßler 1877–1878. 8°
Vorh. u.d.T.: Jahresbericht des Allgemeinen Buchhandlungs-Gehilfenverbandes.

— des Allgemeinen Buchhandlungs-Gehilfen-Verbandes. 1.—3. Heft. gr. 8. (40; 49; 48 S.) Leipzig 877,78, (Keßler.) à Heft ** 75 Pf. **

Mitteilungen. Hrsg. v. Präsidium d. 'Bundes jüdischer Akademiker'. Nr 1. (Berlin) 1910: (Itzkowski). 8° [11. 1251]

— des Bundes der deutschen Bezirks- u. Gemeindebeamten in Böhmen. Hrsg. v. der Bundesleitg. Schriftleiter: Rob. Möchel. 2. u. 3. Jahrg. 1909 u. 1910. à 12 Nrn. (à ca. 16 S.) gr. 8. Rumburg (H. Pfeifer). à Jahrg. 3. 40

Mittheilungen des Bundes deutscher Buchbinder-Innungen. Neue Folge des Verbandsblattes deutscher selbständiger Buchbinder und Fachgenossen. Jhg. 1—10. München 18..—92/93. gr. 4.

— des Bundes deutscher Buchbinder-Innungen. Neue Folge des Verbandsblattes deutscher selbstständiger Buchbinder und Fachgenossen. 6. Jahrg. 1888/89. 24 Nrn. (à Nr. 1¼ Bog.) gr. 4. München, (Lindauer'sche Buchh.) **
1.—5. Jahrg., seiner Zeit nicht im Handel, jetzt ebendas. à *M 3.—.

— des Bundes deutscher Buchbinder-Innungen. Neue Folge d. Verbandsblattes deutscher selbstst. Buchbinder u. Fachgenossen. Redact.: M. Nagler. 7.—10. Jahrg. Oktbr. 1889—Septbr. 1893. à Jahrg. 24 Nrn. (Bog.) gr. 4. Münch., (Lindauer). à Jahrg. * 3 —

MITTHEILUNGEN DES BUNDES DER LANDWIRTHE. Vortheile, welche der Bund der Landwirthe seinen Mitgliedern gewährt. Berlin 1895. Verlag des Bundes der Landwirthe. Berlin. 8°.

MITTEILUNGEN DES BUNDES DER LANDWIRTE. Ausgabe 1897. Ausgabe 1898. Ausgabe 1899. Der Bund der Landwirte, seine Gründung, Entwickelung, Zweck und Ziele und die wirtschaftlichen Vorteile, die er seinen Mitgliedern bietet. ib. — 8°.

MITTEILUNGEN DES BUNDES DER LANDWIRTE. Ausgabe 1900. Ausgabe 1901. Der Bund der Landwirte. Gründung, Entwickelung, Zweck und Ziele, und die wirtschaftlichen Vorteile, die der Bund seinen Mitgliedern bietet. Verlag der Verkaufsstelle des Bundes der Landwirte. ib. — 8°.

MITTEILUNGEN DES BUNDES DER LANDWIRTE. Ausgabe 1902: Die wirtschaftlichen Vorteile, die der Bund der Landwirte seinen Mitgliedern bietet. Verlag der Verkaufsstelle des Bundes der Landwirte. ib. 1902. — 8°.

MITTEILUNGEN DES BUNDES DER LANDWIRTE. Ausgabe 1907. Die wirtschaftlichen Vorteile, die der Bund der Landwirte seinen Mitgliedern bietet, und einiges aus seinem Vereinsleben und Geschäftsverkehr. ib. —. 8°.

Mitteilungen d. Bundes d. [*deutschen*] Landwirte. 2. Ausg. 1905. Die wirtschaftlichen Vorteile, die der Bund d. Landwirte seinen Milgliedern bietet. Berl. 75 S.
— Ausg. 1907. Sst. 80 S.

Mitteilungen aus dem Bunde der Grossen National-Mutterloge der Freimaurer in den Preussischen Staaten gen. Zu den drei Weltkugeln im Or. Berlin. Jg. 1—18. Berlin [1869—1887]: Ihring & Haberlandt, [Jg. 3, H. 2 bis Jg. 4:] Ihring, [Jg. 5—18:] Büxenstein. 8°
1. 215 S. 1 Taf. [1869—1870]; 2. 223 S. 1 Taf. [1870—1871]; 3. 290 S. [1871—1872]; 4. 280 S. [1872—1873]; 5. 188 S. [1873—1874]; 6. 211 S. [1874—1875]; 7. 248 S. [1875—1876]; 8. 186, 24 S. [1876—1877]; 9. 208 S. [1877—1878]; 10. 167 S. [1878—1879]; 11. 197 S. [1879—1880]; 12. 110 S. [1880—1881]; 13. 149 S. [1881—1882]; 14. 248 S. [1882—1883]; 15. 181 S. [1883—1884]; 16. 148 S. [1884—1885]; 17. 105 S. [1885—1886]; 18. 82, 18 S. [1886—1887].
[Fortges. u. d. Tit.:]

Mittheilungen des Bundes deutscher Radfahrer Oesterreichs. Wien 1891. H: *Schum, Johann.* (EB)

Mitteilungen des Vereins Bund christlicher Ärzte des deutschen Sprachgebiets. [Jg. 1], No 1. 1907. (Bielefeld 1907: Anst. Bethel.) 4° [F.] [08.8914]

Mitteilungen des Württembergischen Bundes für Heimatschutz. Hrsg. vom geschäftsführenden Vorstand. Schriftleitung: Wilh. Meyer-Ilschen. Jg. 1—4. Stuttg. 1909/12.

Mittheilungen des Bernischen Statistischen Bureau's. (Amtlich.)

Jahrgang.
1883/84. 1. Weinbau 1881 u. 82.
2. Bevölkerungsbewegung 1870—81.
3. Gemeindesteuern 1882.
4. Ueberseeische Auswanderung 1878—82.
1885. 1. Weinernte 1883 u. 84. Milchwirthschaft 1884.
2. Volkszählung 1880.
3. Holzkonsum. Hagelschläge seit 1878.
1886. 1. Landwirthschaft 1865.
2. Viehzählung von 86.
1887. 1. Landwirthschaft 1886.
2. Bevölkerungsbewegung 1870—86.
1888/89. 1. Obstbaumzählung v. 1888.
2/3. Landwirthschaft 1887 u. 88.
1890. 1. Gewerbestatistik 1889.
2. Grundbesitz 1888.
1891. 1. Gewerbliche Betriebe 1889.
2. Landwirthschaft 1889 bis 90.

Jahrgang.
1892. 1. Krankenpflege u. Kr.-Versicherung.
2. Bevölkerung.
1893. 1. Verschuldung d. Grundbesitzes.
2. Landwirthschaft.
1894. 1. Gewerbl. Verhältnisse.
2. Krankenpflege.
3. Gemeindesteuern.
1895. 1. Landwirthschaft.
2. Milchwirthschaft.
1896. 1. Verwaltung im Ortsgut.
2. Landwirthschaft.
3. Viehzählung.
1897. 1. Landwirthschaft.
2. Volksabstimmungen seit Einführ. d. Referendums.
Inhaltsverzeichn. 1883 bis 97.
1898. 1. Mühlemann, Geschichte und Thätigkeit des Bureaus 1848—98.
2. Landwirthschaft.
1899. 1. Gemeindesteuern.
2. Landwirthschaft.
1900. 2. Landwirthschaft.

— des bernischen statistischen Bureau's. Jahrg. 1883. 3. Lfg. gr. 8. Bern 883. (Schmid, Francke & Co.) n. — 80
Die Gemeindesteuern im Kanton Bern pro 1882. (55 S.)

— des bernischen statistischen Bureaus. Jahrg. 1883. 4. Lfg. gr. 8. (60 S. m. 2 graph. Tab.) Bern 884. (Schmid, Francke & Co.) n. — 80

— dasselbe. Jahrg. 1885. 1–3. Lfg. gr. 8. (253 S.) Ebend. 885. 86. n. 3. 20

— dasselbe. Jahrg. 1886. 2 Lfgn. gr. 8. (226 S.) Ebd. 886. à Lfg. n. 1. 20

— dasselbe. Jahrg. 1887. 2 Lfgn. Ebd. n. 2. —
1. (95 S.) 887. n. — 80
2. (III, 102 S. m. 1 graph. Steintaf.) 888. n. 1. 20

— dasselbe. Jahrg. 1888/89. 1.—3. Lfg. gr. 8. (S. 1—362 m. Karte.) Ebd. 889. à Lfg. n. 1. 20

— dasselbe. Jahrg. 1890. 1. u. 2. Lfg. gr. 8. Ebd. 890. n. 2. —
1. Gewerbestatistik für die Städte Bern, Biel u. Burgdorf nach der Aufnahme vom Novbr. 1889. (55 S.) n. — 80
2. Grundbesitz-Statistik d. Kantons Bern nach d. Aufnahme vom J. 1888. (S. 57—101.) n. 1. 20

— d. bernischen statistischen Bureau's. Jahrg. 1891. 2 Lfgn. gr. 8. Bern, (Schmid, Francke & Co.). à n. 1. 20
1. Die gewerblichen Betriebe u. Unternehmungen d. Kantons Bern nach der Aufnahme vom Novbr. 1889. (78 S.) 891.
2. Landwirthschaftliche Statistik f. die J. 1889 u. 1890. (S. 79–214.) 892.

— dasselbe. Jahrg. 1892. 2 Lfgn. gr. 8. Ebd. à n. 1. 20
1. Statistik der öffentlichen Krankenpflege im Kanton Bern m. Bezugnahme auf die Krankenversicherung. (II, 94 S.) 892.
2. Ergebnisse der Bevölkerungsstatistik d. Kantons Bern f. den Zeitraum von 1886—1890. (105 S.) 893.

— dasselbe. Jahrg. 1893. 2 Lfgn. gr. 8. Ebd. à n. 1. 20
1. Bericht üb. die Verschuldung des Grundbesitzes u. deren Ursachen. (93 S.) 893.
2. Landwirtschaftliche Statistik f. die J. 1891 u. 1892, nebst Beilage üb. Stand u. Entwickig. des landwirtschaftl. Genossenschaftswesens. (S. 95—232 u. 22 S.) 893.
Beilage allein n.n. — 30

— dasselbe. Jahrg. 1894. 2 Lfgn. gr. 8. Ebd. à n. 1. 20
1. Die gewerblichen Verhältnisse im Kanton Bern nach der Gewerbe- u. Berufsstatistik. (96 S.) 894.
2. Über die Leistungen der organisirten freiwilligen Krankenpflege im Kanton Bern u. verwandter Bestrebungen. (S. 97—176.) 894.

— d. bernischen statistischen Bureaus. Jahrg. 1894. 3. Lfg. gr. 8. Bern, Schmid & Francke. n. — 80 (1.—3.: n. 3. 20)
Statistik der Gemeindesteuern im Kanton Bern pro 1893. (S. 177—236.)

— dasselbe. Jahrg. 1895. 2 Lfgn. gr. 8. Ebd. à n. 1. 20
1. Landwirtschaftliche Statistik f. d. J. 1893 u. 1894. (143 S.)
2. Statistik d. Milchwirtschaft d. Kantons Bern, nebst Verzeichnis der Käsereien. (124 S.)

— dasselbe. Jahrg. 1896. 3 Lfgn. gr. 8. Ebd. n. 3. 40
1. Rechnungsergebnisse d. lauf. Verwaltg. im Ortsgut d. Einwohnergemeinden des Kantons Bern. (67 S.) 896. n. 1. —
2. Landwirtschaftl. Statistik f. d. J. 1895. (S. 69—187.) 896. n. 1. 20
3. Ergebnisse d. Viehzählg. im Kanton Bern vom 20. IV. 1896. (S. 189—297.) 897. n. 1. 20

— dasselbe. Jahrg. 1897. 2 Lfgn. gr. 8. Ebd. à n. 1. 20
1. Statistik, landwirtschaftliche, f. d. J. 1896 m. e. graph. Beilage in Farbendr. (70 S.)
2. Ergebnisse d. Volksabstimmgn. im Kanton Bern seit Einführg. d. Referendums. (S. 73—193.)

— dasselbe. Inhaltsverzeichnis sämtl. Liefergn. Jahrgänge 1883—1897 (in chronolog. Reihenfolge nach d. Erscheinen derselben). [Aus: „Mitteilgn." etc. 1898. 1. Lfg.] gr. 8. (31 S.) Ebd. 898. n. — 50

— dasselbe. Jahrg. 1898. 1. Lfg. gr. 8. Ebd. n. 1. 20
Geschichte u. Thätigkeit d. statist. Bureaus d. Kantons Bern von 1848—1898. Im Auftr. d. Direktion d. Innern verf. v. C. Mühlemann. (132 S.)

— des bernischen statistischen Bureaus. Jahrg. 1898. 2. Lfg. Landwirtschaftliche Statistik f. d. J. 1897. gr. 8. (S. 133—200.) Bern 898. (A. Francke.) n. 1. 20

— dasselbe. Jahrg. 1899. 2 Lfgn. gr. 8. Ebd. n. 2. 20
1. Statistik d. Gemeindesteuern im Konton Bern. (56 S.) n. 1.—
2. Landwirtschaftl. Statistik f. d. J. 1898. (S. 57—126.) n. 1. 20

— dasselbe. Jahrg. 1900. 2 Lfgn. gr. 8. Ebd. à n. 1. 20
1. Statistik, allgemeine, des Kantons Bern (als Grundlage zu e. period. statist. Handbuch für den Kanton Bern). (IV, 104 S.)
2. Statistik, landwirtschaftl., f. d. J. 1899. (S. 105—171.) 900.

— dasselbe. Jahrg. 1901. 2 Lfgn. gr. 8. Ebd. à n. 1. 20
1. Ergebnisse der Steuerstatistik des Kantons Bern pro 1899. (II, 159 S. m. 3 Tab.)
2. Ergebnisse der eidgenössischen Volkszählung im Kanton Bern am 1. XII. 1900. — Recensement fédéral de la population du canton de Berne au 1. XII. 1900. (II u. S. 161—264.) 901.

— dasselbe. Jahrg. 1902. 1. Lfg. gr. 8. Ebd. n. 1. 20
Ergebnisse der eidgenössischen Viehzählung im Kanton Bern vom 19. IV. 1901. (II, 90 S.) 902.

— des bernischen statistischen Bureaus. Jahrg. 1902. 2. Lfg. gr. 8. Bern, (A. Francke). n. 2. 40
Ergebnisse der Alpstatistik im Kanton Bern pro 1891—1902. (II u. S. 91—420.) 902.

— dasselbe. Jahrg. 1903. 2 Lfgn. gr. 8. Ebd. à n. 1. 20
1. Ergebnisse der Zählung der Geisteskranken im Kanton Bern vom 1. V. 1902. (79 S. m. 1 Tab.) 903.
2. Gemeinde-Finanzstatistik. Rechnungsergebnisse betr. die Verwaltg. u. den Bestand der Gemeindegüter im Kanton Bern pro 1900. (126 S.) 903.

Mitteilungen des bernischen statistischen Bureaus. Jahrg. 1904. 2 Lfgn. gr. 8. Bern (A. Francke). à n. 1. 20
1. Statistik der Rechtspflege im Kanton Bern. (134 S.) 904.
2. Statistik, landwirtschaftl., des Kantons Bern f. die Jahre 1900—1903, nebst Verzeichnis der landw. Vereine u. Genossenschaften auf Ende 1902 in Separatbeilage. (II, 159 u. 14 S.) 904.

— dasselbe. Jahrg. 1905. 2 Lfgn. gr. 8. Ebd. 905. n. 3. 60
1. I. Statistik der Gemeindesteuern im Kanton Bern 1898 bis 1903. — II. Ergebnisse der Volksabstimmungen im Kanton Bern von 1890 bis Mitte 1905. — III. Lebensmittelpreise auf dem Markte Bern von 1900 bis Juli 1905. (II, 92 S.) n. 1. 20
2. Untersuchungen üb. die Entwicklung der wirtschaftlichen Kultur u. die Güterverteilung im Kanton Bern. Von C. Mühlemann. (VIII, 281 S.) n. 2. 40

— dasselbe. Jahrg. 1906. 2. Lfgn. gr. 8. Ebd. n. 2. 40
1. Statistik, landwirtschaftliche, des Kantons Bern f. die Jahre 1904 u. 1905. (II, 177 S.) 906. n. 1. 20
2. Ergebnisse der eidg. Viehzählung im Kanton Bern vom 20. IV. 1906. (II, 109 S.) 906. n. 1. 20

— des bernischen statistischen Bureaus. Jahrg. 1907—1909, à 2 Lfgn. u. 1910, 1. Lfg. gr. 8. Bern, A. Francke. 10. —
1907. 1. Statistik des Unterrichtswesens im Kanton Bern. (IV, 200 S.) 907. 2. —
2. Kriminalstatistik des Kantons Bern pro 1901—1905. (IV, 90 S.) 908. 1. 20
1908. 1. Ergebnisse der Bevölkerungsstatistik des Kantons Bern pro 1891—1905/06. (VI, 199 S.) 909. 2. —
2. Statistik, landwirtschaftliche, des Kantons Bern f. d. J. 1906 u. 1907. (II, 121 S.) 909. 1. 20

1909. 1, 1. Volkswirtschaftliche u. sociale Reformbestrebgn. 2. Die Hausindustrie im Kanton Bern. 3. Statistische Korrespondenz. (II, 65 S.) 909. 1. 20
2. Statistik der Gemeindesteuern im Kanton Bern pro 1908. (III, 71 S.) 910. 1. 20
1910. 1. I. Die Volksabstimmungen von 1905—1909. — II. Statistik der Preise pro 1905—1909. — III. Fabrik- u. Unfallwesen. (II, 94 S.) 910. 1. 20

Mittheilungen des Königl. Preuss. statistischen Bureaus, Berlin.

— — Mittheilungen des —, No. 15. Uebersicht der durch die Cholera im Preussischen Staat herbeigeführten Todesfälle seit ihrem Erscheinen 1831 bis jetzt. Berlin 1857.

—— des Bureau für die land- und forstwirthschaftliche Statistik des Königr. Böhmen für das J. 1872. 2 Hefte. Lex.-8. Ebendas. *

Inhalt:
Heft 1. Bericht über die Ueberschwemmung am 25. und 26. Mai 1872 in Böhmen. (IV, 68 S. mit 1 Stnt. und 2 chromolithogr. Karten in qu. Fol.) 872. *M 2.
» 2. Statistik der Ernteergebnisse im J. 1872 und der Durchschnittspreise der landwirthschaftl. Producte für die Zeitperiode 1800—1870. (LXXI, 68 S. mit 1 chromolithogr. Tab. in qu. gr. 4.) 873. *M 4.

Vorh. u. d. T.: Mittheilungen des Central-Comites für die land- und forstwirthschaftliche Statistik 1870. 1871.

—— dass. — für das J. 1873. Lex.-8. (LXI, 89 S. mit 1 lithogr. Karte in Farbendr.) Ebendas. 874. *

—— dass. — für das J. 1874. 1. Heft. Lex.-8. (XLIV, 62 S.) Ebendas. 878. *

Fortges. u. d. T.: Mittheilungen des Comite's für land- und forstwirthschaftliche Statistik des Königreichs Böhmen. 1875 ff

— des statistischen Bureau's in Berlin. Hrsg. v. W. Dieterici. 1. Jahrg. 1848. April—Decbr. 18 Nrn. — 2—5. Jahrg. 1849—1852. à 24 Nrn. gr. 8. (à 1 Bog.) Berlin, Mittler & Sohn. 1848. n. 1 ½ ₰ 1849—52. à n. 2 ₰

— des statistischen Bureau's in Berlin. Herausg. von Dieterici. 6—11. Jahrg. 1853—58. à 24 Nrn. (à 1 Bgn.) Berlin, Mittler u. Sohn. gr. 8. Jeder Jahrg. n. 2 ₰.

— des statistischen Bureau's in Berlin. Herausg. von (W.) Dieterici. 12. Jahrg. 1859. 24 Nrn. (à 1 Bgn.) Berlin, Mittler & Sohn. gr. 8. n. 2 ₰

— — 13. Jahrg. 1860. [Der neuen Folge 1. Jahrg.] 24 Nrn. (à 1 Bgn.) Ebend. gr. 8. n. 2 ₰
Fortsetzung s.: Zeitschrift d. k. Preuss. statist. Bureau's etc.

—— des statistischen Bureaus der Stadt Chemnitz, s. Flinzer, Max.

— des statistischen Bureaus der Stadt Chemnitz. 1. u. 2. Hft. gr. 4. Chemnitz 873. 75. Focke. n. 4. 50
1. Blatternepidemie in Chemnitz u. Umgegend in den J. 1870 u. 1871. (42 S.) n. 1. 50
2. (III, 68 S. m. 1 lith. Curventaf.) n. 3. —

—— des statistischen Bureaus der Stadt Chemnitz. Hrsg. von Max. Flinzer. 2.—4. Heft. gr. 4. Chemnitz, Focke. [2. Heft. (III, 68 S. 1 lithogr. Curventaf.) 875. * ℳ 3.; 3. Heft. (117 S.) 877. * ℳ 4.; 4. Heft. (75 S. mit 2 Stnt.) 878. * ℳ 3. *
Das 1. Heft bildet Flinzer, Max, die Bewegung der Bevölkerung in Chemnitz im J. 1870.

—— des statistischen Bureaus der Stadt Chemnitz. Hrsg. von R. Max. Flinzer. 5. Heft. Imp.-4. (62 S.) Chemnitz 880, Focke. *

Mittheilungen des statistischen Bureaus der Stadt Chemnitz. Hrsg. von Max. Flinzer. 6. und 7. Heft. Imp.-4. (138 S.) Chemnitz 885, Focke. *

—— des statistichen Bureaus der Stadt Dresden. 1.—4. Heft. Hrsg. von R. Jannasch. Lex.-8. Dresden, (v. Zahn's Verlag.) *
Inhalt:
Heft 1. Die indirecten Steuern der Stadt Dresden. (S. 1—22 mit 8 Tab. in gr. 8. und qu. Fol.) 875. *ℳ 1,50.
» 2. Die Resultate der 1871er Volkszählung. Uebersicht der Resultate der Dresdner Volkszählungen von 1832—1871. (S. 23—57 mit 1 Tab. in qu. Fol.) 875. *ℳ 1.50.
» 3. Die Wohnungs-Verhältnisse der Dresdner Civil-Bevölkerung im J. 1874. — Die Geburts- und Sterblichkeits-Verhältnisse der Dresdner Civil-Bevölkerung in den J. 1873 und 1874. — Die Sterblichkeit der Dresdner Wohnbevölkerung in den J. 1873 und 1874 nach Polizeibezirken und Strassen berechnet. — Statistik der 1873 und 1874 in Dresden stattgefundenen Eheschliessungen. (87 S. mit 10 Tab. in qu. gr. 4. und qu. Fol.) 876. *ℳ 4.
» 4. Die Resultate der 1875er Volkszählung. (122 S. mit 1 Formular in Fol.) 877. *ℳ 8.

— des statistischen Bureaus der Stadt Dresden. Hft. IV a. u. b. Hrsg. von R. Jannasch. gr. 8. Dresden 877. v. Zahn. à n. 4. —
a. Die Resultate der 1875er Volkszählung. (100 S.)
b. Die Resultate der 1875er Volkszählung. (S. 101—122 m. 1 Formular in Fol.)

—— des statistischen Bureaus der Stadt Dresden. Hrsg. von R. Jannasch. Heft 4c und 5. Lex.-8. Dresden, (v. Zahn und Jaensch.) à Heft *ℳ 4. *
Inhalt:
Heft 4c. Die Resultate der 1875er Volkszählung. (S. 223—351.) 878.
» 5. Statistik der 1875er und 1876er Eheschliessungen. Statistik der 1875er und 1876er Sterblichkeits-Verhältnisse. Statistik der 1875er und 1876er Geburten. (49 S. mit 5 Tab. in Fol.) 877.
Fortges. u. d. T.: Mitteilungen des statistischen Amtes der Stadt Dresden.
H. 6. 1893 ff

— des statistischen Bureau des Landesculturrathes f. das Königr. Böhmen f. d. J. 1891—1892. Lex.-8. (III, LVI, 16, XVIII, 18 S. m. 1 graph. Taf. u. 1 farb. Karte.) Prag 893. (J. G. Calve.) n. 3. —
s.: Mittheilungen des Comité f. die land- u. forstwirthschaftliche Statistik d. Königr. Böhmen.

— d. statistischen Bureaus d. Landesculturrathes f. d. Königr. Böhmen f. d. J. 1893. gr. 8. (III, XLIII, 18 S. m. 2 farb. Karten.) Prag 894. (J. G. Calve.) n. 2. —

— dasselbe f. d. J. 1894—1895, 1895—1896 u. 1896—1897. Lex.-8. (III, XXXIX, 35 u. XI S. m. 1 farb. Karte; III, XLVIII, 35 u. 13 S. u. III, LVIII, 35, VII u. 7 S. m. 1 farb. Karte.) Ebd. 895—897. à n. 3.—

—— des statistischen Bureaus der Stadt Leipzig. Hrsg. von G. F. Knapp. 1.—9. Heft. gr. 4. Leipzig, (Duncker und Humblot.) *
Inhalt:
Heft 1—3. Leipzigs Bevölkerung. (1. Heft II, S. 1—26.) 868. *ℳ 1.; (2. und 3. Heft S. 27—94.) 869. à Heft *ℳ 1,20.
» 4. Die Vertheilung der Gewerbe- und Personalsteuer in Leipzig. (70 S.) 870. *ℳ 2.
» 5. Ueber den Bevölkerungs-Wechsel in Leipzig in den J. 1850—1867. (XIX, 80 S.) 871. *ℳ 2,40.
» 6. Aeltere Nachrichten über Leipzigs Bevölkerung 1595—1849 und über den Bevölkerungswechsel in den J. 1868—1871. (XXVI, 38 S.) 872. *ℳ 2,40.
» 7. Leipzigs Bevölkerung im J. 1871. (XIV, 35 S.) 873. *ℳ 2,40.
» 8. Bevölkerungswechsel 1868—1873. — Aenderungen der Sterblichkeit 1751—1870. — Die Haushaltungen geordnet nach der Dichtigkeit des Wohnens, 1867 und 1871. Sterblichkeit nach Wohnungsverhältnissen. — Tafeln über die Todesursachen. — Tafeln über Geborne, Verstorbene und über Eheschließungen. (XVI, (38 S.) 874. *ℳ 2,40.
» 9. Tafeln über die Todesursachen und über Geborne, Verstorbene und Eheschließungen im J. 1874. Hrsg. von H. Sonnenkalb. (III, 22 S.) 875. *ℳ 2.

—— des statistischen Bureaus der Stadt Leipzig. 10.—13. Heft. Hrsg. von Ernst Hasse. gr. 4. Leipzig, Duncker und Humblot. *
Inhalt:
Heft 10. Der Bevölkerungswechsel 1875. Nachrichten über die Thätigkeit des Bureaus. Ueber den Einfluß des Alters der Erzeugenden auf die Sexualverhältnisse der Geborenen von M. Schramm. (16 S.) 876. *ℳ 1.
» 11. Die Ergebnisse der Volkszählung vom 1. Decbr. 1875 in der Stadt Leipzig und im Bezirk der Amtshauptmannschaft Leipzig. (III, 80 S.) 877. *ℳ 3.
» 12. Der Bevölkerungswechsel 1876. Nachträge zum Bevölkerungswechsel 1871—1875. Der Einfluss der Wohnungsverhältnisse auf die Sterblichkeit in Leipzig. Beiträge zur Individualsterbeordnung. (26 S.) 877. *ℳ 1,60.
» 13. Der Bevölkerungswechsel in Leipzig in den J. 1877 und 1878. (20 S.) 879. *ℳ 1.

—— des statistischen Bureaus der Stadt Leipzig. 14.—17. Heft. gr. 4. Leipzig, Duncker und Humblot. *
Inhalt:
Heft 14. Der Bevölkerungswechsel in Leipzig in den J. 1879 und 1880. Hauptergebnisse der Volkszählungen in Leipzig vom 3. Decbr. 1864, 1867 und 1. Decbr. 1871, 1875, 1880. (22 S.) 881. *ℳ 1.
» 15. Die Ergebnisse der Volkszählung vom 1. Decbr. 1880, Berufszählung vom 5. Juni 1882, der Fabrikzählungen vom 1. Mai 1883 und 1. Mai 1884 und der Viehzählung vom 10. Jan. 1883. (IV, 82 S.) 884. *ℳ 3.
» 16. Der Bevölkerungswechsel in Leipzig in den J. 1881 und 1882. (22 S.) 883. *ℳ 1.
» 17. Der Bevölkerungswechsel in Leipzig in den J. 1883 u. 1884. (22 S.) 885. n. 1. —

—— des statistischen Bureaus der Stadt München. 1. Bd. 4 Hefte. gr. 4. München, A. Ackermann. [1. Heft. (S. 1—58 mit 2 Stnt. in gr. Fol. und 30 Tab.) 876. * ℳ 2.; 2. Heft. (S. 61—107 mit 1 lithogr. Diagramm und 1 Tab.) 876. * ℳ 2.; 3. und 4. Heft. (S. 108—263 mit 1 Stnt.) 877. * ℳ 5.] *
—— dass. — 2. Bd. 4 Hefte. gr. 4. Ebendas. [1. und 2. Heft. (S. 1—114 mit 57 Tab., 5 graph. Darstellungen und 1 lithogr. Stadtplan.) 877. * ℳ 4.; 3. und 4. Heft. (S. 115—210 mit 6 autogr. Taf.) 879. * ℳ 4.] *

—— des statistischen Bureaus der Stadt München. 3. Bd. 4 Hefte. gr. 4. München 879,80, (Lindauer'sche Buchh.) [1. und 2. Heft. (S. 1—144 mit 4 Taf.) * ℳ 6.; 3. Heft. (S. 145—184 mit 1 Taf.) * ℳ 2.; 4. Heft. (S. 185—348 mit 3 Taf.) * ℳ 5.] *

—— dass. — 4. Bd. 4 Hefte. gr. 4. (Ebendas.) [1. Heft. (S. 1—114 mit 2 Stnt.) 880. * ℳ 4.; 2. Heft. (S. 115—238 mit 6 Stnt.) 880. * ℳ 4.; 3. und 4. Heft. (S. 239—470 mit 10 Stnt.) 882. * ℳ 6.] *

Mittheilungen des statistischen Bureaus der Stadt München. 5. Bd. 3 Hefte. gr. 4. (München, Lindauer'sche Buchh.) [1. Heft. (S. 1—70 mit 1 lithogr. Plan.) 881. * ℳ 3,50.; 2. Heft. (S. 71—122.) 882. * ℳ 2,50.; 3. Heft. (S. 123—170 mit 2 lithogr. und 1 chromolithogr. Taf.) 883. * ℳ 3.] *

—— dass. — 6. Bd. 4 Hefte. gr. 4. (Ebendas.) [1. und 2. Heft. (S. 1—198 mit 4 Stnt.) 883. *ℳ 5.; 3. und 4. Heft. (S. 199—408 mit 10 Stnt.) 884. *ℳ 5.] *

—— dass. — 7. Bd. 1. Heft. gr. 4. (S. 1—108.) (Ebendas.) 884. *

—— des statistischen Bureaus der Stadt München. 7. Bd. 2. Heft: Bericht über die Ergebnisse der berufsstatist. Erhebung vom 5. Juni 1882 in München. Erläuterungen zu den Hauptübersichten der Berufsausscheidungen: 1. nach Haupt- und Nebenberuf, 2. nach Alter, Zivilstand und Bekenntnis in Abtheilungen, Gruppen und Klassen, Stellung und Stadtbezirken, — sowie 3. zu der Uebersicht der Invaliden und der Wittwen. 4. (S. 109—228 mit 4 Plankärtchen und 1 Taf.) München 889, (Lindauer'sche Buchh.) *

—— des statistischen Bureaus der Stadt München. 7. Bd. 3. (Schluß-) Heft. gr. 4. Münch. 889, Lindauer. * 3 —
Ergebnisse der gewerbestatistischen u. landwirthschaftlichen Erhebungen vom 5. Juni 1882 in München u. seinen einzelnen Bezirken. Mit 2 Plankärtchen. (S. 227—338.) 7. Bd. 1. u. 2. Heft. Ebd. 1884,89. * 8 —; 8. Bd. Ebd. 1885—87. * 9 —; 9. Bd. Ebd. 1886—88. * 12 —

—— dass. — 8. Bd. 3 Hefte. gr. 4. (386 S. mit 10 Taf.) (Ebendas.) 885—87. à Heft *ℳ 3.—. *

—— dass. — 9. Bd. 3 Hefte. gr. 8. Ebendas. à Heft *ℳ 4.—. *

Inhalt:

Heft 1. Bericht über die Ergebnisse der Volkszälung vom 1. Dezbr. 1885 in München. 1. Thl.: Die Einwohnerschaft nach Distrikten und Bezirken, Straßen und Plätzen und Pfarrsprengeln, nach Geschlecht, Alter, Zivilstand, Bekenntnis, Gebürtigkeit, Staat- und Heeres-Angehörigkeit. (S. 1—96 mit Stadtplan.) 886.

2. —— dass. — 2. Thl.: Ergebnisse der Häuser- und Wohnung-Zälung. (S. 97—234.) 887.

3. —— dass. — 3. Thl.: Ergebnisse der Wohnung-Zälung. Die Wohnungen nach dem Berufe der Inhaber, nach der Zal der heizbaren Zimmer, nach Zal und Geschlecht der Wohngenossen und nach der Theilnahme von Aftermiethern an der Wohngemeinschaft in den Haupt- und Neben-Gebäuden der einzelnen Stadtbezirke wie des ganzen Stadtgebietes. (S. 235—420 mit 8 Steindr.-Karten.) 888.

—— dass. — 10. Bd. 3 Hefte. gr. 4. (S. 1—120; 121—278; 279—406 m. 4 graph. Taf.) (Ebd.) 889,90. à Heft * 3 —; * 9 —
Fortsetzung u. d. T.

Fortges. u. d. T. Mitteilungen des statistischen Amtes der Stadt München, 11 ff. 1891 ff

— dass. — XIII. Bd. 1. u. 2. Heft. gr. 4. Ebd. 892. * 6 —
Ergebnisse der Volkszählung vom 1. Dezbr. 1890. 1. Thl.: Die Einwohnerschaft Münchens nach Bezirken u. Distrikten, Strassen u. Plätzen, Reichstagwahlkreisen u. Pfarrsprengeln, nach Geschlecht, Alter, Zivilstand, Bekenntnis, Staatsangehörigkeit, Gebürtigkeit u. Dauer d. Wohnsitzes. (100, 92 S. m. 3 Taf. u. 4 Kärtchen.)

—— aus dem statistischen Büreau des herzogl. Staatsministeriums zu Gotha über Landes- und Volkskunde, besonders bezügl. des Herzogth. Gotha. 1. Bd. 4 Hefte. Fol. (IV, 894 Sp. mit Tab. und 1 lithogr. Karte.) Gotha 865—71, (Thienemann.)

—— aus dem statistischen Büreau des herzogl. Staatsministeriums zu Gotha über Landes- und Volkskunde der Herzogth. Coburg und Gotha. 2. Bd. 4 Hefte. Fol. (Ebendas.) [1.—3. Heft. (Sp. 1—416.) 873—80. ℳ 6.; 4. Heft. (Sp. 417—591.) 882. ℳ 6.]

— aus dem statistischen Büreau d. herzogl. Staatsministeriums zu Gotha üb. Landes- u. Völkerkunde der Herzogthümer Coburg u. Gotha. Jahrg. 1883. Fol. (285 S.) Gotha 885. (Thienemann.) n. 8. —

— dasselbe. Jahrg. 1884. 1. u. 2. Thl. Fol. (158 u. 144 S.) Ebend. 885. à n. 4. —

— aus dem statistischen Bureau d. herzogl. Staatsministeriums zu Gotha üb. Landes- u. Volkskunde der Herzogthümer Coburg u. Gotha. Jahrg. 1885. Imp.-4. (205 S.) Gotha 886. (Thienemann.) n. 8. —

— dasselbe. Jahrg. 1886. 2 Thle. Imp.-4. (163 u. 136 S.) Ebd. 887. n.n. 10. —

— dasselbe. Jahrg. 1887. Imp.-4. (230 S.) Ebd. 887. n. 9. —

— des statistischen Bureaus d. herzogl. Staatsministeriums zu Gotha üb. Landes- u. Volkskunde der Herzogthümer Sachsen-Coburg u. Gotha. Jahrg. 1892. gr. 8. (85 S.) Gotha 892. (E. F. Thienemann.) n. 2. —

— dasselbe. Jahrg. 1893. gr. 4. (IV, 139 S.) Ebd. 894. n. 2. 40

— des statistischen Bureaus d. herzogl. Staatsministeriums zu Gotha. Jahrg. 1894 u. 1895. gr. 4. (II, 201 u. 43 S.) Gotha 896. (E. F. Thienemann's Verl.) n. 2. 40

— dasselbe. Jahrg. 1896. gr. 4. (IV, 69 S.) Ebd. (897). n. 1. 60

— des statistischen Bureaus des herzogl. Staatsministeriums zu Gotha. Jahrgänge 1897—1899. gr. 4. (IV, 88, 48 u. 42 S.) Gotha (899—902). (E. F. Thienemann.) à n. 2. —

— des statistischen Bureaus des herzogl. Staatsministeriums zu Gotha. Jahrg. 1901. (II, 67 S.) gr. 4. Gotha (902). (E. F. Thienemann.) n. 2. —

— dasselbe, Jahrg. 1902. (II, 102 S.) gr. 4. Ebd. (903). n. 3. —
Für 1900 nicht erschienen.

— des statistischen Bureaus des herzogl. Staatsministeriums zu Gotha. Jahrg. 1905, 1907 u. 1908. Lex. 8. Gotha, (E. F. Thienemann). 3. 60
1905. (II, 19 S.) (906.) — 60. — 1907. (II, 45 S.) (908.) 1. 50
1908. (II, 42 S.) (909.) 1. 50

—— aus dem Kölner Bürgerhospital, hrsg. von Bardenheuer. 1.—4. Heft. gr. 8. Köln, A. Ahn. *

Inhalt:

Heft 1. Bardenheuer, osteoplastische Resection des Manubrium sterni. (79 S. mit 10 Taf. in Lichtdr.) 886. *ℳ 3.—.

» 2. Schmidt, J., die Querexcision der Fusswurzelknochen. (35 S. mit 4 Taf. in Lichtdr.) 886. *ℳ 2.—.

» 3. Bardenheuer, die operative Behandlung der Hodentuberculose durch Resection der Nebenhoden. Mit einer Einleitung von F. Bergkammer. (XVI, 208 S. mit 3 Chromolithogr.) 886. *ℳ 6.—.

» 4. —— interessante Capitel aus dem Gebiete der Peritonealchirurgie. (VIII, 224 S.) 887. *ℳ 5.—.

—— aus dem Kölner Bürgerhospital, hrsg. von Bardenheuer. 5. Heft. gr. 8. Köln 890, Ahn. * 4 —
Schmidt, Jul. Beitrag zur Kasuistik der Nierenchirurgie, insbesondere d. Nierenexstirpation. (VII. 120 S. m. 3 Holzschn. u. 2 farb. Taf.)
1.—4. Heft. Ebd. 1886,87. * 16 —.

Mitteilungen der Allgemeinen Bürgerloge. (Verkündigungsblatt.) Leipzig. 8°.
1. Jg. 1899 Nr. 11.
Nur ein Bruchstück.

Mitteilungen der Allgemeinen Bürgerloge. Leipzig: Böhme & Lehmann. 4°.
2. Jg. 1900 Nr. 6, 7.
Später offenbar fortgesetzt unter dem Namen „Matthäus".

Mittheilungen über den Landschaftsmaler Alexander Calame von Genf. [Zürich 1866.] V: *Hess, Jac.* (Cat. d. Stadtbibl. Zürich. Zürich 1864—97.)

—— aus dem Gebiete der reinen und angewandten Chemie. Für Fachchemiker, Aerzte, Oekonomen etc. Als Jahresbericht des Laboratoriums für 1864/65. Veröffentlicht von V. Kletzinsky. 4. (IV und 60 S. mit 6 Chromolithogr. und 1 Blatt Erklärungen.) Wien 865, (Czermak.) *

Mittheilungen, chemische. Neue Folge des 1884 begründeten Centralblattes. Red.: Herm. Krätzer. (Beiblatt zur Seifensieder-Zeitung.) XI. Jahrg. Juli—Dezbr. 1894. 26 Nrn. (à ca ½ Bog.) gr. 4. Augsburg, Lampart & Co. Vierteljährlich n. 1. 25
s.: Centralanzeiger. Insertionsorgan f. die gesammte chem. Gross-Industrie.

— chemische. Neue Folge d. 1884 begründ. Centralblattes. Correspondenzblatt d. chem. Industrie. Red.: Herm. Krätzer. 12. Jahrg. 1895. 52 Nrn. (à ca. 4 S.) gr. 4. Augsburg, Lampart & Co. n. 2. 40

— dasselbe. Red. u. Hrsg. H. Ziolkowsky. 13. u. 14. Jahrg. 1896—1897. à 52 Nrn. (à ca 4 S.) gr. 4. Augsburg, Verlag f. chem. Industrie. à Jahrg. n. 4. 80

— dasselbe. Fortsetzg., s.: Seifensieder-Zeitung.

— die chemisch-technischen, der Jahre 1846—1848, ihrem wesentlichen Inhalte nach systematisch zusammengestellt v. L. Elsner. gr. 8. (XII u. 164 S.) Berlin 849, Springer. ¾ ℛ — der neuesten Zeit, ihrem wesentlichen Inhalte nach alphabetisch zusammengestellt von L. Elsner. 2. Hft.: Die Jahre 1848—1850. gr. 8. (VIII u. 126 S.) Ebd. 851. ¾ ℛ — 3. Hft.: Die Jahre 1850—1852. gr. 8. (VIII u. 207 S.) Ebd. 853 n. 1⅙ ℛ (1—3: 2⅔ ℛ)

—— die chemisch-technischen, der neuesten Zeit, ihrem wesentlichen Inhalte nach alphabetisch zusammengestellt von L. Elsner. 4. und 5. Heft: Die J. 1852—56. gr. 8. Berlin, Springer [4. (XII und 208 S.) 854. 1 Thlr. 6 Ngr., 5. (XII und 245 S.) 856. * 1 Thlr. 7½ Ngr.] *
1—5. Heft. Ebendas. 1849—56. 1 Thlr. 20 Ngr.

—— die chemisch-technischen, der neuesten Zeit, ihrem wesentlichen Inhalte nach alphabet. zusammengestellt von L. Elsner. 6—10. Heft: die J. 1856—1861. gr. 8. Berlin, Springer's Verlag. [6. Heft. (XII und 118 S.) 858. * 22½ Ngr., 7. (XII und 162 S.) 859. * 28 Ngr., 8. (XII und 160 S.) 860. * 28 Ngr., 9. (XII und 181 S.) 861. * 1 Thlr., 10. (XII und 196 S.) 862. * 1 Thlr. 2 Ngr.] * 4
1—5. Heft. Ebendas. 1849—56. * 4 Thlr. 3½ Ngr.

— — Sach-Register zu den ersten 8 Heften. Die J. 1846 bis 1859 enth. Ebend. 860. gr. 8. (IV, 50 S.) n. 12½ ngr.

— — 11. Heft: Die J. 1861—1862. Ebend. 863. gr. 8. (XII, 166 S.) n. 1 ℛ

— — 12. Heft: Die J. 1862—1863. Ebend. 864. gr. 8. (XII, 200 S.) 1 ℛ 6 ngr.

— — 13. Heft: Die J. 1863—1864. Ebend. 865. gr. 8. (XII, 215 S.) 1 ℛ 7½ ngr.

— — Sachregister zu den bisher erschienenen 13 Heften. Die J. 1846—1864 enthltd. Ebend. 865. gr. 8. (IV, 81 S.) 17½ ngr.

— die chemisch-technischen, der neuesten Zeit, ihrem wesentlichen Inhalte nach alphabetisch zusammengestellt von L. Elsner. 14—19. Heft. Berlin, Springer's Verlag. gr. 8. [14. Heft: Die J. 1864—1865. (XVI, 230 S.) 866. 1 ℛ 10 ngr., 15. Heft: Die J. 1865—1866. (XX, 219 S.) 867. 1 ℛ 10 ngr., 16. Heft: Die J. 1866—1867. (XVI, 319 S.) 868. 1 ℛ 22½ ngr., 17. Heft: Die J. 1867—1868. (XVI, 233 S.) 1 ℛ 10 ngr., 18. Heft: Die J. 1868—1869. (XVI, 267 S.) 1 ℛ 12 ngr., 19. Heft: Die J. 1869—1870. (XVI, 219 S.) 1 ℛ 7½ ℛ] 8 ℛ 12 ngr.

— die chemisch-technischen, der neuesten Zeit, ihrem wesentl. Inhalte nach alphabetisch zusammengestellt v. L. Elsner. 20. Hft. Die Jahre 1870—1871. gr. 8. (XIV, 189 S.) Berlin 872. Springer's Verl. 3. 75

— dasselbe. Sach-Register zu den bisher erschienenen 20 Hftn. Die Jahre 1846—1871 enth. gr. 8. (IV, 123 S.) Ebend. 873. n. 2. —

— dasselbe. Neue Folge 1. Hft. [Der ganzen Reihe 21. Hft.] Die Jahre 1871—1872. gr. 8. (XVI, 239 S.) Ebend. 873. 4. —

— dasselbe. 2. Hft. [Der ganzen Reihe 22. Hft.] Die Jahre 1872—1873. gr. 8. (XVI, 301 S.) Ebend. 874. 5. 25

— dasselbe. 3. Hft. [Der ganzen Reihe 23. Hft.] Die Jahre 1873—1874. gr. 8. (XVI, 250 S.) Ebend. 875. 4. 80

— dasselbe. 4. Hft. [Der ganzen Reihe 24. Hft.] Die Jahre 1874—1875. gr. 8. (VII, 315 S.) Ebend. 876. n. 6. —

— dasselbe. 5. Hft. [Der ganzen Reihe 25. Hft.] Die Jahre 1875—1876. gr. 8. (349 S.) Ebend. 877. n. 6. —

— die chemisch-technischen, der neuesten Zeit, ihrem wesentlichen Inhalte nach alphabetisch zusammengestellt. Begründet v. O. Elsner. Fortgeführt v. Fritz Elsner. Neue Folge. 6. Hft. [Der ganzen Reihe 26. Hft.] Die Jahre 1876—1877. gr. 8. (256 S.) Berlin 878. Springer. n. 4. 40

— dasselbe. Neue Folge. 7. Hft. [Der ganzen Reihe 27. Hft.] Die Jahre 1877—1878. gr. 8. (439 S.) Ebend. 879. n. 6. —

— dasselbe. Neue Folge. 8. Hft. [Der ganzen Reihe 28. Hft.] Die Jahre 1878—1879. gr. 8. (316 S.) Ebend. 880. n. 4. 60

— dasselbe. 3. Folge. 1. Bd. Die Jahre 1879—1880. [Der ganzen Reihe 29. Bd.] gr. 8. (268 S.) Halle 881. Knapp. n. 5. —

— dasselbe. 3. Folge. 2. Bd. Die Jahre 1880—1881. [Der ganzen Reihe 30. Bd.] 7 Hfte. gr. 8. (368 S.) Ebend. 881. à n. 1. —

Mittheilungen, chemisch-technische, der neuesten Zeit, ihrem wesentl. Inhalte nach zusammengestellt. Begründet v. L. Elsner. Fortgeführt v. Fritz Elsner. 3. Folge. 3. Bd. Die Jahre 1881—1882. [Der ganzen Reihe 31. Bd.] 3—7. (Schluss-)Hft. gr. 8. (S. 105-359.) Halle 883. Knapp. à Heft n. 1. —

— dasselbe. 3. Folge. 4—9. Bd. Die Jahre 1882—1885. [Der ganzen Reihe 32—37. Bd.] à 6 Hfte. (à ca. 30 S.) Ebend. 883—85. à Hft. n. 1. —

—— aus China. Hrsg. vom pommerschen Hauptverein für Evangelisirung China's. Redig. von H. Graßmann. (1. und 2.) Jahrg. 1858 und 1859. à Jahrg. 12 Nrn. (½ Bog.) 8. Stettin, Graßmann's Verlag. [1. Jahrg. ** 7½ Ngr., 2. ** 5 Ngr.] ** —

—— über d. Asiat. Cholera, hrsg. v. Radius, s. Cholera-Zeitung.

—— über d. ostind. Cholera, zunächst f. d. Aerzte u. Wundärzte Kurhessens. Hrsg. v. d. ärztl. Mitgliedern d. obersten Sanitäts-Kommission. 24 Nrn. gr. 8. Cassel 831, 32, (Krieger.)

—— über d. Cholera-Epidemie in St. Petersburg im Sommer 1831, v. prakt. Aerzten daselbst hrsg. u. redig. v. Lichtenstädt u. Seydlitz. 3 Abthln. gr. 8. (11½ B., 1 Stndr. Fol. u. 1 Tab. gr. 4.) St. Petersburg 831, Brieff. (Berlin, Trautwein.)

— christliche, 1r—3r Bd. gr. 8. Straßb. 824, Treuttel u. Würz. Jeder Bd. v. 6 Heften. 2 Rthl.

— christliche, in protestantischen Zeugnissen. (Hrsg. v. G. F. Haag.) Neue Folge. 1. Jahrg. (1851.) Enthaltend Betrachtungen über die Sonn- u. Festtags-Evangelien. 8. (IV u. 696 S.) Pforzheim. Stuttgart, Scheitlin in Comm. n. 1 ₰ — Neue Folge. 2. Jahrg. 1852. Enthaltend Betrachtungen üb. die Sonn- u. Festtags-Episteln. gr. 8. (30 Bog.) Ebd. n. 24 ₰

— christliche, in protestantischen Zeugnissen. Neue Folge. 3. Jahrg. 1853. (à 30 Bgn.) Enthaltend Betrachtungen über die Sonn- u. Festtags-Evangelien. (II. Reihe.) Herausg. von Geo. Fr. Haag. Pforzheim 853. (Stuttgart, Scheitlin.) gr. 8. n. 1 ₰.

—— aus einer kurzgefaßten Chronik der J. 1794—1832. 8. (80 S.) Münster 1883, (Regensberg.) *
Aus: Westfälischer Merkur, besonders abgedruckt.

MITTHEILUNGEN AUS DEM ANTHROPOLOGISCHEN VEREINE COBURG, bei Gelegenheit des zehnjährigen Stiftungsfestes herausgegeben. Coburg, 1885. Druck der Dietz'schen Hofbuchdruckerei. 4°.

— der Comenius-Gesellschaft. Schriftleitung: Keller. 1. u. 2. Jahrg. 1893. 1894. à 10 Nrn. (à ca. 1 Bog.) gr. 8. Leipzig, (R. Voigtländer). à Jahrg. n. 4. —; einzelne Nrn. n. — 50

— d. Comenius-Gesellschaft, Fortsetzg., s.: Comenius-Blätter f. Volkserziehg.

—— des Comtoirs f. Landwirthschaft u. Technik in Berlin, Leipzig u. Schwetz a. d. W. 1843. gr. 8. (4¾ B.) Leipzig, Comptoir f. Landwirthschaft. *

Mittheilungen des Coppernicus-Vereins für Wissenschaft u. Kunst. Heft 1—10. Leipzig 1878 — Thorn 1895.

MITT(H)EILUNGEN DES COPPERNICUS-VEREINS FÜR WISSENSCHAFT U.(ND) KUNST zu Thorn.

Heft I. (Mit 1 Tafel.) Leipzig, 1878. C. A. Koch Verlagsbuchhandlung. (J. Sengbusch.) A. u. d. T.: INEDITA COPPERNICANA. Aus den Handschriften zu Berlin, Frauenburg, Upsala und Wien herausgegeben von MAXIMILIAN CURTZE. (Mit 1 Tafel.) ib. 1878. — 8°.

Herausgegeben vom Vorstande des Vereins.:

Heft II. (Th. 1. 2.) Thorn, 1880. Ernst Lambeck. — (Th. 1.) A. u. d. T.: Der Wapowski-Brief des COPPERNICUS und WERNER's Tractat über die Präcession. Von . . . SIEGMUND GÜNTHER. ib. 1880. — (Th. 2.) A. u. d. T.: Der Aufenthalt des Coppernicus in Bologna. Von . . . KARL MALAGOLA. Ins Deutsche übersetzt von MAXIMILIAN CURTZE. ib. 1880. —

Heft III. (Th. 1. 2. 3.) ib. 1881. — (Th. 1.) A. u. d. T.: Die Hochschule Padua zur Zeit des Coppernicus. Von . . ANTONIO FAVARO. Ins Deutsche übertragen von MAXIMILIAN CURTZE. ib. 1881 — (Th. 2.) A. u. d. T.: Archivalische Beiträge zur Familien-Geschichte des Nikolaus Coppernicus. Nebst Beilagen. Von G. BENDER. ib. 1881. — (Th. 3.) A. u. d. T: Bogumil Goltz. Eine Gedächtnis-Rede gehalten bei der 80. Wiederkehr seines Geburtstages. Von ADOLF PROWE. ib. 1881 —

MITTEILUNGEN DES COPPERNICUS-VEREINS FÜR WISSENSCHAFT UND KUNST zu Thorn.

Herausgegeben im Auftrage des Vorstandes von . . . MAXIMILIAN CURTZE.:

Heft IV: 1. Ergänzungen zu den „Inedita Coppernicana" im ersten Hefte dieser Mitteilungen. Von MAXIMILIAN CURTZE. 2. Das Geburtshaus des Nikolaus Coppernicus. Eine Widerlegung. Von HERMANN ADOLPH. 3. Die Vorläufer des Nikolaus Coppernicus, insbesondere Celio Calcagnini. Von FRANZ HIPLER. Mit einem Holzschnitte. 4. Weitere archivalische Beiträge zur Familien-Geschichte des Nikolaus Coppernicus. Von G. BENDER. Mit einem Holzschnitte. Thorn 1882. Ernst Lambeck. 8°.

Heft V: XXV. — XXXII. Jahresbericht 1879—1886. (Mit Tafeln.) ib. 1886. — A. u. d. T.: JAHRES-BERICHT DES COPPERNICUS-VEREINS FÜR WISSENSCHAFT UND KUNST zu Thorn, XXV — XXXII., abgestattet in den öffentlichen Sitzungen (am 19. Februar) der Jahre 1879—1886 von LEOP. PROWE. (Mit Tafeln.) ib. 1886. Gedruckt in der Rathsbuchdruckerei (Ernst Lambeck).

MITTEILUNGEN DES COPPERNICUS-VEREINS FÜR WISSENSCHAFT UND KUNST ZU THORN.

Herausgegeben im Auftrage des Vorstandes von dem ersten Schriftführer MAXIMILIAN CURTZE.

Heft VI. Jordani Nemoraii de triangulis libri quatuor. Nebst 5 Figurentafeln. Thorn. 1887. Druck und Verlag von Ernst Lambeck. — A. u. d. T Jordani Nemoraii geometria vel de triangulis libri IV Zum ersten Male nach der Lesart der Handschrift D b. 86 der Koenigl. oeffentlichen Bibliothek zu Dresden herausgegeben von MAXIMILIAN CURTZE. Mit 5 Figurentafeln. ib. 1887 — 8°

MITTEILUNGEN DES COPPERNICUS-VEREINS FÜR WISSENSCHAFT UND KUNST ZU THORN

Heft VII. ib. 1892. Druck und Kommissions-Verlag von Ernst Lambeck. — A. u. T Die Grabdenkmäler der Marienkirche zu Thorn. Herausgegeben von ARTHUR SEMRAU, ordentlichem Mitgliede des Coppernicus-Vereins. Mit 11 Kunstbeilagen und 11 angehängten lithographischen Tafeln. ib. 1892. — 4°

Heft VIII. ib. 1893. Kommissionsverlag von E. F Schwartz. — A. u. d. T Gedenkschrift zur hundertjährigen Feier der Vereinigung Thorns mit dem Königreiche Preussen im Jahre 1793. Herausgegeben von ARTHUR SEMRAU. ib. 1893. —

Heft IX. 1 Theil. ib. 1894. — Lithographie und Druck von Otto Feyerabend. — A. u. d. T Die Mittelalterlichen Siegel des Thorner Rathsarchivs, mit besonderer Berücksichtigung des Ordenslandes. 1. Theil. Ordensbeamte und Städte. Mit 140 Siegelzeichnungen auf 8 Tafeln. Von BERNHARD ENGEL, Landrichter ib. 1894. —

Heft X. Teil 2. ib. 1895. — A. u. d. T Die mittelalterlichen Siegel des Thorner Rathsarchivs, mit besonderer Berücksichtigung des Ordenslandes. Teil 2 Privatsiegel, mit Anschluss der rein polnischen. Mit Abbildungen von 241 Siegeln und 79 Hausmarken auf 5 Tafeln. Von BERNHARD ENGEL, Landrichter ib. 1895. —

Heft XI ib. 1896. Kommissions-Verlag von Ernst Lambeck. — A. u. d. T Vegetationsverhältnisse des preussischen Weichselgeländes Von JOSEF B. SCHOLZ. Mit 3 Lichtdrucktafeln. ib. 1896. — gr 8°

Heft XII ib. 1899 gedruckt bei C Dombrowski. — A. u. d. T Beiträge zur Kunde der Baudenkmäler in Westpreussen. Mit 14 Abbildungen auf 6 Tafeln. Von GEORGE DUNY ib. 1899. —

Heft XIII. ib. 1904. — A. u. d. T Thorner Denkwürdigkeiten von 1345—1547 Herausgegeben von ALBERT VOIGT. ib. 1904. —

MITTEILUNGEN DES COPPERNICUS-VEREINS FÜR WISSENSCHAFT UND KUNST ZU THORN — SITZUNGSBERICHTE UND ABHANDLUNGEN

Heft XIV—XXII. ib. 1906—1914. Kommissionsverlag von Ernst Lambeck

Mitteilungen des Teutobrasilianischen Landwirtschaftlichen Vereins Curityba: 1905 ?
Published monthly by the Teutobrasilianischer Landwirtschaftliche Verein in the interest of better agricultural production.
Curitiba

—— über ältere magnetische Declinations-Beobachtungen, sammt den auf deren Zustandebringung sich beziehenden Verhandlungen der mathematisch-naturwissenschaftl. Classe der kaiserl. Akademie der Wissenschaften. 1. Heft. Lex.-8. (72 S. und 1 Stnt. in 4.) Wien 850, (Braumüller.) *
Aus Sitzungsberichte der k. Akademie der Wissenschaften, besonders abgedruckt.

Deutsche Mitteilungen. Wien. Obermann 1891–(1902). 8°
Red Franz Obermann.

Mitteilungen — Freies Deutschland
v Freies Deutschland — Mitteilungen.

Mitteilungen aus dem anhaltischen Diakonissenhause Dessau · Diakonissenhaus 1898–1935 8°
Fortges. u.d T. Blätter für die Diakonissenhausgemeinde in Dessau und ihrer Freunde Jg. 1936ff

Mitteilungen über den Dieselmotor. (Mit 8 Textbildern.) Sonderabdruck aus der «Schweizerischen Bauzeitung», Bd. 44, Nr. 22. II + 6 S. 4. Zürich, Ed. Raschers Erben, 1904. (fr. —.50)

— des Diocesan-Cäcilienvereins Paderborn, Fortsetzg., f.: Kirchenmusik, die

— des Wiener medicinischen Doctoren-Collegiums. Red.: L. Hopfgartner. 2. Bd. Jahrg. 1876. 26 Nrn. (à 1/2—1 B.) gr. 8. Wien, Czermak in Comm. n.n. 6. —

— des Wiener medicinischen Doctoren-Collegiums. Red.: L. Hopfgartner. 3—8. Bd. Jahrg. 1877—1882. à 26 Nrn. (à 1/2—1 B.) gr. 8. Wien, Toeplitz & Deuticke in Comm. à Jahrg. n.n. 6. —

— des Wiener medicinischen Doctoren-Collegiums. Red.: L. Hopfgartner. 9—12. Jahrg. 1883—1886. à 26 Nrn. (à 1/2—1 B.) gr. 8. Wien, (Töplitz & Deuticke). à Jahrg. n.n. 6. —

— des Wiener medicinischen Doctoren-Collegiums. Red.: Frz. Batsy. 13.—16. Jahrg. 1887—1890. à 26 Nrn. (à 1/2—1 B.) gr. 8. Wien, (Deuticke). à Jahrg. n.n. 6. —

— des Wiener medicinischen Doctoren-Collegiums. Red.: Frz. Batsy 17.—20. Bd. 1891—1894. à 26 Nrn. (à 1/2—1 Bog.) gr. 8. Wien, (F. Deuticke). à Bd. n.n. 6. —; einzelne Nrn. à n.n. — 50

— d. Wiener medicin. Doctoren-Collegiums. Red.: Frz. Batsy 21.—24. Bd 1895—1898. à 26 Nrn. (à ca. 4 S.) gr. 8. Wien (F. Deuticke). à Jahrg. n.n. 6. —; einz. Nrn. n.n. — 50

— des Wiener medizinischen Doctoren-Collegiums. Red.: Frz. Batsy. 25.—28. Bd. 1899—1902. à 26 Nrn. gr. 8. (à ca. 4 S.) Wien (F. Deuticke). à Bd. n. 6. —

— des Wiener medizinischen Doktoren-Kollegiums. Red.: Frz. Batsy. 29. u. 30. Bd. 1903 u. 1904. à 26 Nrn. (à ca. 4 S.) gr. 8. Wien (F. Deuticke.) à Bd. n. 6. —

— dasselbe. 31. u. 32. Bd. 1905 u. 1906. à 4 Nrn. (à ca. 8 S.) gr. 8. Ebd. à Bd. n. 4. —
Erscheint nicht mehr.

Mitteilung betreffend die Doktorpromotion bei der juristischen Fakultät der Königl. Universität Breslau. (Breslau) [1904]: (Bresl. Genoss.-Buchdr.) (1 Bl.) 8° [Kopft.]
(Nicht für den Austausch)

—— betreffend Dona Francisca, deutsche Colonie in der südbrasilianischen Provinz Sta. Catharina. Redakt.: W. Hühn. (1 Jahrg.) Aug. — Dec. 1852. 5 Nrn. (à 1—1 1/2 Bog.) gr. 8. Hamburg 853. (Altona, Dircksen und Ingwersen.) *

—— drei wichtige, f. Gutsherrn ꝛc., s.a. (Krauss, G.)

Mittheilungen, Drei wichtige, für Gutsherren, Brennereibesitzer, Gastwirthe . . . Frankfurt 1834. V: *Krauss, G.* (EngMt)

– aus der landwirthschaftlichen Lehranstalt Ebstorf red. von Ed. Fischer. (Abgedr. aus den Landwirthschaftl. Mittheilgn. für das Fürstenthum Lüneburg.) Hannover 861. Hahn in Comm. gr. 8. (2 Bl., 180 S. u. 3 lith. Taf. in 8, u. Fol.) n. 15 ngr

—— über d. Einfluß d. Philosophie auf d. Entwicklung d. innern Lebens. (Von Alb. Kreuzhage.) gr. 8. (18 1/2 B.) Münster 831, Theissing.

Mittheilungen über die künftige Einrichtung der Realschule zu Dessau. 1865
Schul-/Univ.-Schrift

Mittheilungen über einzelne Einrichtungen in der französischen Armee Beihft. z. „Milit.-Wochenbl". Berlin 1852.

Mitteilungen über einige auf dem Gebiet der Hygiene und öffentlicher Sicherheit in Wien bestehenden Einrichtungen. Wien 1887

— f. den Eisenwaren-, Haus- u. Küchengerät-Handel. Illustriertes Fachblatt. Red.: Wilh. Hachmann. 6. Jahrg. 1904. 12 Hefte. (à ca. 32 S.) gr. 8. Düsseldorf (Hansahaus), Verlag der Mitteilungen. n. 2. 80

— dasselbe. Red.: Fr. Liebetanz. 7. Jahrg. 1905. 24 Hfte. (à ca. 20 S. m. Abbildgn.) Lex.-8. Ebd. n. 5. —
Vergl.: Mitteilungen f. den Haus-, Küchengerät- u. Eisenwaren-Handel.

Mitteilungen der Berliner Elektrizitäts Werke Jg. 1–4 (1905–1908). Berlin, 1905—1908 u. ff.

Mitteilungen der Berliner Elektricitäts-Werke. Jg 1. (Berlin 1905: Büxenstein.) 8° 06. 9948

— elektrotechnische. Zeitschrift f. Freunde der Elektrotechnik. Unter Mitwirkung hervorrag. Fachgenossen hrsg. von Johs. Zacharias. 1. Jahrg. 1901. 12. Hfte. hoch 4. (à ca. 16 S. m. Abbildgn.) Halle, W. Knapp. n. 10. —

— dasselbe. 2. Jahrg. Jan.—Juni 1902. 6 Hfte. hoch 4. (à ca. 16 S. m. Abb.) Ebd. n. 5. —
Weiter nicht erschienen.

Mittheilungen aus England über das Raffiniren des Zuckers nach Howards Prinzip. (o. O.) 1834

MITTHEILUNGEN DES MÜLHAUSER ENTOMOLOGEN-VEREINS.
No. 5[1]). Juli 1895. (Lithographiert.) fol.
No. 10. Mai, Juni, Juli 1896.
MITTHEILUNGEN DES MÜLHAUSER ENTOMOLOGEN VEREINES.
No. 17 November 1900. 8°

[1]) Weitere Nummern habe ich nicht einsehen können.

Mitteilungen über das Entstehen der St. Johannes-Loge [!] zur heissen Quelle im Or. Hirschberg und deren Verhältnisse bis zu ihrem Stiftungsfeste am 28. Okt. des Maurerjahres 5858, zsgetr. von L[udw.] A[ug.] **Müller.** Hirschberg [1858]: Krahn. 14 S. 8⁰ [Umschlagtit.]
Abgedr. in: Bh. 2 (1859) S. 4—5, 10—11; FZ. 13 (1859) S. 12—16.
cf. L. 17 (1859) S. 44—52.
Tt. 559.

Mittheilungen über Entstehung und Entwicklung der Kirchgemeinde Neumünster. Zusammengestellt im Auftrage der gemeinnützigen Gesellschaft von ihrem Chronikschreiber. M. e. Vorbemerkung v. J. J. Schälchli, Lehrer. 24 Stn. in 4. und 6 Tabellen in qu.-fol. M. 1 Kpfrtfl. 1. 25
1875

Mittheilungen über Entstehung und Entwicklung der Kirchengemeinde Neumünster . . . Zürich 1875. V. *Bleuler, Hans Conr.* (Cat. d. Stadtbibl. Zürich. Zürich 1864—97.)

— über d. Entstehg. u. aus d. Geschichte d. sep. ev.-luth. St. Trinitatis-Gemeinde ungeänd. Augsburgischer Konfession zu Dresden, bei d. Feier ihres 25jähr. Bestehens am 14. Sonntag nach Trinitatis (d. 6. Septbr. 1896) v. e. alten Gemeindegliede. 8. (95 S.) Dresden (Königstr. 9) 896. E. Steyer. — 80; kart. n. 1. —

— über die Entwässerung des Bodens durch unterirdische Röhrenleitungen [Drainage]. Aus den Akten d. Ministeriums f. landwirthschaftliche Angelegenheiten. gr. 8. (XII u. 170 S. m. eingedr. Holzschn. u. 1 lith. Taf. in gr. Fol.) Berlin 852, Decker. n. 12 ngr

Mitteilungen aus dem Entwicklungsgang der Spar- und Kreditbank Chemnitz, e. G. m. H., in Chemnitz vom Jahre 1869 bis 1909. — Chemnitz (1909): Seyler. 22 S. 8⁰ [Umschlagt.:] Mitteilungen zum 40jähr. Bestehen. 1869—1909. **38 A.**

Mittheilungen der Erdbeben-Commission der Kaiserlichen Akademie der Wissenschaften in Wien, herausgegeben von E. v. Mojsisovics Nr. 1 ff. Wien 1897 bis zur Gegenwart.

— d. Erdbeben-Commission d. kaiserl. Akademie d. Wissenschaften in Wien. I—III. [Aus: „Sitzungsber. d. k. Akad. d. Wiss."] gr. 8. Wien (C. Gerold's Sohn). n. 13. 80
I. Berichte üb. d. Organisation d. Erdbebenbeobachtg., nebst Mittheilgn. üb. währ. d. J. 1896 erfolgte Erdbeben, zusammengest. von Edm. v. Mojsisovics. (26 S.) 897. n. — 60
II. Bericht üb. d. Erdbeben v. Brüx am 3. XI. 1896 v. Frdr. Becke. (14 S. m. 1 Kartenskizze im Text.) 897. n. — 50
III. Bericht üb. d. Erdbeben v. 5. I. 1897 im südl. Böhmerwald v. Frdr. Becke. (14 S. m. 1 Kartenskizze.) 897. n. — 40
IV. Bericht üb. d. im Triester Gebiete beobacht. Erdbeben v. 15. VII., 3. VIII. u. 21. IX. 1897 v. Ed. Mazelle. (20 S.) 897. n. — 40
V. Allgem. Bericht u. Chronik d. im J. 1897 innerhalb des Beobachtungsgebietes erfolgten Erdbeben von E. v. Mojsisovics. (239 S. m. 2 Fig.) 898. n. 3. 40
VI. D. Erderschüttergn. Laibachs in d. J. 1851—1886, vorwieg. nach d. handschriftl. Aufzeichngn. K. Deschmann's zusammengest. v. Ferd. Seidl. (28 S.) 898. n. — 50
VII. Verhalten d. Karlbader Thermen währ. d. vogtländ.-westböhm. Erdbebens im Octbr.-Novbr. 1897 v. Jos. Knett. M. 1 Kartenskizze, 10 Taf. u. 3 Textfig. (30 S.) 898. n. 2. 60
VIII. Bericht üb. d. Graslitzer Erdbeben, 24. X. bis 25. XI. 1897 v. F. Becke. (171 S. m. 8 Fig. u. 8 Karten.) 898. n. 5. 40

— der Erdbeben-Commission der kaiserl. Akademie der Wissenschaften in Wien. IX—XXI. gr. 8. Wien (C. Gerold's Sohn). n. 19. 90
IX. Bericht über die unterirdische Detonation v. Melnik in Böhmen vom 8. IV. 1898. Von J. N. Woldřich. (29 S. m. 1 Kartenskizze.) 898. n. — 90
X. Allgemeiner Bericht u. Chronik der im J. 1898 innerhalb des Beobachtungsgebietes erfolgten Erdbeben. Von Edm. v. Mojsisovics. (194 S.) 899. n. 3. 20
XI. Die Einrichtung der seismischen Station in Triest u. die vom Horizontalpendel aufgezeichneten Erdbebenstörungen von Ende August 1898 bis Ende Febr. 1899. Von Ed. Mazelle. (38 S. m. 8 Fig.) 899. n. 1. —
XII. Übersicht der Laibacher Osterbebenperiode f. die Zeit v. 16. IV. 1895 bis Ende Dezbr. 1898. Von Ferd. Seidl. (36 S.) 899. n. — 70
XIII. Bericht über das obersteierische Beben vom 27. XI. 1898. Von R. Hoernes. (28 S. m. 2 Karten.) 899. n. 1. 10
XIV. Bericht üb. die obersteirischen Beben des ersten Halbj. 1899 (zumal üb. die Erschütterungen v. 1., 7. u. 29. IV.). Von R. Hoernes. (Mit 3 Karten u. 2 Kartenskizzen im Texte.) (68 S.) 899. n. 2. 10
XV. Bericht über Erdbebenbeobachtungen in Kremsmünster. Von P. Frz. Schwab. (51 S. m. 4 Fig.) 900. n. 1. 10
XVI. Bericht über das niederösterreichische Beben vom 11. VI. 1899. Von Frz. Noë. (Mit 1 [farb.] Kartenskizze.) (16 S.) 900. n. — 60
XVII. Erdbebenstörungen zu Triest, beobachtet am Rebeur-Ehlert'schen Horizontalpendel v. 1. III. bis Ende Decbr. 1899. Von Ed. Mazelle. (50 S.) 900. n. — 90
XVIII. Allgemeiner Bericht u. Chronik der im J. 1899 innerhalb des Beobachtungsgebietes erfolgten Erdbeben. Von Edm. v. Mojsisovics. (Mit 2 (farb.) Kartenskizzen.) (164 S.) 900. n. 3. 30
XIX. Die tägliche periodische Schwankung des Erdbodens nach den Aufzeichnungen e. dreifachen Horizontalpendels zu Triest. Von Ed. Mazelle. (125 S. m. 5 Taf.) 900. n. 3. 20
XX. Über die Beziehungen zwischen Erdbeben u. Detonationen. Von J. Knett. (35 S. m. 3 Fig.) 900. n. — 80
XXI. Bericht üb. das Detonationsphänomen im Duppauer Gebirge am 14. VIII. 1899. Von J. Knett. (33 S. m. 6 Fig. u. 2 Taf.) 900. n. 1. —
Sonderabdrucke aus: „Sitzungsber. d. k. Akad. d. Wiss."

— dasselbe. Neue Folge. Nr. I—IX. gr. 8. Ebd. n. 14. 40
I. Bericht üb. die Erdbebenbeobachtungen in Lemberg. Von W. Láska. (64 S. m. 8 Fig. u. 1 Taf.) 901. n. 1. 90
II. Allgemeiner Bericht u. Chronik der im J. 1900 im Beobachtungsgebiete eingetretenen Erdbeben. Von Edm. v. Mojsisovics. (114 S. m. 1 Taf.) 901. n. 2. 30
III. Bericht üb. die seismischen Ereignisse des J. 1900 in den deutschen Gebieten Böhmens. Von V. Uhlig. (55 S. m. 1 Fig. u. 5 Taf.) 901. n. 3. —
IV. Bericht üb. die Erdbebenbeobachtungen in Kremsmünster im J. 1900. Von Frz. Schwab. (24 S.) 901. n. — 60
V. Erdbebenstörungen zu Triest, beobachtet am Rebeur-Ehlertschen Horizontalpendel im J. 1900. Von Ed. Mazelle. (52 S.) 901. n. 1. —
VI. Das nordostböhmische Erdbeben vom 10. XII. 1901. Von J. N. Woldřich. Mit 1 Textfig. u. 2 Karten. (IV, 56 S.) 901. n. 1. 60
VII. Erdbeben u. Stosslinien Steiermarks. Von R. Hoernes. (IV, 115 S.) 902. n. 2. 10
Sonderabdrucke aus: „Sitzungsber. d. k. Akad. d. Wiss."
VIII. Die Erdbeben Polens. Des histor. Theiles I. Abth. Von W. Láska. (36 S.) 902. n. — 80
IX. Bericht üb. die Erdbeben-Beobachtungen in Lemberg während des J. 1901. Von W. Láska. Mit 2 Textfig. (55 S.) 902. n. 1. 10

— der Erdbeben-Kommission der kaiserl. Akademie d. Wissenschaften in Wien. Neue Folge. Nr. X.—XXIX. gr. 8. Wien (A. Hölder). n. 26. 90

Benndorf, Hans, über die Art der Fortpflanzung der Erdbebenwellen im Erdinnern. (I. Mitteilg.) (24 S. m. 3 Fig.) 905. (Nr. XXIV.) n. — 60

Faidiga, Adf., das Erdbeben v. Sinj, am 2. VII. 1898. Mit 3 Taf. u. 14 Textfig. (162 S.) 903. (Nr. XVII.) n. 2. 90

Hoernes, R., Berichte über das makedonische Erdbeben vom 4. IV. 1904. (54 S.) 904. (Nr. XXIV.) n. 1. —

— das Erdbeben v. Saloniki am 5. VII. 1902 u. der Zusammenhang der makedonischen Beben m. den tektonischen Vorgängen in der Rhodopemasse. (Mit 1 Karte u. 14 Textfig.) (91 S.) 902. (Nr. XIII.) n. 2. —

— u. Ferd. Seidl, Bericht über das Erdbeben in Untersteiermark u. Krain am 31. III. 1904. (48 S. m. 1 Karte.) 905. (Nr. XXVII.) n. 1. —

Jahresbericht des geodynamischen Observatoriums zu Lemberg f. d. J. 1903, nebst Nachträgen zum Katalog der polnischen Erdbeben, v. Prof. Dr. W. Láska. (26 S.) 905. (Nr. XXVIII.) n. — 60

Knett, J., vorläufiger Bericht über das erzgebirgische Schwarmbeben 1903 vom 13. II. bis 25. III., m. e. Anh. über die Nacherschütterungen bis Anfang Mai. Mit 1 Taf. (27 S.) 903. (Nr. XVI.) n. — 80

— das Erdbeben am böhmischen Pfahl, 26. XI. 1902. Mit 2 Taf. (22 S.) 903. (Nr. XVIII.) n. — 80

Láska, W., über die Berechnung der Fernbeben. (14 S.) 903. (Nr. XIV.) n. — 30

— Bericht üb. die seismologischen Aufzeichngn. des Jahres 1902 in Lemberg. (37 S.) 903. (Nr. XXII.) n. — 70

— über die Verwendung der Erdbebenbeobachtungen zur Erforschung des Erdinnern. Mit 2 Textfig. (13 S.) 904. (Nr. XXIII.) n. — 40

Mazelle, Eduard, Erdbebenstörungen zu Triest, beobachtet am Rebeur-Ehlert'schen Horizontalpendel im Jahre 1901, nebst e. Anh. über die Aufstellung des Vicentini'schen Mikroseismographen. (66 S. m. Abb.) 903. (Nr. XI.) n. 1. 20

— dasselbe, im J. 1902. Mit 1 Textfig. (87 S.) 903. (Nr. XX.) n. 1. 40

— die mikroseismische Pendelunruhe u. ihr Zusammenhang m. Wind u. Luftdruck. Mit 7 Taf. (87 S.) 903. (Nr. XV.) n. 2. 60

Mojsisovics, Edm. v., allgemeiner Bericht u. Chronik der im J. 1901 im Beobachtungsgebiete eingetretenen Erdbeben. Mit 2 Kartenskizzen. (184 S.) 902. (Nr. X.) n. 3. 30

— dasselbe, im J. 1902. Mit e. Anh.: Bericht über die Aufstellung zweier Seismographen im Příbram v. Hans Benndorf. Mit 4 Taf. (161 S.) 903. (Nr. XIX.) n. 2. 60

— dasselbe, im J. 1903. Mit 4 Taf. (161 S.) 904. (Nr. XXV.) n. 3. 40

Schwab, Frz., Bericht über die Erdbebenbeobachtungen in Kremsmünster im J. 1901. (21 S.) 902. (Nr. XII.) n. — 40

— dasselbe, im J. 1902. (23 S.) 903. (Nr. XXI.) n. — 50

— dasselbe, im J. 1903. (15 S.) 904. (Nr. XXVI.) n. — 40

N. F. Nr. I—IX. Jetzt Ebd. 901. 902. n. 14. 40.

— der Erdbeben-Kommission der kaiserl. Akad. der Wissenschaften in Wien. Neue Folge. Nr. 30—38. gr. 8. Wien, A. Hölder. 10. —

Benndorf, Hans, über die Art der Fortpflanzung der Erdbebenwellen im Erdinnern. (II. Mitteilg.) (42 S. m. 9 Fig.) 906. (Nr. 31.) 1. 50

Conrad, Vikt., Beschreibung des seismischen Observatoriums der k. k. Zentralanstalt f. Meteorologie u. Geodynamik in Wien. Mit 4 Textfig. (28 S.) 909. (Nr. 33.)

— Die zeitliche Verteilung der in den österreichischen Alpen- u. Karstländern gefühlten Erdbeben in den J. 1897—1907. (I. Mitteilg.) (23 S. m. 7 Fig.) 909. (Nr. 36.) 1. —

Heritsch, Frz., über das Mürztaler Erdbeben vom 1. V. 1885. Mit 3 Karten u. 1 Textfig. (68 S.) 908. (Nr. 32.) 2. 40

Láska, V., über seismische Laufzeitkurven. (8 S. m. 3 Fig.) 910. (Nr. 38.) — 40

Mazelle, Eduard, Erdbebenstörungen zu Triest, beobachtet am Rebeur-Ehlert'schen Horizontalpendel im J. 1903, nebst e. Übersicht der bisher. 5jährigen Beobachtungsreihe. (3 S.) 906. (Nr. 30.) — 90

Noë, Frz., Bericht üb. das Erdbeben vom 19. II. 1908. Mit 2 Karten. (16 S.) 908. (Nr. 34.) 1. —

Schneider, Rud., über die pulsatorischen Oszillationen (mikroseismische Unruhe) des Erdbodens im Winter 1907/1908 in Wien. (48 S. m. 6 Fig.) 909. (Nr. 35.) 1. 50

Trabert, W., die Geschwindigkeit der Erdbebenwellen in verschied. Tiefen. (8 S. m. 2 Fig.) 909. (Nr. 37.) — 30

MITTHEILUNGEN DER ERDBEBENCOMMISSION DES NATURWISSENSCHAFTLICHEN VEREINS ZU KARLSRUHE.

Heft X. Karlsruhe 1886. Druck und Verlag der G. Braunschen Hofbuchhandlung. 8°
Heft 10. Folge 2. Separat-Abdruck aus den Verhandlungen des Naturwissenschaftlichen Vereins zu Karlsruhe. Mit einer Karte. ib. 1888. —

—— aus d. Gebiete d. theoret. Erdkunde. Hrsg. v. Jul. Fröbel u. Oswald Heer. 1. u. 2. Hft. Lex.-8. Zürich 834, Orell, Füssli u. Comp. [1. (7¾ B. u. 1 Tab. ½ Fol.) 16 Gr., 2. (10 B.) 1 Thlr.]

—— aus d. Gebiete d. theoret. Erdkunde. Hrsg. v. Jul. Fröbel u. Osw. Heer. 1. Bd. (3. u. 4. Hft.) Lex.-8. (20½ B., 1 Tab. u. 3 Stnt.) Zürich 836, Orell, Füssli u. Comp. *

1. u. 2. Hft. Ebendas. 1834. * 1 Thlr. 16 Gr.

—— aus den Erfahrungen eines Londoner Stadtmissionars. 16. (28 S.) Elberfeld 877, (Langewiesche's Buchh.) *

Mittheilungen neuer Erfindungen, Verbesser. u. prakt. Belehrr. f. Seifen- u. Lichtfabrikanten u. Haushaltungen, (von J. Gütle). 2e verm. Ausg. 4. Nürnb. 830. (Leipz., Hinrichs). 3 ß

Mittheilungen über die Ergebnisse der Aufzeichnungen der Gewitterbeobachter im Großherzogthum Mecklenburg-Schwerin. Mit 1 Karte. Vom Großherzogl. Statist. Amt zu Schwerin. Schwerin 1900: (Bärensprung). (74 S.) 4° [06. 8199 4

— über die Ergebnisse der Aufzeichnungen der Gewitterbeobachter im Grossherzogth. Mecklenburg-Schwerin. Vom grossherzogl. statistischen Amt zu Schwerin. gr. 4. (III, 74 S. m. 1 Karte.) Schwerin 900. (Stiller.) n. 2. —

Mitteilungen aus den Ergebnissen der Wohnungs- und Grundstückserhebung in der Stadt Zürich im Oktober/November 1896. Hrg. vom Statistischen Amt der Stadt Z'. Nr. 1—5. 4. Zürich, Buchdr. des Schweiz. Grütlivereins, 1898—1905.

Nr. 1. August 1898. II + VIII S. + S. 1*—24*. 1898. — Nr. 2. Juli 1899. II + IV S. + S. 25*—88*. 1899. — Nr. 3. April 1900. II + III S. + S. 89*—129*. 1900. — Nr. 4. II + IV S. + S. 129*—176*. 1900. — Nr. 5. November 1905. II + III S. + S. 177*—212*. 1905.

— aus den Ergebnissen der Wohnungs- u. Grundstückserhebung in d. Stadt Zürich im Oktbr./November 1896. Hrsg. v. statist. Amt der Stadt Zürich. Nr. 1—5. (VIII, II, IV, III, 212 S.) Lex. 8. Zürich 898—905. (Rascher & Co.) à 1. —

Mittheilungen über Erholungsstätten. H. 1. *Berlin: A. Hirschwald 1903.* 8° [03-13393

Mittheilungen zur Ermunterung d. Gewerbsgeistes in Böhmen, s. Zeitschrift, encyklop., d. Gewerbewesens.

— נפתולי נפתלי — Mittheilungen, erste, aus Naphtali's Briefwechsel, herausg. von Ben Usiel. (Mit Vorrede von Hirsch in Oldenburg.) gr. 8. Altona 838. Hammerich. ½ ß

Mittheilung, erste, der prostant. Freunde in Breslau. gr. 8. (1¼ B.) Breslau 845. (Leuckart.)

—— über Erweckungen in verschiedenen Gegenden. Hrsg. von Marriott. In zwanglosen Blättern. Nr. 1—6. gr. 8. (S. 1—152.) Basel 859,60, (Bahnmaier's Verlagsh.) à Nr. * 2 Ngr. *

Mittheilungen über Erweckungen in verschiedenen Gegenden. Herausg. von Marriott. In zwanglosen Blättern. Nr. 1—6. Basel 859—61. Bahnmaier in Comm. gr. 8. (S. 1—200.) Jede Nr. n. 2 ngr.

Mittheilungen an die Herren Erzbischöfe und Bischöfe von Frankreich und Belgien über die Prophezeiungen des Bruder Hermann und über einige auf diese Prophezeiung bezüglichen Aktenstücke. Pillau 1841. V: *Bouverot, Louis de.* (Sabell, Litt. der sog. Lehninschen Weissagungen. Heilbronn 1879. S. 86.)

—— über Erziehung u. Unterricht, s. Zerrenner, K. C. G.

— des evangel. kirchl. Erziehungs-Vereins der Prov. Westfalen. Hrsg.: Siebold. 1. u. 2. Jahrg. 1901 u. 1902 à 12 Nrn. gr. 8. (à 8 S) Bielefeld. Bethel bei Bielefeld, Buchh. der Anstalt Bethel. à Jahrg. n. — 75
Nicht mehr im Buchhandel.

Mitteilungen, esperantistische. „Esperantaj sciigoj". Organ d. Esperantisten-Gruppe Berlin. Red.: J. Borel. Jahrg. 1904. 10 Nrn. (56 S.) gr. 8. Berlin, Esperanto-Verl. Möller & Borel. n. 1. 50
Fortsetzung s.: Esperantisto, germana.

Mitteilungen. – Ethnologische Mitteilungen aus Ungarn. Zeitschrift für die Volkskunde der Bewohner Ungarns und seiner Nebenländer. Bd 1–9. Budapest. Selbstverl. 1887–1911 4° u. 8°
Red. u. Hrsg. Anton Hermann.

Mitteilungen des Deutschen Excursions-Clubs in *C[K]onstantinopel.* H. 1—3. N. F. 1—6. Bern (N. F.: Cstpl) 1888—1903.

— des deutschen Excursions-Klubs in Konstantinopel. Unter Mitwirkg. mehrerer Fachgelehrten hrsg. v. Gfr. Albert. 1893. 1. Hft. gr. 8. (56 S. m. 1 Taf.) Konstantinopel, O. Keil. n. 2. —

— d. deutschen Excursions-Clubs in Constantinopel. Red.: Gfr. Albert. 2. u. 3. Hft. gr. 8. (40 u. 54 S. m. Abb.) Bern. Constantinopel 889. 91. O. Keil. à n. 2. —

— dasselbe. Unt. Mitwirkg. mehr. Fachgelehrten hrsg. v. Gfr. Albert. Neue Folge. 2. Hft. gr. 8. (44 S. m. Fig. u. 3 Taf.) Ebd. 895. n. 2. —

— dasselbe. Neue Folge. 3. Hft., s.: Mordtmann, A., e. deutsche Botschaft in Konstantinopel anno 1573—1578.

— dasselbe. 1898. IV. Hft. gr. 8. Konstantinopel 898. O. Keil. n. 2. 50
Justinian u. d. Nika-Aufstand 10/19. I. 532. Von A. Mordtmann. (48 S. m. 3 Taf.)

– des deutschen Exkursions-Klubs in Konstantinopel. Unter Mitwirkg. mehrerer Fachgelehrten hrsg. v. Gottfr. Albert. 1903. V. u. VI. Heft. gr. 8. Konstantinopel, O. Keil. n.n. 3. 50
V. (44 S.) n. 2. —
VI. Eine türkische Botschaft an Friedrich den Grossen. Von Ahmed Ressmi Effendi. Aus dem Türk. ins Deutsche übertr. v. Willi Bey-Bolland. (40 S.) n.n. 1. 50
Fortsetzg., s.: Bosporus.

Mitteilungen des nordböhmischen Excursions-Clubs. Jg 1—37. — Böhmisch-Leipa: Hamann 1878—1914.

—— des nordböhmischen Excursions-Clubs. Redig. von A. Paudler. 1. Jahrg. 4 Hefte. gr. 8. (168 S.) Böhm.-Leipa 878, (Hamann.)

—— dass. — 2. Jahrg. 4 Hefte. gr. 8. (220 S.) (Ebendas.) 879.

—— des nordböhmischen Excursions-Clubs. Redig. von A. Paudler. 3.—7. Jahrg. 1880—1884. à Jahrg. 4 Hefte. gr. 8. (258; 288; 320 S. mit 1 Taf.; 336 S. mit 3 Taf.; 336 S. mit 1 Taf.) Böhm.-Leipa, (Hamann.) à Jahrg. *

—— des nordböhmischen Excursions-Clubs. Redig. von A. Paudler und J. Münzberger. 8.—10. Jahrg. 1885—1887. à Jahrg. 4 Hefte. gr. 8. (à Heft ca. 80 S.) Böhm.-Leipa, (Hamann.) à Jahrg. **

—— des nordböhmischen Excursions-Clubs. Redig. v. A. Paudler, J. Münzberger, F. Hantschel. 11.—15. Jahrg. März 1889—Febr. 1893. à Jahrg. 4 Hefte. gr. 8. (à Heft ca. 100 S.) Leipa, (Hamann). à Jahrg. * 2 80

— des nordböhmischen Excursions-Clubs. Red. v. A. Paudler, J. Münzberger, F. Hantschel. 14.—16. Jahrg. März 1891—Febr. 1894. à 4 Hfte. gr. 8. (à Hft. ca. 96 S.) Leipa, (J. Hamann). à Jahrg. n. 2. 80

Mitteilungen des nordböhm. Excursions-Clubs. Red. v. A. Paudler u. F. Hantschel. 17. u. 18. Jahrg. März 1894—Febr. 1896. à 4 Hfte. (à ca. 6 Bog.) gr. 8. Leipa (J. Hamann). à Jahrg. n. 2. 80

— dasselbe. 19.—21. Jahrg. 1896—1898. à 4 Hfte. (à ca. 7 Bog.) gr. 8. Ebd. à Jahrg. n. 2. 80

— dasselbe. Register f. die Jahrgänge XVI—XX, s.: Hantschel, F., zur Durchforschung Nordböhmens.

— des nordböhmischen Excursions-Clubs. Red. v. A. Paudler u. F. Hantschel. 22.—25. Jahrg. 1899—1902. à 4 Hfte. gr. 8. (à ca. 112 S.) Leipa (J. Hamann). à Jahrg. n.n. 3. 40

— des nordböhmischen Exkursions-Klubs. Schriftleitung: A. Paudler u. F. Hantschel. 26.—29. Jahrg. 1903—1906. à 4 Hefte. (408, 428, 472 u. 392 S.) gr. 8. Leipa (J. Hamann). à Jhrg. n.n. 3. 40

Mitteilungen des Exlibrisvereins zu Berlin. Jg 1, H. 1 Görlitz: C. A. Starke 1907. 4° [07. 7691]

—— des österreichisch-ungarischen Export-Vereines. gr. 8. (99 S.) Wien 881, (Gerold und Comp.) *

—— dass. — Jänner 1882. gr. 8. (196 S.) (Ebendas.) 882. *

—— dass. — Jänner 1883. gr. 8. (109 S.) (Ebendas.) 883. **

Mitteilungen für den Mittelrheinischen Fabrikanten-Verein. No 145—161 (1882—1883) [Schluß]. Mainz, 1882—1883.

Mitteilungen der Fabriken-Inspectoren für die Jahre 1875—78. Von 1876 an Veröffentlicht auf Anordnung des Ministers für Handel ... Berlin 1876—79. 8.
Später Amtliche Mittheilungen a. d. Jahresberichten (BBG.; D.)

—— fachmännische, über Theorie und Praxis aus dem Laboratorium und Auskunftsbureau für Bierbrauerei und Malzfabrikation. Hrsg. von Karl Michel. Neue Folge. 1.—5. Jahrg. 1881—1885. à Jahrg. 12 Hefte. gr. 8. (à Heft ca. 20 S. mit eingedr. Holzschn.) München, Verlag der Brauerschule.
Neue Jahrg. nur an Mitglieder, ältere Jahrg. werden zu à *ℳ 8. verkauft.

— fachwissenschaftliche, d. Berliner Schneider-Akademie v. Rudolf Maurer. Fach-Organ der Militär- u. Regiments-Schneider. Red.: Alfr. Maurer. 7. Jahrg. 1904. 12 Nrn. (à ca. 16 S. m. Abbildgn.) 4. Mit Modebild: The Gentleman. 10 Monatsbilder in Kupferdr. auf China-Karton u. 1 Rahmen 46,5 × 32 cm. Berlin, R. Maurer. n.n. 24. —; m. Modebild: Internationale Moden. Ausg. A. 2 Albums, 2 Saisonbilder u. 10 Monatsbilder in autotypograph. Farbendr. 50 × 32 cm. n.n. 12. —; Ausg. B. 2 Saisonbilder u. 2 Albums n.n. 8. —; m. the Gentleman u. Internationale Moden, Ausg. A zusammen n.n. 30. —

Fachwissenschaftliche Mitteilungen der Berliner Schneider-Akademie von Rudolf Maurer
Jg. 14—24. Berlin, Rudolf Maurer 1914—1921.
Fortges. u. d. T. Carré-System. Fachwissenschaftliche Mitteilungen. Jg. 25—35. Berlin, Rudolf Maurer 1922—1932.
Mit Abb. 2°
1. Jg. 1900.

Mitteilungen zum Fahnen- und Gauturnfeste 8.—9. 7. 1882 in Stockerau, Nr. 1 u. 2, Stockerau 1882, 17 S., 8°. 2 Bde.

— aus der medicinischen Facultät der kaiserl. japanischen Universität. 1. Bd. 5 Nrn. 4. Tokio. (Berlin, R. Friedländer & Sohn.) n.n 27 —
1. (III, 145 S. m. 14 z. Tl. farb. Taf.) 887. n.n. 8. —
2. (S. 117—229 m. 7 Taf.) 888. n.n. 6. —
3. (S. 231—311 m. 1 farb. Taf.) 889. n.n. 6. —
4. (S. 312—374 m. 2 Tab.) 890. n.n. 3. —
5. (IV u. S. 375 415 m. 3 farb. Taf.) 892. n.n. 4. —

— dasselbe. 2. Bd. Nr. 1. 4. (249 S. m. 6 Tab. u. 5 z. Tl farb. Taf.) Ebd. 893. n.n. 12. —

Mitteilungen aus der medicinischen Facultät der Kaiserlichen Japanischen Universität zu Tokio Tokio 1903 bis 1909 Bd. 6 bis 8. 4 Bde.

— aus der medicinischen Facultät der kaiserl.-japanischen Universität zu Tokyo. VI. Bd. 4 Nrn. (III, 396 S. m. Abbildgn., 9 Tab. u. 18 Tab.) Lex.-8. Tokyo 903—905. (Berlin, R. Friedländer & Sohn.) n.n. 26.—

— aus der medizinischen Fakultät der kaiserl japanischen Universität zu Tokyo. VII. Bd. Nr. 1—4 (S. 1—604 m. Abb., 27 [5 farb. Taf.] u. 1 Tab.) Lex. 8 Tokyo 906. 07. (Berlin, R. Friedländer & Sohn.) nn 39. —

Mitteilungen zu den Familiengeschichten der Glafey, Hasenclever, Mentzel und Gerstmann sowie deren Seitenverwandten. Jg. 1, Nr 1 (Groitzsch) 1910. (Reichardt). 4° [10. 1531 2]

— aus dem Mitzschkeschen Familien-Verbande. Schriftleiter: Paul Mitzschke. 1.—3. Stück. Septbr. 1908, Oktbr. 1909 u. Juli 1910. (S. 1—28 m. 1 Stammtaf. u. 4 eingedr. Bildnissen.) 8. Weimar, (A. Zuckschwerdt). à — 50

—— üb. die in den meisten Erziehungsanstalten der franz. Schweiz herrschenden pädagog. Fehlgriffe u. Mängel. Eine warnende Stimme für Eltern, denen das Wohl ihrer Kinder am Herzen liegt. 2., unveränd. Abdruck. 12. (2⅛ B.) Baden 846, Zehnder. *

MITTHEILUNGEN DES HANNOVERSCHEN FELDMESSER-VEREINS aus dem Jahre 1884. (Autographirt.) s. l. & a. 4°.

Mittheilungen für die öffentlichen Feuerversicherungs-Anstalten. Herausgegeben vom Bureau des Verbandes öffentlicher Feuerversicherungs-Anstalten in Deutschland. Münster i. W. Jährl. 14 No. (Nicht im Handel.)

Mitteilungen f. d. öffentl. Feuerversich.-Anstalten. 1870-1900. 4° Merseburg 1870-1900

Mitteilungen für die öffentlichen Feuerversicherungsanstalten. *[Wird fortges.]*
Sachregister zu den Jgen 1865—1906. (17—38. Jg.) Merseburg 1907

Mitteilungen f. d. öffentl. Feuerversicherungsanst. 1901-07. 4° Merseburg 1901-07

Mitteilungen f. d. öffentl. Feuerversicherungsanst. 1908-13. 4° Merseburg 1908-13

Mittheilungen aus dem Gebiete des Feuer-Versicherungswesens, dessen gesammter Technik, insbesondere des Entstehens, Verhinderns und Löschens von Bränden, so wie der Feststellung von Brandschäden durch Sachverständige. Zum Gebrauch für Beamte, Agenten von Feuer-Versicherungs-Anstalten, Baumeister und Techniker. Von Ludw. Hoffmann. 1. und 2. Jahrg. à 6 Hefte. gr. 8. Berlin 855—56, (K. Wiegandt.) à Jahrg. *

—— aus dem Gebiete des Feuer-Versicherungswesens, des Entstehens, Verhinderns und Löschens von Bränden, so wie der Feststellung von Brandschäden durch Sachverständige, als eines der bedeutendsten Zweige der National-Oekonomie in Beziehung auf Construction, Dauer, Anwendung und Entwerthung aller Gegenstände der gesammten Technik und der Baufächer. Zum Gebrauch für Verwaltungs- und Polizei-Behörden, für Feuer-Versicherungs-Anstalten, für Baumeister und Techniker. Von Ludw. Hoffmann. 3. Jahrg. 1857. 6 Hefte. gr. 8. (1. Heft 56 S. mit eingedr. Holzschn. und 1 Stnt. in qu. Fol.) Berlin 857, (Wiegandt und Hempel.) *
1. und 2. Jahrg. (Ebendas.) 1855,56. à Jahrg. * 2 Thlr. 15 Ngr.
Ist nicht fortgesetzt worden.

— über den 7. deutschen Feuerwehrtag zu Braunschweig. Mit in den Text eingedr. Holzst. Braunschweig 869. Vieweg & Sohn. gr. 4. (47 S.) n. 16 *ngr.*

— d. k. k. Finanz-Ministeriums. 1. Jahrg. 3 Hfte. Lex.-8. (168, 176 u. 234 S. m. 2 graph. Taf.) Wien 895. (Hof- u. Staatsdruckerei.) n. 15. —

— dasselbe. II. Jahrg. 5 Hfte. Lex.-8. (V, 918 S.) Ebd. 896. n. 24. —

— dasselbe. III. Jahrg. 3 Hfte. Lex.-8. (II, II, 640 S.) Ebd. 896. 97. à n. 5. —

— dasselbe. Red. im Präsidial-Bureau d. k. k. Finanz-Ministeriums. IV. Jahrg. 1.—3. Hft. Lex.-8. (S. 1—718 m. 7 graph. Taf.) Ebd. 898. n. 12. —

— des k. k. Finanz-Ministeriums. Red. im Präsidial-Bureau des k. k. Finanz-Ministeriums. IV. Jahrg. 4. Hft. Lex.-8. (IV u. S. 719—1031 m. 3 Tab.) Wien 899. (Hof- u. Staatsdruckerei.) n. 3. —;
(4. Jahrg. kplt. n. 15. —)

— dasselbe. 5. Jahrg. 5 Hfte. Lex.-8. (IV, 1226 S.) Ebd. 899. n. 13. —

— dasselbe. 6. Jahrg. 6 Hfte. Lex.-8. (2100 S. m. Abb. u. 7 Taf.) Ebd. 900. n. 20. —

— dasselbe. 7. Jahrg. 1.—3. Hft. Lex.-8. (S. 1—1609.) Ebd. 901. n. 11. —

— dasselbe. 8. Jahrg. 4 Hfte. Lex.-8. (1945 S. m. 10 Taf.) Ebd. 902. n. 14. 50

— des k. k. Finanz-Ministeriums. Red. im Präsidial-Bureau des k. k. Finanz-Ministeriums. 9.—11. Jahrg. Lex.-8. Wien (Hof- u. Staatsdruckerei.) n. 56. —
9. 4 Hefte. (2173 S. m. 13 z. Tl. farb. Taf.) 903. n. 15. —
10. 3 Hefte. (VI, 1977 S. m. 21 z. Tl. farb. Taf.) 904. n. 17. —
11. 3 Hefte. (1609 S. m. Tab.) 905. n. 24. —

— dasselbe. 12. Jahrg. 1. Heft. (S. 1—579.) Lex.-8. Ebd. 906. n. 8. —

— des k. k. Finanzministeriums. Red. im Präsidialbureau des k. k. Finanzministeriums. 12. Jahrg. 2. u. 3. Heft; 13. Jahrg. 2 Hefte; 14. Jahrg. 1. Heft; 15. Jahrg. 2 Hefte u. 16. Jahrg. 1. Heft. Lex. 8. Wien (Hof- u. Staatsdruckerei). 70. —
12. II. III. (S. 581—1551.) 906. 16. —
13. I. II. (847 S.) 907. 12. —
14. I. (590 S.) 908. 12. —
15. I. II. (1101 S.) 909. 20. —
16. I. (621 S.) 910. 10. —

—— über neue und erloschene **Firmen**, Commissions-Veränderungen etc. im deutschen Buchhandel von Adph. Büchting. Jahrg. 1872—1874. à Jahrg. 12 Nrn. gr. 8. (à Nr. 4 S.) Nordhausen, Büchting. [Leipzig, Leiner.] à Jahrg. **

—— über neue und erloschene **Firmen**, Commissions-Veränderungen etc. im deutschen Buchhandel von Adph. Büchting. Jahrg. 1875. 12 Nrn. gr. 8. (à Nr. 1½ Bog.) Nordhausen, Büchting. **
Fortsetzung, s. Mittheilungen über neue und erloschene Buchhandlungen.

—— über neue, veränderte und erloschene **Firmen**, Theilhaber-Aufnahme und Ausscheidung, Procura-Ertheilungen, Vertreter-Aenderungen u. s. w. im Buch-, Kunst- und Musikalienhandel. Begründet von † Adph. Büchting, fortgesetzt von Osk. Leiner. 13. Jahrg. 1885. 12 Nrn. (à Nr. ¼ Bog.) gr. 8. Leipzig, Leiner. **
Die vorhergehenden Jahrgänge erschienen u. d. T.: Mittheilungen über neue und erloschene Buchhandlungen etc.

—— dass. — Hrsg. von Osk. Leiner. 14.—16. Jahrg. 1886—1888. à Jahrg. 12 Nrn. (à Nr. ¼ Bog.) gr. 8. Ebendas. à Jahrg. **

—— über neue, veränderte u. erloschene **Firmen**, Theilhaber-Aufnahme u. -Ausscheidung, Procura-Ertheilungen, Vertreter-Aenderungen u. s. w. im Buch-, Kunst- u. Musikalienhandel. Hrsg. v. Osk. Leiner. 17.—20. Jahrg. 1889—1892. à Jahrg. 12 Nrn. (à Nr. ¼ Bog.) gr. 8. Lpz., Leiner. à Jahrg. ** 1 50

Mittheilungen. – Fischer's Mittheilungen für den deutsch-amerikanischen Buch- und Musikalienhandel. München Wenger 1879–(1900). 8°
Red. Georg Wenger

Mitteilungen. – Fischer's Mitteilungen für Buch- und Zeitschriftenhändler Leipzig. Fischer 1897–(1901). 8°

Mitteilungen. – Fischer's Mitteilungen für Kolportage-, Export- und buchhändlerische Reisegeschäfte Leipzig Fischer 1897–1901 8°

Mitteilungen des Fischerei-Vereins für die Provinz Brandenburg *[Wird fortges.]*

— des deutschen Fischerei-Vereins, s.: Zeitschrift f. Fischerei.

Mitteilungen des österreichischen Fischereivereins 1–23 Wien Fromme 1881–1903 8°
Red. Heinrich v Kadisch
Fortges. u.d T Oesterreichische Fischerei-Zeitung. 1904 ff

— d. österr. Fischerei-Vereines. Offic. Organ der niederösterreich. Fischereirevierausschüsse. Red.: Heinr. v. Kadich. 18. Jahrg. Neue Folge. 1898. 10 Nrn. (à ca. 1 Bog.) gr. 8. Wien (C. Fromme). n. 4.—

— des österr. Fischerei-Vereines. Officielles Organ der niederösterreich. Fischereirevierausschüsse. Red.: Heinr. v. Kadich. 19.—22. Jahrg. Neue Folge. 1899—1902. à 10 Nrn. gr. 8. (à ca. 16 S.) Wien (C. Fromme). à Jahrg. n. 4.—

— des österr. Fischerei-Vereines. Offizielles Organ der niederösterreich. Fischereirevierausschüsse. Red.: Heinr. v. Kadich. 23. Jahrg. Neue Folge. 1903. 10 Nrn. (à ca. 16 S.) gr. 8. Wien (I, Scheuflerg. 6). Administration d. österr. Fischereizeitung. n. 4.—
Fortsetz., s.: Fischerei-Zeitung, österreichische.

— des westpreuß. Fischerei-Vereins. Red.: Seligo. 1. Jahrg. Juli 1886 — Decbr. 1887. 9 Nrn. Lex.-8. (172 S.) Danzig, (Saunier). n. 2. 50

— dasselbe. 2. Jahrg. 1888. 6—8 Nrn. (à ca. 2 B.) Lex.-8. Ebd. n. 2. 50

— des westpreußischen Fischerei-Vereines. Red: Seligo u. Fink 2. Bd. 1888—1889. 8 Nrn. Lex.-8. (208, 15, 32, 14 u. 32 S. m. Abbildgn.) Danzig, (L. Saunier). n. 4.—

— dasselbe. 3. Bd. 1890—1891. 12 Nrn. Lex.-8. (ca. 240 S. m. Tab., Abbildgn. u. 1 Karte.) Ebd. n. 8.—

— dasselbe. 4. u. 5. Bd. 1892. 1893. Lex.-8. (à ca. 80 S.) Ebd. à n. 4.—

— d. westpreußischen Fischerei-Vereins. Red. v. Seligo. 6.—10. Bd. 1894—1898. gr. 8. (100, 90, 108, 84 u. 120 S.) Danzig (L. Saunier). à Bd. n. 5.—

— des westpreußischen Fischerei-Vereins. Red. v. Seligo. 11.—14. Bd. 1899—1902. gr. 8. (III, 88 S.; III, 140 S. m. 2 Taf.; III, 68 u. III, 136 S.) Danzig (L. Saunier). à Bd. n. 5.—

— des westpreußischen Fischerei-Vereins. Red. v. Seligo. 15.—18. Bd. Jahrg. 1903—1906. (IV, 72 S. m. 1 Karte; IV, 76 S. m. 7 Abb.; IV, 64 u. IV, 76 S.) gr. 8. Danzig (L. Saunier). à Bd. n. 5.—

— über Fischereiwesen. Organ d. bayer. Fischerei-Vereines. Red.: M. Eisenberger. 1. Jahrg. 1876. 6 Nrn. (½ B.) Lex.-8. München. (Th. Ackermann.) n n. 1

— über Fischereiwesen. Organ des bayerischen Fischerei-Vereines. Red.: M Eisenberger. 2. u. 3. Jahrg. 1877 u. 1878. à ca. 8 Nrn. (½ B.) Lex.-8. München, (Th. Ackermann). à Jahrg. n.n. 1. 50
cf.: Fischerei-Zeitung, bayerische.

MITTHEILUNGEN ÜBER FLORA, GESELLSCHAFT FÜR BOTANIK UND GARTENBAU IN DRESDEN.
Im Auftrage der Gesellschaft herausgegeben von CARL TRAUGOTT SCHRAMM.
Bd. 1. Dresden und Leipzig 1848. Comm. der Arnold'schen Buchhandung. 8°
Heft 1 Nebst einem Vorworte von LUDWIG REICHENBACH. ib. 1841. —
Heft 2—4. ib. 1842—1848. —
Bd. 2 Heft 1—2. ib. 1852—1855. Comm. bei Woldemar Türk.
Im Auftrage der Gesellschaft redigirt und herausgegeben von KARL FRIEDRICH EHRIG.
Bd. 3. Heft 1 ib. 1864.

— über Flora, Gesellschaft für Botanik und Gartenbau, in Dresden. Im Auftrage der Gesellschaft herausgeg. von Carl Traug. Schramm. 1.—3. Heft. gr. 8. Dresden und Leipzig 841—43. (Arnoldische Buchh.) à n. ½ ₰

— üb. Flora, Gesellschaft für Botanik u. Gartenbau in Dresden. Im Auftrage der Gesellschaft herausg. v. Carl Traug. Schramm. (1. Bd.) 4. Hft. gr. 8. (IV u. 107 S.) Leipzig 848, Arnold in Comm. n. ½ ₰ — 2. Bd. 1. Hft. gr. 8. (IV u. 135 S.) Dresden 852, Türk in Comm. n. 18 ngr.

— über Flora, Gesellschaft für Botanik und Gartenbau in Dresden. Im Auftrage der Gesellschaft herausg. von Carl Traug. Schramm. 2. Bd. 2. Heft. Dresden 855. Türk in Comm. gr. 8. (IV, 119 S.) n. 18 ngr.

— über Flora, Gesellschaft f. Botanik u. Gartenbau in Dresden. Im Austr. d. Gesellschaft red. u. hrsg. v. d. dermal. Secretär derselben Karl Frdr. Ehrig. 3. Bds. 1. Hft. gr. 8. (III, 160 S.) Dresden 864. H. Burdach. n.n. 3.—

— aus d. Gebiete d. Flora u. Pomona, s. Reichenbach, H. G. L.

Mitteilungen des Deutschen Flotten Vereins 1909/10 ff. Berlin (1910) 8.

Rheinisch-Westfälischer Frauenverband. — **Mitteilungen** zur Förderung der Verbandsinteressen. (1907–1920: Mitteilungen d. Rhein.-Westfäl. Frauenverbandes. Hrsg. v. Elsbeth Krukenberg. Beil. z. Centralblatt d. Bundes dt. Frauenvereine.) Jg. 1 ff. — Kreuznach 1903 ff.: Welter; 1907–1920: Leipzig: Teubner. 4°

— aus dem Gebiete historisch-antiquar. Forschungen; herausgeg. v. d. Thüring. Sächs. Verein f. Erforschungen des vaterländ. Alterthums. 1s Heft. — A. u. d. T.: C. P. Lepsius, über d. Alterthum u. die Stifter des Doms zu Naumburg u. deren Statuen in westl. Chor. Mit 10 Kpfrt. gr. 4. Naumb. 822, Bürger.

— dess. 2s Heft. A. u. d. T.: A. Koberstein, über d. wahrscheinl. Alter u. d. Bedeutung des Gedichts von Wartburger Kriege. gr. 8. Naumb 823, Bürger.

— dess. 3s Heft — A. u. d. T.: Ludw. Fr. Hesse, Gesch. des Schlosses Rothenburg in der untern Herrschaft des Fürstenth. Schwarzburg-Rudolstadt. Mit 2 Kpfrn. gr. 4. Naumb. 823, Bürger.

— dess. 4s Heft. — A. u. d. T.: C. P. Lepsius, die Ruinen d. Rudelsburg u. des Schlosses Saaleck in ihren histor. Beziehungen dargestellt, mit urkundl. Beil. u. Zeichn., auch einem doppelten Anh. Mit 6 Kpfrn. gr. 4. Naumburg 824, Bürger.

— dess 5s Heft. A. u. d. T.: Wilhelm, (Aug. Bened.,) Gesch. d. Klosters Memleben in Thüringen. 1e Abthlg. gr. 4. Naumburg 827, Bürger.

Fortges. u. d. T.. Neue Mittheilungen. Halle 1834 ff

— über Forschungsarbeiten auf dem Gebiete des Ingenieurwesens, insbesondere aus den Laboratorien der techn. Hochschulen, hrsg. vom Vereine deutscher Ingenieure. 1.—6. Hft. Lex.-8. Berlin (J. Springer). à n. 1.—

1. (IV, 75 S. m. Abbildgn. u. 4 Taf.) 901. — 2. (III, 73 S. m. Abbildgn.) 901. — 3. (IV, 64 S. m. Abb. u. 4 Taf.) 901. — 4. (III, 68 S. m. Abb.) 902. — 5. (III, 54 S. m. Abb.) 902. — 6. (III, 65 S. m. Abb. u. 9 Taf.) 902.

Mitteilungen über Forschungsarbeiten auf dem Gebiete des Ingenieurwesens, insbesondere aus den Laboratorien der technischen Hochschulen, hrsg. vom Verein deutscher Ingenieure. 7.—34. Heft. Lex.-8. Berlin, (J. Springer.) à n. 1.—

7. (III, 86 S. m. Abb. u. 1 Taf.) 903. — 8. (III, 107 S. m. Abb.) 903. — 9. (III, 83 S. m. Abb. u. 2 Taf) 903. — 10. (III, 63 S. m. Abb.) 903. — 11. (III, 73 S. m. Abb.) 903. — 12. III, 95 S. m. Abb.) 903. — 13. III, 98 S. m. Abb.) 904. — 14—16. (VI, 206 S. m. Abb.) 904. — 17. (III, 83 S. m Abb. u. 5 Taf.) 904. — 18. (III, 100 S. m. Abb. u. 1 Tab.) 904. — 19. (III, 94 S. m. Abb., 1 Taf. u. 3 Tab.) 904. — 20. (III, 72 S. m. Abb. u. 7 Taf.) 904. — 21. (III, 108 S. m. Abb. u. 1 Taf.) 905. — 22. (III, 72 S. m. Abb.) 905. — 23. (III, 85 S. m. Abb.) 905. — 24. (III, 86 S. m. Abb. u. 3 Taf.) 905. — 25. (III, 97 S. m. Abb. u. 1 Taf.) 905. — 26. 27. (III, 139 S. m. Abb) 905. — 28. (III, 80 S. m. Abb. u. 4 Taf.) 905. — 29. (III, 78 S. m. Abb. u. 1 Taf.) 905. — 30. (III, 77 S. m. Abb.) 906. — 31 (III, 80 S. m. Abb.) 906. — 32. (III, 86 S. m. Abb. u. 4 Taf.) 906. — 33. (III, 76 S m. Abb. u. 2 Taf.) 906. — 34. (III, 68 S. m. Abb. u. 2 Taf.) 906.

Mitteilungen üb. Forschungsarbeiten auf dem Gebiete des Ingenieurwesens, insbesondere aus den Laboratorien der technischen Hochschulen, hrsg. vom Verein deutscher Ingenieure. 35—53. Heft. Lex. 8. Berlin. (J. Springer). à 1 —

35. 36. (III, 152 S. m. Abbildgn. u. Taf.) 906. — 37. (III, 98 S. m. Abbildgn. u. 1 Taf.) 907. — 38. (III, 45 S. m. Abbildgn. u. 1 Tab.) 907. — 39. (III, 56 S. m. Abbildgn. u. 9 Tab.) 907. — 40. (III, 62 S. m. Abbildgn.) 907. — 41. (III, 66 S. m. Abbildgn.) 907. — 42. (III, 64 S. m. Abb.) 907. — 43. (III, 60 S. m. Abbildgn.) 907. — 44. (IV, 59 S. m. Abbildgn.) 907. — 45—47. (III, 162 S. m. Abbildgn., 2 Taf. u. 47 Tab.) 907. — 48. (III, 68 S. m. Abbildgn.) 907. — 49. (III, 58 S. m. Fig.) 908. — 50. (III, 57 S m. Fig.) 908. — 51. 52. (III, 106 S. m. Fig. u. 12 Taf.) 908. — 53. (III, 64 S. m. Fig.) 908.

Mitteilungen über Forschungsarbeiten auf dem Gebiete des Jngenieurwesens. Hrsg. vom Verein deutscher Jngenieure. Berlin

Von H. 147. 1914 ab: **Forschungsarbeiten** auf dem Gebiete des Jngenieurwesens.

Nebst: Verzeichnis der Mitteilungen ...
[1.] (Umfass. Heft 1—117). 1912
[2.] (Umfass. Heft 1—139). 1913

H. 1. Bach, C: Untersuchungen über den Unterschied der Elastizität von Hartguß (abgeschrecktem Gußeisen) und von Gußeisen gewöhnlicher Härte.
Bach, C: Zur Frage der Proportionalität zwischen Dehnungen und Spannungen bei Sandstein.
Bach, C: Versuche über die Abhängigkeit der Festigkeit und Dehnung der Bronze von der Temperatur.
Bach, C: Versuche über das Arbeitsvermögen und die Elastizität von Gußeisen mit hoher Zugfestigkeit.
Bach, C: Versuche über die Druckfestigkeit hochwertigen Gußeisens und über die Abhängigkeit der Zugfestigkeit desselben von der Temperatur.
Bach, C: Untersuchung über die Temperaturverhältnisse im Jnnern eines Lokomobilkessels während der Anheizperiode. 1901

H. 2. Striibeck: Kugellager für beliebige Belastungen.
Göpel, F: Die Bestimmung des Ungleichförmigkeitsgrades rotierender Maschinen durch das Stimmgabelverfahren.
Holborn, L., und W. Dittenberger: Wärmedurchgang durch Heizflächen.
Lüdicke, A: Versuche mit einem Lufthammer. 1901

H. 3. Meyer, E: Untersuchungen am Gasmotor.
Martens, A: Zugversuche mit eingekerbten Probekörpern.
Werkzeugstahl-Ausschuß: Schnelldrehstahl. 1901

H. 4. Bach, C: Versuche über die Abhängigkeit der Zugfestigkeit und Bruchdehnung der Bronze von der Temperatur.
Lindner, Georg: Dampfhammer-Diagramme.
Bach, C: Eine Stelle an manchen Maschinenteilen, deren Beanspruchung auf Grund der üblichen Berechnung stark unterschätzt wird.
Körting, E: Untersuchungen über die Wärme der Gasmotorenzylinder.
Claassen, H: Die Wärmeübertragung bei der Verdampfung von Wasser und von wässrigen Lösungen. 1902

H. 5. Bach, C: Die Elastizität der an verschiedenen Stellen einer Haut entnommenen Treibriemen.
Staus, A: Beitrag zur Wärmebilanz des Gasmotors.
Pfarr, A: Bremsversuche an einer New American-Turbine.
Bach, C: Zur Frage des Wärmewertes des überhitzten Wasserdampfes. 1902

H. 6. Schröder, Rud.: Versuche zur Ermittlung der Bewegungen und Widerstandsunterschiede großer gesteuerter und selbsttätiger federbelasteter Pumpen-Ringventile.
Westberg, N: Schneckengetriebe mit hohem Wirkungsgrade.
Frahm, Hermann: Neue Untersuchungen über die dynamischen Vorgänge in den Wellenleitungen von Schiffsmaschinen mit besonderer Berücksichtigung der Resonanzschwingungen. 1902

H. 7. Stribeck, R: Die wesentlichen Eigenschaften der Gleit- und Rollenlager.
Schröter, M: Untersuchung einer Tandem-Verbundmaschine von 1000 PS.
Austin, L: Über den Wärmedurchgang durch Heizflächen. 1903

H. 8. Langen, A: Untersuchungen über die Drücke, welche bei Explosionen von Wasserstoff und Kohlenoxyd in geschlossenen Gefäßen auftreten.
Meyer, E: Untersuchungen am Gasmotor. 1903

H. 9. Lasche, O: Die Reibungsverhältnisse in Lagern mit hoher Umfangsgeschwindigkeit.
Dittenberger, W: Über die Ausdehnung von Eisen, Kupfer, Aluminium, Messing und Bronze in hoher Temperatur.
Bach, C: Die Elastizitäts- und Festigkeitseigenschaften der Eisensorten, für welche nach dem vorhergehenden Aufsatz die Ausdehnung durch die Wärme ermittelt worden ist.
Bach, C: Versuche zur Klarstellung der Verschwächung zylindrischer Gefäße durch den Mannlochausschnitt. 1903

H. 10. Günther, E: Verfahren zur Gewinnung von Kupfer und Nickel aus kupfer- und nickelhaltigen Magnetkiesen.
Grübler, M: Versuche über die Festigkeit von Schmirgel- und Karborundumscheiben.
Klein, L: Reibungsziffern für Holz und Eisen. 1903

H. 11. Schmidt, M: Untersuchungen über die Umlaufbewegung hydrometrischer Flügel.
Bach, C., und E. Roser: Untersuchung eines dreigängigen Schneckengetriebes.

Frank, Albert: Neuere Ermittlungen über die Widerstände der Lokomotiven und Bahnzüge mit besonderer Berücksichtigung grösserer Fahrgeschwindigkeiten.
Bach, C: Abhängigkeit der Wirksamkeit des Ölabscheiders von der Beschaffenheit des den Dampfzylindern zugeführten Öles. 1903

H. 12. Lewicki, E: Die Anwendung hoher Überhitzung beim Betrieb von Dampfturbinen. 1904

H. 13. Grießmann, A: Beitrag zur Frage der Erzeugungswärme des überhitzten Wasserdampfes und sein Verhalten in der Nähe der Kondensationsgrenze.
Diegel: Der Einfluss von Ungleichmäßigkeiten im Querschnitte des prismatischen Teiles eines Probestabes auf die Ergebnisse der Zugprüfung.
Schimanek, E: Versuche mit Verbrennungsmotoren.
Stribeck, R: Der Warmzerreißversuch von langer Dauer. Das Verhalten von Kupfer. 1904

H. 14 bis 16. Berner, Otto: Die Erzeugung des überhitzten Wasserdampfes. 1904

H. 17. Meyer, E: Versuche an Spiritusmotoren und am Diesel-Motor.
Pfarr: Bremsversuche an einer Radialturbine.
Bach, C: Versuche mit Granitquadern zu Brückengelenken. 1904

H. 18. Schlesinger, G: Die Passungen im Maschinenbau.
Brauer, E: Leistungsversuche an Linde-Maschinen.
Büchner, K: Zur Frage der Lavalschen Turbinendüsen. 1904

H. 19. Schröter, M., und A. Koob: Untersuchung einer von van den Kerchove in Gent gebauten Tandemmaschine von 250 PS.
Gutermuth, M. F: Versuche über den Ausfluß des Wasserdampfes.
Gutermuth, M. F: Die Abmessungen der Steuerkanäle der Dampfmaschinen.
Strahl: Vergleichende Versuche mit gesättigtem und mäßig überhitztem Dampf an Lokomotiven. 1904

H. 20. Bach, C: Versuche mit Sandsteinquadern zu Brückengelenken.
Stahl, H: Untersuchung des Auslaufweges elektrischer Aufzüge. 1904

H. 21. Berner, O: Die Fortleitung des überhitzten Wasserdampfes.
Knoblauch, O., R. Linde, H. Klebe: Die thermischen Eigenschaften des gesättigten und des überhitzten Wasserdampfes zwischen 100° und 180° C. T. 1.
Linde, R: Die thermischen Eigenschaften des gesättigten und des überhitzten Wasserdampfes zwischen 100° und 180° C. T. 2.
Lorenz, H: Die spezifische Wärme des überhitzten Wasserdampfes. 1905

H. 22. Bach, C: Versuche über den Gleitwiderstand einbetonierten Eisens.
Klein, L: Über freigehende Pumpenventile.
Fuchs, P: Der Wärmeübergang und seine Verschiedenheiten innerhalb einer Dampfkesselheizfläche. 1905

H. 23. Baum und Hoffmann: Versuche an Wasserhaltungen (Dampfwasserhaltung der Zeche Victor, hydraulische Wasserhaltung der Zeche Dannenbaum, Schacht II, und elektrische Wasserhaltungen der Zechen Victor A. von Hansemann und Mansfeld). 1905

H. 24. Klemperer, H: Versuche über den ökonomischen Einfluß der Kompression bei Dampfmaschinen.
Bach, C: Versuche über die Festigkeitseigenschaften von Stahlguß bei gewöhnlicher nud bei höherer Temperatur. 1905

Mitteilungen über Forschungsarbeiten ... (Forts.)

H. 25. Häußer, F: Untersuchungen über explosible Leuchtgas-Luftgemische.
Föttinger, H: Effektive Maschinenleistung und effektives Drehmoment und deren experimentelle Bestimmung (mit besonderer Berücksichtigung großer Schiffsmaschinen). 1905

H. 26 und 27. Roser, E: Die Prüfung der Jndikatorfedern.
Wiebe, H. F., und R. Schwirkus: Beiträge zur Prüfung von Jndikatorfedern.
Staus, A: Einfluß der Wärme auf die Jndikatorfeder.
Schwirkus, R: Über die Prüfung von Jndikatorfedern.
Schwirkus, R: Auf Zug beanspruchte Jndikatorfedern. 1905

H. 28. Loewenherz, B., und A. H. van der Hoop: Wirbelstromverluste im Ankerkupfer elektrischer Maschinen.
Bach, C: Versuche über die Festigkeitseigenschaften von Flußeisenblechen bei gewöhnlicher und höherer Temperatur. 1905

H. 29. Bach, C: Druckversuche mit Eisenbetonkörpern.
Bach, C: Die Änderung der Zähigkeit von Kesselblechen mit Zunahme der Festigkeit.
Bach, C: Zur Kenntnis der Streckgrenze.
Bach, C: Zur Abhängigkeit der Bruchdehnung von der Meßlänge.
Bach, C: Versuche über die Verschiedenheit der Elastizität von Fox- und Morison-Wellrohren. 1906

H. 30. Berg, H: Die Wirkungsweise federbelasteter Pumpenventile und ihre Berechnung.
Richter, F: Das Verhalten überhitzten Wasserdampfes in der Kolbenmaschine. 1906

H. 31. Bach, C: Versuche zur Ermittlung der Durchbiegung und der Widerstandsfähigkeit von Scheibenkolben.
Stribek, R: Warmzerreißversuche mit Durana-Gußmetall. Gesichtspunkte zur Beurteilung der Ergebnisse von Warmzerreißversuchen.
Wendt, K: Untersuchungen an Gaserzeugern. 1906

H. 32. Richter, Fritz L: Thermische Untersuchung an Kompressoren.
Studniarski, J. v: Über die Verteilung der magnetischen Kraftlinien im Anker einer Gleichstrommaschine. 1906

H. 33. Wagner, G: Apparat zur strobographischen Aufzeichnung von Pendeldiagrammen.
Wiebe, H. F: Der Temperaturkoeffizient bei Jndikatorfedern.
Bach, C: Versuche über die Elastizität von Flammrohren mit einzelnen Wellen.
Bach, C: Die Bildung von Rissen in Kesselblechen.
Bach, C: Versuche über die Drehungsfestigkeit von Körpern mit trapezförmigem und dreieckigem Querschnitt. 1906

H. 34. Köhler, G. W: Die Rohrbruchventile. Untersuchungsergebnisse und Konstruktionsgrundlagen.
Wiebe, H. F., und A. Leman: Untersuchungen über die Proportionalität der Schreibzeuge bei Jndikatoren. 1906

H. 35 und 36. Adam, Julius: Über den Ausfluß von heißem Wasser.
Ott, Ludwig: Untersuchungen zur Frage der Erwärmung elektrischer Maschinen. I. Wärmeleitvermögen der lamellierten Armatur. II. Erwärmungsgleichungen für Feldspulen.
Knoblauch, Oscar, und Max Jakob: Über die Abhängigkeit der spezifischen Wärme *cp* des Wasserdampfes von Druck und Temperatur. 1906

H. 37. Bendemann, F: Über den Ausfluß des Wasserdampfes und über Dampfmengenmessung.
Möller, Paul: Untersuchungen an Drucklufthämmern. 1907

H. 38. Martens, A: Meßdose als Kraftmesser. 1907

Mitteilungen über Forschungsarbeiten ... (Forts.)

H. 39. Bach, C: Versuche mit Eisenbetonbalken. T. 1. Wasserflecken als Vorläufer der Risse. Rißbildung. Verfolgung des Gleitens des Eisens durch Messung. Gleitwiderstand. Gesamte, bleibende und federnde Verlängerungen auf der gezogenen, gesamte, bleibende und federnde Zusammendrückungen auf der gedrückten Seite des Balkens. Spannungen im Eisen bei entlastetem Balken. Durchbiegung.
Bach, C: Versuche mit einbetoniertem Thachereisen. 1907

H. 40. Versuchsausschuss: Versuche an der Wasserhaltung der Zeche Franziska in Witten.
Grübler, M: Vergleichende Festigkeitsversuche an Körpern aus Zementmörtel.
Lorenz, H: Vergleichsversuche an Schiffschrauben.
Lorenz, H: Die Änderung der Umlaufzahl und des Wirkungsgrades von Schiffschrauben mit der Fahrgeschwindigkeit. 1907

H. 41. Hort, H: Die Wärmevorgänge beim Längen von Metallen.
Mühlschlegel, G: Regulierversuche an den Turbinen des Elektrizitätswerkes Gersthofen am Lech. 1907

H. 42. Biel, R: Die Wirkungsweise der Kreiselpumpen und Ventilatoren. Versuchsergebnisse und Betrachtungen. 1907

H. 43. Schlesinger, G: Versuche über die Leistung von Schmirgel- und Karborundumscheiben bei Wasserzuführung. 1907

H. 44. Biel, R: Über den Druckhöhenverlust bei der Fortleitung tropfbarer und gasförmiger Flüssigkeiten. 1907

H. 45 bis 47. Bach, C: Versuche mit Eisenbetonbalken. T. 2.
A) Balken mit rechteckigem Querschnitt: Balken mit geraden Einlagen, mit und ohne Haken an den Enden, mit und ohne Walzhaut; Balken mit Thachereisen; Balken mit und ohne Bügel; Balken mit aufgebogenen Eisen; Balken an der Luft und unter Wasser aufbewahrt; Balken mit Einlagen durch Ausfräsen aus Blech hergestellt; Balken ohne Einlagen. Zug- und Druckversuche.
B) Balken mit T-förmigem Querschnitt: Balken mit geraden Einlagen, mit und ohne Bügel, mit aufgebogenen Eisen, mit und ohne Haken. Zug- und Druckversuche. 1907

H. 48. Becker, E: Strömungsvorgänge in ringförmigen Spalten und ihre Beziehungen zum Poiseuilleschen Gesetz.
Pinegin: Versuche über den Zusammenhang von Biegungsfestigkeit und Zugfestigkeit bei Gußeisen. 1907

H. 49. Martens, A: Die Stulpenreibung und der Genauigkeitsgrad der Kraftmessung mittels der hydraulischen Presse.
Wieghardt, K: Über ein neues Verfahren, verwickelte Spannungsverteilungen in elastischen Körpern auf experimentellem Wege zu finden.
Müller, A. O: Messung von Gasmengen mit der Drosselscheibe. 1908

H. 50. Rötscher, Felix: Versuche an einer 2000 pferdigen Riedler-Stumpf-Dampfturbine. 1908

H. 51 und 52. Bach, C: Versuche mit gewölbten Flammrohrböden. 1908

H. 53. Gensecke, W: Untersuchung einer mittelbaren Dampfmaschinenregelung. 1908

— dasselbe. 54.—96. Heft. Lex. 8. Ebd. à 1.—
Aichel, Ordulf Geo., experimentelle Untersuchungen über den Abfluss des Wassers bei vollkommenen schiefen Ueberfallwehren. (57 S. m. Fig.) 910. (Heft 80.)
Andres, K., Versuche üb. die Umsetzung v. Wassergeschwindigkeit in Druck. — Gramberg, A., über das Verhalten e. Rateau-Dampfturbine unter wechselnden Betriebsbedingungen. (III, 69 S. m. Abb. u. 1 Taf.) 909. (Heft 76.)
Bach, C., 7 Abhandlungen. (III, 67 S. m. Abbild.) 909. (Heft 70.)
— Arbeiten des Materialprüfungs-Ausschusses des Vereines deutscher Ingenieure. (64 S. m. Abb. u. 8 Taf.) 908. (Heft 59.)

— Bericht üb. die v. dem deutschen Ausschuss f. Eisenbeton der Materialprüfungsanstalt an der kgl. techn. Hochschule Stuttgart übertragenen u. im J. 1908 durchgeführten Versuche m. Eisenbetonbalken, namentlich zur Bestimmung des Gleitwiderstandes. Erstattet v. dem Vorstand dieser Anstalt B., unter Mitwirkg. v. O. Graf. (108 S. m. Abb. u. 44 Tab.) 909. (Heft 72—74.)

— Bericht üb. die der Materialprüfungsanstalt an der kgl. techn. Hochschule zu Stuttgart übertragenen u. im J. 1909 durchgeführten Versuche m. Eisenbetonbalken, namentlich zur Bestimmg. des Gleitwiderstandes. Erstattet v. dem Vorstand dieser Anstalt unter Mitwirkg. v. O. Graf. (Deutscher Ausschuss f. Eisenbeton.) (32 S. m. Fig. u. 17 Taf.) 910. (Heft 95.)

— u. R. Baumann, Bericht üb. Versuche m. autogen geschweissten Blechen u. Kesselteilen, ausgeführt in der Materialprüfungsanstalt der k. techn. Hochschule Stuttgart im Auftrag des internationalen Verbandes der Dampfkessel-Ueberwachungsvereine u. des Vereines deutscher Ingenieure, erstattet v. dem Vorstand der Materialprüfungsanstalt u. dem Ingenieur derselben. (III, 80 S. m. Fig. u. 17 Taf.) 910. (Heft 83. 84.)

— u. Graf, Versuche m. Eisenbetonbalken. 3. Tl. (86 S. m. Abb., 29 Tab. u. 15 Taf.) 910. (Heft 90. 91.)

Bantlin, A., Formänderung u. Beanspruchung federnder Ausgleichrohre. (III, 84 S. m. Fig.) 910. (Heft 96.)

Baer, Herb., die Regelung v. Dampfturbinen u. ihr Einfluss auf die Leistungsentwicklung in den einzelnen Druckstufen. (III, 60 S. m. Fig.) 910. (Heft 86.)

Borth, W., Untersuchungen üb. den Verbrennungsvorgang in der Gasmaschine, s.: Rieppel, Paul.

Briling, Nikolai, Verluste in den Schaufeln v. Freistrahldampfturbinen. (III, 75 S.) 909. (Heft 68.)

Doblhoff, Walth. Frhr. v., Untersuchung v. Automobilkühlern. (III, 60 S.) 910. (Heft 93.)

Eberle, Chr., Versuch üb. den Wärme- u. Spannungsverlust bei der Fortleitung gesättigten u. überhitzten Wasserdampfes. — Biel, Ergänzung hierzu. (III. 76 S. m. 41 Fig.) 909. (Heft 78.)

Fritzsche, O., Untersuchungen üb. den Strömungswiderstand der Gase in geraden zylindrischen Rohrleitungen. (III, 71 S. m. Fig.) 908. (Heft 60.)

Gramberg, A., über das Verhalten e. Rateau-Dampfturbine unter wechselnden Betriebsbedingungen, s.: Andres, K.

Heilemann, Walt., Beitrag zur Kenntnis des Wirkungsgrades trockener Luftkompressoren. (79 S. m. Fig.) 908. (Heft 58.)

Herbert, H., über den Zusammenhang der Biegungselastizität des Gusseisens m. seiner Zug- u. Druckelastizität, s.: Nusselt, Wilh., der Wärmeübergang in Rohrleitungen.

Jasinsky, Wsewolod, Ventilationsverlust in Dampfturbinen m. teilweiser Beaufschlagung. (60 S. m. Abb.) 909. (Heft 67.)

Kammerer, Versuche m. Riemen- u. Seiltrieben. (132 S. m. Fig.) 908. (Heft 56. 57.)

Kármán, Thdr. v., Untersuchungen üb. Knickfestigkeit. (III, 44 S. m. Abb.) 910. (Heft 81.)

Kirner, J., optischer Interferenzindikator. (III. 48 S.) 910. (Heft 88.)

Krüger, Walt., Untersuchungen üb. die Anstrengung dickwandiger Hohlzylinder unter Innendruck. (III, 60 S. m. Abb. u. 2 Taf.) 910. (Heft 87.)

Kürth, A., über die Beziehung der Kugeldruckhärte zur Streckgrenze u. zur Zerreissfestigkeit zäher Metalle, s.: Meyer, Eug.

Lorenz, H., die Aenderung der Umlaufzahl u. des Wirkungsgrades v. Schiffsschrauben m. der Fahrgeschwindigkeit, s.: Rogowski, W.

Lutz, R., zur Regelung v. Automobilmaschinen. (III, 77 S. m. Abb.) 909. (Heft 69.)

Magin, Ernst, optische Untersuchung üb. den Ausfluss v. Luft durch e. Lavaldüse. — Meyer, Th., über zweidimensionale Bewegungsvorgänge in e. Gas, das m. Ueberschallgeschwindigkeit strömt. (III, 67 S. m. Fig. u. 2 Taf.) 908. (Heft 62.)

Martens, A., u. E. Heyn, über e. Vorrichtung zur vereinfachten Prüfung der Kugeldruckhärte u. üb. die damit erzielten Ergebnisse. — Ruckes, Wilh., Untersuchungen üb. den Ausfluss komprimierter Luft aus Haarröhrchen u. die dabei auftretenden Wirbelerscheinungen. (III, 45 S. m. Abb.) 909. (Heft 75.)

Meyer, Eug., Untersuchungen üb. Härteprüfung u. Härte. — Kürth, A., über die Beziehung der Kugeldruckhärte zur Streckgrenze u. zur Zerreissfestigkeit zäher Metalle. (III, 104 S. m. Fig.) 909. (Heft 65. 66.)

Meyer, Th., über zweidimensionale Bewegungsvorgänge in e. Gas, s.: Magin, Ernst.

Mollier, Hilde, Dampfdruck v. wässrigen Ammoniaklösungen — Lösungswärme v. Ammoniak in Wasser, s.: Nusselt, Wilh.

Nägel, A., Versuche üb. die Zündgeschwindigkeit explosibler Gasgemische. — Nägel, A., Versuche an der Gasmaschine üb. den Einfluss des Mischungsverhältnisses. (III, 91 S. m. Fig.) 908. (Heft 54.)

Neumann, Kurt, Untersuchung des Arbeitsprozesses im Fahrzeugmotor. (III, 50 S. m. Abb.) 909. (Heft 79.)

Nusselt, Wilh., die Wärmeleitfähigkeit v. Wärmeisolierstoffen (Umschlag: Wärmeisoliermitteln). — Mollier, Hilde, Dampfdruck v. wässrigen Ammoniaklösungen. — Mollier, Hilde, Lösungswärme v. Ammoniak in Wasser. (III, 113 S.) 909. (Heft 63. 64.)

— Der Wärmeübergang in Rohrleitungen. — Herbert, H., über den Zusammenhang der Biegungselastizität des Gusseisens m. seiner Zug- u. Druckelastizität. (III, 81 S. m. Fig.) 910. (Heft 89.)

Reutlinger, Ernst, über den Einfluss des Kesselsteins u. ähnlicher wärmehemmender Ablagerungen auf Wirtschaftlichkeit u. Betriebssicherheit v. Heizvorrichtungen. (III, 66 S. m. Fig.) 910. (Heft 94.)

Rieppel, Paul, Versuche üb. die Verwendung v. Teerölen zum Betrieb des Dieselmotors. — Borth, W., Untersuchungen üb. den Verbrennungsvorgang in der Gasmaschine. (III, 78 S. m. Fig. u. 1 Taf.) 908. (Heft 55.)

Rogowski, W., über das Streufeld u. den Streuinduktionskoeffizienten e. Transformators m. Scheibenwicklung u. geteilten Endspulen. — Lorenz, H., die Aenderung der Umlaufzahl u. des Wirkungsgrades v. Schiffsschrauben m. der Fahrgeschwindigkeit. (III, 48 S. m. Fig.) 909. (Heft 71.)

Ruckes, Wilh., Untersuchungen üb. den Ausfluss komprimierter Luft aus Haarröhrchen u. die dabei auftretenden Wirbelerscheinungen, s.: Martens, A. u. E. Heyn.

Ruths, Johs., Versuche zur Bestimmung der Widerstände v. Förderanlagen. — Stribeck, R., Kaltbearbeitung u. Zugversuch. (III, 51 S. m. Fig., 4 Tab. u. 6 Taf.) 910. (Heft 85.)

Sarfert, W., über das Schwingen der Wechselstrommaschinen im Parallelbetrieb. (III, 56 S.) 908. (Heft 61.)

Schrauff, Geo., Untersuchungen üb. den Arbeitsvorgang im Injektor. (III, 51 S. m. Fig.) 909. (Heft 77.)

Schuster, Paul, experimentelle Untersuchung der Strömungsvorgänge in e. Schnelläufer-Francis-Turbine, unter Anwendung e. neuen Verfahrens zur Bestimmg. v. Stromrichtungen m. Pitot-Röhren. (III, 67 S. m. 41 Fig. u. 1 Tab.) 910. (Heft 82.)

Stribeck, R., Kaltbearbeitung u. Zugversuch, s.: Ruths, Johs.

Watzinger, A., über den prakt. Wert der Zwischenüberhitzung bei Zweifachexpansions-Dampfmaschinen. (III, 75 S.) 910. (Heft 92.)

— von Forschungsreisenden u. Gelehrten aus den deutschen Schutzgebieten, s. a. Kolonialblatt, deutsches.

Mittheilungen von Forschungsreisenden und Gelehrten aus den Deutschen Schutzgebieten. Mit Benutz. amtl. Quellen hrsg. von Frh. v. *Danckelmann.* (Wissenschaftliche Beih. zum Deutschen Kolonialblatt.) Jg (Bd) 1—19. Berlin 1888—1906. 8°.

[Fortges. u. d. Tit.]:
Mitteilungen aus den Deutschen Schutzgebieten. M. Benutz. amtl. Quellen hrsg. von Frh. v. *Danckelmann.* Bd 20—22. Berlin 1907—1909. 4°.
Ergänzungsheft 1, 1908. 2, 1, 1909.

Mittheilungen von Forschungsreisenden und Gelehrten aus den deutschen Schutzgebieten. Mit Benutzung amtl. Quellen hrsg. von Frhr. v. Danckelman. 1888. 4 Hefte. gr. 8. (IV, 205 S. mit eingedr. Abbild., 3 Taf. und 5 Karten.) Berlin, (Asher und Comp.) [1. Heft **ℳ 1.—; 2. und 3. Heft **ℳ 6.—; 4. Heft **ℳ 3.—] **

—— von Forschungsreisenden u. Gelehrten aus den deutschen Schutzgebieten. Mit Benutzung amtl. Quellen hrsg. von Frhr. v. Danckelman. 2.—5. Bd. 1889—92. In zwanglosen Heften. (Mit Text-Illustr.) gr. 8. Berl., Mittler u. Sohn. à Bd. * 9 —

Einzeln:
2. Bd. 1. Heft. (32 S. m. 2 Taf.) * 2 50; 2. Heft. (34 S. m. 2 Taf.) * 1 80; 3. Heft. (56 S. m. 3 Taf.) * 3 50; 4. Heft. (44 S. m. 1 Taf.) * 2 50; 5. Heft. (16 S. m. 3 Taf.) * 1 70. — 3. Bd. 1. Heft. (88 S. m. 3 Taf.) * 3 —; 2. Heft. (48 S. m. 5 Taf.) * 5 —; 3. Heft. (72 S. m. 4 Taf.) * 4 —. — 4. Bd. 1. Heft. (66 S. m. 4 Taf.) * 3 —; 2. Heft. (48 S. m. 2 Taf.) * 2 —; 3. Heft. (44 S. m. 3 Taf.) * 3 —; 4. Heft. (32 S.) * — 80; 5. Heft. (46 S. m. 3 Taf.) * 2 40. — 5. Bd. 1. Heft. (20 S. m. 3 Taf.) * 1 60; 2. Heft. (56 S. m. 1 Taf.) * 3 —; 3. Heft. (64 S. m. 2 Taf.) * 3 —; 4. Heft. (70 S. m. 3 Karten.) * 3 —; 5. Heft. (48 S. m. 1 Karte.) * 2 —.
Obiges bildet die Beilage zum Deutschen Kolonialblatt (s. d.). Bd. 1—3 erschienen ursprünglich im Commissionsverlage v. Asher u. Comp. in Berlin.

— v. Forschungsreisenden u. Gelehrten aus d. deutschen Schutzgebieten. M. Benutzg. amtl. Quellen hrsg. von Frhr. v. Danckelman. Inhaltsverzeichniss zu Bd. I bis X. (1888 bis 1897.) gr. 8. (100 S.) Berlin 898. E. S. Mittler & Sohn. n. 2.—

— von Forschungsreisenden u. Gelehrten aus d. deutschen Schutzgebieten. Wissenschaftliche Beihefte zum deutschen Kolonialblatte. Mit Benutzg. amtl. Quellen hrsg. von Frhr. v. Danckelmann. XII. Bd. 4 Hfte. gr. 8. (V, 242 S. m. 10 Abbildgn., 1 genealog. Taf. u. 8 Karten.) Berlin 899. E. S. Mittler & Sohn. n. 15.50

— dasselbe. XIII. Bd. 4 Hfte. gr. 8. (V, 348 S. m. Abbildgn., 10 Taf. u. 6 Karten.) Ebd. Subskr.-Pr. n. 9.—; Einzelpr. n. 10.75

— dasselbe. XIV. Bd. 4 Hfte. gr. 8. (V, 241 S. m. Abb. u. 6 Karten.) Ebd. 901. Subskr.-Pr. n. 9.—; Einzelpr. n. 9.50

— dasselbe. XV. Bd. 1.—3. Hft. gr. 8. (S. 1—170 m. eingedr. Abbildgn., Kartenskizzen, 1 farb. Taf. u. 4 Karten.) Ebd. 902. n. 7.—; f. d. Bd. v. 4 Hftn. n. 9.—

— von Forschungsreisenden u. Gelehrten aus den deutschen Schutzgebieten. Wissenschaftliche Beihefte zum deutschen Kolonialblatte. Mit Benutzg. amtl. Quellen hrsg. von Frhr. v. Danckelman. XV. Bd. 4. Heft u. XVI. bis XIX. Bd. à 4 Hefte. gr. 8. Berlin, E. S. Mittler & Sohn. Einzelpr. n. 41.75
XV. 4. (V u. S. 171—260 m. Abbildgn., 1 Taf. u. 1 (farb.) Karte.) 902. n. 2.—
XVI. (4 Hefte.) (V, 268 S. m. Abb., 5 Taf. u. 7 [1 farb.] Karten.) 903. n. 9.—
XVII. (4 Hefte.) (V, 216 S. m. Abbildgn. 11 Taf. u. 6 Karten.) 904. Subskr.-Pr. n. 9.—; Einzelpr. n. 9.50
XVIII. (4 Hefte.) (V, 377 S. m. Abbildgn., 5 Karten u. 2. Taf.) 905. Subskr.-Pr. n. 9.—; Einzelpr. n. 10.75
XIX. (4 Hefte.) (V, 359 S. m. Skizzen, 17 S. Abbildgn. u. 14 Karten.) 906. n. 10.50
Fortges. u. d. T Mitteilungen aus den deutschen Schutzgebieten. Bd. 20. 1907 ff

— des bayerischen Förstervereins, s.: Forst- u. Jagdzeitung, bayerische.

—— forstliche, s. Gwinner, W. H.

Mittheilungen, forstliche. Herausgeg. vom k. bayer Ministerial-Forstbureau. München 1852—69. Bd. 1—4. 8°

Forstliche Mittheilungen. Hrsg. Kgl. Bayer Ministerial-Forstbureau. München. Bd. 2, H. 1 3 (d. ganz Reihe 5 7 H.) 1854 1856
Früher s.: Forstwirthsch. Mitt (München)
Forts s.: Mitt. üb. d. Forst- u. Jagdwes. i. Bay

—— forstliche. Hrsg. vom königl. bayer. Ministerial-Forstbureau. II. Bd. 1—3. Heft. (Der ganzen Reihe 5—7. Heft.) gr. 8. (VII und 285 S., III und 102 S. und III und 88 S.) München 854—56, Palm's Hofbuchh. [Heft 1. 27 Ngr., 2. 15 Ngr., 3. 15 Ngr.]
Der 1. Bd. erschien unter dem Titel:
Mittheilungen, forstwirtschaftliche

—— forstliche. Hrsg. vom königl. bayer. Ministerial-Forstbureau. II. Bd. 4. Heft. und III. Bd. 1. und 2. Heft. (Der ganzen Reihe 8—10. Heft.) A. u. d. T.: Mittheilungen über das Forst- und Jagdwesen in Bayern. 1—3. Heft. gr. 8. München, [Grubert.] [II. Bd. 4. Heft. (VII und 199 S. mit 1 Tab. in qu. gr. 4.) 858. 24 Ngr., III. Bd. 1. Heft. (VIII und 311 S. mit eingedr. Holzschn.) 859. 1 Thlr. 6 Ngr., 2. Heft. (VIII und 284 S. mit 1 lithogr. und ill. Karte in qu. Fol. und vielen eingedr. Holzschn.) 860. 1 Thlr. 6 Ngr.]
I. Bd. 4 Hefte, und II. Bd. 1—3. Heft. Ebendas. 1852—56. 3 Thlr. 27 Ngr.

—— forstliche. Hrsg. vom Königl. Bayer. Ministerial-Forstbureau. III. Bd. 3. und 4. Heft. (Der ganzen Reihe 11. und 12. Heft.) A. u. d. T.: Mittheilungen über das Forst- und Jagdwesen in Bayern. 4. und 5. Heft. gr. 8. München, Grubert. [3. Heft. (XI und 367 S. mit 1 Tab. in 4. und 2 Stnt. in gr. Fol. und vielen eingedr. Holzschn., von H. Rühling.) 862. 1 Thlr. 15 Ngr., 4. Heft. (XV und 499 S. mit 1 Photogr. und 7 Tab. in qu. 4. und qu. Fol.) 864. 1 Thlr. 24 Ngr.]

Mittheilungen, forstliche. Hrsg. vom Königl. Bayer. Ministerial-Forstbureau. IV. Bd. 1. und 2. Heft. (Der ganzen Reihe 13. und 14. Heft.) A. u. d. T.: Mittheilungen über das Forst- und Jagdwesen in Bayern. 6. und 7. Heft. gr. 8. München, (J. A. Finsterlin.) [1. Heft. (VII und 390 S. mit 7 Tab. und 1 Stnt. in qu. 4. und qu. Fol.) 866. * 1 Thlr. 6 Ngr., 2. Heft. (XV und 396 S. mit 3 Tab. in qu. Fol. und 4 ill Stnt.) 867. * 1 Thlr. 15 Ngr.] *
1. und 2. Bd à 4 Hefte und 3. Bd. 1. und 2. Heft. Ebendas. 1852—60. [Grubert.] 7 Thlr. 3 Ngr.

—— forstliche. Hrsg. vom königl. bayer. Ministerial-Forstbureau. 4. Bd. 3. Heft. [Der ganzen Reihe 15. Heft.] A. u. d. T.: Mittheilungen über das Forst- und Jagdwesen in Bayern. 8. Heft. gr. 8. (XIV, 513 S. mit 11 Tab. in qu 4. und qu. Fol.) München 870, (J. A. Finsterlin.) *

—— dass. — 4. Bd. 4. Heft. [Der ganzen Reihe 16. Heft.] A. u. d. T.: Mittheilungen über das Forst- und Jagdwesen in Bayern. 9. Heft, enth. die Statistik der Forstdienststellen im Königr. Bayern nach dem Stande vom 16. Aug. 1874. gr. 8. (315 S.) (Ebendas.) 874. *ℳ 3,60.; geb. *

—— forstliche. Hrsg. vom königl. bayer. Ministerial-Forstbureau. 5. Bd. 1. Heft. [Der ganzen Reihe 17. Heft.] A. u. d. T.: Mittheilungen über das Forst- und Jagdwesen in Bayern. 10. Heft. gr. 8. (XII, 331 und XCVIII S. mit Tab.) München 876, (J. A. Finsterlin.) *

Forstliche Mittheilungen aus Baden. Karlsruhe H. 1 1857 (M. n. ersch.)

Mittheilungen, forstliche, aus Baden. Heft 1 Beschreibung der Domänenwaldungen Baden Gernsbach und Herrenwies, sowie des Stadtwaldes von Baden. Karlsruhe 1857

— forststatistische, aus Bayern. Nachtrag zu der im J. 1861 von dem k. bayer. Forst-Einrichtungsbureau hrsg. Schrift: Forstverwaltung Bayerns. (Ebend.) 869. Lex.-8. (III, 31 S. mit 7 Tabb. in Fol. u. qu. Fol.) n. 15 ngr.

Forststatistische Mitteilungen aus Württemberg für das Jahr 1884-1940. Stuttgart (M. n. ersch.)

— forststatistische, aus Württemberg f. d. J. 1882. Hrsg. v. der königl. Forstdirektion. gr. 4. (123 S.) Stuttgart 884. Kohlhammer. n. 5.—

— dasselbe, f. d. J. 1883. Ebend. 885. n. 1.50

— dasselbe, f. d. J. 1884. gr. 4. (97 S.) Stuttgart 886. (Metzler's Sort.) n.n. 1.—

— forststatistische, aus Württemberg f. d. J. 1885 u. 1886. Hrsg. v. der königl. Forstdirektion. 4. u. 5. Jahrg. gr. 4. (83, 101 S.) Stuttgart 887. 888. (Metzler's Sort.) à Jahrg. n.n. 1.—

— dasselbe, f. d. J. 1887. 6. Jahrg. gr. 4. (170 S.) Ebd. 889. n.n. 2.—

— dasselbe, f. d. J. 1888. 7. Jahrg. gr. 4. (87 S.) Ebd. 890. n.n. 1.—

— forststatistische, aus Württemberg f. die J. 1889—1892. Hrsg. v. der königl. Forstdirektion. 8.—11. Jahrg. gr. 4. (96; 88; 106; 114 S.) Stuttgart 891—894. (J. B. Metzler's Sort.) à Jahrg. n.n. 1.—

— forststatistische, aus Württemberg f. d. J. 1893. Hrsg. v. d. kgl. Forstdirektion. 12. Jahrg. gr. 4. (106 S.) Stuttgart 895. (J. B. Metzler's Sort.) n.n. 1.—

— dasselbe f. d. J. 1894. 13. Jahrg. gr. 4. (131 S.) Ebd. 896. n.n. 1.50

— dasselbe f. d. J. 1895. 14. Jahrg. gr. 4. (108 S.) Ebd. 897. n.n. 1. 30

— dasselbe f. d. J. 1896. 15. Jahrg. gr. 4. (114 S.) Ebd. 898. n. 1. 25

— forststatistische, aus Württemberg f. d. J. 1897—1900. Hrsg. v. der königl. Forstdirektion. 16.—19. Jahrg. gr. 4. Stuttgart. (F. Stahl.) n.n. 4. 45
1897. (100 S.) 899. n. 1. 25. — 1898. (114 S.) 900. n. 1. 20. 1899. (106 S.) 901. n.n. 1.—. — 1900. (106 S.) 902. n.n. 1.—.

— forststatistische, aus Württemberg f. d. J. 1901—1904. Hrsg. v. der königl. Forstdirektion. 20.—23. Jahrg. gr. 4. Stuttgart (F. Stahl). n.n. 4. 20
1901. (120 S.) 903. n.n. 1. 20. — 1902. (108 S.) 904. n.n. 1 — 1903. (82 S.) 905. n.n. 1.—. — 1904. (82 S.) 906. n.n. 1.—

— forststatistische, aus Württemberg f. d. J. 1905—1908. Hrsg. v. der königl. Forstdirektion. 24.—27. Jahrg. (96, 93, 93 u. 136 S.) Lex. 8. Stuttgart 907—10. (F. Stahl.) 1905—07 à 1.20; 1908 nn 1. 30

Mitteilungen des Forstvereins der Österreichischen Alpenländer. - Laibach. Jg. 1-5 1852-1856. (je 26 Nummern) - (M. n. erm.)

Mittheilungen des Forstvereins der Oesterreichischen Alpenländer. — 4. Laibach, Hieronym. Ullrich, Redakt., Verl. und Druck J. v. Kleinmeyr und Fedor Bamberg 1853. 2 Jahrg. 2spaltig 2 fl. 30 kr. jährlich. Erscheint alle 14 Tage.

Mittheilungen des Forstvereins der Oesterreichischen Alpenländer. Redakteur Hier. Ullrich. II. Jahrgang. 4. 1853. Nr. 5—11.

Mittheilungen des Forstvereins der Oesterreichischen Alpenländer. Redakteur Hieronimus Ullrich. Laibach. Jahrgang 1853. Nr. 12—15.

Mittheilungen des Forstvereins der österreichischen Alpenländer. (III. Jahrgang.) Redakteur Hieron. Ullrich. Druck und Verlag von Ignaz v. Kleinmayr und Fedor Bamberg. 4. 2spaltig. Alle 14 Tage 1 Bogen. 2 fl. 30 kr. und 3 fl. jährlich.
Laibach, 1854

Mittheilungen des Forstvereins der österreichischen Alpenländer. Verantwortlicher Redakteur Hieronimus Ullrich. (Alle 14 Tage erscheint 1 Bogen.) 1854. 3. Jahrgang. Nr. 1—15. (S. 1 bis 120.) 4. Laibach. Druck und Verlag von Ignaz v. Kleinmayr und Fedor Bamberg.

Mittheilungen des Forstvereins der österreichischen Alpenländer. Verantwortlicher Redakteur: Hieronimus Ullrich. III. Jahrgang Nr. 16—23. (S. 121—184.) 4. Laibach. Druck und Verlag von Ignaz v. Kleinmayr und Fedor Bamberg 1854.

Mittheilungen des Forstvereines der österreichischen Alpenländer. Redigirt von Hieronymus Ullrich. III. Jahrgang Nr. 24—26. (S. 185—208 u. 1 Bl.) 4. Laibach. Druck und Verlag v. Ignaz v. Kleinmayr und Fedor Bamberg. 1854.

Mittheilungen des Forstvereins der österreichischen Alpenländer. Verantwortlicher Redakteur: Hieronymus Ullrich. Druck und Verlag von Ignaz von Kleinmayr und Fedor Bamberg. 4 2spaltig. Alle 14 Tage 1 Bogen. 2 fl. 30 kr. und 3 fl. jährlich.
Laibach, 1855

Mittheilungen des Forstvereins der österreichischen Alpenländer. Verantwortlicher Redakteur: Hieronimus Ullrich. IV. Jahrgang, 1855. Nr. 1—10. Laibach. Druck u. Verlag von Ignaz v. Kleinmayr und Fedor Bambe g. (S. 1—80. 4.)

Mittheilungen des Forstvereins der österreichischen Alpenländer. Verantwortl. Redakteur: Hieronimus Ullrich. IV. Jahrgang 1855. Nr 11—13. Laibach. 1855 Druck und Verlag von Ig. v. Kleinmayr und Fedor Bamberg. (S. 81—104. 4.)

Mittheilungen des Forstvereines der österreichischen Alpenländer. Verantwortlicher Redakteur: Hieron mus Ullrich. IV. Jahrgang. Nr. 14—17. Laibach. 1855. Druck und Verlag von Ignaz von Kleinmayr und Fedor Bamberg. (S. 105—136. 4.)

Mittheilungen des Forstvereins der österreichischen Alpenländer. Verantwortlicher Redakteur: Hieronimus Ullrich. IV. Jahrgang. Nr. 18—26. Laibach, 1855. Druck und Verlag von Ignaz v. Kleinmayr und Feodor Bamberg. (S. 137—208 m. Titelblatt und Inhaltsverzeichniß 4.) Schluß.

Mittheilungen des Forstvereins der österreichischen Alpenländer. (V. Jahrg.) Verantwortlicher Redakteur: Hieron. Ullrich. Druck und Verlag von Ignaz v. Kleinmayr und Fedor Bamberg. 4. 2spaltig. Erscheint alle 14 Tage ein Bogen.
Laibach, 1856.

Mittheilungen des Forstvereins der österreichischen Alpenländer. Verantwortlicher Redakteur: Hieronimus Ullrich. V. Jahrg. 1856. Nr. 1—10. Laibach, 1856. Druck und Verlag von Ignaz v. Kleinmayr und Fedor Bamberg. (S. 1—88. 4.)

Mittheilungen des Forstvereines der österreichischen Alpenländer. Verantwortlicher Redakteur: Hieronimus Ullrich 5. Jahrg. Nr. 12—14. Laibach, 1856. Druck und Verlag von Ignaz v. Kleinmayer und Fedor Bamberg. (S. 89—112. 4.) (Ver=

Mittheiluugen des Forstvereines der österreichischen Alpenländer. Verantwortlicher Redakteur: Hieronimus Ullrich. 5. Jahrg. Nr. 15—20. Laibach, 1856. Druck von Ignaz v. Kleinmayr und Fedor Bamberg. (S. 113—160. 4.)

MITTHEILUNGEN DES DEUTSCHEN FORSTVEREINS.
Herausgegeben im Auftrage des Vorstandes von Generalsekretär Dr LASPEYRES. Jahrg. 1—8. 1900—1907 Berlin 1900—1907 Verlag von Julius Springer 4°
Herausgegeben im Auftrage des Vorstandes von Generalsekretär RÖHRIG Jahrg. 9—12. 1908—1911 ib. 1908—1911 —
Herausgegeben im Auftrage des Vorstandes von Generalsekretär SPENGLER. Jahrg 13—15. 1912—1914. ib. 1912—1914. —

— des deutschen Forstvereins. Hrsg. u. red. im Auftrage des Vorstandes v. Laspeyres. 1.—3. Jahrg. 1900—1902. gr. 4. Berlin, J. Springer. à Jahrg. n. 2.—
1. (6 Nrn.) (IV, 73 S.) — 2. (5 Nrn.) (IV, 102 S. u. 1 Taf.) 3. (6 Nrn.) (IV, 68 S.)

— des deutschen Forstvereins. Hrsg. u. red. im Auftrage des Vorstandes v. Laspeyres. 4.—7. Jahrg. 1903—1906. 6, 5, 6 u. 6 Nrn. (III, 159; III, 111; III, 112 u. IV, 85 S. m. Abb.) 4. Berlin, J. Springer. à Jhrg. n. 2.—

— des deutschen Forstvereins. Hrsg. u. red. im Auftr. des Vorstandes v. Röhrig. 8.—11. Jahrg. 1907—1910. à 6 Nrn. (IV, 136; IV, 158; IV, 168 u. III, 172 S.) 31×23 cm. Berlin, J. Springer. à Jahrg. 2.—

Mitteilungen des kärntnerischen Forstvereines, v.a. Rechenschafts-Bericht.

— des kärntnerischen Forstvereines. Hrsg. von demselben und redig. von Carl Fercher. 1. Jahrg. gr. 8. (X, 414 S. mit 1 Stnt. in qu. Fol.) Klagenfurt 876, (Bertschinger und Heyn.) *
Nicht weiter erschienen.

Mittheilungen des Krainisch-Küstenländischen Forstvereins. - H. 1-16. 1876-1893.
Forts. s.: Mitt d. Forstver f Niederösterr, Steiermark, Krain-Küstenland, Kärnten

— des krainisch-küstenländischen Forstvereins. Redig. von Joh. Salzer. 1.—6. Heft. gr. 8. (77; 135; 120 S. mit 1 lithogr. Taf.; 87; 100; 181 S.) Triest 876—80. (Wien, Faesy und Frick.) Heft 1—3, 5, 6 *
Heft 4 *

— des krainisch-küstenländischen Forstvereines. Redig. von Joh. Salzer. 7. und 8. Heft. gr. 8. (IV, 160 S. mit 1 lithogr. Karte in qu. Fol.; 228 S.) Wien 881,83, (Frick.) à Heft *

Mittheilungen des krainisch-küstenländischen Forstvereines. Red. v. Joh. Salzer. 9.—14. Hft. gr. 8. Wien, (Frick). n. 11. 60
9. (140 S.) 885. n. 2.—. — 10. (112 S.) 886. n. 2.—. — 11. (75 S.) 887. n. 2.—. — 12. (62 S.) 888. n. 1. 60. — 13. (156 S.) 889. n. 2.—. — 14. (91 S. m. 1 lith. Taf.) 890. n. 2.—.

— des krainisch-küstenländischen Forstvereines. Red. v. dessen Obmann Joh. Salzer. 15. u. 16. Hft. gr 8. (III, 156 S.; III, 160 S. m. 1 Taf. u. 21 Abbildgn.) Wien 891. 893. (W. Frick.) à n. 2.—

Mittheilungen des Niederösterreichischen Forstvereins an seine Mitglieder. - Wien. H. 1-56 (je 4 H. = 1 Jg.) 1880-1893.
Früher s. Vereinsschr. d. Manhartsberger Forstver
Forts. s. Mitt. d. Forstver f. Niederösterr, Steiermark, Krain-Küstenland, Kärnten

— des niederösterreichischen Forstvereines an seine Mitglieder. Red. v. Fritz A. Wachtl. Jahrg. 1885 u. 1886. gr. 8. (1. Hft. 56 S.) Wien, (Hölder). à Jahrg. n. 8.—

— des niederösterreichischen Forstvereines an seine Mitglieder. Red. v. F. A. Wachtl. Jahrg. 1887—1890. à 4 Hfte. gr. 8. (à Jahrg. ca. 350 S.) Wien, (Hölder). à Jahrg. n. 8.—

— des niederösterreichischen Forstvereines an seine Mitglieder. Zugleich Organ der forstl. Landes-Versuchsstelle f. Niederösterreich. Red. v. Fritz A. Wachtl Jahrg. 1891. 1892. à 4 Hfte. gr. 8. (à Hft. ca 60 S. m. Abbildgn) Wien, (A. Hölder). à Jahrg. n. 8.—

— dasselbe. Red. v. Ludw. Hampel. Jahrg. 893. 4 Hfte. gr. 8. (à Hft. ca. 60 S.) Ebd. n. 8.—

Mittheilungen des niederösterreichischen Forstvereines. Red. von Gustav Eisenmenger. V Jahrgang. 1898. 6 Nummern. Gr 8 3 60
Wien Gerold 1898.

Mitteilungen des niederösterr. Forstvereines. Red. von Gust. Eisenmenger. 26.—29. Jahrg. 1899—1902. à 6 Nrn. Lex.-8. (II, 170 S. m. 2 Taf.; II, 184 S. m. 1 Taf.; II, 156 u. II, 200 S.) Wien (C. Gerold's Sohn). à Jahrg. n. 6.—
Jahrg. 1901 ist vergriffen.

— des niederösterreichischen Forstvereines. Red. v. Gust. Eisenmenger. 30. Jahrg. 1903. 6 Nrn. (à ca. 16 S.) Lex.-8. Wien (C. Gerold's Sohn). n. 6.—
Fortsetzg., s.: Blätter aus dem Walde.

Mitteilungen des Forstvereins für Tirol und Vorarlberg. - Innsbruck. H 7-10. 1888-1910. -(M n. erm.)
Früher s.: Ber d. Forstver f Tirol u. Vorarlberg

— des ungarischen Forstvereines. Redig. von Erwin Kolaczek. 1. Jahrg. 4. Hefte. gr. 8. (XVI und 352 S.) Preßburg 854. 55, (Wigand.) *

— dass. — 2. Reihe. 4 Hefte. gr. 8. (1. Heft. IV und 140 S. mit eingedr. Holzschn.) Ebds. 855. *

— des ungarischen Forstvereines. Redig. von Frz. Smetáczek. 3. und 4. Reihe. à 4 Hefte. gr. 8. (à Heft ca. 100 S.) Preßburg 857,58, (Wigand.) à Jahrg. *

— dass. — Neue Folge. 1. und 2. Bd. à Bd. 4 Hefte. gr. 8. (à Heft ca. 100 S.) (Ebendas.) 859—61. à Bd. 2 Thlr. 10 Ngr.

— des ungarischen Forst-Vereines. Redig. von Will. Rowland. Neue Folge. 3. und 4. Bd. à Bd. 4 Hefte. gr. 8. (à Heft ca. 96 S., mit Stnt.) Pressburg 863—65, (Wigand.) à Bd. *

— dass. — Redig. von Alb. Thieriot. 3. Folge. März 1866. No. 1. gr. 8. (26 S.) (Ebendas.) 866. pr. Bd. compl. *

Mittheilungen der Forstvereine für Niederösterreich, Steiermark, Krain-Küstenland, Kärnten. - Wien. Jg. 1894-1900.
Früher s.: 1 Mitt. d. Niederösterr Forstver.
2. Mitt. d. Krainisch-Küstenländ. Forstver
3. Rechenschafts-Ber. u. Mitt. d. Kärntner Forstver
4 Z. d. steiermärk. Forstver

— der Forstvereine f. Niederösterreich, Steiermark, Krain-Küstenland, Kärnten. Red. v. Ludw. Hampel. 1. Jahrg. 1894. 6 Nrn. (à ca. 3 Bog.) Lex.-8. Wien, (C. Gerold's Sohn). n. 6.—
Bilden die Fortsetzung zu Mittheilungen des krainisch-küstenländischen Forstvereines u. zu Mittheilungen des niederösterreichischen Forstvereines.

— d. Forstvereine f. Niederösterreich, Steiermark, Krain-Küstenland, Kärnten. Red. v. Ludw. Hampel. 2. u. 3. Jahrg. 1895—1896. à 6 Nrn. (à ca. 3 Bog. m. Taf.) Lex.-8. Wien (C. Gerold's Sohn). à Jahrg. n. 6.—

— dasselbe. Red. v. Gust. Eisenmenger. Jahrg. 1897. 6 Nrn. (à ca. 3 Bog.) Lex.-8. Ebd. n. 6.—
D. Fortsetzg. erschien u. d. T.:
Mitteilungen des niederösterreichischen Forstvereines.

— aus der Forst- u. Kameralverwaltung des Grossherzogt. Hessen., s. Beiträge zur Statistik des Grossherzogt. Hessen.

Mittheilungen aus der Forst- und Cameralverwaltung des Grossherzogthums Hessen. - Darmstadt 1896-1898. VIII, 58 S. - ebd. 1898-1900. VIII, 62 S. - ebd. 1900-1902. VIII, 70 S. - ebd. 1902-1904. VIII, 65 S.

Mittheilungen über das Forst- und Jagdwesen in Bayern. - München. H 1-10. (=Bd. 2, 4. H. - Bd. 5, 1 H.' bzw. d. ganz. Reihe 8. H. -17 H.)
1858-1876.
Früher s : Forstl. Mitt
Forts s : Mitt. a d. Staatsforstverw Bayerns

Mitteilungen des bayerischen Forstwesen's Nr. 1. 2
Nürnberg Raw 1892. 8°
Fortges. u d.T Bayerische Forst- und Jagd-Zeitung.
Jg. 1894 ff

Forstwirthschaftliche Mittheilungen. Hrsg. Kgl. Bayer. Ministerial-Forstbureau. - München. Bd. 1, H. 1-4. 1852.
Forts. s.: Forstl. Mitt. (München)

—— forstwirthschaftliche. Hrsg. vom königl. bayer. Ministerial-Forstbureau. 1—3. Heft. 2. Aufl. und 4. Heft. Mit Abbildungen. gr. 8. (XV und 483 S. mit 2 Stnt. in gr. 8. und 4.) München 852, Palm's Hofbuchh.

Forstwissenschaftliche Mittheilungen. Eine Zeitschrift in zwanglosen Lieferungen. - Pest 1835 1 H. - (M n. ersch.)

— üb. die Fortschritte unseres Jahrh. Unterhaltungsblatt für Stadt u. Land. 1.—3. J. 1844—1846. Redacteur: E. Dietrich. à 52 Numm. (Bog.) Mit Abbild. 4. Leipzig 844—46, Droblsch. à n. 1⅓ ℳ

Mitteilungen der Handelskammer Frankfurt a. M Handels-, Gewerbe- und Verkehrs-Nachrichten. Jg. 15—31 (1892—1908). Frankfurt a. M., 1892 - 1908 u. ff.

— aus der bayrischen Frauenbewegung. Hrsg. vom Verein für Fraueninteressen. Red.: Ika Freudenberg. 2. Jahrg. Novbr. 1903—Mai 1904. 14 Nrn. (à ca. 6 S.) gr. 4. München (C. Beck). n. — 75
Erscheint nicht mehr.

Mitteilungen des Vereins „Frauenbildung-Frauenstudium". Hrsg. v. Selma v. Lengefeld [später v.: Elsa Lina Matz, auch v. Marie Bernays. 1906-1920. [Mehr nicht ersch.] 4° (Zentralblatt d. Bundes deutscher Frauenvereine. Beil.)

Mitteilungen des Deutsch-Evangelischen Frauenbundes. Jg. 1—4. 1900—04. Hannover: F. Culemann 1900—04. 4 Bde 4° [F.]
Iof 19696

— des deutsch-evangel. Frauenbundes, Fortsetzung, s.: Frauenzeitung, evangelische.

Mitteilungen des schweizerischen katholischen Frauenbundes
⑤ 6. 1. 1906—31 3. 1907—? ⑥ 4° ⑦ Wochenblatt ⑧ Einsiedeln: Benziger & Co. ⑩ schweizerischer katholischer Frauenbund ⑪ Frau Anna Winistörfer, Sarmenstorf ⑫ katholische Frauenbewegung ⑭ Be L ⑮ Beilage zur Katholischen Frauenzeitung (nicht aufgenommen).

— aus der Basler Frauenmission. Hrsg. v. F. Würz. 4.—6. Jahrg. 1904—1906. (à Jhrg. 96 S.) 8. Basel, Basler Missionsbuchh. à Jhrg. n.n. — 80

— aus der Basler Frauenmission. Hrsg. v. F. Würz. 7.—10. Jahrg. 1907—1910. (à Jahrg. 96 S.) 8. Basel, Basler Missionsbuchh. à Jahrg. — 80

— des schlesischen Frauenverbandes. Beilage zum Centralblatt. Hrsg. v. Marie Wegner. 1. u. 2. Jahrg. April 1907—März 1909. à 12 Nrn. (à ca. 4 S.) 31,5×23 cm. Breslau (Kaiser Wilhelmstr. 109), Verlag „Die Frau im Osten". à Jahrg. 2. —
Fortsetzg., s.: Frau, die, im Osten.

MITTEILUNGEN DES SCHLESISCHEN FRAUENVERBANDES Beilage zum Centralblatt. Herausgegeben von MARIE WEGNER.
(Jahrg. I) Nummer 1—2. Breslau, den 1 November 1906 — den 1 Dezember 1906. Erscheint in zwangloser Folge Cöpenick-Berlin. Druck und Verlag von H Jenne (Ohne bes. Titelbl.) 4°
Nummer 3. Breslau, den 1 Januar 1907 Erscheint am 1 jeden Monats. ib. — Nummer 4—17 Breslau, den 1 Februar 1907 — den 1 März 1908. ib. —
Jahrg. II Nummer 1—12. Breslau, den 1 April 1908 — den 1 März 1909. ib. —
Jahrg. III Nummer 1 Breslau, den 1 April 1909. ib. — Nummer 2. Breslau, den 1 Mai 1909 Breslau. Druck und Verlag von Böhm & Taussig.

MITTEILUNGEN DES SCHLESISCHEN FRAUENVERBANDES.
Herausgegeben von MARIE WEGNER
Jahrg. II (sic' — Jahrg. III) Nummer 3. Breslau, den 1 Juni 1909. Verlag des Schlesischen Frauenverbandes. ib. Druck von August Favorke.
Jahrg. III Nummer 4—6. Breslau, den 1 Juli 1909 — den 1 September 1909. ib. — [1])

Mittheilungen des Schweizer Frauenverbandes
v Schweizer Frauen-Zeitung.

—— des Berliner Frauen-Vereins für China. Redact.: G. Knak. Jahrg. 1867. 4 Hefte. 8. (à Heft ca. 52 S.) Neu-Ruppin. Berlin, Beck. *

—— des Berliner Frauen-Vereins für China. Redact.: G. Knak. Jahrg. 1868 und 1869. à Jahrg. 4 Hefte. 8. (à Heft ca. 32 S., 1869 mit Beilage: Bericht über das Berliner Findlings- und Rettungshaus Bethesda auf Hongkong [China] von C. Klitzke, 16 S. mit 1 Holzschntaf.) Neu-Ruppin. (Berlin, Beck.) à Jahrg. *

—— dass. — 1870 und 1871. à 4 Hefte. (à Heft 34 S.) 8. Berlin, Beck. à Heft * 20 Pf.; à Jahrg. *

Mitteilungen des Berliner Frauen-Vereins in China.
Berlin. Beck 1892—1900. 8°
Red.. G. Knak.
Vorh. in Jahresbericht des Berliner Frauen-Missions-Vereins.
Jg. 1852 ff
Fortges. u.d.T.. Jahresbericht und Mitteilungen. Jg. 1901 ff

Mitteilungen aus dem biologischen Süsswasserlaboratorium Frederiksdal bei Lyngby (Dänemark). Nr. 1—16. Leipz. 1909—13. (Særtr.). 4°.

Mitteilungen aus dem biologischen Süsswasserlaboratorium Frederiksdal. Leipz. 4°
5. C. Wesenberg-Lund: Ueber die Biologie v. *Glyphotaelius punctatolineatus Retz.* nebst Bemerkungen üb. das freilebende Puppenstadium d. Wasserinsekten. 1910. (22) S. Fig. 1 Tvl.
7. A. G. Böving: Natural history of the larvae of *Donaciinae*. 1910. 108 S. Fig. 4 Tvl.
8. H. Ussing: Beiträge z. Biologie d. Wasserwanze: *Aphelocheirus Montandoni Horvath*. 1910. (7) S. Fig. (Særtr.).

„Mittheilungen des stettiner Freihandels-Vereins. Eine Monatsschrift", Stettin 1849. — Vorh.: Com. Bibl. Hamburg.

—— des stettiner Freihandels-Vereins. Eine Monatsschrift. 1. Jahrg. 1849. 12 Nrn. (à ½—1 Bog.) Stettin, Saunier. **

Mittheilungen des Wiener Freiland-Vereins. 8°. Wien, Mai 1895. Verlag von M. Engel und Söhne. (Einzige erschienene Nummer.)

Mittheilungen an denkende Freymaurer von Friedr. Mossdorf. [Ms. f. Brr.] Dresden: Selbstverl., Freiberg: Gerlach 1818. XXXII, 264 S. 8°
Auszug in dän. Übers. in: FT. 2 (1889) S. 158 bis 161.
cf. EzlALZ. Nr 22 (S. E.).
Kl. 2847, Tt. 326. Enth. Mossdorfs Anrede an seinen ältesten Sohn nach seiner Aufnahme zum Frmr; Darstellungen aus d. mas. Lehrgebäude d. Br. Krause; Auszüge aus Krauses Werken u. e. Artikel üb. Gesch. u. Symbolik d. Frmrei in England u. Schottland aus der Encyclop. Londinensis.

Mittheilungen aus dem Vereine Deutschamerik. Freimaurer. Jg. 1. New York [1866]: Teubner. 192 S. 8°
[Fortges. u. d. Tit.:]
Dic Reform.

—— für Freunde des Gustav-Adolphs-Vereins in Schlesien. Redact.: Weingärtner. 25. Jahrg. 1873. 4 Nrn. (Bog.) gr. 8. Breslau, Max und Comp. *

—— für Freunde des Gustav-Adolf-Vereins in Schlesien. Hrsg. von dem Vorstande des schles. Hauptvereins. Redact.: Weingärtner. 26.—28. Jahrg. 1874—1876. à Jahrg. 4 Nrn. (à ½—1 Bog.) gr. 8. Breslau, (Max und Comp.)
à Jahrg. *

— für protestantische Freunde 1846. No. 1, enth.: Bekenntnisse eines Freigewordenen." No. 4, enth.: „Verklagte freisinnige evangel. Geistliche an ihre Gemeinden." 4. Leipzig 846, O. Klemm. à n. 1 ngl

Der Freundinnen-Verein. — Mitteilungen. (134–136: Mitteilungen des deutschen Nationalvereins unter d. Protektorat Ihrer Majestät d. Kaiserin; 137 ff.: — des deutschen Nationalvereins der Freundinnen junger Mädchen.) 1. 1885 ff. — (Berlin 1885–1910: Reichsbote; 102. 1910 — 139. 1920: Darmstadt: Kunze; 140, 1920 ff.: Heidelberg: Evang. Verl.) 8°

— d. deutschen Friedens-Gesellschaft. 1894. Nr. 1 u. 2. Fol. (4 u. 8 S.) Berlin, Deutsche Friedens-Gesellschaft. Nicht im Handel.
Erscheint in zwanglosen Flugblättern.

— dasselbe, Fortsetzg., s.: Friedens-Korrespondenz, monatliche.

— über Friedrich den Großen aus den Jahren 1784—1786, vornehmlich in Bezug auf die Lectüre desselben. Von e. seiner Vorleser. gr. 8. Berlin 843, Ende. ¼ ngl

Mittheilungen über die am 17ten Mai 1846 in der □ zu den drei Verbündeten im O.·. Düsseldorf abgehaltenen maurerischen Frühlingsfeier. Als Hs. gedr. Düsseldorf [1846]: Wolf. 34 S. 8°
Festrede von Barth: Üb. Freiheit u. Gleichheit in frmrischer Bedeutung.

Mitteilungen über römische Funde in Heddernheim Hrsg v. d. Vereine f. Gesch. u. Altertumskde zu Frankfurt a. M. 1—6. — Frankfurt a. M.: Keller in Komm. 1894—1918. 4°

— über römische Funde in Heddernheim. I. Hrsg. v. dem Verein f. Geschichte u. Alterthumskunde zu Frankfurt am Main. gr. 4. (VII, 50 S. m. 55 Abbildgn. u. 4 Taf.) Frankfurt a/M. 894. K. Th. Völcker. n. 4. —

Mittheilungen über Römische Funde in Heddernheim. I. Hrsg. von dem Vereine für Geschichte und Alterthumskunde zu Frankfurt am Main. Frankfurt, K. Th. Völcker's Verlag 1894.
Tit., 3 Bl., 50 S. m. 63 Abb., 4 Taf. 4°
1. Quilling, F.: Die Ausgrabungen des Vereins f. das historische Museum zu Frankfurt auf dem Heddernheimer Friedhofe 1891—92
2. Thomas, Ch. L.: Töpferöfen in der Römerstadt bei Heddernheim.
3. Donner-v. Richter, O. Die Heddernheimer Helme, die etruskischen u. der griechische Helm des Frankfurter historischen Museums in ihrer Bedeutung für die Geschichte antiker Helmformen

Mitteilungen über römische Funde in Heddernheim. II. Hrsg. v. d. Vereine f. Geschichte u. Alterthumskunde zu Frankfurt a/M. gr. 4. (VII, 68 S. m. 3 Taf. u. 1 Karte.) Frankfurt a/M. 898. K. Th. Völcker. n. 4. —

— über römische Funde in Heddernheim. III. Hrsg. v. dem Vereine f. Geschichte u. Alterthumskunde zu Frankfurt am Main. gr. 4. (III, 100 S. m. 2 Taf.) Frankfurt a/M. 900. K. Th. Völcker. n. 4. —

— über römische Funde in Heddernheim. IV. Hrsg. v. dem Vereine f. Geschichte u. Altertumskunde zu Frankfurt am Main. (VII, 170 S. m. Abb. u. 25 Taf.) 32,5×24 cm. Frankfurt a/M. 907. K. Th. Völcker. 8. —

— über römische Funde in Heddernheim. Jetzt: Frankfurt a. M., H. Keller.

— üb. d. Futterbau, u. zwar 1) die nützl. Futterpflanzen. Eine gekrönte Preisschrift v. Apotheker J. Spatzier. 2) Versuch e. Aufstellung d. Regeln z. Ausmittelung d. Viehstandes u. des Futterbedarfs zu d. Acker-Areal u. zu sehinniger Verbesser. e. jeden Wirthschaftsbesitzung. Eine gekr. Preisschr. v. Wirthschaftsinsp. Frz. Lur. gr. 8. Brünn 831. Traßler. 20 K

Mitteilungen aus dem Zoologischen Garten zu Halle a. S. Jg. 1. Halle: Paalzow & Co. 1905. 4° [F.]
[06. 9070 3

— üb. Gartenbau, Geflügel- u. Bienenzucht. Organ d. Vereines der Gärtner u. Gartenfreunde Oberösterreichs rc. Schriftleiter: Ed. Werner. 1.—5. Jahrg. 1890—1894. à 12 Nrn. (Bog.) Lex.-8. Linz, (E. Mareis).
à Jahrg. n.n. 2.

— über Gartenbau, Geflügel- u. Bienenzucht. Organ d. Vereines d. Gärtner u. Gartenfreunde Oberösterreichs rc. Schriftleiter: Ed. Werner. 6.—9. Jahrg. 1895—1898. à 12 Nrn. (à 1 Bog.) Lex.-8. Linz, E. Mareis.
à Jahrg. n.n. 2.—
D. 9. Jahrg. war von Andr. Pill redigiert.

Mittheilungen über Garten-, Obst- und Weinbau Hrsg. vom Sonder-Ausschuß für Garten- und Obstbau der Landwirthschaftskammer für die Provinz Brandenburg Jg. 1-21. [Erscheinen eingestellt] Prenzlau 1902-22. -- LKRhld*

Mittheilungen der k k Gartenbaugesellschaft in Steiermark Graz Gartenbau-Gesellschaft 1875–(1902). 8° Red L. Kristof

—— des Gartenbau-Vereins für das Großherzogth. Baden. Hauptorgan des Verbands rheinischer Gartenbau-Vereine. Redact.: H. Göthe. Jahrg. 1868. 12 Hefte. (à ca. 16 S. mit eingedr. Holzschn.) 8. Karlsruhe, (Gutsch.) *

Mitteilungen des Kärntner Gartenbau-Vereines. Klgft., Leon, 1901—.

Mitteilungen d. Gauturnrates d. Erz- u. Mittelgebirgsturngaues, XV. Turnkr Deutsch-Österreich, Jg. 1 bis 6, 1899–1904, Karlsbad, 8°.

Mitteilungen d. Gauturnrates d. Nordwestböhmischen Turngaues, Gr.-8° 15 Bde.
Jg. 1891–1898, Bodenbach.
Jg. 1899–1905, Brüx.
Jg. 1920–1923, Teplitz-Schönau.

Mitteilungen des Gauturnrates des Südösterreichischen Turngaues, D. T., XV Turnkr., Jg. 1–15, 1886–1899, Graz, 8° 6 Bde

— des deutschen Gebirgsvereines f. das Jeschken- u. Isergebirge, s. a. Jahrbuch ꝛc.

Mitteilungen des dt. Gebirgsvereines f. d. *Jeschken-* u. *Isergebirge* red. v. Friedrich Maschek. Jg. 1—5. 1885—89. Reichenberg.

— des deutschen Gebirgsvereines f. das Jeschken- u. Iser-Gebirge. Red.: Frdr. Maschek. 1. u. 2. Jahrg. 1885 u. 1886. à 4 Nrn. gr. 8 (Nr. 1: 1¼ B.) Reichenberg, (Fritsche). à Jahrg. 3. —

— des deutschen Gebirgsvereines f. das Jeschken- u. Iser-Gebirge. Red.: F. Maschek. 3. u. 4. Jahrg. 1887. 1888. à 4 Nrn. (B.) gr. 8. Reichenberg, (Fritsche). à Jahrg. n. 3. —

Mittheilungen des Sauerländischen Gebirgs-Vereins in Dortmund 1894 (*Dortmund 1894 H. Meyer*) (20 S.) 8° [A.] [illegible] 6

(Gegenseitige **Mittheilungen** der Criminalgerichte (in Kurhessen). Zsgest in Fulda 1851—63.) fol.

Mitteilungen über Gegenstände des Artillerie- und Geniewesens. Jg. 1 48. Wien 1870—1917
Reg. 1884—1891 u. 1892—1899

Mittheilungen über Gegenstände des Artillerie- und Genie-Wesens. Herausgegeben vom technischen und administrativen Militär-Comité. 1—25. Jahrg. 1870—1895. (25 Bde) Alphabetisch und chronologisch geordnetes Sach-Register aller grösseren in den „Mittheilungen über Gegenstände der Artillerie- und Kriegswissenschaften" vom Jahre 1857—1869 und in den „Mittheilungen über Gegenstände des Artillerie- und Genie Wesens" vom Jahre 1870—1876 und von 1877—1883 enthaltenen wissenschaftlichen Aufsätze und Notizen. Zusammengestellt von Johann Sterbenz, Oberlieut. (Hauptm.) des k. k. Artillerie-Stabes. (2 Bde.) — Alphabetisches und jahrgangsweise geordnetes Sach-Register aller in den Mittheilungen über Gegenstände des Artillerie- und Genie Wesens in den Jahren 1884 bis 1891 enthaltenen Aufsätze, Notizen und kleinen Notizen. Zusammengestellt von der Redaction der Mittheilungen 8. Wien 1870—1895.

Mittheilungen über Gegenstände des Artillerie- und Genie-Wesens. (Fortsetzung.) 26.—34. Jahrg. 1896—1904. (9 Bde.) 8. Wien 1896—1904.

—— über Gegenstände des Artillerie- und Genie-Wesens. Hrsg. vom k. k. techn. und administrativen Militär-Comité. Jahrg. 1870—1873. à Jahrg. 12 Hefte. gr. 8. (à Heft 72—82 S. mit Stnt. in gr. 4. und Fol.) Wien, k. k. Hof- und Staatsdruckerei. à Jahrg. *

—— dass. — Jahrg. 1874. 12 Hefte. gr. 8. (à Heft ca. 72—86 S. mit Stnt. in qu. Fol.) Wien, (v. Waldheim.) * 20 —

—— über Gegenstände des Artillerie- und Genie-Wesens. Hrsg. vom k. k. techn. und administrativen Militär-Comité. Jahrg. 1875—1879. à Jahrg. 12 Hefte. gr. 8. (à Heft 80—100 S. mit eingedr. Holzschn. und Stnt. in qu. Fol.) Wien, v. Waldheim. à Jahrg. *

— üb. Gegenstände des Artillerie- u. Genie-Wesens. Hrsg. vom k. k. techn. u. administrativen Militär-Comité. Jahrg. 1877—1882. à 12 Hfte. gr. 8. (à Hft. ca. 100 S. m. eingedr. Holzschn. u. 4 Steintaf.) Wien, v. Waldheim in Comm. à Jahrg. n. 20. —

— über Gegenstände d. Artillerie- u. Genie-Wesens. Hrsg. vom k. k. techn. u. administrativen Militär-Comité. Jahrg. 1883—1886. à 12 Hfte. gr. 8. (à Hft. ca 102 S. m. eingedr. Holzschn. u. 3 Steintaf.) Wien, (v. Waldheim). à Jahrg. n. 20. —

— dasselbe. Sach-Register aller grösseren wissenschaftl. Aufsätze u. Notizen vom J. 1877—1883. Zusammengestellt v. Joh. Sterbenz. gr. 8. (III, 37 S.) Ebend. 884. n. 1. —

— über Gegenstände des Artillerie- und Genie-Wesens. Hrsg. vom k. k. techn. u. administrativen Militär-Comité. Jahrg. 1887—1890. à 12 Hfte. gr. 8. (à Hft. ca. 70 S. m. eingedr. Fig. u. Taf.) Wien, (v. Waldheim). à Jahrg. n. 20. —

— üb. Gegenstände d. Artillerie u. Genie-Wesens. Hrsg. vom k. u. k. techn. u. administrativen Militär-Comité. Jahrg. 1891—1894. à 12 Hfte. gr. 8. (à Hft. ca. 96 S. m. Taf. u. Fig.) Wien, (R. v. Waldheim). à Jahrg. n. 20. —
Jahrg. 1892 m. Sachregister üb. die Jahre 1884—1891. (42 S.)

— über Gegenstände d. Artillerie- u. Genie-Wesens. Hrsg. v. k. u. k. techn. Militär-Comité. Jahrg. 1895—1898. à 12 Hfte. gr. 8. (à Hft. ca. 80 S. m. Taf. u. Fig) Wien (R. v. Waldheim). à Jahrg. n. 20. —

— über Gegenstände des Artillerie- u. Genie-Wesens. Hrsg. vom k. u. k. techn. Militär-Comité. Jahrg. 1899—1902. à 12 Hfte. gr. 8. Wien (R. v. Waldheim). à Jahrg. n. 20. —; einzelne Hfte. n. 3. — 1899. (XVIII, 1027 S. m. 16 Fig. u. 35 Taf.) — 1900. (XVIII, 1037 S. m. 42 Fig. u. 31 Taf.) — 1901. (XVIII, 884 S. m. 25 Fig. u. 24 Taf.) — 1902. (XIX, 1164 S. m. 24 Fig. u. 45 Taf.)

— dasselbe. Alphabetisch u. jahrgangsweise geordnetes Sachregister aller in den Mittheilgn. in den J. 1892 bis 1899 enth. Aufsätze, Notizen u. kleinen Notizen. Zusammengestellt v. der Red. der „Mittheilgn." gr. 8. (68 S.) Ebd. 900. n. 2. —

— über Gegenstände des Artillerie- u. Genie-Wesens. Hrsg. vom k. u. k. techn. Militär-Komitee. Jahrg. 1903—1906. à 12 Hefte. (70, 952; 104, 1237; 113, 1152 u. 49, 955 S. m. Fig. u. 74, 65, 39 u. 35 Taf.) gr. 8. Wien (Druckerei- u. Verlagsaktien-Ges. vorm. R. v. Waldheim.) à Jhrg. n. 20. —

— über Gegenstände des Artillerie- u. Genie-Wesens. Hrsg. vom k. u. k. techn. Militär-Komitee. Jahrg. 1907—1910. à 12 Hefte. (à Jahrg. ca. 1000 S. m. Abb. u. Taf.) gr. 8. Wien, Druckerei- u. Verlags-Aktiengesellschaft vorm. R. v. Waldheim. à Jahrg. 20. —

—— über Gegenstände der Artillerie- und Kriegs-Wissenschaften. Hrsg. vom k. k. Artillerie-Comité. Jahrg. 1866 und 1867. à Jahrg. 8 Hefte. gr. 8. (à Heft ca. 82 S. mit Stnt. in gr. 8. und 4.) Wien, Braumüller. à Jahrg. *

—— über Gegenstände der Artillerie- und Kriegs-Wissenschaften. Hrsg. vom k. k. Artillerie-Comité. Jahrg. 1868 und 1869. à Jahrg. 8 Hefte. gr. 8. (à Heft ca. 56 S. mit eingedr. Holzschn. und Stnt.) Wien, Braumüller. à Jahrg. *

Mitteilungen über die zur Londoner Ausstellung 1862 von der k. k. privileg. österreich. Staats-Eisenbahn-Gesellschaft gesendeten Gegenstände. 4° Wien 1862

—— über Gegenstände der Ingenieur- und Kriegs-Wissenschaften hrsg. vom k. k. Génie-Comité. Jahrg. 1865—67. à Jahrg. 10—12 Hefte. gr. 8. (à Heft ca. 80 S. mit Stnt. und lithogr. Karten in qu. und gr. Fol.) Wien, Gerold's Sohn. à Jahrg. *

—— über Gegenstände der Ingenieur- und Kriegs-Wissenschaften hrsg. vom k. k. Genie-Comité. Jahrg. 1868 und 1869. à Jahrg. 10—12 Hefte. gr. 8. (à Heft ca. 60—90 S. mit Stnt. in 4. und Fol.) Wien, Gerold's Sohn. à Jahrg. *

—— über Gegenstände der Land-, Forst- und Hauswirtschaft. Organ der k. k. landwirtschaftl. Gesellschaft für Kärnten. Redact.: C. Schütz. 37.—41. Jahrg. 1880—1884. à Jahrg. 24 Nrn. (Bog.) 4. Klagenfurt, v. Kleinmayr's Buchh. à Jahrg. **

Mitteilungen über Gegenstände der Landwirthschaft u. Industrie Kärntens. Klgft., v. Kleinmayr, Leon, 1844—. Quart u. Folio. (Später: Mitteilungen über Gegenstände der Land-, Forst- u. Hauswirtschaft u.: Landwirtschaftliche Mitteilungen für Kärnten.)

Mittheilungen über Gegenstände der Landwirthschaft und Industrie Kärntens. Herausgegeben von der k. k. kärntnerischen Landwirthschafts-Gesellschaft und dem kärntnerischen Gewerbe- und Industrie-Vereine. Verantwortliche Redakteure: Von Seite der Landwirthschafts-Gesellschaft Dr. Burger. Von Seite des Industrie- und Gewerbevereins Dr. Heinrich. 4. Klagenfurt Gedruckt bei Johann Leon. 1854. 10. und 11. Jahrgang. Nr. 1—9.

Mittheilungen über Gegenstände der Landwirthschaft und Industrie Kärntens. Herausgegeben von der k. k. kärntner. Gesellschaft zur Beförderung der Landwirthschaft und kärntnerischen Gewerbe und Industrievereine. Verantwortliche Redakteure: Von Seite der Landwirthschafts-Gesellschaft Dr. Burger. Von Seite des Industrie- und Gewerbevereins Dr. Heinrich. 4. Klagenfurt. Gedruckt bei Johann Leon. 11. Jahrg. Nr. 10—12. 1854.

Mittheilungen über Gegenstände der Landwirthschaft und Industrie Kärntens. Herausgegeben von der k. k. kärntnerischen Landwirthschafts-Gesellschaft und dem kärntnerischen Gewerbe- und Industrie-Vereine. Verantwortliche Redakteure: Von Seite der Landwirthschafts-Gesellschaft Dr. Burger. Von Seite des Industrie- und Gewerbe-Vereines Doktor Heinrich. XII. Jahrgang, 1855. Nr. 1—4. Klagenfurt, 1855. Gedruckt bei Joh. Leon. (S. 1

Mittheilungen über Gegenstände der Landwirthschaft und Industrie Kärntens. Herausgegeben von der k. k. kärntnerischen Landwirthschafts-Gesellschaft und dem kärntnerischen Gewerbe- und Industrie-Vereine. Verantwortl. Redakteur: Von Seite der Landwirthschafts-Gesellschaft Dr. Burger. Von Seite des Industrie- und Gewerbe-Vereins Dr Heinrich. XII. Jahrgang 1855. Nr. 5. Klagenfurt. 1855. Gedr. bei Joh. Leon. (S. 51—64. 4.)

Mittheilungen über Gegenstände der Landwirthschaft und Industrie Kärntens. Herausgegeben von der k. k. kärntnerischen Landwirthschafts-Gesellschaft und dem kärntnerischen Gewerbe- und Industrie-Vereine. XII. Jahrgang 1855. Nr. 6. 7. Verantwortliche Redakteur: Von Seite der Landwirthschafts-Gesellschaft Dr. Burger. Von Seite des Industrie- und Gewerbe-Vereins Dr. Heinrich. Klagenfurt. 1855. Gedr. bei Johann Leon. (S. 65—88. 4.)

Mittheilungen über Gegenstände der Landwirthschaft und Industrie Kärntens. Herausgegeben von der k. k. kärntnerischen Landwirthschafts-Gesellschaft und dem kärntnerischen Gewerbe- und Industrie-Vereine. XII. Jahrgang Nr. 8—11. Verantwortliche Redakteure: Von Seite der Landwirthschafts-Gesellschaft Dr. Burger. Von Seite des Industrie und Gewerbe-Vereines Dr. Heinrich. Klagenfurt, 1855. Gedruckt bei Johann Leon. (S. 89-136. 4.)

Mittheilungen über Gegenstände der Landwirthschaft und Industrie Kärntens. — Herausgegeben von der k. k. kärntnerischen Landwirthschafts-Gesellschaft und dem kärntnerischen Gewerbe- und Industrie-Vereine. XII. Jahrgang. Nr. 12. Verantwortliche Redakteure: Von Seite der Landwirthschafts-Gesellschaft Dr. Burger. Von Seite des Industrie- und Gewerbe-Vereins Dr. Heinrich. Klagenfurt, 1855. Gedr. bei Johann Leon. (S. 137—148. 4.) Schluß.

Mittheilungen über Gegenstände der Landwirthschaft und Industrie Kärntens. (13. Jahrg.) Herausgegeben von der k. k. Landwirthschaft-Gesellschaft und dem Gewerbe- und Industrie-Vereine in Kärnten. Verantw. Redakteure: Dr. Burger. Dr. Heinrich. Gedr. bei Joh. Leon. 4. 2spaltig. Erscheint monatlich eine Nummer.

Klagenfurt 1856.

Mittheilungen über Gegenstände der Landwirthschaft und der Industrie Kärntens. Herausgegeben von der k. k. Landwirthschaft-Gesellschaft und dem Gewerbe- und Industrie Vereine in Kärnten. Verantwortliche Redakteure: Dr. Burger, Dr. Heinrich und J L. Canaval. XIII. Jahrg. 1856. Nr. 1—5. Klagenfurt, 1856. Druck und Verlag von Johann Leon. (S. 1—60. 4.)

Mittheilungen. Ueber Gegenstände der Landwirthschaft und Industrie Kärntens. Herausgegeben von der k. k. Landwirthschaft-Gesellschaft und dem Gewerbe- und Industrie-Vereine in Kärnten. Verantwortliche Redakteure: Dr. Burger, J. L. Canaval. 13. Jahrg. Nr. 6—9. Klagenfurt, 1856. Druck und Verlag von Johann Leon. (S. 61—116. 4.)

Mittheilungen über Gegenstände der Landwirthschaft und Industrie Kärntens. Herausgegeben von der k. k. Landwirthschaft-Gesellschaft und dem Gewerbe- und Industrie-Verein in Kärnten. Verantwortliche Redakteure: Dr Burger u. J. L. Canaval. 13. Jahrgang. Nr. 10—12. Klagenfurt 1856. Druck und Verlag von Joh. Leon. (S. 117—150. Titel und ein Bl. Inhalt. 4.)
Schluß des 13. Jahrganges.

Mittheilungen über Gegenstände der Landwirthschaft und Industrie Kärntens. Herausgegeben von der k. k. Landwirthschaftsgesellschaft und dem Gewerbe- und Industrie-Vereine in Kärnten. 14. Jahrg. 1857. Redakteure: Dr. Burger und J. L. Canaval. Druck von Johann Leon in Klagenfurt. Erscheint monatlich eine Nr. 4. 2spaltig.

Mittheilungen über Gegenstände der Landwirthschaft und Industrie Kärntens. XV. Jahrg. Herausg. v. d. *k. k. Landw.-Ges. u. d. Gew.- u. Industr.-Ver. in Kärnten.* Verantw. Red.: Von Seite d. Landw.-Ges. *Dr. Burger.* Von Seite des Industr.- und Gewerbe-Ver. *J. L. Canaval.* Gedruckt bei *Joh. Leon.*
Erscheinen in **Klagenfurt**, monatl. 1½ Bg. in 4°. 2-sp. Ohne Preisangabe.

Mittheilungen üb. pädagog. Gegenstände. Hrsg. v. Peregrinus Eremita. 1. Hft. gr. 8. (7½ B.) Nürnberg 831, Stein.

— für die Gehilfenschaft d. Buch-, Kunst- u. Musikalienhandels. Organ der Gehilfenversammlg. der Wiener Corporation. [Obmann: Ign. Brand.] Red.: Jul. Edhoffer. 1. Jahrg. Juli 1890—Juni 1891. 10 Nrn. (¼ B.) Lex.-8. Wien, Administration. n. 2.—

— für die Gehilfenschaft d. Buch-, Kunst- u. Musikalienhandels. Organ der Gehilfenversammlg. der Wiener Corporation. 2.—4. Jahrg. à 10 Nrn. (Bog.) gr. 4. Wien 892—894. Administration. à Jahrg. postfrei n.n.n. 2.—

— f. d. Gehilfenschaft d. Buch-, Kunst- u. Musikalienhandels. Organ d. Gehilfenversammlg. d. Wiener Corporation. 5. Jahrg. 1895. 10 Nrn. gr. 4. (à Nr. ca. 8 S.) Wien (Maximilianstr. 3), Gehilfen-Ausschuß d. Buch-, Kunst- u. Musikalien-Händler Wiens. Postfrei n.n.n. 2.—

— dasselbe. Red.: Osc. Andreas. 6. Jahrg. 1896. 10 Nrn. (à ca. 1 Bog.) gr. 4. Ebd. n.n.n. 2.—

— dasselbe. Red.: Rhold. Sorms u. Rob. Gauser. 7. u. 8. Jahrg. 1897—1898. à 10 Nrn. (à ca. 1 Bog.) gr. 4. Ebd. à Jahrg. postfrei n.n.n. 2.—
D. 7. Jahrg. war von Sorms allein redigiert.

— f. die Gehilfenschaft des Buch-, Kunst- u. Musikalienhandels. Organ der Gehilfenversammlg. d. Wiener Corporation. Verantwortlich: Ignaz Fey-Felber. 9. Jahrg. Mai—Dezbr. 1900. 10 Nrn. gr. 4. (à ca. 8 S.) Wien (VI, Mariahilferstr. 94. I. Stg. III St. 52), Verwaltg. der Mittheilgn. f. die Gehilfenschaft des Buch-, Kunst- u. Musikalien-Handels Wiens. Postfrei n.n.n. 2.—

— dasselbe. Unabhängiges Organ der Gehilfenversammlung der Wiener Corporation. Verantwortlich: Hugo Heller. 10. Jahrg. März—Dezbr. 1901. 10 Nrn. gr. 4. (à ca. 10 S.) Ebd. Postfrei n.n.n. 2.—

— dasselbe. 11. Jahrg. 1902. 10 Nrn. gr. 4. (à ca. 8 S.) Ebd. Postfrei n.n.n. 2.—

— dasselbe. Organ des „Reichsvereines der Gehilfenschaft des Buch-, Kunst- u. Musikalienhandels in Österreich". Verantwortlich: Rud. Schrey. 12. Jahrg. 1903. 12 Nrn. gr. 8. (à ca. 16 S.) Ebd. Postfrei n.n. 3.50

— für die Gehilfenschaft des Buch-, Kunst- u. Musikalienhandels. Unabhängiges Organ der Gehilfenversammlg. der Wiener Korporation. Zentralorgan des „Reichsvereines der Gehilfenschaft des Buch-, Kunst- u. Musikalienhandels in Oesterreich". Publikationsorgan der Gehilfen-Krankenkasse der Korporation der Buch-, Kunst- u. Musikalienhändler in Wien. Verantwortlich: Ign. Fey-Felber. 13.—15. Jahrg. 1904—1906. à 12 Nrn. (à ca. 8 S.) Lex.-8. Wien, Administration (durch Rud. Crućic i. H. G. Freytag & Berndt). Postfrei à Jhrg. n.n. 3.50
Jahrg. 13 ist v. Vikt. Stein redigiert.

— f. die Gehilfenschaft des Buch-, Kunst- u. Musikalienhandels. Unabhängiges Organ d. Gehilfenversammlg. der Wiener Korporation. Publikationsorgan der Gehilfenkrankenkasse der Korporation der Buch-, Kunst- u. Musikalienhändler in Wien. Publikationsorgan des Buchhandlungs-Gehilfenvereins „Buchfink" in Wien. Verantwortl.: Ign. Fey-Felber. 16.—19. Jahrg. 1907—1910. à 12 Nrn. (à ca. 8 S.) Lex. 8. Wien, Administration (durch J. Sieberg i. H. Artaria & Co.). Postfrei à Jahrg. nnn 3.50

— Geisenheimer, üb. Obst- u. Gartenbau. Organ der königl. Lehranstalt für Wein-, Obst- u. Gartenbau zu Geisenheim a. Rh., des nassauischen Landes-Obst- u. Gartenbau-Vereines u. v. zahlreichen Obst- u. Gartenbau- u. mehreren landwirtschaftlichen Vereinen. Gegründet v. R. Goethe u. geleitet v. E. Junge. 18.—21. Jahrg. 1903—1906. à 12 Nrn. (à ca. 16 S. m. Abbildgn.) gr. 8. Geisenheim. Wiesbaden, R. Bechtold & Co. à Jhrg. n. 1.75

— Geisenheimer, üb. Obst- u. Gartenbau. Organ der kgl. Lehranstalt f. Wein-, Obst- u. Gartenbau zu Geisenheim a. Rh., des nassauischen Landes-Obst- u. Gartenbau-Vereines u. v. zahlr. Obst- u. Gartenbau- u. mehreren landwirtschaftl. Vereinen. Gegründet v. R. Goethe u. geleitet v. E. Junge. 22.—25. Jahrg. 1907—1910. à 12 Nrn. (à ca. 16 S. m. Abb.) 8. Geisenheim. Wiesbaden, R. Bechtold & Co. à Jahrg. 1.75

Mittheilungen seliger Geister im J. 1855, durch die Hand der Maria Kahlhammer, im Rapport der Mittheilungen des heil. Erzengels Raphael durch den Mund der Crescentia Wolf. Herausg. von Jos. Friederich. München 856. (Friederich.) gr. 8. (XXIV, 698 S., nebst: Mittheilungen des heil. Erzengels Raphael im J. 1855, durch den Mund der Crescentia Wolf, im Rapport mit den Mittheilungen seliger Geister, durch die Hand der Maria Kahlhammer. Herausg. von Joh. Schweykart. XI, 236 S.) n. 1 ₰. 12 ngr.

— seliger Geister im J. 1855, Fortsetzg., s.: Geister-Offenbarungen aus dem Reiche der Ewigkeit.

Mitteilungen für die evangelischen Geistlichen der Armee und der Marine. Magdeburg: Gehrt 1876–(1900). 8⁰
Hrsg.: Hermanns.

— gemeinfassliche, aus den Untersuchungen der Kommission zur wissenschaftlichen Untersuchung der deutschen Meere. Hrsg. im Auftrage des königl. Ministeriums für Landwirthschaft, Domänen u. Forsten. gr. 8. (56 S. m. eingedr. Holzschn. u. 1 Chromolith.) Kiel 880. (Berlin, Parey.) n. 1. 50

Mittheilungen: Gemeinnützige Mittheilungen v. Wöchentlicher Anzeiger (Gr).

Mitteilungen. – Gemeinnützige Mitteilungen. Burgdorf: Expedition 1900– . 8⁰

Mittheilungen, Gemeinnützige, über Wein-, Obst- u. Gemüsebau, Bienenkunde, Feld- u. Hauswirthschaft. Herausg. von Fr. Hässler. Jhg. 1—22. 1833—54. Weissensee. gr. 4.

Mittheilungen, gemeinnützige, über Wein- Obst- u. Gemüsebau, Bienenkunde, Feld- u. Hauswirthschaft. Herausg. von Fr. Haßler. 1r—8r Jahrg. 1833—1840. gr. 4. Weißensee, Haßler, auch Großmann. à Jahrg. n. 1 1/6 ₰

— gemeinnützliche, über Wein-, Obst- u. Gemüsebau, Bienenkunde, Feld- u. Hauswirthschaft. Redacteur: Fr. Häßler. 9.—14. Jahrg. 1841—1846. gr. 4. Weißensee, Großmann. à n. 1 1/6 ₰

— gemeinnützliche, üb. Wein-, Obst- u. Gemüsebau, Bienenkunde, Feld- u. Hauswirthschaft. Red.: Fr. Häßler. 1847—1852. 15—20. Jahrg. à 26 Nrn. Mit Beilagen. gr. 4. (à 1/2 Bog.) Weißensee, Großmann. à n. 1 1/6 ₰

— gemeinnützliche, über Wein-, Obst- und Gemüsebau, Bienenkunde, Feld- und Hauswirthschaft. Red.: Fr. Häßler. 21. u. 22. Jahrg. 1853 u. 54. à 26 Nrn. (à 1/2 Bgn. m. Beilagen). Weißensee, Großmann. gr. 4. Jeder Jahrg. n. 1 ₰. 5 ngr.

Mittheilungen des livländischen Generalsuperintendenten über das Kirchenwesen im Jahre 1902 bis 1912. — Riga: Häcker (Dorpat 1903—1906: Mattiesen) (1903)—1913.

— des Schleswig-Holsteinischen landwirthschaftlichen Generalvereins. gr. 8. (IV u. 104 S.) Kiel 850, Schwers. n. 12 ngr.

Mittheilungen des k. k. Genie-Comité über Gegenstände der Ingenieur- und Kriegs-Wissenschaften. (Als Manuscript gedruckt.) Jahrg. 1856—1869. Bd. 1—14 und Inhalts-Verzeichniss der Bde. 1—13. (15 Bde.) Besondere Beilage zum Jahrgang 1865: Anleitung zur Anlage von Eisenbahnen, welche die Bestimmung haben, bauliche Zwecke fördern zu helfen. (Bau-Hilfs-Bahnen.) Verfasst von Heinrich v. Schmoll, Oberst im k. k. Geniestabe. Besondere Beilage zum Jahrg. 1867: Kurze übersichtliche Darlegung des im Jahre 1865 stattgefundenen theoretisch-praktischen Unterrichtes der k. k. Genietruppen.
8. Wien 1856—1869.

— für Genossen u. Freunde des kirchlichen Vereins der evangel. Gustav-Adolph-Stiftung für d. Prov. Preußen. I u. II. (Hft.) gr. 8. (20 u. 40 S.) Königsberg 847, Samter in Comm. (I: n. 1 1/2 ngr. II: n. 3 ngr.) n. 4 1/2 ngr.

Mitteilungen zur deutschen Genossenschaftspolitik. Hrsg. von der Preussischen Central-Genossenschafts-Kasse. Berlin 1899–1916.

Mitteilungen zur deutschen Genossenschaftsstatistik. (Zentralgenossenschafts-Kasse) 1900. 01. 03-05. 4° Berlin 1902-07

Preussische Central-Genossenschafts-Kasse. Mittheilungen zur deutschen Genossenschaftsstatistik für 1900. Bearb. von Dr. A[lwin] Petersilie, Geh. Reg.R. *Berlin: 1902: (W. Koebke).* (45 S.) 4°
Aus: Zeitschrift d. Königl. preuss. statist. Bureaus. Jg. 1902. [03. 3434 2]

Mitteilungen über den Allgemeinen Genossenschaftstag der auf Selbsthilfe beruhenden Deutschen Erwerbs- und Wirtschaftsgenossenschaften (1921 ff.: Mitteilungen über den ((1929 ff.: Deutschen)) Genossenschaftstag des Deutschen Genossenschaftsverbandes e.V.) 34, 1893 – 72, 1937. Charlottenburg: Gertz (1897–1920: Berlin: Guttentag in Komm.; 1921 ff.: Berlin: Dt. Genossenschafts-Verl. 1893–1937.
Anfang u.d.T.: Mitteilungen über den Allgemeinen Vereinstag.

Mittheilungen über den 35. allgemeinen Genossenschaftstag der auf Selbsthilfe beruhenden deutschen Erwerbs- und Wirtschaftsgenossenschaften zu Gotha vom 23.—25. Aug. 1894. Hrsg. im Auftrage des allgem. Verbandes v. F. Schenck. gr. 8⁰. Charlottenburg, A. Gertz, 1895.

Mitteilungen über den 37. allgemeinen Genossenschaftstag des Allgemeinen Verbandes der auf Selbsthilfe beruhenden deutschen Erwerbs- und Wirthschaftsgenossenschaften zu Wiesbaden vom 26.—28. August 1896. Herausgegeben im Auftrage des Allgemeinen Verbandes von H. Crüger. Charlottenburg 1896.
Dieselben über den
38. Genossenschaftstag zu Rostock, vom 25.—27. August 1897.
39. » » Neustadt a. d. H., vom 25.—27. August 1898.
40. » » Berlin, vom 1.—3. August 1899.
41. » » Hannover, vom 5.—8. September 1900.
42. » » Baden-Baden, vom 4.—7. September 1901.
43. » » Bad Kreuznach, vom 3.—6. September 1902.
44. » » Danzig, vom 26.—29. August 1903.
45. » » Breslau, vom 24.—27. August 1904.
46. » » Westerland-Sylt, vom 4.—8. September 1905.
47. » » Cassel, vom 20.—24. August 1906.
48. » » Leipzig, vom 12.—15. August 1907.
49. » » Frankfurt a. M., vom 24.—29. August 1908.
50. » » Freiburg i. Br., vom 9.—12. August 1909.
51. » » Bad Nauheim, vom 5.—8. September 1910.
52. » » Stettin, vom 8.—11. August 1911.

— üb. d. 38. allgem. Genossenschaftstag d. auf Selbsthilfe beruh. deutschen Erwerbs- u. Wirthschaftsgenossenschaften zu Rostock v. 25. bis 27. VIII. 1897. Hrsg. im Auftr. d. allgem. Verbandes v. Hans Crüger. gr. 8. (V, 351 S.) Berlin 897. (J. Guttentag.) n. 2. —

— dasselbe über d. 39. allgem. Genossenschaftstag zu Neustadt a. d. Haardt v. 25. bis 27. VIII. 1898. Hrsg. im Auftr. d. allgem. Verbandes v. Hans Crüger. gr. 8. (V, 382 S.) Ebd. 898. n. 2. —
Die Mitteilungen üb. d. 1.—37. Genossenschaftstag kamen nicht in den Handel u. sind, soweit noch vorrätig, vom „Allgemeinen Verband deutscher Erwerbs- u. Wirtschaftsgenossenschaften" in Charlottenburg, Grolmanstraße 58, zu beziehen. Weiteres war darüber nicht in Erfahrung zu bringen.

— über den 40.—43. allgemeinen Genossenschaftstag der auf Selbsthilfe beruhenden deutschen Erwerbs- u. Wirthschaftsgenossenschaften. Hrsg. im Auftrage des allgemeinen Verbandes v. Hans Crüger. gr. 8. Berlin (J. Guttentag.) n. 9. —
40. zu Berlin vom 1. bis 4. VIII. 1899. (VIII, 454 S.) 899. n. 2. —
41. zu Hannover vom 5. bis 8. IX. 1900. (VII, 558 S.) 900. n. 3. —
42. zu Baden-Baden vom 4. bis 7. IX. 1901. (VIII, 412 S.) 901. n. 2. —
43. zu Bad Kreuznach vom 3. bis 6. IX. 1902. (VI, 449 S.) 902. n. 2. —

— üb. d. 44.—46. allgemeinen Genossenschaftstag der auf Selbsthilfe beruhenden deutschen Erwerbs- u. Wirtschaftsgenossenschaften. Hrsg. im Auftrage des allgemeinen Verbandes von Hans Crüger. gr. 8. Berlin (J. Guttentag.) à n. 2. —
44. Zu Danzig vom 26.—29. VIII. 1903. (VIII, 404 S.) 903.
45. Zu Breslau vom 24.—27. VIII. 1904. (IX, 428 S.) 904.
46. Zu Westerland-Sylt vom 4.—8. IX. 1905. (VI, 450 S.) 905.

— über den 47.—51. allgemeinen Genossenschaftstag des allgemeinen Verbandes der auf Selbsthilfe beruhenden deutschen Erwerbs- u. Wirtschaftsgenossenschaften, e. V. Hrsg. im Auftrage des allgem. Verbandes v. H. Crüger. 8. Berlin, (J. Guttentag). à 2. —
47. Cassel vom 20. bis 21. VIII. 1906. (IV, 457 S.) 906.
48. Leipzig vom 12. bis 15. VIII. 1907. (IV, 432 S.) 907.
49. Frankfurt a/M. vom 24. bis 29. VIII. 1908. (VI, 424 S.) 908.
50. Freiburg i/B. vom 9.—12. VIII. 1909. (VI, 457 S.) 909.
51. Bad Nauheim vom 5.—8. IX. 1910. (V, 439 S.) 910.

Mittheilungen über den allgemeinen Genossenschaftstag des allgemeinen Verbandes deutscher Erwerbs- und Wirtschaftsgenossenschaften in München 1892.

Mittheilungen über die allgemeinen Genossenschaftstage des allgemeinen Verbandes deutscher Erwerbs- und Wirtschaftsgenossenschaften, hrsg. von F. Schenck. (Seit 1894 im Buchhandel.) gr. 8⁰. Charlottenburg, Gertz, 1894 ff.

Geographische Mittheilungen aus J. Perthes' Anstalt, herausgegeben von Petermann. Bd. I—XIV. Gotha. 1856—1868.
dgl. Ergänzungsbände. I—V. Ebend. 1860—1868.

— geographische, aus Hessen. Im Auftrage der Gesellschaft f. Erd- u. Völkerkunde zu Giessen hrsg. v. Wilh. Sievers. 1. u. 2. Hft. (Doppelheft.) gr. 8. (128 S. m. 1 farb. Karte.) Giessen 900. (J. Ricker.) n. 3. —

— geographische, aus Hessen. Im Auftrage der Gesellschaft f. Erd- u. Völkerkunde zu Giessen hrsg. v. Wilh. Sievers. 3. Heft. (199 S. m. 1 farb. Karte.) gr. 8. Giessen 903. (A. Töpelmann.) n. 4. 50
Heft 1 u. 2 jetzt Ebd. 900. n. 3. —.

— geographische, aus Hessen. Im Auftrage d. Gesellschaft f. Erd- u. Völkerkunde zu Giessen hrsg. v. Wilh. Sievers. 4. u. 5. Heft. gr. 8. Giessen (A. Töpelmann). 9. —
4. (118 S. m. Fig., 13 Taf. u. 2 farb. Karten.) 908. 5. —
5. (IV, 129 S. m. 2 farb. Karten.) 909. 4. —

— geologische, hrsg. v. der ungarischen geologischen Gesellschaft. Im Auftrage des Ausschusses red. von Béla v. Inkey u. Alex. Schmidt. (Ungarisch u. deutsch.) Jahrg. 1879. 12 Hfte. gr. 8. (1—4. Hft. 166 S.) Budapest 879. (Kilian.) n. 8. —

— geologische. Zeitschrift d. ungar. geolog. Gesellschaft, zugl. amtl. Organ d. k. ung. geolog. Anstalt. Red. v. M. Staub u. K. Zimanyi. 25.—28. Jahrg. 1895—1898. à 12 Hfte. (à ca. 5 Bog. m. Abb. u. Taf.) (In ungar. u. deutscher Sprache.) gr. 8. Budapest (F. Kilián Nachf.). à Jahrg. n. 10. —

— geologische. Zeitschrift der ungar. geolog. Gesellschaft, zugleich amtl. Organ der k. ung. geolog. Anstalt. Red. von M. v. Pálfy u. W. Seemayer. (In ungar. u. deutscher Sprache.) 29.—32. Jahrg. 1899—1902. à 12 Hfte. gr. 8. (XV, 366; XVIII, 322; XIX, 440 S. m. 1 Taf. u. XV, 423 S.) Budapest (F. Kilián's Nachf.). à Jahrg. n. 10. —

— dasselbe. General-Register zu den Bdn. 13—30. Zusammengestellt von E. v. Cholnoky. (256 S.) gr. 8. Ebd. 903. n. 8. —

— geologische. Zeitschrift der ungar. geolog. Gesellschaft zugleich amtl. Organ d. kgl. ung. geolog. Anstalt. Red. von M. v. Pálfy. (Ungarisch u. deutsch.) 33. bis 36. Jahrg. 1903—1906. à 12 Hefte. (à ca. 50 S. m. Abbildgn. u. Taf.) Lex.-8. Budapest, (F. Kiliáns Nachf.). à Jhrg. n 10. —

MITTEILUNGEN DES WÜRTTEMBERGISCHEN GEOMETER-VEREINS. №. 1—4. Stuttgart im März — im Dezember 1886. (Ohne bes. Titelblatt. — Redaction und Verlag von Fr. Widmann, Stadtgeometer in Stuttgart. Druck von Carl Lauser in Stuttgart.) 8°.

Mitteilungen des Württemberg. Geometervereins. 1902-07. Stuttgart 1902-07

Mitteilungen des Württemberg. Geometervereins. 1908-13. Backnang 1908-13

— des Gesamtarchivs der deutschen Juden. Hrsg. v. Eug. Täubler. 1. Jahrg. 2 Hefte. (IV, 116 S.) gr. 8. Leipzig 908. 09. Buchh. G. Fock. 2. —

— dasselbe. 2. Jahrg. 1. Heft. (S. 1—62.) gr. 8. Ebd. 909. 1. 20

— aus dem Gesammtgebiete der Botanik hrsg. v. A. Schenk u. Chr. Luerssen. 1. Bd. 1—3. Hft. u. 2. Bd. 1. Hft. gr. 8. Leipzig 871—75. Fr. Fleischer. n. 32. —
I. 1. Mit 10 lith. Taf. (144 S.) n. 6. — — 2. Mit 9 lith. Taf. (in gr. 8. u. qu. 4.) (S. 145—312.) n. 8. — — 3. Mit 6 lith. Taf. (in gr. 8. u. qu. 4.) (VIII u. S. 313—485.) n. 8. —
II. 1. Mit 12 lith. Taf. (in qu. gr. 4.) (204 S.) n. 10. —

Mitteilungen des Gesamtverbandes der christlichen Gewerkschaften Deutschlands. Krefeld: v. Acken 1900. 8⁰ Red.: Johannes Giesberts.

Mitteilungen des deutschen akademischen Gesang-Vereines in Graz und seiner alten Herren. ([Ab 9.1909:] Mitteilungen des d.(eutschen) a.(kademischen) G.(esang) V.(ereines) Gothia und seines Alt-Herren-Verbandes.) Graz: Deutsche Vereins-Druckerei. Jahrgang 1.1901–10.1910.

Mitteilungen des Wiener Akademischen Gesangvereines und seiner Alten Herren. Wien: Verlag des Wiener Akademischen Gesangvereines. Druck von W. Hamburger. Jahrgang 1.1904 – 16.1919.

Mitteilungen der Geschäftsinhaber-Organisation Kärntens. Klgft., Gutenberghaus, 1908—. Folio. (Von 1909 Nr. 7 an: Kärntner Arbeitgeberblatt.)

— aus d. ältern u. neuern Geschichte, üb. d. Weinbau am Rhein, d. Mosel, Nahe etc. u. über Weinfabrikation, Wein-Verfälschung etc. gr. 8. Manh. 825. Löffler. 6 ℳ

Mittheilungen aus der anhaltischen Geschichte. Dessau 1830. V: *Lindner, Heinrich.* (Ky)

—— aus d. Anhalt. Geschichte. (Von H. Lindner.) 1. Hft. (Mit d. Bildn. Fürst Georg's d. Frommen.) 8. (6 B.) Dessau 830, Ackermann.
Ohne Bildn. 6 Gr.

—— dies. 2. Hft. — A. u. d. T.: Luthers Briefe an d. Fürsten v. Anhalt. Größtentheils zum ersten Male hrsg. od. mit d. Urschriften verglichen v. H. Lindner. 8. (8 B.) Ebds. 830.

— aus der Geschichte des Collegium Carolinum in Cassel. (31 S.) 8. Cassel 908. (G. Dufayel.) — 60
Sonderabdr. a.: „Ztschr. d. Ver. f. hess. Gesch. u. Landeskde."

Mittheilungen aus der Geschichte und Dichtung der Neu-Griechen. Coblenz 1825. H: *Nees von Esenbeek*, *Chn Gottlieb* & *J. J. Pauls*. (BrMm) (HS)

— aus d. Geschichte u. Dichtung d. Neugriechen, bearb. v. Dr. Pauls, u. Nees v. Esenbeck. 1r u. 2r Bd., mit Steindr gr. 8. Coblenz 825, Hölscher. (1r Bd. 1 Rthl. 10 gr. 2r Bd. 1 Rthl. 20 gr.

Mitteilungen aus Geschichte und Heimatkunde des Kreises Biedenkopf. Jg 1 u. 2 Biedenkopf Heinzerling 1907 4° [09. 3035 4]

Mittheilungen aus der Geschichte der Jung-St.-Peterkirche. Strassburg 1898. V: *Horning*, *Wilh.* (Berl)

— aus d. Geschichte d. Jung-St.-Peterkirche. 8. (54 S.) Straßburg 898. J. H. E. Heitz. n. 1. 20

Mittheilungen [oder Materialien] zur Geschichte der österreichischen Landesvertheidigung, insbes. der Landwehr 8. Wien 1809. — ib. 1814. 1,50.

Mitteilungen aus der lippischen Geschichte u. Landeskunde. Hrsg. v. d. geschichtl. Abteilg. d. naturwissenschaftl. Vereins f. das Fürstent. Lippe. (Hrsg. u. red. v. Kiewning.) I—III. (IV, 200; IV, 200 u. IV, 230 S. m. Abbildgn.) gr. 8. Detmold 903—905. H. Hinrichs. à n. 3. —

— aus der lippischen Geschichte u. Landeskunde. Hrsg. v. der geschichtl. Abteilg. des naturwissenschaftl. Vereins f. d. Fürstent. Lippe. (Hrsg. u. red. v. Kiewning.) IV—VII. gr. 8. Detmold [H. Hinrichs], Meyer'sche Hofbuchdr. à 3. —
IV. (IV, 218 S. m. Abb.) 906. — V. (III, 204 S.) 907.
VI. (IV, 219 S. m. Abb.) 908. — VII. (III, 232 S. m. Abb.) 909

— aus dem Gebiete der Geschichte Liv-, Ehst- u. Kurland's, herausg. von d. Gesellschaft für Geschichte u. Alterthumskunde der russischen Ostsee-Provinzen. 1r Bd. 1s u. 2s Hft. Mit 1 Steindrucktaf. 8. Riga 837. Frantzen's Buchh. 1 3/4 nß

— aus dem Gebiete der Geschichte Liv-, Esth- u. Kurlands, herausgeg. von der Gesellschaft für Geschichte u. Alterthumskunde der russischen Ostsee-Provinzen. 1. Bd. 3., u. 2. u. 3. Bd. à 3 Hefte. Mit Steindrucktaf. gr. 8. Riga 842—46, Kymmel. à 7/8 nß

— aus dem Gebiete der Geschichte Liv-, Ehst- u. Kurland's, hrsg. von der Gesellschaft für Geschichte u. Alterthumskunde der Russ. Ostsee-Provinzen. IV—VI. Bd. à 3 Hfte. 8. (IV: 541 S. m. 4 lith. Taf. V: 506 S. VI: XII u. 557 S. mit 1 Abbild. in Steindr.) Riga 847—52, Kymmel. (Leipzig, Fr. Fleischer.) IV u. V. Bd. à Hft. 7/8 nß VI. Bd. à Hft. n. 7/8 nß

— aus dem Gebiete der Geschichte Liv-, Ehst- und Kurlands, herausg. von der Gesellschaft für Geschichte u. Alterthumskunde der russ. Ostsee-Provinzen. 7—9. Bd. à 3 Hefte (à 10—12 Bgn. m. lith. Taf.). Riga 853—58. Kymmel. (Leipzig, C. F. Fleischer.) gr. 8. Jedes Heft n. 26 1/4 ngr.

— aus dem Gebiete der Geschichte Liv-, Ehst- und Kurlands, herausg. von der Gesellschaft für Geschichte u. Alterthumskunde der Ostsee-Provinzen Russlands. 10. Bd. 1. u. 2. Heft. Riga 861, 63. Kymmel. (Leipzig, C. F. Fleischer.) gr. 8. (S. 1—410 u. 2 lith. Pläne in Fol.) Jedes Heft 26 1/4 ngr.

— aus dem Gebiete der Geschichte Liv-, Est- u. Kurlands, herag. von der Gesellschaft für Geschichte u. Alterthumskunde der Ostsee-Provinzen Russlands. 10. Bd. 3. Heft u. 11. Bd. 3 Hefte. Riga 865—68. Kymmel. (Leipzig, Fr. Fleischer.) gr. 8. (10. Bd. IV u. S. 411—710. mit 2 lith. Plänen in Fol. u. 11. Bd. V, 595 S.) Jedes Heft 26 1/4 ngr.

— aus dem Gebiete der Geschichte Liv-, Est- u. Kurlands, hrsg. v. der Gesellschaft f. Geschichte u. Alterthumskunde der Ostsee-Provinzen Russlands. 12. Bd. 1. u. 2. Hft. gr. 8. (396 S.) Riga 875. 76. Kymmel. à n. 3. —

— aus dem Gebiete der Geschichte Liv-, Est- u. Kurlands, hrsg. von der Gesellschaft für Geschichte u. Alterthumskunde der Ostsee-Provinzen Russlands. 12. Bd. 3. (Schluss-)Hft. gr. 8. (IV u. S. 397—537.) Riga 880. Kymmel. n. 3. —

— aus der livländischen Geschichte. 13. Bd. 1. Hft. gr. 8. (116 S.) Ebend. 881. n. 2. 25

Mittheilungen aus der livländischen Geschichte. 13. Bd. 2. u. 3. Hft. gr. 8. (S. 117—452.) Riga 882. 84. Kymmel. n 6. 75 (1—3.: n. 9. —)

— aus der livländischen Geschichte. 13. Bd. 4. Hft. gr. 8. (IV u. S. 453—549.) Riga 886. Kymmel's Verl. n. 1. 50 (13. Bd. cplt.: n. 10. 50)

— dasselbe. 14. Bd. 1.—3. Hft. gr. 8. Ebd. n. 5. 85
1. (S. 1—143.) 887. n. 1. 60
2. (S. 145—298 m. 8 Steintaf.) 888. n. 2. 25
3. (S. 299—388 m. 6 Taf.) 889. n. 2. —

— aus der livländischen Geschichte. 14. Bd. 4. Hft. gr. 8. (IV u S 389—515.) Riga 890. Kymmel's Verl. n. 2. — (14. Bd. kplt.: n. 7. 85)

— dasselbe. 15. Bd. 1. Hft. gr. 8. (351 S.) Ebd. 892. n. 4. —

— aus d. Gebiete d. Geschichte Liv-, Est- u. Kurlands, hrsg. v. d. Gesellschaft f. Geschichte u. Alterthumskunde d. Ostseeprovinzen Russlands. 15. Bd. 2. (Schluss-) Hft. gr. 8. (IV u. S. 353—480 m. 1 lith. Taf.) Riga 893. N. Kymmel's Sort. n. 2. — (15. Bd. kplt.: n. 6. —)

— dasselbe. 16. Bd. 2 Hfte. gr. 8. (IV, 630 S.) Ebd. 893. 96 à n. 4. —

— aus dem Gebiete der Geschichte Liv-, Est- und Kurlands, hrsg. v. der Gesellschaft f. Geschichte u. Alterthumskunde d. Ostseeprovinzen Russlands. 17. Bd. 3 Hfte. gr. 8. (III, 600 S. m. 3 Taf.) Riga 900. N. Kymmel's Sort. n. 10. —
Hft. 1 u. 2 erschien unter dem Titel: Mitteilungen a. der livländ. Geschichte.

— aus dem Gebiete der Geschichte Liv-, Est- u. Kurlands, hrsg. v. der Gesellschaft f. Geschichte u. Alterthumskunde der Ostseeprovinzen Russlands. 18. Bd. 1. Heft. (VI, 309 S.) gr. 8. Riga 903. N. Kymmel's Sort. n. 3. —

— aus d. Gebiete der Geschichte Liv-, Est- u. Kurlands, hrsg. v. der Gesellschaft f. Geschichte u. Altertumskunde der Ostseeprovinzen Russlands. 18. Bd. 2. Heft. (III u. S. 311—553 m. 4 Taf.) gr. 8. Riga 908. N. Kymmel. 4.— (18. Bd. vollst. 7. —)

— dasselbe. 19. Bd. 2 Hefte. (VI, 656 S.) gr. 8. Ebd. 903. 904. n. 7. —

— dasselbe. 20. Bd. 3 Hefte. (III, 529 S.) gr. 8. Ebd. 907—10. nn 9. —

— zur Geschichte der Medizin u. der Naturwissenschaften. Hrsg. v. der deutschen Gesellschaft f. Geschichte der Medizin u. der Naturwissenschaften unter Red. v. Geo. W. A. Kahlbaum u. Karl Sudhoff u. v. 5. Jahrg. unter Red. v. Siegm. Günther u. Karl Sudhoff. 1.—5. Jahrg. gr. 8. Hamburg, L. Voss. n. 102.—
1. (III, 409 S. m. Abbildgn.) 902. n.n. 18. —
2. (IV, 479 S. m. 11 Abbildgn.) 903. n. 21. —
3. (IV, 528 S. m. 6 Abbildgn. u. Sachregister zum 1. Bd. S. 411—421.) 904. n. 21. —
4. Mit 8 Abb. u. 1 Portr.-Taf. (VIII, 532 S.) 905. n. 20. —
5. (VII, 430 S.) 906. n. 22. —

— zur Geschichte der Medizin u. der Naturwissenschaften. Hrsg. v. der deutschen Gesellschaft f. Geschichte der Medizin u. der Naturwissenschaften unter Red. v. Siegm. Günther u. Karl Sudhoff. VI.—IX. Bd à 5 Nrn. u. X. Bd. Nr. 1. gr. 8. Hamburg. Leipzig, L. Voss. 99. 80
VI. (IV, 616 S. m. Abb.) 906. 07. 24. 40
VII. (Nr. 25—29.) (IV, 598 S.) 907. 08. 09. 22. 80
VIII (Nr. 30—34.) (IV, 623 u. 24 S. m. 1 Taf.) 908. 09. 23. 50
IX (Nr. 35—39.) (IV, 610 u. 12 S.) 909. 10. 23. 60
X, 1. (Nr 40.) (S. 1—148.) 910. 5. 50

— über die neueste Geschichte d. lutherischen Kirche. Herausg. von J. G. Scheibel. 1r u. 2r Bd. à 3 Hfte. gr. 8. Altona 835, 836. Hammerich. à n. 1 ℛ

Mitteilungen aus der Geschichte der ... St. Johannisloge zum flammenden Stern, s. Kleiber, Karl Chrn. Ludw

— zur Geschichte d. Heidelberger Schlosses. Hrsg. vom Heidelberger Schloßverein. 1—4. Hft. (1. Bd.) Mit

23 Taf. in Lichtdr. gr. 8. (VI, 256 S.) Heidelberg 885. 86. K. Groos. n. 10. —

— zur Geschichte d. Heidelberger Schlosses. Hrsg. vom Heidelberger Schloßverein. 2. Bd. 4 Hfte. gr. 8. Heidelberg, K. Groos. n. 15. — (I. u. II.: n. 25. —)
1. (52 S. m. 4 Taf.) 887. n. 3. —
2. 3. (S. 53—162 m. 14 Taf.) 889. n. 6. —
4. (III u. S. 163—300 m. 20 Taf.) 890. n. 6. —

— zur Geschichte d. Heidelberger Schlosses. Hrsg. vom Heidelberger Schloßverein. III. Bd. 1. Hft. gr. 8. (IV, 128 S. m. 5 Taf.) Heidelberg 893. K. Groos. n. 3. — (I—III, 1.: n. 28. —)

— zur Geschichte d. Heidelberger Schlosses. Hrsg. vom Heidelberger Schloßverein. III. Bd. 2. u. 3. Hft. gr. 8. (V u. S. 129—248 m. 8 Taf.) Heidelberg 896. K. Groos. n. 3. — (I—III 3.: n. 31. —)

— zur Geschichte des Heidelberger Schlosses. Hrsg. vom Heidelberger Schloßverein. IV. Bd. 1. u. 2. Hft. gr. 8. (87 S. m. 10 Taf. u. S. 89—159 m. 6 Taf.) Heidelberg 899. 902. K. Groos. à n. 3. —

— zur Geschichte des Heidelberger Schlosses. Hrsg. vom Heidelberger Schloßverein. IV. Bd. 3. u. 4. Heft. (VI, 238 S.) gr. 8. Heidelberg 903. K. Groos Nachf. n. 6. —

— dasselbe. V. Bd. 1. u. 2. Heft. gr. 8. Ebd. n. 6. —
Ott Heinrich u. die Kunst. Von Hans Rott. Mit 1 Heliograv., 22 Bildern im Text u. 4 Taf. (232 S.) 905.

Mittheilungen zur Geschichte der militärischen Tracht. Beilagen zum 3.—6. Bande der »Uniformenkunde«. Herausg. von R. Knötel. 1892—95. Rathenow. 4. . .

Mittheilungen aus der Geschichte der Familie Usteri. [Zürich] 1901. V: *Usteri-Fäsi*, *Emil*. (zuwzür 6, 1902, I, S. 212) (BBullschw 12, S. 219)

Mittheilungen zur vaterländischen Geschichte. Herausg. v. hist. Verein in St. Gallen. Heft 1—26. St. Gallen 1862—95.

Mittheilungen zur vaterländischen Geschichte. Hersg. vom histor. Verein in St. Gallen. I—X. St. Gallen, Scheitlin & Zollikofer. gr. 8. [I. (XIII, 164 S.) 862., II. (XII, 191 S.) 863., III. (III, 216 S. mit 1 Steintaf. in 4.) 865., IV. (IV, 216 S.) 866., V—X.: Johannes Kesslers Sabbata. Chronik der J. 1523—1539. Hersg. von Ernst Götzinger. 2 Thle. (XII, 388 S. u. III, 625 S.) 866,68. Jedes Heft 27 ngr.

— — Neue Folge. 1. Heft. (Der ganzen Folge XI.) St. Gallen 869. Huber & Co. gr. 8. (III, 227 S.) n. 1 ℛ 6 ngr.

Mittheilungen zur vaterländischen Geschichte. Hrsg. vom histor. Verein in St. Gallen. Neue Folge. 2—4. Hft. [Der ganzen Folge XII—XIV.] gr. 8. (XXXII, 212; XX, 270 u. 247 S.) St. Gallen 870—73. Huber & Co. n. 14. 40

— zur vaterländischen Geschichte. Hrsg. vom histor. Verein in St. Gallen. Neue Folge. 5—8. Hft. [Der ganzen Folge XV—XVIII.] gr. 8. St. Gallen 879—81. Huber & Co. n. 27. —
5. 6. St. Gallische Geschichtsquellen. Neu hrsg. durch G. Meyer v. Knonau. III. Ekkoharti [V.] Casus sancti Galli. Mit einem (lith.) Plänchen (in gr. 4.). (12, CX u. 487 S.) n. 10. 80
7. St. Gallische Geschichtsquellen. Neu hrsg. durch G. Meyer v. Knonau. IV. Continuatio Casuum sancti Galli. Conradi de Fabaria Continuatio Casuum sancti Galli. Mit einem (lith.) Plänchen. (12, XLIX, 270 S.) n. 7. 20
8. St. Gallische Geschichtsquellen. Neu hrsg. durch G. Meyer v. Knonau. V. Christian Kuchimeister's nüwe Casus Monasterii sancti Galli. (15, LXII, 391 S.) n. 9. —

— zur vaterländischen Geschichte. Hrsg. vom histor. Verein in St. Gallen. Neue Folge. 9—11. Hft. [Der ganzen Folge XIX—XXI.] gr. 8. St. Gallen, Huber & Co. n. 24. —
9. Das St. Gallische Verbrüderungsbuch u. das St. Gallische Buch der Gelübde. Die annalistischen Aufzeichnungen d. Klosters St. Gallen. Das zweite St. Galler Totenbuch. (462 S.) 884. n. 9. —
10. Fridolin Sicher's Chronik. Hrsg. v. Ernst Götzinger. (XXXI, 284 S.) 885. n. 6. —
11. Müller-Friedberg. Lebensbild e. schweizer. Staatsmannes [1755—1836], bearb. v. Johs. Dierauer. Mit Müller-Friedberg's (Stahlst.-) Portr. u. Briefen v. Johs. Müller. (XX, 452 S. m. 1 Fcsm.) 884. n. 9. —

— zur vaterländischen Geschichte. Hrsg. vom histor. Verein in St. Gallen. XXII. 3. Folge II. gr. 8. St. Gallen 887. Huber & Co. n. 10. 80
Friedrich VII., der letzte Graf v. Toggenburg. Von Placid Bütler. Die Grafen v. Werdenberg-Heiligenberg u. v. Werdenberg-Sargans. Von E. Krüger. (398 u. 153 S. m. 4 genealog. Tab.)

— dasselbe. XXIII. 3. Folge III. gr. 8. Ebd. 889. n. 7. 20
Briefwechsel zwischen Johann Rudolf Steinmüller u. Hans Konrad Escher v. der Lint. [1796—1821.] Hrsg. von J. Dierauer. Mit 2 Bildnissen in Radirg. (XV, 387 S.)

— dasselbe. XXIV. 3. Folge IV. 1. Hälfte. gr. 8. Ebd. 890. n. 6. —
Wahlafridi, abbatis Augensis, de vita beati Galli confessoris. Hrsg. v. R. Thuli. — Die Vadianische Briefsammlung d. Stadtbibliothek St. Gallen. I. Hrsg. v. E. Arbenz. (VIII, 270 S.)

Mittheilungen zur vaterländischen Geschichte. Hrsg. vom histor. Verein in St. Gallen. XXIV. 3. Folge. IV. 2. Hälfte. gr. 8. St. Gallen 891. Huber & Co. n. 6. — (1. u 2. Hälfte n. 12. —)
Aus den Papieren d. Barden v. Riva. Telliade. Andachtsbuch. Briefwechsel m. Hautli, Stadlin, Müller-Friedberg. Hrsg. v. Ernst Götzinger. (S. 271—515.)

— dasselbe. XXV. 3. Folge. V. 1. Hälfte. gr. 8. Ebd. 891. n 5. —
Friedrich VII. der letzte Graf v. Toggenburg. Von Placid Bütler. II. — Das Lütisburger Copialbuch in Stuttgart. Hrsg. v. Herm. Wartmann. — Die Öffnung d. Hofes Benken. (190 S. m. 1 Stammtaf. u. 1 farb. Karte.)

— zur vaterländischen Geschichte. Hrsg. v. histor. Verein in St. Gallen. XXV. 3. Folge V. 2. Hälfte. gr. 8. St. Gallen 894. Fehr. n. 6. 60
(XXV, kplt.: n. 11. 60)
D. Vadianische Briefsammlg. d. Stadtbibliothek St. Gallen. II. Hrsg. v. Emil Arbenz. (S. 193—482.)

— dasselbe. XXVI. 1. Halbbd. gr. 8. Ebd. 895. n. 6. 60
Der Klosterbruch in Rorschach u. d. St. Galler Krieg 1489 - 1490. Von Joh. Häne. (IX, 272 S.)
D. 2. Halbbd. d. 26. Bds. erscheint später.

— zur vaterländischen Geschichte. Hrsg. vom histor. Verein in St. Gallen. XXVI. 3. Folge VI. 2. Hälfte. gr. 8. St. Gallen, Fehr. n. 4. —
Der Auflauf v. St. Gallen im J. 1491. Von Joh. Häne. (VIII, 177 S.) 899.

— dasselbe. XXVII. 3. Folge VII. 1. Hälfte. gr 8. Ebd. 897. n. 6. 60
Briefsammlg., d. Vadianische, d. Stadtbibliothek St. Gallen. III. Hrsg. v. Emil Arbenz. (313 S.)

— dasselbe. XXVII. 3. Folge VII. 2. Hälfte. gr. 8. Ebd. n. 6. 60
Geschichte der Landsch. Gaster bis zum Ausgange des Mittelalters. Von Jos. Meinrad Gubser. Mit e. Exkurs: Gilg Tschudi u. die geschichtliche Überlieferung des Klosters Schännis. — Geschichte des Verkehrs durch das Walenseetal. — Urbar der Grafschaft Sargans. Hrsg. v. Rud. Thommen. (VII u. S. 315—690 m. 1 Tab.) 900.

— dasselbe. XXVIII. gr. 8. Ebd. n. 8. —
Briefsammlung, die vadianische, der Stadtbibliothek St. Gallen IV. 1526—1530, hrsg. v. Emil Arbenz. — Chronik, die, des Hermann Miles. (385 S.) 902.

— zur vaterländischen Geschichte. Hrsg. v. histor. Verein in St. Gallen. XXIX. 3. Folge IX. 1. u. 2. Hälfte. gr. 8. St. Gallen, Fehr. n. 18. —
1. Briefsammlung, die vadianische, der Stadtbibliothek St. Gallen. V. 1531—1540. Hrsg. v. Emil Arbenz u Herm. Wartmann. 1. Hälfte. 1531—1535. (272 S.) 903. n. 6. —
2. Dasselbe. 2. Hälfte. 1536—1540. (S. 273—748.) 905. n. 12. —

— zur vaterländischen Geschichte. Hrsg. v. histor. Verein in St. Gallen. XXX. 3. Folge. X. 2 Hälften. gr. 8. St. Gallen, Fehr. 28. —
1. Briefsammlung, die Vadianische, der Stadtbibliothek St. Gallen. VI. 1 Hälfte. 1541—1545. Hrsg. v Emil Arbenz u. Herm. Wartmann. (496 S.) 906. 12. —
2. Dasselbe. VI 2. Hälfte 1546—1551. (S. 497—955.) 908 16. —

— dasselbe. XXXI. 4. Folge I. gr. 8. Ebd. 909. 15. —
Liber, der, benedictionum Ekkeharts IV., nebst den kleineren Dichtungen aus d. Codex Sangallensis 393. Zum ersten Mal vollständig hrsg. u. erläutert v. Joh. Egli. (VIII, LI, 440 S.) 909.

Deutsche Freie Gmde v Phila. Geschl Mitteilungen ü die freien Gemeinden v NA. Phila, 1877

Mittheilungen, Geschichtliche und örtliche, über das Land und die Hauptstadt Salzburg . . . Wien 1861. V: *Graf, Joseph.* (EB)

— geschichtliche u. örtliche, über das Land u. die Hauptstadt Salzburg, ihre Merkwürdigkeiten u. Umgebungen, dann über das berühmte Kraftbad Gastein, von J. G. Mit 2 (lith.) Karten (in 4.) u. (2) Ansichten (in Stahlst.). Wien 861. Gerold in Comm. gr. 8. (XII, 95 S.) n. 24 ngr

Deutsche Schulverein, Der u die Freie Gmde v StL, 1850-1900: Geschl Mitteilungen u d Dten Schulverein u die Freie Gmde v StL. gegründet am 6 Nov 1850 N. p. n. d.

Geschichtliche **Mittheilungen** über die Loge Victoria zu den drei gekr. Thürmen i. O. Graudenz. Zum 100jähr. Stiftungsfeste der Graudenzer Bauhütte am 18. Juni 1899. Graudenz 1899: Röthe. 28 S. 8°
Recens: L. 22 (1899) S. 135.

Mittheilungen für österreichische Geschichtsforschung. Unter Mitwirkung von Oswald Redlich, F. Wickhoff und R. von Zeissberg. Redigirt von E. Mühlbacher. XV. Band. Gr.-8. (VI, 708 S.) 6.50
Innsbruck Wagner, 1894

MITTEILUNGEN DES GESCHICHTS- UND ALTERTUMS-VEREINS DER STADT ALSFELD.
Erste Reihe 1902—1907 (Nr 1—12. Nr 5 ist Sonderabdruck aus den „Mitteilungen des Oberhessischen Geschichtsvereins" alle übrigen aus der „Oberhessischen Zeitung", Alsfeld [1])) (o. O. o. Dr.) 8°
Zweite Reihe 1907—1910. Alsfeld Druck von F Ehrenklau.

MITTEILUNGEN DES GESCHICHTS- UND ALTERTUMS-VEREINS DER STADT ALSFELD Beilage zur Oberhessischen Zeitung.
Dritte Reihe Nr 1 2. (Ausgegeben den 19. Oktober 1910.) ib. — (Ohne bes. Titelblatt.)
Dritte Reihe Nr 3 (Ausgegeben den 22. Dezember 1910.) ib. —
Dritte Reihe Nr 4 (Ausgegeben den 22 März 1911.) ib. —
Dritte Reihe Nr 5. (Ausgegeben den 15. April 1911.) ib. —
Dritte Reihe Nr 6 (Ausgegeben den 27 Mai 1911.) ib. —
Dritte Reihe Nr 7 (Ausgegeben den 30. Juni 1911.) ib. —
Dritte Reihe. Nr 8. (Ausgegeben den 19. August 1911.) ib. —
Dritte Reihe Nr 9 (Ausgegeben den 26. September 1911.) ib. —
Dritte Reihe. Nr. 10. (Ausgegeben den 31 Oktober 1911.) ib. —
Dritte Reihe Nr 11 (Ausgegeben den 30. November 1911.) ib. —
Dritte Reihe. Nr 12 u. 13. (Ausgegeben den 21 Februar 1912.) ib. —
Dritte Reihe. Nr 14 u. 15. (Ausgegeben den 30. März 1912.) ib. —
Dritte Reihe. Nr 16. (Ausgegeben den 30. April 1912.) ib. —

MITTHEILUNGEN DES GESCHICHTS- & (UND) ALTERTHUMS-VEREINS ZU LEISNIG IM KÖNIGREICHE SACHSEN.
Zusammengestellt und im Auftrage des Vereins herausgegeben von WILHELM HAAN.:
Heft I—II. Nebst Tafeln Abbildungen. Leisnig. 1868—1871. Druck von Herrm. Ulrich. 8°.
Heft III—IV. (Nebst Tafeln Abbildungen.) ib. 1874—1876. Selbstverlag des Vereins. Druck von Herrm. Ulrich.
Zusammengestellt und im Auftrage des Vereins herausgegeben von C. M. MÜLLER.:
Heft V—VI. (Nebst Tafeln Abbildungen.) ib. 1878—1881 — —

MITTHEILUNGEN DES GESCHICHTS- UND ALTERTHUMS-VEREINS ZU LEISNIG IM KÖNIGREICHE SACHSEN.
Heft 7 (Nebst einer Ansicht von Leisnig). Zusammengestellt und im Auftrage des Vereins herausgegeben von C. M. MÜLLER. Leisnig 1886. Selbstverlag des Vereins. — Druck von Herrm. Ulrich. 8°.

MITTHEILUNGEN DES GESCHICHTS- UND ALTERTHUMS-VEREINS ZU LEISNIG IM KÖNIGREICHE SACHSEN
Zusammengestellt und im Auftrage des Vereins herausgegeben von C M. MÜLLER.
Heft 8. Leisnig. 1889. Selbstverlag des Vereins. Druck von Herrm. Ulrich. 8° — 9. ib. 1893. — — 10. (Mit 1 Portrait.) ib. 1896. — —
Zusammengestellt und im Auftrage des Vereins herausgegeben von C. A. MIRUS.
Heft 11 (ib.) 1904. Selbstverlag des Geschichts- und Alterthumsvereins. — A. u. d. T Die geschichtliche Entwicklung des Leisniger Stadtschulwesens bis zur Wende des 16. Jahrhunderts. Beitrag zu einer sächsischen Schulgeschichte. Nach urkundlichen Quellen bearbeitet von MAX ZESCH. ib. 1898. —
MITTEILUNGEN DES GESCHICHTS- UND ALTERTUMSVEREINS ZU LEISNIG IM KÖNIGREICH(E) SACHSEN
Zusammengestellt und im Auftrage des Vereins herausgegeben von (C A.) MIRUS.
Heft XII (nebst einer Abbildung) ib. 1904. Selbstverlag des Vereins. Druck von Herrm. Ulrich (Wölbling & Feiste).
Zusammengestellt und im Auftrage des Vereins herausgegeben von Pfarrer GERBER.
Heft XIII. ib. 1908. — —

— des Geschichts- u. Alterthums-Vereins zu Leisnig im Königr. Sachsen. 1. Heft nebst 3 (lith.) Taff. Abbildungen (in hoch u. qu. 4.). Zusammengestellt u. im Auftrage des Vereins hersg. von Wilh. Haan. Leisnig 868. (Ulrich.) gr. 8. (VIII, 68 S.) 10 ngr.

— des Geschichts- u. Alterthums-Vereines zu Leisnig im Königr. Sachsen. 2. Hft. nebst e. (lith.) Tafel. Abbildungen (in Fol.) Zusammengestellt u. im Auftrage d. Vereins hrsg. v. Superint. Wilh. Haan. gr. 8. (VII, 142 S.) Leisnig 871. Ulrich in Comm. 1. 50 (1. 2.: 2. 50)

— des Geschichts- u. Alterthums-Vereins zu Leisnig im Königr. Sachsen. 10. Hft. Zusammengestellt u. im Auftrage des Vereins hrsg. v. C. M. Müller. gr. 8. (IV, 77 S. m. 1 Bildnis.) Leipzig 896. Geschichts- u. Alterthumsverein. n. 2.—

— d. Geschichts- u. Alterthumsvereins zu Leisnig im Kgr. Sachsen. 11. Hft. Zusammengest. u. im Auftr. des Vereins hrsg. v. C. A. Mirus. gr. 8. (120 S.) Leisnig 898. Geschichts- u. Alterthumsverein. n. 2.—

— des Geschichts- u. Altertumsvereins zu Leisnig im Königreich Sachsen. 12. Heft zusammengestellt u. im Auftrage des Vereins hrsg. v. Mirus. (IV, 82 S. m. 1 Abbildg. in Photolith.) gr. 8. Leisnig 904. Geschichts- u. Altertumsverein. n. 2.—

— d. Geschichts- u. Altertumsvereins zu Leisnig im Kgr. Sachsen. 12. Heft. Zusammengestellt u. im Auftrage des Vereins hrsg. v. Gerber. (IV, 100 S.) gr. 8. Leisnig 908. Geschichts- u. Altertumsverein. 2.—

MITTEILUNGEN DES GESCHICHTS- UND ALTERTUMS-VEREINS FÜR DIE STADT UND DAS FÜRSTENTUM LIEGNITZ.
Im Auftrage des Vorstandes herausgegeben von R. HAHN und A. ZUMWINKEL.
Heft 1, für 1904 und 1905 mit 2 Plänen und zahlreichen Abbildungen. Liegnitz. Im Selbstverlag des Vereins, in Kommission der Kaulfuss'schen Buchhandlung. Druck von der Buch- und Kunstdruckerei H. Krumbhaar. 8°
Heft 2, für 1906 bis 1908 mit zwei Plänen und zahlreichen Abbildungen. ib. —

MITTEILUNGEN DES GESCHICHTS- UND ALTERTUMS-VEREINS ZU LIEGNITZ.
Im Auftrage des Vorstandes herausgegeben von R. HAHN und A. ZUMWINKEL.
Heft 3, für 1909 und 1910 mit zahlreichen Abbildungen. ib. —
Heft 4, für 1911 und 1912 mit zahlreichen Plänen und Abbildungen. ib. —
Im Auftrage des Vorstandes herausgegeben von R. HAHN
Heft 5, für 1913 und 1914 mit zahlreichen Abbildungen. ib. —

— des Geschichts- u. Altertumsvereins f. die Stadt u. das Fürstent. Liegnitz. Im Auftrage des Vorstandes hrsg. v. R. Hahn u. A. Zumwinkel. 1. Heft, f. 1904 u. 1905 m. 2 Plänen u. zahlreichen Abbildgn. (VI, 208 S.) gr. 8. Liegnitz (906). (Th. Kaulfuß.) n.n. 3.—

— des Geschichts- u. Altertums-Vereins f. die Stadt u. das Fürstent. Liegnitz. Im Auftrage d. Vorstandes hrsg. v. R. Hahn u. A. Zumwinkel. 2. Heft, f. 1906—1908 m. 2 Plänen u. zahlr. Abb. (VI, 210 S.) gr. 8. Liegnitz 908. (Th. Kaulfuß.) nn 3. 50

— des Geschichts- u. Altertumsvereins von Sangerhausen u. Umgegend. 2. Hft. gr. 8. (227 S.) Ebd. 888. n.n. 3.—
Vorh. u. d. T. Mittheilungen des Vereins für Geschichts- und Alterthumskunde von Sangershausen und Umgegend. H. 1. 1881

— d. Geschichts- u. Altertumsvereins v. Sangerhausen u. Umgegend, Fortsetzg., s. Mitteilungen des geschichtl.-naturwissenschaftl. Vereins v. Sangerhausen u. Umgegend.

MITTEILUNGEN DES GESCHICHTS- UND ALTERTUMSVEREINS FÜR ZEITZ UND UMGEBUNG.
Jahrg. I. 1902. o. O. — A. u. d. T Die mittelalterliche Befestigung der Stadt Zeitz mit 32 Original-Zeichnungen von A. Brinkmann. Zeitz (1902). Druck von Reinhold Jubelt. 8°.

MITTEILUNGEN DES OBERHESSISCHEN GESCHICHTSVEREINS IN GIESSEN
Neue Folge der Jahresberichte des Oberhessischen Vereins für Lokalgeschichte zu Giessen. Zusammengestellt vom Schriftführer
Bd. 1. (Jahrg. 6.) Mit 1 Karte. Ausgegeben Ende März 1889. Giessen 1889. Comm von Emil Roth. 8° — Bd. 2. Jahrg. 7 (Mit 1 Porträt.) Ausgegeben Ende März 1890. ib. 1890. —
MITTEILUNGEN DES OBERHESSISCHEN GESCHICHTSVEREINS IN GIESSEN
Zusammengestellt vom Schriftführer
Neue Folge Bd. 3. Der Jahresberichte des Oberhessischen Vereins für Lokalgeschichte zu Giessen. Jahrg. 8. Ausgegeben Mitte Februar 1892. Mit 3 Tafeln ib 1892 —
MITTEILUNGEN DES OBERHESSISCHEN GESCHICHTSVEREINS IN GIESSEN.
Neue Folge Bd 4 Ausgegeben Ende April 1893. ib. 1893. —

MITTEILUNGEN DES OBERHESSISCHEN GESCHICHTSVEREINS.
Neue Folge. Bd 5. Ausgegeben Ende December 1894. ib. 1894. — Bd. 6. Ausgegeben Anfang Dezember 1896 ib. 1896. Brühl'sche Univ.-Buch- u. Steindruckerei. (Comm von Emil Roth.) — Bd. 7 ib. 1898. J Ricker'sche Verlagsbuchhandlung — Bd. 8. Mit 4 Tafeln. ib. 1899. — Bd. 9. ib. 1900. — Bd. 10. ib. 1901 — Ergänzung zu den „Mitteilungen" Bd. 10. Fundbericht für die Jahre 1899 bis 1901 mit 20 Tafeln. ib. 1902. — Bd 11 ib. 1902. — Bd. 12. ib. 1903. — Bd. 13. ib 1905. — Bd. 14. ib. 1906 Alfred Töpelmann (vormals J Ricker). — Bd 15 Festgabe zur dritten Jahrhundertfeier der Universität Giessen. (Mit Tafeln.) ib. 1907 — Bd. 16. (Mit Tafeln.) ib. 1908. — Bd. 17 (Mit Tafeln.) ib. 1909. — Bd. 18. ib. 1910. — Bd. 19. ib. 1911 — Bd. 20. ib. 1912. — Bd 21 (Mit 5 Tafeln.) ib. 1914. — Bd. 22. (Mit 2 Tafeln.) ib. 1915. —

— d. oberhessischen Geschichtsvereins in Gießen. Neue Folge. 1. u. 2. Bd. Der Jahresberichte d. oberhessischen Vereins für Lokalgeschichte zu Gießen 6. u. 7. Jahrg. Zusammengestellt v. Schriftführer. gr. 8. Gießen, (Roth). à n. 3.—
1. (III, 172 S. m. 1 Karte.) 889. — 2. (XII, 168 S. m. 1 Portr.) 890.

— des oberhessischen Geschichtsvereins in Gießen. Neue Folge. 3. Bd. der Jahresberichte d. oberhess. Vereins f. Lokalgeschichte zu Gießen. 8. Jahrg. Zusammengestellt vom Schriftführer. gr. 8. (IV, 156 S. m. 3 Taf. Gießen 892. (E. Roth.) n. 3.—

— dasselbe. Neue Folge. 4. Bd. gr. 8. (III, 173 S.) Ebd. 893. n. 3. —

— des oberhessischen Geschichtsvereins. Neue Folge. 5.—7. Bd. gr. 8. Gießen. (J. Ricker.) n. 10. —
5. (III, 188 S.) 894. n. 3. —. — 6. (III, 208 S.) 896. n. 3. —.
7. (III, 238 S.) 898. n. 4. —.

— des oberhessischen Geschichtsvereins. Neue Folge. 8.—11. Bd. gr. 8. (III, 258 S.) Gießen (J. Ricker). n. 11. —
8. (III, 258 S.) 899. n. 4. 50. — 9. (III, 106 S.) 900. n. 2. —
10. (III, 138 S.) 901. n. 2. 50. — 11. (III, 101 S.) 902. n. 2. —

— dasselbe, Ergänzg., s.: Fundbericht f. die J. 1899 bis 1901.

— des oberhessischen Geschichtsvereins. Neue Folge. 12.—14. Bd. (III, 128; II, 126 u. III, 115 S.) gr. 8. Gießen 903. 905. 906. A. Töpelmann. à n. 2. 50

— des oberhessischen Geschichtsvereins. Neue Folge. 15.—17. Bd. gr. 8. Gießen, A. Töpelmann. à 2. 50
15. Festgabe z. 3. Jahrhundertfeier d. Universität Gießen. (VIII, 150 S. m. 4 Taf.) 907.
16. (III, 118 S.) 908. — 17. (III, 102 S. m. 2 Taf.) 909.

MITT(H)EILUNGEN DES WESTPREUSSISCHEN GESCHICHTSVEREINS.
Jahrg. 1. 1902. Danzig 1902. Kommissionsverlag der L. Saunier'schen Buch- und Kunsthandlung. 8°.
Jahrg. 2—10. 1903—1911. ib. 1903—1911. —
Jahrg. 11—13. 1912—1914. ib. 1912—1914. Kommissions-Verlag von A. W. Kafemann G. m. b. H.

MITTEILUNGEN DES WETZLARER GESCHICHTSVEREINS. (Mit Tafeln.)
Heft 1. Wetzlar 1906. Selbstverlag des Wetzlarer Geschichtsvereins. Druck: Ferd. Schnitzler Wwe. u. Kinder. 8°.
Heft 2. ib. 1908. —
Heft 3. ib. 1910. — Druck: K. Waldschmidt, Wetzlar.
Heft 4. ib. 1912. — Druck: Schnitzlersche Buchdruckerei
Heft 5. ib. 1914. —

— des Wurzener Geschichts- u. Altertumsvereins. I. Bd. 1. Heft. Im Auftrage des Vorstandes. Hrsg. v. Otto Eduard Schmidt. (IV, 117 S.) 8. Wurzen 910. G. Delling sen. nn 3. —

Mittheilungen über das Tesdorpfsche Geschlecht. Hamburg 1887. V: *Tesdorpf, Oscar L.* (BMarsch 587)

— über Geschütz-Röhre. Ein zwangloses Heft zum Avancirten-Vortrag bei der Fuss-Artillerie, gr. 8. (54 S. m. 1 Steintaf. in 4.) Berlin 874. Vossische Buchh. n. 1. 20

Mittheilungen der aargauischen naturf. Gesellschaft. Heft 1—6. Aarau 1878—92.

— der aargauischen naturforschenden Gesellschaft. 1. Hft. gr. 8. (LVI, 188 S. m. 3 Steintaf.) Aarau 878. Sauerländer. n. 3. 20

— dasselbe. 2. Hft. gr. 8. (XXVII, 91 S. m. 1 Steintaf.) Ebend. 880. n. 1. 80

— dasselbe 3. Hft. gr. 8. (XLII, 196 S. m. 1 Steintaf.) Ebend. 882. n. 3. 20

— der Aargauischen Naturforschenden Gesellschaft. 4. Hft. gr. 8. (XXXI, 135 S. m. 1 autogr. Karte.) Aarau 886. Sauerländer. n. 2. 80

— der Aargauischen Naturforschenden Gesellschaft. 5. Hft. gr. 8. (XLIII, 218 S. m. 4 autogr. Karten.) Aarau 889. Sauerländer. n. 3. 60

— der Aargauischen naturforschenden Gesellschaft. VI. Hft. gr. 8. (XLI, 242 S. m. 2 Taf.) Aarau 892. H. R. Sauerländer & Co. n. 3. 60

— der aargauischen naturforschenden Gesellschaft. VIII. Hft. Mit 1 (farb.) Karte u. 1 Profiltaf. Zugleich Festgabe an die Jahresversammlg. der schweizer. naturforsch. Gesellschaft in Zofingen. Red.: F. Mühlberg. gr. 8. (XCVIII, 99, 6, 16, 2 u. 2 S. m. 11 Tab.) Aarau 901. H. R. Sauerländer & Co. n. 4. —

Mitteilungen der Aargauischen Naturforschenden Gesellschaft. Heft 9. Mit einer Karte und einer Profiltafel [sowie 11 Tabellen und mehreren Text-Beilagen]. Zugleich Festgabe an die Jahresversammlung der Schweizerischen Naturforschenden Gesellschaft in Zofingen. Redaktor: Dr. F[ritz] Mühlberg. XCVIII + 99 (+ *Text-Beilagen zus.* 26) S. 8. Aarau, H. R. Sauerländer & Co., 1901. [fr. 5. —]

— der aargauischen naturforschenden Gesellschaft. X. Heft. Red.: F. Mühlberg. (LXXXIV, 101 S. m. 4 Taf.) 8. Aarau 905. H. R. Sauerländer & Co. n. 2. 80

— der aargauischen naturforschenden Gesellschaft. 11. Heft. Red.: F. Mühlberg. (Mit 4 Profilen, 6 Ansichten u. 1 Tab. der normalen Schichtenfolge.) (CXI, 119 S.) 8. Aarau 909. H. R. Sauerländer & Co. 4. —

Mittheilungen der Afrikanischen Gesellschaft in Deutschland. Band I—V. 4 vol. Berlin 1878—1889.

— der afrikanischen Gesellschaft in Deutschland. Unter Mitwirkung des Vorstandes hrsg. von Wilh. Erman. 1. Bd. 1878—79. Mit 1 Karte. 8. (252 S.) Berlin, Selbstverlag der afrikan. Gesellschaft. n. 6. —
s.a. Correspondenzblatt der afrikanischen Gesellschaft

— dasselbe. 2. Bd. 1880—81. Mit 3 Karten. (252 S.) Ebend. n. 6. —

— dasselbe. 3. Bd. 1881—83. Mit 10 Taf. (286 S.) Ebend. n. 10. —

— der afrikanischen Gesellschaft in Deutschland. Unter Mitwirkg. d. Vorstandes hrsg. v. W. Erman. 4. Bd. 6 Hfte. gr. 8. (IV, 411 S. m. 13 lith. Karten.) Berlin 883—85. (D. Reimer.) n. 16. —

— der Afrikanischen Gesellschaft in Deutschland. Unter Mitwirkg. d. Vorstandes hrsg. v. W. Erman. [Red. der Karten v. R. Kiepert.] 5. Bd. 3 Hfte. gr. 8. Berlin 889. (D. Reimer.) n. 10. 80
1. (S. 1—68 m. 1 Karte.) 886. n. 2. —
2. (S. 69—132 m. 2 Karten u. 1 Profiltaf.) 887. n. 2. 80
3. (S. 133—274 m. 6 Karten.) 889. n. 6. —

— der Gesellschaft für vaterländ. Alterthümer in Basel. I. Die römischen Inschriften des Kantons Basel von K. L. Roth. Roy.-4. Basel 843. (Schneider.) n. 2/3 ß

— d. aargauischen naturforschenden Gesellschaft. VII. u. VIII. Hft. Red.: F. Mühlberg. gr. 8. (XLV, 65 S. m. 1 graph. Tab. u. LXVIII, 74 S.) Aarau 896. 98. H. R. Sauerländer & Co. à Hft. n. 1.80

— der Gesellschaft für vaterländische Alterthümer in Basel. II—V. (Hft.) gr. 4. II. Die Kirche zu Ottmarsheim im Elsass v. J. Burckhardt. Mit 1 lith. Taf. (8 S.) III. Die Barfüsser Klosterkirche in Basel v. Adf. Sarasin. Mit 11 lith. Taf. (in Fol.) (16 S.) IV. L. Munatius Plancus, von K. L. Koch. Eine römische Niederlassung in Frick, Celtische Münzen aus Nunningen, u. eine Münze des Orgetorix, v. Wilh. Müller Mit 2 lith. Taf. (in 4. u. qu. Fol.) (47 S.) V. Der Münzfund v. Reichenstein beschrieben v. Wilh. Vischer, nebst einem kurzen Anhang üb. römische Bronzen aus Wallenburg. Mit 2 lith. Taf. (in gr. 4. u. Fol.) (IV u. 54 S.) Basel 844. 45. 52, Bahnmaier. II: n. 1/3 ℛ III: n. 2 2/3 ℛ IV u. V: à n. 28 ngr (I—V: n. 5 ℛ 16 ngr)

— der Gesellschaft für vaterländische Alterthümer in Basel. Basel, Bahnmaier. gr. 4.
VI. (Heft): Die Dominikaner Klosterkirche in Basel von L. A. Burckhardt und Ch. Riggenbach. Mit 8 lith. Taf. (in Fol.) u. 1 Holzschn. 855. (16 S.) n. 1 ℛ. 24 ngr
VII. (Heft): Die goldene Altartafel von Basel von Wilh. Wackernagel. Mit 4 lith. Bl. 857 (33 S.) n. 20 ngr

— der Gesellschaft für vaterländische Alterthümer in Basel. Basel, Bahnmaier. gr. 4.
VIII. (Heft): Die Klosterkirche Klingenthal in Basel von C. Burckhardt und C. Riggenbach. Mit 3 lith. Taf. (in Fol.) u. 4 Holzschn. 860. (2 Bl., 40 S.) n. 1 ℛ 24 ngr

—— der Gesellschaft für vaterländische Alterthümer in Basel. 9. und 10. Heft: Der Kirchenschatz des Münsters zu Basel. Von Carl Burckhardt und Riggenbach. gr. 4. (42 S. mit 5 Photogr., 6 Stnt. und 12 eingedr. Holzschn.) Basel 862,67, Bahnmaier's Verlag. *
Fortges. u. d. T. Mittheilungen der histor. u. antiquarischen Gesellschaft zu Basel. Basel 1878 ff

—— der anthropologischen Gesellschaft in Wien. Redactions-Comité: Ritter v. Hauer, C. Langer, Fr. Müller. 1.—4. Bd. Jahrg. 1871—1874. à Jahrg. 12 Nrn. (à 2—3 Bog. mit eingedr. Holzschn. und Stnt.) gr. 8. Wien, Gerold's Sohn. à Bd. *

—— der anthropologischen Gesellschaft in Wien. Redact.-Comité: Frz. Ritter v. Hauer, Carl Langer, Friedr. Müller, Wahrmann, Joh. Woldřich. 5. und 6. Bd. 1875 und 1876. à Jahrg. 12 Nrn. (à 2—3 Bog. mit eingedr. Holzschn. und Stnt.) gr. 8. Wien, (Gerold's Sohn.) à Bd. *

—— dass. — Redact.-Comité: Frz. Ritter v. Hauer, Carl Langer, M. Much etc. 7.—9. Bd. Jahrg. 1877—1879. à Jahrg. 12 Nrn. (à 2—3 Bog.) gr. 8. (Ebendas.) à Bd. *

—— der anthropologischen Gesellschaft in Wien. Redact.-Comité: Frz. Ritter v. Hauer, Carl Langer, M. Much etc. 10. Bd. Jahrg. 1880. 12 Nrn. gr. 8. (383 S. mit 18 eingedr. Abbild. und 20 Stnt.) Wien, Hölder. *

—— dass. — 11. und 12. Bd. [Der neuen Folge 1. und 2. Bd.] gr. 4. (215 S. mit 16 eingedr. Abbild. und 9 Stnt.; 178 S. mit 9 eingedr. Abbild. und 5 Stnt.) (Ebendas.) 881.82. à Bd. *

—— dass. — 13. Bd. [Der neuen Folge 3. Bd.] 4 Hefte. gr. 4. (IV, 258 S. mit 85 eingedr. Abbild. und 24 Stnt.) (Ebendas.) 883. à Heft * ℳ 4. *

—— dass. — 14. Bd. [Der neuen Folge 4. Bd.] 4 Hefte. gr. 4. (VI, 236, 114 S. mit 162 eingedr. Abbild. und 8 Stnt.) (Ebendas.) 884. à Heft * ℳ 4. *

—— dass. — 1. Suppl.-Bd.: Erhebungen über die Farbe der Augen, der Haare und der Haut bei den Schulkindern Oesterreichs. Nach dem von der k. k. statist. Central-Commission zur Verfügung gestellten Materiale im Auftrage der Anthropolog. Gesellschaft in Wien bearb. von Gust. Adf. Schimmer. gr. 4. (XXIV, 42 S. mit 2 chromolithogr. Karten.) (Ebendas.) 884. *

—— der Anthropologischen Gesellschaft in Wien. 15. Bd. [Der neuen Folge 5. Bd.] 4 Hefte. gr. 4. (168 S. und Verhandlungen 125 S. mit 117 eingedr. Fig. und 12 Taf.) Wien 885,86, (Hölder.) à Heft * ℳ 4.—. *

—— dass. — 16. Bd. [Der neuen Folge 6. Bd.] 4 Hefte. gr. 4. (VI, 184 S. und Sitzungsberichte 70 S. mit 117 Fig. im Texte und 10 Taf.) (Ebendas.) 887. à Heft * ℳ 4.—. *

Mittheilungen der Anthropologischen Gesellschaft in Wien. 17. Bd. [Der neuen Folge 7. Bd.] 4 Hefte. gr. 4. (VII, 208 S. und Sitzungsberichte 86 S. mit 68 eingedr. Abbild., 6 Taf. und 1 Bl. Erklärungen.) Wien 887, (Hölder.) à Heft * ℳ 4.—. *

—— dass. — 18. Bd. [Der neuen Folge 8. Bd.] 4 Hefte. gr. 4. (VI, 288 S. und Sitzungsberichte 96 S. mit 67 Textillustr. und 8 Taf.) (Ebendas.) 888. à Heft * ℳ 4.—. *

—— der anthropologischen Gesellschaft in Wien. 19. u. 20. Bd. [Der neuen Folge 9. u. 10. Bd.] à Bd. 4 Hefte. gr. 4. (VII, 186 S. u. Mittheilungen 204 S. m. 302 Textillustr., 6 Taf. u. 1 Tab.; VI, 204 S. u. Mittheilungen 106 S. m. 131 Textillustr., 2 Taf. u. 1 Tab.) Wien 889,90, (Hölder). à Heft * 4 —; à Bd. * 16 –

—— dass. — Suppl. II. 1889: Die Herzegoviner, verglichen m. Čechen u. Deutschen aus Mähren nach Major Hummel's Messungen. Von A. Weisbach. gr. 4. (17 S.) Ebd. 889. * 2 –

General-Register zu den Bänden XI—XX (1881—1890) der Mittheilungen der Anthropologischen Gesellschaft in Wien. 4. (LIII S.) Für die Abonnenten gratis.
Wien: Hölder 1891.

— dasselbe. 21.—24. Bd. [Der neuen Folge 11.—14. Bd.] à 6 Hfte. gr. 4. (à Hft. ca. 80 S. m. Textillustr. u. Taf.) Ebd. 891—894. à Bd. n. 20. —

— d. anthropologischen Gesellschaft in Wien. 25.—28. Bd. [Der neuen Folge 15.—18. Bd.) à 6 Hfte. (à ca. 80 S. m. Textill. u. Taf.) gr. 4. Wien 895—898. (A. Hölder.) à Bd. n. 20. —

— der anthropologischen Gesellschaft in Wien. 29. u. 30. Bd. [Der neuen Folge 19. u. 20. Bd.] à 6 Hfte. gr. 4. (a ca. 24 u. Sitzungsberichte ca. 50 S. m. Illustr.) Wien 899. 900. (A. Hölder.) à Bd. n. 20. —

— dasselbe. 31. u. 32. Bd. [Der 3. Folge I. u. II. Bd.] à 6 Hfte. gr. 4. (à ca. 48 u. Sitzungsberichte ca. 50 S. m. Abbildgn.) Ebd. 901. 902. à Bd. n. 20. —

— der anthropologischen Gesellschaft in Wien. 33. bis 36. Bd. [Der 3. Folge 3.—6. Bd.] à 6 Hefte. gr. 4. Wien (A. Hölder). à Bd. n. 20. —
33. (IV, 423 S., Sitzungsberichte 130 S. m. 154 Abb. u. Register IX S.) 903. — 34. (XIII, 394 S. u. Sitzungsberichte 108 S. m. 306 Abbildgn, 12 Taf. u. 1 Kartenbeilage.) 904. — 35. (IV, 332 u. Sitzungsberichte 60 S. m. 204 Abbildgn., 15 Taf. u. 3 Kartenbeilagen.) 905. — 36. (IV, 267 S. u. Sitzungsberichte 155 S. m. 109 Abb., 9 Taf. u. 1 Kartenbeilage.) 906.

— der anthropologischen Gesellschaft in Wien. 37.—40. Bd. [Der 3. Folge 7.—10. Bd.] à 6 Hefte. (à ca. 300 S. m. Abb. u. Taf.) Lex. 8. Wien 907—10. (A. Hölder.) à Jahrg. 20. —

Mittheilungen der antiquarischen Gesellschaft in Zürich. Bd. 1—23. Zür. 1841–95. 4.

— der antiquarischen Gesellschaft in Zürich. 1. Bd. gr. 4. (Mit 38 Taf. Abbild.) Zürich 841. (Meyer u. Zeller.) baar 7 ℛ 16¼ ngr — 2. Bd. Mit 28 Taf. u. 1 Facsimile. 844. n. 9½ ℛ — 3. Bd. 6 Hfte. Mit 19 lith. Taf. u. 4. Bd. mit 4 lith. Taf. gr. 4. Ebend. 845—47. 3. Bd. n. 4 ℛ 2 ngr 4. Bd. n. 2 ℛ 12 ngr

— der antiquarischen Gesellschaft in Zürich. V. Bd.: Les monuments de Neufchatel. Ouvrage posthume de F. Du Bois de Montperreux. gr. 4. (XVI u. 27 S. m. 58 lith. u. Kpfr.-Taf.) Zürich 852, Meyer & Zeller in Comm. n. 7 ℛ

— dies. VI. Bd. 1. Hft.: Ueber Ursprung u. Bedeutung der Wappen mit Bezug auf eine alte Wappenrolle der Zürcherischen Stadtbibliothek. Von Frdr. v. Wyss. gr. 4. (36 S. m. 3 lithochrom. Taf.) Ebd. 848, in Comm. n. 24 ngr — VI. Bd. 2. Hft.: Das alte Necrologium von Reichenau im Facsimile hrsg. u. mit einem Commentar versehen v. Ferd. Keller. 1. Abth. gr. 4. (32 S. u. 26 lith. S.) Ebd. 848, in Comm. n. 22 ngr — VI. Bd. 3. Hft.: Die Ortsnamen des Kantons Zurich. Aus den Urkunden gesammelt u. erläut. v. H. Meyer. gr. 4. (180 S.) Ebd. 848, in Comm. n. 1 ℛ 4 ngr — VI. Bd. 4. Hft.: Beschreibung der Burgen Alt- u. Neu-Rapperswil. Von Ferd. Keller. gr 4. (32 S. m. 6 lith. Taf.) Ebd. 849, in Comm. n. 24 ngr — VI. Bd. 5. Hft.: Chronik von Rapperswil vom J. 1000 bis zum J. 1388, nach einer von Mattheus Rikhenman, Presbyter u. Burger zu Rapperswil im J. 1670 genommenen Abschrift im Namen der alterthumsforschenden Gesellschaft zu Zürich hrsg. v. Ludw. Ettmüller. gr. 4. (38 S.) Ebd. 848, in Comm. n. 6 ngr (VI. Bd. cmplt. n. 3⅔ ℛ)

— dies. VII. Bd. 1. Hft.: Beschreibung eines aus dem 14. Jahrh. stammenden Brautschmuckkästchens nach den Zeichnungen u. Angaben des Hrn. Stautz von Ludw. Ettmüller. gr. 4. (16 S. m. 5 lith. Taf.) Ebd. 850, in Comm. n. 24 ngr — VII. Bd. 2. Hft.: Alamannische Formeln u. Briefe aus dem 9. Jahrhundert hrsg. von Frdr. v. Wyss. gr. 4. (58 S. m. 1 lith. Taf.) Ebd. 850, in Comm. n. 24 ngr — VII. Bd. 3. Hft.: Bilder u. Schriftzüge in den irischen Manuscripten der schweizer. Bibliotheken gesammelt u. mit Bemerkungen hrsg von Ferd. Keller. gr. 4. (40 S. m. 13 lith. Taf., wovon 4 lithochrom.) Zürich 851, Meyer & Zeller in Comm. n. 1⅚ ℛ (VII. Bd. n. 3 ℛ 13 ngr)

Mittheilungen der antiquarischen Gesellschaft in Zürich. VIII. Bd. 1. Hft.: Geschichte der Abtei Zürich. gr. 4. (64 S. m. 1 Kpfrtaf. in Fol.) Ebd. 851, in Comm. n. 1 ℛ 6 ngr — VIII. Bd. 2. Hft.: Geschichte der Abtei Zürich. [Fortsetzung.] gr. 4. (84 S. m. 1 Kupfertaf.) Ebd. 851, in Comm. n. 1 ℛ 6 ngr

Mittheilungen der Antiquarischen Gesellschaft in Zürich. Zürich 853—58. Meyer u. Zeller in Comm. gr. 4.

VII. Bd.: 4. u. 5. Heft: Keltische Ansiedelung am Ebersberge unweit Berg am Ischel von G. v. Escher. (8 S. u. 3 lith. Taf.) — Etruskische Alterthümer gefunden in der Schweiz. Die Ausgrabungen zu Grächwyl im Kanton Bern von A. Jahn. (16 S. u. 4 lith. Taf.) n. 17 ngr

6. Heft: Geschichte der XI. u. XXI. Legion von H. Meyer. (48 S. u. 5 lith. Taf.) n. 1 ℛ. 6 ngr

7. Heft: Keltische Vesten an den Ufern des Rheins unterhalb Schaffhausen von Ferd. Keller. (23 S. u. 3 lith. Taf.) n. 15 ngr

8. Heft: Die nordetruskischen Alphabete auf Inschriften und Münzen. Von Theod. Mommsen. (VIII, 63 S. u. 3 lith. Taf.) n. 1 ℛ. 6 ngr

VIII. Bd. 3—5. Heft: Geschichte der Abtei Zürich. Von Geo. v. Wyss. 3—5. (letztes) Heft. (3. Heft: S. 55—192 u. 1 Kpfrtaf. n. 2 ℛ. 16 ngr; 4. Heft: 214 S., 1 Kpfrtaf. u. 1 lith. Taf. in Fol. n. 3 ℛ. 15 ngr; 5. Heft: XII, 142 S. u. 7 lith. Taf. n. 1 ℛ. 18 ngr) n. 7 ℛ. 19 ngr

IX. Bd. 1. Abth. 1—5. Heft: Die Städte- u. Landessiegel der Schweiz. Ein Beitrag zur Siegelkunde des Mittelalters von E. Schulthess. (123 S. u. 16 lith. Taf.) n. 3 ℛ. 21½ ngr

1. Heft: Kanton Zürich. n. 24 ngr — 2. Heft: Kanton Bern. n. 24 ngr — 3. Heft: Die Kantone Lucern, Uri, Schwyz u. Unterwalden. n. 24 ngr — 4. Heft: Die Kantone Zug, Glarus, Basel, Freiburg u. Solothurn. n. 21 ngr — 5. Heft: Die Kantone Schaffhausen und Appenzell. n. 12½ ngr

2. Abth. 1. Heft: Die Schweiz in römischer Zeit. Von Theod. Mommsen. (S. 1—27. u. 1 lith. Taf.) n. 24 ngr

2. Heft: Die Winkelriede von Stans bis auf Arnold Winkelried den Helden von Sempach nach Urkunden von Herm. v. Liebenau. (S. 29—63.) n. 20 ngr

3. Heft: Die keltischen Pfahlbauten in den Schweizerseen beschrieben von Ferd. Keller. (S. 65—100 u. 5 lith. Taf.) n. 1 ℛ. 6 ngr

4. Heft: Die Lazariterhäuser in Gfenn bei Dübendorf und Schlatt Kanton Zürich. Von Arn. Nüscheler. (S. 101—103 mit Holzschn. im Text u. 2 lith. Taf.) n. 16 ngr

X. Bd.: Inscriptiones Confoederationis Helveticae latinae edid. Theod. Mommsen. (VII, XX, 134 S. m. Holzschn. im Text u. 2 lith. Karten.) n. 5 ℛ. 12 ngr

XI. Bd. 1. Heft: Der Einfall der Sarazenen in die Schweiz um die Mitte des X. Jahrhunderts. Von Ferd. Keller. (S. 1—30 u. 1 lith. Taf.) n. 25 ngr

2. Heft: Die Votivhand. Eine röm. Bronze von Aventicum. Von H. Meyer. (S. 33—48 u. 1 lith. Taf.) n. 25 ngr

3. Heft: Mémoire sur les monnaies des Rois de la Bourgogne Transjurane. Par Rod. Blanchet. (S. 49—76 u. 2 lith. Taf.) n. 25 ngr

4. Heft: Das Zürcherische Diptychon des Consuls Areobindus. Von S. Vögelin. — Einiges über den Ritterstand und über die bei der Ertheilung dieser Würde einst üblichen Gebräuche von L. Ettmüller. (24 S. u. 2 lith. Taf. in Fol.) n. 1 ℛ.

5. Heft: Denkmäler des Hauses Habsburg in der Schweiz. 1. Heft. Die Veste Habsburg im Aargau. Untersucht u. beschrieben von G. H. Krieg v. Hochfelden. (40 S. m. Kpfrst. im Text, 1 Kpfr.- u. 2 lith. Taf.) n. 1 ℛ. 15 ngr

6. Heft: Die Tapete von Sitten. Ein Beitrag zur Geschichte der Xylographie mit einigen Bemerkungen von Ferd. Keller. (12 S. m. 4 Holzschnitttaf. u. 2 lith. Taf. in 4. u. Fol.) n. 1 ℛ. 4 ngr

7. Heft: Beschreibung der Domkirche von Chur. (VII, 16 S. u. 13 lith. Taf. in 4. u. Fol.) n. 1 ℛ. 20 ngr

XII. Bd. 1. Heft: Eine Kalendertafel aus dem 15. Jahrhundert. Von Heinr. Runge. (28 S. u. 1 lith. Taf.) n. 24 ngr

3. Heft: Pfahlbauten. 2. Bericht. Von Ferd. Keller. (44 S. u. 3 lith. Taf. in 4. u. Fol.) n. 1 ℛ. 2 ngr

XIII. Bd. 1. Heft: Die Siegel der Hauptorte u. Landstädte der Kantone St. Gallen, Graubünden, Aargau, Thurgau. (56 S. u. 6 lith. Taf.) n. 1 ℛ. 2 ngr

— der Antiquarischen Gesellschaft [der Gesellschaft fur vaterlandische Alterthümer] in Zürich. Zürich 858—64. Höhr in Comm. gr. 4.

XII. Bd. 2. Heft: Die Denare und Bracteaten der Schweiz. Neue Bearbeitg. Mit 3 (lith.) Münztaf. Von H. Meyer. (IV, 83 S.) n. 1 ℛ 15 ngr

4. Heft: Pilatus und St. Dominik. Unter Benutzung einer Handschrift Mart. Usteri's von Heinr. Runge. (20 S., 1 Kpfr.- u. 1 lith. Taf.) n. 24 ngr

5. Heft: Adjurationen, Exorcismen und Benedictionen vorzuglich zum Gebrauche bei Gottesgerichten. Ein Rheinauer Codex des 11. Jahrh. Von Heinr. Runge. (27 S. u. 1 lith. Taf.) n. 18 ngr

6. Heft: St. Gallische Denkmale aus der Karolingischen Zeit. Herausg. von Ernst Dümmler. (71 S.) n. 1 ℛ 6 ngr

7. Heft: Die römischen Ansiedelungen in der Ostschweiz. Von Ferd. Keller. 1. Abth. (VIII, 76 S. u. 7 lith. Taf.) n. 1 ℛ 6 ngr

XIII. Bd. (1. Abth.) 2. Heft: Armoiries et sceaux de la République et Canton de Genève. (15 S. u. 3 lith. Taf.) n. 18 ngr

3. Heft: Armoiries et sceaux du Canton de Valais. Par Ch. L. de Bons. (8 S. u. 2 lith. Taf.) n. 8 ngr

4. Heft: Sceaux historiques du Canton de Vaud. Par A. de Mandrot. (7 S. u. 2 lith. Taf.) n. 12 ngr

5. Heft: Stemmi e sigilli antichi e nuovi del cantone Ticino. Descritti da Pietro Peri. (8 S. u. 1 lith. Taf.) n. 10 ngr

6. Heft: Sceaux historiques du Canton de Neuchatel. Par G. de Wyss. (21 S. u. 4 lith. Taf.) n. 27 ngr

XIII. Bd. (2. Abth.) 1. Heft: Graf Wernher von Homberg, Reichsvogt in den Waldstatten Uri, Schwyz u. Unterwalden und Reichs-Feldhauptmann in der Lombardei zur Zeit Kaiser Heinrichs VII. Von Geo. v. Wyss. (23 S. u. 1 Lithogr.) n. 25 ngr

2. Heft: Untersuchung der Thierreste aus den Pfahlbauten der Schweiz. Von L. Rütimeyer. (48 S.) n. 25 ngr
3. Heft: Pfahlbauten. Dritter Bericht. Von Ferd. Keller. (X, 56 S. m. Holzschn. u. 7 lith. Taf.) n. 1 ß 6 ngr
4. Heft: Die römischen Alpenstrassen in der Schweiz. Von H. Meyer (23 S. u. 2 lith. Taf.) n. 24 ngr

XIV. Bd. 1. Heft: Pfahlbauten. Vierter Bericht. Von Ferd. Keller. (35 S. u. 4 lith. Taf.) n. 1 ß 2 ngr
2. Heft: Das Kloster Rüti, Stiftung der Freiherrn von Regensberg und Grabstätte der Grafen von Toggenburg. Von F. Salom. Vögelin. (26 S., 3 lith. Taf. u. 2 Tab. in Fol.) n. 27 ngr
3. Heft: Recherches sur les antiquités d'Yverdon. Par L. Rochat. (28 S. u. 4 lith. Taf.) n. 27 ngr
4. Heft: Römische Alterthümer aus Vindonissa. Mit Erläuterungen von Otto Jahn. (20 S. u. 5 lith. Taf.) n. 1 ß 2 ngr
5. Heft: Die Glasgemälde im Kreuzgange zu Kloster Wettingen. Von W. Lübke. 2. Aufl. (18 S. u. 3 lith. Taf.) n. 1 ß 2 ngr
6. Heft: Pfahlbauten. Fünfter Bericht. Von Ferd. Keller. (60 S. u. 17 lith. Taf.) n. 1 ß 11 ngr

XV. Bd. 1. Heft: Beschreibung der in der Schweiz aufgefundenen Gallischen Münzen von H. Meyer. Mit 3 (lith.) Taf. (VIII, 37 S.) n. 27 ngr
2. Heft: Die römischen Ansiedelungen in der Ostschweiz. 2. Abth. Von Ferd. Keller. (24 S. u. 2 lith. Taf.) n. 27 ngr
3. Heft: Statistik der römischen Ansiedelungen in der Ostschweiz. Von Ferd. Keller. (2 Bl., 96 S. u. 15 lith. Taf.) n. 1 ß 24 ngr

— der antiquarischen Gesellschaft (der Gesellschaft für vaterländische Alterthümer) in Zürich. 15. Bd. 4—7. Heft. 16. Bd. 1. Abthl. 1—5. Heft, 2. Abthl. 1—4. Heft u. 17. Bd. 1—3. Heft. Zürich, (Höhr.) n. 16 ß 9 ngr

15. Bd. 4. Heft. Lübke, W., über alte Oefen in der Schweiz, namentlich im Kanton Zürich. 2. Aufl. (44 S. mit 2 Steintaff., wovon 1 in Buntdr.) 865. n. 1 ß 6 ngr
5. Heft. Keller, F., u. H. Meyer, erster Nachtrag zu den Inscriptiones confoederationis helveticae latinae von Th. Mommsen. (17 S. mit eingedr. Holzschn.) 865. n. 13½ ngr
6. Heft. Ettmüller, Ludw., die Frescobilder in Konstanz. (22 S. mit 6 Steintaff.) 866. n. 27 ngr
7. Heft. Keller, Ferd., Pfahlbauten. 6. Bericht. (VIII, 76 S. mit eingedr. Holzschn. u. 17 Steintaff. in gr. 4. u. qu. 4. u. qu. Fol.) 866. n. 1 ß 11 ngr
16. Bd. 1. Abth. 1—5. Heft. Bursian, C., Aventicum Helvetiorum. (60 S. mit eingedr. Holzschn. u. 32 Steintaff. in gr. 4. u. gr. Fol.) 867—70. n. 5 ß 4 ngr
2. Abth. 1. Mosaikbild von Orbe (v. C. Bursian). (7 S. mit 1 Chromolith. in qu. Fol.) 868. n. 27 ngr
2. Abthl. 2. Pupikofer, J. A., Geschichte der Burgfeste Kyburg. (44 S. mit 1 Stahlst.) 868. n. 1 ß 2 ngr
2. Abthl. 3. Keller, F., helvetische Denkmäler. I. (41 S. mit 8 Steintaff.) 869. n. 27 ngr
2. Abthl. 4. Pfau, M., u. G. Kinkel, Beschreibung der Burg Kyburg. (21 S. mit eingedr. Holzschn. u. 5 Steintaff., wovon 1 in Buntdr.) 870. n. 1 ß 2 ngr
17. Bd. 1. Heft. Fellenberg, Edm., u. A. Jahn. Die Grabhügel bei Allenlüften (Cts. Bern). (16 S. mit 3 Steintaff., wovon 1 color.) 870. n. 1 ß 2 ngr
2. Heft. Rahn, Rud., Grandson u. 2 Cluniacenserbauten in der Westschweiz. (S. 17—50 mit 6 Steintaff.) 870. n. 1 ß 10½ ngr
3. Heft. Keller, Ferd., helvetische Denkmäler. II. Die Zeichen- oder Schalensteine der Schweiz. (S. 56—70 mit 5 Steintaff.) 870. n. 27 ngr

Mittheilungen der antiquarischen Gesellschaft [der Gesellschaft f. vaterländ. Alterthümer] in Zürich. 17. Bd. 4—7. Hft., 18. Bd. 8 Hfte. u. 19. Bd. 1—3. Hft. gr. 4. Zürich 871—76. Höhr in Comm. n. 52. 80

XVII. 4. Notice sur les forges primitives dans le Jura Bernois. Par A. Quiquerez. (S. 71—88 m. 4 Steintaf.) n. 2. 70
5. Burg Mammertshofen [Kanton Thurgau] u. zwei andere schweizer. megalith. Thürme. Von Prof. G. Meyer v. Knonau. (S. 91—100 m. 3 Steintaf.) n. 3. 20
6. Die biblischen Deckengemälde in der Kirche v Zillis im Kanton Graubündten. Von S. Rud. Rahn (S. 101—121 m. eingedr Holzschn., 1 Tabelle in Fol. u. 4 Steintaf. in Tondr.) n. 4. 50
7. Die Antiken v. Zürich. Beschrieben v. Otto Benndorf. (58 S. m. 8 Steintaf.) n. 3. 60

XVIII. 1. Die Letzinen in der Schweiz. [Les retrachements des villes et vallées suisses] Von A. Nüscheler. (61 S. m. 2 Steintaf.) n. 3. 60
2. Die mittelalterlichen Kirchen d. Cistercienserordens in der Schweiz. Von J. Rud. Rahn. (26 S. m. eingedr Holzschn., e. Steintaf. u. e. Tab. in Fol.) n. 1. 80
3. Alamannische Denkmäler in der Schweiz. 1. Abth. Von Gerold Mayer v. Knonau. (16 S. m. 3 Steintaf.) n. 2. 30
4. Die heraldische Ausschmückung e. zürcherischen Ritterwohnung. Gezeichnet u. erklärt v. H. Zeller-Wertmüller. (18 S. m. 4 chromolith. Taf. n. 3. 60
5. Ueber e. Fund aus der Rennthierzeit in der Schweiz v. Alb. Heim. (12 S. m. 1 color. Steintaf.) n. 2. —
6. Studie der Urgeschichte d. Menschen in e. Höhle d. Schaffhauser Jura v. H. Karsten. (26 S. m. 4 Steintaf.) n. 3. 50
7. Bericht üb. e. im April 1874 in Dachsenbüel bei Schaffhausen untersuchte Grabhöhle von v. Mandach. (8 S. m. 3 Steintaf.) n. 2. —
8. Nyon zur Römerzeit. Ein Bild der röm. Colonie. Julia Equestris Noviodunum. Von J. J. Müller. (50 S. m. 4 Steintaf.) n. 4. —

XIX. 1. Der Höhlenfund im Kesslerloch bei Thayngen [Kanton Schaffhausen]. Originalbericht d. Entdeckers Konr. Merk. (44 S. m. 8 Steintaf.)
2. Alamanische Denkmäler in der Schweiz. 2. Abth. [Schluss zu: „Mitth. XVIII, 3."] Von G. Meyer v. Knonau. (40 S. m. 4 Steintaf.) n. 3. — (cplt.: n. 5. 30)
3. Pfahlbauten. 7. Bericht. Von Ferd. Keller. [Résultat des recherches exécutées dans les lacs de la Suisse occidentale depuis l'année 1866, decrit par V. Gross, F. A. Forel et Edm. de Fellenberg, avec le concours de Rütimeyer, Uhlmann et Théoph. Studer. (69 S. m. 24 Steintaf u. 13 S. Tafelerklärgn.) n. 8. —

— der antiquarischen Gesellschaft [der Gesellschaft f. vaterländ. Alterthümer] in Zürich. 19. Bd. 3. Hft. 20. Bd. 1. Abth. 1—3. Hft. u. 2. Abth. 1. u. 2. Hft. gr. 4. Zürich 877—80. Orell, Füssli & Co. Verl. n. 24. 50

XIX. 3. Lebensbild des heil. Notker von St. Gallen. Von G. Meyer v. Knonau. (17 S. m. eingedr. Holzschn., 1 Steintaf. u. 1 Chromolith.) n. 3. —

XX. I. 1. Hans Waldmann's Jugendzeit u. Privatleben. Ein Kulturbild aus der 2. Hälfte des 15. Jahrh. Von G. Dändliker. (28 S. m. einem eingedr. Stahlst. u. 2 Steintaf.) n. 3. —
2. Die Glasgemälde in der Rosette der Kathedrale von Lausanne. Ein Bild der Welt aus dem XIII. Jahrh. Von J. Rud. Rahn. (30 S. m. 8 Steintaf. in gr. 4. u. 1 Lichtdr. in gr. Fol.) n. 4. 50
3. Pfahlbauten. 8. Bericht. Von Ferd. Keller. (VIII, 58 S. m. 8 Steintaf. u. 2 Lichtdr.) n. 4. —

II. 1. Wandgemälde im bischöflichen Palast zu Chur, mit den Darstellungen der Holbein'schen Todesbilder. Von F. Sal. Vögelin. (83 S. m. eingedr. Holzschn., 4 Steintaf. u. 1 Tab.) n. 7. —
2. Das glückhafte Schiff von Zürich. Nach den Quellen des Jahres 1576 v. Jak. Baechtold. (55 S. m. 2 Steintaf.) n. 3. —

— dasselbe. 21. Bd. 1—3. Hft. gr. 4. Ebend. 881. 82. n. 10. 50

1. Die mittelalterlichen Wandgemälde in der italien. Schweiz. Von J. Rud. Rahn. (29 S. m. 2 Steintaf.) n. 3. —
2. dasselbe. II. Spätgothische Werke. (28 S. m. 4 Steintaf.) n. 4. —
3. Das Schloss Vufflens. Von Alb. Burckhardt. (26 S. m. 4 Steintaf.) n. 3. 50

Mittheilungen der antiquarischen Gesellschaft [der Gesellschaft f. vaterländische Alterthümer] in Zürich. 21. Bd. 4—6. Hft. gr. 4. Zürich, (Orell Füssli & Co. Verl.). n. 4. 50
4. Die Kirche v. Oberwinterthur u. ihre Wandgemälde. Von J. Rud. Rahn. (26 S. m. 2 Steintaf. u. 1 Chromolith.) 883. n. 3. 50
5. Denkmäler aus der Feudalzeit im Lande Uri. [Das Kästchen v. Attinghusen.] Von H. Zeller-Werdmüller. (32 S. m. Holzschn. u. 3 lith. z. Th. Golddr.-Taf.) 884. n. 4. —
6. Das Ritterhaus Bubikon. Von H. Zeller-Werdmüller. (S. 143—174 m. 4 Taf.) 885. n. 3. 50

— der antiquarischen Gesellschaft [der Gesellschaft f. vaterländische Alterthümer] in Zürich. 21. Bd. 7. Hft. gr. 4. Zürich 886. (Leipzig, Hiersemann. n. 4. 80
Das Gräberfeld bei Elisried [Brünnen], Amts Schwarzenburg [Canton Bern]. Über dessen u. analoge Funde der Westschweiz. Von E. v. Fellenberg. (55 S. m. 10 Taf., lith. Titelbl. u. Plan.)

— dasselbe. 21. Bd. Suppl., s.: Denkschrift zur 50jährigen Stiftungsfeier der Antiquarischen Gesellschaft in Zürich.

— dasselbe. 22. Bd. 6 Hfte. gr. 4. Ebd. n. 20. —
1. Der Pfahlbau Wollishofen. Von J. Heierli. (IV, 32 S. m. 4 Taf.) 886. n. 2. 80
2. Pfahlbauten. 9. Bericht. Unter Mitwirkg. namhafter Forscher. Von J. Heierli. (VI, 68 S. m. 21 Lichtdr.-Taf.) 888. n. 4. 80
3. Geschichte d. Schlosses Chillon. Von J. R. Rahn. (24 S. m. 5 Taf.) 887. n. 2. 80
4. 5. Beschreibung d. Schlosses Chillon. Von J. Rud. Rahn. 2 Thle. (54 S. m. eingedr. Abbildgn. u. 8 Taf.) 888. 889. à n. 2. 80
6. Die schweizerischen Glasgemälde in der Vincent'schen Sammlung in Constanz. Von J. Rud. Rahn. (85 S. m. 2 Farbendr. u. e. Portr.) 890. n. 4. —

— dasselbe. 23. Bd. 1. u. 2. Hft. gr. 4. Ebd. 888. n. 4. 40 (Bd. 1—23, Hft. 1 u. 2: n. 389. 20)
1. Aegidius Tschudi's epigraphische Studien in Südfrankreich u. Italien. Ein Beitrag zur Geschichte d. Humanismus. Von S. Voegelin. (III, 47 S.) 888. n. 2. —
2. Die Casa di ferro (Vignaccia) bei Locarno. Eine Werbcaserne aus d. 16. Jahrhdt. u. ihre Erbauer. Von J. R. Rahn u. Th. v. Liebenau. (26 S. m. 3 Taf.) 891. n. 2. 40

— der antiquarischen Gesellschaft (der Gesellschaft f. vaterländ. Alterthümer) in Zürich. XXIII. Bd. 3.—6. Hft. gr. 4. Zürich. (Leipzig, K. W. Hiersemann.) n. 12. 70 (1—6.: n. 17. 10)
3. Die ältesten Hymnensammlungen v. Rheinau. Von Jak. Werner. (XV, 127 S. m. 2 Lichtdr.-Taf.) 891. n. 3. 20
4. Heinr. Bullingers Beschreibung d. Klosters Kappel u. sein heutiger Bestand. Von M. Hottinger, H. Zeller-Werdmüller u. J. R. Rahn. (41 S. m. 2 Taf. u. Textfig.) 892. n. 2. 40
5. Mittelalterliche Burganlagen der Ostschweiz. Von H. Zeller-Werdmüller. (S. 261—292 m. 4 Taf.) 893. n. 3. 50
6. Zürcherische Burgen I. A—L. Von H. Zeller-Werdmüller. (48 S. m. Abbildgn. u. 2 Taf.) 894. n. 3. 60

— d. antiquarischen Gesellschaft (d. Gesellschaft f. vaterländ. Alterthümer) in Zürich. XXIII. Bd 7. Hft. gr. 4. Zürich 895. (Fäsi & Beer.) n. 4. 50 (1—7: n. 21. 60)
Zürcherische Burgen II. M—Z. Von H. Zeller-Werdmüller. (61 S. m. Abb. u. 4 Taf.) (Kplt.: n. 8. 10)

— dasselbe. XXIV. Bd. 1.—5. Hft. gr. 4. Ebd. n. 17. 20
1. D. christl. Inschriften d. Schweiz v. 4.—9. Jahrh. Gesammelt u. erläutert v. Emil Egli. (64 S. m. 3 Abb. u. 4 Taf.) 895. n. 3. 20
2. Reliquien u. Reliquiare. Von E. A. Stückelberg. (32 S. m. Abb. u. 1 farb. Taf.) 896. n. 3. 20
3. Urgeschichte des Wallis v. J. Heierli u. W. Oechsli. M. 9 Taf. u. 1 Uebersichtskärtchen. (84 S.) 896. n. 4. —
4. D. Prämonstratenser-Abtei Rüti. Von H. Zeller-Werdmüller. (50 S. m. Abb. u. 7 Taf.) 897. n. 3. 60
5. Der mittelalterliche Bilderschmuck d. Kapelle zu Waltalingen bei Stammheim. Von Rob. Durrer. (22 S. m. Abb. u. 6 Taf.) 898. n. 3. 20

— der antiquarischen Gesellschaft (der Gesellschaft f. vaterländ. Alterthümer) in Zürich. XXIV. Bd. 6. Hft. gr. 4. Zürich (Fäsi & Beer). n. 3. 20; (1—6 n. 20. 40)
Zwei schweizerische Bilderzyklen aus dem Anfang des XIV. Jahrh. (Die Galluskapelle in Oberstammheim u. die Herrenstube in Diessenhofen.) Von Rob. Durrer u. Rud. Wegeli. (32 S. m. Abbildgn. u. 8 [2 farb.] Taf.) 899.

— dasselbe. XXV. Bd. 1.—3. Hft. gr. 4. Ebd. n. 10. 40
1. Das Fraumünster in Zürich, unter Mitwirkg. v. H. Zeller-Werdmüller. Von J. R. Rahn. I. Aus der Geschichte des Stiftes. (36 S. m. Abb. u. 3 [2 farb.] Taf.) 900. n. 3. 60
2. Dasselbe. II. Die Baubeschreibung des Fraumünsters. (S. 37—68 m. Abb. u. 9 Taf.) 901. n. 3. 60
3. Dasselbe. III. Die spätgoth. Abteigebäude. (S. 69—90 m. Abbildgn. u. 7 Taf.) 902. n. 3. 20

— der antiquarischen Gesellschaft (kantonale Gesellschaft f. Geschichte u. Altertumskunde) in Zürich. XXVI. Bd. 1.—4. Heft. gr. 4. Zürich (Fäsi & Beer). n. 15. 20
1. Urgeschichte Graubündens m. Einschluss der Römerzeit. Von J. Heierli u. W. Oechsli. Mit 5 Taf. u. 1 Uebersichtskärtchen. (IV, 80 S.) 903. n. 4. —
2. Das Dominikanerinnenkloster Töss. I. Tl. Geschichte. Von Heinr. Sulzer. Mit 12 Textillustr. u 4 Taf. (42 S.) 903. n. 3. 20
3. Das Dominikanerinnenkloster Töss. II. Tl. Seine Bauten u. Wandgemälde. Von J. B. Rahn. Mit 7 Textillustr. u. 14 Taf. (32 S.) 904. n. 4. — (I. u. II.: 7. 20)
4. Zur Geschichte der Glasmalerei in der Schweiz. Von Hans Lehmann. I. Tl. Ihre Entwicklg. bis zum Schlusse des 14. Jahrh. Mit 32 Textillustr. u. 8 Taf. (56 S.) 906. n. 4. —

(Mitteilungen der Antiquarischen Gesellschaft ... in Zürich.) 4 Zürich, Druck Fritz Amberger, Komm. Fäsi & Beer, 1906. (fr. 5.—
Ausg. A: (M' der A' G' ⟨Kantonale Gesellschaft für Geschichte und Altertumskunde⟩ in Zürich. Band 26, Heft 4.)
Ausg. B: (M' der A' G' ⟨Kantonaler Verein für G' und A'⟩ in Z' [Neujahrsblatt] 70.)
s. Lehmann, Hans.

— der antiquarischen Gesellschaft (kantonale Gesellschaft f. Geschichte u. Altertumskunde) in Zürich. XXVI. Bd. 5.—7. Heft u. XXVII. Bd. 1. Heft. 31×23,5 cm. Zürich, (Beer & Co.). 16. —
Lehmann, Hans, zur Geschichte der Glasmalerei in der Schweiz. II. Tl. Die monumentale Glasmalerei im 15. Jahrh. 1. Hälfte: Zürich u. die Innenschweiz; Bern seine Landschaft u. die Stadt Biel. Mit 4 Textillustr u. 7 Taf. (S. 37—111.) 907. (XXVI. Bd. 5. Heft.) 4. —
— dasselbe. 2. Hälfte, I. Abschn.: St. Gallen, Schaffhausen u. Basel. Mit 7 Illustr. (S. 113—163.) 908. (XXVI. Bd. 6. Heft.) 3. 20
— dasselbe. 2. Hälfte, II. Abschn.: Solothurn, das Gebiet des Bischofs v. Basel u. die Grafsch. Neuenburg. (S. 317—359 m. Abbildgn. u. 12 Taf.) 910. (XXVI. Bd. 7. Heft.) 4. —
Rahn, J. R., Schloss Tarasp. (40 S. m. Abbildgn. u. 10 Taf.) 909. (XXVII. Bd. 1. Heft.) 4. 80

Mittheilungen aus d. Gesellschaft praktischer Aerzte zu Riga 1892/93—1910/11 SPb. 1894—1912.
Aus: St. Petersburger Medicin. Wochenschr.

— der Gesellschaft f. wirtschaftliche Ausbildung e. V., Frankfurt a. M. 1.—6. Heft. gr. 8. Dresden, O. V. Böhmert. n. 21. 80
1. Ein Weg zur Verringerung der Frachtkosten v. Koks u. Minette für die rhein.-westfäl. u. lothring.-luxemburg. Eisenindustrie. Von Heinr. Lomnitz. [Aus: „Glückauf".] (IV, 51 S.) Berlin 903. n. 1. 60
2. Die sieben grössten deutschen Elektrizitätsgesellschaften, ihre Entwicklung u. Unternehmertätigkeit. Eine volkswirtschaftl. Studie. Nebst e Anh.: Die zahlenmäss. Entwicklg. der deutschen elektrotechn. Industrie, ihre örtl. Verteilg u. ihre Gliederg. Von Frdr. Fasolt. (VIII, 207 S.) 904. n. 3. 60
3. Die Calciumcarbidindustrie. Eine kommerzielle Studie. Von Paul Wangemann. (VII, 98 S. m. Fig. u. 1 Tab.) 904. n. 2. —
4. Die englische Goldminen-Industrie. Von Max Epstein. (VIII, 416 u. XXXIV S.) 904. n. 8. —
5, I. Studien zur modernen Entwicklung des Seefrachtvertrags. Von Hans Wüstendörfer. 1. Tl. Die seewirtschaftl. Grundlagen der Rechtsentwicklung. (VII, 89 u. VI S.) 905. n. 2. —
II. Dasselbe. 2. Tl. Die Rechtsentwicklung in ihren Grundzügen, Abschn. I u. II (VIII u. S. 91—216 u. II S. m. 4 Anlagen.) 905. n. 3. —
6. Ueber die Nebenproduktenindustrie der Steinkohle. Von O. Haarmann. (V, 61 S.) 906. n. 1. 60

— dasselbe. Neue Folge. 1. Heft. gr. 8. Jena 906. G. Fischer. n. 3 50

Der elektr. Schiffszug. Eine techn. u. wirtschaftl. Untersuchg. üb. die Möglichkeit bezw. Zweckmässigkeit e Erhöhg. der Fahrgeschwindigkeit auf verkehrsreichen Kanälen. Von Max Schinkel. Mit 7 Kurventaf. (VII, 112 S.)

— der Gesellsch. f. wirtschaftliche Ausbildung. Neue Folge. 2.—5. Heft. gr. 8. Jena, G. Fischer. 17. 90

Einecke, G., der Eisenerzbergbau u. d. Hüttenbetrieb an der Lahn, Dill u. in den benachbarten Revieren. Eine Darstellg. ihrer wirtschaftl. Entwicklg. u. gegenwärt. Lage. Mit e. Karte. (VI, 68 S.) 907. (Heft 2.) 2. 40

Jäckel, Herb., die Landgesellschaften in den deutschen Schutzgebieten. Denkschrift zur kolonial. Landfrage. Mit 3 Diagr. (XV, 316 S.) 909. (Heft 5.) 7. —

Randhahn, Walth., der Wettbewerb der deutschen Braunkohlen-Industrie gegen die Einfuhr der böhm. Braunkohle. Mit 3 Kurven u. 1 (farb.) Karte. (V, 120 S.) 908. (Heft 3.) 4. —

Wulff, C., die Talsperrengenossenschaften im Ruhr- u. Wuppergebiet Mit 3 Abb. (VI, 169 S.) 908. (Heft 4.) 4. 50

— der Gesellsch. f. wirtschaftliche Ausbildung e. V., Frankfurt a. M. V. Heft. 2. Tl. Abschn. III u. IV. gr. 8. Dresden, O. V. Böhmert. 7.20; (Kplt. 29. —)

Studien zur modernen Entwicklung des Seefrachtvertrags. 2. Tl. Von Hans Wüstendörfer. Die Rechtsentwicklung in ihren Grundzügen, Abschn. III u. IV (XVI, XV u. S. 217–616 u. XXXIX S. m. 3 Anlagen.) 910.

MITTEILUNGEN DER BAYERISCHEN BOTANISCHEN GESELLSCHAFT ZUR ERFORSCHUNG DER HEIMISCHEN FLORA (E. V.)

Bd. I Nr 1 (15. Februar 1892) bis Nr. 40 (1. Juli 1906). (Mit 1 Tafel.) München 1906. Selbstverlag der Gesellschaft. Druck von Val. Höfling. 4°

Bd. II. Nr 1 (1. Oktober 1906) bis Nr. 24/25 (1 Juli 1912) mit 7 Tafeln und 20 Textbildern. ib. 1912. — Druck von C. Brügel & Sohn, Ansbach.

Mitteilungen der bayerischen botanischen Gesellschaft zur Erforschung der heimischen Flora. (E. V.) Im Auftrage der Vorstandschaft hrsg. v. der Red.-Kommission. Verantwortlich: F. Vollmann. II. Bd Nr. 1—16. (S. 1—284 m. Abb.) Lex. 8. München 906—10 (Leipzig, C. Beck.) à Nr. 1. —

— der bayerischen numismatischen Gesellschaft. Hrsg. von deren Redactions-Comité. 1. Jahrg. 1882. gr. 8. (XIV, 128 S. mit 1 Lichtdr.) München, (Franz'sche Buchh.) **

— der bayerischen numismatischen Gesellschaft. 2.—7. Jahrg. 1883—1888. (XIII, 108 S. mit 2 Taf; X, 139 S. mit 2 Taf.; X, 148 S. mit 1 Taf.; X, 124 S. mit 4 Taf.; X, 82 S. mit 1 Taf.; X, 112 S. mit 1 Taf.) München, (Franz Verlag.) à Jahrg.

— der bayerischen numismatischen Gesellschaft. Hrsg. v. deren Red.-Comité. 8.—13. Jahrg. 1889—1894. gr. 8. München, (G. Franz' Verl.). à Jahrg. n. 8. —

8. Jahrg. 1889. (XI, 163 S. m. eingedr. Abbildgn. u. 2 Lichtdr.-Taf.) 890.
9. Jahrg. 1890. (XI, 61 u. 80 S. m. 2 Taf.) 891.
10. Jahrg. 1891. (X, 49 S. u. S. 81—192 m. 1 Taf.) 892.
11. Jahrg. 1892. (X, 336 S. m. Abbildgn.) 893.
12. Jahrg. 1893. (XI, 88 S. m. 1 Abbildg.) 894.
13. Jahrg. 1894. (XII, 114 S. u. S. 337—458 m. 4 Taf.) 894.

Mitteilungen d. bayerischen numismatischen Gesellschaft. Hrsg. v. deren Redactions-Comité. XIV. Jahrg. 1895. gr. 8. (XV, 96 S. m. Fig., 5 Lichtdr.-Taf. u. 1 farb. Karte.) München 896. Dr. E. Merzbacher. n. 6. —

— dasselbe. XV. Jahrg. 1896. gr. 8. (XII, 88 S. m. Abb.) Ebd. (897). n. 6. —

— dasselbe. XVI. u. XVII. Jahrg. 1897/98. gr. 8. (XII, 170 S. m. Abb.) Ebd. 898. n. 12. —

— der bayerischen numismatischen Gesellschaft. Hrsg. von deren Red.-Comité. XVIII.—XXI. Jahrg. gr. 8. München (Dr. E. Merzbacher Nachf.) n. 27. —

XVIII. 1899. (X, 79 S. m. Abbildgn. u. 4 Taf.) n. 6. —
XIX. 1900. (1. Hft. III u. S. 459—607.) 7. 50
XX. 1901. Festgabe zur Feier des 80. Geburtsfestes Sr. königl. Hoh. des Prinz-Regenten. (153 S. m. Abbildgn. u. 7 Taf.) n. 6. —
XXI. 1902. (XIV, 79 u. 82 S. m. 1 Taf.) 902. n. 6. —; erhöht. Pr. n. 7. 50

— der bayerischen numismatischen Gesellschaft. Hrsg. v. deren Redactions-Comité. XXII u. XXIII. Jahrg. 1903 u. 1904. (XIV, 127 S. m. Abbildgn.) gr. 8. München 903. (Dr. E. Merzbacher Nachf.) (Nur direkt.) n. 6. —

— der bayerischen numismatischen Gesellschaft. Hrsg. v. deren Redaktions-Comité. XXIV. u. XXV. Jahrg. 1905—1907. gr. 8. München, (Dr. E. Merzbacher Nachf.). (Nur direkt.) à 6. —

XXIV. Jahrg. 1905. (XV, 95 S. m. 6 Taf.) 905. — XXV. Jahrg 1906 u 1907 (XII, 85 u. 10 S. m. Abb., 1 Karte u. 6 Taf.) 907

— der Gesellschaft zur Beförderung des Flachs- und Hanfbaues in Preußen. Für 1852 und 1853. gr. 8. Berlin, (Wiegandt und Grieben.) [1852. (III und 149 S. mit 2 Stnt. in qu. gr. Fol.) 1853. (76 S. mit 3 Stnt. in 8. und Fol.) à Jahrg. * 20 Ngr.] Thlr. *

— dass. — Für 1854 und 1855. gr. 8. (86 und 108 S.) Berlin, K. Wiegandt. à Jahrg. * 15 Ngr. *

— dass. — Für 1856. gr. 8. (149 S.) Ebds.

Mittheilungen der Gesellschaft zur Beförderung des Flachs- und Hanfbaues in Preußen. Für 1857. gr. 8. (133 S.) Berlin, [Wiegandt und Hempel.] Thlr. *
Ist nicht fortgesetzt worden.

GESELLSCHAFT FÜR BÜHNENKUNST MITTEILUNGEN Herausgegeben vom General-Sekretariat der Gesellschaft

Jahrg. I (Heft) I (1910.) Als Manuskript gedruckt für die Mitglieder der Gesellschaft für Bühnenkunst Berlin-Westend. Verlag Erich Reiss. 8°

MITTEILUNGEN DER DEUTSCHEN GESELLSCHAFT ZUR BEKÄMPFUNG DER GESCHLECHTSKRANKHEITEN,

herausgegeben von A. BLASCHKO, E. LESSER, A. NEISSER

Bd. I. Leipzig, 1903. Johann Ambrosius Barth. 8° —
Bd. II—VII ib. 1904—1909. —

herausgegeben von A BLASCHKO, E. LESSER, A. NEISSER Redaktion Berlin.

Bd. VIII No. 1 Ausgegeben im Februar 1910. ib. 1910. —
Bd. VIII No. 2 u. 3. Ausgegeben im Mai 1910. ib. 1910. —
Bd. VIII No. 4. Ausgegeben im August 1910. ib. 1910. —
Bd. VIII No. 5. Ausgegeben im Dezember 1910. ib. 1910. —
Bd. VIII. No. 6. Ausgegeben im Dezember 1910. ib. 1910. —

— der deutschen Gesellschaft zur Bekämpfg. der Geschlechtskrankheiten, hrsg. v. A. Blaschko, E. Lesser, A. Neisser. Red.: A. Blaschko. 1. Bd. Dezbr. 1902—Novbr. 1903. 6 Nrn. gr. 8. (à ca. 24 S.) Leipzig, J. A. Barth. n. 3. —

— der deutschen Gesellschaft zur Bekämpfung der Geschlechtskrankheiten, hrsg. v. A. Blaschko, E. Lesser, A. Neisser. Red.: A. Blaschko. 1. Bd. Nr. 7 bis 9. Oktbr.—Dezbr. 1903. (1 Bd. kplt. IV, 219 S.) gr. 8. Leipzig, J. A. Barth. n. 1. 50

— dasselbe. 2.—4. Bd. 1903—1906. à 6 Nrn. (146, III, 126 u. 142 S.) gr. 8. Ebd. à Bd. 3. —

— der deutschen Gesellschaft z. Bekämpfung der Geschlechtskrankheiten, hrsg. v. A. Blaschko, E. Lesser, A. Neisser. Red.: A. Blaschko. 5.—8. Bd. 1907—1910. à 6 Nrn. (à ca. 24 S.) gr. 8. Leipzig, J. A. Barth. à Bd. 3. —

MITTEILUNGEN DER DEUTSCHEN DENDROLOGISCHEN GESELLSCHAFT. Zusammengestellt von L. BEISSNER.
1893. (No. 1. 2.) Berlin: 1893. Paul Parey. 8°.

MITTEILUNGEN DER DEUTSCHEN DENDROLOGISCHEN GESELLSCHAFT.
1894. Poppelsdorf-Bonn: L. Beissner. 8°. — 1895. (Mit 1 Tafel). ib. — 1896. (Mit 1 farbigen Tafel.) ib. — 1897. Mit 1 farbigen Tafel. ib. — 1898. (Mit 1 farbigen Tafel.) ib. — 1899. (Mit 1 farbigen Tafel.) ib. — 1900. (Mit 1 farbigen und mehreren schwarzen Tafeln.) ib. — 1901. (Mit 1 farbigen Tafel.) ib. — 1902. (Mit 1 farbigen Tafel.) ib. — 1903. Mit 1 farbigen Tafel. ib. 1903. — 1904. (Mit Tafeln.) Bonn-Poppelsdorf. — 1905. (Mit Tafeln.) ib. — 1906. (Mit Tafeln.) ib. — 1907. (Mit Tafeln) ib. Deutsche dendrologische Gesellschaft. Redaktion: GRAF von SCHWERIN, Präsident der Gesellschaft. Wendisch-Wilmersdorf bei Ludwigsfelde (Mark). Abgabe: L. Beissner. — 1908. (Mit Tafeln) ib. — 1909. (Mit Tafeln) ib. — 1910. (Mit Tafeln) ib. — 1911. (Mit Tafeln) ib. Expedition: L. Beissner. — 1912. (Mit Tafeln.) ib. — 1913. (Mit Tafeln.) ib. — 1914. (Mit Tafeln.) ib. — 1915. Kriegs-Jahrgang. (Mit Tafeln.) ib. —

Mitteilungen der Deutschen Dendrologischen Gesellschaft. - 1. 1892 ff.

— d. deutschen dendrologischen Gesellschaft. Nr. 3. 1894. gr. 8. (III, 62 S.) Poppelsdorf-Bonn. (Berlin, R. Friedländer & Sohn.) n. 1. 80

Mitteilungen d. deutschen dendrologischen Gesellschaft. (Nr. 9—25): 1900—16. (Langensalza). 4°.
— — 1892/98, 1899/1902. 2. Aufl. (Sst.). 1904—10. 4°.

Mittheilungen der deutschen Gesellschaft zur Erforschung vaterländischer Sprache und Alterthümer in Leipzig . . . Leipz. 1856 ff. H: *Gersdorf, Ernst Gotthelf.* (Ky)

MITTHEILUNGEN DER DEUTSCHEN GESELLSCHAFT ZU(R) ERFORSCHUNG VATERLÄNDISCHER SPRACHE UND ALTERTHÜMER IN LEIPZIG.
Bd. 1. Heft 1. Herausgegeben von deren erstem Geschäftsführer. (Mit 1 Tafel.) Leipzig 1856. T. O. Weigel. 8°.
Bd. 1. Heft 2. Annales Vetero-Cellenses. Herausgegeben von J. O. OPEL. ib. 1874. —
Bd. 2. Zur Geschichte der Verfassung der Markgrafschaft Meissen im 13. Jahrhundert. Vorstudien zu einer sächsischen Landes- und Rechtsgeschichte von KARL FRIEDRICH von POSERN-KLETT. ib. 1863. —
Bd. 4 (pro 3!). ib. 1867. — A. u. d. T.: Des MATTHIAS von BEHEIM Evangelienbuch in mitteldeutscher Sprache. 1343. Herausgegeben von REINHOLD BECHSTEIN. ib. 1867. —
Bd. 4. Die lutherische Geistlichkeit Sachsens vom 16. bis ins 18. Jahrhundert von FRIEDRICH BÜLAU. ib. 1874. —
Bd. 5. (2 Hefte). ib. 1872. —
(Heft 1) a. u. d. T.: E. G. GERSDORF, Beitrag zur Geschichte der Universität Leipzig. Die Rectoren der Universität Leipzig nebst summarischer Übersicht der Inscriptionen vom Jahre der Gründung bis zur Gegenwart. Denkschrift zum 2. Juni 1869. ib. 1869. —
(Heft 2) a. u. d. T.: GRISELDIS. APOLLONIUS von TYRUS. Aus Handschriften herausgegeben von CARL SCHRÖDER. ib. 1873. —
Bd. 6—8. Heft 1. (Mit Tafeln.) ib. 1877—1883. —

MITTHEILUNGEN DER DEUTSCHEN GESELLSCHAFT ZUR ERFORSCHUNG VATERLÄNDISCHER SPRACHE UND ALTERTHÜMER IN LEIPZIG.
Bd. 8. (Heft 1. 1883, 2. 1886, 3. 1890.) Mit 20 Tafeln, 1 Landkarte und 12 in den Text gedruckten Abbildungen. Leipzig 1883—1890. Selbstverlag der Gesellschaft. Im Buchhandel zu beziehen durch Karl W. Hiersemann [1]). 8°.
Bd. 9. (Heft 1. 1894, 2. 1902.) Mit den Bildnissen von Gottsched, Frau Gottsched und J. C. Lavater. ib. 1894—1902. — — [2])

[1]) Bd. 8. Heft 1. 1883, 2. 1886 sind im Verlag von T. O. Weigel erschienen.

[2]) Heft 1 enthält: Zur Geschichte des Leipziger Musenkrieges im Jahre 1768 von OTTO GÜNTHER. Aus Gottsched's Briefwechsel von OTTO GÜNTHER. GEORG BUCHWALD, Simon Wilde aus Zwickau. Ein Wittenberger Studentenleben zur Zeit der Reformation. — Heft 2 enthält: E. KROKER, Gottscheds Austritt aus der Deutschen Gesellschaft. J. C. LAVATER, Tagebuch von meiner Reise im Junius und Julius 1774.

MITTHEILUNGEN DER DEUTSCHEN GESELLSCHAFT ZUR ERFORSCHUNG VATERLÄNDISCHER SPRACHE UND ALTERTHÜMER IN LEIPZIG.
Bd. 8. Heft 2. (Mit Tafeln.) Leipzig 1886 T. O. Weigel. 8°.

MITTEILUNGEN DER DEUTSCHEN GESELLSCHAFT ZUR ERFORSCHUNG VATERLÄNDISCHER SPRACHE UND ALTERTÜMER IN LEIPZIG.
Bd. 10. ib. 1912. — A. u. d. T.: Mitt(h)eilungen der Deutschen Gesellschaft zur Erforschung Vaterländischer Sprache und Altertümer in Leipzig. Bd. 10. Heft 1. ib. 1904. — Mit dem Nebentitel: Beiträge zur Geschichte der Universität Leipzig. 1. W. STIEDA, Die Universität Leipzig im Sommer-Semester 1904. 2. M. HEINZE. Das Königliche Konvikt an der Universität Leipzig. ib. 1904. — Bd. 10. Heft 2. ib. 1908. — Mit dem Nebentitel: Der Wurmsaamen. Sechs poetische Streitschriften aus den Jahren 1751 und 1752. Herausgegeben von GEORG WITKOWSKI. Mit Nachbildungen der sechs Originaltitel. ib. 1908. — Bd. 10. Heft 3—5. ib. 1910—1912. —
Bd. 11. Heft 1. ib. 1913. — Heft 2. ib. 1915. —

— der Deutschen Gesellschaft zur Erforschung vaterländischer Sprache und Alterthümer in Leipzig. Herausg. von deren erstem Geschäftsführer (Ernst Ghf. Gersdorf). 1. Bd. 1. Hft. Leipzig 856. T. O. Weigel. gr. 8. (S. 1—208 u. 1 lith. Taf.) n. 1 ℛ. 10 ngr.

— der deutschen Gesellschaft zur Erforschung vaterländischer Sprache u. Alterthümer in Leipzig. 1. Bd. 2. Hft., 4. Bd. u. 5. Bd. 2. Hft. Lex.-8. Leipzig 873. 74. T. O. Weigel. n. 8. 40
I. 2. Annales Vetero-Cellenses. Hrsg. v. J. O. Opel. (S. 121—225) n. 2. 40
IV. Die lutherische Geistlichkeit Sachsens vom 16. bis in's 18. Jahrh. v. Frdr. Bülau. (120 S.) n. 2. 40
V. 2. Griseldis. Apollonius v. Tyrus. Aus Handschriften hrsg. v. C. Schröder. (XCII, 153 S.) n. 4. —

— der deutschen Gesellschaft zur Erforschung vaterländischer Sprache u. Alterthümer in Leipzig. 6. Bd. gr. 8. (182 S.) Leipzig 877. T. O. Weigel. n. 6. —

— dasselbe. 7. Bd. gr. 8. (151 S.) Ebend. 881. n. 2. 40

— der deutschen Gesellschaft zur Erforschung vaterländischer Sprache u. Alterthümer in Leipzig. 8. Bd. 1. Hft. gr. 8. (24 S. m. 9 Lichtdr. u. 1 Steintaf.) Leipzig 883. T. O. Weigel. n. 3. —

— der deutschen Gesellschaft zur Erforschung vaterländischer Sprache und Alterthümer in Leipzig. 8. Bd. 2. u. 3. Hft. gr. 8. Leipzig, (Hiersemann). n. 7. — (8. Bd. cplt.: n. 10. —)
2. Abbildungen einiger alterthümlicher Gegenstände aus den Sammlungen der Gesellschaft. Zusammengestellt u. mit Erläutergn. versehen v. H. A. Altendorff. (23 S. m. 10 Lichtdr.-Taf.) 886. n. 3. —
3. (III, 192 S. m. 1 Karte u. 12 Abbildgn.) 890. n. 4. —

— der deutschen Gesellschaft zur Erforschung vaterländischer Sprache u. Altertümer in Leipzig. 9. Bd. 1. Hft. gr. 8. (111 S.) Leipzig 894. (K. W. Hiersemann.) n. 4. —

— der deutschen Gesellschaft zur Erforschung vaterländischer Sprache u. Alterthümer in Leipzig. 9. Bd. 2. Hft. Mit den Bildnissen v. Gottsched, Frau Gottsched u. J. C. Lavater. gr. 8. (II, 136 S. m. 1 Fksm.) Leipzig 902. K. W. Hiersemann. n.n. 6. —; (9. Bd. kplt. n.n. 10. —)

Mitteilungen der deutschen Gesellschaft zur Erforschung vaterländischer Sprache u. Alterthümer in Leipzig. 10. Bd. 1. Heft. (75 S.) gr. 8. Leipzig 904. (K. W. Hiersemann.) n.n. 3. —

— der deutschen Gesellschaft zur Erforschung vaterländischer Sprache u. Altertümer in Leipzig. 10. Bd. 2. Heft. gr. 8. Leipzig, (K. W. Hiersemann). nn 3. —
Wurmsaamen, der. 6 poet. Streitschriften aus den J. 1751 u. 1752. Hrsg. v. Geo. Witkowski. Mit Nachbildgn. der 6 Orig.-Titel. (79 S.) 908.

MITTEILUNGEN DER DEUTSCHEN GESELLSCHAFT FÜR PSYCHISCHE FORSCHUNG (D. G. f. p. F.).
Schriftleitung: Chefredakteur GEORG KALÉTA, Salzburg. Verantwortlicher Redakteur für Deutschland: A. GROBE-WUTISCHKY, Leipzig.
Jahrg. I. 1910/11. Leipzig. Psychologisches Verlagshaus Dr. Hugo Vollrath. 4°. (Jahrg. II. 1911/12. Heft 1—12. ib. — Ohne bes. Titelbl.)[1]).

[1]) Von Heft 5/6 an heisst der Hefttitel: Mitteilungen der Deutschen Gesellschaft für psychische Forschung (D. G. f. p. F.). Organ d. Gesellsch. f. psych. Studien, Mainz — der Deutsch. Gesellsch. f. Seelenforschung, Berlin, der Gesellsch. f. psych. Naturwissensch., Görlitz, später: vereinigt mit den Beiträgen der Deutschen Gesellschaft für Seelenforschung zu Berlin.

— d. dtschn. Gesellsch. f. psychische Forschung. (D. G. f. p. F.) Schriftleiter: Geo. Kaléta. 1. Jahrg. Oktbr. 1910—Septbr. 1911. 12 Hefte. (1.—5. Heft. 96 S. m. 1 Bildnis.) Lex. 8. Leipzig, Theosoph. Verlagsh. 5.—

— der deutschen Gesellschaft f. ethische Kultur. Hrsg. vom Vorstand der deutschen Gesellschaft f. eth. Kultur. Red.: W. Foerster. 1. Jahrg. 2. Hfte. gr. 8. (95 S.) Berlin 892. 893. F. Dümmler's Verl. à Hft. n. — 50

— dasselbe. 2. Jahrg. 1.—5. Hft. gr. 8. (S. 1—90.) Berlin 892—894. Deutsche Gesellschaft f. eth. Kultur. à Hft. n. — 30

— d. Deutschen Gesellschaft f. ethische Kultur. Hrsg. im Namen d. Hauptvorstandes d. Deutschen Gesellschaft f. ethische Kultur. Red.: Wilh. Foerster. 3. Jahrg. 1.—3. Hft. gr. 8. (S. 1—44.) Berlin 895. Deutsche Gesellschaft f. eth. Kultur. à n. — 30

MITTEILUNGEN DER DEUTSCHEN GESELLSCHAFT FÜR ETHISCHE KULTUR.
Herausgegeben von GEORG von GIZYCKI, Professor in Berlin.
(Jahrg. 1) Heft 1. Ausgegeben am 20. November 1892. Inhalt: Einleitungsworte. — Die Einladung zur ethischen Versammlung. — Bericht über die konstituierende Generalversammlung. — Konstituierung der Abteilung Berlin. — Verschiedenes. Berlin 1892. Ferd. Dümmlers Verlagsbuchhandlung. 8°.
Herausgegeben vom Hauptvorstand der Deutschen Gesellschaft für ethische Kultur. Für die Redaktion verantwortlich: Prof. W. FOERSTER, Berlin.
Heft 2. Ausgegeben am 24. März 1893. Inhalt: Bericht über die Entwickelung und Thätigkeit der Abteilungen Berlin, Breslau, Frankfurt a. M., Freiburg i. B., Magdeburg, der Zweige Kiel und Strassburg i. E. — Kurze Nachrichten über Zweige in andren Ortschaften. — Vortrag des Prof. Dr. JODL über „Person- und Gemeinschaftsleben". — Verschiedenes. ib. 1893. —

Jahrg. 2. 1894. ib. 1894. Verlag der Deutschen Gesellschaft für ethische Kultur. A. u. d. T.:
Jahrg. 2. Heft 1. Inhalt: Vorbemerkungen. — Gesellschaftsangelegenheiten: Bericht über die äussere Entwickelung der Gesellschaft. Bericht über die innerhalb der Gesellschaft veranstalteten Vorträge und Besprechungen bis gegen Ende 1893. Praktische Veranstaltungen. Die Eisenacher Zusammenkunft. Der Frankfurter Gesellschaftstag. — Kundgebungen des Hauptvorstandes. Der Aufruf zu Beiträgen für die Schaffung eines ethischen Handbuches. Die Erklärung des Vorsitzenden zur Jesuitenfrage. — Darlegungen und Erläuterungen seitens einzelner Mitglieder oder Gruppen und Abteilungen hinsichtlich leitender Gesichtspunkte oder wesentlicher Bethätigungen der Gesellschaft: Vorschläge der Abteilung Berlin, betreffend die Förderung der ethischen Litteratur. „Was heisst ethische Kultur?" Von Prof. FRIEDRICH JODL. (Abdruck aus Nr. 1 des ersten Jahrganges der Zeitschrift „Ethische Kultur".) „Stellungnahme zur sozialen Bewegung". Von Prof. WILHELM FOERSTER. (Nach einer Erklärung in der Plenarversammlung der Abteilung Berlin der D. G. E. K. vom 28. November 1893.) „Stellung zur Religion." Von Prof. FRIEDRICH JODL. (Aus einer Einsendung an die „Neue Freie Presse" zu Wien vom 25. August 1893.) „Sozialismus und Ethik." Von GUSTAV MAIER (Ermalingen). (Nach einem Aufsatz in den „Schweizerischen Blättern für Wirtschaftspolitik" u. s. w.) — Briefkasten. ib. 1894. —
Jahrg. 2. Heft 2. Inhalt: Darlegungen einzelner Mitglieder hinsichtlich leitender Gesichtspunkte und wesentlicher Bethätigungen der Gesellschaft: Prof. FRIEDRICH JODL über „ethische Kultur und soziale Organisation". — Prof. WILHELM FOERSTER über dasselbe Thema. — Angelegenheiten der Gesellschaft: Kundgebungen des Hauptvorstandes: Begründung des ethischen Bundes und Einsetzung des leitenden Komitees. — Preisausschreiben für ein ethisches Handbuch. — Berichte über die Abteilungen. — Verschiedenes. — Geschäftliches. ib. 1894. —
Jahrg. 2. Heft 3. Inhalt: Darlegungen einzelner Mitglieder hinsichtlich leitender Gesichtspunkte und wesentlicher Bethätigungen der Gesellschaft: Prof. WILHELM FOERSTER über die Stellung der ethischen Bewegung zu den religiösen Bedürfnissen und Bewegungen. — Angelegenheiten der Gesellschaft: Aufruf des leitenden Komitees des ethischen Bundes. — Berichte über die Abteilungen. — Verschiedenes. — Geschäftliches. ib. 1894. —
Jahrg. 2. Heft 4. Inhalt: Darlegungen einzelner Mitglieder hinsichtlich leitender Gesichtspunkte und wesentlicher Bethätigungen der Gesellschaft: Prof. FRIEDRICH JODL, „Das Preisausschreiben der D. G. E. K." (abgedruckt aus Nr. 37 der Wochenschrift „Die Nation" vom 16. Juni 1894). — Prof. WILHELM FOERSTER, „Die Sammlung und Sichtung thatsächlicher Feststellungen betreffend die Zustände auf dem Gebiete der Rechtspflege, der Armen- und Waisenpflege, der Fürsorge für die Erziehung verwahrloster Kinder, sowie der Gesittungs- und Gesundheits-Pflege im weitesten Sinne." — Angelegenheiten der Gesellschaft: Berichte über die Abteilungen. — Geschäftliches. ib. 1894. —
Jahrg. 2. Heft 5. Inhalt: Darlegungen einzelner Mitglieder hinsichtlich leitender Gesichtspunkte und wesentlicher Bethätigungen der Gesellschaft: Frau JEANNETTE SCHWERIN, „Die Auskunftsstelle der Deutschen Gesellschaft für ethische Kultur". — Prof. WILHELM FOERSTER, „Betrachtungen am zweiten Jahrestage der Begründung der D. G. E. K." — Angelegenheiten der Gesellschaft: Beschlüsse des zweiten ordentlichen Gesellschaftstages. — Berichte aus den Abteilungen. — Geschäftliches. ib. 1899. —
Jahrg. 3. Heft 1. Inhalt: Darlegungen einzelner Mitglieder hinsichtlich leitender Gesichtspunkte und wesentlicher Bethätigungen der Gesellschaft: Prof. WILHELM FOERSTER, „Über die Verkürzung der Arbeitszeit". — Angelegenheiten der Gesellschaft: Berichte aus den Abteilungen. — Geschäftliches. ib. 1895. —
Jahrg. 3. Heft 2. Inhalt: Gedächtnisrede für GEORG von GIZYCKI. ib. 1895. —
Jahrg. 3. Heft 3. Inhalt: Darlegungen einzelner Mitglieder hinsichtlich leitender Gesichtspunkte und wesentlicher Bethätigungen der Gesellschaft: Prof. WILHELM FOERSTER, „Über Religion und Frömmigkeit". — Angelegenheiten der Gesellschaft: Berichte aus den Abteilungen. ib. 1895. —

MITTEILUNGEN DER DEUTSCHEN GESELLSCHAFT FÜR ETHISCHE KULTUR. Neue Folge.
Herausgegeben von Prof. WILHELM FOERSTER zu Berlin.
Jahrg. 1896. Nr. 1 — Nr. 10. Berlin. Druck von G. Bernstein. (Ohne bes. Titelblatt.) 4°.[1])

— der deutschen mathematischen Gesellschaft in Prag. Hrsg. m. Unterstützg. der Gesellschaft zur Förderg. deutscher Wissenschaft, Kunst u. Literatur in Böhmen. Lex.-8. (V, 151 S. m. Portr. u. 10 Fig.) Prag 892. F. Tempsky. — Leipzig, G. Freytag. n. 7. —

—— der deutschen Gesellschaft für Natur- und Völkerkunde Ostasiens, hrsg. von dem Vorstande. 1.—19. Heft. gr. 4. Yokohama. (Berlin, Asher und Comp.) [1. Heft. 1. und 2. Aufl. (25 S.) 873; 2. Heft. (21 S. mit 3 Beil.) 873.; 3. Heft. (14 S. mit 4 Beil.) 873; 4. Heft. (49 S. mit 1 Beil.) 874; 5. Heft. (40 S. mit 2 Beil.) 874; 6. Heft. 1. und 2. Aufl. (71 S. mit 11 lithogr. Taf.) 874; 7. Heft. (41 S.) 875; 8. Heft. (52 S. mit 6 lithogr. Taf.) 875;

—— der deutschen Gesellschaft für Natur- und Völkerkunde Ostasiens, hrsg. von dem Vorstande. 20.—31. Heft. gr. 4. Yokohama. [Berlin, Asher und Comp.] [20. Heft. (2. Bd. S. 409—452.) 880; 21. Heft. (3. Bd. S. 1—34 mit 10 lithogr. Taf.) 880; 22. Heft. (S. 35—90 mit 4 lithogr. Taf.) Gratisbeilagen zum 1. Bd.: Das schöne Mädchen von Pao. 3 Hefte (34 S.) und Episoden aus dem histor. Roman: Geschichte des Fürstenthums zur Zeit der östl. Chora. (12 S.) 880; 23.—29. Heft. (S. 91—406 mit 61 Stnt., 2 Tab. und 5 lithogr. Karten.) 881—83; 30. Heft. (S. 407—441 mit 2 Stnt.) 884; 31. Heft. (4. Bd. S. 1—33 mit 11 Stnt.) 884.] à Heft **

Mittheilungen der deutschen Gesellschaft für Natur- und Völkerkunde Ostasiens, hrsg. von dem Vorstande. Index zum 1.—3. Bd. [Heft 1—30.] gr. 4. (35; 47; VIII, 11 S.) Yokohama 880—84. (Berlin, Asher und Comp.) à Bd. **

—— der deutschen Gesellschaft für Natur- und Völkerkunde Ostasiens in Tokio. Hrsg. von dem Vorstande. 32.—39. Heft. gr. 4. Yokohama. (Berlin, Asher und Comp.) [32. und 33. Heft. (4. Bd. S. 35—162 mit 3 Tab. und 12 Stnt.) 885; 34. Heft. (S. 163—204.) 886; 35. Heft. (S. 205—244 mit 1 Taf.) 886; 36. Heft. (S. 245—304.) 887; 37. Heft. (S. 305—350 mit 1 Karte.) 887; 38. und 39. Heft. (S. 351—421 mit 10 Taf. und 1 Karte.) 888.] à Heft ** ℳ 6.—. **

—— der deutschen Gesellschaft f. Natur- u. Völkerkunde Ostasiens in Tokio. Hrsg. v. dem Vorstande. 40.—49. Heft. gr. 4. (4. Bd. 423 S. u. 5. Bd. S. 1—437 m. 16 Taf. u. 1 Karte.) Yokohama 888—92. (Berl., Asher u. Comp.) à Heft ** 6 —; ** 60 —

—— dass. — 5. Bd. Suppl.-Heft. [I.] Tokugawa-Gesetz-Sammlung. Von Otto Rudorff. 4. (IX, 141 S. m. 3 Taf.) (Ebd.) 889. ** 6 —

— der deutschen Gesellschaft f. Natur- u. Völkerkunde Ostasiens in Tokio. Hrsg. v. dem Vorstande. 44.—54. Hft. gr. 4. (5. Bd. V u. S. 149—512 m. 10 Taf.; 6. Bd. S. 1—196 m. 13 Taf.) Tokio 891—894. (Berlin, A. Asher & Co.) à Hft. n.n. 6. —

— dasselbe. Suppl.-Hft. 2 u. 3 zu Bd. V. gr. 4. Ebd. 892. n.n. 12. — (1—3.: n.n. 18. —)
Nihongi od. japanische Annalen. Übers. u. erklärt v. Karl Florenz. 3. Tl. Geschichte Japans im 7. Jahrh. [I.] (III, XXXII, 55; 16 u. 32 S.)
Der 1. u. 2. Tl. erscheint später.

— dasselbe. 6. Bd. 1 Suppl.-Hft. gr. 4. Ebd. 894. n.n. 6. —
Nihongi od. japanische Annalen. Übers. u. erklärt v. Karl Florenz. 3. Tl. Geschichte Japans im 7. Jahrh. II. Buch 25 u. 26. (S. XXXIII XXXVIII, 67 u. 30 S.) n.n. 6. — (III, 1 u. 2.: n.n. 18. —)

— d. deutschen Gesellschaft f. Natur- u. Völkerkunde Ostasiens in Tokio. Hrsg. v. d. Vorstande. 55.—60. Hft. gr. 4. (S. 197—490 m. 5 Taf. u. 3 Karten.) Tokio 895—897. (Berlin, A. Asher & Co.) à Hft. n.n. 6. —

— dasselbe. 6. Bd. 2.—4. Suppl.-Hft. gr. 4. Ebd. à n.n. 6. —
2. Nihongi od. japan. Annalen. Übers. u. erklärt v. Karl Florenz. III. Tl. Geschichte Japans im 7. Jahrh. III. Buch 27 u. 28. (S. XXXIX—XLII, 40 u. 22 S.) 895.
3. Dasselbe. III. Tl. Geschichte Japans im 7. Jahrh. IV. Buch 29. (81 S.) 896.
4. Dasselbe. III. Tl. Geschichte Japans im 7. Jahrh. V. Buch 30 u. General-Index zu Tl. III. (59 S., Nachträge S. XLIII—LVII u. Index 36 S.) 897. (III, 1—5: n.n. 36. —)

— dasselbe. Suppl. I.—IV. Thl. gr. 8. Tokyo 897—98. (Berlin, A. Asher & Co.) à n.n. 6. —
Die Sprichwörter u. bildl. Ausdrücke d. japan. Sprache. Gesammelt, übers. u. erklärt von P. Ehmann. I—IV (von A bis Tanseki). (XXII u. S. 1—320.)

— der deutschen Gesellschaft f. Natur- u. Völkerkunde Ostasiens. Hrsg. v. Vorstande. 7. Bd. 3 Thle. gr. 8. (VI, 451 S. m. 1 Taf.) Tokyo (899. 900). (Berlin, A. Asher & Co.) à Thl. n.n. 6. —

— dasselbe. 8. Bd. 1.—3. Thl. gr. 8. (S. 1—406 u. 25 [10 farb.] Taf.) Ebd. 900—902. à Thl. n.n. 6. —

— dasselbe. Suppl. V. Thl. gr. 8. Ebd. n.n. 6. —
Die Sprichwörter u. bildlichen Ausdrücke der japanischen Sprache. Gesammelt, übers. u. erklärt. Von P. Ehmann. V. [Schluss-] Thl. (von Tanshi bis Zukan), nebst Nachtrag. (S. 321—428.) 899.

— dasselbe. Suppl. gr. 8. Ebd. n.n. 10. —
Japanische Mythologie. Nihongi „Zeitalter der Götter". Nebst Ergänzgn. u. and. alten Quellenwerken. Von Karl Florenz. (IX, 341 S. m. 19 Taf. u. 2 Karten.) 901.

— dasselbe. Suppl. gr. 8. Ebd. n.n. 6. —
Geschichte des Christentums in Japan. I. Erste Einführung des Christentums in Japan durch Franz Xavier. Von Hans Haas. (XIV, 301 S.) 902.

— der deutschen Gesellschaft f. Natur- u. Völkerkunde Ostasiens. Hrsg. vom Vorstande. 9. u. 10. Bd. à 3 Tle. (IV, 438 S. m. 12 Taf. u. 362 u. LXIII S. m. 15 Taf. u. 1 Tab.) gr. 8. Tokyo 902—906. (Berlin, Behrend & Co.) à Bd. n.n. 18. —

— dasselbe. Supplemente. gr. 8. Ebd. n.n. 19. —
Florenz, Karl, japanische Annalen a. D. 592—697. Nihongi von Suiko-Tennō bis Jitō-Tennō. (Buch XXII—XXX). 2. neubearb. Aufl. (III, LVIII, 421 S.) 903. n.n. 10. —
Haas, Hans, Geschichte des Christentums in Japan. II. Fortschritte des Christentums unter dem Superiorat des P. Cosmo de Torres. (XXVII, 383 S.) 904. n.n. 9. —

— der deutschen Gesellschaft f. Natur- u. Völkerkunde Ostasiens. Hrsg. vom Vorstande. XI. Bd. u. XII. Bd. 2 Tle. gr. 8. Tokyo. Berlin, Behrend & Co. 32. —
XI. (III, 465 u. XLI S. m. Abb. u. 17 Taf.) 907. 08. 19. —
XII. (155 u. LIV u. V S. m. 1 Abb., 51 Taf. u. 11 Karten.) 909. 10. 13. —

MITTEILUNGEN DER DEUTSCH-JAPANISCHEN GESELLSCHAFT (WA-DOKU-KAI).
Jahrg. III No. 1/2 Januar—Februar 1910. Berlin. Druck Deutscher Verlag (Ges. m. b. H.) 8° — No. 3 März 1910. ib. — No. 4/5 April/Mai 1910. ib. — No. 6 Juni 1910. ib. — No. 7/9 Juli/September 1910. ib. — No 10/11 Oktober/November 1910. ib. —

MITTEILUNGEN DER DEUTSCH-JAPANISCHEN GESELLSCHAFT (WA-DOKU-KAI).
Jahrg. IV No. 1/2 Januar/Februar 1911 ib. — No. 3 März 1911 ib. — No. 4 April 1911 ib. Druck G. Ohme & Co.[3]) — No. 5(/6) Mai/Juni 1911 ib. — No. 7/9 Juli/September 1911 ib. — No. 10/11 Oktober/November 1911 Berlin Druckerei für Bibliophilen.
Jahrgang V 1912. No. 1 ib. — Nr 2 Werdau i. S. Druck Sächsische Maschinensatz-Druckerei, G. m. b. H. — Nr 3. ib. — [4])

[3]) Auf dem inneren Titelblatt fälschlich Jahrg. VI statt IV angegeben.
[4]) Nr. 3 ist das letzte Heft der Mitteilungen.

MITTEILUNGEN AUS DER ENTOMOLOGISCHEN GESELLSCHAFT ZU HALLE. A. S.
Heft 1 Sonderabdruck aus der „Zeitschrift für Naturwissenschaften" Bd. 81 (1909) Leipzig 1909. Quelle & Meyer 8°
Im Auftrage des Vereins herausgegeben von CURT DAEHNE.
Heft 2. Sonderabdruck aus der „Zeitschrift für Naturwissenschaften" Bd. 82. (1910). ib. 1911 — [1]).

Mitteilungen der Gesellschaft für Erdkunde zu Leipzig. Bd (1)–56. Leipzig Duncker u Humblot 1872–1943 8°
Hrsg. Kurt Krause u.a.

Mittheilungen der Gesellschaft zur Erforschung jüdischer Kunstdenkmäler 1 (Frankfurt a. M.: Gesellsch. 1900.) 4° [08. 1301]

— der Gesellschaft für Erhaltg. d. geschichtlichen Denkmäler im Elsass. — Bulletin de la société pour la conversation des monuments historiques d'Alsace. I. Serie. Bd. 1—4. II. Serie. Bd. 1—19. gr. 8. Strassburg 857—898. Strassburger Druckerei u. Verlagsanstalt. à Bd. n. 10. —

— der Gesellschaft f. deutsche Erziehungs- u. Schulgeschichte. Im Auftrage der Gesellschaft hrsg. v. Karl Kehrbach. 1. Jahrg. 3 Hfte. gr. 8 (306 S.) Berlin 891. 892. (A. Hofmann & Co.) n. 6. — einzelne Hfte. à n. 2. —

— dasselbe. 2.–4. Jahrg. à 4 Hfte. gr. 8. (à Hft ca. 70 S.) Ebd. 892—894. à Jahrg. n. 8. —; einzelne Hfte. à n. 2. —

— d. Gesellschaft f. deutsche Erziehungs- u. Schulgeschichte. Im Auftr. d. Gesellschaft hrsg. v. Karl Kehrbach. 5.—8. Jahrg. à 4 Hfte. (à ca. 5 Bog.) gr. 8. Berlin 895—898. A. Hofmann & Co. à Jahrg. n. 8. —; einz. Hfte. n. 2. —

Mitteilungen der Gesellschaft f. deutsche Erziehungs- u. Schulgeschichte. Im Auftrage der Gesellschaft hrsg. v. Karl Kehrbach. 9.—12. Jahrg. à 4 Hfte. gr. 8. (à ca. 80 S.) Berlin 899—902. A. Hofmann & Co. à Jahrg. n. 8. —

— der Gesellschaft für deutsche Erziehungs- u. Schulgeschichte. Im Auftrage der Gesellschaft hrsg. v. Karl Kehrbach. 13. u. 14. Jahrg. à 4 Hefte. (320 u. 324 S.) gr. 8. Berlin 903. 904. A. Hofmann & Co. à Jahrg. n. 8. —

— dasselbe. Begründet v. Karl Kehrbach. Schriftleitg.: Alfr. Heubaum. 15. u. 16. Jahrg. à 4 Hefte. (à ca. 80 S.) gr. 8. Ebd. 905. 906. à Jhrg. n. 8. —

— dasselbe. 1.—11 Beiheft. gr. 8. Ebd. n. 24. —

1. Texte u Forschungen zur Geschichte der Erziehung u. des Unterrichts in den Ländern deutscher Zunge. Im Auftrage der Gesellschaft für deutsche Erziehungs- u. Schulgeschichte hrsg. v. Karl Kehrbach. VI. Beiträge zur Geschichte der Erziehung u. des Unterrichts in Bayern. Hrsg. v. der Gruppe Bayern der Gesellschaft f. deutsche Erziehungs- u. Schulgeschichte. 3 Heft: Zur Geschichte der oberpfälzischen Volksschulen im J. 1643. Von J. Hartl. — Beiträge zur Geschichte der Volksschule in Franken (Hochstift Würzburg) vom Ausgange des 15. Jahrh. bis in das 18. Jahrh. Von Jos. Hörnes. — Zur Geschichte des Volksschulwesens im Hochstifte Würzburg 1772—1795. Von Frdr. Schmidt. (VI, 101 S.) 903. n. 2. —
2. Dasselbe. VII. Beiträge zur Geschichte der Erziehung u. des Unterrichts in Bayern usw. 4. Heft. Eremitenschulen in Altbayern. Ein Beitrag zur bayer. Schulgeschichte im 18. Jahrh. Von Jos. Heigenmooser. (101 S.) 903. n. 1. 60
3. Dasselbe. VIII. Zur Jugend- u. Erziehungs-Geschichte des Königs Friedrich Wilhelm IV. von Preussen u. des Kaisers u. Königs Wilhelm I. Denkwürdigkeiten ihres Erziehers Frdr. Delbrück. Hrsg. von Geo. Schuster 1. Tl. Vom 3. VIII. 1800 bis 9. XII. 1801. (XLIV, 114 S.) 904. n. 3. —
4. Dasselbe. IX. Beiträge zur Geschichte der Erziehung u. des Unterrichts in Hessen-Nassau-Waldeck. Hrsg. v. der Gruppe Waldeck der Gesellschaft f. deutsche Erziehungs- u. Schulgeschichte. Untersuchungen über das hessische Schulwesen zur Zeit Philipps des Grossmütigen. Von Max Geo. Schmidt. (VI, 71 S.) 904. 1. 60
5. Beiträge zur Geschichte der Erziehung u. des Unterrichts in Bayern usw. 5. Heft. Geschichte des Schulwesens der Stadt Lauingen vom Ausgange des Mittelalters bis zum Anfange des 19. Jahrh. Von Geo. Rückert. (72 S.) 904. n. 1. 60
6. Dasselbe. 6. Heft. Die bayerische Mittelschule seit der Uebernahme durch die Klöster bis zur Säkularisation. Von Geo. Lurz. — Meister, Thdr., aus dem Konferenzbuche des Bayreuther Waisenhauses. (VIII, 165 S.) 905. 2. 50
7. Beiträge zur Geschichte der Erziehung u. des Unterrichts in Pommern. Hrsg. v. der Gruppe Pommern der Gesellschaft f. deutsche Erziehungs- u. Schulgeschichte. 7. Heft. Die Begründung des evangel. Schulwesens in Pommern bis 1563. Von M. Wehrmann. (IV, 72 S.) 905. n. 1. 60
8. Dasselbe, in Bayern. Hrsg. v. der Gruppe Bayern der Gesellschaft f. deutsche Erziehungs- u. Schulgeschichte. 8. Heft. Ueberblick der geschichtlichen Entwicklung des höh. Mädchenschulwesens in Bayern bis zur Gegenwart. Von Jos. Heigenmooser. (97 S.) 905. n. 1. 60
9. Dasselbe, in Mecklenburg. Hrsg. v. der Gruppe Mecklenburg der Gesellschaft f. deutsche Erziehungs- u. Schulgeschichte. Die Patentverordnung f. das ritter- u. landschaftliche Landschulwesen in Mecklenburg vom J. 1821. Von M. Pistorius. Nebst e. Beilage v. H. Schnell. — Geschichte des Schulwesens der Stadt Waren. Von H. Schnell. (91 S.) 905. n. 2. —
10. Beiträge zur Geschichte der Erziehung u. des Unterrichts in Bayern. Hrsg. v. der Gruppe Bayern der Gesellschaft f. deutsche Erziehungs- u. Schulgeschichte. Geschichte der kgl. Ludwigs-Kreisrealschule in München. Von Geo. Widenbauer. (XI, 220 S. m. eingedr. Bildnissen u. 3 Taf.) 906. n. 4. —
11. Dasselbe, in Württemberg. Hrsg. v. der Gruppe Württemberg der Gesellschaft f. deutsche Erziehungs- u. Schulgeschichte. (144 S.) 906. n. 3. —

— der Gesellschaft f. dtsche. Erziehungs- u. Schulgeschichte. Begründet v. Karl Kehrbach. Schriftleitung: Alfr. Heubaum. 17.—19. Jahrg. à 4 Hefte. (III, 259; III, 340 u. III, 348 S.) Lex. 8. Berlin 907. 09. [A. Hofmann & Co.] Weidmann. à Jahrg. 8. —

— dasselbe. Schriftleitung: Max Herrmann. 20. Jahrg. 4 Hefte. (III, 288 S.) Lex. 8. Berlin 910. Weidmann. 8. —

— dasselbe. Beihefte. Hrsg. v. der Gesellschaft f. dtsche. Erziehungs- u. Schulgeschichte. 12—20. Lex. 8. Ebd. 22. 20

12. Beiträge zur Geschichte der Erziehung u. des Unterrichts in der Schweiz. Hrsg. v. der Gruppe Schweiz der Gesellschaft f. deutsche Erziehungs- u. Schulgeschichte. Inhalt: Fluri, Adf., die bernische Schulordnung v. 1591 u. ihre Erläuterungen u. Zusätze bis 1616. (71 S.) 906. 1. 20
13. Dasselbe in Sachsen. Hrsg. v. der Gruppe Sachsen der Gesellschaft f. deutsche Erziehungs- u. Schulgeschichte Inhalt: Ludwig, Frank, die Entstehung der kursächsischen Schulordnung v. 1580 auf Grund archivalischer Studien. (VIII, 175 S.) 907. 3. —
14. Dasselbe in Preussen. Wienecke, Frdr., das preuss. Garnisonschulwesen. (XII, 116 S.) 907. 2. 50
15. Literatur-Bericht, historisch-pädagogischer, üb. d. J. 1906. (VIII, 240 S.) 908. 3. —
16. Beiträge zur Geschichte der Erziehung u. des Unterrichts in Bayern. Heigenmooser, Jos., Franz Xav. Hofmann, Hofvokal-Bassist in München, o. Kämpfer f. die Lautiermethode. Methodenstreit v. 1772—1785. (IV, 76 S.) 908. 2. —
17. Literatur-Bericht, historisch-pädagogischer, üb. d. J. 1907. (VI, 248 S.) 908. 3. —
18. Beiträge zur Geschichte der Erziehung u. des Unterrichts in Bayern. Radlmaier, Lor., Johann Michael Sailer als Pädagog. (X, 111 S.) 909. 2. 50
19. Literatur-Bericht, historisch-pädagogischer, üb. d. J. 1908. (V, 278 S.) 910. 3. —
20. Beiträge zur Geschichte der Erziehung u. d. Unterrichts in der Schweiz. Haag, Fr.: Die Entstehung der Züricher Schulordng. v. 1716 u. ihr Schicksal bis auf Pestalozzis Zeit. (100 S.) 910. 2. —

Mittheilungen der Ethischen Gesellschaft in Wien. Wien 1895 ff. Red.: *Himmelbaur, Isidor.* (EB)

— d. ethischen Gesellschaft zu Wien. Nr. 1. gr. 8. Wien 895. (F Deuticke.) n. — 40
Ueb. d. Wesen u. d. Aufgabe d. ethischen Gesellschaft. Rede zur constituir. Versammlg. d. eth. Gesellschaft in Wien (10. Decbr. 1894) v. Frdr. Jodl. (24 S.)

— der ethischen Gesellschaft in Wien. Nr. 1. gr. 8. Wien (J. Eisenstein & Co.) n. — 40
Ueber das Wesen u. die Aufgabe der ethischen Gesellschaft. Rede zur constituir. Versammlung der eth. Gesellschaft in Wien. (10. XII. 1894.) Von Frdr. Jodl. 2. Aufl. (24 S.) 903. n. — 40

—— der evangelischen Gesellschaft für Deutschland. Redig. von H. Löffel. Jahrg. 1851. 12 Nrn. (Bog.) gr. 8. Elberfeld. (Frankfurt a. M., Völckers.) *

— der evangelischen Gesellschaft für Deutschland. Red.: H. Löffel. Jahrg. 1851. 12 Nrn. gr. 8. (Bog.) Elberfeld. (Frankfurt a. M., Zimmer'sche Sort.-Buchh.) n. 12 ngr

— der evangelischen Gesellschaft für Deutschland. (18. Jahrg.) 1868. Red.: Rinck. 12 Nrn. (Bgn.) Elberfeld, Langewiesche. gr. 8. n. 15 ngr

— — (19. u. 20. Jahrg.) 1869 u. 70. à Jahrg. 12 Nrn. (Bgn.) Barmen, Klein. gr. 8. Jeder Jahrg. n. 10 ngr

— der evangelischen Gesellschaft f. Deutschland. Red.: Rinck. [22. u. 23. Jahrg.] 1872 u. 1873 à. 12 Nrn. (B.) gr. 8. Elberfeld. (Buchh. der evang. Gesellschaft.) à Jahrg. n. 1. 20

— dasselbe. [24 Jahrg.] 1874. 12 Nrn. (B.) gr. 8. n. 1. 80

— dasselbe. [25. u. 26. Jahrg.] 1875 u. 1876 à 12 Nrn. (B.) gr. 8. Ebend. à Jahrg. n. 1. 50

— der evangelischen Gesellschaft für Deutschland. Red.: Rinck u. Müller. [27—32. Jahrg.] 1877—1882. à 12 Nrn. (B.) gr. 8. Elberfeld, Buchh. der Evangelischen Gesellschaft. à Jahrg. 1. 50

— der evangel. Gesellschaft f. Deutschland. Red.: Müller. 33—36. Jahrg. 1883—1886. à 12 Nrn. (B.) gr. 8. Elberfeld, Buchh. der Evangel. Gesellschaft. à Jahrg. 1. 50

— der evangel. Gesellschaft f. Deutschland. Red.: Ohly unter Mitwirkg. v. Coerper. 37. Jahrg. 1887. 12 Nrn. (B.) gr. 8. Elberfeld, Buchh. d. Evang. Gesellsch. 1. 50

— dasselbe. 38. Jahrg. 1888. 12 Nrn. (B.) gr. 8. Ebd. n. 1. 25

— dasselbe. Red.: Coerper. 39. u. 40. Jahrg. 1889. 1890. à 12 Nrn. (B.) gr. 8. Ebd. à Jahrg. n. 1. 50

— der evangel. Gesellschaft f. Deutschland. Red.: Coerper. 41.—44. Jahrg. 1891—1894. à 12 Nrn. (Bog.) gr. 8. Elberfeld, Buchh. der Evangel. Gesellschaft. à Jahrg. n. 1. 50

— d. evangel. Gesellschaft f. Deutschland. Red.: Coerper. 45.—48. Jahrg. 1895—1898. à 12 Nrn. (à ca. 1 Bog.) gr. 8. Elberfeld, Buchh. d. Evang. Gesellschaft. à Jahrg. 1. 50

— der evangelischen Gesellschaft f. Deutschland. Red.: Coerper. 49.—52. Jahrg. 1899—1902. à 12 Nrn. 8. (à ca. 16 S.) Elberfeld, Buchh. der ev. Gesellschaft. à Jahrg. 1. 50

— der Evangelischen Gesellschaft f. Deutschland. Hrsg.: Coerper. 53.—56. Jahrg. 1903—1906. à 12 Nrn. (IV, 188; IV, 192; IV, 184 u. IV, 184 S.) 8. Elberfeld, Buchh. der ev. Gesellschaft f. Deutschland. à Jhrg. 1. 50

— der Evangelischen Gesellschaft f. Deutschland in Elberfeld-Barmen. Hrsg.: Coerper. 57.—60. Jahrg. 1907—1910. à 12 Nrn. (à ca. 16 S.) 8. Elberfeld, Buchh. der ev. Gesellschaft f. Deutschland. à Jahrg. 1. 50

— der Gesellschaft zur Förderung der Wasserwirtschaft im Harze. Beilage zur „Monatsschrift für Handel u. Industrie". Schriftleitung: Henry Ed. Thoms. 1. Jahrg. gr. 8. Braunschweig (Breitestr. 8) 906. 907. Gesellschaft z. Förderg. d. Wasserwirtschaft im Harze. Nicht durch den Buchhandel zu beziehen. n.n.n. 6. —

— der freien literarischen Gesellschaft in Frankfurt am Main. 2. Jahrg. Aug. 1909—Juli 1910. 10 Nrn. (à ca. 4 S.) Lex. 8. Frankfurt a/M., Verlag der freien literar. Gesellschaft. (Nur direkt.) Nicht im Handel.

MITTHEILUNGEN DER GESELLSCHAFT FÜR GEBURTSHÜLFE ZU, später: IN LEIPZIG

Aus dem Jahre 1872 — Aus dem Jahre 1878. (Separat-Abdruck aus dem Archiv für Gynäkologie.) Mit lithographirten Tafeln, Curventafeln ... ib. 1873—1879. —

Aus dem Jahre 1879 — Aus dem Jahre 1880. (Separat-Abdruck aus P. Börner's „Deutsche Medicinische Wochenschrift" und dem „Archiv für Gynäkologie".) Mit lithographirten Tafeln, Curventafeln ... ib. 1880—1881. —

Aus dem Jahre 1881 — Aus dem Jahre 1883. (Separat-Abdruck aus dem „Centralblatt für Gynäkologie" und dem „Archiv für Gynäkologie".) Mit lithographirten Tafeln und Holzschnitten. ib. 1882—1884. —

MITTHEILUNGEN DER GESELLSCHAFT FÜR GEBURTSHÜLFE IN LEIPZIG aus dem Jahre 1884. (Separat-Abdruck aus dem „Centralblatt für Gynäkologie" und dem „Archiv für Gynäkologie".) Mit 1 lithographirten Tafel und 7 Holzschnitten. Leipzig. 1885. Druck von A. Th. Engelhardt. 8°.

— der Geographischen Gesellschaft in Hamburg 1876—77. Im Auftrage des Vorstandes hrsg. von L. Friederichsen. Mit 2 (lith.) Karten u. 5 (2 lith. u. 3 phototyp.) Taf. gr. 8. (V, 428 S.) Hamburg 878. Friederichsen & Co. n. 9. —

— dasselbe. 1878—79. 2. Hft. Im Auftrage des Vorstandes hrsg. von L. Friederichsen. Mit 2 (lith.) Karten, 6 (2 phototyp. u. 4 lith.) Taf. u. 5 (eingedr.) Holzschn. gr. 8. (III, 355 S.) Ebend. 880. n. 9. —

— der geographischen Gesellschaft in Hamburg 1880—81. 2 Hfte. Im Auftrage d. Vorstandes hrsg. v. L. Friederichsen. Mit 8 ethnograph. (lith.) Taf. gr. 8. (III, 421 S.) Hamburg 883. Friederichsen & Co. n. 9. —

— dasselbe. 1882—83. 2 Hfte. Mit 13 Autotypien, 3 ethnogr. Taf., 2 Kartenskizzen u. 7 Karten. gr. 8. (VI, 856 S.) Ebend. 884. 85. n. 12. —

— dasselbe. 1884. Mit 2 Karten. gr. 8. (IV, 359 S.) Ebend. 885. n. 10. —

— dasselbe. 1885—86. 1. u. 2. Hft. Im Auftrage d. Vorstandes hrsg. v. L. Friederichsen. gr. 8. (213 S.) Ebend. 885. 86. n. 5. —

— der geographischen Gesellschaft in Hamburg 1885—86. 3. Hft. Im Auftrage d. Vorstandes hrsg. v. L. Friederichsen. Mit 1 Portr. u. 1 Orig.-Karte. gr. 8. (III u. S. 215—352.) Hamburg 888. Friederichsen & Co. n. 6. — (1885/86 cplt.: n. 11. —)

— dasselbe. 1887/88. 3 Hfte. gr. 8. Ebd. n. 12. —
1. Mit 1 Portr. u. 3 Taf. (84 S.) 888. n. 3. —
2. Die Ueberschwemmungen an der Unterelbe im Frühjahr 1888. Auf Grund örtl. Ermittelungen dargestellt von v. Binzer. Mit 1 Karte. (S. 85—142.) 889. n. 3. 60
3. Mit 1 Karte. (III u. S. 143-331.) 889. n. 5. 40

— der geographischen Gesellschaft in Hamburg. 1889—90. 2 Hfte. Im Auftrage d. Vorstandes hrsg. v. L. Friederichsen. Mit e. Plan v. Peking u. e. Orig.-Karte. gr. 8. (III, 272 S.) Hamburg 889. 890. Friederichsen & Co. à n. 4. —

— dasselbe. 1891—92. 1. Hft. Im Auftrage d. Vorstandes hrsg. v. L. Friederichsen. gr. 8. Ebd. 891. n. 7. 20
Deutsch-Südwest-Afrika. Reisebilder u. Skizzen aus den J. 1888 u. 1889 m. e. Orig.-Routenkarte in 2 Blatt v. Geo. Gürich. (VI, 216 S. m. 5 Taf.)

— d. geographischen Gesellschaft in Hamburg 1891—92. 2. Hft. Im Auftr. d. Vorstandes hrsg. v. L. Friederichsen. gr. 8. (IV u. S. 217—369 m. 7 Holzschn. u. 4 Karten.) Hamburg 895. L. Friederichsen & Co. n. 8. — (1891—92 kplt.: n. 15. 20)

— dasselbe. 11.—14. Bd. Im Auftr. des Vorstandes hrsg. v. L. Friederichsen. gr. 8. Ebd. n. 40. —
11. (IV, 199 S.) 896. n. 4. —
12. Zweite Reise in Venezuela in d. J. 1892/93, auf Kosten d. geograph. Gesellschaft in Hamburg ausgef. v. Wilh. Sievers. M. 1 Karte 1:1000000. 2 Bl. à 40×40,5 cm. (VII, 327 S.) 896. n. 12. —; Karte allein n. 6. —
13. (V, 11, 174 S. m. 7 Kpfr.-Taf. u. 2 Karten.) 897. n. 8. —
14. M. 2 Orig.-Karten u. 14 Lichtdr.-Taf. (III, 43; III, 268; 26, 28, 23, 74 u. 35 S.) 898. n. 16. —

— der geographischen Gesellschaft in Hamburg. 15.—17. Bd. Im Auftrage des Vorstandes hrsg. v. L. Friederichsen. gr. 8. Hamburg, L. Friedrichsen & Co. n. 36. —
15. Mit 3 Orig.-Karten. (III, 270 S.) 899. n. 10. —
16. Mit 1 Taf., 2 Orig.-Karten u. Text-Fig. (III, 282 S.) 900. n. 10. —
17. Mit 6 Orig.-Karten. (III, 266 S.) 901. n. 16. —

— der geographischen Gesellschaft in Hamburg. 18.—21. Bd. Im Auftrage des Vorstandes hrsg. v. L. Friederichsen. gr. 8. Hamburg, L. Friederichsen & Co. n. 53. —
18. Mit 1 Orig.-Routenkarte in 2 Blättern u. 17 Autotyp. nach Orig.-Photographien. (VIII, 319 S.) 902. n. 12.—
19. Mit 4 Karten. (X, 287 S.) 903. n. 10.—
20. m. Suppl. Mit 86 Orig.-Abbildgn. auf 52 Taf. u. 2 Orig.-Karten. (VI, 311 u. 44 S.) 904. n. 21.—
21. Mit 20 Abbildgn. (im Text u. auf Taf.) u. 8 Karten. (IV, 249 S.) 906. n. 10.—

— der geographischen Gesellschaft in Hamburg. 22.—24. Bd. Im Auftrage des Vorstandes hrsg. v. L. Friederichsen. gr. 8. Hamburg, L. Friederichsen & Co. à 10. —
22. Mit 20 Taf. u. 5 Karten. (IV, 244 S.) 907. — 23. Mit 1 Portr. u. 2 Karten. (III, IV, 392 S.) 908. — 24. Mit 1 Port., 53 Abb. auf 27 Taf., 1 Karte u. 23 Fig. im Text. (III, 359 S.) 909.

— der Geographischen Gesellschaft in Lübeck. 1–3. Hft. Mit e. (lith.) Karte der Gironde vinicole. gr. 8. (III, 90 u. IV, 142 S.) Lübeck 882—83. Schmersahl. 4.—

— dasselbe. 4—7. Hft. gr. 8. Ebend. 885. n. 6. 40
4. Beschreibung der erdmagnetischen Station zu Lübeck. Von W. Schaper. (26 S. m. 4 Steintaf.) n. 2. 40
5. 6. (IV, 159 S. m. 1 Kartenskizze.) n. 2. 50
7. P. Friedrich, Zusammenstellung der, die Landeskunde d. Lübeckischen Staatsgebietes betr. Literatur. (44 S.) n. 1. 50

— der geographischen Gesellschaft in Lübeck. 8.—12. Hft. gr. 8. u. 8. (22; IV, 142; III, 100; III, 140 S.) Lübeck 886—89. Dittmer. n. 7. 35
8. enthält: W. Schaper, erdmagnetische Station in Lübeck. 2. Hft. (22 S. m. 1 Taf.)

— der geographischen Gesellschaft u. d. naturhistorischen Museums in Lübeck. Hrsg. v. A. Sartori. 2. Reihe. 1. u. 2. Hft. Lex.-8. Ebd. 890. n. 6. —
1. (III, 22 S. m. 9 graph. Taf.) n. 2. —
2. (III, 143 S. m. 3 Taf.) n. 4. —

— der geographischen Gesellschaft u. d. naturhistorischen Museums in Lübeck. Hrsg. v. W. Schaper. 2. Reihe. 3. u. 4. Hft. gr. 8. Lübeck, Lübcke & Hartmann. n. 6. — (1—4.: n. 12. —)
3. (103 S. m. 2 Taf.) 891. n. 4. —. — 4. (58 S.) 892. n. 2. —.

Mitteilungen d. geographischen Gesellschaft u. d. naturhistor. Museums in Lübeck. Hrsg. v. Aug. Sartori. 2. Reihe. 5.—8. Hft. gr. 8. (III, 155 u. V, 169 S. m. Abb. u. 6 Lichtdr.-Taf.) Lübeck 893. 95. Lübcke & Hartmann. à Doppelheft n. 4. —

— dasselbe. 2. Reihe. 9.—11. Hft. gr. 8. Ebd. à n. 2. —
9. (47 S.) 896. — 10. 11. (III, 209 S.) 896.

— der geographischen Gesellschaft u. des naturhistorischen Museums in Lübeck. Hrsg. v. Aug. Sartori u. Heinr. Lenz. 2. Reihe. 12. u. 13. Hft. gr. 8. (III, 163 S. m. 1 farb. Karte.) Lübeck 899. Lübcke & Nöhring. n. 4. —

— dasselbe. Hrsg. vom Red.-Ausschuss. 2. Reihe. 14.—16. Hft. gr. 8. Ebd. n. 12. —
14. (III, 167 S.) 900. n. 4.—. — 15. (III, 109 S.) 901. n. 3.—. — 16. (III, 149 S. m. 13 Taf. u. 1 Karte.) 902. n. 5. —.

— der geographischen Gesellschaft u. des naturhistor. Museums in Lübeck. Hrsg. vom Red.-Ausschuss. 2. Reihe. 17.—19. Heft. gr. 8. Lübeck, Lübcke & Nöhring. n. 19. 70
17. (V, 187 S. m. 11 Taf.) 903. n. 8. —
18. (III, 189 S.) 904. n. 4. 50
19. (III, 103 S. m. 11 Taf. u. 1 Karte.) 904. n. 7. 20

— der geographischen Gesellschaft u. des naturhistorischen Museums in Lübeck. Hrsg. vom Red.-Ausschuss. 2. Reihe. 20.—24. Heft. Lex. 8. Lübeck. (Berlin, R. Friedländer & Sohn.) 24. —
20. (III, 139 u. XXIX S. m. 7 Taf.) 905. 6.—. — 21. (III, 123 S. m. 3 Taf. u. 2 Karten.) 906. 6.—. — 22. (III, 37 S. m. 1 Taf.) 908. 2.—. — 23. (151 S. m. 2 Taf.) 908. 4.—. — 24. (III, 155 S. m. 1 Abb., 1 Karte u. 2 farb. Taf.) 910. 6. —.

Mitteilungen der geographischen Gesellschaft in München. I. Bd. 1904—1906. 4 Hefte. (Fortsetzung der „Jahresberichte der geogr. Gesellschaft in München".) (IV, 678 S. m. Abb., 9 Kartentaf., 1 Kurvenkarte, 12 Taf. u. 1 Tab.) gr. 8. München 905. 906. (Literarisch-artist. Anstalt.) n. 20. —
Vergl.: Jahresbericht d. geograph. Gesellschaft.

— der geographischen Gesellschaft in München. II.—V. Bd. à 2 Hefte. (Fortsetzung der „Jahresberichte der geogr. Gesellschaft in München".) gr. 8. München, Th. Riedel. 25. —
II. (250 S. m. 1 Bildnis u. 8 Taf.) 907. 6. —
III. Hrsg. im Auftrage des Vorstandes v. dem I. Schriftführer der Gesellschaft Christian Kittler. (IV, 210 S. m. 14 z. Tl. farb. Taf.) 908. 6. —
IV. Hrsg. im Auftrage des Vorstandes v. dem I. Schriftführer der Gesellschaft J. B. Messerschmitt. (III, 267 S. m. 20 Taf.) 909. 6. —
V. Hrsg. im Auftrage des Vorstandes v. dem I. Schriftführer der Gesellschaft J. B. Messerschmitt. (378 u. III S. m. Fig., 20 Taf. u. 8 [2 farb.] Karten.) 910. 7. —

MITTEILUNGEN DER GEOGRAPHISCHEN GESELLSCHAFT ZU ROSTOCK (i. M.)
Im Auftrage des Vorstandes herausgegeben von Dr. WILLI ULE.
Jahrg. 1. 1910. Rostock i. W., 1910. Kommissions-Verlag: Leopold's Universitäts-Buchhandlung. 4°.
Jahrg. 2. 1911. (Mit 2 Tafeln.) ib. 1912. —
Jahrg. 3 und 4. 1911/12 und 1912/13. ib. 1914. —

— der geographischen Gesellschaft [für Thüringen] zu Jena. Im Auftrage der Gesellschaft hrsg. von G. Kurze. 1. Bd. gr. 8. (1. Hft. 70 S. m. 1 lith. Karte.) Jena 882. Fischer. n. 5. —

— der geographischen Gesellschaft [f. Thüringen] zu Jena. Im Auftrage der Gesellschaft hrsg. v. G. Kurze u. F. Regel. 2–5. Bd. gr. 8. (à Hft. ca. 60 S.) Jena 883–86. Fischer. à Bd. n. 5. —

— der geographischen Gesellschaft [f. Thüringen] zu Jena. Zugleich Organ d. botan. Vereins f. Gesamtthüringen. Im Auftrage der Gesellschaft hrsg. von G. Kurze u. F. Regel. 6.—9. Bd. à 4 Hfte. gr. 8. (à Hft. ca. 50 S.) Jena 887 — 890. Fischer. à Bd. n. 5. —

— der geographischen Gesellschaft (f. Thüringen) zu Jena. Im Auftrage der Gesellschaft hrsg. v. G. Kurze u. F. Regel. 10. Bd. gr. 8. (VI, 116 S. m. 1 Kartenskizze.) Jena, G. Fischer. n. 3. —

— dasselbe. 11. u. 12. Bd. gr. 8. (à ca. 200 S.) Ebd. 892. 893. à n. 5. —

— d. geographischen Gesellschaft [f. Thüringen] zu Jena. Im Auftr. d. Gesellschaft hrsg. v. G. Kurze u. F. Regel. 13.—17. Bd. gr. 8. Jena, G. Fischer. n. 15. 50
13. (VIII, 112 u. 22 S. m. 6 Abb. u. 1 Karte.) 894. n. 3. —
14. (VIII, 106 S.) 895. n. 2. 50. — 15. (VII, 72 S.) 897. n. 2. —
16. (VI, 178 S. m. 1 Karte u. 2 Textskizzen.) 898. n. 4. —
17. (VI, 146 S. m. 1 Karte.) 898. n. 4. —

— der geographischen Gesellschaft (f. Thüringen) zu Jena. Im Auftrage der Gesellschaft hrsg. v. G. Kurze u. K. Dove. 18.—20. Bd. gr. 8. Jena, G. Fischer. n. 8. 80
18. (VIII, 124 S.) 900. n. 3. —. — 19. (VII, 101 S.) 900. 901. n. 2. 80. — 20. (V, 134 S.) 902. n. 3. —.

— der geographischen Gesellschaft (f. Thüringen) zu Jena. Im Auftrage der Gesellschaft hrsg. v. G. Kurze u. K. Dove. 21.—24. Bd. gr. 8. Jena, G. Fischer. n. 11. —

21. (V, 162 u. 16 S. m. Abb., 2 Karten u. 3 Taf.) 903. n. 6. — 22. (V, 48 S.) 904. n. 1. 20. — 23. (V, 118 S.) 905. n. 3. — 24. (V, 21 S.) 906. n. — 80.

— der geographischen Gesellschaft (f. Thüringen) zu Jena. 25.—27. Bd. gr. 8. Jena, G. Fischer. 13. 50

25. Im Auftrage der Gesellschaft hrsg. v. G. Kurze u. K. Dove. (VI, 132 S. m. 2 Taf. u. 1 Karte.) 907. 4. —
26. Im Auftrage der Gesellschaft hrsg. v. G. Kurze u. K. Dove. (VII, 146 S. m. 1 Taf. u. 2 Karten.) 908. 5. —
27. Im Auftrage der Gesellschaft hrsg. v. G. Kurze u. L. Schultze. (V, 156 S. m. 60 Abb. u. 2 Karten.) 909. 4. 50

Mitteilungen der geologischen Gesellschaft in Wien. I.—III. Bd. 1908—1910. (I. Bd. 514 S. m. 16 Taf.; II. Bd. 542 S. m. 18 Taf. u. III. Bd. 1. u. 2. Heft.) (351 u. 15 S. m. 2 farb. Karten, 9 Taf. u. 1 Bl. Erklärgn.) gr. 8. Wien, F. Deuticke. à Bd. 15. —

Gesellschaft für Zittauer Geschichte. MITTEILUNGEN . . .
Jahrg. 1. 1900. Nr. 1. (o. O. Ohne bes. Titelbl.) 8°.
Jahrg II. 1901. Nr. 2. (Zittau. W. Böhm & Co. Ohne bes. Titelbl.)
Jahrg. 3. 1902. Nr. 3. (ib. — Ohne bes. Titelbl.)
Nr. 4. Ausgegeben im März 1907. (Mit 1 Tafel.) ib. Druck von Richard Menzel Nachf.
Nr. 5. Ausgegeben im März 1908. ib. 1908. —
Nr. 6. Ausgegeben im Mai 1909. ib. 1909. —
Nr. 7. Ausgegeben im Februar 1911. (Mit Tafeln.) ib. 1911. —
Nr. 8. Ausgegeben im März 1912. (Mit 1 Tafel.) ib. 1912. —

Gesellschaft für Zittauer Geschichte. **Mitteilungen**. Jg. 1. *(Zittau) 1900: (W. Böhm & Co.)* 8° [J.] (03. 3079

Mittheilungen der Geschichts- und Alterthumsforschenden Gesellschaft des Osterlandes. Bd 1–12. Altenburg: Verl. d. Ges. 1841–1915.

MITTHEILUNGEN DER GESCHICHTS- UND ALTERTHUMSFORSCHENDEN GESELLSCHAFT DES OSTERLANDES ZU ALTENBURG.
Bd. 1. (Mit Tafeln.) Altenburg 1841, 1842, 1843, 1844. (Auf Kosten der Gesellschaft). Gedr. in der Hofbuchdruckerei. 8°.

Enthält:
(Heft I und II oder) Jahresbericht vom 29. September 1838 bis dahin 1841.***) (Ohne bes. Titelblatt.)
(Heft III): 3. Bericht über das Bestehen und Wirken der am 29. September 1838 gegründeten Geschicht- und Alterthumforschenden Gesellschaft des Osterlandes; auf die Zeit vom 29. September 1841 bis dahin 1842 erstattet ... von ... KARL BACK. Altenburg. Gedr. in der Hofbuchdruckerei.
Mittheilungen der Geschichts- und Alterthumsforschenden Gesellschaft des Osterlandes zu Altenburg. Bd. I. Heft IV. (Mit Tafeln.) ib. 1844. —

Bd. 2—3. Mit Tafeln. ib. 1845—1853. —

MITTHEILUNGEN DER GESCHICHTS- UND ALTERTHUMSFORSCHENDEN GESELLSCHAFT DES OSTERLANDES.
Bd. 4—5. (Mit 1 Tafel.) ib. 1858—1862. —
Bd. 6. ib. 1863—1866. — Darin: (J. LOEBE), Mittheilungen über den Anfang und Fortgang der Reformation in Altenburg von 1522 bis Anfang Mai 1525 nach und in gleichzeitigen Acten, Briefen, Nachrichten. (Abth. 1. S. 1—133.)*) Altenburg 1863. —
Bd. 7. (Mit Tafeln.) ib. 1874. Pierer'sche Hofbuchdruckerei.
Bd. 8—9. Heft 1. ib. 1882. Druck von Oskar Bonde.

MITTHEILUNGEN DER GESCHICHTS- UND ALTERTHUMSFORSCHENDEN GESELLSCHAFT DES OSTERLANDES.
Bd. 9. Altenburg 1887. Druck von Oskar Bonde. 8°.
Bd. 10. ib. 1895. —
Bd. 11. (Mit 1 Tafel.) ib. 1907. — Ergänzungsheft 1.: M. GEYER. Verzeichnis der Handschriften in dem Archive der Gesellschaft. ib. 1901. Druck der Hofbuchdruckerei.
Bd. 12. Heft 1. ib. 1909. Druck von Oskar Bonde. — Heft 2. (Mit Tafeln.) ib. 1911. — Heft 3. Zugleich FESTSCHRIFT zur Feier des 75jährigen Bestehens der Gesellschaft. ib. 1913. —

MITTHEILUNGEN DER GESCHICHTS- UND ALTERTHUMSFORSCHENDEN GESELLSCHAFT DES OSTERLANDES.
Bd. 1. Mit 2 Steindrucktafeln. 2. Ausgabe. Altenburg 1891. Druck von Oskar Bonde. 8°.

—— der geschichts- und alterthumsforschenden Gesellschaft des Osterlandes. 8. Bd. 4 Hefte. gr. 8. (620 S.) Altenburg 882, (Bonde.) à Heft *M 2. *

— der geschichts- u. alterthumsforschenden Gesellschaft d. Osterlandes. 9. Bd. 1. Hft. gr. 8. (120 S.) Altenburg 882. (Bonde.) n. 2. —

— der geschichts- u. alterthumsforschenden Gesellschaft des Osterlandes. 9. Bd. 2.—4. Hft. gr. 8. (IV u. S. 121—490.) Altenburg 884—887. (O. Bonde, Verl.) à n. 2. —

— dasselbe. 10. Bd. 1.—3. Hft. gr. 8. (S. 1—386.) Ebd. 888—893. à n. 2. —

— d. geschichts- u. alterthumsforschenden Gesellschaft d. Osterlandes. 10. Bd. 4. (Schluß-) Hft. gr. 8. (IV u. S. 369—561.) Altenburg 895. O. Bonde. n. 2. —

— der geschichts- u. alterthumsforschenden Gesellschaft des Osterlandes. 11. Bd. 1. u. 2. Hft. gr. 8. (212 S.) Altenburg 898. 899. (O. Bonde.) à n. 2. —

— dasselbe. 1. Ergänzungshft. gr. 8. Altenburg (Schnuphase). n.n. 2. 50

Verzeichniß der Handschriften in dem Archive der Gesellschaft. Von M. Geyer. (123 S.) 901. n.n. 2. 50

Mitteilungen der Hamburgischen Gesellschaft zur Beförderung der Künste und nützlichen Gewerbe. 1853-55. 58-61. Hamburg 1853-61

Mittheilungen der historischen und antiquarischen Gesellschaft. Basel: Gesellschaft 1872ff. 8°

—— der historischen und antiquarischen Gesellschaft zu Basel. Neue Folge. I. Die Deckengemälde in der Krypta des Münsters zu Basel von A. Bernoulli. Mit 7 Taf. in Ton- und Farbendr. von A. Graeter (in 4. und gr. Fol.). gr. 4. (10 S.) Basel 878, (Bahnmaier's Verlag.) *

—— der historischen und antiquarischen Gesellschaft zu Basel. Neue Folge II: Das römische Theater zu Augusta Raurica von Th. Burckhardt-Biedermann. gr. 4. (31 S. mit 4 Stnt. und 1 Lichtdr.) Basel 882, [Bahnmaier's Verlag.] Detloff's Buchh. *

—— der historischen u. antiquarischen Gesellschaft zu Basel, s. Burckhardt, Alb. u. Rud. Wackernagel. Geschichte u. Beschreibung des Rathauses zu Basel.

Das genannte Werk bildet den 3. Bd. der Neuen Folge der „Mittheilungen d. hist. u. antiqu. Gesellschaft".

— der Historischen und Antiquarischen Gesellschaft zu Basel. Neue Folge III. Geschichte und Beschreibung des Rathhauses zu Basel von *Albert Burkhardt* und *Rudolf Wackernagel*. In fol. 62 Seiten mit Abbild. im Text und 22 Tafeln. Basel, C. Detloffs Buchhandlung 1886 in Mappe 12 —

— d. historischen u. antiquarischen Gesellschaft zu Basel. Neue Folge. IV. Hft. gr. Fol. Basel 894. (R. Reich.) In Mappe n.n. 20. —

Facsimile d. Planes d. Stadt Basel v. Matthaeus Merian 1615. (Titelblatt, 1 Uebersichtsplan u. 9 farb. Taf.) Nebst Beilage: Die Entwickelung d. Basler Stadtbildes bis auf Matthaeus Merian den Aelteren. Imp.-4. (19 S.)

— der juristischen Gesellschaft in Graz. 1. Heft. Graz 867. (Leuschner & Lubensky.) gr. 8. (VI, 84 S.) n. 12 ngr.

— der juristischen Gesellschaft in Wien. Red.: Prix: 1. Jahrg. 1868. 10 Nrn. (Bgn.) Wien, Tendler & Co. Lex.-8. n. 2 fl.

— der Kaiserl. freien ökonomischen Gesellschaft zu St. Petersburg. 1.—3. Tertialhft. 1844. Mit Abbild. gr. 8. Leipzig, L. Voß. 1. n. $^2/_3$ ℛ 2. n. 24 ngr 3. n. $^2/_3$ ℛ — Dass. 1.—3. Tertialheft. 1845. Mit Abbild. Ebend. 845. 1. H. n. 24 ngr 2. H. n. $^2/_3$ ℛ 3. H. n. 24 ngr — 1846. 1.—3. Tertialheft. Mit 7 Taf. 1. H. n. 24 ngr 2. H. n. 1 ℛ 3. H. n. 24 ngr

Mittheilungen der kaiserlichen freien ökonomischen Gesellschaft zu St. Petersburg . . . St. Petersburg 1847—64. Red.: *Johnson, Jacob.* (EB)

— der Kaiserl. freien ökonomischen Gesellschaft zu St. Petersburg. 1847—1851. à 3 Hfte. Mit eingedr. Holzschn., lith. Tafeln u. Charten. gr. 8. St. Petersburg. Mitau, Reyher in Comm. à Jahrg. n. 2 ℛ 12 ngr

— der Kaiserlichen freien ökonomischen Gesellschaft in St. Petersburg. Jahrg. 1852—58. à 6 Hefte (à 5—6 Bgn. m. Holzschn. im Text u. lith. Taf.). St. Petersburg. (Leipzig, Hoffmann.) gr. 8. Jeder Jahrg. n. 1 ℛ. 5 ngr.

— der Kaiserl. freien ökonomischen Gesellschaft zu St. Petersburg. Red. von J. Johnson. 16—21. Jahrg. 1859—64. à 6 Hefte (à 5—6 Bgn. m. Holzschn. u. lith. Taf.). St. Petersburg. (Leipzig, R. Hoffmann.) gr. 8. Jeder Jahrg. n. 1 ℛ 5 ngr.

Mittheilungen der k. k geographischen Gesellschaft in Wien. Redigirt von Franz Foetterle, k. k. Bergrath, vom Jahre 1869 redigirt von ihrem Generalsecretär M A Becker vom Jahre 1876 herausgegeben vom Redactions und Vortrags-Comité 1857—1893. 1—36. Band (vom 11 Band an, neue Folge 1—26. Bd.) (36 Bde) gr 8. Wien 1857—1893.

Mittheilungen der kaiserl.-königl. geographischen Gesellschaft. Redig. von Frz. Foetterle. 1. Jahrg. 1857. 2 Hefte. gr. Lex.-8. Wien, (Braumüller's Sortiment.) [1. Heft. (XXIV und 172 S. mit eingedr. Holzschn. und 1 chromolithogr. Karte in Imp.-Fol.) 2. (XX und 180 S. mit eingedr. Holzschn. und 2 Stnt.) à Heft * 2 Thlr.] Thlr. *

—— dass. — 2. und 3. Jahrg. 1858 und 1859. (à Jahrg. 3 Hefte.) gr. Lex.-8. Ebendas. [2. Jahrg. (XXX und 512 S. mit 6 Karten und Plänen in 4. und 2 in 8. und eingedr. Holzschn.) 3. Jahrg. (XXII und 531 S. mit 1 Tab., 1 Karte in Imp.-Fol. und 1 Karte in 8. und eingedr. Holzschn.)] à Jahrg. * *

—— dass. — 4. und 5. Jahrg. 1860 und 1861 in 1 Bde. gr. Lex.-8. Ebendas. [4. Jahrg. (XXIV und 398 S. mit 7 Tabellen, 5 Karten in Imp.-Fol., 4. und 8. nebst eingedr. Holzschn.) 5. Jahrg. (CXXV und 318 S. mit 1 Karte in gr. 4. und eingedr. Holzschn.)] à Jahrg. * *

—— der kaiserl. königl. geographischen Gesellschaft. 6.—10. Jahrg. 1862—67. Redig. von Frz. Foetterle. Lex.-8. [1862. (XXIV, 92 und 252 S. mit eingedr. Holzschn. und 1 lithogr. Karte in Buntdr. in Imp.-Fol.) 1863. (XXVI, 88 und 139 S. mit 6 lithogr. Karten, wovon 1 in Buntdr., in Lex.-8. und 4.) 1864. (94 und 348 S. mit 2 Stnt. in 4.) 1865. (82 und 170 S. mit 3 Stnt. in Lex.-8. und Imp.-Fol.) 1866 und 1867. (IV, 76 und 130 S. mit 1 chromolithogr. Karte in Lex.-8. und 1 Tab. in Fol.)] Wien. (Beck'sche Universitäts-Buchh. — Leipzig, Brockhaus' Sortiment und Antiquarium.) à Jahrg. *

— — 12—14 Jahrg. Neue Folge. 1—3. Jahrg. 1868—70 Red.: M. A. Becker. Ebend. gr. 8. Jeder Jahrg. n. 3 ℛ 10 ngr.

Mittheilungen der geographischen Gesellschaft in Wien Red.: M. A. Becker. 15—19. Neue Folge. 8—9. Jahrg. 1871—1876. à 12 Hfte. gr. 8. (à Hft. 64 S.) Wien, Zamarski. à Jahrg. n. 10. —

— der k. k. geographischen Gesellschaft zu Wien. 20—24. Bd. [Neue Folge. 10—14. Bd.] Jahrg. 1877—1881. à 12 Hfte. gr. 8. (à Hft. ca. 76 S.) Wien, Verlag „Steyrermühl". à Jahrg. 10. —

— dasselbe. Red. von Jos. Chavanne. 25. [neuer Folge 15.] Bd. Jahrg. 1882. 12 Hfte. gr. 8. (1. Hft. XXXI, 108 S.) Ebend. 10. —

— der k. k. geographischen Gesellschaft in Wien. Hrsg. vom Redactions- u. Vortrags-Comité. 26—29. Bd. Jahrg. 1883—1886. à 12 Hfte. gr. 8. (à Hft. ca. XXX, 48 S.) Wien, Hölzel. à Jahrg. 10. —

— der k. k. geographischen Gesellschaft in Wien. Hrsg. vom Redactions- u. Vortrags-Comité. Red. von Frz. Ritter v. Le Monnier. 30.—32. Bd. Jahrg. 1887—1889. à 12 Hfte. gr. 8. (à Hft. ca. 60 S.) Wien, Hölzel. à Bd. n. 10. —

— dasselbe. Red. v. O. Stapf. 33. Bd. Jahrg. 1890. 12 Hfte. gr. 8. (1. Hft. 68 S. m. 1 Karte.) Wien, Lechner's Sort. n. 10. —

— der k. k. geographischen Gesellschaft in Wien. Hrsg. vom Redactions- u. Vortrags-Comité. Red.: J. M. Jüttner. 34.—37. Bd. Jahrg. 1891—1894. à 12 Hfte. (à ca. 3 Bog.) gr. 8. Wien, (R. Lechner's Sort.). à Jahrg. n. 10. —

— d. k. k. geographischen Gesellschaft in Wien. Hrsg. v. Redactions- u. Vortrags-Comité. Red.: J. M. Jüttner. 38.—41. Bd. Jahrg. 1895—1898. à 12 Nrn. (à ca. 6 Bog.) gr. 8. Wien (R. Lechner's Sort.). à Bd. n. 10. —

— der k. k. geographischen Gesellschaft in Wien. Red.: Aug. Böhm Edler v. Böhmersheim. 42.—45. Bd. Jahrg. 1899—1902. à 12 Nrn. gr. 8. (323, 402, 337 u. 330 S. m. 3, 3, 3 u. 2 Taf.) Wien, R. Lechner's Sort. à Jahrg. n.n. 6. —

— der k. k. geographischen Gesellschaft in Wien. Red.: Aug. Böhm Edler v. Böhmersheim. 46.—49. Bd. Jahrg. 1903—1906. à 12 Nrn. (XII, X, 464 S. m. 2 Taf.; LXVI, X, 576 S. m. 6 Taf.; XII, X, 683 S. m. 11 Abb. u. 7 Taf. u. XII, X, 614 S. m. 9 Abb. u. 3 Taf.) gr. 8. Wien, R. Lechner's Sort. à Jhrg. n.n. 6. —

— der k. k. geographischen Gesellschaft in Wien. Red.: Aug. Böhm Edler v. Böhmersheim. 50. u. 51. Bd. Jahrg. 1907 u. 1908. à 12 Nrn. gr. 8. Wien, R. Lechner's Sort. à Bd. nn 6. —

— dasselbe. Red.: Fritz Machaček. 52. u. 53. Bd. Jahrg. 1909 u. 1910. à 12 Nrn. gr. 8. Ebd. à Bd. nn 10. —

Mittheilungen der Gesellschaft für vervielfältigende Kunst in Wien. Jahrg. I—. Wien 1878—. 4°.

— der Gesellschaft für Salzburger Landeskunde. 1—9. Bd. Salzburg 861—70. (Dieter & Co.) [1. Bd. (158 S.) n. 20 ngr, 2. Bd. (XXV, 254 S. mit 4 Steintaff., wovon 1 color.) n. 2 ₰ 20 ngr, 3. Bd. (XXVI. 461 S. mit 1 Steintaf. u. 1 Tab.) n. 2 ₰, 4. Bd. (XX, 304 S. mit 2 lith. u. color. Plänen.) n. 2 ₰, 5. Bd. (XXIV, 320 S. mit 4 Steintaff., 1 Photogr. u. 3 Tabb.) n. 2 ₰ 20 ngr, 6. Bd. (XXXIX, 316 S. mit 4 Steintaff.) n. 2 ₰ 20 ngr, 7. Bd. (XL, 476 S. mit 9 Steintaff., wovon 1 color.) n. 3 ₰ 10 ngr, 8. Bd. (LVI, 447 S. mit 7 Steintaff. u. 1 Photogr.) n. 3 ₰ 10 ngr, 9. Bd. (XXXIV, 300 S. mit 1 Steintaf.) n. 3 ₰ 10 ngr] n. 22 ₰ 20 ngr

— der Gesellschaft f. Salzburger Landeskunde. 10. Bd. gr. 8. (XXXII, 279 S. m. 1 Steintaf. in gr. Fol.) Salzburg 871. (Dieter.) n. 10. —

— dasselbe. 11. Vereinsj. 1871. gr. 8. (169 S.) Ebend. 872. n. 4. —

— dasselbe. 12—15. Vereinsjahr. 1872—1875. gr. 8. (466, 364, 528 u. XLII, 491 S. m. 1 Photographie u. e. Tab. in qu. gr. Fol.) Salzburg 872—76. (Kroll.) à n. 10. —

— dasselbe. Red. v. E. Richter. 16. Vereinsj. 1876. 1. Hft. gr. 8. (206 S. m. 1 Tab. in qu. Fol. u. 1 Steintaf.) Salzburg. (Dieter.) n. 5. —

— der Gesellschaft für Salzburger Landeskunde. Red. von E. Richter. 16. Vereinsjahr 1876. 2. Hft. gr. 8. (S. 207—519.) Salzburg, (Dieter). n. 5. — (cplt.: n. 10. —)

— dasselbe. 17. Vereinsjahr 1877. gr. 8. (1. Hft. 144 S. mit 3 lith. Plänen.) Ebend. n. 10. —

— dasselbe. 18. Vereinsjahr 1878. gr. 8. (1. Hft. 98 S.) Ebend. n. 10. —

— dasselbe. 19. Vereinsjahr 1879. gr. 8. (1. Hft. 95 S. mit 1 Steintaf.) Ebend. n. 10. —

— dasselbe. 20. Vereinsjahr 1880. gr. 8. (1. Hft. 100 S.) Ebend. n. 10. —

Mittheilungen der Gesellschaft f. Salzburger Landeskunde. 21—25. Vereinsj. 1881—1885. (Red v E. Richter, Frdr. Pürckmayer u. Ludw. Schmued.) gr. 8. (à ca. 250 S.) Salzburg 882—86. (Dieter.) à n.n. 10. —

— der Gesellschaft f. Salzburger Landeskunde. 27.—30. Vereinsjahr. 1887—1890. à 2 Hfte. Red. von L. Schmued. gr. 8. Salzburg, (Dieter). à Jahrg. n. 10.—
27. (575 S. m. 1 Portr., 1 Karte u. 2 Taf.) 887. — 28. (463 S. m. Abbildgn. u. 4 Taf.) 888. — 29. (619 S. m. 1 Taf. u. 1 Lichtdr.-Bildniß.) 889. — 30. (1. Hft. 168 S. m. Abbildgn. u. 7 Taf.) 890.

— der Gesellschaft f. Salzburger Landeskunde. 31. Vereinsj. 1891. Red. v. Ludw. Schmued. gr. 8. (445 S. m. 3 Taf. u. 6 Karten.) Salzburg 892. (H. Dieter.) n. 10. —

— dasselbe. 32. Vereinsj. 1892. 2 Hfte. gr. 8. (316 S. m. 2 farb. u. 1 Stammtaf.) Ebd. n. 10. —

— dasselbe. 33. Vereinsj. 1893. Red. v. Frdr. Pirckmayer. 2 Hfte. gr. 8. (384 S. m. 8 farb. Taf.) Ebd. n. 10. —

— dasselbe. 34. Vereinsj. 1894. 2 Hfte. gr. 8. (340 S. m. 25 Taf.) Ebd. n. 10. —

— d. Gesellschaft f. Salzburger Landeskunde. 35. Vereinsj. 1895. Red. v. Frdr. Pirckmayer. gr. 8. (294 S. m. 19 Taf. u. 26 Kart.) Salzburg (H. Nägelsbach). n.n. 10. —

— dasselbe. 36. Vereinsj. 1896. Red. v. Frdr. Pirckmayer. 2 Hfte. gr. 8. (474 S.) Ebd. n.n. 10. —

— dasselbe. 37. Vereinsj. 1897. Red. v. Frdr. Pirckmayer u. Hans Widmann. gr. 8. (XXIII, 329 S. m. Abb. u. 1 Bildn.) Ebd. n.n. 10. —

— dasselbe. 38. Vereinsj. 1898. Red. v. Hans Widmann. 2 Hfte. gr. 8. (320 S. m. 6 Taf.) Ebd. n.n. 10. —

— der Gesellschaft f. Salzburger Landeskunde. 39. Vereinsj. 1899. Red. v. Hans Widmann. gr. 8. (XLVII, 312 S. m. Abbildgn., 1 Bildnis u. 7 Taf.) Salzburg (900). (H. Nägelsbach.) n.n. 10. —

— dasselbe. 40. u. 41. Vereinsj. 1900 u. 1901. Red. v. Aug. Prinzinger. Lex.-8. (à ca. 300 S. m. Fig. u. Taf.) Ebd. à n.n. 10.—

— dasselbe. 42. Vereinsj. 1902. Red. v. Hans Widmann. Lex.-8. (239 S. m. 2 Taf. u. 1 Plan.) Ebd. (902). n.n. 10.—

— der Gesellschaft f. Salzburger Landeskunde. 43.—46. Vereinsj. 1903—1906. Red. v. Hans Widmann. (44. Vereinsj. 426 S. m. 3 Taf.) Lex.-8. Salzburg 903—906. (R. H. Huber.) à Jhrg. n.n. 10. —

— der Gesellschaft f. Salzburger Landeskunde. 47. u. 48. Vereinsjahr. 1907 u. 1908. Red. v. Hans Widmann. (1908. 1. Heft. 87 S. m. Abb. u. 3 Taf.) Lex. 8. Salzburg (907. 08). (E. Höllrigl.) à Jahrg. 10. —

— der Gesellschaft schweizer. Landwirthe. 20. Hft. gr. 8. Bern 892. (K. J. Wyß.) n. — 80
Die kritische Lage der schweizerischen Milchwirthschaft u. die Mittel zu ihrer Linderung. Ein Kommissions-Gutachten, erstattet der Gesellschaft schweizer. Landwirthe. (V, 56 S.)

Mitteilungen der Gesellschaft schweizer. Landwirte. Heft 31. Bericht über die Thätigkeit der Gesellschaft schweizerischer Landwirte im Jahre 1900. 30 S. 8. Zürich, Aschmann & Scheller, 1901.

Mittheilungen der litauischen litterarischen Gesellschaft. Heidelberg 1883 ff.
H: *Voelkel, Maximilian.* (EB)

— der litauischen litterarischen Gesellschaft. 1—5. Hft. gr. 8. (S. 1—352.) Heidelberg 880—82. C. Winter. n. 10. 20

— der litauischen litterarischen Gesellschaft. 6. Hft. gr. 8. (1. Bd. IV u. S. 353—420.) Heidelberg 883. C. Winter. n. 2. 80 (1. Bd. cplt.: n. 13. —)

— dasselbe. 7—11. Hft. [2. Bd. 1—5. Hft.] gr. 8. (391 S.) Ebend. 883—86. n. 13. 40

— der litauischen litterarischen Gesellschaft. 12.—15. Hft. [2. Bd. 6. Hft.; 3. Bd. 1.—3. Hft.] gr. 8. Heidelberg, C. Winter. n. 10. 20

12. (2. Bd. IV u. S. 393—455.) 887. n. 1. 60. — 13. (3. Bd. S. 1—100.) 888. n. 2. 80. — 14. (3. Bd. S. 101—200.) 889. n. 2. 80. — 15. (3. Bd. S. 201—320.) 890. n. 3. —

— der litauischen litterarischen Gesellschaft. 16.—18. Hft. (3. Bd. 4.—6. Hft.) gr. 8. Heidelberg, (C. Winter). n. 6. 20

16. (S. 321—424.) 891. n 2. 40. — 17. (S. 425—496 m. 1 autograph. Karte.) 892. n. 1. 80. 18. (IV u. S. 497—568.) 893. n. 2. —.

— dasselbe. 19. Hft. (4. Bd. 1. Hft.) gr. 8. (104 S.) Ebd. 894. n. 2. 80

— d. litauischen litterarischen Gesellschaft. 20.—23. Hft. gr. 8. Heidelberg. (C. Winter.) n. 10. 80

20. (IV. 2.) (S. 105—206.) 895. n. 2. 80
21. (IV. 3.) (S. 207—362 m. 1 Karte.) 896. n. 4. —
22. (IV. 4.) (S. 363—432 m. 2 Taf.) 897. n. 2. —
23. (IV. 5.) (S. 433—495.) 898. n. 2. —

— der litauischen litterarischen Gesellschaft. 24.—26. Hft. (IV 6. V 1 u. 2.) gr. 8. Heidelberg (C. Winter). n. 10. —

24. (IV, 6.) (IV u. S. 497—584.) 899. n. 2. 40
25. (V, 1.) (116 S.) 900. n. 4. —
26. (V, 2.) (S. 117—230.) 901. n. 3. 60

— der litauischen literarischen Gesellschaft. 27. 28. (Doppel-)Heft. (V. 3. 4.) (S. 231—356.) gr. 8. Heidelberg 902—903. (C. Winter, Verl.) n. 5. —

— der litauischen literar. Gesellschaft. 29. Heft. (V. 5.) (S. 357—560.) gr. 8. Heidelberg 907. (C. Winter, Verl.) 6. —

MITTEILUNGEN DER LITAUISCHEN LITTERARISCHEN GESELLSCHAFT.
Bd. 1. (Heft I—VI. 1880—1883.) Heidelberg. 1883. Carl Winters Universitätsbuchhandlung. 8°.
(Bd. II. 1—3.) Heft 7—9. ib. 1883—1884. —

MITTEILUNGEN DER LITAUISCHEN LITTERARISCHEN GESELLSCHAFT.
Bd. 2. (Heft VII—XII.) Heidelberg. 1887. Carl Winters Universitätsbuchhandlung. — A. u. d. T.: MITTEILUNGEN DER LITAUISCHEN LITTERARISCHEN GESELLSCHAFT.

Heft 7. (II. 1.) Inhalt: 1. Die heutige Verbreitung der Litauer, von VOELKEL in Tilsit. — 2. Zur Litauischen Bibliographie, von THOMAS in Tilsit, KONCEWICZ in Riga und BEZZENBERGER in Königsberg. — 3. Über Grabkreuzformen, von demselben. — 4. Mundartliche Texte, von demselben. — 5. Zwei weitere Märchen in Galbraster Mundart, von JURKSCHAT in Saugen. — 6. Bücherschau: A. BIELENSTEIN, 1000 lettische Rätsel, besprochen von BARTSCH in Tilsit. — 7. Nachrichten. ib. 1883. — 8°.

Heft 8. (II. 2.) Inhalt: 8. Fragmenta mythologiae, von Dr. J. BASSANOVIČ in Prag. - 9. Vierte Generalversammlung (Jahresbericht, von HOFFHEINZ; Über litauische Volkslitteratur, von BARTSCH. Kassenbericht für das vierte Gesellschaftsjahr, Oktober 1882 83, von Dr. SIEMERING). — 10. Rombinus, von A. THOMAS. — 11. Hochzeitsbittersprüche, von MATTSCHUL-MOULINEN und A. BEZZENBERGER. — 12. Daina, von MATTSCHUL-MOULINEN. — 13. Erntespruch. — 14. Bücherschau: KURSCHAT: Litauisch-deutsches Wörterbuch. — 15. Nachrichten. ib. 1884. —

Heft 9. (II. 3.) Inhalt: 16. Litauische Pflanzennamen, von JACOBY. — 17. Atlużiai isz Lietuvos padavimu. — 18. Berichtigungen zum siebenten Hefte. — 19. Eine litauische Sage und das deutsche Volksbuch von Fortunatus, von REINHOLD KÖHLER. — 20. Zur litauischen Litteratur, von THOMAS. — 21. Litteraturübersicht für das Jahr 1883, von THOMAS. — 22. Bericht über die Sitzungen der Gesellschaft im Winter 1883/84, von THOMAS. — 23. Dùngus griuv, żémė lużt (der Himmel fällt ein, die Erde bricht zusammen), von J. KONCEWICZ. — 24. Märchen, Sagen und Volksglaube aus dem diesseitigen Litauen, von THOMAS. ib. 1884. —

MITTEILUNGEN DER LITAUISCHEN LITTERARISCHEN GESELLSCHAFT.
Heft 10—11. (Bd. II. 4—5.) (Mit 1 Tafel.) Heidelberg. 1885—1886. Carl Winters Universitätsbuchhandlung. 8°.

Heft 10. (II. 4.) Inhalt: 25. Búdas Sénovięs Lëtuviu per Symoną Daukantą; excerpiert von Dr. LEOPOLD GEITLER. — 26. Fragmenta mithologiae von Dr. J. BASSANÁVIȚIUS. — 27. Oškabalun myslei von Dr. J. BASSANÁVIȚIUS. — 28. Fünfte Generalversammlung: a) Jahresbericht von HOFFHEINZ-Tilsit. b) Witowd, Grossfürst von Litauen († 1430) von Prof. Dr. KARL LOHMEYER. c) Über Bernsteinfunde von Dr. SIEMERING. — 29. Das Weib des Schlangenmannes von A. K. — 30. Búdas Senovięs Lëtuviu etc., excerpiert von Dr. LEOPOLD GEITLER (Priemazga). — 31. Czerila von J. KONCEWICZ. — 32. Anmerkungen zu Dungus griuv und Czerila von J. KONCEWICZ. — 33. Kaip szwintas Piátras nuplìka von J. KONCEWICZ. — 34. Die Natter (Russisches Märchen) von J. KONCEWICZ. — 35. Atlużiai isz Lietuvos padavimu von J. A. KALNĖNAS. — 36. Bericht über die Sitzungen der Gesellschaft im Winter 1884/85 von A. THOMAS. — 37. Bücherschau von J. KONCEWICZ. — 38. Litteraturbericht von A. THOMAS. — 39. Mitteilungen des Sekretärs. ib. 1885. —

Heft 11. (II. 5.) Nr. 40—43. Ein russisch-litauisches Aktenstück aus dem Jahre 1650—1651. Litauische Zauberformeln und Besprechungen. — Einfluss Westrusslands auf Litauen vor dem 12. Jahrhundert. — Preiss' Bericht an den Minister der Volksaufklärung aus Königsberg vom 1. März (17. Februar) 1840. (Übersetzung) von EDUARD WOLTER. — Nr. 44. Proben litauischer briefe von A. KURSCHAT. — Nr. 45. Über Sitten und Gebräuche der Litauer im Memeler Kreise von G. FRÖLICH. — Nr. 46 u. 47. Übersetzung der „Fragmenta mythologiae". — Übersetzung von J. A. KALNENAS Bruchstücke aus Litauens Vergangenheit von A. KURSCHAT. — Nr. 48. Sechste Generalversammlung: a) Jahresbericht von HOFFHEINZ-Tilsit; b) Litauen in seinem Verhältnis zu Russland und Polen seit dem Jahre 1863 von ED. WOLTER; c) Kassenbericht von Dr. SIEMERING. — Nr. 49. Bericht über die Sitzungen der Gesellschaft im Winter 1885/86. — Nr. 50. Litteraturbericht. — Nr. 51. Mitteilungen des Sekretärs. ib. 1886. —

Heft 12. (II. 6.) Inhalt: Nr. 52. Proben litauischer Choralmelodieen von HOFFHEINZ-Tilsit. — Nr. 53. Laidotuviu pamokslas vartojamas etc. von KALNENAS. — Nr. 54. Johann Juschkewitsch (Nekrolog) von Dr. E. WOLTER-Petersburg. — Nr. 55. Ein litauischer Brief von Jons Juškevič vom 5. Jan. 1880 an den derzeitigen Sekretär der Lit. litt. Gesellschaft. — Nr. 56. Dowkontiana, mitgeteilt von A. KURSCHAT. — Nr. 57. Eine litauische Strophe in Philipp von Zesens „Rosenthal", mitgeteilt von Dr. L. NEUBAUR-Elbing. — Nr. 58. Kaip żmonis pradėjė gérti arielko von J. KONCEWICZ. — Nr. 59. Eine Schenkungsurkunde vom Jahre 1613, zur Geschichte der Ansiedlungen in Litauen, mitgeteilt von Dr. F. SIEMERING. — Nr. 60. Siebente Generalversammlung: a) Jahresbericht des Vorsitzenden. b) Das litauische Volk in der Zeit seiner politischen Selbständigkeit von Prof. TH. PREUSS-Tilsit. c) Kassenbericht von Dr. F. SIEMERING. — Nr. 61. Bericht über die Sitzungen der Gesellschaft im Winter 1886/87 von A. KURSCHAT. — Nr. 62. Lituanica im Senatsarchiv etc. von J. KONCEWICZ. — Nr. 63. Litteraturbericht. — Nr. 64. Mitteilungen des Sekretärs. ib. 1887. —

Bd. 3. (Heft 13—18.) ib. 1893. — (In Commission.) — A. u. d. T.: MITTEILUNGEN DER LITAUISCHEN LITTERARISCHEN GESELLSCHAFT.

Heft 13. (III. 1.) Inhalt: Nr. 1. Achte Generalversammlung: a) Die wirtschaftlichen Zustände Ostpreussens und Litauens am Anfange dieses Jahrhunderts mit besonderer Rücksicht auf die Familie von Schenkendorf von EMIL KNAAKE; b) Jahresbericht von HOFFHEINZ-Tilsit; c) Kassenbericht von Dr. F. SIEMERING; d) Geschäftliches. — Nr. 2. Berichtigungen zu Heft 12 von A. KURSCHAT. ib. 1888. —

Heft 14. (III. 2.) Inhalt: Nr. 3. Litauische Schriftsteller des 19. Jahrhunderts (Wolonczewski) von E. WOLTER. — Nr. 4. Der Tod und die Schafschere von J. KONCEWICZ. — Nr. 5. Kòdel driàb apusės läps ir be véja? (nebst deutscher Übersetzung) von J. KONCEWICZ. — Nr. 6. Wie die Menschen anfingen Branntwein zu trinken (Übersetzung aus Heft 12) von J. KONCEWICZ. — Nr. 7. Zur litauischen Litteraturgeschichte von A. BEZZENBERGER. — Nr. 8. RAMBAUD, Gesch. Russlands. Bespr. von K. LOHMEYER. — Nr. 9. Hochzeitsbräuche der Wielonischen Litauer von A. JUSZKIEWICZ. Übersetzt von A. PETRY unter der Redaktion von J. BAUDOUIN DE COURTENAY. — Nr. 10. Sitzungsberichte. — Nr. 11. Jahresbericht. — Nr. 12. Kassenbericht. — Nr. 13. Litteraturbericht. ib. 1889. —

Heft 15. (III. 3.) Inhalt: Nr. 14. Hochzeitsbräuche der Wielonischen Litauer von A. JUSZKIEWICZ. Übersetzt von A. PETRY unter der Redaktion von J. BAUDOUIN DE COURTENAY. (Fortsetzung). — Nr. 15. Litauische Arzneinamen von J. SEMBRZYCKI. — Nr. 16. Litauische Schriftsteller des 19. Jahrhunderts (Dowkont) von E. WOLTER. — Nr. 17. Berichtigung zu Heft 14 von Dr. F. SIEMERING. — Nr. 18. Kassenbericht. — Nr. 19. Zur Geschichte der Gesellschaft von H. KANTEL. ib. 1890. —

Heft 16. (III. 4.) Inhalt: Nr. 20. Hochzeitsbräuche der Wielonischen Litauer von JUSZKIEWICZ. Übersetzt von A. PETRY unter der Redaktion von J. BAUDOUIN DE COURTENAY. (Schluss.) — Nr. 21. Ein Bericht über Reste lettischen Heidentums. Mitgeteilt von KARL LOHMEYER. — Nr. 22. Zur Geschichte der litauischen Gesangbücher von R. SCHWEDE. — Nr. 23. Kassenbericht von Dr. F. SIEMERING. — Nr. 24. Zur Geschichte der Gesellschaft von H. KANTEL. — Nr. 25. Litteraturbericht. ib. 1891. —

Heft 17. (III. 5.) Inhalt: Nr. 26. Geschichte der Wasserstrassen in der Memel-Niederung von Prof. TH. PREUSS. — Nr. 27. Miscellanea mitgeteilt von JOH. SEMBRŻYCKI. — Nr. 28. Prussica von C. UHLENBECK in Leyden. — Nr. 29.

Litauische Schriftsteller des 19. Jahrhunderts (Ugianski, Želvovicz und Stanewicz) von Dr. E. WOLTER. — Nr. 30. Kassenbericht von Dr. F. SIEMERING. — Nr. 31. Zur Geschichte der Gesellschaft von Prof. TH. PREUSS. — Nr. 32. Litteraturbericht. — Nr. 33. Stanislaw Mikucki. ib. 1892. —

Heft 18. (III. 6.) Inhalt: Nr. 34. Zur Geschichte der Litauer in Ostpreussen (Insbesondere Statistisches) von Oberlehrer A. KURSCHAT. — Nr. 35. Litauische Festgebräuche von Prediger S. DEMBOWSKI. — Nr. 36. Alexander Potebnjá von Dr. E. WOLTER. — Nr. 37. Zwei litauische Erzählungen, mitgeteilt von J. KONCEWICZ. — Nr. 38. Ursprung des Namens der Stadt Libau von J. KONCEWICZ. — Nr. 39. Drei Daina-Melodieen von AD. BEZZENBERGER. — Nr. 40. Berichtigung einiger Anmerkungen zu dem Artikel: Hochzeitsbräuche der Wielonischen Literatur von PENCŽUKS — Nr. 41. Ein litauisches Gedicht zum 18. Januar 1704 mitgeteilt von A. KURSCHAT. — Nr. 42. Sechzehn litauische Sprichwörter mitgeteilt von REŽAT-Wisborienen. — Nr. 43. Kritische Besprechungen und kleinere Mitteilungen von E. WOLTER. — Nr. 44. Zur litauischen Bibliographie vom Jahre 1891/92 von E. WOLTER. — Nr. 45. Litauische Bücher und Editionen von E. WOLTER. — Nr. 46. Kassenbericht von Dr. F. SIEMERING. — Nr. 47. Zur Geschichte der Gesellschaft von Prof. TH. PREUSS. — 48. Litteraturbericht. ib. 1893. —

Bd. 4. [Heft 19—24.] (Heft I—VI.) ib. 1899. — A. u. d. T.: MITTEILUNGEN DER LITAUISCHEN LITTERARISCHEN GESELLSCHAFT.

Heft 19. (IV. 1.) Inhalt: Nr. 1. Neue Beiträge zu einer Lebensbeschreibung Max von Schenkendorfs von Oberlehrer EMIL KNAAKE. — Nr. 2. Erinnerungen aus Litauen in Preussens Unglückszeit auf Grund kirchenurkundlicher Mitteilungen von Pfarrer STEIN. — Nr. 3. Ludwig Adam Jucewicz von J. KONCEWICZ. — Nr. 4. Tri- šuniùko: sidábra, áuksa ir diéminta von J. KONCEWICZ. Nr. 5. Litauische Sprichwörter von Lehrer REŽAT. — Nr. 6. Lituanismen der russisch-litauischen Rechtssprache von Dr. E. WOLTER. — Nr. 7. Zur Chylinskischen Bibelübersetzung vom Jahre 1660 von Dr. E. WOLTER. — Nr. 8. Romantisch sagenhafte Motive des litauischen Volksliedes von Dr. E. WOLTER. — Nr. 9. Lettische Untersuchungen über Litauen, litauisch-lettische Ethnographie und Sprachen von Dr. E. WOLTER. — Nr. 10. Kleinere Nachrichten aus dem Gebiete der litauischen Ethnologie und Philologie von Dr. E. WOLTER. — Nr. 11. Zur litauischen Bibliographie von Dr. E. WOLTER. — Nr. 12. Kassenbericht von Dr. F. SIEMERING. — Nr. 13. Zur Geschichte der Gesellschaft von Prof. TH. PREUSS. — Nr. 14. Litteraturbericht. — Nr. 15. Berichtigung. ib. 1894. —

Heft 20. (IV. 2.) Inhalt: Nr. 16. Über die Chylinskische Bibelübersetzung von H. REINHOLD. — Nr. 17. Ältere Ortsnamen im preussischen Litauen, zusammengestellt von WILUS KALWAITIS. — Nr. 18. Zur litauischen Dialektkunde I. und II. von E. WOLTER. — Nr. 19. Zwei neue litauische Choral-Melodieen, mitgeteilt von REŽAT-Wisborienen. — Nr. 20. Kassenbericht von Dr. F. SIEMERING. — Nr. 21. Zur Geschichte der Gesellschaft von Prof. TH. PREUSS. — Nr. 22. Litteratur-Bericht. ib. 1895. —

Heft 21. (IV. 3.) Inhalt: Nr. 23. Die Bibelübersetzung von S. B. Chylinski von H. REINHOLD. — Nr. 24. Die Krakerorter Lank mit einer Karte von Pfarrer emer. A. HOFFHEINZ. — Nr. 25. Zur litauischen Archäologie. Bibliographische Notizen über litauische Altertümer von E. WOLTER. — Nr. 26. Kleinere Bemerkungen. 1. Zur altlitauischen Topographie der russischen Städte Wilna und Troki; 2. Neue Beiträge zur litauischen Rechtsgeschichte; 3. Litauische Lenorenstoffe, von E. WOLTER. — Nr. 27. Litauische Legende über die Gründung der Stadt Wilna von E. WOLTER. — Nr. 28. Litauische Schriftsteller des 19. Jahrhunderts (Dionysius Paszkievicz [Poszka]) von E. WOLTER. — Nr. 29. Litauische Volksmelodieen aus Udria und Kirsna, mitgeteilt von E. WOLTER. — Nr. 30. Der Witolorauda II. Teil von Pfarrer C. JURKSCHAT. — Nr. 31. Die Kartoffel in Litauen. Ein kulturhistorische Skizze, mitgeteilt von Pfarrer C. JURKSCHAT. — Nr. 32. Eine litauische Erzählung, mitgeteilt von J. KONCEWICZ. — Nr. 33. Litauische Sprichwörter und sprichwörtliche Redensarten, mitgeteilt von REŽAT-Wisborienen. — Nr. 34. Rätsel von W. KALWAITIS. — Nr. 35. Daina. Aufgezeichnet von STAKLIES. — Nr. 36. Dainos. Mitgeteilt von cand. theol. MOSER. — Nr. 37. Vier litauische Choral-Melodieen, mitgeteilt von REŽAT-Wisborienen. — Nr. 38. Litauische Zeitungen in Ostpreussen von Oberlehrer A. KURSCHAT. — Nr. 39. Kassenbericht von Prof. TH. PREUSS. — Nr. 40. Zur Geschichte der Gesellschaft von Prof. TH. PREUSS. — Nr. 41. Litteraturbericht. (Mit 1 Karte.) ib. 1896. —

Heft 22. (IV. 4.) Inhalt: Nr. 42. N. Dauksza, ein litauischer Nationalschriftsteller des 16. Jahrhunderts, von E. WOLTER. — Nr. 43. Zur Geschichte des litauischen Hexenwesens (žinawimas) von E. WOLTER. — Nr. 44. Litauische Nachrichten von *** — Nr. 45. Perkunastempel und litauische Opfer- und Deivensteine von E. WOLTER. — Nr. 46. Kajetan Niezabitowski von J. KONCEWICZ. — Nr. 47. Lieder aus dem Gebiete der Dsuken und des alten Sudauerlandes und ein geistliches Lied aus Kupischken, mitgeteilt von E. WOLTER. — Nr. 48. Eine litauische Handschrift aus dem Jahre 1573 von GAIGALAT. — Nr. 49. Kassenberichte. — Nr. 50. Zur Geschichte der Gesellschaft von Prof. Dr. TH. PREUSS. — Nr. 51. Litteraturbericht. (Mit 2 Tafeln.) ib. 1897. —

Heft 23. (IV. 5.) Inhalt: Nr. 52. Malavėnu dainos von A. JANULAITIS. — Nr. 53. Beschreibung der handschriftlichen Abteilung der Wilnaer öffentlichen Bibliothek (Opisanije rukopisnago otdělenija Vilenskoi Publicznoj Biblioteki) von E. WOLTER. — Nr. 54. Drei Hündchen: ein silbernes, ein goldenes und ein diamantenes, von J. KONCEWICZ. — Nr. 55. M. Miežinnis, litauisch-lettisch-polnisch-russisches Wörterbuch, angezeigt von CHR. JURKSCHAT. — Nr. 56. Der Stadtname Tilsit von SYLLA. — Nr. 57. Zur Sammlung litauischer Kirchengesänge von REŽAT. — Nr. 58. Kassenbericht des 19. Vereinsjahrs von Rektor LENKEIT. — Nr. 59. Zur Geschichte der Gesellschaft. — Nr. 60. Litteraturbericht. ib. 1898. —

Heft 24. (IV. 6.) Inhalt: Nr. 61. Malavėnu dainos von A. JANULAITIS. (Fortsetzung.) — Nr. 62. Lietuviškos pasakos. I. Apie Laumes (von den Laumen) von A. JANULAITIS. — Nr. 63. Šikštoklio atsivertimas, die Bekehrung des Geizhalses von J. KONCEWICZ. — Nr. 64. Etwas über Allitteration in der litauischen Sprache von REŽAT-Wisborienen. — Nr. 65. Die Verbreitung des litauisch-lettischen Volksstammes. Vortrag von A. KURSCHAT. — Nr. 66. Bericht über den Vortrag von Professor Dr. BEZZENBERGER über vorgeschichtliche Kultur in Litauen. — Nr. 67. Bericht über den Vortrag von C. LUKS über die Kurische Nehrung. — Nr. 68. Kassenbericht nebst Mitglieder-Verzeichnis von Rektor LENKEIT. — Nr. 69. Zur Geschichte der Gesellschaft (1898/99) von A. KURSCHAT. — Nr. 70. Litteratur-Bericht. — Nr. 71. Daina aus Užvenczen bei Schaulen, mitgeteilt von A. JANULAITIS. — Nr. 72. Zweiter Nachtrag zum Katalog der Bibliothek. ib. 1899. —

Bd. 5. (Heft 25.—30. Mit 6 Tafeln.) ib. 1911. In Kommission bei Carl Winter's Universitätsbuchhandlung. — A. u. d. T.: MITTEILUNGEN DER LITAUISCHEN LIT(T)ERARISCHEN GESELLSCHAFT.

Heft 25. (V. 1.) Inhalt: Nr. 1. Die Wolfenbütteler litauische postillenhandschrift aus dem jahre 1573 (1. Teil) von GAIGALAT. — Nr. 2. Das Wort „Baude" im Marienburger Tresslerbuch, seine Herkunft und seine Bedeutung von KARL LOHMEYER. — Nr. 3. Konstantin Szyrwids Diktionarium. Bibliographische Notiz von E. WOLTER. — Nr. 4. Ein Beitrag zur Volkskunde Litauens von E. LEMKE. — Nr. 5. Ein Beitrag zur Geschichte der katholischen Mission in Tilsit von TH. PREUSS. — Nr. 6. Beiträge zu den Giesmiu Balsai von REŽAT, Wisborienen. — Nr. 7. Dorniaus nusidavimai, kap mona tetušiai pasakoje von J. KONCEWICZ. — Nr. 8. Kassenbericht nebst Mitglieder-Verzeichnis von Rektor LENKEIT. — Nr. 9. Zur Geschichte der Gesellschaft und Bericht über den Vortrag von Elisabeth Lemke: Der Wachholder. — Nr. 10. Litteratur-Bericht. — Nr. 11. Satzung der Litauischen litterarischen Gesellschaft. — Nr. 12. Dritter Nachtrag zum Katalog der Bibliothek. ib. 1900. —

Heft 26. (V. 2.) Inhalt: Nr. 13. Die Wolfenbütteler litauische postillenhandschrift aus dem Jahre 1573. Zweiter Teil. Von GAIGALAT. — Nr. 14. Aus der „Chronik der Kirche und des Dorfes Russ nach traditionellen Quellen" verf. von RADEMACHER, mitgeteilt von GAIGALAT. — Nr. 15. Fünf Dainamelodien von A. BEZZENBERGER. — Nr. 16. Dainos, mitgeteilt von A. JANULAITIS. — Nr. 17. Zur Geschichte der Freiheiter Volksschule zu Tilsit von Rektor LENKEIT. — Nr. 18. Lokavos kalns. Gidymai su burtais. Burtai. E. WOLTER. — Nr. 19. Erlebnisse des Pfarrers Pezold in Pr. Eylau im Jahre 1807 von Pfarrer BUCHLER. — Nr. 20. Abenteuer eines Dummen von J. KONCEWICZ. — Nr. 21. Kassenbericht nebst Mitglieder-Verzeichnis von Rektor LENKEIT. — Nr. 22. Zur Geschichte der Gesellschaft. — Nr. 23. Litteratur-Bericht. — Nr. 24. Vierter Nachtrag zum Katalog der Bibliothek. ib. 1901. —

(Doppel-) Heft 27. 28. (V. 3. 4.) Inhalt: Nr. 25. Die Wolfenbütteler litauische postillenhandschrift aus dem jahre 1573. Dritter Teil. Von GAIGALAT. — Nr. 26. Ernst Eduard Kuniks Verdienste um die Erforschung der baltischen Völker und ihrer Geschichte. Von E. WOLTER. — Nr. 27. Briefe E. Kuniks an E. Wolter. Von E. WOLTER. — Nr. 28. Die Zahl der Litauer im Gouvernement Wilna. Von E. WOLTER. — Nr. 29. Über den litauischen ė-Laut. Von ROBERT GAUTHIOT-Paris. — Nr. 30. Bibliographisches. Von ROBERT GAUTHIOT-Paris. — Nr. 31. Malavėnų dainos. Von A. JANULAITIS. (Schluss.) — Nr. 32. Die litauische und lettische Sprache in dem ermländischen Rituale vom Jahre 1760, mitgeteilt von Pfarrer ANHUTH. — Nr. 33. Zur Geschichte des Dorfes Pakamonen, mitgeteilt von A. und F. DENSKUS. — Nr. 34. Litauische Dichter und Volksbildner. Von E. WOLTER. — Nr. 35. Ein Ausflug nach dem russischen Litauen. Von ALEXANDER KURSCHAT. — Nr. 36. Kassenbericht nebst Mitgliederverzeichnis für das 23. Vereinsjahr. Von Rektor LENKEIT. — Nr. 37. Kassenbericht nebst Mitgliederverzeichnis für das 24. Vereinsjahr. Von Rektor LENKEIT. — Nr. 38. Zur Geschichte der Gesellschaft. — Nr. 39. Literatur-Bericht. — Nr. 40. Fünfter Nachtrag zum Katalog der Bibliothek der Gesellschaft. ib. 1902. 1903. —

Heft 29. (V. 5.) Inhalt: Nr. 41. Zur Biographie des Mosvidius. Von A. BEZZENBERGER. — Nr. 42. Ein Brief des Litauerfürsten Olgerd an den Patriarchen von Konstantinopel. Von Dr. HERBERT KRUGER. — Nr. 43. Die Kirchenbücher in den Kreisen Heydekrug, Labiau, lit. Niederung, Memel, Stallupönen und Tilsit, mitgeteilt von ERNST MACHHOLZ. — Nr. 44. Wie die alten Litauer lebten. Von C. CAPPELLER. — Nr. 45. Zeugnisse zur älteren Geschichte Litauens und der Litauer. — Nr. 46. Aus unglücklicher Zeit. Von ALEXANDER KURSCHAT. — Nr. 47. Die Litauische literarische Gesellschaft auf der 3. Deutschen Kunstgewerbe-Ausstellung Dresden 1906. Von ALEXANDER KURSCHAT. — Nr. 48. Haus und Hausgerät im preussischen Litauen. (Mit Abbildungen.) Von ALEXANDER KURSCHAT. — Nr. 49. Zur Geschichte der Gesellschaft 1904, 1905 und 1906, von demselben. — Nr. 50. Literaturbericht für 1903—1906 nebst Nachträgen. Bearbeitet von Dr. HEINRICH REINHOLD. — Nr. 51. Alphabetisches Register der in den früheren Literaturberichten und im Katalog der Bibliothek verzeichneten litauischen Schriften. Von Dr. H. REINHOLD. — Nr. 52. Sechster Nachtrag zum Katalog der Bibliothek der Gesellschaft. Von A. KURSCHAT. — Nr. 53. Verse auf litauischen Spruchbändern aus Szlaszen. Von ALEXANDER KURSCHAT. — Nr. 54. Besprechung des Romans von Endrus Endrulat: „Die Laima rief!". Von AELXANDER KURSCHAT. ib. 1907. —

Heft 30. (V 6.) Inhalt Nr 55. Wie die alten Litauer lebten. Von C CAPPELLER — Nr 56. Der Memelstrom (Mit Abbildungen.) Eine historische Skizze von JENNY KOPP — Nr. 57 Tuchbereitung und Walken im preussischen Litauen. (Mit Abbildungen.) Von A. KURSCHAT — Nr. 58. Zur litauischen Bandweberei. Von RŪTA Übersetzung und Zeichnungen dazu von A KURSCHAT — Nr 59. Über litauische Hausweberei und Verwandtes. Von A KURSCHAT — Nr 60. Die Petrefaktensammlung der lit lit. Gesellschaft. Von Professor MAX SELZER — Nr 61 Zur Geschichte der Gesellschaft. Von A KURSCHAT — Nr 62. Literarische Anzeigen. Von A. KURSCHAT — Nr 63. Siebenter Nachtrag zum Katalog der Gesellschafts-Bibliothek. Von A KURSCHAT ib. 1911 —

Heft 31 (IV 1) Inhalt Beiträge zur litauischen Dialektologie von Dr ALEXANDER DORITSCH ib. 1912 — A u. d. T Beiträge zur litauischen Dialektologie von Dr ALEXANDER DORITSCH Herausgegeben von der litauischen literarischen Gesellschaft in Tilsit. Tilsit 1911 Druck von Otto v Mauderode

Mittheilungen der k. k. mährisch-schles. Gesellschaft des Ackerbaues, der Natur- u. Landeskunde. Hauptred.: J. C. Lauer. Neue Folge. 1850 u. 1851. à 4 Vierteljahrshfte. Lex. 8. (1850: ... S. m. 1 lith. Taf. in gr. Fol. 1851: ... S. m. 1 Tab. in qu. gr. Fol.) Brünn, Nitsch & Große in Comm. à 14 ngr

— der k. k. Mährisch-Schlesischen Gesellschaft für Ackerbau, Natur- und Landeskunde. Red.: H. C. Weeber. Jahrg. 1858—61. à 52 Nrn. (à 1 Bgn.) Mit Beilage: „Notizen-Blatt der historisch-statistischen Section der k. k. mährisch-schlesischen Gesellsch. zur Beförderung des Ackerbaues etc. Red. von Chrn. d'Elvert." à 12 Nrn. (à 1 Bgn.) Brünn, (Nitsch.) gr. 4. Jeder Jahrg. n. 3 ℛ

— — Jahrg. 1862 u. 63. Brünn, (Karafiat.) gr. 4. Jeder Jahrg. n. 2 ℛ 20 ngr

Mittheilungen der k. k. Mährisch-Schlesischen Gesellschaft für Ackerbau, Natur- u. Landeskunde. Redact.: H. C. Weeber. Jahrg. 1864—70. à Jahrg. 52 Nrn. (Bgn.) mit Beilagen u. Abbild. u. „Notizen-Blatt der historisch-statist. Section der k. k. mährisch-schles. Gesellschaft zur Beförderung des Ackerbaues etc. Redig. von Chrn. d'Elvert. à Jahrg. 12 Nrn. (Bgn.) Brünn, (Karafiat.) gr. 4. Jeder Jahrg. n. 2 ℛ 20 ngr

Mittheilungen, der k. k. mährisch-schlesischen Gesellschaft f. Ackerbau, Natur- u. Landeskunde. Red. H. C. Weeber. Jahrg. 1871 u. 1872. à 52 Nrn. (B.) Mit Beilagen u. Abbildgn. gr. 4. Brünn, (Karafiat.) à Jahrg. n. 8. —

Mittheilungen der k. k. mährisch-schlesischen Gesellschaft für Ackerbau, Natur- und Landeskunde. Hauptredact.: H. C. Weeber. Jahrg. 1875—1879. à Jahrg. 52 Nrn. (à 1—2 Bog.) gr. 4. Brünn, (Winiker's Buchh.) à Jahrg. *

Mittheilungen der k. k. mährisch-schlesischen Gesellschaft für Ackerbau, Natur- und Landeskunde. Hauptredact.: H. C. Weeber. 60.—64. Jahrg. 1880—1884. à Jahrg. 52 Nrn. (à Nr. 1/2—1 1/2 Bog.) gr. 4. Brünn, (Winiker.) à Jahrg. *

—— der k. k. mährisch-schlesischen Gesellschaft für Ackerbau, Natur- und Landeskunde. Redact.: Emil Kořistka. 65.—68. Jahrg. 1885—1888. à Jahrg. 52 Nrn. (à Nr. 1—1 1/2 Bog.) gr. 4. Brünn, (Winiker.) à Jahrg. *

Mittheilungen der k. k. mährisch-schlesischen Gesellschaft f. Ackerbau, Natur u. Landeskunde. Redact.: Emil Kořistka. 69.- 71. Jahrg. 1889—1891. à Jahrg. 52 Nrn. (à Nr. 1—1 1/2 Bog.) gr. 4. Brünn, (Winiker). à Jahrg. * 8 40

Fortf. u. d. T.: Centralblatt f. die mährischen Landwirte (f. d.).

— der k. k. Mährisch-Schlef. Gesellschaft zur Beförderung des Ackerbaues d. Natur- u. Landeskunde in Brünn. Jahrgänge 1821—26. à Jahzgg. 4 Hefte. gr. 4. Brünn, Traßler (Leipz., Hartmann.) à 4 Rthl. 16 gr.

—— der k. k. Mähr.-Schlesischen Gesellschaft zur Beförder. d. Ackerbaues, d. Natur- u. Landeskunde in Brünn. Jahrg. 1827. 4 Hfte. gr. 4. Brünn, [Traßler u. Sohn.]

Jahrg. 1821—26. Ebendas. à 4 Thlr. 16 Gr.

—— der k. k. Mährisch-Schlesischen Gesellschaft z. Beförder. d. Ackerbaues, d. Natur- u. Landeskunde in Brünn. Jahrg. 1828—39. à 4 Hfte. gr. 4. Brünn, (Winiker.) à J. *

—— dies. (Neue Folge.) Hauptredact.: J. C. Lauer. 1—3. Jahrg. 1840—42. à 52 Nrn. (Bog.) 4. Ebds. à J. *

—— der k. k. mähr.-schles. Gesellschaft z. Beförderung d. Ackerbaues, der Natur- u. Landeskunde in Brünn. Hauptredakt.: J. C. Bauer. 4—6. Jahrg. 1843—45. à 52 Nrn. (Bog.) 4. Brünn. (Winiker.) à *

—— der k. k. mährisch-schlesischen Gesellschaft zur Beförderung des Ackerbaues, der Natur- und Landeskunde in Brünn. Redig. von J. C. Lauer. Jahrg. 1850. 52 Nrn. (Bog.) 4. Brünn, (Nitsch und Grosse.) *

—— dass. — Redig. von Dems. Neue Folge. Jahrg. 1851. 4 Hefte. Lex.-8. Ebds. *

—— dass. — Redig. von H. C. Weeber. Jahrg. 1852. 52 Nrn. (Bog.) gr. 4. Ebds. **

Mittheilungen der k. k. mähr. schles. Gesellschaft zur Beförderung des Ackerbaues, der Natur- und Landeskunde in Brünn. Brünn. Redakteur H. C. Weeber. 1853. Nr. 38—52. (2361.)

Inhalt: Nr. 39. Schlußfolgerung aus Fütterungsversuchen mit Schafen. — Holzproduktion und Konsumtion in ihren gegens. und nationalök. Beziehungen. (40.) — Nr. 40. Ueber Papierfabrikate aus Holz aus der Fabrik zu Griesdorf in Pr. Schlesien. — Nr. 41. Beobachtungen über die Traubenfäule. — Verfahren das Vließ der Schafe auf dem Thiere wasserdicht zu machen. — Nr. 42. Zur Frage der Flachs- Warmwasserröste. — Die Stein- und Braunkohlengewinnung in Mähren und Schlesien. (43. 44. 45.) — Nr. 43. Beiträge zur Drainage. — Nr. 44. Die Erzeugung und Verwendung des Getreidesteins. — Von der Beulenseuche des Rindviehes. — Nr. 45. Hippologische Betrachtungen. (49.) — Oesterreichs Bedarf an Zugvieh zum Betriebe der Landwirthschaft. — Ueber Kartoffelsurrogate. — Ueber die Flora der Umgegend von Brünn. — Nr. 46. Wirkungskreis der Konservatoren für Erfrischung und Erhaltung der Baudenkmale. — Ueber die Aufgabe und Bedeutung landwirthwirthschaftlicher Bezirksvereine. — Nr. 47. Ueber künstliche Fischbefruchtung. — Ueber Rhabarbar-Kultur in Mähren. — Schafwäschverfahren des Amtsrath Holler zu Chrzelitz. — Ueber die Melasse von Runkelrübenzucker. — Nr. 48. Ueber schädliche Pilzbildungen. Neuer Nutzen der Mohnköpfe. — Nr. 49. Zweckmäßige Aufbewahrung des Getreides. — Zustand der englischen Landwirthschaft. (50. 51. 52.) — Das Pfropfen und Kopuliren der Georginen. — Ueber die sogenannte Pferdekraft als Kraftmaß. — Nr. 50. Die Naturalproduktion in Mähren und Schlesien. (51.) — Nr. 51. Ueber die Benützung des Mohnöls. — Nr. 52. Inhalt und Titelblatt zum ganzen Jahrgang.

Mittheilungen der k. k. mährisch-schlesischen Gesellschaft zur Beförderung des Ackerbaues, der Natur- und Landeskunde in Brünn. Interim. Hauptredakt.: H. C. Weeber. Jahrg. 1853—55. à Jahrg. 52 Nrn. (Bog.) gr. 4. Brünn, Nitsch und Große. à Jahrg. Thlr. *

—— dass. — Redig. von Dems. Jahrg. 1856. 52 Nrn. (Bog.) Mit der Beilage: Notizen-Blatt der historisch-statist. Section der k. k. mähr.-schles. Gesellschaft zur Beförderung des Ackerbaues, der Natur- und Landeskunde. Redig. von Chrn. d'Elvert. Jahrg. 1856. ca. 26 Nrn. (Bog.) gr. 4. Ebds. *

Jahrg. 1850—52. Ebendas. * 9 Thlr. 6 Ngr.

Mittheilungen, der k. k. mährisch-schlesischen Gesellschaft zur Beförderung des Ackerbaues, der Natur- und Landeskunde in Brünn. Hauptred.: H. C. Weeber. Jahrg. 1857. 52 Nrn. (Bog.) Mit der Beilage: Notizen-Blatt der historisch-statist. Section der k. k. mähr. schles. Gesellschaft zur Beförderung des Ackerbaues, der Natur- und Landeskunde. Redig. von Chrn. d'Elvert. Jahrg. 1857. ca. 26 Nrn. (Bog.) gr. 4. Brünn, (Nitsch.) *

— der mathematischen Gesellschaft in Hamburg. Red. v. Kiessling, Ahlborn, Krüss, Bock, Wagner, Koldewey, Hoppe, Schubert u. Jaerisch. 1. Bd. 9 Hfte. gr. 8. (IV, 310 S. m. Taf.) Leipzig 881—889. (B. G. Teubner.) n. 4. —

Bd. II erschien 1890 u. d. T.: Festschrift der mathematischen Gesellschaft

Vorh. u. d. T Jahresbericht der mathematischen Gesellschaft in Hamburg. 1841-1880

— dasselbe. Red. v Bubendey, Hoppe, Busche, Repsold, Jaerisch, Schröder u. Köpcke. 3. Bd. 1.—4. Hft. gr. 8. (192 S. m. Fig. u. 1 Taf.) Ebd. 891 —894. n. 5 —

— der mathematischen Gesellschaft in Hamburg. 3. Bd, 5.—7. Hft. Red. v. Köpcke, Ahlborn, Schröder u. A. gr. 8. Leipzig (B. G. Teubner). n. 2. 60 (1. - 7.: n. 7. 60)

5. (S. 193—232.) 895. n. —. 80. — 6. (233—272.) 896. n. —. 80 7. (S. 273—317.) 897. n. 1. —.

— der mathematischen Gesellschaft in Hamburg. 3. Bd. 8.—10. Hft. Red. v. Repsold, Schröder u. Busche. gr. 8. Leipzig (B. G. Teubner). n. 3. —

8. (S. 319—370.) 898. n. 1. 20. — 9. (S. 371—410.) 899. n. 1. —. 10. (IV u. S. 411—429.) 900. n. — 80.

— dasselbe. 4. Bd. 1. u. 2. Hft. Red. von Repsold, Bolte u. Busche. gr. 8. (S. 1—95.) Ebd. 901. n. 2. 80

— der mathematischen Gesellschaft in Hamburg. 4. Bd. 3.—6. Heft. Red. v. Hoppe, Schröder u. Busche. (S. 97—276 m. 2 Taf.) gr. 8. Leipzig 903—906. (B. G. Teubner.) n. 5. 60

Mitteilungen der mathematischen Gesellschaft in Hamburg. Red. v. Bolte, Büchel u. Umlauf. IV. Bd. 7.—10. Heft. (S. 277—474 m. 35 Fig.) gr. 8. Leipzig 910. B. G. Teubner. 5. 40

MITTEILUNGEN DER MATHEMATISCHEN GESELLSCHAFT IN HAMBURG
Bd. I (Enthaltend Heft 1 9) Leipzig 1889 Druck von B G Teubner 8°).
MITTHEILUNGEN DER MATHEMATISCHEN GESELLSCHAFT IN HAMBURG.
Bd. III (Heft 1 – 10.) 1891 – 1900. Mit Taf ib. 1900. – A u d Einzeltit

MITT(H)EILUNGEN DER MATHEMATISCHEN GESELLSCHAFT IN HAMBURG
Bd. III Heft 1 Ausgegeben im Februar 1891 Redigiert von BUBENDEY, HOPPE und BUSCHE. Leipzig 1891 Druck von B. G. Teubner
Heft 2. Ausgegeben im Februar 1892. Redigiert von HOPPE, REPSOLD und BUSCHE. ib. 1892. —
Heft 3. Ausgegeben im Februar 1893. Redigirt von REPSOLD, JAERISCH und BUSCHE. (Mit 1 Tafel.) ib. 1893. —
Heft 4 Ausgegeben im Februar 1894 Redigiert von JAERISCH, KÖPCKE und SCHROEDER ib. 1894 —
Heft 5. Ausgegeben im Februar 1895. Redigirt von KÖPCKE, AHLBORN und SCHRÖDER ib. 1895. —
Heft 6. Ausgegeben im Februar 1896. Redigirt von AHLBORN, SIEVEKING und SCHRÖDER ib. 1896 —
Heft 7 Ausgegeben im Februar 1897 Redigirt von SIEVEKING, SCHRÖDER und BUSCHE. ib. 1897 —
Heft 8. Ausgegeben im Februar 1898. Redigirt von REPSOLD, SCHRÖDER und BUSCHE ib. 1898. —
Heft 9 Ausgegeben im Februar 1899. Redigirt von REPSOLD, SCHRÖDER und BUSCHE. ib. 1899. —
Heft 10 Ausgegeben im Februar 1900. Redigirt von REPSOLD, SCHRÖDER und BUSCHE ib. 1900 —
Bd. IV (Heft 1 – 10.) – A. u. d. Einzeltit.

MITTHEILUNGEN DER MATHEMATISCHEN GESELLSCHAFT IN HAMBURG
Heft 1 Ausgegeben im Februar 1901. Redigirt von REPSOLD, SCHRÖDER und BUSCHE. ib. 1901 —
Heft 2. Ausgegeben im Februar 1902. Redigirt von REPSOLD, BOTTE und BUSCHE. ib. 1902. —
Heft 3. Ausgegeben im Februar 1903. Redigirt von REPSOLD, SCHRÖDER und BUSCHE. ib. 1903. —
Heft 4 Ausgegeben im Februar 1904. Redigirt von THAER, SCHRÖDER und BUSCHE (Mit 2 Tafeln) ib. 1904. —
Heft 5 Ausgegeben im Februar 1905. Redigirt von HOPPE, SCHRÖDER und BUSCHE. ib. 1905. —
Heft 6. Ausgegeben im Februar 1906. Redigirt von HOPPE, SCHRÖDER und BUSCHE. ib. 1906. —
Heft 7 Ausgegeben im Februar 1907 Redigirt von HOPPE, SCHRÖDER und BUSCHE. ib. 1907 —
Heft 8. Ausgegeben im Februar 1908. Redigirt von HOPPE, SCHRÖDER und BUSCHE. ib. 1908. —
Heft 9 Ausgegeben im Februar 1909. Redigiert von HOPPE, BUSCHEL und UMLAUF Mit 35 Figuren im Text ib. 1909. —
Heft 10. Ausgegeben im Februar 1910. Redigiert von BOLTE, BUCHEL und UMLAUF ib 1910. —

Mitteilungen der Gesellschaft f. innere Medizin u. Kinderheilkunde in Wien. Hrsg.: Gesellschaft f. innere Medizin u. Kinderheilkunde in Wien. Red.: Herm. Schlesinger. 3.—5. Jahrg. 1904—1906. à 10 Nrn. (à ca. 8 S.) gr. 8. Wien, M. Perles. à Jhrg. n. 6. —

— der Gesellschaft f. innere Medizin u. Kinderheilkunde in Wien. Hrsg.: Gesellschaft f. innere Medizin u. Kinderheilkunde in Wien. Red.: Herm. Schlesinger. 6.—9. Jahrg. 1907—1910. à ca. 14—16 Nrn. (à ca. 10 S.) gr. 8. Wien, M. Perles. à Jahrg. 6. —

— der Gesellschaft f. physikal. Medizin. Hrsg.: Gesellschaft f. physikal. Medizin. Red.: Max Kahane. Mit monatl. Beiblatt. 1.—3. Jahrg. 1908—1910. Etwa 20 Nrn. (à ca. 8 S.) gr. 8. Wien, M. Perles. à Jahrg. 6. —

MITTEILUNGEN DER MÜNCHENER ENTOMOLOGISCHEN GESELLSCHAFT, e. V
Jahrg. (1.) 1910. Januar Nummer 1 (München, Handelsdruckerei Hans Beck (Inh. Jos. Heldwein).) 8°.
München. Februar Nummer 2. (ib. —).
München. März und April Nummer 3 u. 4. (Für Redaktion MAX HORB, München. ib. —)
München. Mai und Juni Nummer 5 u. 6. (ib. —).
München. Juli und August 7 u. 8. (ib. —).
München. Sept. und Okt. 9. u. 10. (ib. —)
München. Nov. und Dez. 11. u. 12. (ib. —)
Jahrg. (2.) 1911. München. Jan. und Febr Nummer 1. u. 2. (ib. —).
Jahrg. 2. 1911, März und April. Nummer 3. u. 4. (ib. —).
Mai und Juni. Nummer 5. u. 6. (ib. —)
Juli und August. Nummer 7 u. 8. (ib. —)

[illegible] Nr 1—1372. [illegible]

—— der naturforschenden Gesellschaft in Bern aus d. J. 1843—46. gr. 8. Bern. (Huber u. Comp.) [1843. (6 B.) * 15 Ngr., 1844. (13 B. u. 1 Tab.) * 1 Thlr. $5\frac{1}{2}$ Ngr., 1845. ($9\frac{3}{4}$ B.) * 15 Ngr., 1846. ($15\frac{5}{8}$ B.) * 28 Ngr.] *

—— der naturforschenden Gesellschaft in Bern aus den Jahren 1847—51. Nr. 87—223. gr. 8. Bern, (Huber und Comp.) [1847. (IV und 176 S.) * 1 Thlr., 1848. (278 S.) * 1 Thlr. $7\frac{1}{2}$ Ngr., 1849. (IV und 188 S. mit 1 Stnt.) * 1 Thlr. 4 Ngr., 1850. (IV und 220 S. mit 2 Stnt. in gr. 8. und qu. 4.) * 1 Thlr. 8 Ngr., 1851. (VIII und 224 S. mit 1 Stnt.) * 1 Thlr. 6 Ngr.] *

—— der naturforschenden Gesellschaft in Bern aus den J. 1852—56. Nr. 225—384. gr. 8. Bern, Huber und Comp. [1852. (328 S. mit 3 Stnt. in 4. und Fol.) * 1 Thlr. 20 Ngr., 1853. (VIII und 360 S. mit 5 Stnt. in gr. 8. und 4.) * 1 Thlr. 24 Ngr., 1854. (IV und 184 S. mit 1 Stnt.) * 24 Ngr., 1855. (IV und 236 S. mit 2 Stnt.) * 1 Thlr. 6 Ngr., 1856. (III und 200 S. mit 3 Stnt. in gr. 8. und 4.) * 1 Thlr.] *

—— der naturforschenden Gesellschaft in Bern aus den J. 1857—61. Nr. 385—496. gr. 8. Bern, (Huber und Comp.) [1857. (III und 184 S.) * 24 Ngr., 1858. (III und 128 S. mit 2 Stnt. in 4.) * 19 Ngr., 1859. (III und 128 S. mit 2 Stnt.) * 19 Ngr., 1860. (II und 286 S. mit 6 Taf., wovon 4 lithogr. in gr. 8., 4. und qu. Fol.) * 1 Thlr., 1861. (III und 228 S. mit 3 Taf., wovon 2 lithogr. in gr. 4. und 1 Beilage.) * 1 Thlr. 8 Ngr.] Thlr. *

—— der naturforschenden Gesellschaft in Bern aus den J. 1862—67. Nr. 497—653. gr. 8. Bern 862—68, (Huber und Comp.) [1862. (Nr. 497—530.) (IV und 276 S. mit 4 Stnt. in gr. 8. und gr. Fol.) * 1 Thlr. 24 Ngr., 1863. (Nr. 531—552.) (IV und 174 S. mit 3 Tab. in gr. 4. und 1 Stnt. in Imp.-Fol.) * 1 Thlr. 20 Ngr., 1864. (Nr. 553—579.) (IV und 220 S. mit 8 Stnt. in Imp.-Fol.) * 1 Thlr. 6 Ngr., 1865. (Nr. 580—602.) (IV und 188 S. mit 1 Stnt. in 4.) * 27 Ngr., 1866. (Nr. 603—618.) (XXII und 134 S. mit 6 Stnt. in hoch 4. und Fol.) * 27 Ngr., 1867. (Nr. 619—653.) (XXXVI und 282 S. mit 1 Stnt.) * 1 Thlr. 15 Ngr.] *

—— der naturforschenden Gesellschaft in Bern aus den J. 1868—1874. Nr. 654—873. gr. 8. Bern, (Huber und Comp.) [1868. Nr. 654—683. (XXIX, 328 S. mit 1 lithogr. Taf.) *ℳ 3,60.; 1869. Nr. 684—711. (XXXVIII, 222 S. mit 6 lithogr. Taf. in 8. und qu. 4.) *ℳ 4,50.; 1870. Nr. 711—744. (LVI, 260 S. mit 5 lithogr. Taf. in gr. 8. und qu. Fol.) *ℳ 5,40.; 1871. Nr. 745—791. (XXXI, 372 S. mit 5 lithogr. Taf. in gr. 8. und gr. Fol.) *ℳ 7,20.; 1872. Nr. 792—811. (XXXVIII, 161 S. mit 1 lithogr. Taf. in Fol. und eingedr. Holzschn.) *ℳ 4,50.; 1873. Nr. 812—827. (219 S. mit 14 lithogr. und chromolithogr. Taf. in Fol.) *ℳ 5,40.; 1874. Nr. 828—873. (367 S. mit 4 lithogr. und chromolithogr. Taf. in gr. 8. und qu. gr. 4. und 8 in den Text gedr. Holzschn.) *ℳ 7,20.] *

—— der naturforschenden Gesellschaft in Bern aus den J. 1875—1878. Nr. 874—961. gr. 8. Bern, (Huber und Comp.) [1875. (56, 252 S. mit 2 lithogr. Taf. in qu. gr. 4.) *ℳ 3,60.; 1876. (IV, 71, 137 S. mit 4 lithogr. Taf. und 1 Holzschn.) *ℳ 4,50.; 1877. (IV, 63, 113 S. mit 4 in den Text gedr. Holzschn.) *ℳ 2,70.; 1878. (IV, 201 S. mit 2 lithogr. Taf.) *ℳ 4,50.] *

— dasselbe, aus dem J. 1879. Nr. 962—978. 8. (132 S.) Ebend. 880. n. 2. 70

— dasselbe, aus dem J. 1880. Nr. 979—1003. Mit 6 lith. Taf. u. mehreren in den Text gedr. Holzschn. gr. 8. (VI, 199 S.) Ebend. 881. n. 4. 90

— dasselbe, aus dem J. 1881. 1. u. 2. Hft. Nr. 1004—1020. Mit mehreren in den Text gedr. Holzschn. gr. 8. (225 S.) Ebend. 881. 82. n. 4. 95

— der naturforschenden Gesellschaft in Bern aus dem J. 1882. 2 Hfte. Nr. 1030—1056. gr. 8. (16, 74, 46 u. 134 S. m. 3 Steintaf.) Bern 883. (Huber & Co.) n. 4. 50

— dasselbe. 1883. Nr. 1057—1072. gr. 8. (24, 55, 27 u. 72 S.) Ebend. 883. 84. n. 3. 15

— dasselbe. 1884. 3 Hfte. Nr. 1073—1101. Red.: J. H. Graf. gr. 8. (277 S. m. 13 Steintaf.) Ebend. 884. 85. n. 10. 60

— dasselbe. 1885. 3 Hfte. Nr. 1103—1142. gr. 8. (XVIII, 312 S. m. 6 Steintaf.) Ebend. 885. 86. n. 9. 40

— der naturforschenden Gesellschaft in Bern aus dem J. 1886. Nr. 1143—1168. Red.: J. H. Graf. gr. 8. (XXVIII, 208 S. m. 3 Taf.) Bern 887. (Huber & Co.) n. 6. 30

— dasselbe, aus dem J. 1887. Nr. 1169—1194. gr. 8. (XXXII, 206 S. m. Abbildgn. u. 1 Taf.) Ebd. 888. n. 6. 30

— der naturforschenden Gesellschaft in Bern aus den J. 1890—1892. Red.: J. H. Graf. gr. 8. Bern, K. J. Wyss. n. 17. 80
1890. Nr. 1244—1264. (XXIX, 166 S. m. Abbildgn. u. 5 Taf.) 891. n. 6. 40
1891. Nr. 1265—1278. (XXXVII, 111 S. m. Abbildgn. u. 4 Taf.) 892. n. 5. —
1892. Nr. 1279—1304. (XXXI, 209 S. m. 4 Taf.) 893. n. 6. 40

— d. naturforschenden Gesellschaft in Bern aus d. J. 1893—1897. Red.: J. H. Graf. gr. 8. Bern, K. J. Wyss. à Jahrg. n. 6. 40
1893. Nr. 1305—1334. (XIX, 239 S. m. Abb. u. 4 Taf.) 894.
1894. Nr. 1335—1372. (XXIV, 303 S. m. Abb., 5 Taf. u. 1 Karte.) 895.
1895. Nr. 1373—1398. (XVIII, 403 S. m. Abb., 5 Taf. u. 1 Bildnis.) 896.
1896. Nr. 1399—1435. (XVIII, 294 S. m. Abb. u. 4 Taf.) 897.
1897. Nr. 1436—1450. (XX, 120 S. m. Abb. u. 3 Taf.) 898.

— der naturforschenden Gesellschaft in Bern aus d. J. 1898—1901. Red.: J. H. Graf. gr. 8. Bern, K. J. Wyss. à Jahrg. n. 6. 40
1898. Nr. 1451—1462. (XV, 95 S. m. Abbildgn. u. 7 Taf.) 899.
1899. Nr. 1463—1477. (XIV, 118 S. m. Abbildgn., 2 Tab., 3 Taf u. 1 farb. Karte.) 900.
1900. Nr. 1478—1499. (XV, 175 S. m. Fig. u. 8 [4 farb.] Taf.) 901
1901. Nr. 1500—1518. (XIV, 152 S. m. 2 Karten u. 1 Taf.) 902

Mitteilungen der naturforschenden Gesellschaft in Bern aus d. J. 1902—1904. Nr. 1519—1590. Red.: J. H. Graf. (XV, 256 S. m. 9 Taf.; XVIII, 110 S. m. Abb. u. 15 Taf. u. XXI, 201 S. m. Abb., 8 Taf. u. 1 farb. Karte.) gr. 8. Bern 903—905. K. J. Wyss. à Jhrg. n. 6. 40

Mitteilungen der Naturforschenden Gesellschaft in Bern aus dem Jahre 1904. Nr. 1565—1590. Redaktion: J[ohann] H[einrich] Graf. [Mit Figuren und 10 Tafeln.] XXII + 201 S. 8. Bern, K. J. Wyss, 1904 (* *Umschlag:* 1905). [fr. 8. —]

Mitteilungen der naturforschenden Gesellschaft in Bern aus den J. 1905—1909. Red.: J. H. Graf. gr. 8. Bern, K. J. Wyss. à 6. 40
1905. N. 1591—1608. (XLVII, 143 S. m. Abbildgn., 4 Taf. u. 1 Fksm.) 905. — 1906. Nr. 1609—1628. (XXVIII, 162 S. m. Abbildgn., 6 Taf. u. 1 farb. Karte.) 907. — 1907. Nr 1629—1664. (XXVII, 267 S. m. Abbildgn., 1 Bildnis, 3 Taf. u. 1 Karte.) 908. — 1908. Nr. 1665—1700. (XXI, 289 S. m. Abbildgn. u. 1 Taf.) 909. — 1909. Nr. 1701—1730. (XVII, 309 S. m. Abbildgn. u. Taf.) 910.

Mitteilungen der naturforschenden Gesellschaft des Kantons Glarus. H 1 ff Glarus. Gesellschaft 1898 ff 8°

-- d. naturforschenden Gesellschaft in Luzern. Red.: Hans Bachmann. 1. u. 2. Hft. gr. 8. Luzern (Geschw. Doleschal). n. 8. —
1. Jahrg. 1895/96. (211 S. m. 1 Taf.) 897. n. 3. 60
2. Jahrg. 1896/97. (265 S. m. 1 Taf.) 898. n. 4. 40

— der naturforschenden Gesellschaft in Luzern Red.: H. Bachmann. 3. Hft. Jahrg. 1898—1900. gr. 8 (XVII, 523 S. m. 3 Taf, 1 Karte u. 2 Bl. Erklärgn. Luzern 900. (Geschw. Doleschal Nachf.) n. 5, —

— der naturforschenden Gesellschaft in Luzern. Red.: Hans Bachmann. 4. Heft. (XXVII, 281 S. m. 16 Taf. u. 1 Bildnis.) gr. 8. Luzern 904. (E. Haag.) n. 8. 50

— der naturforschenden Gesellschaft in Luzern. Red.: Hans Bachmann. V. Heft. (III, 233, 105, 11 u. 16 S. m. 4 Taf. u. 1 Bildnis.) gr. 8. Luzern 907. (E. Haag.) 6. —

Mitteilungen der Naturforschenden Gesellschaft in Luzern. Redaktion: Dr. Hans Bachmann, Professor. Heft 4 u. 5. 8. Luzern ... 1904 u. 1907.

Heft 4 [Mit Illustrationen und 17 Tafeln.] XXVII + 281 S. Luzern, Komm. J. Eisenring, Druck J. Schill, 1904. [fr. 8. —]

Heft 5. [Mit 5 Tafeln und 2 Anhängen.] IV (+ *zus.* 10) S. + S. XXVIII. — XXXIX + S. XXXVIII — LV + 233 + *105 (+ *Anhänge zus.* 27) S. L', Buchdr J Schills Erben — *Aufdruck:* Komm. E Haag —, 1907 [fr. 6. —.] — *Den Hauptteil s. u. bes. T:* Nufer, Walther — *Anhänge: [1.] u. bes. T:* Alpengarten der Schweizerflora auf Rigi-Scheidegg. [Besitzer:] Naturforschende Ges' in L [1. Jahresbericht.] 11 S L' J Schill, 1905; — [2:] Alpeng' der Schw' auf R'-Sch' 2 Jahresb' pro 1906. 16 S. (1907)

Mitteilungen der Naturforschenden Gesellschaft in Solothurn. Heft 1. ⟨13. Bericht.⟩ 1899—1902. 155 S. 8. Solothurn, Zepfel, 1902. [fr. 2. 50]

Mitteilungen der Naturforschenden Gesellschaft in Solothurn. Heft 2 ⟨14. Bericht⟩. 1902—1904. [Mit 3 Tafeln, 1 Figur und 1 Tabelle.] 113 S. 8. Solothurn, C. Gassmann, 1904. [fr. 2. 50]

Mitteilungen der Naturforschenden Gesellschaft in Solothurn. Heft 3 ⟨15. Bericht⟩. 1904—1906. [Mit Figuren und 2 Tafeln.] 405 S. 8. Solothurn, C. Gassmann, 1906. [fr. 5. —]

Mittheilungen der naturforschenden Gesellschaft in Zürich. Zürich 1849–56. 4 Bde. Fortsetzung: Vierteljahrsschrift d. nat. Ges.

—— der naturforschenden Gesellschaft in Zürich. 1. und 2. Heft. gr. 8. (VIII und 445 S. mit 1 lithogr. Plane in qu. 4.) Zürich 847—48, (Höhr.) à Heft * 1 Thlr. 7½ Ngr. *

—— der naturforschenden Gesellschaft in Zürich. 3—9. Heft. Mit Stnt., Karten und Tabellen. gr. 8. Zürich 852—55, (Höhr.) à Heft * 1 Thlr. 6 Ngr. *

1. und 2. Heft. Ebendas. 1847—48. à Heft * 1 Thlr. 7½ Ngr.

Mittheilungen der naturforschenden Gesellschaft in Zürich. 10. (Schluss-)Heft. gr. 8. (4. Bd. IV und 209 S. mit 3 Stnt.) Zürich 856, (Höhr.) *

1—9. Heft. (Ebendas.) 1847—55. * 9 Thlr. 19½ Ngr.

MITT(H)EILUNGEN DER NATURHISTORISCHEN GESELLSCHAFT IN COLMAR. A u. d. T BULLETIN DE LA SOCIÉTÉ D'HISTOIRE NATURELLE DE COLMAR.

Neue Folge. Nouvelle Série.

I Jahre 1889 und 1890 Années 1889 et 1890. (Mit Tafeln.) ib. 1891 Buchdruckerei Decker 8°.

II. Jahre 1891 bis 1894. Années 1891 à 1894. (Mit Tafeln.) ib. 1894. —

III. Jahre 1895 und 1896. Années 1895 et 1896. (Mit 1 Tafel.) ib. 1896. —

IV Jahre 1897 und 1898. Années 1897 et 1898. ib. 1898. —

V Jahre 1899 und 1900. Années 1899 et 1900. ib. 1900. —

VI. Jahre 1901 und 1902. (Mit Tafeln.) Années 1901 et 1902 ib. 1902. —

VII Jahre 1903 und 1904. (Mit Tafeln.) Années 1903 et 1904 ib. 1904. —

VIII. Jahre 1905 und 1906. (Mit Tafeln.) Années 1905 et 1906. ib. 1906. —

IX. Jahre 1907 und 1908. (Mit Tafeln.) Années 1907 et 1908. ib. 1908. —

X. Jahre 1909 und 1910. (Mit Tafeln.) Années 1909 et 1910. ib. 1910. —

XI. Jahre 1911 und 1912. (Mit 1 Tafel.) Années 1911 et 1912. ib. 1912. —

XII. 1913. (Mit Tafeln.) ib. —

MITTEILUNGEN DER NATURHISTORISCHEN GESELLSCHAFT NÜRNBERG

Jahrg. I. 1907. Nr. 1—6. Nürnberg. Druck von Wilh. Tümmels Buch- u Kunstdruckerei. 8°

Jahrg. II 1908. Nr 1 ib. —

Mitteilungen der naturwissenschaftl. Gesellschaft in Winterthur. Red.: *Rob. Keller.* Jahrg. 1899. 1. Heft. 8°. 174 S. mit 1 Taf. Winterthur, Verlag der naturwissenschaftl. Gesellschaft. 4 50

Mitteilungen der Naturwissenschaftlichen Gesellschaft in Winterthur. Redaktion: Dr Robert Keller. 8. Winterthur, Selbstverlag der ... Gesellschaft, Buchdr. Winterthur.

Heft 3: Jahrg. 1900 (und 1901). [Mit 1 Porträt-Tafel und 1 geologischen Karte.] 190 S. 1901 (**Umschlag:* 1902).

Heft 4: Jahrg. 1902. [Mit 28 Figuren.] 168 S. 1903.

Mitteilungen der Naturwissenschaftlichen Gesellschaft in Winterthur. Redaktion: Dr Robert Keller. Heft 5: Jahrg. 1903 und 1904. [Mit 30 Figuren und 24 Tafeln.] 290 S. 8. Winterthur, Selbstverlag der N' G', Buchdr. Geschwister Ziegler, 1904.

Den Teilnehmern der in Winterthur 1904 tagenden 87. Jahresversammlung der Schweizerischen Naturforschenden Gesellschaft gewidmet.

Mitteilungen der Naturwissenschaftlichen Gesellschaft in Winterthur. Redaktion: Dr Robert Keller. Heft 6: Jahrg. 1905 und 1906. [Mit Figuren und 1 Karte.] 267 S. 8. Winterthur, Selbstverlag der N' G', Buchdr. Geschwister Ziegler, 1906. [fr. 3. 20]

Mitteilungen der Naturwissenschaftlichen Gesellschaft in Winterthur. Redaktion: Dr Robert Keller. Heft 7: Jahrg. 1907 und 1908. [Mit 1 Karte.]. 159 S. 8. Winterthur, Selbstverlag der N' G', Buchdr. Geschwister Ziegler, 1908. [direkt bezogen fr 3. —, im Buchh. 4. 50]

— der naturwissenschaftlichen Gesellschaft in Winterthur. Red.: Rob. Keller. VII. Heft. Jahrg. 1907 u. 1908. (159 S. m. 1 farb. Karte.) 8. Winterthur 908. (Leipzig, C. Beck.) nn 3. 60

Mitteilungen der Naturwissenschaftlichen Gesellschaft in Winterthur. Redaktion: Dr. Julius Weber. Heft 8: Jahrg. 1909 und 1910. [Mit Figuren und 2 Tafeln.] 123 S. 8. Winterthur, Selbstverlag der N' G', Buchdr. Geschwister Ziegler, 1910. [fr. 3. 20]

MITTHEILUNGEN DER NIEDERLAUSITZER GESELLSCHAFT FÜR ANTHROPOLOGIE UND URGESCHICHTE. Herausgegeben vom Vorstande.

Heft 1—2. (Mit Tafeln.) Lübben 1885—1886. Buchdruckerei F. Driemel u. Sohn. 8°.

—— der Niederlausitzer Gesellschaft für Anthropologie und Urgeschichte. Hrsg. vom Vorstande. 4. Heft. 8. (S. 185—304 mit 2 Lichtdr.-Taf.) Lübben 888, (Winckler.) **

1.—3. Heft sind nicht in den Handel gekommen.

Fortges. u. d. T Niederlausitzische Mitteilungen Bd 6,4 1900 ff

Mittheilungen der numismatischen Gesellschaft in Berlin. 1 u. 2. Hft. gr. 8. (1: 78 S. m. 3 Kupfertaf. 2: 74 S. m. 5 Kupfertaf.) Berlin 847. 50, Mittler & Sohn. 1: 18 ngr 2: n. ⅚ ℛ

— der numismatischen Gesellschaft in Berlin. 3. Heft. Berlin 857. Mittler u. Sohn. gr. 8. (2 Bl., S. 145—320 u. 2 Kpfrtaf.) n. 1 ℛ.

—— der ökonomischen Gesellschaft im Königreich Sachsen. 1874—1875. Fortsetzung der Jahrbücher für Volks- und Landwirthschaft. Im Anhang: Die Zucht des französ. Kaninchens und dessen Verbreitung in Deutschland. Vortrag von E. Aster. gr. 8. (76 S.) Dresden 875, Schönfeld's Verlag. *

—— dass. — 1875—1876. Jahresbericht und Vorträge von D. v. Biedermann, V. Böhmert, C. F. v. Götz, V. Hofmeister, K. v. Langsdorff, H. Rost. gr. 8. (XVI, 84 S.) Ebendas. 876. *

—— dass. — 1876—1877. Jahresbericht und Vorträge von G. Calberla, Herrm. Degenkolb, W. Fleischmann, K. v. Langsdorff, G. Richter. gr. 8. (XX, 141 S.) Ebendas. 877. *

—— dass. — 1877—1878. Jahresbericht und Vorträge von E. Aster, A. v. Bosse, G. Calberla, E. Dietrich, F. O. H. v. Friesen, K. v. Langsdorff, J. H. Rost. gr. 8. (XIII, 112 S.) Ebendas. 878. *

—— dass. — 1878—1879. Jahresbericht und Vorträge von G. Calberla, E. Heiden, K. v. Langsdorff, C. P. Mehnert, Osc. Sieber, A. Steiger-Leutewitz. gr. 8. (XVI, 108 S.) Ebendas. 879. *

—— der oekonomischen Gesellschaft im Königr. Sachsen. 1879 —1880. Sechste Fortsetzung der Jahrbücher für Volks- und Landwirthschaft. Jahresbericht und Vorträge von Carl Bruhns, Ed. Dietrich, F. O. H. Frhrn. v. Friesen, G. Grafen zu Münster, A. Steiger-Leutewitz. Nachtrag II. zum Katalog der Bibliothek. gr. 8. (VII, 103 S.) Dresden 880, Schönfeld's Verlagsh. *

—— dass. — 1880—1881. Siebente Fortsetzung der Jahrbücher für Volks- und Landwirthschaft. Jahresbericht und Vorträge von Ed. Dietrich, R. Kropp, H. Nitsche, A. Steiger-Leutewitz. Nachtrag III. zum Katalog der Bibliothek. gr. 8. (XVI, 64 S.) (Ebendas.) *

—— dass. — 1881—1882. Achte Fortsetzung der Jahrbücher für Volks- und Landwirthschaft. Jahresbericht und Vorträge von Th. Petermann, H. Degenkolb, G. Richter. gr. 8. (XXI, 73 S.) Ebendas. *

—— dass. — 1882—1883. Neunte Fortsetzung der Jahrbücher für Volks- und Landwirthschaft. Jahresbericht und Vorträge von H. A. v. Bosse, A. v. Clauson-Kaas, Friedr. Nobbe, G. Richter, Henry Settegast. Nachtrag IV. zum Katalog der Bibliothek. gr. 8. (X, 93 S.) Ebendas. *

Mittheilungen der oekonomischen Gesellschaft im Königr. Sachsen. 1883—1884. Zehnte Fortsetzung der Jahrbücher für Volks- und Landwirthschaft. Jahresbericht, die Geschichte der Gesellschaft seit 120 Jahren von E. am Ende und Vorträge von Ed. Dietrich, K. v. Langsdorff, R. Kraft. gr. 8. (XII, 140 S.) Dresden, Schönfeld's Verlagsh. *

—— dass. — 1884—1885. Elfte Fortsetzung der Jahrbücher für Volks- und Landwirthschaft. Jahresbericht und Vorträge von Herm. Rost, Roth-Döbeln, Steiger-Leutewitz, v. Stieglitz Mannichswalde. gr. 8. (X, 105 S.) Ebendas. *

—— der Oekonomischen Gesellschaft im Königr. Sachsen. 1885 und 1886. 12. Fortsetzung der Jahrbücher für Volks- und Landwirthschaft. Jahres-Bericht und Vorträge von G. Andrä, G. Calberla, O. Klette, H. Nitsche, R. Ulbricht. Nachtrag V zum Katalog der Bibliothek. gr. 8. (V, 179 S.) Dresden, G. Schönfeld's Verlag. *

—— dass. — 1886—1887. 13. Fortsetzung der Jahrbücher für Volks- und Landwirthschaft. Jahres-Bericht und Vorträge von Platzmann, v. Langsdorff, Steiger-Leutewitz, Maercker, G. Andrä. gr. 8. (XV, 222; 56 S.) Ebendas. 887. *

—— dass. — 1887—1888. 14. Fortsetzung der Jahrbücher für Volks- und Landwirthschaft. Jahres-Bericht und Vorträge von Platzmann, Roth-Döbeln, Calberla, Benecke. gr. 8. (VI, 74, 82 S.) Ebendas. 888. *

—— der oekonomischen Gesellschaft im Königr. Sachsen (gegründet am 26. Mai 1764). 1888/89—1891/92. 15.—18. Fortsetzg. d. Jahrbücher f. Volks- u. Landwirthschaft. Jahres-Bericht u. Vorträge gr. 8. (VI, 122; XIII, 102; XXVIII, 111; XXXI, 156 S.) Dresd., Schönfeld's Verlag. à Jahrg. * 2 —

— dasselbe, 1892—1893. 19. Fortsetzg. der Jahrbücher f. Volks- u. Landwirthschaft. Jahres-Bericht u. Vorträge v. Suchsland, Steglich, Rich. Beck, F. Nobbe, P. Schreiber, Brümmer. Verzeichniß der Zugänge zur Bibliothek vom Juli 1891 bis 31. März 1893. gr. 8. (XXXVII, 144 S.) Dresden 893. Schönfeld's Verl. n. 2 —

Mittheilungen der Oekonomischen Gesellschaft im Königr. Sachsen 1893—1894. 20. Fortsetzg. der Jahrbücher f. Volks- u. Landwirthschaft. Jahres-Bericht u. Vorträge v. H. Settegast, Werner, Johne, W. Kirchner, Platzmann. Verzeichniß der Zugänge zur Bibliothek vom April 1893 bis 31. März 1894. gr. 8. (XXXVI, 107 S. m. 1 Tab.) Dresden 894. Schönfeld's Verl. n. 2. —

— der ökonomischen Gesellschaft im Königr. Sachsen (gegr. am 26. Mai 1764) 1894—1895. 21. Fortsetzg. d. Jahrbücher f. Volks- u. Landwirthschaft. Jahresbericht u. Vorträge v. W. Hartmann, A. Eschenbach, Backhaus, Edelmann, K. v. Langsdorff. Verzeichniß der Zugänge zur Bibliothek v. 1. April 1894 bis 31. März 1895. gr. 8. (XXVIII, 122 S. m. 1 Tab.) Dresden 895. G. Schönfeld. n. 2. —

— dasselbe. 1895—1896. 22. Fortsetzg. d. Jahrbücher f. Volks- u. Landwirthschaft. Jahresbericht u. Vorträge von v. Littrow, B. Steglich, Maercker, R. Preuß, Krantz, Strecker. Verzeichniß d. Zugänge zur Bibliothek vom 1. April 1895 bis 31. März 1896. gr. 8. (L, 185 S. m. Fig. u. 1 Tab.) Ebd. 896. n. 2. —

— dasselbe. 1896—1897. 23. Fortsetzg. d. Jahrbücher f. Volks- u. Landwirthschaft. Jahresbericht u. Vorträge v. Maercker, Vogel, Ruhland, Fischer, Raubold, Steinmetz. Verzeichniß d. Zugänge z. Bibliothek v. 1. IV. 1896 bis 31. XII. 1896. gr. 8. (XXXVII, 121 S.) Ebd. 897. n. 2. —

— dasselbe. 1897—1898. 24. Fortsetzg. d. Jahrbücher f. Volks- u. Landwirthschaft. Jahresbericht u. Vorträge v. Sinell, Kellner, Kirchner, Eber, Platzmann. Verzeichniß d. Zugänge z. Bibliothek vom 1. I. bis 31. XII. 1897. gr. 8. (XXXVIII, 125 S. m. 1 Tab.) Ebd. 898. n. 2. —

— der ökonomischen Gesellschaft im Königr. Sachsen (gegründet am 26. V. 1764) 1898/1899—1901/1902. 25.—28. Fortsetzg. der Jahrbücher f. Volks- u. Landwirthschaft. gr. 8. Dresden. Leipzig, G. Schönfeld. à n. 2. —
- 1898—1899. Jahresbericht u. Vorträge v. Strecker, Steglich, Schneidewind, Wolf, Aereboe. (XXXIV, 148 S. m. Abb.) 899.
- 1899—1900. Jahresbericht u. Vorträge v. Brühl, A. Westermeier, Gravelius, Pusch, Nobbe. (LII, 185 S. m. Abb.) 900.
- 1900—1901. Jahresbericht u. Vorträge v. Strecker, Saeuberlich, Kirchner, Ruhland, Röder. (CXXIX, 121 S. m. 4 Tab.) 901.
- 1901—1902. Jahresbericht u. Vorträge v. Schreiber, Schirmer, Andrae, Platzmann, Hiltner. (XXXVI, 135 S. m. Tab.) 902.

Mitteilungen der ökonomischen Gesellschaft im Königr. Sachsen (gegründet am 26. V. 1764) 1902/03—1905/06. 29.—32. Fortsetzg. der Jahrbücher f. Volks- u. Landwirthschaft. Jahresbericht u. Vorträge. gr. 8. Leipzig, Berlin, G. Schönfeld. à n. 2. —
- 1902/03. Von v. Kahlden, Steglich, F. Aereboe, Röder, O. Kellner. (XXXVI, 138 S. m. 1 farb. Karte.) 903.
- 1903/04. Von Schneidewind, Alfr. Koch, Kirchner, Bernh. Sachße, Graf zu Münster. (LI, 113 S.) 904.
- 1904/05. Von Carl Hey, Ernst Ring, Steglich, Alwin Nachtweh, v. Littrow, O. Drude, Joest. (XLI, 199 S. m. Abbildgn.) 905.
- 1905/06. Von Geo. Haase, Frdr. Falke, Osk. Klette, Frdr. Aereboe, Breymann. (XXXIX, 118 S. m. 1 Tab.) 906.

— der ökonomischen Gesellschaft im Königr. Sachsen (gegründ. am 26. V. 1764) (1906/07; 1907/08 u. 1908/09). 33.—35. Fortsetzg. d. Jahrbücher f. Volks- u. Landwirtschaft. 8. Leipzig, (Fritzsche & Schmidt). 9. —
- 1906/07. Jahresbericht u. Vorträge v. P. Hillmann, Burkhardt, Busch, F. Löhnis, Kellner. (XLI, 130 S.) 907. 2. —
- 1907/08. Jahresbericht u. Vorträge v. Steglich, v. Rümker, Ernst Kühn, Zürn, Behrend. (XXXVIII, 88 S.) 908. 3. 50
- 1908/09. Jahresbericht u. Vorträge v. Jos. Simon, Liebscher, Dade, Erich v. Tschermak, Falke. (XL, 128 S.) 909. 3. 50

Mittheilungen der Ostschweizerischen Geographisch-commerciellen Gesellschaft in St Gallen. 1883 Heft 1 3. 1884 85. 1885. 1887 Heft 1. 1888. Heft 1 1889—90. 1890—91 1891—92 Heft 1 1895 Heft 1—3. 1896 1897. Heft 1 2. 1898. Heft 1. 2. 1899 Heft 2 1900 1901 St Gallen 1883 ff. 8°

Mitteilungen der Ostschweizerischen Geograph.-Commerciellen Gesellschaft in St. Gallen. Jahrg. 1901. (2 Hefte.) [Mit Kartenskizze im Text.] II + 104 S. 8. St. Gallen, Honegger.

Mitteilungen der Ostschweizerischen Geograph.-Commerciellen Gesellschaft in St. Gallen. Jahrg. 1902. (2 Hefte.) 112 S. 8. St. Gallen, Honegger.

MITT(H)EILUNGEN DER PHILOMATHISCHEN GESELLSCHAFT IN ELSASS-LOTHRINGEN
- Bd. I Jahrgänge I—V, 1893—1897. (Mit Tafeln.) Strassburg 1898. Elsässische Druckerei und Verlagsanstalt vorm. G Fischbach. 8°
- Bd. II Jahrgänge VI—X, 1898—1902. (Mit Tafeln.) Strassburg i. Els. 1903. Strassburger Druckerei und Verlagsanstalt, vorm. R. Schultz u. Comp.
- Bd. III. Jahrgänge 11—15, 1903—1907 Mit 14 Tafeln. ib. 1908. —
- Bd. IV, Heft 1 Jahrg. 16. 1908. ib. 1909. —
- Bd. IV, Heft 2. Jahrg. 17 1909. ib. 1910. —

— der Gesellschaft f. Physiokratie in Böhmen zu Prag. 1. u. 2. Hft. gr. 8. Prag, (F. Haerpfer). n. 2. 40
1. Reflexionen e. alten Arztes. Von Jac. Schütz. — Die Vögel u. das Ungeziefer. Von Julian Walter. (IV, 33 S.) 892. n. — 80
2. Jac. Schütz, Streiflichter aus der geheimen Werkstätte des menschlichen Organismus (Eine physiokrat. Studie). (VI, 72 S.) 894. n. 1. 60

MITTHEILUNGEN DER POMOLOGISCHEN GESELLSCHAFT zu Altenburg über die Feier ihres 50jährigen Bestehens und Wirkens. Altenburg, 1854. Gedruckt in der Hofbuchdruckerei. 8°.

Mitteilungen der Gesellschaft für vergleichende Rechts- und Staatswissenschaft zu Berlin in deren Auftrage herausgegeben von Max Beneke und Stephan Kekule von Stradonitz. Erster Jahrgang. Heft 1—4. 3 Fasc. Berlin 1895. 1896.

— d. Gesellschaft f. vergleich. Rechts- u. Staatswissenschaft zu Berlin, in deren Auftr. hrsg. v. Max Beneke u. Steph. Kekule v. Stradonitz. 1. Jahrg. 4—6 Hfte. (à ca. 4 Bog.) gr. 8. Berlin 895. Puttkammer & Mühlbrecht. n. 6. —

— dasselbe, Fortsetzg., s.: Vierteljahrsschrift für vergleich. Rechts- u. Staatswissenschaft.

MITTEILUNGEN DER SCHLESISCHEN GESELLSCHAFT FÜR VOLKSKUNDE, herausgegeben von F. VOGT und O. JIRICZEK.
Bd. I. (November 1894 bis März 1896.) Heft I—II. Breslau 1896. Selbstverlag der Gesellschaft. 8°.
Bd. II. (April 1896 bis Dezember 1897.) Heft III—IV der ganzen Reihe. ib. 1897. —
Bd. III. (Januar 1898 bis Dezember 1899.) Heft V—VI der ganzen Reihe. ib. 1899. —
Herausgegeben von F. VOGT.
Bd. IV. (Januar 1900 bis Dezember 1901.) Heft VII—VIII der ganzen Reihe. ib. 1901. —
Herausgegeben von F. VOGT und TH. SIEBS.
Bd. V. (Januar 1902 bis Dezember 1903.) Heft IX—X der ganzen Reihe. ib. 1903. —
Herausgegeben von THEODOR SIEBS.
Bd. VI. Jahrg. 1904. — Heft XI und XII der ganzen Reihe. ib. 1904. — (für den Buchhandel zu beziehen durch Max Woywod's Verlag, Breslau).
Bd. VII. Jahrg. 1905. — Heft XIII und XIV der ganzen Reihe. ib. 1905. — (—.)
Bd. VIII. Jahrg. 1906. — Heft XV und XVI der ganzen Reihe. Mit einem Bilde des Professors Nehring. ib. 1906. (—. —.)
Bd. IX. Jahrg. 1907. — Heft XVII und XVIII der ganzen Reihe. ib. 1907. (für den Buchhandel zu beziehen durch Max Woywod's Verlag, Breslau.)
Bd. X. Jahrg. 1908. — Heft XIX und XX der ganzen Reihe. ib. 1908. (—.) (In Heft XX: Gesamtregister zu Heft XI—XX. Von stud. phil. G. SELKE.)
Bd. XI. Jahrg. 1909. ib. 1909. Selbstverlag der Gesellschaft.
Bd. XII. Jahrg. 1910. ib. 1910. —
Bd. XIII—XIV. Jahrg. 1911—12. FESTSCHRIFT zur Jahrhundertfeier der Königl. Universität zu Breslau. ib. 1911. Kommissionsverlag von M. & H. Marcus.
Bd. XV. Jahrg. 1913. ib. 1913. —
Bd. XVI. Jahrg. 1914. ib. 1914. —

BEIHEFT ZU DEN MITTEILUNGEN DER SCHLESISCHEN GESELLSCHAFT FÜR VOLKSKUNDE.
Beiheft I. Grammatik der Mundart von Kieslingswalde, Kr. Habelschwerdt. Ein Beitrag zur Kenntnis des glätzischen Dialektes. I. Teil. Lautlehre von OSWALD PAUTSCH. ib. 1901.
Beiheft II. Die Mundart von Dubraucke. Ein Beitrag zur Volkskunde der Lausitz. A. Grammatischer Teil. Von WALDEMAR GOESSGEN. ib. 1902. — (Buchdruckerei Maretzke & Märtin, Trebnitz in Schles.) 8°.
(Beiheft III.) M. d. T.: OSKAR SCHOLZ, Der Spinnabend zu Herzogwaldau im Winter 1899. ib. 1901. (Schlesische Gesellschaft für Volkskunde.)

— der schlesischen Gesellschaft f. Volkskunde. 1.—15. Heft. gr. 8. Breslau, (M. Woywod). n. 35. —
1. 2. Hrsg. v. F. Vogt u. O. Jiriczek. I. Bd. (Novbr. 1894 —März 1896.) (V, 56 u. 108 S.) 896. n. 6. —. — 3. 4. Hrsg. v. F. Vogt u. O. Jiriczek. II. Bd. (April 1896—Dezbr. 1897.) (III, 72, 120 u. 13 S.) 897. n. 5. —. — 5. 6. Hrsg. v. F. Vogt u. O. Jiriczek. III. Bd. (Jan. 1898—Dezbr. 1899.) (III, 108, 92 u. 3 S.) 899. n. 5. —. — 7. 8. Hrsg. v. F. Vogt. IV. Bd. (Jan. 1900—Debr. 1901.) (III, 94, 94 u. 12 S.) 901. n. 5. —. — 9. 10. Hrsg. v. F. Vogt u. Th. Siebs. V. Bd. (Jan. 1902—Dezbr. 1903.) (IV, 90, 86 u. 15 S.) 903. n. 4. —. — 11. Hrsg. v. Thdr. Siebs. (128 S.) 904. n. 2. 50. — 12. Hrsg. v. Thdr. Siebs. (116 S.) 904. n. 2. 50. — 13. 14. Hrsg. v. Thdr. Siebs. (VII. Jahrg. 1905.) (120 u. IV, 116 S.) 905. à n. 2. 50. — 15. Hrsg. v. Thdr. Siebs. (166 S. m. 1 Bildnis.) 906. n. 2. 56.

— dasselbe. I. u. II. Beiheft. gr. 8. Ebd. à n. 1. 30
I. Grammatik der Mundart v. Kieslingswalde, Kr. Habelschwerdt. Ein Beitrag zur Kenntnis des glätz. Dialektes. Von Osw. Pautsch. I. Tl. Lautlehre. (IX, 52 S.) 901.
II. Die Mundart v. Dubraucke. Ein Beitrag zur Volkskunde der Lausitz. Von Wald. Goessgen. A. Grammatischer Tl. (IV, 55 S.) 902.

Mitteilungen d. schlesischen Gesellschaft f. Volkskunde. hrsg. v. Thdr. Siebs. XII. Bd. 1. Heft. (120 S.) gr. 8. Breslau 910. M. & H. Marcus. nn 2. 50

—— der schweizerischen entomologischen Gesellschaft. Redig. von Gust. Stierlin. 1.—4. Bd. gr. 8. Schaffhausen. (Bern, Huber und Comp.) [1. Bd. (XII, 352 S.) 865. **ℳ 25.; 2. Bd. (VIII, 420 S. mit 1 Portr.) 868. **ℳ 12,50.; 3. Bd. (XVI, 550 S. mit 2 Taf.) 872. **ℳ 11,50.; 4. Bd. (XII, VIII, 626 S. mit 1 Port. und 4 Taf.) 877. **ℳ 12,50.] **

—— der schweizerischen entomologischen Gesellschaft. — Bulletin de la société entomologique suisse. Redig. von Gust. Stierlin. 5. Bd. gr. 8. (XIV, 600 S. mit 2 Taf.) Schaffhausen 880. (Bern, Huber und Comp.) **

—— dass. — 6. Bd. 10 Hefte. gr. 8. (Ebendas.) [1.—6. Heft. (S. 1—348 mit 3 Stnt. und 1 Chromolithogr.) 880—82. à **ℳ 2,50.; 7. Heft. (S. 349—402.) 882. *ℳ 1,80.; 8. und 9. Heft. (S. 403—645.) 883. *ℳ 5.; 10. Heft. (S. 647—722.) 884. *ℳ 1,80.] *

—— dass. — 7. Bd. 1. und 2. Heft. gr. 8. (S. 1—98 mit 1 Stnt.) (Ebendas.) 884. à Heft *ℳ 1,80. *

—— der schweizerischen entomologischen Gesellschaft. Redig. von Gust. Stierlin. 7. Bd. 3.—10. Heft. gr. 8. Schaffhausen. (Bern, Huber und Comp.) [3. und 4. Heft. (S. 99—203.) 885. à *ℳ 1.80.; 5. Heft. (S. 205—230 und 85 S. mit 2 Taf.) 886. *ℳ 2.70.; 6. Heft. (S. 231—263 und 45 S.) 887. *ℳ 2.25.; 7. Heft. (S. 265—294 und 32 S.) 887. *ℳ 2.25.; 8.—10. Heft. (S. 297—423 und 172 S. mit 3 Taf.) 887. *ℳ 8.45.] *
1. und 2. Heft. Ebendas. 1884. à *ℳ 1.80.

—— dass. — Bulletin de la société entomologique suisse. Redig. von Gust. Stierlin. 8. Bd. 1. und 2. Heft. gr. 8. (Ebendas.) 888. [1. Heft. (S. 1—42; S. 1—32.) *ℳ 2.25.; 2. Heft. (S. 43—76; S. 33—73 mit eingedr. Abbild.) *ℳ 1.80.] *
Das 1. Heft des 8. Bds. enthält auch den Schluss des 7. Bds.: S. 425—438.

—— der schweizerischen entomologischen Gesellschaft. — Bulletin de la société entomologique suisse. Redig. v. Gust. Stierlin. Vol. VIII. 3.—10. (Schluss-) Heft. gr. 8. Schaffh. (Bern, Körber.) * 14 95
3. (S. 77—148 u. Coleoptera Helvetiae S. 65—112.) 889. * 2 70; 4. (S. 149—182 u. Col. Helv. S. 113—144.) 889. * 1 45; 5. (S. 183—216, Diptera S. 1—27 u. Col. Helv. S. 145—160.) 890. * 1 80; 6. (S. 217—252 u. Col. S. 161—192.) 890. * 1 40; 7. (S. 253—288 u. Col. S. 193—224.) 891. * 1 70; 8. (S. 289—330 u. Col. S. 225—256.) 891. * 1 80; 9. (S. 331—378 u. Col. S. 257—288.) 892. * 2 15; 10. (S. 379—416, Titel u. Inhalt VIII, 29 S. u. Col. S. 289—320.) 893. * 2 15.

— dasselbe Vol. IX. 1.—4. Hft. gr. 8. Ebd. n. 7. 55
1. (58 S. u. S. 321—352.) 893. n. 2. 15
2. 3. (S. 59—160 u. 353—416.) 894. à n. 1. 80
4. (S. 161—225 u. 417—448.) 894. n. 1. 80

Mitteilungen d. schweizer. entomologischen Gesellschaft. — Bulletin de la société entomologique suisse. Red. v. Gust. Stierlin. Vol. IX. 5.—10. (Schluss-) Hft. gr. 8. Schaffhausen. (Bern, H. Körber.) n. 11. 70; (Vol. IX. kplt. n. 19. 25)
5. 6. (S. 227—302 u. 449—512.) 895. à n. 1. 80
7. (S. 303—338 u. 513—544.) 896. n. 1. 80
8. (S. 339—370 u. 545—576 m. 1 Taf.) 896. n. 1. 80
9. (S. 371—414 u. 49—80.) 897. n. 1. 80
10. (XXXVIII u. S. 417—480, 81—126 u. VI S. m. Abb. u. 2 Taf.) 897. n. 2. 70

— dasselbe. Vol. X. 1.—4. Hft. gr. 8. Ebd. n. 8. 10
1. 2. (S. 1—100 u. 577—663.) 897. 98. n. 4. 50
3. 4. (S. 101—186, XII u. 52 S.) 898. à n. 1. 80

— der schweizerischen entomologischen Gesellschaft. — Bulletin de la société entomologique suisse. Red. v. Gust. Stierlin. Vol. X. 5.—9. Hft. gr. 8. Schaffhausen. (Bern, H. Körber.) n. 11. —
5. (S. 187—218 u. 53—84.) 899. n. 1. 40
6. (S. 219—256 u. 85—116.) 900. n. 1. 40
7. (S. 257—296 u. 117—148.) 900. n. 1. 40
8. (S. 297—370 m. 1 Taf.) 901. n. 1. 80
9. (S. 371—432 m. 8 [2 farb.] Taf.) 902. n. 5. —

— der schweizerischen entomologischen Gesellschaft. — Bulletin de la société entomologique suisse. Red. v. Gust. Stierlin. Vol. X. 10. Heft u. Vol XI 1.—4. Heft. gr. 8. Schaffhausen (Bern, H. Körber.) n. 14. 20
X. 10. (S. 433—484, IV S. u. S. 149—160) 903. n. 2. —
XI. 1. (S. 1—59, 181—212 u. 39 S. m. 2 Taf.) 903. n. 3. 60
2. (S. 61—103 u. 213—244) 905. n. 3. 60
3. (S. 109—149 u. 245—276 m. 4 Taf.) 905. n. 3. 20
4. Red. v. Theod. Steck. (IV, S. 151—190 u. 277—308.) Bern 906. n. 1. 80

Mitteilungen d. schweizerischen entomologischen Gesellsch. — Bulletin de la société entomologique suisse. Red. v. Theod. Steck. Vol. XI 5.—10. Heft u. Vol. XII 1. Heft. gr. 8. Bern, Raillard & Co. 21. 85
XI, 5. (S. 191—234 u. 309—340.) 906. 1. 80
6. (S. 235—266, VIII S. u. S. 341—392.) 907. 2. 70
7. (S. 267—298 u. 48 S. m. 1 Bildnis.) 908. 2. 70
8. (S. 299—334 u. 49—96 m. 1 Taf.) 908. 3. 85
9. (S. 335—366 u. 97—144.) 909. 3. 60
10. (S. 377—408 u. 145—192.) 909. 1. 40
XII, 1. (S. 1—24, 485—492, 3 S. u. S. 193—240 m. Abb. u. 4 Taf.) 910. 5. 80

— d. Gesellschaft f. deutsche Sprache in Zürich. 1.—3. Hft. gr. 8. Zürich, E. Speidel. n. 3. —
I. 1. Die körperl. Bedinggn. d. Sprechens v. H. Schulthess. — 2. Wahrnehmgn. am Sprachgebrauch d. jüngsten litterar. Richtgn. v. O. Haggenmacher. (41 S.) 897. n. 1. —
II. 1. Zum 100. Geburtstag Jeremias Gotthelfs. Z. Erinnerg. an Jeremias Gotthelf v. J. Ammann. — 2. Über die Sprache Jeremias Gotthelfs v. H. Stickelberger. M. d. Bildnis Gotthelfs. (45 S.) 897. n. 1. 20
III. Wustmann u. d. Sprachwissenschaft v. E. Tappolet. (28 S.) 898. n. — 80

— d. Gesellschaft f. deutsche Sprache in Zürich. 4.—6. Hft. gr. 8. Zürich [E. Speidel.] Zürcher & Furrer. n. 4. 40
4. Schulmärchen u. andere Beiträge zur Belebg. d. deutschen Unterrichts. Von Alex. Ehrenfeld. Nebst e. Anh. von Schülerarbeiten. (VIII, 136 S.) 899. n. 2. 40
5. Die mittelhochdeutsche Schriftsprache. Vortrag, geh. in der Gesellschaft am 3. XI. 1899. Von S. Singer. (23 S.) 900. n. — 80
6. Über den Stand der Mundarten in der deutschen u. französischen Schweiz. Von E. Tappolet. (40 S.) 901. n. 1. 20
1.—3. Hft. jetzt Ebd. 897. 898. n. 3. —.

— der Gesellschaft für deutsche Sprache in Zürich. 7. Heft. gr. 8. Zürich, Zürcher & Furrer. n. — 80
Die deutsche Kultur im Spiegel des Bedeutungslehnwortes. Vortrag, geh. in der Gesellschaftssitzung vom 23. I. 1903. Von S. Singer. (20 S.) 903.
Hft. 1—6 Ebd. 897—901. n. 7. 20.

— der Gesellschaft f. Kieler Stadtgeschichte. 1.—9. Hft. gr. 8. Kiel, (H. Eckardt's Verl.). n. 16. 80
1. Die Kieler adeligen Freihäuser. Von Frdr. Volbehr. (14 S.) 877. n. 1. 60
2. Zur Geschichte der ehemaligen Kieler Stadtdörfer. Von Frdr. Volbehr, u. Berichte. (32 u. 15 S.) 879. n. 1. 60
3. 4. Beiträge zur Topographie der Stadt Kiel in den letzten drei Jahrhunderten. Von Frdr. Volbehr. 1. Hälfte: Schloß u. Altstadt. (III, 181 S. m. 3 Lith.) 881. n. 4.
5. Die Lübecker Briefe d. Kieler Stadtarchivs 1422—1534. Bearb. u. m. e. Vorwort begleitet v. Aug. Wetzel. (XXVIII, 78 u. 4 S.) 883. n. 2. —
6. Kieler Prediger-Geschichte seit der Reformation. Ein Beitrag zur Geschichte d. Kieler Kirchenwesens v. Frdr. Volbehr. (III, 92 S.) 884. n. 1. 60
7. Zur Geschichte v. Rath u. Bürgerschaft in Kiel. — Zur Geschichte d. Zuchtwesens in Schleswig-Holstein. 1615—34. — Eine Stadtlotterie in Kiel. Von Frdr. Volbehr. (56 S.) 886. n. 1. 60
8. Die Stadt Kiel u. ihr Weichbild im Munde der Vorzeit. Von K. Jansen. (III, 80 S.) 890. n. 2. —
9. Das älteste Kieler Rentebuch [1300—1487]. Im Auftrage der Gesellschaft f. Kieler Stadtgeschichte bearb. u. hrsg. v. Chr. Reuter. (CII u. 20 S. m. 1 Karte u. 2 lith. Taf.) 891. n. 2. 40

Mitteilungen der Gesellschaft f. Kieler Stadtgeschichte. 10.—15. Hft. gr. 8. Kiel (H. Eckardt). n. 17. —
10. 11. D. älteste Kieler Rentebuch [1300—1487]. Im Auftr. d. Gesellschaft f. Kieler Stadtgeschichte bearb. u. hrsg. v. Chr. Reuter. Bruchstücke u. Jahresbericht. (III, 429 S.) 892. 93. n. 6. —
12. Aus d. Kieler Leben im 14. u. 15. Jahrh. Von C. Rodenberg. (56 S.) 895. n. 1. —
13. Kiel's bildliche u. kartograph. Darstellg. in d. letzten 300 Jahren. Von H. Eckardt. (80 S.) 895. n. 2. —
14. 15. Das Kieler Erbebuch (1411—1604). Im Auftr. d. Gesellschaft f. Kieler Stadtgeschichte bearb. u. hrsg. von Chr. Reuter. (VII, LXIII, 371 u. 7 S.) 896. n. 8. —

— dasselbe. 16. Hft. gr. 8. Kiel (Lipsius & Tischer.) n. 2. —
Das Lübsche Recht in d. Stadt Kiel. Ein Beitrag zur Ermittelg. d. Grenzen zwischen d. Geltungsgebieten d. Lübschen Rechtes u. d. Sachsenspiegels. Von Otto Wolff. M. 3 Karten v. H. B. Jahn. (48 S.) 898.

— der Gesellschaft f. Kieler Stadtgeschichte. 17. u. 18. Hft. gr. 8. Kiel, Lipsius & Tischer. à n.n. 2. —
17. Das Kieler Varbuch (1465—1546). Von Herm. Luppe. (VI, 132 S.) 899.
18. Chronicon Kiliense tragicum-curiosum 1432—1717. Die Chronik des Asmus Bremer, Bürgermeisters von Kiel. Im Auftrage der Gesellschaft f. Kieler Stadtgeschichte, hrsg. von Mor. Stern. (V, 160 u. VII S.) 901.

— der Gesellschaft f. Kieler Stadtgeschichte. 20.—22. Heft. gr. 8. Kiel, Lipsius & Tischer. n.n. 6. 50
20. Geschichte der Gesellschaft „Harmonie" in Kiel. Im Auftrage der Gesellschaft f. Kieler Stadtgeschichte verf. Von J. H. Eckardt. (VIII, 247 S.) 903. n.n. 1. 50
21. Rentebuch, das zweite kieler, (1487—1586). Im Auftrage der Gesellschaft f. Kieler Stadtgeschichte hrsg. v. Mor. Stern. (XXXIX, 167 S.) 904. n. 3. —
22. Schloßrechnungen, kieler, des 17. Jahrh., hrsg. von Johs. Biernatzki. (VI, 116 S.) 906. n.n. 2. —
Das 19. Heft ist noch nicht erschienen.

— der Gesellschaft f. Kieler Stadtgeschichte. 23.—26. Heft. gr. 8. Kiel, Lipsius & Tischer. nn 12. —
Akten zum Hafenprozeß der Stadt Kiel (1599—1904), hrsg. v. Carl Rodenberg. (XI, 395 S.) 908. (Heft 23.) nn 3. —
Teutelbok, das Kieler, hrsg. v. Frz. Gundlach. (XIX, 236 S.) 908. (Heft 24.) nn 3. —
Trautmann, Paul, Kiels Ratsverfassung u. Ratswirtschaft vom Beginn des 17. Jahrh. bis zum Beginn der Selbstverwaltung. Ein Beitrag zur deutschen Städtegeschichte. (XXXVI, 795 S.) 909. (Heft 25. 26.) nn 6. —

MITTHEILUNGEN DER GESELLSCHAFT FÜR KIELER STADTGESCHICHTE.
Heft 1—2. Kiel 1877—1879. Druck von Schmidt & Klaunig. 8°.
Heft 3 und 4.***) (Mit 3 Tafeln.) ib. 1881. — A. u. d. T.: FRIEDRICH VOLBEHR. Beiträge zur Topographie der Stadt Kiel in den letzten drei Jahrhunderten. Hälfte 1.: Schloss und Altstadt. Mit 3 Lithographien. ib. 1881. —
Heft 5.***) ib. 1883. — A. u. d. T.: DIE LÜBECKER BRIEFE DES KIELER STADTARCHIVS 1422—1534. Bearbeitet und mit einem Vorwort begleitet von AUGUST WETZEL. ib. 1883. —****)

In Heft 2: Verzeichniss der Kieler Stadtbibliothek. I.

MITTHEILUNGEN DER GESELLSCHAFT FÜR KIELER STADTGESCHICHTE.
Heft 6. Kiel. 1884. Druck von Schmidt & Klaunig. — A. u. d. T.: FRIEDRICH VOLBEHR, Kieler Prediger-Geschichte seit der Reformation. Ein Beitrag zur Geschichte des kieler Kirchenwesens. ib. 1884. — 8°.
Herausgegeben von FRIEDRICH VOLBEHR.:
Heft 7. ib. 1886. —

MITT(H)EILUNGEN DER GESELLSCHAFT FÜR KIELER STADTGESCHICHTE.
Heft 9. (Mit 1 Karte und 2 Tafeln.) Kiel. 1891. In Comm. von Eckhardt's Verlag. — A. u. d. T.: Das älteste Kieler Rentebuch (1300—1487). Im Auftrage der Gesellschaft für Kieler Stadtgeschichte bearbeitet und herausgegeben von CHR. REUTER. ib. 1891. Druck von A. F. Jensen. 8°.
Heft 10 und 11. ib. 1892 u. 1893. In Comm. von Eckardt's Verlag. —
Heft 12. ib. 1894. — A. u. d. T.: Aus dem Kieler Leben im 14. und 15. Jahrhundert. Von C. RODENBERG. ib. 1894. Druck von A. F. Jensen.
Heft 13. ib. 1895. In Comm. von Eckardt's Verlag. — A. u. d. T.: Kiel's bildliche und kartographische Darstellung in den letzten dreihundert Jahren. Mit 2 Plänen. Von H. ECKARDT. ib. 1895. Druck von A. F. Jensen.
Heft 14 und 15. ib. 1896. In Comm. von H. Eckardt's Verlag. — A. u. d. T.: Das Kieler Erbebuch (1411—1604). Im Auftrage der Gesellschaft für Kieler Stadtgeschichte bearbeitet und herausgegeben von CHR. REUTER. ib. 1896. Druck von A. F. Jensen.
Heft 16. ib. 1898. In Comm. v. H. Eckardt's Verlag. — A. u. d. T.: Das Lübsche Recht in der Stadt Kiel. Ein Beitrag zur Ermittelung der Grenzen zwischen den Geltungsgebieten des Lübschen Rechtes und des Sachsenspiegels. Von OTTO WOLFF. Mit 3 Karten von H. B. Jahn. ib. 1898. Druck von A. F. Jensen.
Heft 17. ib. 1899. Lipsius & Tischer. — A. u. d. T.: Das Kieler Varbuch (1465 bis 1546). Herausgegeben von HERMANN LUPPE. ib. 1899. Druck von A. F. Jensen.
Heft 18. ib. 1901. Lipsius & Tischer. — A. u. d. T.: Chronicon Kiliense tragicum-curiosum 1432—1717. Die Chronik des Asmus Bremer, Bürgermeisters von Kiel. Im Auftrage der Gesellschaft für Kieler Stadtgeschichte herausgegeben von MORITZ STERN. ib. 1901. Druck von H. Fiencke.

Heft 19. Hälfte 1. ib. 1913. Lipsius & Tischer. — A. u. d. T.: Chronicon Kiliense tragicum-curiosum 1432—1717. Die Chronik des Asmus Bremer, Bürgermeisters von Kiel, herausgegeben von MORITZ STERN. ib. 1913. Druck von H. Fiencke.

Heft 20. ib. 1903. Lipsius & Tischer. — A. u. d. T.: Geschichte der Gesellschaft „Harmonie" in Kiel. Im Auftrage der Gesellschaft für kieler Stadtgeschichte verfasst von J. H. ECKARDT. ib. 1903. Buchdruckerei A. F. Jensen.

Heft 21. ib. 1904. Lipsius & Tischer. — A. u. d. T.: Das zweite Kieler Rentebuch (1487—1586). Im Auftrage der Gesellschaft für Kieler Stadtgeschichte herausgegeben von MORITZ STERN. ib. 1904. Druck von H. Fiencke.

Heft 22. ib. 1906. Lipsius & Tischer. — A. u. d. T.: Kieler Schlossrechnungen des 17. Jahrhunderts, herausgegeben von JOHANNES BIERNATZKI. ib. 1906. Druck von A. F. Jensen.

Heft 23. ib. 1908. Lipsius & Tischer. — A. u. d. T.: Akten zum Hafenprozess der Stadt Kiel (1899—1904), herausgegeben von CARL RODENBERG. ib. 1908. Druck von A. F. Jensen.

Heft 24. ib. 1908. Verlag von Lipsius & Tischer. — A. u. d. T.: Das Kieler Denkelbok, herausgegeben von FRANZ GUNDLACH. ib. 1908. Druck von A. F. Jensen.

Heft 25 und 26. ib. 1909. Verlag von Lipsius & Tischer. — A. u. d. T.: Kiels Ratsversammlung und Ratswirtschaft vom Beginn des 17. Jahrhunderts bis zum Beginn der Selbstverwaltung. Ein Beitrag zur deutschen Städtegeschichte von PAUL TRAUTMANN. ib. 1909. Druck von A. F. Jensen.

Heft 27 [1]) und 28. ib. 1912. Verlag von Lipsius & Tischer. — A. u. d. T.: Geschichte des Theaters in Kiel unter den Herzogen zu Holstein-Gottorp. Von WOLFGANG von GERSDORFF. ib. 1912. Druck von A. F. Jensen.

[1]) Heft 27 erschien a. u. d. T.: Mittheilungen ... Heft 27. ib. 1911. Verlag von Lipsius & Tischer. — A. u. d. T.: Geschichte des Theaters in Kiel unter den Herzogen zu Holstein-Gottorp bis 1773. Von WOLFGANG von GERSDORFF. 1. Teil. ib. 1910. Druck von A. F. Jensen.

Mittheilungen der thurgauischen naturf. Gesellschaft. Heft 1—11. Frauenfeld 1857—94.

Mittheilungen der Thurgauischen naturforschenden Gesellschaft. 3. und 4. Heft. gr. 8. Frauenfeld, (Huber.) [3. Heft. (38 S.) 871. *M 1.; 4. Heft. Festschrift zur Feier des 25jähr. Jubiläums des Vereins. (XXVI, 269 S. mit 9 zum Theil farb. Stnt.) 879 * M 4,20.] *

—— der thurgauischen naturforschenden Gesellschaft. 5. Heft. gr. 8. (112 S. mit 2 lithogr. Karten.) Frauenfeld 882, (Huber.) *

— d. thurgauischen naturforschenden Gesellschaft. 6.—12. Hft. gr. 8. Frauenfeld (J. Huber's Verl.) à n. 2.—
6. (111 S. m. 1 Lichtdr.-Taf. u. 2 farb. Karten.) 884.
7. (136 S. m. 1 lith. Taf. u. 1 farb. Karte.) 886.
8. (162 S. m. 3 lith. Taf.) 888.
9. (226 S. m. 1 farb. Taf. u. 1 Karte.) 890.
10. (168 S. m. 2 lith. Taf.) 892.
11. (II, 124 S. m. 6 Taf. u. 1 farb. Karte.) 894.
12. (II, 224 S. m. 3 Taf. u. 1 Karte.) 896.

Mitteilungen der Thurgauischen naturforschenden Gesellschaft. Heft 15. ([Mit Textfiguren, 4 Tafeln und einer doppelseitigen] Beilage.) IV + 102 S. 8. Frauenfeld, Huber & Co., 1902. [fr. 3.—]

Mitteilungen der Thurgauischen Naturforschenden Gesellschaft. Heft 16: Festschrift zur Feier des 50jährigen Jubiläums des Vereins. [Mit Textfiguren, 2 Tafeln und 1 Karte.] IV + XLVIII + 252 S. 8. Frauenfeld, Huber & Co., 1904. [fr. 5.—]

Mitteilungen der Thurgauischen Naturforschenden Gesellschaft. Heft 17. [Mit Figuren und 7 Tafeln.] IV + 187 S. 8. Frauenfeld, Huber & Co., 1906.

Mitteilungen der Thurgauischen Naturforschenden Gesellschaft. Heft 18. Redaktion: H[einrich] Wegelin. [Mit 2 Porträt-Tafeln.] IV + 179 S. 8. Frauenfeld, Huber & Co., 1908.

MITTEILUNGEN DER GESELLSCHAFT FÜR TYPENKUNDE DES XV. JAHRHUNDERTS.[1])
1907: 1. Uppsala 1907. Almqvist & Wiksells Buchdruckerei-A.-G. 4°. — 1907: 2: ib. 1908. — 1909: 1. ib. 1909. — 1911. ib. 1911. —

—— der Gesellschaft f. Verbesserung d. Weines in Württemberg, üb. Weinbau u. Weinbereitung. 1—3. Lfg. M. Stnt. gr. 8. Stuttgart 828—36, (Beck u. Fränkel.) à *

MITTEILUNGEN DER GESELLSCHAFT FÜR JÜDISCHE VOLKSKUNDE[1]) unter Mitwirkung hervorragender Gelehrter herausgegeben von M. GRUNWALD.

Heft I. (Mit Tafeln.) Hamburg 1898. Selbstverlag der Gesellschaft. 8°. — Heft II mit einem Anhang: Die Sammlung jüdischer Kultgeräte im Hamburgischen Museum für Kunst und Gewerbe von Prof. Dr. J. BRINCKMANN. (Mit 1 Tafel). ib. 1898. — Heft III. ib. 1898. — Heft IV. ib. 1899. — Heft V. (Mit Tafeln.) ib. 1900. — Heft VI. Beilagen: 1. Verzeichnis der Sammlungen d. Ges. f. jüd. Volksk. 2. Museum für jüdische Volkskunde. ib. 1900. — [2]) Heft VIII. (Mit Abbildungen.) ib. 1901. — Heft IX. ib. 1902. — Heft X. ib. 1902. — Heft XI. ib. 1903. — Heft XII. ib. 1903. — Heft XIII. (Mit Tafeln.) ib. 1904. — Heft XIV. (Mit Abbildungen.) ib. 1904. —

Neue Reihe. Jahrg. 1. Heft 1. (Der ganzen Reihe XV. Heft.) Berlin 1905. Verlag von S. Calvary & Co.

Heft XVI. (N. F. Jahrg. 1. Heft 2.) ib. 1905. —

Neue Folge. Jahrg. II. Heft I. (Der ganzen Reihe 17. Heft.) ib. 1906. —

— der Gesellschaft f. jüdische Volkskunde, unt. Mitwirkg. hervorrag. Gelehrter hrsg. v. Max Grunwald. 1.—10. Hft. gr. 8. Hamburg. (Berlin, M. Poppelauer.) à n. 2.50
1. (XI, 120 S. m. 3 [2 farb.] Taf.) 898.
2. Mit e. Anh.: Brinckmann, J., die Sammlg. jüdischer Kultgeräte im hamburg. Museum f. Kunst u. Gewerbe. (89 S. m. 1 Abb. u. 2 Taf.) 898.
3. (90 S.) 898. — 4. (154 S.) 899. — 5. (95 S. m. 2 Taf.) 900.
6. Beilagen: 1) Verzeichnis der Sammlgn. d. Ges. f. jüd. Volksk. — 2) Museum f. jüdische Volkskunde. (S. 97—138 u. 18 u. 7 S.) 900.
7. (109 S.) 901. — 8. (S. 111—191 m. 4 Taf.) 901.
9. (78 S.) 902. — 10. (S. 81—151.) 902.

— der Gesellschaft f. jüdische Volkskunde, unter Mitwirkg. hervorrag. Gelehrter hrsg. v. M. Grunwald. 11.—14. Heft. gr. 8. Hamburg. (Berlin, M. Poppelauer.) n.n. 12.50
11. (85 S.) 903 n.n. 2.50. — 12. (124 S m. Abb.) 903. n.n. 2.50. — 13. (72 S. m. Abb.) 904. n.n. 5.—. — 14. (94 S. m. Abb.) 904. n.n. 2.50.
Fortsetzung u. d. T.:

— der Gesellschaft österreichischer Volkswirthe, s. a. Zeitschrift f. Volkswirthschaft, Socialpolitik u. Verwaltung.

— der Gesellschaft österreichischer Volkswirthe. Hrsg. v. dem Vorstande der Gesellschaft. 1. Jahrg. 1888/89. gr. 8. (IV, 256 S.) Wien u. Prag, Tempsky. — Leipzig, Freytag. n. 8.—

— dasselbe. 2. Jahrg. 1889/90. 4—6 Hfte. gr. 8. (1. Hft. 44 S.) Ebd. n. 6.—

— d. vorderasiatischen Gesellschaft. 1896. 4 Hfte. gr. 8. Berlin (W. Peiser Verl.). n. 12.—
1. Die Inschrift d. Stele Nabuna'id's, Königs v. Babylon, enth. d. erste inschriftl. Nachricht üb. d. Fall Ninives, v. L. Messerschmidt. (83 S., wovon 11 autogr.) 896. n. 5.—
2. Bohtân. Eine topographisch-histor. Studie. I. Von Mart. Hartmann. (60 S.) 897. n. 3.50
3. Skizze d. babylonischen Gesellschaft v. F. E. Peiser. (32 S.) 897. n. 1.50
4. Sammelheft. Pallacottas v. B. Meissner. — Ein phönikischer König; E. neuer Hetiterkönig v. M. W. Müller. — D. Siegel Ahlib-sar's; Gebal u. Gabala in d. assyrisch. Inschriften; Die Bauinschrift Bar-rekubs aus Sendschirli; Simyra; Dunip-Heliopolis v. Hugo Winckler. — Das Land Jarimuta v. C. Niebuhr. (36 S.) 897. n. 2.—

— dasselbe. 1897. 6 Hfte. gr. 8. Ebd. 897. n. 24.50
1. Bohtân. Eine topographisch-histor. Studie (Schluss) v. Mart. Hartmann. (S. 61—163.) n. 6.— (kplt.: n. 9.50)
2. Untersuchgn. zur altoriental. Geschichte v. Paul Rost. (III, 141 u. 8 autogr. S.) n. 8.—
3. Sammelheft. Das Alter d. minäischen Inschriften u. der Ursprung d. Namens d. Ebräer v. Ed. Glaser. — Das graphische ח im Minäischen u. d. Alter d. minäischen Inschriften v. Fritz Hommel. — Geograph. Einzelheiten v. W. M. Müller. — Papâhu-Hierapolis v. W. M. Müller u. Hugo Winckler. — שתר ברזני v. Hugo Winckler. — Tel-Amarna 125 v. Hugo Winckler. — Die Istar v. Ninive in Ägypten v. Hugo Winckler. — Die erste Dynastie v. Babel v. C. Niebuhr. (48 S.) n. 2.—
4. Studien zur oriental. Altertumskunde v. F. E. Peiser. (32 S.) n. 1.—
5. D. sabäischen Inschriften d. zeit Alhan Nahfan's v. Hugo Winckler. (32 S.) n. 1.50
6. Zwei Inschriften üb. d. Dammbruch v. Mârib. E. Beitrag zur Geschichte Arabiens im 5. u. 6. Jahrh. n. Chr. v. Ed. Glaser. (III, 128 S.) n. 6.—

— dasselbe. 3. Jahrg. 1898. 1.—6. Hft. gr. 8. Ebd. Für d. Jahrg. n. 15. —; Einzelpr. n. 15. 10

1. Musri Meluhha, Ma'in. Ein Beitrag zur Geschichte des ältesten Arabien u. zur Bibelkritik v. Hugo Winckler. Mit 1 Taf., enth. die minäische Inschrift Glaser 1155 (= Halevy 535) nach e. Zeichng. Ed. Glasers. (56 S.) n. 3. —
2. Geograph. Untersuchgn. v. A. Billerbeck. I. Nebukadnezar's Befestigg. d. Umgebgn. v. Babylon u. d. Angriff d. Perser. II. Tigris, Surapi, Nahr-Dupalias, Uknu u. Ulai. (50 S.) n. 2. 50
3. Studien zur vorderasiat. Geschichte v. W. Max Müller. (62 S.) n. 3. —
4. Musri, Meluhha, Ma'in. II. Nachtrag zu M. V. A. G. 1898, I, v. Hugo Winckler. (10 S.) n. — 60
5. Bemerkgn. z. d. hethitischen Inschriften v. Leop. Messerschmidt. (48 S. m. 2 Abb.) n. 3. —
6. Studien zur oriental. Altertumskunde, II, v. F. E. Peiser. (52 S.) n. 3. — (I. u. II.: n. 4. —)

— der vorderasiatischen Gesellschaft. 3. Jahrg. 1898. 7. Hft. gr. 8. Berlin (W. Peiser Verl.) Einzelpr. n. 2. 40

Elamische Studien. Von G. Hüsing. I. (42 S. m. 1 Taf.) 899.

— dasselbe. 4. Jahrg. 1899. 4 Hfte. gr. 8. Ebd. Für den Jahrg. n. 15. —; Einzelpr. n. 16. 50

1. Palmyrenisches. Von J. Mordtmann. (50 S.) 899. n. 4. —
2. Punt u. die südarabischen Reiche. Von Ed. Glaser. (72 S.) 899. n. 3. —
3. Einflüsse orientalischer Politik auf Griechenland im 6. u. 5. Jahrh. Von Carl Niebuhr. (52 S.) 899. n. 2. 50
4. Mitanni-Studien. Von L. Messerschmidt. (134 S.) (900.) n. 7. —

— dasselbe. 5. Jahrg. 1900. 5 Hfte. Ebd. Für den Jahrg. n. 15. —; Einzelpr. n. 17. —

1. Studien zur vorderasiatischen Geschichte. II. Die Urheimat der Philister. Der Papyrus Golenischeff. Die Chronologie d. Philistereinwanderg. Von W. Max Müller. Mit 2 Taf. (42 S.) (900.) n. 3. —
2. Studien zur orientalischen Altertumskunde. Von F. E. Peiser. (60 S. m. Fig.) 900. n. 3. —
3. Neue phönicische u. iberische Inschriften aus Sardinien. Von Wilh. Frhr. v. Landau. (4 S. m. 6 Taf.) (901.) n 1. —
4. Corpus inscriptionum hettiticarum. Von L. Messerschmidt. I. Beschreibung. (48 S) (901.) n. 2. —
5. Dasselbe. II. Inschriften. (45 Taf.) (901.) n. 8. —

— dasselbe. 6. Jahrg. 1901. 5 Hfte. gr. 8. Ebd. Für den Jahrg. n. 15. —; Einzelpr. n. 16. —

1. Studien zur südarabischen Altertumskunde. Von Otto Weber. I. Das Alter des minäischen Reiches. — Bemerkungen zur minäischen Königsliste. (60 S.) 901. n. 3. —
2. Dasselbe. II. Eine neue minäische Inschrift. (34 S.) 901. n. 2. —
3. Studien zur orientalischen Altertumskunde. Von F. E. Peiser. IV. (56 S.) (902.) n. 3. 50; (I—IV n. 10. 50)
4. Arabisch-Semitisch-Orientalisch. Kulturgeschichtlich-mytholog. Untersuchg. Von Hugo Winckler. 1. Lfg. (S. 1—80.) (902.) n. 3. 50
5. Dasselbe. 2. Lfg. (S. 81—223.) (902.) n. 4. —

— dasselbe. VII. Jahrg. 1902. 6 Hfte. gr. 8. Ebd. f. den Jahrg. n. 15. —; Einzelpr. n. 19. —

1. Ein altbabylonisches Fragment des Gilgamosepos. Von Bruno Meissner. Mit 4 Aetzgn. u. 2 Lichtdr.-Taf.) (15 S.) 902. n. 1. 50
2. Untersuchungen zur Kunde des alten Orients. Von A. Šanda. I. Zur Geographie der oberen Tigrisländer. — Ararat. — Die Lage v. Ḥannaton. u. MeMerom. — Aphek. — Der Fluss Sa(n)gura bei Assurnasirpal; Aribua. — Zur Chronologie der Regierung Sanheribs. — Das Todesjahr Assarhaddons. — Ja kob-el. — Der Gyndes bei Herodot. (79 S.) (902.) n. 2. —
3. Corpus inscriptionum Hettiticarum. Von L. Messerschmidt. 1. Nachtrag. Mit 12 Taf. (24 S.) (902.) n. 2. 50
4. Beiträge zur orientalischen Mythologie. Von Eduard Stucken. I. Ištars Höllenfahrt u. die Genesis. — Grün die Farbe des Mondes. — Ruben im Jakobsegen. (72 S.) (902.) n. 3. —
5. Der Bündnisvertrag Ramses' II. u. des Chetiterkönigs, im Orig.-Text neu hrsg. u. übers. Von W. Max Müller. Mit 16 Doppeltaf. (48 S.) (902.) n. 6. —
6. Materialien zur Bearbeitung babylonischer Medicin. Von Fel. v. Oefele. I. (40 S.) (902.) n. 2. —

— der vorderasiatischen Gesellschaft. 8. Jahrg 1903. 6 Hefte. gr. 8. Berlin, (W. Peiser). Subskr.-Pr. n. 15. —; Einzelpr. n. 16. 60

1. Der Prophet Habakuk. Eine Untersuchg. zur Kritik des alten Testaments. Von F. E. Peiser. (38 S.) n. 2. 60
2. Die Angaben der Berliner Planetentafel. P. 8279 verglichen m. der Geburtsgeschichte Christi im Berichte des Matthäus. Von Baron Fel. v. Oefele. (45 S.) n. 2. 50
3. Assyriolog Studien. Von B. Meissner. I. (28 S.) n. 1. 50
4. Sanheribs Feldzüge gegen Juda. Von J. V. Prášek. I. (45 S.) n. 1. 50
5. Sumerisch-babylonische Mythen v. dem Gotte Ninrag (Ninib). Hrsg., umschrieben, übers. u. erklärt. Von Frdr. Hrozný. Mit 13 autogr. Taf. (VII, 128 S.) n. 8. —
6. Das Horoskop der Empfängnis Christi m. den Evangelien verglichen. Von v. Oefele. (III, 15 S.) n. — 60

— dasselbe. 9. Jahrg. 1904. 5 Hefte. gr. 8. Ebd. Subskr.-Pr. n. 15. —; Einzelpr. n. 19. 20

1. Zur Entzifferung der thamudenischen Inschriften. Eine Untersuchg. des Alphabets u. des Inhalts der thamuden. Inschriften auf Grund der Kopien v. J. Euting u. unter Benutzg. der Vorarbeiten v. D. H. Müller, nebst e. Anh. üb. die arab. Stammeszeichen. Von Enno Littmann. Mit 12 Taf. (VIII, 112 S.) n. 6. —
2. Neue Darstellungen „mykenischer" Gesandter u. phönizischer Schiffe in altägyptischen Wandgemälden. Von W. Max Müller. Mit 5 Taf. u. vielen Textabbildgn. (68 S.) n. 4. —
3. Assyriolog Studien. Von B. Meissner. II. (57 S.) n. 2. —
4. Die Urgeschichte der Bibel. Quellenscheidung u. polit. Bedeutg. Beigegeben ist der Untersuchg: Umschrift u. Uebersetzg. des metrisch abgefassten Textes. Von Wilh. Erbt. (40 S.) n. 1. 20
5. Vorläufige Nachrichten üb. die im Eshmuntempel bei Sidon gefundenen phönizischen Altertümer. Mit Benutzg. v. Mitteilgn. v. Th. Macridy-bey u. Hugo Winckler. Von Wilh. Frhr. v. Landau. Mit 17 Taf. (III, 72 S. m. Abbildgn.) n. 6. —

—

— dasselbe. 10. Jahrg. 1905. 1—4. gr. 8. Ebd. Für den Jahrg. n. 15. —; Einzelpr. n. 15. 50

1. Vorläufige Nachrichten üb. die im Eshmuntempel bei Sidon gefundenen phöniz. Altertümer. Fortsetzung. Ergebnisse des J. 1904. Mit Benutzg. v. Mitteilgn. v. Th. Macridy-bey u. Hugo Winckler. Von Wilh. Frhr. v. Landau. Mit 6 Taf. (16 S.) n. 1. 50
2. Palmyrenische Inschriften. Von Mor. Sobernheim. (57 S. m. Abbildgn. u. 25 Taf.) n. 5. —
3. The doctrine of sin in the Babylonian religion. By Julian Morgenstern. (III, 158 S.) n. 6 —
4. Assyriologische Studien. Von Bruno Meissner. III. (83 S) n. 3. —

— dasselbe. 11. Jahrg. 1906. 1—3. gr. 8. Ebd. Für den Jahrg. n. 15. —; Einzelpr. n. 9 50

1. Der alte Orient u. die Geschichtsforschung. Eine unvollendete Schrift Von Hugo Winckler. (124 S.) n. 4. —
2. Beiträge zur ältesten Geschichte v. Kypros. Von Rhold. Frhr. v. Lichtenberg. (78 S. m. 10 Taf.) n. 4 —
3. Keilinschriftliche Beiträge zur Geographie Vorderasiens. Von Max Streck. I. (44 S.) n. 1. 50

— der vorderasiatischen Gesellschaft. Eingetrag. Verein. 11. Jahrg. 1906. 4 u. 5. Lex. 8. Berlin, [W. Peiser]. Leipzig, J. C. Hinrichs' Verl. Einzelpr. 6. 50

4. Neue katabanische Inschriften u. der Vokalbuchstabe ה im Minäischen. Von Ditlef Nielsen. (70 S.) (907.) 3. —
5. Corpus inscriptionum hettiticarum. Von L. Messerschmidt. 2. Nachtrag. Mit 12 Taf. (20 S.) (907.) 3. 50

— dasselbe. 12. Jahrg. 1907. 5 Hefte. Lex. 8. Ebd. 15. —; Einzelpr. 17. —

Kluge, Thdr., Studien zur vergleichenden Sprachwissenschaft der kaukasisch. Sprachen. I. Die Sprache der urartäischen Inschriften u. ihre Stellg. im kaukas. Sprachenkreise. (III, 51 S.) (909.) (Heft 5.) 2. —
Macridy-Bey, Th., une citadelle archaïque du Pont. Fouilles du Musée Impérial Ottoman. Mit 17 Taf. (III, 9 S. m. Abb.) (908.) (Heft 4. 6. —
Meissner, Bruno, assyriologische Studien. IV. (24 S.) (908.) (Heft 3.) 1. —
Müller, W. Max, die Palästinaliste Thutmosis III. Mit 3 Taf. (40 S.) (Heft 1.) Einzelpr. 3. —
Weber, Otto, Studien zur südarabischen Altertumskunde. III. Mit 7 Taf. (102 S.) (908.) (Heft 2.) 5. —

— dasselbe. 13. Jahrg. 1908. 5 Hefte. Lex. 8. Ebd. Einzelpr. 13. 50

Bosse, A., die chronologischen Systeme im Alten Testament u. bei Josephus. (III, 76 S.) (908.) (Heft 2.) 3. —
Macridy-Bey, Th., la porte des sphinx à Euyuk. Fouilles du musée impérial Ottoman. Mit 40 Abb. u. 2 Taf. (S. 177—207.) (908.) (Heft 3.) 4. —
Schnabel, P., die babylonische Chronologie in Berossos Babyloniaka. (III, 47 S.) (908.) (Heft 5.) 1. 50
— Studien zur babylonisch-assyrischen Chronologie. (100 S.) (908.) (Heft 1.) 3. 50
Schollmeyer, Anastas., der Ištarhymnus K. 41 nebst seinen Duplikaten. (25 S.) (908.) (Heft 4.) 1. 50

— dasselbe. 14. Jahrg. 1909. 4 Hefte. Lex. 8. Leipzig. J. C. Hinrichs' Verl. 15.—; Einzelpr. 16. 50
Bork, Ferd., die Mitannisprache. (126 S.) (909.) (Heft 1. 2) 6
Hunger, Johs., babylonische Tieromina nebst griech.-römischen Parallelen. (II, 178 S.) (909.) (Heft 3.) 7. 50
Nielsen, Ditlef, der sabäische Gott Ilmukah. (III, II 71 S.) Berlin 910. (Heft 4.) 3. —

— dasselbe. 15. Jahrg. 1910. 5 Hefte. Lex. 8. Ebd. 15.—; Einzelpr. 17. —
Fries, Carl, Studien zur Odyssee. I. Das Zagmukfest auf Scheria. (X, 340 S.) 910. (Heft 2—4.) 9. —
Kluge, Thdr., Studien zur vergleichenden Sprachwissenschaft der kaukasischen Sprachen. II. Die lykischen Inschriften. (135 S.) 910. (Heft 1.) 5. —
Meissner, Bruno, assyriologische Studien. V. (III, 48 S. 911. (Heft 5.) 3. —

—— der Zürcherischen Gesellschaft f. vaterländ. Alterthümer. I—III. gr. 4. Zürich, Orell, Füssli u. Comp. [I. (1 B. u. 3 Stnt.) 837., II. (2 B. u. 4 Stnt.) 838., III (2 B. u. 2 Stnt.) 839. à * 2/3 Thlr.] *

—— aus dem kaiserl. Gesundheitsamte. Hrsg. von Struck. 1. Bd. gr. 4. (V, 399 S. mit 14 photolithogr. Taf.) Berlin 881, (Gerschel.) cart. *
Vergriffen.

—— dass. — 2. Bd. gr. 4. (V, 499 S. mit 13 chromolithogr. Taf. und 13 Holzschn.) Berlin 884, Hirschwald. cart. *

—— aus dem Kaiserl. Gesundheitsamte.
Im Anschluss an den 2. Bd. des Vorstehenden (Berlin 1884, Hirschwald) erschienen die: Arbeiten aus dem Kaiserl. Gesundheitsamte. 1. Bd. u. fg. (s. d.)

— für Gewerbe u. Handel. Herausg. vom Vereine zur Ermunterung des Gewerbsgeistes in Böhmen. Redakt.: K. J. Kreutzberg. 1834. 1r Bd. 12 Lfrgg. Mit 1 Steintaf. gr. 4. Prag 834. Haase Söhne. n 2 2/3 ₰ — 2r u. 3r Bd. 16 u. 26 Hft. (13e—25e Lfgr.) gr. 4. Ebd. 835 - 40. Borrosch u. André. à n. 1/3 ₰

„Mittheilungen für Gewerbe und Handel", herausgegeben von dem Vereine zur Ermunterung des Gewerbfleißes in Böhmen, redigiert von K. J. Kreutz, 1 Band, 12 Lieferungen, Prag 1835 (Hase). — Fortsetzung: „Jahrbuch für Fabrikanten und Gewerbtreibende", Prag 1838, 1839 (Hase).

Mitteilungen über das Gewerbegericht zu Magdeburg aus dem Geschäftsjahr 1850. Magdeburg 1851

Mittheilungen über das Gewerbegerichts-Gesetz vom 29. Juli 1890 u. die auf Grund desselben zu errichtenden Gewerbegerichte, m. e. Entwurf e. Ortsgesetzes für Letztere. 8. (32 S.) Lpz. 891, Alb. Berger. * — 50

— des aargauischen Gewerbemuseums. Offiz. Organ d. Unterrichtsanstalt d. Gewerbemuseums, d. aarg. Gewerbeverbandes, der aarg. Handwerkerschule, des aarg. Kunstvereins u. A. Red. u. hrsg. v. der Direktion des aargauischen Gewerbemuseums. 1. Jahrg. Oktbr. 1895—Septbr. 1896. 12 Nrn. (Bog.) gr. 4. Aarau (H. R. Sauerländer). n. 2. —

— dasselbe. 2. Bd. 12 Nrn. (Bog.) gr. 4. Ebd. 897. n. 2. —

— des aargauischen Gewerbemuseums, Fortsetzg., s.: Gewerbezeitung, aargauische.

— des bayr. Gewerbemuseums zu Nürnberg, s. a. Kunst u. Gewerbe.

Mittheilungen des Bayerischen Gewerbe-Museums zu Nürnberg, Beiblatt zur Wochenschrift Kunst und Gewerbe. Redigirt von O von Schorn 1881—1884 (Jahrg. 8—11), von J Stockbauer 1885—1887 (Jahrg 12 - 13). 7 Jahrgänge in 6 Bden Nürnberg 1881—1887 8°.

— des bayrischen Gewerbemuseums zu Nürnberg. Beiblatt zur Zeitschrift: Kunst u. Gewerbe. Red. v. J. Stockbauer. 12. u. 13 Jahrg. 1885 u. 1886. à 24 Nrn. (B.) gr. 4. Nürnberg, Verlagsanstalt d. bayr. Gewerbemuseums. à Jahrg. n. 2. 50

— d. bayrischen Gewerbmuseums zu Nürnberg. Beiblatt zur Zeitschrift: Kunst und Gewerbe. Red. von J. Stockbauer. 14. Jahrg. 1887. 24 Nrn. (B.) gr. 4. Nürnberg, Verlagsanstalt des bayr. Gewerbmuseums. n. 2. 50
Erschien nicht weiter.

— des Gewerbe-Museums zu Bremen. 1. Jahrg. 1886. 12 Nrn. (B.) hoch 4. Bremen, (Kühtmann). n. 3. —

— des Gewerbe-Museums zu Bremen. Red.: A. Töpfer. 2.—5. Jahrg. 1887—1890. à 12 Nrn. (B.) hoch 4. Bremen, (Kühtmann). à Jahrg. n. 3. —

— des Gewerbe-Museums zu Bremen. Red.: A Töpfer. 6.—9. Jahrg. 1891—1894. à 12 Nrn. (Bog.) hoch 4. Bremen, (J. Kühtmann). à Jahrg. n 3. —

— des Gewerbe-Museums zu Bremen. Red.: A. Töpfer. 10.—13. Jahrg. 1895—1898. à 12 Nrn. (Bog.) hoch 4. Bremen (G. Winter). à Jahrg. n. 3. —

— des Gewerbe-Museums zu Bremen. Red.: A. Töpfer. 14.—17. Jahrg. 1899—1902. à 12 Nrn. hoch 4. (à ca. 8 S. m. Abb. u. Taf.) Bremen (G. Winter). à Jahrg. n. 3. —

— des Gewerbe-Museums zu Bremen. Red.: A. Töpfer. 18. Jahrg. 1903. 12 Nrn. (à ca 8 S. m. Abbildgn. u. Taf.) hoch 4. Bremen, Gewerbe-Museum. (Nur direkt.) n.n.n. 3. —
Nicht mehr im Buchhandel.

—— des Mährischen Gewerbe-Museums in Brünn. Redig. von Aug. Prokop. 1.—7. Jahrg. 1883—1889. à Jahrg. 12 Nrn. (à Nr. ca. 20 S. mit Illustr. und Beilagen.) hoch 4. Brünn, Verlag des Mähr. Gewerbe-Museums. à Jahrg. *

— des mährischen Gewerbemuseums in Brünn. Red. v. A. Prokop u. Carl Schirek. [Aus: „Mähr.-schles. Corresp."] VIII—XII. Jahrg. 1890—1894. à 12 Nrn. hoch 4. (232; 208; 204; 208 u. 12. Jahrg. Nr. 1—4. 68 S. m. Abbildgn.) Brünn, Mähr. Gewerbemuseum. à Jahrg. n.n. 6. —

— d. mährischen Gewerbemuseums in Brünn. [Aus: „Mähr.-schles. Corresp."] XIII. Jahrg. 1895. 12 Nrn. (à ca. 2 Bog. m. Abb.) hoch 4. Brünn, Mähr. Gewerbemuseum. n.n. 6. —

— dasselbe. Red. v. Jul. Leisching. 14.—16. Jahrg. 1896—1898. à 24 Nrn. (à ca. 1 Bog.) hoch 4. Ebd. à Jahrg. n.n. 6. —

— des mährischen Gewerbe-Museums. Beilage zur Zeitschrift „Das Kleingewerbe". Red. v. Jul. Leisching. 17. Jahrg. 1899. 24 Nrn. hoch 4. (à ca. 16 S.) Brünn, Mähr. Gewerbe-Museum. n.n.n. 6. —
Nicht durch den Buchhandel zu beziehen.

Mitteilungen des Nordböhmischen Gewerbemuseums. Jg 1—23. — Reichenberg: Verl. des Nordböhmischen Gewerbemuseums 1883—1905.
Forts. s.: Zeitschrift der Nordböhmischen Gewerbemuseums.

— des technologischen Gewerbe-Museums I—III. Section. Fach-Zeitschrift für die Holz-Industrie. Red.: W. F. Exner. 1—3. Jahrg. 1880—1882. à 12 Nrn. (B.) Lex.-8. Wien, Frick. à Jahrg. n. 8. —

— dasselbe. Section f. Holz-Industrie. Fach-Zeitschrift f. Holz-Production, Holzhandel u. Holz-Industrie. Red.: W. F. Exner. 4—7. Jahrg. 1883—1886. à 12 Nrn. (B.) Lex.-8. Ebend. à Jahrg. n. 8. —

— des technologischen Gewerbe-Museums, Section f. Holz-Industrie. Fach-Zeitschrift f. Holz-Production, Holzhandel u. Holz-Industrie. Hrsg. vom nieder-österreich. Gewerbe-Verein. Red.: W. F. Exner. 8.—10. Jahrg. 1887—1889. à 12 Nrn. (B.) Lex.-8. Wien, Graeser. à Jahrg. n. 8. —

— — dasselbe. Red.: G. Lauboeck. 11. Jahrg. 1890. 12 Nrn. (B.) Lex.-8. Ebd. n. 8. —

— des technologischen Gewerbe-Museums, Section f. Färberei, Druckerei, Bleicherei u. Appretur. Fachzeitschrift f. die chem. Seite der Textil-Industrie. Hrsg. vom nieder-österreich. Gewerbe-Verein. Red.: W. F. Exner. 1—3. Folge. 1884—1886. à 4 Hfte. gr. 8. (à Hft. 32 S.) Wien, Frick. à Folge n. 4. —

— dasselbe. Section f. Metall-Industrie u. Elektrotechnik. Red.: Carl Pfaff. 1. u. 2. Jahrg. 1885 u. 1886. à 12 Nrn. (B.) Lex.-8. Ebend. à Jahrg. n. 8. —

— dasselbe. Section f. Metall-Industrie u. Elektrotechnik. Red.: Carl Pfaff. 3. u. 4. Jahrg. 1887. 1888 à 12 Nrn. (B.) Lex.-8. Ebd. à Jahrg. n. 8. —

— — dasselbe. Red.: Carl Schlenk. 5. u. 6. Jahrg. 1889. 1890. à 12 Nrn. (B.) Lex.-8. Ebd. à Jahrg. n. 8. —

Mittheilungen des technologischen Gewerbe-Museums, Section für chemische Gewerbe. Red.: H. R. v. Perger. Neue Folge. 1.—3. Jahrg. 1887—1889. à 4 Hfte. gr. 8. (à Hft. ca. 36 S.) Wien, Graeser. à Jahrg. n. 4. —

— d. k. k. technologischen Gewerbe-Museums in Wien. Red.-Comité: W. Exner, B. Kirsch, G. Lauboeck, H. R. v. Perger, C. Schlenk u. F. Walla. Red.: Wilh. Exner. Neue Folge. 1.—3. Jahrg. 1891—1893. à 12 Hfte. (à ca. 2 Bog. m. Fig.) gr. 8. Wien, C. Graeser. à Jahrg. n. 16. —

— dasselbe. Neue Folge. 4. Jahrg. 1894. 12 Hfte. (à ca. 2 Bog. m. Fig.) gr. 8. Wien, Volkswirtschaftl. Verlag, A. Dorn. n. 16. —

— des k. k. technologischen Gewerbe-Museums in Wien. Red.-Comité: W. Exner, B. Kirsch, G. Lauboeck, H. R. v. Perger, C. Schlenk, F. Walla. Neue Folge. 5.—8. Jahrg. 1895—1898. à 12 Hfte. (à ca. 4 Bog. m. Fig.) gr. 8. Wien, Volkswirtschaftl. Verlag A. Dorn. à Jahrg. n. 16. —
Beim 6.—8. Jahrg. waren noch P. Friedländer, A. Grau u. F. Ulzer Mitherausgeber.

— des k. k. technologischen Gewerbe-Museums in Wien. Red.-Comité: W. Exner, L. Erhard, P. Friedlaender, A. Grau, B. Kirsch, G. Lauboeck, F. Ulzer, F. Walla. Neue Folge. 9.—12. Jahrg. 1899—1902. à 12 Hfte. gr. 8. (à ca. 24 S.) Wien, Volkswirtschaftl. Verlag A. Dorn. à Jahrg. n. 16. —

— des k. k. technologischen Gewerbe-Museums in Wien. Red.-Komitee: W. Exner, L. Erhard, P. Friedlaender, A. Grau, B. Kirsch, G. Lauboeck, F. Ulzer, F. Walla. Neue Folge. 13. u. 14. Jahrg. 1903 u. 1904. à 12 Hefte. (à ca. 24 S.) gr. 8, Wien, Volkswirtschaftl. Verlag A. Dorn. à Jhrg. n. 16. —

— dasselbe. Red.-Komitee: G. Lauboeck, P. Friedlaender, A. Grau, A. Hanisch, F. Ulzer, F. Walla. Neue Folge. 15. u. 16. Jahrg. 1905 u. 1906. Je etwa 4 Hefte. (à ca. 72 S. m. Fig.) gr. 8. Ebd. à Jhrg. n. 16. —

— des k. k. technologischen Gewerbe-Museums in Wien. Red.-Komitee: G. Lauboeck, P. Friedlaender, A. Grau, A. Hanisch, F. Ulzer, F. Walla. Neue Folge. 17.—20. Jahrg. 1907—1910. à 4 Hefte. (à ca. 56 S. m. Fig.) Lex. 8. Wien, Volkswirtschaftl. Verlag A. Dorn. à Jahrg. 16. —

Mitteilungen über die allgemeine Gewerbeschule u die Schule für Bauhandwerker zu Hamburg 1876

— für den Gewerbeverein d. Herzogthums Braunschweig. Herausgeg. von d. Vorstande des Gewerbe-Vereins. Redig. von Frz. Varrentrapp. 1843—1845. à 52 Numm. (Bog.) gr. 4. Braunschweig 843—45, Vieweg u. Sohn. à n. $2^2/_3$ ß

— für den Gewerbeverein des Herzogthums Braunschweig. Hrsg. v. dem Vorstande des Gewerbe-Vereins. Red. v. Frz. Varrentrapp. Jahrg. 1846—1850. à 52 Nrn. 4. (à ½—1 B.) Braunschweig. (Vieweg & Sohn.) à Jahrg. n. $2^2/_3$ ß

—— des Gewerbe-Vereins f. d. Königr. Hannover. Redig. v. Karmarsch u. v. Reden. 1—6. Lfg. gr. 4. (25 B. u. 6 Stnt.) Hannover 834, 35, (Hahn.) à 10 Gr.

—— des Gewerbe-Vereins f. d. Königr. Hannover. 7—29. Lfg. gr. 4. (110½ B., 22 Kpfrt. u. 1 Tab.) Hannover 835—42, (Hahnsche Hofbuchh.) [7. * ¾ Thlr., 8—29. à * 5/12 Thlr.] *
7—20. Lfg. (m. d. alphabet. Sachregister üb. d. Jahrg. 1834—39.) redig. v. Karmarsch und von v. Reden, 21. Lfg. v. Karmarsch allein, 22—29. Lfg. v. Karmarsch u. J. F. Hartmann. — Vgl. 8. Bd. 2. Abthl. S. 36.

—— des Gewerbe-Vereins für das Königr. Hannover. Redakt.: Karmarsch, J. F. Hartmann u. Oldekop. 30—34. Lfg. gr. 4. (24 B. u. 5 Kpfrt.) Hannover 842, 43. (Hahn'sche Hofbuchh.) à Lfg. * 12½ Ngr. *

— dass. Redakt.: Karmarsch u. Oldekop. 35—54. Lfg. (Mit der Beilage: Notizblatt des Gewerbe-Vereins für Hannover. 1845. Blatt 1—5. 5 B. Text u. 4 Stnt., 1846. Blatt 1—6. 5 B. u. 2 Stnt., 1847. gr. 4. (53⅛ B. u. 5 Stnt.) Ebds. 1844—47. [Lfg. 35—43. à * 12½ Ngr., 44, 45. * 15 Ngr., 46—54. à * 12½ Ngr.] *
Lfg. 43. enthält das Sachregister über die zweiten 6 Jahrgänge der Mittheilungen. (1840—45.)

—— des Gewerbe-Vereins für das Königreich Hannover. Redig. von Karmarsch, Oldekop und Rudloff. 55—67. Lfg. Mit Kpfrn. und eingedr. Holzschn. Hannover 847—52, Hahn'sche Hofbuchh.) à Lfg. * 12½ Ngr. *

—— des Gewerbe-Vereins für das Königr. Hannover. Redakt.: Karmarsch und v. Rudloff. 68. und 69. Lfg. gr. 4. (S. 265—392 oder 8 Bog. mit 1 Kpfrt. in qu. Fol.) Hannover 853, (Hahn'sche Hofbuchh.) à Lfg. * 12½ Ngr. *

—— dass. — Redig. von Dens. Neue Folge. Jahrg. 1853—55. à Jahrg. 6 Hefte (à 3—4 Bog.) gr. 4. Mit Kupfern. Hannover, Helwing'sche Hofbuchh. à Jahrg. *

—— des Gewerbe-Vereins für das Königr. Hannover. Redig. von Karmarsch. — G. Niemeyer. Neue Folge. Jahrg. 1856 und 1857. à Jahrg. 6 Hefte. (à 3—4 Bog.) Mit Kpfrn. gr. 4. Hannover, (Helwing'sche Hofbuchh.) à Jahrg. *
Einzelne Hefte * -

—— dass. — Neue Folge. Jahrg 1858—62. Redig. von Heeren, Rühlmann, G. Niemeyer. à Jahrg. 6 Hefte. (à 3—4 Bog.) Mit Kpfrn. gr. 4. (Ebendas.) à Jahrg. * *
Einzelne Hefte * *

—— des Gewerbe-Vereins für das Königr. Hannover. Redact.: Rühlmann, Heeren, Marcard. Neue Folge. Jahrg. 1863—65. à 6 Hefte. (à 3—4 Bog.) Mit Kpfrn. gr. 4. Hannover, (Helwing'sche Hofbuchh.) à Jahrg. *

—— dass. — Redact.: Rühlmann, Heeren. Neue Folge. Jahrg. 1866. 6 Hefte. (à 2—4 Bog.) Mit Kpfrn. gr. 4. Ebendas. *

—— dass. — Unter Mitwirkung von Heeren, Hurtzig und Stromeyer. Redact.: Rühlmann, Liecke. Neue Folge. Jahrg. 1867. 6 Hefte. (à 2—4 Bog.) Mit Kpfrn. gr. 4. (Ebendas.) *

Mittheilungen des Gewerbe-Vereins für Hannover. Redact.: Rühlmann. — Liecke. Unter Mitwirkung der Prof. Heeren, Hurtzig und Stromeyer. Neue Folge. Jahrg. 1868. 6 Hefte. (à 2—4 Bog. mit Kpfrn.) gr. 4. Hannover, (Helwing'sche Hofbuchh.) *

—— dass. — Redact.: Rühlmann. — Stromeyer. Unter Mitwirkung der Prof. Heeren und Hurtzig. Neue Folge. Jahrg. 1869. 6 Hefte. (à 2—4 Bog. mit Kpfrn.) gr. 4. (Ebendas.) *

—— des Gewerbe-Vereins für Hannover. Redact.: Rühlmann, Heeren, Grove. Unter Mitwirkung von Stromeyer, Richard und Frese. Neue Folge. Jahrg. 1876. 6 Hefte. (à 2—4 Bog. mit Stnt.) gr. 4. Hannover, (Helwing'sche Sortimentsb.) *
Nicht weiter erschienen.

— des Gewerbevereins zu Lahr. 1r—3r Jahrg. 1837—1839. Redigirt von Dr. C. F. Hänle. gr. 8. Freiburg, Emmerling. 1r u. 2r Jahrg. à 1/3 ℔ (3r Jahrg. n. 1/2 ℔) n. 1 1/6 ℔

Mitteilungen des Gewerbevereins für Nassau. 1848-1900. 4° Wiesbaden 1848-1900

Mitteilungen für d. Gewerbeverein f. Nassau 1901-07. 4° Wiesbaden 1901-07

— für den Gewerbverein des Herzogthums Nassau. Red.: W. Casselmann. (1. Jahrg.) 1847. Juli—December. 12 Nrn. 4. (1/2 B.) Wiesbaden, Schellenberg. n. 1 ℔

—— des nieder-österreichischen Gewerbe-Vereines, s. Verhandlungen und Mittheilungen.

Mitteilungen des steiermärkischen Gewerbevereins. 1895-1900. Graz 1895-1900

Mitteilungen des steiermärkischen Gewerbevereins in Graz. 1901-07. 4° Graz 1901-07

Mitteilungen d. Steiermärkisch. Gewerbevereins in Graz. 1908-13. 4° Graz 1908-13

— des steiermärkischen Gewerbevereines. Offizielles Organ des steiermärk. Gewerbeförderungs-Institutes. Hrsg.: Steierm. Gewerbe-Verein (Präs.: Otto Klusemann) in Graz. Red.: Joh. G. Tankel. 9.—11. Jahrg. 1903 bis 1905. à 12 Nrn. (à ca. 8 S. m. Abbildgn.) 4. Graz (Franzensplatz 2II), Steiermärk. Gewerbeverein. à Jhrg. n. 4.—

— des steiermärk. Gewerbevereines. Hrsg.: Steierm. Gewerbe-Verein (Präs.: Eduard Keil) in Graz. Red.: Joh. G. Tankel. 12.—14. Jahrg. 1906—1908. à 24 Nrn. (à ca. 8 u. 4 S.) Lex. 8. Graz (I, Franzensplatz 2II), Steiermärk. Gewerbeverein. à Jahrg. 4.—

Mitteilungen des Tiroler Gewerbevereins. Offizielles Organ des Tiroler Gewerbes und Kunstgewerbes. Jg. 1–9. Innsbruck: Wagner 1884–1892. 4°
Red.: Johannes Deininger; sp. Hans Semper.

—— des Tiroler Gewerbevereines. Officielles Organ des tiroler Gewerbes und Kunstgewerbes. Redact.: Joh. Deininger. 5. Jahrg. 1888. 12 Nrn. (à Nr. 1 1/2 Bog. mit Illustr.) hoch 4. Innsbruck, (Wagner'sche Universitäts-Buchh.) **

—— des Tiroler Gewerbevereines. Officielles Organ d. tirol. Gewerbes u. Kunstgewerbes. [Zeitschrift vom Tiroler Gewerbe-Verein.] Redact.. Hans Semper. 6.—9. Jahrg. 1889—1892. à Jahrg. 12 Nrn. (à Nr. 3/4 Bog. m. Illustr.) hoch 4. Innsbr., (Wagner). à Jahrg. * 4 —

—— gewerbsrechtliche, für Deutschland. Hrsg. v. Heinr. Graichen. 1. Bd. 2 Hefte. gr. 8. (à 4 B.) Leipzig 842. [Geuther.] à

Mittheilungen, gewerbsrechtliche, f. Deutschland. Herausgeg. von Hnr. Graichen. 1. Bd. 1., 2. Hft. gr. 8. Leipzig 842, 43, Böhme. (Geuther.) à 1/3 ℔

MITTEILUNGEN AUS DEM GOETHEVEREIN ZU ZWICKAU.
No. 1. (Separat-Abdruck aus Nr. 121. des Zwickauer Tageblattes" vom Sonntag, den 28. Mai 1893.) Den geehrten Mitgliedern des „Goetheverein zu Zwickau" zur Nachricht. Um auch in der Zeit vom Mai bis Septbr., in der regelmässige Sitzungen nicht abgehalten werden, einen gewissen geistigen Zusammenhang unter den Mitgliedern aufrecht zu erhalten, wird von Zeit zu Zeit in zwangloser Weise eine Beilage des Zwickauer Tageblattes" erscheinen, deren Inhalt in erster Linie für die Vereinsgenossen bestimmt sein soll. Der Vorsitzende wendet sich an die Mitglieder und Freunde des Vereins mit der Bitte um Beiträge. Ausser Vereinsnachrichten sollen die Blätter eigene litterarische Erzeugnisse der Mitglieder, Besprechungen über die bedeutendsten Erscheinungen auf dem Gebiete der schönen Wissenschaften, der Litteraturgeschichte mit besonderer Berücksichtigung der Goetheforschung, der Volksbühnenliteratur und der Volksunterhaltung bieten. Der Unterzeichnete hofft, dass auch Leser des „Tageblattes", die dem Goetheverein nicht angehören, in dem Erscheinen dieser Beilage willkommene geistige Anregung finden werden. Der Vorstand des „Goetheverein" zu Zwickau Prof. Dr. H. C. KELLNER. (Ohne bes. Titelbl.) 4°.
No. 2. (Separatabdruck aus Nr. 145 des Zwickauer Tageblattes vom Sonntag den 25. Juni 1893.) (o. O. o. Dr.)
No. 3. (Beilage zum „Zwickauer Tageblatt".) Druck und Verlag von C. A. Günther Nachfolger, Zwickau.
Nr. 4. Beiblatt zum Zwickauer Tageblatt. Redaktion: Prof. Dr. H. C. KELLNER. Sonntag, 27. Mai 1894. ib. —
Nr. 5. Beiblatt zum Zwickauer Tageblatt. Redaktion: Prof. Dr. H. C. KELLNER. Freitag, 10. August 1894. ib. —
Nr. 6. Montag, den 5. November 1894. GEDENKBLATT zur Feier des vierhundertsten Geburtstages des Nürnberger Meistersängers Hans Sachs, geboren den 5. November 1494, † den 19. Januar 1576 den Mitgliedern, Gönnern und Freunden dargebracht vom Vorstande des Goethevereins Zwickau. ib. —
Nr. 7. Beiblatt zum Zwickauer Tageblatt. Redaktion: Prof. Dr. H. C. KELLNER. Mittwoch, 1. Mai 1895. ib. —
Nr. 8. Beiblatt zum Zwickauer Tageblatt. Redaktion: Prof. Dr. H. C. KELLNER. Dienstag, 13. Oktober 1896. ib. —
Nr. 9. Beiblatt zum Zwickauer Tageblatt. Redaktion: Prof. Dr. H. C. KELLNER. Freitag, 15. Januar 1897. ib. —
Nr. 10. Redaktion: Prof. Dr. H. C. KELLNER. Freitag, den 8. Oktober 1897. ib. —
Nr. 11. Beiblatt zum Zwickauer Tageblatt. Redaktion: Prof. Dr. H. C. KELLNER. Montag, 28. August 1899. ib. —
Nr. 12. Beiblatt zum „Zwickauer Tageblatt", Redaktion: Prof. Dr. H. C. KELLNER. Sonnabend den 23. August 1902. (o. O. o. Dr.)
Nr. 13. Beiblatt zum „Zwickauer Tageblatt", Redaktion: Studienrat Dr. H. C. KELLNER. Sonnabend, den 28. August 1909. (o. O. o. Dr.)

—— graefenberger, eine Zeitschrift für naturgemässe Heilkunde und Gesundheitspflege, hrsg. von Jos. Schindler und Leop. v. der Decken. 1. Bd. (Jahrg.) Novbr. 1858 bis Octbr. 1859. 6 Hefte. (à 5—6 Bog.) gr. 4. Olmütz, (Hölzel.)
Ist nicht fortgesetzt worden.

—— Gräfenberger-. Eine Zeitschrift für naturgemässe Heilkunde und Gesundheitspflege. Herausg. von den Badeärzten Dr. Jos. Schindler und Dr. Leop. von der Decken zu Gräfenberg. I Band. (I. Jahrg. 1861.) 6 Hefte. (246 S.) Olmütz, Hölzel. 5 fl. 30 kr.

— Gräfenberg-Freiwaldauer. Zeitschrift f. Badegäste, Touristen u. Freunde der Naturheilkunde. Red.: Karl Bernhardt. 1. Jahrg. Apr. 1892—März 1893. 18 Nrn. (Bog.) gr. 4. Freiwaldau, B. Titze. n. 3. 50

— dasselbe. 2. Jahrg. Mai 1893—April 1894. 12 Nrn. (Bog.) gr. 4. Ebd. Postfrei n. 2. —

— Gräfenberg-Freiwaldauer. Zeitschrift f. Badegäste, Touristen u. Freunde der Naturheilkunde. Red.: Karl Bernhardt. 5. Jahrg. Mai 1896—April 1897. 12 Nrn. (à 2 Bog.) gr. 4. Freiwaldau, B. Titze. n. 2. 20

— dasselbe. 6. Jahrg. Mai 1897–April 1898. 12 Nrn. (à 2 Bog.) gr. 4. Ebd. n. 2. —

— dasselbe. 7. Jahrg. Mai 1898—April 1899. 12 Nrn. (à 2 Bog.) gr. 4. Ebd. n.n. 1. 75

— Gräfenberg-Freiwaldauer. Zeitschrift für Badegäste, Touristen u. Freunde der Naturheilkunde. Red.: Karl Bernhardt. 8. Jahrg. Mai 1899—April 1900. 12 Nrn. gr. 4. (à ca. 16 S.) Freiwaldau, B. Titze. nn. 1.70

Mittheilungen, graphische schweizerische. 1. Jahrg. 1882. Erscheint am 1. und 15. jeden Monats. Kl. in-fol. Zürich, Orell Füssli & Cie.
Pro Jahr 5 —

Mitteilungen der Handelskammer Graudenz f. d. Kreise Graudenz Stadt, Graudenz Land, Marienwerder, Rosenberg, Stuhm, Schwetz, Tuchel, Konitz, Schlochau, Flatow u. Dt.-Krone. Hrsg. von d. Handelskammer als ihr amtl. Organ. Jg 1 ff. Graudenz 1905 ff. 4°.
1, 1905–4, 1908.

Mitteilungen der Handelskammer Graudenz. Hrsg. von d. Handelskammer als ihr amtl. Organ. Verantwortl. f. d. Schriftleitung: Dr. phil. Ernst Rausch, Synd. Jg. 1, No 1. Graudenz 1905: (G. Röthe). 4° [Kopft. F.] [es. 10798] 10

Mittheilungen aus Greifswald und Pommern. H. 1. Greifswald: Mauritius 1821. Hrsg.: Peter Friedr. Kanngießer.

— aus den Grenzgebieten der Medizin u. Chirurgie. Hrsg. v. O. Angerer, B. Bardenhauer, E. v. Bergmann, P. Bruns etc. Red. von J. Mikulicz, B. Naunyn. 1.—4. Bd. gr. 8. Jena, G. Fischer. à Bd. n. 25. —
1. (738 S. m. 98 Abb. u. 9 Taf.) 895.
2. (798 S. m. 9 Abb., 2 Kurven u. 9 Taf.) 897.
3. (726 S. m. 15 Abb., 3 Kurven, 4 graph. Beil. u. 15 Taf.) 898.
4. (752 S. m. 13 Abb., 2 Kurventaf., 1 graph. Tab. u. 11 Taf.) 898.

— aus den Grenzgebieten der Medizin u. Chirurgie. Hrsg. von O. Angerer, B. Bardenheuer, E. v. Bergmann etc. Red. v. J. Mikulicz, B. Naunyn. 5.—10. Bd. gr. 8. Jena, G. Fischer. à Bd. n. 25. —
V. (IV, 864 S. m. 89 Abb., 3 Taf. u. 9 Kurven.) 899.
VI. (IV, 708 S. m. 24 Abb., 6 Taf. u. 1 Kurve.) 900.
VII. (IV, 643 S. m. 28 Abb., 4 gr. Tab., 8 Kurv. u. 21 Taf.) 901.
VIII. (IV, 656 S. m. 42 Abb., 21 Kurv. u. 13 Taf.) 901.
IX. (IV, 808 S. m. 46 Abb., 10 Kurv. u. 10 Taf.) 902.
X. (IV, 762 S. m. 21 Abb., 4 graph. Tab. u. 4 Taf.) 902.

— dasselbe. 1. Suppl.-Bd. gr. 8. Ebd. n. 16. —; f. Abnehmer der Mitteilgn. n. 12. —
Das Wachstum u. die Verbreitungswege des Magencarcinoms vom anatomischen u. klinischen Standpunkt. Von Rob. Borrmann. Mit 16 Taf. u. 21 Abbildgn. im Text. (VII, 376 S.) 901.

— aus den Grenzgebieten der Medizin u. Chirurgie. Hrsg. v. O. v. Angerer, B. Bardenheuer, E. v. Borgmann u. A. Red. von J. v. Mikulicz, B. Naunyn u. v. Bd. 15 an red. v. A. v. Eiselsberg u. B. Naunyn. 11.—16. Bd. gr. 8. Jena, G. Fischer. à Bd. n. 25. —
11. (IV, 752 S. m. 79 Abb., 13 Taf. u. 22 Kurven.) 903. — 12. (IV, 758 S. m. 28 Abb., 14 Taf. u. 19 Kurven.) 903. — 13. (IV, 936 S. m. 44 Abb., 4 Taf., 1 graph. Beilage, 37 Kurven u. 3 Kurvenbeilagen.) 904. — 14. (IV, 738 S. m. 23 Abb., 14 Taf., 3 Sphygmogrammen, 4 graph. Tab u. 41 Textkurven.) 905. — 15. (IV, 456 S. m. 12 Abb., 14 Taf., 1 graph. Tabellenbeilage, 9 Kurven u. 1 Kurventaf. im Text.) 905. — 16. (IV, 525 S. m. 77 Abb., 19 Kurven u. 5 Taf.) 906.

— dasselbe. 2. Suppl.-Bd. gr. 8. Ebd. n. 8. —; f. Abnehmer der Mitteilgn. n. 7. —
Die akute, nicht eiterige Thyreoiditis u. die Beteiligung der Schilddrüse an akuten Intoxikationen u. Infektionen überhaupt. Von F. de Quervain. Mit 6 photograph. Taf. (V, 165 S.) 904.

— dasselbe. Gesamtregister zu den Bdn. I—XV u. zu den Suppl.-Bdn. I u. II. Von Adam Schneider. (58 S.) gr. 8. Ebd. 906. n. 2. —

— aus den Grenzgebieten der Medizin u. Chirurgie. Hrsg. von O. v. Angerer, B. Bardenheuer, A. Bier u. a. Red. v. B. Naunyn u. A. Frhr. v. Eiselsberg. 17.—22. Bd. à 5 Hefte. (17. Bd. VII, 764 S. m. 7 Taf., 1 Kurvenbeilage, 18 Kurven u. 46 Abb. im Text.) Lex. 8. Jena 907—10. G. Fischer. à Bd. 25. —

— dasselbe. 3. Suppl.-Bd. Gedenkbd. f. J. v. Mikulicz. Hrsg. v. seinen Schülern W. Anschütz, H. Buchholz, V. Chlumsky u. a. Red. v. W. Kausch. Mit 1 Portr., 7 Taf. u. 163 Abb. im Text. (VIII, 1128 S.) Lex. 8. Ebd. 907. 40.—; f. Abnehmer der Mitteilungen 30. —

Mitteilungen über die Familie Grotefend. I—III. Schwerin 1890—1893.

Mittheilungen über die Gründung der schweizerischen Centralbahn-Gesellschaft . . . [Basel] 1901. V: *Leupold, Rud.* (BSchwLk V, 9 h) (Zuwachsverz. d. Bibliotheken in Zürich 1898 ff.)

Mittheilungen des Haftpflicht-Schutzverbandes deutscher Industrieller (5–12: Mitteilungen d. Deutschen Haftpflicht-Schutzverbandes; 13 f.: d. Deutschen Haftpflicht- u. Versicherungs-Schutzverbandes). Hrsg. von d. Verbandsvorstande. Red. von A. Schwanck (3–11: Prof. Dr. R[ichard] van der Borght-Aachen; 13 f.: Dr. Paul Prigge, Bonn). No 1–14. Köln a. Rh.: Kölner Verl.-Anst. u. Dr. (in Komm.); (6 ff.: Berlin: Siemenroth & Troschel 1893–1902). 14 Bde 8°
1. 2. 1893. 3–5. 1894–1896.
[6] = Borght, R[ichard] van der: Die Haftpflicht d. gewerbl. Unternehmer in Deutschland. 1897.
7. 1897. 8. 9. 1898. 10–12. 1899–1901. 13. 1902.
14 = Denkschrift betr. d. Allgem. Versicherungsbedingungen d. Deutschen Privat-Feuer-Versicherungsgesellschaften. ⟨Aus d. J. 1900/1901.⟩ Vorschläge z. Abänderung d. Allgem. Versicherungsbedingungen d. Verbandes deutscher Privat-Feuer-Versicherungsgesellsch. 1902. [07. 8943]

Mitteilungen d. deut. Haftpflicht-Schutzverbandes. Hrsg. v. van der Borght-Aachen. No. 1—8. Berlin 894—99.
No. 1—5. 891—96.
6. van der Borght, Haftpflicht der gewerbl. Unternehmer 897.
7. van der Borght u. Krafft, Protokolle, Abhdlgn. und Berichte 897.
8. Normativbestimmgn. u. Verträge v. Juni 98. 898.
9. van der Borght u. Krafft, Protokolle, Abhdlgn. und Berichte. 898.

— des Haftpflicht-Schutzverbandes deutscher Industrieller. Hrsg. v. dem Verbandsvorstande. Red. v. A. Schwanck. Nr. 1 u. 2. 1893. gr. 8. (II, 130 S.) Köln, (Kölner Verlags-Anstalt u. Druckerei). 1. 50

— dasselbe. Red. v. R. van der Borght-Aachen. Nr. 3. Decbr. 1894. gr. 8. (S. 131—234.) Ebd. 894. 1. 50

— d. Haftpflicht-Schutzverbandes deutscher Industrieller. Hrsg. v. d. Verbands-Vorstande. Red. v. R. van d. Borght-Aachen. Nr. 4. Octbr. 1895. gr. 8. (II u. S. 235—304.) Köln 895. (Kölner Verlags-Anstalt u. Druckerei.) n. 1. — (1.–4.: n. 4. —)

Mitteilungen des Haftpflicht-Schutzverbandes deutscher Industrieller. Hrsg. v. d. Verbands-Vorstande. Red. von R. van d. Borght-Aachen. Nr. 5. Aug. 1896. gr. 8. (S. 305—386.) Köln 897. Aachen, Prof. Dr. R. van der Borght.
Für d. Mitglieder unentgeltlich.

— **dasselbe.** Nr. 6—8. Berlin, Siemenroth & Troschel. n. 5. 60
6. Decbr. 1896. Die Haftpflicht der gewerblichen Unternehmer in Deutschland. Von R. van der Borght-Aachen. (51 S.) 897. n. 1. —
7. Octbr. 1897. I. Protokolle. II. Abhandlgn. u. Berichte. Von R. van d. Borght u. Krafft. (IV, 184 S.) 897 n. 4. —
8. Normativbedingungen u. Verträge, die neuen, v. Juni 1898. (24 S.) 898. n. — 60

— des deutschen Haftpflicht- u. Versicherungs-Schutzverbandes. Hrsg. v. dem Verbands-Vorstande. Red. v. R. van der Borght. Nr. 9—14. gr. 8. Berlin, F. Siemenroth. n. 15. —
9. I. Protokolle. II. Abhandlgn. u. Berichte. III. Borght, R. van der, u. Krafft, Entwurf e. Versicherungsgesetzes. (III, 129 S.) 898. n. 3. —
10. (83 S.) 899. n. 1. 50. — 11. (III, 111 S.) 900. n. 2. 50
12. (III, 167 S.) 901. n. 3. 50. — 13. März 1902. (145 S.) 902. n. 3. —
14. Denkschrift betr. die allgemeinen Versicherungsbedinggn der deutschen Privat-Feuer-Versicherungsgesellschaften. (Aus d. J. 1900|01.) — Vorschläge zur Abänderung der allgemeinen Versicherungsbedinggn. d. Verbandes deutsch. Privat-Feuer-Versicherungsgesellschaften. (Auf Grund der Denkschrift, betr. die allgemeinen Versicherungsbedinggn. der deutschen Privat-Feuer-Versicherungsgesellschaften vom J. 1900|01.) (IV, 63 S.) 902. n. 1. 50
Nr. 9—12 erschienen noch unter d. T.: Mitteilungen des deutschen Haftpflicht-Schutzverbandes.

— des deutschen Haftpflicht- u. Versicherungs-Schutzverbandes. Hrsg. v. dem Verbandsvorstande. Red. v. Paul Moldenhauer. Nr. 19 u. 20. gr. 8. Berlin, F. Siemenroth. 2. 20
19. Febr. 1908. (36 S.) 908. 1. —
20. Febr. 1909. (50 S.) 909. 1. 20

Mittheilungen. – Halberstädtische (Jg. 1824ff.: Neue Halberstädtische) Mittheilungen, eine Wochenschrift. Jg. 1822 bis 1827 Halberstadt 1822–27. 8⁰
Hrsg. J H Chr Vogler

Mitteilungen der physikalischen Versuchs-Station Halle-Cröllwitz. Halle a. S.
[Bd 1]. Mitteilung 1—12. 1901—1908
[Bd 2]. Mitteilung 13—20. 1908—1909

— für Handel u. Gewerbe. Organ f. die Handels- u. Gewerbekammern u. f. die wirthschaftl. Vereine Deutschlands. Hrsg. im Auftrage der vereinigten Sekretäre der deutschen Handels- u. Gewerbekammern v. Annecke, Gensel, Scherenberg, Stegemann, Stumpf. Red.: Ant. Müller. 1. Jahrg. Oktbr. 1893—Septbr. 1894. 36 Nrn. (à ca. 3 Bog.) hoch 4. Berlin, E. S. Mittler & Sohn. n. 10. —
Fortges. u. d. T. Handel und Gewerbe. Jg. 2. 1894 ff

— über Handel, Gewerbe u. Verkehrsmittel, so wie aus dem Gebiete der Statistik überhaupt, nach Berichten an das k. k. Handels-Ministerium. Hrsg. von der Direction der administrativen Statistik. 1 u. 2. Jahrg. 1850 u. 1851. à 12 Hfte. 8. Wien, Gerold. 1850: 3½ ℳ 1851: 4 ℳ
Fortges. u. d. T. Statistische Monatsschrift. 1873 ff

Mittheilungen des Handels-Gremiums in Hernals. Wien 1893 ff. H: *Purscht, Alex.* (EB)

Mitteilungen der Handelskammer zu Altena für das Lennegebiet des Kreises Altena und für den Kreis Olpe. Im Auftr. d. Handelskammer hrsg. von Dr. Christoph Marx, Syndikus. Nr 1. (Altena: Handelskammer 1910.) 4⁰ (10. 10036

Mittheilungen der Handelskammer zu Berlin. Berlin 1903—11. Red: *Ehlers, Otto.* (KGBerlin II, 2405)

Mitteilungen der Handelskammer zu Bochum (umfaßt die Kreise Bochum Stadt und Land, Gelsenkirchen Stadt und Land, Witten Stadt und Hattingen). Vom Syndikus der Handelskammer in deren Auftrag hrsg. Jg. 1—6 (1903—1908). Bochum, 1903—1908 u. ff.

Mitteilungen der Handelskammer zu Bochum. Jg 6 ff. (Bochum) 1903 ff. 8⁰
6. 1908, 7. 1909.

Mitteilungen der Handelskammer für den Regierungsbezirk Bromberg. [*Wird fortges.*]
[*Nebst Sonderh.*]
Mitteilungen, Statistische [*Wird fortges.*]

Mitteilungen der Handelskammer für den Regierungsbezirk Bromberg. Im Auftr. d. Handelskammer hrsg. Jg 2 ff. Bromberg 1906 ff. 4⁰
2. 1906—4. 1908.
[*von Jg 1907 ab nebst Sonderh.*]
Statist. Mitteilungen z. Jahresber. f. 1906 ff.
1906, 1907, 1908.

Mitteilungen der Handelskammer für Elberfeld. Jg 1. Elberfeld 1907. 4⁰

—— der Handels- und Gewerbe-Kammer in Brünn. I—III. 8. (38 S.) Brünn 884, Winkler's Buchh. *
Inhalt:
I. Mans, Jos., commercieller Bericht über eine Reise nach Central-Amerika.
II. Morgenstern, Bernh., Bericht über den internationalen Getreide- und Saatenmarkt in Wien 1881.
III. Kuffner, Ludw., Bericht über die internationale Ausstellung in Calcutta 1883/84.

Mitteilungen der Handelskammer zu Halle a. S. 1905-10. 4⁰ Halle 1905-10

Mitteilungen der Handelskammer zu Hanau. Im Auftrage der Handelskammer von ihrem Syndikus hrsg. Jg. 1—8 (1900/01–1908). Hanau, 1900–1908 u. ff.

Mittheilungen der Handelskammer zu Hanau. Im Auftr. d. Handelskammer hrsg. von deren Secretair K[onrad] G[ustav] Steller. Jg. 1. *Hanau: Handelskammer 1900.* 4⁰ [Z.] 104 336 4

Mitteilungen der Handelskammer zu Koblenz. Hrsg. im Auftrage der Kammer von ihrem Syndikus. Jg. 1—5 (1904—1908). Koblenz, 1904–1908 u. ff.

Mitteilungen der Handelskammer zu Coblenz. Hrsg. im Auftr. d. Kammer von ihrem Syndikus Dr. jur. [Eugen] Gertz. Jg. 1. No 1. Coblenz: Handelskammer 1904. 4⁰ [Z.] 105. 3456

— der Handelskammer zu Leipzig. Hrsg.: Wendtland. Verantwortlicher Red. des jurist. u. verwaltungsrechtl. Tls.: Roßbach, des volkswirtschaftl. Tls.: Heubner. 1. Jahrg. Juli—Dezbr. 1904. 6 Nrn. (186 S.) Lex.-8. Leipzig, A. Twietmeyer. n. 3. —

— dasselbe. 2. u. 3. Jahrg. 1905 u. 1906. à 12 Nrn. (339 u. 462 S. u. Jahresbericht der Handelskammer zu Leipzig auf d. J. 1904 bezw. 1905. (56 u. 52 S.) Lex.-8. Ebd. à Jhrg. n. 6. —

— der Handelskammer zu Leipzig. Hrsg.: Wendtland. Verantwortlicher Red. des jurist. u. verwaltungsrechtl. Tls.: Klien, des volkswirtschaftl. Tls.: Kühn. 4.—7. Jahrg. 1907—1910. à 12 Nrn. (458, 322, 386 u. 386 S.) Lex. 8. Leipzig, A. Twietmeyer. à Jahrg. 6. —

Mitteilungen der Handelskammer zu M Gladbach. Schriftleitung: Synd. Dr. Apelt. Jg. 1. M Gladbach [Handelskammer] 1908. 4⁰ 109. 1391

Mitteilungen der Handelskammer für den Regierungsbezirk Oppeln. Im Auftrage der Handelskammer hrsg. von ihrem Syndikus. Jg. 1—14 (1898—1908). Oppeln, 1898—1908 u. ff.

Mitteilungen der Handelskammer für den Regierungsbezirk Posen. Hrsg. im Auftr. d. Handelskammer. Jg. 1 ff. Posen 1905 ff. 4⁰

Mittheilungen der Handelskammer zu Schweidnitz. Handels-, Gewerbe- und Verkehrs-Nachrichten. Red. von F. *Feder* [später von Anderen]. Als Ms. gedr. Jg 1 ff. Schweidnitz 1896 ff. 8⁰.
1, 1896—18, 1910.

Mitteilungen der Handelskammer zu Solingen. Im Auftrage der Handelskammer hrsg. von ihrem Syndikus. Jg. 6—9 (1904/05—1908). Solingen, 1904—1908 u. ff.

MITTEILUNGEN DES HANDELSVERTRAGSVEREINS.
No. (Nr.) 1—24. 1 VII. 01 — 1 IX. 02. Berlin. (Druck und Verlag von Liebheit & Thiesen. — Ohne bes. Titelblatt.) 4⁰

DEUTSCHE WIRTSCHAFTSPOLITIK. Mitteilungen des Handelsvertragsvereins.
Nr 25—27 1 X 02 — 1 XII 02. ib. (— Ohne bes. Titelblatt.)
DEUTSCHE WIRTSCHAFTSPOLITIK
Für die Redaktion verantwortlich W BORGIUS.
Nr 28—30.[1]) 15. I 03 — 15. III 03. ib. (— Ohne bes. Titelblatt.)

[1]) Deutsche Wirtschaftspolitik Nr. 28 hat den Umschlagtitel: Deutsche Wirtschaftspolitik und Mitteilungen des Handelsvertragsvereins. Januar 1903.

Redaktion W BORGIUS.
Nr 31—39.[1]) April 1903 — Dezember 1903. ib. (Verlag Franz Siemenroth. Ohne bes. Titelblatt.)

MITTEILUNGEN DES HANDELSVERTRAGSVEREINS.
Nr 28—30. 15. I 03 — 15. 3. 03. ib. (Druck und Verlag von Liebheit & Thiesen.)
Für die Redaktion verantwortlich PAUL KÖPCKE.
Nr 31—34. 15. 4. 03 — 15. 7 03. ib. (Druck von A. W Hayns Erben.)
Für die Redaktion verantwortlich W BORGIUS.
Nr 35—38. 15. 8. 03 — 1 II. 03. ib. (—.)
MITTEILUNGEN DES HANDELSVERTRAGSVEREINS.
Redaktion und Geschäftsstelle Berlin.
Jahrg. 1903. (Druck von A. W Hayns Erben, Berlin und Potsdam.) (Ohne bes. Titelblatt.) 4°.
Jahrg. 1904. (ib. —.)
Jahrg. 1905. (ib. Druck von Liebheit & Thiesen.)
Jahrg. 1906—1911 (ib. —.)
Herausgegeben von MAX NITZSCHE.
Nr 1—6. Berlin 1912. Liebheit & Thiesen.

[1]) Deutsche Wirtschaftspolitik Nr. 29—39 haben den Umschlagtitel: Deutsche Wirtschaftspolitik mit Beilage: Mitteilungen des Handelsvertragsvereins. Februar 1903 — Dezember 1903.

—— aus Handschriften u. seltenen Druckwerken. Von J. B. Adrian. gr. 8. (30 B.) Frankfurt a. M. 846, Sauerländer's Verl. *

Mitteilungen eines jungen ausgewanderten Handwerkers über Amerika. Schaffhausen 1848.

— eines jungen ausgewanderten Handwerkers über Amerika an seine Verwandten u. Freunde in Schaffhausen. br. 8. (15 S.) Schaffhausen 850, Brodtmann. 3 ngl

— über den badischen Handwerkergenossenschaftstag 1908 12. Karlsruhe 1908-12

— üb. den 2. badischen Handwerkergenossenschaftstag zu Mannheim am 15. u. 16. V 1909. Hrsg. im Auftrage des Verbandes bad. Handwerkergenossenschaften e. V. Karlsruhe v. H Lohr. (Umschlag: 2. Aufl.) (108 S. m. 1 Tab.) 8. Karlsruhe, J. Lang 1910 1. —
Die Mitteilungen üb. den 1. Genossenschaftstag sind nicht im Handel.

Mitteilungen des Deutschen Handwerks- und Gewerbekammertages. Hrsg. von der Handwerkskammer zu Hannover als Vorort. Hannover 1906. 4°

Mitteilungen vom Hansa-Bund f. Gewerbe, Handel u. Industrie. Jg. 1. 2. Berlin 1909. 1910. 4°
(Fortges. u. d. Tit.:)
Hansa-Bund. Jg. 1. Berlin 1911. 4°

MITTEILUNGEN DER HAUPTSTELLE DEUTSCHER ARBEITGEBERVERBÄNDE.
Nr 1 Berlin, den 7 Juli 1904 [1]) (Ohne bes. Titelbl.) 4° — Nr 2 Berlin, den 19 Dezember 1904 Berlin. Verlag H A. Bueck. — Nr 3. Berlin, den 6. Januar 1905 ib. — Nr 4 Berlin, den 18. Januar 1905. ib. — Nr 5. Berlin, den 19. Januar 1905 ib. — Nr 6. Berlin, den 20 Januar 1905. ib. — Nr 7 Berlin, den 22. Januar 1905. ib. — Nr 8. Berlin, den 23. Januar 1905. ib. — Nr 9. Berlin, den 25 Januar 1905. ib. — Nr 10. Berlin, den 31 Januar 1905. ib. — Nr 11 Berlin, den 1 Februar 1905. ib. — Nr 12. Berlin, den 3. Februar 1905. ib. — Nr 13. Berlin, den 6. Februar 1905. ib. — Nr 14. Berlin, den 9. Februar 1905. ib. — Nr. 15. Berlin, den 27 März 1905. ib. — Nr. 16. Berlin, den 29 April 1905. ib. — Nr 17 Berlin, den 26. Mai 1905. ib. — Nr 18. Berlin, den 16. August 1905. ib. — Nr. 19. Berlin, den 16. August 1905. ib. — Nr 20. Berlin, den 7 September 1905. ib. — Nr 21 Berlin, den 14. Dezember 1905. ib. — Nr 22. Berlin, den 12. April 1906. ib. — Nr. 23. Berlin, den 17 Januar 1908. ib. — Nr 24. Berlin, den 15. Oktober 1908. ib. — Nr 25. Berlin, den 1 November 1908. ib. — Nr. 26. Berlin, den 15. November 1908. ib. — Nr 27 Berlin, den 1 Dezember 1908. ib. —

MITTEILUNGEN DER HAUPTSTELLE DEUTSCHER ARBEITGEBERVERBÄNDE.
Schriftleiter Dr jur TÄNZLER.
Nummer 1—24. Jahrg. 1909. Berlin. Druck und Verlag der Buchdruckerei Gutenberg (Fr Zillessen). (Ohne bes. Titelbl.) 4°

Mitteilungen der Hauptstelle deutscher Arbeitgeberverbände. Schriftleit. [Fritz] *Tänzler*. Jg. 1909. (Berlin 1909.) 4°
(Fortges. u. d. Tit.:)
Der Arbeitgeber Mitteilungen der Hauptstelle Deutscher Arbeitgeberverbände. Schriftleit. [Fritz] *Tänzler* Jg. 1910 ff. (Berlin 1910) ff. 4°

— d. Minden-Ravensbergischen landwirthschaftl. Haupt-Vereins. 1., 2. Hft. gr. 8. Minden 844. (Eßmann.) à 1/6 ₰

Mitteilungen des Rheinischen Hauptvereins des evangelischen Bundes. Jg. 1–(10). Duisburg Ewich 1891–(1900). 8°
Hrsg. Terlinden.

Mitteilungen für den Haus-, und Küchengeräte- und Eisenwaarenhandel Remscheid. von der Nahmer 1898–(1902). 8°
Red. W Bachmann.

Mitteilungen für den Haus- u. Küchengerät- u. Eisenwaren-Handel. Illustr. Fachblatt. Red.: Wilh. Hachmann. 3. u. 4. Jahrg. 1901 u. 1902. à 12 Hfte. gr. 8. (à ca. 40 S.) Remscheid, Alexanderwerk A. v. der Nahmer. à Jahrg. n. 2. —

— für den Haus- u. Küchengerät- u. Eisenwaren-Handel. Illustrirtes Fachblatt. Red.: Wilh. Hachmann. 5 Jahrg. 1903. 12 Hefte. (à ca. 32 S.) gr. 8. Remscheid, Düsseldorf (Hansa-Haus). Verlag d. Mitteilgn. f. d. Eisenwaren- usw. Handel. n. 2. —
Fortsetzg., s.: Mitteilungen f. den Eisenwaren-, Haus- u. Küchengerät-Handel.

Mitteilungen über Haushaltmaschinen. Anregungen u. Winke f. d. Haus-u. Küchengeräthandel.. Jg. [1.] 1898/99. Remscheid: Alexanderwerk A. v. der Nahmer 1898–99. 8° [F.] [06. 5]

—— häusliche, zur Belehrung u. Unterhalt. f. d. Bürger u. Landmann. Eine Sammlung ausgewählt. Erzähln., wahrer Ereignisse u. Anekdoten, Denk-, Sittensprüche u. Parabeln, dann öconom. Notizen u. and. Mannigfaltigkeiten. Hrsg. v. F. X. Arming. 1. Bd. gr. 12. (8 B.) München 829, [Jaquet.] Thlr.

— häusliche, z. Belehr. u. Unterhalt. f. d. Bürger u. Landmann. Eine Samml. ausgewählter Erzähll., wahrer Ereignisse u. Anekdoten, Denk- Sittensprüche u. Parabeln rc. Herausgg. v. F. X. Arming. 1r Bd. gr. 12. Münch. 829. Michaelis. 8 gl

Mittheilungen über Haus- Land- und Forstwirthschaft für die Schweiz. Hrsg. Landwirtsch. Ges i Kanton Aargau. - Aarau. Jg 1-46. 1843-1888. - (M n. erm)

—— üb. Haus-, Land- u. Forstwirthschaft f. d. Schweiz. 1841—47. à 26 Nrn. (½ B.) gr. 8. Aarau, Christen. à J. *

— üb. Haus-, Land- u. Forstwirthschaft f. die Schweiz. Jahrg. 1847—1852. à 26 Nrn. gr. 8. (½ Bog.) Aarau, Christen. à Jahrg. n. 2/3 ₰

— über Haus-, Land- und Forstwirthschaft für die Schweiz. Jahrg. 1853—56. à 26 Nrn. (à ½ Bgn.) Aarau, Christen. gr. 8. Jeder Jahrg. n. 22 ngr.

— über Haus-, Land- und Forstwirthschaft. Herausg. von der landwirthschaftl. Gesellschaft des Cantons Aargau. (15. u. 16.) Jahrg. 1857 u. 58. à 26 Nrn. (à ½—1 Bgn.) Aarau, Christen. gr. 8. n. 22 ngr.

— über Haus-, Land- und Forstwirthschaft. Red.: J. Glaser. 17—21. Jahrg. 1859—63. à 26 Nrn. (à ½—1 Bgn.) Aarau, (Christen.) gr. 8. Jeder Jahrg. n. 22 ngr.

— — 22. Jahrg. 1864. 52 Nrn. (à ½ Bgn.) Ebend. gr. 4. n. 1 ₰ 6 ngr.

—— dass. — Redact.: Simler. 23.—25. Jahrg. 1865—67. à Jahrg. 52 Nrn. (½ Bog.) gr. 4. (Ebendas.) à Jahrg. *

—— über Haus-, Land- und Forstwirthschaft. Redact.: Simler. 26. und 27. Jahrg. à Jahrg. 52 Nrn. (à ½ Bog.) gr. 4. Aarau, Christen. à Jahrg. *

—— dass. — Redact.: Römer und Simmler. 28. Jahrg. 1870. 52 Nrn. (à ½ Bog.) 4. Ebendas. *

—— dass. — Organ der landwirthschaftl. Gesellschaft des Kantons Aargau. Redact.: Fr. Möri. 29. Jahrg. 1871. 52 Nrn. (à ½ Bog.) gr. 4. Ebendas. *

—— dass. — Redact.: R. Markwalder. 30.—32. Jahrg. 1872—1874. à Jahrg. 52 Nrn. (à ½ Bog.) gr. 4. Ebendas. à Jahrg. *

—— über Haus-, Land- und Forstwirthschaft. Organ der landwirthschaftl. Gesellschaft des Cantons Aargau. Redact.: R. Markwalder. [33. Jahrg.] 1875. 52 Nrn. (à ½ Bog.) gr. 4. Aarau, Christen. *

—— dass. — [34. Jahrg.] 1876. 52 Nrn. (à ½ Bog.) gr. 4. Ebendas. *

—— dass. — Redact.: Th. Herzog. [35.—37. Jahrg.] 1877—1879. à Jahrg. 52 Nrn. (à ½ Bog.) gr. 4. Ebendas. à Jahrg. *

—— über Haus-, Land- und Forstwirthschaft. Organ der landwirthschaftl. Gesellschaft des Kantons Aargau. Redact.: Th. Herzog. 38.—42. Jahrg. 1880—1884. à Jahrg. 52 Nrn. (à Nr. ½ Bog.) gr. 4. Aarau, Christen. à Jahrg. *

—— über Haus-, Land- und Forstwirthschaft. Organ der landwirthschaftl. Gesellschaft des Kantons Aargau. Redact.: Th. Herzog. 43.—46. Jahrg. 1885—1888. à Jahrg. 52 Nrn. (à Nr. ½ Bog.) gr. 4. Aarau, Wirz-Christen. à Jahrg. *

Mitteilungen: Hauswirtschaftliche Mitteilungen
v. Bernische Blätter für Landwirthschaft, Wald- und Gartenbau.

Mitteilungen zur Hebung der Industrie sprechender Maschinen. (Umschlag: Winke u. Ratschläge zur Herstellg. von besprochenen Walzen.) 12. (18 S.) Berlin (N.W., Perlebergerstr. 5a) 901. Herm. Berger. 1.—

Mitteilungen des k. u. k. Heeresmuseums im Artilleriearsenal in Wien. Hrsg. v. d. Kuratorium des k. u. k. Heeresmuseums. H. 1—3. Wien 1902—1907.

H. 1. Erben, W. Kriegsartikel und Reglements als Quellen zur Geschichte der k. u. k. Armee.
H. 2. — — Zur Geschichte des österr. Kriegswesens im 15. Jhrh.
— — Gregor Löffler u. Martin Hilger in der Geschützsammlung des Heeresmuseums.
Redlich, Dr. O. Ein Exerzier-Reglement aus der Zeit des Prinzen Eugen.
John, W. Zwei Quellen zur Geschichte der k. u. k. Armee a. d. Beginn des 19. Jhrh.
H. 3. Stoehr, A. Erinnerungen eines österr. Offiziers a. d. mexikan. Feldzuge 1864/67.
Erben, W. Beiträge zur Geschichte der Landsknechte.
Berger, Dr. F. Zur Geschichte der Tiroler Landesverteidigung i. J. 1510.

— des k. u. k. Heeresmuseums im Artillerie-Arsenal in Wien. Hrsg. von dem Kuratorium des k. u. k. Heeresmuseums. 1. Hft. gr. 8. (XXIX, 200 S. m. Fig.) Wien 902. (C. Konegen.) n. 5.—

Mitteilungen des k. u. k. Heeresmuseums im Artillerie-Arsenal in Wien. Hrsg. v. dem Kuratorium des k. u. k. Heeresmuseums. 2. Heft. (XLIX, 126 S. m. 3 Taf.) gr. 8. Wien 903. (C. Konegen.) n. 5.—

— des k. u. k. Heeresmuseums im Artilleriearsenal in Wien. Hrsg. v. dem Kuratorium des k. u. k. Heeresmuseums. 3. Heft. (III, 137 S.) gr. 8. Wien 907. (C. Konegen.) 5.—

Mitteilungen der Handelskammer Heidenheim a. d. Brenz. Jahresbericht für 1908-11. 4° Heidenheim 1909-12

Mitteilungen aus der Heiden-Mission. Jg. 1–6 (zu je 12 Hftn). Narva (Dorpat· Gläser) 1864 69 8°
Hrsg. W Hansen

— aus der Heiden-Mission. Herg. von W. Hansen, unter Mitwirkung von R. Vogel. 5. u. 6. Jahrg. 1868 u. 1869. 12 Hefte (à ca. 26 S.). Narva. (Dorpat, Gläser.) gr. 8. Jeder Jahrg. n. 1 Thlr 15 ngr.

— aus der Heiden-Mission. Hrsg. v. W. Hansen unter Mitwirkg. v. R. Vogel. 7 Jahrg. 1870. 12 Hfte gr. 8. (1. Hft. 42 S.) Dorpat, Schnakenburg. n. 4. 60

— aus Dr. Brehmer's Heilanstalt f. Lungenkranke in Görbersdorf. Hrsg. v. H. Brehmer. Mit 11 Kurventaf. u. mehreren in den Text eingedr. Holzschn. gr. 8. (VII, 374 S.) Wiesbaden 889. Bergmann. n. 8.—

— dasselbe. Neue Folge. Mit e. Nachruf an Dr. Brehmer v. C. Flügge. Mit d. Verstorbenen Portr. in Heliogr. u. 2 Taf. u. mehreren Textabbildgn. gr. 8. (XXXII, 170 S.) Ebd. 890. n. 5.—

— aus dem Gebiete der Heilkunde. Im Vereine mit mehren prakt. Aerzten Moskaus herausgeg. von Dr. Blumenthal, D. R. Anke, D. G. Levestamm. gr. 8. Leipzig 845, Brockhaus. n. 1 Thlr

— aus d. Gebiete d. gesammten Heilkunde. Herausgg. v. einer medicin.-chirurg. Gesellschaft in Hamburg. 1r Bd. gr. 8. Hamb. 830. Hoffmann u. Campe. 2 Thlr 6 gr

— aus dem Gebiete der gesammten Heilkunde. Herausg. von einer medicin.-chirurg. Gesellschaft in Hamburg. 2r Bd. gr. 8. Hamburg 833. (Perthes, Besser u. Mauke.) 1⅓ Thlr

— aus der Wiener Heilstätte f. Lupuskranke. Hrsg. v. Eduard Lang. I. Folge. (102 S. m. Abb.) gr. 8. Wien 907. (J. Šafář.) 3.—

MITTEILUNGEN DES BUNDES „HEIMATSCHUTZ" Herausgegeben im Auftrage des Vorstandes von der Geschäftsstelle Charlottenburg. (Für die Schriftleitung verantwortlich ROBERT MIELKE, Charlottenburg.)
Jahrg. 1 1904—1905. Nr 1—10—12. April 1904 — Juli 1905. (Halle a. S. Druck von Gebauer-Schwetschke Druckerei und Verlag m. b. H.) 8°

MITTEILUNGEN DES BUNDES „HEIMATSCHUTZ" (Herausgegeben im Auftrage des Vorstandes von der Geschäftsstelle Charlottenburg.)
(Jahrg. 1.) 1904—1905. (Charlottenburg 1905.)
(Jahrg. 2.) 1905—1906. (ib. 1906.) —
(Jahrg. 3.) 1907 Herausgegeben vom Geschäftsführenden Vorstand des Bundes Heimatschutz. (Mit Tafeln.) (ib 1907.)

Sachsischer Heimatschutz. Landesverein z. Pflege heimatl. Natur, Kunst u. Bauweise **Mitteilungen.** H. 1–3. Dresden G. Kühtmann 1908. 8° [J.]
[08. 1600]

Mittheilungen über Heimstätten- und Landhaus-Anlagen zu Borgsdorf bei Berlin '(Nordbahn)', ausgeführt durch d. Aktien-Ges. Pionier zu Berlin, Agitationsinst. f. volkswirthschaftl. u. sittl. Fortschritt ... *Berlin: Dr. d. Pionier-Buchdr. F. Spiethoff (1893).* (16 S., 5 Bl.) 1 Bd 4.
[98. 5125]

HERALDISCHE MITTHEILUNGEN herausgegeben vom Verein „Zum Kleeblatt" in Hannover
Redigirt von H AHRENS.
1892—1901 Jahrg III—XII ib —

HERALDISCHE MITT(H)EILUNGEN Monatsschrift für Wappenkunde und Wappenkunst unter Beachtung damit verwandter Gebiete (Organ des Heraldischen Vereins „Zum Kleeblatt")
Herausgegeben von H AHRENS in Hannover
1902 Jahrg XIII (Mit Tafeln) ib. –
1903 Jahrg XIV ib. –
Herausgegeben von H. AHRENS in Hannover nach dessen Tode vom Heraldische Vereine „Zum Kleeblatt" in Hannover Schriftleitung R. PH BROMME.
1904 Jahrg XV ib Druck und Versand Jaab & Kohlrautz.
Herausgegeben vom Heraldischen Verein „Zum Kleeblatt" in Hannover Schrifleitung R PH BROMME.
1905 Jahrg XVI ib –
1906. Jahrg XVII ib. Druck und Versand Metz & Marcussen.
1907 Jahrg XVIII ib. –
1908. Jahrg XIX ib. –

HERALDISCHE MITTEILUNGEN Monatsschrift für Wappenkunde, Wappenkunst und verwandte Gebiete
Herausgegeben vom Heraldischen Verein „Zum Kleeblatt" in Hannover
1909[1]) Jahrg. XX ib. –
1910. Jahrg. XXI ib. –
1911 Jahrg. XXII ib. –
1912. Jahrg. XXIII. ib. —
1913. Jahrg. XXIV ib. —
[1]) 1909–1911 Titel fingiert.

Mitteilungen uber die Herstellung von Betonkorpern mit verschiedenem Wasser-Zusatz, sowie uber d. Druckfestigkeit u. Druckelastizität derselben. Veröffentlicht von C[arl] Bach. Mit 11 Taf. Stuttgart 1903. C. Grüninger (43 S.) 4° (03. 1083)

Mitteilungen aus beiden H e s s e n , Nassau, Waldeck und den Grenzgebieten. Kassel. Beyreiss 1892–(1902). 8°
Red.: Wilhelm Chr Lange.

— **u. Notizen, hippologische**, üb. die Natur, Eigenschaften, Pflege u. Verwendung d. Pferdes. gr. 8. (XII, 271 S.) Wien 874. Sintenis. n. 4. 80

Mittheilungen u. Notizen, hippologische, über die Natur, Eigenschaften, Pflege u. Verwendung des Pferdes. gr. 8. (XII, 271 S.) Wien 878. Fr. Beck. n. 3. —

Historisch-antiquarische **Mittheilungen**. hrgg v. der Koniglichen Gesellschaft für nordische Alterthumskunde Kopenhagen. 1856. 8°

Mitteilungen: Historische Mitteilungen
v. **Oltner Tagblatt, Volksblatt vom Jura.**

Mitteilungen. – H i s t o r i s c h e Mitteilungen für die Provinz Posen. Jg. 1– Posen. Lolowicz 1900– 8°

historisch-topographische und baugeschichtliche **Mittheilungen** (den Mitgliedern der XV. Versammlung deutscher Architekten u. Ingenieure dargebracht vom archit. Vereine). Hamb. 1868. 8°.

Mitteilungen über volksthümliche H o c h s c h u l k u r s e und sinnverwandte Institute Nr. 1–7 München: Expedition 1897 1898 8°
Auch Beilage zu den Hochschulnachrichten.

— für **Hochschulpädagogik.** Vierteljahrsschr. d. „Gesellsch. f. Hochschulpädagog.". Red.: Hans Schmidkunz. April 1910—März 1911. 4 Nrn. (III, 68 S.) gr. 8. Berlin-Halensee, (Joachim-Friedrichstr. 6). Dr. H. Schmidkunz. (Leipzig, E. Wiegandt.) 1.—; erh. Pr. 4.—

— höchst wichtige, für alle Pferdebesitzer. Naumburg (855.) Garcke. 8. versiegelt n. 5 ngr. 15 ngr

Hoechst wichtige Mitteilungen für alle Pferdebesitzer. 3. verm. Aufl.
Naumburg 1857. 102 S.

— höchst wichtige, für alle Pferdebesitzer. 5—7. sehr verm. und durch eine Einleitung über Pferdezucht erweiterte Aufl. Naumburg, Garcke. 16. versiegelt 1 ngr.

—— höchst wichtige, für alle Pferdebesitzer. 5. und 6., sehr verm. und durch eine Einleitung über Pferdezucht erweiterte Aufl. 16. Naumburg 858, [Tauerschmidt.]

— aus Hohenheim, s. Walz.

Mittheilungen aus Hohenheim, v. W a l z. H. (1)-6 (2 Vol.). Stuttg. ([1] u. Tübing., [2] u. Augsb.) 1853-65.
(H. 3-4 o. m. Sert.. 3 se 79 Walz, 4 se 391 Wolff. — Sml. ovf. Landw. Erfahrungen aus H.).

Mittheilungen aus Hohenheim von (Gust.) Walz. 3—5. Heft. gr. 8. Stuttgart, Cotta'sche Buchh.
Inhalt:
Heft 3. Ueber die Ernährung der Agrikultur-Pflanzen. Eine Beleuchtung der 50 Thesen des Frhrn. Justus v. Liebig, von landwirthschaftlicher Seite. (VII und 163 S.) 857. 21 Ngr.
„ 4. Die Mineralstöffler und die Stickstöffler in der Landwirthschaft. Nebst einer Beleuchtung der neuesten chemischen Briefe des Frhrn. Justus v. Liebig von Emil Wolff. (V und 151 S.) 858. 27 Ngr.
„ 5. Rechnungsergebnisse der hohenheimer Wirthschaft von 1853—54, 1854—55, 1855—56, 1856—57. — Das würtembergische Schäfereiwesen. — Ueber die Einrichtung von Rindviehställen. — Beiträge zur Erschöpfung des Bodens durch die Kultur, von Emil Wolff. — Anhang. (V und 346 S.) 860. 1 Thlr. 24 Ngr.
1. und 2. Heft. Ebendas. 1852 und 55. 1 Thlr. 12 Ngr.

—— aus H o h e n h e i m von (Gust.) Walz. 6. Heft. gr. 8. (III und 130 S.) Stuttgart 865, Cotta'sche Buchh.
1.—5. Heft. Ebendas. 1852—60. 4 Thlr. 24 Ngr.

—— **aus** H o h e n h e i m. Unter Mitwirkung von E. v. Wolff, v. Ehmann, Kirchner, Behrend, Sieglin, Strebel und v. Tröltsch hrsg. von O. Vossler. gr. 8. (V, 238 S. mit 4 n Lichtdr. ausgeführten Plänen.) Stuttgart 887, Ulmer. *
geb. *

— f. Höhlenkunde. Hrsg. vom Verein f. Höhlenkunde in Graz. Schriftleiter: J. A. Ippen. 1. Jahrg. 1. Heft; 2. Jahrg. 2 Hefte u. 3. Jahrg. 1. Heft. (10 S.; 16 S. u. S. 1—10 m. Abbildgn.) Lex. 8. Graz 908—10. (P. Cieslar.) à Heft — 40

Mitteilungen für schweizerische Holzarbeiter
③ Mitteilungsblatt der Holzarbeitergewerkschaft Zürich ④ Holzarbeiter ⑤ 1887 ⑧ Zürich ⑫ sozialistisch ⑬ Zum Abschied. «Schweizerische Holzarbeiter-Zeitung» Nr. 27 vom 1. 7. 1922.
Vorh. u. d. T Mitteilungsblatt der Holzarbeitergewerkschaft.

— über Holzindustrie. Fach-Zeitschr. für Holz-Production, Holzhandel u. Holz-Industrie. Herausg. vom niederösterr. Gewerbe-Verein. Red. W. F. Exner. 7. Jahrg. 1886. 12 Nrn. (B) Lex.-8°. Wien. Ebd. Baar. fl. 4.—.
— dasselbe Section für Metall-Industrie u. Elektrotechnik. Red Carl Pfaff. 2. Jahrg 1886. 12 Nrn. (B) Lex.-8°. Ebd. Baar fl. 4.—.

Mitteilungen des Deutschen H o p f e n b a u v e r e i n e s . Nürnberg. Hopfenbau-Verein 1895–1915 8°

— über Christian Sigismund Horn, Freibergs Wohlthäter, u. seine Stiftung. Ausgegeben bei der 1. Säcularfeier der Horn'schen Stiftung am 24. März 1836. (Von dem Stadtrath zu Freiberg. — Mit Horn's Bildniß.) gr. 4. Freiberg 836. (Engelhardt.) baar 1/6 ngr.

Mittheilungen des österreichischen Hundezucht-Vereines. Wien 1885—92. H: *Markowsky, Rudolph.* (EB)

Mittheilungen über die Hundswuth, wie sie in den Jahren 1861 und 1862 in der Rheinprovinz beobachtet wurde. Zsgest. aus d. Sanitäts-Berichten d. Aerzte u. Thierärzte vom Kgl. Rhein. Medicinal-Collegium. Gedr. Ms. Coblenz 1864. 40 S.

—— **hydrographische.** Hrsg. von dem hydrograph. Bureau der kaiserl. Admiralität. 1. Jahrg. 1873. 26 Nrn. (à $1\frac{1}{3}$ Bog.) Mit Beiblatt: Nachrichten für Seefahrer. 4. Jahrg. 1873. 52 Nrn. (ca. $\frac{3}{4}$ Bog.) hoch 4. Berlin, (Mittler und Sohn.) *
—— dass. — 2. Jahrg. 1874. 26 Nrn. (à $1\frac{1}{2}$ Bog.) hoch 4. (Ebendas.) *

—— **hydrographische.** Hrsg. von dem hydrograph. Bureau der kaiserl. Admiralität. 3. Jahrg. 1875. 26 Nrn. (à $1\frac{1}{2}$ —2 Bog.) hoch 4. Berlin, (Mittler und Sohn.) *
Fortsetzung u. d. T.: Annalen der Hydrographie.

Mittheilungen des n. ö. Jagdschutz-Vereines. Wien 1879 ff. H: *Troll, Joseph.* (EB)

Mittheilungen aus dem Jahrbuche der k. ungarischen geologischen Anstalt. Bd. 1—10. Budapest 1872—95.

— aus dem Jahrbuche der kön. ungar. geologischen Anstalt. I—3. Bd. à 3 Hfte. u. 4. Bd. 1. u. 2. Hft. gr. 8. Budapest 872—76 (Berlin Friedländer & Sohn.) n. 35. 50

I. 1. Die geologischen Verhältnisse d. Graner Braunkohlengebietes von Max. v. Hantken. Mit e. geolog. Karte (chromolith. gr. Fol.) (IV, 147 S.) n. 3. —
2. Die geologischen Verhältnisse d. Ofen-Kovácsior Gebirges v. Karl Hofmann u. die geolog. Beschreibg. d. Sz.-Andrä-Vissegráder-u. d. Piliser-Gebirges v. Ant Koch. (S. 148—290.) n. 2. 50
3. Die geologischen Verhältnisse d. nordöstlichen Siebenbürgens. Von Frz. Herbich. — Die geologischen Verhältnisse der Umgebung v. Klausenburg. Von Alexis v. Pávay. (159 S.) n. 2. 50

II. 1. Ueber die Braunkohlen-Flora d. Zsily-Thales in Siebenbürgen v. Osw. Heer. Mit 6 Steindr.-Taf. (25 S.) n. 3. —
2. Die geolog. Verhältnisse d. südl. Theiles d. Bakony. 1. Thl. v. Joh. Böckh. (S. 26—180.) n. 2. 50
3. Beiträge zur Kenntniss der Fauna d Haupt-Dolomites u. der älteren Tertiär-Gebilde d. Ofen-Kovácsior Gebirges v. Karl Hofmann. Mit 6 (Stein-)Taf. (S. 181—206 m. 6 S. Tafelerklärgn.). Der Ofner Mergel von Max v. Hantken. (S. 207—234) n. 3. 50

III. 1. Die geologischen Verhältnisse d. südlichen Theiles d. Bakony. Von Joh. Böckh. 2 Thl. (180 S. m. 7 Steintaf. in Lex.-8. u. qu. gr. 4. u. 7 S. Taf.-Erklärgn.) n. 5. — (1. u. 2.: n. 7. 50)
2. Die fossilen Seeigel d. Ofner Mergels von Alexis v. Pávay. (In ungar. u. deutscher Sprache.) Mit 7 lith. Taf. (VIII, 180 S.) n. 5.
3. Neue Daten zur geologischen Kenntniss d. südlichen Bakony. Von Max v. Hantken. Mit 5 lith. Taf. (135 S. m. 5 Bl. Tafelerklärgn.) n. 2. 50

IV. 1. Die Fauna der Clavulina Szabói Schichten von Max v. Hantken. 1 Thl.: Foraminiferen. Mit 16 (lith.) Taf. (93 S. m. 16 Bl. Tafelerklärgn.) n. 5. —
2. Die eruptiven Gesteine d. Fazekasboda — Morágyer Gebirgszuges [Baranyaer Comitat.] Von Sam. Roth. (S. 95—123 m. eingedr. Holzschn.) n. 1. —

Mittheilungen aus dem Jahrbuche der königl. ungarischen geologischen Anstalt. 4. Bd. 3. Hft. u. 5. Bd. 1. Hft. Lex.-8. Budapest 877. (Berlin, Friedländer & Sohn.) n. 4. 10 (I—IV, 3. u. V, 1.: n. 39. 60)
IV, 3.: Brachydiastematherium transilvanicum Bkh. et Maty. Ein neues Pachydermen-Genus aus den eocänen Schichten Siebenbürgens von Joh. Böckh. (S. 125—150 m. 2 Steintaf. in Fol.) n. 2. 50
V, 1.: Ueber permische Pflanzen von Fünfkirchen in Ungarn. Von Osw. Heer. (18 S. m. 4 color. Steintaf.) n. 1. 60

—— aus dem Jahrbuche der königl. ungar. geologischen Anstalt. 4. Bd. 4. Heft, 5. Bd. 2. Heft, 6. Bd. 10 Hefte und 7. Bd. 1.—4. Heft. Lex.-8. Budapest. (Berlin, Friedländer und Sohn.)

Inhalt:

Bd. 4. 4. Heft: Böckh, J., geologische und Wasserverhältnisse der Umgebung der Stadt Fünfkirchen. (181 S. mit 1 geolog. Karte.) 881. *ℳ 4.
» 5. 2. Heft: Herbich, F., das Széklerland, geologisch und paläontologisch beschrieben. (363 S. mit 32 Taf. und 1 geolog. Karte.) 878. *ℳ 16.
» 6. 1. Heft: Böckh, J., Bemerkungen zu „Neue Daten zur geologischen und paläontogischen Kenntniss des südlichen Bakony". (22 S.) 877. *ℳ 1.
» 6. 2. Heft: Staub, M., mediterrane Pflanzen aus dem Baranyaer Comitate. (23 S. mit 4 lithogr. Taf. und 4 Bl. Tafelerklärungen.) 882. *ℳ 2,40.
» 6. 3. Heft: Hantken, M., das Erdbeben von Agram im J. 1880. (86 S. mit 2 lithogr. und color. Karten und 6 lithogr. Taf.) 882. *ℳ 3,50.
» 6. 4. Heft: Posewitz, Th., unsere geologischen Kenntnisse von Borneo. (31 S. mit 1 geolog. [lithogr. und color.] Karte.) 882. *ℳ 1,20.
» 6. 5. Heft: Halaváts, J., palaeontologische Daten zur Kenntniss der Fauna der südungarischen Neogen-Ablagerungen. I. Die pontische Fauna von Langenfeld. (12 S. mit 2 lithogr. Taf.) 883. *ℳ 1.
» 6. 6. Heft: Posewitz, Th., das Goldvorkommen in Borneo. (16 S.) 883. * 60 Pf.
» 6. 7. Heft: Szterényi, H., über die eruptiven Gesteine des Gebietes zwischen O-Sopot und Dolnya-Lyubkova im Krassó-Szörényer Comitate. (72 S. mit 2 lithogr. Taf.) 883. *ℳ 2,40.
» 6. 8. Heft: Staub, M., tertiäre Pflanzen von Ferek bei Klausenburg. (19 S. mit 1 lithogr. Taf.) 883. *ℳ 1,20.
Bd. 6. 9. Heft: Primics, G., die geologischen Verhältnisse der Fogarascher Alpen und des benachbarten rumänischen Gebirges. (34 S. mit 1 geolog. color. Karte und 5 Durchschnitten.) 884. *ℳ 1,50.
» 6. 10. Heft: Posewitz, Th., geologische Mittheilungen über Borneo. I. Das Kohlenvorkommen in Borneo. II. Geologische Notizen aus Central-Borneo. (34 S.) 884. *ℳ 1.
» 7. 1. Heft: Felix, J., die Holzopale Ungarns, in palaeophytologischer Hinsicht. (S. 1—44 mit 4 lithogr. Taf.) 884. *ℳ 1,50.
» 7. 2. Heft: Koch, A., die alttertiären Echiniden Siebenbürgens. (S. 45—132 mit 4 lithogr. Taf.) 883. *ℳ 3.
» 7. 3. Heft: Groller, M. v., topografisch-geologische Skizze der Inselgruppe Pelagosa im adriatischen Meere. (S. 133—152 mit 3 lithogr. Taf.) 883. *ℳ 4.
» 7. 4. Heft: Posewitz, Th., die Zinninseln im Indischen Ocean. I. (S. 153—192 mit 2 lithogr. Taf.) 885. *ℳ 2.

— [illegible] dem Jahrbuche der k. ungar. geolog. Anstalt. VII. Band 5. Heft. gr. 8. Budapest. Kilian. [illegible]
[illegible]
1886

— aus dem Jahrbuch der kgl. ungarischen geologischen Anstalt. VIII. Bd. 9 Hfte. Mit Fig. gr. 8. Budapest, (Kilian). n. 17. 80
1. (55 S.) 886. n. 5. —. — 2. (48 S.) 886. n. 1. 50. — 3. (16 S.) 886. n. 1. —. — 4. (20 S.) 886. n. 1. —. — 5. (18 S.) 887. n. 1. —. — 6. (28 S.) 888. n. 1. 50. — 7. (16 S.) 889. n. — 80. — 8. (24 S.) 889. n. 2. —. — 9. (131 S.) 890. n. 4. —.

— dasselbe. IX. Bd. 1. Hft. gr. 8. Ebd. 890. n. 1. —
Der Tiefbau am Dreifaltigkeits-Schacht in Vihnye. Von Stef. Martiny. — Geologischer Bau d. Alt-Antoni-Stollner Eduard-Hoffnungsschlages. Von Jul. Botár. — Geologische Aufnahme d. Kronprinz Ferdinand-Erbstollens. Von Frz. Pelachy. (33 S. m. Fig.)

— aus dem Jahrbuche der kön. ungarischen geologischen Anstalt. IX. Bd. 2.—6. Hft. Lex.-8 Budapest, (F. Kilián). n 5. 50 (1—6.: n. 6. 50)

2. Die pontische Stufe u. deren Fauna bei Nagy-Mányok im Comitate Tolna v. Emerich Lörenthey. (18 S. m. 1 Taf. u. 1 Bl. Erklärgn.) 890. n. — 80
3. Über einige Pflanzenreste v. Radács bei Eperjes, Comitat Sáros. Von Kázimir Miczyński. (15 S. m. 3 Taf. in Lichtdr. u. 3 Bl. Erklärgn.) 891. n. 1 —
4. Etwas üb. die Pflanzen v. Radács bei Eperjes. Von M. Staub. (18 S.) 891. n. — 50
5. Die zwei artesischen Brunnen v. Szeged. Von Jul. Halaváts. (24 S. m. 1 Abbildg. u. 2 Taf.) 891. n. 1. 20
6. Der Bergbau in den Siebenbürgischen Landestheilen. Von T. Weisz. (82 S.) 892. n. 2.

— aus d. Jahrbuche d. kgl. ungar. geologischen Anstalt. IX. Bd. 7. (Schluss-) Hft. Lex.-8. Budapest 895. (F. Kilián Nachf.) n. 7. 20 (IX. Bd. kplt.: n. 13. 70)

D. Pyroxen-Andesite d. Cserhát. E. petrograph. u. geolog. Studie. Im Auftr. d. kgl. ungar. naturwissenschaftl. Gesellschaft bearb. v Frz. Schafarzik. (III u. S. 185—374 m. 1 farb. Karte, 2 Taf. u. 3 Bl. Erklärgn.)

— dasselbe. 10. Bd. 6 Hfte. Lex.-8. Ebd. n 13. 10

1. Die Torflager der siebenbürgischen Landestheile. Von Geo. Primics. (24 S.) 892. n. 1. —
2. Palaeontologische Daten zur Kenntniss der Fauna der süd-ungarischen Neogen-Ablagerungen. Von Jul. Halaváts. (21 S. m. 1 Abbildg., 1 Taf. u. 1 Bl. Erklärgn.) 892. n. 1. 20
3. Geologisch-agronomische Kartirg. der Umgebg. v. Puszta-Szt.-Lörincz. Von Béla v. Inkey. (24 S. m. 1 farb. Taf.) 892. n. 1. 80
4. Die oberen pontischen Sedimente u. deren Fauna bei Szegzárd, Nagy-Mányok u. Arpád. Von Emerich Lörenthey (90 S. m. 3 Taf. u. 3 Bl. Erklärgn.) 894. n 3. 50
5. Tertiärfossilien aus den kohlenführenden Miocänablagerungen der Umgebung v. Krapina u. Radoboj u. üb. die Stellung der sogenannten „aquitanischen Stufe". Von Th. Fuchs. (15 S.) 894. n. — 60
6. Die Tertiärbildungen des Beckens der siebenbürgischen Landestheile. I. Thl. Paläogene Abtheilg. Von Ant. Koch. Mit Unterstützg. der ungar. Akademie der Wissenschaften u. der kön. ungar. geolog. Anstalt. (223 S. m. 4 z. Tl. farb. Taf.) 894. n. 5. —

Mittheilungen aus dem Jahrbuch der königl. ungarischen geologischen Anstalt. Bd. 1 (1871)—10 (1892—95). Budapest. 8. — General-Register zu Bd. 1—10 von J. Halaváts. Budapest 1898. 8.

— dasselbe. XI. Bd. 8 Hfte. gr. 8. Ebd. n. 30. 20

1. Daten zur Kenntniss d. geolog. Verhältnisse im oberen Abschnitte d. Iza-Thales, m. bes. Berücksicht. d. dort. Petroleum führ. Ablagergn. Von Joh. Böckh. (93 S. m. 1 farb. Taf.) 897. n. 3. —
2. Bodenverhältnisse d. Gutes Pallag d. kgl. ung. landwirtschaftlichen Lehranst. in Debreczen. Von Béla v. Inkey. (S. 95-116 m. 1 farb. Taf.) 897. n. 1. —
3. Die geolog. Verhältnisse des Alföld (Tieflandes zwischen Donau u. Theiss.) Von Jul. Halaváts. (M. 4 Taf.) Von d. ungar. Akademie d. Wiss. im J. 1894 m. d. Rózsay-Preis gekrönte Arbeit. (S. 117—198.) 897. n. 5. —
4. Die geolog. Verhältnisse d. Kremnitzer Bergbaugebietes v. montangeolog. Standpunkte. Von Alex. Gesell. (Mit 2 Taf.) (S. 199—257.) 897. n. 6. —
5. Studien in Erdöl führ. Ablagergn. Ungarns. I. Die Umgebg. v. Zsibó im Comitate Szilágy. Von L. Roth v. Telegd. (S. 259—298 m. 2 Taf.) 897. n. 4. —
6. Das Petroleumgebiet v. Körösmező (Marmaros). Von Thdr. Posewitz. (10 S. m. 1 farb. Taf.) 898. n. 2. —
7. Bodenkarte d. Umgebung v. Magyar-Óvár. (Ung.-Altenburg.) Von Pet. Treitz. (40 S. m. 3 farb. Taf. u. 3 Pausen.) 898. n. 6. —
8. Mezőhegyes u. Umgebung v. agronom-geologischem Gesichtspunkte. Von Béla v. Inkey. (III, 32 S. m. 1 farb. Taf.) 898. n. 3. 20

— aus dem Jahrbuche der königl. ungarischen geologischen Anstalt. XII. Bd. 5 Hfte. Lex.-8. Budapest, (F. Kilián's Nachf.). n. 17. 40

1. Die geologischen Verhältnisse v. Sósmező u. Umgebung im Comitate Háromszék, m. besond. Berücksicht. der dortigen petroleumführ. Ablagergn. Uebertragung aus dem im J. 1895 erschienenen ungar. Original. Von Joh. Böckh. (223 S. m. 1 farb. Taf.) 900. n. 6. —
2. Die agro-geologischen Verhältnisse der Gemarkungen der Gemeinden Mussla u. Béla. Uebertragung aus d. im Jan. 1898 erschienenen ungar. Original. Von Heinr. Horusitzky. (38 S. m. 2 farb. Taf.) 900. n. 3. —
3. Geologische Aufnamen im Interesse v. Petroleum-Schürfungen im nördlichen Teile des Comitates Zemplén in Ungarn. Von Koloman v. Adda. Uebertragung aus dem im Juni 1898 erschienenen ungar. Original, rev. vom Verf. u. vom Red. (57 S. m. 1 farb. Taf.) 900. n. 3. 60
4. Die geologischen Verhältnisse des Petroleumvorkommens in der Gegend v. Luh im Ungthale. Von Alex. Gesell. Uebertragung des Autors aus seinem im Decbr. 1898 erschienenen ungar. Original. (15 S. m. 1 Fig. u. 1 farb. Taf.) 900. n. 1. 60
5. Die agro-geologischen Verhältnisse des III. Bezirkes (O-Buda) der Haupt- u. Residenzstadt Budapest, m. besond. Rücksicht auf die Weincultur. Von Heinr. Horusitzky. Vom Autor u. Red. rev. Uebertragg. aus dem im Decbr. 1898 erschienenen ungar. Original. (III, 31 S. m. 1 farb. Taf.) 901. n. 3. 20

— dasselbe. XIII. Bd. 5 Hfte. Lex.-8. Ebd. n. 20. 40

1. Die geologischen Verhältnisse der Umgebung v. Nagy-Maros. Von Hugo Böckh. (Mit 1 geolog. Karte, 8 Taf. u. 5 Profilen im Text.) (63 S. m. 8 Bl. Erklärgn.) 899. n. 7. —
2. Parailurus anglicus u. Ursus Böckhi aus den Ligniten v. Baróth-Köpecz. Von Max Schlosser. — Orca Semseyi, e. neue Orca-Art, aus dem unteren Miocän v. Salgó-Tarján. Von Hugo Böckh. (43 S. m. 4 Taf.) 899. n. 3. 60
3. Die hydrografischen u. agro-geologischen Verhältnisse der Umgebung v. Komárom (Komorn). Von Heinr. Horusitzky. (22 S.) 900. n. — 80; (1—3 n. 11. 40)
4. Geologische Aufnamen im Interesse v. Petroleum-Schürfungen in den Comitaten Zemplén u. Sáros. Von Koloman v. Adda. Rev. Uebertragg. aus dem im Juni 1900 erschienenen ungar Original; nach des Verf. Tode hrsg. (54 S. m. 1 farb. Taf.) 902. n. 3. —
5. Agrogeologische Verhältnisse des Staatsgestüts-Praediums v. Bábolna. Von Heinr Horusitzky. Übertragung aus dem im Juni 1901 erschienenen ungar. Original. (37 S. m. 4 [1 farb.] Taf.) 902. n. 6. —

— aus dem Jahrbuch der königl. ungarischen geologischen Anstalt. XIII. Bd. 6. Heft. Lex.-8. Budapest, (F. Kilián's Nachf.). n. 6. —
(XIII. Bd kplt.: n. 26. 40)

Die oberen Kreideschichten in der Umgebung v. Alvincz. (Von der ungar. kgl. naturwissenschaftl. Gesellschaft im J. 1900 m. dem Bugát-Preis prämiirte Preisschrift.) Von Mor. v. Pálfy. Vom Autor u. Redacteur rev. Uebertragg. aus dem im Jan. 1902 erschienenen ungar. Original. (112 S. m. 9 Taf.) 902.

— dasselbe. XIV. Bd. 1. Hft. Lex.-8. Ebd. n. 3. —

Palaeoichthyologische Beiträge. Von Karl Gorjanović-Kramberger. (21 S. m. 5 Abbildgn. u. 4 Taf.) 902.

— dasselbe. XIV. Bd. 2.—4. Heft. Lex.-8. Ebd. n. 17. —

2. Heterodelphis leiodontus nova forma aus den miocenen Schichten des Comitates Sopron in Ungarn. Von Carl v. Papp. Uebertragung aus dem ungar. Original. (39 S. m. 10 Fig., 2 Taf. u. 2 Bl. Erklärgn.) 905. n. 3. —
3. Die geologischen Verhältnisse des Vashegy, des Hradek u. der Umgebung dieser (Comitat Gömör). Von Hugo Böckh. (Mit Taf. VII—XIV.) (26 S. m. 1 Bl. Erklärgn.) 905. n. 6. —
4. Zur Geologie der Gegend zwischen Gyulafehérvár, Déva, Ruszkabánya u. der rumänischen Landesgrenze. Von Frz. Baron Nopcsa jun. Mit 1 Karte u. 82 Fig. (189 S.) 905. n. 8. —

— aus dem Jahrbuche der kgl. ungar. geologischen Anstalt. XIV. Bd. 5. Heft. Lex. 8. Budapest, (F. Kilián's Nachf.). 4.— (XIV. Bd. vollst. 24. —)

5. Über die agrogeologischen Verhältnisse des Ecsedi-lap. Von Wilh. Güll, Aurel Liffa u. Emerich Timko (Mit Taf. XVI—XVIII.) Übertragung aus dem ungar Original. (III u. S. 281—332 m. Abb.) 906. 4. —

— dasselbe. XV. Bd. 1. Heft. Lex.-8. Ebd. n. 18. —

Die Fauna d. älteren Jurabildungen im nordöstlichen Bakony Von Gyula Prinz. (Mit 38 Taf. u. 30 Textfig.) Vom Autor u. Red. rev. Uebertragg. aus dem ungar. Original. (142 S. m. 36 Bl. Erklärgn.) 904.

— dasselbe. XV. Bd. 2.—4. Heft. Lex. 8. Ebd. 10.20; (XV. Bd. vollst.: 28.20)
Posewitz, Thdr., Petroleum u. Asphalt in Ungarn. Übertragung des Verf aus dem ungar Original. (III u. S. 235—165 m. Abb., eingedr. Karten u. 1 farb. Karte) 907. (4. Heft.) 6. —
Rozlozsnik, Paul, über die metamorphen u. paläozoischen Gesteine des Nagybihar. Übertragung des Verf. aus dem im April 1906 erschienenen ungar Original. (39 S.) 906. (2. Heft.) 1 20
Staff, Hans v., Beiträge zur Stratigraphie u. Tektonik des Gerecse-Gebirges. (Mit 1 zinkograph. Taf u. 24 Profilen im Text) Dem im Aug. 1906 erschienenen ungar. Orig.-Text vollkommen gleichlautend. (S. 183—231) 906. (3. Heft.) 3.

— dasselbe. Hrsg. v. der dem königl. ungar. Ackerbauministerium untersteh. königl. ungar. geolog. Reichsanst. XVI. Bd. 6 Hefte. Lex. 8. Ebd. 21.20
Böckh, Joh. v., der Stand der Petroleumschürfungen in den Ländern der ungar. hl Krone. Übertragg. des Verf. aus dem ungar. Original. (III u. S. 409—535.) 909. (Heft 6.) 4. —
Kadić, Ottokar, Mesocetus hungaricus Kadić, e. neue Balaenopteridenart aus dem Miozän v. Borbolya in Ungarn. Übertragung des Verf. aus dem ungar. Original. (S. 21—92 m. Abb., 3 Taf. u. 3 Bl. Erklärgn.) 907. (Heft 2.) 4. —
Liffa, Aurel, Bemerkungen zum stratigraphischen Teil der Arbeit Hans V. Staffs: „Beiträge zur Stratigraphie u. Tektonik des Gerecse-Gebirges". Vom Verf. rev. Übertragg. aus dem ungar. Original. (19 S.) 907. (Heft 1.) 1. —
Papp, Karl, die geologischen Verhältnisse der Umgebung v. Miskolcz. Übertragung aus dem ungar. Original. (S. 93—142 m. Abbildgn. u. 1 farb. Karte.) 907. (Heft 3.) 3. —
Rozlozsnik, Paul, u. Koloman Emszt, Beiträge zur genaueren petrographischen u. chemischen Kenntnis der Banatite des Komitates Krassó-Szörény. (Mit dem durch die ungar. geolog. Gesellschaft aus dem Joseph v. Szabó-Fonds im J. 1906 ausgeschrieb. Preise unterstützte Arbeit.) (Mit Taf. 5 u. 11 Textfig.) Übertragg. Paul Rozlozsniks aus dem ungar. Original. (S. 143—306.) 908. (Heft 4.) 4. 60
Vadász, M. Elemér, die unterliassische Fauna v. Alsórákos im Komitat Nagyküküllö. (Mit Taf. 6—11 u. 35 Textfig.) Übertragg. aus dem ungar. Orig. (S. 307—306 m. 6 Bl. Erklärgn.) 908. (Heft 5.) 4. 60

Mitteilungen aus dem Jahrbuche der kgl. ungar. geologischen Anstalt. XVII. Bd. 1. Heft. Lex. 8. Budapest, (F. Kilián's Nachf.). 10. —
Die geolog. Verhältnisse des Vértesgebirges. Von Heinr. Taeger. (276 S. m. 42 Fig. u. 11 Taf.) 908.

— aus der XVIII. Jahresversammlung der freien Vereinigg. bayerischer Vertreter d. angewandten Chemie in Würzburg am 26. u. 27. V. 1899. Lex.-8. Berlin, J. Springer. n. 1. 20
Zum gegenwärtigen Stand unserer Erfahrungen über den Erfolg des Margarinegesetzes. Von R. Sendtner. — Die Beurtheilung der Metallspielwaaren m. Rücksicht auf § 12 Abs. 2 des Nahrungsmittelgesetzes. Von H. Stockmeier. — Der heutige Standpunkt bei der Beurtheilung v. Kupfer, Zink, Blei u. Zinn in Lebensmitteln u. s. w. Von A. Halenke. (III, 62 S.) 899. n. 1. 20

Jährliche Mittheilungen in Verbindung mit . . . Hrsg. v. Friedrich Rochlitz. Zugl. als Forts. d. Leipziger Almanachs für Frauenzimmer zum Nutzen und Vergnuegen von . . . ([Mit Kupf. v.] F[riedrich] Fleischmann.)
Leipzig: Carl Cnobloch [1821—1822]. 8°
[Kupfert.]
Anf. s. Frauenzimmer Almanach zum Nutzen u. Vergnuegen . . .
1821: 3 Bl., 380 S., 1 Titelkupf.
1822: IV, 452 S., 1 Titelkupf.

Mittheilungen, jährliche, in Verbindung mit Böttiger d. j., Bührlen, de la Motte Fouqué u. a. herausgeg. v. Fr. Rochlitz. (Als Forts. d. Leipziger Almanachs f. Frauenzimmer vom J. 1821.) 8. Leipzig, Cnobloch. 820.

Mittheilungen, jährl., in Verbind. mit Bührlen, Jacobi, Raupach, Gundedissen u. Wellentreter, herausgeg. v. Fr. Rochlitz. 2r u. 3r Bd. (letzter Jahrgg. 823.) Mit Speners Bildniß. 8. Leipz., Cnobloch.

— dass. Wohlfeile Ausg. 3 Bde. Mit 3 Bildn. gr. 12. Leipz. 824, Cnobloch.

Mittheilungen aus Japan über die Zucht des japanesischen Eichenspinners Bombyx Yama-mai. Hrsg. vom kgl. preuß. Ministerium für die landwirthschaftl. Angelegenheiten. gr. 8. (IV, 32 S. mit 10 in den Text gedr. Abbild. in Holzschn.) Berlin 870, Wiegandt, Hempel und Parey. *

— über Jerusalem aus dem Tagebuche eines Augenzeugen (v. Gadow). gr. 8. (72 S.) Königsberg i/Pr. 848, Windolff & Striese in Comm. 1/4 ₰

— d. Jeschken-Iser-Turngaues. Hrsg. v. Gauturnrath. Schriftleiter: Adf. Lilie. Leiter: Joh. Schubert. 12. Jahrg. 1898. 12 Nrn. (à ca. 20 S.) gr. 8. Gablonz (H. Rößler). n. 1. 20

— des Jeschken-Iser-Turngaues. Schriftleiter: Adf. Lilie. Leiter: Joh. Schubert. 13.—16. Jahrg. 1899—1902. à 12 Nrn. gr. 8. (à ca. 16 S.) Gablonz (H. Rößler). à Jahrg. n. 1. 20

— des Jeschken-Iser-Turngaues. Hrsg. vom Gauturnrate. Schriftleiter: Adf. Lilie. Verantwortlich: Alfr. Müller. 17.—19. Jahrg. 1903—1905. à 12 Nrn. (à ca. 16 S.) gr. 8. Gablonz (H. Rößler). à Jhrg. n. 1.50
Erscheinen nicht mehr.

Mitteilungen, illustr. aëronautische. Fachzeitschrift f. alle Interessen d. Flugtechnik m. ihren Hülfswissenschaften, f. aëronautische Industrie u. Unternehmgn. Organ d. Münchener u. d. oberrhein. Vereins f. Luftschiffahrt. Hrsg. v. H. W. L. Moedebeck. Red.: Moedebeck u. Hildebrandt. Jahrg. 1898. 4 Nrn. (à ca. 4 Bog.) gr. 4. Strassburg (K. J. Trübner). n. 6. —; einz. Nrn. n. 1. 50
Bildet d. Fortsetzg. von: Mitteilungen, illustr., d. oberrhein. Vereins f. Luftschiffahrt.

Mitteilungen, illustrirte aëronautische. Fachzeitschrift für alle Interessen der Flugtechnik m. ihren Hülfswissenschaften f. aëronaut. Industrie u. Unternehmgn. Hrsg. vom Münchener u. oberrhein. Verein f. Luftschiffahrt. Red. von Moennichs. Jahrg. 1899. 4 Nrn. gr. 4. (IV, 130 S. m. 88 Abb., Kurven u. Plänen u. 4 Beilag.) Strassburg (K. J. Trübner). n. 6.—

— dasselbe. Red. v. Rob. Emden. Jahrg. 1900. 4 Nrn. u. Sonderheft: Erster Fahrversuch mit dem Luftschiff des Grafen v. Zeppelin. gr. 4. (IV, 144 u. 15 S. m. 112 Abb. u. 5 Beil.) Ebd. n. 6.—

— dasselbe. Jahrg. 1901 u. 1902. à 4 Nrn. gr. 4. Ebd. à Jahrg. n. 10. —
1901. (IV, 168 S. m. Abb., Plänen, 5 Kunstbeil. u. 1 Karte.)
1902. (IV, 202 S. m. Abb., Plän. u. 6 Kunstbeil.)

— dasselbe. Chefred.: K. Neureuther. 7. Jahrg. 1903. 12 Hfte. Lex.-8. (à ca. 32 S. m. Abb.) Ebd. n. 12.—

Mitteilungen, illustrierte aëronautische. Deutsche Zeitschrift f. Luftschiffahrt. Organ des deutschen Luftschiffer-Verbandes u. des Wiener flugtechn. Vereins. Monatshefte f. alle Interessen der Flugtechnik m. ihren Hilfswissenschaften, f. aëronaut. Industrie u. Unternehmgn. Chefred.: K. Neureuther u. seit 1906: A. Stolberg. 8.—10. Jahrg. 1904—1906. à 12 Hefte. (VIII, 412; VI, 412 u. VII, 459 S. m. Abbildgn., Plänen u. Taf.) Lex.-8. Strassburg (K. J. Trübner). à Jhrg. n. 12.—

Mitteilungen, illustrierte aëronautische. Deutsche Zeitschrift f. Luftschiffahrt, begr. u. hrsg. v. Herm. W. L. Moedebeck. Fachblatt f. die Ballontechnik, f. Physik der Atmosphäre, Flugtechnik, Ballonsport u. Flugsport. Chefred.: H. Elias. 11.—13. Jahrg. 1907—1909. 12, 24 u. 26 Hefte. (à ca. 24 S.) Lex. 8. Berlin. Verein. Verlagsanstalten G. Braunbeck u. Gutenberg-Druckerei. à Jahrg. 12.—; geb. 15.—
Erschienen bis April 1908 noch in Strassburg.
Fortsetzg., s.: Zeitschrift, deutsche, f. Luftschiffahrt

Mitteilungen, illustr. aeronautische. Jetzt: Berlin, Vereinigte Verlagsanstalten G. Braunbeck & Gutenberg-Druckerei.

— illustrirte, d. oberrhein. Vereins f. Luftschiffahrt. Hrsg. im Auftr. d. Vorstandes d. oberrhein. Vereins f. Luftschiffahrt v. Herm. Moedebeck. 3 Nrn. gr. 4. (67 S.) Strassburg 897. (K. J. Trübner, Verl.) n. 4. —

— dasselbe, Fortsetzg., s.: Mitteilungen, illustr. aëronautische.

Mitteilungen der photographischen Industrie. Red.: Emil Bühler. 1. Jahrg. Mai—Juli 1901. 4 Nrn. gr. 8. (à ca. 8 S. m. Abb.) Karlsruhe (G. Pillmeyer). à Nr. n. — 20
Mehr nicht erschienen.

Mittheilungen über die Industrie-Ausstellung aller Völker zu London im J. 1851. Aus den Berichten der von der Oesterr. Regierung delegirten Sachverständigen. Liefer. 1. Einleitung, — Berg- und Hüttenprodukte, mit Ausnahme der Gußwaaren. 8. (136 S.) Wien, k. k. Hof- und Staatsdruck. 1853.

Mittheilungen über die Industrie-Ausstellung aller Völker zu London im Jahre 1851. Aus den Berichten der von der österr. Regierung delegirten Sachverständigen. Lieferung 2. Chemikalische und pharmaceutische Prozesse und Erzeugnisse. — Chemikalien und Rohstoffe des Pflanzen und Thierreiches als Genußgegenstände. — Thierische und vegetabilische Substanzen zu gewerblichen Zwecken. — Maschinen zum direkten Gebrauche (mit Einschluß von Wagen,) auch Eisenbahn- und Schiffs-Mechanismen. — Schiffbau- und Kriegsmaschinen. — Ackerbau-Maschinen und Geräthe. 8. (137—292 S.) Wien, k. k. Hof- und Staatsdruckerei. 1853.

Mittheilungen über die Industrie-Ausstellung aller Völker zu London im Jahre 1851. Aus den Berichten der von der österreichischen Regierung delegirten Sachverständigen. (Schluß.) Dritte Lieferung. 8 (293 bis 560 S. in 2 Tafeln.) Aus der k. k. Hof- und Staatsdruckerei. 1854.

Mittheilungen eines Industriellen. [Aussig a. d. Elbe ca. 1910.] V: *Dürschmidt, Carl.* (EB)

Mitteilungen des Industriellen Club. 1892-94. 4° Wien 1892-94

— des Industrie-Vereins f. d. Königr. Sachsen. Jahrg. 1832. 16—56 Heft. gr. 8. Leipz., Barth. 1 ℛ 18 𝒩

— des Industrie-Vereins für das Königr. Sachsen, 1832. 1e—6e Lfrg. Jan. — Decbr. gr. 8. Leipzig u Chemnitz 833. (Barth.) 2 ℛ — Jahrg. 1833—1838. (à 6 Lfrgg.) gr. 8. Ebd. (à Jahrg. 2 ℛ) 10 ℛ

— des Industrie-Vereins f. das Königr. Sachsen. Jahrg. 1839, 1840. à 4 Liefg. gr. 4. Leipzig. (Binder.) à n. 2 ℛ

— schweizerischer Ingenieure und Architekten. Auf Veranstaltung des Vereins schweizer. Ingenieure u. Architekten herausg. von J. H. Kronauer. 1. u. 2. Heft. Winterthur 853. Wurster u. Co. gr. Fol. (1 Bl., 13 S. u. 10 lith. Taf.) 2 ℛ.

Mittheilungen schweizerischer Ingenieure und Architekten. Herausg. von J. H. Kronauer Winterthur 1854 4 Hefte fol.

— — des Ingenieur Komitees. H. 5, 6, 12, 13, 15—18, 33, 36, 37, 40, 41, 44, 45. Berlin 1870—1908. (Einzeln gebunden.)

H. 5. I. Ventilation von Pulver-Magazinen.
II. Hydraulische Hebevorrichtung. 1870.
H. 6. Brialmont, A. Über Panzer- u. Küstenbatterien. 1871
H. 12. Bericht über Schießversuche gegen Eisen-Konstruktionen zur Erhöhung der Sturmfreiheit prov. Werke — Schießversuche zur Ermittlung der Brustwehrstärke für Land- und Küstenbefestigungen. — Lagerung u. Transport der Geschosse in Küstenbatterien. 1872.
H. 13. I Schießversuche gegen die auf dem Tegeler Schießplatze erbaute normale Hohltraverse
II. Die Vorteile der Nitroglyzerin-Präparate gegenüber dem Sprengpulver für den Feld-Pionier, basiert auf den bisher in Preußen, Österreich, Frankreich und im Kriege 1870/71 gemachten Erfahrungen.
III. Erbauung eines Forts auf dem Langlutjensande in der Weser. 1872.
H. 15. Die Panzerschiffe mit besonderer Rücksicht auf deren Verwendung beim Angriff auf Küstenplätze. 1872.
H. 16. Bericht über einen selbsttätigen Wasserschöpf-Apparat. — Schwimmende Hafensperren. — Beschießen des Glattonturmes. — Notizen. 1873.
H. 17 Die Küstenbefestigungen Englands und die Anwendung der Eisen-Panzerung in denselben. 1873. Hiezu: 1 Atlas mit 19 Blatt Zeichnungen v. Küster. 4°
H. 18. Die Anwendung der Luft-Ballons im letzten Kriege u. der gegenwärtige Stand der Luftballonfrage vom milit. Gesichtspunkt. 1873.
H. 33. Das Eisen in seiner Verwendung zu Panzerungen. 1894.
H. 36. Die Bedeutung und Verwendung des Gewehrfeuers im Festungskrieg. 1904.
H. 37 Die Royal Engineers im südafrikanischen Kriege 1899 bis 1902. I. Teil. Organisation u. Verwendung. 1904.
H. 40. Ein Beitrag zur Beurteilung des Kampfes um Port Arthur. 1905.
H. 41 Russische Anschauungen über Küstenbehelfs- und Feldbefestigungen nach der neuesten Literatur 1906.
H. 44. Pionierwesen im russisch-japanischen Kriege 1904—1905. I. Teil: Tätigkeit der technischen Truppen im Feldkriege ausschl. Feldbefestigung. Mit Abb. im Text u. 1 Taf. 1907.
H. 45. Die Tätigkeit der deutschen Pioniere in China 1900/01. Mit Anl. u. 1 Pl. 1908.

— des Ingenieur-Komitees. 40—43. Heft. gr. 8. Berlin, A. Bath. n. 9. —
40. Beitrag, e., zur Beurteilung des Kampfs um Port Arthur. Freie deutsche Bearbeitg. des Aufsatzes: „Einiges über Port Arthur u. über die Organisation e. Festungsverteidigg. im allgemeinen", v. Timtschenko Ruban im Wojenny Sbornik, Heft Nr. 3—6, 1905. Hierzu: 1. Uebersichtsplan v. Port Arthur. 2. Zusammenstellung der Befestigungsanlagen von Port Arthur nach Massgabe des unterm 1. II. 1900 Allerhöchst genehmigten Befestigungsentwurfs. (60 S. m. 2 Tab.) 905. n. 2. —
41. Anschauungen, russische, üb. Küsten-, Behelfs- u. Feldbefestigung nach der neuesten Literatur. Mit 29 Abbildgn. im Text u. 2 Taf. in Steindr. (79 S.) 906. n. 2. 50
42. Pionierübung, die grössere, am Rhein u. Main 1905. Mit 12 Anlagen. (50 S.) 906. n. 2. —
43. Festungs- u. Pionierwesen, das, in der neuzeitlichen Literatur. Mit 2 Anlagen. (172 S.) 906. n. 2. 50

— des Ingenieur-Komitees. 44. u. 45. Heft. gr. 8. Berlin, A. Bath. 5. 20
44. Pionierwesen im russisch-japanischen Kriege 1904—1905. I. Tl. Tätigkeit der techn. Truppen im Feldkriege ausschl. Feldbefestigg. Hierzu 17 Abbildgn. im Text u. 1 Taf. in Steindr. (99 S.) 907. 2. 40
45. Tätigkeit, die, der deutschen Pioniere in China 1900—1901. Hierzu 1 Plan, 11 Anlagen. (60 S.) 908. 2. 80

· **Mittheilungen** des Sächsischen Ingenieur-Vereins. Herausgegeben vom Verwaltungsrathe desselben. Heft 1—4. Dresden 1858—66. 8. Mit Tafeln.

Mittheilungen des sächsischen Ingenieur- und Architekten-Vereins. Jg. 1858—1860, 1877—1881 u. 1883. Leipzig
Seit 1882: Jahrbuch des sächsischen Ingenieur- und Architekten-Vereins.

—— des saechsichen Ingenieur-Vereines. Hrsg. von dem Verwaltungsrathe des Vereines. 1—3. Heft. Lex.-8. Dresden, Kuntze. *

Inhalt:

Heft 1. Merbach, H. O., die Viaducte im Zschopauthale zwischen Waldheim und Limmritz auf der Chemnitz-Riesaer Staatseisenbahn. — Rachel, H. G., der Reparaturbau der Muldenbrücke bei Döbeln auf der Chemnitz-Riesaer Staatseisenbahn mit Anwendung von Cementbeton. (VII und 124 S. mit eingedr. Holzschn. und 9 Stnt. in gr. Fol. und Imp.-Fol.) 858. * 2 Thlr. 10 Ngr.

» 2. Seyferth, Aug., die verschiedenen Rauchverbrennungs-Einrichtungen. Preisschrift. (XVI und 99 S. mit 17 Stnt. in gr. 4. und qu. Fol.) 860. * 1 Thlr. 15 Ngr.

» 3. Buresch, E., Darstellung der verschiedenen Verfahrungsarten und Apparate, welche zum Imprägniren von Hölzern Anwendung gefunden haben, unter Angabe der Einrichtungs- und Betriebskosten, so wie der Resultate, welche zur Zeit erzielt worden sind. (XV und 142 S. mit 4 Stnt. in qu. Imp.-Fol.) 860. * 1 Thlr. 20 Ngr.

—— des sächsischen Ingenieur-Vereines. Hrsg. von dem Verwaltungsrathe des Vereines. 4. Heft: Vollständige Abhandlung über den Hausschwamm von Herm. Fritzsche. Preisschrift. Lex.-8. (XI und 52 S. mit 1 Stnt. in qu. gr. 4.) Dresden 866, Türk's Verlag. *

— des sächsischen Ingenieur- u. Architekten-Vereins. Hrsg. vom Verwaltungsrathe des Vereins. Neue Folge. Jahrg. 1877. Mit 6 lith. Taf. gr. 8. (IV, 58 S.) Leipzig 878. Teubner in Comm. n. 3. —

— dasselbe. Neue Folge. Jahrg. 1878. Mit 11 lith. Taf. u. einem (eingedr.) Holzschn. gr. 8. (92 S.) Ebend. 879. n. 7. —

— dasselbe. Neue Folge. Jahrg. 1879. Mit 11 lith. Taf. gr. 8. (150 S.) Ebend. 880. n. 8. 40

— dasselbe. Neue Folge. Jahrg. 1880. Mit 10 lith. Taf. gr. 8. (III, 99 S.) Ebend. 880. 81. n. 7. —

— dasselbe. Neue Folge. Jahrg. 1881. 1. Hälfte. gr. 8. (29 S. m. 1 Steintaf.) Ebend. 881. n. 1. 20

— geschichtlichen u. gemeinnützigen Inhalts, eine Zeitschrift für das Fürstenthum Hildesheim u. die Stadt Goslar, herausg. von den Justiz-Räthen Koken u. Lüntzel. 1r u. 2r Bd. à 4 Hfte. 8. Hildesheim 832, 33. Gerstenberg. (à n. $1^1/_3$ ℛ) $2^2/_3$ ℛ

— aus dem Berliner medico-mechanischen Institut. 1. Hft. gr. 8. Berlin 893. F. Schneider & Co., Verl. n. — 80
Bemerkungen üb. habituelle Scoliose v. Emil Lövinson. (23 S.)

—— aus dem botanischen Institute zu Graz. Hrsg. von H. Leitgeb. 1. und 2. Heft. gr. 8. Jena, Fischer. [1. Heft. (184 S. mit 5 Stnt.) 886. *ℳ 8.—.; 2. Heft. (VII, 360 S. mit 4 Taf. und 3 Holzschn.) 888. *ℳ 7.—.] *

—— aus dem botanischen Institut der Universität Heidelberg. gr. 8. Heidelberg 881, C. Winter's Universitäts-Buchh. *

Inhalt:

Benecke, F., zur Kenntniss des Diagramms der Papaveraceen. (S. 1—12.) — Wieler, A., über die durchscheinenden und dunklen Punkte auf den Blättern und Stämmen einiger Hypericaceen. (S. 13—21.) — Pfitzer, E., Beobachtungen über Bau und Entwicklung der Orchideen. — Uebersicht des allgemeinen Aufbaus der Orchideen. (S. 22—36.)

Mittheilungen des (kaiserlichen) deutschen archäologischen Institutes (Bullettino dell' istituto germanico)
Athenische Abteilung. Bd 1 ff.
Athen: Wilberg (sp. Stuttgart: Kohlhammer, sp. Berlin: Archäologisches Institut) 1886 ff. 8°
Vorh. u.d.T.: Mitteilungen des deutschen archäologischen Instituts zu Athen. Jg. 1–10. 1876–1885.
Römische Abteilung. Bd 1 ff.
Rom: Loescher u. Co. (sp. München: Brinkmann) 1886 ff. 8°

Mittheilungen des deutschen archaeologischen Institutes in Athen. 1.—4. Jahrg. à 4 Hefte. gr. 8. (à Heft 96 S. mit Holzschntaf., chromolithogr. Karten und Stnt. in 4.) Athen 876—79, (Wilberg.) à Jahrg. *

— des deutschen archäologischen Institutes in Athen. 5–7. Jahrg. à 4 Hfte. gr. 8. (à Hft. 88 S. m. Steintaf., Lichtdr. u. lith. u. typogr. Beilagen. Athen 880—82. Wilberg in Comm. à Jahrg. n. 15. —

— des deutschen archäologischen Institutes in Athen. 8—10. Bd. à 4 Hfte. gr. 8. (à Hft. ca. 80 S. m. 3 Stein-, 1 Lichtdr.-Taf. u. 2 Beilagen.) Athen 883—85. (Wilberg.) à Bd. n. 15. —

— dasselbe. Athenische Abtheilung. 11. Bd. 4 Hfte. gr. 8. (1. Hft. 96 S. m. eingedr. Abbildgn. u. 4 Taf.) Ebend. 886. n. 12. —

— des kaiserl. deutschen archaeologischen Instituts. Athenische Abtheilung. 12.—14. Bd. à 4 Hfte. gr. 8. (à Hft. ca. 120 S. m. Textabbildgn. u. Taf.) Athen 887—889. Wilberg. à Bd. n. 12. —

— des kaiserl. deutschen archäologischen Instituts, athenische Abtheilg. 15.—19. Bd. à 4 Hfte. gr. 8. (à Hft. ca. 120 S. m. Abbildgn. u. Taf.) Athen 890—894. K. Wilberg. à Bd. n. 12. —

- d. kaiserl. deutschen archaeologischen Instituts, athenische Abtheilg. 20.—23. Bd. à 4 Hfte. (à ca. 120 S. m. Abb. u. Taf.) gr. 8. Athen 895—898. Barth & v. Hirst. à Bd. n.n. 12. —

— dasselbe. Register zu Bd. XVI—XX. gr. 8. (III, 81 S.) Ebd. 897. Kostenlos.

— des kaiserl. deutschen archaeologischen Instituts, athenische Abtheilg. 24.—27. Bd. à 4 Hfte. gr. 8. (IV, 488; IV, 472 u. 15; IV, 428 u. IV, 448 S. m. Abb. u. 12, 16, 18 u. 15 z. Tl. farb. Taf.) Athen 899—902. Beck & Barth. à Bd. n.n. 12. —

— des kaiserl. deutschen archäologischen Instituts, athenische Abteilg. 28.—31. Bd. à 4 Hefte. (à ca. 120 S. m. Abbildgn. u. Taf.) Lex.-8. Athen 903—906. Beck & Barth. à Bd. n.n. 12. —

— des kaiserl. deutschen archäologischen Instituts, athenische Abteilg. 32.—35. Bd. à 4 Hefte. (IV, XVI, 604 S. m. 100 Abb. u. 25 Taf.; IV, XVI, 448 S. m. 103 Abb. u. 26 Taf.; IV, 408 S. m. 71 Abb. u. 26 Taf. u. III, 528 S. m. 77 Abb. u. 29 Taf.) Lex. 8. Athen, Eleftheroudakis & Barth. à Bd. nn 12. —

— dasselbe. Römische Abtheilung. 1. Bd 4 Hfte. gr. 8. (1. Hft. 64 S. m. 3 Taf.) Rom 886. Loescher & Co. n. 12. —

— dasselbe. Römische Abtheilung. 2.—5. Bd. à 4 Hfte. gr. 8. (à Hft. ca. 80 S. m. Textabbildgn. u. Taf.) Rom 887—890. Loescher & Co. à Bd. n. 12. —

— dasselbe, römische Abtheilg. 6.—9. Bd. à 4 Hfte. gr. 8. (à Hft. ca. 120 S. m. Abbildgn. u. Taf.) Rom 891—894. Loescher & Co à Bd. n. 12. —

— dasselbe, römische Abtheilung. Bulletino dell' imperiale istituto archeologico germanico, sezione romana. 10.—12. Bd. à 4 Hfte. (à ca. 100 S. m. Abb. u. Taf.) gr. 8. Rom 895—897. Loescher & Co. à Bd. n. 12. —

— dasselbe. Register zu Bd. I—X. gr. 8. (III, 47 S.) Ebd. 902. n.n. 1. —

— dasselbe, römische Abtheilg. — Bullettino dell' imperiale istituto archeologico germanico, sezione romana. XIII.—XVII. Bd. à 4 Hfte. gr. 8. Rom 899—902. Loescher & Co. à Jahrg. n. 12. —; einzelne Hfte. n. 4. —
13. (416 S. m. Abb. u. 11 Taf.) — 14. (304 S. m. Abb. u. 9 Taf.) — 15. (356 S. m. Abb. u. 8 Taf.) — 16. (400 S. m. Abb. u. 17 Taf.) — 17. (346 S. m. Abb. u. 7 Taf.)

Mitteilungen des kaiserl. deutschen archäologischen Instituts. Römische Abtlg. Bulletino dell' imperiale istituto archeologico germanico, sezione romana. XVIII—XX. Bd. à 4 Hefte. (IV, 344; IV, 330 u. XXVIII, 386 S. m. Abbildgn. u. 3, 7 u. 14 Taf.) Lex.-8. Rom 903—905. Loescher & Co. à Bd. n.n. 12.—

Mitteilungen aus dem Eisenhüttenmännischen Institut der -- bis Bd 7 1916: Königl. Techn. Hochschule Aachen. Bd 1—8. Halle a. S. 1906—19

— aus dem eisenhüttenmännischen Institut der königl. techn. Hochschule Aachen. Hrsg. v. F. Wüst. (V, 173 S. m. Abbildgn. u. Taf.) Lex.-8. Halle 906. W. Knapp. n. 12. —

— aus dem eisenhüttenmännischen Institut der königl. techn. Hochschule Aachen. Hrsg. v. F. Wüst 2. u. 3. Bd. Lex. 8. Halle, W. Knapp. 24. —
(1.—3. Bd. zusammen bezogen 23. —)
2 (III, 172 S. m. Abb. u. Taf.) 908. 14 —
3 (III, 165 S. m. 238 Abb. u. 1 farb. Taf.) 909. 10. —

— aus dem embryologischen Institute der k. k. Universität in Wien v. S. L. Schenk. 1. Bd. Mit 27 (lith.) Taf. gr. 8. (VI, 291 S.) Wien 877—80. Braumüller. n. 14. —

—— aus dem embryologischen Institute der k. k. Universität in Wien. Hrsg. von S. L. Schenk. 1.—3. Heft. gr. 8. Wien, Braumüller. *

Inhalt:

Heft 1. Urbantschitsch, über die erste Anlage des Mittelohres und des Trommelfelles. (Mit 3 Taf.) Radwaner, über die Entwickelung der Sehnervenkreuzung. (Mit 2 Taf.) Schenk, Beitrag zur Lehre über die Lymphgefässe der Haut des Neugeborenen. Haidar Kiamil, das Vorkommen der adenoiden Substanz im Kehldeckel. (Mit 1 Taf.) Schenk, Bemerkungen über den Keimfleck. Bergmeister, Beiträge zur Entwickelungsgeschichte des Säugethierauges. (Mit 2 Taf.) Motta Maia, Einiges über den Bau der unbefruchteten gelegten Eier einer Turteltaube. (Mit 1 Taf.) Van Puteren, Einiges über die Säure im Magen der Embryonen. (VI, S. 1—106.) 877. *ℳ 4.

» 2. Schenk, das Säugethierei künstlich befruchtet ausserhalb des Mutterthieres. Heiberg, über die Zwischenwirbelgelenke und Knochenkerne der Wirbelsäule bei den Neugeborenen und ihr Verhalten zur Chorda dorsalis. (Mit 1 Taf.) Urbantschitsch, das Lumen des äusseren Gehörganges bei Embryonen und Neugeborenen. Shaw, die Decke der Hinter- und Nachhirnblase. Roth, der Kehldeckel und die Stimmritze im Embryo, nebst einigen Bemerkungen über die Entwickelung der Schleimdrüsen. (Mit 2 Taf.) Oppenheimer, die Stäbchen in der Netzhaut der Froschembryonen. Gruber, Beitrag zur Entwickelungsgeschichte des Steigbügels und ovalen Fensters. (Mit 1 Taf.) (IV, S. 107—178.) 878. *ℳ 3.

» 3. Blanchard, Mittheilungen über den Bau und die Entwickelung der sogenannten fingerförmigen Drüse bei den Knorpelfischen. (Mit 2 Taf.) Blanchard, ein Fall vom abortiven Bluthofe (Panum) beim Menschen. (Mit 1 Taf.) Schuster, zur Entwicklungsgeschichte des Hüft- und Kniegelenkes. (Mit 2 Taf.) Schenk und Birdsall, über die Lehre von der Entwickelung der Ganglien des Sympathicus. (Mit 3 Taf.) Urbantschitsch, Beobachtungen über die Bildung des Hammer-Ambos-Gelenkes. (Mit 1 Taf.) (IV, S. 179—233.) 879. *ℳ 4.

—— aus dem embryologischen Institute der k. k. Universität in Wien. Von S. L. Schenk. 1. Bd. 4. Heft und 2. Bd. 3 Hefte. gr. 8. Wien, Braumüller. *

Inhalt:

Bd. 1. 4. Heft: Halpryn, Mittheilungen über die Präparationsergebnisse einer frühzeitigen menschlichen Frucht. (Mit 3 lithogr. Taf.) — Wilson, H., Beitrag zur Entwickelung der Haut des Menschen. (Mit 2 lithogr. Taf.) — Schenk, S. L., zur Lehre über den Einfluss der Farbe auf das Entwickelungsleben der Thiere. — Fox, die Asymmetrie des Gesichtes bei menschlichen Embryonen. — Peck, Cystenbildung in der Leibeswand des Embryo. (Mit 1 lithogr. Taf.) (VI, S. 235—291.) 880. *ℳ 3.

» 2. 1. Heft. Löwe, Beiträge zur vergleichenden Morphogenesis des centralen Nervensystems der Wirbelthiere. (Mit 2 lithogr. Taf.) — Denissenko, Untersuchungen über den Bau der innern Körnerschicht und der Molecularschicht der Netzhaut. (Mit 1 lithogr. Taf.) — Zanfarino, das Ligamentum Iridis pectinatum während der Entwickelung. (Mit 1 lithogr. Taf.) — Schenk, S. L., über das Verhalten der Flexores digitorum communes in der Hand menschlicher Embryonen. (Mit 3 lithogr. Taf.) — Referat über Löwe, Beiträge zur Anatomie und Entwickelungsgeschichte des Nervensystems der Säugethiere und des Menschen. 1. Bd. — Denissenko, vorläufige Bemerkungen zur Lehre über den Bau der Netzhaut. — Zabludowski, der Verhornungsprocess während des Embryonallebens. (Mit 1 lithogr. Taf.) (III, S. 1—76.) 880. *ℳ 4.

» 2. 2. Heft: Hebra, v., Untersuchungen über die Schichten der menschlichen Oberhaut. (Mit 2 lithogr. Taf.) — Ein Fall von symmetrischem partiellem, congenitalem Defect der Cutis. (Mit 3 lithogr. Taf.) — Schenk, S. L., Beitrag zur Lehre über die Bildung der homogenen Zwischensubstanz im Eichen der Wirbellosen. (Mit 1 lithogr. Taf.) — Grefberg, zur Lehre über die Entwickelung der Meibom'schen Drüsen. (Mit 2 lithogr. Taf.) — Schenk, S. L., der Musculus rectus abdominis der Embryonen. (Mit 4 lithogr. Taf.) (S. 77—124.) 882. *ℳ 5.

Bd. 2. 3. Heft: Grefberg, die Haut und deren Drüsen in ihrer Entwickelung. (Mit 3 lithogr. Taf.) — Brooke, Beitrag zur Lehre über die Genese der Horngebilde. (Mit 1 lithogr. Taf.) — Sobeleff, die Verletzung des Amnions während der Bebrütung. (Mit 1 lithogr. Taf.) — Philip, Beiträge zur Lehre über die Entwickelung der Trachea. — London, die Elemente des Darmdrüsenblattes in ihren ersten Veränderungen. — Stockmann, die äussere Eikapsel der Forelle. — da Cunha a Sousa, zur Lehre der Musculatur des Augenlides des Menschen. (S. 125—204.) 883. *ℳ 4.

— dasselbe. Neue Folge. 1. Hft. Mit 8 (lith.) Taf. u. 3 Holzschn. gr. 8. (III, 57 S.) Wien 885. Urban & Schwarzenberg. n. 3. —

— aus dem embryologischen Institute der k. k. Universität Wien. Von S. L. Schenk. Hft. 1887. [Der ganzen Reihe 9. Hft., der 2. Folge 2. Hft.] Mit 7 Taf. gr. 8. (III, 232 S.) Wien, Hölder. n. 9. —

— dasselbe. Hft. 1888. [Der ganzen Reihe 10. Hft., der 2. Folge 3. Hft.] Mit 5 Taf. gr. 8. (84 S.) Ebd. n. 5. —

— dasselbe. Hft. 1890. [Der ganzen Reihe 11. Hft., der 2. Folge 4. Hft.] Mit 3 Taf. gr. 8. (97 S.) Ebd. n. 6. —

— aus dem embryologischen Institute der k. k. Universität Wien. Von S. L. Schenk. Hft. 1892. (Der ganzen Reihe 12. Hft., der 2. Folge 5. Hft.) gr. 8. (98 S. m. 2 Taf.) Wien 892. A. Hölder. n. 6. —

Mittheilungen des Instituts für österreichische Geschichtsforschung (Ab Bd 41 1926 des österreichischen Instituts für Geschichtsforschung.) Bd 1 ff Innsbruck Wagner (sp. Wien. Seidel) 1880 ff. 8°
Red. Engelbert Mühlbacher u.a.

Mittheilungen des Instituts für österreichische Geschichtsforschung. Unter Mitwirkung von Th. Ritter v. Sickel, M. Thausing und H. Ritter v. Zeissberg, redigirt von E. Mühlbacher. Von 1885 an: Unter Mitwirkung von Th. Ritter v. Sickel und H. Ritter v. Zeissberg redigirt etc. (v. o.) 1.—15. Bd. und 1.—2. Ergänzungsband. Inhaltsverzeichniss der Mittheilungen des Instituts für österreichische Geschichtsforschung Bd. 1—10, Ergänzungsband 1, 2. Bearbeitet von S. M. Prem. (Innsbruck. 1889.) (18 Bde.) 8. Innsbruck 1880—1894.

Mittheilungen des Instituts für österreichische Geschichtsforschung. Unter Mitwirkung von Th. Sickel, M. Tausing u. H. R. v. Zeissberg red. von E. Mühlbacher. 1—3. Bd. à 4 Hfte. gr. 8. (à Hft. 176 S.) Innsbruck 880—82. Wagner. à Bd. n. 13. —

— des Instituts f. österreichische Geschichtsforschung. Unter Mitwirkg. v. Th. Sickel, M. Thausing u. H. R. v. Zeissberg red. v. E. Mühlbacher. 4—7. Bd. à 4 Hfte. gr. 8. (à Hft. ca. 176 S.) Innsbruck, Wagner. à Bd. n 13. —

— dasselbe. 1. Ergänzungsbd. 3 Hfte. gr. 8. (III, 738 S.) Ebend. 883 85. n. 14. 80

— dasselbe. 2. Ergänzungsbd. 1. Hft. gr. 8. (276 S.) Ebend. 886. n. 5. 20

— dasselbe. 2. Ergänzungsbd. 2. Hft. gr. 8. (III u. S. 277—584.) Ebd. 888. n. 6. —
(2. Ergänzungsbd. cplt.: n. 11. 20)

— des Instituts f. österreich. Geschichtsforschung. Unter Mitwirkg. v. Th. Ritter v. Sickel u. H. Ritter v. Zeissberg red. von E. Mühlbacher. 8.—11. Bd. à 4 Hfte. gr. 8. (à Hft. ca. 176 S. m. Taf.) Innsbruck 887—890. Wagner. à Bd. n. 13. —

— des Instituts f. österreichische Geschichtsforschung. Unter Mitwirkg. v. Th. Ritter v. Sickel u. H. Ritter v. Zeissberg red. v. E Mühlbacher. 12.—15. Bd. à 4 Hfte. gr. 8. (à Hft ca. 200 S.) Innsbruck 891—893. Wagner. à Bd. n. 13. —

— dasselbe. 3. Ergänzungsbd. 1. Hft. gr. 8. (222 S. m. 1 Fcsm.) Ebd. 890. n. 4. 80

— dasselbe. 3. Ergänzungsbd. 2. u. 3. (Schluss-)Hft. gr. 8. Ebd. n. 8. 80 (3. Ergänzungsbd. kplt.: n. 13. 60)
2. (S. 223—450.) 892. n. 4. 40. — 3. (III u. S. 451—672.) 894. n. 4. 40.

— dasselbe. 4. Ergänzungsbd. gr. 8. (VII, 518 S. m. Bildnis.) Ebd. 893. n 10, 40

Mittheilungen des Instituts für österreichische Geschichtsforschung. (Fortsetzung.) Unter Mitwirkung von Osw. Redlich, F. Wickhoff und H. R. v. Zeissberg, redigirt von E. Mühlbacher. 16.—19. Bd. — Unter Mitwirkung von Oswald Redlich und Franz Wickhoff, redigirt etc. (wie vor.) 20. Bd. und Inhaltsverzeichnis zu Bd. XI.—XX. Unter Mitwirkung von A. Dopsch, Osw. Redlich und F. Wickhoff, redigirt etc. (wie vor.) 21.—24. Bd. Unter Mitwirkung von Alf. Dopsch, E. v. Ottenthal und Fr. Wikhoff, redigirt von Oswald Redlich. 25. Bd. Ergänzungsband 3. Unter Mitwirkung von Osw. Redlich, F. Wickhoff und H. R. v. Zeissberg, redigirt von E. Mühlbacher. Ergänzungsband 4. Unter Mitwirkung von Th. Ritt. von Sickel und H. Ritt. v. Zeissberg, redigirt etc. (wie vor.) Ergänzungsband 5 und 6. Unter Mitwirkung von A. Dopsch, Osw. Redlich und F. Wickhoff. redigirt etc. (wie vor.) — Festschrift zur Feier des 50jährigen Bestandes von E. v. Ottenthal. 8. Innsbruck 1895—1904.

— d. Instituts f. österr. Geschichtsforschung. Unter Mitwirkung v. Osw. Redlich, F. Wickhoff u. H. R. v. Zeissberg red. v. E. Mühlbacher. 16.—19. Bd. à 4 Hfte. (à ca. 200 S.) gr. 8. Innsbruck 895—898. Wagner. à Bd. n. 13. —

— des Instituts f. österreich. Geschichtsforschung. Unter Mitwirkg. v. A. Dopsch, Osw. Redlich u. F. Wickhoff red. v. E. Mühlbacher. 20.—23. Bd. à 4 Hfte. gr. 8. (VI, 696 u. XX S.; V, 728 S.; VI, 696 S. m. 4 Taf. u. VI, 720 S.) Innsbruck 899—902. Wagner. à Bd. n. 13. —

— dasselbe. V. Ergänzungsbd., 1. u. 2. Hft. gr. 8. (S. 1—474 m. 4 Stammtaf.) Ebd. 896. 899. n. 10. —
1. n. 4. —, — 2. n. 6. —.

— dasselbe. V. Ergänzungsbd. 3. Heft. (IV u. S. 475 bis 690 m. 1 Karte.) gr. 8. Ebd. 903. n. 5. —
(kplt. n. 15. —)

— dasselbe. VI. Ergänzungsbd. (Theodor R. v. Sickel zum 50jähr. Doctor-Jubiläum MDCCCL—MDCCCC gewidmet vom Institut f. österreich. Geschichtsforschg. u. dessen einst. Mitgliedern.) gr. 8. (VI, 883 S. m. 2 Taf. u. 1 Bildnis.) Ebd. 901. n. 18. —

— des Instituts f. österreichische Geschichtsforschung. Unter Mitwirkg. v. A. Dopsch, Osw. Redlich u. F. Wickhoff red. v. E. Mühlbacher. 24. Bd. 4 Hefte. (V, 688 S. m. 1 Taf.) gr. 8. Innsbruck 903. Wagner. n. 13. —

— dasselbe. Unter Mitwirkg. v. Alf. Dopsch, E. v. Ottenthal u. Fr. Wickhoff red. v. Osw. Redlich. Nebst Beiblatt: Kunstgeschichtliche Anzeigen. Red. v. Frz. Wickhoff. 25.—27. Bd. à 4 Hefte. (VI, 720 S. m. 3 Taf.; VI, 708 S. m. 2 Taf. u. V, 736 S.) gr. 8. Ebd. 904—906. à Bd. n. 13. —

— dasselbe. VII. Ergänzungsbd. 1. Heft. Gewidmet der VIII. Versammlg. deutscher Historiker in Salzburg Septbr. 1904 u. 2. Heft. (214 S. u. S. 215—469.) gr. 8. Innsbruck 904. 906. Wagner. à n. 5. —

— dasselbe. VII. Ergänzungsbd. 3. Heft. (III u. S. 471—784.) gr. 8. Ebd. 907. 8. 60
(VII. Ergänzungsbd. vollst. 18. 60)

— dasselbe. VIII. Ergänzungsbd. 1. u. 2. Heft. (S. 1—504.) gr. 8. Ebd. 909. 10. à 6. —

— d. Instituts f. österreich. Geschichtsforschung. Unter Mitwirkg. v. Alf. Dopsch, E. v. Ottenthal u. Fr. Wickhoff red. v. Osw. Redlich. Mit dem Beiblatt: Kunstgeschichtliche Anzeigen. Red. v. Frz. Wickhoff. 28.—31. Bd. à 4 Hefte. (720, 730, 720 u. 680 S.) gr. 8. Innsbruck 907—10. Wagner. à Bd. 14. —

Mittheilungen des k. k. militär-geographischen Institutes. Herausgegeben auf Befehl des k. k. Reichs-Kriegs-Ministeriums. Jahrg. 1881—1895. 1.—14. Bd. (Mit Beilagen.) (14 Bde.) 8. Wien 1881—1895.

— des k. k. militär-geographischen Institutes. Hrsg. auf Befehl des k. k. Reichs-Kriegs-Ministeriums. 1. u. 2. Jahrg. 1881 u. 1882. Mit (lith.) Beilagen. gr. 8. (à ca. 126 S.) Wien, (Lechner's Sort.). à n.n. 3. —

Mittheilungen des k. k. militär-geographischen Institutes. Hrsg. auf Befehl d. k. k. Reichs-Kriegs-Ministeriums. 2. Bd. 1882. Mit 8 (lith.) Beilagen. gr. 8. (120 S.) Wien 883. (Lechner's Sort.) n. 2. —

— dasselbe. 3—6. Bd. 1883—1886. Mit 11, 13, 18, resp. 12 Beilagen. gr. 8. (190; 200; IV, 191 u. IV, 197 S.) Ebend. 883—86. à n. 1. 20

— des k. k. militär-geographischen Institutes. Hrsg. auf Befehl d. k. k. Reichs-Kriegs-Ministeriums. 7.—9. Bd. 1887—1889. gr. 8. Wien, (Lechner's Sort.). à n. 2. —
7. Mit 13 Beilagen. (IV, 232 S.) — 8. Mit 8 Beilagen. (IV, 311 S.) — 9. Mit 10 Beilagen. (IV, 179 S.)

— des k. u. k. militär-geographischen Institutes. Hrsg. auf Befehl d. k. u. k. Reichs-Kriegs-Ministeriums. 10.—13. Bd. 1890—1893. gr. 8. Wien, (R. Lechner's Sort.). n. 9. —
10. 1890. (IV, 234 S. m. 18 Beilagen.) 891. n. 2. —
11. 1891. (IV, 262 S. m. 7 Beilagen.) 892. n. 2. —
12. 1892. (IV, 311 S. m. 10 Beilagen.) 893. n. 2. —
13. 1893. (IV, 321 S. m. 23 Beilagen.) 894. n. 3. —

— d. k. u. k. militär-geographischen Institutes. Hrsg. auf Befehl d. k. u. k. Reichs-Kriegs-Ministeriums. 14.—16. Bd. gr. 8. Wien (R. Lechner's Sort.). n.n. 8. —
14. 1894. (IV, 313 S. m. 11 Beilagen.) 895. n.n. 3. —
15. 1895. (IV, 249 S. m. 11 Beilagen.) 896. n.n. 2. —
16. 1896. (IV, 221 S. m. 11 Taf.) 897. n.n. 3. —

— des k. u. k. militär-geographischen Instituts. Hrsg. auf Befehl des k. u. k. Reichs-Ministeriums. 17.—21. Bd. 1897—1901. gr. 8. Wien (R. Lechner's Sort.). à n.n. 3. —
17. 1897. (IV, 226 S. m. 13 Taf.) 898. — 18. 1898. (IV, 224 S. m. 12 Taf.) 899. — 19. 1899. (IV, 282 S. m. 13 Taf.) 900. — 20. 1900. (IV, 212 S. m. 14 Taf.) 901. — 21. 1901. (IV, 300 S. m. 7 Taf.) 902.

— des k. u. k. militär-geographischen Institutes. Hrsg. auf Befehl des k. u. k. Reichs-Kriegs-Ministeriums. 22. Bd. 1902. (IV, 489 S. m. 7 Taf.) gr. 8. Wien 903. (R. Lechner's Sort.) n.n. 6. —

— dasselbe. 23.—25. Bd. 1903—1905. (IV, 317 S. m. 10 Taf.; IV, 180 S. m. 7 Taf. u. V, 218 S. m. 6 Taf.) gr. 8. Ebd. 904—906. à Bd. n n. 3. —

— des k. u. k. militärgeographischen Institutes. Hrsg. auf Befehl des k. u. k. Reichskriegsministeriums. 26.—29. Bd. 1906—1909. (IV, 181 S. m. 6 Taf.; IV. 239 S. m. 11 Taf.; IV, 73 S. m. 6 Taf. u. 224 S. m. 7 [5 farb.] Taf.) gr. 8. Wien 907—10. R. Lechner's Sort. à nn 3. —

Mitteilungen des Kunsthistorischen Instituts in Florenz. Bd 1ff. Bln ('08ff.). 4°

— des landwirthschaftlichen Instituts der Universität Halle. Hrsg. von Jul. Kühn. Jahrg. 1865. Berlin, Wiegandt & Hempel. Lex.-8. (III, 218 S. mit 1 Steintaf. u. 3 eingedr. Holzschn.) n. 2 ₰

— des landwirthschaftlichen Instituts der Universität Leipzig. Hrsg. v. Ad. Blomeyer. 1. Hft. gr. 8. (XX, 172 S.) Berlin 875. Wiegandt, Hempel & Parey. n. 3. —

Mitteilungen des landwirtschaftlichen Instituts der Universität Leipzig. 1—12. Berlin 1897—1914

— des landwirtschaftlichen Institutes der Universität Leipzig. Hrsg. v. W. Kirchner. 1. Hft. gr. 8. (XVIII, 170 S. m. 8 Taf.) Berlin 897. P. Parey. n. 5. —

— des landwirtschaftlichen Institutes der Universität Leipzig. Hrsg. von W. Kirchner. 2. Hft. gr. 8. (III, 139 S. m. Abbildgn.) Ebd. 901. n. 3. 50
Hft. 1 Ebd. 897. n. 5. —.

— des landwirtschaftlichen Institutes der Universität Leipzig. Hrsg. v. W. Kirchner. 3.—5. Heft. Lex.-8. Ebd. n. 17. —
3. (III, 192 S.) 902. 5. —. — 4. (III, 259 S. m. Abbildgn.) 904. 7. —. — 5. (III, 192 S. m. 8 lith. Taf.) 904. 5. —.

— dasselbe. 6. u. 7. Heft. Lex.-8. Ebd. 905. n. 13. —
6. (III, 132 S. m. 21 Taf.) 8. —. — 7. (III, 180 S.) 5. —.

— des landwirtschaftlichen Institutes der Univers. Leipzig. Hrsg. v. W. Kirchner. 8. u. 9. Heft. Lex. 8. Ebd. 9. —
8. (III, 126 S. m. Abb.) 907. 4. —
9. (III, 179 S. m. 2 Taf.) 908. 5. -

Mitteilungen aus dem Institut f. Metallographie u. Probierkunde an der königl. sächs. Bergakademie in Freiberg, hrsg. v. K. Friedrich. 1. Heft. (V, 138 S. m. 302 Fig. im Text u. auf 22 [2 farb.] Taf.) Lex. 8. Halle 910. W. Knapp. 12. —

— aus dem mineralogischen Institut der Universität Kiel. Hrsg. v. J. Lehmann. 1. Bd. 1. 2. Hft. gr. 8. Kiel, Lipsius & Tischer. n. 4. 75
1. (97 S. m. 12 eingedr. Zinkogr. u. 4 Taf.) 888. n. 4. —
2. (S. 99—150.) 889. n. — 75

— aus dem mineralogischen Institut der Universität Kiel. Hrsg. v. J. Lehmann. 1. Bd. 3. u. 4. Hft. gr. 8. Kiel, Lipsius & Tischer. n 7. 75 (1. Bd. kplt.: n. 12. 50)
3. (S. 151—190 m. 2 lith. Taf.) 890. n. 1. 50
4. (IV u. S. 191—384 m. 4 Taf.) 892. n. 6. 25

— aus d. mineralogischen Institut d. Universität Kiel, Fortsetzg., s.: Archiv f. Anthropologie u. Geologie Schleswig-Holsteins u. d. benachbarten Gebiete.

— aus dem mineralogisch-geologischen Institut der Reichs-Universität zu Groningen aus den Gebieten der Kristallographie, Mineralogie, Petrographie, Geologie u. Palaeontologie. Hrsg v. F. J. P. van Calker. I. Bd. 1. Heft. (VI, 237 S. m. 16 Abbildgn., 15 Taf. u. 2 Bl. Erklärgn.) Lex.-8. Leipzig 905. Gebr. Borntraeger. Kart. n.n. 22. 50

Mitteilungen a. d. mineralogisch-geologischen Institut der Reichs-Universität zu Groningen aus den Gebieten der Kristallographie, Mineralogie, Petrographie. Geologie u. Palaeontologie. Hrsg. v. F. J. P. van Calker. I. Bd. 2. Heft. (VII, 203 S. m. 8 Abb. u. 8 Taf.) Lex. 8. Leipzig 908. Gebr. Borntraeger. Kart. nn 22. 50

— aus dem pathologischen Institute zu München. Hrsg. von v. Buhl. Mit in den Text gedr. Holzschn. u. 11 lith. Taf. gr. 8. (V, 329 S.) Stuttgart 878. Enke. n. 12. —

— aus dem pharmaceutischen Institute u. Laboratorium f. angewandte Chemie d. Universität Erlangen v. A. Hilger. 1.—3. Hft. gr. 8. (III, 184 S. m. 13 Taf.) München, Rieger. n. 13. —
1. (IV, 180 S.) 889. n. 3. —. — 2. (III, 309 S.) 889. n. 6. —. 3. (III, 184 S. m. 13 Taf.) 890. n. 4. —.

Kaiserliche Akademie der Wissenschaften in Wien.

Mitteilungen aus dem Institute für Radiumforschung.

Nr. 1. **Exner** Franz, Dr., und **Haschek** Eduard, Dr.: Über das Bogen- und Funkenspektrum des Radiums. S. 120. IIa. 967 . . . K —.30
„ 2. **Meyer** Stephan, Dr., und **Heß** Viktor F., Dr.: Über die Erreichung der Sattigungswerte bei Ionisation durch α-Strahlen (mit 7 Textfiguren). S. 120. IIa. 1187 „ —.75
„ 3. **Hattinger** Ludwig Kamillo und **Peters** Karl: Über Radium und Mesothor aus Monazitsand. Radiologischer Teil von Dr. Stephan **Meyer** (mit 1 Textfigur). S. 120. IIa. 1199 . . . „ —.35
„ 4. **Heß** Viktor F., Dr.: Über direkte Messungen der Absorption der γ-Strahlen von Radium C in der Luft. S. 120. IIa. 1205 . . . „ —.30
„ 5. **Kailan** Anton: Über die chemischen Wirkungen der durchdringenden Radiumstrahlung. 1. Der Einfluß der durchdringenden Strahlen auf Wasserstoffsuperoxyd in neutraler Lösung. S. 120. IIa. 1213 . . . „ —.50
„ 6. **Congdon** E. D.: Die Beeinflussung des Wachstums von Samen durch β-Strahlen (mit 2 Textfiguren). S. 120. IIa. 1327 . . . „ —.50
„ 7. **Kailan** Anton: Über die chemischen Wirkungen der durchdringenden Radiumstrahlung. 2. Der Einfluß der durchdringenden Strahlen auf Alkalijodide in wässeriger Lösung. S. 120. IIa. 1373 . . . „ 1.—
„ 8. **Hönigschmid** Otto: Revision des Atomgewichtes des Radiums und Herstellung von Radiumstandardpräparaten. S. 120. IIa. 1617 . . . „ 1.10
„ 9. **Heß** Viktor F., Dr.: Messungen der durchdringenden Strahlung bei zwei Freiballonfahrten. S. 120. IIa. 1575 . . . „ —.50
„ 10. **Sirk** H.: Zur Frage nach der Existenz eines aktiven Elementes zwischen Uran und Uran x. S. 120. IIa. 1569 . . . „ —.40
„ 11. **Lind** S. C.: Ozonisierung des Sauerstoffes durch α-Strahlen (mit 1 Tafel). S. 120. IIa. 1709 . . . „ —.75
„ 12. **Przibram** Karl, Dr.: Ein einfacher Versuch zur Demonstration der Reichweite (Range) der α-Strahlen (mit 1 Textfigur). S. 121. IIa. 221 . . . „ —.50
„ 13. **Flamm** Ludwig und **Mache** Heinrich, Dr.: Über die quantitative Messung der Radiumemanation im Schutzringplattenkondensator. 1. Mitteilung (mit 2 Textfiguren). S. 121. IIa. 227 . . . „ —.90
Nr. 14. **Przibram** Karl, Dr.: Über den Phosphorgehalt der Phosphornebelteilchen. S. 121. IIa. 247 . . . K —.40
„ 15. **Knaffl-Lenz** Erich von, Dr., und **Wiechowski** W.: Über die Wirkung von Radiumemanation auf Mononatriumurat. S. 121. IIa. 255 . . . „ —.50
„ 16. **Molisch** Hans, Dr.: Über das Treiben von Pflanzen mittels Radiums (mit 2 Tafeln). S. 121. I. 121 . . . „ 1.20
„ 17. **Meyer** Stephan, Dr., und **Heß** Viktor F., Dr.: Zur Definition der Wiener Radiumstandardpräparate (mit 4 Textfiguren). S. 121. IIa. 603 . . . „ 1.20
„ 18. **Brommer** Alois, Dr.: Luftelektrische Messungen während der partiellen Sonnenfinsternis am 17. April 1912 (mit 1 Textfigur). S. 121. IIa. 985 . . . „ —.50
„ 19. **Exner** Franz, Dr., und **Haschek** Eduard, Dr.: Spektroskopische Untersuchung des Ioniums. S. 121. IIa. 1075 . . . „ —.20
„ 20. **Kailan** Anton: Über die Einwirkung von ultraviolettem Licht auf o-, m- und p-Nitrobenzaldehyd sowie auf Benzaldehyd selbst. S. 121. IIa. 1329 . . . „ —.80
„ 21. **Kailan** Anton: Über die chemischen Wirkungen der durchdringenden Radiumstrahlung. 3. Der Einfluß der durchdringenden Strahlen auf einige anorganische Verbindungen. S. 121. IIa. 1353 . . . „ 1.—
„ 22. **Kailan** Anton: Über die chemischen Wirkungen der durchdringenden Radiumstrahlung. 4. Der Einfluß der durchdringenden Strahlen auf einige organische Verbindungen und Reaktionen. S. 121. IIa. 1385 . . . „ —.60
„ 23. **Meyer** Stephan, Dr., und **Paneth** Fritz, Dr.: Über die Intensität der α-Strahlung von Uran (mit 1 Textfigur). S. 121. IIa. 1403 . . . „ —.50
„ 24. **Meyer** Stephan, Dr., und **Przibram** Karl, Dr.: Über einige neue Erscheinungen bei der Beeinflussung von Gläsern und Mineralien durch Becquerelstrahlung (mit 1 Textfigur). S. 121. IIa. 1413 . . . „ —.40
„ 25. **Heß** Viktor F., Dr.: Die Wärmeproduktion des von seinen Zerfallsprodukten befreiten Radiums (mit 1 Textfigur). S. 121. IIa. 1419 . . . „ —.40
„ 26. **Molisch** Hans, Dr.: Über den Einfluß der Radiumemanation auf die höhere Pflanze (mit 3 Tafeln und 1 Textfigur). S. 121. I. 833 . . . „ 1.60
„ 27. **Brommer** Alois, Dr.: Über die Absorption der γ-Strahlen des Radiums C (mit 1 Tafel und 4 Textfiguren). S. 121. IIa. 1563 . . . „ 1.20
„ 28. **Altberg** W.: Anwendung des Luftwiderstandes zur Messung der Gasgeschwindigkeiten (mit 2 Textfiguren). S. 121. IIa. 1589 . . . „ —.40
„ 29. **Hönigschmid** Otto: Revision des Atomgewichtes des Radiums durch Analyse des Radiumbromids (mit 1 Textfigur). S. 121. IIa. 1973 . . . „ 1.—
„ 30. **Heß** Viktor F., Dr.: Beobachtungen der durchdringenden Strahlung bei sieben Freiballonfahrten. S. 121. IIa. 2001 . . . „ 1.—
„ 31. **Haschek** Eduard, Dr., und **Hönigschmid** Otto: Zur Frage der Reinheit des internationalen Radiumstandards. S. 121. IIa. 2119 . . . „ —.30
„ 32. **Kailan** Anton: Über die chemischen Wirkungen der durchdringenden Radiumstrahlung. 5. Der Einfluß der durchdringenden Strahlen auf sterilisierte wässerige Rohrzuckerlösungen. S. 121. IIa. 2127 . . . „ —.30
„ 33. **Kofler** Martin, Dr.: Die Löslichkeit der Ra-Emanation in Wasser in ihrer Abhängigkeit von der Temperatur (mit 2 Textfiguren). S. 121. IIa. 2169 . . . „ —.50
„ 34. **Paneth** Fritz, Dr.: Über eine neue Methode zur Konzentrierung von Polonium. S. 121. IIa. 2193 . . . „ —.20
„ 35. **Przibram** Karl, Dr.: Über die Brownsche Bewegung nicht kugelförmiger Teilchen (mit 4 Textfiguren). S. 121. IIa. 2339 . . . „ —.70
„ 36. **Mache** Heinrich, Dr. und **Sueß** Erhard: Über die Aufnahme von Radiumemanation in das menschliche Blut bei der Inhalations- und Trinkkur S. 121. III. 171 . . . „ —.60
„ 37. **Sirk** H.: Ein Druckgefälle im Glimmstrom bei Einwirkung eines transversalen Magnetfeldes (mit 10 Textfiguren). S. 122. IIa. 417 . . . „ 2.20
„ 38. **Flamm** Ludwig und **Mache** Heinrich, Dr.: Über die quantitative Messung der Radiumemanation im Schutzringplattenkondensator. 2. Mitteilung. S. 122. IIa. 535 „ —.30
„ 39. **Kailan** Anton: Über einige Zersetzungen im ultravioletten Lichte. S. 122. IIa. 751 „ 1.10
„ 40. **Kailan** Anton: Über die chemischen Wirkungen der durchdringenden Radiumstrahlung. 6. Der Einfluß der durchdringenden Strahlen auf die Jodide der alkalischen Erden. S. 122. IIa. 787 . . . „ —.80
„ 41. **Kailan** Anton: Über die chemischen Wirkungen der durchdringenden Radiumstrahlung. 7. S. 122. IIa. 811 . . . „ —.70
Nr. 42. **Paneth** Fritz, Dr., und **Hevesy** Georg von: Über Versuche zur Trennung des Radium D von Blei. S. 122. IIa. 993 . . . K —.30
„ 43. **Paneth** Fritz, Dr., und **Hevesy** Georg von: Über Radioelemente als Indikatoren in der analytischen Chemie. S. 122. IIa. 1001 . . . „ —.30
„ 44. **Paneth** Fritz, Dr., und **Hevesy** Georg von: Über die elektrochemische Vertretbarkeit von Radioelementen (mit 4 Textfiguren). S. 122. IIa. 1037 . . . „ —.60
„ 45. **Paneth** Fritz, Dr., und **Hevesy** Georg von: Über die Gewinnung von Polonium. S. 122. IIa. 1049 . . . „ —.20
„ 46. **Heß** Viktor F., Dr.: Über den Ursprung der durchdringenden Strahlung (mit 2 Textfiguren). S. 122. IIa. 1053 . . . „ —.90
„ 47. **Paneth** Fritz, Dr.: Über kolloide Lösungen radioaktiver Substanzen. I. S. 122. IIa. 1079 . . . „ —.30
„ 48. **Meyer** Stefan, Dr.: Über die Lebensdauer von Uran und Radium. S. 122. IIa. 1085 . . . „ —.40
„ 49. **Friedmann** Friederike, Dr.: Experimentelle Bestimmung der Schwankungen in der Reichweite bei den einzelnen α-Teilchen (mit 4 Textfiguren). S. 122. IIa. 1269 . „ —.60
„ 50. **Meyer** Stephan, Dr.: Bemerkungen über die Löslichkeit von Radiumemanation und anderen Gasen in Flüssigkeiten (mit 4 Textfiguren). S. 122. IIa. 1281 . . „ —.70
„ 51. **Kofler** Martin, Dr.: Über die Löslichkeit von Gasen in Flüssigkeiten (mit 2 Textfiguren). S. 122. IIa. 1461 . . . „ —.60
„ 52. **Kofler** Martin, Dr.: Löslichkeit der Ra-Emanation in wässerigen Salzlösungen (mit 2 Textfiguren). S. 122. IIa. 1473 . . . „ —.50
„ 53. **Heß** Viktor F., Dr.: Über das Verhalten der durchdringenden Strahlung in Höhen von 1000 bis 4000 *m*. S. 122. IIa. 1481 . . . „ —.30
„ 54. **Flamm** Ludwig und **Mache** Heinrich, Dr.: Über die quantitative Messung der Radiumemanation im Schutzringplattenkondensator. 3. Mitteilung. S. 122. IIa. 1539 „ —.50
„ 55. **Paneth** Fritz, Dr.: Über kolloide Lösungen radioaktiver Substanzen. II. (mit 1 Textfigur). S. 122. IIa. 1637 . . . „ —.60
„ 56. Unter der Presse.
„ 57. **Kailan** Anton: Über die chemischen Wirkungen der durchdringenden Radiumstrahlung. 8. S. 123. IIa. 583 . . . „ 1.—
„ 58. **Meyer** Stephan, Dr. und **Przibram** Karl, Dr.: Über die Verfärbung von Salzen durch Becquerelstrahlen und verwandte Erscheinungen. S. 123. IIa. 653 . . . „ —.40

Mitteilungen d. landwirtschaftlichen Institute d. königl. Universität Breslau. . . . Bd. 1—7, 1-3. Berl. 1899—1916. 4°.
[Specif.].

— **der landwirtschaftlichen Institute der königl. Universität Breslau. Unter Mitwirkg. von F. Ahrens, F. Holdefleiss, C. Luedecke, A. Stutzer hrsg. von K. v. Rümker. (I. Bd.) 5 Hfte. gr. 8. Berlin, P. Parey. n.n. 29.—**
1. (IX, 118 S. m. 10 Taf.) 899. n. 6.—
2. (V, 249 S. m. 1 Taf.) 899. n. 8.—
3. (III, 101 S. m. 2 Taf.) 900. n. 4.—
4. (III, 161 S. m. 4 Karten.) 901. n. 5.—
5. (VIII, III, 219 S.) 901. n. 6.—

— **dasselbe. Unter Mitwirkg. v. F. Ahrens, F. Holdefleiss, C. Luedecke, Th. Pfeiffer hrsg. von K. v. Rümker. II. Bd. 1. Hft. gr. 8. (IV, 247 S.) Ebd. 902. n. 6.—**

— **der landwirtschaftlichen Institute der königl. Universität Breslau. Unter Mitwirkg. v. F. Aereboe, F. Ahrens, Casper, F. Holdefleiss, C. Luedecke, Th. Pfeiffer hrsg. von K. v. Rümker. II. Bd. 2.—5. Heft. (VIII u. S. 249—971 m. 6 Taf.) Lex.-8. Berlin 903. 904. P. Parey. n. 22.— (II. Bd. kplt. n. 28.—)**

— **dasselbe. III. Bd. 5 Hefte. (VIII u. 927 S. m. 11 Abb., 4 Plänen u. 10 Taf.) Lex.-8. Ebd. 904—906. n. 32.—**

— der landwirtschaftlichen Institute der kgl. Universität Breslau. Unter Mitwirkg. v. F. Ahrens, Casper, F. Holdefleiss, C. Luedecke, Th. Pfeiffer, Waterstradt hrsg. von K. v. Rümker. IV. Bd. 5 Hefte. (VIII, III, III, III, 895 S. m. Abbildgn. u. 12 Taf.) Lex. 8. Berlin 907—09. P. Parey. 33.—

— dasselbe. Unter Mitwirkg. v. M. Casper, F. Ehrlich, F. Holdefleiss, C. Luedecke, Th. Pfeiffer, F. Waterstradt hrsg. von K. v. Rümker. V. Bd. 5 Hefte. (V, III, III, 778 u. IV S. m. Abb. u. 6 [1 farb.] Taf.) Lex. 8. Ebd. 909. 10. 30.—

— dasselbe. Unter Mitwirkg. v. M. Casper, F. Ehrlich, F. Holdefleiss u. a. hrsg. von K. v. Rümker. VI. Bd. 1. Heft. (III u. S. 1—232 m. 4 Taf.) Lex. 8. Ebd. 910. 9.—

Mitteilungen aus dem Gebiet der technischen Institute der Artillerie. H. 1—7. Mit Zeichn. Spandau 1878—1884.

Mitteilungen von allgemeinem Interesse aus dem Vorstandsberichte des Deutschen Handels-Vereins in Berlin vom 31. December 1882. (Ohne bes. Titelblatt. — Univ.-Buchdr. von Carl Georgi in Bonn.) 4°.

Mitteilungen von allgemeinem Interesse aus den Vorstandsberichten des deutschen Handelsvereins in Berlin. 1883. Berlin 1883

Mittheilungen aus der ger. und vollk. Loge Johannes der Evangelist zur Eintracht im Or. Darmstadt, im Jahre 1871—1872. [Red. von Heinr. Künzel.] No 1—8. [Darmstadt 1871—1872: Kichler, No 4 ff.: Herbert.] 8° [Kopftit.]
1. 11 S. 1871; 2. S. 13—15 1871; 3. S. 17—18 1871; 4. 7 S. 1871; 5. 3 S. 1871; 6. 2 S. 1871; 7. 1 Bl. 1872; 8. 8 S. 1878.
Enth. Berichte, Gesetze, ein Gedicht, Programme.

Mittheilungen, journalistische. Officielles Organ des deutschen Journalisten-Tages. Unter Mitwirkung namhafter Journalisten Deutschlands hrsg. von Paul Wislicenus. 1. Jahrg. Octbr. 1874—Septbr. 1875. 12 Nrn. (à ½ Bog.) 4. Leipzig, Expedition der Literatur. *

— über Jugendschriften an Eltern, Lehrer u. Bibliothekvorstände, hersg. von der Jugendschriften-Kommission des schweiz. Lehrervereins. 1. Heft. Aarau 870. Sauerländer's Verl. gr. 8. (71 S.) 9 ngr.

— über Jugendschriften an Eltern, Lehrer u. Bibliothekvorstände, hrsg. v. der Jugendschriften-Kommission d. schweiz. Lehrervereins. 2—4. Hft. 8. Aarau 872—76. Sauerländer. n. 2. 70 (1—4.: n. 3. 60)
2. (53 S.) n. — 80. — 3. (74 S.) n. 1. — 4 (60 S.) n. — 90

— über Jugendschriften an Eltern, Lehrer u. Bibliothekvorstände, hrsg. von der Jugendschriften-Kommission des schweizerischen Lehrervereins. 4—6. Hft. gr. 8. (60, IV, 78; V, 84 S.) Aarau 877—80. Sauerländer. 2. 90 (1—6: n. 5. 60)

— über Jugendschriften an Eltern, Lehrer u. Bibliothekvorstände, v. der Jugendschriftenkommission d schweiz. Lehrervereins. 7—10. Hft. gr. 8. Aarau, Sauerländer. n. 4. 40 (1—10: n. 9. 40)
7. (V, 118 S.) 883. n. 1. 40. — 8. (V, 67 S.) 884. n. 1. —. — 9. (VII, 88 S.) 885. n. 1. —. — 10. (VI, 79 S.) 886. n. 1. —

— üb. Jugendschriften an Eltern, Lehrer u. Bibliothekvorstände, v. der Jugendschriftenkommission d. schweizer. Lehrervereins. 11.—14. Hft. gr. 8. (IV, 132 S.) Aarau 887—890. Sauerländer. n. 4. 60
11. (V, 79 S.) n. 1. —; 12. (IV, 96 S.) n. 1. —; 13. (IV, 95 S.) n. 1. —; 14. (IV, 132 S.) n. 1. 60.

— über Jugendschriften an Eltern, Lehrer u. Bibliothekvorstände, v. der Jugendschriftenkommission d. schweiz. Lehrervereins. 15.—18. Heft. gr. 8. Aarau, H. R. Sauerländer & Co. n. 4. 60
15. (IV, 36 S.) 891. n. 1. —. — 16. (IV, 93 S.) 892. n. 1. 20. — 17. (IV, 71 S.) 893. n. 1. 20. — 18. (IV, 75 S.) 894. n. 1. 20.

— über Jugendschriften an Eltern, Lehrer u. Bibliothekvorstände, v. d. Jugendschriftenkommission d. schweizer. Lehrervereins. 19.—21. Hft. gr. 8. Aarau, H. R. Sauerländer & Co. n. 4. 20
19. (IV, 80 S.) 895. n. 1. 20. — 20. (IV, 124 S.) 896. n. 1. 60
21. (IV, 112 S.) 897. n. 1. 40

— über Jugendschriften an Eltern, Lehrer u. Bibliothekvorstände, v. der Jugendschriftenkommission des schweiz. Lehrervereins. 22. Hft. gr. 8. (VIII, 70 S.) Aarau 899. H. R. Sauerländer & Co. n. 1. —

— dasselbe. 23. Hft. gr. 8. (X, 125 S.) Ebd. n. 1. 60

— dasselbe. 24. u. 25. Hft. gr. 8. (VII, 102 u. X, 91 S.) Basel 901. 902. Verein f. Verbreitg. guter Schriften. à 1. —; ermäß. Pr. à n. — 50

— über Jugendschriften an Eltern, Lehrer u. Bibliothekvorstände, von der Jugendschriften-Kommission des schweiz. Lehrervereins. 26.—29. Heft. (XII, 87; III, 140; VII, 144 u. 167 S.) 8. Basel 903—06. Verein f. Verbreitg. guter Schriften. à n. — 50

— über Jugendschriften an Eltern, Lehrer u. Bibliothekvorstände v. der Jugendschriften-Kommission des schweiz. Lehrervereins. Gegründet im J. 1858. 30.—33. Heft. (115, 160, 126 u. 175 S.) 8. Basel 907—10. Verein f. Verbreitg. guter Schriften. à Heft — 50

Mitteilungen für d. Jung-Buchhandel. Beiblatt zur „Buchhändler-Akademie". Organ f. d. Gesamtinteressen d. Buchhandels u. d. ihm verwandten Geschäftszweige. Vereinsorgan d. „Sphinx", Verein jüng. Buchhändler Hamburg-Altonas. 1. Jahrg. Juli—Dezbr. 1896. 12 Nrn. (à ca. 1 Bog.) gr. 4. Leipzig, L. Hamann. n.n.n. 1.20

Mittheilungen aus dem evangelisch-lutherischen Jünglingsbunde. Hrsgbr.: C. Seidel. 1.—5. Jahrg. 1888—1892. à 12 Nrn. (Bog.) 8. Oderberg i. M. (Lpz., J. Naumann.) à Jahrg. * 1 —

— aus dem evangelisch-lutherischen Jünglingsbunde. Hrsg.: C. Seydel. 4.—6. Jahrg. 1891—1893. à 12 Nrn. (à ca. 1 Bog.) 8. Oderberg i/M. (Leipzig, J. Naumann.) à Jahrg. n. 1. —

— aus d. evang.-luther. Jünglingsbunde. Hrsg.: C. Seidel. 7. u. 8. Jahrg. 1894 u. 1895. à 12 Nrn. (Bog.) 8. Tangermünde. Angermünde, Pastor C. Seidel. à n. 1. —

— dasselbe. 9.—11. Jahrg. 1896—1898. à 12 Nrn. (Bog.) 8. Angermünde, Pastor C. Seidel. à Jahrg. n.n. 1. —
Kann auch halbjährlich bezogen werden.

— aus dem evangelisch-lutherischen Jünglingsbunde. Hrsg. u. Red.: C. Seidel. 12.—15. Jahrg. 1899—1902. à 24 Nrn. 8. (II, 258; II, 310; II, 288 u. II, 288 S.) Angermünde, Evang. luth. Jünglingsbund, Past. C. Seidel. à Jahrg. n. 1. —

— aus dem evangelisch-lutherischen Jünglingsbunde. Hrsg. u. Red: C. Seidel u. seit Oktbr. 1905: E. Ziemer. 16.—19. Jahrg. 1903—1906. à 24 Nrn. (286, 288, 290 u. 328 S.) 8. Angermünde. Glogau, Pastor Lic. Dr. Ziemer. à Jhrg. n. 1. —

— des deutschen Juristenvereines in Prag. Red. v. Dominik Ullmann. Jahrg. 1869 u. 1870. à Jahrg. ca. 8 Nrn. (Bgn.) Prag, (Dominicus.) Lex.-8. Jeder Jahrg. n. 20 ngr.

— des deutschen Juristenvereins in Prag. Red. v. Dominik Ullmann. 3—8. Jahrg. 1871—1876 à 4 Hfte. (à 1—2 Bg.) Lex.-8. Prag, Dominicus in Comm. à Jahrg. n. 2. —

— des deutschen Juristenvereins in Prag. Red. von Dominik Ullmann. 9—14. Jahrg. 1877—1882. à 4 Hfte. (à 2—3 B.) gr. 8. Prag, Dominicus in Comm. à Jahrg. n. 2. —

— des deutschen Juristenvereins in Prag. Red. v. Dominik Ullmann. 15. u. 16. Jahrg. 1883 u. 1884. à 4 Hfte. gr. 8. (1. Hft. 54 S.) Prag, (Dominicus). à Jahrg. n. 2. —
cf.: Vierteljahrsschrift, juristische.

Mittheilungen aus dem Kabelwerk der Allgemeinen Elektricitäts-Gesellschaft Berlin. Nr 1—20. 1898—1900. Berlin

*Mittheilungen über den Kaiser Wilhelm-Kanal aus dem Verwaltungsberichte des Kaiserlichen Kanalamts für das Rechnungsjahr 1900 ff. Berlin. 1901 ff. 4°.

Mitteilungen über den Kaiser-Wilhelm-Kanal aus dem Verwaltungsberichte des Kaiserlichen Kanalamts f. d. Rechnungsj. 1905 ff. Berlin 1906 ff. 4°.
1905 (1905/06). 1906—1908 (1908/09). 1909.

Mitteilungen über den Kaiser Wilhelm-Kanal aus d. Verwaltungsberichte d. Kais. Kanalamts. [1.] Für d. Rechnungsjahr 1908. Berlin 1909: Reichsdr. 4° [10. 13078 9

Mitteilungen d. Kaiser Wilhelms Instituts f. Landwirtschaft in Bromberg. Bd. I, II_{1-4}, $III_{1-2, 4-5}$, IV_1, V, VI_{2-4}. Berl. 1908—14. 4°.

Mitteilungen des Kamillo-*Horn*-Bundes. Nr 1 ff. Wien '06 ff.

—— und Karten des mittelrheinischen geologischen Vereins, s. Karten und Mittheilungen.

Mitteilungen aus dem Kataster der im Königreich Preußen vorhandenen eingetragenen Genossenschaften Hrsg von d Preuß Central-Genossenschafts-Kasse f. d. Gerichtsbehörden Als Ms. gedr Berlin Heymann 1898 26 S. 2° Inv. 1389 6

Mitteilungen aus dem Gebiete der Kinderheilkunde. 30. mediz. Bericht über die Thätigkeit d. Jenner-schen Kinderspitales in Bern im Laufe des Jahres 1895. Herausg. von Dr. *M. Stooss*. In-8°. 92 S. Bern, Schmid, Francke & Co. 2 50
1836

— der Kinder-Schutz- u. Rettungs-Gesellschaft in Wien. Hrsg.: Kinder-Schutz- u. Rettungs-Gesellschaft. 4. u. 5. Jahrg. 1907 u. 1908. à 4 Nrn. (à ca. 36 S.) gr. 8. Wien (I, Himmelpfortg. 8). Kinder-Schutz- u. Rettungs-Gesellschaft. à Jahrg. nnn 1. —
Nicht im Buchhandel.

Mitteilungen. – King's illustrierte Mitteilungen. Hamburg: Expedition 1899–(1900). 8°

MITTEILUNGEN DES ALTERTUMSVEREINS KIRCHBERG. Heft 1 Nr 1—25. Kirchberg E: J Kandel. 8°

— aus der evangelischen Kirchengemeinde A. B. in Hermannstadt. Nr. 1. 8. Hermannstadt, W. Krafft. — 55
Das Lutherhaus. Rückblick u. Ausschau anläßlich des 25jähr. Bestandes dieser Anstalt. Von Hans Wagner. (55 S. m. 1 Abb.) 908.

Mitteilungen für den Evangelischen Kirchengesang-verein von Elsaß-Lothringen. (No. 1 im Juni 1899.) Straßburg Druck der „Straßburger Neueste Nachrichten" 1899.
Herausgegeben im Auftrag des Vereinsvorstandes von dem Präsidenten (Friedrich) Spitta.

Mitteilungen des evangelischen Kirchengesang-Vereins in Württemberg. Waiblingen 1905

Mitteilungen. – Kirchenmusikalische Mitteilungen zunächst für Interessenten katholischer Kirchenmusik. (Jährlich dreimal.) Augsburg und Wien: Böhm. (1897) – 1915: No. 1–55.

— kirchliche, aus u. über Nord-Amerika. Herausg.: Pfarrer Löhe u. Pfarrer Wucherer. 3. u. 4. Jahrg. 1845 u. 1846. à 12 Numm. 4. Nördlingen 845, 46. (Beck'sche B.) 3. J. n. 8 ngl 4. J. n. 12 ngl

— kirchliche, aus u. über Nord-Amerika. 5 u. 6. Jahrg. 1847 u. 1848. Herausg.: Löhe u. Wucherer. à 12 Nrn. 4. (à 1/2 Bog.) Mit dem Beiblatte: Mittheilungen über die luther. Kirche aller Lande. à 6 Nrn. 4. (1/2 B.) Nördlingen, Beck. 1847: n. 12 ngl 1848: n. 11 ngl — 7—10. Jahrg. 1849—1851. à 12 Nrn. gr. 4. (à 1/2 B.) Nördlingen, Beck in Comm. à Jahrg. n. 8 ngl

— kirchliche, aus und über Nord-Amerika. Herausgbr.: Löhe und Wucherer. 11—16. Jahrg. 1853—58. à 12 Nrn. (à 1/2 Bgn.) Mit Beiblatt: Anzeiger des Correspondenzblattes der Gesellschaft für innere Mission nach dem Sinne der luther. Kirche. (à 12 Nrn. à 1/4—1/2 Bgn.) Nördlingen, Beck in Comm. gr. 4. Jeder Jahrg. n. 8 ngr.

Mittheilungen, kirchliche, aus und über Nord-Amerika. 17. u. 18. Jahrg. 1859 u. 60. Herausg. von Löhe u. Wucherer. — 19. u. 20. Jahrg. 1861 u. 62. Herausg. von Löhe. — 21. u. 22. Jahrg. 1863 u. 64. Herausg. von Löhe u. Bauer. à Jahrg. 12 Nrn. (à 1/2 Bgn.) Nördlingen. Beck in Comm. gr. 4. Jeder Jahrg. n. 8 ngr.

— kirchliche, aus u. über Nord-Amerika. Hersg. v. Löhe u. Bauer. 23. u. 24. Jahrg. 1865 u. 66. à Jahrg. 12 Nrn. (1/2 Bgn.) Nördlingen, Beck'sche Buchh. gr. 4. Jeder Jahrg. n. 8 ngr.

— — Red.: Bauer. Neue Folge. 1. u. 2. Jahrg. 1869 u. 1870. à Jahrg. 12 Nrn. (1/2 Bgn.) Ebend. gr. 4. Jeder Jahrg. n. 4 ngr.

— kirchliche, aus, üb. u. f. Nord-Amerika. Red.: Bauer. Neue Folge. 3—5. Jahrg. 1871—1873 à 12 Nrn. (1/2 B.) gr. 4. Nördlingen, Beck in Comm. à Jahrg. n. — 40

— dasselbe Neue Folge. 6–8. Jahrg. 1874—1876 à 12 Nrn. (1/2 B.) gr. 4. Ebend. à Jahrg. n. — 50

— kirchliche, aus, über u. für Nord-Amerika. Ein Blatt für innere Mission. Red.: J. Deinzer. Neue Folge. 8–13. Jahrg. 1877—1882. à 12 Nrn. (1/2 B.) gr. 4. Nördlingen, Beck. à Jahrg. n. — 50

— kirchliche, aus, üb. u. f. Nord-Amerika. Ein Blatt f. innere Mission. Red.: J. Deinzer. Neue Folge. 15–18. Jahrg. 1883—1886. à 12 Nrn. (1/2 B.) gr. 4. Nördlingen, Beck. à Jahrg. n. — 50

— kirchliche, aus u. über Nord-Amerika, Australien u. Neu-Guinea. Ein Blatt für innere u. äußere Mission. Red.: J. Deinzer. Neue Folge. 19.—22. Jahrg. 1887—1890. à 12 Nrn. (1/2 B.) gr. 4. Nördlingen, Beck. à Jahrg. n. — 50

— kirchliche, aus u üb. Nord-Amerika, Australien u. Neu-Guinea. Ein Blatt f. innere u. äußere Mission. Red.: J. Deinzer. Neue Folge. 23.- 26. Jahrg. 1891—1894. à 12 Nrn. (1/2 Bog.) gr. 4. Nördlingen, Beck. à Jahrg. n. — 50

— kirchliche, aus u. üb. Nord-Amerika, Australien u. Neu-Guinea. Ein Blatt f. inn. u. äuß. Mission. Red.: J. Deinzer. Neue Folge. 27.—30. Jahrg. 1895—1898. à 12 Nrn. (à ca. 4 S.) gr. 4. Nördlingen (Beck). à Jahrg. n. — 50

— kirchliche, aus u. über Nordamerika, Australien u. Neu-Guinea. Ein Blatt f. innere u. äußere Mission. Monatl. Beiblatt zu Freimund's kirchlich-polit. Wochenblatt. Red.: M. Deinzer. Neue Folge. 31.—34. Jahrg. 1899—1902. à 12 Nrn. gr. 4. (à Jahrg. II, 95 Sp.) Nördlingen (C. H. Beck). à Jahrg. n. — 50

— kirchliche, aus u. über Nordamerika, Australien u. Neu-Guinea. Ein Blatt f. innere u. äußere Mission. Monatliches Beiblatt zu Freimund's kirchlich-polit. Wochenblatt. Red.: M. Deinzer. Neue Folge. 35.—38. Jahrg. 1903—1906. à 12 Nrn. (96, 96, 112 u. 114 Sp.) gr. 4. Nördlingen, (C. H. Beck). à Jhrg. n. — 50

— kirchliche, aus u. üb. Nordamerika, Australien u. Neu-Guinea. Organ der Neuendettelsauer Mission. Monatliches Beiblatt zu Freimund's kirchlich polit. Wochenblatt. Red.: M. Deinzer. Neue Folge. 39.—42. Jahrg. 1907—1910. à 12 Nrn. (72, 96, 96 u. 96 S.) Lex. 8. Nördlingen, C. H. Beck. 1907 — 50; 1908—10 à 1. —
Erscheint v. 1. 1. 1911 ab u. d. T.: Neuendettelsauer Missionsblatt.

Mittheilungen, Kleine. Verkehrsorgan der mittelschweizerischen geographisch-kommerziellen Gesellschaft in Aarau. Aarau 1893 ff. H: *Schumann, A.* & *C. Bührer.* (EB)

Mittheilungen, kleine. Verkehrsorgan der mittelschweizerischen geographisch-kommerziellen Gesellschaft in Aarau. Jahrg. 1—2, Aarau 1894—95.

Kleinere Mitteilungen über Schußverletzungen. Aus. d. Verhandlungen d. Wiss. Senats d. Kaiser Wilhelms-Akad. f. d. militärärztl. Bildungswesen v. 3. Juni 1903. Bearb. in d. Medizinalabt. d. Kriegsmin. Mit 2 Taf. *Berlin: A. Hirschwald 1903.* (52 S.) 8°
— Veröffentlichungen aus d. Geb. d. Militär-Sanitätswesens. H. 23.
[03. 10947]

— aus der chirurgischen Klinik in Greifswald. Hrsg. v. P. Vogt. Mit 28 Holzschn. gr. 8. (XVIII, 198 S.) Wien 884. Urban & Schwarzenberg. n. 6. —

— aus der chirurgischen Klinik zu Kiel. Hrsg. v. Frdr. Esmarch. I—III. gr. 8. Kiel, Lipsius & Tischer. n. 6. —
1. Eine neue Amputationsmethode. Ueberosmiumsäure-Injectionen bei peripheren Neuralgien v. G. Neuber. (23 S. m. eingedr. Illustr.) 883. n. 1. —
2. Vorschläge zur Beseitigung der Drainage f. alle frischen Wunden. Von G. Neuber. (S. 25—70 m. eingedr. Fig.) 884. n. 2. —
3. Die Methode d. Unterrichts an der chirurgischen Klinik der Universität Kiel. Ein Vortrag v. Esmarch. Mit 8 Beilagen. (S. 73—87.) 884. n. 3. —

— aus der chirurgischen Klinik zu Kiel. Hrsg. von v. Esmarch. IV. gr. 8. Kiel 888. Lipsius & Tischer. n. 4. — (I—IV.: n. 10. —)
Welcher Art sind die Enderfolge der Kniegelenkresectionen seit Einführung der antiseptischen Wundbehandlung u. der künstlichen Blutleere? Von F. Hitzegrad. (S. 91—157 m. photozinkogr. Abbildgn.) Beiträge zur Kenntnis der Syphilome der äusseren Muskulatur. Von A. Bier. (S. 159—195.) Ein Fall v. Akromegalie. Von A. Bier. (S. 196—203.)

—— aus der chirurgischen Klinik zu Tübingen, s. a. Beiträge zur klinischen Chirurgie.

—— aus der chirurgischen Klinik zu Tübingen. Hrsg. von Paul Bruns. 1. Bd. 3 Hefte. gr. 8. Tübingen, Laupp'sche Buchh. [1. Heft. (VII, S. 1—228 mit Abbild. in Holzschn. und 2 lithogr. Taf.) 883. *M 4,40.; 2. Heft. (III, S. 229—380 mit Abbild. in Holzschn. und 1 lithogr. Taf.) 884. *M 3,60.; 3. Heft. (IV, S. 381—510 mit 1 lithogr. Taf. und 2 Lichtdr.-Bildern.) 884. *M 4.] *

— aus der dermatologischen Klinik des königl. Charité-Krankenhauses zu Berlin, hrsg. v. E. Schweninger. 1. u. 2. Hft. gr. 8. (79 S. m. 8. eingedr. Abbildgn. u. 2 Lichtdr.-Taf.) Berlin 887. Fischer's medicin. Buchhandlg. n. 3. —

— dasselbe. 3.—7. Hft. gr. 8. Berlin, O. Enslin. n. 7. 50
3. (42 S.) 887. n. 1. 80. — 4. (40 S.) 888. n. 1. 80. — 5. (44 S.) 888. n. 1. 50. — 6. 7. (88 S. m. 1 Abbildg.) 888. n. 2. 40.

— aus der geburtshilflich-gynäkologischen Klinik zu Tübingen. Hrsg. von Joh. v. Säxinger. 1. u. 2. Hft. gr. 8. Tübingen, Fues. n. 9. 40
1. Beobachtungen aus der Tübinger geburtshilflichen Klinik umfassend den Zeitraum 1869—1881 v. Frdr. Hauff. (IV, 116 S. m. 5 Taf.) Eine Puerperalfieberepidemie in der Tübinger geburtshilflichen Klinik. Ein Beitrag zur Verbreitungsweise u. Behandlg. d. Puerperalfiebers v. Eug. Kommerell. (S. 117—153.) 884. n. 5. —
2. Studien üb. Erkrankungen der Placenta u. der Nabelschnur, bedingt durch Syphilis, v. Rud Zilles. (S. 155—297 m. 4 Taf.) 885. n. 4. 40

— aus d. gynaekologischen Klinik d. Prof. Dr. Otto Engström in Helsingfors. I. Bd. 3 Hfte. gr. 8. Berlin 897. S. Karger. n. 14. —
1. (III, 180 S. m. 1 Abb.) n. 6. —
2. Festschrift, dargebracht der 3. Versammlung nord. Chirurgen in Helsingfors. (S. 181—288 m. 1 Taf.) n. 4. —
3. (IV u. S. 289—406 m. 1 Abb.) n. 4. —

— dasselbe. II. Bd. 1. Hft. gr. 8. (III, 112 S. m. 8 Taf. u. 1 Bl. Erklärgn.) Ebd. 898. n. 4. —

— aus der gynaekologischen Klinik des Prof. Dr. Otto Engström in Helsingfors. II. Bd. 2. u. 3. Hft. gr. 8. (III u. S. 113—289.) Berlin 898. S. Karger. à n. 3. —; (II. Bd. kplt. n. 10. —)

— dasselbe. III. Bd. 3 Hfte. gr. 8. (IX, 308 S. m. 2 Abbildgn. u. 4 [2 farb.] Taf.) Ebd. 12. —

— dasselbe. IV. Bd. 1. u. 2. Hft. gr. 8. (III, 99 u. III u. S. 101—212.) Ebd. 901. 902. à n. 3. —

— aus der gynaekologischen Klinik des Prof. Dr. Otto Engström in Helsingfors. IV. Bd. 3. Heft. V. u. VI. Bd. à 3 Hefte u. VII. Bd. 1. Heft. gr. 8. Berlin, S. Karger. n. 29. 60
IV, 3. (III u. S. 213—288.) 903. n. 3. 50 (IV. Bd. kplt. n. 8. 50). — V, 1. (III u. S. 1—118.) 903. n. 4. —. — V, 2. (III u. S. 119—228.) 903. n. 5. 60. — V, 3. (III u. S. 289 bis 366.) 903. n. 3. —. — VI, 1. 2 (III u. S. 1—238 m. 2 Taf.) 903. n. 8. —. — VI, 3. (III u. S. 239—338 m. Abbildgn.) 904. n. 3. 50. — VII, 1. (III, 85 S.) 906. n. 3. —

— aus der gynaekologischen Klinik des Prof. Dr. Otto Engström in Helsingfors. VII. Bd. 2. u. 3. Heft. (IV u. S. 87—306 m. Abbildgn.) Lex. 8. Berlin 907. 908. S. Karger. 7.60 (VII. Bd. vollst. 10. 60)

— dasselbe. VIII. Bd. 3 Hefte. Lex. 8. Ebd. 13. 60
1. Festschrift, dargebracht der 8. Versammlg. nord Chirurgen in Helsingfors. (III u. S. 1—138.) 909. 4. 60
2. (III u. S. 139—280.) 910. 5. —
3. (III, III u. S. 281—389.) 911. 4. —

— aus der medicinischen Klinik zu Königsberg i/Pr., hrsg. v. B. Naunyn. gr. 8. (VIII, 311 S.) Leipzig 888. F. C. W. Vogel. n. 8. —

— aus der medicinischen Klinik zu Würzburg Hrsg. v. C. Gerhardt u. F. Müller 1. u. 2 Bd. gr. 8. Wiesbaden, Bergmann. n. 16 70
1. Mit 2 Taf. u. 3 Text-Fig. (XXIX, 276 S.) 885. n. 6. 70
2. Mit 1 Taf. (IV, 412 S.) 886. n. 10. —

—— aus der ophthalmiatrischen Klinik in Tübingen. Hrsg. von Albr. Nagel. 1. Bd. 3 Hefte. gr. 8. Tübingen, Laupp'sche Buchh.

Inhalt:

Heft 1. Nagel, A., die optische Vergrösserung durch Linsen und einfache Linsencombinationen mit Rücksicht auf Brillenwirkung und ophthalmoskopische Vergrösserung. (Mit 6 Holzschn.) — Schliephake, über die Einwirkung des Muscarins auf das menschliche Auge. — Bisinger, Untersuchungen über die Beziehungen zwischen Accommodation und Convergenz der Blicklinien. (Mit 6 Holzschn.) — Nagel, Zusätzliche Bemerkungen zu der vorstehenden Arbeit von Dr. Bisinger. — Schleich, angebornes Colobom der Augenlider. (Mit 1 Taf.) — Schleich, ophthalmoskopische Beobachtung cilioretinaler Blutgefässe. (Mit 9 Holzschn.) — Schleich, primäres, partiell melanotisches endotheliales Sarcom des Ciliarkörpers. (Mit 1 Taf. und 1 Holzschn.) — Schlegel, über das Eserin als Heilmittel gegen Glaukom. — Schleich, die Absorptionsspektren kobaltblauer Gläser. (Mit 1 Curventaf.) — Schleich, rasche Heilung einer Amaurose mit weisser Verfärbung der Sehnerven. — Rembold, ein Fall von Chloroformintoxikation per stomachum nebst Bemerkungen über das Verhalten der Pupillen in der Chloroformnarkose. — Nagel, über den ophthalmoskopischen Befund in myopischen Augen. — Nagel, über die Beziehung dioptrischer Werthe und der Beträge symmetrischer Convergenzbewegungen nach metrischen Maasseinheiten. (V, 223 S.) 880. *M 6.

» 2. Rembold, Sigm., über Pupillarbewegung und deren Bedeutung bei den Krankheiten des Centralnervensystems. (III, 118 S.) 880. *M 2,80.

» 3. Schleich, klinisch-statistische Beiträge zur Lehre von der Myopie. — Weiss, Beiträge zur Anatomie des myopischen Auges. 1. und 2. Abhandlung. — Nagel, statistische Notizen aus der ophthalmiatrischen Klinik in Tübingen. (III, 121 S. mit 8 eingedr. Holzschn. und 3 lithogr. Taf.) 882. *M 3,70.

—— dass. — 2. Bd. 1. und 2. Heft. gr. 8. Ebendas. à Heft *M 4. *

Inhalt:

Heft 1. Lutz, Geo., Augenerkrankungen während der Gravidität und im Puerperium. — Schleich, G., die Augen 150 neugeborener Kinder ophthalmoskopisch untersucht. — Weiss, Leop., Beiträge zur Anatomie des myopischen Auges. — Eppler, Friedr., über den Venenpuls in der Retina. — Appenzeller, G. F. A., ein Beitrag zur Lehre von der Erblichkeit des grauen Staares. — Schleich, G., zur Xerosis conjunctivae. — Nagel, Albr., kleinere Mittheilungen aus der Klinik. (III, S. 1—166 mit 2 lithogr. Taf. und 5 Holzschn.) 884.

» 2. Schleich, G., der Augengrund des Kaninchens und des Frosches als Hilfsmittel beim Unterricht im Ophthalmoskopiren. — Schleich, G., Untersuchungen über die Grösse des blinden Fleckes und seine räumlichen Beziehungen zum Fixationspunkte. — Schleich, G., casuistische Mittheilungen seltener Retinalerkrankungen. — Wider, A., über die Aetiologie der Retinitis pigmentosa. — Nagel, Albr., noch einmal die Loupenvergrösserung. (III, S. 168—257 mit 4 lithogr. Doppel-Taf. und 5 Holzschn.) 885.

—— aus der ophthalmiatrischen Klinik in Tübingen. Hrsg. v. Albr. Nagel. 2. Bd. 3. Heft. Mit Abbildgn. im Text u. 3 Taf. gr. 8. (IV, S. 259—418.) Tübingen 890, Laupp. · 4 —
2. Bd. 1. u. 2. Heft. Ebd. 1884,85. * 8 —

— aus der Klinik u. Poliklinik für Haut- u. venerische Geschlechtskrankheiten von D. van Haren Noman zu Amsterdam. Bericht über die in den J. 1886 u. 1887 auf der Poliklinik vorgekomm. Fälle, nebst klin. u. therapeut. Bemerkgn. v. B. G. E. W. van Dugteren u. A. J. van Walsem. gr. 8. (IV, 180 S.) Haarlem 889. (Wien, Deuticke.) n. 3. 25

— aus Kliniken u. medicinischen Instituten der Schweiz. Annales suisses des sciences médicales. I. Reihe. 12 Hfte. gr. 8. Basel, C. Sallmann. n. 27. 20 (1.—12. Heft. Subskr.-Pr. n. 21. 80; in Halbfrzbd. n. 24. —)

1. Ueber die Aetiologie der Peritonitis. Ein Beitrag zur Lehre der Continuitäts-Infectionen u. der Contiguitäts-Entzündgn. v. E. Tavel u. Otto Lanz. Aus dem bakteriolog. Institut in Bern. (XII, 179 S. m. 8 Lichtdr.-Taf. u. 8 Bl. Erklärgn. 893. n. 6. —
2. Beitrag zur Myopie-Frage. Von Boleslaw Jankowski. Aus der Augenklinik in Bern. (57 S.) 893. n. 2. —
3. Beiträge zur Chirurgie der Gallenwege. Von W. Martig. (151 S.) 893. n. 3. —
4. Ueber die Durchlässigkeit der Darmwand eingeklemmter Brüche f. Mikroorganismen. Von Arnd. (35 S.) 893. n. 1. —
5. Experimentelle Untersuchungen üb. die bei der Entstehung der Perforationsperitonitis wirksamen Factoren des Darm-Inhalts. Von W. Silberschmidt. (38 S.) 894. n. 1. —
6. Recherches sur la mobilité et les cils de quelques représentants du groupe des Coli-Bacilles. Par M. Henry de Stoecklin. (44 S. m. 1 Taf.) 894. n. 1. 60
7. Aetiologische u. klinische Beiträge zur Diphtherie. Aus dem Kinderspital zu Basel. Von Emil Feer. I. Bakteriologische Untersuchgn. üb. Diphtherie. II. Die Verbreitungsweise der Diphtherie. III. Die Tracheotomien des Kinderspitals zu Basel u. ihre Wundcomplicationen von 1873—1892; Folgezustände der Tracheotomirten im späteren Leben. (91 S.) 894. n. 4. —
8. Exenteratio (Evisceratio) bulbi. Von Elis. Wolkomitsch (42 S.) 894. n. 1. 20
9. Ueber die Perforation seröser pleuritischer Exsudate, nebst Bemerkgn. üb. den Befund v. Typhusbacillen in dem serösen Pleuraexsudat e. Typhuskranken. Von Sahli. Mit 5 sphygmograph. Curven u. 1 Temperaturcurve (21 S.) Beiträge zur Bakteriologie der Typhuscomplicationen. Von W. Spirig. (S. 23—45.) 894. n. 2.
10. Beiträge zur Kenntniss v. Wesen u. Sitz der Hemicrania ophthalmica. Von Aug. Siegrist. (47 S.) 894. n. 2.
11. Die Geminität in ihren erblichen Beziehungen. Von Thdr. v. Speyr. (23 S. m. 3 Taf.) 894 n. 2. —
12. Ueber Bilharziakrankheit. Von L. Rütimeyer. (39 S. m. 4 Taf. u. 4 Bl. Erklärgn.) 894. n. 2. 40

— dasselbe. II. Reihe. 1.—6 Hft. gr. 8. Ebd 894. n. 10. 40

1. Les altérations anatomiques et les troubles fonctionnels du myocarde suivis d'une étude sur le rétrécissement mitral fonctionnel. Par H. Audeoud et Ch. Jacot-Descombres. Extrait d'un mémoire couronné. (164 S.) n. 4. —
2. Beiträge zur Kenntniss der Eiweisskörper des Blutserums. Von Rob. Brunner. (18 S.) n. - 80
3. Beitrag zur Lehre v. den Grenztumoren v. Conjunctiva u. Cornea. Von Otto Burckhardt. (31 S. m. 5 Fig.) n. 1. 60
4. Ueber den Einfluss des Blutegelinfuses auf die Thrombenbildung. Von Jules Eguet. (34 S. m. Fig.) n. 1. 20
5. Die Blatternepidemie in Bern vom J. 1894. Von Wilh. Ost. (40 S. m. 1 Tab. u. 3 graph. Taf.) n. 1. 80
6. Beiträge zur Kenntniss des Frauencaseïns u. seiner Unterschiede vom Kuhcaseïn. Von Augustin Wróblewski (49 S. m. Fig.) n. 1. 20

— aus Kliniken u. medicin. Instituten d. Schweiz. Annales suisses des sciences médicales. II. Reihe. 7.—12. Hft. gr. 8. Basel 895. Leipzig, C. Sallmann. n. 15. 60 (12 Hfte. Subskr.-Pr. n. 20. —)

7. Experiment. Untersuchgn. üb. d. Entstehg. d. circumscripten u. diffusen Peritonitis m. spec. Berücksicht. d. bakterienfreien, intraperitonealen Herde. Von Emil Wieland. (45 S.) 894. n. 1. 20
8. Beitrag zur Kenntniss d. Divertikelbildgn. u. inneren Incarcerationen d. Darmtractus. Von Alfr. Good. (54 S. m. 5 Fig.) 894. n. 2. 40
9. La diminution de poids du cerveau dans la paralysie générale. Graphiques destinés à faire ressortir cette diminution sur le cerveau et ses parties constitutives. Par A. Mercier. (45 S. m. 5 graph. Taf.) n. 3. 20
10. Ueber Paget's Krankheit. Von Rolf Lindt. (38 S. m. 1 Photograv.-Taf. u. 1 Bl. Erklärgn.) n. 2. 40
11. Contribution à l'étude du streptocoque et de l'entérite streptococcique. 4 mémoires par de Cérenville, Tavel, Eguet et Krumbein. (74 S. m. 2 Lichtdr.- u. 1 Kurventaf.) n. 3. 20
12. Beitrag zu d. Functionsprüfgn. d. Netzhautperipherie. Lichtsinnperimetrie. Von Alb. Senn. (37 S. m. 10 farb. Taf.) n. 3. 20

— dasselbe. III. Reihe. 12 Hfte. gr. 8. Ebd. n. 29. 40

1. Zur Aetiologie u. Pathologie d. Anginen, der Stomatitis aphthosa u. d. Soors. Von Max Stooss. (130 S. m. 3 Lichtdr.-Taf. u. 3 Bl. Erklärgn.) 895. n. 3. 20
2. Untersuchgn. üb. d. Dauer d. Sterilisationsprocesses im gespannten Dampfe bei gegeb. fixen Temperaturen. Von Thdr. Christen. (47 S.) 895. n. 1. 20
3. Ueber d. Folgen künstl. Lungenembolie bei Kaninchen. Ein experiment. Beitrag zur Lehre vom Lungeninfarct. (M. e. Textfig.) Von Otto Gsell. (63 S.) 895. n. 1. 60
4. Ueber Dementia senilis. Von Jean Nötzli. (72 S.) 895. n. 1. 60
5. Klin. Beiträge zur Flammentachographie. (M. 2 Kpfrdr.-Taf. in Heliograv.) Von Alb. Rüedi. (50 S.) 895. n. 3. 20
6. Ueber d. Therapie d. Tetanus u. üb. d. Werth u. die Grenzen d. Serumtherapie, nebst Mittheilg. e. gemeinsam m. Tavel mittelst Heilserum behandelten Tetanusfalles. Von Sahli. (59 S.) 895. n. 1. 60
7. Beiträge zur Pathogenese u. zur Radicaloperation d. Mittelohr-Cholesteatoms. Von J. Morf. (50 S.) 895. n. 1. 20
8. Beiträge zur Schilddrüsenfrage. (M. 3 Abb. u. 12 Curventaf. im Text.) Von Otto Lanz. (63 S.) 895. n. 2. 40
9. Ophthalmoskop. Studien. (I. Blutg. zwischen Netzhaut u. Glaskörper in der Maculagegend. II. Traumat. Ruptur v. Ciliararterien. III. Experimentelle Untersuchungen üb. den Verbreitungsbezirk u. üb. d. Möglichkeit gegenseit. Vicariirung der Ciliararterien beim Kaninchen.) Von A. Siegrist. (38 S. m. 4 farb. Taf.) 895. n. 2. 40
10. Beiträge zur Kenntniss einiger praktisch wichtiger Fracturformen. Von Thdr. Kocher. I. Die Fracturen am oberen Humerusende. (91 S. m. Abb.) 896. n. 3. 20
11. Dasselbe. II. Die Fracturen am unteren Humerusende. (105 S. m. Abb.) 896. n. 3. 20
12. Dasselbe. III. Die Fracturen am oberen Femurende. (109 S. m. Abb. u. 36 Taf.) 896. n. 4. 60

— dasselbe. IV. Reihe. 1.—4. Hft. gr. 8. Ebd. 896. n. 9. 60

1. Ueber d. Einfluss d. Alkohols auf d. Muskelermüdung. (Mit 1 Abb. u. 55 Curven in Holzschn.) Experimentelle Studien m. d. Mosso'schen Ergographen v. Herm. Frey. (47 S.) n. 2. 40
2. Petites contribution à la pathologie du système nerveux. Publiées par E. de Cérenville et H. Stilling. Fasc. I. (31 S. m. 1 Taf.) n. 2. 40
3. Ueber d. Verhalten d. Gallenblase bei dauerndem Verschluss des Ductus choledochus. Von Th. Ecklin. (38 S.) n. 1. 60
4. Beiträge zur Lehre v. d. acuten Miliartuberculose m. anhangsweisen Bemerkungen üb. Meningitis tuberculosa u. d. Verbreitungsart ein. and. krankhaften Processe im Körper. Von Arnold Sigg, m. e. Einleitg. v. Hanau. (106 S. m. 4 Abb.) n. 3. 20

Mittheilungen des Clubs der Münz- und Medaillenfreunde in Wien ... Wien 1890 ff. Red: *Nentwich, Jos.* (EB)

— des Clubs f. Pfanzenzucht im Zimmer Beiliegend 2 Lichtdr.-Taf. gr. 8. (12 S.) Wien 884. (Teufen.) n. — 50

— des technischen Klubs in Salzburg. 1. Jahrg. 4 Hefte. Salzburg 869. Glonner. Lex.-8. (1. Heft. 20 S. mit 3 Steintaff. in Lex.-8. u. Fol.) n. 1 ℛ 10 ngr.

— des technischen Club in Salzburg Neue Folge. 1883. Lex.-8. (24 S. m. 6 Taf.) Salzburg 883. (Kerbor.) n. 2. 50

Mitteilungen der Norddeutschen Knappschafts-Pensionskasse zu Halle Halle. Norddeutsche Knappschafts-Pensionskasse 1891–(1901). 8°
Red Stieber

Mittheilungen des christlichen Colportage-Vereins im Grossherzogthum Baden. Gernsbach (sp. Baden-Baden, sp Liebenthal) Verein 1872–1900 8°

Mittheilungen des christlichen Kolportage-Vereins. Gernsbach im Großherzogt. Baden. Organ des Vereins. (20. Jahrg.) Mai 1893 — April 1894. 8 Nrn. (1/2 Bog.) hoch 4. Gernsbach, Christl. Kolportage-Verein. n.n. 2. 50

— dasselbe. 21. Jahrg Mai 1894—April 1895. 8 Nrn. (1/2 Bog.) hoch 4. Ebd. n.n 2. 50

Mitteilungen d. christlichen Kolportage-Vereins. Gernsbach im Großherzogtum Baden. Organ d. Vereins. (22. u. 23. Jahrg.) Mai 1895—Mai 1897. à 8 Nrn. (1/2 Bog.) hoch 4. Gernsbach. Lichtenthal, Christl. Kolportage-Verein. à Jahrg. n.n. 2. 50

— dasselbe. Septbr. 1897—Aug. 1898. 8 Nrn. (1/2 Bog.) hoch 4. Ebd. n.n. 2. 50

— des christl. Kolportage-Vereins, Lichtenthal bei Baden-Baden. Organ des Vereins. Septbr. 1898—Aug. 1900. 8 Nrn. hoch 4. (à ca. 4 S.) Lichtenthal bei Baden-Baden, Christl. Kolportage-Verein. 2. 70

Mitteilungen des ständigen Comites zur Untersuchung von Schlagwetterfragen in Mährisch-Ostrau und Segengottes. Veröffentl. vom k. k. Ackerbauministerium. Wien.
1894—96: 1898.
1897—99: 1902.
1900—01. 1902.
1902: 1905.
1903. 1906.
1904: 1907.
1905: 1907.
Aus: Die Bergwerks-Inspektion in Österreich. Jg. 6, 1899 ff.

— d. ständ. Comités zur Untersuchg. v. Schlagwetterfragen in Mährisch-Ostrau u. Segengottes. 1894—1896. [Aus: „Die Bergwerks-Inspection in Österreich, 5. Jahrg. 1896".] Veröffentl. v. k. k. Ackerbauministerium. gr. 8. (VI, 172 S. m. Fig.) Wien 898. Hof- u. Staatsdruckerei. n. 2. —

— der ständigen Komités zur Untersuchung v. Schlagwetterfragen in Mährisch-Ostrau u. Segengottes. (1897—1899, 1900—1901 u. 1902—1905.) Veröffentlicht v. k. k. Ackerbauministerium. gr. 8. Wien, Hof- u. Staatsdruckerei. n. 8. —
1897/99. (III, 124 S. m. Abbildgn.) 902. n. 2. —
1900/01. (V, 163 S. m. Abbildgn.) 902. n. 2. —
1902/05. (III, 168 S. m. Abbildgn.) 906. n. 4. —
Sonderabdr. aus: „Die Bergwerks-Inspektion in Österreich".

Mitteilungen des ständigen Komitees zur Untersuchung von Schlagwetterfragen in Wien. (1906—1909). Veröffentl. vom k. k. Minister f. öffentl. Arbeiten. Wien 1910. 322 S.
Aus D. Bergwerks-Inspektion in Österreich. Jg. 15 17 1906–1909.

Mitteilungen des Comite für die land- und forstwirtschaftliche Statistik des Königreichs Böhmen für das Jahr - Prag. 1871-1890
Früher s.: Rechenschaftsber üb. d. Thätigkeit d. Central-Comite
Forts. s.: Mitt. d. Statist. Bureaus

—— des Comité für die land- und forstwirthschaftliche Statistik des Königr. Böhmens für die J. 1875—1877. hoch 4. (XI, 61; LXIV, 53; LVI, 32 S.) Prag 876—78, (Calve'sche Universitäts-Buchh.) à Jahrg. *
—— dass. — für die J. 1878/79. hoch 4. (LXXXI, 32 S.) (Ebendas.) 879. *

—— des Comité für die land- und forstwirthschaftliche Statistik des Königr. Böhmen für das J. 1879. Lex.-8. (X, 12 S.) Prag 880, (Calve'sche Universitäts-Buchh.) *
—— dass. — für die J. 1880—1883. (Ebendas.) gr. 8. [1880. (XLVI, 31 S.); 1881. (XXXVIII, 36 S.); 1882. (LIV, 33 S.) 1883. (LVIII, 32 S.).] à Jahrg. *

—— des Comité für die land- und forstwirthschaftliche Statistik des Königr. Böhmen für das J. 1884. Lex.-8. (XXXV, 19 S.) Prag 885, (Calve'sche Hof- und Universitäts-Buchh.) *

—— dass. — für die J. 1885—1888. Lex.-8. (XLIV, 45 S.) (Ebendas.) 889. *

— des Comité f. d. land- u. forstwirthschaftliche Statistik d. Königr. Böhmen f. 1890. Lex.-8. (III, XLIV, 18 S.) Prag 891, (Calve). * 2 —

Mitteilungen vom Technischen Komitee E. V (H. 4 ff.: Magazin für Technik und Industrie-Politik). Hrsg v Arbeitsausschuss d. Technischen Komitees E. V Jg 1 (Charlottenburg Techn Komitee) 1910/11 8° A 12. 4-73

— der Kommission zur naturwissenschaftlichen Durchforschung Mährens. Botanische Abtlg. Nr. 1 u. 3. gr. 8. Brünn, (C. Winiker). nn 1. 70
Podpěra, J., u. Heinr. Laus, Beiträge zur Phytogeographie Mährens. I. Die Halophytenvegetation des südl. Mährens u. ihre Beziehgn. zur Flora der Nachbargebiete. Von H. Laus. (67 S.) 907. (Nr. 3.) nn 1. 20
Steidler, Emerich, Hymenomycetes moravici. (Zur Kenntnis der mähr. Fleischpilze.) [Aus: „Ztschr. d. mähr Landesmuseums".] (15 S.) 905. (Nr. 1.) nn — 50

— dasselbe. Mineralogisch-montanist. Abtlg. Nr. 1 u. 2. gr. 8. Ebd. nn 1. 60
Neuwirth, Vinzenz, die paragenetischen Verhältnisse der Minerale im Amphibolitgebiet v. Zöptau. [Aus. „Ztschr. d. mähr. Landesmuseums".] (S. 120—181.) 906. (Nr. 2.) nn 1
— Die Zeolithe aus dem Amphibolitgebiet v. Zöptau. (Mit 15 Textfig.) [Aus: „Ztschr. d. mähr. Landesmuseums".] (12 S.) 905. (Nr. 1.) nn — 60

— dasselbe. Zoologische Abtlg. Nr. 2, 5, 6 u. 9. gr. 8 Ebd. nn 3. 10

Cziżek, Karl, Beiträge zu e. Dipterenfauna Mährens. [Aus: „Ztschr. d. mähr. Landesmuseums".] (S. 182—234.) 906. (Nr. 6.) nn 1 —

Zdobnicky, Frz., die Vogelwelt v. Unter-Wisternitz u. Umgebg. [Aus „Ztschr. d. mähr. Landesmuseums" (S. 87—119.) 906. (Nr. 5.) nn — 80

— Ornithologische Wanderungen in Südmähren. [Aus „Ztschr. d. mähr. Landesmuseums".] (19 S.) 905. (Nr. 2.) nn — 60

Mittheilungen der Commission für die geologische Landes-Untersuchung von Elsass-Lothringen. Bd. 1—5, Heft 2. Strassburg 1888—1900. 8. Von Bd. 3 ab: Mittheilungen der geologischen Landes-Anstalt von Elsass-Lothringen.

Mittheilungen der Commission f. die geologische Landes-Untersuchung v. Elsass-Lothringen. 1. Bd. 4 Hfte. Lex.-8. Strassburg, Strassburger Druckerei u. Verlagsanstalt. n. 6. 75

1. (XVIII, 48 S. m. 1 lith. Karte.) 886. n. 1. 25
2. (XIX—XXVII u. S. 49—119 m. eingedr. Fig. u. 1 lith. Karte.) 887. n. 1. 50
3. (XXIX—XXXVII u. S. 121—201 u. 52 S. m. eingedr. Fig. u. 1 Tab.) 888. n. 2. 50
4. (VI u. S. 203—239 m. 3 Lichtdr.-Taf. u. 2 Bl. Erklärgn.) 888. n. 1. 50

— dasselbe. 2. Bd. 3 Hfte. Lex.-8. (III, XXXIII, 401 u. 13 S. m. Abbildgn., 3 farb. Karten, 1 lith. Taf. u. 6 Tab.) Ebd. 890. n. 9. 50

Kaiserliche Akademie der Wissenschaften in Wien.

Mitteilungen der Prähistorischen Kommission.

Diesen Mitteilungen gingen nachfolgend verzeichnete, in den Denkschriften und Sitzungsberichten der mathematisch-naturwissenschaftlichen Klasse abgedruckte Berichte voraus, welche auch als Separata in den Buchhandel kamen.

1. Bericht. Prähistorische Ansiedelungen und Begräbnisstätten in Krain. Von Karl **Deschmann** und Ferdinand von **Hochstetter**. Nebst einem Anhange über 2 Skelette aus den Gräbern von Roje bei Moräutsch in Krain (mit 22 Tafeln und 18 Textfiguren). Von Josef **Szombathy**. 1880. 4° D. 42. 1. 1. K 10.—
2. Bericht. Ergebnisse der Höhlenforschungen im Jahre 1879 (mit 1 Tafel und 1 Textfigur). Von F. v. **Hochstetter**. 1879. 8° S. 80. I. 526 . —60
3. Bericht. Prähistorische Ansiedelungen und Begräbnisstätten in Niederösterreich und in Krain. Von F. v. **Hochstetter**. 1879. 8° S. 80. I. 542 vgr
4. Bericht. Über die Arbeiten im Jahre 1880 (mit 3 Tafeln und 4 Textfiguren). Von F. v. **Hochstetter**. 1880. 8° S. 82. I. 401 . 1.80
5. Bericht. 1.) Die Lettenmaierhöhle bei Kremsmünster (mit 1 Tafel). Von F. v. **Hochstetter**. 1882. 8° S. 85. I. 84 . —40
   2.) Über Ausgrabungen in den mährischen Höhlen im Jahre 1881 (mit 1 Tafel und 2 Textfiguren). Von J. **Szombathy**. 1882. 8° S. 85. I. 90 . —60
   3.) Ausgrabungen auf dem Urnenfelde von Neudorf bei Chotzen in Böhmen (mit 4 Tafeln und 1 Textfigur). Von Franz **Heger**. 1882. 8° S. 85. I. 418 . 1 20
   4.) Gräberfunde auf dem Dürrenberge bei Hallein (mit 1 Tafel und 1 Textfigur). Von F. **Heger**. 1882. 8° S. 85. I. 433 . —50
6. Bericht. Über die Arbeiten im Jahre 1882. Von F. v. **Hochstetter**. 1883. 8° S. 87. I. 168 . 20
7. Bericht. Über die Arbeiten im Jahre 1883 (mit 8 Tafeln und 16 Holzschnitten). Von F. v. **Hochstetter**. 1884. 8° S. 89. I. 320 . 3.—
   1.) Bericht über die Ausgrabungen in der Höhle „Berlova jama" nächst Nußdorf in Krain (mit 2 Textfiguren). Von Karl **Moser**. 1884. 8° S. 89. I. 321.
   2.) Bericht über die Necropole von Vermo nächst Mitterburg-Pisino in Istrien (mit 5 Tafeln und 5 Textfiguren). Von K. **Moser**. 1884. 8° S. 89. I. 329.
   3.) Ausgrabungen in den mährischen Höhlen im Jahre 1883 (mit 2 Textfiguren). Von J. **Szombathy**. 1884. 8° S. 89. I. 353.
   4.) Urnenfunde nächst Kožušan bei Olmütz (mit 1 Tafel). Von Willibald **Mueller**. 1884. 8° S. 89. I. 359.
   5.) Über die Hügelgräber von Frög bei Rosegg in Kärnten und die in denselben gefundenen Bleifiguren (mit 1 Tafel und 4 Textfiguren). Von F. v. **Hochstetter**. 1884. 8° S. 89. I. 364.
   6.) Die Hügelgräber von Rovišče in der Pfarre Brändl (Studenec) im Gerichtsbezirke Gurkfeld in Unterkrain (mit 1 Tafel und 3 Textfiguren). Von K. **Deschmann**. 1884. 8° S. 89. I. 378.
   Anhang von F. v. **Hochstetter**. 1884. 8° S. 89. I. 386.

Mitteilungen der Prähistorischen Kommission. 4°.

I. Band, Nr. 1. 1887 (mit 1 Karte und 80 Textfiguren) . 3.—
- Ausgrabungen am Salzberge bei Hallstatt 1886. Von J. **Szombathy**.
- Untersuchungen prähistorischer und römischer Fundstätten im Küstenlande. Von K. **Moser**.
- Bericht über die in den Jahren 1877 und 1878 von dem k. k. naturhistorischen Hofmuseum am Salzberge und Hallberge bei Hallstadt ausgeführten Ausgrabungen. Von F. **Heger**.

I. Band, Nr. 2, 1890 (mit 2 Tafeln und 92 Textfiguren) K 4.—
- Die Tumuli bei Marz im Ödenburger Komitate, Ungarn. Von F. **Heger**.
- Die Tumuli von Gemeinlebarn. Ausgegraben von Dr. Adalbert Dungel, beschrieben von J. **Szombathy**.

I. Band, Nr. 3, 1893 (mit 1 Kartenskizze und 148 Textfiguren) . 4.—
- Ein Tumulus bei Langenlebarn in Niederösterreich. Fundbericht von J. **Szombathy**.
- Zur prähistorischen Formenlehre. Bericht über den Besuch einiger Museen im östlichen Oberitalien. 1. Teil. Von Moritz **Hoernes**.
- Die ältesten Grabungen im Brünner Höhlengebiete. Von R. **Trampler**.
- Ausgrabungen und Forschungen auf Fundplätzen aus vorhistorischer und römischer Zeit bei Amstetten in Niederösterreich. Von F. **Heger**.

I. Band, Nr. 4, 1897 (mit 2 Farbendrucktafeln und 101 Textfiguren) . 4.—
- Zur prähistorischen Formenlehre. 2. Teil. Von M. **Hoernes**.
- Die neolithischen Ansiedelungen mit bemalter Keramik in Mähren und Niederösterreich. Von Jaroslav **Palliardi**.

I. Band, Nr. 5, 1901 (mit 295 Textfiguren) . 5.40
- Funde verschiedener Altersstufen aus dem westlichen Syrmien. Von M. **Hoernes**.
- Das Grabfeld zu Idria bei Baca. Bericht von J. **Szombathy**.

I. Band, Nr. 6, 1903 (mit 6 Tafeln und 210 Textfiguren) . 5.—
- Die spätneolithischen Ansiedlungen mit bemalter Keramik am oberen Laufe des Altflusses. Von Jul. **Teutsch**.
- Neolithische Wohnstätten bei Troppau. Von M. **Hoernes**.

II. Band, Nr. 1, 1908 (mit 304 Textfiguren) . 18.—
- Die Flachgräber der Hallstattzeit bei Statzendorf in Niederösterreich. Von Dr. A. **Dungel**.
- Die Steingeräte des französischen Altpaläolithikums. Eine kritische Studie über ihre Stratigraphie und Evolution. Von Hugo **Obermaier**.

II. Band, Nr. 2, 1912 (mit 1 Tafel und 199 Textfiguren) . 16.
- Altertumsfunde aus Höhlen bei St. Kanzian im österreichischen Küstenlande. Von J. **Szombathy**.
- Die Aufschriften des Helms von der Fliegenhöhle. Von Dr. Wilhelm **Kubitschek**.
- Die Chronologie des jüngeren Quartärs. Von Dr. Josef **Bayer**.

— der prähistorischen Commission der kais. Akademie der Wissenschaften. Nr. 1. 1887. Hrsg. v. der kais. Akademie der Wissenschaften in Wien. Mit 1 Karte u. 80 Abbildgn. im Texte. 4. (IV, 40 S.) Wien 888. (Tempsky.) cart. n. 3. —

— der prähistorischen Commission der kais. Akademie der Wissenschaften. I. Bd. Nr. 2. 1890. Hrsg. v. der kais. Akademie der Wissenschaften in Wien. 4. (S. 41—77 m. 2 Taf. u. 92 Abbildgn.) Wien 890. (F. Tempsky.) Kart. n. 4. — (1 u. 2.: n. 7. —)

— dasselbe. I. Bd. Nr. 3. 1893. gr. 4. (S. 79—180 m. 1 Kartenskizze u. 148 Abbildgn.) Ebd. 893. Kart. n. 4.—

— d. prähistorischen Commission d. kais. Akademie d. Wissenschaften. Hrsg. v. d. kais. Akademie der Wissenschaften in Wien. I. Bd. Nr. 4. 1897. gr. 4. (S. 181—264 m. 104 Abb. u. 2 Farbdr.) Wien (C. Gerold's Sohn.) Kart. n. 4. — (1.—4.: n. 15. —)

— der prähistorischen Commission der kais. Akademie der Wissenschaften. Hrsg. v. der kais. Akademie der Wissenschaften in Wien. I. Bd. Nr. 5. 1901. gr. 4. (S. 265—363 m. 295 Abbildgn.) Wien 901. (C. Gerold's Sohn.) Kart. n. 5. 40; (1—5 n. 20. 40)

— der prähistorischen Commission der kais. Akademie der Wissenschaften in Wien. I. Bd. Nr. 6. 1903. (III u. S. 365—411 m. 210 Abbildgn. u. 6 Taf.) gr. 4. Wien 903. (A. Hölder.) Kart. n. 5. — (I. Bd. vollständig: n. 25. 40)

— der prähistorischen Kommission der kais. Akademie der Wissenschaften in Wien. II. Bd. Nr. 1. 1908. (125 S. m. 304 Abbild.) Lex. 8. Wien 908. (A. Hölder.) Kart. 18. —

Mitteilungen über den Kommunion Unterharzer Bergbau und Hüttenbetrieb. Hannover, 1895. 35 S.

— aus der evangelisch-lutherischen Conferenz innerhalb der preußischen Landeskirche zu Berlin am 8. u. 9. Septbr. 1875. [Aus: „Evangel. Kirchenzeitg."] gr. 8. (132 S.) Berlin 875. Trowitzsch & Sohn. n. — 50

— aus der evangelisch-lutherischen Conferenz innerhalb der preußischen Landeskirche zu Berlin am 29. u. 30. Aug. 1877. [Aus: „Evangel. Kirchenztg."] gr. 8. (136 S.) Berlin 877. Trowitzsch & Sohn. n. — 50

— dasselbe, am 27. u. 28. Aug. 1879. [Aus: „Evangel. Kirchenztg."] gr. 8. (119 S.) Ebend. 879. n. — 50

Mittheilungen über den in der katholischen Kirchen: und Schulkommission zwischen deren weltlichen und geistlichen Mitgliedern entstandene Conflikt. Anlage zu dem Schreiben des Stadtpfarrers Thissen an den Vorstand der katholischen Gemeinde vom 12. Mai 1859. Frankfurt a. M. 1859. V: *Thissen, Eugen Theodor.* (STBFrankf I, 187)

MITTEILUNGEN DES EVANGELISCH-SOZIALEN KONGRESSES.
Herausgegeben vom Aktionskomitee des Evangelisch-sozialen Kongresses.
Verantwortliche Redaktion des Generalsekretärs PAUL ROHRBACH.
Folge 9. 1900. Nr. 1—8. Berlin. (Druck von Trowitzsch & Sohn.) gr. 4°.
Verantwortliche Redaktion des stellvertretenden Generalsekretärs WILHELM SCHNEEMELCHER:
Folge 10. 1901. No. 1/2—10. ib. (—.)
Verantwortliche Redaktion des Generalsekretärs Pastor RUDOLF HERMES:
Folge 11. 1902. No. 1—9/10. ib. (—.)
Verantwortliche Redaktion des Generalsekretärs WILHELM SCHNEEMELCHER
Folge 12. 1903. No. 1—9/10. ib. (—.)

EVANGELISCH-SOZIAL. ... Mitteilungen des Evangelisch-sozialen Kongresses.
Im Auftrage des Aktionskomitees herausgegeben von W. SCHNEEMELCHER.
13. Folge der ... Jahrg. I. Januar bis Dezember 1904. Mit Sachregister. Berlin 1904. Alexander Duncker. 8°.
14. Folge der ... Jahrg. II. Januar bis Dezember 1905. Mit Sachregister. ib. 1905. —
15. Folge der ... Jahrg. III. Januar bis Dezember 1906. Mit Sachregister. ib. 1906. —
16. Folge der ... Jahrg. IV. Januar bis Dezember 1907. Mit Sachregister. ib. 1907. —
17. Folge der ... Jahrg. V. Januar bis Dezember 1908. Mit Sachregister. ib. 1908 Verlag von Arthur Glaue (vormals Alexander Duncker).
18. Folge der ... Jahrg. VI. Januar bis Dezember 1909. Mit Sachregister. ib. 1909. —
19. Folge der ... Jahrg. VII. Januar bis Dezember 1910. Mit Sachregister. ib. 1910. —
20. Folge der ... Jahrg. VIII. Januar bis Dezember 1911. Mit Sachregister. Charlottenburg 1911. —
21. Folge der ... Jahrg IX. Januar bis Dezember 1912. Mit Sachregister. ib. 1912. —
22. Folge der ... (Jahrg. X.) 1913. Januar Nr. 1—März Nr. 3 ib. — (Ohne bes. Titelblatt).[1]

M i t t e i l u n g e n uber den 6.Kongress der internationalen Genossenschaftsallianz, Budapest 1904. London: King; Berlin: Puttkamer & Muhlbrecht 1905.
Forts. u.d.T.: Protokoll der Verhandlungen des Kongresses des internationalen Genossenschaftsbundes.

— über den 6. Kongress der internat. Genossenschaftsallianz, geh. zu Budapest vom 5.—8. IX. 1904. Hrsg. v. Zentralausschuss d. Allianz. (667 S.) gr. 8. London 905. Berlin, Puttkammer & Mühlbrecht. n. 5. —

Mitteilungen (Die) des 16. evangelisch-socialen Kongresses, abgehalten in Hannover am 13.—14. VI. 1905. 8°. Göttingen 1905.

— Mittheilungen vom trierischen Kongresse der deutschen Pomologen u. Oenologen vom 27. Septbr. bis 1. Oktbr. 1874. gr. 8. (54 S.) Ebend. 875. n. 1. —

Mitteilungen, dem 2. international. Congress f. christl. Archaeologie zu Rom gewidmet v. Collegium d. deutschen Campo Santo, s.: Στρωμάτιον ἀρχαιολογικόν.

— aus d. Königs-Museen zu Babylon. I. Histor. Hymnen, original hrsg. v. .... gr. 8. (18 S.) Berlin 898. (W. Peiser Verl.) n. — 60

Mittheilungen der Vereinigten Konservativen
(5) Januar 1888—? (6) 4° (8) Bern (12) konservativ (13) BGSZ: 973 (14) Be: L (Nr. 1).

—— der k. und k. österreichisch-ungarischen Consulats-Behörden. Zusammengestellt vom statist. Departement im k. k. Handels-Ministerium. 1.—7. Jahrg. 1873—1879. hoch 4. à Jahrg. 12 Hefte. à ca. 32 S.) Wien, k. k. Hof- und Staatsdruckerei. à Jahrg. *
Vgl.: Nachrichten über Industrie, Handel und Verkehr 2., 5., 7., 9., 12., 14. und 16. Bd.

— aus der Korrespondenz der Pilgermission. Zunächst für deren auswärt. Brüder bestimmt. Jahrg. 1869. 6 Nrn. (½ Bgn.) Basel 869. Spittler. gr. 4. 6 ngr.

— aus der Korrespondenz der Pilgermission auf St. Chrischona bei Basel. Jahrg. 1870 - 1876. à 6 Nrn. (½ B.) gr. 4. Basel. Spittler. à Jahrg. — 60

— aus der Correspondenz der Pilger-Mission auf St. Chrischona bei Basel. Jahrg. 1877. 6 Nrn. (½ B.) gr. 4. Basel, Spittler. — 60
cf.: Glaubensbote.

— des Kreisturnrathes an die Turnvereine Deutsch-Oesterreichs. Hrsg.: Fritz Hirth. Schriftleiter: A. Kießlich. 27. u. 28. Jahrg. 1901 u. 1902. à 12 Nrn. gr. 8. (à ca. 24 S.) Prag (II, Krakauergasse 11), Versandstelle. à Jahrg. n.n. 2. —

— des Kreisturnrates an die Turnvereine Deutsch-Oesterreichs. Hrsg.: Fritz Hirth. Schriftleiter: A. Kießlich. 29.—31. Jahrg. 1903—1905. à 12 Nrn. (à ca. 20 S.) gr. 8. Prag (II. Krakauergasse 11), Versandtstelle. à Jhrg. n.n. 2. —

Mittheilungen aus dem Evangelischer Männer- und Jünglingsvereine Kreisverband, Vorpommern [2: ... aus dem Vorpommerschen Kreisverbande Ev. Männer- u. Jünglingsvereine]. Hrsg. von Diak. Müller in Jarmen. [1.] *Jarmen (1901): P. Dietrich.* 4° [F.] [04. 5467 9

Mitteilungen.— Der landwirtschaftliche Kreisverein von Oberbayern. 1. Mitteilungen. München 1866.

— aus dem gegenwärtigen Krieg in Deutschland mit einem Portr. (in Holzschn.) u. einer Gefechtsansicht (in Holzschn. qu. 4.) hrsg. von der Redact. des Wächters für Zeit u. Ewigkeit. Neusalz a. O. 866. (Grünberg, Weiß. 8. (48 S.) n.n. 2⅓ ngr.

Mitteilungen des k. u. k. Kriegs-Archivs. Hrsg. von der Direktion des k. u. k. Kriegs-Archivs. Jhrg. 1876—1886. — Neue Folge Bd 1—12; 1887—1900. — 3. Folge (im Erscheinen) Bd 1—6; 1902—1911. — Mit Krt. ꝛc., Suppl.- u. Reg.-Bd. Wien 1876—1911.
Jhrg. 1876.
Programm.
Ueber die Verfassung der Spezialgeschichte eines Truppenkörpers.
Die Schlacht von Königgrätz, dargestellt v. M. Jähns.
Ratzenhofer, G. Eine Episode a. d. Schlacht bei Magenta.
Janko, W. Edl. v. Heinr. Duval Grf v. Dampierre.
Angeli, M. Edl. v. Der Kriegsrat u. seine Bedeutung i. d. Gegenwart.
Oesterreichs Kriege seit 1495.
Jhrg. 1877.
Angeli, M. Edl. v. Beiträge zur vaterländ. Kriegsgeschichte. I.
Betrachtungen über die Schlacht bei Solferino.
Die Neben-Operationen im Feldzuge 1859 in Italien.
Janko, W. v. Der erste Infanterie-Inspektor der österr. Armee.
Charakterzuege der Kaiserin Maria Theresia.
Angeli, M. Edl. v. Beiträge zur vaterländ. Geschichte. II.
Oesterreichs Kriege seit 1495.
Zur Geschichte der Militär-Akademie zu Wiener-Neustadt.
Die sieben tapfersten Soldaten a. d. beiden Feldzügen 1813—1814.
Angeli, M. Edl. v. Beiträge zur vaterländ. Geschichte. III.
Zur Geschichte des österr. Sukzessions-Krieges.
Angeli, M. Edl. v. Beiträge zur vaterländ. Geschichte. IV.

Jhrg. 1878.

Rechberger v Rechkron, J. Rtt. v. Das Bildungswesen im österr. Heere vom 30jähr. Kriege bis zur Gegenwart.
Janko, W. Edl. v. Dagobert, Sigmund Reichsgrf v. Wurmser.
Aus den „Mémoires“ des k. k. Kriegs-Archivs.
Zigeuner-Patent a. d. 16. Jahrhundert.
Angeli, M. Edl. v. Beiträge zur vaterländ. Geschichte. V.
Fritz, J. Orsova u. d. Inselfestung <Adah-Kaleh>.
Oesterreichs Kriege seit 1495.

Jhrg. 1879. 1880.

Die Okkupation Bosniens u. d. Herzegowina durch k. k. Truppen im Jahre 1878.

Jhrg. 1881.

Spigl, F. Repressalien-Gefechte an der kroatisch-türk. Grenze von 1809 bis 1845.
Angeli, M Edl. v. Wagram.
Zur Charakteristik des Erzherzogs Karl u. d. österr. Armee in den Jahren 1801—1804.
Aus dem letzten Lebensjahre der großen Kaiserin.
Zur Erinnerung an Kaiser Josef II.
Angeli, M. Edl. v. Die Kapitulation von Dresden.
Zwei zeitgen. Stimmen <Gentz u. Mayer> über die Schlacht bei Jena und Auerstädt 1806.
Goemöry v Gömör, G. Notizen über Stand, Einteilung 2c. des kaiserl. Fuß- und Reiter-Volkes 2c. im 16. Jhrh.
Prz Josef zu Sachsen-Hildburghausen, Feldmarschall.
Kriegshistorische Forschungen in den Archiven der österr.-ungar Monarchie.
Marginalien zu dem Aufsatz „Nikolaus Doxat, ein Offizier des Prinzen Eugenius“.
Angeli, M. Edl. v. Der Krieg mit der Pforte 1736—1739.
Original-Briefe König Friedrichs II. im k. k. Kriegs-Archiv zu Wien.
F.-M.-L. Grf Khevenhuellers Wehrsystem <1740>.
Radetzky, Grf. Hauptumriß einer allenfalls. Kampagne mit Rußland gegen die Türkei.
Die Armee Napoleon I. i. J. 1809, mit vergleichenden Rückblicken auf das österr. Heer.
Tagebuchblaetter a. d. J. 1805.

Jhrg. 1882.

Zihn, F. Der Feldzug 1760 in Sachsen u Schlesien, mit besonderer Berücksichtigung der Schlacht von Torgau.
Originalbriefe König Friedrichs II. im Kriegs-Archive zu Wien <1759—1760>
Erinnerung a. d. Zeit der Kämpfe der Tiroler i. J. 1809. Ignaz Straub 2c Landsturmkommandant von Hall.
Duncker, K Beitrag zu den Rüstungen Inner-Österreichs im Jahre 1683.
Bericht des k. k. Generalmajor Grf Bubna ddo. 11. X. 1808 an den Erzherzog Karl über die Zusammenkunft mit dem k. pr. Oberst Grf Götzen i. d. Ottendorfer Mühle.
Oesterreich nach dem Frieden von Wien 1809.
Zur Geschichte Wallensteins. Aktenstücke a. d. gräfl. Schlickschen Familien-Archiv.
Werbung großer Männer in Ungarn für Friedrich Wilhelm I., König v. Preußen, 1732 bis 1735.
Rosinich, J. Kaiser Josef II. als Staatsmann u. Feldherr I.
Rechberger v. Rechkron, J. Rtt. v. Wiens milit. Bedeutung.
Die erste Belagerung Wiens durch die Türken i. J. 1529.
Aus dem 30jähr Kriege. — Armeebefehl Wallensteins vor dem Feldzug 1632 u. Feldzugsdisposition f. d. Grf. Gallas pro 1633.
Goemöry v. Gömör, G. Invasion Ob.-Östreichs u. Wiedereroberung von Linz. 1741/42.
Spigl, F. Besoldung 2c. des kaiserl. Kriegsvolkes im 30jähr. Kriege.
Zur Wehrverfassung der habsburg-österr. Länder vor dem Ausbruch des 30jähr. Krieges.

Jhrg. 1883.

Rosinich, J. Kaiser Josef II. als Staatsmann u. Feldherr. II.
Goemöry v. Gömör, G. Über die Formierung von Wagenburgen 1812.
Die Kaiserkrönung Nikolaus I. von Rußland 1826. <Aus den hinterlassenen Papieren des F.-M.-L. E. Grf Haugwitz.>
Siebert, J. Über den Streifzug Thielmanns i. Feldzuge 1813.
Goemöry v. Gömör, G. Aus der Landsknechtzeit. Episode zur Belagerung des Kastells von Mailand 1526.
— — Ein Strafedikt Emerich Tökölys a. d. J. 1683.
Das Kriegsjahr 1683.

Jhrg. 1884.

Angeli, M. Edl. v. Die Teilnahme des k. k. österr. Auxiliar-Korps unter Kommando des Fürsten Karl zu Schwarzenberg im Feldzuge Napoleon I. gegen Rußland.
Wiener. Das Korps des F.-M.-L. F. Frh. v. Hotze im Feldzuge 1799.
Goemöry v. Gömör, G. Eine Herausforderung des Graf Nikolaus von Zrin <Zrinyi> durch Machmet <Mehemed> Pascha von Bosnien 1554.
Zihn, F. Der Feldzug 1761 in Schlesien u. Sachsen.
Wetzer. Waldstein u. die Pilsener Reserve 1634.
Aus der Jugendzeit Kaiser Josef II.
Außerordentliches Avancement.
Trauerlied der Soldaten am Begräbnistage der großen Theresia.
Wiener. Die Schlacht bei Poddubie <Gorodeczno> am 12. VIII. 1812.
Suwarow. Beiträge zu dessen Charakteristik 2c
Die Alt-Piccolominischen Kürassiere.
Ein Memoire Radetzkys, das Heerwesen Österreichs beleuchtend, a. d. J. 1809.
Goemöry v. Gömör, G. Besitzergreifung des Gebietes von Cattaro 1814.
Angeli, M. Edl. v. Der Feldzug gegen die Türken i. J. 1684.
Der hohe Adel im kaiserl. Heere einst u. jetzt.

Jhrg. 1885.

Duncker. Die Invasion Schlesiens durch die k. preuß. Truppen im Monate Dezember 1740.
Wiener. Kaiser Josef II. als Staatsmann u. Feldherr (Schluß.)
Ein Schreiben van Swietens in Angelegenheit des Militär-Sanitätswesens.
Goemöry v. Gömör, G. Türkennot und das Grenzwesen in Ungarn und Kroatien während sieben Friedensjahren.
Duncker. Die Kapitulation Breslaus am 3. I. 1741.
Der Feldzug gegen die Türken i. J. 1685.
Die Ernaehrung und Leistungsfähigkeit der k. k. Truppen im Felde, von der Zeit des 30jähr Krieges bis zur Gegenwart.
Boltek, J. Das k. k. Kavallerie-Geschütz.
Ein Vorschlag zur Organisierung beritt. Jäger im 30jähr. Kriege.
Kriegs-Chronik Österreich-Ungarns. I.

Jhrg. 1886.

Zwischen Donau u. Elbe. Skz. der Kriegsbegebenheiten in Ostböhmen im XVIII Jhrh.
Angeli, M. Edl. v. Des Grafen Veterani Heldentod bei Lugos <Feldzug 1695 gegen die Türken.>
Mayer Edl. v. Heldenfels, J. Über den Gebirgskrieg.
Erzherzog Karl über die Wohnungsnot in Wien 1802.
Duncker. Beiträge zur Geschichte des ersten schles. Krieges 1741
Die Eroberung von Ofen u. der Feldzug gegen die Türken in Ungarn i. J. 1686.
Kriegs-Chronik Österreich-Ungarns II.

Neue Folge:

Bd 1. 1887.

Radetzky, Grf. Erinnerungen aus dem Leben. Eine Selbstbiographie.
Gerba, R. Zur Geschichte der Ereignisse in Bosnien und Montenegro 1853.
Duncker Militärische und politische Aktenstücke zur Geschichte des ersten schlesischen Krieges 1741.
Wetzer, L. H. Der Feldzug am Ober-Rhein 1638 und die Belagerung von Breisach.
Kriegs-Chronik Österreich-Ungarns. III.

Bd 2. 1888.

Machalicky. Der Feldzug gegen die neapolit. Revolution 1821.
Gerba, R. Die Kaiserlichen in Albanien 1689.
Duncker, K Militärische und politische Aktenstücke zur Geschichte des ersten schlesischen Krieges 1741 (Forts.)
Wetzer, v. Der Feldzug am Ober-Rhein 1638 und die Belagerung von Breisach. (Forts.)

Bd 3. 1889.

Wetzer, v. Der Feldzug am Ober-Rhein 1638 u. die Belagerung von Breisach. (Schluß.)
Langer. Serbien unter der kaiserlichen Regierung 1717—1739.
Duncker Militärische und politische Aktenstücke zur Geschichte des ersten schlesischen Krieges 1741. (Forts.)
Kriegs-Chronik Österreich-Ungarns. III. (Forts.)

Bd 4. 1890.

Angeli, M. Edl. v. Die Heere des Kaisers und der französ. Revolution im Beginn des Jahres 1792.
Alexich. Die freiwilligen Aufgebote aus den Ländern der ungarischen Krone im ersten schlesischen Krieg. I. Das Aufgebot der ungar. Insurrektion u. kroat. Frei-Korps 1741.
Duncker. Der Überfall bei Baumgarten am 27 Februar 1741.
Kulnigg. Die Römer im Gebiete der heutigen österreichisch-ungarischen Monarchie.
Kriegs-Chronik Österreich-Ungarns. III. (Forts.)

Bd 5. 1891.

Hausenblas. Österreich im Kriege gegen die französische Revolution 1792.
Alexich. Die freiwilligen Aufgebote aus den Ländern der ungar. Krone 1741 und 1742. II. Die Preßburger Landtagsbeschlüsse und die allgemeine Insurrektion in Ungarn 1741/42. (Schluß.)
Duncker. Militärische und politische Aktenstücke zur Geschichte des ersten schlesischen Krieges 1741 (Forts.)
Kriegs-Chronik Österreich-Ungarns. III. (Forts.)

Bd 6. 1892.

Hausenblas. Österreich im Kriege gegen die französische Revolution 1792. (Forts.)
Zerboni di Sposetti. Die Bekämpfung des Aufstandes in Piemont 1821 und die Okkupation des Landes durch österreichische Truppen bis zum Jahre 1823.
Kematmueller. Das Dragoner-Regiment Herzog Julius Ludwig von Savoyen.
Duncker, v. Militärische und politische Aktenstücke zur Geschichte des ersten schlesischen Krieges 1741. (Schluß.)

Bd 7. 1893.
Hausenblas. Österreich im Kriege gegen die französische Revolution 1792 (Forts.)
Rematmueller. Die Verteidigungs-Anstalten in Nieder- und Innerösterreich beim Einbruch der Bayern 1741.
Thurn u. Taxis, Fürst. Tagebuch eines Offiziers im Generalstabe der bayr. Armee während des Feldzuges in Rußland 1812.
Duncker. v Drei Berichte aus dem belagerten Wien 1683.
Auf der Feste Landskron 1638.
Khevenhueller, L. A. Grf. Aus seinen Schriften. „Idee vom Kriege". I. Teil

Bd 8. 1894.
Sacken, Frhr. v. Das österr. Korps Schwarzenberg-Legeditsch.
Beitrag zur Geschichte des Krieges in Ungarn 1848/49.
Criste Der Beitritt Österreichs zur Koalition im Jahre 1813.
Khevenhueller, L. A. Grf. Aus seinen Schriften. „Idee vom Kriege" II. Teil.

Bd 9. 1895.
Hausenblas. Österreich im Kriege gegen die französische Revolution 1792. (Forts.)
Kienast. König Friedrich II. von Preußen und die Ungarn bis zum Hubertsburger Frieden 1763.
Rematmueller. Die österr. Administration in Bayern 1743/45.
Khevenhueller, L A. Grf. Aus seinen Schriften. „Idee vom Kriege" 2. Buch.

Bd 10. 1898.
Christen Österreich im Kriege gegen die französ. Revolution 1792. (Forts.)
Veltzé. Der schriftliche Nachlaß des Feldmarschalls u. Generalleutnants Raimund Fürsten Montecuccoli.
Die Prager Juni-Ereignisse 1848.
Seidl. Das Mailänder Attentat am 6. Februar 1853.
Khevenhueller, L. A. Grf. Aus seinen Schriften. „Idee vom Kriege". 2. Buch. (Schluß.)

Bd 11. 1899.
Criste. Beiträge zur Geschichte d. Rastatter Gesandtenmordes 1799.

Bd 12. 1900.
Wetzer, v. Beiträge zur Geschichte d. Rastatter Gesandtenmordes.
Helfert, Frh. v. Die Stadt des Palladio im Jahre 1848.
Veltzé Die Hauptrelation des kaiserlichen Residenten in Konstantinopel Simon Reniger von Reningen 1649—1666.
Jacubenz. Die cisalutanische Walachei unter kaiserlicher Verwaltung 1717 bis 1739.
Christen. Österreich im Kriege gegen die französische Revolution 1792 (Schluß.)

3. Folge.

Bd 1. 1902.
Criste Ungedruckte Briefe des Erzherzogs Karl.
Hoen, v. Der Straßenkampf in Paris am 28. u. 29. Juli 1830.
Langer Die Reokkupation Freiburgs u. Breisachs 1698—1700.
Sommeregger Ereignisse in den Legationen u. Marken in Italien in den Jahren 1848 und 1849.
Peters. Die österreichischen Befestigungen an der oberen Elbe.

Bd 2. 1903.
Criste. Die österreichische Truppen-Aufstellung gegen Preußen und Polen 1790.
Zach, A. v Eine Denkschrift aus dem Jahre 1798.
Criste Beiträge zur Geschichte d. Rastatter Gesandtenmordes 1799.
Haspinger, Pater J. Tagebuch. <Ein Beitrag zur Geschichte der Kämpfe der Tiroler im Jahre 1809.>
Zitterhofer. Die Okkupation Siziliens durch österreichische Truppen vom Mai 1821 bis April 1826.
Bartsch. Haynau und der Aufstand in Brescia 1849
Die Division Reischach bei Magenta (4. Juni 1859).

Bd 3. 1904.
Wetzer, Leander Heinrich v. (Nekrolog.)
Rematmueller. Wasserbauten des Hofkriegsrates 1724—1740.
Peters. Die Disposition des Obersten und Generalstabschefs Mack zum Angriff auf das französische Lager von Famars am 23. Mai 1793.
Wimpffen, M. Frh. v. Eine Denkschrift aus dem Jahre 1809.
Semek. Die Artillerie im Jahre 1809.
Veltzé. Aus den Tagen von Pordenone und Sacile. Die österreichische Offensive in Italien 1809. (10. bis 30. April.)
Mensdorff-Pouilly, Grf v. Tagebuch des von ihm geführten Streifkorps (21. August bis 10. Dezember 1813).

Bd 4. 1906.
Das k. u. k. Kriegsarchiv in seinem neuen Heim.
Just. Das Herzogtum Warschau von seinen Anfängen bis zum Kampf mit Österreich 1809.
Veltzé. Die Schlacht an der Piave. <8. Mai 1809.>
Semek. Repressaliengefechte gegen d. Montenegriner i. J. 1838.
Jacubenz. Die Besetzung von Krakau 1846.
Czeike. Aufmarsch der österreichischen Armee gegen die Revolution im Jahre 1848.
Bartsch. Ein Seekrieg in Schwaben. <Geschichte der österreichischen Flottille auf d. Bodensee i. d. Jahren 1799 u. 1800.>
Kerchnawe. Von Leipzig bis Erfurt. <Die Verfolgung der französischen Armee in den Tagen vom 18. bis 23. Okt. 1813.>

Bd 5. 1907.
Paldus. Johann Christoph Müller. Ein Beitrag zur Geschichte vaterländischer Kartographie.
Peters. Die Anfänge der Militärluftschiffahrt und ihre erste Anwendung im Feldzuge 1794.
Skall, J. B. Feldzugsreise des Kaisers Franz I. von Österreich im Jahre 1809. Mitgeteilt von Sommeregger.
Veltzé. Gedrängtes Journale zur Übersicht der Ereignisse bei der Armee des Erzherzogs Johann i. d. Feldz. v. J. 1809.
Veltzé. Der Grazer Schloßberg 1809.
Eberle. Die Mission des Obersten Steigentesch nach Königsberg 1809

Bd 6. 1909.
Just. Briefe des Feldzeugmeisters Paul Freiherrn Kray de Krajova et Topolya an seinen Bruder Alexander von Kray.
Czeike. Die Zernierung und Erstürmung Wiens im Okt. 1848.

Supplemente:

1. Wrede, A. Frh. v., u. A. Semek. Geschichte der k. u. k. Wehrmacht. Bd 1—5. — 1898—1905.
2. Blaschuetz, W. Bedeutung von Befestigungen in der Kriegführung Napoleons. 1905.
3. Veltzé, A. Erzherzog Johanns „Feldzugs-Erzählung" 1809. — 1909.

Register zu den Mitteilungen des k. u. k. Kriegs-Archivs 1876—1886.
" " " " " " " " " " 1876—1900.

— des k. k. Kriegs-Archivs. Hrsg. von der Direction des Kriegs-Archivs. 1. u. 2. Jahrg. 1881 u. 1882. à 4 Hfte. gr. 8. (à Hft. 130 S. mit 2 lith. Karten.) Wien, v. Waldheim in Comm. à Jahrg. n. 14. —

— des k. k. Kriegs-Archivs. Hrsg. u. red. v. der Direction d. Kriegs-Archivs. 3. u. 4. Jahrg. 1883 u. 1884. à 4 Hfte. gr. 8. (à Hft. ca. 150 S. m. 1 Steintaf. u. 1 lith. Karte.) Wien, (v. Waldheim). à Jahrg. n. 14. —

— dasselbe. 5. u. 6. Jahrg. 1885 u. 1886. à 4 Hfte. gr. 8. (1. Hft. 161 S. m. 1 lith. Karte.) Ebend. à Jahrg. n. 12. —

Mittheilungen des k. k. Kriegs-Archivs. [Abtheilung f. Kriegsgeschichte.] Hrsg. von der Direction d. k. k. Kriegs-Archivs. Neue Folge. 1.—4. Bd. gr. 8. Wien, Seidel & Sohn. à Bd. n. 7. —; geb. n.n. 8.—
1. Mit 4 Taf. (IV, 344 S. u. Kriegschronik 3. Thl. 40 S.) 887. — 2. Mit 3 Taf. (IV, 378 S.) 888. — 3. Mit 6 Taf. (III, 312 u. 103 S.) 889. — 4. Mit 8 Taf., 2 Skizzen u. 6 Bildern. (III, 301 S.) 889.

— des k. u. k. Kriegs-Archivs. Hrsg v. d. Direction des k. u. k. Kriegs-Archivs. Neue Folge. 5.—8. Bd. gr. 8. Wien, L. W. Seidel & Sohn. à n. 7. —; geb. in Leinw. n.n. 8. —
5. (III, 330 S. u. S. 227—318, m. 4 Taf.) 891. — 6. (III, 375 S. m. 7 Taf.) 892. — 7. (III, 441 S. m. 6 Taf.) 893. — 8. (399 S. m. 1 Taf.) 894.

— dasselbe. Suppl.-Bd. Kriegs-Chronik Österreich-Ungarns. III. Thl., 2. Hälfte (Ungarn), IV. Thl. (Galizien). gr. 8. (S. 317—660 u. 39 S. m. 1 Taf.) Ebd. 892. n. 5. —

— d. k. u. k. Kriegsarchivs. Hrsg. v. d. Direction d. k. u. k. Kriegs-Archivs. Neue Folge. 9. u. 10. Bd. gr. 8. Wien, L. W. Seidel & Sohn. n. 16.—; geb. in Leinw. n.n. 19.—
9. (IV, 419 S. m. 5 Taf. u. 1 Kärtchen.) 895. n. 7,—; geb. n.n. 8.—
10. (IV, 475 S. m. 5 Taf.) 898. n. 9.—; geb. n.n. 11.—

— dasselbe, Suppl., s.: Wrede, Alphons Frhr. v., Geschichte d. k. u. k. Wehrmacht.

— des k. u. k. Kriegs-Archivs. Hrsg. v. der Direction des k. u. k. Kriegs-Archivs. Neue Folge. 11. u. 12. Bd. gr. 8. Wien, L. W. Seidel & Sohn. à n. 9.—; geb. in Leinw. à n. 11.—
11. Mit 3 Taf. (X, 440 S.) 899.
12. Mit 3 Taf. u. 2 Fcsm. (VI, 485 S.) 900.

— dasselbe. 3. Folge. 1. u. 2. Bd. gr. 8. (III, 348 u. 12 S. m. 10 Taf. u. III, 396 S. m. 2 Taf.) Ebd. 902. à n. 8.—; geb. in Leinw. à n. 10.—

— des k. u. k. Kriegsarchivs. Hrsg. v. der Direktion des k. u. k. Kriegsarchivs. 3. Folge. 3. Bd. Mit 8 Beilagen u. 9 Textskizzen. (XI, 314 S.) gr. 8. Wien 904. L. W. Seidel & Sohn. n. 8.—; geb. n. 10.—

— dasselbe. 3. Folge. 4. Bd. Mit 5 Beilagen u. 12 Textskizzen. (XVIII, 516 S.) gr. 8. Ebd. 906. n. 14.—; geb. n. 16.—
Suppl.-Bände, s.: Geschichte der k. u. k. Wehrmacht. — Wlaschütz, Wilh., Bedeutung u. Befestigungen in der Kriegsführung Napoleons. — Wrede, Alphons Frhr. v., Geschichte der k. u. k. Wehrmacht.

— des k. u. k. Kriegsarchivs. Hrsg. v. der Direktion des k. u. k. Kriegsarchivs. 3. Folge. 5. u. 6. Bd. gr. 8. Wien, L. W. Seidel & Sohn. 22.—; geb. 26.—
5. Mit 4 Textskizzen. (III, 382 S.) 907. 10.—; geb. 12.—
6. Mit 1 Portr. u. 3 Beilagen. (III, 420 S.) 909. 12.—; geb. 14.—

— dasselbe. Suppl. Erzherzog Johanns „Feldzugserzählung" 1809. Nach den im gräfl. Meranschen Archiv erlieg. Orig.-Aufzeichngn. mitgeteilt u. bearb. v. Alois Veltzé. (XIII, 239 S.) gr. 8. Ebd. 909. 7.50; geb. 9.50

— aus dem Kriegsleben d. Landwehr-Bataillons. Neuhaldensleben. 1870—71. Von W. R. Eine Gabe der Erinnerg. f. die Landwehr u. ihre Freunde. 8. (48 S.) Neuhaldensleben 871. Eyraud. n. — 30

Kruppsche Mitteilungen m. d. Beil. 'Nach d. Schicht'. Jg. 1. Essen: Krupp 1910. 4° [illegible]

— zur näheren Kunde des Wichtigsten der Staatsgeschichte und Zustände der Bewohner des Herzogthums Lauenburg &c., s. v. Duve.

Mittheilungen zur näheren Kunde des Wichtigsten der Staatgeschichte und Zustände der Bewohner des Herzogthums Lauenburg . . . Ratzeburg 1852. V: *Duve, Adolph Eduard Eberh. Ludw.* (Ky)

— zur näheren Kunde des Wichtigsten der Staatsgeschichte und Zustände der Bewohner des Herzogth. Lauenburg von der Vorzeit bis zum Schlusse des J. 1851. (Von v. Duve.) (In 5 Lfgn.) 1. Lfg. gr. 8. (S. 1—90.) Ratzeburg 852, Linsen. -

— zur näheren Kunde des Wichtigsten der Staatsgeschichte und Zustände der Bewohner des Herzogth. Lauenburg von der Vorzeit bis zum Schlusse des J. 1851. Nach Urkunden und authent. Quellen bearb. von A. E. E. L. v. Duve. 2—5. (Schluß-)Lfg. gr. 8. (S. 91—886.) Ratzeburg 857, Linsen. *
1. Lfg. Ebendas. 1852. 11⅓ Ngr.

— über bildende Kunst, s. Recensionen und Mittheilungen.

— für christliche Kunst. Herasg. von den Vereinen für christl. Kunst in Tirol u. Vorarlberg. Neue Folge. 1. Jahrg. 1867. 4 Hefte. Innsbruck, (Wagner'sche Universitäts-Buchh.) gr. 8. (1. Heft 48 S. mit 1 Photogr.) n. 1 Thlr

Mitteilungen für häusliche Kunst Jg. 1 (Mehr nicht erschienen.) Werder. Wehr 1896. 8°
Red C Weber

— aus d. Gebiete der bildenden Künste, insbes. der Malerei. Angehenden Freunden derselben, vorzügl. den Sammlern von Gemälden u. Kupferstichen gewidmet von einem Dilettanten. gr. 12. Trier 834. Troschel. ⅓ Thlr

— des württembergischen Kunstgewerbevereins Stuttgart. Hrsg.: Württembergischer Kunstgewerbeverein Stuttgart. Schriftleitung: Der Redaktionsausschuss. Jahrg. 1902. 6 Hfte. gr. 4. (à ca. 72 S. m. Abbildgn. u. Taf.) Stuttgart (F. Stahl). n. 12.—

Mitteilungen des Württ. Kunstgewerbevereins (Stuttgarter, über Kunst und Gewerbe). 1905.06-09 4° Stuttgart 1906-09

Mitteilungen d. Wrtt. Kunstgewerbevereins. 1907/08. 08/09. 4° Stuttgart 1907-09

— der Kunst- und Gewerk-Section der Hamburgischen Gesellschaft zur Beförderung der Künste und nützlichen Gewerbe. Herausg. von der Kunst- und Gewerk-Section. Jahrg. 1861. 4 Nrn. (à 1—2 Bgn.) Mit lith. Beilagen. Hamburg, Nolte in Comm. gr. 4. Jede Nr. n. 6 ngr.

— der allgem. schweizerischen Künstlergesellschaft. gr. 8. (5⅜ B.) Basel 844, Schweighauser'sche Buchh.

Mitteilungen aus den sächsischen Kunstsammlungen. Hrsg. m. Unterstützung d. Generaldirektion d. Königl. Sammlungen zu Dresden. Jg. 1 Leipzig: Breitkopf & Härtel 1910. 4° [illegible]

Mitteilungen aus den sächsischen Kunstsammlungen. I III. Leipzig 1910-12

Kunst-Verein in Winterthur. Mittheilungen. 1. Jahrg. 1872. 16 Stn, 4. Winterthur, Ziegler.

— Kurländische landwirthschaftliche. Hrsg. v. d. engern Ausschuß der Kurländischen ökonomischen Gesellschaft. 1—13. Jahrg. 1845—1852. à 24 Nrn. Mit lith. Taf. gr. 4. (Bog.) Mitau. (Lucas.) 1845—49 à n. 2 Thlr 1850—52 à n. 3½ Thlr

— kurländische landwirthschaftliche. Herausg. von dem engern Ausschuß der Kurländ. ökonom. Gesellschaft. 14. Jahrg. 1853. 24 Nrn. (à 1 Bgn. mit lith. Taf.) Mitau. (Neumann.) gr. 4. n. 3 Thlr. 15 ngr.

— kurländische landwirthschaftliche, hrsg. v. der kurländ. öconom. Gesellschaft zur Feier ihres 50jähr. Bestehens 1838—1888. gr. 4. (120 S.) Mitau 889. (Besthorn.) n. 3.—

Kurze Mitteilungen über die Republik Argentinien als Einwanderungs-Gebiet. 2. Aufl. — Buenos Aires: Argentinisches Ackerbau-Ministerium 1904. 147 S. (1. Aufl. 1903.)

Kurze Mitteilungen über die Entwickelung der Firma Schäffer & Budenberg, G. m. b. H. in Magdeburg-Buckau. — o. O. u. J [um 1910]. 3 Bl. 8° [Kopft.] 38 A.

— kurzschriftliche. Organ d. allgemeinen Verbandes Brauns'scher Stenographen. Red.: Jul. Brauns u. Aug. Düffer. 1. Jahrg. 1892. 12 Nrn. (½ Bog.) Mit der fachwissenschaftl. Beilage „Stenographische Studien" v Jul Brauns (4 Nrn.) u. dem autogr. Lesestoff „Unterhaltungs-Blätter f. Brauns'sche Stenographen" m. Schnellschriftliche Beilage, hrsg. vom Stenographen-Club „Hansa" zu Lübeck. 3. Jahrg. 1892. 12 Nrn. (½ Bog.) gr. 8. Hamburg, Dr. J. Brauns' Selbstverl. (Leipzig, J. H. Robolsky.) n. 4 —; f. jede Zeitschrift einzeln à n. 2. —

— kurzschriftliche. Organ des allgem. Verbandes Braunsscher Stenographen. Red.: Jul. Brauns. Mit den Beilagen: „Unterhaltungs-Blätter", Red.: Aug. Düffer, u. „Kurzschriftl. Lesebibliothek f. Braunssche Stenographen". 4. Jahrg. 1895. 6 Doppelnrn. (Bog.) gr. 8. Hamburg (Leipzig, J. H. Robolsky). n. 4. —; ohne Beilagen 2. —

— dasselbe. M. d. Beilagen: „Unterhaltungs-Blätter f. Braunssche Stenographen". Hrsg. v. Braunsschen Stenographen-Club „Hansa" in Lübeck. Red.: Aug. Düffer, „Kurzschriftl. Lesebibliothek f. Braunssche Stenographen" u. „Stenograph. Korrespondenz-Blatt", Red.: Wilh. Krams. 5. Jahrg. 1896. 6 Doppelnrn. (à ca 2 Bog.) gr. 8. Hamburg. (Leipzig, J. H. Robolsky.) n.n. 5. —; ohne Beilagen n.n. 2. —

Mitteilungen, kurzschriftliche. Organ d. allgem. Verbandes Braunsscher Stenographen. Red.: Jul. Brauns. M. d. Beilagen: „Unterhaltungs-Blätter f. Braunssche Stenographen". Hrsg. vom Braunsschen Stenographen-Club „Hansa" in Lübeck. Red.: Aug. Düffer u. „Stenograph. Korrespondenzblatt", Red.: Wilh. Krams. 6. u. 7. Jahrg. 1897—1898. à 6 Doppel-Nrn. (à ca. 2 Bog.) gr. 8. Ebd. à Jahrg. n.n. 4. —; ohne Beilagen n.n. 2. —

— kurzschriftliche. Organ des allgemeinen Verbandes Braunsscher Stenographen. Red.: Jul. Brauns. Mit d. Beilagen: „Unterhaltungs-Blätter f. Braunssche Stenographen". Hrsg. vom Braunsschen Stenographen-Club „Hansa" in Lübeck. Red.: Aug. Düffer. „Stenographisches Korrespondenzblatt", Red.: Ad. Schreiber. „Stenographische Polemik". Hrsg.: Jul. Brauns. 8.—11. Jahrg. 1899—1902. à 12 Nrn. gr. 8. (à ca. 8 S.) Hamburg. (Leipzig, J. H. Robolsky.) à Jahrg. n.n. 4.— ohne Beilagen à Jahrg. n.n. 2. —

— kurzschriftliche. Organ des allgemeinen Verbandes Braunsscher Stenographen. Red.: Jul. Brauns. Mit der autogr. Beilage: „Korrespondenz- u. Unterhaltungsblatt". Red.: A. Schreiber. 12.—15. Jahrg. 1903—1906. à 12 Nrn. (48 u. 12; 52 u 8; 48 u. 4 u. 48 u. 10 S.) gr. 8. Hamburg, Dr. J. Brauns. à Jhrg. n. 4. —; ohne Beilage n. 2. —

— kurzschriftliche. Organ des allgem. Verbandes Braunsscher Stenographen. Red.: Wilh. Krams. Mit d. autogr. Beilage: „Korrespondenz- u. Unterhaltungsblatt". Red.: A. Schreiber u. seit 1909: Jul. Brauns. 16.—19. Jahrg. 1907—1910. à 12 Nrn. (IV, 52; IV, 52; IV, 48 u. IV, 48 S.) 8. Hamburg. (Leipzig, J. H. Robolsky.) à Jahrg. 4.—; ohne Beilage 2. —

— aus dem agrikultur-chemischen Laboratorium Hamburg-Eimsbüttel. 1. Hft. Hrsg. v. Ullmann u. Braun. gr. 8. (32 S. m. 3 Taf.) Hamburg 896. L. Gräfe & Sillem. n. 1. —
Die Fortsetzg. erschien u. d. T.:
Mittheilungen aus der agrikulturchemischen Versuchs- und Vegetationsstation Hamburg, H. 2. 1897

— aus dem agrikultur-physikalischen Laboratorium u. Versuchsfelde der polytechnischen Hochschule in München. I. u. II. [Aus: „Landw. Jahrbb."] Lex.-8. Berlin 877. (München, Th. Ackermann.) n. 1. 80
I. Untersuchungen über Temperatur u. Verdunstung des Wassers in verschiedenen Bodenarten u. den Einfluß des Wassers auf die Bodentemperatur. Von Wollny. (28 S. m. 2 Steintaf.) n. 1. —
II. Untersuchungen über die kapillare Wasserleitung im Boden u. die kapillare Sättigungskapazität desselben für Wasser. Von v. Klenze. (49 S.) n. — 80

Mittheilungen aus dem agricultur-technischen Laboratorium. H. 1. Kiel Haeseler 1880. 8°
Hrsg. A. Emmerling.
Fortges. u.d T. Mittheilungen aus der land- und milchwirthschaftlichen Versuchsstation in Kiel. H 2. 1881 ff.

Mittheilungen aus dem Laboratorium der allgemeinen Chemie an der k. k. technischen Hochschule zu Brünn. 1—3. [Aus: „Sitzungsber. d. k. Akad. d. Wiss."] Lex.-8. Wien 876. (Gerold's Sohn.) n.n. — 30
1. Ueber die Methyläther des Resorcins. Von J. Habermann. (5 S.)
2. Ueber das Glycyrrhizin. Vorläufige Mittheilung. Von J. Habermann. (2 S.)
3. Zur Kenntniss des Traubenzuckers. Von M. Hönig u. M. Rosenfeld. (3 S.)

Mittheilungen aus dem chemischen Laboratorium v. Hilger. Hrsg. v. Hilger u. F. Nies. Mit 2 (lith.) Taf. (in qu. Fol.) gr. 8. (LXIV, 94 S.) Würzburg 873. Stuber. n. 4. —

MITTHEILUNGEN AUS DEM CHEMISCHEN LABORATORIUM DER UNIVERSITÄT JENA. ib. 1879. —
Bd. 13. Neue Folge, Bd. 6. Supplement-Heft 2. ib. 1879. — A. u. d. T.: SITZUNGSBERICHTE DER JENAISCHEN GESELLSCHAFT FÜR MEDICIN UND NATURWISSENSCHAFT für das Jahr 1879. ib. 1879. —
Bd. 14. Neue Folge, Bd. 7. Mit 28 Tafeln. ib. 1880. —
Bd. 14. Neue Folge, Bd. 7. Supplement-Heft. ib. 1880. — A. u. d. T.: SITZUNGSBERICHTE DER JENAISCHEN GESELLSCHAFT FÜR MEDICIN UND NATURWISSENSCHAFT für das Jahr 1880. ib. 1880. —
Bd. 15—17. Neue Folge, Bd. 8—10. Mit Tafeln. ib. 1882—1884. —

— aus dem chemischen Laboratorium in Innsbruck. [Aus den Sitzungsber. der k. Akad. der Wiss.] Wien 867. (Gerold's Sohn.) Lex.-8. (66 S.) n. 9 ngr.

— — I. (rect. II.) Untersuchungen über die Oxybenzoesäure. Von L. Barth. [Aus den Sitzungsber. der k. Akad. der Wiss.] Ebend. 869. Lex.-8. (17 S.) 3 ngr.

— aus dem chemischen Laboratorium der Universität Innsbruck. 2—15. u. 19. [Aus „Sitzungsber. der k. Akad. der Wiss."] Lex.-8. Wien 871—73. (Gerold's Sohn.) n. 2. 40
2. Zur Geschichte d. Tyrosins v. L. Barth. (5 S.) n. — 20
3—6. Ueber die Producte der Oxydation der Toluolsulfosäure durch schmelzendes Kali v. L. Barth. — Ueber die Constitution der Phloretinsäure u. d. Tyrosins v. L. Barth. — Ueber die Sulfoxybenzoesäure v. Carl Senhofer. — Notiz üb. e. neue Bildungsweise der Protocatechusäure v. Geo. Malin. (18 S.) n. — 40
7. Ueber isomere Kresole v. L. Barth. (9 S.) n. — 40
8—10. Ueber einige Umwandlungen d. Phenols von L. Barth. — Ueber Bromphenolsulfosäuren. Von Karl Schäfer. — Vorläufige Notiz üb. einige Derivate der Gallussäure. Von O. Rembold. (22 S.) n. — 40
11—13. Ueber Disulfobenzoesäure u. e. neue Dioxybenzoesäure. Von L. Barth u. C. Senhofer. — Ueber die Umwandlg. der Oxybenzoesäure in Protokatechusäure u. die Constitution der letzteren. Von L. Barth. — Ueber Bimethyl- u. Biäthylprotokatechusäure. Von R. Kölle. (12 S.) n. — 50
14. Ueber einige Derivate der Dioxybenzoesäure. Von L. Barth u. C. Senhofer. (16 S.) n. — 30
19. Ueber Phenoltrisulfosäure von C. Senhofer. (8 S.) n. — 20

— aus dem Laboratorium f. radiologische Diagnostik u. Therapie im k. k. allgem. Krankenhaus in Wien. Hrsg. v. Guido Holzknecht. I. Bd. 1. Heft. (106 S. m. 54 Abb.) Lex.-8. Jena 906. G. Fischer. n. 3. —

— aus dem Laboratorium f. radiologische Diagnostik u. Therapie im k. k. allgemeinen Krankenhaus in Wien. Hrsg. v. Guido Holzknecht. II. Heft. (100 S. m. 33 Abb. u. 1 Taf.) Lex. 8. Jena 907. G. Fischer. 4. —

Mittheilungen des Electrotechnischen Laboratoriums, Aschaffenburg. Neue Folge 1904. Mitteilung 1. o. O. (1904). 8° [04. 1905 9

— aus dem Königsberger physiologischen Laboratorium, hrsg. von W. v. Wittich. Mit 50 Abbildgn. (in eingedr. Holzschn. u. 1 Chromolith.). gr. 8. (V, 119 S.) Königsberg 878. Hartung. n. 6. —

Mittheilungen aus dem landwirthschaftlich-physiologischen Laboratorium und landwirthschaftlich-botanischen Garten des landwirthschaftlichen Institutes der Universität Königsberg. Königsberg: Beyer 1882–1889. 8°
Hrsg.: Gustav Marek.

Mittheilungen aus dem landwirthschaftlich-physiologischen Laboratorium u. landw.-botan. Garten d. Universität Königsberg, herausg. v G. Marek. H. 1-2 (1 Vol.). Königsb. in Pr. 1882, 85.

—— aus dem landwirthschaftlich-physiologischen Laboratorium und landwirthschaftlich-botanischen Garten des landwirthschaftl. Institutes der Universität Königsberg, hrsg. von Gust. Marek. 1. Heft: Die Ergebnisse der Versuche und Untersuchungen über den Zuckerrübenbau, mit spezieller Berücksicht. der Verhältnisse in Ostpreussen von Gust. Marek. gr. 8. (IV, 215 S.) Königsberg 882, Beyer's Verlag. *

— aus dem landwirthschaftlich-physiologischen Laboratorium u. landwirthschaftlich-botanischen Garten des landwirthschaftl. Institutes d. Universität Königsberg, hrsg. v. Gust. Marek. 2. Heft. gr. 8. (VI, 223 S.) Königsb. 889, Beyer. * 5 —
1. Heft. Ebd. 1883. * 4 50.

— aus d. landwirtschaftlich-physiologischen Laboratorium d. Universität Königsberg in Preußen. I u. II. 8. Neudamm 897. J. Neumann. n. 1. —
I. Untersuchgn. üb. d. Winternahrg. d. Krähen. Von G. Rörig. II. Untersuchgn. üb. d. Nahrungsverbrauch d. insektenfress. Vögel. Von G. Rörig. (44 S.)

Mitteilungen aus Marpmann's hygienischem Laboratorium, Leipzig. 1. Hft. gr. 8. Leipzig, P. Schimmelwitz. n. — 50
Beiträge zur Trinkwasser-Untersuchg. Eine Anleitg., jedes Wasser in kurzer Zeit m. einfachen Hilfsmitteln auf gesundheitsschädl. Stoffe zu prüfen. Von Geo. Marpmann. [Aus: „Süddeut. Apoth.-Ztg."] (15 S.) (901.)
Mehr nicht erschienen.

Mitteilungen aus dem mechanisch-technischen Laboratorium der k. technischen Hochschule München. Bd 1–26. München: Ackermann 1872–1898. 8°
Red.: J. Bauschinger; sp. A. Föpple.

— aus dem mechanisch-technischen Laboratorium der Kgl. Technischen Hochschule München. Begründet von J Bauschinger, fortgeführt von A Föppl. Heft 4-30. 4° München 1874-1906

— aus d. mechanisch-technischen Laboratorium d. k. techn. Hochschule in München. Gegründet v. J. Bauschinger. Neue Folge. Hrsg. v. Aug. Föppl. Der ganzen Reihe 23.—26. Hft. Imp.-4. München, Th. Ackermann. n. 39. — (1.—26.: n. 206. 20)
23. Verhandlgn. d. in Wien i. Jahre 1893 abgeh. Conferenz z. Vereinbarg. einheitl. Prüfungsmethoden f. Bau- u. Konstruktions-Materialien, bearb. v. H. Gollner u. A. Martens. (111 S. m. 1 Taf.) 895. n. 9. —
24. I. Die Biegungselasticität d. Steinbalken. II. Belastungsversuche an e. Tonnenflechtwerkdache. III. Versuche üb. die Ausschläge schnell umlauf. Wellen. Mit 16 Abb. im Text, 2 Lichtdr. u. 3 lith. Taf. (IV, 56 S.) 896. n. 12.
25. I. Dauerversuche. Ausgeführt in d. J. 1886—1893. Von Bauschinger. II. Prüfg. d. Werderschen Festigkeitsmaschine. III. Knickversuche m. Winkeleisen. IV. Härteversuche. (48 S. m. 13 Abb. u. 4 lith. Taf.) 867. n. 10. —
26. I. Festigkeit u. Abnützbarkeit v. Hartsteinen. II. Festigkeitsversuche mit Eisenbahn-Wagen-Kuppelungen. — III. Über d. Biegungsfestigkeit gekrümmter Stäbe. (43 S. m. 1 Abb. u. 2 lith. Taf.) 898. n. 8. —

— aus d. mechanisch-technischen Laboratorium der k. technischen Hochschule München. Gegründet v. J. Bauschinger. Neue Folge. Hrsg. v. Aug Föppl. Der ganzen Reihe 27. Hft. Imp.-4. (43 S. m. Abb., 4 Stein- u. 2 Lichtdr.-Taf.) München 901. Th. Ackermann. n. 12. —

— dasselbe. Der ganzen Reihe 28. Hft. Imp.-4. (48 S. m. 14 Abbildgn. u. 4 Steindr.-Taf.) Ebd. 902. n. 10. —; (1—28 n. 228. 20)

— aus dem mechanisch-technischen Laboratorium der k. technischen Hochschule München. Gegründet v. J. Bauschinger. Neue Folge. Hrsg. v. Aug. Föppl. Der ganzen Reihe 29. u. 30. Heft. (48 S. m. 5 Abb. u. 3 Steindr.-Taf. u. 45 S. m. 9 Abb. u. 2 Steindr.-Taf.) Imp.-4. München 904. 906. Th. Ackermann. à n. 10. —

— aus dem mechanisch-technischen Laboratorium der k. technischen Hochschule München. Gegründet v. J. Bauschinger. Neue Folge. Hrsg. v. Aug Föppl. Der ganzen Reihe 31. Heft. (51 S. m. 9 Abb u 4 Steindr.-Taf.) 36×26,5 cm. München 909. Th. Ackermann. 10. —

— aus Dr. Schmidts Laboratorium f. Krebsforschung. 1. u. 2. Heft. gr. 8. Bonn, M. Hager. n. 6. —
1. Ueber das Vorkommen e. protozoonartigen Parasiten in den malignen Tumoren u. seine Kultur ausserhalb des Tierkörpers. — Weitere Resultate e. spezif. Therapie des Karzinoms. Von Otto Schmidt (73 S. m. 3 Taf.) 905. n. 4. —
2. (36 S. m. 3 Fig. u. 1 Lichtdr.-Doppeltaf.) 905. n. 2. —

Mittheilungen von Aug. Lafontaine, Bouterweck, Starcke, Schinck, Villers u. A. herausgg. v. Karl v. Reinhardt. 2 Thle. 8. Hamb. 813, 14. (Herold jun.) 3 ℔ 4 ß

Mittheilungen v. Lafontaine, Bouterweck, Starke etc. Herausg. v. Carl Reinhard. 2 Bde. 8. Hamb. Vollmer. 813 u. 14.

— für das Braunschw. Land. In zwanglosen Heften. Herausgeg. v. Adv. Rothschild. 1. u. 2. Hft. 8. Braunschweig 845, Rademacher. à n. 1/6 ℔

Mitteilungen des K. Statistischen Landesamts. 1897-1906. Stuttgart 1897-07

Mitteilungen aus dem Mecklenburgischen Landesamt Bd 1–47 (= N.F. 12.) Schwerin Landesamt 1891–1938. 8°

Mitteilungen des statistischen Landesamtes des Königreichs Böhmen. Bd 1–23. Prag: Calve 1899–1916. 8°

— des statistischen Landesamtes des Königr. Böhmen. Deutsche Ausg. I. Bd. 2 Hfte. Lex.-8. Prag (J. G. Calve). à n. 2. —
1. Allgemeiner Thl.: Entwickelung, Statut, Thätigkeitsbericht pro 1898 u. Personalstand des Amtes. — Specieller Thl.: Statistik der Selbstverwaltg. (Ursprung u. Detail-Programm derselben), u. Statistik der böhm. Landtagswahlen im Herbste 1895. (III, LXIX, 49 S.) 899.
2. Ernte-Ergebnisse f. d. J. 1897—1898 u. landwirtschaftl. Industrie. (III, XXXIX, 35 u. V S.) 899.

— dasselbe. II. Bd. 3 Hfte. Deutsche Ausg. Lex.-8. Ebd. n. 7. —
1. Creditanstalten m. Schluss des J. 1897. (III, XXXII, 109 S. m. Tab.) 900. n. 3. —
2. Ernte-Ergebnisse u. landwirtschaftl. Industrie f. die J. 1898 u. 1899. (III, XLII, 35 u. XVII, 21 S.) 901. n. 2. —
3. Finanzen, die, des Landes u. der gröss. Ortsgemeinden in Böhmen f. d. J. 1896. (III, XXVI, 88 S.) 900. n. 2. —

Mitteilungen des statistischen Landesamtes des Königr. Böhmen. Deutsche Ausg. III. Bd. 2 Hfte. Lex.-8. Prag (J. G. Calve). à n. 2. —
1. Ernte-Ergebnisse f. d. J. 1900 u. landwirtschaftliche Industrie. (III, LXVI, 43 S.) 901.
2. Museen 1897. Bibliotheken 1897. Mittel- u. Specialschulen 1897 resp. 1896/7. Bauten v. Volks- u. Bürgerschulen 1869—1898. (III. XXXIII. 151 S.) 901.

— dasselbe. IV. Bd. 1. Hft. Lex.-8. Ebd. n. 2. —
1. Ernte-Ergebnisse f. d. J. 1901 u. landwirtschaftliche Industrie. (III, LIV, 43 S.) 902.

— des statischen Landesamtes des Königr. Böhmen Deutsche Ausg. IV. Bd. 2. Heft. Lex.-8. (J. G. Calve.) n. 4. —
Landtagswahlen 1901. Landesfinanzen der J. 1862, 1870, 1880, 1890, 1896 bis 1901. (IV, XCVI, 100 S.) 903. n. 4. —

— dasselbe. V. Bd. 2 Hefte. Lex.-8. Ebd. n. 5. —
1. Ernte-Ergebnisse für das J. 1902 u. landwirtschaftliche Industrie. (III, LXVII, 43 S.) 903. n. 2. —
2. Organe der territorialen Selbstverwaltung 1900. Strassen u. Brücken 1899 u. 1900. (IV, XXXIV, 135 S.) 904. n 3. —

— dasselbe. VI. Bd. 2 Hefte. Lex.-8. Ebd. n. 5. —
1. Ernte-Ergebnisse f. d. J. 1903 u. landwirtschaftl. Industrie. (III, LX, 43 S.) 904. n. 2. —
2. Ernte-Ergebnisse 1904 u. die wicht. Zweige der landwirtschaftl. Industrie 1903—1904. (IV, LXXXI, 60 S.) 905. n. 3. —

— dasselbe. VII. Bd. 2 Hefte. Lex.-8. Ebd. n. 5. 80
1. Bevölkerung, die, Böhmens nach Gebürtigkeit u. Aufenthalt zur Zeit der Volkszählg. vom 31. XII. 1900. (Detail-Ausweise nach polit. Bezirken) (IV, XLVII, 23 S. m. 2 farb. Taf.) 905. n. 1. 80
2. Beiträge zur Statistik des Volksschulwesens. (VI, XCVI, 53 S.) 906. n. 4. —

— dasselbe. VIII. Bd. 1. Heft. Lex.-8. Ebd. n. 4. —
Ernte-Ergebnisse 1905 u. die wicht. Zweige der landwirtsch. Industrie 1904—1905. Mit dem vorläuf. Berichte über die Getreideernte 1906. (IV, CCXXII, 45 S.) 906.

— des statistischen Landesamtes d. Königreichs Böhmen. Deutsche Ausg. VIII. Bd. 2. Heft. IX. Bd.; X.—XII. Bd. à 2 Hefte; XIII. Bd. u. XIV. Bd. 2. Heft. Lex. 8. Prag, (J. G. Calve). 42. 60
VIII. 2. Finanzen der grösseren Gemeinden f. d. J. 1898 u. 1900. (IV, CXLI, 126 S.) 906. 5. —
IX. Aus den Ergebnissen der gewerblichen Betriebszählg. vom 3. VI. 1902 im Königr. Böhmen. (IV, CXXVIII, 321 S.) 907. 8. —
X, 1. Ernte-Ergebnisse 1906 u. die wichtigsten Zweige der landw. Industrie 1905—1906. Mit dem vorläuf. Berichte üb. die Getreideernte 1907. (IV, CXII, 53 S.) 907. 4 —
X, 2. Steuern, direkte, in Böhmen in den J. 1901 u. 1904 u. Zuschläge zu denselben f. Zwecke der territorialen Selbstverwaltung, sowie Gemeinde-Getränkeauflagen u. -Mietzinssteuern im J. 1901. (Nach Vertretungsbezirken, grösseren Gemeinden u. Steuerkategorien.) (VI, CXVI, 143 S. m. 12 farb. Kartogrammen auf 6 Taf.) 909. 6. —
XI, 1. 1. Statistik der Ernte u. der wichtigsten Zweige der landwirtschaftlichen Industrie im Königr. Böhmen f die Berichtsperiode 1906—1907. I. Tl.: Text. Mit Anh.: Ergebnisse der Bienenzucht 1907 u. der Ernte der Hauptgetreidearten 1908. (IV, CLX S.) 908. nn 3. —
XI, 1. 2. Dasselbe. 2. Tl.: Haupttabellen. (67 S.) 908. 1. 80
XI, 2. Statistik der Erzeugung u. des Verbrauches v. Kohle im Königr. Böhmen f. d. J. 1860, 1885, 1890 bis 1907 (zum Tle. f. die J. 1872—1907). Von Joh. Machalický. (III, XX, 33 S.) 909. 1. 60
XII. 1. Statistik der zu Beginn des J. 1908 im Königr. Böhmen durchgeführten allgem. Landtagswahlen. Deutsche Ausg. (IV, XXXII, 30 S.) 908. 1 60
XII, 2. Anbau- u. Erntestatistik sowie Statistik der wichtigsten Zweige der landwirtschaftlichen Industrie im Königr. Böhmen f die Betriebsperiode 1907—1908. 2. Tl: Haupttabellen. (70 S.) 909. nn 1 80
XIII. Armenwesen, das, im Königr. Böhmen am Anfang des XX. Jahrh. (VIII, CCCXLIII, 112 S. m. 6 farb. Taf.) 908. nn 8. —
XIV, 2. Anbau- u. Erntestatistik sowie Statistik der wichtigsten Zweige der landwirtschaftlichen Industrie im Königr. Böhmen f. die Betriebsperiode 1908/1909. 2. Tl: Haupttabellen. (70 S.) (910.) 1. 80
Das 1. Heft des XIV Bds. ist noch nicht erschienen.

Mitteilungen des statistischen L a n d e s a m t e s des Herzogtums Bukowina. H 1–13 Czernowitz Pardini 1892–1910. 8⁰ Hrsg. Ernst Mischler. sp. J. v Roschmann-Hörburg.

Mittheilungen des statistischen Landesamtes d. Herzogth. Bukowina. Veröffentlicht v. Ernst Mischler. 1. Hft. Lex.-8. (200 S.) Czernowitz 892. (H. Pardini.) n. 4. —

— dasselbe. 2. Hft. Veröffentlicht von Jul. v. Roschmann-Hörburg. Lex.-8. (IV, 200 S.) Ebd. 894. n.n. 4. —

— des statistischen Landosamtes d. Herzogth. Bukowina. III., V. u. VI. Hft. Veröffentlicht von Jul. v. Roschmann-Hörburg. Lex.-8. Czernowitz (H. Pardini). n.n. 10. — (I.—III., V. u. VI. n.n. 18. —)
III. D. Bevölkerg. d. Bukowina nach d. Berufe. D. Berufsverhältnisse im Allgemeinen. D. berufsthät. Bevölkerg. (IX, 228 S. m. 1 Tab.) 896 n.n. 4. —
V. Viehzählung, die, des Herzogth. Bukowina detaillirt u. summarisch, nach Ortschaften, Gutsgebieten, Gerichtsbezirken u. Bezirkshauptmannschaften, nebst d. Landeshauptstadt Czernowitz. Neubearbeitg. d. statist. Landesamtes auf Grund d. Ergebnisse d. Zählg. v. 31. XII. 1890. (V, 78 S.) 898. n.n. 2. —
VI. Die Gebahrg. u. die Krankheitsstatistik d. Czernowitzer Bezirkskrankencasse von 1. VIII. 1889—31. XII. 1893. Von Phpp. Koller. (XLVII, 253 S.) 898. n.n. 4. —
Hft. IV erscheint später.

— des statistischen Landesamtes des Herzogthums Bukowina. VII.—IX. Hft. Veröffentlicht v. Ant. Zachar. Lex.-8. Czernowitz (H. Pardini). n. 13. —
VII. Der Boden der Bukowina u. dessen Benützung. Darstellung der Culturgattgn. u. Bodenreinerträge, sowie des Verhältnisses des Bodens zur Bevölkerg. u. zum Viehstande. Von Ant. Zachar. (XII, 167 S.) 899. n. 4. —
VIII. Das Vermögen der politischen Gemeinden in der Bukowina. Von Ant. Zachar. II. Thl. Die Gemeinden der polit. Bezz. Czernowitz, Gurahumora, Kotzman, Sereth u. Suczawa. — Statistische Darstellg. der autonomen Landesverwaltung des Herzogthums Bukowina. — Die directe Steuerschuldigkeit des Herzogth. Bukowina im J. 1898. (VI, 130 S.) 901. n. 3. —
IX. Der Grundbesitz im Herzogth. Bukowina nach der Stellung der Besitzer u. nach Grössenclassen des Besitzes, bearb. vom statist. Landesamte des Herzogth. Bukowina. Von Ant. Zachar. (XXXI, 431, XXXIX u. 51 S.) 902. n. 6. —
I.—III., V. u. VI. Hft. Ebd. 894—898. n. 18. —.

— des statistischen Landesamtes des Herzogt. Bukowina. IV. u. X. Heft. Lex.-8. Czernowitz (H. Pardini); à n. 4. —
IV. Die Bewegg. des Realitäten u. Hypothekar-Verkehrs in der Bukowina vom J. 1868 bis mit 1892. Tabellen. Von Jul. v. Roschmann-Hörburg. (VIII, 305 S.) 897.
X. Die direkten Steuern im Herzogt. Bukowina in den J. 1898 bis 1902, bearb. vom statist. Landesamte des Herzogtums Bukowina. Von Ant. Zachar. (LXVIII, 189 S.) 904.
I—III u. V—IX Ebd. 894—902. n. 31. —.

Mitteilungen des statistischen Landesamtes des Herzogt. Bukowina. Veröffentlicht vom statist. Landesamte des Herzogt. Bukowina. XI. u. XII. Heft; XIII. Heft 3 Tle. u. XIV. Heft. Lex. 8. Czernowitz, (H. Pardini). nn 27. —

Jahrbuch, statistisches, des Herzogt. Bukowina f. d. J. 1907. 1. Jahrg. Zusammengestellt u. veröffentlicht vom statist. Landesamte des Herzogt. Bukowina. (XVI, 380 S.) 910. (Heft XIV.) nn 6. —

Litwinowicz, Michael, die Hypothekarverschuldung des Grundbesitzes physischer Personen in der Bukowina, des Grundbesitzes in der Landeshauptstadt Czernowitz u. des Kleingrundbesitzes physischer Personen im Gerichtsbez. Czernowitz. (93 S.) 907. (Heft XII.) 2. —

Zachar, Ant., die Bevölkerung des Herzogt. Bukowina nach dem Berufe. Nach den Angaben der k. k. stat. Zentralkommission in Wien, im LXVI. Bd., 12. Heft der österreich. Statistik zusammengestellt vom statist. Landesamte des Herzogt. Bukowina. 1. Tl. (XVIII, 226 S.) 908. (Heft XIII.) 4. —

— Die Ergebnisse der Volks- u. Viehzählung vom 31. XII. 1900 im Vergleiche m. denen der Volks- u. Viehzählungen vom 31. XII. 1880 u. 1890 im Herzogt. Bukowina, nach den Angaben der k. k. statist. Zentral-Kommission in Wien bearb. vom statist. Landesamte des Herzogt. Bukowina. (CCL, 77, XLIX u. 26 S.) 907. (Heft XI.) 6. —.

Zählung, die, der gewerblichen Betriebe des Handelskammerbez. u. der Stadt Czernowitz im Herzogt. Bukowina auf Grund der Ergebnisse vom 3. VI. 1902. Nach den Angaben der k. k. statist. Zentralkommission in Wien zusammengestellt u. veröffentlicht vom statist. Landesamte des Herzogt. Bukowina. 2. Tl. (XIX, 327 S.) 909. (Heft XIII. 2. Tl.) nn 5. —

— die, der landwirtschaftlichen Betriebe der einzelnen Gerichts- u. politischen Bezirke im Herzogtum Bukowina auf Grund der Ergebnisse der Erhebungen vom 3. VI. 1902. Nach den Angaben der k. k. statist. Zentralkommission in Wien zusammengestellt u. veröffentlicht vom statist. Landesamte des Herzogt. Bukowina. 3. Tl. (XIV, 172 S.) 909. (Heft XIII. 3. Tl.) nn 4. —

— der grossherzogl. badischen geologischen Landesanstalt, hrsg. im Auftrage d. Ministeriums d. Innern. 1. Bd., 1. Hälfte u. 2. Bd., 1. Hft. Lex.-8. Heidelberg 890. C. Winter. n.n. 15. —

I. 1. (640 S.) n.n. 12. —. — II. 1. (136 S. m. Fig. u. 4 Lichtdr.-Taf.) n.n. 3. —.
I. 2. Hälfte erscheint später.

Mittheilungen der grossherzogl. badischen geologischen Landesanstalt, hrsg. im Auftrage d. Ministeriums d. Innern. 1. Bd., 2. Hälfte. Lex.-8. Heidelberg 890. C. Winter. n.n 12. — (1. Bd. kplt: n.n. 24. —)

Verzeichnis der mineralogischen, geognostischen, urgeschichtl. u. balneographischen Litteratur v. Baden, Württemberg, Hohenzollern u. einigen angrenzenden Gegenden v. Heinr. Eck. (VIII u. S. 641—1288.)

— dasselbe. 2. Bd. 2.—4. (Schluss-) Hft. Lex.-8. Ebd. n.n. 35. — (2. Bd. kplt.: n.n. 38. —)

2. (S. 137—344 m. 24 Fig. u. 9 Taf.) 891. n.n. 10. —
3. (S. 345—644 m. 3 Fig., 6 Taf., 1 geolog. Karte u. 3 Profilen.) 892. n.n. 10. —
4. (IV u. S. 645—924 m. 18 Fig. u. 8 Taf.) 893. n.n. 15. —

— dasselbe. 1. Ergänzung zum 1. Bde. Lex.-8. Ebd. 893. n.n 6. —

1. Verzeichnis der mineralogischen, geognostischen, ur-(vor-)geschichtlichen u. balneographischen Litteratur v. Baden, Württemberg, Hohenzollern u. einigen angrenzenden Gegenden v. Heinr. Eck. Nachträge u. 1. Fortsetzg. (Geschlossen den 28. Juli 1893.) (IV, 303 S.) n.n. 6. —

— dasselbe. 3. Bd. 1. Hft. Lex.-8. (105 S. m. 1 Taf.) Ebd. 894. n.n 3. —

— d. grossherzogl. badischen geologischen Landesanstalt, hrsg. im Auftr. d. Ministeriums des Innern. 3. Bd. 2. u. 3. Hft. Lex.-8. (S. 107—652 m. Abb., 27 Fig., 17 Taf. u. 4 Bl. Erklärgn.) Heidelberg 895. 97. C. Winter. à n. 10. —

— dasselbe. 2. Ergänzg. z. 1. Bde. Lex.-8. Ebd. 898. n.n. 9. — (I—III, 3 m. 1. u. 2. Ergänzg. zum 1. Bde.: n.n. 100. —)

Verzeichnis d. mineralog., geognost., ur-(vor-)geschichtl. u. balneograph. Literatur v. Baden, Württemberg, Hohenzollern u. einigen angrenz. Gegenden. Von Heinr. Eck. Nachträge u. 2. Fortsetzg. (Geschlossen den 15. V. 1898.) (IV, 452 S.)

Mitteilungen d. grossherzogl. badischen geologischen Landesanstalt, hrsg. im Auftrage des Ministeriums des Innern. 3. Bd. 4. Hft. Lex.-8. (IV u. S. 653—779 m. Fig. u. 1 Taf.) Heidelberg 899. C. Winter. n.n. 3.—

— dasselbe. 3. Ergänzg. zum I. Bde. Lex.-8. Ebd. n.n. 2.80

Verzeichnis der mineralogischen, geognostischen, ur-(vor-)geschichtlichen u. balneographischen Literatur v. Baden, Württemberg, Hohenzollern u. einigen angrenz. Gegenden. Von Heinr. Eck. Nachträge u. 3 Fortsetzg. (Geschlossen im Jan. 1901.) (IV, 141 S.) 901.

— dasselbe. 4. Bd. 1.—3. Hft. Lex.-8. (S. 1—395 m. Fig., 3 Taf. u. 2 Karten.) Ebd. 902. n.n. 8. 40

— der grossherzogl. badischen geologischen Landesanstalt, hrsg. im Auftrage des Ministeriums des Innern. 4. Bd. 4. Hft. (IV u. S. 396—548 m. Abbildgn. u. 1 Taf.) Lex.-8. Heidelberg 903. C. Winter, Verl. n.n. 3. 50 (4. Bd. kplt. n.n. 12. 90)

— der grossherzogl. bad. geologischen Landesanstalt, hrsg. im Auftr. des Ministeriums des Innern. 5. Bd. 2 Hefte u. VI. Bd. 1. Heft. Lex. 8. Heidelberg, C. Winter, Verl. nn 55. 40

V. 1. (344 S. m. Abb. u. 13 Taf.) 907. nn 10. 40
V. 2. Mit e. Atlas v. 55 Taf. (Taf. XIV—LXVIII). (III u. S. 345—892 u. XX S.) 907. nn 30. —
VI. 1. (S. 1—406 m. 2 Fig. u. 22 z. Tl. farb. Taf.) 910. nn 15. —

— dasselbe. 4. Ergänzung zum I. Bde. Lex. 8. Ebd. nn 5. 60

Verzeichnis der mineralogischen, geognostischen, ur-(vor-)geschichtlichen u. balneographischen Literatur v. Baden, Württemberg, Hohenzollern u. einigen angrenzenden Gegenden. Von Heinr. Eck. Nachträge u. Zusätze zu Bd. I u. zur 1.—3. Fortsetzg. sowie Repertorium (Sach- u. Ortsregister) zu dem Verzeichnis u. sämtl. Fortsetzgn., bearb. v. Ewald Schütze. (VIII, 291 S.) 909.

— der geologischen Landesanstalt v. Elsass-Lothringen. Hrsg. v. der Direction der geolog. Landes-Untersuchg. v. Elsass-Lothringen. 3. Bd. 4 Hfte. Lex.-8. (III, XLVII, 309 S. m. 14 Taf. in Lichtdr., 2 lith. Taf., 1 geolog. Karte, 19 Zeichngn. u. 9 Bl. Erklärgn.) Strassburg i/E. 890—892. Strassburger Druckerei u. Verlagsanstalt. n. 7. 60

Vorh. u. d. T.: Mittheilungen der Commission für die geologische Landesuntersuchung von Elsass-Lothringen. Bd. 1. 2. 1888-1889

— dasselbe. 4. Bd. 1.—3. Hft. Lex.-8. (LIV, 170 S. m. 4 Zeichgn., 1 Abbildg., 1 Kartenskizze, 10 Taf., 3 Umrisstaf. u. 5 Bl. Erklärgn.) Ebd. 892—894. n. 3. 45

Frühere Bde. u. d. T.: Mittheilungen der Commission f. die geolog. Landesuntersuchung v. Elsass-Lothringen.

— d. geologischen Landesanstalt v. Elsass-Lothringen. Hrsg. v. d. Direction d. geolog. Landes-Untersuchg. v. Elsass-Lothringen. IV. Bd. 4. u. 5. (Schluss-) Hft. Lex.-8. Strassburg, Strassburger Druckerei u. Verlagsanstalt. n.n. 4. 25 (IV. Bd. kplt. n.n. 7. 70)

4. (LVII—LXXXII u. S. 171—285 m. Fig., 1 Kartenskizze u. 2 [1 farb.] Karten.) 896. n. 2. 50
5. (IV, LXXXIII—CLXV u. S. 287—327 m. 1 Taf.) 898. n.n. 1. 75

— der geologischen Landesanstalt von Elsass-Lothringen. Hrsg. v. der Direction der geolog. Landes-Untersuchg. v. Elsass-Lothringen. V. Bd. 1.—3. Hft. Lex.-8. (XXII u. S. 1—261 m. Fig. u. 10 Taf.) Strassburg 899—901. Strassburger Druckerei u. Verlagsanstalt. n. 4. 30

— der geolog. Landesanstalt von Elsass-Lothringen. Hrsg. v. der Direktion d. geolog. Landes-Untersuchg. v. Elsass-Lothringen. V. Bd. 4. u. 5. Heft. (IV, XXV bis XLVI u. S. 263—471 m. Abbildgn; 2 Karten, 2 [1 farb.] Taf. u. 1 Bl. Erklärgn.) Lex.-8. Strassburg 903. 905. Strassburger Druckerei u. Verlagsanstalt. n. 3. 20 (V. Bd. kplt. 7. 50)

— der geologischen Landesanstalt v. Elsass-Lothringen. Hrsg. v. der Direktion der geolog. Landes-Untersuchg. v. Elsass-Lothringen. VI. Bd. 3 Hefte u. VII. Bd. 1. u. 2. Heft. Lex. 8. Strassburg, Strassburger Druckerei u. Verlagsanstalt. 13. —
VI. 1. (XI, 252 S. m. 4 Taf. u. 1 Bl. Erklärgn.) 907. 4. —
2. (XVII—XIX u. S. 253—368 m. 2 Taf. u. 2 Bl. Erklärungen.) 908. 2. 50
3. (XXV—XXVIII, S. 369—460, III u. III S. m. 2 Karten, 1 Tab., 6 Taf. u. 6 Bl. Erklärgn.) 909. 2. —
VII. 1. (132 S. m. Fig., 1 Karte, 1 Tab. u. 1 Bl. Erklärgn.) 909. 2. —
2. (S. 133—292 m. Fig. u. 1 farb. Karte.) 909. 2. 50

— aus d. großherzogl. mecklenburg geologischen Landesanstalt. IV—VIII. gr. 4. Rostock (G. B. Leopold). n. 13. 50
IV. D. Endmoränen Mecklenburgs. Von E. Geinitz. [Aus: „Landwirthschaftl. Annalen".] (38 S. m. 8 Lichtdr.-Taf. u. 2 farb. Karten.) 894. n. 6. —
V. Geologisch-agronomische Karte v. Langensee, R. A. Crivitz. Von E. Geinitz. [Aus: „Landwirthschaftl. Annalen".] (8 S. m. 1 farb. Karte.) 896. n. 2. —
VI. Das Kalklager v. Rossentin. Von E. Geinitz. [Aus: „Landwirthschaftl. Annalen".] (5 S. m. 1 lith. Karte.) 896. n. 1. —
VII. Bemerkgn. üb. d. Beschaffenheit d. Wässer aus Bohrbrunnen. — Brunnenbohrgn. — Die mecklenburg. Kalklager. — Braunkohlen. — Phosphorite. — Soole v. Sülze. Von E. Geinitz. [Aus: „Landwirthschaftl. Annalen".] (3, 9, 4 u. 3 S.) 896. n. 2. —
VIII. D. Dünen d. südwestl. Heide Mecklenburgs u. üb. d. mineralog. Zusammensetzg. diluvialer u. alluvialer Sande. Von P. Sabban. (III, 58 S. m. 2 farb. Karten u. 2 Lichtdr.-Taf.) 897. n. 2. 50

— aus der großherzogl. mecklenburg. geologischen Landesanstalt. IX—XIV. gr. 4. Rostock (G. B. Leopold). n. 13.50
IX. Der Conventer See bei Doberan. Von E. Geinitz. Mit e. Karte. [Aus: „Landwirthsch. Annalen".] (8 S.) 898. n. 2.—
X. (32 S. m. 3 Taf.) 900. n. 2.—
XI. Die Wasserversorgung der Stadt Wismar. Von E. Geinitz. Mit 4 Taf. (20 S.) 900. n. 3.—
XII. Die Schwankungen des Grundwassers in Mecklenburg. Von C. Saß. Mit 6 Taf. (20 S.) 901. n. 1. 50
XIII. Die nordöstliche Heide Mecklenburgs nach ihrer geologischen Beschaffenheit u. Entstehung. Von A. Kaestner. Mit 3 Taf. u. 1 Karte. (III, 26 S.) 901. n. 2. 50
XIV. Die geologischen Aufschlüsse (Litorina-Ablagerungen) des neuen Warnemünder Hafenbaues. Von E. Geinitz. Mit 3 Taf. (33 S.) 902. n. 2.50

— aus der grossherzogl. mecklenburg. geologischen Landesanstalt. XV.—XVIII. Lex.-8. Rostock, (G. B. Leopold). n. 15. 60
XV. Der Landverlust der mecklenburg. Küste. Von E. Geinitz. Mit 5 Karten u. 10 Taf. (27 S.) 903. n. 6. —
XVI. Die Einwirkung d. Silvestersturmflut 1904 auf die mecklenburg. Küste. Von E. Geinitz. Mit 12 Taf. (9 S.) 905. n. 5. —
XVII. 1. Die Schwankungen des Grundwassers in Mecklenburg. Von C. Sass. II. — 2. Brunnenbohrungen in Mecklenburg. Von E. Geinitz. Mit 2 Taf. (16 S.) 905. n. 1. 60
XVIII. Die Salzlagerstätte v. Jessenitz in Mecklenburg. Von A. Nettekoven u. E. Geinitz. Mit 2 Taf. (17 S.) 905. n. 3. —

— aus d. grossherzogl. mecklenburg. geologischen Landesanstalt. XIX u. XX. Lex. 8. Rostock, (G. B. Leopold). 9. —
Geinitz, E., Ergebnisse der Brunnenbohrungen in Mecklenburg. Mit 7 Taf. (43 S.) 908. (XX.) 3. —
– Die Stoltera bei Warnemünde. Mit 18 Taf. u. 1 Karte. (25 S.) 907. (XIX.) 6. —

— aus dem Landesarchive d. Königr. Böhmen. I. u. II. Bd. Red. v. Adalb. J. Nováček. (III, 211 S. m. 3 Taf. u. III, 179 S. m. 1 Bildnis.) gr. 8. Prag 906. 08. (F. Řivnáč.) à Bd. 4. —

Mitteilungen des Preußischen Landesverbandes der Haus- und Grundbesitzer-Vereine. H 8 ff Köln a. Rh., Spandau 1902 ff 8°

Mitteilungen des Badischen Landesvereins für Naturkunde und Naturschutz Freiburg i. Br 1908 ff

MITTEILUNGEN DES BADISCHEN LANDESVEREINS FÜR NATURKUNDE (früher des Badischen Botanischen Vereins).
No 226 u. 227 1908. ib. – 228–230 1908. ib. – 231/232. 1908. ib – 233. 1908. ib. 1908. – 234–235. 1909. ib. – Nr 236. 1909 ib. 1909. – 237–238 1909 ib. 1909 –

Mitteilungen des Landesvereins des evangelischen Bundes in Württemberg. Stuttgart Scheinfels 1888–(1900). 8°
Hrsg.· Weißbrecht

— des Landesvereins preußischer Lehrerbildner. Leitung: A. Marten. 1. Jahrg. Oktbr. 1906—Septbr. 1907. 12 Nrn. (200 S.) gr. 8. Hannover (C. Meyer). n. 1. —

— des Landesvereins preuß. Lehrerbildner. Leitung: Marten. 2. Bd. August 1909—März 1910. 4 Nrn. (144 S.) gr. 8. Hannover, C. Meyer. 1. —
Fortsetzg. s.: Blätter f. preußische Lehrerbildung.

Mitteilungen des Landesvereins preussischer Zeichenlehrer. 1897 Danzig 1897

Mitteilungen des königlichen Bayerischen Landesversicherungsamtes München Expedition 1889–(1902). 8°

— — aus dem Gebiete der Landwirthschaft, herausg. von Koppe, Schmalz, Schweizer, Teichmann.. 1r und 2r Bd. Mit 1 Kpf. gr. 8. Leipzig, Gleditsch. 819 u. 820. (1r 1 Rthlr. 8 Gr. 2r 1 Rthlr. 16 Gr.)

— aus dem Gebiete d. Landwirthschaft. In Verbindung herausgeg. v. J. G. Koppe, Fr. Schmalz, G. Schweitzer u Fr Teichmann. 3r Bd. Mit Kpfrn gr. 8. Leipz. 825, Gleditsch 1 Rthl. 12 gr. Alle 3 Bände.

Mittheilungen über Landwirthschaft, Gartenbau und Hauswirthschaft nebst Industriellem Wegweiser Jg. 1–10 Berlin Mosse 1879–1888 4°
Hrsg. Julius Friedrich Meyer
Auch Beiblatt d. Berliner Tageblatts.

—— über Landwirthschaft, Gartenbau und Hauswirthschaft, nebst Industrieller Wegweiser. Redact.: Jul. Friedr. Meyer. (Separat-Beiblatt des Berliner Tageblatt.) 10. Jahrg. 1888. 52 Nrn. (Bog.) gr. 4. Berlin, Mosse. *
1. und 2. Jahrg. 1879 und 1880. à *M 2.—; 3. Jahrg. 1881. *M 2.—; 4.—9. Jahrg. 1882—1887. Ebendas. à *M 4.—.

— üb. Landwirtschaft, Gartenbau u. Hauswirtschaft u. industrieller Wegweiser. Separat-Beiblatt des Berliner Tageblatt. Red.: L. M. W. Meyer, f. d. Wegweiser: Geo. Grabert. 17.—20. Jahrg. 1895—1898. à 52 Nrn. (à 4 S.) gr. 4. Berlin, R. Mosse. n. 6. 40
Kann auch vierteljährlich bezogen werden. — Wird separat nur an ausländ. Firmen geliefert, sonst nur m. d. „Berliner Tageblatt" zusammen.

— üb. Land- u. Hauswirthschaft u. Technik u. Industrie. 2. verm. u. verb. Abdr. gr. 4. Breslau 843, Hirt. 3/4 ℔

— über Landwirthschaft, Obst- u. Gartenbau, Hauswirthschaft u. Jagd. 1. Jahrg. April — Dezbr. 1890. 18 Nrn. (B.) gr. 4. Cottbus, Kühn. n. 4. —

Mittheilungen über Landwirthschaft, Wasser- u. Wegebau in Elsass-Lothringen während der Jahre 1871—1877. Zusammengestellt im kaiserlichen Ober-präsidium. Lex.-8. (III, 128 S. mit 7 Steintaf.) Strassburg 878. Schmidt. n. 4. —

— dasselbe, während des Jahres 1878, nebst einem Bericht über die Arbeiten des statist. Bureau's in den Jahren 1872—1879. Zusammengestellt im kaiserlichen Ober-Präsidium. Lex.-8. (III, 88 S. mit 7 Steintaf.) Ebend. 879. n. 4. 80

Mitteilungen: Landwirtschaftliche Mitteilungen
v. Obwaldner Volksfreund, Rheinbote und Appenzeller Grenzpost.

Mittheilungen, landwirthschaftliche. In Verbind. mit d. landwirthschaftl. Gesellschaft f. Litthauen, herSgg. v. Fr. Schmalz. 1r Bd. Juli—Dec. 1826. 1 Thlr 2r—4r Bd. od. Jahrgg. 1827—29. 4. Königsb., Bornträger; a. Kaisers B. in Lpz. à J. 2 Thlr

— landwirthschaftl., hersgg. v. J. N. v. Schwerz. 1s Bdchn. enthalt. Beobachtt. über d. belgische Feldwirthsch., gesammelt während e. 10jähr. Aufenthaltes in Westflandern, v. Fr. Feihl. Mit 5 Steinabdr. gr. 8. Stuttg. 826. v. Cotta. 1 Thlr 8 Gr

— landwirthschaftliche, redigirt u. verlegt vom landwirthschaftl. Verein zu Marienwerder. 1r—9r Jahrg. 1833—1841. à 12 Numm. Mit Titelvign. gr. 8. Marienwerder, (Baumann.) (à Jahrg. 2 Thlr) n. 18 Thlr

—— landwirthschaftliche. Redig. vom landwirthschaftl. Haupt-Verein zu Marienwerder. (16—18.) Jahrg. 1848—50. à Jahrg. 12 Nrn. (Bog.) gr. 8. Marienwerder, (Baumann'sche Buchh.) à Jahrg. *

—— landwirthschaftl. Redig. v. landwirthschaftl. Verein zu Marienwerder. 1. u. 2. Jahrg. 1833 u. 34. à 12 Nrn. (Bog.) gr. 8. Marienwerder, (Mikesch.) à J.

Landwirtschaftliche Mitteilungen. Organ der Landeskammer für Land- und Forstwirtschaft in der Steiermark. - Graz. Jg. 1. 1851 ff. (Jg. 84 1935; Jg. 85 1945)

— landwirthschaftliche. Hrsg. vom Vorstande des landwirthschaftl. Vereines f. den Kreis Neuhaldensleben u. dessen Umgegend. 1. Jahrg. Juni—Decbr. 1851. 7 Nrn. 2. Jahrg. 1852. 12 Nrn. gr. 8. (à 16 S.) Neuhaldensleben, Eyraud. 1851: n. 8¾ Ngr 1852: n. ⅓ Thlr

— landwirthschaftliche. Zeitschrift der Vereine zu Neuhaldensleben, Loburg, Burg, Oebisfelde, Weferlingen u. Mahlwinkel. 39.—44. Jahrg. 1888—1893. à 12 Nrn. (à ca. 1 Bog.) Lex.-8. Neuhaldensleben, C. A. Eyraud. à Jahrg. n. 1. 50

— landwirthschaftliche. Zeitschrift d. Vereine zu Neuhaldensleben, Loburg u. Mahlwinkel. 46. Jahrg. 1895. 12 Nrn. (à ca. 1 Bog. m. Abb.) gr. 4. Neuhaldensleben, C. A. Eyraud's Verlag. n. 1. —

— dasselbe. 47.—49. Jahrg. 1896—1898. à 12 Nrn. (à ca. 1 Bog.) gr. 4. Ebd. à Jahrg. 1. 50; f. Vereinsmitglieder n.n.n. 1. —

— landwirthschaftliche. Zeitschrift der Vereine zu Neuhaldensleben, Loburg u. Mahlwinkel. Red.: Geo. Eyraud u. seit 1902: Walt. Clar. 50.—53. Jahrg. 1899—1902. à 12 Nrn. gr. 4. (à Jahrg. 50 S.) Neuhaldensleben, C. A. Eyraud. à Jahrg. 1. 50; f. Vereinsmitglieder n.n.n. 1. —

Mitteilungen, landwirthschaftliche. Zeitschrift d. Vereine zu Neuhaldensleben, Loburg u. Mahlwinkel. Hrsg. unter Mitwirkg. bewährter Fachschriftsteller, prakt. Landwirthe u. tücht. Hausfrauen. Red.: Paul Schettler. 54 Jahrg. 1904. 12 Nrn. (à ca. 6 S.) gr. 4. Neuhaldensleben, C. A. Eyraud. Nur f. Vereinsmitglieder unentgeltlich.

— landwirthschaftliche. Central-Organ für den landwirthschaftlichen Fortschritt im österreich. Staate. Herausg. von Gust. Karafiat. (1.) Jahrg. 1855. 10 Hefte (à 3 Bgn.). Pest, Heckenast. Lex.-8. n. 3 Thlr 10 ngr

— — 2. Jahrg. 1856. 8 Hefte (à 4 Bgn. m. Holzschn. im Text u. lith. Taf.). Pesth, Geibel in Comm. Lex.-8. n. 3 Thlr 10 ngr

—— landwirthschaftliche. Eine Monatsschrift (als Fortsetzung des landwirthschaftl. Wochenblatts) redig. von Ed. Hellm. Freyberg. 4. und 5. Jahrg. 1857 und 1858. à Jahrg. 12 Hefte. (à Heft 2 Bog.) gr. 8. Pasewalk, (Braune.) à Jahrg. *
Ist nicht fortgesetzt worden.
Vgl. im 12. Bd.: Wochenblatt, landwirthschaftliches.

—— landwirthschaftliche. Zeitschrift der königl. höheren landwirthschaftl. Lehranstalt und der damit vereinigten landwirthschaftl. Versuchsstation zu Poppelsdorf. Im Verein mit den Lehrern an derselben hrsg. von Hartstein. 1. Heft. gr. 8. (VI und 134 S. mit 1 Stnt. in qu. gr. 4.) Bonn 858, Marcus. *

—— dass. — 2. und 3. Heft. gr. 8. Berlin 859. 60, [Wiegandt und Hempel.] [2. Heft. (VI und 196 S.) 3. (X und 160 S. mit 1 Stnt.) à Heft * 27½ Ngr.] *
Ist nicht fortgesetzt worden.

—— landwirthschaftliche. Organ des Hauptvereins westpreuß. Landwirthe, redig. von Martiny. 30.—32. Jahrg. 1862—64. à Jahrg. 12 Nrn. (à 1—2 Bog.) Lex.-8. Danzig, Kafemann. à Jahrg. *

Mittheilungen. – Landwirthschaftliche Mittheilungen. Wochenschrift Jg. 1–30 München 1866–95 4°
Hrsg. Kreiscomite des landwirtschaftlichen Vereins von Oberbayern

— landwirthschaftliche. Hrsg. vom Curatorium der k. k. patr. ökon. Gesellschaft im Königr Böhmen. Verantwortl. Red.: Ferd. F. Hiller. 1873. 4 Hfte. gr. 8. (à Hft. 64 S.) Prag, Calve in Comm. n. 6. —
Fortges. im Amtsblatt des Landesculturrathes f. d. Kgr. Böhmen

— dasselbe 1874. 4 Hfte gr. 8. (à Hft. 40 S.) Ebend. n. 10. —

— dasselbe. 3. u. 4. Jahrg. 1875 u. 1876 à 12 Hfte. gr 8. (à Hft. 40 S.) Ebend. à Jahrg. n. 10. —

Mittheilungen. – Landwirthschaftliche Mittheilungen. Organ der Land- und forstwirthschaftlichen Bezirksvereine Leipa, Daube, Gabel etc. Böhmisch Leipa Künstner 1879–1893 4°
Schriftleiter A. Steiner.

— landwirthschaftliche. Organ der land- u. forstwirthschaftl. Bezirksvereine Leipa, Dauba, Gabel ꝛc. Schriftleiter: A. Steiner. 10. Jahrg. Oktbr. 1889—Septbr. 1890. 24 Nrn. (1½ B.) gr. 4. Böhm.-Leipa, Künstner. n. 2. 40

— landwirthschaftliche. Zeitschrift der land- u. forstwirtschaftl. Bezirksvereine Leipa, Dauba, Gabel ꝛc. Schriftleiter: A. Steiner. 11. u. 12. Jahrg. Oktbr. 1890—Septbr. 1892. à 24 Nrn. (1½ Bog.) gr. 4. Böhm.-Leipa, Künstner. à Jahrg. n. 2. 40

— dasselbe. Zeitschrift f. die deutschen Landwirte Böhmens, zugleich Vereinsblatt der land- u. forstwirtschaftl Bezirksvereine Leipa, Dauba, Auscha ꝛc Schriftleiter: Alois Tragl. 13. Jahrg. Oktbr. 1892—Septbr. 1893. 20 Nrn. ($1^1/_2$ Bog.) gr 4. Ebd. n. 2. 40

—— landwirthschaftliche. Redact.: Jos. Mottitschka. 1. Jahrg. 1883. 12 Nrn. (Bog.) gr. 8. Podersam (Saaz, Brüder Butter.) *
Nicht weiter erschienen.

— landwirthschaftliche, aus Bayern. Hrsg. vom General-Comité des landwirthschaftlichen Vereines unter Red. von Adam Müller. Mit 29 (eingedr.) Holzschn. u. einer Tab. gr. 8. (VII, 207 S.) München 876. Ad. Ackermann. n. 3. —

— land- u. forstwirtschaftliche. Amtliche Verlautbargn. der deutschen Section des Landesculturrathes für das Königr. Böhmen. Red. v. C. M. Hergel u. Ferd. Laßmann. 1.—4. Jahrg. 1899—1902. à 24 Nrn. Fol. (à ca. 8 S.) Prag (J. G. Calve). à Jahrg. n.n. 3. —

— land- u. forstwirtschaftliche. Aemtliche Verlautbargn. der deutschen Sektion des Landeskulturrates f. das Königr. Böhmen. Red. v. K. M. Hergel u. Ferd. Laßmann. 5.—8. Jahrg. 1903—1906. à 24 Nrn. (IV, 217; IV, 198; V, 210 u. IV, 220 S.) gr. 4. Prag (J. G. Calve). à Jhrg. n.n. 3. 60

— landwirthschaftliche, f. das Kurländ. Gouvernement. 1. Jahrg. 1841. 24 Numm. (Bog.) gr. 4. Mitau, Reyher. n. 3 ₰ — 2. Jahrg. 1842. gr. 4. Ebend. n. 3 ₰

Mittheilungen, landwirthschaftliche, für Cameralisten u. Oekonomen. 1. Hft. A. u. d. T.: Ueber Brache, Drillcultur, Fruchtwechsel. Von W. Brosenius. gr. 8. (45 S.) Celle 851, Capaun-Karlowa. n. 6 ngr

— landwirthschaftliche, für Cameralisten u. Oekonomen. Celle 854. Capaun-Karlowa. gr. 8.
2. Heft: Ueber die Cultur der wichtigeren Blatt- und Brachgewächse. Von W. Brosenius. (4 Bl., 59 S.) $7^1/_2$ ngr

„Landwirthschaftliche Mittheilungen für Lithauen, herausgegeben von der Lithauischen Landwirthschaftsgesellschaft", 1.—3. Jahrgang, je 12 Hefte, Tilsit 1823—1825 (Melzer); Fortsetzung u. d. T.: „Landwirthschaftliche Mittheilungen, in Verbindung mit der Landwirthschaftsgesellschaft für Lithauen, herausgegeben von F. Schmalz", 1 Jahrgang oder Band, Juli—Dezember, Königsberg 1826 (Bornträger), 2—4 Jahrgang oder Band, ebenda 1827—1829

— landwirthschaftl., besond. für das Fürstenthum Lüneburg, u. Verhandlungen des landwirthschaftl. Provinzial-Vereins zu Uelzen, herausg. von der Direction desselb., u. zunächst für seine Mitglieder bestimmt. 1e—4e Lfrg. gr. 8. Lüneburg 836—38. Herold u. Wahlstab. $1^3/_4$ ₰

— landwirthschaftliche, besonders für das Fürstenthum Lüneburg, u. Verhandlungen des landwirthschaftl. Provinzial-Vereins zu Uelzen, herausgeg. von der Direction desselben, u. zunächst für seine Mitglieder bestimmt. 5.—8. Liefg., mit illum. lith. Charten. gr. 8. Lüneburg 842, Herold und Wahlstab. Celle 845, Capaun. à $^7/_8$ ₰ (1—6: $3^1/_2$ ₰)

— landwirthschaftliche, besonders für das Fürstenthum Lüneburg, u. Verhandlungen des landwirthschaftl. Provinzial-Vereins zu Uelzen, hrsg. von der Direction desselben. 9 u. 10. Lfg. gr. 8. (X u. 291 S.) Uelzen 850. Celle, Capaun-Karlowa in Comm. à $^1/_2$ ₰ (1—10: 5 ₰)

— landwirthschaftliche, aus Minden-Ravensberg. Hrsg. von dem Vorstande des Minden-Ravensberg'schen landwirthschaftlichen Hauptvereins, red. von dem Secretair desselben: F. Burgtorf. 1. Jahrg. Juni 1880—Mai 1881. 12 Nrn. ($^1/_2$ B.) gr. 8. Bernburg, (Bacmeister). n. 1. 40

—— landwirthschaftliche, aus Minden-Ravensberg. Hrsg. von dem Vorstande des Minden-Ravensberg'schen landwirthschaftl. Hauptvereins, redig. von dem Secretair desselben: F. Burgtorf. 1.—5. Jahrg. Juni 1880—Mai 1885. à Jahrg. 12 Nrn. (à Nr. $^1/_2$ Bog.) gr. 8. Herford, Verlag des Herausgebers. à Jahrg. *

—— landwirthschaftliche, aus Minden-Ravensberg. Hrsg. von dem Vorstande des Minden-Ravensbergschen landwirthschaftl. Hauptvereins, redig. von Schleh. 6.—9. Jahrg. Juni 1885—1889. à Jahrg. 12 Nrn. (à Nr. $^1/_2$ Bog.) gr. 8. Herford, Verlag des Herausgebers. à Jahrg. *

— landwirthschaftliche, aus Oberfranken. Hersg. unter Mitwirkung mehrerer Landwirthe u. Mitglieder des landwirthschaftl. Vereins von Otto May. Jahrg. 1866. 24 Nrn. ($^1/_4$ Bgn.) Bayreuth, Giessel's Buchh. gr. 8. 20 ngr

—— landwirthschaftliche, der magdeburg-neuhaldenslebener Vereine. Hrsg. von den Vorständen derselben. 3—6. Jahrg. 1853—56. à Jahrg. 12 Nrn. (Bog.) gr. 8. Neuhaldensleben, Eyraud. à Jahrg. *
1. und 2. Jahrg. 1851 und 1852. Ebendas. $23^3/_4$ Ngr.

Mittheilungen, landwirthschaftliche, der Magdeburg-Neuhaldensleben-Loburg-Oebisfelder Vereine. Herausg. von den Vorständen derselben. 3—6. Jahrg. 1853—56. à 12 Nrn. (à 1 Bgn.) Neuhaldensleben, Eyraud. gr. 8. Jeder Jahrg. n. 15 ngr
Fortsetzung hiervon u. d. veränd. Titel:

—— landwirthschaftliche, der Neuhaldensleben-Loburg-Oebisfelde-Clötzer-Vereine. Hrsg. von den Vorständen derselben. 7—11. Jahrg. 1857—61. à Jahrg. 12 Nrn. (Bog.) gr. 8. Neuhaldensleben, Eyraud. à Jahrg. *

—— landwirthschaftliche, der Neuhaldensleben-Loburg-Oebisfelde-Clötzer-Vereine. Hrsg. von den Vorständen derselben. 12.—17. Jahrg. 1862—67. à Jahrg. 12 Nrn. (Bog.) gr. 8. Neuhaldensleben, Eyraud. à Jahrg. *

—— landwirthschaftliche, der Neuhaldensleben-Loburg-Oebisfelde-Clötze-Calvörder Vereine. Hrsg. von den Vorständen derselben. 18. Jahrg. 1868. 12 Nrn. (Bog.) gr. 8. Neuhaldensleben, Eyraud. *

—— dass. — der Neuhaldensleben-Loburg-Oebisfelde-Clötze-Calvörde-Gardelegner Vereine. Hrsg. von den Vorständen derselben. 19.—24. Jahrg. 1869—1874. à Jahrg. 12 Nrn. (Bog.) gr. 8. Ebendas. à Jahrg. *

Mittheilungen, landwirthschaftliche, der Neuhaldensleben-Loburg-Oebisfelde-Clötze-Calvörde-Gardelegener Vereine. Hrsg. von den Vorständen derselben, 25. Jahrg. 1875. 12 Nrn. (Bog.) gr. 8 Neuhaldensleben, Eyraud. *

—— dass. — der Neuhaldensleben-Loburg-Oebisfelde-Clötze-Calvörde-Gardelegen-Weferlinger Vereine. Hrsg. von den Vorständen derselben. 26. Jahrg. 1876. 12 Nrn. (Bog.) gr. 8. Ebendas. *

—— dass. — der Neuhaldensleben-Loburg-Oebisfelde-Clötze-Calvörde-Gardelegen-Weferlingener Vereine und des Magdeburger Vereins für Landwirthschaft und landwirthschaftl. Maschinenwesen. Hrsg. von den Vorständen derselben. 27. und 28. Jahrg. 1877 und 1878. à Jahrg. 12 Nrn. (Bog.) gr. 8. Ebendas. à Jahrg. *

—— dass. — der Neuhaldensleben-Loburg-Oebisfelde-Clötze-Calvörde-Gardelegen-Weferlingen-Köstritz-Parchim-Mahlwinkeler Vereine. Hrsg. von den Vorständen derselben. 30. Jahrg. 1879. 12 Nrn. (Bog.) gr. 8. Ebendas. **

—— landwirthschaftliche, der Neuhaldensleben-Loburg-Oebisfelde-Clötze-Calvörde-Gardelegen-Weferlingen-Köstritz-Parchim-Mahlwinkel-Gommernschen Vereine. Hrsg. von den Vorständen derselben. 31.—35. Jahrg. 1880—1884. à Jahrg. 12 Nrn. (Bog.) gr. 8. Neuhaldensleben, Eyraud. à Jahrg.

— landwirthschaftliche, der Neuhaldensleben-Loburg-Burg-Oebisfelde-Clötze-Calvörde-Gardelegen-Weferlingen-Köstritz-Parchim-Mahlwinkel-Gommernschen Vereine. Hrsg. von den Vorständen derselben. 36.—39. Jahrg. 1885—1888. à Jahrg. 12 Nrn. (Bog.) gr. 8. Neuhaldensleben, Eyraud. à Jahrg. **

— landwirthschaftliche, der Neuhaldensleben-Loburg-Burg-Oebisfelde-Clötze-Calvörde-Gardelegen-Weferlingen-Köstritz-Parchim-Mahlwinkel-Gommernschen Vereine. Hrsg. von den Vorständen derselben. 40.—43. Jahrg. 1889—1892. à Jahrg. 12 Nrn. (Bog.) gr. 8. Neuhaldensleben, Eyraud. à Jahrg. ** 1 —

— landwirthschaftliche, aus dem Voigtlande. In Verbindung mit mehreren Landwirthen hrsg. von Frdr. Carl Kirchhoff. 1. Jahrg. 1848. 1—3. Lfg. 4. (S. 1—92.) Plauen, Schröter. (à 4 ngr) 12 ngr

MITTEILUNGEN DER DEUTSCHEN LANDWIRTSCHAFTS-GESELLSCHAFT
Herausgegeben vom Directorium.
Jahrg. 1886. Stück 1—17. Berlin 1886. Druck von Hempel & Co. 4°
(Jahrg.) 1887/88. Stück 1—16. ib. — (Ohne bes. Titelblatt.)
Herausgegeben vom Direktorium.
Jahrg. 3. 1 April 1888 bis 31 März 1889. Stück 1 bis 19. ib. 1889. — (Mit bes. Titelblatt.)
Jahrg. 4. 1. April 1889 bis 31 März 1890. Stück 1 bis 24. ib. 1890. —
Jahrg. 5. 1. April 1890 bis 31 März 1891 Stück 1 bis 30. ib. 1891. —
Jahrg. 6. 1. April 1891 bis 31 März 1892. Stück 1 bis 21 ib. 1892. —
Jahrg. 7. 1. April 1892 bis 31 März 1893. Stück 1 bis 19. ib. 1893. —
Jahrg. 8. 1. April 1893 bis 31 März 1894. Stück 1 bis 18. ib. 1894. —
Jahrg. 9. 1 April bis 31. Dezember 1894. Stück 1 bis 12. ib. 1894. —
Jahrg. 10. Vom 1. Januar bis 31. Dezember 1895. Stück 1—21. ib. 1895. —
Jahrg. 11 Vom 1 Januar bis 31 Dezember 1896. Stück 1—23. ib. 1896. —
Jahrg. 12. Vom 1 Januar bis 31. Dezember 1897 Stück 1—23. ib. 1897 —
Jahrg. 13. 1898. Stück 1 bis 23. ib. 1898. —
Jahrg. 14. 1899. Stück 1 bis 23. ib. 1899. —
Jahrg. 15. 1900. Stück 1 bis 45. ib. 1900. Druck von Haasenstein & Vogler A.-G.
Jahrg. 16—18. 1901—1903. Stück 1 bis 52. ib. 1901—1903. —
Herausgegeben vom Vorstande.
Jahrg. 19. 1904. Stück 1 bis 53. ib. 1904. —
Jahrg. 20—21 1905—1906. Stück 1 bis 52. ib. 1905—1906. —
Jahrg. 22. 1907 Stück 1 bis 52. ib. 1907 Druck von Beyer & Boehme.
Jahrg. 23—24. 1908—1909. Stück 1 bis 52. ib. 1908—1909. —
Jahrg. 25. 1910. Stück 1 bis 52. ib. 1910 Druck von Adolf Gertz, G. m. b. H., Charlottenburg.
Jahrg. 26. 1911. Stück 1 bis 53. ib. 1911. —
Jahrg. 27 1912. Stück 1 bis 52. ib. 1912. —
Jahrg. 28. 1913. Stück 1 bis 52. ib. 1913. —
Jahrg. 29. 1914. Stück 1 bis 52. ib. 1914. —

— d. deutschen Landwirtschafts-Gesellschaft. Schriftleiter: Berthold Wölbling. 11.—13. Jahrg. 1896—1898. à 23 Stück. (à ca. 2 Bog.) gr. 4. Ebd.
à Jahrg. f. Nichtmitglieder n. 10. —; einz. Hfte. n. — 50

— der deutschen Landwirtschafts-Gesellschaft. Hrsg.: Berthold Wölbling. Schriftleitung: Heinr. Sundermann. 14.—17. Jahrg. 1899—1902. gr. 4. (IV, 479; VI, 586; VI, 504 u. VI, 538 S.) Berlin, P. Parey.
Für Nichtmitglieder à Jahrg. n. 10. —

— der deutschen Landwirtschafts-Gesellschaft. Hrsg.: Berthold Wölbling. Schriftleitung: Heinr. Sundermann. 18.—21. Jahrg. 1903—1906. à 52 Stücke. (18. u. 19. Jahrg. 735 u. 760 S.) Lex.-8. Berlin, P. Parey.
Für Nichtmitglieder à Jhrg. n. 10. —

— der deutschen Landwirtschafts-Gesellschaft. Hrsg. vom Vorstande. Verantwortlich: Heinr. Sundermann. 22.—25. Jahrg. 1907—1910. à 52 Stücke. (VIII, 434; VIII, 466; VI, 778 u. VI, 782 S.) Lex. 8. Berlin, P. Parey. Für Nichtmitglieder à Jahrg. 10. —

Mitteilungen der Deutschen Landwirtschafts-Gesellschaft. Jg. 25. 1910 ff. Berlin
Beilage: Berichterstattung der land- und forstwirtschaftlichen Sachverständigen bei den Kaiserlichen Vertretungen im Ausland. Mitgeteilt vom Auswärtigen Amt. [Jg.] 1896—1909
Von April 1900 ab: Berichterstattung der land- und forstwirtschaftlichen Sachverständigen im Ausland. (Forts. in d. »Mitteilungen«)

Mittheilungen des Deutschen Landwirthschaftsrathes über das Hagelversicherungswesen in Deutschland. Berlin 1875. H: *Richter*, *Gust.* (Kat. d. stat. Bureaus. Dresden 1890.)

— der Landwirthschafts-Schule des großherzogl. Polytechnikums zu Darmstadt. Hersg. von den Docenten der Landwirthschafts-Schule. 1. Darmstadt 870. Diehl. 4. (50 S. mit eingedr. Holzschn. u. 1 Steintaf. in qu. Fol.) 15 *ngr.*

— d. vorarlbergischen Landwirthschafts-Vereines an seine Mitglieder. Hrsg. vom vorarlberg. Landwirthschafts-Vereine. Redact. Jos. Zimmermann. 21.—24. Jahrg. 1889—1892. à Jahrg. 12 Nrn. (Bog.) gr. 8. Bregenz, (Teutsch). 21.—23. Jahrg. à * 2 —
24. Jahrg. * 2 70

— des vorarlbergischen Landwirthschafts-Vereines an seine Mitglieder. Hrsg. vom vorarlb. Landwirthschafts-Vereine. Red.: Jos. Zimmermann. 23.—25. Jahrg. 1891—1893. à 12 Nrn. (Bog.) gr. 8. Bregenz, (J. N. Teutsch). à Jahrg. n. 2. 70

— dasselbe. 26. Jahrg. 1894. 12 Nrn. (Bog.) gr. 8. Ebd. n. 2. —

— d. vorarlbergischen Landwirtschafts-Vereines an s. Mitglieder. Hrsg. v. vorarlb. Landwirthschafts-Vereine. Red.: Jos. Zimmermann. 27. Jahrg. 1895. 12 Nrn. (Bog.) gr. 8. Bregenz (J. N. Teutsch). n. 2. —

— des vorarlbergischen Landwirthschafts-Vereines an seine Mitglieder. Hrsg. v. vorarlb. Landwirthschafts-Vereine. Red.: Jos. Zimmermann. Jahrg. 1899. 12 Nrn. gr. 8. (à ca. 16 S.) Bregenz (J. N. Teutsch). n.n. 2. —

— aus dem Leben eines Advocaten. Herausg. von Dr. Ed. Beurmann. 2 Bde. 8. Frankfurt a. M. 838, Küchler. 2 rf

Mittheilungen aus dem Leben des Feldmarschalls Grafen zu Dohna. (256) 8. Berlin 1873.

Mittheilungen aus Gleims Leben: Der Gesellschafter 1844, Nr. 1/7. V: *Grossmann*, *Julie v.* Wiederholt unter deren Namen in: Berühmte Schriftsteller der Deutschen. Berlin 2 (1855). S. 38/112. (DARP)

Mittheilungen aus dem Leben des evangelischen Pfarrers F. A. A. Gonthier. Nach d. Franz. Frankfurt a. M. 1837. H: *Vulliemin*, *Louis* & *Charles Vulliemin*. (zu)

Mittheilungen. Einige Mitteil' über Leben und Heimgang unserer teuren Gattin ... und Tante Frau Marina Feldmann, geb. Ith, geb. ... 1832, gest. den 1. Dez. 1895. [Mit Porträt-Tafel.] 8. *o. O*

Mittheilungen aus dem Leben von M. Neander . . . Göttingen 1841. V: *Havemann, Wilhelm.* (BrMm)

Mittheilungen aus dem Leben eines Richters. Hamburg 1840. V: *Schirach, Carl Benedict von.* (A)

— aus dem Leben eines Richters. 1r u. 2r Bd. 8. Hamburg 840. Hoffmann u. Campe. (à 1½ ß) 3 ß

— aus dem Leben eines Richters. 3. u. letzter Bd. 8. Hamburg 843, Hoffmann u. Campe. (à) 1½ ß

—— aus dem Leben d. franz. Oberstlieutenants C. Chr. L. Schenck. Enthalt.: Die Geschichte sein. Gefangennahme in d. Schlacht bei Borodino in Rußland am 7. Sept. 1812 rc. Von ihm selbst geschrieben. 8. (13 B.) Celle 829, Schulze.

— aus dem Leben u. den Schriften Hnr. Pestalozzi's, zum Gebrauche in Familien und Schulen. Herausgeg. von C. L. Collmann. gr. 8. Kassel 845. (Bohné.) n. ⅓ ß

Mittheilungen aus dem Leben des verewigten Brs v. Selasinsky. [Berlin 1860: Mittler & S.] 2 Bl. 4° [Kopftit.]
Abgedr. in: Bh. 8 (1860) S. 186–188.
Tt. 978.

Mittheilungen aus dem Leben eines sächs. Staatsmannes. 2. A. Dresden 1864. V: *Zezschwitz, J. Fr. v.* (Hoffmann & Campe, Berlin, Katalog XXVI, S. 158)

Mittheilungen, Einige, über Leben und Sterben zweier Augustiner-Chorherren, welche Pius IX. feierlich als heil. Martyrer erklärt hat am 29. Juni 1867. Linz 1868. V: *Pucher, Albert.* (Cernik, Schriftst. d. Augustiner-Chorherrenstifte Öst. Wien 1905.)

Mittheilungen über das Leben und die Tugenden des Dieners Gottes Johann Nep. von Tschiderer, Fürst-Bischof von Trient. 2. Ausg. Bozen 1876. V: *Hundegger, Anton Richard.* (margr) Vgl. V, 6450.

Mittheilungen über das Leben und die Tugenden des Johann Nep. v. Tschiderer . . . Bozen 1877. V: *Rizzoli, Enrico.* (EB)

—— einige, aus dem Leben und Wirken des weil. Oberalten Claes Bartels zu Hamburg. gr. 8. (20 S.) Hamburg 851, Perthes-Besser und Mauke.

— aus dem Leben und Wirken des seligen Samuel Collenbusch weiland Dr. der Medicin in Barmen. Barmen 853. Sartorius in Comm. 8. (73 S.) 5 ngr.

— aus d. Leben u. Wirken d. Königs v. Sachsen, Friedrich August d. Gerechten. gr. 12. Leipz. 829. Reclam. 8 gl

— aus dem Gebiete der Lebensmitteluntersuchung u. Hygiene, veröffentlicht vom schweizer. Gesundheitsamt Travaux de chimie alimentaire et d'hygiène. Publiés par le service sanitaire fédéral. I. Bd. 1910. (396 S. m. 3 Taf.) gr. 8. Bern, Neukomm & Zimmermann. 8. —

— aus der amtlichen Lebensmittel-Untersuchungs-Anstalt u. chemischen Versuchsstation zu Wiesbaden üb. die geschäftliche u. wissenschaftliche Thätigkeit in dem Betriebsj. 1883/84. Hrsg. v. Schmitt. gr. 8. (VII, 270 S. m. 2 Lichtdr. u. 1 Steintaf.) Berlin 885. (Friedländer & Sohn.) n. 6. —

Lechner's Mittheilungen aus dem Gebiete der Literatur und Kunst, der Photographie und Kartographie. Redigirt von E. Wähner. II. Jahrg. 1890. 12 Nrn. 8. * 1.—
Wien: Lechner 1890.

Lechner's Mitteilungen aus dem Gebiete der Literatur, Kunst, Kartographie und Photographie. Weihnachtsnummer 1906. Gr.-8°. (144, XLVIII S.)
Fortges. u. d. T Wiener Mitteilungen aus dem Gebiete der Literatur.

Mittheilungen aus der landwirthschaftlichen Lehranstalt Ebstorf redig. von Ed. Fischer. gr. 8. (III und 180 S. mit 8 Stnt. in gr. 8. und qu. Fol.) Hannover 861, (Hahn'sche Hofbuchh.) **
Aus: Landwirthschaftliche Mittheilungen für das Fürstenthum Lüneburg, besonders abgedruckt.

— der großherzogl. sächsischen Lehranstalt f. Landwirthe an der Universität Jena. Hrsg. v. G. Liebscher. gr. 8. (VII, 164 S.) Berlin 884. Parey. n. 4. —

— der großherzoglich sächsischen landwirthschaftlichen Lehranstalt an der Universität Jena. gr. 8. (32 S m. 1 Tabelle in Fol.) Ebend. 874. n. 1. —

Mitteilungen des Lehrerhaus-Vereins in Wien. Wien. Vereinsverlag 1889–(1914). 8°
Hrsg.: J Eichler.

— von der 15. allgemeinen deutschen Lehrer-Versammlung. Unter Mitwirkung von Alb. Richter u. Carl Richter redig. von Jul. Beeger. 8 Nrn. Leipzig 865. Klinkhardt. 4. (92 S.) n. 6 ngr.

Mitteilungen aus den neuen Lehrplänen für die höheren Schulen. Fulda, Rpg., 1883. 20 S. 4.
Progr.

—— der Section Leipzig d. deutschen u. österreichischen Alpen-Vereins. Nr. 3. 1889. gr. 4. (24 S. m. eingedr. Bildern u. 3 Lichtdr.-Taf.) Lpz., Heitmann. * — 65
Die vorhergeh. u. folgend. Nummern erschienen im Selbstverlage d. Alpen-Vereins, Sect. Leipzig.

—— letzte, aus d. Tagebuche e. Arztes. (Sam. Warren). A. d. Engl. übers. v. K. Jürgens. 2 Thle. gr. 12. (24½ B.) Leipzig 838, [Lorck.]

– letzte, aus dem Tagebuche eines Arztes. Aus d. Engl. übers. v. K. Jürgens. 2 Thle. gr. 12. Leipzig 838. Weber. 2 ₰ — Vgl. Marryat.

Mitteilungen aus Finsens medicinischem Lichtinstitut Deutsche Ausgabe 1 Leipzig Vogel 1900 8°
Hrsg. M R. Finsen u. V Bie

Mitteilungen. – Mitteilungen des U. G V Liedertafel der deutschen Studenten in Prag und seines Alten Herren-Verbandes. Prag, Jahrgang 1 1898/1899 – 21 1919, Haase.

— **über die deutsch-französische Liga. Hrsg.: H. Molenaar. Nr. 1—6. (S. 1—96.) 8. München (Holzkirchnerstr. 5), Dr. H. Molenaar. à — 25**

— litterarische. Hrsg.: A. Johannsen. Jahrg. 1887. 12 Nrn. (B.) 4. Husum, Expedition. n. 1. —

— litterarische. Rundschau auf dem deutschen Büchermarkte. I. u. II. Jahrg. Oktbr. 1894—Septbr. 1896. à 12 Nrn. (Bog. m. Abb.) gr. 4. Frankfurt a. M., A. Blazek jun. à Jahrg. 1. 20

Litterarische **Mittheilungen**. Festschrift z. 10jähr Bestehen d. Litteraturarchiv-Gesellsch. in Berlin. *Berlin: Litteraturarchiv-Ges. 1901* (146 S.) 8°(4°) los. 416

— **literarische, der Annalen des Deutschen Reichs. Monatsbericht üb. Neuerscheingn. auf dem Gebiete d. Rechts- u. Staatswissenschaften. Unter ständ. Mitarbeiterschaft v. Ernst Jaeger u. Philipp Allfeld, hrsg. v. Karl Thdr. Eheberg u. Ant. Dyroff. 14.—16. Jahrg. 1901—1903. à 12 Nrn. Lex.-8. (696 u. 784 Sp.) München, J. Schweitzer Verl. à Jahrg. n. 2. —**
Vergl.: Mitteilungen, literar., f. Jur. u. Verwaltungsbeamte.

— **literarische, der Annalen des Deutschen Reichs. Monatsbericht üb. Neuerscheingn. auf dem Gebiete der Rechts- u. Staatswissenschaften. Unter ständ. Mitarbeiterschaft v. E. Jaeger u. Ph. Allfeld, hrsg. von K. Th. v. Eheberg u. A. Dyroff. 17.—19. Jahrg. 1904 bis 1906. à 12 Nrn. (712, 672 u. 680 Sp.) Lex.-8. München, J. Schweitzer Verl. à Jhrg. n. 2. —**
Erscheint nicht mehr.

— literarische, der St. Galler Blätter. 1. Jahrg. Juli — Decbr. 1856. 6 Nrn. und 2. Jahrg. 1857. 12 Nrn. (à 1 Bgn.) St. Gallen, Scheitlin u. Zollikofer. Fol. 1.: n. 8 ngr.; 2.: n. 16 ngr.

— literarische, aus St. Gallen. (Beilage zu den St. Galler-Blättern.) 3. Jahrg. 1858. 12 Nrn. (à 1 Bgn.) Ebend. Fol. n. 16 ngr.

— literarische, aus St. Gallen. 4—6. Jahrg. 1859—61. à 12 Nrn. (à 1 Bgn.) St. Gallen, Scheitlin & Zollikofer. Fol. Jeder Jahrg. n. 16 ngr.

Mittheilungen, Literarische, über Erscheinungen aus dem Verlage des Bibliographischen Institutes in Leipzig und Wien. Zwölf Nummern 8. Nr. 5. (8 S.) Gratis.
1891.

Mittheilungen, Literarische, über Erscheinungen aus dem Verlage des Bibliographischen Institutes in Leipzig und Wien. 1892. Gr.-8. Nr. 6 gratis

Mitteilungen. – Literarische Mitteilungen für bayerische Juristen. Jg. 1–3 München. Schweitzer 1888–1890. 8°
Hrsg. Ludwig Hoffmann.
Fortges. u.d.T Literarische Mitteilungen für Juristen und Verwaltungsbeamte Jg. 4 1891 ff

—— **litterarische, f. Juristen u. Verwaltungsbeamte. Unter Redact. v. Ludw. Hoffmann hrsg. 1.—3. Jahrg. 1888—1890. gr. 8. (54; 60; 64 S.) Münch., Schweitzer Sort. à Jahrg. * — 60**

— **literarische, f. Juristen u. Verwaltungsbeamte. Unter Red. v. Ludw. Hoffmann hrsg. 4.—7. Jahrg. 1891—1894. à 6 Nrn. (à ca. 1½ Bog.) hoch 4. München, J. Schweitzer, Verl. à Jahrg. n. 1. —**

— **literarische, f. Juristen u. Verwaltungsbeamte. Unter Red. v. Ludw. Hoffmann hrsg. 8.—11. Jahrg. Dezbr. 1894—Novbr. 1898. à 6 Nrn. (à ca. 1 Bog.) hoch 4. München, J. Schweitzer, Sort. à Jahrg. n. 1. —**
D. 11. Jahrg. ist von Otto Fraass hrsg.

— **literarische, f. Juristen u. Verwaltungsbeamte. Unter ständ. Mitarbeiterschaft v. Phil. Allfeld, Karl Theod. Eheberg, A. Dyroff u. unt. Mitwirkg. anderer Juristen hrsg. v. Ernst Jaeger. 12. u. 13. Jahrg. 1899 u. 1900. à 6 Nrn. hoch 4. (200 u. 120 Sp.) München, J. Schweitzer. à Jahrg. n. 2. —**
Fortsetzung s.: Mitteilungen, litter., der Annalen des Deutschen Reichs.

Mitteilungen aus dem Gebiete der Christlichen Literatur: Jahrgang 1, no. 1, Jan. 31, 1895---?
Intended to publish 9 numbers per year. Purpose To present book-reviews, announcements of new books and book advertising. Quarto, each issue 36 pages. Edited by Pastor A. Richter, and published by Ernst Kaufmann.
New York, NY

— aus d. Gebiete d. christlichen Litteratur. Red. v. A. Richter. 1.–4. Jahrg. 1895—1898. 9 Nrn. (à ca. 6 Bog.) hoch 4. New-York (22—24 N. William Street). E. Kaufmann. à Jahrg. n. 2. —
D. 4. Jahrg. war von E. Brennecke redigiert.

— aus d. christl. Litt. d. Auslandes, vorzügl. Großbritanniens. Eine Zeitschrift in zwanglosen Heften. Hrsgg. v. E. Fr. Ball. 1s Heft. 8. Elberf. 831. Weise. 8 gr.

— **aus der historischen Litteratur hrsg. v. der histor. Gesellschaft in Berlin u. in deren Auftrage red. v. R. Foss. 1—4. Jahrg. 1873—1876 à 4 Hfte. gr. 8. (à Hft. 72 S.) Berlin, Gaertner. à Jahrg. n. 4. —**

— **aus der historischen Litteratur, hrsg. von der historischen Gesellschaft in Berlin u. in deren Auftrage red. von R. Foss. 5. Jahrg. 1877. 4 Hfte. gr. 8. (1. Hft. 96 S.) Berlin, Gaertner. n. 6. —**

— **dasselbe, red. v. Ferd. Hirsch. 6—10. Jahrg. 1878 —1882. à 4 Hfte. gr. 8. (à Hft. 96 S.) Ebend. à Jahrg. n. 6. —**

— **aus der historischen Litteratur, hrsg. v. der histor. Gesellschaft in Berlin u. in deren Auftrage red. v. Ferd. Hirsch. 11—14. Jahrg. 1883—1886. à 4 Hfte. gr. 8. (1. Hft. 96 S.) Berlin, Gaertner. à Jahrg. n. 6. –**

— **aus der historischen Litteratur, hrsg. v. d. histor. Gesellschaft in Berlin u. in deren Auftrage red. v. F. Hirsch. 15.—18. Jahrg. 1887—1890. à 4 Hfte. gr. 8. (à Hft. ca. 100 S.) Berlin, Gaertner. à Jahrg. n. 6. —**
— **des historischen Vereins f. die Grafsch. Ruppin. 1. Hft. gr. 8. Neu-Ruppin 887. (Petrenz.) n.n. — 50**
Ueber die Gründung v. Alt- u. Neu-Ruppin. Ueber die Neu-Ruppiner Urkunde v. 9. März 1256. Beides v. L. Schneider. (IV, 25 S.)

— aus der historischen Litteratur, hrsg. v. der histor. Gesellschaft in Berlin u. in deren Auftrage red. v. Ferd. Hirsch. 19.—21. Jahrg. 1891—1893. à 4 Hfte. gr. 8. (à Hft. ca 96 S.) Berlin, R. Gaertner. à Jahrg. n. 6. —

— dasselbe. Ergänzungshft. Register üb. Jahrg. I—XX. [1873—1892.] gr. 8. (IV, 143 S) Ebd. 893. n. 3. —

— dasselbe. 22. Jahrg. 1894. 4 Hfte. gr. 8. (à Hft. ca. 112 S.) Ebd. n. 8.—

— aus d. historischen Litteratur, hrsg. v. d. histor. Gesellschaft in Berlin u. in deren Auftrage red. v. Ferd. Hirsch. 23.—26. Jahrg. 1895—1898. à 4 Hfte. (à ca. 120 S.) gr. 8. Berlin, R. Gaertner. à Jahrg. n. 8. —

— aus der historischen Litteratur, hrsg. von der histor. Gesellschaft in Berlin u. in deren Auftrage red. von Ferd. Hirsch. 27.—30. Jahrg. à 4 Hfte. gr. 8. (à Jahrg. VIII, 504 S.) Berlin 899—902. [R. Gaertner.] Weidmann. à Jahrg. n. 8. —

— dasselbe. 2. Ergänzungsheft. Register üb. Jahrg. XXI—XXX. [1893—1902.] (IV, 157 S.) gr. 8. Ebd. 903. n. 4. —

— aus der historischen Literatur, hrsg. v. der histor. Gesellschaft in Berlin u. in deren Auftrage red. von Ferd. Hirsch. 31.—34. Jahrg. 1903—1906. à 4 Hefte. (VIII, 504; VIII, 504; VIII, 504 u. X, 502 S.) gr. 8. Berlin, Weidmann. à Jhrg. n. 8. —

Mitteilungen aus der historischen Literatur, hrsg. v. der histor. Gesellschaft in Berlin u. in deren Auftrage red. v. Ferd. Hirsch. 35.—38. Jahrg. 1907—1910. à 4 Hefte. (à Jahrg. IX, 502 S.) gr. 8. Berlin, Weidmann. 35. Jahrg. 8.—; 36.—38. Jahrg. à 10.—

— aus d. Literatur d. 19. Jahrh. u. ihrer Geschichte, s.: Euphorion.

Mittheilungen aus dem Litteraturarchive in Berlin. Berlin 1894 ff. H: *Meisner, Heinr.* (EB)

MITTHEILUNGEN AUS DEM LITTERATURARCHIVE IN BERLIN
Bd. 1. 1894—1897 Berlin 1897 Litteraturarchiv-Gesellschaft 8°
1894. A. u. d. T Mittheilungen aus dem Litteraturarchive in Berlin.
1894. Briefe aus B. G Niebuhrs Nachlass. 1 ib. —
1895. (1.) A. u. d. T Mittheilungen aus dem Litteraturarchive in Berlin.
1895. Gedichte aus E. M. Arndts Manchermaion. ib. —
1895. (2.) A. u. d. T Mittheilungen aus dem Litteraturarchive in Berlin.
1895. Briefe aus B. G Niebuhrs Nachlass 2 ib —
1896. (1.) A. u. d. T Mittheilungen aus dem Litteraturarchive in Berlin.
1896. Gedichte aus E. M. Arndts Manchermaion 2 Briefe aus B. G Niebuhrs Nachlass 3 Gedenkblatt F Ch. Schlossers. Breslau. (sic!) Litteraturarchiv-Gesellschaft.
1896. (2.) A. u. d. T Mittheilungen aus dem Litteraturarchive in Berlin.
1896. Jugenderinnerungen von Henriette Herz. Berlin. Litteraturarchiv-Gesellschaft.
1897 (1.) A. u. d. T Mittheilungen aus dem Litteraturarchive in Berlin.
1897 Briefe aus B. G. Niebuhrs Nachlass. 4. ib. —
Im Auftrage des Vorstandes herausgegeben von HEINRICH MEISNER.
Bd. 2. 1898—1900. ib. 1900. —
1897 (2.) A. u. d. T Mittheilungen aus dem Litteraturarchive in Berlin.
1897 Briefe (J G.) Zimmermanns und Charlottens v Schiller an Charlotte und Friedrich v Stein. ib. —
1898. (1.) A. u. d. T : Mittheilungen aus dem Litteraturarchive in Berlin.
1898. Aus dem Briefwechsel Helmina Chezys und Graf Loebens 1814. ib. —
1898. (2.) A. u. d. T Mittheilungen aus dem Litteraturarchive in Berlin.
1898. Briefe von Friedrich de la Motte Fouqué an Adolph Wagner. ib. —
1899. (1.) A. u. d. T Mittheilungen aus dem Litteraturarchive in Berlin.
1899 Briefe aus B. G Niebuhrs Nachlass. ib. —
1899 (2.) A. u. d. T Mittheilungen aus dem Litteraturarchive in Berlin.
1899 Briefe von Ferdinand Gregorovius an Theodor Heyse. ib.—
1900 (Doppelheft.) A. u. d. T Mittheilungen aus dem Litteraturarchive in Berlin.
1900. (Doppelheft.) Briefwechsel Varnhagens von Ense mit Troxler 1815—1818. ib. —
1907 Sonderveröffentlichung. Briefe an Wolfgang Menzel II. Berlin. (1907.) Litteraturarchiv-Gesellschaft.

MITTEILUNGEN AUS DEM LITTERATURARCHIVE IN BERLIN
Neue Folge 1 Berlin 1909. Litteraturarchiv-Gesellschaft. (Ohne Druck- u. Verlagsangabe.) 8°
A. u. d. T Briefe an Rudolph Köpke Für die Litteraturarchiv-Gesellschaft in Berlin herausgegeben. ib. 1909. —
Neue Folge 2 ib. 1909. —
A. u. d. T Briefe von Ludwig Gottfried Blanc an Friedrich Schleiermacher. Für die Litteraturarchiv-Gesellschaft in Berlin herausgegeben. ib. 1909. —
Neue Folge 3. Briefe an M. Hertz über Karl Lachmann. ib. 1910. —
A. u. d. T Briefe an Martin Hertz über Karl Lachmann. Für die Litteraturarchiv-Gesellschaft in Berlin herausgegeben. ib. 1910. —
Neue Folge 4 Briefe B. G. und Amalie Niebuhrs an Dore Hensler und an Karsten Niebuhr 1806—1814. ib. 1911 —
A. u. d. T Briefe B. G und Amalie Niebuhrs an Dore Hensler und an Karsten Niebuhr Für die Litteraturarchiv-Gesellschaft in Berlin herausgegeben. ib. 1911 —

Mittheilungen der Gr. Loge von Preussen gen. Royal York zur Freundschaft im Or. Berlin. Jg. 1884/1885 bis 1909/1910 Berlin [1884—1910]: Fickert [u. a.]. [Umschlagtit.]
1884—1885 H. 1—8. 1. 15 S.; 2. 10 S.; 3. 23 S.; 4. 12 S.; 5. 20 S.; 6. 12 S.; 7. 10 S.; 8. 6 S. 1885—1886 195 S.; 1886—1887 183 S.; 1887 bis 1888 186 S.; 1888—1889 286 S.; 1889—1890 298 S.; 1890—1891 253 S.; 1891—1892 191 S.; 1892—1893 224 S.; 1893—1894 246 S.; 1895 bis 1896 140 S.; 1896—1897 220 S.; 1897—1898 120 S.; 1898—1899 212 S.; 1899—1900 208 S.; 1900—1901 158 S.; 1901—1902 142 S.; 1902 bis 1903 158 S.; 1903—1904 88 S.; 1904—1905 122 S.; 1905—1906 102 S.; 1906—1907 102 S.; 1907—1908 105 S.; 1908—1909 127 S.; 1909 bis 1910 75 S. [nur H. 1—4 vorgelegen.]
Die meisten Jg. lagen nur unvollst. vor.

Mittheilungen über das am 2. Juni 1850 im Or. zu Hamm durch die vereinigten Logen Rheinlands und Westphalens gefeierte □ Frühlingsfest. (Als Hs. gedr.) Dortmund [1850]: Krüger. 32 S. 8° [Umschlagtit.]

Mitteilungen des Südbrasilian. Logen-Verbandes. (Als Ms. für die dem „Verbande“ angehörigen Logen gedr.) [No 1 bis 7.] Redaktions-Ausschuss: Arno Philipp und Ernst Niemeyer. Porto Alegre 1906—1907: [Reinhardt]. 8° [Kopftit.]
1. 16 S. 1906; 2. 16 S 1906; °3. 16 S. 1906; °4. 16 S. 1906; °5. 16 S. 1907; 7. 16 S. 1907.

Mitteilungen des Südbrasilianischen Logen-Verbandes. Porto Alegre 1909: Fenselau & Niemeyer. Nr. 11. 15. Juli 1909.

Mittheilungen über Localbahnen, insbesondere Schmalspurbahnen. Unter Mitwirkung in- und ausländischer Fachgenossen herausgegeben von W. Hostmann, grossherzogl. sächs. Baurath und Richard Koch, Eisenbahn-Maschinen-Ingenieur. 1. Jahrg. (Mit 10 Taf. auf 5 Blättern.) (Die Fortsetzung siehe unter dem Titel: „Zeitschrift für das gesammte Local- und Strassen-Bahnwesen".) 4. Wiesbaden 1882.

— über Localbahnen, insbesondere Schmalspurbahnen, unter Mitwirkung in- u. ausländischer Fachgenossen hrsg. von W. Hostmann u. Rich. Koch. 1. u. 2. Hft. Mit 10 lith. Taf. u. Text-Fig. hoch 4. (VI, 130 S.) Wiesbaden 882. Bergmann. à n. 4. —

MITTHEILUNGEN DES BERLINER LOKALVEREINS FÜR DAS WOHL DER ARBEITENDEN KLASSEN Ein Wochenblatt Herausgegeben von dem Vorstande des Vereins.
1848. № 1—9. 4. November 1848 — 30. Dezember 1848. Redakteur O. SCHOMBURGK. Berlin. Gedruckt in der Buchdruckerei der Reform: Louis Filitz. fol.
1849. № 1—48. 6. Januar 1849 — 29. December 1848. Redakteur № 1—9: O. SCHOMBURGK, № 10—20: H RUNGE, № 21 22 BORN, № 23—48: FRANZ DUNCKER. ib. Gedruckt in der Buchdruckerei der Reform.
1850. № 1—26. 5. Januar 1849 (recte 1850) — 29. Juni 1850. Redakteur № 1—16 FRANZ DUNCKER, № 17 und 18—26: Redakteur H RUNGE. ib. —.

MITTHEILUNGEN DES LOKALVEREINS FÜR DAS WOHL DER ARBEITENDEN KLASSEN.
Herausgegeben vom Vorstande des Vereins. Redakteur: H. RUNGE.
1850. Lief. 1—4. Berlin 1850. Franz Duncker (W Besser's Verlagshandlung). 8°
1851. Lief. 1—4. ib. 1851 —

— des Localvereins für das Wohl der arbeitenden Klassen. Hrsg. v. Vorstande des Vereins. Red.: H. Runge. (Jahrg. 1850 u. 1851.) à 4 Lfgn. gr. 8. (à Jahrg. 192 S.) Berlin, Bessers Verl. [Frz. Duncker.] à Jahrg. n. 1/2 ₰

Mittheilungen, Lübecker landwirthschaftliche. Unter Mitwirkung mehrerer rationellen Landwirthe. 1—3. Jahrg. 1862—64. à Jahrg. 52 Nrn. (Bog.) Lübeck, Aschenfeldt. Fol. Jeder Jahrg. n. 2 ₰

— — 4—8. Jahrg. 1865—1869. à Jahrg. 52 Nrn. (Bgn.) Lübeck, (Dittmer'sche Buchh.) Fol. Jeder Jahrg. n. 2 ₰

— — für die Mitglieder des landwirthschaftlichen Vereins in Lübeck, sowie der Vereine der Umgegend. Unter Mitwirkung mehrerer rationellen Landwirthe. 6. Jahrg. 1867. 52 Nrn. (Bgn.) Ebend. Fol. n. 1 ₰

— Lübecker landwirthschaftliche, für Mitglieder des landwirthschaftl. Vereins in Lübeck, sowie der Vereine der Umgegend. Unter Mitwirkung mehrerer rationeller Landwirthe. 7. und 8. Jahrg. 1868 und 1869. à Jahrg. 52 Nrn. (Bog.) Fol. Lübeck, (Dittmer'sche Buchh.) à Jahrg. *

— aus Finsens medicinske Lysinstitut (Finsens medicinischem Lichtinstitut) in Kopenhagen. I u. II. Hrsg. v. Niels R. Finsen. Die deutsche Ausg. hrsg. v. Valdemar Bie. gr. 8. (VIII, 130 u. V, 154 S.) Leipzig 900. 901. F. C. W. Vogel. à n. 3. —

— aus Finsens medicinske Lysinstitut (Finsens medicinischem Lichtinstitut) in Kopenhagen. III. Hrsg. v. Niels R. Finsen. Die deutsche Ausg. hrsg. v. Valdemar Bie. (V, 153 S. m. Abbildgn.) gr. 8. Leipzig 903. F. C. W. Vogel. n. 5. —

— dasselbe. Die deutsche Ausg. ist vor der Drucklegg. v. F. G. J. Müller durchgesehen u. corrigiert. IV.—X. (Schluss-)Heft. gr. 8. Jena, G. Fischer. n. 32. 50 (Kplt. n. 48. 50)
IV. (III, 160 S. m. 9 Abbildgn.) 903. n. 4. —
V. VI. (III, 226 S. m. 48 Taf.) 904. n. 8. —
VII. (III, 162 S. m. 4 Taf.) 904. n. 4. —
VIII. (VIII, 147 S. m. 8 Abbildgn.) 904. n. 4. —
IX. (III, 235 S. m. 11 Abbildgn. u. 1 Bildnis.) 905. n. 7. 50
X. (III, 143 S. m. 6 Abbildgn., 1 Taf. u. 12 Kurven.) 906. n. 5. —

— aus der neuen Mädchenschule. Redact.: Schuppli. 19.—23. Jahrg. 1880—1884. à Jahrg. 4 Nrn. gr. 8. (à Nr. ca. 30 S.) Bern. (Huber und Comp.) à Jahrg. *

— aus der neuen Mädchenschule. Red. u. Hrsg.: Dumermuth. 34. Jahrg. 1895. 6 Nrn. (à ca. 2 Bog.) gr. 8. Bern (H. Koerber). n.n. 2. 50

Mittheilungen des berg- und hüttenmännischen Vereins Maja zu Clausthal. N.F H. 2–64 Clausthal: Uppenborn 1880–1920. 8°
Vorh. u.d.T Mittheilungen des naturwissenschaftlichen Vereins Maja zu Clausthal. N.F 1. 1879

— des berg- und hüttenmännischen Vereins Maja zu Clausthal. Neue Folge. 2. Heft. gr. 8. (IV, 128 S. mit 6 in den Text eingedr. Holzschn. und 2 Stnt.) Clausthal 880, (Uppenborn.) **

Mittheilungen des Clausthaler naturwissenschaftlichen Vereines Maja. Jahrgang 1856 und 1857. Heft 1. (In einem Bande). Halle. 8. — Ferner: Neue Folge Heft 1, Clausthal 1879, 8, als: Mittheilungen des naturwissenschaftlichen Vereines Maja zu Clausthal, sowie neue Folge Heft 2, Clausthal 1880, 8, als. Mittheilungen des Berg- und Hüttenmännischen Vereines Maja zu Clausthal.

MITTHEILUNGEN DES CLAUSTHALER NATURWISSENSCHAFTLICHEN VEREINES MAJA.
Herausgegeben von … B. KERL (und) B. OSANN.:
Heft I—II. Mit 8 Tafeln. Halle 1856. Gedr. bei W. Plötz. 8°
Hrsg. von … C. PREDIGER und E. KUTSCHER.:
Jahrg. 1857. Heft I. Mit 2 Tafeln. ib. 1858. —

— des naturwissenschaftlichen Vereins Maja zu Clausthal. Neue Folge. 1. Hft. Mit 8 (lith.) Taf. gr. 8. (48 S.) Clausthal 879. Uppenborn. n.n. 3. —
cf.: Mittheilungen d. berg- u. hüttenmännischen Vereins Maja zu Clausthal.

— des berg- u. hüttenmännischen Vereins Maja zu Clausthal. Neue Folge, 2. Hft. Mit 6 in den Text eingedr. Holzschn. u. 2 Steindr.-Taf. gr. 8. (IV, 128 S.) Clausthal 880. Uppenborn in Comm. n.n. 4. 50 (1. u. 2.: n.n. 7. 50)

Mittheilungen eines Mannes, der zu lesen versteht . . . Stuttgart 1854. V: *Dittmar, W.* (Ky)

— eines Mannes, der zu lesen versteht. Ein Vademecum für allerlei gebildet Volk. (Von Dittmar.) Stuttgart 854. J. F. Steinkopf. 8. (328 S.) 27 ngr.

Mittheilungen aus dem Markscheiderwesen. Vereinschrift des Rheinisch-Westfälischen Markscheider-Vereins. H. 1—8. 1885—1894 u. N. F. H. 1. 1899 ff. Freiberg i. S.
Reg. 1885—1925

MITTHEILUNGEN AUS DEM MARKSCHEIDERWESEN
Vereinsschrift des Rheinisch-Westfälischen Markscheider-Vereins. Im Auftrage und unter Mitwirkung des Vereins-Vorstandes herausgegeben von H WERNEKE, Schriftführer des Vereins.
Heft I. Freiberg in Sachsen 1885. Craz & Gerlach (Joh. Stettner). 8°
Heft II Mit 1 lithographirten Tafel. ib. 1887 –
Heft III Mit 3 lithographirten Tafeln. ib. 1888. –
Heft IV Mit 5 lithographirten Tafeln. ib. 1889. –
Heft V Mit 3 lithographirten Tafeln. ib. 1890. –
Heft VI. Mit 2 lithographirten Tafeln. ib. 1892. –
Heft VII Mit 3 lithographirten Tafeln. ib. 1893. –
Heft VIII Mit 4 lithographirten Tafeln. ib. 1894. –

MITT(H)EILUNGEN AUS DEM MARKSCHEIDERWESEN Neue Folge.[2])
Vereinsschrift des Deutschen Markscheidervereins.
Im Auftrage und unter Mitwirkung des Vereinsvorstandes herausgegeben von H. ULLRICH, Oberbergamts-Markscheider in Breslau und H WERNEKE, Oberbergamts-Markscheider in Dortmund.
Heft 1 Mit 16 Abbildungen. Freiberg in Sachsen 1899. Verlag von Craz & Gerlach (Joh. Stettner.) 8°
Heft 2. Mit 5 lithograph. Tafeln und 1 Textfigur. ib. 1900. –
Heft 3. Mit 10 Abbildungen und 1 Karte. ib. 1901 –
Heft 4 Mit 19 Abbildungen, 1 Tafel und 1 Uebersicht der geologischen Spezialkarte von Preussen und den Thüringischen Staaten. ib. 1902. –
Heft 5. Mit 1 Porträt, 19 Abbildungen, 3 Tafeln und 1 Gliederungs-Tabelle der Schichten des oberschlesischen Steinkohlengebirges. ib. 1903. –
Heft 6. Mit 11 Abbildungen und 8 Tafeln. ib. 1904. –
Heft 7 Mit 1 Abbildung und 5 Tafeln. ib. 1905. –
Im Auftrage und unter Mitwirkung des Vereinsvorstandes herausgegeben von K. HAUSSMANN und H. ULLRICH.
Heft 8. Mit 21 Abbildungen und 4 Tafeln. ib. 1906. –
Heft 9. Mit 1 Porträt, 5 Abbildungen, 1 Beilage und 1 Tafel. ib. 1908. –
Im Auftrage und unter Mitwirkung des Vereinsvorstandes herausgegeben von KARL HAUSSMANN
Heft 10. Mit 34 Abbildungen und 8 Tafeln. ib. 1908. –
Heft 11 Mit 1 Porträt, 16 Abbildungen und 1 Tafel. ib. 1909. –
Heft 12. Mit 9 Abbildungen. ib. 1910. –
Heft 13. Mit 4 Abbildungen, 1 Tabelle und 1 Tafel. ib. 1910. –
MITTEILUNGEN AUS DEM MARKSCHEIDERWESEN Zeitschrift des Deutschen Markscheidervereins.
Im Auftrage und unter Mitwirkung des Vereinsvorstandes herausgegeben von KAI HAUSSMANN
3. Folge. Jahrg. 1911 (Mit Tafeln.) ib. –
Jahrg. 1912. (Mit Tafeln.) ib. –
Jahrg. 1913. (Mit Tafeln.) ib. –
Jahrg. 1914. (Mit Tafeln.) ib. –

[2]) Die Mitteilungen 1895 bis 1898 sind erschienen in der „Zeitschrift für prakt. Geolog 1895—1898.

— aus dem Markscheiderwesen. Vereinsschrift d. Rheinisch-Westfäl. Markscheider-Vereins. Im Auftrage u. unter Mitwirkg. d. Vereins-Vorstandes hrsg. v. H. Werneke. 1. Hft. gr. 8. (III, 64 S.) Freiberg 885. Craz & Gerlach. n. 2. —

— aus dem Markscheiderwesen. Vereinsschrift d. Rheinisch-Westfäl. Markscheider-Vereins. Im Auftrage u. unter Mitwirkg. des Vereins-Vorstandes hrsg. von H. Werneke. 2.—5. Hft. gr. 8. Freiberg, Craz & Gerlach. n. 10. 50 (1—5.: n. 12. 50)
2. (III, 53 S. m. 1 Taf.) 887. n. 2. —. — 3. (III, 66 S. m. 3 Taf.) 888. n. 3. —. — 4. (IV, 48 S. m. 5 Taf.) 889. n. 3. —. — 5. (III, 60 S. m. 3 Taf.) 890. n. 2. 50

— aus dem Markscheiderwesen. Vereinschrift des Rheinisch-Westphäl. Markscheider-Vereins. Im Auftrage u. unter Mitwirkg. d. Vereins-Vorstandes hrsg. v. H. Werneke. 6. u. 7. Hft. gr. 8. Freiberg i/S., Craz & Gerlach. à n. 3. — (1—7.: n. 18. 50)
6. (IV, 72 S. m. 2 Taf.) 892. — 7. (III, 86 S. m. 3 Taf.) 893.

— aus d. Markscheiderwesen. Vereinsschrift des rheinisch-westphäl. Markscheider-Vereins. Im Auftr. u. unt. Mitwirkg. d. Vereins-Vorstandes hrsg. v. H. Werneke. 8. Hft. gr. 8. (III, 83 S. m. 4 Taf.) Freiberg 894. Craz & Gerlach. n. 3. — (1.—8.: n. 21. 50)

— aus dem Markscheiderwesen. Neue Folge. Vereinsschrift des deutschen Markscheider-Vereins. Im Auftrage u. unter Mitwirkg. des Vereins-Vorstandes hrsg. v. H. Ullrich u. H. Werneke. 1.—4. Hft. gr. 8. Freiberg, Craz & Gerlach. n. 11. —
1. (III, 91 S. m. 16 Abbildgn.) 899. n. 2. 50
2. (III, 70 S. m. 1 Fig. u. 5 lith. Taf.) 900. n. 2. 50
3. (III, 76 S. m. 10 Abbildgn. u. 1 Karte.) 901. n. 3. —
4. Mit 19 Abb., 1 Taf. u. 1 Uebersicht der geolog. Spezialkarte von Preussen u. den Thüringischen Staaten. (IV, 107 S.) 902. n. 3. —

26*

Mitteilungen aus dem Markscheiderwesen. Neue Folge. Vereinsschrift d. deutschen Markscheidervereins. Im Auftrage u. unter Mitwirkg. des Vereinsvorstandes hrsg. v. H. Ullrich u. H. Werneke. 5.—7. Heft. gr. 8. Freiberg, Craz & Gerlach. n. 10. 50
5. Mit 1 Portr., 19 Abbildgn., 3 Taf. u. 1 Gliederungs-Tabelle der Schichten des oberschles. Steinkohlengebirges. (IV, 111 S.) 903. n. 3. 50
6. (IV, 112 S. m. 11 Abbildgn. u. 8 Taf.) 904. n. 4. —
7. (IV, 104 S. m. 1 Abbildg. u. 5 Taf.) 905. n. 3. —

Mitteilungen aus dem Markscheidewesen. Neue Folge. Vereinsschrift, vom 12. Hefte an Zeitschrift des deutschen Markscheidervereins. Im Auftrage u. unter Mitwirkg. des Vereinsvorstandes hrsg. v. Karl Haussmann. 8.— 13. Heft. gr. 8. Freiberg, Craz & Gerlach. 29. 50
8. (IV, 106 S. m. 21 Abbildgn. u. 4 Taf.) 906. 4. —
9. (IV, 107 S. m. 5 Abbildgn., 1 Bildnis, 1 Beilage u. 1 Taf.) 908. 4. 50
10. (IV, 180 S. m. 34 Abbildgn. u. 8 Taf.) 908. 6. —
11. (VIII, 130 S. m. 16 Abb., 1 Bildnis u. 1 Taf.) 909. 5. —
12. (52 S. m. 9 Abbildgn.) 910. 2. 50
13. (VII, 48 S. m. 4 Abb., 1 Tab. u. 1 Taf.) 910. 2. 50

—— über neue landwirthschaftliche Maschinen und Geräthe von J. Pintus und Comp., Brandenburg a. H. und Berlin. Jahrg. 1859. 12 Nrn. (½ Bog.) gr. 8. Berlin, (Springer'sche Buchh.) **

— aus dem Maschinen-Laboratorium der königl. technischen Hochschule in Berlin. 1.—3. Hft. gr. 4. München, R. Oldenbourg. n. 10. —
1. Die Maschinen, die Versuchseinrichtungen u. Hülfsmittel des Maschinen-Laboratoriums. Hrsg. zur Hundertjahrfeier der Hochschule. Von E. Josse. Mit 8 Textfig. u. 2 Taf. (V, 78 S.) 899. n. 4. 50
2. Hrsg. zur Hundertjahrfeier der Hochschule v. E. Josse. Mit 39 Textfig. (III, 49 S.) 899. n. 3. —
3. Neuere Erfahrungen u. Versuche mit Abwärmekraftmaschinen. Von E. Josse. Mit 20 Textfig. (42 S.) 901. n. 2. 50

— aus dem Maschinen-Laboratorium der königl. techn. Hochschule zu Berlin. 4. Heft. 4. München 905. R. Oldenbourg. n. 7. — (1—4.: n. 17. —)
Neuere Wärmekraftmaschinen. Versuche u. Erfahrgn. m. Gasmaschinen, Dampfmaschinen, Dampfturbinen etc. Von E. Josse. Mit 87 Textabbildgn. u. 1 Taf. (VIII, 108 S.)

Mitteilungen der sächsischen Maschinen-Prüfungs-Station zu Leipzig. Nr. 11—30, 33—42, 49—56 u. 58—76. Leipzig 1895—1906

— der litterarischen Gesellschaft Masovia (des frühern Vereins f. Kunde Masurens). Hrsg. v. K. Ed. Schmidt. 2.—5. Hft. (2.—5. Jahrg.) gr. 8. (72, 99, 185 u. 239 S.) Lötzen 896—899. Gesellschaft Masovia. à 3. —
Vorh. u. d. T.: Beiträge zur Kunde von Masuren. Jg. 1. 1895

— dasselbe. 6. u. 7. Hft. (6. u. 7. Jahrg.) gr. 8. (194 S. u. 301 S. m. 1 Abbildg. u. 1 Karte.) Lötzen 900. 901. (Königsberg, F. Beyer.) à n. 4. —
Früher u. d. T.: Beiträge zur Kunde d. Masuren.

— dasselbe, Beilage, s.: Lucanus, Aug. Herm., Preußens uralter u. heutiger Zustand.

— der literarischen Gesellschaft Masovia, hrsg. v. K. Ed. Schmidt. 8.—11. Heft. (8.—11. Jahrg.) (228 S. m. 2 Abbildgn. u. 1 Karte; 219; III, 372 u. III, 207 S.) gr. 8. Lötzen 902—906. (Königsberg, F. Beyer.) à n. 4.—

— der literarischen Gesellschaft Masovia, hrsg. v. dem Vorsitzenden K. Ed. Schmidt. 12.—16. Heft. (12.—16. Jahrg.) (IV, 224; IV, 319; IV, 370; IV, 292 u. IV, 317 S.) gr. 8. Lötzen 907—10. Königsberg, F. Beyer. à 4. —

—— des Hannoverschen Mäßigkeits-Vereins. No. 1. 1. Bericht nebst Eröffnungs-Rede. gr. 8. (1½ B.) Hannover 840, (Hahnsche Hofbuchh.) *

—— aus d. Materialien d. Gesetzgebung u. Rechtspflege d. Großhrzgth. Hessen, in einzelnen Ausarbeitungen u. mit besond. Beachtung merkwürd. Rechtsfälle. In Verbind. mit mehr. prakt. Juristen hrsg. v. Ph. Bopp. 6 Bdchn. 8. Darmstadt, Leske. [1. (11 B.), 2. (16 B.) 830., 3. u. 4. (26 B.), 5. (13 B.) 831. à 18 Gr., 6. (19½ B.) 832. 1 Thlr. 4 Gr.] 4 Thlr. 22 Gr., hrbgs. Pr.
Fortsetzung, vgl. Zeitschrift f. Gesetzgebung u. Rechtspflege d. Kurfürstenth. u. Großh. Hessen rc., hrsg. v. J. F. G. Böhmer, Ph. Bopp, Jäger.

— aus dem königl. Materialprüfungsamt zu Groß-Lichterfelde-West. Hrsg. im Auftrage der königl. Aufsichts-Kommission. Red.: A. Martens. 22.—24. Jahrg. 1904—1906. à 6 Hefte. (IV, 294; IV, 310 u. IV, 316 S. m. 7, 2 u. 18 Taf.) Lex.-8. Berlin, J. Springer. à Jhrg. n. 12. —
Erschien bisher u. d. T.: Mitteilungen aus den kgl. techn. Versuchsanstalten zu Berlin.

— aus dem königl. Materialprüfungsamt zu Gross-Lichterfelde West. Hrsg. im Auftrage der kgl. Aufsichts-Kommission. Red.: A. Martens. 25.—28. Jahrg. 1907—1910. à 8—10 Hefte. (IV, 324 S. m. Abb.; IV, 308 S. m. Abb. u. 8 Taf.; IV, 476 S. m. Abb. u. 10 Taf. u. IV, 476 S. m. Abb. u. 7 Taf.) Lex. 8. Berlin, J. Springer. 25. u. 26. Jahrg. à 12.—; 27. u. 28. Jahrg. à 16. —

— dasselbe. 1907. I. Ergänzungsheft. Lex. 8. Ebd. 15. —
Einfluß der Armatur u. der Risse im Beton auf die Tragsicherheit. Ergebnisse aus den Untersuchgn. der Abteilg. 1 f. Metallprüfg. m. armierten Betonbalken, bearb. u. besprochen. Von E. Probst. Mit 77 Abbildgn. im Text u. 9 Taf. (VI, 144 S.) 907.

— dasselbe. 1910. 1. Ergänzungsheft. Lex. 8. Ebd. 1. —
Über Waschechtheit, waschechte Färbgn. u. die Prüfg. derselben. Ergebnisse aus den Untersuchgn. der Abteilg. 3 f. papier- u. textiltechn. Prüfgn. Von P. Heermann. (18 S.) 910.

— der Materialprüfungs-Anstalt am schweiz. Polytechnikum in Zürich. I., VIII. u. IX. Hft. gr. 8. Zürich (E. Speidel). n. 20. —
I. Methoden u. Resultate der Prüfung künstlicher u. natürlicher Bausteine. Von L. Tetmajer. 3. vervollständ. Aufl. (Landesausstellungs-Ausg. 1896.) (356 S. m. Abb. u. 5 [4 farb.] Taf.) 900. n. 6. —
VIII. Die Gesetze der Knickungs- u. der zusammengesetzten Druckfestigkeit der technisch wichtigsten Baustoffe. Von L. Tetmajer. 2. vervollständ. Aufl. (220 S. m. Abb. u. 6 Taf.) 901. n. 8. —
IX. Methoden u. Resultate der Untersuchung des Aluminiums u. seiner Abkömmlinge. Von L. Tetmajer. Landesausstellungs-Ausgabe 1896. (183 S. m. 8 Taf.) 900. n. 6. —

Mitteilungen der Materialprüfungs-Anstalt am schweizer. Polytechnikum in Zürich. II., V., VII. u. VIII. Hft. gr. 8. Zürich (E. Speidel). n. 20. —
II. Methoden u. Resultate d. Prüfg. d. schweiz. Bauhölzer. Von L. Tetmajer. 2., umgearb. Aufl. (122 S. m. 3 Tab. u. 1 graph. Taf.) 896. n. 4. —
V. Bericht üb. den Neubau, d. Einrichtg. u. d. Betriebsverhältnisse d. schweizer. Materialprüfungs-Anstalt. Von L. Tetmajer. Landesausstellungs-Ausg. 1896. 2., umgearb. Aufl. (256 S. m. Abb. u. 12 Lichtdr.-Taf.) 896. n. 6. —
VII. Resultate spez. Untersuchgn. auf d. Gebiete d. hydraul. Bindemittel. Von L. Tetmajer. 2., umgearb. u. vervollständ. Aufl. Landesausstellungs-Ausg. 1896. (324 S. m. 4 Tab.) 897. n. 6. —
VIII. Die Gesetze d. Knickungsfestigkeit d. techn. wichtigsten Baustoffe. Von L. Tetmajer. (50 S. m. Fig. u. 4 Taf.) 896. n. 4. —

Mitteilungen der Materialprüfungs-Anstalt am schweiz. Polytechnikum in Zürich. Heft 8. 2. vervollständigte Aufl. 8. Zürich, Selbstverlag der Anstalt (Komm. E. Speidel). Druck von A. Markwalder, 1901. (M. 8. —)
s. Tetmajer, L[udwig].

— der eidgen. Materialprüfungsanstalt am schweiz. Polytechnikum in Zürich. 10. Heft. 4. Zürich (E. Speidel.) n. 10. —
Resultate der Untersuchung v. armiertem Beton auf reine Zugfestigkeit u. auf Biegung unter Berücksicht. der Vorgänge beim Entlasten. Von F. Schule. Mit 7 Lichtdr.-Taf. u. 70 Textfig. (VIII, 141 S.) 906.

— der eidgen. Materialprüfungsanstalt am schweiz. Polytechnikum in Zürich. 11.—13. Heft. 32,5×24 cm. Zürich-Oberstrass (E. Speidel). 30. 30
Schüle, F., der Einfluss der Armierung u. d. maximalen Druckspannungen auf den Sicherheitsgrad v. Eisenbetonbalken. (8 S. m. Fig.) 908. (Heft 13 I.) 1. 50
— Resultate der Untersuchung v. Eisenbetonbalken, ausgeführt im Auftrage der schweiz. Kommission des armierten Beton, u. Ergebnisse der Prüfg. v. Portlandcementen u. hydraul. Kalken. Mit 4 Lichtdr.-Taf. u. 24 Textfig. (IV, 88 S. m. 2 Tab.) 907. (12. Heft.) 7. —
— Versuche f. die schweiz. Kommission des armierten Beton. Untersuchg. des Einflusses der Druckspanngn. in Eisenbetonbalken u. der Breite bei Druckplatten. — Längenänderungen v. Mörtel u. Beton beim Erhärten. Mit 25 Fig. u. 3 Taf. (IV, 88 S.) 909. (Heft 13.) 7. —
Zschokke, B., Resultate der technologischen Untersuchung der schweizer. Tone, m. 12 Textfig., 4 graph. Darstellgn. u. 2 Farbentaf., nebst 3 Beilagen. — Moser, Rob., geschichtliche Mitteilgn., statistische Angaben u. wirtschaftliche Betrachtungen üb. die schweizer. Tonwarenindustrie, m. 10 Textfig. [Aus: „Beiträge zur Geologie d. Schweiz".] (IV, 230 u. 50 S.) 907. (11. Heft.) 15. —

— mathematische u. naturwissenschaftliche, aus den Sitzungsberichten der königl. preussischen Akademie der Wissenschaften zu Berlin. Jahrgang 1882. Lex.-8. (1. Hft. 234 S. m. 7 Steintaf.) Berlin, Dümmler's Verl. in Comm. n. 8. —

— mathematische u. naturwissenschaftliche, aus den Sitzungsberichten der königl. preussischen Akademie der Wissenschaften zu Berlin. Jahrg. 1883—1886. Lex.-8. (à Hft. 29 S.) Berlin, G. Reimer. à Jahrg. n. 8. —

— mathematische u. naturwissenschaftliche, aus den Sitzungsberichten der königl. preussischen Akademie d. Wissenschaften zu Berlin. Jahrg. 1887—1890. Lex.-8. (à Jahrg. ca. 750 S. m. Taf.) Berlin, (G. Reimer). à Jahrg. n. 8. —

— mathematische u. naturwissenschaftliche, aus den Sitzungsberichten der königl. preussischen Akademie der Wissenschaften zu Berlin. Jahrg. 1891—1894. Lex.-8. (à Jahrg. ca. 750 S.) Berlin, (G. Reimer). à Jahrg. n. 8. —

— mathematische u. naturwissenschaftl., aus den Sitzungsberichten d. kgl. preuss. Akademie d. Wissenschaften zu Berlin. Jahrg. 1895—1897. Lex.-8. (X, 554, X, 757 u. X, 700 S.) Berlin (G. Reimer). à Jahrg. n. 8. —
Weiter nicht erschienen.

— mathematisch-naturwissenschaftliche, hrsg v. Otto Böklen. 1—3. Hft 1884—1886 gr. 8. (94, 96 u. 110 S.) Tübingen 884—86. Fues. à n. 2. —

— mathematisch-naturwissenschaftliche, hrsg. v. O. Böklen. 2. Bd. 4 Hfte. gr. 8. (IV, 208 S. m. 8 Steintaf. u. 1 Lichtdr.-Bildniss.) Tübingen 889. Fues. n. 6. —

— dasselbe. 3. Bd. 2 Hfte. gr. 8. (1. Hft. S. 1—58 m. 1 Portr. u. 1 Steintaf.) Ebd. 890. n. 3. —
Erscheint von 1891 ab in: J. B. Metzler's Verl. in Stuttgart.

Fortges. u. d. T.: Mittheilungen des mathematisch-naturwissenschaftlichen Vereins in Württemberg. Bd. 4. 1891 ff

— mathematisch-naturwissenschaftliche, im Auftrag des mathematisch-naturwissenschaftl. Vereins in Württemberg hrsg. von O. Böklen u. E. Wölffing. 2. Serie. 1. u. 2. Bd. à 3 Hfte. gr. 8. (à Bd. 96 S.) Stuttgart 899. 900. J. B. Metzler. à Bd. n. 3. —

— dasselbe, begründet von O. Böklen, im Auftrag des mathematisch-naturwissenschaftl. Vereins in Württemberg hrsg. von A. Schmidt, A. Haas u. E. Wölffing. 2. Serie. 3. u. 4. Bd. à 3 Hfte. gr. 8. (96 S. m. 1 Portr. u. 80 S.) Ebd. 901. 902. à Bd. n. 3. —

— mathematisch-naturwissenschaftliche, begründet v. O. Böklen, im Auftrag des mathematisch-naturwissenschaftl. Vereins in Württemberg hrsg. v. A. Schmidt, A. Haas u. E. Wölffing. 2. Serie. 5.—8. Bd. à 3 Hefte. (80, 94, 80 u. 100 S.) gr. 8. Stuttgart 903—906. J. B. Metzler. à Bd. n. 3. —

— mathematisch-naturwissenschaftliche, begründet v. O. Böklen, im Auftrag des mathematisch-naturwissenschaftl. Vereins in Württemberg hrsg. v. A. Schmidt, R. Lang, E. Wölffing. 2. Serie. 9.—12. Bd. 3, 3, 3 u. 2 Hefte. (96, 80, 80 u. 64 S. m. Abb.) 8. Stuttgart 907—10. J. B. Metzler. à Bd. 4. —

Mittheilungen aus dem Matrikelbuche der rheinischen Nation bei der k. k. Universität in Wien. [Wien 1853.] H: *Kink, Rudolph.* (Strakosch-Grassmann. Bibliogr. zur Gesch. des Österr. Unterrichtswesens. Wien II 44.)

Mittheilungen, Maurerische. Als Manuscript für Brüder hsg. . . . Stuttgart 1831—40. H: *Krebs, Johann Bapt.* (Kl)

— maurerische, als Manuscript f. Brüder, hrsg. v. Verf. (J. M. Gneiting.) 1—5. Bdchn. 8. Stuttgart 5831 — 37. (Leipzig, Weinedel.) à * ⅓ Thlr. *

Maurerische Mittheilungen für Brüder aus der □ z. goldnen Apfel Or. Dresden 5817—5818. o. O. [1818]. 148 S. 8⁰ Kl. 1205.

— aus Macedonien. (Von Fabri.) 2 Hefte. gr. 8. Elberfeld, Friederichs. [1. Heft. (45 S.) 877. * ℳ 1.; 2. Heft. (32 S.) 878. * 75 Pf.] *

— aus dem Gebiete d. Medicin, Chirurgie u. Pharmacie; in Verbind. mit e. Vereine v. Aerzten u. Pharmaceuten d. Herzogth. Schleswig u. Holstein hrsg. v. C. H. Pfaff. 1. u. 2. Jahrg. 1832 u. 33. à 4 Hfte. gr. 8. Kiel, Universitäts-Buchhandlung. à T.

— dies. 3. Jahrg. — A. u. d. T.: Praktische u. krit. Mittheilungen ꝛc., hrsg. v. dems. Neue Folge. 1. Jahrg. 1835. 6 Hfte. gr. 8. Altona, Hammerich.

— aus d. Gebiete d. Medicin, Chirurgie u. Pharmacie; hrsg. v. C. H. Pfaff. 4—8. Jahrg. — A. u. d. T.: Pfaff's pract. u. krit. Mittheilungen ꝛc. Fortges. v. W. F. G. Behn, G. B. Günther, A. L. A. Meyn u. G. A. Michaelis. Redig. v. J. Samson. Neue Folge. 2—6. Jahrg. 1836—40. à 6 Hfte. gr. 8. Altona, Hammerich. à J.
Vgl. 8. Bd. 2. Abthl. S. 36.

— medizinal-statistische, aus dem kaiserl. Gesundheitsamte. [Beihefte zu den Veröffentlichgn. d. kaiserl. Gesundheitsamtes.] 1. Bd. 3 Hfte. hoch 4. (III, 281 S. m. 1 farb. Karte u. 1 farb. Taf.) Berlin 892. 893. J. Springer. n. 7. —
1. n. 2. —. — 2. n. 3. —. — 3. n. 2. —.

Mittheilungen, medizinal-statistische, aus dem kaiserl. Gesundheitsamte. [Beihefte zu den Veröffentlichgn. d. kaiserl. Gesundheitsamtes.] 2. Bd. 1. Hft. hoch 4. (III, 116 S. m. 1 farb. Karte.) Berlin 894. J. Springer. n. 3. —
Die Abonnenten der Veröffentlichungen des kaiserl. Gesundheitsamtes erhalten die Mitteilungen zu e. um 20% ermäßigten Preise.

— medizinal-statistische, aus d. kaiserl. Gesundheitsamte. (Beihefte zu d. Veröffentlichgn. des kaiserl. Gesundheitsamtes.) 2. Bd. 2. u. 3. Hft. hoch 4. (III u. S. 117—451 m. 1 Taf.) Berlin 895. J. Springer. n. 8. — (2. Bd. kplt.: n. 11. —)

— dasselbe. 3. Bd. 3 Hfte. hoch 4. (III, 322 S. m. 1 Taf. u. 4 farb. Karten.) Ebd. 895. 96. n. 10. —

— dasselbe. 4. Bd. 3 Hfte. hoch 4. (III, 264 u. 150 S. m. 7 Taf.) Ebd. 897. n. 10. —

— dasselbe. 5. Bd. 1. u. 2. Hft. hoch 4. (148 u. 61 S.) Ebd. 898. n. 6. 40
D. Abonnenten d. Veröffentlichgn. d. kaiserl. Gesundheitsamtes erhalten die Mitteilungen zu e. um 20% ermäßigten Preise.

— medizinal-statistische, aus dem kaiserl. Gesundheitsamte. (Beihefte zu den Veröffentlichgn. des kaiserl. Gesundheitsamtes.) 5. Bd. 3. Hft. hoch 4. (III, S. 149—239 u. 63—125 m. 4 Taf.) Berlin 899. J. Springer. n. 4. —; (5. Bd. kplt. n. 10. 40)

Mitteilungen, medizinal-statistische, aus dem kaiserl. Gesundheitsamte. (Beihefte zu den Veröffentlichgn. des kaiserl. Gesundheitsamtes.) 6. Bd. 3 Hfte. hoch 4. (III, 330 u. 261 S. m. 8 farb. Karten u. 2 Taf.) Berlin 901. J. Springer. n. 14. —

— dasselbe. 7. Bd. 1. u. 2. Hft. hoch 4. (S. 1—154 u. 65 S. m. 5 farb. Karten.) Ebd. 901. 902. n. 6. —
Die Abnehmer der Veröffentlichungen des kaiserl. Gesundheitsamtes erhalten d. Mitteilungen zu e. um 20% ermäßigten Preise.

— medizinal-statistische, aus dem kaiserl. Gesundheitsamte. (Beihefte zu den Veröffentlichgn. des kaiserl. Gesundheitsamtes.) 7. Bd. 3. Heft. (III u. S. 155—258 m. 1 farb. Karte.) hoch 4. Berlin 903. J. Springer. n. 2. 40 (7. Bd. vollständig: n. 8. 40)

— dasselbe. 8. Bd. 3 Hefte. (III, 326 u. 135 S. m. 6 farb. Karten u. 1 farb. Taf.) hoch 4. Ebd. 904. n. 10. 40

— dasselbe. 9. Bd. 2 Hefte. (III, 183 u. 419 S. m. 6 farb. Karten.) hoch 4. Ebd. 905. n. 13. —

— dasselbe. 10. Bd. 1. u. 2. Heft. (211 u. 99 S. m. 6 farb. Karten.) hoch 4. Ebd. 906. n. 7. —
Die Abnehmer der Veröffentlichungen des kaiserl. Gesundheitsamtes erhalten die Mitteilungen zu e. um 20% ermäß. Preise.

— medizinal-statistische, aus dem kaiserl. Gesundheitsamte. (Beihefte zu den Veröffentlichgn. des kaiserl. Gesundheitsamtes.) 10. Bd. 3. Heft. 11.—13. Bd. u. 14. Bd. 1. Heft. Lex. 8. Berlin, J. Springer. 47. 20
10. III. (III u. S. 213—263 u. 101—171 m. 2 Taf.) 907. 3. —
(10. Bd. vollst. 10. —
11. 3 Hefte. (III, III, 244 u. 177 S. m. 4 farb. Karten.) 907. 08. 12. —
12. 2 Hefte. (III, 130 u. 417 S. m. 6 Taf.) 908. 09. 14. 60
13. 2 Hefte. (III, 231 u. 295 S. m. 1 Taf. u. 1 farb. Karte.) 909. 10. 12. —
14. I. (122 u. 115 S.) 910. 5. 60
Die Abnehmer der Veröffentlichungen des kaiserl. Gesundheitsamtes erhalten die Mitteilungen 20% billiger

Mittheilungen an Brr Meister. Aus der Loge Balduin zur Linde [in Leipzig]. (Im Febr. — Nov. 1858.) [Von Osw. Marbach. Leipzig 1858: Bär. 8° [Kopftit.]
Febr. 16 S.; Juli 24 S.; Nov. [Leipzig 1858: Andrä] S. 25—40.
Tt. 1373. Ritual u. Reden zu 2 Gesellen- u. 1 Meister-Beförderung- u. Unterricht-Loge.

Loge Carl zum aufgehenden Licht in Frankfurt a. M. Mittheilungen an die zur Aufnahme sich Meldenden. [Frankfurt a. M.] o. J. 2 Bl. 8° [Kopftit.]
[Dasselbe.] Ebendas. o. J.: Weisbrod. 2 Bl. 4°

Loge Carl zum Lindenberg in Frankfurt a. M. Mittheilungen an die zur Aufnahme sich Meldenden. [Frankfurt a. M.] o. J.: [Weisbrod]. 1 Bl. 4° [Kopftit.]

Die Loge zur Einigkeit in Frankfurt a. M. [Mittheilungen] an die zur Aufnahme in den Bund der Freimaurer sich Meldenden. [Frankfurt a. M.] o. J.: [Mahlau & Waldschmidt]. 8 S. 8° [Kopftit.]

Mittheilungen aus den Memoiren des Satan. . . . Stuttgart 1825. V: *Hauff, Wilhelm.* (MGT)

— Aus d. Memoiren d. Satan. 1r u. 2r Thl. herausgg. v. W. Hauff. 3r Thl. hrsgg. v. Wit, genannt v. Dörring. Auch u. d. T.: Der Teufel in München, u. d. gefallene Engel. Phantasie u. Erzählung begründet im Leben der neuesten Zeit. 8. Stuttg. 826—29. Brodhag. 5 ℛ 15 g.

—— aus d. Memoiren des Satan. 3. Thl. Hrsg. v. Wit, gen. v. Dörring. — A. u. d. T.: Der Teufel in München u. der gefall. Engel. Phantasie u. Erzähl., begründet im Leben d. neuesten Zeit. 8. (20¼ B.) Stuttgart 829, [Brodhag.]
1. u. 2. Thl., hrsg. v. W. Hauff. Ebendas. 1826, 27. 3 Thlr. 18 Gr.

Mitteilungen des allgemeinen Miethbewohner-Vereins zu Dresden. 1–7 Dresden: Winter 1888–1895 8°
Red.: E. Zimmermann

— d. allgem. Miethbewohner-Vereins zu Dresden. Hrsg. v. Vorstande d. Vereins. Red.: E. Zimmermann. 7. Jahrg. 1895. 12 Nrn. (Bog.) gr. 4. Dresden (C. Winter). 1. —

—— militärische, hrsg. v. J. v. Xylander u. L. Kretschmer. 1—4. Bd. à 3 Hfte. Mit Stnt. gr. 8. München 828—30, Lindauer. à Bd. 2 Thlr., hrbgs. Pr. zus.

—— des k. u. k. Militär-Sanitäts-Comités, s. Sammlung medicinischer Schriften.

Mitteilungen über Militär-Statistik u. militärische Verwaltung. Beiblatt zur österr.-milit. Zeitschrift. Hrsg. von V. Rtt. v. Streffleur. H. 1. (Mehr nicht erschienen.) Wien 1870. 194 S.

Mittheilungen, Mineralogische. Herausgegeben von G. Tschermak. Jahrgang 1871—77. Wien. 8. Ferner: Mineralogische und Petrographische Mittheilungen, herausgegeben von G. Tschermak, von Bd. 11 ab von F. Becke. Neue Folge. Bd. 1—18. Wien 1878—99. — Register zu Bd. 1—10.

Mittheilungen, mineralogische, gesammelt v. Gust. Tschermak. Jahrg. 1871. 1. u. 2. Hft. Mit 2 (lith.) Taf. hoch 4. (IV, u. S. 1—114.) Wien, Braumüller. n. 2. —

— dasselbe. Jahrg. 1872—1874 à 4 Hfte. hoch 4. (à Hft. 62 S. m. 3 Steintaf.) Ebend. à Jahrg. n. 8. —

— dasselbe f. 1875, s. Jahrbuch der k. k. geologischen Reichsanstalt.

— dasselbe. Jahrg. 1876. 4 Hfte. Lex.-8. (1. Hft. 69 S. m. 7 Steintaf. in Lex.-8. u. qu. 4) Wien, Hölder. n. 8. -

— mineralogische, gesammelt von Gust. Tschermak. Jahrg. 1877. 4 Hfte. Lex.-8. (1. Hft. 100 S. m. 9 Steintaf.) Wien, Hölder. n. 8. —

—— dass. — s. Jahrbuch der k. k. geolog. Reichsanstalt.

— mineralogische u. petrograph., s. u. Tschermak.

Mineralogische und petrographische Mittheilungen, herausgegeben von G. Tschermak. Neue Folge. Bd. I—XVI ff. Wien, 1878 bis zur Gegenwart.
dgl. Register zu Bd. I—X. Ebend., 1890.

— mineralogische u. petrographische, hrsg. von G. Tschermak. [Neue Folge.] 1—5. Bd. 1878—1882. à 6 Hfte. gr. 8. (à Hft. 96 S. m. 1 Steintaf.) Ebend. à Bd. n. 16. —

— mineralogische u. petrographische, hrsg. v. G. Tschermak. [Neue Folge.] 6—8. Bd. à 6 Hfte. gr. 8. (à Hft. 92 S. m. Zinkogr.) Wien 884—86. à Bd. n. 16. —

— mineralogische u. petrographische, hrsg. von G. Tschermak. [Neue Folge.] 9. u. 10. Bd. à 6 Hfte. gr. 8. (à Hft. ca. 90 S. m. Zinkogr. u. Taf.) Wien 887. 888. Hölder. à Bd. n. 16. —

— dasselbe. Register zu Bd. I - X. gr. 8. (III, 32 S.) Ebd. 890. n. 2. —

Mittheilungen, mineralogische u. petrographische, hrsg. v. F. Becke. 11. Bd. 6 Hfte. (à Hft. ca. 90 S. m. Textfig. u. Taf.) Wien 889. Hölder. n. 16. —

Mineralogische Mittheilungen aus den Sammlungen der Bergakademie zu Clausthal. herausgegeben von F. Klockmann. Abdruck. Leipzig 1891 ff. Heft I (erschienen weiter)

Mittheilungen des königl. ungar. Ministeriums f. Ackerbau, Industrie u. Handel. IV. Jahrg. 1888. XI.–XII. Heft. 8. (S. 679—833.) 1.— Budapest: Grill 1889.

—— aus der Mission hrsg. von dem Starkenburgischen Missions-Verein. Redact.: Strobel. Jahrg. 1866 und 1867. à Jahrg. 12 Nrn. (1/4 Bog.) gr. 8. Darmstadt, Würtz'sche Buchh. à Jahrg. *

—— aus der Mission, hrsg. von dem Starkenburgischen Missions-Verein. Redact.: Strobel. Jahrg. 1868 und 1869. à Jahrg. 12 Nrn. (à 1/4 Bog.) gr. 8. Darmstadt, Würtz. à Jahrg. *

Mitteilungen aus dem Gebiete der Inneren Mission 1885–1925 Berlin Innere Mission 1885–1925 8°
Fortges. u.d T Mitteilungen des Provinzial-Ausschusses für Innere Mission und des evangelischen Wohlfahrtsdienstes in der Provinz Brandenburg 1926ff

— aus d. innern Mission in Oesterreich-Ungarn-Serbien-Bosnien. Organ der Vereinigg. f. inn. Mission in Oesterreich-Ungarn, Serbien, Bosnien. (Kurz „Vereinigg. f. inn. Mission in Ungarn u. Balkan“ genannt.) Hrsg. von Carl v. Schmidtz-Hofmann. Jahrg. 1908. 4 Nrn. (à ca. 4 S.) Lex. 8. Melczicz, Christl. Antiquariat „Salem“. 1.—
Erscheint nicht mehr.

Mitteilungen der Katholischen Deutschen Mission zu Brüssel u. ihrer Vereine. Jg. 2. 1910/11. Brügge-Brüssel.

— aus d. Leipziger Mission. [Aus: „77. Jahresber. d. evang.-luther. Mission zu Leipzig“.] gr. 8. (88 S. m. 2 Karten.) Leipzig 896. Verlag d. evang.-luth. Mission. n. — 30

—— von der norddeutschen Missions-Gesellschaft. 1845. (1. Jahrg.) 12 Nrn. (1/2 B.) gr. 8. Hamburg 845, Perthes-Besser u. Mauke. *

—— aus der norddeutschen Missions-Gesellschaft. Redig. von J. H. Brauer. (2—7. Jahrg.) 1846—51. à ca. 16 Nrn. (1/4—1/2 Bog.) gr. 8. Hamburg, Perthes-Besser und Mauke. à Jahrg. *
(1.) Jahrg. 1845. Ebendas. * 10 Ngr.

Mittheilungen des allgemeinen evangelisch-protestantischen Missionsvereins
② Missionsblatt des Allgemeinen evangelisch-protestantischen Missionsvereins (1885). Missionsblatt des Allg. Evang.-Prot. Missionsvereins (1914). Missionsblatt des Allgem. Evangelisch-Protestantischen Missionsvereins (1921). Missionsblatt der Ostasien-Mission. Missionsblatt der Ostasaen-Mission — Nachrichten aus der ärztlichen Mission (1944). Missionsblatt und Nachrichten aus dem ärztlichen Dienst der Schweizerischen Ostasien-Mission (1952) ⑤ Januar 1884 (cont.) ⑥ 8° (bis 1920). dann 4°. später wieder 8° ⑦ 2 Nummern (1884): Monatsblatt (ab 1885), jährlich 6× (ab 1921) ⑧ Glarus: Frid. Schmid (1884); Eberbach (D) J. Wieprecht (1885—1895); Heidelberg: J. Hörning (1896—Oktober 1899). Gustav Geier (November 1899—Februar 1900). Evangelischer Verlag (März 1900—1912); Görlitz Hoffmann & Reiber (1913); Zürich Aschmann & Scheller (seit 1914) ⑩ Allgemeiner evangelisch-protestantischer Missionsverein. heute Schweiz. Ostasien-Mission ⑪ heute: Pfarrer Kurt Suter. Gontenbach bei Zürich ⑭ Be L (unvollständig); Zh Z ⑮ Ab 1885 auch Beilage zum Basler Protestantenblatt.

MITTHEILUNGEN AN DIE MITGLIEDER DES HANAUER BEZIRKS-VEREINS FÜR HESSISCHE GESCHICHTE UND LANDESKUNDE.
Jahrg. 1894. ib. —

MITTEILUNGEN FÜR DIE MITGLIEDER DES „BUNDES DER INDUSTRIELLEN“
No. 1 Berlin, den 22. April 1896. (o. O. o. Dr.) 8° — 2 Berlin, den 22. Mai 1896. (Berlin. Deutsches Druck- u. Verlagshaus.) — 3. Berlin, den 30. Juli 1896. (ib. —) — 4 Berlin, Oktober 1896. (o. O o. Dr.) — 5. Berlin, Februar 1897 (o. O o. Dr) — 6. Berlin, April 1897 (Berlin. Deutsches Druck- und Verlagshaus.) — 7 Berlin, im Juni 1897 (ib. —) — 8. Berlin, Oktober 1897 (ib. J Harrwitz Nachfl. (C Th. Kehrbach).) — 9 Berlin, April 1898. (ib. —) — 10. Berlin, Mai 1898. (ib. —) — 11. Berlin, im Juli 1898. (ib. —.) — 12 Berlin, Oktober 1898. (ib. —)

MITTHEILUNGEN FÜR DIE MITGLIEDER DER HAMBURGISCHEN GESELLSCHAFT ZUR VERBREITUNG DER MATHEMAT.(ISCHEN) WISSENSCHAFTEN,
abseiten des Jahrverwalters H. W. C. HÜBBE.:
№ (1.) — № 5. Im Mai 1873 — Februar 1874. (Autographirt. — Ohne bes. Titelblatt.) 4°.
abseiten des Jahrverwalters WILHELM LAZARUS.:
№ 6 — № 8. Juni 1874 — December 1874. (Autographirt. — Ohne bes. Titelblatt.)
abseiten des Jahrverwalters C. W. PLATH.:
№ 9 — № 12. April 1875 — Decbr. 1875. (Autographirt. — Ohne bes. Titelblatt.)
abseiten des Jahrverwalters BAHNSON.:
No. 13. Decbr. 1876. (Autographirt. — Ohne bes. Titelblatt.)
abseiten des Mitjahrverwalters, später: Jahrverwalters J. F. BUBENDEY.:
No 14 — No 15. Dec 1876 / Janr 77 — März 1877. (Autographirt. — Ohne bes. Titelblatt.)

MITTHEILUNGEN FÜR DIE MITGLIEDER DER MATHEMATISCHEN GESELLSCHAFT IN HAMBURG
abseiten des Jahrverwalters J. F BUBENDEY.:
No 16 — No 19. März-Mai 1877 — Februar 1878. (Autographirt. — Ohne bes. Titelblatt.)

MITTHEILUNGEN FÜR DIE MITGLIEDER DER MATHEMATISCHEN GESELLSCHAFT IN HAMBURG.
No 20 — No. 21. Ausgegeben Februar 1879 — Mai (pro Juni) 1879. (Autographirt. — Ohne bes. Titelblatt.)

[Mitteilungen.] Deutscher Handelstag. Mitteilungen an die Mitglieder. Jg 47 ff. Berlin 1907 ff. 4°

MITTHEILUNGEN AN DIE MITGLIEDER DER »HAHNEMANNIA«.
№ 1—10. Stuttgart im Februar 1873 — Im Mai 1874. (Ohne bes. Titelblatt. Stuttgart. Buchdruckerei des »Neuen Tagblatts«.) 8°.
№ 11—47. Stuttgart im Juli 1874 — Im März 1879. (Für das Redaktions-Comité verantwortlich A. ZÖPPRITZ.) (Ohne bes. Titelblatt. Verleger: Der Vereinsausschuss der »Hahnemannia«. Für den Buchhandel zu beziehen durch Albert Müller in Stuttgart.)

Deutscher Lyceum-Klub. — Mitteilungen für die Mitglieder. Jg. 1–6. — Berlin: Maetzig 1906–1911. 8°

— für die Mitglieder des deutschen Lyzeum-Clubs. 4. Jahrg. Septbr. 1908—Mai 1909. 12 Nrn. (à ca. 10 S.) gr. 8. Charlottenburg, R. Maetzig.
Nicht im Buchhandel.

— an d. Mitglieder d. allgemeinen deutschen Realschulmänner-Vereins. XIII. gr. 8. Dortmund 888. Krüger. n. — 30
Des Herrn Ministers v. Goßler letztes Bedenken gegen die Erweiterung der Berechtigungen d. Realgymnasien v. D. Steinbart. (12 S.)

Mitteilungen für Mitglieder des Stolze'schen Stenographen-Vereins zu Leipzig. Leipzig: Verein 1890–(1900). 8°
Red.: A. Sattler.

MITTHEILUNGEN DES VEREINS FÜR NASSAUISCHE ALTERTHUMSKUNDE UND GESCHICHTSFORSCHUNG an seine Mitglieder.
No. 1. Ausgegeben den 20. October 1851. (Ohne bes. Titelblatt.) 8°.

MITTHEILUNGEN AN DIE MITGLIEDER DES VEREINS FÜR NASSAUISCHE ALTERTHUMSKUNDE UND GESCHICHTSFORSCHUNG.
No. 2. Ausgegeben den 28. December 1851. (Ohne bes. Titelblatt.)
No. 3. Ausgegeben den 6. April 1852. (Ohne bes. Titelblatt.)
No. 4. Ausgegeben den 10. September 1852.: Katalog der Bücher-Sammlung des Vereins. (Ohne bes. Titelblatt.)
No. 5. Ausgegeben den 30. December 1852. (Ohne bes. Titelblatt.)

MITTHEILUNGEN AN DIE MITGLIEDER DES VEREINS FÜR NASSAUISCHE ALTERTHUMSKUNDE & GESCHICHTSFORSCHUNG in Wiesbaden.
№ 1. Ausgegeben im September 1861. (Ohne bes. Titelblatt.) 8°.
№ 2. (Mit Tafeln.) Ausgegeben im Januar 1863. (Ohne bes. Titelblatt.)
№ 3. Ausgegeben im Januar 1864. (Ohne bes. Titelblatt.)
№ 4. Ausgegeben im März 1865. (Ohne bes. Titelblatt.)
№ 5 & 6. Ausgegeben im März 1867. Wiesbaden. 1867. Druck von Carl Ritter.

—— an die Mitglieder des Vereins für Geschichte und Alterthumskunde in Frankfurt a. M. 1. Bd. Nr. 1—4. gr. 8. (332 S.) Frankfurt a. M. 858—60, (Sauerländer's Sortiment.) [Nr. 1. und 2. à * 20 Ngr., 3. und 4. à ** 13⅓ Ngr.] **

—— dass. — 2. Bd. Nr. 1. gr. 8. (188 S. mit 1 Stnt.) Ebendas. 861. **

—— an die Mitglieder des Vereins für Geschichte und Alterthumskunde in Frankfurt a. M. II. Bd. 2.—4. Heft und III. Bd. 4 Hefte. 8. Frankfurt a. M. 862—68, (Alt.) à Heft * 17½ Ngr. *
I. Bd. 4 Hefte à * 17½ Ngr.; II. Bd. 1. Heft * 28 Ngr. (Ebendas.) 1858—61. — Vgl.: Neujahrsblatt.

—— an die Mitglieder des Vereins für Geschichte und Alterthumskunde in Frankfurt a. M. 4. Bd. Nr. 1—3. gr. 8. Frankfurt a. M., (Alt.) [Nr. 1. (S. 1—120.) 870. *ℳ 1,80.; Nr. 2. (S. 211—397.) 871. *ℳ 2.; Nr. 3. (S. 398—478.) 873. *ℳ 1,50.] *

—— an die Mitglieder des Vereins für Geschichte und Alterthumskunde in Frankfurt a. M. 4. Bd. 4. Heft und 5. Bd. 4 Hefte. gr. 8. Frankfurt a. M., Völker's Verlag. [4. Bd. 4. Heft. (S. 479—578.) 878. — 5. Bd. 1. Heft. (S. 1—124.) 875; 2. Heft. (S. 125—318.) 876; 3. Heft. (S. 319—478.) 877; 4. Heft. (S. 479—634.) 879.] à Heft *ℳ 2. *
5. Bd. Herabgesetzter Preis *ℳ 2.

—— an die Mitglieder des Vereins für Geschichte und Alterthumskunde in Frankfurt a. M. 6. Bd. 1. und 2. Heft. gr. 8. Frankfurt a. M. 881, Völcker's Verlag. [1. Heft. (IV, S. 1—268.); 2. Heft. (S. 269—522 mit 8 lithogr. Taf. Abbild.) à *ℳ 3.] *

MITTHEILUNGEN AN DIE MITGLIEDER DES VEREINS FÜR HESSISCHE GESCHICHTE UND LANDESKUNDE.
№ 1—24. Ausgegeben im August 1861 — Februar 1867. (Ohne bes. Titelblatt.) 8°
№ 1—6. Ausgegeben im April 1867 — November 1869. (Ohne bes. Titelblatt.)
Jahrg. 1875°) — 1882. (Ohne bes. Titelblatt.)

— an die Mitglieder des Vereins für hessische Geschichte u. Landeskunde. Jahrg. 1875. 4 Hfte. (à ½—1½ B.) gr 8. Kassel 877. (Freyschmidt.) n. 1. 12

Mitteilungen an die Mitglieder des Vereins für hessische Geschichte und Landeskunde. 1879 ff. — Kassel: Selbstverl. d. Ver. 1879 ff. (1929/30 ff.: Marburg: Elwert). 8°

— an die Mitglieder d. Vereins f. hessische Geschichte u. Landeskunde. Jahrg. 1886. I.—IV. Vierteljahrsheft. gr. 8. (IV, 181 S. m. 1 Lichtdr.-Portr.) Cassel, Freyschmidt. n. 3. —

— dasselbe. Jahrg. 1887. 1888. à I.—IV. Vierteljahrsheft. gr. 8. (IV, 114 u. 50 S. m. 1 Taf.; IV, 132 S.) Ebd. à Jahrg. n. 2. 75

— dasselbe. Jahrg. 1889. I—IV. Vierteljahrsheft. gr. 8. (IV, 131 S.) Ebd. n. 2. 30

— an die Mitglieder d. Vereins f. hessische Geschichte u. Landeskunde. Jahrg. 1890. I—IV. Vierteljahrshft. gr. 8. (IV, 186 S.) Kassel, (A. Freyschmidt). n. 3. —

— dasselbe. Jahrg. 1891. I.—IV. Vierteljahrshft. gr. 8. (CLII S.) Ebd. n. 2. 60

— dasselbe. Jahrg. 1892. I.—IV. Viertelsjahrshft. gr. 8. (IV, 224 u. VIII S.) Ebd. n. 3 80

— an d. Mitglieder d. Vereins f. hessische Geschichte u. Landeskunde. Jahrg. 1893. I.—IV. Vierteljahrshft. gr. 8. (IV, 72 u. LI S.) Kassel 894. (A. Freyschmidt.) n. 2. 25

— dasselbe. Jahrg. 1894 - 1897. gr. 8. Ebd. n. 8. 60
1894. (IV, 74 u. LVI S.) 895. n. 2. —
1895. (IV, 54 u. LVII S.) 896. n. 2. —
1896. (III, 74 u. LXII S.) 897. n. 2. —
1897. (III, 146 u. LXIX S. m. 1 Taf.) 898. n. 2. 60

— an die Mitglieder des Vereins f. hessische Geschichte u. Landeskunde. Jahrg. 1898—1900. gr. 8. (III, 94 u. LXXII S.; III, 87 u. LXXVII S.; III, 96 und XXXIII S. m. 1 Bildnis.) Kassel 899—901. (A. Freyschmidt.) à Jahrg. n. 3. —

— an die Mitglieder d. Vereins f. hessische Geschichte u. Landeskunde. Jahrg. 1901. 1902. 1903/4 u. 1904/5. gr. 8. Kassel (G. Dufayel.) n. 6. —
1901. (III, 87 u. XXIV S.) 903. n. 3. —. — 1902. (III, 48 S.) 903. n. 1. —. — 1903/4. (III, 28 S.) 904. n. — 50. — 1904/5. (III. 59 S. m. 2 Taf.) 905. n. 1. 50.

— an d. Mitglieder d. Vereins f. hessische Geschichte u. Landeskunde. Jahrg. 1905/06—1909/10. 8. Kassel (G. Dufayel). 14. —
1905/06. (IV, 90 S. m. 1 Taf.) 906. 2. —
1906/07. (IV, IV, 138 S.) 907. 3. —
1907/08. (IV, 123 S. m. 1 Taf.) 908. 3. —
1908/09. (IV, 116 S. m. 1 Taf.) 909. 2. 40
1909/10. (III, 170 S. m. 1 Taf.) 910. 3. 60

MITTHEILUNGEN AN DIE MITGLIEDER DES CENTRALVEREINS HOMÖOPATHISCHER AERZTE. (Als Manuscript gedruckt.) (Ohne bes. Titelblatt.) № 1—3. Weingarten (Württemberg) 1872. (Leipzig. Druck von Julius Klinkhardt.) 8°.

MITTHEILUNGEN AN DIE MITGLIEDER DES HOMÖOPATHISCHEN CENTRAL-VEREINS DEUTSCHLANDS. (Als Manuscript gedruckt.) (Ohne bes. Titelblatt.)
№ 4—6. (Vom Directorium des Homöop. Central-Vereins herausgegeben und für die Redaction verantwortlich: FISCHER.) Leipzig 1872—1873. (ib. —)
№ 7. (Vom Directorium des Homöop. Central-Vereins herausgegeben und für die Redaction verantwortlich: GERSTEL.) Leipzig 1873. (ib. —)

№ 8. (Vom Directorium des Homöop. Central-Vereins Deutschlands ... herausgegeben und für die Redaction verantwortlich: ADOLF GERSTEL.) Leipzig 1874. (ib. Druck von Leopold & Bär.)

№ 9. Leipzig 1874. (ib. —)

№ 10. (Herausgegeben vom Directorium des homöop. Central-Vereins Deutschlands, ... Für die Redaction verantwortlich: CLOTAR MÜLLER.) Leipzig 1874. (ib. —)

№ 11—13. (Herausgegeben vom Directorio des homöopathischen Central-Vereins Deutschlands ..., unter Verantwortlichkeit von HERM. FISCHER.) Leipzig 1875—1876. (ib. —)

№ 14. (Herausgegeben vom Directorium des homöop. Central-Vereins Deutschlands, ... Für die Redaction verantwortlich: CLOTAR MÜLLER.) Leipzig 1876. (ib. —)

№ 15. (Herausgegeben vom Directorium des Homöopathischen Centralvereins Deutschlands, ... Für die Redaction verantwortlich: BÜRKNER.) Leipzig 1877. (ib. Druck von Breitkopf & Härtel.)

№ 16. (Herausgegeben und redigirt von CLOTAR MÜLLER.) Leipzig 1877. (ib. Druck von Leopold & Bär.)

№ 17. (Herausgegeben vom Directorium des Homöopathischen Centralvereins Deutschlands, ... Für die Redaction verantwortlich GOULLON sen.) Leipzig 1878. (ib. —)

№ 18—20. (Herausgegeben vom Directorium des Homöopathischen Centralvereins Deutschlands ... Für die Redaction verantwortlich LORBACHER.) Leipzig 1878—1879. (ib. Druck der Rossberg'schen Buchdruckerei.)

No. 21—27. (Herausgegeben vom Directorium des Homöopathischen Centralvereins Deutschlands ... Für die Redaction verantwortlich LORBACHER.) Leipzig 1880 — 1883. (ib. Druck von Gressner & Schramm.)

MITTHEILUNGEN AN DIE MITGLIEDER DES HOMÖOPATHISCHEN CENTRALVEREINS DEUTSCHLANDS. (Als Manuscript gedruckt.)
(Herausgegeben vom Directorium des Homöopathischen Centralvereins Deutschlands. ... Für die Redaction verantwortlich LORBACHER.)
No. 28 — № 34. Ausgegeben in Leipzig, im Oktober 1883 — am 6. Nov. 1886. (Ohne bes. Titelblatt. — Druck von Gressner & Schramm in Leipzig, später: Druck der Rossberg'schen Buchdruckerei in Leipzig.) 8°.

—— über das Koch'sche Mittel aus den medicin. Kliniken der Prager deutschen Universität. Mit Beiträgen v. H. Chiari, A. Epstein, Ganghofner, R. v. Jaksch, F. J. Pick u. A. Přibram. gr. 8. (11, 27, 26, 22, 3, 23, 4 S. m. graph. Darstellgn.) Berl. 891, Fischer's medicin. Buchh. * 1 50
Aus: Prager medicin. Wochenschr., besonders abgedruckt.

— des Vereins „Die Mittelschule". Redact.: J. Kummer. In zwanglosen Nummern. (à 1—1½ Bgn.) Wien, (Beck'sche Universitäts-Buchh.) gr. 8. pro cplt. 1867 n. 1 ₰ 10 ngr.

— aus d. zu Straßburg i/E. in d. J. 1876—1898 abgehaltenen Mittelschullehrer-, Rektorats- u. Vorsteherinnen-Prüfungen. gr. 8. (32 S.) Straßburg i/E. 898. F. Bull. n. — 80

— der deutschen Mittelschullehrer-Vereine v. Teplitz-Schönau, Brünn, Graz, Klagenfurt, Triest u. Innsbruck. Hrsg. v. den Obmännern: E. Reichelt, K. Mendl, J. Bittner, H. Hasselbach, M. Guggenberger u. F. Niesner. 7.—9. Jahrg. 1908—1910. à 6 Nrn. (328, 308 u. 245 S.) gr. 8. Aussig. (A. Becker). à Jahrg. nn 4. —

Mitteilungen der Deutschen Mittelstandsvereinigung, Provinzialverband Schlesien. Jg. 1, Nr 1. (Breslau: Ortsgruppe Breslau) 1909. 4°

Mittheilungen d. k. bayer. Molkerei-Versuchsstation Weihenstephan. 1. v. Klenze's Apparat z. Bestimmung d. Wirkung künstlicher Labflüssigkeiten. Von v. Klenze. — 2. Versuche auf dem Gebiete d. Alpenwirthschaft. Von W. Eugling u. v. Klenze. Bremen 1877. (26) S. Fig. (Særtr.). P.

Mittheilungen: Monatliche Mittheilungen
v. Der Landbote (Zh).

Monatliche Mitteilungen des Evangelischen Bundes (Jg 1–8: ... d. Rheinischen Hauptvereins d. Evang. Bundes). Jg. 1–19. Duisburg: Rhein. Hauptverein 1891–1909. 4° (II. 5749

Mitteilungen, monatl., d. stat. Amts Chemnitz 1903-05. Chemnitz 1903-05

Mitteilungen, monatliche, des statistischen Amts der Stadt Chemnitz. 1906. 07. 4° Chemnitz 1906. 07

—— monatliche, für die Eltern der Schüler und für Freunde der Wiener evangelischen Schulen. Unter Mitwirkung des Lehrkörpers hrsg. von K. J. Schröder. 2. Jahrg. 1865. 10 Nrn. (½ Bog.) gr. 4. Wien, Bartelmus. *

—— monatliche, aus dem Gesammtgebiete der Naturwissenschaften. Organ des naturwissenschaftl. Vereins des Reg.-Bez. Frankfurt, hrsg. von Ernst Huth. 3.—6. Jahrg. April 1885—März 1889. à Jahrg. 12 Nrn. (à Nr. 1½ Bog. mit Taf.) gr. 8. Berlin, Friedländer und Sohn. à Jahrg. *
Erschien früher u. d. T.: Mittheilungen, monatliche, des naturwissenschaftlichen Vereins des Reg.-Bez. Frankfurt.

MONATLICHE MITTHEILUNGEN AUS DEM GESAMMTGEBIETE DER NATURWISSENSCHAFTEN. Organ des Naturwissenschaftl. Vereins des Reg.-Bez. Frankfurt.
Herausgegeben von ERNST HUTH.:
Jahrg. 4. Nr. 1 — Nr. 3. April — Juni. 1886/87. Frankfurt a. Oder. B. Waldmann's Verlag. 8°.

MONATLICHE MITTHEILUNGEN AUS DEM GESAMMTGEBIETE DER NATURWISSENSCHAFTEN

Organ des Naturwissenschaftlichen Vereins des Regierungsbezirks Frankfurt. Herausgegeben von E. HUTH.

Bd. 4. Mit Beiträgen von VON BLOMBERG, DREGER, FUNCKE ... Berlin. 1887. R. Friedländer & Sohn. 8°

Bd. 5. Mit Beiträgen von BONN, DELPINO, DRESSLER ... (Mit Tafeln.) ib. 1888. –

Organ des Naturwissenschaftl. Vereins des Regierungsbezirks Frankfurt. Herausgegeben von E. HUTH.

Bd. 6. Mit Beiträgen von ASCHERSON, BÄR, DRESSLER ... ib. 1889. –

Bd. 7 Mit Beiträgen von ALTMANN, CANTER, DRESSLER ib. 1890. –

—— monatl., a. d. Gesammtgebiete der Naturwissenschaften, 7. Jahrg. u. f., s. Helios.

—— monatl., aus d. Gebiete d. Technologie, Haus- u. Landwirthschaft, od. unentbehrl. Rathgeber f. d. Handwerker, Bürger u. Landmann. Hrsg. im Vereine mit mehr. Naturforschern, Technologen u. Landwirthen. 1. u. 2. Jahrg. 1836 u. 37. à 12 Hfte. 4. Aarau u. Thun, Christen. à F. *

Monatliche Mitteilungen des Kaufmännischen Turnvereins zu Wittenberg, e. V., gegr. 1906, 1922 u. 1923, 8°. 2 Bde.

Monatliche Mitteilungen der Turnvereinigung des Westens, D. T., Kr. IIIb, Gau Berlin II, Berliner Turnrat, hrsg. v. Vorstand, Jg. 1–4, Charlottenburg 1907–1910, 8°. 2 Bde.

—— Monatliche, des deutschen Vereins für die evangelische Volksschule. Red.: H. Krieger (u. A.). Jhg. 1—18. 1879—94. Langenberg. gr. 8.

—— monatliche, d. deutschen Vereins f. die evangelische Volksschule. Redact.: H. Krieger. 11.—14. Jahrg. 1889—1892. à Jahrg. 12 Nrn. (à Nr. ½—1 Bog.) gr. 8. Berl. (Langenberg, Joost.) à Jahrg. * 2 —

Mittheilungen. – Monatliche Mittheilungen des Vereins zur Erhaltung der evangelischen Volksschule. Jg. 1–37. Langenberg. Joost 1879–1915. 8°
Red.: H. Krieger, sp. F. Zillessen.
Zeitweise: Monatliche Mittheilungen für die evangelische Volksschule,
verschmolzen mit: Haus und Schule.

— monatliche, des Vereins zur Erhaltung der evangelischen Volksschule. Red.: H. Krieger. 1—4. Jahrg. 1879—1882. à 12 Nrn. (½ B.) gr. 8. Langenberg, Joost. à Jahrg. n. 1. —

— monatliche, d. Vereins zur Erhaltung der ev. Volksschule. Red.: H. Krieger. 5—7. Jahrg. 1883—1886. à 12 Nrn. (à ½—1 B.) gr. 8. Langenberg, Joost. à Jahrg. n. 2. —

Mittheilungen, monatliche, d. Vereins zur Erhaltung der ev. Volksschule. Red.: H. Krieger. 9.—12. Jahrg. 1887—1890. à 12 Nrn. (à ½—1 B.) gr. 8. Langenberg, Joost. à Jahrg. n. 2. —

— monatliche, des Vereins zur Erhaltung der evangelischen Volksschule. 13.—16. Jahrg. 1891—1894. à 12 Nrn. (à ½—1 Bog.) gr. 8. Berlin, Buchh. der deutschen Lehrer-Zeitg. à Jahrg. n. 2. —

— monatliche, d. Vereins z. Erhaltg. d. evang. Volksschule. Red.: Fr. Zillessen. 17.—20. Jahrg. 1895—1898. à 12 Nrn. (Bog.) gr. 8. Berlin (Buchh. d. Deutschen Lehrer-Ztg.). à Jahrg. n. 2. —

— monatliche, des Vereins zur Erhaltung der evangelischen Volksschule. 21.–24. Jahrg. 1899—1902. à 12 Nrn. gr. 8. (à ca. 16 S.) Berlin, F. Zillessen. à Jahrg. n. 2.—

Mitteilungen, monatliche, des Vereins zur Erhaltung der evangelischen Volksschule. 25.—28. Jahrg. 1903—1906. à 12 Nrn. (à ca. 16 S.) gr. 8. Berlin, F. Zillessen. à Jhrg. n. 2. —

— monatliche, des Vereins zur Erhaltg. der evangelischen Volksschule. Red.: Fr. Zillessen. 29.—32. Jahrg. 1907—1910. à 12 Nrn. (à Jahrg. 208 S.) 8. Berlin, F. Zillessen. à Jahrg. 2. —

MONATLICHE MITTHEILUNGEN DES NATURWISSENSCHAFTLICHEN VEREINS DES REGIERUNGSBEZIRKES FRANKFURT. Herausgegeben von E. HUTH No. 1—5. October — Februar 1883/84. (Mit 1 Tafel. — Ohne bes. Titelblatt.) 8°

Mittheilungen, Monatliche, des naturwissenschaftlichen Vereins des Regierungsbezirks Frankfurt. Bd. 1—16. 8. 1884—99. Von Bd. 1—3 Frankfurt a. O., Bd. 4—16 Berlin. Von Bd. 8 ab. Abhandlungen und monatliche Mittheilungen aus dem Gesammtgebiete der Naturwissenschaften. Organ des naturwissenschaftlichen Vereins etc. — Von Bd. 9 ab: Helios, Abhandlungen etc.

MONATLICHE MITTHEILUNGEN DES NATURWISSENSCHAFTLICHEN VEREINS DES REGIERUNGSBEZIRK(E)S FRANKFURT.

Herausgegeben von E. HUTH.:

(Halb-) Bd. 1. Mit Beiträgen von R. BELA, F. DAMM, O. von GELLHORN, ... (Mit Tafeln.) Frankfurt a. Oder. 1884. Im Selbstverlage des Vereines. 8°.

Bd. 2. Hälfte 1. Mit Beiträgen von L. AHRENDTS, R. BEHLA, O. von GELLHORN, ... (Mit 1 Tafel.) ib. 1884. –

Bd. 2. Hälfte 2. Mit Beiträgen von F. HÖCK, E. HUTH, F KRETSCHMER, ... (Mit 1 Tafel.) ib. 1885. –

Bd. 3. Mit Beiträgen von AHRENDTS, von BLOMBERG, ECKARDT, ib. 1886. –

— monatliche, d. naturwissenschaftlichen Vereins d. Reg.-Bez. Frankfurt. Hrsg. v. E. Huth. Jahrg. 1883/84. u. 1884/85. à 12 Nrn. (B.) gr. 8. Frankfurt a O. (Grimma, Hering.) à Jahrg. n. 3. —

—— monatliche, des naturwissenschaftlichen Vereins des Reg.-Bez. Frankfurt. Hrsg. von E. Huth. Jahrg. 1883/84 und 1884/85. à Jahrg. 12 Nrn. (Bog.) gr. 8. Frankfurt a. O., (Waldmann.) à Jahrg. *

Fortges. u. d. T · Monatliche Mittheilungen aus dem Gesamtgebiete der Naturwissenschaften. Jg. 3. 1886 ff

Mitteilungen. – Monatliche Mitteilungen des Wirtschaftsvereins deutscher Lehrer. Berlin-Schöneberg. Wirtschaftsverein 1890–1914. 8°
Hrsg.: Hartwig.

Mitteilungen für die Montanindustrie von Elsaß-Lothringen und Luxemburg. Hrsg. von E. Rágóczy. 1. u. 2. Jg. (1900/01 u. 1901/02) [Schluß]. Metz, 1900—1902.

— der k. bayr. Moorkulturanstalt. 1.—4. Heft. gr. 8. Stuttgart, E. Ulmer. 22. —
1. (III, 122 S. m. 1 Tab. u. 1 graph. Taf.) 907 5. —
2. (118 S. m. 8 Abbildgn. u. 3 Taf.) 908. 5. —
3. (123 S. m. 3 Abbildgn.) 900. 3. —
4. (180 S. m. 12 Abbildgn., 1 farb. Taf. u. 1 Bl. Erklärgn.) 910. 7. —

Mitteilungen für die Mozart-Gemeinde in Berlin. Herausgegeben von Rudolph Genée. Heft 1--10. Neue Folge. Heft 11—22. Dritte Folge. Heft 1 ff. Berlin 1895—1900. 1901—1906. 1907 ff.

— f. d. Mozart-Gemeinde in Berlin. Hrsg. v. Rud. Genée. 1.—6. Hft. gr. 8. Berlin (E. S. Mittler & Sohn). n. 9. 50
1. Novbr. 1895. (32 S. m. 1 Bildn. u. 1 Notenbeilage.) 895. n. 1. 50
2. Apr. 1896. (S. 33—76 u. Musikbeilage 8 S.) 896. n. 1. 50
3. Novbr. 1896. (S. 77—108 m. 1 Taf.) 896. n. 1. 50
4. Apr. 1897. (S. 109—141 m. 6 Bildn. u. 2 Musikstücken in Facsim., 3 S. in qu. gr. 4.) 897. n. 1. 50
5. Febr. 1898. (S. 143—170 m. Abb. u. 1 Bildn.) Nebst: 13 Stücke aus d. Noten-Skizzenbuch v. W. A. Mozart aus London 1764. qu. gr. 8. (IV, 20 S.) 898. n. 2. —
6. Oktbr. 1898. Beilage: Facsim. d. Mozartschen Briefes an Constanze. (S. 171—201 m. Abb.) 898. n. 1. 50

— für die Mozart-Gemeinde in Berlin. Hrsg. von Rud. Genée. 7.—14. Hft. gr. 8. Berlin (E. S. Mittler & Sohn.. à n. 1. 50

7. März 1899. Beilage: Musikbeilage des aufgefundenen Duetts zur Zauberflöte. (S. 203—234 m. Abbildgn.)
8. Oktbr. 1899. (S. 235—264 m. 2 Taf.)
9. März 1900. Musikbeilage: Duett aus Mozarts „L'Oca del Cairo". (S. 265—286 m. 1 Taf. u. Musikbeilage 11 S. in qu. gr. 4.) 900.
10. Oktbr. 1900. Notenbeilage: Psalm v. Stadler. (S. 287—326 m. Abbildgn. u. Notenbeilage 4 S.) 900.
11. März 1901. Notenbeilage: Mozarts Terzett „Mi lagnerò tacendo". (40 S. m. 2 Bildnissen u. Notenbeilage 7 S. in qu. gr. 4.) 901.
12. Oktbr. 1901. (S. 43—80 m. 2 Bildnissen u. 1 Fksm.) 901.
13. Febr. 1902. (S. 81—112 m. 1 Bildnis u. 1 Notenbeilage 7 S. in qu. gr. 4.) 902.
14. Oktbr. 1902. (S. 113—152 m. 2 Bildnissen.) 902.
1.—6. Hft. Ebd. 895—898. n. 9.50.

— für die Mozart-Gemeinde in Berlin. Hrsg. v. Rud. Genée. 15.—22. Heft. gr. 8. Berlin (E. S. Mittler & Sohn). à n. 1. 50

15. März 1903. (S. 153—184 u. Notenbeilage 8 S.) — 16. Novbr. 1903. (S. 185—242.) — 17. März 1904. (S. 243—282 m. 1 Fksm.) — 18. Novbr. 1904. (S. 283—306 m. 7 Bildnistaf. u. 7 fksm. S. in qu. gr. 8.) — 19. März 1905. (S. 307—342.) — 20. (S. 343—374 m 1 Abbildg., 1 Taf., 2 fksm. Bl. u. Notenbeilage 11 S.) 905. — 21. Febr. 1906. (S. 375—411 m. 2 Taf. u. Notenbeilage 6 S.) — 22. Oktbr. 1906. (2. Bd. S. 472 m. 1 Bildnis.)

— für die Mozart-Gemeinde in Berlin. Hrsg. v. Rud. Genée. 23.—30. Heft. III. Folge. 1.—8. Heft. April 1907—Oktbr. 1910. (S. 1—244 m. 11 Fksms. u. Musikbeilagen.) 8. Berlin 907—10. E. S. Mittler & Sohn. à Heft 1. 50

Mittheilungen des Museal-Vereins für Krain. Jg. 1—20. Laibach 1866—1907.

Mittheilungen des Museal-Vereins für Krain. (1: Red. von Carl Deschmann 8: Anton Kaspret; 9–16: Prof. Dr. Oskar Gratzy Edler v. Wardengg; 17ff.: Fr Komatar) Jg. 1–20. Laibach: Musealver. f. Krain 1866–1907. 20 Bde 8°

1 1866. 2. 1889. 3–10. 1890–97
11 1898 [nebst] Beil. H = Gratzy, Oskar Repertorium z. 50jähr Geschichtsschreibung Krains, 1848–1898 12. 1900. 13. 1900.
14 1901 [nebst] Beil. = Gratzy Edler v Wardengg, Oskar Repertorium zu J. W. Frh. v. Valvasors 'Die Ehre d. Herzogthums Krain' (1689).
15–19. 1902–1906.
20. 1907 H 1–3 = Stefan Konrad Geschichte d. Entstehung u. Verwaltung d. k. k. Studien-Bibliothek in Laibach.

(08. 822)

Mittheilungen des **Musealvereines** für Krain (Fortsetzung.) Jahrgang II – XVII 1889 – 1901. Mit 1 Beilageheft zum Jahrgang XI. 1898 Repertorium zur 50jährigen Geschichtsschreibung Krains 1848– 1898. Zur Feier des Kaiser-Jubiläums. Von Dr. Oskar Gratzy, k. k. Gymnasial-Professor etc Enthaltend ein alphabetisches Autorenverzeichnis und ein Namens- Orts- und Sachregister zu den „Mittheilungen des historischen Vereines für Krain (1846—1868), den Mittheilungen des Musealvereines für Krain" (1866. 1889 – 1898), den Jahresheften (1856, 1858 und 1862), des Vereines des krainischen Landesmuseums und der „Argo", Zeitschrift für krainische Landeskunde (1892—1898), dann auch zu den wissenschaftlichen Aufsätzen und wichtigsten Notizen über Krain, historischen, geographischen und naturhistorischen Inhaltes in den literarischen Zeitschriften „Blätter aus Krain" (1857 1865) und der „Carniola" (1838 1844). (17 Bde.) 8 Laibach 1889 1904

— des Musealvereines f. Krain. Hrsg. von dessen Ausschusse. 2. Jahrg. gr. 8. (XXV, 382 S. m. 1 Karte.) Laibach 889. (v. Kleinmayr & Bamberg.) n. 10. —

— d. Musealvereines f. Krain. Hrsg. v dessen Ausschusse. 3. u. 4. Jahrg. gr. 8. Laibach, (I. v. Kleinmayr & F. Bamberg). à n. 8. —
3. (XXVI, 370 S.) 890. — 4. (XVI, 72, 137 u. 87 S.) 891.

— dasselbe. 5. Jahrg. 3 Thle. gr. 8. (XVI, 119, 177 u. III, 160 S.) Ebd. 892. n. 10. —

— d. Musealvereines f. Krain. Hrsg. v. dessen Ausschusse. 6. u. 7. Jahrg. à 2 Abtlgn. gr. 8. (XIX, 144, 153 u. 97 u. 134 S. m. 1 Abb. u. 1 Karte.) Laibach 893. 94. (L. v. Kleinmayr & F Bamberg.) à n. 8. —

— dasselbe. Red. v. Ant. Kaspret. VIII. Jahrg. 1895. 6 Hfte. gr. 8. (XV, 198 S.) Ebd. n.n. 4. —

— dasselbe. Geleitet v. Osk. Gratzy. IX. u. X. Jahrg. 1896—1897. à 6 Hfte. gr. 8. (288 u. IV, 208 S.) Ebd. à Jahrg. n.n. 4. —

— dasselbe. XI. Jahrg. 1898. 6 Hfte. (à ca. 2 Bog.) gr. 8. Ebd. n.n. 4. —

— des Musealvereins f. Krain. Geleitet v. Osk. Gratzy. XII. Jahrg. 1899. 6 Hfte. gr. 8. (à ca. 32 S.) Laibach (I. v. Kleinmayr & F. Bamberg). n.n. 4. —

— dasselbe. Geleitet v. Osk. Gratzy Edler v. Wardengg. XIII. u. XIV. Jahrg. 1900 u. 1901. à 6 Hfte. gr. 8. (à ca. 24 S.) Ebd. à Jahrg. n.n. 4. —

— dasselbe. 15. Jahrg. 1902. 6 Hfte. gr. 8. (à ca. 36 S.) Ebd. n. 5. 40

— des Musealvereins f. Krain. Geleitet v. Osk. Gratzy Edlen v. Wardengg. 16. u. 17. Jahrg. 1903 u. 1904. à 6 Hefte. (à ca. 32 S.) gr. 8. Laibach (I. v. Kleinmayr & F. Bamberg). à Jhrg. n. 5. 40
Nicht mehr im Buchhandel.

— des Musealvereins f. Krain, Fortsetzg., s.: Carniola.

— aus dem Altonaer Museum. Hrsg. v. der Museumsleitg. 1902. 6 Hfte. gr. 8. (102 S. m. Abb. u. 3 Taf.) Altona (J. Harder Sort.) n. 4. —

Mitteilungen aus dem Altonaer Museum. Hrsg. von d. Museumsleitung. H. 1-6. Altona: H W Köbner & Co. 1902–03. (102 S.) 8° [Kopft.]
1–5. 1902 6. 1903. (08. 10588

Mitteilungen aus dem Altonaer Museum (Jg.) 1902–03 1903 1904, H. 1 (Mehr nicht ersch.) Altona Köbner (1903–04 Harder) 1902–04 8⁰ (Kopft.) Hrsg. von d Museumsleitung.

— aus d. botanischen Museum in Hamburg. 3. Beiheft zum Jahrbuch der hamburg. wissenschaftl. Anstalten XIV. 1896. Lex.-8. (156 S. m. 1 Taf.) Hamburg 897. (L. Gräfe & Sillem.) n. 5. 50

Hieraus einzeln:
Sadebeck, R., Filices Camerunianae Dinklageanae. (18 S. m. 1 Taf.) n. 1. 50
— die wichtigeren Nutzpflanzen u. deren Erzeugnisse aus d. deutschen Colonien. Ein m. Erläutergn. verseh. Verzeichniss d. Colonial-Abtheilung d. hamburg. botan. Museums. (138 S.) n. 4. —

— aus d. botanischen Museum in Hamburg. 3. Beiheft zum Jahrbuch der hamburg. wissenschaftl. Anstalten XVI – XVIII. 1898—1900. Lex.-8. Hamburg (L. Gräfe & Sillem). n. 17. —
XVI. (106 S. m. 1 Bildnis u. 1 Taf.) 899. n. 4. —
XVII. (294 S. m. Abbildgn. u. 5 Taf.) 900. n. 9. —
XVIII. (65 S. m. 4 Abbildgn. u. 6 Taf.) 901. n. 4. —

Mitteilungen aus dem botanischen Museum des eidgen. Polytechnikums in Zürich. 8.

[Nr.] 1—7 *s. in:* Berichte der schweizerischen botanischen Gesellschaft. Heft 5—10. Bern .. 1895 – 1900: R
[Nr.] 8 *u.* 8bis *s. in:* Berichte der sch' bot' Ges' Heft 11 *u.* 14. Bern ... 1901 *u.* 1904: R
Nr. 9 s. Rikli, M[artin]. Das Lägerngebiet.... Bern ... 1907

Mitteilungen aus dem Botanischen Museum der Universität Zürich. [Heft 13 *u.* 14 *u.* Heft] 15—19. 8.

[Heft 13, *nicht*] 16. Genève 1902 s. Hegi, Gustav — *in Bulletin 1902, S. 23.*

[Heft 14] *u. d. T.:* Beiträge zur Kenntnis der Afrikanischen Flora. ⟨Neue Folge.⟩ [No.] 13.... — *In:* Bulletin de l'Herbier Boissier.... Tome 1 ⟨IIme série⟩, 1901. Genève, Impr. Romet, 1901. p. 757—788 + 853—889 + 978—1006 ⟨108 p.⟩.

[Heft] 15: Beiträge zur Kenntnis der Schweizerflora. [No. 1] ... Mit einer Tafel. — *In:* Bulletin — — 1901. p 1007—1012 ⟨6 p.⟩.

[Heft] 16. ⟨1902⟩: Beiträge zur Kenntnis der Schweizerflora. [No. 2] .... — *In:* Bulletin de l'Herb' B'.... Tome 2 ⟨IIme série⟩, 1902. Genève, Impr Romet, 1902. p. 339—360 ⟨8 + 6 + 8 p.⟩.

[Heft] 17 [Extrait du Bulletin de la Société neuchâteloise des sciences naturelles. Tome 30: Année 1901-1902.] Neuchâtel 1903 s. Spinner, Henri — *in Bulletin 1903, S. 801*

[Heft] 18: [1.] Beiträge zur Kenntnis der Afrikanischen Flora. ⟨Neue Folge.⟩ ... [No.] 14 ...; ([2.] Beiträge zur Kenntnis der Amarantaceen von Hans Schinz ⟨Zürich⟩; [3.] Beiträge zur Kenntnis der Schweizerflora .... [No.] 3...; [4.] Floristische Beiträge, zusammengestellt von Hans Schinz ...; [5.] Floristische Notizen vom Ofenberg von Dr. Stephan Brunies ⟨Zürich⟩). — *In:* Bulletin de l'Herbier Boissier.... Tome 2 *et* 3 ⟨IIme série⟩, 1902 *et* 1903. Genève, Impr. Romet, 1902 *et* 1903. T. 2, p. 934—949 + 997—1016 + T. 3, p. 1—30 ⟨66 p.⟩.

[Heft] 19. Jena 1903 s. Schoch, Emil — *in Bulletin 1903, S. 256.*

Mitteilungen aus dem Botanischen Museum der Universität Zürich. [Heft] 20. [Mit 3 Tafeln nebst Tafelerklärungen.] ⟨Extrait du Bulletin de l'Herbier Boissier, tome 3, IIme série, 1903 (No 8—12).⟩ II S. + S. 653—668 + 812—836 + 894—905 + 975—1006 + 1069—1096. 8. Genève, Impr. Romet, 1903.

[No] 1. Zur Kenntnis der Pflanzenwelt der Delagoa-Bay, von Hans Schinz ⟨Zürich⟩ und Henri Junod ⟨D'-Bay⟩. (Erster Nachtrag.) — [No] 2. Beiträge zur Kenntnis der Afrikanischen Flora. ⟨Neue Folge.⟩ [No.] 15....

Mitteilungen aus dem Botanischen (* *22 u. 26—28:* bot') Museum der Universität Zürich. [Heft] 21—27, 8. *u.* [Heft] 28, 4.

[Heft] 21: 1. Lepidium-Studien von A[lbert] Thellung ⟨Zürich⟩; 2. Chenopodium-Studien von J[oseph] Murr ⟨Trient⟩; 3. Beiträge zur Kenntnis der Afrikanischen Flora. ⟨Neue Folge.⟩ [No.] 16 ...; 4. Zwei neue Piper-Arten aus China, von Cas[imir] de Candolle ⟨Genf⟩. — *In:* Bulletin de l'Herbier Boissier.... Tome 4 ⟨IIme série⟩, 1904. Genève, Impr. Romet. p. 694—716 + 989—1026.

⟨[Heft] 22:⟩ 1. Beiträge zur Kenntnis der afrikanischen Flora. ⟨[No.] 17.⟩ ⟨Neue Folge⟩ ...; (2. Beiträge zur K' der Schweizerflora. ⟨[No.] 4⟩...). — *In:* Vierteljahrsschrift der Naturforschenden Gesellschaft in Zürich.... Jahrg. 49. 1904. Heft 3 und 4. Zürich, Komm. Fäsi & Beer, 1905. S. 171—241.

[Heft] 23. München 1904 s. Fenner, C[arl] A[lbert] — *in Bulletin 1904, S. 289.*

[Heft] 24. Tübingen 1905 s. Nestel, Adolf — *in Bulletin 1905, S. 89.*

[Heft] 25. Zürich 1905 s. Köhler, Alwin — *in Bulletin 1905, S. 78.*

⟨[Heft] 26:⟩ 1. Beiträge zur Kenntnis der afrikanischen Flora. ⟨[No.] 18.⟩ ⟨Neue Folge⟩...; (2. Beiträge zur K' der Schweizerflora. ⟨[No.] 5⟩ ...; 3. Acanthocardamum erinaceum ⟨Boiss.⟩ Thellung.... Von A[lbert] Thellung ⟨Zürich⟩). — *In:* Vierteljahrsschrift der Naturforschenden Gesellschaft in Zürich.... Jahrg. 51. 1906. Heft 1. Zürich, Komm. Fäsi & Beer, 1906. S. 131—225.

⟨[Heft] 27.⟩ Dresden 1906 s. Weber, Emil.

Heft 28. Zürich 1906 s. Thellung, Albert.

Mitteilungen aus dem botanischen (**Heft 31f.:* Bot') Museum der Universität Zürich. [Heft] 29—32. 8. 1906.

[Heft] 29. Zürich 1906 s. Miechowski, Alexander.

[Heft] 30. Breslau 1906 s. Hirt, Walter.

[Heft] 31. Winterthur 1906 s. Schinz, Hans.

[Heft] 32: [No] 1. Beiträge zur Kenntnis der Afrikanischen Flora. ⟨Neue Folge.⟩ [No.] 19...; — [No] 2. Beiträge zur Kenntnis der Schweizerflora. ⟨[No.] 6⟩.... ⟨Extrait du Bulletin de l'Herbier Boissier, (Tome 6) 1906, nos 9, 10, 11, IIme série⟩. II p. + p. 701—746 + 801—830 + 901—934. Genève, Impr. Romet, 1906.

Mitteilungen aus dem botanischen (**Heft 34f.:* Bot') Museum der Universität Zürich. [Heft] ⟨33⟩—37. 8.

⟨[Heft] 33:⟩ Beiträge zur Kenntnis der Schweizerflora. ⟨[No.] 6:⟩ 8. ... . Sonderabdruck aus Jahrg. 51, 1906 [Heft 4 der] Vierteljahrsschrift der Naturforschenden Gesellschaft in Zürich.... II S. + S. 489—501. Zürich, Zürcher & Furrer, [1907].

[Heft] 34: [No] 1. Beiträge zur K' der Sch'. [No.] 7 ...; [No] 2. Die in Europa bis jetzt beobachteten Euphorbia-Arten der Sektion Anisophyllum, von A[lbert] Thellung ⟨Zürich⟩. ⟨Extrait du Bulletin de l'Herbier Boissier, (Tome 7) 1907, nos 2 ... à 9, IIme série⟩. II (+ *sus.* 184) S. + S. 741—772. Genève, Impr. Romet, 1907.

[Heft] 35. Genève 1906 [*i. e.* 1908] s. Schuster, Julius.

⟨[Heft] 36:⟩ [No] 1. Beiträge zur Kenntnis der afrikanischen Flora. ⟨Neue Folge.⟩ ⟨[No.] 20⟩...; — [No] 2. Beiträge zur Kenntnis der Schweizerflora. ⟨[No] 8⟩.... [Mit 1 Tafel.] Separat-Abdruck aus der Vierteljahrsschrift der Naturf. Gesellschaft in Zürich. Jahrg. 52, Heft 3 u. 4. II S. + S. 419—483. Zürich, Zürcher & Furrer, 1907.

[Heft] 37. Bellinzona 1908 s. Jäggli, Mario.

Mitteilungen aus dem botanischen Museum der Universität Zürich. [Heft] 39—53. 8.

[Heft] 39. Zürich 1908 *s.* (Schinz, Hans).

[Heft] 40: [No] 1. Beiträge zur Kenntnis der afrikanischen Flora. ⟨Neue Folge.⟩ [No] 21 ...; [No] 2. Polygonaceen-Studien von Julius Schuster ⟨München⟩; [No] 3. Nomenclator Garsaultianus von Alb[ert] Thellung ⟨Zürich⟩; [No] 4. Neue Lepidium-Formen, von Alb. Thellung ⟨Z'⟩. [Mit 1 Tafel.] (Extrait du Bulletin de l'Herbier Boissier, IIme série. Tome 8, 1908. No 9—12.) II S. + S. 625—640 + 669—714 + 778—793 + 901—914. Genève, Impr. Froreisen, 1908.

[Heft] 41. Dresden 1908 *s.* Geilinger, Gottlieb.

[Heft] 42: Verzeichnis im Tausch abgebbarer lebender Pflanzen des Botanischen Gartens der Universität Zürich. Herbst 1908. 10 S. ([Zürich,] B[uchdr]. Z[üricher] P[ost], [19]08.)

[Heft] 43: Verz' im T' abgebb' Sämereien und Früchte des Bot' G' der U' Z'. Dezember 1908. 35 S. (Z[ürich], [Buchdr.] Z[üricher] P[ost], [19]08.)

⟨[Heft] 64 (*d. i.* 44):⟩ [No] 1. Beiträge zur Kenntnis der afrikanischen Flora. ⟨[No] 22.⟩ ⟨Neue Folge.⟩...; [No] 2. Beiträge zur K' der Schweizerflora. ⟨[No] 9⟩.... Separat-Abdruck aus der Vierteljahrsschrift der Naturf. Gesellschaft in Zürich. Jahrg. 53 ⟨1908⟩, Heft 4.... II S. + S. 485—604 Zürich, Zürcher & Furrer, 1909.

[Heft] 45: Der Botanische Garten und das Bot' Museum der Universität Zürich im Jahre 1908. [Mit 1 Tabelle.] IV + 47 S. Zürich, J. Leemann, 1909.

[Heft] 46: Verzeichnis im Tausch abgebbarer Sämereien und Früchte des Botanischen Gartens der U' Z'. Dezember 1909. 39 S. (Z[ürich], [Buchdr.] Z[üricher] P[ost], [19]09.)

[Heft] 47: Der Bot' G' und das Bot' M' der U' Z' im Jahre 1909. [Mit 1 Tabelle.] IV + 39 S. Zürich, J. Leemann, 1910.

⟨[Heft] 17⟩ *d. i.* 48: Beiträge zur Kenntnis der Schweizerflora. ⟨[No] 10⟩.... Separat-Abdruck aus der Vierteljahrsschrift der Naturf. Gesellschaft in Zürich. Jahrg. 54 (*d. i.* 55) ⟨1910⟩, Heft 1 ... II + 13 S. Z', Zürcher & Furrer, 1910.

⟨[Heft] 49:⟩ [No] 1. Beiträge zur K' der afrikanischen Flora. ⟨[No] 23.⟩ ⟨Neue Folge⟩ ...; [No] 2. Beiträge zur K' der Schweizerflora. ⟨[No] 11⟩.... S'-A aus der V' der Naturf. Ges' in Z'. Jahrg. 55 ⟨1910⟩, Heft 3/4.... II S. + S. 283—330. Z', Zürcher & Furrer, 1910.

⟨[Heft] 50.⟩ Wiesbaden 1910 *s.* Schellenberg, Gustav.

[Heft] 51. Zürich 1910 *s.* Sturm, Carl.

[Heft] 52: Verzeichnis im Tausch abgebbarer Sämereien und Früchte des Botanischen Gartens der Universität Zürich. Dezember 1910. 39 S. (Z[ürich], [Buchdr.] Z[üricher] P[ost], [19]10.)

[Heft] 53: Der Botanische Garten und das Bot' Museum der U' Z' im Jahre 1910. [Mit 1 Tabelle.] IV + 41 S. Zürich, J. Leemann, 1911.

— aus dem Museum f. hamburgische Geschichte. Nr. 1. (5. Beiheft zum Jahrbuch der hamburg. wissenschaftl. Anstalten. XXVI. 1908.) Lex. 8. Hamburg 909. L. Gräfe & Sillem. 10. —

Der volkstümliche Wohnbau an der Niederelbe, vornehmlich im hamburg. Amte Ritzebüttel. Von Willi Pessler. Mit 54 Textbildern, 4 Taf. u. 12 Karten. (107 S.)

Mitteilungen aus dem kgl. mineralogisch-geologischen und prähistorischen Museum in Dresden. H 1–27 Cassel: Fischer (sp Hornig, Leipzig: Engelmann) 1876–1886 4°

Direktor H. B. Geinitz.

—— aus dem königl. mineralogisch-geologischen und praehistorischen Museum in Dresden. 1.—6. Heft. gr. 4. Kassel, Fischer. *

Inhalt:

Heft 1. Geinitz, H. B., die Urnenfelder von Strehlen und Grossenhain. (32 S. mit 10 lithogr. Taf. Abbild.) 876. *M 15.

» 2. —— und W. v. der Marck, zur Geologie von Sumatra. (16 S. mit 2 lithogr. Taf. Abbild.) 876. *M 6.

» 3. —— Nachträge zur Dyas. I. Mit Beiträgen von Drude, Vetter und Weiss. (IV, 43 S. mit 7 lithogr. Taf. Abbild. und 1 photolithogr. Taf.) 880. *M 20.

» 4. Vetter, B., die Fische aus dem lithographischen Schiefer im Dresdener Museum. (VIII, 120 S. mit 3 lithogr. Taf. Abbild.) 882. *M 18.

» 5. Geinitz, H. B., und J. v. Deichmüller, Nachträge zur Dyas. II. (46 S. mit 9 Taf. Abbild., wovon 6 lithogr. und 3 in Lichtdr. und 9 Bl. Taf.-Erklärungen.) 882. *M 20.

» 6. Deichmüller, J. v., Nachträge zur Dyas. III. Branchiosaurus petrolei Gaudry sp. aus der unteren Dyas von Autun, Oberhof und Niederhässlich. (19 S. mit 1 lithogr. Taf. Abbild.) 884. *M 6.

Mittheilungen aus dem königl. mineralogisch-geologischen und praehistorischen Museum in Dresden. 7. Heft: Die Insecten aus dem lithographischen Schiefer im Dresdener Museum. Von Joh. Vict. Deichmüller. gr. 4. (X, 88 S. mit 5 Taf. Abbild.) Kassel 886, Fischer. *

—— aus d. königl. mineralogisch-geologischen u. prachistorischen Museum in Dresden. 8.—11. Heft. gr. 4. Cassel, Fischer. * 62 —

8. Stenzel, Gust. Die Gattung Tubicaulus Cotta. Mit 7 Taf. (IV. 50 S.) 889. * 20 —.
9. Geinitz, H. B. I. Ueber einige Lycopodiaceen aus der Steinkohlenformation. — II. Die Graptolithen d. k. mineralogischen Museums in Dresden. (35 S. m. 3 Taf.) 890. * 10 —.
10. Deichmüller, Joh. Vict. Vorgeschichtliche Funde b. Nerchau-Trebsen in Sachsen. (12 S. m. 5 Lichtdr.-Taf.) 892. * 12 —.
11. Poéta, Phpp. Ueber Spongien aus der oberen Kreide Frankreichs in dem k. mineralogischen Museum in Dresden. Mit Vorwort v. H. B. Geinitz. (26 S. m. 4 Taf.) 892. * 20 —.

Mitteilungen aus d. königl. mineralogisch-geologischen u. praehistor. Museum in Dresden. H. B. Geinitz. 12. Hft. gr. 4. Cassel 897. Th. Fischer. n. 10. —
Das Gräberfeld auf d. Knochenberge b. Niederrödern, Sachsen v. Joh. Vict. Deichmüller. (16 S. m. 1 Fig. u. 7 Taf.)

— dasselbe. 13. u. 14. Hft. gr. 4. Leipzig, W. Engelmann. n. 11. -

13. I. Verkieselte Farne v. Kamenz in Sachsen. II. Rhizocaulon antiguense nov. sp. v. K. G. Stenzel. M. 3 Taf. Abb.) (25 S.) 897. n. 5. —
14. D. Calamarien d. Steinkohlenformation u. des Rotliegenden im Dresdener Museum. Beiträge z. Systematik: v. H. B. Geinitz. M. 1 Taf. Abb. (VIII, 29 S.) 898. n. 6. —

Mittheilungen des k. k. österr. Museums für Kunst u. Industrie. Monatschr. f. Kunstgewerbe. Herausg. und redig. durch die Direction des k. k. österr. Museums. Red.: Jos. Folnesics und F. Ritter. Neue Folge. 4. Jahrg. 1889. 12 Nrn. (à 1—1½ B.) Gr.-8. In Comm. 4.—
Wien: Gerold 1889.

Mittheilungen des k. k. österr. Museums für Kunst und Industrie. Monatschrift für Kunstgewerbe. Herausg. u. redig. durch die Direction des k. k. österr. Museums. Red.: Jos. Folnesics u. F. Ritter. Neue Folge. 8. Jahrg. 1893. 12 Nrn. (à 1—1½ B.) Gr.-8. In Comm. Wien: Gerold. * 4.—

Mittheilungen des k. k. österr. Museums für Kunst und Industrie. Monatschrift für Kunstgewerbe. Herausgegeben und redigirt durch die Direction des k. k. österr. Museums. Redacteure: Josef Folnesics und F. Ritter. Neue Folge. XI. Jahrgang. 1896. 12 Nrn. (à 1—1½ B.). Gr.-8. In Comm. 4.—
Wien: Gerold.

Mittheilungen des k. k. österr. Museums für Kunst und Industrie. Monatschrift für Kunstgewerbe. Herausgegeben und redigirt durch die Direction des k. k. österr. Museums Redacteure: Josef Folnesics und F. Ritter. Neue Folge XII. Jahrgang. 1897. 12 Nrn. (à 1—1½ B.). Gr.-8. In Comm. 4.—
Wien: Gerold.

— aus dem k. zoologischen Museum zu Dresden. Hrsg. m. Unterstützg. der Generaldirection der königl. Sammlungen f. Kunst u. Wissenschaft v. A. B. Meyer. 1. Hft. Imp.-4. (VII, 100 S. m. 4 lith. u. chromolith. Taf.) Dresden 875. v. Zahn. geb. n. 24. -

— aus dem königl. zoologischen Museum zu Dresden. Hrsg. mit Unterstützung der Generaldirection der königl. Sammlungen für Kunst u. Wissenschaft von A. B. Meyer. 2. Hft. mit Taf. V—XXV, darunter 4 color. u. 7 Doppeltaf. in Stein- u. Lichtdr. Imp.-4. (S. 101—278.) Dresden 877. Baensch. geb. n. 60.—

Mittheilungen aus dem königl. zoologischen Museum zu Dresden. Hrsg. mit Unterstützung der Generaldirection der königl. Sammlungen für Kunst u. Wissenschaft von A. B. Meyer. 3. Hft. m. Taf. XXVI—XXXV (in Lichtdr. u. Chromolith.). Imp.-4. (S. 281—411.) Dresden 878. Baensch. n. 35. —
(1—3.: n. 119. —)

—— aus dem königl. zoologischen Museum zu Dresden, hrsg. von A. B. Meyer. Neue Folge, s. Abhandlungen und Berichte des königl. zoologischen und anthropologisch-ethnographischen Museums zu Dresden.

— aus d. naturhistorischen Museum in Hamburg. XIII. Jahrg. Beiheft z. Jahrbuch d. hamburg. wissenschaftl. Anstalten. XIII. 1895. Lex.-8. (234 S. m. 7 Abb. u. 10 Taf.) Hamburg 896. (L. Gräfe & Sillem.) n. 12. —

Hieraus einzeln:

Attems, Carl Graf, Beschreibung d. v. Dr. Stuhlmann in Ost-Afrika gesammelt. Myriopoden. (22 S. m. 1 Taf.) n. 1. 50
Chun, Carl, Beiträge zur Kenntniss ostafrikan. Medusen u. Siphonophoren nach d. Sammlgn. Dr. Stuhlmann's. (19 S. m. 3 Abb. u. 1 Taf.) n. 2. —
Kraepelin, K., Phalangiden aus d. Umgebung Hamburgs. (18 S.) n. — 80
— Neue u. weniger bekannte Scorpione. (28 S. m. 1 Taf.) n. 1. 50
Lampert, K., die v. Dr. Stuhlmann in d. J. 1888 u. 1889 an d. Ostküste Afrikas gesammelten Holothurien. (23 S. m. 4 Abb.) n. 1. —
Man, J. G. de, über neue u. wenig bekannte Brachyuren d. Hamburger u. Pariser Museums. (46 S. m. 3 Taf.) n. 2. 50
Schäffer, C., die Collembola d. Umgebg. v. Hamburg u. benachbarter Gebiete. (70 S. m. 4 Taf.) n. 3. —

Mitteilungen aus d. naturhistorischen Museum in Hamburg. XIV. Jahrg. 2. Beiheft zum Jahrbuch d. hamburg. wissenschaftl. Anstalten. XIV. 1896. Lex.-8. (266 S. m. 3 Taf.) Hamburg 897. (L. Gräfe & Sillem.) n. 12. 50

Hieraus einzeln:

Bösenberg, W., die echten Spinnen d. Umgebung Hamburgs. (22 S.) n. 1. —
Ehlers, E., ostafrikan. Polychaeten, gesammelt v. F. Stuhlmann 1888 u. 1889. (8 S.) n. — 50
Kolbe, H. J., über d. v. F. Stuhlmann in Deutsch-Ostafrika u. Mosambik währ. d. J. 1888 bis 1890 gesammelt. Coleopteren. M. 1 Taf. (29 S.) n. 2. —
Martens, E. v., ostafrikan. Mollusken, gesammelt v. F. Stuhlmann 1888 u. 1889. (8 S.) n. — 50
Michaelsen, W., Land- u. Süsswasser-Asseln aus d. Umgebung Hamburgs. (16 S.) n. 1. —
— neue u. wenig bekannte afrikan. Terricolen. Mit 1 Taf. (71 S.) n. 3. —
— die Terricolenfauna Ceylons. M. 1 Taf. (94 S.) n. 3. 50
Pfeffer, Geo., zur Kenntnis d. Gattung Palinurus Fabr. (16 S.) n. 1. —

— aus dem naturhistorischen Museum in Hamburg. XV.—XVIII. Jahrg. 2. Beiheft zum Jahrbuch der hamburg. wissenschaftl. Anstalten. XV—XVIII. 1897—1900. Lex.-8. Hamburg (L. Gräfe & Sillem). n. 36. —
XV. (178 S. m. Abbildgn. u. 1 Taf.) 898. n. 7. —
XVI. (259 S. m. 22 Abbildgn. u. 2 Taf.) 899. n. 9. —
XVII. (II, 198 S. m. 1 Fig. u. 7 Taf.) 900. n. 10. —
XVIII. (II, 283 S. m. 12 Fig. u. 10 Taf.) 901. n. 10. —

— aus dem naturhistorischen Museum in Hamburg. XIX.—XXII. Jahrg. 2. Beiheft zum Jahrbuch der hamburg. wissenschaftl. Anstalten. XIX—XXII. 1901—1904. Lex.-8. Hamburg (L. Gräfe & Sillem). n. 32. —
XIX. (II, 210 S. m. 7 Abb., 8 Taf. u. 1 Karte.) 903. n. 7. —
XX. (II, 309 S. m. 162 Abbildgn.) 903. n. 9. —
XXI. (II, 207 S. m. 3 Abb., 1 Kartenskizze, 4 Taf. u. 1 Karte.) 904. n. 7. —
XXII. (II, 276 S. m. Abbildgn. u. 3 Taf.) 905. n. 9. —

— aus dem naturhistorischen Museum in Hamburg. XXIII.—XXVI. Jahrg. (2. Beiheft zum Jahrbuch der hamburg. wissenschaftl. Anstalten. XXIII—XXVI. 1905—1908.) Lex. 8. Hamburg, (L. Gräfe & Sillem). 48. 50
XXIII. (II. 188 S. m. Abbildgn. u. 2 Taf.) 906. 6. —
XXIV. (II. 257 S. m. 159 Abbildgn. u. 8 Taf.) 907. 11. —
XXV. (II, 295 S. m. 66 Abbildgn., 20 Tab. u. 8 Taf.) 908. 8. 50
XXVI. (II. 279 S. m. 14 Abbildgn. u. 33 Taf.) 909. 23. —

Mittheilungen des K.K. Österreichischen Museums für Kunst und Industrie. (Monatsschrift für Kunst und Gewerbe.) Jg. 1–20 (Bd 1–10). N.F 1–6 (Bd 1–12). Wien: K K Österr Museum 1867–97 8°
Red Georg Thaa. 9ff Bruno Bucher, 13ff. Eduard Chmelarz. Fortges. u.d.T. Kunst u. Kunsthandwerk Wien 1898ff

— des k. k. österreichischen Museums für Kunst u. Industrie. (Monatsschrift für Kunst u. Kunstgewerbe.) Redact.: G. Thaa. 1—4. Jahrg. Octbr. 1865 bis Septbr. 1869. à Jahrg. 12 Nrn. (Bog.) Wien, (Gerold's Sohn.) Lex.-8. Jeder Jahrg. n. 2 ℳ

— — Red.: Bruno Bucher. 5. Jahrg. Octbr. 1869 — Septbr. 1870. 12 Nrn. (1—1⅓ Bgn.) Ebend. Lex.-8. n. 2 ℳ

Mittheilungen des k. k. österr. Museums f. Kunst u. Industrie. [Monatsschrift f. Kunst u Kunstgewerbe.] Red.: Bruno Bucher. 6. u. 7. Jahrg. Octbr. 1870—Septbr. 1872 à 12 Nrn. (à 1—1½ B.) Lex.-8. Wien, Gerold's Sohn in Comm. à Jahrg. n. 6.—

— dasselbe 8—11. Jahrg 1873—1876 à 12 Nrn. (à 1—½ B.) gr. 8. Ebend. à Jahrg. n. 8. —

— des k. k. oesterreichischen Museums für Kunst u. Industrie. [Monatschrift für Kunst u. Kunstgewerbe.] Red.: Bruno Bucher. 12. Jahrg. 1877. 12 Nrn. (à 1—1½ B.) gr. 8. Wien, Gerold's Sohn in Comm. n. 8.—

— dasselbe. Red.: Ed. Chmelarz. 13—17. Jahrg. 1878—1882. à 12 Nrn. (à 1—1½ B.) gr. 8. Ebend. à Jahrg. n. 8. —

— des k. k. österreich. Museums f. Kunst u. Industrie. [Monatsschrift f. Kunst u Kunstgewerbe.] Red.: Ed. Chmelarz, Jos. Folnesics u. F. Ritter. 18—20. Jahrg. 1883—1885 u. Neue Folge 1. Jahrg. 1886. à 12 Nrn. [à 1—1½ B.] gr. 8. Wien, (Gerold's Sohn). à Jahrg. n. 8. —

— des k. k. österr. Museums f. Kunst u. Industrie. Monatsschrift f. Kunstgewerbe. Hrsg. u. red. durch die Direction des k. k. österreich. Museums. Red.: Jos. Folnesics u. F. Ritter. Neue Folge. 2.—5. Jahrg. 1887—1890. à 12 Nrn. (à 1—1½ B.) gr. 8. Wien, (Gerold's Sohn). à Jahrg. n. 8. —

— des k. k. österreich. Museums f. Kunst u. Industrie. Monatsschrift f. Kunstgewerbe. Hrsg. u. red. durch die Direction d. k. k. österr. Museums. Red.: Jos. Folnesics u. F. Ritter. Neue Folge. 6.—9. Jahrg. 1891—1894. à 12 Nrn. (à 1—1½ Bog.) gr. 8. Wien, (C. Gerold's Sohn). à Jahrg. n. 8. —

— d. k. k. österreich. Museum f. Kunst u. Industrie. Monatsschrift f. Kunstgewerbe. Hrsg. u. red. durch die Direction des k. k. österr. Museums. Red.: Jos. Folnesics u. F. Ritter. Neue Folge. 10.—12. Jahrg. 1895—1897. à 12 Nrn. (à ca. 20 S.) gr. 8. Wien 895—897. (C. Gerold's Sohn.) à Jahrg. n. 8. —
Weiter nicht erschienen.

— aus dem städtischen Museum f. Völkerkunde zu Leipzig. I. Bd. 1. Heft. 4. Leipzig, Museum f. Völkerkunde. n. 8. —
Ueber die Entwicklung der Webetechnik u. ihre Verbreitung ausserhalb Europas. Eine ethnograph. Studie. Von Hugo Ephraim. Mit 57 Abbildgn. (VII, 72 S. m. 1 farb. Karte.) 905.

— aus dem Museum f. Völkerkunde in Hamburg. 5. Beiheft zum Jahrbuch der hamburg. wissenschaftl. Anstalten. XXIII. 1905. (187 S. m. 73 Abbildgn. u. 7 Taf.) 4. Hamburg 906. (L. Gräfe & Sillem). n. 8. —

— aus dem Museum f. Völkerkunde in Hamburg. 4. Beiheft zum Jahrbuch der hamburg. wissenschaftl. Anstalten. XXV. 1907. (180 S. m. 109 Abbild., 37 Taf. u. 28 Bl. Erklärgn.) Lex. 8. Hamburg 908. (L. Gräfe & Sillem.) 20. —

Mitteilungen aus dem Museum für Deutsche Volkstrachten und Erzeugnisse des Hausgewerbes zu Berlin hrsg. von dem Vorstande des Museums-Vereins ab Bd. 3 H. 4 fortges. u. d. Titel: Mitteilungen aus dem Verein der Königlichen Sammlung für Deutsche Volkskunde Berlin 1897—1915.
4 Bde. 4°
1. 1897—1901. H. 1—7
2. 1903—1906. H. 1—4.
3. 1907—1911. H. 1—4.
4. 1912—1915. H 1—4.
5. (letzter Bd.) 1916—22.

Mittheilungen aus dem Museum für Deutsche Volkstrachten und Erzeugnisse des Hausgewerbes zu Berlin, Hrsg von d. Vorst. d. Museums-Vereins. ([Jg 1], H. 1.) Berlin R. Mosse 1897 8° [Ant. u. 𝔉.] [illegible]

— aus dem zoologischen Museum in Berlin. II. Bd. 1. u. 2. Hft. Lex.-8. Ebd. n. 16. —
1. Trematoden der Chelonier. Von M. Braun. — Formiciden aus dem Bismarck-Archipel, auf Grundlage des v. F. Dahl gesammelten Materials bearb. Von Aug. Forel. — Das Leben der Ameisen im Bismarck-Archipel, nach eigenen Beobachtgn. vergleichend dargestellt. Von Frdr. Dahl. (58, 37 u. 70 S. m. Abbildgn., 3 Taf. u. 4 Tab.) 901. n. 9. —
2. Aegyptische Dipteren, gesammelt u. beschrieben. Von Th. Becker. — Zur Kenntnis der Insekten Deutsch-Ostafrikas. Von Günth. Enderlein. (66 u. 18 S. m. Fig. u. 2 Taf.) 902. n. 6. —

— aus dem zoologischen Museum in Berlin. II. Bd. 3. u. 4. Heft u. III. Bd. 1. u. 2. Heft. Lex.-8. Berlin (R. Friedländer & Sohn). n. 35. —
(II. Bd. kplt. n. 34. —)
II, 3. Aegyptische Dipteren. Von Th. Becker. (Fortsetzung u. Schluss.) Mit 4 Taf. (S. 66—195.) 903. n. 11. —
4. Beiträge zur Morphologie der Arguliden. Von Joh. Thiele. (51 S. m. 4 Taf.) 904. n. 8. —
III, 1. I. Studien über die Homopterenfamilie der Cercopiden. Von Arnold Jacobi. — II. Schädliche Wanzen u. Cicaden der Baumwollstauden. Von Th. Kuhlgatz. Mit 3 Taf. (114 S. m. 1 Bl. Erklärgn.) 905. n. 9. —
2. (S. 115—248 m. 2 Taf.) 906. n. 7. —

-- aus dem zoologischen Museum in Berlin. III. Bd. 3. u. 4. Heft. (III u. S. 249—518 m. Fig. u. 8 Taf.) Lex. 8. Berlin 907. (R. Friedländer & Sohn.) 16.—
(III. Bd. vollst. 32. —)

dasselbe. IV. Bd. 3 Hefte. Lex. 8. Ebd. 22. —
1. (S. 1—292 m. 6 Taf.) 908. 12. —
2. Über die Ichneumonidengattg. Echthromorpha Holmg. Von R. Krieger. (S. 293—344 m. Abb.) 909. 2. 50
3. Die Arenicoliden-Sammlg. im königl. zoolog. Museum in Berlin. Von J. H. Ashworth. — Die Pseudoskorpione des Berliner Museums. Von Edv. Ellingsen. — Die Chrysididen des königl. zoolog. Museums zu Berlin. Von H. Bischoff. (S. 347—493 m. 1 Taf.) 910. 7. 50

— dasselbe. V. Bd. 1. Heft. (S. 1—151 m. Fig. u. 2 Taf.) Lex. 8. Ebd. 910. 6. —

MITTHEILUNGEN DES MUSEUMS-VEREINS FÜR VORGESCHICHTLICHE ALTERTHÜMER BAIERNS. (Anerkannter Verein.)
(Für die Redaktion verantwortlich FRANZ WEBER.)
№ 1—10. Ausgegeben im April 1885 — im Dezember 1886. (Ohne bes. Titelblatt. — Druck von J. Schreiber, München.) 8°.

MITTHEILUNGEN DES MUSEUMS-VEREINS FÜR VORGESCHICHTLICHE ALTERTHÜMER BAIERNS. (Anerkannter Verein.)
Für die Redaktion verantwortlich FR. WEBER.
No. 11—16. Ausgegeben im März 1887 — im März 1888. München. J. Schreiber's Buchdruckerei. (Ohne bes. Titelbl.) 8° [*])

[*]) Nicht weiter erschienen.

MITTHEILUNGEN DES MUSEUMSVEREINS IN HAMBURG 1888—1897 (Nr 1—12.) (Mit Tafeln.) Hamburg 1897 Druck von Lütcke & Wulff 8°

Mitteilungen des *Iglauer* Museums-Vereines. Hrsg. v. Arthur Petak. 1—3. Iglau '07—20. 4° u. 8°

— des Iglauer Museums-Vereines. Hrsg. v. Arth. Petak. I. Lex. 8. Iglau 907. (E. Netoliczka.) 1. 70
Der Bez. Stöcken. Topographische Skizze aus der Iglauer Sprachinsel. Von Rud. Pechhold. (107 S. m. 1 eingedr. Kartenskizze u. 1 farb. Karte.)

Mitteilungen des Iglauer Museums-Vereines. Hrsg. von Dr Arthur Petak. 1 Iglau 1907 J. Rippl & Sohn. 4° (07. 13167

Mitteilungen des Uckermärkischen Museums- und Geschichts-Vereins zu Prenzlau. Hrsg. v. Vereins-Vorstande. Bd 1. Prenzlau: A. Mieck in Komm. 1902. 8° [F.]
Anf. s. u. d. T.: Arbeiten d. Uckermärk. Museums- u. Geschichts-Vereins. (06. 1884

— des uckermärkischen Museums- u. Geschichts-Vereins zu Prenzlau. Hrsg. vom Vereins-Vorstande. 1. Bd. 4 Hfte. gr. 8. (1. u. 2. Hft. 84 S. m. Abbildgn.) Prenzlau 901. 902. (A. Mieck.) n. 4.—; einzelne Hfte. n. 1.—

— des uckermärkischen Museums- u. Geschichts-Vereins zu Prenzlau. Hrsg. vom Vereins-Vorstande. 2. Bd. 4 Hefte. (156 S.) gr. 8. Prenzlau 903. (A. Mieck.) n. 4.—

— dasselbe. III. Bd. 1. u. 2. Heft. (S. 1—108 m. Abbildgn., 1 Bildnis u. 5 Taf.) gr. 8. Ebd. 905. 906. n. 1. 50

—— aus dem litterar. Nachlasse d. weyl. Kgl. Großbrit. Hannover. Geh. Raths u. Bundestags-Gesandten Hans Detlef Frh. v. Hammerstein, u. biograph. Skizze desselben, nach genauer persönl. Bekanntschaft, u. nach seinen nachgelass. Papieren, als Denkmal d. Liebe u. Achtung aufgestellt v. d. Hrsgeb. 1. Lfg. gr. 8. (4¾ B.) Lüneburg 832, Herold u. Wahlstab. Thlr. ·

— aus Aug. Ferd. Ribbeck's, Dr. Directors etc., schriftlichem Nachlaß. Hrsg. v. Frdr. Ribbeck u. Frdr. Zelle. Lex. 8. (XXII u. 383 S. m. lith. Portrait.) Berlin 848, Plahn. n. 1½ ℳ

Mittheilungen und Nachrichten für die evangelische Geistlichkeit Russlands (18 ff.: f. d. ev. Kirche in Russland). Bd 1—67. [Nebst] Theol.-pastorale Beihefte. 1909—1914. Dorpat (4ff.: Riga) 1838—1914.

—— und Nachrichten f. d. evangel. Geistlichkeit Rußlands, hrsg. unt. Mitwirk. d. Glieder d. theolog. Facultät an d. Universität Dorpat u. mehr. evangel. Geistlichen Rußlands durch Carl Chrstn. Ulmann. 1—3. Bd. à 6 Hfte. gr. 8. Dorpat 839—41, (Severin.) à Bd. *

—— u. Nachrichten für die evangel. Geistlichkeit Rußlands, hrsg. durch Carl Chr. Ulmann. 4—7. Bd. à 6 Hfte. gr. 8. Dorpat 843—47. (Riga, Deubner.) à Bd. * 4 Thlr. 15 Ngr.*
1—3. Bd. Ebendas. 1839—41. à Bd. * 4 Thlr. 15 Ngr.

—— und Nachrichten für die evangel. Geistlichkeit Rußlands, hrsg. unter Mitwirkung mehrerer evangel. Geistlichen Rußlands durch Carl Chrn. Ulmann. 8. und 9. Bd. à 6 Hefte. 8. Riga 848—52. (Leipzig, Steinacker.) à Bd. * 4 Thlr. 15 Ngr. *

—— und Nachrichten für die evangelische Geistlichkeit Rußlands. Für Carl Chrn. Ullmann unter Mitwirkung mehrer evangel. Geistlichen Rußlands zeitweilig hrsg. durch C. A. Berkholz. 10—12. Bd. oder 4—6. Jahrg. 1854—56. 6 Hefte. gr. 8. Riga 853—56, (Götschel.) à Bd. *

—— und Nachrichten für die evangelische Geistlichkeit Rußlands, begründet von C. C. Ulmann, hrsg. von C. A. Berkholz. 13—17. Bd. Neue Folge. 4—7. Bd. Jahrg. 1857—61. à Jahrg. 6 Hefte. gr. 8. (à Heft ca. 100 S.) Riga, Götschel. [13. Jahrg. * 4 Thlr. 15 Ngr., 14. Jahrg. * 3 Thlr., 15—17. Jahrg. à 2 Thlr. 20 Ngr.] *

—— und Nachrichten für die evangelische Kirche in Rußland, begründet von C. C. Uhlmann, hrsg. von C. A. Berkholz. 18. Bd. Neue Folge: 9. Bd. Jahrg. 1862. 6 Hefte. gr. 8. (à Heft ca. 100 S.) Riga, Götschel's Buchh. *

—— —— dass. — 19. Bd. Neue Folge. 10. Bd. Jahrg. 1863. 6 Hefte. gr. 8. (à Heft ca. 100 S.) Ebendas. *

— — 20. Bd. Neue Folge. 11. Bd. Jahrg. 1864. 6 Hefte. (à 6—7 Bgn.) Riga, Kymmel. gr. 8. n. 3 ℳ

— u. Nachrichten für die evangelische Kirche in Rußland, begründet von C. C. Uhlmann, hrsg. von C. A. Berkholz. 21. u. 22. Bd. Neue Folge 12. u. 13. Bd. Jahrg. 1865—66. à Jahrg. 6 Hefte (à ca. 100 S.). Riga, Kymmel. gr. 8. Jeder Jahrg. n. 3 ℳ

— — 23. Bd. Neue Folge 14. Bd. Jahrg. 1867. 4 Hefte (à ca. 100 S.). (Ebend.) 8. n. 2 ℳ

— — hrsg. von C. A. Berkholz u. Wilh. Müller. 24—26. Bd. Neue Folge 1—3. Bd. Jahrg. 1868—70. à Jahrg. 12 Hefte (à 48 S.) Riga, Bacmeister. gr. 8. Jeder Jahrg. n. 3 ℳ 10 ngr.

— u. **Nachrichten** f. die evangelische Kirche in Rußland. Red. v. J. Th. Helmsing, unter Mitwirkg. der Pastoren E. Kählbrandt jun., R. Näder, C. Bergwitz u. A. 27—32. Bd. Neue Folge. 4—9. Bd. 1871—1876 à 12 Hfte. gr. 8. (à Hft. 64 S.) Riga, Brutzer & Co. à Jahrg. n. 10. -

— u. **Nachrichten** für die evangelische Kirche in Rußland, begründet v. C. C. Ulmann, gegenwärt. red. v. J. Th. Helmsing, unter Mitwirkung v. E. Kaehlbrandt, G. Seesemann, A. H. Haller u. A. 33—38. Bd. Neue Folge. 10—15. Bd. Jahrg. 1877—1882. à 12 Hfte. gr. 8. (à Hft. 3 B.) Riga. (Bernburg, Bacmeister.) à Bd. n.n. 10. —

— u. **Nachrichten** f. die evangelische Kirche in Rußland, begründet v. C. C. Ulmann, gegenwärtig red. v. J. Th. Helmsing, unter Mitwirkg. v. E. Kaehlbrandt, G. Seesemann, A. H. Haller u. A. 39—42. Bd. Neue Folge. 16—19. Bd. Jahrg. 1883—1886. à 12 Hfte. gr. 8. (à Hft. 3 B.) Riga. (Bernburg, Bacmeister.) à Jahrg. n.n. 10. —

— u. **Nachrichten** f. die evangelische Kirche in Rußland, begründet v. C. C. Ulmann, gegenwärtig red. v. J. Th. Helmsing, unter Mitwirkg. v. A. H. Haller, E. Kaehlbrandt, G. Seesemann u. A. 43.—46. Bd. Neue Folge 20.—23. Bd. Jahrg. 1887—1890. à 12 Hfte. gr. 8. (à Hft. ca. 60 S.) Riga. (Eisenach, Bacmeister.) à Jahrg. n.n. 10. —

— u. **Nachrichten** f. die evangelische Kirche in Rußland, begründet v. C. C. Uhlmann, gegenwärtig red. v. Th. Taube, unter Mitwirkg. v. A. H. Haller, E. Kaehlbrandt, G. Seesemann u. A. 47.—50. Bd. Neue Folge. 24. 27. Bd. Jahrg. 1891—1894. à 12 Hfte. (à ca. 3 Bog.) gr. 8. Riga, L. Hoerschelmann à Jahrg. n. 10. —

— u. Nachrichten f. d. evang. Kirche in Rußland, begründ. v. C. C. Ulmann, gegenwärt. red. v. Th. Taube, unt. Mitwirkg. v. E. Kaehlbrandt, G. Seesemann u. A. 51.—54. Bd. Neue Folge. 28.—31. Bd. Jahrg. 1895—1898. à 12 Hfte. (à 3 Bg.) gr. 8. Riga, L. Hoerschelmann. à Jahrg. n. 10. —; einz. Hfte. n. 1. —

— u. Nachrichten f. die evangelische Kirche in Rußland, begründet v. C. C. Ulmann, gegenwärtig red. v. W. Taurit, unter Mitwirkung von E. Kaehlbrandt, G. Seesemann u. A. 55.—58. Bd. Neue Folge. 32.—35. Bd. Jahrg. 1899—1902. à 12 Hfte. gr. 8. (à ca. 48 S.) Riga, Jonck & Poliewsky. à Jahrg. n.n. 10. —

Mitteilungen u. Nachrichten f. die evangelische Kirche in Rußland, begründet v. C. C. Ulmann, gegenwärtig red. v. W. Taurit, unter Mitwirkg. v. E. Kaehlbrandt, G. Seesemann u. A. 59. Bd. Neue Folge. 36. Bd. Jahrg. 1903. 12 Hefte. (à ca. 48 S.) gr. 8. Riga, Jonck & Poliewsky. n. 10. —

Mitteilungen u. Nachrichten f. die evangelische Kirche in Rußland, begründet v. C. C. Ulmann, gegenwärtig red. v. W. Taurit, unter Mitwirkg. v. J. Frey, E. Kaehlbrandt, G. Seesemann u. A. 60. u. 61. Bd. Neue Folge. 37. u. 38. Bd. Jahrg. 1904 u. 1905. à 12 Hefte. (576 u. 580 S.) gr. 8. Jurjew (Dorpat), (J. G. Krüger.) à Jhrg. n. 10. —

— — dasselbe. 62. Bd. Neue Folge. 39. Bd. Jahrg. 1906. Heft 1. (48 S.) gr. 8. Ebd. n. 1. —
Erscheinen nicht mehr.

— u. Nachrichten f. die evangel. Kirche in Rußland, begründet v. C. C. Ulmann, gegenwärtig red. v. G. Hillner. Ausg. f. gebildete Gemeindeglieder m. theologisch-pastoralen Beiheften. 62. u. 63. Bd. 1909 u. 1910. à 12 Hefte u. 6 Beihefte. (IV, 568 u. IV, 198 S.; IV, 583 u. IV, 188 S.) gr. 8. Riga, Jonck & Poliewsky. Postfrei à Jahrg. 10.—; ohne Beihefte 8. —

Mitteilungen u. Nachrichten d. deutsch. Palästina-Vereins. Hrsg. im Auftrage des Vorstandes v. G. Hölscher. 32. u. 33. Jahrg. 1909 u. 1910. à 6 Nrn. (IV, 96 S. m. 3 Abb. u. IV, 96 S. m. 22 Abb. u. 2 Taf.) 8. Leipzig, [K. Baedeker]. J. C. Hinrichs' Verl. à Jahrg. 4. —

MITT(H)EILUNGEN DER NACHTIGAL-GESELLSCHAFT FÜR VATERLÄNDISCHE AFRIKAFORSCHUNG.
Verantwortliche Schriftleitung: KRAEUSEL, später: LICHTENSTEIN.
Jahrg. 1. No. 1—12. Berlin, den 15. April 1888 — den 30. März 1889. Berlin. Verlag der Nachtigal-Gesellschaft (Dr. E. Kraeusel.) (Ohne bes. Titelblatt.) 4°.
Verantwortliche Schriftleitung: M. APEL, später: LICHTENSTEIN, bezw. SCHILLER, TIETZ.
Jahrg. 2. No. 13—23. Berlin, April 1889 — 15. Dezember 1889. (ib. —. Ohne bes. Titelblatt.)
Verantwortliche Schriftleitung, bezw.: Herausgegeben: SCHILLER, TIETZ, später: Herausgegeben vom Schriftleitungs-Ausschuss der Nachtigal-Gesellschaft: HÄBERLEIN, P. WALTER und A. WEINHOLTZ.
Jahrg. 3. No. 24—39. Berlin, 1. Januar 1890 — 1. Dezember 1890. (ib. —. Ohne bes. Titelblatt.)
Herausgegeben vom Schriftleitungs-Ausschuss.
Jahrg. 4. No. 40 — Nr. 51. Berlin, 1. Januar 1891 — im Dezember 1891. (ib. —. Ohne bes. Titelblatt.)
Jahrg. 5. Nr. 52—54. und Nr. 4—12. Berlin, im Januar 1892 — im Dezember 1892. (ib. —. Ohne bes. Titelblatt.)
Jahrg. 6. Nr. 1—8. Berlin, im Januar 1893 — im November 1893. (ib. —. Ohne bes. Titelblatt.)
Jahrg. 7. Nr. 1—4/5. Berlin, im April 1894 — für Oktober-November 1894. (ib. —. Ohne bes. Titelblatt.) [1])

[1]) Nicht weiter erschienen.

Mitteilungen (Nachträgliche) über die Ergebnisse der Krankheitsstatistik der Krankenkassen in den Jahren 1891—1895. Vom Ministerium des Innern dem Reichsrate erstattet. (Tabelle V. Durchschnittszahlen über die Alters-, Erkrankungs- und Sterblichkeitsverhältnisse nach Altersklassen für einige Betriebszweige; Sub Nr. 30, S. 61: Brauereien und Spiritusbrennereien. 4°. 1 Bd. 73 S. 5 Taf. Hof- u. Staatsdruckerei. Wien. 1900.

Mitteilungen des Deutsch-Amerikanischen National-Bundes der Vereinigten Staaten von Amerika : Jahrgang 1—10, no. 2, 1909 - Feb. 1918.
Monthly. English title: BULLETIN OF THE NATIONAL GERMAN-AMERICAN ALLIANCE. Illustrated, including portraits. Edited by A. Timme, Dec. 1912 — Oct. 1913; by M. Heurici, Dec. 1913 — 1914. Published by the Deutsch-Amerikanischer National-Bund. Suspended June-Sept. 1916. Published also in GERMAN AMERICAN ANNALS, 1901 - 08?
Philadelphia, PA

— aus dem germanischen Nationalmuseum, s. a. Anzeiger d. germanischen Nationalmuseums.

Mittheilungen aus dem Germanischen Nationalmuseum, herausg. vom Directorium. Bd. 1—(4). Jhg. 1884—94. Nürnberg. Lex.-8. . . . . (D.)

— aus dem Germanischen Nationalmuseum. 1895-1900. Nürnberg 1895-1900

Mitteilungen aus dem Germanischen Nationalmuseum. 1901-07. Nürnberg 1901-07

Mitteilungen des germanischen Nationalmuseums 1908-13. Nürnberg 1908-13

— aus dem germanischen Nationalmuseum, hrsg. vom Direktorium. 1. Bd. Jahrg. 1884—1886. [3 Hefte.] Mit 17 Taf. u. mehreren hundert Abbildgn. im Texte. Lex.-8. Nürnberg. (Leipzig, Brockhaus' Sort. u. Antiqu.) n. 9. —
1. Heft. Jahrg. 1884. (S. 1—72.) — 2. Heft. Jahrg. 1885. (S. 73—164.) — 3. Heft. Jahrg. 1886. (S. 165—284.)

— dasselbe. 2. Bd. Jahrg. 1887—1889. [3 Hefte.] Mit 13 Taf. u. vielen Abbildgn. im Texte. Lex.-8. Ebd. n. 9. —
1. Heft. Jahrg. 1887. (S. 1—72.) — 2. Heft. Jahrg. 1888. (S. 73—176.) — 3. Heft. Jahrg. 1889. (S. 177—282.)
Fortges. u. d. T.: Anzeiger und Mittheilungen des Germanischen Nationalmuseums. 1900 ff

— aus dem Gebiete der angewandten Naturwissenschaften. Naturwissenschaftliche Zeitschrift f. Jedermann. Organ zur Förderg. d. naturgeschichtl. Sammelwesens u. naturwissenschaftl. Liebhabereien. Hrsg. u. red. v. H. Wilhelm. Jahrg. 1890. 12 Nrn. (2 B. m. Abbildgn.) gr. 4. Teschen. (Leipzig, H. Voigt.) n. 4. —

Mittheilungen aus dem Gebiete d. angewandten Naturwissenschaften. Vereinsblatt des wissenschaftl. Vereins „Kosmos" zu M.-Schönberg. Naturwissenschaftliche Zeitschrift f. Jedermann. Organ zur Förderg. d. naturgeschichtl. Sammelwesens u. naturwissenschaftl. Liebhabereien. Verkehrsblatt f. Tausch u. Kauf. Hrsg. u. red. v. Hugo Wilhelm. 2. Jahrg. 1891. 24 Nrn. (2 Bog. m. Abbildgn.) gr. 4. M.-Schönberg. (Wien, Pichler's Wwe. & Sohn.) n. 6. —

— dasselbe. Hrsg. u. unter Mitwirkg. v. Heinr. Rose red. v. H. Wilhelm. 3. Jahrg. 1892. 24 Nrn. (2 Bog. m. Abbildgn.) gr. 4. M.-Schönberg. (Wien, E. Hölzel.) n. 6. —

—— neue amtliche, des Ober-Kirchen-Collegiums der evangelisch-luther. Kirche in Preußen an deren Gemeinden, betreffend den Bekenntnißstand der evangelisch-luther. Landeskirche Hannovers und die Kirchengemeinschaft mit derselben. gr. 8. (51 S.) Breslau 882, (Dülfer's Verlag.) *

—— neue amtsbrüderliche, braunschweigischer Landesgeistlichkeit, aus dem Kreise der Wissenschaft, der Kirche, des Amtes und Lebens. Eine vaterländische Prediger-Zeitschrift, in zwanglosen Heften; hrsg. in Verbindung mit Venturini, Witting und Hessenmüller, von A. C. Wirk. Jahrg. 1848. gr. 8. Helmstädt, Fleckeisensche Buchh. *

— neue, über die Behandlung der Krebskrankheiten durch die electro-homöopath. Heilmethode des Graf Mattei. gr. 16. (14 S.) Stuttgart 879. Hahn. n.n. — 50

—— neue christliche, in Verbind. mit mehr. Freunden im In- u. Auslande hrsg. v. C. W. Krafft. 1. u. 2. Bd. gr. 8. (à 24 B.) Straßburg 838, 39, (Rhein.) à

—— neue christliche. In Verbindung m. mehr. Freunden im In- u. Auslande hrsg. v. C. W. Krafft. 5. Bd. 4 Hfte. gr. 8. Straßburg 844. (Heidelberg, Carl Winter.) *
1—4. Bd. Ebendas. 1838—42. à * 1 Thlr. 15 Ngr.

—— neue, aus d. Gebiete histor.-antiquar. Forschungen. Im Namen des mit d. Kgl. Universität Halle-Wittenberg verbund. Thüring.-Sächs. Vereins f. Erforschung d. vaterländ. Alterthums u. Erhalt. sein. Denkmale hrsg. v. K. Ed. Förstemann. 1. Bd. 4 Hfte. Mit lith. Abbild. gr. 8. Halle 834, (Anton.)
Vorh. u. d. T Mittheilungen ... Naumburg 1822 ff

—— dass. hrsg. v. dems. 2. Bd. 1. Hft. gr. 8. (11 B.) Nordhausen 835, (Förstemann.)
Bildet eine indirecte Fortsetzung der „Zeitschrift f. d. Geschichte d. german. Völker, hrsg. v. K. Rosenkranz," vgl. diese.

—— neue, aus d. Gebiete histor.-antiquar. Forschungen. Hrgb. v. K. Ed. Förstemann. 2. Bd. 2—4. Hft. u. 3—6. Bd. à 4 Hfte. gr. 8. Halle. (Nordhausen, Förstemann.) [2. 2—4. (32 B., 1 Ansicht u. Holzschn.) 836., 3. (45½ B., 4 Stnt. u. 8 Holzschn.) 837., 4. (44⅜ B., 2 Stnt. u. 4 Holzschn.) 838—40., 5. (39¾ B., 3 Stnt. u. 1 Holzschn.) 840, 41., 6. (44 B. u. 18 Stnt.) 841—43. à Hft. * 1 Thlr.] *
1 Bd. u. 2. Bd. 1. Hft. Ebendas. 1834, 35. * 4 Thlr.

—— neue, aus d. Gebiete histor.-antiquar. Forschungen. Hrsg. v. K. Ed. Förstemann. 7. Bd. 4 Hfte. u. 8. B. 1. Hft. gr. 8. Halle 843—46. (Nordhausen, Förstemann.) [7. Bd. (47⅛ B. u. 17 Stnt.) 8. Bd. 1. (12 B.) à Hft. * 1 Thlr.] *
1—6. Bd. (Ebendas.) 1834—43. * 23 Thlr.

—— neue, aus dem Gebiet historisch-antiquarischer Forschungen. Im Namen des thüringisch-sächs. Vereins für Erforschung des vaterländ. Alterthums rc. hrsg. von dem Secr. desselben J. Zacher. 8. Bd. 2—4. Heft. gr. 8. Halle, (Nordhausen, Förstemann.) [2. (IV und 158 S. mit 2 Stnt.) 848., 3. und 4. (XLVIII und 208 S. mit 3 Stnt. in 8. und 4.) 851. à Heft * 1 Thlr.] *

—— neue, aus dem Gebiet historisch-antiquarischer Forschungen. Im Namen des thüringisch-sächs. Vereins für Erforschung des vaterländ. Alterthums und Erhaltung seiner Denkmale hrsg. von dem interimist. Secr. desselben E. L. Dümmler. 9. Bd. 1. und 2. Heft. gr. 8. Halle 857. 60. Nordhausen, (Förstemann's Verlag.) [1. Heft. (XII und 200 S.) 2. (XI und 106 S.) à Heft * 1 Thlr.] *

—— neue, aus dem Gebiet historisch-antiquarischer Forschungen. Im Namen des Thüringisch-Sächs. Vereins für Erforschung des vaterländ. Alterthums und Erhaltung seiner Denkmale hrsg. von dem Sekretär desselben J. O. Opel. 9. Bd. 3. und 4. Heft. gr. 8. (IX und 242 S.) Halle 863. Nordhausen, Förstemann's Verlag. à Heft * 1 Thlr. *

—— dass. — 10. und 11. Bd. à 2 Hälften. gr. 8. [10. Bd. 1. Hälfte. (256 S.) 863., 2. Hälfte. (VI und 296 S.) 864., 11. Bd. 1. Hälfte. (S. 1—222.) 865., 2. Hälfte. (IV und S. 223—522 mit eingedr. Holzschn. und 4 Stnt.) 867.] Ebendas. à Hälfte * * 1 Thlr. 10 Ngr. * *

—— neue, aus dem Gebiet historisch-antiquarischer Forschungen. Im Namen des mit der königl. Universität Halle-Wittenberg verbundenen thüringisch-sächs. Vereins für Erforschung des vaterländ. Alterthums und Erhaltung seiner Denkmale hrsg. von J. O. Opel. 12. Bd. in 2 Hälften à * * ℳ 4., und 13. Bd. in 4 Heften à * * ℳ 2. gr. 8. (VI, 570; 662 S., mit eingedr. Holzschn.) Halle 868—74. (Nordhausen, Förstemann.) à Bd. * *

Mittheilungen, neue, aus dem Gebiet historisch-antiquarischer Forschungen. Im Namen des mit der königl. Universität Halle-Wittenberg verbundenen thüringisch-sächsischen Vereins für Erforschung des vaterländischen Alterthums und Erhaltung seiner Denkmale hrsg. von J. O. Opel. 14. Bd. 2 Hefte. gr. 8. Nordhausen. (Halle, Anton.) [1. Heft. (S. 1—290 mit 1 Stnt.) 875. * * ℳ 3,50.; 2. Heft. (IV, S. 291—597 mit 1 Stnt.) 878. * * ℳ 4.] * *

—— neue, aus dem Gebiete historisch-antiquarischer Forschungen. Im Namen des mit der Königl. Universität Halle-Wittenberg verbundenen Thüringisch-Sächs. Vereins für Erforschung des vaterländ. Alterthums und Erhaltung seiner Denkmale. Hrsg. von J. O. Opel. 15. Bd. 2 Hefte. gr. 8. (IV, 503 S.) Halle 880,82, (Anton.) à Heft * * ℳ 4. * *

—— dass. — 16. Bd. gr. 8. (III, 442 S.) (Ebendas.) 883. *

—— neue, aus dem Gebiete historisch-antiquarischer Forschungen. Im Namen des mit der königl. Universität Halle-Wittenberg verbundenen Thüringisch-Sächs. Vereins für Erforschung des vaterländ. Altertums und Erhaltung seiner Denkmale. Hrsg. von dem Secr. desselben J. O. Opel. 17. Bd. 1. und 2. Heft. gr. 8. (S. 1—274.) Halle 885, (Anton.) à Heft *

—— neue, aus dem Gebiete historisch-antiquarischer Forschungen. Im Namen d. m. der königl. Universität Halle-Wittenberg verbundenen Thüringisch-Sächs. Vereins f. Erforschg. d. vaterländ. Altertums u. Erhaltg. seiner Denkmale. Hrsg. v. J. O. Opel. 17. Bd. 3. u. 4. (Schluss-)Heft u. 18. Bd. 1. Hälfte. gr. 8. Halle, (Anton). [17. Bd. 3. u. 4. Heft. (III, S. 275—542.) 889. * 4 —; 18. Bd. 1. Hälfte. (III, S. 1—240.) 891. * 4 —.] * * 8 —
17. Bd. 1 u. 2. Heft. Ebd. 1885. * 4 —.

— neue, aus dem Gebiet historisch-antiquarischer Forschungen. Im Namen d. m. der königl. Universität Halle-Wittenberg verbundenen Thüringisch-Sächs. Vereins f. Erforschg. d. vaterländ. Altertums u. Erhaltg. seiner Denkmale. Hrsg. v. J. O. Opel. 18. Bd. 1. Hälfte. gr. 8. (III, 240 S.) Halle a/S. 891. (E. Anton.) n n. 4. —

— dasselbe. Hrsg. v. G. Hertzberg. 18. Bd. 2. Hälfte, 1. Hft. gr. 8. (III, 173 S.) Ebd. 893. n.n. 2. —

— dasselbe, hrsg. v. J. O. Opel u. G. Hertzberg. 18. Bd. 2. Hälfte. 2. (Schluss-)Hft. gr. 8. (IV, 89 S.) Ebd. 894. n.n. 2. —

— neue, aus d. Gebiet historisch-antiquarischer Forschungen. Im Namen d. m. d. kgl. Universität Halle-Wittenberg verbund. Thüringisch-Sächs. Vereins f. Erforschg. d. vaterländ. Altertums u. Erhaltg. s. Denkmale hrsg. v. d. 2. Vorsitzenden desselben G. Hertzberg. 19. Bd. 4 Hfte. gr. 8. (IV, 636 S. m. 1 Karte u. Musikbeilage 32 S.) Halle 898. (E. Anton.) à Hft. n.n. 2. —

— neue, aus dem Gebiet historisch-antiquarischer Forschungen. Im Namen des m. der kgl. Universität Halle-Wittenberg verbund. Thüringisch-Sächs. Vereins f. Erforschg. des vaterländ. Altertums u. Erhaltung seiner Denkmale hrsg. v. dem 2. Vorsitzenden desselben G. Hertzberg. 20. Bd. 4 Hfte. gr. 8. (III, 544 S.) Halle 899. 900. (E. Anton.) n.n. 8. —

— dasselbe, hrsg. v. G. Hertzberg u. R. Brode. 21. Bd. 3 Hfte. gr. 8. (IV, 320 S.) Ebd. 901—903. n.n. 6. —

— neue, aus dem Gebiet historisch-antiquarischer Forschungen. Im Namen des m. der königl. Universität Halle-Wittenberg verbundenen Thüringisch-Sächs. Vereins f. Erforschg. des vaterländ. Altertums u. Erhaltg. seiner Denkmale hrsg. v. dem 2. Vorsitzenden desselben G. Hertzberg u. dem Schriftführer R. Brode. 22. Bd. 3 Hefte. (III, 388 S. m. 2 Plänen.) gr. 8. Halle 903. 905. 906. (E. Anton.) n.n. 6. —

— neue, aus dem Gebiet historisch-antiquarischer Forschungen. Im Namen des m. der königl. Universität Halle-Wittenberg verbunden. thüringisch-sächs. Vereins f. Erforschg. des vaterländ. Altertums u. Erhaltg. seiner Denkmale hrsg. v. dem Schriftführer desselben K. Heldmann. 23. Bd. 3 Hefte. (III, 392 S.) gr. 8. Halle 907. 08. (E. Anton.) nn 6. —

— dasselbe. 24. Bd. 1. u. 2. Heft. (260 S.) gr. 8. Ebd. 909. 10. à 3. —

—— neue, aus Johann Wolfgang v. Goethe's handschriftlichem Nachlasse. 1. und 2. Thl.: Goethe's naturwissenschaftliche Correspondenz [1812—1832]. Im Auftrage der v. Goethe'schen Familie hrsg. von F. Th. Bratranek. gr. 8. (LXXXIX, 400; 424 S.) Leipzig 874, Brockhaus. *
geb. *

—— neue, aus Johann Wolfgang v. Goethe's handschriftlichem Nachlasse. 3. (Schluß-)Thl. A. u. d. T.: Goethe's Briefwechsel mit den Gebrüdern v. Humboldt. [1795—1832.] Im Auftrage der v. Goethe'schen Familie hrsg. von F. Th. Bratranek. gr. 8. (XLIX, 448 S.) Leipzig 876, Brockhaus. *
geb. *

1. und 2. Thl. Ebendas. 1875. *M 15.; geb. *M 18.

— neue, an Prediger u. Schullehrer ꝛc., s. Hildebrandt.

— neue, f. alle Stände, s. Miscellen, ostfriesische.

NEUE MITTHEILUNGEN DES ARCHÄOLOGISCHEN VEREINS ZU ROTTWEIL unter dem Protektorat Sr. Majestät des Königs Karl von Württemberg. (Mit Tafeln.) Rottweil. 1870. Druck von M. Rothschild. 8°.

Dasselbe. ib. 1871. —
Dasselbe. ib. 1872. —
Dasselbe. ib. 1873. —
Dasselbe. ib. 1876. —
Dasselbe. (Mit 1 genealogischen Tafel.) ib. 1878. —

Mittheilungen. – Neue Westpreußische Mittheilungen. – Marienwerder. – 21.IX.1873 –
Fortges. u.d.T.: Marienwerder Zeitung.

Mittheilungen, Neue wichtige und sehr nützliche, für Bierbrauer, Wirthe, Weinproduzenten. Nürnberg 1827. 2. Ausg. 1829. V: *Gütle, Joh.* (EngOec) (EngMt) (Ky)

Mittheilungen, neue wichtige, f. Bierbrauer. 1s—3s Heft. Mit 2 Steintaf. Nürnberg 827, Gütle. (Central-Comptoir in Leipz.)

— für Bierbrauer, neue wichtige u. sehr nützliche, 1s u. 2s Hft. Beschreib. d. verbesserten Patent-Gährungs-Apparats. Eine äußerst vortheilhafte Vorrichtung zur Bier- u. Weingährung. 3s Heft.: Kunst, d. Sauerwerden d. Bieres zu verhüten ꝛc. Nebst Beschreib. d. Anfertigung verschied., besond. u. neuer Biersorten ꝛc. (v. Jh. Gütle). Mit 2 Steint. 4. Nürnb. 828. (Leipz., Hinrichs in Commiss.) 4 ℛ 18 𝒢 2e verm. Ausg. in 5 Heften. (Heregg. v. J. Gütle). Mit 6 Steintaf. 4. Ebd 829. (Ebd). 6 ℛ

Mittheilungen, neue, wicht. u. sehr nützl., f. Bierbrauer, Wirthe, Weinproduzenten ꝛc. 2., verm. Ausg. 5 Hfte. (Hrsg. v. J. Gütle.) 4. (10 B. u. 6 Stnt.) Nürnberg 829. (Leipzig, Hinrichs.)

Mittheilungen, Neue wichtige und sehr nützliche, für Eisengewerke, Eisen- und Stahl-Arbeiter, Instrumentenmacher . . . Nürnberg 1830. V: *Gütle, Johann.* (EngM) (Ky)

—— neue, wicht. u. sehr nützl., f. Eisengewerke, Eisen- u. Stahl-Arbeiter, Instrumentenmacher ꝛc. (Von J. Gütle.) 4. (3½ B.) Nürnberg 830. (Leipzig, Hinrichs.)

Mittheilungen, Neue wichtige, sehr nützliche, für Töpfereien . . . und Steingutfabriken. 2. Aufl. Nürnberg 1830. V: *Gütle, Johann.* (EngMt) (Ky)

—— neue, wichtige, sehr nützl., f. Töpfereien, Porzellan-, Fajance- u. Steingutfabriken. (Von J. Gütle.) 2., verm. Aufl. 4. (1⅓ B.) Nürnberg 830. (Leipzig, Hinrichs.)

—— neu erfund. vollkommene, nützl. u. sehr wicht., f. Porzellain-, Fayançe- u. Steingutfabriken ꝛc., s. Linsenbarth, J. C.

— neu erfundene, vollkommene, nützliche u. sehr wichtige, f. Porzellain-Fayence, u. Steingutfabriken, Töpfer ꝛc. Enthalt. eine Anweis. z. Bereit. vieler neu erfund. bleifreier Prachtglasuren, als rubinrother, azurblauer ꝛc. ferner: Porzellain-Steingut mit Gold u. Platina zu überziehen, Kupfer-Emaille ꝛc. dem Golde ähnlich zu verfertigen, so wie jedes Metall ächt zu vergolden ꝛc. Erfunden v. J. F. L—th. 8. Versiegelt. Ronneb 831. Weber. 1 ℛ

Mittheilungen, neueste, über Afrika. (Neue Titelausg.) 1. Bd. Leipzig (856.) Dyk. gr. 8. 2 ℛ. 7½ ngr.
Inhalt: Bericht über eine Sendung nach Centralafrika in den J. 1850 u. 1851, von James Richardson. Aus d. Engl. Nebst 1 (lith.) Karte. 853. (XX, 360 S.) — Bericht eines Forschers im tropischen Südafrika. Von Francis Galton. Aus d. Engl. Nebst 5 Abbildgn. in Tondr., 1 Taf. m. 6 Kpfrn. (in 4.) u. 1 Buntdruckkarte (in Fol.). 854. (XII, 180 S.)

— neueste, aus den Memoiren des Satans. Randglossen zu dem Karsch'schen Buche „Naturgeschichte des Teufels", hrsg. von Fr. H. Gr. 8. (80 S.) Münster 878. Nasse. n. 1. —

— des Neuesten u. Wissenswürdigsten üb. d. asiat. Cholera. In Verbind. mit mehrern in- u. ausländ. Gelehrten, heregg. v. Just. Radius. 1r—5r Bd. gr. 4. Leipz. 831. Baumgärtner. à Bd. 2 ℛ. 10 𝒢

— neuphilologische. Hrsg. v. neuphilolog. Verein in Helsingfors. Red.: A. Wallensköld. Jahrg. 1908—1910. à 8 Nrn. (IV, 204; IV, 234 u. IV, 194 S.) 8. Helsingfors (Finnland), Neuphilolog. Verein. (Nur direkt.) à Jahrg. nn 4. —

NIEDERLAUSITZER MITTHEILUNGEN. Zeitschrift der Niederlausitzer Gesellschaft für Anthropologie und Urgeschichte.
Herausgegeben vom Vorstande.
Bd. 1 [1]). Mit 4 Tafeln. Lübben 1890. Buchdruckerei F. Driemel und Sohn. 8°.
NIEDERLAUSITZER MITT(H)EILUNGEN. Zeitschrift der Niederlausitzer Gesellschaft für Anthropologie und Altert(h)umskunde.
Herausgegeben im Auftrage des Vorstandes.
Bd. 2. Mit 9 Tafeln. Guben 1892. Druck von Albert Koenig. — 3. Mit 4 Tafeln. ib. 1894. — 4. Mit 5 Tafeln. ib. 1896. — 5. Mit 1 Tafel. ib. 1898. — 6. Mit 9 Tafeln. ib. 1901. — 7. Mit 3 Tafeln. ib. 1903. — 8. Mit 4 Tafeln. ib. 1904. — 9. Mit 2 Tafeln und 27 Zeichnungen. ib. 1906. [2]). —
Herausgegeben im Auftrage des Vorstandes von Prof. Dr. H. JENTSCH.
Bd. 10. 1907, 1908. Mit 9 Tafeln. ib. 1909. — 11. 1909—11. ib. 1912. — 12. 1912—13. ib. 1914. —

— Niederlausitzer. Zeitschrift der Niederlausitzer Gesellschaft f. Anthropologie u. Urgeschichte. Hrsg. vom Vorstande. 1. Bd. 6 Hfte. 8. (IV, 659 S. m. 6 Taf.) Lübben 890. (Guben, A. König.) n. 8. —
Vorh. u. d. T.: Mittheilungen der Niederlausitzischen Gesellschaft für Anthropologie und Urgeschichte. Bd. 4-6, 3 1888-1899

— dasselbe. Zeitschrift der Niederlausitzer Gesellschaft f. Anthropologie u. Alterthumskunde. Hrsg. im Auftrage d. Vorstandes. 2. Bd. 8. (VIII, 497 S. m. 9 Taf.) Ebd. 892. n. 8. —

— Niederlausitzer. Zeitschrift der Niederlausitzer Gesellschaft f. Anthropologie u. Alterthumskunde. Hrsg. im Auftrage des Vorstandes. VI. Bd. 6.—8. (Schluß-)Hft. 8. (VI u. S. 263—487.) Guben 900. 901. (A. Koenig.) n. 4. 60

— dasselbe. VII. Bd. 1.—4. Hft. 8. (168 S. m. Abbildgn. u. 2 Taf.) Ebd. 902. n. 5. —

— Niederlausitzer. Zeitschrift der Niederlausitzer Gesellschaft f. Anthropologie u. Altertumskunde. Hrsg. im Auftrage des Vorstandes. VII. Bd. 5.—8. Heft. (S. 169—437 m. Abbildgn. u. 1 Taf.) 8. Guben 902. 903. (A. Koenig.) n.n. 6. 05 (VII. Bd. kplt. n.n. 10. 05)

— dasselbe. VIII. u. IX. Bd. à 8 Hefte. 8. Ebd. n.n. 14. 20
VIII. (V, 339 S.) 904. n.n. 7. 80
IX. (VI, 494 S. m. Abbildgn. u. 2 Taf.) 905. 906. n.n. 6. 40

— Niederlausitzer. Zeitschrift der Niederlausitzer Gesellschaft f. Anthropologie u. Altertumskunde. Hrsg. im Auftrage des Vorstandes. X. Bd. 8 Hefte. (IV, 444 S. m. Abb. u. 9 Taf.) 8. Guben 907—09. (A. Koenig.) 7. 80

— dasselbe. XI. Bd. 1.—4. Heft. (112 S. u. Orts-Register S. 445—458.) 8. Ebd. 910. 2. —

—— der Riebeck'schen Niger-Expedition. I. und II. gr. 8. Leipzig 884, Brockhaus. à **M* 4. *
Inhalt:
I. Krause, Glob. Adf., ein Beitrag zur Kenntniss der Fulischen Sprache in Afrika. (III, 108 S. mit 1 chromolithogr. Kartenskizze.)
II. —— Proben der Sprache von Ghat in der Sâhărâ mit haussanischer und deutscher Uebersetzung. (IV, 82 S. mit 1 lithogr. Kartenskizze und Facs.)

—— von Nord-Amerika, mit besond. Rücksicht auf die Auswanderung nach dieser Erdgegend. 1. Bd. 5 Hefte oder 25 Nrn. (Bog.) gr. 4. Frankfurt a. M. 857, Auffarth. *
Ist nicht fortgesetzt worden.

Mitteilungen d. K. Normal-Aichungs-Kommission. I. Reihe (No. 1-24). 1886-94. — II. Reihe (No. 1-24). 1895-1908. — III. Reihe (No. 1-14). 1908-12. Berlin 1895-1908-12

— der kaiserl. Normal-Aichungs-Kommission. 1. Reihe. Nr. 1 u. 2. Lex.-8. Berlin 886, Springer. n.n. — 55
1. (16 S.) n.n. — 30. — 2. (S. 17—28.) n.n. — 25

Mittheilungen der kaiserlichen Normal-Aichungs-Kommission. 1. Reihe. Nr. 3. Lex.-8. (S. 29—40.) Berlin 887. Springer. n.n. — 25 (1—3: n.n. — 80)

— der kaiserl. Normal-Aichungs-Kommission. 1. Reihe. Nr. 4—22. 4. (S. 41—290 m. Abbildgn.) Berlin 888—893. J. Springer. n. 5. 35
4. n. — 25. — 5. n. — 25. — 6. n. — 25. — 7. n. — 25. — 8. n. — 40. — 9. n. — 40. — 10. n. — 30. — 11. n. — 30. — 12. n. — 25. — 13. n. — 30. — 14. n. — 25. — 15. n. — 25. — 16. n. — 25. — 17. n. — 20. — 18. n. — 25. — 19. n. — 20. — 20. n. — 40. — 21. n. — 30. — 22. n. — 30.

— der kaiserl. Normal-Aichungs-Kommission. 1. Reihe. Nr. 23, 24 u. Register. Lex.-8. Berlin, J. Springer. n.n. — 70
23. 24. (S. 291—306 m. Abb.) 894. à n. — 20
Register. (XIV S.) 895. n.n. — 30

— dasselbe. 2. Reihe. Nr. 1—7. Lex.-8. Ebd. n.n. 1. 85
1. (12 S.) 895. n.n. — 25. — 2. (S. 13—20.) 895. n. — 20.
3. (S. 21—36.) 896. n.n. — 30. — 4. 5. (S. 37—64 m. Fig.) 896. 97. à n.n. — 30.
6. (S. 65—80 m. Fig.) 897. n.n. — 30. — 7. (S. 81—88.) 898. n. — 20.

— d. kaiserl. Normal-Aichungs-Kommission. 2. Reihe. Nr. 8—14. Lex.-8. Berlin, J. Springer. n.n. 2. —
8. (S. 89—100 m. Abbildgn.) 899. n.n. — 25
9. 10. (S. 101—122 m. Abbildgn.) 899. 900. n.n. — 50
11. 12. (S. 123—156 m. Abbildgn.) 901. 902. n.n. — 70
13. 14. (S. 157—179 m. Abbildgn.) 902. n.n. — 55

— der kaiserlichen Normal-Eichungs-Kommission. 2. Reihe. Nr. 15—20. (S. 181—264 m. Abb.) Lex.-8. Berlin 903—906. J. Springer. n.n. 1. 80

— der kaiserl. Normal-Eichungskommission. 2. Reihe. Nr. 21—24. (S. 265—312 m. Abbildgn.) Lex. 8. Berlin 907. 08. J. Springer. nn 1. 05

— dasselbe. Register. (XVI S.) Lex. 8. Ebd. 908. — 30

— dasselbe. 3. Reihe. Nr. 1—11. (S. 1—166 m. Abb. u. 1 Tab.) Lex. 8. Ebd. 908—10. 3. 35

Mittheilungen über die Nothwendigkeit... die schweizerische Schafzucht zu vermehren und zu veredlen. Surs. 1837.
V: *Geguf, Johann C.* (AarK)

Mitteilungen. – Numismatische Mitteilungen.
Nürnberg: Gebert 1876– 8°
Hrsg.: Carl Friedrich Gebert.

— nützl., für Papier-Fabrikanten, enthaltend eine vollständ. Anweisung zur Bleichung d. rohen Stoffes, so wie der Bereitung der Chlorine rc. u. des Geheimnisses Papier in d. Masse zu leimen. Mit 1 Lithogr. gr. 8. Heilbronn 839. Claß. 5/12 ₰

—— nützliche, f. Papier-Fabrikanten, enth. e. vollständ. Anweis. z. Bleichung d. rohen Stoffes, so wie d. Bereitung d. Chlorine rc. u. d. Geheimnisses Papier in d. Masse zu leimen. Von e. in Deutschland sich aufhalt. Engländer. gr. 8. (1½ B. u. 1 Stnt.) Heilbronn 839, [Landherr.]

Mitteilungen, Oberkärntuer. Allgemeiner Anzeiger für das Oberland. Spittal a. d. Drau (typ. Leon in Klgft., später Nest in Spittal), 1907—. Folio.

—— über Obst- u. Gartenbau. Organ der Sektion f. Obst- u. Gartenbau d. Vereins nassauischer Land- u. Forstwirte zc. Hrsg. v. R. Goethe u. redig. v. R. Mertens. 5.—7. Jahrg. 1890—1892. à Jahrg. 12 Nrn. (Bog.) gr. 8. Wiesb., Bechtold u. Comp. à Jahrg. * 1 50
4. Jahrg. erschien im Selbstverlage d. Obstbauschule Geisenheim a. Rh.

— üb. Obst- u. Gartenbau. Organ der Sektion f. Obst- u. Gartenbau d. Vereins nassauischer Land- u. Forstwirte zc. Hrsg. v. R. Goethe u. red. v. R. Mertens. 6.—9. Jahrg. 1891—1894. à 12 Nrn. (Bog.) gr. 8. Wiesbaden, R. Bechtold & Co. à Jahrg. n. 1. 50

— über Obst- u. Gartenbau. Organ d. nassauischen Landes-Obst- u. Gartenbau-Vereins zc. Hrsg. v. R. Goethe u. red. v. R. Mertens. 10.—13. Jahrg. 1895—1898. à 12 Nrn. (Bog. m. Abb.) gr. 8. Wiesbaden, R. Bechtold & Co. à Jahrg. n. 1. 50

— über Obst- u. Gartenbau. Organ des nassauischen Landes-Obst- u. Gartenbau-Vereins, der königl. Lehranstalt f. Obst-, Wein- u. Gartenbau zu Geisenheim a/Rh. u. v. zahlr. Obst- u. Gartenbau- u. mehreren landw. Vereinen. Hrsg. v. R. Goethe u. geleitet v. E. Junge. 14. u. 15. Jahrg. 1899 u. 1900. à 12 Nrn. gr. 8. (à ca. 16 S. m. Abbildgn.) Geisenheim. Wiesbaden, R. Bechtold & Co. à Jahrg. n. 1. 50

Mitteilungen üb. Obst- u. Gartenbau. Organ d. königl. Lehranstalt f. Obst-, Wein- u. Gartenbau zu Geisenheim a. Rh. Jahrg. 16—31. Wiesb. 1901—16.

— dasselbe. 16. u. 17. Jahrg. 1901 u. 1902. à 12 Nrn. gr. 8. (à ca. 16 S. m. Abb. u. Taf.) Ebd. à Jahrg. n. 1. 75

Mitteilungen der Oderstrombauverwaltung über die Strombauten, die Wasserstände und die Schiffahrtsverhältnisse der Oder. [1.] Für d. J. 1905 u. 1906. Breslau 1907: A. Stenzel. 8° [F.] 08. 1090

Offizielle Mitteilungen (des K. B. Kriegsministeriums) über die Kriegsereignisse 1870/71. München 1870. 1871. 153 Bl.

Mittheilungen, offizielle, des k. bayr. Kriegsministeriums über die Kriegsereignisse. 153 Nrn. à 1 Bl. (in 1 vol.). (München 1871—72.) Gr. 8°. Roth. Maroquinbd.

— f. d. zu d. Lehr- u. Informationskursen d. Infanterie-Schießschule kommand. Offiziere. 8. (13 S.) Berlin 897. E. S. Mittler & Sohn. n. — 20

Mitteilungen für die zu den Lehr- und Informationskursen der Infanterie-Schießschule kommandierten Offiziere. Berlin: E.S.Mittler & Sohn 1904. (18 S.) 8° [F.] 07. 9032 11

— für die zu den Lehr- u. Informationskursen der Infanterie-Schießschule kommandierten Offiziere. (19 S.) 8. Berlin 906. E. S. Mittler & Sohn. n. — 30

— für die zu den Lehr- u. Informationskursen der Infanterie-Schießschule kommandierten Offiziere. (20 S.) 8. Berlin 908. E. S. Mittler & Sohn. — 30

Mittheilungen, ökonomische aus Schlesien. Hrsg. v. d. Grafen Hoverden u. Schulz. 3. u. 4. Jahrg. 1841 u. 42. à 24 Nrn. (Bog.) Mit Stnt. 4. Brieg, Schwartz. à J. Thlr.
1. u. 2. Jahrg., s. Mittheilungen aus d. Verhandlungen u. Arbeiten d. Brieger ökonom. Vereins zc.

—— ökonomische, aus Schlesien. Hrsg. v. Hoverden u. Schulz. 5. u. 6. Jahrg. 1843 u. 1844. à 24 Nrn. (Bog.) 4. Brieg, Schwartz. à J.

—— aus Oldenburg. Ein vaterländ. Unterhaltungsblatt üb. alle Gegenstände aus d. gesellschaftl. Leben, den Künsten u. d. Literatur. Redakt.: Strackerjan. 6—13. Jahrg. 1840—47. à 52 Nrn. (½ B.) Mit Beilagen. gr. 4. Oldenburg, Schulze'sche Buchh. à J. *
1—5. Jahrg. 1835—39. Ebendas. à J. * 1 Thlr. 15 Ngr.

—— aus Oldenburg. Ein vaterländ. Unterhaltungsblatt über alle Gegenstände aus dem gesellschaftl. Leben, den Künsten und der Literatur. 14. Jahrg. 1848. 52 Nrn. (½ Bog.) gr. 4. Oldenburg, Schulze'sche Buchh. Thlr. *

—— aus Oldenburg, z. Beförderung angenehmer Unterhaltung. Redig. v. dems. 4. u. 5. Jahrg. 1838 u. 39. à 52 Nrn. (½ Bog.) gr. 4. Ebds. à J. *

— aus Oldenburg zur Beförderung angenehmer Unterhaltung. Red. v. C. F. Strackerjan. 6.—12. Jahrg. 1840—1846. gr. 4. Oldenburg, Schulze. à n. 1½ ℛ︀

—aus Oldenburg über das Theater u. andere Gegenstände d. Unterhaltung. Redig. vom Oberamtmann Strackerjan. 1r—5r Jahrg. 1835—39. 52 Numm. gr. 4. Oldenburg, Schulze. (à n. 1½ ℛ︀) 7½ ℛ︀

— aus dem Orient. Hrsg. vom deutschen Hülfsbund f. christl. Liebeswerk im Orient. Zentrale Frankfurt a. M. (Hrsg.: Lohmann.) 1.—5. Jahrg. Oktbr. 1898—Septbr. 1903. à 12 Hfte. 4. (à ca. 8 S. m. Abbildgn.) Frankfurt a/M. (Bonn, J. Schergens.) à Jahrg. n. 1. 50

— aus dem Orient. Hrsg. vom deutschen Hülfsbund f. christl. Liebeswerk im Orient. Zentrale, Frankfurt a. M. (Hrsg.: Lohmann.) 6. u. 7. Jahrg. Oktbr. 1903—Septbr. 1905. à 12 Hefte. (à ca. 16 S. m. Abbildgn.) Lex.-8. Frankfurt a/M. Verlag Orient. à Jhrg. n. 1. 50
Fortsetzg., s.: Sonnen-Aufgang.

MITT(H)EILUNGEN DER DEUTSCHEN ORIENT-GESELLSCHAFT ZU BERLIN.
No. 1. Mai 1898 bis März 1899. (Berlin. Druck von H. S. Hermann.) (Ohne bes. Titelblatt.) 8°.
No. 2. März bis Mai 1899. (ib. —.)
No. 3. Mai bis November 1899. (ib. —.)
No. 4. Januar bis März 1900. (ib. —.)
No. 5. März bis November 1900. (Leipzig. Druck von W. Drugulin.)
No. 6. September 1900. (Berlin. Druck von H. S. Hermann.)
No. 7. Dezember 1900 bis Februar 1901. (Leipzig. Druck von W. Drugulin.)
No. 8. März bis Juli 1901. (Mit Tafeln.) (ib. —.)
No. 9. August bis Oktober 1901. (ib. —.)
No. 10. Oktober bis November 1901. (ib. —.)
No. 11. November 1901 bis März 1902. (ib. —.)
No. 12. April 1902. (ib. —.)
No. 13. Mai 1902. (Druck von H. S. Hermann.)
No. 14. September 1902. (Mit Tafeln.) (ib. —.)
No. 15. November 1902. (ib. Druck von W. Drugulin in Leipzig.)
No. 16. November 1902 bis April 1903. (Mit 1 Tafel.) (Berlin. Druck von H. S. Hermann.)
No. 17. August 1903. (Mit Tafeln.) (ib. —.)
No. 18. September 1903. (Mit Tafeln.) (ib. —.)
No. 19. November 1903. (Mit 1 Tafel.) (ib. —.)
No. 20. Dezember 1903. (ib. —.)
No. 21. März 1904. (ib. —.)
No. 22. Juni 1904. (Mit 1 Karte.) (ib. —.)
No. 23. September 1904. (Mit Tafeln.) (ib. —.)
No. 24. September 1904. (ib. —.)
No. 25. November 1904. (ib. —.)
No. 26. April 1905. (Mit Tafeln.) (ib. —.)
No. 27. Mai 1905. (Mit Tafeln.) (ib. —.)
No. 28. September 1905. (Mit 1 Tafel und 1 Karte.) (ib. —.)
No. 29. Dezember 1905. (Mit Tafeln.) (ib. —.)
No. 30. Mai 1906. (ib. —.)
No. 31. Mai 1906. (Mit Tafeln.) (ib. —.)
No. 32. November 1906. (Mit 1 Karte.) (ib. —.)
No. 33. Juni 1907. (Mit Tafeln.) (ib. —.)
No. 34. September 1907. (Mit Tafeln.) (ib. —.)
No. 35. Dezember 1907. (ib. —.)

No. 36. März 1908. (Mit Abbildungen) (ib. —.)
No. 37. August 1908. (Mit Abbildungen.) (ib. —.)
No. 38. Dezember 1908. (Mit Abbildungen.) (ib. —.)
No. 39. Dezember 1908. (Mit Abbildungen.) (ib. —.)
No. 40. Mai 1909. (Mit Abbildungen.) (ib. —.)
No. 41. Dezember (Mit Abbildungen.) (ib. —.)
No. 42. Dezember 1909. (Mit Abbildungen.) (ib. —.)
No. 43. Mai 1910. (Mit Abbildungen.) (ib. —.)
No. 44. November 1910. (Mit Abbildungen. (ib. —.)
No. 45. Juni 1911. (Mit Abbildungen.) (ib. —.)
No. 46. November 1911. (Mit Abbildungen.) (ib. —.)
No. 47. Dezember 1911. (Mit Abbildungen.) (ib. —.)
No. 48. Juni 1912. (Mit Abbildungen.) (ib. —.)
No. 49. Oktober 1912. (Mit Abbildungen.) (ib. —.)
No. 50. Oktober 1912. (Mit Abbildungen.) (ib. —.)

— der deutschen Orient-Gesellschaft zu Berlin. Nr. 1—20. gr. 8. Berlin (W. 10, Victoriastr. 33) 898—903. Verlag der Gesellschaft. Nicht im Handel.

— der deutschen Orient-Gesellschaft zu Berlin. Nr. 21—39. gr. 8. Berlin (W. 30, Nollendorfpl. 1) 907—08. Verlag der Gesellschaft. Nicht im Handel.

MITTHEILUNGEN AUS DEM OSTERLANDE. Gemeinschaftlich herausgegeben von dem Kunst- und Handwerks-Vereine, der Naturforschenden und der Pomologischen Gesellschaft zu Altenburg.
Bd. 1—5. (Mit Tabellen.) Altenburg 1837—1841. Comm. der Schnuphase schen Buchh. 8°.

MITTHEILUNGEN AUS DEM OSTERLANDE. Gemeinschaftlich herausgegeben von dem Kunst- und Handwerks-Vereine, der Naturforschenden und der Pomologischen Gesellschaft und vom Landwirthschaftlichen Vereine zu Altenburg.
Bd. 6—10. (Mit Tafeln und Tabellen.) ib. 1842—1849. —

MITTHEILUNGEN AUS DEM OSTERLANDE. Gemeinschaftlich herausgegeben von dem Kunst- und Handwerks-Vereine, von der Naturforschenden Gesellschaft und vom Landwirthschaftlichen Vereine zu Altenburg.
Bd. 11—14. (Mit Tafeln und Tabellen.) ib. 1852—1859. —

MITTHEILUNGEN AUS DEM OSTERLANDE. Gemeinschaftlich herausgegeben vom Kunst- und Handwerks-Vereine und von der Naturforschenden Gesellschaft zu Altenburg.
Bd. 15—16. (Mit Tabellen.) ib. 1861—1864. —

MITTHEILUNGEN AUS DEM OSTERLANDE. Gemeinschaftlich herausgegeben vom Gewerbe-Vereine, von der Naturforschenden Gesellschaft und dem bienenwirthschaftlichen Vereine zu Altenburg.
Bd. 17—19. Heft 1 und 2. (Mit Tafeln und Tabellen.) ib. 1866—1869. —

MITTHEILUNGEN AUS DEM OSTERLANDE. Gemeinschaftlich herausgegeben vom Gewerbe-Vereine, von der Naturforschenden Gesellschaft und der Pomologischen Gesellschaft zu Altenburg.
Neue Folge. Bd. 1. ib. 1880. Druck der Hofbuchdruckerei.

MITTHEILUNGEN AUS DEM OSTERLANDE. Herausgegeben von der Naturforschenden Gesellschaft des Osterlandes zu Altenburg.
Neue Folge. Bd. 2. (Mit Tafeln.) Altenburg 1884. Druck der Hofbuchdruckerei. 8°.

MITTHEILUNGEN AUS DEM OSTERLANDE. HERAUSGEGEBEN VON DER NATURFORSCHENDEN GESELLSCHAFT DES OSTERLANDES zu Altenburg (später: i. S.-A.).
Neue Folge. Bd. 3. (Mit 2 Tafeln.) Altenburg 1886. Druck der Hofbuchdruckerei. — 4. ib. 1888. — 5. Zugleich FESTSCHRIFT ZUR FEIER DES 75JÄHRIGEN BESTEHENS DER NATURFORSCHENDEN GESELLSCHAFT DES OSTERLANDES. Hierzu 3 Tafeln und 2 Abbildungen im Texte. ib. 1892. In Komm. der Schnuphaseschen Hofbuchhandlung (Max Lippold). — 6. (Der ganzen Reihe Bd. 25.) ib. 1894. — 7. (Der ganzen Reihe Bd. 26.) ib. 1896. — 8. (Der ganzen Reihe Bd. 27.) ib. 1898. — 9. (Der ganzen Reihe Bd. 28.) ib. 1900. — 10. (Der ganzen Reihe Bd. 29.) ib. 1902. — 11. (Der ganzen Reihe Bd. 30.) ib. 1905. — 12. (Der ganzen Reihe Bd. 31.) (Mit Tabellen.) ib. 1906. — 13. (Der ganzen Reihe Bd. 32.) Inhalt: BIBLIOGRAPHIE der in den Tauschschriften der Naturforschenden Gesellschaft des Osterlandes enthaltenen naturwissenschaftlichen Arbeiten in deutscher Sprache aus den Jahren 1875—1905. Von ERNST KIRSTE. — Beitrag zur Reptilien- und Amphibien-Fauna des Herzogtums Sachsen-Altenburg. Von HUGO HILDEBRANDT. ib. 1908. —

— aus dem Osterlande. Gemeinschaftl. herausg. von d. Kunst- u. Handwerks-Vereine, der Naturforschenden u. der pomologischen Gesellschaft zu Altenburg. 1s—4s Vierteljahrsheft 1837 u. 1838. 4 Hfte. od. 2r Bd. u. 3r Bd. 1s Hft. 1839. gr. 8. Altenburg, (Schnuphase.) 1837 à Hft. 1/6 ℔, 1838 à Hft. 5 gr. III. 1s Hft. 7 gr.

— aus dem Osterlande. Gemeinschaftlich hrsg. vom Kunst- u. Handwerks-Vereine v. der Naturforschenden u. der Pomologischen Gesellschaft u. vom Landwirthschaftlichen Vereine zu Altenburg. 3. Bd. 2—4. Hft. u. 4—12. Bd. à 4 Hfte. gr. 8. Altenburg 839—52, Schnuphase. à Bd. n. 1 ℔

— aus dem Osterlande. Gemeinschaftlich herausg. vom Kunst- und Handwerks-Vereine, von der Naturforschenden Gesellschaft und vom Landwirthschaftlichen Vereine zu Altenburg. 13. Bd. 4 Hefte (à 4—5 Bgn. m. Tab. in Fol.). Altenburg 855, 56. Schnuphase in Comm. gr. 8. n. 1 ℔.

— aus dem Osterlande. Gemeinschaftlich herausg. vom Kunst- und Handwerks-Vereine, von der Naturforschenden Gesellschaft und vom Landwirthschaftlichen Vereine zu Altenburg. 14. u. 15. Bd. à 4 Hefte (à 4—5 Bgn. m. Tab.). Altenburg 858—61. Schnuphase in Comm. gr. 8. Jeder Bd. n. 1 ℔

— aus dem Osterlande. Gemeinschaftlich hrsg. vom Kunst- u. Handwerks-Vereine u. v. der Naturforschenden Gesellschaft in Altenburg. 15—16. Bd. gr. 8. Altenburg 861—68. Schnuphase in Comm. à n. 3. —
15. (IV, 278 S. m. 8 Tab. in qu. Fol.) — 16. (IV, 248 S. m. 13 Taf. in qu. Fol.) — 17. (IV, 220 S. m. 1 Steintaf. u. 8. Tab. in qu. Fol.) — 18. (IV, 216 S. m. 1 Steintaf. u. 6 Tab. in qu. Fol.)

— dasselbe. 19. Bd. 4 Hfte. gr. 8. (1. u. 2 Hft. S. 1—72 m. 1 Steintaf. in 4 u. 12 Tab. in gr. 4. u. qu. Fol.) Ebend. 869. n. 3. —

— aus dem Osterlande. Gemeinschaftlich hrsg. vom Gewerbe-Vereine, von der Naturforsch. Gesellschaft u. der Pomolog. Gesellschaft zu Altenburg. Neue Folge. 1. Bd. gr. 8. (114 S.) Altenburg 880. (Schnuphase.) n. 1. —

— aus dem Osterlande. Hrsg. v. der naturforsch. Gesellschaft d. Osterlandes zu Altenburg. Neue Folge. 2.—4. Bd. gr. 8. Altenburg, (Schnuphase). à n. 1. 50
2. (64 S. m. 2 Taf.) 884. — 3. (124 S.) 886. — 4. (III, 144 S.) 888.

— dasselbe. Neue Folge. 5. Bd. Zugleich Festschrift zur Feier d. 75jähr. Bestehens der Naturforsch. Gesellschaft d. Osterlandes. gr. 8. (III, 528 S. m. 2 Textabbildgn. u. 3 Taf.) Ebd. 892. n. 5. —

— aus d. Osterlande. Hrsg. v. d. naturforsch. Gesellschaft d. Osterlandes zu Altenburg i. S.-A. Neue Folge. 6. u. 7. Bd. (Der ganzen Reihe 25. u. 26. Bd.) gr. 8. Altenburg (Schnuphase). n. 3. 50
8. (III, 220 S.) 894. n. 1. 50. — 7. (III, 125 S.) 896. n. 2. —

— aus dem Osterlande. Hrsg. v. der naturforsch. Gesellschaft des Osterlandes zu Altenburg i. S.-A. Neue Folge. 8.—10. Bd. (Der ganzen Reihe 27.—29. Bd.) gr. 8. Altenburg (Schnuphase). n. 4. —
8. (III, 84 S.) 898. n. 1. —. — 9. (III, 82 S.) 900. n. 1. —. — 10. (III, 105 S.) 902. n. 2. —.

— aus dem Osterlande. Hrsg. v. der naturforsch. Gesellschaft des Osterlandes zu Altenburg, S.-A. Neue Folge. 11. u. 12. Bd. (Der ganzen Reihe 30. u. 31. Bd.) (III, 81 S. u. III, 82 S. m. 4 Tab.) gr. 8. Altenburg 905. 906. (Schnuphase.) à n. 1. —

Mitteilungen aus dem Osterlande. Hrsg. v. der naturforsch. Gesellschaft d. Osterlandes zu Altenburg, S.-A. Neue Folge. 13. Bd. (Der ganzen Reihe 32. Bd.) (VIII, 117 S.) gr. 8. Altenburg 908. (Schnuphase.) 2. —

Mittheilungen. – Pädagogische Mittheilungen Eine Zeitschrift. St. 1 2 Berlin Hitzig 1809 Hrsg. Joh Fr. Wilh. Himly.

—— pädagogische. Hrsg. vom Vereine der Lehrerinnen und Erzieherinnen in Oesterreich. Redig. von Marie Schwarz. 1. Jahrg. 1878. 24 Nrn. (à 1—1½ Bog.) Lex.-8. Wien, Bloch und Hasbach. *
Nicht weiter erschienen.

— pädagogische, f. Eltern u. Lehrer aus Literatur u. Leben. Herausg. von Doris Lütkens, geb. v. Cossel. 2. Jahrg. 1847. Mit dem Beiblatt: Kinder-Unterhaltung. 24 Nrn. gr. 8. (à 1½ B.) Hamburg, Herold. n. 2 ℛ 12 ngr

—— dass. — Fortsetzung, s. Kinder, unsere.

— Pädagogische u. Literarische, nebst Nachrichten über das Domgymnasium zu Magdeburg. Herausg. v. Dr. J. A. Matthias. 11. Zweites Scherflein zur Förderung der Kenntniß älterer deutscher Mundarten u. Schriften, von F. Wiggert. gr. 8. Magdeburg 836. Heinrichshofen. n. ⅓ ℛ

Mitteilungen des Diöcesan-Cäcilienvereines Paderborn Als Manuskript gedruckt. ([Ab 9 1908:] Die Kirchenmusik. Zugleich Mitteilungen des Diöcesan-Cäcilienvereins Paderborn) (No. 1 1 Januar 1900) Paderborn Verlag des Diöcesan-Cäcilienvereins. Jahrgang 1.1900 – 11 1910 Herausgegeben vom Vorstande.

—— palaeontologische, aus dem Museum des königl. bayer. Staates, s.: Oppel, Alb.

— palaeontologische, aus d. Museum d. kgl. bayer. Staates, s.: Palaeontographica.

— palaeontologische, aus dem Museum d. königl. bayer. Staates. Hrsg. v. Karl Alfr. Zittel. 2. Bd. 2. u. 3. Abth. gr. 8. Kassel 871—74. Fischer. à n. 44. —
Die Fauna der ältern Cephalopoden führenden Tithonbildungen. (15 Steintaf. in Tondr. u. Text in Lex. 8. IX u. S. 120—310.)
3. Die Gastropoden der Stramberger Schichten. gr. Fol. (13 Steintaf. in Tondr. u. Text in Lex-8. VIII u. S. 311—491.)
Erschien auch als Suppl. zu: Palaeontographica.

— palaeontologische, aus dem Museum d. königl. bayer. Staates. Hrsg. v. Karl Alfr. Zittel. 2. Bd. 4. Abth. gr. 8. Kassel 883. Fischer. n. 80. —
Palaeontologische Studien üb. die Grenzschichten der Jura- u. Kreide-Formation im Gebiete der Karpathen, Alpen u. Apenninen. 4. Abth. Die Bivalven der Stramberger Schichten v. Geo. Boehm. Mit Atlas v. 18 Steintaf. in Fol. (VIII u. S. 493—680.)
Erschien auch als Suppl. zu: Palaeontographica.

— dasselbe. 3. Bd. 1. Abth. Lex-8. Ebend. 884. n. 24. — (I—III, 1.: n 272. —)
Die Echiniden der Stramberger Schichten v. Gustave Cotteau. Mit Atlas in Fol. (5 Steintaf.) (VI, 40 S.)
Erschien auch als Suppl. II, 5 zu: Palaeontographica.

— — des deutschen Palaestina-Vereins, s.: Zeitschrift des deutschen Palaestina-Vereins.

Mittheilungen aus den nachgelassenen Papieren eines Preussischen Diplomaten. Berlin 1868. V: *Schladen, Carl Friedrich Gottlieb von.* H: *Ledebur, Leopold von.* (Kat. d. Bibl. d. dtsch. Reichstages. Berl. 1882.)

— aus den nachgelassenen Papieren eines preussischen Diplomaten hersg. von dessen Neffen L. v. L. 1. Bd. Berlin 868. Kortkampf. gr. 8. (IV, 395 S.) n. 2 ℛ

Mittheilungen aus den Papieren eines Sächsischen Staatsmanns. Camenz 1859. 2. Aufl. Dresden 1864. V: *Zezschwitz, Joseph Friedrich von.* (Kat. d. Bibl. d. dtsch. Reichstages. Berlin 1882.) (Dn) (KA) (ADB 37, 758) (Ky) H: *Zezschwitz, Jos. Wald. v.* (Ky)

—— aus den Papieren eines sächsischen Staatsmannes (Jos. v. Zezschwitz.) (Hrsg. von Jos. Woldem. v. Zezschwitz.) gr. 8. (VIII und 562 S.) Camenz 858, (Krausche.) *

— aus den Papieren eines Sächsischen Staatsmannes (Joh. v. Zezschwitz). (Hersg. v. Jos. Woldem. v. Zezschwitz.) 2. (Titel-)Aufl. Dresden (858)64. (Zeh.) gr. 8. (VIII, 562 S.) n. 1 ℛ 10 ngr.

— aus den Papieren e. sächsischen Staatsmannes, 3. Aufl., s.: Zezschwitz, Joseph v.

Mitteilungen über Parsons-Dampfturbinen (nach Angaben von Herrn Ingenieur E[rnst] Vannotti in Baden). Mit 15 Abbildungen. Sonder-Abdruck aus der «Schweizerischen Bauzeitung» Band 39 Nr. 22 und 23. II + 8 S. 4. Zürich, Ed. Rascher's Erben, 1902. [fr 1. —]

—— üb. die vom 5—7. Juni 1844 in Berlin gehaltene Pastoral-Conferenz nebst einigen Beilagen. gr. 8. (4¼ B.) Berlin, Müller's Verlag. *

Mittheilungen aus dem Kaiserlichen Patentamt, Anmeldestelle für Gebrauchsmuster. Jg. 1—4. 1891—1894. Berlin
Mit Anzeigen-Beilage zu Jg. 2—4.

— aus dem kaiserl. Patentamt, Anmeldestelle f. Gebrauchsmuster. 1. Jahrg. Oktbr.—Dezbr. 1891. 13 Nrn. (Bog.) hoch 4. Berlin, C. Heymanns Verl. n. 4. —

— dasselbe. 2.—4. Jahrg. 1892—1894. à 52 Nrn. (Bog.) hoch 4. Ebd. à Jahrg n. 12. —

— des deutschen Patriotenbundes zur Errichtung e. Völkerschlacht-Denkmals bei Leipzig. Red.: Clem. Thieme. 1. Jahrg. Novbr. 1894—Oktbr. 1895. 12 Nrn. (½ Bog.) gr. 4. Leipzig, An der Pleiße 12, Geschäftsstelle des deutschen Patriotenbundes. n.n 2.

— d. deutschen Patriotenbundes zur Errichtung eines Völkerschlacht-Denkmals bei Leipzig. Schriftleitg.: Alfr. Spitzner. 2.—4. Jahrg. Novbr. 1895—Oktbr. 1898. à 12 Nrn. (Bog. m. Abb.) gr. 4. Leipzig (An der Pleiße 12), Geschäftsstelle d. deutschen Patriotenbundes. à Jahrg. n.n. 2. —

— dasselbe, Fortsetzg., s.: Patriot, der.

Mittheilungen. Dr A. Petermanns. aus Justus Perthes geographischer Anstalt. Bd. 1 -42. Gotha 1855—96. 4. Ergänzungsheft 1—118.

Mittheilungen, Petermann's, aus J. Perthes' geographischer Anstalt. Herausg. von E. Behm und M. Lindeman. Bd. 25. 1879. — Herausg. von E. Behm. Bd. 26—30, 1—3. 1880—84 Jan.-Sept. — Herausg. von A. Supan. Bd. 30, 4 — Bd. 40. 1884 Oct.— 94 u. Erg.-Bd. 13—24 = Erg.-H. 57—112 u. Geographischer Literatur-Bericht. Gotha. 4.

Inhaltsverzeichniss von Petermanns „Geographischen Mittheilungen" Nebst Uebersichtskarten der in denselben enthaltenen einzelnen Karten und Pläne. 1855 – 1864 1865 – 1874. 1875 — 1884. 1885 — 1894 Gotha 1865. 1877 1886. 1897 4 Bde 4° [Z 23

Inhaltsverzeichnis von Petermanns Geographischen **Mitteilungen.** 1895—1904. ⟨10 Jahresbände und 8 Ergänzungsbände⟩ Nebst 11 Kärtchen auf 2 Taf. Gotha. 1907. 4°

Mitteilungen zur Wittener Pfarrer-Frage. 5. Aufl. gr. 8. (50 S.) Witten 896. (Krüger.) — 30

Mitteilungen des Pfarrvereins der hannoverschen Landeskirche. Jg. 1. Osterode/Harz Pfarrverein 1895–1907 8° Fortges. u.d.T Hannoversches Pfarrervereinsblatt. 1908ff.

Mittheilung aus die Pferdezüchter v. königl. Landstallamt zu Moritzburg. 7—12. 1886—1891. Dresden.

— über Pflanzenkrankheiten im Grossherzogt. Hessen u. deren Bekämpfung, üb. angewandte Botanik u. verwandte Gebiete. Aus dem Laboratorium f. angewandte Botanik v. Wilh. Zang. 1. Jahrg. 1909. ca. 12 Nrn. (à ca. 16 S.) 8. Darmstadt (Rossdörferstr. 42, I), Dr. Wilh. Zang. 4. 80

— aus dem Pflanzen- und Steinreiche für den naturgeschichtlichen Unterricht in den Oberklassen der deutschen Schulen. Von einem Volksschullehrer. Nürnberg 854. Raw. gr. 8. (VI, 74 S.) n. 5 ngr.

Mitteilungen der Pflanzenschutzstelle der Landwirtschaftskammer für d. Provinz Ostpreußen. 1/2. Königsberg i. Pr. (Gräfe & Unzer) 1908. 8° [F.]
— Arbeiten d. Landwirtschaftskammer f. d. Prov. Ostpreußen. No 20.
[a8. 6649 10

Phänologische Mitteilungen Hrsg E. Joh. Ihne Jg 1907-1945 - (M n. ersch.)

Mitteilungen. – Phaenologische Mitteilungen. Von E. Ihne in Darmstadt (1.) (Jg. 1907.) Darmstadt Landwirtschaftskammer f. d. Großh. Hessen 1908 8°
= Arbeiten d. Landwirtschaftskammer f. d. Großherzogt. Hessen. H. 1

Mitteilungen des Berliner Philatelisten-Klub. Jg. 1ff München Philatelistenklub 1883ff 8°

Kaiserliche Akademie der Wissenschaften in Wien.

Mitteilungen der Phonogramm-Archivs-Kommission.

Diese Mitteilungen erscheinen als Separatabdrücke aus den Sitzungsberichten und Anzeigern beider Klassen. Sie sind auch unter dem Namen der Autoren zu finden.

Nr. 1. **Bericht** über die Arbeiten der von der Kaiserlichen Akademie der Wissenschaften in Wien eingesetzten Kommission zur Gründung eines Phonogramm-Archivs erstattet in der Gesamtsitzung am 13. Juli 1900. (Beilage zum Anzeiger der mathematisch-naturwissenschaftlichen Klasse 1900.) vgr.
„ 2. **Exner** Sigmund Dr. Bericht über den Stand der Arbeiten der Phonogramm-Archivs-Kommission erstattet in der Gesamtsitzung vom 11. Juli 1902. Beilage zum Anzeiger der philosophisch-historischen Klasse 1902. Nr XX vgr.
„ 3. **Hauser** Fritz. [illegible] am Archivphonographen mit 2 Textfiguren. S/B 112. IIa. 1307 K —30
„ 4. **Kreidl** Alois Dr. und **Regen** Johann Dr. Physiologische Untersuchungen über Tierstimmen. 1. Mitteilung. [illegible] mit 1 Tafel. S B 114. III. [illegible] „ —70
„ 5. **Exner** Felix M. Dr. und **Poech** Rudolf Dr. Phonographische Aufnahmen in Indien und in Neuguinea. S B 114. IIa. 897 —20
„ 6. **Hauser** Fritz. Die [illegible] der Modell-Archivplatte. S B 114. IIa. 905 „ —30
„ 7. **Hauser** Fritz. [illegible] Gebrauchsanweisung für die Type III des Archivphonographen. S B 114. II [illegible] „ —20
„ 8. **Hauser** Fritz. Ein Apparat zur Kopierung phonographischer Schrift von Edison-Walzen auf die Platten des Archivphonographen mit 4 Textfiguren. S B 115. IIa. 779 „ —20
„ 9. **Trebitsch** Rudolf Dr. Phonographische Aufnahme der Eskimosprache ausgeführt von Dr. Rudolf Trebitsch und Dr. Gustav Stiaßny im Sommer 1906 mit 2 Tafeln. S B 115. I. 1677 „ 1.10
„ 10. **Poech** Rudolf Dr. Zweiter Bericht über meine phonographischen Aufnahmen in Neu-Guinea (Britisch-Neuguinea) vom 7. Oktober 1905 bis zum 1. Februar 1906 (mit 1 Tafel und 3 Textfiguren). S B 116. IIa. 801 „ —80
„ 11. **Seemüller** Josef Dr. Deutsche Mundarten. I. S C 158 4 „ —70
„ 12. **Trebitsch** Rudolf Dr. Phonographische Aufnahmen der irischen Sprache in Irland und einiger Musikinstrumente in Irland und Wales. Aus dem Anzeiger der philosophisch-historischen Klasse 1908. Nr. V vgr.
Nr. 13. **Kirste** Johann Dr. Die altindischen Platten. S C 160 1 K —.35
„ 14. **Hauser** Fritz. Eine Methode zur Aufzeichnung phonographischer Wellen (mit 3 Textfiguren). S B 117. IIa. 143 „ —.35
„ 15. **Seemüller** Josef Dr. Deutsche Mundarten. II. S C 161 6 „ —.90
„ 16. **Hauser** Fritz. Mitteilung über einen Apparat zur Kopierung phonographischer Schrift von den Platten des Archivphonographen auf Edison-Walzen. Aus dem Anzeiger der mathematisch-naturwissenschaftlichen Klasse 1908. Nr. XXIV vgr.
„ 17. **Trebitsch** Rudolf Dr. Phonographische Aufnahmen der bretonischen Sprache und zweier Musikinstrumente in der Bretagne ausgeführt im Sommer 1908. Aus dem Anzeiger der philosophisch-historischen Klasse 1908. Nr XXVI vgr.
„ 18. **Trebitsch** Rudolf Dr. Phonographische Aufnahmen der welschen Sprache in Wales, der Manxschen Sprache auf der Insel Man, der gälischen Sprache in Schottland und eines Musikinstrumentes in Schottland ausgeführt im Sommer 1909. Aus dem Anzeiger der philosophisch-historischen Klasse 1909. Nr XXVI. vgr.
„ 19. **Pollak** Hans Wolfgang Dr. Phonetische Untersuchungen. I. Zur Satzkadenz im deutschen Aussagesatz (mit 31 Textfiguren). S C 164 5 „ 2.20
„ 20. **Seemüller** Josef Dr. Deutsche Mundarten. III. S C 167 3 „ 1.50
„ 21. **Pollak** Hans Wolfgang Dr. Bericht über phonographische Aufnahmen in Schweden von Juli bis Oktober 1910. Aus dem Anzeiger der philosophisch-historischen Klasse 1911. Nr XI vgr.
„ 22. **Pollak** Hans Wolfgang Dr. Proben schwedischer Sprache und Mundart. I. S C 170/2 „ 2.10
„ 23. **Felber** Erwin Dr. Die indische Musik der vedischen und der klassischen Zeit. Studie zur Geschichte der Rezitation. Nach den Platten des Phonogramm-Archives der Kais. Akademie. Mit Texten und Übersetzungen von Dr. Bernhard Geiger. S C 170 7 „ 4.90
„ 24. **Benndorf** Hans Dr. und **Poech** Rudolf Dr. Zur Darstellung phonographisch aufgenommener Wellen (mit 1 Tafel und 4 Textfiguren). 1. Verbesserungen an dem Apparate zur Schreibung phonographischer Wellen von Dr. Rudolf Poech. 2. Über die Auswertung der Diagramme des Apparates zur Schreibung phonographischer Wellen von Dr. Hans Benndorf. S B 120. IIa. 1811 vgr.
„ 25. **Herzog** Eugen. Französische Phonogrammstudien. I. S C 169 6 „ —.60
„ 26. **Oost**, Pater van, Miss. Chansons populaires chinoises de la région Sud des Ortos sur la lisière de la grande muraille entre Iu-lin et Hoa-ma-tch'e. Sonderabdruck aus der internationalen Zeitschrift für Völker- und Sprachenkunde „Anthropos" Band VII 1912. Druck und Verlag der Mechitharisten-Buchdruckerei in Wien.
„ 27. **Pfalz** Anton Dr. Deutsche Mundarten. IV. Die Mundart des Marchfeldes. S C 170 6 „ 2.10
„ 28. **Réthi** Leopold Dr. Phonographische Untersuchung der Konsonanten (mit 3 Tafeln). S B 121. IIa. 1 [illegible] vgr.
„ 29. **Poech** Rudolf Dr. Beschreibung und Gebrauchsanweisung zur Type IV des Archivphonographen (mit 4 Textfiguren). S B 121. IIa. 1575 vgr.
„ 30. **Murko** Matthias Dr. Bericht über phonographische Aufnahmen epischer, meist [illegible] Volkslieder im nordwestlichen Bosnien im Sommer 1912. Aus dem Anzeiger der philosophisch-historischen Klasse 1913. Nr. VIII „ —.50
„ 31. **Biro** L. A. Dr. Magyarische Sprach- und Gesangaufnahmen. S C 173 6 „ —.90
„ 32. **Poech** Rudolf Dr. Beschreibung einer [illegible] Type des Archiv-Phonographen mit Motorantrieb und Repetiervorrichtung (mit 2 Textfiguren). S/B 122. IIa. 1259 „ —.50
„ 33. **Fröschels** Emil Dr. Untersuchung über einen eigenartigen japanischen Sprachlaut (mit 4 Textfiguren). S B 122. III. 203 „ —.60
„ 34. **Trebitsch** Rudolf Dr. Baskische Sprach- und Musikaufnahmen. Aus dem Anzeiger der philosophisch-historischen Klasse 1914. Nr. XI „ —.90
„ 35. Unter der Presse
„ 36. **Groeger** Otto Dr. Schweizer Mundarten. Im Auftrage der leitenden Kommission des Phonogramm-Archivs der Universität Zürich. S C 176 3 „ 2.60

— photographische. Organ des photograph. Vereins zu Berlin. Hrsg. und redig. von Herm. Vogel. 1. Jahrg. 1864. April bis Decbr. Nr. 1—9. (à 1—2 Bog.) gr. 4. Berlin, Gerschel's Verlagsh. [Oppenheim.] *

— dass. — 2. und 3. Jahrg. 1865 und 1866. à Jahrg. 12 Nrn. (Nr. 10—36.) (à 1—2 Bog.) gr. 4. Ebendas. à Jahrg. *

— dass. — Zeitschrift des deutschen Photographen-Vereins. Hrsg. von Herm. Vogel. 4. Jahrg. 1867. 12 Nrn. (Nr. 37—48.) (à ca. 2 Bog. mit Photogr.) gr. 8. Ebendas. *

— photographische. Zeitschrift des deutschen Photographen-Vereins. Hrsg. von Herm. Vogel. 5. und 6. Jahrg. April 1868—März 1870. à Jahrg. 12 Nrn. [Nr. 49—72.] (à ca. 2 Bog. mit Photogr.) gr. 8. Berlin, Oppenheim. à Jahrg. *
— dass. — Zeitschrift des Vereins zur Förderung der Photographie. Hrsg. von Herm. Vogel. 7.—11. Jahrg. April 1870—März 1875. à Jahrg. 12 Nrn. [Nr. 73—132.] (à ca. 2 Bog. mit eingedr. Holzschn. und Photogr.) gr. 8. Ebendas.
7. und 8. Jahrg. à *
9. und 10. Jahrg. à *
11. Jahrg. *

Mittheilungen, photographische. Zeitschrift des Vereines zur Förderung der Photographie. Hrsg. von Herm. Vogel. 12.—16. Jahrg. April 1875 — März 1880. à Jahrg. 12 Nrn. [Nr. 133—192.] (à ca. 2 Bog. mit eingedr. Holzschn. und Photogr.) gr. 8. Berlin, Oppenheim. à Jahrg. *

— photographische. Zeitschrift des Vereins zur Förderung der Photographie. Hrsg. von Herm. W. Vogel. 17. und 18. Jahrg. April 1880—März 1882. à Jahrg. 12 Hefte. (à Heft ca. 2 Bog. mit eingedr. Holzschn. und Photogr.) gr. 8. Berlin, Oppenheim. à Jahrg. *
— dass. — 19.—21. Jahrg. April 1882—März 1885. à Jahrg. 24 Hefte. (à Heft 3/4—1 Bog. mit eingedr. Holzschn. und Photogr.) gr. 8. Ebendas. à Jahrg. *

— photographische. Zeitschrift des Vereines zur Förderung der Photographie. Hrsg. von Herm. W. Vogel. 22.—24. Jahrg. April 1885—März 1888. à Jahrg. 24 Hefte. (à Heft 3/4 – 1 Bog. mit eingedr. Holzschn. und Photogr.) gr. 8. Berlin, Oppenheim. à Jahrg. *

—— dass. — für Fachmänner und Liebhaber. Zeitschrift des Vereines zur Förderung der Photographie in Berlin etc. Hrsg. von Herm. W. Vogel. 25. Jahrg. April 1888—März 1889. 24 Hefte. (à Heft 3/4—1 Bog. mit eingedr. Holzschn. und Photogr.) gr. 8. Ebendas. *

—— photographische, f. Fachmänner u. Liebhaber. Zeitschrift d. Vereines zur Förderg. der Photographie etc. Hrsg. v. H. W. Vogel u. E. Vogel. 26.—29. Jahrg. April 1889—März 1893. à Jahrg. 24 Hefte. (à Heft 1 Bog. m. Textbildern u. Kunstbeilagen.) gr. 8. Berl., Oppenheim. à Jahrg. * 12 —

— photographische, f. Fachmänner u. Liebhaber. Zeitschrift d. Vereines zur Förderg. der Photographio in Berlin etc. Hrsg. v. H. W. Vogel u. E. Vogel. 28.—31. Jahrg. Apr. 1891—März 1895. à 24 Hfte. gr. 8. (à 3/4—1 Bog. m. Abbildgn. u. Photogr.) Berlin, R. Oppenheim. à Jahrg. n. 12. —

— photographische. Zeitschrift f. wissenschaftl. u. künstler. Photographie. Zeitschrift d. Vereines zur Förderung d. Photographie in Berlin etc. Unt. Mitwirkg. v. erfahr. Fachmännern hrsg. v. H. W. Vogel. 32. u. 33. Jahrg. Apr. 1895—März 1897. à 24 Hfte. (à ca. 1 Bog. m. Abb. u. Taf.) gr. 8. Berlin, G. Schmidt. à Jahrg. n. 12. —

— dasselbe. Unter Mitwirkg. v. H. W. Vogel hrsg. v. E. Vogel. 34. Jahrg. April 1897—März 1898. 24 Hfte. (à ca. 1 Bog. m. Abb. u. Taf.) gr. 8. Ebd. n. 12. —

— dasselbe. Illustr. Zeitschrift f. d. Gesamtgebiet der Photographie. Hrsg. unt. Mitwirkg. bewährter Kräfte v. E. Vogel. 35. Jahrg. April 1898 — März 1899. 24 Hfte. (à ca. 1 Bog. m. Abb. u. Taf.) Lex.-8. Ebd. n. 12. —

— photographische. Illustrierte Zeitschrift f. das Gesamtgebiet der Photographie. Begründet v. H. W. Vogel. Fortgeführt v. E. Vogel. Hrsg. v. Paul Hanneke. 36.—39. Jahrg. 1899—1902. à 24 Hfte. Lex.-8. Berlin, G. Schmidt. à Jahrg. n. 12.—; geb. n. 14. —
36. (XII, 404 S. m. Abb. u. 42 Taf.) — 37. (XII, 396 S. m. Abb. u. 62 Taf.) — 38. (VIII, 383 S. m. Abb. u. 59 Taf.) — 39. (XII, 396 S. m. Abb. u. 71 Taf.)

— photographische. Halbmonatsschrift f. Amateur-Photographie. Hrsg.: Paul Hanneke. Bilderred.: Fritz Loescher. 40.—43. Jahrg. 1903—1906. à 24 Hefte. (386 u. 182; 384 u. 150; 384 u. 156 u. 572 u. 166 S. m. Abb. u. Taf.) Lex.-8. Berlin, G. Schmidt. à Jhrg. n. 12. —; geb. n. 15. —

— photographische. Halbmonatsschrift f. die Photographie unserer Zeit. Hrsg.: Paul Hanneke. Bilderred.: Otto Ewel. 44.—47. Jahrg. 1907—1910. à 24 Hefte. (XII, 766 S. m. 324 Abb. u. Taf.; XII, 792 S. m. 347 Abb. u. Taf.; XII, 558 S. m. 152 Abb. u. 190 Taf. u. XII, 558 S. m. 164 Abb. u. 183 Taf.) Lex. 8. Berlin, G. Schmidt. à Jahrg. 12.—; geb. 15. —

Mitteilungen, photographische. Vom 1. I. 1912 an vereinigt m. d. Photograph. Rundschau. Jetzt: Halle, Photograph. Verlagsgesellschaft.

Mitteilungen des Deutschen Pionier-Vereins von Philadelphia: Heft 1—26, 1906—1912.

Quarterly. Sub-title: Pflege und Förderung deutsch-amerikanischer Geschichtsforschung von der frühesten Zeit bis auf die Gegenwart. Octavo, each 32- 40 pages. Edited by Publication Committee of the Society. Published by Der Deutsche Pionier-Verein von Philadelphia.
Philadelphia, PA

Mitteilungen des Deutschen Pionier-Vereins von Philadelphia. H. 1. [Philadelphia] 1906. 8° [J. u. Ant.] 07. 9034 9

— aus den Plenarverhandlungen der Stadtverordneten zu Leipzig in den Jahren 1831—1843. Herausgeg. von Ed. Hermsdorf. 6 Hfte. gr. 8. Leipzig 844, Fest'sche B. n. 2½ ℛ — 2. Bd. 1. Hft. 1844. Im Anhange: Samml. der wohlfahrtspolizeil. u. andern allgem. Anordnungen ꝛc. 1841—44. Ebend. 845. n. 1/3 ℛ

— dies. 2. Bd. 2. Heft. Jahr 1845. Im Anh.: Fortgesetzte Samml. der wohlfahrtspolizeil. u. allgem. Anordnungen ꝛc. gr. 8. Ebend. 846. n. 5/12 ℛ

— dies. 2. Bd. 3. Heft. Jahr 1846. Im Anh.: Fortgesetzte Samml. ꝛc. gr. 8. Ebend. 846. n. 5/12 ℛ

— aus den Plenarverhandlungen der Stadtverordneten zu Leipzig. Herausg. von Ed. Hermsdorf. 2. Bd. 4. Hft. Jahr 1847. Im Anhang: Fortgesetzte Sammlung der wohlfahrtspolizeilichen u. anderer allgem. Anordnungen für die Stadt Leipzig. gr. 8. (75 S.) Leipzig, Fest. n. 5/12 ℛ

— poetische u. prosaische, f. Verstand u. Herz. 8. (Hamb. 816. Hoffmann u. Campe). 12 ℊ

— der internationalen Polar-Commission, red. von H. Wild. 1. u. 2. Hft. Lex.-8. (IV, 76 S.) St. Petersburg 882. Leipzig, Voss' Sort. n. 1. 10

— der internationalen Polar-Commission. 3—6. Hft. (Deutsch, französisch u. englisch.) Lex.-8. (S. 77—337.) St. Petersburg 882—84. Leipzig, Voss' Sort. n. 3. 70

— der internationalen Polar-Commission. 7. Hft. [Schluss]. hoch 4. (S. 335—364.) St.-Pétersbourg 891. (Leipzig, Voss' Sort.) n.n. — 65 (kplt.: n.n. 5. 45)

— aus der Tübinger Poliklinik. Hrsg. v. Thdr. v. Jürgensen. 1. Hft. gr. 8. (V, 241 S. m. 6 eingedr. Holzschn. u. 2 lith. Curventaf.) Stuttgart 886. Schweizerbart. n. 4. —

— aus der Tübinger Poliklinik. Hrsg. v. Thdr. v. Jürgensen. 2. Hft. gr. 8. (V, 277 S. m. Abbildgn.) Leipzig 892. G. Thieme. n. 4. — (1. 2.: n. 8. —)

— polizeiliche, zunächst für das Königr. Sachsen. Herausg. von Dr. Frieder. Rosig. 1833. Juli – Decbr. u. 1834. Jan. — Decbr. gr. 4. Dresden u. Leipzig, Arnold. 3 ℛ — für 1835. 104 Numm. gr. 4. Ebd. 2 ℛ — dies. von 1836 an, s. Staatsbürger-Zeitung.

Mitteilungen für Württembergische Polizeiorgane. Mit Ermächtigung des K. Ministeriums des Innern. Jahrg. 1. Stuttgart: Kohlhammer 1902.

MITTEILUNGEN DER POLLICHIA. EINES NATURWISSENSCHAFTLICHEN VEREINS DER RHEINPFALZ.
Herausgegeben vom Ausschusse.
Nro. 1 & 2. XLVII Jahresbericht. 1888. (o. O) 8° — Nro. 3. XLVIII Jahresbericht 1889. — Nr 4. XLVIIII Jahresbericht. 1890 — Nr 5. und 6. XLIX —L. Jahrgang 1892 — Nr 7 LI Jahrgang. 1893 — Nr 8. LII. Jahrgang. 1894. — Nr 9. LIII. Jahrgang. 1895. — Nr 10. LIII [LIV.] Jahrgang. 1895. — Nr 11 LIV [LV] Jahrgang. (Mit 1 Tafel.) 1896. — Nr 12. LVI Jahrgang. 1898. (Mit 1 Tafel.) — No. 13. LVII Jahrgang 1900. Dürkheim a. d. Haardt Buchdruckerei von J Rheinberger — No. 14. LVIII Jahrgang 1901 ib. 1901 — No 15. LVIII Jahrgang 1901 (Mit Tafeln.) Kaiserslautern 1901 Hof-Buchdruckerei Hermann Kayser — A u. d. T Walahstede Eine rheinische Burganlage aus der Merovingerzeit. Vortrag, gehalten bei der 60. Jahresversammlung der Pollichia zu Dürkheim a. d. Hart am 23. Dezember 1900 von C MEHLIS. Mit 1 Zeichnung und 2 Tafeln. ib. 1901 Druck u. Verlag der Hofbuchdruckerei von Herm. Kayser — No. 15. LIX Jahrgang. 1902. (Mit 1 Karte) Dürkheim a. d Haardt 1902. Buchdruckerei von J Rheinberger — No. 16. LIX Jahrgang. 1902. ib. 1902. — No. 17 LIX Jahrgang 1902 (Mit Tafeln.) ib. 1902. — No. 18. LX. Jahrgang. 1903. (Mit Tafeln.) (o. O o. Dr) — No. 19. LX Jahrgang. 1903. Ludwigshafen am Rhein. 1904. Hofbuchdruckerei August Lauterborn — No. 20 LXI. Jahrgang. 1904. (Mit Tafeln.) Dürkheim a. d. Haardt Buchdruckerei von J Rheinberger — No. 21 LXII Jahrg. 1905. Eine erdmagnetische Vermessung der bayerischen Rheinpfalz 1855/56 von G von NEUMAYER (Mit Karten) Bad Dürkheim. 1905. — 4°

MITTEILUNGEN DER POLLICHIA, EINES NATURWISSENSCHAFTLICHEN VEREINS DER RHEINPFALZ ZU BAD DÜRKHEIM.
Herausgegeben vom Ausschusse
No. 22 LXIII Jahrg. 1906. ib. 1907 — 8° — Nr 23 LXIV Jahrg. 1907 ib. 1908 — [1]) — No. 24. LXV Jahrg 1908. ib. 1909. — [2]) — No. 25. LXVI Jahrg. 1909 ib. 1910. —

[1]) In Mitteilungen No. 23: Die geologische Literatur der Rheinpfalz vor 1820 und nach 1880 bis zum Jahre 1907 einschliesslich; chronologisch geordnet, nebst Nachträgen und Ergänzungen zu dem von A. LEPPLA herausgegebenen Literatur-Verzeichnis von 1820—1880 im XL.—XLII. Jahresbericht der Pollichia für 1884.

[2]) Enthält: Die landeskundliche Literatur der Rheinpfalz chronologisch geordnet. Mit Autoren-, Namens-, Orts- und Sachregister. Zusammengestellt von DANIEL HABERLE.

—— der Pollichia, e. naturwissenschaftl. Vereins der Rheinpfalz. Hrsg. vom Ausschusse d. Vereins. Nr. 1—4. gr. 8. Dürkheim, (Lang). * 3 50
1. 2 47 Jahresbericht. (S. 1—25.) 888. * 1 —.
3. 48. Jahresbericht. (S. 27—78.) 889. * 1 25.
4. 49. Jahresbericht. (S. 79—100.) 890. * 1 25.
Frühere Jahrg. s. u. d. T: Jahresbericht der Pollichia.

— dasselbe Nr. 5 u. 6. 49.—50. Jahrg. 1892. gr. 8. (S. 101—199 m. 1 Abbildg.) Ebd. n. 2. 25

— d. Pollichia, e. naturwissenschaftl. Vereins der Rheinpfalz. Nr. 7. 51. Jahrg. 1893. Nebst Beiheft: Der Drachenfels bei Dürkheim a. d. H. Beitrag zur pfälz. Landeskunde v. C. Mehlis. 1. Abtlg. gr. 8. (S. 201—290 u. Beiheft 32 S. m. 1 Plan.) Dürkheim 893 u. Beiheft Neustadt 894. (Dürkheim, G. L. Lang.) n.n. 2. 50

Mitteilungen der Tübinger Polyklinik H. 1 Stuttgart Schweizerbarth (sp Leipzig. Thieme) 1886 8°
Hrsg. Theodor W Jürgensen

Mittheilungen, Polytechnische. Hrsg. von W. L. Volz und K. Karmarsch. Bd 1—3. Tübingen 1844—1846

—— polytechnische, unter Mitwirkung von Professoren höherer technischer Lehranstalten hrsg. v. W. L. Volz u. Carl Karmarsch. 1. u. 2. Jahrg. 1844 u. 1845. à 4 Hfte. gr. 4. Mit Stnt. Tübingen, Fues, Verl. à J. *

Mittheilungen der kgl. landwirthschaftlichen Akademie Poppelsdorf. (Gewidmet der rhein. Friedrich Wilhelms Universität Bonn zu ihrer 50jährigen Jubelfeier.) Bonn 1868. med. 8°.

Mittheilungen der Königl. landwirthschaftlichen Akademie Poppelsdorf. Heft 1 u. 2. Bonn 1868 und 1869. 8.

— Posener archäologische, hrsg. v. der archäolog. Kommission der Gesellschaft der Freunde der Wissenschaften in Posen [Torwarzystwo Przyjaciół Nauk Poznańskie], red. durch v. Jażdzewski u. Bol. Erzepki. Uebers. durch L. v. Jażdzewski. 1.—5. Lfg. Imp.-4. (1. Bd. III, 61 S. m. 21 Steintaf.) Posen 888. (Türk.) à Lfg. n. 3. —

Posener Archaeologische Mittheilungen, herausgegeben von der Archaeologischen Kommission der Gesellschaft der Freunde der Wissenschaften zu Posen (Towarzystwo Przyjaciół Nauk Poznańskie), redigirt durch von JAŹDZEWSKI und BOL. ERZEPKI. Uebersetzt von L. von JAŹDZEWSKI.
Bd. 1 (Mit 21 Tafeln) Posen 1890. Im Verlage des Uebersetzers. In Comm. bei Louis Türk, Posen fol. [1])

Mittheilungen des Postbeamtenvereines in Wien ... Wien 1899 ff. H: *Pangratz, Hnr.* (EB)

Mitteilungen: Praktische Mitteilungen
v. Luzerner Volksblatt (VI)

Mitteilungen: Praktische Mitteilungen für Fabrik und Werkstatt, sowie Land- und Hauswirtschaft

— praktische, zur Förderung eines rationellen Betriebs der landwirthschaftlichen Gewerbe. Herausg. von Ludw. Gall. 1. u. 2. Bd. à 10 Hefte (à 2—3 Bgn.). Trier 855, 56. Gall. Subscr.-Pr. für je 5 Hefte n. 1 ₰.; einzelne Hefte à n. 8 ngr.

— praktische, zur Förderung eines rationelleren Betriebs der landwirthschaftlichen Gewerbe. Herausg. von Ludw. Gall. 3. Bd. 10 Hefte. (à 2½ Bgn.) Trier 859. Gall. gr. 8. n. 2 ₰; einzelne Hefte à n. 8 ngr.

— — mit fortzusetzenden Beleuchtungen irriger Vorstellungen über Geld u. Arbeit. Unter besonderer Mitwirkung von R. Hocker, herausg. von Ludw. Gall. 4. Bd. 6 Hefte. (à 4 Bgn.) Ebend. 861. gr. 8. n. 2 ₰; einzelne Hefte à n. 16 ngr.

—— praktische, d. correspondir. Gesellschaft homöopath. Aerzte. Jahrg. 1826—28. gr. 8. (18½ B.) Leipzig 829, (Volckmar.)

Mitteilungen: Praktische Mitteilungen für Gewerbe und Handel, Land- und Hauswirtschaft
v. Willisauer-Bote.

Mitteilungen. – Praktische Mitteilungen für Handel und Gewerbe, für Haus und Landwirtschaft. Laubegast: Wolf 1896–(1902). 8°
Red. Oswald Wolf.

—— praktische, für Maler, Färber und Drucker. (Abdr. der 8. Sammlung der „Naturhistor. und chem.-techn. Notizen".) 8. (VIII und 368 S.) Berlin 858, Expedition der medicinischen Centralzeitung.

—— prakt., üb. e. ganz bewährt befund. Methode, jed. Fleisch, Wurst, Speck rc. binnen 24 Stunden — im Sommer so wie im Winter — wohlfeil, dauerhaft u. gut ohne Rauch zu räuchern, auch schon riechendes Fleisch damit genießbar zu machen. Ferner: Butter nach e. neuerfund. Methode so einzusalzen, daß solche nach 6 Monaten noch wie frische schmeckt und nicht ranzig wird; sowie ranzige Butter wieder wohlschmeckend zu machen. 8. (2 B.) Leipzig 839, (Rein'sche Buchh.)

—— pract., aus d. Gebiete d. homöopath. Thierheilkunde, mit genauer Angabe d. Krankheitsgeschichten u. beobacht. Erstwirkungen. gr. 8. (6 B.) Leipzig 837, L. Schumann.

— praktisch- u. chemisch-technische, f. Malerei u. Baumaterialienkunde v. A. Keim. Technisches Zentral-Organ f. Kunst- u. Dekorationsmaler, Architekten, Baumeister, Fabrikanten, Techniker rc. 1. u. 2. Jahrg. Oktbr. 1884—Septbr. 1886. à 12 Nrn. (à 1—2 B.) Fol. München. (Leipzig, Scholtze.) à Jahrg. n. 6. —
Fortges. u. d. T. Technische Mittheilungen für Malerei. Jg. 3. 1886 ff

Mittheilungen, praktisch- und chemisch-technische, für Malerei, Farbentechnik und diesbezügliche Baumaterialienkunde von Abf. Keim. Technisches Zentral-Organ für Kunst- und Dekorationsmaler, Architekten, Baumeister, Fabrikanten, Techniker rc. 2. Jahrg. 1885. Nr. 4—15. (à Nr. 1—2 Bog.) Fol. München. (Leipzig, Scholtze.) *

Mittheilungen aus der Praxis des Dampfkessel- und Dampfmaschinenbetriebes Jahrg. 1—19. Breslau 1878—96. 4.

Mittheilungen aus der Praxis des Dampfkessel- u. Dampfmaschinon-Botriebes. Zeitschrift dos Verbandes der Dampfkessel-Ueberwachungs-Vereine. Red. v. H. Minssen u. R. Weinlig. 2—5. Jahrg. 1879—1882. à 12 Nrn. (à 1—$1^1/_2$ B. m. eingedr. Holzschn. u. Steintaf.) gr. 4. Breslau, Korn. à Jahrg. n. 6. —
cf.: Zeitschrift des Verbandes der Dampfkessel-Ueberwachungs-Vereine.

— aus der Praxis d. Dampfkessel- u. Dampfmaschinen-Betriebes. Zeitschrift d. Verbandes der Dampfkessel-Ueberwachungs-Vereine. Hrsg. v. H. Minssen u. R. Weinlig. 6—9. Jahrg. 1883—1886. à 12 Nrn. (à 1—2 B. m. eingedr. Holzschn. u. Steintaf.) gr. 4. Breslau 883. (Trewendt & Granier.) à Jahrg. n. 6. —

— aus der Praxis des Dampfkessel- u. Dampfmaschinen-Betriebes. Zeitschrift des Verbandes der Dampfkessel-Ueberwachungs-Vereine. Hrsg. v. H. Minssen und R. Weinlig. 10. u. 11. Jahrg. 1887. 1888. à 12 Nrn. (à 1—2 B. m. eingedr. Holzschn. u. Steintaf.) gr. 4. Breslau, (Trewendt & Granier). à Jahrg. n. 6. —

— dasselbe. Hrsg. v. H. Minssen. 12. u. 13. Jahrg. 1889. 1890. à 12 Nrn. (à 1—2 B. m. eingedr. Holzschnitten u. Steintaf.) gr. 4. Ebd. à Jahrg. n. 6. —

— aus der Praxis d. Dampfkessel- u. Dampfmaschinen-Betriebes. Zeitschrift d. internationalen Verbandes der Dampfkessel-Ueberwachungs-Vereine etc. Hrsg. v. H. Minssen u. C. Schneider. 14.—16. Jahrg. 1891—1893. à 12 Nrn. (à ca. 2 Bog. m. Abbildgn.) gr. 4. Breslau, (Trewendt & Granier). à Jahrg. n. 6. -

- dasselbe. 17. Jahrg. 1894. 12 Nrn. (à ca. 2 Bog. m. Abbildgn.) gr. 4. Breslau. (Berlin, R. Mosse.) n. 8. —

— aus der Praxis des Dampfkessel- u. Dampfmaschinen-Betriebes. Zeitschrift des internat. Verbandes d. Dampfkessel-Ueberwachungs-Vereine etc. Hrsg. von H. Minssen u. C. Schneider. 18. u. 19. Jahrg. 1895—1896. à 24 Nrn. (à ca. 24 S. m. Abb.) gr. 4. Breslau. (Berlin, R. Mosse.) à Jahrg. n. 8. —

— dasselbe. Organ des Central-Verbandes d. preuss. Dampfkessel-Ueberwachungs-Vereine. 20. u. 21. Jahrg. 1897—1898. à 24 Nrn. (à ca. 24 S. m. Abb.) gr. 4. Ebd. à Jahrg. n. 8. —

— aus der Praxis des Dampfkessel- u. Dampfmaschinen-Betriebes. Organ d. Central-Verbandes der preuss. Dampfkessel-Ueberwachungs-Vereine. Hrsg. v. H. Minssen. 22. u. 23. Jahrg. 1899 u. 1900. à 24 Nrn. gr. 4. (à ca. 24 S. m. Abbildgn.) Breslau (Berlin, R. Mosse). à Jahrg. n. 8. —

— dasselbe, sowie des Feuerungs-, Elektro- u. allgem. motorischen Betriebes. Organ des Centralverbandes d. preuss. Dampfkessel-Ueberwachungs-Vereine. Hrsg. unter Leitg. v. H. Minssen u. C. Cario. 24. u. 25. Jahrg. 1901 u. 1902. à 52 Nrn. gr. 4. (à ca. 16 S. m. Abb.) Ebd. à Jahrg. n. 12. —

— aus der Praxis des Dampfkessel- u. Dampfmaschinen-Betriebes, sowie des Feuerungs-, Elektro- u. allgemeinen motorischen Betriebes. Organ des Central-Verbandes der preuss. Dampfkessel-Ueberwachungs-Vereine. Hrsg. unter Leitung v. H. Minssen u. C. Cario. 26. Jahrg. 1903. 52 Nrn. (à ca. 16 S. m. Abbildgn.) gr. 4. Berlin (R. Mosse). n. 12. —
Fortsetzung, s.: Zeitschrift f. Dampfkessel- u. Maschinenbetrieb.

MITTHEILUNGEN AUS DER GERICHTLICHEN PRAXIS, herausgegeben von dem Rheinpreussischen Amtsrichter-Verein in Cöln.
Jahrg. 1 Nr. 1—4. 1883. — Nr. 5—6. 1884. Köln, (später: am Rhein.) Druck von Wilh. Hassel. Verleger Amtsgerichtsrath JOESTING zu Crefeld, Namens des Vereins. 8°
Jahrg. 2. Nr. 1—4. 1884. — Nr. 5—6. 1885. ib. — —
Jahrg. 3. Nr 1—6. 1885. ib. — —
Jahrg. 4. Nr 1 1886. ib. — —
Fortges. u. d. T.. Zeitschrift des Rheinpreussischen Amtsrichter-Vereins.
Jg. 4. H. 2. 1886 ff

—— aus der thierärztlichen Praxis im Preussischen Staate. Mit Bewilligung des Ministerii der geistl., Unterrichts- und Medicinal-Angelegenheiten aus den Veterinair-Sanitäts-Berichten der königl. Regierung zusammengestellt von C. H. Hertwig. 9.—12. Jahrg. (Berichtsjahre 1860/64.) gr. 8. 9. Jahrg. (IV und 192 S.) 10. (VIII und 184 S.) 11. (III und 188 S.) 12. (III und 188 S.) Berlin, A. Hirschwald. à Jahrg. *

—— dass. — Zusammengestellt von C. Müller und F. Roloff. 13.—15. Jahrg. (Berichtsjahre 1864/67.) gr. 8. 13. Jahrg. (VI und 188 S.) 14. Jahrg. (IV und 185 S.) 15. (IV und 188 S.) Ebendas. à Jahrg. *

—— aus der thierärztlichen Praxis im preussischen Staate. Mit Bewilligung des Ministerii der landwirthschaftl. Angelegenheiten aus den Veterinär-Sanitäts-Berichten der königl. Regierungen zusammengestellt von C. Müller und F. Roloff. 16.—22. Jahrg. [Berichtsj. 1867—1874.] gr. 8. (à Jahrg. IV, 188 S.) Berlin, Hirschwald. 16.—20. Jahrg. à *
21. und 22. Jahrg. à *

—— aus der thierärztlichen Praxis im preussischen Staate. Mit Bewilligung des königl. Ministerii für die landwirthschaftlichen Angelegenheiten aus den Veterinair-Sanitätsberichten der königl. Regierungen zusammengestellt von C. Müller und F. Roloff. Neue Folge. 1.—3. Jahrg. [Berichtsjahr 1874/75, 1875/76, 1876/77.] gr. 8. (IV, 123; IV, 140; IV, 140 S.) Berlin 876—78, Hirschwald. à Jahrg. *

—— dass. — zusammengestellt von F. Roloff und W. Schütz. Neue Folge. 4. Jahrg. [Berichtsjahr 1877/78.] 8. (VII, 104 S.) Ebendas. 879. *

Mittheilungen aus der thierärztlichen Praxis im Preussischen Staate. Mit Genehmigung der königl. techn. Deputation für das Veterinairwesen aus den amtl. Veterinair-Sanitätsberichten zusammengestellt von F. Roloff und W. Schütz. Neue Folge. 5.—8. Jahrg. [Berichtsj. 1878/1879, 1879/1880, 1880/1881, 1881/1882.] 8. (IV, 96; VIII, 116; IV, 94; VII, 80 S.) Berlin 880—83, Hirschwald. à Jahrg. *
Fortsetzung nur noch in: Archiv für wissenschaftliche und praktische Thierheilkunde.

Mittheilungen aus der Praxis der württembergischen Civilgerichte von C. F. v. Hufnagel. Tübingen 1846.
— Neue Folge. Reutlingen u. Leipzig 1848.

— aus dem wissenschaftlichen Predigerverein der Pfalz. Schriftleitung: Born. 8. Jahrg. 1905. 12 Nrn. (à ca. 8 S.) 8. Lettweiler, Pfr. Born. Nicht im Handel.

— v. Prediger-Vereinen. Herausgeg. z. Besten d. Hannov Bibelgesellschaft, v. A. Warlich u. G. König. 1s Heft. 8 Hannov. 826, Helwing.

—— von Prediger-Vereinen. Hrsg. zum Besten d. Hannov. Bibelgesellschaft v. G. König u. J. G. F. Meyer. 2. Hft. 8. (8½ B.) Hannover 828, Helwing.
1. Hft. hrsg. v. A. Warlich u. G. König. Ebendas. 1826. 8 Gr.

— der Prediger- u. Lehrervereine der Ephorie Annaberg. gr. 8. Ebend. 846. n. 5/6 ℛ︀

— der vier Predigervereine in der Ephorie Annaberg. 1. Bd. gr. 8. Annaberg 841, Rudolph u. Dieterici. n. 5/6 ℛ︀

Mitteilungen für die Preßluft-Jndustrie. (Jg. 1 und 2 als Beilage zu: Zeitschrift für komprimierte und flüssige Gase.) Von Jg. 6. 1908/09 ab: Kompressor und Preßluft. Jg. 1—13. Weimar 1903/04—1925 (Forts.: Die Preßluft-Jndustrie = i $\frac{12}{400}$)

Mitteilungen für die Pressluft-Industrie. Hrsg. unter Mitwirkg. v. C. Heinel. Schriftleitg.: Erich Lesser u. Frz. Greger. 1.—4. Jahrg. Juli 1903—Juni 1907. à 6 Nrn. (IV, 50; III, 50; II, 48 u. III, 50 S. m. Abb.) Lex.-8. Weimar, H. Steinert. à Jhrg. n. 4. —

— für die Pressluft-Industrie. Hrsg. v. Erich Lesser u. Frz. Greger. 5. Jahrg. Juli 1907—Juni 1908 6 Nrn. (à ca. 8 S. m. Abb.) Lex. 8 Weimar, C. Steinert
Fortsetzg., s.: Kompressor u. Pressluft 4 —

— aus der chirurgisch-orthopädischen Privatklinik des Privatdocenten A Hoffa zu Würzburg. Hrsg. v. Alb Hoffa. gr. 8. (III, 121 S. m. Abbildgn.) München 894. J. F. Lehmann's Verl. n. 3. —

— aus d. Prosectur d. bosn.-herceg. Landesspitales in Sarajevo. (1. VII. 1894—31. XII. 1896) v. Roman Wodyński. M. 80 Abb. im Text. [Aus: „Jahrb. d. bosn.-herceg. Landesspitales in Sarajevo".] Lex.-8. (99 S.) Wien 898. J. Šafář. n. 3. —

Mittheilungen aus den Protokollen der grossen Mutterloge des Eklektischen Freimaurerbundes in Frankfurt a. M. 1856 ff. V: *Paul, Carl.* (Tt)

Mittheilungen aus den Protokollen der Grossen Mutterloge des Eklektischen Freimaurerbundes in Frankfurt a M. Druck von Krebs-Schmitt. 1856. (Protocoll vom 30. Mai.) Fol. Nr 38. — 1862 bis 1871. Fol. Nr. 12 bis 15 und 17 bis 64. — Neue Folge. Druck von Werner und Winter. 1872 bis 1882. 8. Nr 1—10. 13—71 u. 74—108.

Mitteilungen des Schleswig-Holsteinischen Provinzialkomitees für Naturdenkmalpflege Nr 1—6 (Altona-Ottensen, später Kiel) 1909—18 8°

Mitteilungen des Schleswig-Holsteinischen Provinzialkomitees für Naturdenkmalpflege. Nr. 1. (Altona-Ottensen 1909: Adolff) 8°
(11. 1139) 8

— der brandenburgischen Prov.-Kommission f. Naturdenkmalpflege. Geschäftsführer u. Red.: W. Wetekamp. Nr. 1.—4. (S. 1—118 u. Beilage 16 S.) gr. 8. Berlin 908—10. (Vossische Buchh.) 2. —

Mittheilungen des Provinzial-Landwirthschafts-Vereins für den Landdrostei-Bezirk Stade. Redig. von Th. Fr. Jänisch. 28—31. Liefg. 1855, 56. Stade, Pockwitz. gr. 8. (28.: IV, 352 S. u. 1 Tab. n. 1 ℛ︀.; 29.: IV, 240 S., 4 Tab., 1 lith. u. 1 Holzschnitttaf. n. 20 ngr.; 30.: IV, 260 S. u. 4 Tab. n. 20 ngr.; 31.: IV, 223 S. u. 2 Tab. in 4. n. 20 ngr.) n. 3 ℛ︀.
Liefg. 1—27 sind nicht in den Buchhandel gekommen und gänzlich vergriffen.

— aus dem Provinzial-Museum der Prov. Sachsen zu Halle a. d. Saale vom Director desselben Jul. Schmidt. 1. Hft. gr. 8. (III, 59 S. m. 68 Abbildgn.) Halle 894. O. Hendel. n. 1. —

— aus dem Prov.-Museum der Prov. Sachsen zu Halle a. d. Saale, hrsg. v. O. Förtsch. (2. Hft.) Mit 80 Abbildgn. im Text, Plänen u. Tafeln. Festgabe der histor. Commission f. die Prov. Sachsen an die XXXI allgemeine Versammlung der deutschen anthropolog. Gesellschaft zu Halle im Septbr. 1900. gr. 8. (V, 104 S.) Halle 900. O. Hendel. n. 3. —; (1 u. 2 n. 4. —)

—— des landwirthschaftl. Provinzial-Vereins zu Hannover. Zunächst f. d. Mitglieder d. Vereins bestimmt. 1—5. Jahrg. 1838. Nov. — 1842. Octbr. à 12 Nrn. (Bog.) Mit Stnt. gr. 4. Hannover, (Helwingsche Hofbuchh.) à J. *
Erscheint seit dem 4. Jahrg. unt. d. T.: Mittheilungen d. landwirthschaftl. Vereins zu Hannover.

Fortges. u. d. T Landwirthschaftliche Zeitung. Hannover 1848 ff

— der Prüfungsanstalt f. Heizungs- u. Lüftungseinrichtungen an der königl. techn. Hochschule zu Berlin. (Vorsteher: Rietschel.) 1.—3. Heft. Lex. 8. München, R. Oldenbourg. 10. —
1. (III, 70 S. m. Fig. u. 6 Taf.) 910. 4 —
2. (47 S. m. 10 Fig., 6 Taf. u. 9 Bl. Kurven.) 910 4 —
3. (34 S. m. Fig. u. 1 Taf.) 910. 2 —

Mitteilungen aus der K. Prüfungsanstalt für Wasserversorgung und Abwässerbeseitigung zu Berlin 1-7. Berlin 1902-06

Mitteilungen aus der K. Prüfungsanstalt für Wasserversorgung und Abwässerbeseitigung zu Berlin 8-16. Berlin 1907-12

— aus der kgl. Prüfungsanstalt f. Wasserversorgung u. Abwässerbeseitigung zu Berlin. Hrsg. v. A. Schmidtmann, Carl Günther. 1. Hft. gr. 8. (V, 166 S. m. Abbildgn.) Berlin 902. A. Hirschwald. n. 4. —

— aus der königl. Prüfungsanstalt f. Wasserversorgung u. Abwässerbeseitigung zu Berlin. Hrsg. v. A. Schmidtmann u. Carl Günther. 2.—7. Heft. gr. 8. Berlin, A. Hirschwald. n. 46. —
2. (III, 174 S. m. 4 Taf., 1 Stadtplan, 1 Karte u. 3 Tab.) 903. n. 8. —
3. Die Abwasserreinigung in England, dargestellt auf Grund e. in der Zeit vom 23. I. bis 15. II. 1903 ausgeführten Besichtigungsreise. Von A. Bredtschneider u. K. Thumm. Mit 46 photolith. Taf. (XII, 53 S.) 904. n. 12. —
4. (VII, 182 S. m. 11 Taf.) 904. n. 7. —
5. (III, 175 S. m. 10 Taf. u. 3 Tab.) 905. n. 8. —
6. (III, 182 S. m. 10 Abbildgn. u. 1 Taf.) 906. n. 5. —
7. (III, 183 S. m. 37 Abbildgn. u. 2 Taf.) 906. n. 6. —

— aus der kgl. Prüfungsanstalt f. Wasserversorgung u. Abwässerbeseitigung zu Berlin. Hrsg. v. A. Schmidtmann u. Carl Günther. 7.—13. Heft. gr. 8. Berlin, A. Hirschwald. 71. —
7. 2. Aufl. (III, 184 S. m. 37 Abb. u. 2 Tab.) 909. 6. —
8. (III, 217 S. m. 35 Fig., 10 Taf. u. 1 Tab.) 907. 11 —
9. (III, 210 S. m. 38 Fig., 4 Taf. u. 2 Bl. Erklärgn.) 907. 8. —
10. (III, 252 S. m. 32 Fig. u. 21 Tab.) 908. 9. —
11 Abwasserbeseitigung v. Gewerben u. gewerbreichen Städten unter hauptsächlicher Berücksicht. Englands. Von Alb. Schiele. Mit 179 Abbild. u. 27 Zahlentaf. im Text sowie ausführl. Sach-, Orts- u. Namenverzeichnissen. (XXVIII, 932 S.) 909. 24. —
12. (III, 294 S. m. 49 Abb. u. 2 Taf.) 909. 9. —
13. (III, 130 S. m. 34 Abb.) 910. 4 —

Mitteilungen u. Publikationen d. „Baltischen Samenbau-Verbandes". 10—12. Jahrg. 1908—10. Dorpat 1908—10.

Mitteilungen aus dem Quickborn, Vereinigung von Freunden der niederdeutschen Sprache u. Literatur in Hamburg. Hrsg. vom Vorstande der Vereinigg. Quickborn in Hamburg. Schriftleitung: Paul Wriede. 2. Jahrg. Oktbr. 1908—Juni 1909. 4 Nrn. (IV, 128 S. m. Abb.) S. Hamburg. (Leipzig, E. Beck.) 2.40
Vergl.: Quickborn.

Mitteilungen des Schutzverbandes Berliner Radfahrer Berlin: Kukluk 1898–(1902). 8°
Red. Ernst Kukluk.

— der **Radium-Kommission der kaiserl. Akademie der Wissenschaften.** I.—VI. gr. 8. Wien, A. Hölder. 3. 80
Auer v. Welsbach, C., über die chemische Untersuchung der Actinium enthaltenden Rückstände der Radiumgewinnung. (I. Tl.) (44 S.) 910. (VI.) 1. 20
Haitinger, Ludw., u. Karl Ulrich, Bericht üb. die Verarbeitung v. Uranpecherzrückständen. (12 S.) 908. (I.) — 40
Ramsay, Sir William, Beobachtungen üb. die Unbeständigkeit des Radiumbromids. (4 S.) 908. (IV.) — 20
Rutherford, E., Untersuchungen üb. die Radiumemanation. I. Volumen der Emanation. (18 S. m. 1 Taf.) 908. (III.) — 65
Schweidler, E. v., u. V. F. Hess, über die Wärmeentwicklung des Radiums. (10 S. m. 1 Taf.) 908. (II.) — 55
Souczek, Helene, Messungen des Radiumgehaltes der bei der Verarbeitung v. St. Joachimsthaler Uranpecherzrückständen resultierenden radiumarmen Produkte. (6 S.) 910. (V.) — 30
Sonderabdrucke aus: „Sitzungsber. d. k. Akad. d. Wiss."

Mitteilungen des Freimaurer-Vereins „Rat und Tat", E. V. [in Nürnberg]. Jg. 1. 2. [Red. von Adolf Neubauer.] Nuernberg 1907—1909: [Schwemmer]. 4° [Kopftit.]
1. 100 S. (?) 1907—1908; 2. 120 S. (?) 1908—1909. Lagen nur einige Nrn vor.

Mitteilungen über Raumschach und wissenschaftliche Schachforschung. Hrsg. von Dr. med. Ferdinand Maack, Hamburg. Nr 1 (Lorch ⟨Württemb.⟩) 1909: (Rohm). 8° [10. 9603]

Mitteilungen der Kgl. preussischen Rebenveredlungs-Kommission. No 1-6. Berlin 1905-30. -- [Zit nach dem Realkatalog der DSB]

—— rechtliche u. staatswissenschaftl., mit besond. Rücksicht auf d. Königreich Sachsen. gr. 8. (6 B.) Leipzig 831, [Günz.]

— rechtl. u. staatswirthschaftl., mit besond. Rücksicht auf d. Königr. Sachsen. gr. 8. Leipz. 831. Schaarschmidt. 12 gl

—— aus d. Gebiete d. Rechtskunde, hrsg. v. d. voigtländ. jurist. Vereine. 1—5. Hft. gr. 8. (26½ B.) Leipzig 836, 37, B. Tauchnitz jun. *
Fortsetzung, s. Zeitschrift f. Rechtspflege u. Verwaltung.

—— aus d. landwirthschaftl. Rechtskunde, d. Oeconomie-, Dorf- u. Bauern-Rechte. Im Verein mit mehr. Oeconomie-Commissarien u. Gelehrten hrsg. v. Heinr. Graichen. 1. Bd. 12 Hfte. gr. 8. Leipzig 841. [Hamburg, Engel.] *

—— dies. — Hrsg. v. dems. 2. Bd. 12 Hfte. gr. 8. Leipzig 842, Böhme. *

— aus der Rechtspflege im Gebiete d. vormaligen Kurfürstent. Hessen [Oberlandesger.-Bez. Cassel, Kreise Rinteln u. Schmalkalden, Amtsger.-Bez. Bockenheim]. Hrsg. v. F. Bierhaus u. M. Theobald. 1. Bd. 4 Hfte. gr. 8. (VIII, 318 S.) Cassel 890. Brunnemann. n. 8. 80

Mittheilungen aus der Rechtspflege im Gebiete d. vormaligen Kurfürstent. Hessen [Oberlandesger.-Bez. Cassel, Kreise Rinteln u. Schmalkalden, Amtsger.-Bez. Bockenheim]. Hrsg. v. Max Theobald. 2. Bd. 4 Hfte. gr. 8. (VIII, 343 S.) Cassel 891. M. Brunnemann. n. 8. 80; geb. n. 10. —

— dasselbe. Begründet v. Felix Bierhaus u. Max Theobald. Hrsg. v. Ulr. Fritze. 3. Bd. 4 Hfte. gr. 8. (311 S.) Ebd. 893. n. 8. 80; geb. n. 10. —

— aus d. Rechtspflege im Gebiete d. vormal. Kurfürstenth. Hessen (Oberlandesger.-Bez. Cassel, Kreise Rinteln u. Schmalkalden, Amtsger.-Bez. Bockenheim). Hrsg. v. Kulenkamp, Brandt u. Frhrn. Schenk zu Schweinsberg. 4. Bd. gr. 8. (X, 392 S. m. 1 graph. Darstellg.) Kassel 896. M. Brunnemann. n.n. 8. 80

-- aus d. Rechtsprechung d. Ober-Verwaltungsgerichts, d. Reichs-Versicherungsamts, d. Kammergerichts u. and. in öffentlich-rechtl. Angelegenheiten zuständ. Behörden. Hrsg. v. J. Bochmann. 1. Jahrg. Juli 1894—Juni 1895. 52 Nrn. (Bog.) gr. 4. Berlin, C. Heymann's Verl. n. 10. —

— aus d. Rechtsprechung d. Verwaltungsgerichte. Entscheidungen d. Oberverwaltungsgerichts, d. Reichs-Versicherungsamts, d. Kammergerichts u. and. in öffentlich-rechtl. Angelegenheiten zuständ. Behörden. Hrsg. v. J. Bochmann. 2. Jahrg. Juli 1895—Juni 1896. 52 Nrn. (Bog.) gr. 4. Ebd. n. 10. —

— dasselbe. 3. Jahrg. Juli 1896—Juni 1897. 52 Nrn. (Bog.) gr. 4. Groß-Lichterfelde (Kyllmannstr. 12), J. Bochmann. Postfrei n. 11. 60

Mittheilungen aus einem am Johannistage 1832 in der Loge zu den drei Degen zu Halle gehaltenen Rede. Halle 1832. V: *Garz, Johann Christian.* (Kl 1244b) (wolfstieg I, 356) Dagegen: Eckstein, Gesch. d. L. i. Halle 1844, S. 179.

— aus d. Reiche Gottes. 8. Augsb. 829. (Nürnb., Raw). 3 gl

— aus dem Reiche Gottes. 2e Aufl. 830. 3e Aufl. 833. 4e Aufl. 836. 8. Nürnberg, Raw. 1½ ℛ

— aus dem Reiche Gottes. 8. (32 S.) Augsburg 850, Rieger. 1/24 ℛ

Dietrich Reimer's **Mitteilungen** über koloniale Bücher u. Karten. Ratgeber f. deutsche Ansiedler ... u. Kolonialfreunde. H. 1. Berlin: D. Reimer 1907. 8° [07. 3045]

Mittheilungen, geschr. a. e. Reise in Br., v. — herausgegeben von W. F. Ch. von Florencourt. 8. Berl. Felisch. (auch Gräff in Leipz.) 797.

— schweizerischer Reisender. 1. u. 2. Heft. Winterthur 859, 64. Wurster & Co. Lex.-8.
1. Heft: Ueber die Sitten u. das Recht der Bogos. Von Werner Munzinger. Mit 1 (lith. u. color.) Karte der nördlichen Grenzländer Abyssiniens (in Fol.) u. einem Vorwort von J. M. Ziegler. (XVI, 96.) 24 ngr
2. Heft: Reisen in den Orient. Von Dr. Alex. Schläfli. Mit 1 (lith.) Karte in Fol. (III, 157 S.) 1 ℛ

Mittheilungen aus dem Reisetagebuche eines deutschen Naturforschers. ... Basel ... 1842. V: *Schönbein, Chn Friedrich.* (EngG) (Cat. d. Stadtbibl. Zürich. Zürich 1864—97.)

—— aus d. Reisetagebuche eines deutschen Naturforschers. — England. (Von C. F. Schönbein.) gr. 8. (30¾ B.) Basel 842, Schweighauser'sche Buchh.

Mittheilungen.) Gesellschaft zur Rettung Schiffbrüchiger. Mittheilungen über das Deutsche Rettungswesen. Vorstandsberichte, Gabenverzeichnisse ... f. d. J. 1866—82/83. H. 1—17. Bremen. gr. 8. . . . . (HC.)

—— über das deutsche Rettungswesen. Vorstandsberichte, Gabenverzeichnisse, Rechnnngsablage etc. für das J. 1866. 2 Hefte. gr. 8. (75 S. und 83 S. mit 1 Chromolithogr.) Bremen 867, (Müller.) à Heft * 10 Ngr. *

—— und Recensionen, s. Recensionen und Mittheilungen.

— des bayerischen Richtervereins. Red.: Frz. Riss. 1.—2. Jahrg. 1908 u. 1909. à 12 Nrn. (à ca. 8 S.) Lex. 8. Nürnberg, U. E. Sebald. à Jahrg. nn 3. —
Erscheint nicht mehr.

— aus d. Roemer-Museum, Hildesheim. Nr. 2—9. Lex.-8. Hildesheim (A. Lax). n. 21. 80
(1.—9.: n. 22. 60)
2. Ein neuer Actinocamax aus d. Quadratenkreide v. Braunschweig. Von A. Andreae. (4 S. m. 1 Lichtdr.-Taf.) 895. n. 1. 20
3. Die Apateliden. Von A. Radcliffe Grote A. M. (18 S. m. 3 Zinkogr. u. 2 Lichtdr.-Taf.) 896. n. 3. —
4. Gyps v. Klein-Schöppenstedt bei Braunschweig. Von K. v. Kraatz. (4 S. m. 1 Taf.) 896. n. 1. 20
5. Kurze Mittheilg. üb. Diallag-Aplite, sow. üb. Wollastonitgesteine im Gabbro vom Radauthal bei Harzburg. Von A. Andreae. (4 S.) 896. n. — 80
6. Die Saturniiden (Nachtpfauenaugen) v. A. Radcliffe Grote. (30 S. m. Abb., 3 Lichtdr.-Taf. u. 1 Bl. Erklärgn.) 896. n. 8.—
7. System d. nordamerikan. Schmetterlinge v. A. Radcliffe Grote. (4 S.) 896. n. — 80
8. Die Schmetterlingsfauna v. Hildesheim. 1. Thl.: Tagfalter. Von A. Radcliffe Grote. (44 S. m. 4 Taf. u. 4 Bl. Erklärgn.) 897. n. 6. —
9. Entwurf e. diphyletischen Stammbaumes d. europäischen Tagfalter. Von A. Radcliffe Grote. (3 S.) 897. n. — 80
Nr. 1 erschien nur als Einzeltitel: Grote, A., B., systema lepidopterorum.

— aus dem Roemer-Museum Hildesheim. Nr. 10—17. Lex.-8. Hildesheim (A. Lax). n. 27. 20
10. Beitrag zur Kenntniss der obersenonen Tetractinelliden. Von Ant. Schrammen. (9 S. m. Fig., 3 Taf. u. 3 Bl. Erklärgn.) 899. n. 3. —
11. Systema Lepidopterorum Hildesiae. Von A. Radcliffe Grote, A. M. 2. Folge. Phylogenie u. Begrenzung der Tagfalter-Familien, hierzu Stammbaum u. Tafel. (10 S.) 900. n. 2. 50; (1 u. 2 n. 3. 50)
12. Landschnecken a. Central- u. Ostasien. Von A. Andreae. Mit 1 Taf. u. 2 Zinkogr. (14 S.) 900. n. 2. 50
13. Biotitaplite im Granitit v. Baveno. Von A. Andreae. (3 S.) 900. n.n. — 50
14. Neue Kieselschwämme aus der oberen Kreide der Umgebg. v. Hannover u. v. Hildesheim. Von Ant. Schrammen. (26 S. m. 5 Taf. u. 5 Bl. Erklärgn.) (901.) n. 8. —
15. Neue Hexactinelliden aus der oberen Kreide. Von Ant. Schrammen. (26 S. m. 4 Taf. u. 4 Bl. Erklärgn.) (902.) n. 8. —
16. Untermiocäne Landschneckenmergel b. Oppeln in Schlesien. Von A. Andreae. (8 S. m. 5 Abbildgn.) 902. n. 1. 20
17. Ueber e. neues Rhizokorallium aus dem unteren Kimmeridge v. Hildesheim. Von Hans Menzel. (6 S. m. Abbildgn., 1 Taf. u. 1 Bl. Erklärgn.) 902. n. 1. 50
Nr. 1—9. Ebd. 894—897. n. 22. 60.

— aus dem Roemer-Museum Hildesheim. Nr. 18—20. Lex.-8. Hildesheim (A. Lax). n. 7. —
18. Zweiter Beitrag zur Binnenconchylienfauna des Miocäns v. Oppeln in Schlesien. Von A. Andreae. (Mit 11 Abbildgn. im Text. (31 S.) 902. n. 2. 50
19. Zur Systematik d. Kieselspongien. Von Ant. Schrammen. (21 S.) 903. n. 2. —
20. Dritter Beitrag zur Kenntnis des Miocäns v. Oppeln in Schl. Von A. Andreae. (Mit 15 Abbildgn. im Text.) (22 S.) 904. n. 2. 50 (1.—3.: 6. 20)
Nr. 1—17 Ebd. 894—902. n. 49. 80.

— aus dem Roemer-Museum Hildesheim. Nr. 21. u. 22. Lex. 8. Hildesheim, A. Lax. 6. —
Bode, Wilh., die Schmetterlingsfauna v. Hildesheim. (65 S.) 907. (Nr. 22.) 4. —
Windhausen, Anselm, die geologischen Verhältnisse der Bergzüge westlich u. südwestlich v. Hildesheim. (18 S. m. 1 farb. Karte.) 907. (Nr. 21.) 2. —

Mitteilungen. – A. M. Sachers musikalische Mitteilungen. Musikpädagogische Fachschrift. Wien: Sacher 1890–1902. 8°
Hrsg.: A. M. Sacher.

Mitteilungen. Sachliche M' zur bevorstehenden Referendumsvorlage über den Aussonderungsvertrag mit dem Bund, die Neuinstallation und zugleich räumliche Erweiterung der Universität (Zürich) und die Übernahme der Blinden- und Taubstummenanstalt durch den Kanton. 6 Zirkulare. 4. Zürich ... 1908.
Zirkular 1: Statistisches. [6 S.] Z', Gebr. Leemann & Co., 1908.
Zirkular 2: Die Ausländer- ⟨speziell Russen-⟩Frage. [8 S.] Z', Gebr. L' & Co., 1908.
Zirkular 3: Der Aussonderungsvertrag. [4 S.] Z', Girardet, Walz & Co., [1908].
Zirkular 4: Das Bauprogramm. [Mit Grundrissen und 1 Ansicht.] 9 S. Z', J. Leemann, [1908].
Zirkular 5: Die Blinden- und Taubstummen-Anstalt (Zürich). [4 S.] Z', J. L', [1908].
6. und letztes Zirkular: Die Kosten. [4 S.] Z', J. L', 1908.

— der Landesverwaltung Sachsen des deutschen Techniker-Verbandes. Verkündigungsblatt f. die ihr angehör. Bez.-Verwaltgn.: Chemnitz, Dresden, Leipzig u. Zwickau u. Vogtland, einschl. Reuss u. Sachsen-Altenburg usw. Verantwortlich: A. W. Riedel. 3. Jahrg. 1910. 12 Nrn. (à ca. 16 S.) Lex. 8. Leipzig, Degener & Co. 3. —

— über die Trinkerheilanstalt Salem während der ersten acht Jahre ihres Bestehens (1887—1895). Rickling i. H. 1896.

— salvatorianische, hrsg. v. der Gesellschaft des göttl. Heilandes in Rom. 5.—7. Jahrg. 1904—1906. à 6 Nrn. (à Jhrg. 96 S. m. Abbildgn.) Lex.-8. Herbesthal, Verleger d. Salvatorianischen Zeitschriften. (Nur direkt.) à Jhrg. n.n.n. — 80

— aus der ägyptischen Sammlung der königl. Museen zu Berlin. 1. Bd. 36×28,5 cm. Berlin 910. K. Curtius. Geb. in Leinw. nn 75. —
Ägyptische Goldschmiedearbeiten. Unter Mitwirkg. v. Geo. Möller u. Wilh. Schubart hrsg. von Heinr. Schäfer. (243 S. m. 212 Abbildgn., 2 farb. u. 35 Lichtdr.-Taf.)

— aus der ethnographischen Sammlung der Universität Basel. Hrsg. v. der ethnograph. Kommission. I. Bd. 1. Hft. gr. 8. Basel 894. C. Sallmann. — 60
Bericht üb. die ethnographische Sammlung der Universität Basel. Nach dem Bestand im J. 1894. Von J. Kollmann u. Leop. Rütimeyer. I. Hft. (44 S.)

— aus d. ethnographischen Sammlg. d. Universität Basel. Hrsg. v. d. ethnograph. Kommission. I. Bd. 2. Hft. gr. 8. (XV u. S. 45—165 m. 27 Abb.) Basel 895. Leipzig, C. Sallmann. n. 1. 60 (1. u. 2.: n. 2. 20)

— aus der Sammlung der Papyrus Erzherzog Rainer. Hrsg. u. red. v. J. Karabacek. 1. Jahrg. 1886/87. Imp.-4. (1. u. 2. Hft. 52 S.) Wien 886. Hof- u. Staatsdruckerei. n. 10. —

— dasselbe. 2. u. 3. Bd. Mit 3 Lichtdr.-Taf. u. 18 Textbildern. Imp.-4. (IV, 272 S.) Ebd. 887. n. 20. —

Mittheilungen aus der Sammlung der Papyrus Erzherzog Rainer. Hrsg. u. red. v. J. Karabacek. 4. Bd. Mit 6 Taf. u. 4 Textbildern. gr. 4. (IV, 148 S.) Wien 888. Hof- u. Staatsdruckerei. n. 10. —

— dasselbe. 5. Bd. Imp.-4. (1. u. 2. Hft. 64 S. m. 4 Textbildern u. 1 Taf.) Ebd. 889. n. 10. —

— aus der Sammlung d. Papyrus Erzherzog Rainer. Hrsg. u. red. v. Jos. Karabacek. 6. Bd. 4 Hfte. Imp.-4. (III, 118 S. m. 2 Taf. in Licht- u. Steindr.) Wien 897. Hof- u. Staatsdruckerei. n. 20. —
(Bd. 1—6 erh. Pr. n. 120. —)

Mitteilungen aus d. zoologischen Sammlung d. Museums f. Naturkunde in Berlin. I. Bd. 1. Hft. Lex.-8. Berlin 898. (R. Friedländer & Sohn.) n. 8.—
Land- u. Süsswasser-Mollusken d. Seychellen (nach den Sammlgn. v. Aug. Brauer bearb.). Von Ed. Martens u. Frdr. Wiegmann. (III, 96 S. m. Abb. u. 4 Taf.)

— aus der zoologischen Sammlung des Museums f. Naturkunde in Berlin. I. Bd. 2.—4. Hft. Lex.-8. Berlin (R. Friedländer & Sohn). n. 21.—; (I. Bd. kplt. n. 29.—)
2. Nematoden aus der Berliner zoolog. Sammlung. Von O. v. Linstow. (28 S. m. 6 lith. Taf.) 899. n. 6.—
3. I. Die Vögel der Bismarckinseln. Von Ant. Reichenow. — II. Das Leben der Vögel auf den Bismarckinseln. Von Fr. Dahl. (222 S. m. Abbildgn., 1 Karte u. 1 farb. Taf.) 899. n. 9.—
4. Die Reptilien- u. Batrachierfauna des Bismarck-Archipels. Auf Grundlage des von F. Dahl gesammelten Materials bearb. Von Frz. Werner. (132 S. m. Abb.) 900. n. 6.—
Fortsetzung unter d. Titel:
Mitteilungen aus dem Zoologischen Museum in Berlin

— aus den orientalischen Sammlungen der königl. Museen zu Berlin. 1.—3. Hft. Fol. Berlin, Spemann. n. 70.—
1. Der Thontafelfund v. El Amarna I. Hrsg. v. H. Winckler. Nach den Originalen autogr. v. L. Abel. (33 autogr. Taf. m. 2 Bl. Text.) 889. n. 20.
2. Der Thontafelfund v. El Amarna II. 1. Hälfte. Hrsg. v. H. Winckler. Nach den Originalen autogr. v. L. Abel. (Taf. 34—92b m. 2 Bl. Text.) 890. n. 24.—
3. — dasselbe. 2. Hälfte. Hrsg. v. H. Winckler. Nach d. Originalen autogr. v. L. Abel. (Taf. 93—156b m. 8 S. Text u. 3 Lichtdr.-Taf.) 890. n. 26.—

— aus den orientalischen Sammlungen der königl. Museen zu Berlin. 4.—7. u. 11. Hft. Fol. Berlin, W. Spemann. n. 116.— (1—7. u. 11.: n. 186.—)
4. Sassanidische Siegelsteine. Hrsg. v. Paul Horn u. Geo. Steindorff. Mit 6 Taf. Abbildgn. u. 1 Schrifttaf. v. Jul. Euting. (V, VI, 49 S.) 891. n. 24.—
5. Die Märchen d. Papyrus Westcar, hrsg. v. Adf. Erman. I. Einleitung u. Commentar. (VI, 72 S. m. 12 Lichtdr.-Taf.) 891. n. 28.—
6. — dasselbe. II. Glossar, palaeographische Bemerkungen u. Feststellung d. Textes. (V, 84 S. m. Schrift- u. 16 Texttaf.) 891. n. 13.—
7. Himjarische Inschriften u. Alterthümer. Hrsg. v. J. H. Mordtmann. (89 S. m. 7 Taf.) 893. n. 26.—
11. Ausgrabungen zu Sendschirli. Ausgeführt u. hrsg. im Auftrage d. Orient-Comités zu Berlin. I. Einleitung u. Inschriften. (VIII, 84 S. m. Abbildgn., 1 Karte u. 8 Taf.) 893. n. 25.—

— aus d. orientalischen Sammlgn. d. kgl. Museen zu Berlin. VIII., X. u. XII. Hft. Fol. Berlin, W. Spemann. n. 144.— (I.—VIII., X. u. XII.: n. 330.—)
VIII. Grabfunde d. mittl. Reichs in d. kgl. Museen zu Berlin. I. Das Grab des Mentuhotep. Von Geo. Steindorff. (VIII, 46 S. m. Abb. u. 13 [11 farb.] Taf.) 896. n. 80.—
X. Sumerisch-babylon. Hymnen nach Thontaf. griech. Zeit. Hrsg. v. George Reisner. (XX S. m. 159 Taf.) 896. n. 32.—
XII. Ausgrabungen in Sendschirli. Ausgef. u. beschrieben im Auftr. d. Orient-Comités zu Berlin. II. Ausgrabungsbericht u. Architektur. M. 25 Taf. (S. 85—200 m. Abb.) 898. n. 32.— (I. u. II.: n. 57.—)

— aus den orientalischen Sammlungen der königl. Museen zu Berlin. IX., XIII. u. XVI. Hft. Fol. Berlin [W. Spemann.] G. Reimer. n. 149.—; (I—XIII u. XVI n. 481.—)
IX. Grabfunde des mittleren Reichs in den königl. Museen zu Berlin. Von Geo. Steindorff. II. Der Sarg des Sebk — O. — Ein Grabfund aus Gebelên. (VIII, 34 S. m. Abb. u. 22 [2 farb.] Taf.) 901. n. 68.—; (I u. II n. 148.—)
XIII. Ausgrabungen in Sendschirli. Ausgeführt u. hrsg. im Auftrage des Orient-Comités zu Berlin. III. Thorsculpturen. Mit 15 Taf. (S. 201—236.) 902. n. 25.—; (I—III n. 82.—)
XVI. Tempelurkunden aus Telloh. Hrsg. v. George Reisner. Mit Wörter- u. Namenverzeichniss. (XVIII, 58 S. u. 185 autogr. Bl.) 901. n. 56.—
XIV u. XV sind noch nicht erschienen.

— des bayerischen Sängerbundes. 1.—3. Jahrg. 1892—1894. Lex.-8. Freising, Dr. F. P. Datterer. à Jahrg. 2.—
In zwanglosen Nrn. (à ca. $1/2$ Bog.)

— d. bayerischen Sängerbundes. Jahrg. 1895—1898. Lex.-8. Freising, Dr. F. P. Datterer & Co. à Jahrg. 2.—
Erscheint in zwanglosen Nummern. (à ca. 4 S.)

— des bayerischen Sängerbundes. Jahrg. 1899 u. 1900. Lex.-8. (à ca. 4 S.) München, Dr. F. P. Datterer & Co. à Jahrg. n. 2.—
Erscheinen nicht mehr.

— d. steirischen Sängerbundes. Red.: Alois Taucher. 1.—4. Jahrg. 1895—1898. à 12 Nrn. (à ca. 8 Sp.) gr. 4. Graz, H. Wagner. Für d. Mitglieder d. Sängerbundes unentgeltlich; f. Nichtmitglieder à Jahrg. n. 2.—

Mittheilungen des steirischen Sängerbundes. Redigirt von Alois Taucher. IX. Jahrgang. 1898. 24 Nrn. 4. 1.—
Graz: Wagner 1898.

Mitteilungen des württemberg. Sanitäts-Vereins während d. dtsch-franz. Krieges 1870/71. Stuttgart.

[Mitteilungen aus der ger. und vollk. St. Johannisloge „Zur Edlen Aussicht" Or. Freiburg i. B. Nr 1—64. [Nr. 59—61:] Im Auftr. verf. von Wilh. Boerner. [Nr 62:] von F. R. Freiburg i. B. 1866 bis 1910: Poppen & S. u. a.] 2^0, 4^0 u. 8^0
[1.] 4 S. 1866; [2.] 7 S. 1866; 3. 1 Bl. 1866; [4.] 2 Bl. 1866; 5. 6 S. 1867; 6. 2 Bl. 1869; ^{0}7—9; [10.] 2 Bl. [ca 1871]; [11.] 2 Bl. 1872; [12.] 1 Bl. [1872]; ^{0}13.; 14. 2 Bl. 1873; 15. 2 Bl. 1873; [16.] 2 Bl. 1874; 17. 1 Bl. 1874; 18. 15 S. 1874; ^{0}19.; [20.] 40 S. 1874; 21. 4 Bl. 1875; 22. 8 S. [1875]; 23. 4 S. 1875; 24. 11 S. 1875; ^{0}25.; 26. 29 S. [1876]; 27. 7 S. [1876]; 28. 18 S. 1877; 29. 4 S. 1877; 30. 1 Bl. 1878; ^{0}31.; 32. 33. 7 S. 1879; 34. 29 S. 1881; 35. 3 S. 1882; [36.] 2 Bl. 1882; 37. 47 S. 1884; 38. 20 S. 1885, 2 Bl. 1889; 39. 1 Bl. 1885, 8 S. 1889; 40. 16 S. 1890; ^{0}41—42.; 43. 8 Bl. 1891; 44. 2 Bl. 1892; 45. 2 Bl. 1892; 46. 2 Bl. 1893; 47. 7 S. [1893]; 48. 10 S. 1893; 49. 2 Bl. 1894; 50. 1 Bl. 1894; 51. 1 Bl. 1895; 52. 1 Bl. 1896; 53. 1 Bl. 1896; 54. 2. Bl. 1898; 55. 8 S. 1898; ^{0}56. 57.; 58. 5 S. 1902; 59. 7 S. 1908; 60. 7 S. 1908; 61. 12 S. 1908; 62. 7 S. 1909; 63. 8 S. 1909; 64. 8 S. 1910.
cf. BayrBbl. 8 (1907—1908) S. 206—207; L. 31 (1908) S. 64 (P. Fischer).

Mitteilungen der Berliner Schachgesellschaft (gegr 1827). Hrsg von Dr. M[oritz] Lewitt, Berlin. Jg. 1, No 1. (Berlin 1900: National-Zeitung.) 8° [07. 1170

Mittheilungen über die derzeitige und angestrebte Schiffbarkeit der Hauptströme und ihrer Nebenflüsse. H. 1—5. *Berlin: Siemenroth & Troschel 1897.* 8.
— Deutsch-Oesterreichisch-Ungarischer Verband für Binnenschiffahrt. Verbands-Schriften. No 25. 23. 20. 18. 26. [98. 4618

— über die derzeitige u. angestrebte Schiffbarkeit der Hauptströme u. ihrer Nebenflüsse, s. a. Verbands-Schriften des deutsch-österr.-ungar. Verbandes für Binnenschiffahrt Nr. 49, 50 u. 56.

Mittheilungen aus dem magnetischen Schlafleben der Somnambule Auguste K[achler]. Dresden u. Leipzig 1843. H: *Bähr, Johann Carl & Rudolph Kohlschütter.* (EB)

Mittheilungen aus d. magnetischen Schlafleben d. Somnambüle Auguste K. in Dresden. (Herausgeg. von Jh. Karl Bähr und Rud. Kohlschütter.) Mit Titelkupfer und Holzschn. Lex.-8. Dresden und Leipzig 843, Arnoldische Buchh. n. 2 1/6 ₰

— aus dem magnetischen Schlafleben der Somnambüle Auguste K. in Dresden. 2. Ausg. der, 1843 erschienenen 1. Aufl. Mit Titelkupfer u. Holzschn. gr. 8. (XXII u. 414 S.) Dresden 850, Kuntze. 1 1/3 ₰

MITTHEILUNGEN DES HEIDELBERGER SCHLOSSVEREINS. Reihe 1. 1866—1868. Heidelberg. 1868. Buchdruckerei von Georg Mohr. 4°.

Mittheilungen aus den merkwürdigsten Schriften . . . über den Zustand der Seele nach dem Tode . . . Augsburg 1835—36. V: *Löscher, Val. Ernst.* (BrMm)

— aus d. merkwürdigsten Schriften d. verfloss. Jahrhunderte üb. d. Zustand d. Seele nach d. Tode. Hrsg. v. Hubert Beckers. 1. u. 2. Hft. 8. (14 1/2 u. 13 3/4 B.) Augsburg 835, 36, Kollmann'sche Buchh. n

A. u. d. T.:

Mittheilungen aus Val. Ernst Löscher's auserles. Samml. v. Schriften aus d. 17. u. 18. Jahrh., üb. d. Zustand d. Seele nach d. Tode. Nebst Zugaben aus d. röm. Katechismus u. Leibnitzens System d. Theologie.

Verein zur Förderung der Handelsfreiheit. — MITTEILUNGEN UND SONSTIGE VERTEILTE SCHRIFTEN 1895 1900. Berlin. 1907 Druck von Leonhard Simion Nf. 8°

Verein zur Förderung der Handelsfreiheit. — MITTEILUNGEN UND SONSTIGE VERTEILTE SCHRIFTN 1901—1905. Berlin 1907. Druck von Leonhard Simion Nf. 8°

— d. deutsch-österreichischen Schriftsteller-Genossenschaft. Red. v. Präsidium. 1. Jahrg. April 1898 — März 1899. 12 Nrn. (à ca. 8 S.) gr. 8. Wien (C. Graeser). n. 2. —; f. Mitglieder kostenlos.

— der deutsch-österreichischen Schriftsteller-Genossenschaft. Red. vom Präsidium. 2. Jahrg. Novbr. 1898—Oktbr. 1899. 12 Nrn. gr. 8. (à ca. 8 S.) Wien (C. Graeser & Co.) n. 2. —; f. Mitglieder kostenlos.

Mitteilungen für die Schulaufsicht. Jg. 1. Neisse: Graveur 1900. 8°
Hrsg. F. H. Musolf

— aus der schwäbischen Schulausstellung. Zugleich Anzeiger neuer Erscheingn. f. die Volksschulen u. Vereinsblatt der Schulausstellg. Red.: Andr. Schulz. 13. Jahrg. 1906. gr. 8. Augsburg, Schwäbische permanente Schulausstellg. n.n. 1. —
Erscheint unregelmäßig als Beilage z. Schulanzeiger.

— aus der schwäbischen Schulausstellung. Zugleich Anzeiger neuer Erscheingn. f. die Volksschulen u. Vereinsblatt der Schulausstellg. Red.: Andr. Schulz. 14. Jahrg. 1907. (à ca. 16 S.) gr. 8. Augsburg, Bayer. Schulmuseum. nn 1. —
Fortsetzung u. d. T.:
Mitteilungen aus dem bayerischen Schulmuseum.

Mittheilungen über die Herzogl. Polytechnische Schule (Collegium Carolinum) zu Braunschweig. (1877.)

Mittheilungen der königl. sächs. polytechnischen Schule zu Dresden. 1. Heft. Leipzig 864. Teubner. 4. (VIII, 72 S. u. 11 lith. Taf. in 4. u. Fol.) n. 1 ₰ 10 ngr.
Inhalt: Versuche über den Kraftbedarf der Maschinen in der Streichgarnspinnerei u. Tuchfabrikation, ausgeführt von Ernst Hartig. Unter Mitwirkung der Polytechniker Arndt, Jüngling, Klien u. Künzel.

— der königl. sächs. polytechnischen Schule zu Dresden. 2. Heft. Leipzig 869. Teubner. hoch 4. n. 2 ₰
Versuche über den Kraftbedarf der Maschinen in der Flachs- u. Werkspinnerei, ausgeführt von Ernst Hartig. Unter Mitwirkung der Polytechniker F. H. Becker, E. E. Freiberg, W. C. Merkel etc. Mit 2 (eingedr.) Holzschn. u. 13 lith. Taff. (in qu. Fol.) (118 S.)

— der kön. sächs. polytechnischen Schule zu Dresden. 3. Hft. hoch 4. Leipzig 874. Teubner. n. 20. — (1—3.: n 30. —)
Versuche üb. Leistung u. Arbeits-Verbrauch der Werkzeugmaschinen ausgeführt unter Mitwirkg. der Studirenden der mechan. Abtheilg. d. k. s. Polytechnikum zu Dresden v. E. Hartig. Mit 24 lith Taf. (in Fol.) (243 S.)

— des Vereines „Freie Schule". Hrsg.: Verein „Freie Schule". Red.: Siegm. Kraus. 1. Iahrg. 1906. 10 Nrn. (à 12 S.) Lex.-8. Wien (Central-Antiquariat u. Buchh.). n. 4. —; geb. n. 5. —

Mitteilungen des Vereins „Freie deutsche Schule". Hrsg.: „Freie deutsche Schule". Schriftleiter: Karl Stindl. 1. Jahrg. 1.—3. Folge. (à 20 S.) Lex. 8. Hohenstadt 909. (Leipzig, Teutonia-Verlag.) à Nr. — 30

— der Schulkommission des Verbandes sächsischer Schuhmacher-Innungen. Mitglieder der Schulkommission: Pönitz, Römisch, Hellmich. 1. Tl. (28 S.) 8. Leipzig 909. (J. Mäser.) — 50

— aus dem bayer. Schulmuseum — Augsburg. Zugleich Anzeiger neuer Erscheingn. f. die Volksschulen u. Vereinsblatt des bayer. Schulmuseums — Augsburg. Red.: Andr. Schulz. 15.—17. Jahrg. 1908—1910. à 5—6 Nrn. (à 24 S.) gr. 8. Augsburg, Bayer. Schulmuseum. à Jahrg. 1. —
Vorh. u. d. T Mitteilungen aus der schwäbischen Schulausstellung.

— aus dem württemb. Schulmuseum. Hrsg. u. Verantwortlich: K. G. Lutz. 1. Jahrg. 1910. 4 Nrn. (à 48 S. m. Abb. u. eingedr. Kartenskizzen.) gr. 8. Stuttgart, Holland & Josenhans. 1. 50

Mitteilungen des Allg. dt. Schulvereins zur Erhaltung des Dtm im Ausl. Jg 1889 bis 1891 — Bln. Allg. Dt. Schulverein 1889—1891
Auf s. Korrespondenzblatt des Allg. Dt. Schulvereins in Deutschland.
Forts. s. Das Deutschtum im Ausl.

Mitteilungen des Allgemeinen Deutschen Schul-Vereines zur Erhaltung des Deutschthumes im Auslande. Neue Folge. Leiter und Herausgeber Freiherr von Ungern Sternberg. Nr 1 7. Berlin. 1890 91. 8°

Mitteilungen des „Deutschen Schulvereins für St. Catharina" (Sud-Brasilien):
Jahrgang 1 no. 1, January 1906 1914?
Monthly. Large quarto, each issue 4 pages. Educational plans and outlines of study. Historical and cultural articles on Brazil. Edited by C.A. Büchler. Printed by Druckerei des Urwaldsboten, Blumenau.
Blumenau

— in Beziehung auf d. Schulwesen, von C. W. G. 8. Nürnb. 826. Riegel u. W. 8 gr.

Mitteilungen aus den deutschen Schutzgebieten. Wissenschaftliche Beihefte zum deutschen Kolonialblatte. Mit Benntzg. amtl. Quellen hrsg. von Frhr. v. Danckelmann. Ergänzungsheft Nr. 1 u. 2. 33,5×24,5 cm. Berlin. E. S. Mittler & Sohn. Einzelpr. à 3. —

Uhlig, Carl, die ostafrikanische Bruchstufe u. die angrenzenden Gebiete zwischen den Seen Magad u. Lawa ja Moveri sowie den Westfuss des Meru. Wissenschaftliche Ergebnisse der ostafrikan. Expedition der Otto Winter-Stiftg. I. Tl.. Die Karte. Mit e. Beitrag v. Bernh. Struck. Mit 2 Kartenblättern. (IV, 63 S.) 909. (Nr. 2.) Einzelpr. 3. —

Weule, Karl, wissenschaftliche Ergebnisse meiner ethnographischen Forschungsreise in d. Südosten Deutsch-Ostafrikas. Mit 63 Bildertaf., 1 Karte u. 1 Beilage in Farbendr. (X, 150 S.) 908. (Nr. 1.) Einzelpr. 3. —

— aus den deutschen Schutzgebieten. Wissenschaftliche Beihefte zum deutschen Kolonialblatte. Mit Benutzg. amtl. Quellen hrsg. von Frhr. v. Danckelman. 20.—23. Bd. 33×24,5 cm. Berlin, E. S. Mittler & Sohn. Subskr.-Pr. à Bd. 9. —

20. 4 Hefte. (IV, 240 S. m. Abb., 11 Taf. u. 10 Karten.) 907.
21. 4 Hefte. (IV, 226 S. m. Abb., 4 Taf., 13 Karten u. 3 Kartenskizzen.) 908.
22. 4 Hefte. (IV, 304 S. m. Abb., 18 Taf., 4 Karten u. 1 Kartenskizze.) 909.
23. 5 Hefte. (IV, 842 S. m. Abb., 7 Taf., 10 farb. Karten u. eingedr. Kartenskizzen.) 910.

aus den Deutschen Schutzgebieten. Berlin.

Erg.-H. 2. Uhlig (C.). Die Ostafrikanische Bruchstufe u. d. angrenz. Gebiete zwischen den Seen Magad u. Lawa ja Mweri sowie dem Westfluss des Meru. Wissenschaftl. Ergebnisse d. Ostafrik. Exped. d. Otto Winter-Stiftung . . T 1: D. Karte. 1909.

„ 3. Sapper (K.). Wissenschaftl. Ergebnisse einer amtl. Forschungsreise nach d. Bismarck-Archipel i. J. 1908.
I Beiträge z. Landeskunde von Neu-Mecklenburg u. s. Nachbarinseln . 1910.

Mitteilungen des württ. Schutzvereins f. Handel u Gewerbe. 1-12. Stuttgart 1892-96

—— schweizer graphische. Redact. und Hrsgbr.: R. Schneider. 1. Jahrg. Septbr. 1882—Aug. 1883. 24 Nrn. (Bog.) Imp.-4. Zürich, Expedition. *

— Schweizer graphische. Red. u. Hrsg.: R. Schneider. 2—5. Jahrg. Septbr. 1883—Aug. 1887. à 24 Nrn. (B.) Imp.-4. Zürich, (Schmittner). à Jahrg. n.n. 6. 50

Mittheilungen, Schweizer graphische. Red. u. hrsg. v. G. Binkert u. A. Müller. 6.—8. Jahrg. Septbr. 1887 — August 1890. à 24 Nrn. (B. m. Illustr.) Imp.-4. St. Gallen, (Scheitlin's Sort.). à Jahrg. n. 6. 50

— dasselbe. Red.: G. Binkert. 9. Jahrg. Septbr. 1890 — Aug. 1891. 24 Nrn. (1½ B. m. Illustr.) Imp.-4. Ebd. n. 6. 50

— schweizer graphische. Red.: G. Binkert. 10. Jahrg. Septbr. 1891—Aug. 1892. 24 Nrn. (1½ Bog. m Illustr.) Imp.-4. St. Gallen, (Scheitlin's Buchh. Nachf.). n 6. 50

— dasselbe. Red. u. hrsg. v. G. Binkert u. A. Müller. 11. Jahrg. Septbr. 1892—Aug. 1893. 24 Nrn. (1½ Bog. m. Illustr.) Imp.-4. Ebd. n. 6. 50

— dasselbe. Red. u. Hrsg.: Aug. Müller. 12. Jahrg. Septbr. 1893—Aug. 1894. 24 Nrn. (1½ Bog. m. Illustr.) Imp.-4. Ebd. n. 6. 50

— dasselbe. 13. Jahrg. Septbr 1894 —Aug. 1895. 24 Nrn. (à ca. 2 Bog. m. Illustr.) Imp.-4. Ebd. n. 8. -

— schweizer graphische. Red. u. Hrsg.: Aug. Müller. 14. u. 15. Jahrg. Septbr. 1895—Aug. 1897. à 24 Nrn. (à ca. 20 S. m. Abb. u. Beilagen.) Imp.-4. St. Gallen. (Scheitlin.) à Jahrg. n. 8. —

— dasselbe. Halbmonatsschrift f. d. graphische Kunstgewerbe. 16. u. 17. Jahrg. Septbr. 1897—Aug. 1899. à 24 Nrn. (à ca. 20 S. m. Abb. u. Beilagen.) Imp.-4. Ebd. à Jahrg. n. 8. —

— schweizer graphische. Halbmonatsschrift f. das graph. Kunstgewerbe. Red. u. Hrsg.: Aug. Müller. 18.—21. Jahrg. Septbr. 1899—Aug. 1903. à 24 Nrn. Imp.-4. St. Gallen (Scheitlin). à Jahrg. n. 9.—
18. (IV, 444 S. m. Abb. u. 131 Beilag.) — 19. (IV, 476 S. m. Abb. u. 135 Beilag.) — 20. (IV, 468 S. m. Abb. u. 148 Beil.) — 21. (IV, 456 S. m. Abb. u. 133 Beil.)

— schweizer graphische. Halbmonatsschrift f. das graphische Kunstgewerbe. Red. u. hrsg. v. Aug. Müller. 22.—25. Jahrg. Septbr. 1903—Aug. 1907. à 24 Nrn. (à ca. 24 S. m. Abbildgn. u. Beilagen.) Imp.-4. St. Gallen (Scheitlin). à Jhrg. n. 9. —

Mitteilungen schweizer graphische. Illustrierte Halbmonats-Schrift f. das graph. Kunstgewerbe. Red. u. hrsg. v. Aug. Müller. 26.—29. Jahrg. Septbr. 1907 —Aug. 1911. à 24 Nrn. (IV, 344; IV, 348; IV, 352 u. IV, 368 S. m. Abb. u. 180, 196, 214 u. 225 Beilagen.) 32×24 cm. St. Gallen, (L. Kirschner-Engler). à Bd. 9.—; m. Schutzkarton à 12. —

Mitteilungen: Des Schweizerboten zwangslose Mitteilungen
v. Der aufrichtige und wohlerfahrene Schweizerbote (Ag).

— schweizerische ärztliche, aus Universitäts-Instituten. Hrsg. unter Leitg. v. L. Asher, E. Bürgi, F. Egger u. a. 1. Jahrg. 1910. 12 Hefte. (IV, 544 S m. 9 Abb. u. 2 Taf.) gr. 8. Zürich, Gebr. Leemann & Co. 8. —
Bilden zugleich die Fortsetzg d Mitteilungen a d Kinderspital in Zürich.

Mittheilungen an die Schwestern. Gabe 1. Als Ms. gedr. 8⁰
Aus: Zd. 2 (1838) S. 165—196.

Berufsorganisation d Krankenpflegerinnen Deutschlands. **Mitteilungen** an unsere Schwestern. Nr 1 (Berlin Berufsorganisation 1905.) 4° Ioq. 6949

Mitteilungen des (deutschen) Seefischer-Vereins Bd. 11–48. Berlin. W. Moeser 1895–1932. 8⁰
Vorh. u.d.T Mitteilungen der Section des deutschen Fischerei-Vereins für Küsten- und Hochseefischerei. Bd 1–10. 1887–1892
Fortges. u.d.T. Die deutsche Fischwirtschaft. 1933 ff.

— d. deutschen Seefischereivereins (früher: Section f. Küsten- u. Hochsee-Fischerei). Red.: Herwig. 11.—14. Bd. Jahrg. 1895—1898. à 12 Nrn. (à 1—2 Bog.) gr. 8. Berlin (W. Moeser). à Jahrg. n. 3. —

— des deutschen Seefischereivereins. Red.: Herwig. 15.—18. Bd. Jahrg. 1899—1902. à 12 Nrn. gr. 8. (V, 342; VII, 510; VIII, 356 u. XII, 634 S. m. Abb. u. Taf.) Berlin (W. Moeser). à Jahrg. n. 3. —

— des deutschen Seefischereivereins. Red.: Herwig. 19.—22. Bd. Jahrg. 1903—1906. à 12 Nrn. (à ca. 32 S. m. Abb.) Lex.-8. Berlin (W. Moeser.) à Bd. n. 3. —

— des deutschen Seefischerkivereins. Red.: Henking. 23.—26. Bd. Jahrg. 1907—1910. à 12 Nrn. (à ca. 24 S. m. Abb.) Lex. 8. Berlin, W. Moeser. à Jahrg. 3. —

—— aus der norddeutschen Seewarte. I und II. gr. 4. Hamburg 869, Mauke Söhne. à Heft *M. 2. *

Inhalt:

I. Freeden, W. v., über die wissenschaftlichen Ergebnisse der ersten deutschen Nordfahrt von 1868. Oeffentlicher Vortrag gehalten im Verein für Kunst und Wissenschaft zu Hamburg, nebst besond. Ausführungen des Wetterbuches und einer (chromolithogr.) Karte (in Fol.), den gesegelten Weg der „Grönland", und die Strömungen, Isothermen etc. des Nordmeeres enth. (21 S.)

II. —— Nordwestdeutscher Wetter-Kalender. Nach den zehnjähr. Beobachtungen auf der meteorolog. Station Elsfleth a. d. Weser in den J. 1858—67. (XIV, 32 S.)

—— dass. — III und IV. gr. 4. Hamburg, Friederichsen und Comp. à Heft *M. 7,50. *

Inhalt:

III. Freeden, W. v., über die Dampferwege zwischen dem Kanal und Newyork, nach den Journal-Anzeigen der Dampfer des norddeutschen Lloyd in den J. 1860—1867 nebst Wind und Wetter in derselben Zeit. (61 S. mit 4 Stnt. in qu. 4., Fol. und qu. Fol. und 1 lithogr. Karte in qu. Fol.) 870.

IV. —— die Normalwege der Hamburger Dampfer zwischen dem Kanal und Newyork, nach den Journal-Auszügen derselben in den J. 1860—1869. (31 S. mit 3 chromolithogr. Taf. in Imp.-Fol.) 872.

Mitteilungen des Sekretariates des Schweiz. Gewerbevereins

① zu Handen der schweiz. Presse als Manuskript gedruckt ④ Schweizer. Gewerbezeitung (Fusion) ⑤ ?—15. 1. 1902—15. 9. 1905—? ⑥ 4° ⑦ in der Regel alle 14 Tage ⑧ Luzern. J. Schill (15. 1. 1902—25. 4. 1902, 14. 1. 1903—8. 4. 1903, 7. 1. 1904—5. 4. 1904, 25. 1. 1905—26. 4. 1905); Bern: Büchler & Co. (7. 5. 1902—15. 8. 1902, 13. 5. 1903—19. 8. 1903, 10. 5. 1904—30. 8. 1904, 17. 5. 1905—5. 8. 1905); Zürich: W. Senn-Holdinghausen (1. 9. 1902—31. 12. 1902, 15. 9. 1903—23. 12. 1903, 1. 10. 1904—20. 12. 1904, 15. 9. 1905) ⑩ Sekretariat des Schweiz. Gewerbevereins ⑫ Gewerbeinteressen ⑭ Be: L.

Berlin Deutscher Seefischerei-Verein

— — Alphabetisches Sach und Namenregister zu den Mittheilungen der Sektion für Küsten- und Hochsee-Fischerei. Jahrg. 1885—94. Oldenburg i. Gr 1896.

— der Section des Deutschen Fischerei-Vereins für Küsten- und Hochsee-Fischerei. Red.: Herwig. Jahrg. 1887—1890. à 12 Nrn. (B.) gr. 8. Berlin, (Moeser). à Jahrg. n. 3. —

— der Section d. Deutschen Fischerei-Vereins f. Küsten- u. Hochsee-Fischerei. Red.: Herwig. Jahrg. 1891—1894. à 12 Nrn. (à ca. 1½ Bog.) gr. 8. Berlin, (W. Moeser). à Jahrg. n. 3. —

-- d. Section d. deutschen Fischereivereins f. Küsten- u. Hochsee-Fischerei, Fortsetzg., s. Mitteilungen d. deutschen Seefischerei-Vereins.

— der Section für Gartenbau des Vereins für Land- u. Forstwirthschaft im Herzogth. Braunschweig. Hersg. von dessen Vorstande, redig. von dem Vereinsgärtner E. Bouché. 1. Jahrg. 1870. 4 Nrn. (Bgn. mit Steintaff.) Braunschweig 870. (J. H. Meyer.) gr. 8. n. 10 ngr.

— der Sektion f. Küsten- u. Hochseefischerei (jetzt: Mitteilgn. des deutschen Seefischereivereins). Alphabet. Sach- u. Namenregister zu d. Jahrgängen 1885—1894, bearb. v. M. Lindeman, hrsg. v. deutschen Seefischereiverein. gr. 8. (IV, 86 S.) Oldenburg 896. (A. Littmann.) n. 1. 50

— über die Sektion f. Land- u. Forstwirtschaft u. Montanwesen des Industrie- u. Landwirtschaftsrats, Fortsetzg., s.: Mitteilungen üb. die Verhandlungen des Landwirtschaftsrates.

Mittheilungen der Sektion für Naturkunde des Oesterreichischen Touristen-Club. 1. Jahrgang. Wien 1889. 4.

— der Section für Naturkunde d. Oesterreichischen Touristen-Club. Red. von E. Kittl. 2. Jahrg. 1890. 12 Nrn. (B.) Wien, Selbstverlag d. österr. Touristen-Clubs. n. 6. —

— der Section f. Naturkunde des österreichischen Touristen-Club. Red.: Ernst Kittl. 6. Jahrg. März 1894—Febr. 1895. 12 Nrn. (Bog.) 4. Wien, III, Wassergasse 2, Exped. n. 6. —

— d. Section f. Naturkunde d. österreichischen Touristen-Club. Red.: Ernst Kittl. 7.—10. Jahrg. 1895—1898. à 12 Nrn. (Bog.) 4. Wien (III, Stammgasse 5), Expedition. à Jahrg. n.n.n. 6. —

— der Section für Obstbau, des Vereins für Land- u. Forstwirthschaft im Herzogth. Braunschweig. Hersg. von dessen Vorstand, red. von dem Vorstande der Section für Obstbau Dr. Engelbrecht. 1. Jahrg. 1870. 4 Nrn. (Bgn. mit eingedr. Holzschn.) Braunschweig, J. H. Meyer. gr. 8. n. 20 ngr.

— der wissenschaftlichen Sektion des Klubs der rechtskundigen Beamten der Stadt Wien. 1. Heft. Lex.-8. Wien 906. (Gerlach & Wiedling.) n.n. 1. 20

Städtische Sozialpolitik. Wien im Vergleiche mit anderen Städten. Von Wilh. Hecke. (24 S.)

— der wissenschaftlichen Sektion des Klubs der rechtskundigen Beamten der Stadt Wien. 2. Heft. Lex. 8. Wien, Gerlach & Wiedling nn — 50

Zur Geschichte der Wiener Gemeindeverfassung. Von Wilh. Hecke. (7 S.) 909.

Mitteilungen aus dem handelswissenschaftlichen Seminar der Universität Zürich, hrg. von Prof. Dr. G[ottlieb] Bachmann. Heft 1—5. 8. Basel, G. Krebs (*Heft 4: Leipzig, G. A. Gloeckner), 1908—1910.

[Heft 1.] 1908 s. Fuchs, Fritz — Heft 2. 1909 s. Stampfli, Arthur — Heft 3. 1909 s. Kolatschek, Walter J[ulius] — Heft 4. 1910 s. Stampfli, Arthur — Heft 5. 1910 s. Rothweiler, A[lbert] M[ax].

— aus dem handelswissenschaftlichen Seminar der Universität Zürich, hrsg. v. G. Bachmann. 4. Heft. gr. 8. Leipzig 910. G. A. Gloeckner. 1. —

Die Bilanz der schweizerischen Nationalbank. Von Arth. Stampfli. [Aus: „Ztschr. f. handelswiss. Forschg."] (45 S.)

Heft 1—3 sind nicht im Handel.

[Mitteilungen aus dem handelswissenschaftlichen Seminar der Universität Zürich ... =] Communications du Séminaire des Sciences Commerciales de l'Université de Zurich, Editeur Prof. Dr. G[ottlieb] Bachmann. No. 6. 8. Bâle, G Krebs, 1910.

s. Borle, Henri.

Mitteilungen aus dem handelswissenschaftlichen Seminar der Universität Zürich, hrg. von Prof. Dr. G[ottlieb] Bachmann. Heft 7—9. 8. 1910—1911.

Heft 7. Basel, G. Krebs, 1910 s. Büchi, Jacob.
Heft 8. Zürich, Schulthess & Co., 1911 s. Bleuler, W[erner].
[Heft 9.] Dresden-Blasewitz, Bleyl & Kaemmerer, 1910 s. Hoefliger, Walter

— des Seminars f. orientalische Sprachen an der Friedrich Wilhelms-Universität zu Berlin. Hrsg. v. Ed. Sachau. 1. Jahrg. 3 Abthlgn. Lex.-8. Berlin 898. (W. Spemann.) n. 15. —; Einzelpr. d. Abtheilgn. à n. 6. —

1. Ostasiat. Studien. Red. v. C. Arendt u. R. Lange. (VI, III, 210 S.)
2. Westasiat. Studien. Red. v. A. Fischer u. K. Foy. (III, 332 S.)
3. Afrikan. Studien. Red. v. C. Velten, G. Neuhaus, J. Lippert. (III, 205 S.)

— des Seminars f. orientalische Sprachen an der königl. Friedrich Wilhelms-Universität zu Berlin. Hrsg. v. Ed. Sachau. 2. Jahrg. 3 Abthlgn. Lex.-8. Berlin 899. (G. Reimer.) n. 15. —; Einzelpr. d. Abthlgn. à n. 6. —
1. Ostasiatische Studien. Red. v. C. Arendt u. R. Lange. (IV, III, 250 S. m. 1 Karte u. 14 Taf.) — 2. Westasiatische Studien. Red. v. A. Fischer u. K. Foy. (III, 293 S.) — 3. Afrikanische Studien. Red. v. C. Velten, G. Neuhaus, J. Lippert. (III, 264 S. m. Abbildgn., 3 Taf. u. 1 Karte.)

— dasselbe. 3. Jahrg. 3 Abthlgn. Lex.-8. Ebd. 900. n. 15. —; Einzelpr. der Abtheilgn. à n. 6. —
1. Ostasiatische Studien. Red. v. C. Arendt u. R. Lange. (V, 238 S.) — 2. Westasiatische Studien. Red. v. K. Foy u. C. Brockelmann. (III, 237 S.) — 3. Afrikanische Studien. Red. v. C. Velten u. J. Lippert. (III, 244 S.)

— dasselbe. 4. Jahrg. 3 Abthlgn. Lex.-8. Ebd. 901. n. 15. —; Einzelpr. der Abtheilgn. à n. 6. —
1. Ostasiatische Studien. Red. v. C. Arendt u. R. Lange. (VI, III, 260 S.) — 2. Westasiatische Studien. Red. v. K. Foy, C. Brockelmann u. B. Meissner. (III, 277 S.) — 3. Afrikanische Studien. Red. v. C. Velten u. J. Lippert. (III, 290 S.)

— dasselbe. 5. Jahrg. 3 Abthlgn. Lex.-8. Ebd. 902. n. 15. —; Einzelpr. der Abtheilgn. à n. 6. —
1. Ostasiatische Studien. Red. v. C. Arendt u. R. Lange. (V, V, 182 S.) — 2. Westasiatische Studien. Red. v. K. Foy u. B. Meissner. (V, V, 301 S.) — 3. Afrikanische Studien. Red. v. C. Velten u. J. Lippert. (V, V, 289 S.)

— des Seminars f. orientalische Sprachen an der königl. Friedrich-Wilhelms-Universität zu Berlin. Hrsg. v. Eduard Sachau. 6.—9. Jahrg. à 3 Abtlgn. Lex.-8. Berlin 903—906. (G. Reimer.) à Jhrg. n. 15. —; einz. Abtlg. à n. 6. —
VI. 1. Ostasiat. Studien. Red. v. R. Lange u. A. Forke. (V, VIII, 317 S.) — 2. Westasiat. Studien. Red. v. K. Foy u. B. Meissner. (V, VIII, 219 S.) — 3. Afrikan. Studien. Red. v. C. Velten u. J. Lippert. (V, VIII, 242 S. m. 1 Karte.)
VII. 1. Ostasiat. Studien. Red. v. R. Lange u. A. Forke. (V, VII, 262 S.) — 2. Westasiat. Studien. Red. v. K. Foy u. B. Meissner. (V, VII, 283 S.) — 3. Afrikan. Studien. Red. v C. Velten u. J. Lippert. (V, VII, 416 S.)
VIII. 1. Ostasiat. Studien. Red. v. R. Lange u. A. Forke. (VII, III, 305 S m Abb. u. 6 Taf.) — 2. Westasiat. Studien. Red. v. K. Foy u. P. Schwarz. (III, 246 S.) — 3. Afrikan. Studien. Red. v. C. Velten, J. Lippert, u. C. Meinhof. (III, 297 S.)
IX. 1. Ostasiat. Studien. Red. v. R. Lange u. A. Forke. (VII, III, 422 S. m. Abb. u. 2 Taf.) — 2. Westasiat. Studien. Red. v. K. Foy u. P. Schwarz. (III, 258 S.) — 3. Afrikan. Studien. Red. v. C. Velten, J. Lippert, u. C. Meinhof. (III, 344 S.) •

— des Seminars f. orientalische Sprachen an der königl. Friedrich-Wilhelms-Universität zu Berlin. Hrsg. v. Eduard Sachau. 10.—13. Jahrg. à 3 Abtlgn. Lex. 8. Berlin, G. Reimer. à Jahrg. 15.—; à Abtlg. 6. —
X. 1 Ostasiat. Studien. Red. v. R. Lange u. A. Forke. (VI, III, 302 S.) — 2. Westasiatische Studien. Red. v. K. Foy u. P. Schwarz. (III, 305 S.) — 3. Afrikanische Studien. Red v. C. Velten, J. Lippert u. C. Meinhof. (III, 228 S.)
XI. 1 Ostasiat. Studien. Red. v. R. Lange u. A. Forke (VII, III, 290 S.) — 2. Westasiatische Studien. Red. v. M. Hartmann, G. Kampffmeyer u. F. Giese. (III, 273 S.) — 3. Afrikan. Studien. Red. v. C. Velten, J. Lippert u. C. Meinhof. (III, 326 S.)
XII. 1. Ostasiat. Studien. Red. v. R. Lange u. A. Forke. (VII, III, 261 S. m. 1 Karte.) — 2. Westasiatische Studien. Red. v. M. Hartmann, G. Kampffmeyer u. F. Giese (III, 242 S.) — 3. Afrikanische Studien. Red. v C. Velten, J. Lippert u. C. Meinhof. (III, 336 S.)
XIII. 1 Ostasiat. Studien. Red. v. R. Lange u. A. Forke. (VII, 361 S. m. Abb., Taf., 1 Kartenskizze, 1 farb. Karte u. 2 Fks-ms.) — 2. Westasiatische Studien. Red. v. M. Hartmann, G. Kampffmeyer u. F. Giese. (VII, 160 S. m. 1 Bildnis.) — 3. Afrikan. Studien. Red. v. C. Velten, J. Lippert u. D. Westermann. (VII, 204 S.)

— des Septuaginta-Unternehmens der königl. Gesellschaft d. Wissenschaften zu Göttingen. 1. Heft. Lex. 8. Berlin 910. Weidmann. 1. —
Der Lukiantext des Oktateuch. Von Ernst Hautsch. [Aus. „Nachrichten d. k. Gesellsch. d. Wiss. zu Göttingen".] (28 S.)

Naturwissenschaftliche Gesellschaft „Isis" in Meissen. — MITTEILUNGEN AUS DEN SITZUNGEN DES VEREINSJAHRES 1905/1906. Meissen. Druck von C E. Klinkicht & Sohn. 8° — 1906/1907. ib. — 1907/1908. (Mit 2 Tafeln.) ib. —

Mitteilungen der Sobrietas, Organ des Vereins Sobrietas. Ellikon a d. Thur Seit Juli 1897

Grossloge „Sokrates" zur Selbsterkenntnis": **Mittheilungen der Grossloge Sokrates zur Selbsterkenntnis im Orient Berlin. 8°. o. J. [5 Nummern für April, Mai, Juni, August, September.]**

Mittheilungen an solche, die sich zur Aufnahme in den Freimaurerbund melden. [Landeshut 1874.] 8 S. 8°
Tt. 1691.

— der Töpfergesellschaft Solothurn. Nr. 2. gr. 8. Solothurn, A. Lüthy. nn — 80
Gesunde Kinder. Vortrag. Von F. Schubiger-Hartmann. (27 S.) 909.
Nr. 1 u. d. T.: Schnyder, Rud., üb. Nervosität im Kindesalter. Ebd. 906. — 80

—— der kaiserl. livländischen gemeinnützigen und oekonomischen Societät. Nr. 11: Das Brennerei-Gewerbe unter den gegenwärtigen Steuer-Bestimmungen und die für die Zukunft projectirten Abänderungen derselben in Russland. Von J. Kestner. gr. 4. (77 S.; Beilagen 33 S.) Dorpat 884. (Berlin, Puttkammer und Mühlbrecht.) *
Nr. 1—10 erschienen in den J. 1868—79 und sind zum Theil vergriffen.

—— der kaiserl. livländischen gemeinnützigen u. oekonomischen Societät. Nr. 12. gr. 4. Dorpat 889. (Berl., Puttkammer u. Mühlbrecht.) * 1 —
Dendrologische Mittheilungen über die Folgen des strengen Winters. 1887/88 in Livland, Estland u. Petersburg, zusammengestellt nach 34 eingelaufenen Berichten von A. v. Sivers-Euseküll. — Versuch e. Anleitg. zur Naturalisation v. Forst- u. Parkbäumen in Livland, von M. v. Sivers-Römershof. (32 S.)

Mitteilungen des Berliner Spar- und Bau-Vereins. Hrsg. im Auftr d. Vorstandes. Jg 1 u. 2. (Berlin: L. Schmidt 1904.) 4° [J.] fol. 6400

— des landwirthschaftlichen Spezialvereins zu Breslau. Redig. von J. G. Elsner und Dilthey. 1. Heft. Breslau (853.) Graß, Barth u. Co. in Comm. 8. (78 S.) n. 10 ngr.

— über englische Sprache u. Literatur u. üb. englischen Unterricht, s. a. Anglia, Beiblatt.

— aus dem gesammten Gebiete d. englischen Sprache u. Litteratur. Monatsschrift für den engl. Unterricht. Beiblatt zur Anglia. Red.: E. Flügel. 1. Jahrg. April 1890—März 1891. 12 Nrn. (2 B.) gr. 8. Halle, Niemeyer. n. 6. —

— aus dem gesammten Gebiete der englischen Sprache u. Litteratur. Monatsschrift f. den englischen Unterricht. Beiblatt zur Anglia. Red.: Ewald Flügel. 2. Jahrg. Apr. 1891—März 1892. 12 Nrn. (2 Bog.) gr. 8. Halle, M. Niemeyer. n. 6. —

— dasselbe. Red.: Max Mann. 3. u. 4. Jahrg. Mai 1892—Apr. 1894. à 12 Nrn. (2 Bog.) gr. 8. Ebd. à Jahrg. n. 6. —

Mittheilungen üb. Staats- u. Kirchenangelegenheiten, in besond. Hinsicht auf die gegenwärt. Zeit. Aus dem Tagebuche eines angeseh. Reisenden, mitgetheilt v. Johannes Medicus. 1e Mittheilung. — A. u. d. T.: Eine Nacht in N**; oder wo glimmt der Funke, der, in dieser Zeit, Städte u. Dörfer zerstört? — Nebst Modell zu e. Feuerspritze. 8. Jena 826, Mauke. Rthlr.

Mittheilungen über die von der k. k. Staatseisenbahngesellschaft zur Londoner Ausstellung 1862 gesendeten Gegenstände. Wien 1862. 4.

Mitteilungen aus der Staatsforstverwaltung Bayerns - München. H 1-15 1894 1912.
Früher s : Mitt üb. d. Forst- u. Jagdwes i. Bay
Forts s Forststatist. Jahresber d. Bayer Staatsforstverw

Mitteilungen aus der Staatsforstverwaltung Bayerns. Herausg. v. kgl. Staatsministerium d. Finanzen, Ministerial-Forstabteilung. H. 1—15. Münch. 1894—1913.

— aus der Staatsforstverwaltung Bayerns. Hrsg. vom k. Staatsministerium der Finanzen, Ministerial-Forstabteilg. 11. Heft. gr. 8. München 910. C. H. Beck. 3.—
Anweisung üb. die Forsteinrichtung in den k. b. Staatswaldungen. (142 S. m. 7 z. Tl. farb. Taf. u. 2 [1 farb.] Karten.)

— aus den botanischen Staatsinstituten in Hamburg. 8. Beiheft zum Jahrbuch der hamburg. wissenschaftl. Anstalten. XIX—XXII. 1901—1904. Lex.-8. Hamburg (L. Gräfe & Sillem). n. 17. —
XIX. (223 S. m. 1 Taf. u. 1 Karte.) 902. n. 8. —
XX. (56 S. m. 1 Abbildg.) 903. n. 2. —
XXI. (89 S. m. 1 Taf.) 904. n. 3. —
XXII. (108 S. m. Abbildgn. u. 1 Taf.) 905. n. 4. —

— aus den botanischen Staatsinstituten in Hamburg. (3. Beiheft zum Jahrbuch der hamburg. wissenschaftl. Anstalten. XXIII—XXVI. 1905—1908.) Lex. 8. Hamburg (L. Gräfe & Sillem). 26. 80
XXIII. (150 S. m. Abbildgn. u. 7 Taf.) 906. 6. —
XXIV. (235 S. m. Abbildgn.) 907. [illegible]
XXV. ([illegible] S. m. Abbildgn. u. 3 Taf.) 908. [illegible]
XXVI. (162 S. m. 59 Abbildgn. u. 4 Taf.) 909. [illegible]

— aus den hamburgischen Staatskrankenanstalten, hrsg. v. Lenhartz, Rumpf, sow. d. Ärzten d. Anstalten unter Red. v. Rumpf. I. Bd. (Wissenschaftlicher Tl. d. Jahrbücher d. hamburg. Staatskrankenanstalten V. Bd.) 1.—3. Hft. gr. 8. (495 S. m. 4 Abb. u. 9 Taf.) Hamburg 897. L. Voss. n. 18. 50

— dasselbe. II. Bd. (Wissenschaftl. Tl. d. Jahrbücher der hamburg. Staatskrankenanstalten VI. Bd.) 1. Hft. gr. 8. (64 S. m. 1 Taf.) Ebd. 898. n. 2. 50

Mitteilungen aus den hamburgischen Staatskrankenanstalten, hrsg. v. Lenhartz, Rumpf, sowie d. Ärzten der Anstalten unter Red. v. Rumpf. II. Bd. (Wissenschaftlicher Tl. der Jahrbücher der hamburg. Staatskrankenanstalten VI. Bd.) 2.—5. Hft. gr. 8. Hamburg, L. Voss. n. 19. 50; (2. Bd. kplt. n. 22. —)
2. (S. 65—211 m. 5 Abb.) 899. n. 4. 50
3. (S. 213—312 m. 2 Abbildgn. u. 10 Taf.) 899. n. 3. —; erhöht. Pr. n. 8. —
4. (S. 313—347 m. 5 Kurventaf.) 899. n. 2. —
5. (S. 349—598 u. 4 S. m. 2 Abbildgn.) 900. n. 5. —

— dasselbe, hrsg. v. Lenhartz, Reye, Deneke, sowie d. Ärzten der Anstalten unter Red. v. Lenhartz. III. Bd. (Wissenschaftlicher Tl. der Jahrbücher der hamburg. Staatskrankenanstalten VII. Bd.) 1.—4. Hft. gr. 8. (S. 1—684 m. Abbildgn. u. 5 [2 farb.] Taf.) Ebd. 900. 901. n. 23. 50

— aus den hamburgischen Staatskrankenanstalten, hrsg. von den Direktoren u. Aerzten der Anstalten unter Red. v. Lenhartz. IV.—VI. Bd. (Wissenschaftlicher Tl. der Jahrbücher der hamburg. Staatskrankenanstalten. VIII.—X. Bd.) Lex.-8. Hamburg, L. Voss. n. 56. 60
IV. (4 Hefte.) (266 S. m. 10 Abb. u. 16 Taf.) 903. 904. n. 17. —
V. (III, 213 S. m. 20 Abb. u. 15 Taf.) 905. n. 15. —
VI. (6 Hefte.) (375 S. m. 65 Abb., 27 Taf. u. 1 Tab.) 906. n. 21. 60

Mitteilungen aus den hamburgischen Staatskrankenanstalten, hrsg. von den Direktoren u. Aerzten der Anstalten unter Red. v. Lenhartz. VII. Bd. 1.—4. Heft. Lex.-8. Hamburg, L. Voss. n. 4. 20
1. Zur Frage d. myxödematösen Irreseins. Von Max Sierau. (15 S. m. 4 Fig.) 906. n. 1. —
2. Zwei seltene Tumoren d. Mamma (Chondrolipom u. Blutzyste). Von C. Sick. (7 S. m. 1 Fig. u. 1 Taf.) 906. n. 1. —
3. Die Behandlung m. Stauungshyperämie bei Phlegmonen u. anderen akut entzündlichen Erkrankungen. Von W. Burk. (27 S.) 906. n. 1. 20
4. Erfahrungen üb. Lumbalanästhesie m. besond. Berücksicht. des Alypins. Von F. Caesar. (14 S.) 906. n. 1. —

— aus den hamburg. Staatskrankenanstalten, hrsg. v. den Direktoren u. Ärzten d. Anstalten unter Red. v. Lenhartz. VII. Bd. 5.—15. Heft. VIII.—IX. Bd. à 15 Hefte u. XI. Bd. 13 Hefte. X. Bd. 13.—15. Heft. Lex. 8. Hamburg. Leipzig, L. Voss. 83. 50
Bauer, Alb., Beitrag zur Frage d. Prognose u. Therapie der multiplen Sklerose. (S. 43—52.) 908. (VIII. Bd. 3. Heft.) — 60
Benöhr, R., Beitrag zur Frage der Bakteriämie der Lungentuberkulose. (S. 323—336.) 908. (VIII. Bd. 13. Heft.) — 80
Berger, Cl., über den Wert der Lenhartzschen Ulcuskur f. die Differentialdiagnose bei Magenerkrankungen, die m. Blutungen einhergehen. (10 S.) 907. (VII. Bd. 8. Heft.) — 60
Bericht üb. die 11. Jahresversammlung des Vereins norddeutscher Psychiater u. Neurologen am 9. VII. 1910 in der Irrenanstalt Friedrichsberg-Hamburg. (20 u. III S.) 910. (XI. Bd. 13. Heft.) 1. —
Birt, Ed., über otogene Pyämie m. Metastasenbildung. (5 S.) 907. (VII. Bd. 15. Heft.) — 60
Bonheim, Paul, die Behandlung akuter Entzündungen m. Hyperämie nach Bier (18 S.) 907. (VII. Bd. 12. Heft.) 1. 60
Buchholz, über e. eigenartigen Fall v. Aphasie. Mit 4 Abb. im Text. (S. 329—336.) 909. (IX. Bd. 13. Heft.) — 60
Creutzfeldt, Hans Gerh., ein Beitrag zur normalen u. pathologischen Anatomie der Hypophysis cerebri des Menschen. (S. 273—294.) 909. (IX. Bd. 10. Heft.) 1. —
— 3 Fälle v. Tumor hypophyseos ohne Akromegalie. (Aus dem patholog. Institut des allgemeinen Krankenhauses St. Georg zu Hamburg.) (III u. S. 331—401.) 909. (IX. Bd. 15. Heft.) 2. —
Deneke, Th., die Überleitungsstörungen zwischen Vorhof u. Kammer des Herzens. (24 S. m. 5 Abb.) 907. (VII. Bd. 9. Heft.) 1. —
Ebert, O., über den Durchbruch käsiger Bronchialdrüsen in benachbarte Organe. (S. 213—248 m. 2 Abb.) 908. (VIII. Bd. 8. Heft.) 1. 50
Engelsmann, R., über Magenerosionen. (S. 223—246.) 909. (X. Bd. 10. Heft.) 1. —
Fette, H., über akute Lebercirrhose. (S. 89—100.) 909. (X. Bd. 4. Heft.) — 60
Fuchs, über Todesfälle durch Fettembolie. Mit 1 Abb. im Text. (S. 179—184.) 909. (X. Bd. 8. Heft.) — 50
Happich, Carl, über giftige u. tödliche Wirkung des Kampfers u. Chloralhydrates. (S. 1—14.) 908. (VIII. Bd. 1. Heft.) — 60
Hasche-Klünder, die Tuberkulose im Säuglingsalter vom Standpunkte der öffentlichen Gesundheitspflege. (S. 295—326.) 909. (IX. Bd. 11. Heft.) 1. 20
Hauptmann, Alfr., „akute Ataxie" bei tuberkulöser Meningitis. (Aus der medizin. Abteilg. [Nonne] des allgemeinen Krankenhauses Hamburg-Eppendorf.) (S. 191—198.) 910. (XI. Bd. 6. Heft.) nn — 50
Hobohm, zur Kasuistik der Echolalie. Mit 1 Abbildg. im Text. (S. 227—242.) 909. (IX. Bd. 8. Heft.) — 60
Hoffmann, H., zur konservativen u. operativen Behandlung der Salpingitiden u. der entzündlichen Erkrankungen des Beckenbindegewebes. (Aus der 1. chirurg. Abteilg. des allgem. Krankenhauses Eppendorf [Kümmell].) (S. 87—190.) 910. (XI. Bd. 5. Heft.) 4. —
Hoessli, Hans, das Verhalten der Streptokokken gegenüber Plasma u. Serum u. ihre Umzüchtung. (Aus der Abteilg. f. experimentelle Therapie des Eppendorfer Krankenhauses [Much].) (S. 259—280 m. 1 Taf.) 910. (XI. Bd. 10. Heft.) 1. 50

Jacob, L., über die Bedeutung der Karellkur bei der Beseitigung schwerer Kreislaufstörungen u. der Behandlung der Fettsucht. (S. 53–110 m. 30 Abbildgn.) 908. (VIII. Bd. 4. Heft.) 2. 40

— Beiträge zur Kenntnis der Pneumomykosen. Mit 15 Abbildgn. im Text. (S. 47—88.) 909. (X. Bd. 3. Heft.) 1. 50

Klein, Karl, klinisches u. morphologisches Material zur Ätiologie der Syphilis. Hierzu 6 Taf. (III, 16 S. u. 6 Bl. Erklärgn.) 908. (VIII. Bd. 15. Heft.) 3. —

Koerber, Emil, zur Kasuistik der Appendizitis im Bruchsack (S. 273—288 m. 2 Fig.) 908. (VIII Bd. 11. Heft.) — 80

— Mitteilungen üb. Heilungsresultate bei der operativen Behandlung der perforierten Magen- u. Duodenal-Geschwüre. (34 S.) 907. (VII. Bd. 14. Heft.) 1. 50

Körtke, somatische Medizin u. Psychologie in der Psychiatrie. [Aus der Hamburger Staatsirrenanstalt Langenhorn. (Neuberger.)] (S. 1—17.) 910. (XI. Bd. 1. Heft.) — 80

Kotzenberg, W., Beiträge zur Frage der Ernährungsstörungen der Haut v. Amputationslappen. Mit 5 Fig. im Text. (18 S.) 907. (VII. Bd. 6. Heft.) 1. —

— Zur Therapie u. Bakteriologie der eitrigen Perforationsperitonitis. Nach e. am 6. X. 1908 im ärztl. Verein zu Hamburg geh. Vortrag. (18 S.) 909. (IX. Bd. 3. Heft.) — 80

Kulenkampff, Diedr., über die Behandlung der Appendicitis. Mit 12 Abb. im Text (60 S.) 907 (VII Bd 5. Heft.) 2. 10

Lang, Heinr., zwei Fälle v. Torsion des Samenstrangs. (6 S. m. 2 Fig.) 907. (VII. Bd. 13. Heft.) — 60

Lehmann, Paul, Beiträge zur Klinik des Erysipels m. besond. Berücksicht. der bakteriologischen Blutbefunde (Aus dem allgemeinen Krankenhaus Hamburg-Eppendorf [IV. medizin. Abteilg.: F. Reiche].) (S. 281—299.) 910. (XI. Bd. 11. Heft.) — 80

Lohfeldt, P., über primäre Geschwülste der Bursa omentalis. (S. 165—178.) 909. (X. Bd. 7. Heft.) — 60

Martius, Heinr., ein Fall v. operiertem Rückenmarkshauttumor. [Aus dem allgemeinen Krankenhaus Hamburg-Eppendorf. Direktorialabteilung: Lenhartz.] (S. 213—234 m. 2 Abbildgn.) 910. (XI. Bd. 8. Heft.) 1. —

Meyer-Wedell, Lilli, u. O. Schumm, über die v. J. Tsuchiya angegebene Methode zur Bestimmung v. Eiweiss im Harn. (S. 327—328.) 909. (IX. Bd. 12. Heft.) — 50

Much, Hans, über humorale u. leukocytäre Bakteriocidine. (S. 169—212.) 908. (VIII. Bd. 7. Heft.) 1. 80

— Immunität u. Immunitätsreaktionen. 6 Vorlesgn. f. prakt. Ärzte, geh. während der Ärztekurse des Eppendorfer Krankenhauses Herbst 1908. Mit 1 Abbildg. im Text. (66 S.) 909. (IX. Bd. 1. Heft.) 2. —

— u. B. Zoeppritz, Opsoninuntersuchungen bei Puerperalerkrankungen. (S. 155—168 m. 5 Kurven.) 908. (VIII. Bd. 6. Heft.) — 80

Müser, Wilh., über den primären Krebs der Lungen u. Bronchien. (S. 111—154 m. 7 Kurven.) 908. (VIII. Bd. 5. Heft.) 1. 80

Nonne, M., klinischer u. anatomischer Beitrag zum Kapitel der Prognose der „anämischen Spinalerkrankungen". 2 Fälle v. anäm. Spinalerkrankg. m. Dissoziation der Anämie u. des Spinalleidens. Mit 6 Abbilgn. im Text. (12 S.) 907. (VII. Bd. 7. Heft.) — 80

— dasselbe, zur Kasuistik der Geistesstörung bei multipler Sklerose. (Nach e. Vortrag in der biolog. Abteilg. des ärztl. Vereins zu Hamburg am 17. IV. 1910.) (Aus der medizin. Abteilg. des allgemeinen Krankenhauses Hamburg-Eppendorf.) (S. 190—212 m. 2 Abbildgn.) 910. (XI. Bd. 7. Heft.) 1. —

Oehlecker, F., über den Tod der Neugeborenen durch Verblutung aus der Nabelschnur. (S. 101—120.) 909. (X. Bd. 5. Heft.) — 60

Przygode, P., über die Rückwirkung der Aortenaneurysmen aufs Herz. Aus der Direktorialabteilg. des Eppendorfer Krankenhauses. (Lenhartz.) Mit 3 Abbildgn. im Text u. 2 Taf. m. 4 Röntgenbildern. (S. 291—338.) 910. (X. Bd. 13. Heft.) 2. 50

Raven, Wilh., über Kleesalzvergiftung. Aus dem allgemeinen Krankenhause Hamburg-Eppendorf. (Abtlg. Reiche.) (S. 339—346 m. 2 Abb.) 910. (X. Bd. 14. Heft.) — 80

— Über Spontanheilung v. Invaginationen durch Gangrän u. Ausstossung des Intussusceptums. (S. 1—18.) 909. (X. Bd. 1. Heft.) — 80

Reiche, F., weitere Beiträge zur Kenntnis der Plaut-Vincentschen Angina. (S. 69—88.) 910. (XI. Bd. 4. Heft.) — 80

Reiche, F., zur Pathogenese u. Klinik der Phylephlebitis acuta. Mit 1 Abbildg. u. 10 Kurven im Text. (S. 121—164.) 909. (X. Bd. 6. Heft.) 1. 50

— u. A. Schomerus, die durch den Diplococcus lanceolatus hervorgerufenen Rachen- u. Kehlkopferkrankgn. nebst Bemerkungen üb. das Erysipelas cutis pneumococcicum. (S. 289—322.) 908. (VIII. Bd. 12. Heft.) 1. 20

Reinecke, R., Spontanruptur des Uterus während der Gravidität. (S. 263—272 m. 1 Skizze.) 908. (VIII. Bd. 10. Heft.) — 80

Reye, Edg., über akute diffuse nekrotisierende Tracheo-Bronchitis. (S. 279—290.) 909. (X. Bd. 12. Heft.) — 60

Rosenhauer, P., über Syphilis der Schilddrüse. (Mit 1 Taf. m. 3 Abb.) (S. 145—154.) 909. (IX. Bd. 4. Heft.) 1. —

Scharpff, zur Kenntnis der Lysol- u. Kreolin-Vergiftungen. (S. 155—166.) 909. (IX. Bd. 5. Heft.) — 60

Schumm, O., kurze Mitteilungen. Aus dem allgemeinen Krankenhause Hamburg-Eppendorf. (III u. S. 347—368 m. 3 Abbildgn.) 910. (X. Bd. 15. Heft.) 1 —

— u. C. Hegler, über die Brauchbarkeit der sogen Pankreasreaktion nach Cammidge. (Unter Mitarbeit v Frau L. Meyer-Wedell.) Mit 2 Tab. u. 2 Taf. m. 17 Mikrophotogrammen. (S. 185—222.) 909. (X. Bd. 9. Heft.) 2 —

— — Untersuchungen üb. die sogenannte Pankreasreaktion nach Cammidge. [Aus der Direktorialabteilg (Lenhartz) u. dem chem. Laboratorium (O. Schumm) des Eppendorfer Krankenhauses.) IV. Mitteilg. (S. 33—68.) 910. (XI. Bd 3. Heft.) 1.50 (I u. IV: 3.50)

Simons, Herm., Kalomelkuren bei Herzerkrankungen Mit 12 Abbildgn. im Text. (60 S. m. Fig.) 909. (IX. Bd 2. Heft.) 2 40

Sinell, Überblick über die wichtigsten Sprach- u. Stimmstörungen u. Atmungstechnik. (29 S. m 30 Abbildgn.) 907. (VII. Bd. 11. Heft.) 1 20

— Der Verkehr m. Schwerhörigen. Mit 11 Abbildgn. im Text. (S. 243—272.) 909. (IX. Bd 9. Heft.) 1 20

Sohlern, Egon Frhr. v., ein Fall v. Invagination u. Spontanheilung durch Ausstossung des Intussusceptums, kompliziert durch Thrombose u. Fremdkörper im Darm. Mit 6 Abbildgn (S. 19—46.) 909 (X Bd. 2. Heft.) 1 —

Thost, Arth., das Inhalatorium im Eppendorfer Krankenhaus nebst einigen Bemerkungen über Inhalationstherapie. (S. 249—262 m. 4 Abb.) 908. (VIII. Bd. 9. Heft.) — 50

Unna, P. G., ein Fall v. Dariers Krankheit (S. 337—345 m. 2 Abb. u. 1 farb. Taf.) 908. (VIII. Bd. 14. Heft.) 1 50

Veit, Karl Eduard, über die Ergebnisse der Kutanreaktion nach v. Pirquet. Mit 2 (eingedr.) Kurven (S. 247—278.) 909. (X. Bd. 11. Heft.) 1 20

Weiss, Leonh., zur Morphologie des Tuberkulosevirus unter besond. Berücksicht. der Muchschen granulären Form u. e. neuen Doppelfärbung. (Aus der Abteilg f. experimentelle Therapie u. Serumforschg. des Eppendorfer Krankenhauses [Much], u. dem pathol.-anatom Institute [Fraenkel].) (S. 235—258 m. 3 Taf.) 910. (XI Bd 9. Heft.) 2.

Weygandt, W., über Begutachtung im Falle v. Trauma u. Paralyse. (S. 337—350.) 909. (IX. Bd. 14. Heft.) — 60

— Psychiatrische Begutachtung v. Mördern. (Aus der Irrenanstalt Friedrichsberg.) (74 S.) 910. (XI. Bd. 12. Heft.) 3. —

Wiesinger, über operatives Vorgehen bei soliden Mesenterial-Tumoren. (6 S. m. 1 Fig.) 907. (VII Bd 10. Heft.) — 60

Wohlwill, Frdr., über gleichzeitiges Vorkommen v Hirngliom u. -Sarkom. [Aus dem allgemeinen Krankenhaus Hamburg-Eppendorf. (Medizin. Abteilg.: Nonne.)] (S. 19—32 m. 5 Abb.) 910. (XI. Bd. 2. Heft.) — 60

Zeissler, Johs., die Opsoninreaktion. (S. 167—216.) 909. (IX. Bd. 6. Heft.) 2. —

Zimmermann, histologische Befunde bei Dementia praecox. (S. 219—228.) 909. (IX. Bd. 7. Heft.) — 60

— Kasuistischer Beitrag zur Ätiologie u. pathologischen Anatomie der Dementia praecox. (S. 15—42.) 908. (VIII. Bd. 2. Heft.) 1. 20

Sonderabdrucke aus: „Jahrbb. d. hamburg. Staatskrankenanstalten".

Mitteilungen aus den hamburg. Staatskrankenanstalten, hrsg. v. den Direktoren u. Ärzten d. Anstalten unter Red. v. Lenhartz. IX. Bd. Suppl. Lex. 8. Hamburg. Leipzig, L. Voss. 4. —

Die Ergebnisse der hamburgischen Krebsforschung im J. 1908. Von E. Körber. Mit e. Vorwort v. H. Lenhartz. Mit 21 grossen Tab. u. Kurven u. vielen kleinen Tab. im Text u. 1 (farb.) Taf. (X, 117 S.) 909.

Mitteilungen aus dem Physikalischen Staatslaboratorium in Hamburg Hamburg Gräfe & Sillem in Komm. 1906 92 S. 4°(8°)
(Jahrbuch d. Hamburg. wiss. Anstalten Jg. 23, Beih. 4.) 109. 5901 10

— aus dem physikalischen Staatslaboratorium in Hamburg. (6. Beiheft zum Jahrbuch der hamburg. wissenschaftl. Anstalten. XXV. 1907.) (87 S. m. Abb.) Lex. 8. Hamburg 908. (L. Gräfe & Sillem.) 4. —

— aus der Staatsprüfungs-Anstalt in Kopenhagen. Untersuchungen, betr. die Restaurierg. der Fassade des Thorwaldsen-Museums. (Für die „Baumaterialienkunde" aus dem Dän. übers.) (16 S.) 31,5 ×23,5 cm. Stuttgart 903. (Freiburg i/B., J. Bielefeld.) 1. 80

Sonderabdruck aus: „Baumaterialienkde."

— aus dem Stadtarchiv v. Köln, hrsg. v. Konst. Höhlbaum. 1—9. Hft. gr. 8. Köln, Du Mont-Schauberg. n. 28. 20
1. (III, 107 S.) 882. n. 2. 40. — 2. (IV, 127 S.) 883. n. 3. 60. — 3. (IX, 80 S.) 883. n. 2. 40. — 4. (X, 130 S.) 883. n. 3. 60. — 5. (VI, 89 S.) 884. n. 2. 40. — 6. (III, 128 S.) 884. n. 3. 60. — 7. (V, 127 S.) 885. n. 3. 60. — 8. (III, 58 S.) 885. n. 1. 80. — 9. (VI, 209 S.) 886. n. 4. 80

— aus dem Stadtarchiv v. Köln, hrsg. v. K. Höhlbaum. 10.—19. Hft. Mit Unterstützg. der Stadt Köln. gr. 8. Köln, Du Mont-Schauberg. n. 33. — (1—19.: n. 61. 20)
10. (III, 114 S.) 886. n. 3. —. — 11. (III, 84 S.) 887. n. 2. 20. 12. (115 S.) 887. n. 3. —. — 13. (III, 108 S.) 887. n. 2. 80. 14. (V, 151 S.) 888. n. 4. —. — 15. (III, 110 S.) 888. n. 2. 80. — 16. (III, 137 S.) 889. n. 3. 60. — 17. (III, 149 S.) 889. n. 4. —. — 18. (III, 148 S.) 889. n. 4. —. — 19. (VI, 146 S.) 890. n. 3. 60.

— aus dem Stadtarchiv v. Köln, begründet v. Konst. Höhlbaum, fortgesetzt v. Jos. Hanson. 20.—25. Hft. Mit Unterstützg. der Stadt Köln. gr. 8. Köln, M. Du Mont-Schauberg. n. 26. 80 (1—25.: n. 88. —)
20. (V, 138 S.) 891. n. 4. —. — 21. (III, 116 S.) 892. n. 3. 20. — 22. (V, 185 S.) 892. n. 5. —. — 23. (III, 153 S.) 893. n. 4. —. — 24. (212 S.) 893. n. 5. 60. — 25. (V u. S. 213 - 406.) 894. n. 5. —.

— aus d. Stadtarchiv v. Köln, begründet v. Konst. Höhlbaum, fortges. v. Jos. Hansen. 26.—28. Hft. M. Unterstützg. d. Stadt Köln. gr. 8. Köln, M. Du Mont-Schauberg. n. 14. 40 (1.—28.: n. 102. 40)
26. (158 S.) 895. n. 4. 40. — 27. (V u. S. 159—371.) 896. n. 5. 60
28. (158 S. m. 2 Stadtplänen.) 897. n. 4. 40

— aus dem Stadtarchiv v. Köln, begründet v. Konst. Höhlbaum, fortgesetzt v. Jos. Hansen. 29.—31. Hft. Mit Unterstützg. der Stadt Köln. gr. 8. Köln, M. Du Mont-Schauberg. n. 19. 60
29. (V u. S. 159—370.) 899. n. 5. 60
30. (III, LIX, 176 S. m. 1 farb. Karte.) 900. n. 6. —
31. (IV, 335 S.) 902. n. 8. —

— aus dem Stadtarchiv v. Köln, begründet v. Konst. Höhlbaum, fortgesetzt v. Jos. Hansen. 32. Heft. Mit Unterstützg. der Stadt Köln. (III, 158 S. m. 1 Karte.) gr. 8. Köln 904. M. Du Mont-Schauberg. n. 4. 40

— aus dem Stadtarchiv u. der Stadtbibliothek zu Breslau. 1. Hft. gr. 8. Breslau 894. E. Morgenstern, Verl. n. 1. 50
Der Breslauer Ring u. seine Bedeutung f. die Stadt. Von Herm. Markgraf. Mit 1 Plan des Ringes im Anfang des 19. Jahrh. (IV, 92 S.)

— aus d. Stadtarchiv u. d. Stadtbibliothek zu Breslau. 2. u. 3. Hft. gr. 8. Breslau, E. Morgenstern, Verl. n. 7. — (1.—3. n. 8. 50)
2. Die Straßen Breslaus nach ihrer Geschichte u. ihren Namen. Von Herm. Markgraf. M. e. Stadtplane. (XII, 244 S.) 896. n. 4. —; kart. n. 4. 60
3. Geschichte der landesherrl. Besuche in Breslau. Von Erich Fink. (IV, 236 S.) 897. n 3 —

— aus dem Stadtarchiv u. der Stadtbibliothek zu Breslau. 4. u. 5. Hft. gr. 8. Breslau, E. Morgenstern, Verl. n. 7. —
4. Die Breslauer Stadt- u. Hospital-Landgüter. Von Heinr. Wendt. 1. Thl.: Amt Ransern. Mit 2 Karten. (III, 276 S.) 899. n. 4. —
5. Christoph Köler, e. schlesischer Dichter des 17. Jahrh. Sein Leben u. e. Auswahl seiner deutschen Gedichte. Von Max Hippe. (VIII, 244 S.) 902. n. 3. —
1.—3. Hft. Ebd. 894—897. n. 8. 50.

— aus dem Stadtarchiv u. der Stadtbibliothek zu Breslau. 6.—8. Heft. gr. 8. Breslau, E. Morgenstern Verl. n. 6. 50
6. Steins, Barthel, Beschreibung v. Schlesien u. seiner Hauptstadt Breslau 1512/13. In deutscher Uebersetzg. hrsg. v. H. Markgraf. (VI, 76 S.) 902. n. 1. —
7. Das Gelände der ehemaligen Festung Breslau 1813—1870. Von Ernst Kieseritzky. Mit 2 Karten. (V, 83 S.) 903. n. 1. 50
8. Breslau in der Franzosenzeit 1806—1808. Aufzeichnungen. Von Frdr. Gtlf. Friese. Hrsg. v. Frz. Wiedemann. (XLIV, 288 S.) 906. n. 4. —
Hft. 1—5. Ebd. 894—902. n. 15. 50.

Mitteilungen aus dem Stadtarchiv und der Stadtbibliothek zu Breslau. 9. u. 10. Heft. gr. 8. Breslau, E. Morgenstern, Verl. 8. —
9. 10. Städteordnung, die Stein'sche, in Breslau. Denkschrift der Stadt Breslau zur Jahrhundertfeier der Selbstverwaltung. (Von Heinr. Wendt.) 2 Tle. (VII, 368 u. XI, 558 S.) 908. 8. —

— aus der Stadtbibliothek in Bremen. Hrsg.: H. Seedorf. 1.—3. Jahrg. Oktbr. 1907—Septbr. 1911. à 10 Nrn. (à ca. 8 S.) Lex. 8. Bremen, G. Winter, Verl. à Jahrg. 3. —

Mitteilungen aus der Stadtbibliothek zu Hamburg. 1–6. Hamburg: Herold 1884–1891. 8°
Hrsg.. F Eyssenhardt.

— aus der Stadtbibliothek in Hamburg. (7. Beiheft zum Jahrbuch der hamburg. wissenschaftl. Anstalten. XXV, 1907.) (30 S. m. 18 Taf.) Lex. 8. Hamburg 907. L. Gräfe & Sillem. 4. —

— aus der Stadtbibliothek zu Königsberg i. Pr. III. gr. 8. Königsberg, F. Beyer. 12. 50
Conrad, Geo., das rathäusliche Reglement der Stadt Königsberg i. Pr. vom 13. VI. 1724. Ein Beitrag zur Geschichte der Rats- u. Gerichtsverwaltg. v. Königsberg i. Pr. (X, 231 S. m. 1 Taf.) 910. (II.) 4. —
Seraphim, A., Handschriften-Katalog der Stadtbibliothek Königsberg i. Pr. Unter Mitwirkg. v. Paul Rhode bearb. (V, 411 S.) 909. (I.) 6. 50
Urkundenbuch der Stadt Königsberg i. Pr. (1256—1400.) Bearb. v. H. Mendthal. (123 S.) 910. (III.) 2. —

— über den Stand der Industrie im sächsisch-anhaltischen Vereinsbezirke. Festschrift dem Vereine deutscher Ingenieure gewidmet vom sächsisch-anhalt. Bezirks-Vereine. Berlin 867. (Gaertner.) gr. 8. (80 S. mit 1 lith. Karte in Imp.-Fol.) n.n. 15 ngr.

— für die gesammte Stärke-Industrie. Illustrirte Zeitschrift f. Stärke-, Stärkezucker-, Syrup-, Dextrin- u. Sago-Fabrikanten u. deren Directoren, Werkführer u. Meister. Hrsg. v. W. H. Uhland. 1. Jahrg. 1890. 12 Hfte. (B. m. Holzschn.) gr. 8. Leipzig, Bureau d. prakt. Maschinen-Constructeur. n. 6. —

— für die gesammte Stärke-Industrie. Illustrirte Zeitschrift f. Stärke-, Stärkezucker-, Syrup-, Dextrin- u. Sago-Fabrikanten u. deren Directoren, Werkführer u. Meister. Hrsg. v. W. H. Uhland. 2. Jahrg. 1891. 12 Hfte. (Bog.) gr. 8. Leipzig, Bureau d. prakt. Maschinen-Constructeur. n. 6. —

Mittheilungen aus der chirurgischen Station d. Krankenhauses Friedrichshain zu Berlin. Hrsg.: E. Hahn. 1. u. 2. Thl. [Aus: „Berliner klin. Wochenschr."] gr. 8. Berlin, Hirschwald. n. 5. —
1. (V, 81 S.) 888. n. 2. —. — 2. (V, 111 S.) 889. n. 3. —.

Mittheilungen aus der zoologischen Station zu Neapel . . . Leipzig 1879 ff. H: *Dohrn*, *Ant.* (EB)

— aus der zoologischen Station zu Neapel, zugleich ein Repertorium für Mittelmeerkunde. 1. Bd. 4 Hfte. Mit 18 (lith., zum Thl. farb.) Taf. u. 4 (eingedr.) Holzschn. gr. 8. (VIII, 592 u. Beilage: Nachtrag zum Bibliothekskatalog 51 S.) Leipzig 878. 79. Engelmann. n. 29. —

— dasselbe. 2. Bd. 4 Hfte. gr. 8. (IV, 530 S. m. 13 eingedr. Holzschn., 17 Steintaf. u. 17 Zinkogr. auf 1 Taf.) Ebend. 880. 81. n. 29. —

— dasselbe. 3. Bd. 4 Hfte. gr. 8. (IV, 602 S. m. eingedr. Holzschn. u. 26 Steintaf.) Ebend. 881. 82. n. 41. —

— aus der zoologischen Station zu Neapel, zugleich e. Repertorium f. Mittelmeerkunde. 4. Bd. Mit 40 (lith.) Taf. gr. 8. (IV, 522 S.) Leipzig 883. Engelmann. n. 59. —

— dasselbe. 5. Bd. gr. 8. (IV, 580 S. m. 32 z. Thl. farb. Steintaf.) Ebend. 884. n. 56. —

— dasselbe. 6. Bd. Mit 32 Taf. u. 1 Abbildg. gr. 8. (IV, 756 S.) Berlin 885. 86. Friedländer & Sohn. n. 58. —

— aus der zoologischen Station zu Neapel. Zugleich e. Repertorium f. Mittelmeerkunde. 7. Bd. 4 Hfte. gr. 8. (IV, 748 S. m. 30 Holzschn. u. 27 Taf.) Berlin 886. 887. Friedländer & Sohn. n. 56. —

— dasselbe. 8. Bd. 4 Hfte. gr. 8. (IV, 662 S. m. 3 Holzschn. u. 25 Taf.) Ebd. 888. n. 55. —

— dasselbe. 9. Bd. 1.—3. Hft. gr. 8. (S. 1—482 m. 10 Textabbildgn. u. 15 Taf.) Ebd. 889. n. 34. —

— aus der zoologischen Station zu Neapel, zugleich e. Repertorium f. Mittelmeerkunde. 9. Bd. 4. Hft. gr. 8. (IV u. S. 483—676 m. 10 Taf. u. 29 Zinkogr.) Berlin 891. Friedländer & Sohn. n. 24. — (9. Bd. kplt.: n. 58. —)

— dasselbe. 10. Bd. 4 Hfte. gr. 8. (IV, 680 S. m. 40 Taf. u. 2 Fig.) Ebd. 891—893. n. 76. —

— dasselbe. 11. Bd. 1.—3. Hft. gr. 8. (14, 478 S. m. 20 Taf. u. 16 Fig.) Ebd. 893. 894. n. 43. —

— aus d. zoologischen Station zu Neapel, zugl. e. Repertorium f. Mittelmeerkunde. 11. Bd. 4. Hft. gr. 8. (IV u. S. 479—694 m. 5 Fig. u. 4 Taf.) Ebd. 895. n. 15. — (11. Bd. kplt.: n. 58. —)

— dasselbe. 12. Bd. 4 Hfte. gr. 8. (IV, 772 S. m. 9 Fig., 21 Zinkogr. u. 34 z. Tl. farb. Taf.) Ebd. 896 —897. n. 72. —

— dasselbe. 13. Bd. 3 Hfte. gr. 8. (432 S. m. 12 Taf.) Ebd. 898. n. 34. —

— aus der zoologischen Station zu Neapel, zugleich e. Repertorium f. Mittelmeerkunde. 13. Bd. 4. Hft. gr. 8. (III u. S. 433—573 m. 1 Taf.) Ebd. 899. n. 8. —; (13. Bd. kplt. n. 42. —)

— dasselbe. 14. Bd. 4 Hfte. gr. 8. (III, 626 S. m. 11 Fig. u. 18 Taf.) Ebd. 900. 901. n. 44. —

— dasselbe. 15. Bd. 1.—3. Hft. gr. 8. (S. 1—482 m. 19 Taf.) Ebd. 901. n. 45. —

— aus der zoologischen Station zu Neapel, zugleich e. Repertorium f. Mittelmeerkunde. 15. Bd. 4. Heft. III u. S. 483—680 m. 1 Fig. u. 11 Taf.) gr. 8. Ebd. 902. n. 20. — (15. Bd. kplt. n. 65. —)

— dasselbe. 16. Bd. 4 Hefte. (III, 585 S. m. 9 Fig. u. 22 Taf.) gr. 8. Ebd. 903. 904. n. 47. —

— dasselbe. 17. Bd. 4 Hefte. (III, 528 S. m. 20 Fig. u. 35 Taf.) gr. 8. Ebd. 904—906. n. 58. —

— dasselbe. 18. Bd. 1. Heft. (141 S. m. 7 Taf.) gr. 8. Ebd. 906. n. 15. —

— aus der zoologischen Station zu Neapel zugleich e. Repertorium f. Mittelmeerkunde. 18. Bd. 2.—4. Heft; 19. Bd. 4 Hefte u. 20. Bd. 1. Heft. gr. 8. Berlin, R. Friedländer & Sohn. 111. 50
18. 2.—4. Heft. (III, 143—650 S. m. 27 Fig. u. 19 Taf.) 907. 08. 43. — (18. Bd. kplt. 58. —)
19. 4 Hefte. (III, 763 S. m. 43 Fig. u. 19 Taf.) 908. 09. 58. —
20. 1. Heft. (S. 1—128 m. 8 Fig. u. 4 [1 farb.] Taf.) 910. 10. 50

Mittheilungen aus dem Gebiete der Statistik. Herausgegeben von der k. k. Direction der administrativen Statistik Jahrg 1—10. (10 Bde.) 8. Wien 1852—1864

— — Herausgegeben von der k. k. statistischen Central Commission. Jahrg 11—20 (10 Bde.) 8. Wien 1864—1873

— aus dem Gebiete der Statistik. Herausg. von der Direction der administrativen Statistik im k. k. Handels-Ministerium. Wien 854—58. Braumüller in Comm. Lex.-8.
3. Jahrg. 8 Hefte. n. 4 ℛ. 22 ngr.
1. Heft: (100 S.) n. 15 ngr. — 2. Heft: (65 S.) n. 12 ngr. — 3. Heft: (106 S.) n. 16 ngr. — 4. Heft: (52 S. u. 2 lith. Karten in 4.) n. 12 ngr. — 5. Heft: (80 S.) n. 15 ngr. — 6. Heft: (72 S.) n. 12 ngr. — 7. Heft: (128 S.) n. 20 ngr. — 8. Heft: (X, 231 S. u. Beilagen 15 S.) n. 1 ℛ. 10 ngr.
4. Jahrg. 1. Heft: Skizze einer Geschichte des k. k. statistischen Bureaus in den Jahren 1829—1853 und die Darstellung der Thätigkeit desselben im J. 1854 von Adf. Ficker. (38 S.) n. 7½ ngr.
2. 3. 5. Heft: Uebersichtstafeln zur Statistik der österreich. Monarchie nach den Ergebnissen der Jahre 1851—1855 zusammengestellt von der k. k. Direction der administrat. Statistik. 1—3. Heft. (58; 115; 114 S.) 2.: n. 12 ngr.; 3. u. 5.: à n. 20 ngr.
4. Heft: Die Veränderungen in der Gliederung der politischen Behörden des österreich. Kaiserstaats u. dem ihnen zugewiesenen Verwaltungsgebiete während der J. 1848—1855 von Adf. Ficker. (115 S.) n. 16 ngr.
6. Heft: Verwaltungs-Bericht über die Ergebnisse des Betriebes der k. k. österreich. Staats-Eisenbahnen im Verwaltungs-Jahre 1854. Erstattet von v. Czörnig. (X, 228, 19 S. u. 4 Tab. in Fol.) n. 1 ℛ 10 ngr.
5. Jahrg. 1. Heft: Strassen-Statistik des oesterreich. Kaiserstaats. I. Einleitung u. Strassen-Beschreibung des Herzogth. Kärnten von Val. Streffleur. Mit 2 (lith.) Karten (in Fol.). (3 Bl., 169 S.) n. 2 ℛ.
2. Heft: Uebersichtstafeln zur Statistik der oesterreich. Monarchie nach den Ergebnissen der J. 1851—1855. 4. Heft. (2 Bl., 179 S.) n. 1 ℛ.
3. Heft: Die Eisen-Industrie des Herzogth. Kärnten im J. 1855. Eine Darstellung des dortigen Eisenhüttenwesens nach seinem Stande u. Betriebe sammt Beschreibung der vorzüglicheren Eisenwerke mit ihren Eisenstein- u. Braunkohlenbergbauen u. ihren Torfstichen. Von Jos. Rossiwall. (VIII, 195 S.) n. 28 ngr.
4. Heft: Die Eisen-Industrie des Herzogth. Krain im J. 1855. Eine Darstellung u. s. w. Von Jos. Rossiwall. (3 Bl., 99 S.) n. 15 ngr.

6. Jahrg. 1. Heft: Die Veränderungen in der Gliederung der Justizbehörden des österreich. Kaiserstaats und der ihnen zugewiesenen Wirkungskreise während der J. 1848—1857 von Adf. Ficker. (VI, 160 S.) n. 24 ngr.
2. Heft: Industrie-Statistik der österreich. Monarchie für das J. 1856. 1. Heft. Steinwaaren, Thonwaaren, Glaswaaren. Mit 2 (lith.) Industrie-Karten (in Fol.) (X, 136 S.) n. 1 ℛ. 5 ngr.
3. Heft: Die 3. Versammlung des internationalen Congresses für Statistik zu Wien im Septbr 1857 Von Adf Ficker (VI, 162 S.) n. 1 ℛ.

— aus dem Gebiete der Statistik. Herausg. von der Direction der administrativen Statistik im k. k. Handels-Ministerium. Wien 859—64. Prandel & Ewald. in Comm. Lex.-8.
6. Jahrg. 4. Heft: Verwaltungs-Bericht über die Ergebnisse des Betriebes der in Staats-Regie befindlichen k. k. österreich. Staats-Eisenbahnen in den Verwaltungs-Jahren 1855 u. 1856. Erstattet von v. Czoernig. (X, 221 S. u. 6 Tab. in Fol.) n. 1 ℛ 14 ngr.
7. Jahrg. 1. Heft: Statistik der Lehranstalten des österreich. Kaiserstaates für die Studienjahre 1851—1857. Von Gust. Adph. Schimmer. 1. Abth.: Universitäten u. andere höhere Lehranstalten. (VIII, 152 S.) n. 1 ℛ.
2. Heft: Industrie-Statistik der österreich. Monarchie für das J. 1857. 2. Heft: Maschinen. (3 Bl., 91 S.) n. 15 ngr.
7. Jahrg. 3. Heft: Verwaltungs-Bericht über die Ergebnisse des Betriebes der in Staats-Regie befindlichen k. k. österreich. Staats-Eisenbahnen in den Verwaltungs-Jahren 1857 u. 1858. Erstattet von v. Czoernig. (X, 141 S. u. 7 Tab. in Fol.) n. 28 ngr.
4. Heft: Statistik der Lehranstalten des österreichischen Kaiserstaates für die Studienjahre 1851—1857. Von Gust. Adph. Schimmer. 2. Abth.: Gymnasien und andere Mittelschulen. (V, 106 S.) n. 20 ngr.
8. Jahrg.: Die Eisen-Industrie des Herzogthums Steiermark im Jahre 1857. Eine Darstellung des dortigen Eisenhüttenwesens nach seinem Stande und Betriebe sammt Beschreibung der vorzüglicheren Eisenwerke, Braunkohlen-Bergbaue und Torfstiche von Jos. Rossiwall. Mit 1 (lith.) Industrie-Karte (in Fol.) (LXXI, 432 S. u. 7 Tab. in Fol.) n. 2 ℛ 24 ngr.
9. Jahrg. 1. Heft: Statistische Darstellung der Vertheilung des Grundbesitzes im Bezirke Windischgrätz. Nach den Beschlüssen der Wiener Versammlung des internationalen statistischen Congresses bearb. von Karl v. Czoernig. Mit 1 (lith.) Karte (in 4.). (VIII, 74 S.) n. 20 ngr.
2. Heft: Industrie-Statistik der österreichischen Monarchie für das J. 1858. 3. Heft. Chemische Producte. Mit 1 (lith.) Industrie-Karte (in Fol.). (VIII, 137 S.) n. 28 ngr.
3. Heft: Uebersichtliche Nachweisung der Schifffahrt und des Seehandels sämmtlicher österreichischer Häfen während der J. 1858 u. 1859. Mit 1 (lith.) Karte (in Fol.). (91 S.) n. 20 ngr.
10. Jahrg. 1. Heft: Uebersichtliche Nachweisung der Schifffahrt und des Seehandels sämmtlicher österreichischer Häfen während des J. 1860. (52 S.) n. 12 ngr.
2. Heft: Darstellung der Verhältnisse der Industrie, der Verkehrsmittel und des Handels während der J. 1856—1861. Nach den Berichten der Handels- und Gewerbekammern. (XI, 255 S.) n. 1 ℛ 2 ngr.
11. Jahrg. 1. Heft: Das österreichische Budget für das Verwaltungs-J. 1864 nach den Bestimmungen des Finanzgesetzes vom 29. Februar 1864 systematisch dargestellt. (IX, 62 S.) n. 12 ngr.
2. Heft: Die Dampfmaschinen der österreichischen Monarchie nach der im J. 1863 vorgenommenen Zählung. Verglichen mit den gleichartigen Resultaten der Dampfmaschinenzählung vom J. 1851. (VII, 58 S.) n. 20 ngr.

— aus dem Gebiete der Statistik. Hersg. von der k. k. Direction der administrativen Statistik. 11. Jahrg. 3. u. 4. Heft., 12—16. Jahrg. à Jahrg. 4 Hefte u. 17. Jahrg. 1—3. Heft. Wien, (Gerold's Sohn.) Lex.-8.
11. Jahrg. 3. Heft. Der Bergwerks-Betrieb im Kaiserth. Oesterreich. Nach den Verwaltungsberichten der k. k. Berghauptmannschaften u. Mittheilungen anderer k. k. Behörden für das Verwaltungs-Jahr 1863. (IV, 158 S.) 864. n. 1 ℛ 2 ngr.
4. Heft. Verhandlungen der k. k. statistischen Central-Commission im Jahre 1864. (III, 98 S.) 865. n. 20 ngr.
12. Jahrg. 1. Heft. Die steuerpflichtigen Gewerbe des österreichischen Kaiserstaates im Jahre 1862. I. Industrial-Gewerbe. (XX, 139 S.) 865. n. 1 ℛ
2. Heft. Der Bergwerks-Betrieb im Kaiserth. Oesterreich. Nach den Verwaltungsberichten der k. k. Berghauptmannschaften u. Mittheilungen anderer k. k. Behörden für d. Verwaltungs-Jahr 1864, dann für die Monate Novbr. u. Decbr. 1864. (VI, 186 S.) 865. n. 1 ℛ 2 ngr.
3. Heft. Verhandlungen der k. k. statistischen Central-Commission im Jahre 1865. (IV, 123 S. mit 1 Steintaf. in Fol.) 866. n. 20 ngr.
4. Heft. Die steuerpflichtigen Gewerbe des österreichischen Kaiserstaates im Jahre 1862. II. Commerzial-Gewerbe. (131 S.) 866. n. 20 ngr.
13. Jahrg. 1. Heft. Der Bergwerks-Betrieb im Kaiserth. Oesterreich. Nach den Verwaltungsberichten der k. k. Berghauptmannschaften u. Mittheilungen anderer k. k. Behörden für das Jahr 1865. (VI, 192 S.) 867. n. 1 ℛ 2 ngr.
2 Heft. Bewegung der Bevölkerung im Königreich Ungarn 1864, mit Rückblick auf die Jahre 1852—59. (135 S.) 867. n. 20 ngr.
3. Heft. Verhandlungen der k. k. statistischen Central-Commission im Jahre 1866. (V, 110 S. mit 6 Steintaf. u. 5 Tabb. in qu. Fol.) 867. n. 20 ngr.
4. Heft. Schifffahrt u. Verkehr auf der Donau u. ihren Nebenflüssen im Jahre 1865. (IX, 259 S.) 867. n. 1 ℛ 2 ngr.
14. Jahrg. 1. Heft. Uebersicht der mit Ende März 1867 sich ergebenden factischen Vorluste der k. k. Armee im Doppel-Feldzuge des Jahres 1866. — Nach Mittheilungen des k. k. Kriegsministeriums. (123 S.) 867. n. 20 ngr.
2. Heft. Verhandlungen der k. k. statistischen Central-Commission im Jahre 1867. (V, 156 S.) 868. n. 20 ngr.
3. Heft. Der Bergwerksbetrieb im Kaiserth. Oesterreich. Nach den Verwaltungsberichten der k. k. u. k. ungar. Berghauptmannschaften u. Mittheilungen anderer k. k. Behörden für das Jahr 1866. (V, 202 S.) 868. n. 1 ℛ 2 ngr.
4. Heft. Mortalität u. Vitalität der im Reichsrathe vertretenen Königreiche u. Länder der oesterreichischen Monarchie. Verf. von Gust. Adph. Schimmer. (98 S.) 868. n. 20 ngr.
15. Jahrg. 1. Heft. Darstellung der Realitätenwerthe in Oesterreich unter u. ob. der Enns, Salzburg, Steiermark etc. im J. 1866. (III, 70 S.) 868. n. 16 ngr.
2. Heft. Oesterreichische Eisenbahnen.— Bodenpreise. — Lehr- u. Erziehungs-Anstalten. (93 S.) 869. n. 8 ngr.
3. Heft. Verhandlungen der k. k. statistischen Central-Commission 1868. (95 S. mit 1 lith. Karte in 4.) 869. n. 8 ngr.
4. Heft. Die Völkerstämme der österr.-ungar. Monarchie von Dr. A. Ficker. (98 S. mit 4 chromolith. Karten in qu. u. gr. 4.) 869. n. 20 ngr.
16. Jahrg. 1. Heft. Theorie der Statistik. — Humanitäre Anstalten zum Besten der Arbeiter. — Vereine. (V, 97 S.) 869. n. 8 ngr.
2. Heft. Bergwerksbetrieb in der österr.-ungar.-Monarchie 1867. (VIII, 179 S.) 869. n. 16 ngr.
3. Heft. Bewegung im Besitz- u. Lastenstande des unbeweglichen Eigenthums 1868. (V, 135 S.) 869. n. 1 ℛ
4. Heft. Bergwerksbetrieb in den im Reichsrathe vertretenen Königreichen u. Ländern 1868. (VIII, 201 S.) 869. n. 16 ngr.
17. Jahrg. 1. Heft. Verhandlungen der k. k. statistischen Central-Commission 1869. (V, 113 S.) 869. n. 10 ngr.
2. Heft. Bericht über die Formulare u. Instructionen für die Volkszählung vom 31. December 1869. (142 S.) 870. n. 12 ngr.
3. Heft. Statistische Mittheilungen verschiedenen Inhalts. (111 S.) 870. n. 12 ngr.

— aus dem Gebiete der Statistik. Hrsg. v. der k. k. statist. Central-Commission. 17. Jahrg. 4—6. Hft. 18. Jahrg. 4 Hfte., 19. Jahrg. 4 Hfte. u. 20. Jahrg. 6 Hfte. Lex.-8. Wien 870 - 74. Gerold's Sohn in Comm. n. 56. 40
XVII. 4. Uebersicht d. Schiffs- u. Waarenverkehrs auf der oberen Donau zu Wien, Linz u. Engelhartszell in d. J. 1849—1869. Bearb. v. Joh. Winkler. [Mit e. graph. Darstellg. (in qu. Fol.)] (III, 75 S.) n. 1. 60
5. Summarische Ergebnisse der Volkszählung vom 31. Dezbr. 1869. Trauungen, Geburten u. Sterbefälle in den im Reichsrathe vertretenen Königreichen u. Ländern nach Städten u. Bezirks-Hauptmannschaften 1868. (III, 87 S.) n. 2. —
6. Bewegung im Besitz- u. Lastenstande d. unbewegl. Eigenthums im J. 1869 in Oesterreich ob. u. unter der Enns, Salzburg, Steiermark etc. Hrsg v. der k. k. statist. Central-Commission. (III, 99 S.) n. 2. —

XVIII. 1. Verhandlungen der k. k. statistischen Central-Commission im Jahre 1870. (VI, 133 S.) n. 1. 60
2. Der Bergwerksbetrieb in den im Reichsrathe vertretenen Königreichen u. Ländern der oesterreichisch-ungar. Monarchie. Nach den Verwaltungsberichten der k. k. Berghauptmannschaften u. Mittheilgn. anderer k. k. Behörden f. d. J. 1869. (XLVII, 287 S. m. eingedr. Holzschn.) n. 5. –
3. Die Zunahme der Verbrechen verglichen m. der Vermehrg. der Bevölkerg. in Oesterreich unter der Enns, Oesterreich ob. der Enns u. Salzburg von 1857 bis 1869. — Die Hoch- u. Mittelschulen der im Reichsrathe vertret. Königreiche u. Länder von 1851 bis 1870. [Mit e. (lith. u. color.) Karte (in Fol.)] (III, 107 S.) n. 2. —
4. Der Bergwerks-Betrieb in den im Reichsrathe vertret. Königreichen u. Ländern der oesterreichisch-ungar. Monarchie. Nach den Verwaltungsberichten der k. k. Berghauptmannschaften u. Mittheilgn. anderer k. k. Behörden f. d. J. 1870. (LVII, 299 S.) n. 5. —

XIX. 1. Bewegung im Besitz- u. Lastenstande der Realitäten im J. 1870 in Oesterreich ob. u. unter der Enns, Salzburg, Steiermark etc. (IV, 107 S.) n. 2. —
2. Verhandlungen der k. k. statistischen Central-Commission im J. 1871. n. 2. —
3. Feuerschäden, Feuerlösch- und Versicherungswesen in den im Reichsrathe vertret. Königreichen u. Ländern nach den Ergebnissen d. J. 1870 bearb. v. Joh. Winkler. [Mit e. kartograph. Darstellg.] (281 S.) n. 6. —
4. Statistische Mittheilungen verschiedenen Inhalts. (157 S.) 2. 40

XX. 1. Der Bergwerks-Betrieb in den im Reichsrathe vertretenen Königreichen u. Ländern der oesterr.-ungar. Monarchie. Nach den Verwaltungsberichten der k. k. Berghauptmannschaft u. Mittheilgn. anderer k. k. Behörden f. das Jahr 1871 bearb. v. Jos. Rossiwall. [Mit 2 graph. Darstellgn. in Fol.] (LXXXII, 271 S.) n. 6. —
2. Stand der Bibliotheken der im Reichsrathe vertretenen Königreiche u. Länder zu Ende d. J. 1870. 1. Thl. Bibliotheken der Unterrichtsanstalten. Bearb. v. Jos. Pizzala. (65 S.) n. 1. 60
3. Verhandlungen d. k. k. statist. Central-Commission i. d. J. 1872 u. 1873. (IV, 176 S.) n. 2. 40
4. Die neuesten Erhebungen üb. die Zustände der Fischerei in den im Reichsrathe vertretenen Königreichen u. Ländern u. an den oesterreichisch-ungar. Meeresküsten. Bearb. v. Carl Krafft. (XCVII, 145 S.) n. 4. 80
5. Der Bergwerks-Betrieb in den im Reichsrathe vertretenen Königreichen u. Ländern der oesterreichisch-ungar. Monarchie. Nach den Verwaltungsberichten der k. k. Berghauptmannschaften u. Mitthlgn. anderer k. k. Behörden. Für das J. 1872 Bearb. v. Jos. Rossiwall. (IV, 349 S. m. 1 Tab. in qu. gr. 4.) n. 6. —
6. Inhalts-Stand der Bibliotheken der im Reichsrathe vertretenen Königreiche u. Länder zu Ende d. J. 1870. 2. Thl. 1. Hof-, Staats-, Landes- u. Gemeinde-Bibliotheken. 2. Militär-Bibliotheken. 3. Bibliotheken der geistl. Corporationen. 4. Bibliotheken verschiedener Vereine u. Anstalten. 5. Privat-Bibliotheken. Bearb. v. Jos. Pizzala. (133 S.) n. 4. —

Mitteilungen zur Statistik der Stadt Düsseldorf. Im Auftr. d. Oberbürgermeisters hrsg. durch d. Statist. Amt d. Stadt Düsseldorf. Nr 1—6. (Düsseldorf 1902—1909.) 4°.

1. D. städt. Arbeitslosenbeschäftigung im Winter 1901/02 in Düsseldorf. [1902.]
2. *Feig*, Joh., D. Grundstücks- u. Wohnungszählung v. 1. Dez. 1905. [1907.]
3. *Most*, Otto, Industrie u. Handelsgewerbe in Düsseldorf nach d. Betriebszähl. vom 12. Juni 1907. 1908.
4. *Most*, Otto, D. Nichteinheimischen in Düsseldorf (mit fremder Staatsangehörigkeit, Muttersprache, Heimat od. Herkunft) nach d. Volkszähl. v. 1. Dez. 1905. 1908.
5. *Most*, Otto, 19 städt. Krankenanstalten im Lichte vergleich. Finanzstatistik. 1909.
6. D. städt. Sparkasse in Düsseldorf mit Sammelkasse u. Alterssparkasse 1850—1908. In 14 Diagramm. dargest. u. tabellar. erl. M. e. textl. Einführ. von Otto *Most*. 1909.

Mitteilungen zur Statistik der Stadt Düsseldorf. Im Auftr. d. Oberbürgermeisters hrsg. durch d. Statist. Amt d. Stadt Düsseldorf. No 1. (Düsseldorf 1902: L. Voß & Co.) 4° [o8. a8s1 10

— zur Statistik der Stadt Düsseldorf. Im Auftrage des Oberbürgermeisters hrsg. durch das statist. Amt der Stadt Düsseldorf. Nr. 3—7. Lex. 8. Düsseldorf (L. Voss & Co.). 7. 75
Most, Otto, das statistische Amt der Stadt Düsseldorf 1900—1910. Ein Jahrzehntbericht, Ausg. im Novbr. 1910. (11 S.) 910. (Nr. 7.) — 75
— Industrie u. Handelsgewerbe in Düsseldorf nach der Betriebszählung vom 12. VI. 1907. (41 u. 20 S. m. 4 Taf.) 908. (Nr. 3.) 2. —
— 19 städtische Krankenanstalten im Lichte vergleichender Finanzstatistik. (24 u. 18 S.) 909. (Nr. 5.) 2. —
— Die Nichteinheimischen in Düsseldorf (m. fremder Staatsangehörigkeit. Muttersprache, Heimat od. Herkunft) nach der Volkszählung vom 1. XII. 1905. (32 u. 11 S. m. 3 Taf.) 908. (Nr. 4.) 1. 50
— Die städtische Sparkasse in Düsseldorf m. Sammelkasse u. Alterssparkasse 1850—1908. In 14 Diagr. dargestellt u. tabellarisch erläutert. Mit e. textl. Einführg. (8 S. u. 14 farb. Bl.) 909. (Nr. 6.) 1. 50

— zur Statistik der Strafrechtspflege im Königreich Hannover während der Jahre 1854, 1855 u. 1856. Aus Königl. Justiz-Ministerium. Hannover 860. (C. Rümpler.) gr. 4. (VI, 233 S.) n. 2 ℛ

— — während der Jahre 1857 u. 1858. Ebend. 860. gr. 4. (IV, 179 S.) n. 2 ℛ

— — während der Jahre 1859 u. 1860. Ebend. 862. gr. 4. (III, 157 S.) n. 2 ℛ

— — während des Jahres 1861. Ebend. 863. gr. 4. (2 Bl., 78 S.) n. 1 ℛ

— — während des Jahres 1862. Ebend. 864. gr. 4. (2 Bl., 105 S.) n. 1 ℛ 10 ngr.

— zur Statistik der Strafrechtspflege im Königr. Hannover während des Jahres 1863. [Aus Königl. Justiz-Ministerium.] Hannover, (Rümpler.) gr. 4. (IV, 97 S.) n. 1 ℛ 10 ngr.

— statistische, veröffentlicht vom statist. Amt der Stadt Amsterdam. Nr. 19. Lex. 8. Amsterdam. J. Müller. nn 1. 70
Kindersterblichkeit, besonders in den Niederlanden. Von R. H. Saltet u. Ph. Falkenburg. (VII, 98 S. m. Fig. u. 1 Taf.) 907. nn 1. 70

Mitteilungen, Statistische. Hrsg. von d. K. K. statist. Zentral-Kommission. Jg 1—4. Brünn 1907—1910. 8°.
(Statistische Monatsschrift, Beil.)

— statistische. Hrsg. v. der k. k. statist. Zentralkommission in Wien. Beilage zur statist. Monatsschrift. 1.—4. Jahrg. 1907—1910. à 24 Nrn. (à ca. 4 S.) Lex. 8. Brünn, F. Irrgang. à Jahrg. 15.—; f. Abonnenten der statist. Monatsschrift 10. —

Mitteilungen, statistische und andere wissenschaftliche, aus Russland. Jahrgang 1-16. St. Petersburg 1868-83

— statistische, u. andere wissenschaftliche aus Rußland. 1–3. Jahrg. 1868–70. [Aus: St. Petersburger Kalender.] St. Petersburg, Röttger. gr. 8. [1. Jahrg. (108 S.) 2. Jahrg. (187 S. mit 1 Tab. in qu. gr. Fol.), 3. Jahrg. (III, 158 S. mit 1 lith. Uebersichtskarte der russischen Eisenbahnen in gr. Fol.)] Jeder Jahrg. n. 20 ngr.

— statistische u. andere wissenschaftliche, aus Rußland. 4—9. Jahrg. Mit e. (lith.) Uebersichtskarte der russischen Eisenbahnen (in Fol.) [Aus d. St. Petersburger Kalender.] gr. 8. (III, 192, 184, III, 184, 173, 130 u. 178 S.) St. Petersburg 871—76. Röttger. à n. 3. —

Mittheilungen, statistische u. andere wissenschaftliche, aus Rußland. 10. Jahrg. [Aus: „St. Petersburger Kalender".] gr. 8. (115 S.) St. Petersburg 877. Röttger. n. 2. —

— dasselbe. 11. Jahrg. [Aus: „St. Petersburger Kalender".] gr. 8. (122 S.) Ebend. 878. n. 3. —

— dasselbe. 12. Jahrg. [Aus: „St. Petersburger Kalender".] gr. 8. (123 S. m. 1 lith. Eisenbahnkarte.) Ebend. 879. n. 3. —

— dasselbe. 13. Jahrg. gr. 8. (118 S. m. 1 lith. Eisenbahnkarte.) Ebend. 880. n. 3. —

— dasselbe. 14. Jahrg. 8. (90 S. m. 1 lith. Eisenbahnkarte.) Ebend. 881. n. 3. —

— dasselbe. 15. Jahrg. 8. (102 S. m. 1 lith. Eisenbahnkarte.) Ebend. 882. n. 3. —

— statistische u. andere wissenschaftliche, aus Rußland. 16. Jahrg. gr. 8. (IV, 111 S.) St. Petersburg 883. Röttger. n. 3. —

Mitteilungen, statistische, über Anlage u Ausrüstung der schweizerischen Eisenbahnen nach dem Bestand auf Ende 1882. Lieferung 1 u 2. Bern 1883-84

Statistische Mittheilungen über beim Bergbau Preussens gezahlte Arbeitslöhne. Abdruck. Berlin. Jgg. 1894 und folgende.

Mitteilungen, statistische, über das Grossh. Baden für 1869-95. Karlsruhe 1869-95

Mitteilungen, Statistische, ü. d. Grossh. Baden. 13. 14. (1896. 97) Karlsruhe

Mitteilungen, statistische, über das Grossherzogtum Baden. 15-24 (1898-1907)

— — Neue Folge 1-5 (1908-12) Karlsruhe 1898-1912

Mittheilungen, statistische, des Kts. Basel-Stadt. 1870—81. 83—93. 4.

Statistische Mittheilungen über den Civilstand von Basel-Stadt i. J. 1873. 35 Stn. gr. 4. 1874

Mittheilungen, Statistische über den Civilstand von Basel-Stadt im Jahre 1874. 56 Stn. fol. Basel, Druck von Schweighauser. 1875.

Mittheilungen, statistische, über den Civilstand von Basel-Stadt. 1875. 41 Stn. 4. Basel, Buchdruckerei Moos. 1876.

Mitteilungen, Statistische, des Kantons Basel-Stadt für 1879 u 1881. Basel 1880. 82

Mitteilungen. Statistische Mitteilungen des Kantons Basel-Stadt. Bericht über den Civilstand, die Todesursachen und die ansteckenden Krankheiten im Jahre 1898. II + 61 S. 4. Basel, J. Frehner, 1901.

Mitteilungen. Statistische Mitteilungen des Kantons Basel-Stadt. Bericht über den Civilstand, die Todesursachen und die ansteckenden Krankheiten im Jahre 1899. II + 59 S. 4. Basel, J. Frehner, 1901.

Mitteilungen. Statistische Mitteilungen des Kantons Basel-Stadt. Bericht über den Civilstand, die Todesursachen und die ansteckenden Krankheiten im Jahre 1900. [Mit 1 graphischen Tabelle.] II + 65 S. 4. Basel, J. Frehner, 1902.

Mitteilungen. Statistische Mitteilungen des Kantons Basel-Stadt. Bericht über den Civilstand, die Todesursachen und die ansteckenden Krankheiten im Jahre 1901. II + 59 S. 4. Basel, J. Frehner, 1903.

Mitteilungen. Statistische M' des Kantons Basel-Stadt. Bericht über den Civilstand, die Todesursachen und die ansteckenden Krankheiten im Jahre 1902. IV + 60 S. 4. Basel, J, Frehner, 1904.

Mitteilungen. Statistische M' des Kantons Basel-Stadt. Bericht über den Zivilstand, die Todesursachen und die ansteckenden Krankheiten im Jahre 1903. II + 62 S. 4. Basel, J. Frehner, 1905.

Mitteilungen. Statistische M' des Kantons Basel-Stadt. Bericht über den Zivilstand, die Todesursachen und die ansteckenden Krankheiten im Jahre 1904. II + 60 S. 8 Basel, J. Frehner, 1907.

Mitteilungen. Statistische M' des Kantons Basel-Stadt. Bericht über den Zivilstand, die Todesursachen und die ansteckenden Krankheiten im Jahre 1905. II + 60 S. 4. Basel, J. Frehner, 1907.

— **statistische, betr. die Ein- u. Ausfuhr der Herzogth. Schleswig-Holstein. Heft Nr. 2. Flensburg 866. (Kiel, Schwers'sche Buchh.) gr. 4. (54 S.) n. 22 ngr**

Statistische Mitteilungen über Elsaß-Lothringen. H. 1—32. — Straßburg: Du Mont-Schauberg (früher Schultz) 1873—1910.

Mittheilungen, statistische, üb. Elsass-Lothringen. Hrsg. v. dem statist. Bureau d. kaiserl. Oberpräsidiums in Strassburg. 1—6. Hft. gr. 8. Strassburg 873—76. Schultz & Co. n. 28. 25

1. Die Bevölkerung der Gemeinden in Elsass-Lothringen nach der Zählung vom 1. Dec. 1871. (XX, 125 S.) n. 4. —
2. Der Flächeninhalt der Gemeindegemarkungen u. die Ergebnisse der Viehzählg. am 10. Jan. 1873 in Elsass-Lothringen. (XIII, 155 S.) n. 5. 50
3. Resultate der Pegelbeobachtg. an den elsass-lothring. Flüssen Rhein u. Mosel von 1807 bis 1872 incl. Mitgetheilt v. H. Grebenau. (69 S. u. 11 Tabellen in qu. 4.) n. 7. 25
4. Beiträge zur Bevölkerungsstatistik v. Elsass-Lothringen. I. Die Altersverhältnisse der Bevölkerg. nach der Zählg. am 1. Decbr. 1871. II. Die Bewegg. der Bevölkerg. im J. 1872. (XIV, 134 S.) n. 5. —
5. Das Sexualverhältniss der Geborenen. Eine statist. Studie v. Wilh. Stieda. (64 S.) n. 2. 25
6. I. Die Bewegung der Bevölkerung in den J. 1873 u. 1874. Mit e. (chromolith.) Karte. — II. Schiffahrts-Verkehr auf der Mosel u. den elsass-lothringischen Canälen in den J. 1874 u. 1875. Mit e. (chromolith.) Karte (in Fol.) (XX, 77 S.) n. 4. 25

— statistische, über Elsass-Lothringen. Hrsg. von dem statist. Bureau des kaiserl. Oberpräsidiums in Strassburg. 7—18. Hft. gr. 8. Strassburg 877—82. Schultz & Co. n. 87. — (1—18.: n. 115. 75)

7. Die Bevölkerung der Gemeinden in Elsass-Lothringen nach der Zählung vom 1. Decbr. 1875. (XXVIII, 125 S.) n. 5. —
8. I. Die Altersverhältnisse der Bevölkerung nach der Zählung am 1. Decbr. 1875. II. Schifffahrts-Verkehr auf der Mosel u. den elsass-lothringischen Canälen in dem Jahre 1876. (III, 139 S.) n. 5. —
9. 1. Die Bewegung der Bevölkerung in den Jahren 1875 u. 1876. 2. Schifffahrts-Verkehr auf der Mosel u. den Elsass-Lothring. Canälen im Jahre 1877. 3. Meteorologische Beobachtungen. Mit einer graph. Darstellung. 4. Das Weinland in Elsass-Lothringen. Mit einer (chromolith.) Karte. (133 S. u. 1 Tab. in qu. Fol.) n. 6. 75
10. Beiträge zur Geschichte der Volksseuchen, zur medicinischen Statistik u. Topographie von Strassburg im Elsass. Bearb. von Jos. Krieger. 1. Hft. Beiträge zur Geschichte der Volksseuchen. Mit einer (eingedr. Holzschn.-) Abbildg. u. 3 graph. (lith.) Taf. (VIII, 174 S.) n. 7. 75
11. Beiträge zur Geschichte der Volksseuchen, zur medicinischen Statistik u. Topographie von Strassburg im Elsass. Bearbeitet von Adph. Kriesche u. Jos. Krieger. 2. Hft. Beiträge zur medicin. Statistik. (149 S. m. 6 graph. Steintaf.) n. 7. 75

12. Die Eheschliessungen in Elsass-Lothringen in den Jahren 1872—1876. Ein Beitrag zur vergleichenden Statistik der Eheschliessungen in Europa von Wilh. Stieda. (VIII, 299 S.) n. 10. —
13. Die Beobachtungen der meteorologischen Stationen in Elsass-Lothringen, sowie die Grundwasserstands- u. Bodentemperatur-Beobachtungen des Lehrer-Seminars zu Strassburg während des Jahres 1878. (VIII, 246 S.) n. 8. —
14. I. Der Flächeninhalt der Gemeindegemarkungen auf Grund der Erhebungen üb. die landwirthschaftl. Bodenbenutzung im Jahre 1878. II. Uebersicht üb. die Ernteerträge in den J. 1878 u. 1879. (XXIX, 201 S.) n. 6. 50
15. Die Gewerbe in Elsass-Lothringen nach der Zählung vom 1. Dezbr. 1875. Bearb. von Carl Hack. (VII, 302 S. m. 3 lith. Karten.) n. 9. 75
16. Der Weinbau in Elsass-Lothringen. Statistische u. ökonomische Darstellung desselben von Chr. Oberlin. Mit einer graph. Zusammenstellung der Vegetationsperioden der Rebe im Verhältniss mit dem Producte, sowie der meteorologischen Einwirkungen auf dasselbe von 1851—1879. (VII, 126 S. m. 1 Steintaf.) n. 4. 50
17. Die Beobachtungen der meteorologischen Stationen in Elsass-Lothringen, sowie die Grundwasserstands- u. Bodentemperatur-Beobachtungen des Lehrer-Seminars zu Strassburg während des Jahres 1879. (VIII, 245 S.) n. 8. —
18. Die Beobachtungen der meteorologischen Stationen in Elsass-Lothringen, sowie die Bodentemperatur-Beobachtungen des Lehrer-Seminars zu Strassburg während des Jahres 1880. (VIII, 270 S.) n. 9. —

Mittheilungen, statistische, üb. Elsass-Lothringen. Hrsg. v. dem statist. Bureau d. kaiserl. Ministeriums f. Elsass-Lothringen. 19. Hft. Lex.-8. Strassburg 888. Strassburger Druckerei u. Verlagsanstalt. n. 9. 50
Die Bewegungen der Bevölkerung in den J. 1877—1880 u. 1881—1886. (VII, 289 S.)

— statistische, üb. Elsass-Lothringen. Hrsg. v. dem statist. Bureau d. kaiserl. Ministeriums f. Elsass-Lothringen. 20. u. 21. Hft. gr. 8. Strassburg 883. Schultz & Co. Verl. n. 29. —
20. Die Beobachtungen der meteorologischen Stationen in Elsass-Lothringen, sowie die Bodentemperatur-Beobachtungen d Lehrer-Seminars zu Strassburg während d. J. 1881. (VIII, 270 S.) n. 9. —
21. Die Ergebnisse der Volkszählung in Elsass-Lothringen vom 1. Dezbr. 1880. Mit 11 kartograph. Darstellgn. (CXXIV, 274 S.) n. 20. —
Das 19. Hft. erscheint später.

— dasselbe. 22. Hft. gr. 8. Straßburg 888. (Schmidt.) n. 12. —
Die Ergebnisse d. Volkszählung in Elsaß-Lothringen vom 1. December 1885. (IX, CXV, 274 S.)

— statistische, üb. Elsaß-Lothringen. Hrsg. v. dem statist. Bureau des kaiserl. Ministeriums f. Elsaß-Lothringen. 23. u. 24. Hft. gr. 8. Straßburg, (F. Bull). n. 18. —
23. Die Bewegung der Bevölkerung in Elsaß-Lothringen. 1. Rückblick auf den Zeitraum 1880 bis 1889. 2. Tafeln f. die J. 1887 bis 1890. (LVI, 11: S.) 893. n. 6. —
24. Die Ergebnisse der Volkszählung in Elsaß-Lothringen vom 1. Dezbr. 1890. (LXXXII, 283 S.) 894. n. 12. —

— statistische, üb. Elsaß-Lothringen. Hrsg. v. d. statist. Büreau des kaiserl. Ministeriums f. Elsaß-Lothringen. 25.—28. Hft. gr. 8. Straßburg (F. Bull). n. 29. —
25. 1. Der Viehstand in Elsaß-Lothringen. Die Ergebn. d. Viehzählg. vom 1. Dezbr. 1892. 2. D. Bestand an Rindvieh u. Schweinen nach d. außerordentl. Zählg. v. 1. Dezbr. 1893, sow. d. Ab- u. Zunahme d. Rindviehbestandes u. d. Schweine seit d. 1. Dezbr. 1892. M. 3 kartograph. Darstellgn. (III, 163 S.) 894. n. 8. —
26. D. Ermittelg. d. landwirthschaftlichen Bodenbenutzg. u. des Ernteertrages im J. 1893 in Elsaß-Lothringen. (V, 162 S.) 895. n. 6. —
27. D. alten Territorien d. Elsaß nach d. Stande v. 1. Jan. 1648. Mit Ortsverzeichniß u. 2 (farb.) Kartenbeilagen. (VII, 186 S.) 896. n. 8. —
28. Territorien, die alten, d. Bez. Lothringen (m. Einschluß d. z. oberrhein. Kreise gehör. Gebiete im Bezirk Unter-Elsaß) nach d. Stande v. 1. I. 1648. I. Thl. (XIII, 309 S.) 898. n. 7. —

— statistische, über Elsaß-Lothringen. Hrsg. v. dem statist. Büreau des kaiserl. Ministeriums f. Elsaß-Lothringen. 29. Heft. Lex.-8. Straßburg (F. Bull). n. 12. —
Ergebnisse, die, der Viehzählung u. der Zählung der Obstbäume vom 1. XII. 1900. (LXXVII, 290 S.) 903.

— statistische, üb. Elsaß-Lothringen. Hrsg. vom statist. Landesamt f. Elsaß-Lothringen. 30.—32. Heft. Lex. 8. Straßburg, F. Bull. 28. 50
30. Territorien, die alten, des Bez. Lothringen (m. Einschluß der zum oberrheinischen Kreise gehörigen Gebiete im Bez. Unter-Elsaß) nach dem Stande vom 1. I. 1648. II. Thl. Mit Ortsverzeichnis u. 1 Karte. (VI, 959 S.) 909. 20. —
(I. Thl. Edd. 98. Erb. Pr. 10. —)
31. Bevölkerung, die, Elsaß-Lothringens nach den Ergebnissen der Volkszählung vom 1. XII. 1905 u. der früheren Zählgn. (VIII, 101 S. m. 7 farb. Taf.) 908. 2.—. — II Tl. Dasselbe. Tl. B. Gemeindeverzeichnis. (IV, 135 S.) 908. 2 —
32. Viehhaltung, die, in Elsaß-Lothringen nach den Ergebnissen der Viehzählung vom 2. XII. 1907 u. der landwirtschaftlichen Betriebszählung vom 12. VI. 1907 (VIII 127 u. 158 S.) 910 4 50

— statistische, über die Gas-Anstalten Deutschlands, unter Mitwirkung des Vereines der Gasfachmänner Deutschlands herausg. von der Redaction des Journals für Gasbeleuchtung. 2. Bearbeitung der 1859 erschienenen Statistik der deutschen Gasanstalten. München 862. Oldenbourg. 4. (VII, 141 S.) n. 1 ℛ 10 ngr.;
für Abonnenten d. Journals f. Gasbeleuchtung nur n. 1 ℛ

— Statistische Mitteilungen über die Gasanstalten etc. 2. Auflage. (Schilling's Journal für Gasbeleuchtung. 1868, Supplement) 4° München 1868

— statistische, üb. d. im Königr. Sachsen seit d. J. 1833 eingeleit. bez. ausgef. Grundstücken-Zusammenlegungen. Bearb. bei der kgl. Kreishauptmannsch. Dresden als Generalcommission f. Ablösgn. u. Gemeinheitstheilgn. Neue Folge. gr. 4. (20 S.) Dresden 890. (v. Zahn & Jaensch.) n.n. 1. 50
Die erste Veröffentlichung ist nicht separat, sondern nur in „Zeitschr. d. K. Sächs. Statist. Bureaus", Jahrg. 1889, erschienen.

Mitteilungen statist. betr. Bremens Handel u Schiffahrt f. 1877-99. Bremen 1878-1900

Mitteilungen, Statistische, betreffend Bremens Handel und Schiffahrt. Hrsg von der Handelskammer zu Bremen. Jg. 1877—1887 u. 1889—1907 Bremen, 1878—1908 u. ff.

Statistische Mittheilungen betreffend Bremens Handel und Schiffahrt im Jahre 1883. Herausgegeben von der Handelskammer zu Bremen. Bremen 1884.
Dieselben für die Jahre 1894 ff. bis 1903. 1905. 1909. 1910.

Mitteilungen, Statistische, (der) Handelskammer zu Halle a. S. (Zugleich statistischer Teil des Jahresberichts der Handelskammer). Jg. 1—1 (1904 1908). Halle a. S., 1904—1908 u. ff.

— statistische, d. niederösterr. Handels- u. Gewerbekammer. 1.—3. Hft. 4. Wien (W. Braumüller). à n.n. 2. —
1. Zählung d. Gewerbe Niederösterreichs nach d. Stande v. 31. XII. 1896. Auf Grund des Gewerbe-Katasters bearb. v. statist. Bureau d. n.-ö. Handels- u. Gewerbekammer. (VII, 87 S.) 897. n.n. 2. —
2. Zählung d. Gewerbe Niederösterreichs nach d. Stande v. 1. VI. 1897. Bewegung im Stande der Gewerbe Niederösterreichs währ. d. Zeit vom 1. VI. 1896 bis 31. V. 1897. Auf Grund d. Gewerbe-Katasters bearb. vom statist. Bureau d. n.-ö. Handels- u. Gewerbekammer. (VI, 139 S.) 897.
3. Die deutschen Gewerbezählgn. u. d. Reform d. Gewerbestatistik in Oesterreich. Von Rich. Riedl. (VI, 139 S.) 898.

— statistische, der niederösterr. Handels- u. Gewerbekammer. 4. Hft. gr. 4. Wien (W. Braumüller). n.n. 4. —; (1.—4. n.n. 10. —)
Genossenschaften, die gewerblichen, Niederösterreichs in den J. 1854, 1865 u. 1898. Verf. vom statist. Bureau der niederösterreich. Handels- u. Gewerbekammer. (XLVI, 238 S.) 899.

Mitteilungen, statistische, d. niederösterr. Handels- u. Gewerbekammer. 5.—8. Heft. gr. 4. Wien (W. Braumüller). n.n. 12. —

5. Genossenschaften, die gewerblichen, Niederösterreichs in den J. 1897 bis 1900. I. Die Wiener Genossenschaften. Verf. vom statist. Bureau der niederösterr. Handels- u. Gewerbekammer. (XIII, 114 S.) 902. n.n. 2. —
6. Dasselbe in den J. 1897 bis 1900. II. Die Genossenschaften Niederösterreichs ausserhalb Wiens. Verf. vom statist. Bureau der niederösterreich. Handels- u. Gewerbekammer. (VII, 330 S.) 903. n.n. 4. —
7. Vorschriften u. Formularien f. die Zählung der gewerblichen u. landwirtschaftlichen Betriebe Niederösterreichs am 3. VI. 1902. (III, 114 S.) 904. n.n. 2. —
8. Gebürtigkeit u. Alter der Gewerbeanmelder Niederösterreichs in den J. 1897—1900. Auf Grund des Gewerbe-Katasters bearb. vom statist. Bureau der n.-ö Handels- u. Gewerbekammer. (XXXVIII, 147 S. m. 10 farb. Karten.) 905. n.n. 4. —

1.—4. Heft. Ebd. 898. 899. n.n. 10. —.

— statistische, der niederösterr. Handels- u. Gewerbekammer. 9. Heft. Lex. 8. Wien 909. W. Braumüller. nn 10. —

Ergebnisse der gewerblichen Betriebszählung vom 3 VI 1902 in Niederösterreich. Bearb. vom statist. Bureau der niederösterr Handels- u Gewerbekammer. (XXXIX 325 S.)

— statistische, aus den Hohenzollern'schen Landen auf Grund der neuesten Aufnahmen zusammengestellt. Sigmaringen 863. Liehner. gr. 4. (19 S.) 6 ngr.

— statistische, aus den deutschen evangelischen Landeskirchen vom J. 1884. [Zusammengestellt v. der statist. Kommission der deutschen evangel. Kirchenkonferenz nach Angaben der landeskirchl. Behörden gemäß den Konferenzbeschlüssen v. Eisenach den 2 Juni 1880, 14. Juni 1882, 18. Juni 1884.] gr. 8. (22 S.) Stuttgart 886. Grüninger. n n. — 50

Mittheilungen, statistische, aus den deutschen evangelischen Landeskirchen v. 1885—1892. [Zusammengestellt v. der statist. Kommission der deutschen evangel. Kirchenkonferenz nach Angaben der landeskirchl. Behörden gemäß den Konferenzbeschlüssen von 1880—1888.] [Aus: „Allg. Kirchenbl."] gr. 8. (24, 22, 21, 22, 22, 37, 22, 22 S.) Stuttgart 887—894. C. Grüninger. à Jahr n. — 30

— statistische, aus d. deutschen evang. Landeskirchen v. d. J. 1893—1896. [V. d. statist. Kommission d. deutschen evang. Kirchenkonferenz, deren Beschlüssen gemäß, nach den Angaben d. landeskirchl. Behörden zusammengest.] [Aus: „Allg. Kirchenbl. f. d. evang. Deutschl."] gr. 8. (à 22 S.) Stuttgart 895—898. C. Grüninger. à — 30

— statistische, aus den deutschen evangelischen Landeskirchen v. d. J. 1897—1899. (Von der statist. Kommission der deutschen evangel. Kirchenkonferenz, deren Beschlüssen gemäß, nach den Angaben der landeskirchl. Behörden zusammengestellt.) Statistische Tabelle betr. Aeußergn. des kirchl. Lebens in den J. 1898 u. 1899. gr. 8. (à 23 S.) Stuttgart 899—901. C. Grüninger. à n. — 30

— dasselbe vom J. 1900. (Enth. Tabelle I, kirchl. Einrichtgn., u. Tabelle II, Aeußergn. des kirchl. Lebens.) (Zusammengestellt v. der statist. Kommission der deutschen evangel. Kirchenkonferenz zu Eisenach auf Grund der v. den betheiligten Kirchenregiergn. vorgelegten Angaben. gr. 8. (41 S.) Ebd. 902. n. — 50

Sonderabdrucke aus: „Allg. Kirchenbl. f. das ev. Deutschland."

— statistische, aus den deutschen evangelischen Landeskirchen v. d. J. 1901—1904. (Von der statist. Kommission des deutschen evangel. Kirchenausschusses, den Beschlüssen der deutschen evangel. Kirchenkonferenz gemäß, nach den Angaben der landeskirchl. Behörden zusammengestellt.) Statistische Tabelle betr. Aeußergn. des kirchl. Lebens in d. J. 1901—1904. (23, 24, 24 u. 24 S.) gr. 8. Stuttgart 903—906. C. Grüninger. à n. — 40

Sonderabdrucke aus: „Allg. Kirchenblatt f. d. ev. Deutschland".

— statistische, aus den deutschen evangelischen Landeskirchen von d. J. 1905—1908. (Von der statist. Kommission des deutschen evangel. Kirchenausschusses, den Beschlüssen der deutschen evangel. Kirchenkonferenz gemäß, nach den Angaben der landeskirchl. Behörden zusammengestellt.) Statistische Tabelle betr. Äußergn. des kirchl. Lebens in d. J. 1905—1908. (23, 24, 23 u. 24 S.) gr. 8. Stuttgart 907—10. C. Grüninger. à — 40

Sonderabdrucke aus „Allg. Kirchenblatt f. d. ev. Deutschl."

Mittheilungen, Statistische, über Landesverhältnisse auf Veranlassung des galizischen Landesausschusses. Lemberg 1873. V: *Pilat*, *Thaddeus*. (Bibl. d. stat. Bureaus. Dresden 1890.)

— statistische, üb. d. Landwirtschaft in Bayern. s. Beiträge zur Statistik des Königr. Bayern. LXIV.

Statistische **Mitteilungen** über die Landwirtschaft in Bayern. Nach Erhebungen von 1894–1902. Hrsg. v. Kgl. Statist. Bureau. T. 1. *München: Lindauer 1903.* 4°
= **Beiträge** z. Statistik d. Königr. Bayern. H. 64. [03. 15385 4

— statistische, über die Stadt Mülhausen 1873—1875. Hrsg. v. Carl Hack. gr. 8. (IV, 196 S.) Mülhausen i/E. 877. (Bufleb.) n.n. 5. —

Mittheilungen, Statistische, über Rheinhessen und die Maasse und Gewichte des Grossherzogthum Hessen . . . Mainz 1849. V: *Dael*, *Frdr*. (EngG) (Ky)

— statistische, über Rheinhessen u. die Maaße u. Gewichte des Großherzogth. Hessen verglichen mit denen der bedeutenderen Nachbarstaaten (von F. Dael). Den Mitgliedern der 12. Versammlung der deutschen Land- u. Forstwirthe v. dem landwirthschaftl. Vereine der Provinz Rheinhessen. Mit einer (lith. u. color.) Karte v. Rheinhessen. gr. 8, (VI u. 106 S.) Mainz 849. (Kupferberg.) 1/2 ℛ

Mittheilungen, statistische, aus Rußland. 1. 2. u. 7. Jahrgang. Petersburg 1868. 1869. 1874.

— statistische, aus Rußland. 1. Heft. gr. 8. (108 S.) St. Petersburg 868, Röttger. *

Mittheilungen, statistische aus dem Königreich Sachsen. 4 Hefte. Dresden 1851–55. 4.

— statistische, aus dem Königreich Sachsen herausg. vom statistischen Bureau des Ministeriums des Innern. Bevölkerung. 1. Abth. Stand der Bevölkerung nach der Zählung vom 3. Dec. 1849. 1. Lfg. Imp. 4. (VI u. 235 S.) Dresden 851. Leipzig, Teubner in Comm. n. 1 ℛ 22 ngr — [2. Lfg.] Bevölkerung. 2. Abth.: Bewegung der Bevölkerung od. die Geburten, Sterbefälle, Trauungen u. Ehescheidungen, Zu- u. Wegzüge im Königreich Sachsen in den J. 1834—1850. Imp. 4. (XII u. 370 S.) Dresden 852. Leipzig, Teubner. n. 3 1/3 ℛ (1. 2: n. 5 ℛ 2 ngr)

— statistische, aus dem Königreich Sachsen. Herausg. vom Statistischen Bureau des Ministeriums des Innern. Dresden 854, 55. (Leipzig, Hübner in Comm.) gr. 4.

3. Liefg. Die Bevölkerung des Königreichs nach Berufs- und Erwerbsclassen und Resultate der Gewerbs-Geographie u. Gewerbs-Statistik von Sachsen. (VIII, 67, 394 S.) n. 4 ℛ.
4. Liefg. Die Sparcassen u. ihre Benutzung im Kgr. Sachsen in der Zeit von 1845 bis mit 1853. (4 Bl., 26, 136 S.) n. 2 ℛ.

Mittheilungen. – Statistische Mittheilungen aus dem Herzogthum Sachsen-Altenburg. Nr 1 – Altenburg. Pierer 1878–. 8°

Statist. Mitteil. aus d. Herzogt. Sachsen-Altenburg f. d. J 1890—96. Altenb. 1898.

Mitteilungen, Statistische, über das österreichische Salzmonopol. [Früher u. d. T „Die Salinen Österreichs. Bericht über die Betriebs-, Verschleiß-, finanziellen und Personalverhältnisse des Salzgefälles, erstattet vom Departement XI des Finanzministeriums."] Jg. 1900—1905. Wien, 1902—1907.

— statistische, über die Schifffahrt u. Rhederei der Herzogth. Schleswig-Holstein. Heft Nr. 3. Ebend. 867. (104 S.) n. 1 ℛ 18 ngr.

Statistische **Mitteilungen** über den hamburgischen Staat. Hrsg. von Dr. Wilhelm Beukemann. Nr 1. Hamburg: Lütcke & Wulff [in Komm.] 1910. 4° (10. 1309t

Mitteilungen, Statistische, über den Hamburgischen Staat. Hrsg. von Wilhelm *Beukemann.* Nr 1 ff. [Nebst] Sonderh. Hamburg 1910 ff. 4°
1. D. Bevölkerung d. Hamb. Staates u. d. Stadt Hamburg nach Beruf u. Stell. am 12. Juni 1907. 1910.
2. Berufsaufnahme vom 12. Juni 1907. 1912.
3. D. Bevölkerung d. Hamb. Staates am 12. Juni 1907 nach d. Beruf u. d. Geburtsort. 1913.
4. D. Gewerbebetriebe im Hamb. Staate am 12. Juni 1907. 1915.

Sonderheft [1] ff. Hamburg 1910 ff. 4°

— statistische, über Steiermark. Hrsg. v. statist. Landesamte des Herzogth. Steiermark. 1.—4 Hft. Lex.-8. Graz (Leuschner & Lubensky). n. 7. 80
1. D. Armenwesen in Steiermark. Bearb. v. Ernst Mischler. M. 10 graph. Taf. (IX, 258 S.) 896. n. 3. 80
2. Die Sparcassen u. Vorschuss-Vereine in Steiermark im J. 1894. Bearb. im statist. Landesamte v. Steiermark. (VI, 91 S.) 896. n. 1. —
3. Sparcassen- u. Vorschuss-Vereine, die, in Steiermark im J. 1895. Mit bes. Rücksicht auf d. Besteuerg. d. Sparcassen nach d. Landesgesetze v. 4. IX. 1896 bearb. im statist. Landesamte v. Steiermark (V, 53 S.) 897. n. 1. —
4. Sparcassen, die, u. d. Erwerbs- u. Wirthschafts-Genossenschaften in Steiermark im J. 1896. (VI, 145 S.) 898. n. 2. —

Mitteilungen, statistische, üb. Steiermark. Hrsg. v. statist. Landesamte d. Herzogth. Steiermark. 5.—10. Hft. Lex.-8. Graz (Leuschner & Lubensky). n. 9. 50
5. Handbuch, statistisches, f. die Selbstverwaltung in Steiermark. 1. Ausg. (X, 199 S.) 899. n. 2. 50
6. Sparcassen, die, und die Erwerbs- u. Wirthschafts-Genossenschaften in Steiermark i. J. 1898. (53 S.) 900. n. 1. —
7. Dasselbe im J. 1899. (56 S.) 901. n. 1. —
8. Besitz- u. Schuldverhältnisse, ländliche, in 27 Gemeinden Steiermarks. Erhebung, durchgeführt vom statist. Landesamte von Steiermark unter der Leitung v. Ernst Mischler. 1. Thl.: Die Besitzverhältnisse. (VII, 131 S.) 901. n. 2. —
9. Sparcassen, die, u. die Erwerbs- u. Wirtschaftsgenossenschaften in Steiermark im J. 1900. (54 S.) 902. n. 1. —
10. Besitz- u. Schuldverhältnisse, ländliche, in 27 Gemeinden Steiermarks. Erhebung, durchgeführt v. statist. Landesamte v. Steiermark unter der Leitg. v. Ernst Mischler. 2. Thl.: Die Schuldverhältnisse. (VIII, 128 S.) 902. n. 2. —

1.—4. Hft. Ebd. 896—898. n. 7. 80.

— statistische, über Steiermark. Hrsg. vom statist. Landesamte des Herzogt. Steiermark. 11.—16. Heft. Lex.-8 Graz (Leuschner & Lubensky). n. 7. —
11. Beiträge zur Statistik des Gemeindehaushaltes. I. Die Bauten v. Volks- u. Bürgerschulgebäuden in Steiermark seit der Erlassung des Reichsvolksschulgesetzes bis Ende 1900. (VII, 34 S.) 903. n. 1. —
12. Besitz- u. Schuldverhältnisse, ländliche, in 27 Gemeinden Steiermarks. Erhebung, durchgeführt vom statist. Landesamte v. Steiermark unter der Leitung v. Ernst Mischler. 3. Tl. (Schluss): Einzelbeschreibg. m. Gesindewesen. Besitzveränderungen. (X, 114 S.) 903. n. 2. —
13. Sparkassen, die, u. die Erwerbs- u. Wirtschafts-Genossenschaften in Steiermark im J. 1901. Bearb. im statist. Landesamte f. Steiermark. (VII, 79 S.) 903. n. 1. —
14. Beiträge zur Statistik des Gemeindehaushaltes. II. Die Schulden der Gemeinden m. Ende Debr. 1901. Bearb. im statist. Landesamte f. Steiermark. (VII, 50 S.) 904. n. 1. —
15. Sparkassen, die, u. die Erwerbs- u. Wirtschafts-Genossenschaften in Steiermark im Jahre 1902. Bearb. im statist. Landesamte f. Steiermark. (VIII, 95 S.) 905. n. 1. —
16. Verkäufe bäuerlicher Besitzungen an Personen nichtbäuerlichen Standes in Steiermark in den J. 1903 u. 1904. — Zwangsversteigerungen land- u. forstwirtschaftlicher Grundstücke in Steiermark in den J. 1903 u. 1904. (VII, 75 S.) 905. n. 1. —

Hft. 1.—10. Ebd. 896—902. n. 17. 30.

Mitteilungen statistische, üb. Steiermark. Hrsg. vom statist. Landesamte des Herzogt. Steiermark. 17.—23. Heft. Lex. 8. Graz, Leuschner & Lubensky. 12. —
17. Das Findelwesen in Steiermark. Im statist. Landesamte v. Steiermark verf. Von Otto Wittschieben. (X, 118 S.) 907. 3. —
18. Zwangsversteigerungen land- u. forstwirtschaftlicher Grundstücke in Steiermark im J. 1905. — Verkäufe, freiwillige, bäuerlicher Besitzungen an Personen nichtbäuerlichen Standes in Steiermark im J. 1905. (VII, 51 S.) 907. 1. —
19. Beiträge zur Statistik des Gemeindehaushaltes. III. Die Einnahmen u. Ausgaben der Gemeinden im J. 1904. (V, 61 S.) 907. 1. —
20. Sparkassen, die, in Steiermark in den J. 1903 u. 1904 nebst Übersichten üb. die J. 1894—1904. (VI, 55 S.) 908. 1. —
21. Forst- u. Weideservituten, die, in 4 Gemeinden Steiermarks. Erhebung, durchgeführt vom statist. Landesamte f. Steiermark unter der Leitg. v. Ernst Mischler. (VIII, 152 S.) 908. 3 —
22. Verkäufe, freiwillige, bäuerlicher Besitzungen an Personen nichtbäuerlichen Standes in Steiermark in den J. 1906 u. 1907. — Zwangsversteigerungen land- u. forstwirtschaftl. Grundstücke in Steiermark in den J. 1906 u. 1907. Bearb. im statist. Landesamte f. Steiermark. (VIII, 119 S.) 910. 2. —
23. Beiträge zur Statistik des Gemeindehaushaltes. IV. Tabellen zur Statistik des Gemeindehaushaltes betr. d. J 1907 Bearb. im statist. Landesamte f. Steiermark. (VIII. 37 S.) 910. 1 —

— statistische, aus dem direkten Steuerwesen des Grossh. Hessen, s.: Beiträge zur Statistik des Grossh. Hessen. 50. I.

Statistische Mitteilungen des Oldenburger Turnerbundes, Kl.-8°.
Am 1. 4. 1878, 1882, 1883, 1885, 1886, 1888—1893.
Am 1. 1. 1894—1896, 1898, 1900 u. 1902—1912.
1913—1915. 3 Bde.

Mittheilungen, Statistische ungarische. Neue Folge. Band XII. Inhalt: Die Bevölkerung Ungarns zur Zeit der pragmatischen Sanction. 1720 – 1721. Im Auftrage des königl. ungar. Handelsministers verfasst und herausgegeben durch das königl. ungar. statistische Bureau. 4. (288 S.) In Lnwd. geb. 6.—
Budapest Kilian 1896

ungarische statistische. Im Auftrage des kön. ungar. Handelsminister. verf. u. hrsg. vom kön. ung. statist. Zentralamt Neue Serie 17 Bd (Ungarisch u Deutsch.) Lex.-8. Budapest, F. Kilians Nacht.
Geb in Leinw 6. —
[illegible]
1906

— statistische, über das höhere Unterrichtswesen im Königr. Preußen, s.a. Centralblatt für die gesammte Unterrichts-Verwaltung in Preußen. Erg.-Hft.

[Mitteilungen, Statistische, des] Vereins Deutscher Eisen- und Stahl-Industrieller: Statist. Bureau. Jg. 1903—1908. Berlin, 1903—1908 u. ff.

— statistische, aus den Verhältnissen der Stadt Kulmbach. Gesammelt v. C. Rstz. 12. (60 S.) Kulmbach 886. Wanderer. — 30

Statistische **Mitteilungen** aus der Verwaltung der Landes-Versicherungs-Anstalt Schleswig-Holstein. Beigabe zu den auf d. Landwirtschaftl. Prov.-Ausstellung zu Altona ausgestellten graph. Übersichten. Kiel: L. Handorff 1905. (16 S.) 8° [J.] [05. 9889 3

— statistische, über den Civilstand der freien Stadt Frankfurt und ihrer Landgemeinden im J. 1857. Frankfurt a. M. (Völcker.) gr. 4. (19 S.) nn. 12½ ngr.

— statistische, über den Civilstand der freien Stadt Frankfurt u. ihrer Landgemeinden im Jahre 1862. Frankfurt a. M. 863. (Völcker.) gr. 4. (19 S.) 6 ngr.

—— statistische, über den Civilstand der freien Stadt Frankfurt und ihrer Landgemeinden im J. 1862. gr. 4. (19 S.) Frankfurt a. M. 864, (Völcker.)

— statistische, über den Civilstand der freien Stadt Frankfurt u. ihrer Landgemeinden im J. 1864. Frankfurt a. M. 865. (Völcker.) 4. (19 S.) 15 ngr.

—— dass. — im J. 1864. 4. (19 S.) (Ebendas.) 867.

Mittheilungen, statistische, über den Civilstand der Stadt Frankfurt a. M., sowie der Gemeinden Bornheim, Oberrad, Niederrad ꝛc. im Jahre 1867. Frankfurt a. M. 868. (Völcker.) gr. 4. (23 S.) n. 14 ngr.

— dasselbe im J. 1870. gr. 4. (13 S.) Ebend. 871. n. — 80

— statistische, über den Civilstand der Stadt Frankfurt a. M. im J. 1871. hoch 4. (15 S.) Frankfurt a. M. 872. (Völcker.) n. 2. —

— dasselbe im J. 1872. 4. (13 S.) Ebend. 873. n. 2. —

—— statistische, aus der Schleswig-Holsteinischen Zolldirection über das J. 1864. Heft Nr. 1. und 2. Zusammengestellt von der Abtheilung für Statistik. gr. 4. (S. 1—66.) Flensburg 865. (Kiel, Schwers'sche Buchh.) *

—— dass. — Heft Nr. 3. gr. 4. (IV und S. 69—159.) (Ebendas.) 865. *

—— statistische, betr. das Zoll- und Brennsteuerwesen der Herzogth. Schleswig-Holstein. Heft Nr. 1. gr. 4. (13 S.) Altona 866. (Kiel, Schwers'sche Buchh.) *

Mittheilungen, statistische, betreff. den Kt. Zürich. Jahrg. 1878–92. Winterthur—Zürich.

— statistische, betr. den Kanton Zürich: Beilage des Rechenschaftsberichtes des Regierungsrates für das Jahr 1882. In-8°, 230 S. Winterthur, Bleuler-Hausheer & Cie. 1884.

Statistische Mittheilungen betr. den Canton Zürich (Beilage des Rechenschaftsberichtes des Regierungsrathes für das Jahr 1883). 1. Heft. Landwirthschaftl. Statistik. Mittheilungen über den Gang und die Resultate der landwirthsch. Produktion von 1883. Bearbeitet vom statistischen Büreau der Direktion des Innern. In-8°, 70 S. Winterthur, Bleuler-Hausheer & Co. 1883.

Mitteilungen. Statistische Mitteilungen betreffend den Kanton Zürich. Hrg. vom Kantonalen statistischen Bureau. Jahr 1899 *u.* 1900. *je* 2 Hefte. 8. Winterthur, Geschwister Ziegler.

Jahr 1899. Heft 1: Viehversicherungs-Statistik für das Jahr 1899. XXVI + 133 S. 1901. — Heft 2: Gemeindefinanz-Statistik. Nebst Anhang: Staatsbeiträge an die Armenausgaben der Gemeinden vom Jahre 1899. XII + 238 S. 1901 + *Anhang u. bes. T.* 27 S. 1900.
Jahr 1900. Heft 1: Viehversicherungs-Statistik für das Jahr 1900. XXXII + 133 S. 1902. — Heft 2: Gemeindefinanz-Statistik. Mit zwei Beilagen: 1. Armenunterstützungsverhältnisse 1836—1900: graphische Darstellung [1 Tafel]; 2. Staatsbeiträge an die Armenausgaben der Gemeinden vom Jahre 1900. XXXII + 242 S. 1902 + *Beilage 2 u. bes. T.* 27 S. 1901.

Mitteilungen. Statistische M' betreffend den Kanton (**Heft 1:* des Kantons) Zürich. Hrg. vom Kantonalen statistischen Bureau. Jahr (**Heft 1:* Jahrgang) 1901. 2 Hefte. 8. Winterthur, Geschwister Ziegler, 1903.

Heft 1 *u. d. T.:* Hauptergebnisse der Eidgenössischen Volkszählung vom 1. Dezember 1900 im Kanton Zürich nach den Gemeinden und Bezirken, nebst alphabetischem Verzeichnis der Ortschaften.... Mit zwei kartographischen Beilagen. Hrg. vom K' st' Bureau. St' M' des K' Z' Jahrgang 1901, Heft 1. XXXII + 162 S. [fr. 1.20]
Heft 2: Gemeindefinanz-Statistik. Nebst Anhang: Staatsbeiträge an die Armenausgaben der Gemeinden vom Jahre 1901. XVI + 244 S. 1903 + *Anhang u. bes. T.* 19 S. Zürich, Meyer & Hendess, 1902.

Mitteilungen. Statistische M' betreffend den Kanton Zürich. Hrg. vom Kantonalen statistischen Bureau. Jahr 1902. Heft 1: Gemeindefinanz-Statistik. Nebst Anhang: Staatsbeiträge an die Armenausgaben der Gemeinden vom Jahre 1902. XVI + 238 + *Anhang* 19 S. 8. Winterthur, Geschwister Ziegler, 1904.

Anhang u. bes. T.: Die St' ... 1902. Zürich, Buchdr. des Schweiz. Grütlivereins, 1904.

Mitteilungen. Statistische M' betreffend den Kanton Zürich. Hrg. vom Kantonalen statistischen Bureau. Jahr 1903. Heft 1: Gemeindefinanz-Statistik. Nebst Anhang: Staatsbeiträge an die Armenausgaben der Gemeinden vom Jahre 1903. XIX + 246 + *Anhang* 19 S. 8. Winterthur, Geschwister Ziegler, 1905.

Anhang u. bes. T.: Die Staatsbeiträge ... im J' 1903. W' ... 1905.

Mitteilungen. Statistische M' betreffend den Kanton Zürich. Hrg. vom Kantonalen statistischen Bureau. Jahr 1904. Heft 1: Gemeindefinanz-Statistik. Nebst Anhang: Staatsbeiträge an die Armenausgaben der Gemeinden vom Jahre 1904. XXII + 248 + *Anhang* 15 S. 8. Winterthur, Geschwister Ziegler, 1906.

(*Anhang gedr.:* G[rütli-]B[uchdr.] Z[ürich] XII. [19]05.)

Mitteilungen. Statistische M' betreffend den Kanton Zürich. Hrg. vom Kantonalen statistischen Bureau. Jahr 1905. 2 Hefte. 8. Winterthur. Geschwister Ziegler, 1906–1907.

Heft 1: Diverse Beiträge zur Bevölkerungs-Statistik und zur Wirtschafts-Statistik der Jahre 1900—1905, mit einem Kärtchen. IV + 137 S. 1906.
Heft 2: Gemeindefinanz-Statistik Nebst Anhang: Staatsbeiträge an die Armenausgaben der Gemeinden vom Jahre 1905. XXIV + 240 + *Anhang* 15 S. 1907. — (*Anhang gedr.:* H. H[ess], W[ald] XII. [19]06.)

Mitteilungen. Statistische M' betreffend den Kanton Zürich. Hrg. vom Kantonalen statistischen Bureau. Jahr 1906. 2 Hefte. 8. Winterthur, Geschwister Ziegler, 1907—1908.

Heft 1: Diverse Beiträge zur Wirtschafts-Statistik und zur Bevölkerungs-St' der Jahre 1905 und 1906, mit einem Kärtchen. IV + 128 S. 1907.
Heft 2: Die Ergebnisse der Vieh- und Güter-Zählung vom 20. April 1896, sowie der Viehzählungen vom 19. April 1901 und vom 20. April 1906 im Kanton Zürich. Mit einem Kärtchen. IV + 105 + 156 S. 1908.

Mitteilungen. Statistische M' betreffend den Kanton Zürich. Hrg. vom Kantonalen statistischen Bureau. Jahr 1906. 3 Hefte. 8. Winterthur, Geschwister Ziegler, 1907—1908.

Heft 1 *u.* 2. 1907 *u.* 1908
Heft 3: Gemeindefinanz-Statistik. Nebst Anhang: Staatsbeiträge an die Armenausgaben der Gemeinden vom Jahre 1906. IV + 276 + 15 S. 1908

Mitteilungen. Statistische M' betreffend den Kanton Zürich. Heft 97—99. Hrg. vom Kantonalen statistischen Bureau. 8. Winterthur, Geschwister Ziegler, 1909.

Heft 97. Beiträge zur Wirtschafts-Statistik: 1. Die Milchwirtschaft in den Jahren 1894—1907; 2. Die M' des Jahres 1907; 3. Die Weinernte im Jahre 1907. [Mit 1 graphischen Tafel.] IV + 101 S.
Heft 98: Die Hauptergebnisse der Gemeindefinanzstatistik von 1879—1906. IV + 139 S.
Heft 99. Beiträge zur Bevölkerungs- und Wirtschafts-Statistik: 1. Wohnort und Arbeitsort der erwerbstätigen Bevölkerung von Winterthur und Vororten 1900. Eine bevölkerungs- und steuerstatistische Untersuchung; 2. Die Ernte-Erträge nach Quantum und Geldwert im Kanton Zürich für das Jahr 1907. IV + 99 S.

Mitteilungen. Statistische M' betreffend den Kanton Zürich. Heft 100 *u.* 101. Hrg. vom Kantonalen statistischen Bureau. 8. Winterthur, Geschwister Ziegler, 1909.

Heft 100: Der Arbeitstarifvertrag im Kanton Zürich. 271 S.
Heft 101: Gemeindefinanz-Statistik für das Jahr 1907. Nebst Anhang: Staatsbeiträge an die Armenausgaben der Gemeinden vom Jahre 1907. 32* + 250 + *Anhang* 22 S.

Mitteilungen. Statistische M' betreffend den Kanton Zürich. Heft 102. Hrg. vom Kantonalen statistischen Bureau. 8. Winterthur, Geschwister Ziegler, 1910.

Heft 102: Die Wasser-, Gas- und Elektrizitäts-Versorgungsanlagen in den Gemeinden des Kantons Zürich. Abteilung 1: Die Wasserversorgungs-Anlagen im Jahre 1908. Mit einem Kärtchen. 173 S.

Mitteilungen. Statistische M' betreffend den Kanton Zürich. Heft 103. Hrg. vom Kantonalen statistischen Bureau. 8. Winterthur, Geschwister Ziegler, 1910.

Heft 103: Gemeindefinanz-Statistik für das Jahr 1908. Nebst Anhang: Staatsbeiträge an die Armenausgaben der Gemeinden vom Jahre 1908 29* + 255 + 22 S.

Mitteilungen. Statistische M' betreffend den Kanton Zürich. Heft 104. Hrg. vom Kantonalen statistischen Bureau. 8. Winterthur, Geschwister Ziegler, 1910.

Heft 104: Die Wasser-, Gas- und Elektrizitäts-Versorgungsanlagen in den Gemeinden des Kantons Zürich. Abteilung 2: Die Gas- und El' Versorgungs-Anl' im Jahre 1908. Mit einem Kärtchen. 183 S.

— über den niederrheinisch-westfälischen Steinkohlenbergbau, s. Sammlung berg- u. hüttenmännischer Abhandlungen.

Mitteilungen über den Niederrheinisch-Westfälischen Steinkohlenbergbau. Hrsg. vom Verein für die bergbaulichen Interessen im Oberbergamtsbezirk Dortmund zu Essen, mit Beiträgen von R. Hundt, W Köhne, G. A. Meyer und L. Tübben. Berlin, 1901. 338 S. mit 50 Abb. und 17 Taf.

Zugleich: Festschrift zum 8. Allgemeinen Deutschen Bergmannstag. September 1901. in Dortmund.

— über d. niederrheinisch-westfälischen Steinkohlen-Bergbau. Den Theilnehmern am VIII. allgem. deutschen Bergmannstag zu Dortmund, Septbr. 1901, gewidmet vom Verein f. die bergbaul. Interessen im Oberbergamtsbez. Dortmund zu Essen (Ruhr). (Einband: Festschrift zum VIII. allgem. deutschen Bergmannstag in Dortmund, den 11.—14. IX. 1901.) 4. (338 S. m. Fig. u. 17 Taf.) Berlin (901). J. Springer. Geb. in Leinw. n.n. 15.—

Mitteilungen über den niederrheinisch-westfälischen Steinkohlenbergbau. Mit 3 Zeichnungen u. 1 Taf. Kattowitz: Gebr. Böhm 1907. (19 S.) 8°
Aus: Berg- u. Hüttenmännische Rundschau.
— Sammlung Berg- u. Hüttenmännischer Abhandlungen. H. 12. [08. 3844

Mitteilungen über den Steinkohlenbergbau des Preussischen Staates in der Umgebung von Saarbrücken. (Saarbrücken 1904: Saardr in St. Johann-Saarbrücken.) (19 S.) 8° [07. 15945

Mitteilungen über den Steinkohlenbergbau des Preußischen Staates in der Umgebung von Saarbrücken. 2. Ausg. Saarbrücken, 1909. 18 S.

— des allgemeinen deutschen Stenographenbundes, System Gabelsberger. Hrsg. v. der Geschäftsstelle. Nebst: Übungs- u. Unterhaltungsblatt. 1. Jahrg. Aug.—Dezbr. 1902. 6 Nrn. gr. 8. (à ca. 16 u. 4 S.) Leipzig (E. Rehl). n. 1. 25

— des allgemeinen deutschen Stenographenbundes, System Gabelsberger. Hrsg. v. der Geschäftsstelle Leipzig. 1. Folge. 6 Nrn. (à 8 S.) gr. 8. Leipzig 903. (E. Rehl.)
Erscheinen nicht mehr. n. 1. 25

— hrsg. vom Roller'schen Stenographen-Verein zu Leipzig. Schriftleiter: A. Schäfer u. B. Feigenspan. 1. Jahrg. Oktbr.—Dezbr. 1891. 3 Nrn. gr. 8. (à 8 S.) Leipzig, Roller'scher Stenographen-Verein. n. — 40

— dasselbe. 2. Jahrg. 1892. 12 Nrn. gr. 8. (à 8 S.) Ebd. n. 1. 60

— dasselbe. 3. Jahrg. 1893. 10 Nrn. gr. 8. (à 8 S.) Ebd n. 1. 30
Erschien nicht weiter.

— hrsg. v. Roller'schen Stenographen-Verein zu Leipzig. Red.: Adf Schäfer, Nebst Unterhaltungsbeilage. Red.: H. Rösch. 4. Jahrg. April 1897—März 1898. 12 Nrn. (à ca. 2 Bog.) gr. 8. Leipzig (Schäfer & Schönfelder). 3. —

Mitteilungen, hrsg. v. Roller'schen Stenographen-Verein zu Leipzig. Red.: Adf. Schäfer u. seit Mai B. Schönfelder. Nebst Unterhaltungsbeilage. Red.: H. Rösch. 5. Jahrg. 1898. 12 Nrn. (à ca. 2 Bog.) gr. 8. Leipzig (Schäfer & Schönfelder). n. 3. —

Mitteilungen der Scheithauerschen Stenographen-Centrale Berlin: Reckentin 1900 1901 8°
Hrsg. Otto Reckentin.

—— aus dem Gebiete der Stolze'schen Stenographie. Hrsg. von Carl Bröcker. 1. Jahrg. 1864. und 2. Jahrg. 1866. à Jahrg. 12 Nrn. (à 1—2 lithogr. Bog.) gr. 8. Parchim, (Wehdemann.) à Jahrg. *

— stenographische. Zeitschrift, herausg. von Karl Krause und Mor. Heyde. 1. u. 2. Jahrg. 1854 u. 55. à 12 (lith.) Nrn. (à ½ Bgn.) Dresden, Meinhold. 8. Jeder Jahrg. 1 ₰.

— der grossh. Sternwarte zu Heidelberg (astrometrisches Institut). Hrsg. v. W. Valentiner. I. gr. 8. Karlsruhe (G. Braun'sche Hofbuchdr.) n. 1. 20
Photometrische Beobachtung des Merkur während d. totalen Sonnenfinsterniss am 28. V. 1900 in Ovar (Portugal). Von E. Jost. (25 S.) 901.

Mitteilungen der grossh. Sternwarte zu Heidelberg (astrometrisches Institut). Hrsg. v. W. Valentiner. II—V. gr. 8. Karlsruhe (G. Braun'sche Hofbuchdr.) n. 9. 80
II. Die Bahn des periodischen Kometen 1894 I (Denning). Von P. Gast. (IV, 63 S.) 903. n. 3. —
III. Jahresbericht üb. die Tätigkeit des Institute während des Kalenderj. 1903 v. W. Valentiner. (14 S.) 904. n. 1. —
IV. Zur Theorie der Extinktion des Lichtes in der Erdatmosphäre. Von A. Bemporad. (III, 78 S.) 904. n. 4.—
V. Eine neue Methode zur Bahnbestimmung v. Meteoren. Die Bahn des am 21. III. 1904 in Süddeutschland sichtbaren Meteors. Von P. Moschick. (36 S.) 905. n. 1.80

— der grossh. Sternwarte zu Heidelberg (astronomisches Institut). Hrsg. v. W. Valentiner. VI—XVIII. Karlsruhe, (G. Braun'sche Hofbuchdr.). 21. 80
Abetti, Giorgio, ein neuer Hippscher Chronograph m. festen Spitzen. Vergleichende Versuche. (15 S.) 908. (Nr XII.) 1. —
Bericht üb. die Tätigkeit des astronomischen Instituts in der Zeit 1908 Januar bis 1909 Septbr. v W. Valentiner (18 S.) 909. (Nr XVIII.) 1 —
Brunn, Alb. v., die generelle Entwicklung der Störungsfunktion u. ihrer Ableitungen in der Gyldenschen Theorie nach den Exzentrizitäten unter Berücksicht der drei niedrigsten Potenzen der Neigungen. (34 S.) 906. (Nr. VIII.) 1. 80
Jahresbericht üb. die Tätigkeit des Instituts während des Kalenderj. 1904 v. W Valentiner. [Aus: „Vierteljahrsschr d. astronom Gesellsch."] (12 S.) Leipzig 905 (Nr. VI.) — 60
Jahresbericht üb. die Tätigkeit des Instituts während des Kalenderj. 1905 v. W. Valentiner. [Aus: „Vierteljahrsschr. d. astronom. Gesellsch."] (S. 133—146.) Leipzig 906. (Nr VII.) — 60
— dasselbe. 1906 v. W. Valentiner. [Aus: „Vierteljahrsschr. d. astronom. Gesellsch"] (S. 143—158.) (907.) (Nr X.) 1 —
— dasselbe. 1907 v. W. Valentiner. [Aus: „Vierteljahrsschr. d. astronom. Gesellsch."] (8 S.) 8. Leipzig 908. (Nr. XIII.) 60
Jost, E., Helligkeitsmessungen v. langperiodischen Veränderlichen nach Beobachtgn. v. E. Jost, P. Moschick u. G. van Biesbroeck. (VII, 97 S.) 909. (Nr. XVII.) 5. —

Moschick, P., die Bahnen der am 3. VIII. u. am 28 IX 1905 erschien. hellen Meteore (32 S.) 909. (Nr XV.) 1 80

Przybyllok, E., der persönliche Fehler bei der Beobachtung v. Sternbedeckungen. (27 S m Fig. u 3 Taf.) gr. 8. 909. (Nr. XIV.) 1 80
— Das Profil der Randpartien des Mondes (31 S m 1 Taf.) 908. (Nr. XI.) 1 80

Valentiner, W., Bestimmung der Längendifferenz zwischen dem astronom. Institut der grossh. Sternwarte zu Heidelberg u. der früheren grossh. Sternwarte in Karlsruhe im J. 1903 nach den Beobachtgn v. L. Courvoisier u. P. Moschick. (30 S.) 906. (Nr. IX.) 1 80

Zinner, E., Doppelsternmessungen am zwölfzolligen Refraktor des astronomischen Instituts v. M Völkel u. E. Zinner. (59 S.) 909. (Nr. XVI.) 3. —

Hamburg. Hamburger Sternwarte. Mittheilungen der —
No. 1, Rümker, G Positionsbestimmungen von Nebelflecken und Sternhaufen.
No. 2, Stechert C., Dr Bahnbestimmung des Planeten (258) Tyche.
Hamburg 1895

– der Hamburger Sternwarte. No. 3 u. 4. Lex.-8. Hamburg (L. Gräfe & Sillem). à n. 3. —
3. Bemerkungen u. Berichtigungen zu Carl Rümker's Hamburger Sterncatalogen 1836,0 u 1850,0. Von Rich. Schorr. [4. Beiheft z. Jahrbuch d. Hamburg. wissenschaftl. Anstalten. XIV. 1896.] (56 S) 897.
4. Catalog v. 636 Sternen nach Beobachtgn. am Meridiankreise der Hamburger Sternwarte. Von Wilh. Luther. [3. Beiheft z. Jahrbuch d. Hamburg. wissenschaftl. Anstalten. XV. 1897.] (63 S.) 898.

— der Hamburger Sternwarte. Nr. 5 u. 6. [4. Beiheft zum Jahrbuch der hamburg. wissenschaftlichen Anstalten. XVI u. XVII. 1898 u. 1899.] Lex.-8. Hamburg (L. Gräfe & Sillem). n. 6. —
5. Bemerkungen u. Berichtigungen zu Carl Rümker's Hamburger Sterncatalogen 1836,0 u. 1850,0. Von B. Schorr. 2. Serie. (37 S.) 899. n. 2.—; (1 u. 2 n. 5.—)
6. Zonenbeobachtungen d. Sterne bis zur 9. Grösse zwischen 79°50' u. 80°10' nördlicher Declination 1855 am Meridiankreis der Hamburger Sternwarte. Von Rich. Schorr u. Arth. Scheller. (X, 155 S.) 900. n. 4.—

— der Hamburger Sternwarte. Nr. 7. 8. 10. [4. Beiheft zum Jahrbuch der hamburg. wissenschaftlichen Anstalten. XIX u. XXII 1901. 1904.] Lex.-8. Hamburg (L. Gräfe & Sillem). n. 13. —
7. Catalog v. 344 Sternen zwischen 79° 50' u. 81° 10' nördlicher Declination f. das Aequinoctium 1900. Von R. Schorr u. A. Scheller. (XVI, 115 S.) 902. n. 4.—
8. Beiträge zur Untersuchung des Lichtwechsels veränderlicher Sterne. Von K. Graff. (63 S. m. 5 Taf.) 905. n. 3.—
10. Die hamburg. Sonnenfinsternis-Expedition nach Souk-Ahras (Algerien) im Aug. 1905. Bericht. Von R. Schorr. 1. Tl. Die Ausrüstg. u. der Verlauf der Expedition. (36 S. m. Abbildgn., 12 Taf. u. 1 farb. Karte. 905. n. 6.— Nr. 9 ist noch nicht erschienen.

— der Hamburger Sternwarte. [4. u. 5. Beiheft zum Jahrbuch der hamburg. wissenschaftl. Anstalten. XXIV. 1906.] Nr. 9. u. 11. Lex. 8. Hamburg, (L. Gräfe & Sillem). à 7. —
Graff, K., Untersuchung des Lichtwechsels einiger veränderlicher Sterne vom Algoltypus. (101 S. m. 20 Taf.) 907. (Nr. 11.) 7. —
Schorr, R., Tafel der Reduktions-Konstanten zur Berechnung scheinbarer Sternörter f. die J. 1830 bis 1860. (VIII, 230 S.) 907. (Nr. 9.) 7. —

— Strassburger akademische, f. die Studierenden der Kaiser-Wilhelms-Universität in Strassburg i. Els. 1. Jahrg. Winter-Sem. 1906/07. 12 Nrn. (à ca. 8 S.) 4. Strassburg, J. Singer. Halbjährlich n.n. 1. 50

— Strassburger akademische, f. die Studierenden der Kaiser-Wilhelms-Universität in Strassburg i. Els. Sommer-Sem. 1910. (VIII.) 10 Nrn. (à 8 S.) 31,5×23 cm. Strassburg, J. Singer. nn 1. 50
Erscheinen nicht mehr.

—— aus dem Studentenleben, s. Jubilar-Album.

— der schweiz. Studentenliga. Verein abstinenter Studenten u. des kath. akad. Abstinentenverbandes Deutschland—Österreich—Schweiz. Zeitschrift zur Förderg. der student. Abstinenzbestrebgn. Red.: J Müller, Jos. Grunewald. 2. Jahrg. Oktbr. 1909—Septbr. 1910. 12 Hefte. (à ca. 32 S.) 8. Freiburg (Schweiz). München, J. J. Lentner. 1 50

— der schweizerischen Studienkommission f. elektrischen Bahnbetrieb. Red. v. W. Wyssling. Nr. 1. 8. Zürich 906. (Rascher & Co.) n. — 80
Kraftbedarf, der, f. den elektrischen Betrieb der Bahnen in der Schweiz. [Aus: „Schweiz. Bauzeitg."] (24 S.)

— der schweizerischen Studienkommission f. elektr. Bahnbetrieb. Unter Red. v. W. Wyssling. Nr. 2 u. 3. gr. 8. Zürich (Rascher & Co.). 1. 50
Kummer, W., Grundlagen u. Bedingungen des Fahrdienstes f. den elektr. Betrieb der schweizer. Eisenbahnen. Anfahr- u. Bremsverhältnisse. — Geschwindigkeiten. — Zugsfolge u. Haltezeiten. — Zugsgewichte u. Zugskompositionen. — Lokomotiven u. Motorwagen. Nach den Arbeiten v. L. Thormann zusammengestellt. (23 S.) 908. (Nr. 2.) 1. —
— Die Wahl der Periodenzahl f. Wechselstromtraktion auf den schweizer. Eisenbahnen Nach den Arbeiten verschiedener Mitarbeiter u. Kommissionsmitglieder zusammengestellt. (8 S.) 906. (Nr. 3.) — 50

[J.] Mitteilungen über die Studienstiftungen beim Königlichen Friedrich-Wilhelms-Gymnasium zu Trier. (Veröffentl. v. Verwaltungsrat d. Gymnasialvermögens.) Trier, Druck v. J. P. Hegner, 1897; 47 S. 4.
Trier, k. Friedrich-Wilhelms-G, OP 1897 (482)

— ehemaliger u. jetziger Studierender des Technikums Hildburghausen. Organ der Alt-Herren-Verbände, der auswärt. Vereiniggn. u. der Vereine des Technikums. Schriftleitg. u. Red.: Ludw. Schumann. 3.—5. Jahrg. 1907—1909. à 12 Nrn. (à ca. 16 u. 8 S. m. Taf.) Lex. 8. Hildburghausen, E. Wittig.
3. u. 4. Jahrg. à 3.—; 5. Jahrg. 3. 50

Mitteilungen über das Studium an der Grossherzogl. Technischen Hochschule zu Karlsruhe. (Karlsruhe [1901]: Malsch & Vogel. 2027.) — [Dasselbe] auf Grund der neuen Aufnahme-Bedingungen und Prüfungsordnungen. (1910.) — [Veränderte Fassung.] (Karlsruhe [1911]: Malsch & Vogel. 6675.) — Ausg. Juni 1911.

[Mitteilungen an Suchende.] o. O. u. J. 2 Bl. 4°

[Mitteilungen an Suchende.] o. O. u. J. 2 Bl. 8°.
„Sie haben den Wunsch ausgesprochen, dem Bunde" ...

[Dasselbe.] Berlin: Unger o. J. 2 Bl. 4°.
Für die Logen d. Prov. Gr. L. v. Hamburg.

[Mitteilungen an Suchende.] [Unterz.:] Die Freimaurerloge zur Harmonie zu Chemnitz. o. O. u. J. 2 Bl. 8°.
„Sie haben bei uns das Gesuch angebracht" ...

[Mitteilungen an Suchende. Hrsg. von der Loge „Zum Goldenen Apfel" in Dresden.] o. O. u. J. 4 Bl. 8°

[Mitteilungen an Suchende. Dresden] o. J.: [Heinrich]. 6 S. 8° [Kopftit.]

[Dasselbe.] [Dresden] o. J.: [Heinrich]. 4 Bl. 8°

Grosse Freimaurer-Loge von Preussen gen. Kaiser Friedrich zur Bundestreue [in Berlin]. **Mitteilungen** für Suchende. Berlin 1899: Unger. 7 S. 8° [Umschlagtit.]

—— des mährisch-schlesischen Sudeten-Gebirgsvereines. Redact.: A. Kettner. 1. Jahrg. 10 Nrn. (à Nr. 1—8 Bog.) gr. 4. Freiwaldau 882, (Blazek.) *

—— dass. — 2. Jahrg. 18 Nrn. (à Nr. 1—3 Bog.) gr. 4. (Ebendas.) 883,84. *
Fortsetzung u. d. T.: Altvater. Organ des mährisch-schlesischen Sudeten-Gebirgs-Vereines.

Mitteilungen des Vereins Südmark. Jg 1—14. — Graz: Verl. des Vereins Südmark 1905/06—1919.
Forts. s.: Die Südmark.

Mittheilungen aus dem Tagebuche eines Arztes. A. d. Engl. Braunschweig 1833—36. V: *Harrison, Samuel Warren.* (EB)

— aus dem Tagebuche eines Arztes. Aus d. Engl. übers. von K. Jürgens. 4 Thle. gr. 16. Braunschweig 833—36. Vieweg u. Sohn. 5½ ₰

Mittheilungen aus dem Tagebuche und Briefwechsel der Fürstin Amalia von Gallitzin. Stuttgart 1868. V: *Golicyn, Amalija knjaginja.* (Rass)

— aus dem Tagebuch u. Briefwechsel der Fürstin Adelheid Amalia v. Gallitzin nebst Fragmenten u. einem Anhang. Mit dem Bildniß der Fürstin (in Kpfrst.). Stuttgart 868. Gütersloh, Bertelsmann. gr. 8. (204 S.) n. 1 ₰

— aus dem Tagebuche von Hilmar Ernst Rauschenbusch, weil. Pastor der evangelisch-luther. Gemeinde zu Elberfeld. Ein Beitrag zur evangel. Pastoral-Theologie, zugleich als Anhang zur Lebensbeschreibung von Rauschenbusch. Hrsg. von Albert Siegm. Jaspis. 8. (XVI u. 276 S.) Iserlohn 852, Bädeker. n. ½ ₰

Mittheilungen aus dem Tagebuche eines Reisenden in den Jahren 1821 und 22. Leipzig 1824. V: *Steigentesch, August Ernst Freiherr von.* (ADB) (WBL)

— aus dem Tagebuche eines Reisenden in den Jahren 1821 u. 22. 8. Leipz. 824, Göschen — Beyer.

—— aus der Tagesliteratur des Eisenbahnwesens. Hrsg. vom Verein für Eisenbahnkunde. 1. Jahrg. 1878. 6 Hefte. gr. 8. (293 S.) Berlin, (Polytechnische Buchh.) *
Die Fortsetzung ist enthalten in. Annalen für Gewerbe und Bauwesen.

Verein für Eisenbahnkunde zu Berlin. — MITTHEILUNGEN AUS DER TAGESLITERATUR DES EISENBAHNWESENS.
Jahrg. 1878 (in 6 Heften). Berlin 1878. Selbstverlag des Vereins. 8° — Jahrg. 1879 (in 5 Heften). ib. 1879. — Jahrg. 1880 (in 5 Heften). ib. 1880. —
MITTHEILUNGEN AUS DER TAGESLITERATUR DES EISENBAHNWESENS. Herausgegeben vom Verein für Eisenbahnkunde in Berlin.
1881 Berlin. (Druck von Kerskes & Hohmann in Berlin.) —. 1882. ib. — 1883. ib. (Druck von Kerskes in Berlin.) — 1884—1888 ib. (—) — 1889. ib. (Druck von Funcke & Naeter) — 1890—1892 ib. (—) (1893—1894) ib. 1893—1894. (—) (1895) ib. 1895. (Druck von Funcke.) — (1896—1897) ib. 1896—1897 (—) (1898—1902) ib. 1898—1902. (Druck von Gebrüder Grunert) (Ohne bes. Titelblatt.) — (1903) ib. 1903. (—) (Mit bes. Titelblatt.)

Mittheilungen aus der technischen Tagesliteratur über Schiffbau im weiteren Sinn für die Angehörigen Sr. Maj. Marine. 1864. Triest

MITTHEILUNGEN ÜBER DIE THÄTIGKEIT DES TAUNUS-CLUB FRANKFURT in den Jahren 1883 und 1884. (Ohne bes. Titelblatt. — Frankfurt a M., September 1885.) 8°

Mitteilungen über die Tätigkeit der Gauturnwarte und über den Stand des Vereinsturnens im V. Kreis der D. T., o. Ez., 4°

MITTHEILUNGEN ÜBER DIE THÄTIGKEIT DER PHYSIKALISCHEN GESELLSCHAFT ZU STETTIN in den Jahren 1835—1867. Aus den Protokollen der Gesellschaft in deren Auftrage zusammengestellt von H. BALSAM. Stettin 1868. Druck von R. Grassmann. 8°

Mitteilungen aus der Tätigkeit des Verbandes Westfälischer Arbeitsnachweise f. d. Geschäftsj. 1910 ff Dortmund o. J. 4°
1910—1914.

Mittheilungen aus der Thätigkeit des Vereins zur Hebung der öffentlichen Sittlichkeit in Kiel. Kiel [illegible] 8°

MITTHEILUNGEN ÜBER DIE THÄTIGKEIT UND DIE VERHANDLUNGEN DER GESELLSCHAFT FÜR GEBURTSHÜLFE ZU LEIPZIG
Im 5—13. Jahre ihres Bestehens. (Separat-Abdruck aus der Monatsschrift für Geburtskunde und Frauenkrankheiten, Bd. XIV—XXXII. 1859—1868.) Mit Abbildungen. Leipzig. s. a. Druck von A. Th. Engelhardt. 8°.
Im 14—15. Jahre ihres Bestehens, nach den Protokollen bearbeitet von EMIL APOLLO MEISSNER. (Separat-Abdruck aus der Monatsschrift für Geburtskunde und Frauenkrankheiten, 1868—1869. Bd. XXXII—XXXIV.) (Mit 1 Tafel.) ib. s. a. —
Im 16. Jahre ihres Bestehens, nach den Protokollen bearbeitet von LIVIUS FÜRST. (Separat-Abdruck aus dem Archiv für Gynäkologie, 1870, Bd. I.) Mit 1 Tafel. ib. s. a. —
Im 17—18. Jahre ihres Bestehens. Nach den Protokollen bearbeitet. (Separat-Abdruck aus dem Archiv für Gynäkologie, 1871—1872, Bd. II—III.) (Mit 1 Tafel.) ib. s. a. —

—— aus d. Gebiet der gesammten Technik u. deren Hülfswissenschaft in Vereinigung mit mehr. Mitgliedern der polytechn. Gesellschaft in zwanglosen Heften hrsg. v. C. L. Hoffmann. 3 Hfte. gr. 8. (7 B. u. 9 Stnt.) Berlin 843, 44, Mittler, Verl. à Hft. * 15 Ngr. *

— ehemaliger u. jetziger Techniker Hildburghausens. Organ der Alt-Herren-Verbände. Organ der Vereine des Technikums. Schriftleitung u. Red.: Ludw. Schumann. 5. u. 6. Jahrg. 1905 u. 1906. (Der neuen Folge 1. u. 2. Jahrg.) à 12 Nrn. (264 u. 280 S. m. Fig.) Lex.-8. Hildburghausen, E. Wittig. à Jhrg. n. 3. —

Mitteilungen des Deutsch-Amerikanischen Techniker-Verbandes: Nov 1886—1895.
Irregular. Place of publication varies. New York, Nov 1886, Philadelphia, 1887, St. Louis, 1888; New York, 1889—95. Merged with THE TECHNOLOGIST, and forms part of its title. The first five volumes, Feb. 1896—Aug. 1900. Octavo, each 30—60 pages, illustrated, including diagrams. Published by Deutsch-Amerikanischer Techniker-Verband [later, National Association of German-American Technologists].
New York, NY

Mitteilungen: Technische Mitteilungen
s.a. Der öffentliche Dienst, Der Eisenbahner (II).

Mitteilungen: Technische Mitteilungen — Bulletin technique
s.a. Die Lokomotive — La Locomotive.

—— technische. Eisenbahnwesen, Ingenieur-Wissenschaft, Baukunde. 1.—13. Heft. gr. 8. Zürich, Orell, Füssli und Comp. *

Inhalt:

Heft 1. Königsfelden, Heil- und Pflege-Anstalt des Kantons Aargau [Schweiz]. (19 S. mit 1 Situationsplan, 3 Grundrissen auf 4 Stnt. in qu. gr. 4. und 6 Holzschn. auf 1 Taf. in qu. gr. 4.) 877. *ℳ 1.

» 2. Hipp, M., Electrische Signalscheiben für Eisenbahnen. Beschreibung nebst Instruction für Aufstellung und Behandlung derselben. (50 S. mit eingedr. Holzschn. und 1 Stnt. in qu. Fol.) 877. *ℳ 1,50.

» 3. Brunner, A., Die Alpen-Locomotive der Zukunft. [Fairlie's System mit symmetrisch-articulirten Motorgestellen]. Resultate aus dem Betriebe mit Duplex-Maschinen nach „Practical Evidence of the Working of the Fairlie Engine" zusammengestellt. Einzige autoris. deutsche Ausg. (25 S. mit 1 Holzschntaf. in qu. Fol.) 877. *ℳ 1.

» 4. Hirzel-Gysi, C., die electro-dynamische Maschine und der Minenzünd-Apparat des Ingen. Emil Bürgin in Basel beschrieben. (16 S. mit 5 lithogr. Taf.) 877. *ℳ 1.

» 5. Kelterborn, G., der Zoologische Garten in Basel und dessen Thierwohnungen. (8 S. mit 1 lithogr. Situationsplan in qu. gr. 4. und 7 lithogr. Taf. in gr. 8. und qu. gr. 4.) 877. *ℳ 1.

» 6. Zwick, Herm., das Wasserglas, seine Natur und seine Bedeutung für die Industrie und Technik. (46 S.) 877. *ℳ 2.

Mittheilungen, technische, etc.

Heft 7. Hellwag, W., Mein Gutachten über A. Thommen's „Gotthardtbahn". Bemerkungen zur Reform dieses Unternehmens. (36 S. mit 2 lithogr. Taf.) 877. *ℳ 1,50.

» 8. Salvisberg, F., die Entbindungsanstalt in Bern. (20 S. mit 4 lithogr. Taf.) 877. *ℳ 1.

» 9. Fliegner, Alb., die Bergbahn-Systeme vom Standpunkte der theoretischen Maschinenlehre. (140 S.) 878. *ℳ 3.

» 10. Schneebeli, H., die elektrischen Uhren. Mit besonderer Rücksicht auf die von Hipp construirten Regulatoren und Zeigerwerke. (IV, 48 S. mit 25 Fig. im Text und 2 lithogr. Beilagen.) 878. *ℳ 3.

» 11. Bürkli-Ziegler, A., und P. E. Huber, Bericht über Strassenbahnen, Tramways und deren Einführung in Zürich. Im Auftrage der Gemeindekommission der Stadt Zürich und der Ausgemeinden erstattet. (VIII, 150 S. mit 2 autogr. Taf.) 878. *ℳ 4.

» 12. Muralt, Hans v., die Bausteine der Schweiz. (57 S.) 878. *ℳ 1,50.

» 13. Abt, Roman, Statistik der Locomotiven, Dampfkessel und Dampfmaschinen der Schweiz 1877. (54 S. mit 1 lithogr. Taf. in Fol. und 3 Tab. in qu. Fol.) 878. *ℳ 2.

—— technische, des schweizerischen Ingenieur- und Architecten-Vereins. 14.—20. Heft. gr. 8. Zürich, Orell, Füssli und Comp. *

Inhalt:

Heft 14. Bürkli-Ziegler, A., größte Abflußmengen bei städtischen Abzugs-Kanälen. Mit besond. Berücksicht. der Ueberschwemmungen in der Umgegend von Zürich im Juni 1878 und der Verbauung des Wolfbaches in Zürich. (68 S. mit 3 Stnt.) 880. *ℳ 2,50.

» 15. Grandjean, H., und R. Williams, der einspurige Zwillingstunnel, seine Bedeutung im Eisenbahnbau und seine Ausführung. (24 S. mit 9 lithogr. Taf.) 878. *ℳ 2.

» 16. Abt, Roman, die Seilbahn am Giessbach. [Aus: Eisenbahn.] (V, 73 S. mit 4 lithogr. Taf.) 880. *ℳ 2.

» 17. Könyves-Tóth, M., der Durchschlag des St. Gotthard-Tunnels und seine Vollendung. Eine vergleichende Studie über die bedeutenderen Tunnelbauten der Gegenwart. (VIII, 209 S. mit 3 lithogr. Taf.) 880. *ℳ 5,50.

» 18. Lasius, G., Warmluftheizung mit continuirlicher Feuerung. [Aus: Eisenbahn.] (26 S. mit 1 autogr. Taf.) 880. *ℳ 1.

» 19. Zetter, J. T., der Asphalt und seine Verwendung in der Bautechnik. (28 S.) 880. *ℳ 1.

» 20. Bergemann, F., die Stollenförderung im Tunnelbau. (54 S. mit 3 lithogr. Bl. Zeichnungen.) 881. *ℳ 2,50.

Mittheilungen, technische. 21. Heft: Die Feuerlösch-Präparate und ihr praktischer Nutzen von M. Eberhardt. gr. 8. (32 S. mit 2 lithogr. Taf.) Zürich 888, Orell, Füssli und Comp., Verlag. *

—— technische. Eisenbahnwesen, Ingenieur-Wissenschaft, Baukunde. 22. Heft. gr. 8. Zür. 892, Art. Institut Orell Füssli, Verlag. * 1 —

Ventilation u. Luftbefeuchtung in der Praxis. — Erfahrungen in den Spinnereien der Firma Heinrich Kunz, Zürich. (17 S. m. Fig.)

Mitteilungen. Technische M' (Eisenbahnwesen, Elektrotechnik, Bau- und Ingenieur-Wissenschaften) Heft 23 u. 24. 8. Zürich, Orell Füssli, [1906]. (*je* fr. 1.—)

s. Eichhorn, Gustav — Eichhorn, G(ustav).
Heft 22 erschien 1891.

Mitteilungen. Technische M' (Eisenbahnwesen, Elektrotechnik, Bau- und Ingenieur-Wissenschaften) Heft 25. 8. Zürich, Orell Füssli, [1908]. (fr. 1.50)

s. Eichhorn, Gustav.

— technische. Hrsg. v. der Zentral-Kommission der Maschinenmeister Deutschlands. 3. Heft. 4. Berlin. (Leipzig, S. Schnurpfeil.) n. 2.50

Die Farben u. ihre Töne. Technische Anleitg. zum Anlegen, Mischen u. Drucken v. Tonfarben. Von Wilh. Ehlert. (23 S. m. 6 Taf.) 905.
Heft 1 u. 2 sind nicht im Handel.

— u. Anzeigen, technische. Hrsg. u. Schriftleiter: Geo. Osthoff. 1. Jahrg. Octbr. 1895—Septbr. 1896. 52 Nrn. (Bog. m. Abb.) gr. 4. Berlin (Buchhändlerhaus) (H. Larsen). n. 6. —

Technische Mitteilungen des Rhein.-Westf. Bezirksvereins Deutscher Chemiker, des Elektrotechn. Vereins d. Rhein.-Westf. Industrie-Bez. u. d. Westfäl. Bezirks-Vereins Deutscher Ingenieure. No. 1. Dortmund: C. L. Krüger 1908. 4° [08. 3193 6

—— technische und gewerbliche, des Magdeburger Vereins für Dampfkessel-Betrieb. Hrsg. unter Mitwirkung namhafter Fachmänner vom Direktorium des Vereins. 1.—4. Heft. (1. Jahrg.) gr. 8. (234, 190, 66 S. mit Stnt. in gr. 8., qu. 4. und qu. Fol.) Berlin 876, Kortkampf. à Heft ℳ 3. (ℳ 12.) *

—— dass. — 5. und 6. Heft. Jahrg. 1877. gr. 8. Lüneburg, König. *

Inhalt:

Heft 5. (S. 235—306 mit 4 autogr. Taf.) *ℳ 3.

» 6. Resultate der im Herbste 1876 vom Magdeburger Verein für Dampfkessel-Betrieb ausgeführten Untersuchungen über Dampferzeugung und Dampfverwendung in 12 Zuckerfabriken. Im Auftrage der Kommission bearb. von R. Weinlig. (71 S. mit 6 heliogr. Taf. Abbild. und 6 Tab.) *ℳ 30.

Keim, Adolf. Technische Mitteilungen für Malerei. Technisches Zentral-Organ für Kunst- und Dekorationsmaler, Architekten, Baumeister, Fabrikanten, Techniker, Fachschulen und Fachvereine, Stuccateure, Tüncher etc Mit der regelmässigen Gratisbeilage „Allgemeine Kunst-Nachrichten". Jahrg. 1- . München 1884 . 4°.

— technische, f. Malerei v. Adf. Keim in München. Offizielles Organ der „Deutschen Gesellschaft zur Beförderg. rationeller Malverfahren". Technisches Zentral-Organ f. Kunst- u. Dekorationsmaler, Architekten etc. 3. u. 4. Jahrg. 1886. 1887. à 12 Nrn. (2 B.) Fol. München. (Leipzig, Scholtze.) à Jahrg. n. 6. —

— dasselbe. 5.—7. Jahrg. 1888—1890. à 24 Nrn. (B.) Lex.-8. Ebd. à Jahrg. n. 8. —

— technische, f. Malerei v. Adf. Wilh. Keim in Grünwald-München. Offizielles Organ der „Deutschen Gesellschaft zur Beförderg. rationeller Malverfahren". Technisches Zentral-Organ f. Kunst- u. Dekorationsmaler, Architekten etc. 8.—11. Jahrg. 1891—1894. à 12 Nrn. (à ca. 1 Bog.) Lex.-8. München. (Leipzig, K. Scholtze) à Jahrg. n. 8. —

— technische, f. Malerei. Neue Folge. Red.: Adf. Wilh. Keim. Offiz. Organ der „Deutschen Gesellschaft zur Beförderg. ration. Malverfahren". (A. V.) Techn. Zentral-Organ f. Kunst- u. Dekorationsmaler, Architekten etc. 12. Jahrg. (N. F. 1. Jahrg.) Juni 1895—Mai 1896. 24 Nrn. (à ca. 12 S.) Lex.-8. München, Staegmeyr. n. 8. —

— dasselbe. 13. Jahrg. (N. F. 2. Jahrg.) Juli 1896—Juni 1897. 24 Nrn. (à ca. 8 S.) Lex.-8. Ebd. n. 8. —

— dasselbe. Hrsg.: Adf. Wilh. Keim. Red.: Büttner Pfänner zu Thal. I. Versuchsanstalt für Malerei. 14. u. 15. Jahrg. Juli 1897—Juni 1899. à 24 Nrn. (à ca. 8 S.) Lex.-8. München, A. Schupp. à Jahrg. 8.—; einz. Nrn. n. — 40

Kann auch vierteljährlich bezogen werden.

— technische, f. Malerei. Begründet 1884 von Adf. Wilh. Keim. Hrsg. v. G. Schultz. Red. von Büttner Pfänner z. Thal. Offizielles Organ der „Deutschen Gesellschaft zur Beförderung rationeller Malverfahren" (A.V.). Technisches Central-Organ f. Kunst- u. Dekorationsmaler, Architekten, Baumeister, Fabrikanten, Techniker, sowie f. die gesamte Farben-Industrie. I. Versuchsanstalt f. Malerei. 16.—19. Jahrg. Juli 1899—Juni 1903. à 24 Nrn. Lex.-8. (à ca. 8 S.) Leipzig, A. Foerster. à Jahrg. n. 8. —

— technische, f. Malerei. Gegründet 1884 v. Adf. Wilh. Keim. Fachblatt u. Publikations-Organ der Versuchsanstalt u. Auskunftsstelle f. Maltechnik an der königl. techn. Hochschule in München. Offizielles Organ der „Deutschen Gesellschaft zur Beförderg. rationeller Malverfahren" (E. V.). Hrsg. v. Büttner Pfänner z. Thal. Red.: Adf. Wilh. Keim. 20.—23. Jahrg. Juli 1903—Juni 1907. à 24 Nrn. (VII, 304; VII, 248; VIII, 316 u. VIII, 277 S.) Lex.-8. München, Administration. à Jhrg. n. 8. —

— technische, f. Malerei. Hrsg. v. der „Deutschen Gesellschaft zur Beförderg. rationeller Malverfahren" (E. V.). (Gegründet 1884 v. Adf. Wilh. Keim.) Fachblatt u. Publikations-Organ der Versuchsanstalt u. Auskunftsstelle f. Maltechnik an der königl. techn. Hochschule in München. Red.: Adf. Wilh. Keim. 24—27. Jahrg. Juli 1907—Juni 1911 à 24 Nrn. (24—26. Jahrg. 226, 244 u. 204 S.) Lex. 8. München. Coburg, Administration. à Jahrg. 8. —

— technische, von der Weltausstellung in Paris 1878. Mit Abbildungen im Text u. auf lith. Taf. [Aus: „Dingler's polytechn. Journ."] gr. 8. (XXIII, 376 S.) Augsburg 879. Stuttgart, Cotta. n. 10. —

—— technisch-statistische, über die Stromverhältnisse des Rheins längs des elsass-lothringischen Gebietes. Aufgestellt im Ministerium für Elsass-Lothringen, Abtheil. für Gewerbe, Landwirthschaft und öffentl. Arbeiten. 1. Heft: Text mit Atlas. hoch 4. (193 S. mit 52 Taf.) Strassburg 885, Schmidt's Universitäts-Buchh. *
Nicht weiter erschienen.

„Mittheilungen aus dem Gebiete der Technologie, Haus- und Landwirthschaft, oder unentbehrlicher Rathgeber für den Bürger und Landmann", herausgegeben im Vereine mit mehreren Naturforschern, Technologen und Landwirthen, 2 Jahrgänge, Aarau und Chur 1836, 1837 (Christen).

— für die Theilnehmer am 5. allgemeinen österreichischen Lehrertage in Klagenfurt. Red. Gottfr. Nickl. 5 Nrn. gr. 8. (78 S.) Klagenfurt 873. Bertschinger & Heyn. n. 1. —

Mitteilungen für die Teilnehmer des österreichisch-schlesischen Lehrertags in Jägerndorf, Jägerndorf 1874, 8°.

— für die Teilnehmer d. VII. deutschen Lehrertages. 4 Nrn. Lex.-8. (Nr. 1 u. 2: 20 u. 16 S.) Frankfurt a/M. 888. Neumann. à n. — 25

Mittheilungen aus dem Telegraphen-Ingenieurbureau d. Reichs-Postamts. I. (Juni 1889 bis März 1892.) hoch. 4. (III, 116 S. m. Abbildgn.) Berlin 892. J. Springer. n. 3. —

— aus dem Telegraphen-Ingenieurbüreau des Reichs-Postamts. II. (Apr. 1892—Ende 1895.) Lex.-8. (III, 122 S. m. Fig.) Berlin 896. J. Springer. 3. —
Hft. III erschien unter dem Titel:

— aus dem Telegraphen-Versuchsamt (Telegraphen-Ingenieurbüreau) des Reichs-Postamts. III Febr. 1896 bis Juni 1900. Lex.-8. (III, 116 S. m. Fig.) Ebd. 901. n. 3. —

— aus dem Telegraphen-Versuchsamt des Reichs-Postamts. IV u. V. Lex. 8. Berlin, J. Springer. à 3. —
IV. (Dezbr. 1900 bis April 1908.) (III, 123 S. m. Fig.) 908.
V. (Mai 1908—Febr. 1910.) (IV, 123 S. m. Fig. u. 3 Taf.) 910.

Mittheilungen. – Theatralische Mittheilungen. Bd 1 (= Nr. 1–23). Dresden: Arnold 1811–15
Hrsg. Theod. Hell d.i. Karl Theodor Winkler

Mittheilungen, theatralische, von Michael 1814 bis Ostern 1815. 16 Hft. 4. Dresd. Arnold. 815.

— aus dem Thüringer-Wald-Verein zu Ohrdruf. Nr. 1 u. 2. 12. Ohrdruf 881 u. 82. Bornebusch in Comm. à n.n. — 20
Waldspaziergänge bei Ohrdruf. 1. u. 2. Reihe. (à 14 S. m. 1 lith. u. color. Wegekärtchen.)

— aus dem Gebiete der Thierarzneikunde. Herausg. von Chrn. Jos. Fuchs. 1 Bd. 1. Hft. gr. 8. (IV u. 192 S. m. 43 eingedr. Holzschn.) Karlsruhe 847, Braun. n. 3/4 ₰

— für Thierärzte. Herausg. vom Vorstande d. schleswig-holstein. thierärztl. Vereins. 1. Heft. Neustadt i. H. 870. (Ehlers.) 8. (60 S.) n. 9 ngr.

— für Thierärzte. Hrsg. vom Vorstande d. schleswig-holstein. thierärztl. Vereins. 2. Hft. 1872. 8. (112 S.) Segeberg 872. (Hamburg, Gassmann's Sort.) n. 2. — (1. u. 2.: n. 2. 90)

— — Organ der tierärztlichen Vereine von Schleswig-Holstein u. Hamburg-Altona. Hrsg v Vorstand. Jahrg. I III. Hamburg 94 96. à M. 4.

Mittheilungen. – Thierärztliche Mittheilungen Jg. 1–8 (zu je 4 Hftn). München Literar-artist. Anstalt 1862–69 8°
Red C Hahn.

— thierärztliche. Herausg. von der königl. bayerischen Central-Thierarzneischule unter Mitwirkung mehrerer Professoren der Central-Thierarzneischule u. Thierärzte Bayerns, redig. von C. Hahn. 1—3. Jahrg. 1862—64. à 4 Hefte. (à ca. 7 Bgn.) München, (Literar.-artist. Anstalt.) gr. 8. Jeder Jahrg. n. 1 ₰ 18 ngr.

— thierärztliche. Herausg. von der königl. bayer. Central-Thierarzneischule unter Mitwirkung mehrerer Professoren der Central-Thierarzneischule u. Thierärzte Bayerns, redig. von C. Hahn. 13. Heft. München 866. Liter.-artist. Anstalt. gr. 8. (47 S.) n. 12 ngr.

— — 16. u. 17. Heft. München 869. Fleischmann. gr. 8. (154 S. mit eingedr. Holzschn., 1 Chromolith. u. 172 S. mit eingedr. Holzschn. u. 2 Tabb. in qu. Fol.) Jedes Heft n. 20 ngr.

THIERÄRZTLICHE MITTHEILUNGEN.
Herausgegeben von CHRISTIAN JOSEPH FUCHS.:
Jahrg. I—VI. 1866—1871. Carlsruhe. 1866—1871. In Comm. von Friedrich Gutsch. 8°
Herausgegeben, später redigirt von A. LYDTIN.:
Jahrg. VII—XVIII. 1872—1883. ib. 1872—1883. —

THIERÄRZTLICHE MITTHEILUNGEN.
Redigirt, später: Herausgegeben und redigirt von A. LYDTIN.:
Jahrg. XIX—XX. 1884—1885. Karlsruhe. 1884—1885. Druck und in Komm. von Friedrich Gutsch. 8°

—— thierärztliche. Organ des Vereins bad. Thierärzte. Redig. von A. Lydtin. 3.—9. Jahrg. 1868—1874. à Jahrg. 12 Nrn. (Bog.) gr. 8. Karlsruhe, Gutsch. à Jahrg. **

—— thierärztliche. Organ des Vereins badischer Thierärzte. Redig. von A. Lydtin. 10.—12. Jahrg. 1875—1877. à Jahrg. 12 Nrn. (Bog.) gr. 8. Karlsruhe, Gutsch. à Jahrg. *

—— dass. — Organ des Vereins badischer Thierärzte, subventionirt durch das grossherzogl. Ministerium des Innern. Redig. von Lydtin. 13. und 14. Jahrg. 1878 und 1879. à Jahrg. 12 Nrn. (Bog.) gr. 8. Ebendas. à Jahrg. *

—— thierärztliche. Organ des Vereins bad. Thierärzte, subventionirt durch das grossherzogl. Ministerium des Innern. Redig. von Lydtin. 15.—19. Jahrg. 1880—1884. à Jahrg. 12 Nrn. (à Nr. 1—1½ Bog.) gr. 8. Karlsruhe, F. Gutsch. à Jahrg. *
Mit mikroskopischen Beilagen à Jahrg. *

—— thierärztliche. Organ des Vereins bad. Thierärzte. Hrsg. und redig. von Lydtin. 20.—23. Jahrg. 1885—1888. à Jahrg. 12 Nrn. (Bog.) gr. 8. Karlsruhe, F. Gutsch. à Jahrg. *

—— thierärztliche. Organ d. Vereins bad. Thierärzte. Hrsg. u. redig. v. Lydtin. 24.—27. Jahrg. 1889—1892. à Jahrg. 12 Nrn. (Bog.) gr. 8. Karlsr., (Gutsch). à Jahrg. * 5
Nicht weiter erschienen.

— aus dem Thierreiche für den naturgeschichtlichen Unterricht in den Oberklassen der deutschen Schulen. Von einem Volksschullehrer. Nürnberg 861. Raw. gr. 8. (120 S.) n. 8 ngr.

Mitteilungen des Thierschutzvereines für Kärnten. Klgft., Leon, 1883—84. Jgg. I u. II/1. (Nicht mehr ersch.)

— des Württembergischen Thierschutzvereins. Jahrg. 1865—67. à Jahrg. 12 Nrn. (½ Bgn.) Stuttgart (Koch). gr. 8. Jeder Jahrg. n. 7½ ngr.

— — Jahrg. 1868. 12 Nrn. (½ Bgn.) Ebend. gr. 8. n. 8 ngr.

—— für Thonwaaren- u. Glasfabrikation, in besond. Bezieh. auf d. Königr. Baiern. Hrsg. v. Chr. Schmitz. 1. Hft. — A. u. d. T.: Bemerkungen üb. d. Glasfabrikation in Bayern, in besond. Bezieh. auf d. Münchener Industrie-Ausstellung im J. 1834, mit Rücksicht auf d. Zustand dies. Industrie in Frankreich u. Oesterreich. Hrsg. v. ꝛc. gr. 8. (9 B. u. 1 Tab.) München 835, Lentner'sche Buchh.

Mitteilungen des deutschen Touring-Club München: Touring-Club 1900– 8°

MITTHEILUNGEN DES TOURISTEN-CLUB FÜR DIE MARK BRANDENBURG.
Jahrg. 1—3. Berlin 1892—1894. Druck von Georg Klemm. 4°
Jahrg. 4—5. 1895—1896. ib. 1895—1896. Im Selbst-Verlage des Touristen-Club für die Mark Brandenburg.

MITTHEILUNGEN DES TOURISTEN-CLUB FÜR DIE MARK BRANDENBURG.
Herausgegeben vom Touristen-Klub für die Mark Brandenburg.
Jahrg. 6—8. 1897—1899. ib. 1897—1899. In Vertrieb bei F Fontane & Co.

— d. Touristenclub f. d. Mark Brandenburg. Gegr. am 27. Mai 1884. Schriftleiter: Paul Bumke. 4.—7. Jahrg. 1896—1898. à 12 Nrn. (à ca. 12 S.) 4. Berlin (F. Fontane & Co.). à Jahrg. n. 4.—
Der 7. Jahrg. war von O. Wendler redigiert.

— des Touristenklub f. die Mark Brandenburg, gegründet am 27. V. 1884. Red.: O. Wendler. 8. Jahrg. 1899. 12 Nrn. hoch 4. (à ca. 12 S.) Berlin. (Grunewald, F. Fontane & Co.) n. 4.—
Fortsetzung s.: Monatsblätter.

— touristische. Red. v. Heinr. Kempf. Juli 1890—Juni 1891. 24 Nrn. (½ Bog m. Abbildgn.) gr. 8. Wien, (L. Weiß). n 3.—

Mitteilungen. – Touristische Mitteilungen. Blätter für praktische Touristik, für Alpen- und Naturkunde und Sport. Wien· Brambach 1890–(1902). 8°
Hrsg. Heinrich Kempf, sp. F. Brambach.

— touristische. Blätter f. prakt. Touristik, f. Alpen- u. Naturkunde u. Sport. Central-Organ f. den Reise- u. Touristenverkehr in Oesterreich u. Deutschland. Mit e. Unterhaltungs-Beilage. Hrsg.: Ferd. Bramhas. (Begründet v. Heinr. Kempf.) Jahrg. 1895. 18 Nrn. (à ca. 12 S. m. Abb.) gr. 8. Wien (IX, Nußdorferstr. 7), Administration. Postfrei n. 3.—

— touristische, aus Hessen-Nassau u. Waldeck einschliesslich d. grossherzogl. Oberhessens u. der angrenzenden Gebiete. Hrsg vom niederhess. Touristen-Verein. Illustr. Monatsschrift f. tourist. Interessen u. zur Hebg. d. Fremdenverkehrs. Schriftleiter: L. Deichmann. I. Jahrg. Juli 1892—Juni 1893. 12 Nrn. (à ca. 1 Bog.) Lex.-8. Cassel, (L. Deichmann). n. 2.—

— dasselbe. II. Jahrg. Juli 1893—Juni 1894. 12 Nrn. (à ca. 1 Bog.) Lex.-8. Cassel, Expedition. Postfrei n.n. 2. 50
Fortges. u. d. T.. Touristische Mitteilungen aus beiden Hessen, Nassau, Frankfurt a. M., Waldeck und Grenzgebieten. Jg. 3. 1894 ff

— touristische, aus beiden Hessen, Nassau, Frankfurt a M., Waldeck u. d. Grenzgebieten. Illustr. Monatsschrift f. tourist. Interessen u. z. Hebg. d. Fremdenverkehrs. Hrsg. im Auftr. d. niederhess. Touristen-Vereins v. Wilh. Chr. Lange. Organ d. niederhess. Touristenvereins, d. Rhönclubs, d. Taunus-Clubs, d. Worrathalvereins, d. Knüll-Clubs u. d. Solling-Vereins. III – VI. Jahrg. Juli 1894 – Juni 1898. à 12 Nrn. (à ca. 1 Bog. m. Abb.) Lex.-8. Cassel (kleine Rosenstrasse 2), Expedition. à Jahrg. postfrei n. 2. 50
Der III. Jahrg. war noch von Fritz Seelig herausgegeben.

— touristische, aus beiden Hessen, Nassau, Frankfurt a/M., Waldeck u. den Grenzgebieten. Illustr. Monatsschrift f. tourist. Interessen u. zur Hebg. des Fremdenverkehrs. Hrsg. im Auftrage des niederhess. Touristen-Vereins v. Wilh. Lange. Organ des niederhess. Touristen-Vereins, des Rhön-Clubs, des Taunus-Clubs u. s. w. 7.—11. Jahrg. Juli 1898—Juni 1903. à 12 Nrn. Lex.-8. (à ca. 16 S. m. Abbildgn.) Cassel (kleine Rosenstr. 2), Expedition. Postfrei à Jahrg. 2.50

Mitteilungen, touristische, a. beiden Hessen, Nassau, Frankfurt a/M., Waldeck u. den Grenzgebieten. Illustr. Monatsschrift f. tourist. Interessen u. zur Hebg. des Fremdenverkehrs. Hrsg. im Auftrage des niederhess. Touristen-Vereins v. Wilh. Lange. Organ des niederhess. Touristen-Vereins, des Rhön-Klubs, des Taunus-Klubs usw. 12. u. 13. Jahrg. Juli 1903—Juni 1905. à 12 Nrn. (à ca. 12 S. m. Abbildgn.) Lex.-8. Kassel (Landaustr. 25), Expedition. Postfrei à Jhrg. n. 2. 50

— Tschermak's mineralogische u. petrographische, hrsg. v. F. Becke. [Neue Folge.] 12.—14. Bd. à 6 Hfte. gr. 8. (à Hft. ca. 90 S. m. Textfig. u. Taf.) Wien 891—894. A. Hölder. à Bd. n. 16.—
Vorh. u. d. T.. Mineralogische und petrographische Mittheilungen. 1878-1888.

Mitteilungen d. Niederösterreichischen Turngaues, D. T., XV. Turnkreis, Jg. 1–3, 1888–1891, Wien, 8°.

Mittheilungen des niederösterreichischen Turngaues. Red. von Karl Kreis. I. Jahrg. 1889. 12 Nrn. (Nr. 1—7) —.75, pro Nummer apart
Wien: Amonésta 1889. —.10

Mitteilungen d. Nordböhmischen Turngaues, hrsg. v. Gaurate, Jg. 1 bis 18, 1887—1904, Jg. 22—31, 1908—1917, Teischen, 4°. 9 Bde.

Mitteilungen aus d. Nordostthüringer Turngau d. XIII. Kr. Thüringen, Nr. 1—168, 1892—1917, Merseburg, 8°. 10 Bde.

Mitteilungen des Tiroler Turngaues, D. T., XV. Turnkr., Nr. 1—48, 1887—1898, Bozen, 8°. 4 Bde.

Mitteilungen f. d. Wuppertaler Turngau, Jg. 1—14, 1900—1912, hrsg. v. Gauturnrat, Barmen, 4°. 7 Bde.

Mitteilungen des Typograph. Zeitschrift d. Setzmaschinenfabrik Typograph. No 1. *Berlin: Typograph 1900.* 4° [Z.] [04. 3070

— üb. volkstümliche Überlieferungen in Württemberg. [Aus: „Württ. Jahrbb. f. Statistik u. Landeskde."] Nr. 2—4. Lex. 8. Stuttgart, W. Kohlhammer. à nn — 50
Eberhardt, A., Sitte u. Brauch in d. Landwirtschaft. (22 S.) (907.) (Nr. 3.)
Höhn, H., Sitte u. Brauch bei Geburt, Taufe u. in der Kindheit. [Aus: „Württ. Jahrbb. f. Statistik u. Landeskde."] (S. 256—279.) 910. (Nr. 4.)
Kapff, Rud., Festgebräuche. [Aus: „Württ. Jahrbb. f. Statistik u. Landeskde."] (20 S.) 906. (Nr. 2.) nn — 50

— u. Nachrr., übersichtliche, v. d. landständ. Thätigkeit des Altenburg. Landtages v. J. 1832. Treue Protocoll-Auszüge gr. 4. Altenburg 832. Schnuphase. 1 ℳ 4 gr

— u. Nachrichten, übersichtl., von der landständischen Thätigkeit des Altenburgischen Landtages vom J. 1833. Treue Protokoll-Auszüge. gr. 4. Altenburg 833. Schnuphase. 3/4 ℳ

Mitteilungen der Handels- und Gewerbekammer Ulm 1878. Ulm 1878

Mitteilungen des Rabatt-Sparvereins Ulm usw. 1904-13. 4° Ulm 1904-13

— betr. den Umbau der Lambertikirche im vorigen Jahrhundert. Ein Vortrag v. O.-K.-R.-D. Sch. gr. 8. (16 S.) Oldenburg 887. Schulze. n.n. — 30

Mittheilungen aus dem Umfange der Pferdezucht, Pferdekenntniß, Reitkunst u. denen dahin einschlagenden Wissenschaften. Bamberg 1821.

MITTHEILUNGEN UND UMFRAGEN ZUR BAYERISCHEN VOLKSKUNDE.
Herausgegeben im Auftrage des Vereins für bayerische Volkskunde und Mundartforschung von O. BRENNER und J. SCHMIDKONTZ.
Jahrg. 1—10. Würzburg 1895—1904. (Würzburg. Druck der kgl. Universitätsdruckerei von H. Stürtz.) 4°.

— u. Umfragen zur bayerischen Volkskunde. Hrsg. im Auftr. d. Vereins f. bayer. Volkskunde u. Mundartforschg. Red.: Osc. Brenner. 1. u. 2. Jahrg. 1895—1896. à 6 Nrn. (à ca. 4 S.) gr. 4. Augsburg. (Würzburg, Ballhorn & Cramer.) à Jahrg. n. 2. —

MITTEILUNGEN UND UMFRAGEN ZUR BAYERISCHEN VOLKSKUNDE UND MUNDARTFORSCHUNG.
Herausgegeben vom Verein für bayerische Volkskunde und Mundartforschung.
Neue Folge. Nr. 1—31. 1905—1912. ib. 1912. (Druck der Königl. Universitätsdruckerei von H. Stürtz A.G. Würzburg.)

— ungarische statistische. Im Auftr. d. kgl. ungar. Handelsministers verf. u. hrsg. durch das k. ungar. statist. Bureau. Neue Folge. I.—XIX. Bd. (Deutsch u. ungarisch.) gr. 4. Budapest (F. Kilián Nachf.). Geb. in Leinw. n.n. 146. —
I. Ergebnisse d. in Ungarn 1891 durchgef. Volkszählung. I. Allgem. Demographie. (VII, 248 u. 420 S.) 893. n. 16. —
II. Dasselbe. II. Berufsstatistik d. Bevölkerung. (VIII, 228 u. 806 S.) 893. n. 20. —
III. Dasselbe. III. Gebäude-Statistik. (113 u. 68 S.) 893. n. 4. —
IV. Waarenverkehr d. Länder d. ungar. Krone im J. 1892. (67 u. 97 S.) 893. n. 4. —
V. Bewegung d. Bevölkerg. d. Länder d. ungar. Krone i. d. J. 1890 u. 1891. (119 u. 103 S.) 893. n. 6. —
VI. D. landwirtschaftliche Produktion d. Länder d. ungar. Krone i. d. J. 1891 u. 1892. (118 u. 103 S.) 893. n. 6. —
VII. Waarenverkehr der Länder d. ungar. Krone im J. 1893. (III, 79 u. 139 S.) 894. n. 6. —
VIII. Bewegg. d. Bevölkerg. d. Länder d. ungar. Krone in d. J. 1892 u. 1893. (IV, 73 u. 121 S.) 895. n. 4. —
IX. Ergebnisse der in Ungarn am 31. Jänner 1893 durchgef. Zigeuner-Conscription. M. 5 graph. Beilagen. (VI, 95 u. 81 S.) 896. n.n. 4. —
X. Waarenverkehr der Länder d. ungar. Krone im J. 1894. (III, 72 u. 164 S.) 895. n. 6. —
XI. D. landwirtschaftl. Production d. Länder d. ungar. Krone in d. J. 1893 u. 1894. (IV, 91 u. 171 S.) 895. n. 6. —
XII. Die Bevölkerg. Ungarns zur Zeit der pragmat. Sanktion. 1720 21 (114 u. 288 S.) 896. n.n. 12. —
XIII. Ungarns Mühlen-Industrie im J. 1894. (III, 52 u. 77 S.) 896. n.n. 4. —
XIV. Auswärt. Handel d. Länder d. ungar. Krone im J. 1895. (III, 120 u. 170 S.) 896. n.n. 6. —
XV. Statistik, landwirtschaftliche, d. Länder d. ungar. Krone. 1. Thl. D. Entwickelg. d. ungar. landwirtschaftl. Statistik u. d. Hauptergebnisse nach Gemeinden d. auf Grund d. G.-A. VIII. v. J. 1895 vollzog. Konskription. (VIII, 226 u. 785 S.) 897. n.n. 20. —
XVI. Kreditinstitute, die der Länder der ungar. Krone im J. 1894. (III, 105 u. 197 S.) 897. n.n. 8. —
XVII. Handel, auswärt., d. Länder d. ungar. Krone im J. 1896. (III, 47 u. 178 S.) 897. n.n. 6. —
XVIII. Landwirtschaftliche Statistik d. Länder d. ungar. Krone. 2. Thl. Landwirtschaftl. Production in d. J. 1895 u. 1896. (V, 54 u. 121 S.) 897. n.n. 4. —
XIX. Feuerschäden in d. J. 1895 u. 1896. (III, 83 u. 113 S.) 898. n.n. 4. —
Hft. I—VI sind vergriffen.

— ungarische statistische. Im Auftrage des königl. ungar. Handelsministers verf. u. hrsg. durch das kön. ung. statist. Central-Amt. Neue Folge. (XX.—XXIX. Bd. Ungarisch u. deutsch.) gr. 4. Budapest (F. Kilián's Nachf.). Geb. in Leinw. n.n. 68. —
XX. Handel, auswärtiger, d. Länder der ungarischen Krone im J. 1897. (IV, 58 u. 163 S.) 898. n.n. 6. —
XXI. Eisenbahnen der Länder d. ungarischen Krone in den J. 1894, 1895 u. 1896. (88 u. 180 S.) 899. n.n. 6. —
XXII. Bewegung der Bevölkerung der Länder d. ungarischen Krone im J. 1897. (VI, 180 u. 283 S.) 900. n.n. 8. —
XXIII. Handel, auswärtiger, der Länder d. ungarischen Krone im J. 1898. (III, 55 u. 176 S.) 899. n.n. 6. —
XXIV. Statistik, landwirtschaftliche, der Länder d. ungarischen Krone. 3. Thl. Vertheilung der Wirtschaften nach Karakter u. Grösse. (X, 111 u. 334 S.) 900. n.n. 10. —
XXV. Krankenkassen, die, der Länder der ungarischen Krone im J. 1898. (VII, 164 u. 131 S.) 901. n.n. 6. —
XXVI. Handel, auswärtiger, der Länder der ungarischen Krone im J. 1899. (III, 56 u. 183 S.) 900. n.n. 6. —
XXVII. Statistik, landwirtschaftl., der Länder der ungarischen Krone. 4. Thl. Endergebnisse. Mit 17 graph Karten. (VI, 118 u. 234 S.) 900. n.n. 8. —
XXVIII. Eisenbahnen der Länder der ungarischen Krone in den J. 1897, 1898 u. 1899. (III, 23 u. 184 S.) (902.) n.n. 6. —
XXIX. Handel, auswärtiger, der Länder der ungarischen Krone im J. 1900. (V, 87 u. 187 S.) 901. n.n. 6. —

— dasselbe. Neue Serie. I. u. III. Bd. (Ungarisch u. deutsch.) Lex.-8. Ebd. Geb. in Leinw. n.n. 11. —
I. Volkszählung in den Ländern der ungarischen Krone v. J. 1900. 1. Tl. Allgemeine Beschreibg. der Bevölkerg. nach Gemeinden. (X, 45 u. 609 S.) 902. n.n. 6. —
III. Handel, auswärtiger, der Länder der ungarischen Krone im J. 1901. (IX, 139 u. 309 S.) 902. n.n. 5 —
Der II. Bd. ist noch nicht erschienen.

— ungarische statistische. Im Auftrage des kön. ungar. Handelsministers verf. u. hrsg. vom kön. ung. statist. Zentralamt. Neue Serie. 2. 8. 9. 13. 14. u. 17. Bd. (Ungarisch u. Deutsch.) Lex.-8. Budapest (F. Kiliáns Nachf.). Geb. in Leinw. n.n. 46. —

2. Volkszählung in den Ländern der ungarischen Krone im J. 1900. 2. Tl. Die Berufstätigkeit der Bevölkerg. nach Gemeinden. (VII, 88 u. 1013 S.) 904. n.n. 8. —
8. Handel, auswärtiger, der Länder der ungarischen Krone im J. 1903. (18) u. 347 S.) 904. n.n. 5. —
9. Volkszählung in den Ländern der ungarischen Krone im J. 1900. 4. Tl. Die Berufstätigkeit der Bevölkerg. (XV, 99 u. 1023 S.) 905. n.n. 12. —
13. Handel, auswärtiger, der Länder der ungarischen Krone im J. 1904. (168 u. 349 S.) 905. n.n. 5. —
14. Volkszählung in den Ländern der ungarischen Krone im J. 1900. 6. Tl. Arbeitszeit u. Arbeitslohn des zur Industrie gehör. Beamten- u. sonst. Hilfspersonals. (XVII, 850 S.) 905. n.n. 10. —
17. Handel, auswärtiger, der Länder der ungarischen Krone im J. 1905. (144 u. 444 S.) 906. n.n. 6. —

Bd. 1 u. 3. Ebd. 902. n.n. 11. —. — Die Bde. 4—7, 10—12, 15 u. 16 sind noch nicht erschienen.

— ungarische statistische. Im Auftrage des kgl. ungar. Handelsministers verf. u. hrsg. vom kgl. ungar. statist. Zentralamt. Neue Serie. 4.—7., 10.—12., 15., 16., 18.—28. Bd. (Ungarisch u. Deutsch.) Lex. 8. Budapest (F. Kilián's Nachf.). Geb. in Leinw. nn 130. —

4. Produktion, landwirtschaftliche, der Länder der ungar. Krone im J. 1901. (X, 38 u. 138 S. m. 24 Karten auf 12 farb. Taf.) 903. Geb. nn 4. —
5. Volkszählung in den Ländern der ungar. hl. Krone im J. 1900. 3. Tl. Detaillierte Beschreibg. der Bevölkerg. (XXIV, 743 S.) 907. Geb. nn 8. —
6. Handel, auswärtiger, der Länder d. ungar. Krone im J. 1902. (175 u. 336 S.) 903. Geb. nn 5. —
7. Bewegung der Bevölkerung d. Lande d. ungar. Krone in den J. 1900, 1901 u. 1902. Mit 4 graph. Karten. (XXXVII, 158 u. 677 S.) 905. Geb. nn 10. —
10. Eisenbahnen der Länder der ungar. Krone in den J. 1900, 1901 u. 1902. (XXV, 48 u. 285 S.) 905. Geb. nn 4. —
11. Mortalitätstafel der Länder der ungar. Krone auf Grund der Volkszählungsangaben v. J. 1900 u. der Volksbewegungsangaben f. die J. 1900 u. 1901. (XV, 110 u. 322 S.) 906. Geb. nn 5. —
12. Volkszählung in den Ländern der ungar. hl. Krone im J. 1900. 5. Tl. Einige Details der Berufstätigkeit der Bevölkerg., ferner Statistik der Unternehmgn. (XVII, 549 S.) 906. Geb. nn 6. —
15. Dasselbe. 7. Tl. Berufstätigkeit der Bevölkerg. kontiniert m. d. wichtigeren demograph. Angaben. (VIII, 257 S.) 906. Geb. nn 4. —
16. Dasselbe. 8. Tl. Öffentliche Diensteszweige u. freie Berufe. (XVIII, 291 S.) 906. Geb. nn 4. —
18. Dasselbe. 9. Tl. Haus- u. Grundbesitzverhältnisse d. Bevölkerg. (XIII, 251 S.) 907. Geb. nn 4. —
19. Statistik d. Krebskranken in den Ländern d. ungar. hl. Krone. Der allgemeine Bericht v. Jul. Dollinger. (XIV, 64 u. 167 S. m. 4 farb. Taf.) 908. Geb. nn 4. —
20. Handel, auswärtiger, der Länder d. ungar. hl. Krone in d. J. 1901—1905. 1. Tl. Handelsverkehr d. einzelnen Waren. (XIX, 740 S.) 907. Geb. nn 8. —
21. Dasselbe. 2. Tl. Handelsverkehr m. den einzelnen Ländern. (VIII, 691 S.) 907. Geb. nn 8. —
22. Bewegung der Bevölkerung der Länder der ungar. hl. Krone in d. J. 1903, 1904 u. 1905. (XL, 85 u. 718 S.) 907. Geb. nn 10. —
23. Handel, auswärtiger, der Länder d. ungar. Krone im J. 1906. (61 u. 897 S.) 908. Geb. nn 10. —
24. Schiffahrts- u. Warenbewegung, die, im Hafen v. Fiume in den J. 1906 u. 1907. (74 u. 296 S.) 909. nn 4. —
25. Handel, auswärtiger, der Länder der ungar. Krone im J. 1907. (54 u. 915 S.) 908. Geb. nn 10. —
26. Mühlenindustrie der Länder der ungar. hl. Krone im J. 1906. (147 u. 230 S.) 909. Geb. nn 4. —
27. Volkszählung in den Ländern der ungarischen hl. Krone im J. 1900. 10 Tl. Zusammenfassung der Endergebnisse. Mit 24 graph. Karten. (XII, 248 u. 331 S.) 909. Geb. nn 6.— (vollst. nn 60. —)
28. Handel, auswärtiger, der Länder d. ungar. hl. Krone im J. 1908. (53 u. 985 S.) 909. Geb. nn 12. —

— aus den Universitäts-Acten [vom 12. März bis 22. Juli 1848]. Von C. Heintl. gr. 8. (X u. 88 S.) Wien 848. (Beck.) n. n. 1/3 ₰

— aus der Universitäts-Augenklinik zu Halle a. S. I. gr. 8. Halle 887. Hofstetter. n. 3. 60
Ueber Exenteration des Auges v. P. Bunge. (100 S. m. 2 Lichtdr.-Taf.)

— aus der königl. Universitäts-Augenklinik zu München. Hrsg. von A. v. Rothmund u. O. Eversbusch. 1. Bd. gr.8. (VII, 350 S. m. 6 Steintaf.) München 882. Oldenbourg. n. 15. —

— der königl. Universitäts-Sternwarte zu Breslau. 1. Bd. Hrsg. v. Jul. H. G. Franz. Mit 6 Taf. gr. 4. (VI, 116 S.) Breslau 901. (Maruschke & Berendt.) Kart. n.n. 10. —

— der königl. Universitäts-Sternwarte zu Breslau. 2. Bd. Hrsg. v. Jul. H. G. Franz. Mit 6 Taf. (IV, 120 S.) gr. 4. Breslau 903. Maruschke & Berendt. Kart. n.n. 10. —

Mitteilungen: Unterhaltende Mitteilungen
v. Der Albis-Bote.

Mitteilungen über ein Unternehmen zur Förderung der Erschliessung von Ostäquatorialafrika. Stuttgart 1877

Mittheilungen üb. das forstliche Unterrichts- u. Prüfungswesen an der Universität München. [Münch. 188*]. 10 S. P.

— über landwirthschaftliches Unterrichtswesen. Eine Vierteljahrsschrift. Im Auftrage herg. von Ed. Michelsen. 1. Jahrg. 1865. 4 Hefte (à 2—3 Bgn.). Hildesheim, Gerstenberg'sche Buchh. gr. 8. n. 20 ngr.
Nicht weiter erschienen.

Mittheilungen betr. die ärztlichen Untersuchungen bei der Recrutirung f. d. Jahre 1878 u. 1879. Veröffentlicht vom Eidg. statist. Bureau. In-4°. 7 S. u. 4 Tab. Bern. 1879

Mittheilungen betreffend die ärztlichen Untersuchungen bei der Rekrutirung für die Jahre 1878 und 1879. Veröffentlicht vom eidgenössischen statistischen Bureau. Deutsch und französisch. (Mit 3 Tabellen auf 5 Blättern.) 4. Bern 1879.

—— vaterländische, aus dem Gebiete der National-Oekonomie, Statistik, Geografie, Ethnografie, Naturwissenschaften, Alterthumskunde u. s. w. Hrsg. von der pest-ofner Handels- und Gewerbekammer. 1. Heft. Lex.-8. (164 S. mit 5 Stnt., wovon 3 in Buntdr.) Pest 859, (Ráth.) *

— — zur Vaterlandskunde rc. s.a. Schriften der schleswig-holstein. patriot. Gesellschaft. 3r Bd. 1s u. 2s Heft.

Mitteilungen z. Vaterlandskunde. Bd. 1-2. Altona 1821-22.
(= Schriften d. schleswig-holstein. patriot. Gesellschaft. Bd. 3 H. 1/2, Bd 5 H. 2/3). 731 og særsk.

—— über d. Veranlassung d. kirchl. Aufregung zu Magdeburg im J. 1840. 12. (3 B.) Darmstadt 841, Leske.

Mitteilungen des Verbandes ehemaliger Abiturienten der Kieler Gelehrtenschule. Hrsg.: Prof. A[ndreas] Detlefsen. Nr 1. Kiel 1910: Fiencke. 8° [11. 2293

— des allgemeinen deutschen Verbandes, s.a. Blätter, alldeutsche.

Mitteilungen des allg. dt. Verb. Jg 1--3. -- Bln.: Allg. dt. Verb. 1891—1893. 4°

MITT(H)EILUNGEN DES ALLGEMEINEN DEUTSCHEN VERBANDES.
Jahrg. 1. No. 3., den 24. Oktober 1891. — No. 4., den 19. Januar 1892. ib.—
Jahrg. 2. No. 5., den 21. Mai 1892. — No. 6., den 8. Juli 1892. — No. 7., den 15. November 1892. ib. —
Jahrg. 3. No. 8., den 1. August 1893. — No. 9., den 1. September 1893. — No. 10., den 1. Oktober 1893. — No. 11., den 15. Oktober 1893. — No. 12., den 1. November 1893. — No. 13., den 15. November 1893. — No. 14., den 1. Dezember 1893. ib. —

Mitteilungen des Verbandes deutscher Architekten- und Jngenieur-Vereine. Hamburg, von 1889 ab: Berlin
[Bd 1.] H. 1—21. 1885—1890. (Es fehlen H. 11. 16. 19)
[Bd 2.] H. 22—46. 1891—1900. (Es fehlen H. 28. 41—44)
[Bd 3.] H. 48—57. 1901—1911. (Es fehlen H. 47. 51. 52)
(Forts. in: Zeitschrift d. Verb. dtscher Architekten- u. Jngenieur-Vereine; = h 434/100)

Mitteilungen des Verbandes der Bergbau-Betriebsleiter. Hrsg. vom Zentralverband der Bergbau-Betriebsleiter Österreichs. Hrsg. von J. Teirich. 1. Jg. (1903). Teplitz, 1903 u. ff.

MITTHEILUNGEN des Verbandes zur Besserung der ländlichen Arbeiterverhältnisse etc. in Halle a. S.
Jahrg. I. Nr. 1—5. 1892. Halle (Saale). Gebauer-Schwetschke'sche Buchdruckerei. 8°.
Jahrg. II. Nr. 1—6. 1893. ib. —
Jahrg. III. Nr. 1—6. 1894. ib. Buchdruckerei „Hallesche Zeitung" Halle (Saale).
Jahrg. IV. Nr. 1—7. 1895. ib. Buchdruckerei von Otto Thiele (Hallesche Zeitung).

Mitteilungen d. deutschen Verbandes f. d. kaufmännische Unterrichtswesen. Jahrg. 1897—1898. à 4 Nrn. (à ca. 2 Bog.) gr. 8. Braunschweig, Braunschw. Verlag f. kaufm. Unterrichts-Wesen. à Jahrg. n. 8. —
Nicht mehr im Handel.

— des deutschen volkswirtschaftlichen Verbandes. Red.: W. Borgius u., f. die letzte Nr.: Ragóczy. 1. Jahrg. Febr.—Septbr. 1902. 11 Nrn. u. 2. Jahrg. Oktbr. u. Nov. 1902. 2 Nrn. (58 S.) gr. 4. Berlin, C. Heymann. n. 10. —
Fortsetzung s. u. d. T.: Blätter, volkswirtschaftliche.

— des Verbandes deutscher Diplom-Ingenieure. Hrsg. v. Verbande. Red. v. W. Franz. Oktbr.—Dezbr. 1909. 6 Nrn. (96 S.) Lex. 8. Berlin, M. Krayn. 1.80
Fortsetzg., s.: Zeitschrift des Verbandes deutscher Diplom-Ingenieure.

MITTEILUNGEN DES VERBANDES DEUTSCHER DIPLOM-INGENIEURE.
Herausgegeben vom Verbande. Redigiert von Prof. W. FRANZ.
(Heft 1.) 1. Oktober 1909. Inhalt: Zusammensetzung der Verbandsleitung. Zur Einführung. Der rechtliche Schutz der Bezeichnung Diplom-Ingenieur (Dipl.-Ing.). Bericht des Vorstandes. Nachrichten aus den Bezirksvereinen. Hochschulnachrichten. Literatur. Stellennachweis. Verschiedenes. Berlin. Commissionsverlag von M. Krayn. 8°.
Heft 2. 15. Oktober 1909. Inhalt: Zusammensetzung der Verbandsleitung. Die Aufgaben des Verbandes. Diplom-Ingenieur! Die Geschichte der Technik. Der „reine" Verwaltungsbeamte. Bericht des Vorstandes. Nachrichten aus den Bezirksvereinen. Buchbesprechung. Bücherverzeichnis. Stellennachweis. Anfragen aus dem Leserkreis. ib. —
Heft 3. 1. November 1909. Inhalt: Standesfragen, Geh. Reg.-Rat Prof. KAMMERER-Charlottenburg. Wirtschaftspolitik und Ingenieurfakultäten in England und Amerika, Dipl.-Ing. Dr. A. LANG Bericht des Vorstandes. Nachrichten aus den Bezirksvereinen. Auszug aus den Promotions-Ordnungen. ib. —
Heft 4. 15. November 1909. Inhalt: Wirtschaftspolitik und Ingenieurfakultäten in England u. Amerika, Dipl.-Ing. Dr. A. LANG. Bericht des Vorstandes. Nachrichten aus den Bezirksvereinen. ib. —
Heft 5. 1. Dezember 1909. Inhalt: Die Diplom-Ingenieure der preussischen Bergakademien von Dipl.-Ing. SCHWARZ-Grunewald. Technische Sondergerichte von einem praktischen Juristen. Das Reichsgesetz gegen den unlauteren Wettbewerb von Dipl.-Ing. Dr. jur. G. RUNKEL-Langsdorf. Bericht des Vorstandes. Nachrichten aus den Bezirksvereinen. Aus der Tagespresse. Literatur. Stellennachweis. Verschiedenes. ib. —
Heft 6. 15. Dezember 1909. Inhalt: Sollen unsere Bezirksvereine durch Eintragung in das Vereinsregister die Rechtsfähigkeit erwerben? Von Dipl.-Ing. v. PASINSKI-Düsseldorf. Ingenieurstudium und Verwaltungsreform von Prof. Dr.-Ing. SCHLESINGER. Die Stellung der preussischen Landtags-Abgeordneten zu der Forderung nach technischer Intelligenz in den Staatsverwaltungen von Prof. FRANZ. Bericht des Vorstandes. Aus den Bezirksvereinen. Aus der Geschäftsstelle. Berichtigungen. ib. —.[1])

[1]) Fortsetzung: Zeitschrift des Verbandes Deutscher Diplom-Ingenieure.

Mitteilungen des Verbandes Deutscher Eisenwarenhändler sowie des Verbandes Schweizerischer Eisenwarenhändler. 1901/02-06/07. 4° Mainz 1901-07

Mitteilungen des Verbandes deutscher Eisenwarenhändler sowie des Verbandes schweizerischer Eisenwarenhändler. 1907/08. 08/09. 4° Mainz 1907-09

Mittheilungen des Verbandes deutscher Gartenbau-Gesellschaften. Red.: I. Hartwig. Jg 1-4. Leipzig 1871-74. 8°

Mittheilungen des Verbandes deutscher Gartenbau-Gesellschaften. Redact.: J. Hartwig. 4. Jahrg. 5—8 Nrn. (à 1/2 Bog.) gr. 8. Leipzig 874, Leiner. *

— für den Verband deutscher Gewerbevereine. 1894/95-96/97. 4° Köln 1894-97

Mitteilungen des Verbandes Ostdeutscher Industrieller. Hrsg. [von] W. John. 1899—1906. Danzig 1899—1906. 4°.
[Forts. u. d. Tit.:]
Industrie, Ostdeutsche. Organ d. Verbandes Ostdeutscher Industrieller. 1906 ff. Danzig 1906 ff. 4°.
[illegible]

— des internationalen Verbandes f. die Materialprüfungen der Technik. (Deutsche Ausg.) Nr. 1—17. gr. 8. Wien. Berlin, J. Springer. 19.70
1. (18 S.) 909. — 50. — 2. (12 S.) 908. — 50. — 3. (56 S.) 908. 1.—. — 4. (21 S.) 909. — 50. — 5. (21, 7, 11, 7 u. 28 S. m. Abb.) 909. 1.20. — 6. (13, 10, 2, 6, 2, 5, 14, 11, 3 u. 11 S. m. Abb. u. 2 Tab.) 909. 1.50. — 7. (24, 5, 5, 6, 7, 4, 9, 2, 7, 12, 10 u. 11 S. m. Abb. u. 1 Tab.) 909. 1.50. — 8. (11, 68 S.) 909. 1.—. — 9. (12, 4, 18, 6, 3, 10, 7, 7, 5, 22 u. 7 S. m. Fig. u. 2 Tab.) 909. 1.50. — 10. (5, 10, 4, 10, 22, 4, 4, 8, 5, 2, 8, 4, 4, 9, 17 u. 6 S. m. Abb. u. 1 Tab.) 909. 1.50. — 11. (7, 1, 1, 10, 2, 3, 6, 4, 3, 11, 3, 6, 8, 3 u. 3 S. m. 1 eingedr. Kurve.) 909. 1.50. — 12. (28, 9, 2, 1, 15, 13, 54, 1, 4, 1, 2, 4, 1, 9, 2, 4, 4, 1 u. 2 S. m. Abb., 1 Taf. u. 7 Tab.) 909. 1.50. — 13. (4, 18, 3, 1 u. 10 S. m. Abb., 1 Taf. u. 3 Tab.) 909. 1.—. — 14. (2 S.) 909. Unberechnet. — 15. (IV, XIII, XV, 4, VIII u. 221 S. m. Abb.) 910. 3.—. — 16. (32, 3, II u. 28 S. m. Abb.) 910. 1.—. — 17. (S. 33—64.) 910. 1.—

— dasselbe. Ergänzungsheft (zu d. Kongressberichten). August 1909. (12, 30, 14, 10, 9, 20, 22, 23 u. 18 S. m. Fig. u. 14 Taf.) gr. 8. Ebd. 909. 2.—

Mitteilungen des internationalen Verbandes zum Studium der Verhältnisse des Mittelstandes. 1906-13. Brüssel 1906-13

Mitteilungen des Verbandes der Kriegs-Freiwilligen von 1870—1871. Jhrg. 1—15. Mit Krt. u. Abb. Berlin 1897—1912. 4°

Mitteilungen des Verbandes landwirtschaftl. Maschinen-Prüfungs-Anstalten. Hrsg. von Alwin Nachtweh. Jg. 1—13. Berlin 1907—1919

— des Verbandes landwirtschaftl. Maschinen-Prüfungs-Anstalten. Zeitschrift zur Förderg. des landwirtschaftl. Maschinen-Prüfungswesens u. des gesamten landw. Maschinenwesens. Hrsg. vom Verbande landwirtsch. Maschinen-Prüfungs-Anstalten, unter Mitwirkg. hervorrag. Fachleute, red. v. Alwin Nachtweh. 1.—4. Jahrg. à 4 Hefte. (IV, 192; IV, 172; IV, 176 u. IV, 184 S. m. Abb.) Lex. 8. Berlin, 907—10. P. Parey. 1. Jahrg. 4.—; 2.—4. Jahrg. à 6.—

Mitteilungen des Verbandes Deutscher Orchester- und Chorleiter (E.V.). Herausgegeben vom Verbande Deutscher Orchester- und Chorleiter (E. V.) Nürnberg (Leipzig: Druck von Grumbach). Verantwortlicher Herausgeber: Ferdinand Meister. Verbandsjahr 1. 1910-13. 1922.

MITT(H)EILUNGEN VOM VERBAND DEUTSCHER PATENTANWÄLTE Herausgegeben vom Vorstand
Jahrg 1 Berlin 1902 Carl Heymanns Verlag 4° – 2 ib. 1902. – 3. ib. 1903 – 4 ib. 1904 Kommissionsverlag von Hempel & Co. G m b. H – 5. ib. 1905 – 6 ib. 1906. – 7 1907 ib. 1907 Kommissionsverlag der Polytechnischen Buchhandlung A. Seydel. – 8 1908 ib. 1908 – 9 1909 ib 1909 Kommissionsverlag der Polytechnischen Buchhandlung A Seydel. – 10 1910 ib 1910. R v Decker's Verlag, G Schenck – 11 1911 ib. 1911 – 12 1912 ib. 1912 – 13 1913. ib. 1913. Verlag von Julius Springer – Jahrg 14 1914 ib 1914. –

— vom Verband deutscher Patentanwälte. Hrsg. vom Vorstand. Red.: W. Dame. 3. Jahrg. 1903. hoch 4. Berlin, C. Heymann. Nur f. Mitglieder.

— vom Verband deutscher Patentanwälte. Hrsg v Vorstand. Schriftleitg.: R. Wirth. 5.—8. Jahrg. 1908. à 12 Nrn. (IV, 100; IV, 78; IV, 122 u. IV, 144 S.) Lex. 8. Berlin, R. v. Decker. à Jahrg. 5 —

— dasselbe. Schriftleitg.: F. Heinemann. 9. u. 10. Jahrgang. 1910. à 12 Nrn. (IV, 160 u. IV, 148 S.) Lex 8 Ebd. à Jahrg. 10. —

— des rhein-mainischen Verbandes f. Volksbildung. Geleitet v. Verbandsgeschäftsführer Geo. Volk. Jahrg. 1910. 12 Nrn. (à ca. 16 S.) gr. 8. Frankfurt a/M., Rhein-main. Verbands-Buchh. 1.20

Mitteilungen des Verbandes deutscher Vereine für Volkskunde. ⟨Korrespondenzblatt.⟩ No 1 (Gießen) 1905 Hof- u. Univ -Dr 8° [F.] [05. 14347]

MITTEILUNGEN DES VERBANDES HISTORISCHER VEREINE AN DEUTSCHEN HOCHSCHULEN
(Herausgegeben von ALBRECHT PHILIPP)
Jahrg 1 1910 Leipzig 1910 Verlegt bei K G Th. Scheffer 8°
MITTEILUNGEN DES VERBANDES HISTORISCHER VEREINE AN DEUTSCHEN HOCHSCHULEN (Leuchtenburg-Bund).
Herausgegeben von ALBRECHT PHILIPP
Jahrg 2 1911 Berlin-Grosslichterfelde 1911 –
MITTEILUNGEN DES LEUCHTENBURGBUNDES HISTORISCHER VEREINE AN DEUTSCHEN HOCHSCHULEN
Herausgegeben von ALBRECHT PHILIPP
Jahrg 3 1912 (Mit 1 Tafel) ib. 1912 –

— des Verbandes technisch-wissenschaftl. Vereine (hannov. Bez.-Verein deutsch. Ingenieure, hannov. Bez.-Verein deutscher Chemiker, elektrotechn. Gesellschaft Hannover). Red.: E. Laaser. 5.—7. Jahrg. 1908—1910. 42 Nrn. 252, 302, 252 S. m. Abb. Lex. 8. Hannover, A. Sponholtz Verl. à Jahrg. 4. —
Vom 1. I. 1911 an lautet der Titel: Norddtsche. Zeitschrift d. ges. techn. Industrie.

Mittheilungen des Verbandes der österr. und ungar. Versicherungs-Techniker. [Wien] 1899 ff. Red: *Steinmassler, Alois.* (EB)

— des Verbandes österr. u. ungar. Versicherungs-Techniker. 1.—7. Hft. gr. 4. (23, 28, 15, 25, 35, 25 u. 26 S.) Wien 899—902. (F. Deuticke.) à n. 1.50

— des Verdandes der österr. u. ungar. Versicherungstechniker. 8. u. 9. Heft. (14 u. 20 S.) gr. 4. Wien 903. (F. Deuticke.) à n. 1.50

Mitteilungen des Verbandes der Verwaltungsbeamten der Ortskrankenkassen Deutschlands. Beil. z. Zeitschrift 'Die Arbeiter-Versorgung'. [Jg. 1,] Nr 1. (Leipzig) 1894: (Brandstetter). 4° [11 15807]

Revisions-Verband der württembergischen Kreditgenossenschaften.
Mitteilungen des Verbands-Vorstandes. Ulm 1900-13.
unvollst. DGK

Mitteilungen aus dem Verein zur Abwehr des Antisemitismus. Berlin 1891– 8°

MITTEILUNGEN DES AKADEMISCH-ORIENTALISTISCHEN VEREINS ZU BERLIN
(No. 1) Vereinsnachrichten für 1886/87 Wissenschaftliche Beilage „Sumer und Akkad" von HUGO WINCKLER. Berlin 1887 In Comm. bei Wolf Peiser Verlag. 8°
No. 2. Vereinsnachrichten für 1888. — Wissenschaftliche Beilagen: 1) „Zur vergleichenden Litteraturkunde des Orients" von GEORG HUTH. 2) „Zur Textkritik der Pesitta" von RICHARD GOTTHEIL. — (Nachtrag zu den Vereinsnachrichten für 1888.) ib. 1888. —
No. 3. Vereinsnachrichten für 1888/89. — Wissenschaftliche Beilagen 1) „Contributions to the history of Geography I, Adscensus Mentis of Gregorius Bar 'Ebhrāyā" von RICHARD GOTTHEIL. 2) „Phönicisches" von ARMAND BLOCH. (Mit 1 Tafel.) ib. 1890. —

— des akademisch-orientalischen Vereins zu Berlin. Nr. 1—3. gr. 8. Berlin, (W. Peiser Verl.). n. 6. —
1. Vereinsnachrichten f. 1886/1887. (S. 2—5.) — Wissenschaftliche Beilage „Sumer u. Akkad" von H. Winckler. (S. 6–20.) 887. n. 1.50
2. (29 S.) 889. n. 1.50
3. (52 S. m. 1 Taf.) 890. n. 3. —

(B) — des akadem.-oriental. Vereins zu Berlin. 887—890. (KBL 28.) Jetzt: Leipzig, J. C. Hinrichs' Verl.

— des allgem. Vereins f. Verbesserung der Frauenkleidung. Red.: Frau Margarete Pochhammer. 3. Jahrgang 1899. 12 Nrn. 4. (à ca. 8 S. m. Abbildgn.) Berlin, Verlag d. „Gesunden Frau". n. 3. —
Fortsetzung s.: Frau, die gesunde.

MITTEILUNGEN DES VEREINS FÜR NASSAUISCHE ALTERTUMSKUNDE UND GESCHICHTSFORSCHUNG an seine Mitglieder.
Jahrg. (1.) 1897/98. Wiesbaden 1898. Rud. Bechtold & Comp. 8°. — (2.) 1898/99. ib. 1899. — (3.). 1899/1900. ib. 1900. — (4.) 1900/1901. ib. 1901. — (5.) 1901/1902. ib. 1902. — (6.) 1902/1903. (Mit 1 Tafel.) ib. 1903. — (7.) 1903/1904. ib. 1904 — (8.) 1904/1905. Mit 15 Abbildungen im Text. ib. 1905. Selbstverlag des Vereins. (In Kommission bei Rud. Bechtold & Comp.) — (9.) 1905/1906. Mit einer Tafel und 14 Textabbildungen. ib. 1906. — (—). (10.) 1906/1907. Mit 5 Textabbildungen. ib. 1907. — (—). (11.) 1907/1908. Mit 16 Textabbildungen. ib. 1908. — (—).
MITTEILUNGEN DES VEREINS FÜR NASSAUISCHE ALTERTUMSKUNDE UND GESCHICHTSFORSCHUNG.
Jahrg. 12. 1908/1909. ib. 1908. — (—). 13. 1909/1910. Mit 4 Tafeln und 24 Textabbildungen. ib. 1909. — (—). 14. 1910/1911. Mit 28 Textabbildungen. ib. 1910. — (—). 15. 1911/1912. Mit 34 Textabbildungen. ib. 1911. — (—). 16. 1912/1913. Mit 39 Textabbildungen. ib. 1912. — (—).

— d. Vereins f. nassauische Altertumskunde u. Geschichtsforschg. an s. Mitglieder. Im Auftr. d. Vorstandes hrsg. v. d. Red.-Kommission. Juli 1897—Juni 1898. 4 Nrn. (à ca. 32 Sp.) Lex.-8. Wiesbaden (Friedrichstr 1, I.), Verein f. nassauische Altertumskunde u. Geschichtsforschung. n. 1. —; für Mitglieder unentgeltlich.

— dasselbe. Jahrg. 1898/99. 4 Nrn. (à ca. 32 Sp.) Lex.-8. Ebd. n. 1. —; f. Mitglieder unentgeltlich.

— des Vereins f. nassauische Altertumskunde u. Geschichtsforschung an seine Mitglieder. Im Auftrage des Vorstandes hrsg. v. der Red.-Kommission. Jahrg. 1899/1900—1902/1903. à 4 Nrn. Lex.-8. (à ca. 32 Sp. m. Abbildgn.) Wiesbaden (Friedrichstr. 1, I), Verein f. nassauische Altertumskunde u. Geschichtsforschg. à Jahrg. n. 2. —; f. Mitglieder kostenlos.

— des Vereins f. nassauische Altertumskunde u. Geschichtsforschung an seine Mitglieder. Im Auftrage des Vorstandes hrsg. v. der Red.-Kommission. Jahrg. 1903/1904—1906/1907. à 4 Nrn. (144 Sp. m. 5 Abb.; 144 Sp. m. 15 Abb.; 148 Sp. m. 14 Abb. u. 1 Taf. u. 132 Sp. m. 5 Abb.) Lex.-8. Wiesbaden (Friedrichstr. 1, I), Verein f. nassauische Altertumskunde u. Geschichtsforschg. à Jhrg. n. 2. —; f. Mitglieder kostenlos.

— des Vereins f. nassauische Altertumskunde u. Geschichtsforschung an seine Mitglieder. Im Auftrage des Vorstandes hrsg. v. der Red.-Kommission. Jahrg. 1907/1908. 4 Nrn. 132 Sp. m. 16 Abbildgn.) Lex. 8. Wiesbaden (Friedrichstr. 1, I), Verein f. nassauische Altertumskunde u. Geschichtsforschg. 1. —; f. Mitglieder kostenlos.

— dasselbe, u. seiner Ortsgruppen zu Diez, Dillenburg, Geisenheim usw. Im Auftrage des Vorstandes hrsg. vom Vereinsschriftführer. 12.—14. Jahrg. 1908—1910. à 4 Nrn. (134, 124 u. 136 S. m. Abbild.) gr. 8. Wiesbaden, R. Bechtold & Co. à Jahrg. 1. —

MITTHEILUNGEN IN BEZUG AUF DEN ALTMÄRKSCHEN VEREIN für vaterländische Geschichte und Industrie. (Redacteur: RUST.)
Nro. 1—18.*) Den 1. April 1888 — Den 1. October 1838. (Mit Tafeln. Ohne bes. Titelblatt. Neuhaldensleben. C. A. Eyraud.) 4°.

MITT(H)EILUNGEN DES ANTHROPOLOGISCHEN VEREINS IN SCHLESWIG-HOLSTEIN.

Heft 1. Ausgrabungen bei Immenstedt. (1879—80.) Mit 3 Figuren im Text und 1 Tafel. Kiel 1888. Universitätsbuchhandlung. (Paul Toeche.) 8°.

Heft 2. 1. Die Körpergrösse der Wehrpflichtigen in Schleswig-Holstein. 2. Geschäftsanweisung der Pfleger für Alterthums- und Völkerkunde. 3. Uebersichtliche Abrechnung (1877—88). 4. Das Museum für Völkerkunde zu Kiel. ib. 1889. —

Heft 3. 1. Eine wendische Ansiedlung am Scharsee (Preetz). 2. Abrechnungen (1888—89). 3. Pflegschafts-Ausweise und Anerkennungs-Diplome. 4. Ausgrabungen des † Professor Pansch am Hopsö (Süderballig und bei Norby (Rieseby)). 5. Sichergestellte Alterthumsdenkmäler. 6. Vor- und frühgeschichtliche Befestigungen. ib. 1890. —

Heft 4. 1. Ausgrabungen des † Professor Pansch im Kirchspiel Bornhöved. 2. Beschlüsse vom 17. Mai 1890. 3. Sichergestellte Alterthumsdenkmäler. II. 4. Abrechnung (1889—90). 5. Der limes Saxoniae in den Kreisen Stormarn und Segeberg. 6. Eine wendische Ansiedlung am Scharsee. II. 7. Taschberg, Moor und Lücke. 8. Typische Bronzeringe (Oesenringe). 9. Silberfunde, und Ringe mit Schiebern. ib. 1891. —

Heft 5. 1. Heinrich Handelmann †. 2. J. MESTORF: Aus dem Steinalter. 3. W. SPLIETH: Ein Gräberfeld der jüngeren Eisenzeit auf Föhr. 4. Verzeichniss der Vereinsmitglieder. 5. Verzeichniss der Pfleger. ib. 1892. —

Heft 6. 1. † F. A. WESTEDT: Die Urnengräber bei Bunsoh. 2. J. MESTORF: Vorgeschichtliche Wohnstätten in Schleswig-Holstein. 3. Jahresbericht. ib. 1893. —

Heft 7. 1. W. SPLIETH: Ausgrabungen im Nydam-Moor. 2. W. SPLIETH: Bronzealtergräber in Holstein. 3. J. MESTORF: Schalensteine. 4. Jahresbericht. ib. 1894. —

Heft 8. 1. J. MESTORF: Die Hacksilberfunde im Museum vaterländischer Alterthümer zu Kiel. 2. W. SPLIETH: Zwei Grabhügel bei Schleswig. 3. W. SPLIETH: Sichergestellte Alterthumsdenkmäler. 4. Jahresbericht. ib. 1895. Lipsius & Tischer.

Heft 9. 1. C. BRÜCHMANN: Eine Fundstätte der älteren Steinzeit. 2. M. KIRMIS: Die erste Jadeit-Axt in Schleswig-Holstein. 3. J. MESTORF: Bronzemesser mit figürlichen Darstellungen. 4. J. MESTORF: Fund arabischer Münzen. 5. W. SPLIETH: Ein Kjøkkenmødding (Muschelhaufen) aus der Völkerwanderungszeit. 6. Jahresbericht. ib. 1896. —

Heft 10. 1. F. KÖLL: Der Urnenfriedhof Pötterberg 2. J. MESTORF: Die holsteinischen Gürtel. 3. W. SPLIETH: Die Steinaltergräber im Gute Hemmelmark bei Eckernförde. 4. Jahresbericht. 5. An unsere Herren Pfleger. ib. 1897. —

Heft 11. 1. J. MESTORF: Die Jahresfeste. 2. W. SPLIETH: Eine Gruppe von Grabhügeln der älteren Bronzezeit in Holstein. 3. Jahresbericht. ib. 1898. —

Heft 12. 1. H. JELLINGHAUS: Vorgeschichtliche Grabstätten und geschichtliche Dörfer um Segeberg. 2. J. MESTORF: Steinaltergräber. 3. Jahresbericht. (Mit 1 Tafel.) ib. 1899. —

Heft 13. 1. J. MESTORF: Glasperlen aus Frauengräbern der Bronzezeit. 2. W. SPLIETH: Die Bernsteingewinnung an der schleswig-holsteinischen Küste. 3. Verzeichniss der Mitglieder. 4. Verzeichniss der Pfleger. 5. Jahresbericht. ib. 1900. —

Heft 14. 1. FR. KNORR: Klappstühle aus Gräbern der Bronzezeit. 2. J. MESTORF: Danewerk und Haithabu (Hedeby). 3. L. PETERSEN: Wilhelm Splieth. 4. Jahresbericht. (Mit 1 Tafel.) ib. 1901. —

Heft 15. M. VOSS: Die Husumer Aue und der Mühlenteich. J. MESTORF: Die Funde aus dem Husumer Mühlenteich. FR. KNORR: Die Ausgrabungen in der Oldenburg (Danewerk) 1901. Verzeichniss der Mitglieder. Verzeichnis der Pfleger. Jahresbericht. (Mit 1 Karte.) ib. 1902. —

Heft 16. Inhalt: I. KAUFFMANN: Zur Geschichte des Anthropologischen Vereins 1877—1902. — Vortrag, gehalten in der Sitzung vom 15. Dezember 1902. II. GERING: Die germanische Runenschrift. — Vortrag, gehalten zu Kiel am 20. Januar 1903. III. KNORR: Ein Hacksilberfund und Wohnstätten der letzten heidnischen Zeit aus dem Gute Neuhaus in Holstein. IV. Jahresbericht. V. Sichergestellte Altertumsdenkmäler in Schleswig-Holstein. ib. 1903. —

Heft 17. Inhalt: I. NOACK: Die neuesten prähistorischen Funde im Bereiche des ägäischen Meeres. II. J. MESTORF: Depotfunde aus der Bronzezeit in Schleswig-Holstein. III. Jahresbericht. IV. Verzeichnis der Mitglieder. V. Verzeichnis der Pfleger. ib. 1905. —

Heft 18. Inhalt: FR. KNORR: Hausreste neolithischer Zeit bei Klein-Meinsdorf, Ksp. Plön. II. C. ROTHMANN: Ein Grabhügel der Bronzezeit bei Schafstedt in Dithmarschen. III. J. MESTORF: Die Sage vom Oldenburger Horn und Verwandtes. IV. Jahresbericht. V. Verzeichnis der Mitglieder. VI. Verzeichnis der Pfleger. ib. 1907. —

Heft 19. Inhalt: I. FR. KNORR: Professor Dr. Johann Mestorf †. II. C. ROTHMANN: Die Grabkammer mit dem Schalenstein bei Bunsoh in Dithmarschen. III. R. STETTINER: Brettchenweberei in den Moorfunden von Damendorf, Daetgen und Torsberg. IV. PREGARRA: Die Bohlwege in Wittmoor (Holstein). V. FR. KNORR: Bootkammergrab südlich der Oldenburg bei Schleswig. VI. E. NOBBE: Münzfund von Westerland auf Sylt. VII. Jahresbericht. VIII. Verzeichnis der Mitglieder. IX. Verzeichnis der Pfleger. (Mit Tafeln.) ib. 1911. —

— des Anthropologischen Vereins in Schleswig-Holstein. 1.—3. Hft. gr. 8. Kiel, Universitäts-Buchhandlg. à n. 1. —
1. Ausgrabungen bei Immenstedt. [1879—89.] Mit 3 Fig. im Texte u. 1 Taf. (32 S.) 888.
2. (39 S.) 889.
3. (32 S. m. Abbildgn.) 890.

— des anthropologischen Vereins in Schleswig-Holstein. 4.—7. Hft. gr. 8. (à Hft. ca. 30 S. m. Abbildgn.) Kiel 891—894. Universitäts-Buchh. à n. 1. —

— d. anthropologischen Vereins in Schleswig-Holstein. 8.—11. Hft. gr. 8. (34, 20, 32 u. 34 S. m. 7, 7, 17 u. 9 Fig.) Kiel 891—98. Lipsius & Tischer. à n. 1. —

— d. anthropologischen Vereins in Schlesw.-Holstein. 12.—15. Hft. gr. 8. Kiel, Lipsius & Tischer. à n. 1. —
12. (40 S. m. 10 Fig. u. 1 Taf.) 899. — 13. (35 S. m. Abb.) 900. — 14. (43 S. m. Abb. u. 1 Taf.) 901. — 15. (38 S. m. Abb. u. 1 Taf.) 902.

— des anthropologischen Vereins in Schleswig-Holstein. 16. Heft. (32 S.) gr. 8. Kiel 903. Lipsius & Tischer. n. 1. —

— des anthropologischen Vereins in Schleswig-Holstein. 17. u. 18. Heft. (39 S. m. Abbildgn. u. 4 Taf. u. 38 S. m. Abbildgn.) gr. 8. Kiel 905. 07. Lipsius & Tischer. à 1. —

MITTHEILUNGEN DES ARCHÄOLOGISCHEN VEREINS ZU ROTTWEIL.
Tübingen 1845. Gedruckt bei Ludwig Friedrich Fues. 8°.

MITTHEILUNGEN DES VEREINS NASSAU'SCHER AERZTE an seine Mitglieder.
1852. Winkel a/Rh. Druck von Julius Etienne. 8°.
1853. Weilburg. Druck von L. E. Lanz.
1854—55. ib. 1856. Gedruckt bei L. E. Lanz. 4°.

— des Vereines der Aerzte in Nieder-Oesterreich. Red.: Carl Kohn. 1. u. 2. Jahrg. 1875 u. 1876. à 24 Nrn. (B.) gr. 8. Wien, Czermak in Comm. à Jahrg. n.n. 8. —

Mittheilungen des Vereins der Aerzte in Nieder-Oesterreich. Red.: Carl Kohn. 3—7. Jahrg. 1877—1881. à 24 Nrn. (B.) gr. 8. Wien, Töplitz & Deuticke. à Jahrg. n.n. 8. —

— dasselbe. Red.: M. Heitler. 8. Jahrg. 1882. 24 Nrn. (à $^3/_4$—1 B.) Lex.-8. Ebend. n.n. 8. —

— des Vereines der Aerzte in Nieder-Oesterreich. Red.: A. Blach. 9—12. Jahrg. 1883—1886. à 24 Nrn. (à $^3/_4$—1 B.) Lex.-8. Wien, (Töplitz & Deuticke). à Jahrg. n.n. 8. —

Mittheilungen des Vereines der Aerzte in Nieder-Oesterreich. Red.: A Blach. 18. Jahrg. 1887. 24 Nrn. (à $^{3}/_{4}$—1 B.) Lex.-8. Wien, (Töplitz & Deuticke). n.n. 8. —

Erschien nicht weiter.

Mittheilungen für den Verein Schleswig-Holsteinischer Aerzte. 1. u. 2. Heft. Kiel, (Schröder & Co.) gr. 8. [1. Heft (III, 65 S. mit 1 Steintaf. in Fol.) 866. n. 10 ngr., 2. Heft (III, 80 S.) 868. n. 12 ngr.] n. 22 ngr.

— für den Verein schleswig-holsteinischer Aerzte. Hrsg. durch den Ausschuß des Vereins. 3—7. Hft. gr. 8. Kiel 1870—77. (Haeseler) n. 16. 20 (1—7.: n. 18. 40)
3. (III, 92 S. m. einer autogr. Taf.) n. 2 80. — 4. (III, 96 S.) n. 2. 40. — 5. (III, 92 S.) n. 2. 40. — 6. (III, 156 S. m. einer graph. Steintaf. u. 1 lith. Karte von Kiel.) n. 5. —. — 7. (120 S. m. 1 Steintaf.) n. 3. 60

— dasselbe. Jahrg. 1879. 10 Nrn. gr. 8. (188 S.) Ebend. 879—81. n. 3. 50

—— für den Verein schleswig-holsteinischer Aerzte. Redact.: Bockendahl. 2. Jahrg. Nr. 6—10. gr. 8. Kiel 881, (Haeseler.) [Nr. 6—8. (S. 89—142.) à * 40 Pf.; Nr. 9. (S. 143—178.) * 60 Pf.; Nr. 10. (S. 179—188.) * 40 Pf.] *

— dasselbe. 3. Jahrg. Nr. 1—5. gr. 8. (94 S.) Ebend. 881. 82. à n. — 40

— für den Verein Schleswig-Holsteinischer Aerzte. Red.: Bockendahl. 3. Jahrg. Nr. 6—9. gr. 8. (IV u. S. 95—158.) Kiel 883. (Haeseler.) à n. — 40

—— dass. — 4. Jahrg. Nr. 1 und 2 oder 10. Heft 1. und 2. Stück. gr. 8. (S. 1—32.) (Ebendas.) 884. à Nr. * 40 Pf. *

—— dass. — 4. Jahrg. 10. Heft 3.—9. Stück und 11. Heft. 1. Stück. gr. 8. (S. 33—193; S. 1—40.) (Ebendas.) 884. à Stück * 40 Pf. *

— für den Verein Schleswig-Holsteinischer Aerzte. Begründet am 18. Octbr. 1865. Red.: Bockendahl. 11. Hft. 3.—10. Stück u. 12. Hft. 1.—4. Stück. gr. 8. (11. Hft. IV u. S. 69—223 u. 12. Hft. S. 1—70 m. eingedr. Abbildgn.) Kiel 886—890. (Haeseler's Sort.) à Stück n. — 40

— f. den Verein schleswig-holsteinischer Aerzte. Hrsg. durch den Vorstand d. Vereins. Leiter: Bockendahl. 12. Hft. 5.—8. Stück. gr. 8. (S. 71—161.) Kiel 891. 892. (H. Eckardt.) n. 1. 80 (12. Hft. kplt.: n. 3. 40)

— dasselbe. Red.: Hoppe-Seyler. Neue Folge. I. u. II. Jahrg. Juli 1892—Juni 1894. (à Jahrg. ca. 8 Bog.) gr. 8. Ebd. à Jahrg. n. 3. —

— **für den Verein schleswig-holsteinischer Aerzte. Begründet am 18. X. 1865. Hrsg. v. Hoppe-Seyler. Neue Folge. 8.—11. Jahrg. Juli 1899—Juni 1903. à 6 Nrn. gr. 8. (128, 152, 136 u. 244 S.) Kiel (R. Cordes). à Jahrg. n. 6. —; für Vereinsmitgl. kostenlos.**

— **für den Verein schleswig-holsteinischer Aerzte. Begründet am 18. X. 1865. Hrsg. v. Hoppe-Seyler. Neue Folge. 12.—15. Jahrg. Juli 1903—Juni 1907. à 6 Nrn. (12.—14. Jhrg. 156, 188 u. 192 S.) gr. 8. Kiel (R. Cordes). à Jhrg. n. 6. —**

— für den Verein schleswig-holsteinischer Ärzte. Begründet am 18. X. 1865. Hrsg. v. Hoppe-Seyler. Neue Folge. 16.—19. Jahrg. Juli 1907—Juni 1911. à 6 Nrn. (186, 182, 160 u. 214 S.) 8. Kiel, (R. Cordes). à Jahrg. 6. —

—— des Vereines der Aerzte in Steiermark. XIII. Vereinsjahr 1875/76. Redact.: R. Klemensiewicz. 2 Thle. gr. 8. (55; 71 S.) Graz 877, (Leuschner und Lubensky.) *

—— dass. — XIV. Vereinsjahr 1876/77. Redact.: R. Klemensiewicz. gr. 8. (79 S. mit 3 lithogr. Taf.) (Ebendas.) 878. *

—— dass. — XV. Vereinsjahr 1878. Redig. von J. Kratter, R. Klemensiewicz und F. Müller. gr. 8. (129 S.) (Ebendas.) 879. *

— dasselbe. XVI. Vereinsjahr. 1879. Mit 3 xylogr. Taf. gr. 8. (176 S.) Ebend. 880. n. 3. —

— dasselbe. XVII. Vereinsjahr. 1880. Mit 1 xylogr. Taf. gr. 8. (144 S.) Ebend. 881. n. 2. 50

— dasselbe. XVIII. Vereinsjahr. 1881. Mit 1 lith. Taf. gr. 8. (136 S. m. 1 Steintaf.) Ebend. 882. n. 2. 60

— **des Vereines der Ärzte in Steiermark. XIX—XXI. Vereinsj. 1882—1884. Red. v. J. Kratter, R. Klemensiewicz u. F. Müller. gr. 8. (à ca. 110 S.) Graz 883—86. (Leuschner u. Lubensky.) à n. 2. 40**

— dasselbe. 22. Vereinsj. 1885. Red.: J. Kratter. gr. 8. (VI. 166 S.) Ebend. 886. n. 2. 60

— des Vereines der Ärzte in Steiermark. 23. Vereins-Jahr. 1886. Für die Red. verantwortlich: J. Kratter Mit 1 lith. Taf. u. 3 in den Text gedr. Holzschn. gr. 8. (IV, 186 S.) Graz 887. (Leuschner & Lubensky.) n. 3. —

— dasselbe. 24.—26. Vereins-Jahr. 1887, 1888, 1889. Red.: Vict. Fossel. gr. 8. (IV, 199 S. m. 5 graph. Steintaf.; IV, 160 S.; IV, 226 S. m. 2 Tab. u. 1 Karte.) Ebd. 888—890. à Jahrg. n. 4. —

— des Vereines der Aerzte in Steiermark. 27. Vereinsj. 1890. Red.: Vict. Fossel. gr 8. (III, 98 S.) Graz 891. (Leuschner & Lubensky.) n. 3. —

— dasselbe 28. u. 29. Vereinsj. 1891. 1892. gr. 8. (IV, 211; 114 S.) Ebd. 892. 893. à Jahrg. n. 4. —

— dasselbe. 30. u. 31. Jahrg. 1893. 1894. à 9 Nrn. gr. 8. (à Nr. ca. 20 S.) Ebd. à Jahrg. n. 4. —

— **d. Vereins d. Arzte in Steiermark. Red.: V. Fossel. 32.—35. Jahrg. 1895—1898. à 9 Nrn. (à ca. 20 S.) gr. 8. Graz (Leuschner & Lubensky). à Jahrg. n. 4. —**

— **des Vereines der Ärzte in Steiermark. Red.: Wilh. Scholz. 36.—39. Jahrg. 1899—1902. gr. 8. (IV, 192; 160; VIII, 290 u. X, 422 S.) Graz (Leuschner & Lubensky.) à Jahrg. n. 4. —**

Die Jahrgge. 36 u. 37 sind v. R. Kossler redigiert.

— **des Vereines der Aerzte in Steiermark. Red.: Wilh. Scholz. 40.—43. Jahrg. 1903—1906. à 12 Nrn. (X, 329 S. m. 4 Abb.; IX, 356 S.; VIII, 319 S. m. 12 Abb. u. VIII, 272 S. m. 3 Abb. u. 1 Taf.) Lex.-8. Graz (Leuschner & Lubensky). à Jhrg. n. 6. —**

— des Vereines der Ärzte in Steiermark. Red.: Wilh Scholz. 44.—47. Jahrg. 1907—1910. à 12 Nrn. (à ca 24 S.) Lex. 8. Graz, (Leuschner & Lubensky). à Jahrg. 6. —

Mittheilungen des ärztlichen Vereines in Wien. Wien 1872—74. Red: *Schlesinger, Wilh.* (EB)

— des aerztlichen Vereines in Wien. Red.: J. Hock. 2. Bd. Jahrg. 1873. 26 Nrn. (B.) gr. 8. Wien, 873. (Seidel & Sohn.) n. 15. —

Mittheilungen des Vereins für Autographensammler. Jg. 1. 2. Leipzig. List und Francke 1884. 1885. 8°
Red.: Eduard Fischer v. Röslerstamm.
Fortges. u.d.T : Mittheilungen für Autographensammler. Jg. 3. 1886ff.

MITTHEILUNGEN DES BADISCHEN ÄRZTLICHEN VEREINS.
Besorgt durch ROBERT VOLZ.:
Jahrg. I—II. Karlsruhe. 1847—1848. G. Braun'sche Hofbuchhandlung. 8°.
Herausgegeben von ROBERT VOLZ.:
Jahrg. III. ib. 1849. —
Jahrg. IV—XII. (Mit Tafeln.) ib. 1850—1858. Buchdruckerei von Malsch und Vogel.

AERZTLICHE MITTHEILUNGEN AUS BADEN.
Herausgegeben von ROBERT VOLZ.:
Jahrg. XIII—XXXV (Mit Tafeln.) ib. 1859—1881. —
Herausgegeben von FRANZ NEUMANN.:
Jahrg. XXXVI—XXXVII. ib. 1882—1883. —

— des badischen ärztlichen Vereins. Red.: R. Volz. 1. Jahrg. 1847. 52 Nrn. gr. 8. (à 1/2 Bog.) — 2—4. Jahrg. 1848—1850. à 26 Nrn. gr. 8. (1/2 Bog.) Karlsruhe, Braun. 1847: n. 1 ℛ 1848 u. 49: à n. 1 1/3 ℛ 1850: n. 1 1/6 ℛ

— dies. 5. Jahrg. 1851. 17 Nrn. gr. 8. (1/2 B.) Karlsruhe, Malsch & Vogel. n. 1 ℛ 3 ngr

MITTEILUNGEN DES BADISCHEN BOTANISCHEN VEREINS.
No. 51—100. Juli 1888 bis September 1892. (Mit 1 Tafel.) ib. 1892. — 101—150. Oktober 1892 bis Januar 1898. ib. 1898. — 151—200. März 1898 bis November 1904. (Mit 1 Karte.) ib. 1904. Buchdruckerei von Chr Stöcker Wwe. — 201—204. ib. — 205 u. 206. ib. 1905. — 207 ib. 1905. — 208 u. 209. ib. 1906. — 210 u. 211 ib. 1906. — 212—214. ib. 1906. — 215 u. 216. ib. 1906. — 217 u. 218. ib. 1906. — 219—221 ib. 1907 — 222/223. ib. 1907. — 224. ib. 1908. — Nr 225. ib. 1908. —
Vorh. u. d. T.: Mitteilungen des Botanischen Vereins für den Kreis Freiburg und das Land Baden.
Fortges. u. d. T.. Mitteilungen des Badischen Landesvereins für Naturkunde

MITTEILUNGEN DES BADISCHEN ZOOLOGISCHEN VEREINS.
Herausgegeben vom Badischen zoologischen Verein. Druckleitung Dr CONST HILGER.
Nr. 1—8. 1899—1900. Karlsruhe 1900. J. J Reiff. 8° —
Nr 9—18. 1901—1907. ib. (1907.) —

— des badischen zoologischen Vereins. Oktbr. 1899 —Novbr. 1900. 7 Nrn. 8. (136 S.) Karlsruhe, J. J. Reiff. n. 3. —

— dasselbe. Hrsg. vom bad. zoolog. Verein. Red.-Ausschuss: L. Fischer, Const. Hilger, A. Kneucker, O. Nüsslin, Fr. W. Schlesinger. Nr. 8—10. gr. 8. (S. 137 —156, XVI S. u. S. 1—24.) Ebd. 899—901. n. 1.—

Basler Verein für Frauenmission (in Basel). **Mitteilungen** Nr.3. Frühjahr 1902. Basel: Werner-Riehm 1902. 32 S.

Mittheilungen des Vereines der Beamten der oesterreichischen Landes- und sonstigen öffentlichen Zwangsarbeits- und Besserungsanstalten (3, 2ff . Mitteilungen d. Vereines f. Zwangserziehung u. Fursorge). Hrsg. v Vereinsausschusse. Bd 1—5. Korneuburg (4 5 Wien). Verein 19(02—)08. 8°
Fortges. u. d. T Blätter f. Zwangserziehung u. Jugendfürsorge Ug. 11359

—— des Vereins zur Beförderung der Landwirthschaft u. der Gewerbe im Fürstenth. Hohenzollern-Sigmaringen. 1845. 52 Nrn. (1/2 B.) 4. Sigmaringen. (Stuttgart, Beck u. Fränkel.) *

—— des Vereins zu Beförderung der Landwirthschaft und der Gewerbe im Fürstenth. Hohenzollern-Sigmaringen. Jahrg. 1846—48. à Jahrg. 52 Nrn. (1/2 Bog.) 4. Sigmaringen. (Stuttgart, Beck und Fränkel.) à Jahrg. *
Jahrg. 1845. Ebendas. * 1 Thlr.

—— des Vereins zur Beförderung des Seidenbaues in Pommern. Jahrg. 1858. 12 Nrn. (1/8 Bog.) gr. 8. Stettin, Graßmann's Verlag. *

—— dass. — Jahrg. 1859—61. à Jahrg. 24 Nrn. (1/8 Bog.) gr. 8. Ebendas. à Jahrg. **

Mitteilungen des berg- und hüttenmännischen Vereins für die Lahn-, Dill- und benachbarten Reviere. No. 1—15, 19, 21—27, 29—53. Wetzlar, 1882—1904.

Mitteilungen des berg- und hüttenmännischen Vereins zu Siegen. Jg. 1877—1904. Siegen, 1877—1904.

Mitteilungen d Berliner Vereins f d ausgewanderten Dten d Ev Kirche im Westen Nas. Berl. 1859.

MITTEILUNGEN DES BOTANISCHEN VEREINS FÜR DEN KREIS FREIBURG UND DAS LAND BADEN
No. 1—50. 1882—1888. Freiburg i. B. 1888. Buchdruckerei von Chr Stöcker, 8°
Fortges. u. d. T.. Mitteilungen des Badischen Botanischen Vereins.

— für den Verein schweizer. Buchdruckereibesitzer. 7. Jahrgang 1880. 12 Nummern. In-8°. Zürich, Orell Füssli & Cie. Per Jahr f. d. Schweiz 2 50

Mittheilungen für den Verein schweizerischer Buchdruckereibesitzer. — Organe de la Société des Maîtres Imprimeurs de la Suisse romande. VIII. Jahrgang 1881. 12 Nummern in-8°. Zürich, Orell Füssli & Cie.

Mitteilungen für d. Verein schweiz. Buchdruckereibesitzer. X. Jahrg. In-8°. Zürich, Orell Füssli & Cie. 1885 pro cplt. 2 50

— für den Verein schweizerischer Buchdruckereibesitzer. Organe de la Société des maîtres imprimeurs de la Suisse romande. 12. Jahrg., 1887. 12 Nrn. in-8°. Zürich, Orell Füssli & Cie. Jährlich 2 50

Mitteilungen für den Verein schweizerischer Buchdruckereibesitzer. Organe de la Société des maîtres imprimeurs de la Suisse romande. 13e année. 12 Nos in-8°. Zürich, Orell Füssli & Cie. 1888 Jährlich 2 50

— für den Verein schweizerischer Buchdruckereibesitzer. Organe de la Société suisse des maîtres imprimeurs. 14. Jahrg., 1889. 12 Nrn. gr. in-8°. Zürich, Orell Füssli & Cie.

Mittheilungen für den Verein Schweizer. Buchdruckereibesitzer. Organe de la Société suisse des maîtres imprimeurs. 15. Jahrg. 1890. (12 N°). N° 1. In-4°. 16 S. Zürich, Orell Füssli & Co. Jährlich 5 —

Mittheilungen für den Verein schweizer. Buchdruckereibesitzer. — Organe de la Société suisse des maîtres imprimeurs. 16. Jahrg. 1891. (52 N°). N° 1. In-4°. 8 S. Zürich, Art. Institut Orell Füssli. Nicht im Buchhandel.

Mitteilungen d. dtsch. Vereins f. Fabrikation v. Ziegeln, Thonwaren, Kalk u Zement. No. 1-10. 12-15. 17. 19. 22-29. 33-36. Nebst 1. Auszug aus Patentanmeld. Berlin 1881-1900

—— des Deutschen Vereins für Fabrikation von Ziegeln, Thonwaaren, Kalk und Cement. (Als Manuscript für die Mitglieder des Vereins gedruckt.) Nr. IX: Protokoll der XXII. Generalversammlung des Deutschen Vereins für Fabrikation von Ziegeln, Thonwaaren, Kalk und Cement, 25. und 26. Febr. 1886. 8. (110 S.) Berlin 886, (Funcke und Naeter.) *

—— dass. — Nr. X: Protokoll der IX. Generalversammlung des Vereins Deutscher Cement-Fabrikanten, 26. und 27. Febr. 1886. 8. (106 S.) (Ebendas.) 886. *

—— dass. — Nr. XI: Protokoll der XXIII. Generalversammlung des Deutschen Vereins für Fabrikation von Ziegeln, Thonwaaren, Kalk und Cement, 24. und 25. Febr. 1887. 8. (140 S.) (Ebendas.) 887. *

—— dass. — Nr. XIV: Protokoll der XI. Generalversammlung des Vereins Deutscher Cement-Fabrikanten, 24. und 25. Febr. 1888. 8. (75 S.) Ebendas. 888. *

— des deutschen milchwirtschaftlichen Vereins. Hrsg. v. der Geschäftsstelle des deutschen milchwirtschaftl. Vereins. Red.: Friedel. 27. Jahrg. 1910 12 Nrn. (IV, 234 S.) gr. 8. Hannover, M. & H. Schaper 4 —

Mittheilungen des Deutschen Vereins gegen den Misbrauch geistiger Getränke (Hrsg. v. August Lammers) Jg. 1 [illegible] (Bremen) 1884 [illegible]

MITTHEILUNGEN DES DEUTSCHEN VEREINS GEGEN DEN MISBRAUCH (sic!) GEISTIGER GETRÄNKE.
(Jahrg. I.) Nr 1 — Nr 12. 1884 (Druck von C. W Roussel in Bremen.) (Ohne bes. Titelblatt.) 8°
Jahrg II Nr 1 — Nr 12. 1885. (Beilage zu der Zeitschrift „Nordwest") (ib. —)
Jahrg. III Nr 1 — Nr 12. 1886. (ib. —)
Jahrg. IV Nr 1 — Nr 12 1887 (ib —)
Jahrg. V Nr 1 — Nr 12 1888. (Druck von C H Meierdierks in Bremen.)
Jahrg. VI Nr 1 — Nr 11 1889 [1]) (ib —)
Jahrg VII Nr 1 — Nr 12 1890 (ib. —)
Jahrg VIII Nr 1 — Nr 12 1891 (ib. —)
Jahrg. XI (sic! IX) Nr 1 — Nr 6. 1892 (ib. —)
MITTEILUNGEN DES DEUTSCHEN VEREINS GEGEN DEN MISBRAUCH (sic!) GEISTIGER GETRÄNKE.
Jahrg IX Nr 7 — Nr 8 1892 (Druck von Woldemar Ulrich in Dresden. Ohne bes. Titelbl.)

MITTEILUNGEN DES DEUTSCHEN VEREINS GEGEN DEN MISBRAUCH (sic!) GEISTIGER GETRÄNKE.
Im Auftrage herausgegeben vom Geschäftsführer Dr WILHELM BODE.
Jahrg X 1893 Hildesheim Verlag des Vereins.
MITTEILUNGEN DES DEUTSCHEN VEREINS GEGEN DEN MISZBRAUCH GEISTIGER GETRÄNKE.
Im Auftrage herausgegeben vom Geschäftsführer Dr WILHELM BODE.
Jahrg. XI 1894. ib. —
MITTEILUNGEN DES DEUTSCHEN VEREINS GEGEN DEN MISSBRAUCH GEISTIGER GETRÄNKE.
Im Auftrage herausgegeben vom Geschäftsführer Dr WILHELM BODE.
Jahrg. XII 1895. ib. —

— des deutschen Vereins gegen den Mißbrauch geistiger Getränke. Hrsg. v. W. Bode. 11. Jahrg. 1894. 12 Nrn. (Bog.) gr. 8. Hildesheim, (Gerstenberg). n. 2. —

Mitteilungen d. deutschen Vereins gegen d. Mißbrauch geist. Getränke. Hrsg. v. W. Bode. 12. Jahrg. 1895. 12 Nrn. (Bog.) gr. 8. Hildesheim, Mäßigkeits-Verlag. n. 2. —

— dasselbe, Fortsetzg., s.: Mäßigkeits-Blätter.

— des deutschen naturwissenschaftlichen Vereines beider Hochschulen in Graz. Schriftleiter: Jos. Stiny. XXII. Vereinssem. 1. Heft. (34 S. m. Abbildgn.) gr. 8. Graz 907. (P. Cieslar.) nn — 50

— dasselbe. Schriftleiter: Ludw. Welisch. XXVIII. Vereinssem. 4. Heft. (25 S.) gr. 8. Ebd. 910. nn 1. 20

Mitteilungen d. D. Vereins f. Ton-, Zement- u Kalkindustr. 1901-05. Berlin 1901-05

Mitteilungen d. D. Vereins f. Ton-, Zement- u Kalkindustr. 1903-05. Berlin 1903-07

Mitteilungen d. d Ver f. Ton-, Zement- u Kalkindustrie. 1907 10. Berlin 1907-10

— des deutschen Vereins f. Ton-, Cement- u. Kalkindustrie. E. V. Nr. 38—42. gr. 8. Berlin, Tonindustrie-Zeitg. à n. 5. —
38. 1) Protokoll der 38. Haupt-Versammlg. des deutschen Vereins f. Ton-, Cement- u. Kalkindustrie am 26., 27. u. 28. II. 1902. 2) Protokoll der 10. Haupt-Versammlg der Sektion Kalk. (XVI, 227 u. 82 S. m. Abbildgn. u. 2 Taf.) 902. — 39. 1) Protokoll der 39. Haupt-Versammlung des deutschen Vereins f. Ton-, Cement u. Kalk-Industrie E. V. am 16., 17. u. 18. II. 1903. 2) Protokoll der 11. Haupt-Versammlg. der Sektion Kalk. (XV, 272 u. 96 S. m. Abbildgn.) 903. — 40. 1) Protokoll der 40. Haupt-Versammlung des deutschen Vereins f. Ton-, Cement- u. Kalk-Industrie E. V. am 22., 23. u. 24. II. 1903. 2) Protokoll der 12. Haupt-Versammlg. der Sektion Kalk. (281, 66 u. 36 S. m. Abbildgn.) 904. — 41. 1) Protokoll der 41. Haupt-Versammlg. des deutschen Vereins f. Ton-, Cement- u. Kalk-Industrie E. V. am 20., 21. u. 22. II. 1905. 2) Protokoll d. 14. Haupt-Versammlg. d. Sektion Kalk am 24. II. 1905. (353 u. 94 S. m. Abb. u. 1 Tab.) 905. 42. 1) Protokoll der 42. Haupt-Versammlg. des deutschen Vereins f. Ton-, Cement- u. Kalkindustrie E. V. am 19., 20. u. 21. II. 1906. 2) Protokoll der 15. Haupt-Versammlg. der Sektion Kalk am 17. II. 1906 (315 u. 83 S. m. Abbildgn.) 906.

— des deutschen Vereins f. Ton-, Zement- u. Kalk-Industrie E. V. Nr. 43. 1) Bericht üb. die 43. Haupt-Versammlg. des deutschen Vereins f. Ton-, Zement- u. Kalk-Industrie E. V. am 17., 18. u. 19. II. 1907. 2) Bericht üb. die 16. Haupt-Versammlg. der Sektion Kalk am 22. II. 1907. (232, 38 u. 8 S. m. Abbildgn. u. 3 Taf.) gr. 8. Berlin 907. Tonindustrie-Zeitg. 5. —

— d. deutschen wissenschaftlichen Vereins in Mexiko. Hrsg. v. dem Vorstande. 1. Bd. 1. u. 2. Hft. Fol. (59 S.) Mexico 890. Berlin, Asher & Co. à n. 2. —

Mittheilungen des deutschen wissenschaftlichen Vereins in Mexiko. Hrsg. v. dem Vorstande. 1. Bd. 3. u. 4. (Schluss-)Hft. Fol. (S. 61—102.) Mexico 891. 892. (Berlin, A. Asher & Co.) à n. 2. — (1. Bd. kplt.: n. 8. —)
Erscheint nicht weiter.

Mitteilungen des „Vereins deutscher Eisengießereien" Jg. 1907 u. 1908. Düsseldorf, 1907—1908 u. ff.

Mittheilungen des Vereins nördlich der Elbe zur Verbreitung naturwissenschaftlicher Kenntnisse Heft 1. 1857 — 9. 1868. Kiel 1857—1869. 2 Bde. 4° u. 8° [Z 455

MITTHEILUNGEN DES VEREINS NÖRDLICH DER ELBE ZUR VERBREITUNG NATURWISSENSCHAFTLICHER KENNTNISSE.
Heft 1. 1857. Mit 1 Lithographie. Kiel. 1857. Druck von F. C. Mohr. 4°.
Heft 2—7. 1858—1866. (Mit Tafeln, 1 Karte ...) ib. 1858—1866. Akademische Buchhandlung. 8°.*)
Heft 8—9. 1867—1868. (Mit Tafeln.) ib. 1868—1869. (In Comm. von) G. von Maack's Verlag.*)

— des Vereins nördlich der Elbe zur Verbreitung naturwissenschaftlicher Kenntnisse. 1—4. Heft. 1857—1860. Kiel, Akademische Buchhdlg. gr. 8. u. 4. n. 1 ℛ 9 ngr
1. Heft: (XII, 52 S. u. 1 Lithogr.) n. 10 ngr — 2. Heft: (56 S. u. 1 Lith.) n. 6 ngr — 3. Heft: (138 S., 1 lith. Karte u. 1 lith. graph. Darstellung in Fol.) n. 15 ngr — 4. Heft: (66 S.) n. 8 ngr

— des Vereins nördlich der Elbe zur Verbreitung naturwissenschaftlicher Kenntnisse. 5—9. Heft. Kiel, (G. v. Maack's Verlag.) gr. 8. [5. Heft. 1861—62. (104 S. mit 2 Steintaff.) 863. n. 15 ngr, 6. Heft. 1863. (45 S.) 864. n. 6 ngr, 7. Heft. 1866. (91 S. mit 1 Steintaf. in Fol.) 867. n. 12 ngr, 8. Heft. 1867. (110 S. mit 1 Steintaf. u. 1 lith. Karte in qu. 4.) 868. n. 15 ngr, 9. Heft. (72 S. mit 2 Steintaff.) 869. n. 12 ngr] n. 2 ℛ

Mitteilungen des Entomologischen Vereins für Hamburg-Altona 1899—1904. Anhang:
Verzeichnis der Schmetterlinge der Umgegend Hamburg-Altona's v. O. Laplace. Hamburg. 1904. 8°.

Mitteilungen des Vereins f. Erdkunde zu Dresden. 1.—3. Heft. (68 S. m. 1 Bildnis u. 2 Karten; 42 u. 76 S. u. 76 S. m. Fig.) gr. 8. Dresden 905. 906. W. Baensch. à n. 2. 50
Bildet die Fortsetzung zu: Jahresberichte des Vereins f. Erdkunde zu Dresden.

— des Vereins f. Erdkunde zu Dresden. 4.—10. Heft. gr. 8. Dresden, W. Baensch. à 2. 50
4. (51 S. m. 1 eingedr. Karte.) 906. — 5. 6. (79 S. m. Fig. u. 1 Bildnis.) 907. — 7. (S. 88—157 u. 81—105 m. 3 Taf.) 908. — 8. (S. 161—241 m. 3 Taf. u. 1 Karte.) 909. — 9. (S. 243—366 m. 2 Taf., 1 Bildnis u. 1 Karte.) 909.
10. (S. 367—383.) Nebst: Richter, Paul Emil, Literatur der Landes- u. Volkskunde u. Geschichte des Königr. Sachsens aus den J. 1907 u. 1908. (Mit Nachträgen aus früheren Jahren.) Letzter (7.) Nachtrag. Hrsg. vom Verein f. Erdkunde zu Dresden. (IV, 101 S.) 909.

— des Vereins für Erdkunde zu Halle a/S. 1877—1880. gr. 8. (105, 106, 80 u. 98 S. m. Holzschn., Steintaf. u. Karten.) Halle, Buchhandl. des Waisenh. à n. 2. —

— dasselbe. Zugleich Organ des Thüringisch-Sächsischen Gesamtvereins für Erdkunde. 1881. gr. 8. (102 S. m. eingedr. Holzschn. u. 1 chromolith. Karte.) Ebend. n. 2. 50

— des Vereins f. Erdkunde zu Halle a/S. Zugleich Organ d. thüringisch-sächs. Gesammtvereins f. Erdkunde. 1882. gr. 8. (168 S. m. 1 chromolith. Karte.) Halle 882. Buchh. d. Waisenhauses. n. 3. —

— dasselbe. 1883. gr. 8. (264 S. m. 1 chromolith. Karte.) Halle 883. Tausch & Grosse. n. 5. —

— dasselbe. 1884. gr. 8. (142 S. m. 3 Karten u. 1 Steintaf.) Ebend. 884. n. 4. —

— dasselbe. 1885. gr. 8. (136 S. m. 9 Taf. u. Karten.) Ebend. 885. n. 4. —

— dasselbe. 1886. gr. 8. (164 S. m. 13 Taf. u. 2 Karten.) Ebend. 886. n. 5. —

— des Vereins für Erdkunde zu Halle a/S. Zugleich Organ d. thüringisch-sächs. Gesamtvereins für Erdkunde. 1887. gr. 8. (171 S. m. 1 Taf. u. 4 Karten.) Halle. Tausch & Grosse. n. 4. 50

— dasselbe. 1888. gr. 8. (200 S. m. 1 Karte.) Ebd. n. 4. —

— dasselbe. 1889. gr. 8. (147 S. m. eingedr. Kartenskizze u. 2 Karten.) Ebd. n. 3. —

— dasselbe. 1890. gr. 8. (108 S. m. 3 Karten. Ebd. n. 4. —

— des Vereins f. Erdkunde zu Halle a/S. Zugleich Organ d. thüringisch-sächs. Gesamtvereins f. Erdkunde. 1891. gr. 8. (256 S. m. 2 Abbildgn., 1 Taf. u. 1 Karte.) Halle a/S. 891. Tausch & Grosse. n. 5. —

— dasselbe. 1892. gr. 8. (282 S. m. 1 Taf. u. 1 Karte.) Ebd. 892. n. 5. —

— d. Vereins f. Erdkunde zu Halle a/S., Fortsetzg., s.: Archiv f. Landes- u. Volkskunde d. Prov. Sachsen etc.

MITTHEILUNGEN DES VEREINS FÜR ERDKUNDE ZU HALLE A/S.
1877—1880. (Mit Tafeln.) Halle 1877—1880. Buchhandlung des Waisenhauses. 8°.

MITTHEILUNGEN DES VEREINS FÜR ERDKUNDE ZU HALLE A/S. Zugleich Organ des Thüringisch-Sächsischen Gesamtvereins für Erdkunde.
1881—1882. (Mit Karten.) ib. 1881—1882. —
1883. (Mit 1 Karte.) ib. 1883. Tausch & Grosse.

MITTHEILUNGEN DES VEREINS FÜR ERDKUNDE ZU HALLE A/S. Zugleich Organ des Thüringisch-Sächsischen Gesamtvereins für Erdkunde.
1884—1885. (Mit Karten und Tafeln.) Halle a. S. 1884—1885. Tausch & Grosse. 8°.

MITTEILUNGEN DES VEREINS FÜR ERDKUNDE ZU HALLE A. S. Zugleich Organ des Thüringisch-Sächsischen Gesamtvereins für Erdkunde.
1886. Inhalt: RICHARD ASSMANN, Die Gewitter in Mitteldeutschland (mit 8 Tafeln und einer Karte). DAVID BRAUNS, Fernere Nachträge zu den Bemerkungen über die geographische Verbreitung der Säugetiere Japans. GEORG LIEBSCHER, Die Revision der zwischen Japan und Deutschland bestehenden Verträge. KONRAD GANZENMÜLLER, Usegura und Usaramo, Ukhutu, Usagara und Ugogo. FRIEDRICH EDLER, Arealberechnung des Stromgebietes der Saale und ihrer Zuflüsse (nebst einer Karte.) JOHANNES MAENSS, Überfall in der alten Elbe bei Krakau. KARL LEICHER, Morphologische Charakteristik des Harzgebirges (mit 5 Tafeln). Das Vereinsjahr 1885/86. Verzeichnis der Mitglieder. Verzeichnis der Vereine, Institute, Redaktionen etc., mit welchen der Verein für Erdkunde sich im Schriftentausch befindet. Halle a. S. 1886. Tausch & Grosse. 8°.
1887. Inhalt: HERMANN BORCHARD, Die deutsche Schule in Süd-Brasilien. Die Provinz São Paulo in Süd-Brasilien und das deutsche Kolonistenleben daselbst. WILHELM KRÜGER, Briefliche Mitteilungen aus Java. AUGUST SCHULZ, Die Vegetations-Verhältnisse der Umgebung von Halle (mit vier Karten). REINHOLD KLEEMANN, Beiträge zur Kenntnis des Klimas von Halle (mit einer Tafel). Das Vereinsjahr 1886/87. Verzeichnis der Mitglieder. Verzeichnis der Vereine, Institute, Redaktionen etc., mit welchen der Verein für Erdkunde sich im Schriftentausch befindet. ib. 1887. —
1888. Inhalt: VICTOR STEINECKE, Das Saalthal bei Halle. WILLI ULE, Die Mansfelder Seeen (nebst einer Karte). KARL MEYER und RICHARD RACKWITZ, Der Helmegau. HEINRICH BECKER, Die Örtlichkeit von Aschersleben in ihrer Beziehung zur Geschichte der Stadt. AUGUST SCHULZ, Die floristische Litteratur für Nordthüringen, den Harz und den provinzialsächsischen wie anhaltischen Anteil an der norddeutschen Tiefebene. AUGUST SCHULZ, Nachtrags-Verbesserungen. Das Vereinsjahr 1887/88. Verzeichnis der Mitglieder. Verzeichnis der Vereine, Institute, Redaktionen usw., mit welchen der Verein für Erdkunde sich im Schriftentausch befindet. ib. 1888. —
1889. Inhalt: MAX GÖRCKE, Zur Siedelungskunde des Saalkreises und Mansfelder Seekreises (nebst Karte). HUGO TÖPFER, Phänologische Beobachtungen in Thüringen aus den Jahren 1887 und 88. GOTTLOB SCHWEN, Über Gewitterzüge im nördlichen Teile des Mansfelder Seekreises und des Saalkreises. FRITZ FRECH, Aus Südfrankreich (mit eingedruckter Kartenskizze). EMIL WEYHE, Die Volksdichte im Herzogtum Anhalt (nebst Karte). KARL MEYER und RICHARD RACKWITZ, Der Helmegau (zweiter Teil). ib. 1889. —

1890. Inhalt: RUDOLF FITZNER, Ein Ausflug zum Qued R'mel und dem Djebel Gachmus (mit Karte). JOHANNES MAENSS, Isochronenkarte des Deutschen Reiches (mit Karte). KARL MEYER und RICHARD RACKWITZ, Der Helmegau (dritter Teil nebst Karte). ALEXANDER WOEIKOF, Kaukasische Exkursionen im Jahre 1888. RUDOLF SCHECK, Die Niederschlags- und Abflussverhältnisse in dem Saalegebiete bis zum Eintritt des Stromes in die norddeutsche Tiefebene unterhalb Trebnitz. REINHOLD KLEEMANN, Das Wetter von Halle während des Jahres 1889. HUGO TÖPFER, Phänologische Beobachtungen in Thüringen 1889 (9. Jahr). RUDOLF FITZNER, Notiz über tunesischen Weinbau. ib. 1890. —

1891. Inhalt: ALFRED KIRCHHOFF, Die territoriale Zusammensetzung der Provinz Sachsen. Begleitworte zur Karte. HERMANN BORCHARD, Zur Lage der ländlichen Arbeiter im Magdeburgischen. JOHANNES MAENSS, Bewegung des Elbwasserstandes bei Magdeburg 1881—1890, bez. 1841—1890 (nebst einer Tafel). JOHANNES MAENSS, Notiz über Erweiterung des Plauer Kanals und über die Schleuse bei der Magdeburger Zitadelle. VICTOR STEINECKE, Über den Einfluss der örtlichen Bodenschätze auf die Entwickelung von Halle. MAX GÖRCKE, Neue Beiträge zur Siedelungskunde des Mansfelder See- und des Saalkreises. HERMANN FRIEDRICH, Beitrag zur Kenntnis der Verbreitung des Bibers (nebst Karte). EDMUND VECKENSTEDT, Rillen und andere Marken an den Kirchen und Teufelssteinen besonders in der Provinz Sachsen (mit zwei Abbildungen). OTTO LANGE, Phänologische Beobachtungen in der Altmark. HERMANN TÖPFER, Phänologische Beobachtungen in Thüringen 1890. AUGUST SCHULZ, Nachträge, Ergänzungen und Verbesserungen zur „Floristischen Litteratur". OTTO KOEPERT, Phänologische Beobachtungen aus dem Ostkreise des Herzogtums Sachsen-Altenburg aus dem Jahre 1890. HERMANN GRÖSSLER, Ein in den Felsen gehauenes Stammbuch bei Naumburg. LUDWIG HENKEL, Notiz über den Borsdorfer Apfel. Litteratur-Bericht zur Landes- und Volkskunde der Provinz Sachsen nebst angrenzenden Landesteilen. ib. 1891. —

1892. Inhalt: AUGUST MERTENS, Die südliche Altmark. ALBERT DANCKWORTT, Die Temperaturverhältnisse Magdeburgs. OTTO LANGE, Die Temperaturverhältnisse Gardelegens. WILHELM SCHULTE, Ibrâhîm ibn Ja'qûbs Reiselinie durch die heutige Provinz Sachsen nach Böhmen. HERMANN GRÖSSLER, Führer durch das Unstrutthal von Artern bis Naumburg, I. Teil (nebst einer Karte und einer Tafel mit Grundrissen). JOHANN KLOOS, Die Höhlen des Harzes und ihre Ausfüllungen. KARL PICARD, Die Einwirkung der in Nordthüringen anstehenden Gesteine auf die Bodengestaltung. HERMANN TÖPFER, Phänologische Beobachtungen in Thüringen 1891 (11. Jahr). OTTO KOEPERT, Phänologische Beobachtungen aus dem Ostkreise des Herzogtums Sachsen-Altenburg 1891 (2. Beobachtungsjahr). OTTO KOEPERT, Die Forstwirtschaft im Herzogtum Sachsen-Altenburg. WILLI ULE, Die Mansfelder Seen. Bericht über die gegenwärtigen Veränderungen. Litteratur-Bericht zur Landes- und Volkskunde der Provinz Sachsen nebst angrenzenden Landesteilen. Das Vereinsjahr 1891/92. Verzeichnis der Vereine, Institute, Redaktionen usw., mit welchen der Verein für Erdkunde sich im Schriftentausch befindet. ib. 1892. —

1893. Inhalt: MAX DITTMAR, Die beiden ältesten Magdeburgischen Topographen. GUSTAV PARTHEIL, Die Pflanzenformationen und Pflanzengenossenschaften des südwestl. Flämings (nebst 3 Karten). HERMANN GRÖSSLER, Führer durch das Unstrutthal von Artern bis Naumburg. II. Teil. EDMUND FRIEDRICH, Nochmals die Heimat des Borsdorfer Apfels. HERMANN GRÖSSLER, Kiffhäuser und Wodansberg. EMIL STRASSBURGER, Volkstümliche Bräuche und Aberglauben in Aschersleben. ALBERT DANCKWORTT, Der jährliche und tägliche Gang des Luftdrucks in Magdeburg (mit zwei Tafeln). HERMANN TÖPFER, Phänologische Beobachtungen in Thüringen 1892 (12. J.) OTTO KOEPERT, Phänologische Beobachtungen aus dem Herzogthum Sachsen-Altenburg 1892, (3. Beobachtungsjahr). Litteratur-Bericht zur Landes- und Volkskunde der Provinz Sachsen nebst angrenzenden Landsteilen. EDUARD DUNKER, Über die Wirkung der Flüsse auf die Gestalt und Beschaffenheit der Erdoberfläche (mit 4 Fig.). ib. 1893. —

1894. Inhalt: RUDOLF STEINHOFF, Von den Teufelsmauern bei Blankenburg und bei Thale am Harz. EDUARD DAMKÖHLER, Die Bevölkerung des Harzgebietes (mit 1 Karte). GEORG LEHMANN, Die klimatischen Verhältnisse von Frankenhausen. OTTO LANGE, Die Temperatur- und Feuchtigkeitsverhältnisse Gardelegens. GUSTAV POPPE, Kleinere Mitteilungen aus Artern. HERMANN TÖPFER, Phänologische Beobachtungen in Thüringen 1893 (13. J.) ib. 1894. —

1895. Inhalt: ALFRED KIRCHHOFF, Die Lagenverhältnisse von Erfurt. WILHELM DITTENBERGER, Zur Bestimmung der mittleren Höhe eines Gebirges, angewandt auf das Harzgebirge (mit zwei Tafeln). HERMANN TOEPFER, Die Wald- und Wasserverhältnisse des Fürstentums Schwarzburg-Sondershausen. EDUARD DAMKÖHLER, Zur Sprachgrenze um Aschersleben. SELMAR LÜTTICH, Über die Lage und Geschichte von acht Mühlen bei Naumburg a. S. und bei und in Pforte (nebst einer Karte). HERMANN TOEPFER, Phänologische Beobachtungen in Thüringen 1894 (14. J.) OTTO KOEPERT, Phänologische Beobachtungen aus dem Herzogtum Sachsen-Altenburg 1894. (5. Beobachtungsjahr.) Litteratur-Bericht zur Landes- und Volkskunde der Provinz Sachsen nebst angrenzenden Landesteilen. ib. 1895. —

1896 [1]). Inhalt: WILHELM HALBFASS, Der Arendsee in der Altmark (mit einer Karte und Profilen.). RUDOLF STEINHOFF, Die Sage von der Harzer Rosstrappe. HERMANN GRÖSSLER, Zur historischen Karte der beiden Mansfelder Kreise (mit der Karte). ALFRED KIRCHHOFF, Etwas vom Kiffhäuser. OTTO LANGE, Über den täglichen Gang der Temperatur in Gardelegen aus dem 25jährigen Zeitraum 1870—1894. HERMANN TOEPFER, Phänologische Beobachtungen in Thüringen 1895. OTTO KOEPERT, Phänologische Beobachtungen aus dem Herzogtum S.-Altenburg 1895. Litteratur-Bericht zur Landes- und Volkskunde der Provinz Sachsen nebst angrenzenden Landesteilen. ib. 1896. —

1897. Inhalt: HERMANN GRÖSSLER, Urkundliche Nachweise über den Lauf der Saale zwischen Halle und der Wippermündung und die an demselben gelegenen Wüstungen (mit Karte). OTTO SCHROETER, Betrachtungen über die Laufveränderungen der Saale zwischen Halle und der Wippermündung und die an demselben gelegenen Wüstungen (mit Karte). OTTO SCHROETER, Betrachtungen über die Laufveränderungen der Saale zwischen Halle und der Wippermündung bei Bernburg. EDUARD DAMKÖHLER, Bevölkerung des Dorfes Cattenstedt bei Blankenburg am Harz. HERMANN GRÖSSLER, Noch einmal über Kiffhäuser und Wodansberg auf Grund einer Darstellung der Besitzverhältnisse der Klöster Walkenried und Sittichenbach an der unteren Helme. HUGO FRÜCHTENICHT, Die Volksdichte im Herzogtum Anhalt nach der Volkszählung vom 2. Dezember 1895 (nebst Karte). GUSTAV REISCHEL, Die Wüstung Sömmeringen bei Pabstorf im Kreise Oschersleben und die Wüstung Sömmeringe a. d. Elbe bei Wolmirstedt. GUSTAV REISCHEL, Die Wüstung Breitenfurt bei Wenigensömmern. WILHELM HALBFASS, Der Arendsee in der Altmark. Zweiter Teil (mit 2 Tafeln und 2 Tabellen). Litteratur-Bericht zur Landes- und Volkskunde der Provinz Sachsen nebst angrenzenden Landesteilen. ib. 1897. —

1898. Inhalt: JOHANNES MAENSS, Die Teilung der Elbe bei Magdeburg in den neueren Jahrhunderten (mit zwei Karten). FRITZ SCHULZ, Die jährlichen Niederschlagsmengen Thüringens und des Harzes und ihre Verteilung auf die einzelnen Jahreszeiten und Monate (mit mehreren Karten). GUSTAV REISCHEL, Das thüringische Bauernhaus und seine Bewohner. AUGUST SCHULZ, Entwicklungsgeschichte der phanerogamen Pflanzendecke des Saalebezirkes. HERMANN TOEPFER, Phaenologische Beobachtungen in Thüringen 1897. Litteratur-Bericht zur Landes- und Volkskunde der Provinz Sachsen nebst angrenzenden Gebietstheilen. Das Vereinsjahr 1897/98. Verzeichnis der Mitglieder. Verzeichnis derjenigen Vereine, Institute, Redaktionen usw., mit welchen der Verein für Erdkunde sich im Schriftentausch befindet. ib. 1898. —

1899. Inhalt: AUGUST MERTENS, Der Hopfenbau in der Altmark (mit einer Karte). WILHELM HALBFASS, Einige Bemerkungen über die Seen zwischen Havel und Elbe im Kreise Jerichow II. WILHELM HALBFASS, Der Arendsee in der Altmark (Nachträge). WILHELM ZOPF, Zur Flechtenflora der Achtermannshöhe im Harz. EDUARD DAMKÖHLER, Die massenhafte Verbreitung der Haselstaude im Unterharze in früherer Zeit. EMIL WEYHE, Bauerngut und Frohndienste in Anhalt vom 16. bis zum 19. Jahrhundert. EMIL WEYHE, Wüstungen in und am Kliekener Luch (mit einer Kartenskizze). EDUARD DAMKÖHLER, Reste heidnischen Seelenglaubens aus Cattenstedt und Umgegend. GEORG LORENZ, Beschreibung der Stadt Halle im 16. Jahrhundert. HERMANN TOEPFER, Phänologische Beobachtungen in Thüringen 1898 (18. Jahr). Litteratur-Bericht zur Landes- und Volkskunde der Provinz Sachsen nebst angrenzenden Gebietsteilen. Das Vereinsjahr 1898/99. Verzeichnis der Mitglieder. Verzeichnis derjenigen Vereine, Institute, Redaktionen usw., mit welchen der Verein für Erdkunde sich im Schriftentausch befindet. Nachtrag zum Bibliothekskatalog. ib. 1899. [1]). —

1905. Inhalt: ALBERT MÜLLER, Die hydrographische Entwicklung der Fuhneniederung (mit einer Karte). HERMANN GRÖSSLER, Die Einteilung des Landes zwischen unterer Saale und Mulde in Gaue und Archidiakonate (mit einer Karte). T. JACOB, Die geographisch bedingten wirtschaftlichen Grundlagen der Magdeburger Gegend (mit 2 Karten). W. ULE, Etwas von der Bahn Oberröblingen-Querfurt. H. TOEPFER, Phänologische Beobachtungen in Thüringen. 1904. (24. Jahr.) Literatur-Bericht zur Landes- und Volkskunde der Provinz Sachsen nebst angrenzenden Landesteilen. Das Vereinsjahr 1904/1905. Verzeichnis der Mitglieder. Verzeichnis derjenigen Vereine, Institute, Redaktionen usw., mit welchen der Verein für Erdkunde sich im Schriftentausch befindet. ib. 1905. —

MITTEILUNGEN DES VEREINS FÜR ERDKUNDE ZU HALLE A. S. Zugleich Organ des Thüringisch-Sächsischen Gesamtvereins für Erdkunde. Herausgegeben von WILLI ULE.

Jahrg. 30: 1906. Inhalt: I. ARCHIV FÜR LANDES- UND VOLKSKUNDE DER PROVINZ SACHSEN NEBST ANGRENZENDEN LANDESTEILEN. JULIUS LANGER, Die Grenze der Bistümer Verden und Halberstadt von der Elbe bis zur Ohre. HEINRICH WÜSTENHAGEN, Beiträge zur Siedelungskunde des Ostharzes. LUISE GERBING, Ergänzungen zu dem Aufsatz „Die frühere Verteilung von Laub- und Nadelwald im Thüringerwald". ALFRED KIRCHHOFF, Das Slawentum in Buttstädt. HERMANN TOEPFER, Phänologische Beobachtungen in Thüringen. 1905. (25. Jahr.) — II. Bericht über das Vereinsjahr 1905/06. Die Vereinstätigkeit. Mitgliederverzeichnis. Tauschverkehr. ib. 1906. —

Jahrg. 31: 1907. Inhalt: I. ARCHIV FÜR LANDES- UND VOLKSKUNDE DER PROVINZ SACHSEN NEBST ANGRENZENDEN LANDESTEILEN. JOHANNES WÜTSCHKE, Beiträge zur Siedlungskunde des nördlichen subherzynischen Hügellandes (mit zwei Karten). EDUARD DAMKÖHLER, Das Vorkommen des Siebenschläfers und Dompfaffen bei Blankenburg a. Harz. HERMANN TOEPFER, Phänologische Beobachtungen in Thüringen. 1906. (26. Jahr.) Literatur-Bericht. — II. Bericht über das Vereinsjahr 1906/07. Dem Andenken Alfred Kirchhoffs. Von WILLI ULE. (Mit Bild.) Die Trauerfeier im Sterbehause. Die Gedächtnisfeier in der Aula der Universität. Die Sitzungen. Mitgliederverzeichnis. Tauschverkehr. ib. 1907. —

MITTEILUNGEN DES SÄCHSISCH-THÜRINGISCHEN VEREINS FÜR ERDKUNDE ZU HALLE A. S. Herausgegeben von ALFRED PHILIPPSON.

Jahrg. 32: 1908. Mit 4 Karten Inhalts-Verzeichnis. I. ARCHIV FÜR LANDES- UND VOLKSKUNDE DER PROVINZ SACHSEN NEBST ANGRENZENDEN LANDESTEILEN. ERNST BLUME, Beiträge zur Siedelungskunde der Magdeburger Börde. (Mit 4 Karten.) FRIEDRICH BODE, Über einige mit dem Petersberger Kloster in Beziehung stehende Ortsnamen. FRIEDRICH BODE, Die Wüstung Sernizk bei Bitterfeld. P. MITZSCHKE, Der Waldname Loiba. EDUARD DAMKÖHLER, Sandfund bei Hüttenrode im Harz. EDUARD DAMKÖHLER, Kleine Mitteilungen über das Vorkommen einiger Tiere im Harz. HERMANN TOEPFER, Phänologische Beobachtungen in Thüringen. 1907. (27. Jahrg.) Literatur-Bericht. I. Bodenbau. II. Gewässer. III. Klima. IV. Pflanzenwelt. V. Tierwelt. 1. Allgemeines. 2. Thüringen, Königreich Sachsen, südlicher Teil der Provinz Sachsen. 3. Nördlicher Teil der Provinz Sachsen, Harz und Nachbargebiete. VI. Volkskunde, Namenkunde, historische Geographie. VII. Landeskunde, Karten. — II. Bericht über das Vereinsjahr 1907/08. Die Sitzungen. Mitglieder-Verzeichnis. Tauschverkehr. Bemerkung. Durch ein Versehen der Druckerei ist auf Seite 159 die Hauptüberschrift: „Bericht über das Vereinsjahr 1907/08" fortgeblieben. ib. 1908. —

Jahrg. 34 [1]): 1910. I. ARCHIV FÜR LANDES- UND VOLKSKUNDE DER PROVINZ SACHSEN NEBST ANGRENZENDEN LANDESTEILEN. — MAX BOLLE, Beiträge zur Siedlungskunde des Havelwinkels. II. Teil. (Mit 1 Karte und 1 Tafel). LUISE GERBING, Aus der Geschichte des Schwansees. FRIEDRICH BODE, Eine Auslese von Flurnamen aus den Kreisen Bitterfeld und Delitzsch und aus ihnen benachbarten Bezirken. ED. DAMKÖHLER, Weitere Mitteilungen über das Vorkommen des Siebenschläfers bei Blankenburg a. H. H. TOEPFER, Phänologische Beobachtungen in Thüringen. 1909. (29. Jahr.) Literatur-Bericht. — II. Bericht über das Vereinsjahr 1909/10. ... Mit 1 Karte und 1 Tafel. ib. 1910. —

[1]) In (Bd.) 1896: INHALTSÜBERSICHT der Bände I—XX der Mitteilungen des Vereins für Erdkunde zu Halle a. S 1877—1896. Zusammengestellt von ALFRED BERG.

[1]) Siehe: Archiv für Landes- u. Volkskunde ... 1900—1904;

Mittheilungen des V e r e i n s (ab 51: der Gesellschaft) für Erdkunde zu Leipzig. [Nebst:] Jahresbericht des Vereins. Leipzig: Duncker u. Humblot 1873–1945. 4°
Hrsg.: Karl Krause.

— des Vereins f. Erdkunde zu Leipzig 872. gr. 8. (220 S. m. 2 lith. u. chromolith. Karten in 4 u. qu. Fol.) Leipzig 873. Duncker & Humblot. n. 4. 40

— dasselbe 1873. Nebst dem 13. Jahresbericht d. Vereins. gr. 8. (151 S. m. 2 lith. u. chromolith. Karten in qu. 4. u. qu. Fol.) Ebend. 875. n. 3. 20

— dasselbe 1874. Nebst dem 14. Jahresbericht d. Vereins. gr. 8. (82 S.) Ebend. 875. n. 2. —

— dasselbe 1875. Nebst dem 15. Jahresbericht d. Vereins. gr. 8. (125 S. m. eingedr. Holzschn. u. Peschel's Portr. in Holzschn.) Ebend. 876. n. 3. 20
cf.: Jahresbericht d. Vereins v. Freunden der Erdkunde zu Leipzig.

— des Vereins für Erdkunde zu Leipzig. 1876—1881. Nebst dem 16—21. Jahresbericht des Vereins. gr. 8. Leipzig 877—82. Duncker & Humblot. n. 18. 20
1876. (141 S.) n. 2. 80
1877. (40 u. 50 S.) n. 1. 60
1878. (103, Katalog der Vereinsbibliothek II, 50 u. Statuten, 8 S.) n. 2. 80
1879. (115 S.) n. 3. —
1880. Nebst dem 20. Jahresbericht des Vereins, einer Ansicht (Holzschntaf.), 2 (lith. u. chromolith.) Karten, (eingedr.) Abbildungen meteorologischer Instrumente u. einem Nachtrag zum Catalog der Vereinsbibliothek. (187 S.) n. 4. —
1881. Nebst dem 21. Jahresbericht des Vereins u. 3 (lith. u. chromolith.) Karten. (187 S.) n. 4. —

— des Vereins f. Erdkunde zu Leipzig. 1882. Nebst dem 22. Jahresbericht d. Vereins, e (Lichtdr.-) Portr. u. 3 Karten. gr. 8. (214 S.) Leipzig 883. Duncker & Humblot. n. 5. —

Mittheilungen des Vereins f. Erdkunde zu Leipzig 1883. Mit 4 Karten. gr. 8. (III, 258 S.) Leipzig 884. Duncker & Humblot. n. 6. 80

— dasselbe. 1884. Hierzu e. (cart.) Atlas (8 Chromolith. in gr. Fol.). gr. 8. (III, 408 S. m. 1 photooop. Karte.) Ebend. 885. n. 14. —

— dasselbe. 1885. Mit 3 Karten. gr. 8. (XLVIII, 403 S.) Ebend. 886. n. 10. —

Mittheilungen des Vereins f. Erdkunde zu Leipzig. 1886. 3 Hfte. gr. 8. Leipzig 887. Duncker & Humblot. n. 7. 80
1. Mit 1 Karte. (LIV, 46 S.) n. 2. 40
2. Mit 4 Taf. (S. 49—180.) n. 3. —
3. Bücher-Verzeichniss d. Vereins. (III, 119 S.) n. 2. 40

— dasselbe. 1887. Mit 1 Portr. und 1 Karte. gr. 8. (XLVIII, 282 S.) Ebd. 888. n. 5. —

— dasselbe. 1888. Mit einer Tiefenschichtenkarte und mehreren Profilen, sowie e. photograph. Ansicht. gr. 8. (LV, 273 S.) Ebd. 889. n. 4. —

— dasselbe. 1889. Mit 2 Karten, 1 Bildnis u. mehreren Abbildgn. im Text. gr. 8. (LVIII, 198 S.) Ebd. 890. n. 3. 60

— des Vereins f. Erdkunde zu Leipzig. 1890. gr. 8. (LII, 101 S. m. 1 Karte.) Leipzig 891. Duncker & Humblot. n. 2. 40

Mittheilungen des Vereins f. Erdkunde zu Leipzig 1891. gr. 8. (LXVI, 98 S. m. 2 Taf.) Leipzig 892 Duncker & Humblot. n. 3. 60

— dasselbe. 1892. gr. 8. (LX, 89 S. m. 1 Karte.) Ebd 893. n. 3. —

— d. Vereins f. Erdkunde zu Leipzig. 1893—1897. gr. 8. Leipzig, Duncker & Humblot. n. 14. 80
1893. (LXIX, 90 S. m. 1 Karte.) 894. n. 3. —
1894. (LVIII, 95 S. m. 7 Fig.) 895. n. 2. 80
1895. (LIX, 135 S. m. 1 Karte.) 896. n. 3. 80
1896. (LXIX, VI, 82 S. m. 1 farb. Karte.) 897. n. 3. 60
1897. (LVI, 37 S.) 898. n. 1. 60

— des Vereins f. Erdkunde zu Leipzig. 1898—1901. gr. 8. Leipzig, Duncker & Humblot. n. 20. 20
1898. (LV, 195 S.) 899. n. 5. 20
1899. (LXVII, 141 S. m. 1 farb. Karte.) 900. n. 5. 20
1900. (LXVII, 115 S. m. 3 Karten.) 901. n. 4. 80
1901. (LXXIX, 149 S. m. 2 Karten.) 902. n. 5. —

— des Vereins f. Erdkunde zu Leipzig. 1902—1905. gr. 8. Leipzig, Duncker & Humblot. n. 28. 40
1902. (LXVII, 135 S. m. 6 Taf.) 903. n. 5. —
1903. 1. Heft. (72 S.) 904. n. 1. 40
1903. II. Katalog der Bibliothek d. Vereins für Erdkunde zu Leipzig. Hrsg. im Auftrage des Vorstandes vom derzeit. Bibliothekar des Vereins Rud. Reinhard. (VIII, 531 S.) 905. n. 10. —
1904. (LXXIV, 94 S. m. 5 Bildnissen.) 905. n. 4. —
1905. (LXXXVII, 394 S. m. 2 Karten.) 906. n. 8. —

— des Vereins f. Erdkunde zu Leipzig 1906—1909. gr. 8. Leipzig, Duncker & Humblot. 13. 60
1906. (LXXI, 96 S. m. 1 Karte u. 3 Taf.) 907. 5. 20
1907. (70 u. 9 S.) 908. 1. 20
1908. (LIV, 106 S. m. 1 Fig. u. 4 Taf.) 908. 4. —
1909. (XVI, 88 S. m. 3 Taf.) 910. 3. 20

— des evangelischen Vereins zur Förderung d. kirchlichen Gemeinde- u. Synodallebens [Synodal-Verein] in der Prov. Brandenburg. Bericht üb. die General-Versammlg. d. Vereins am 22. Mai 1883. gr. 8. (29 S.) Halle 883. Strien. n. — 50

— des evangelischen Vereins in der Prov. Sachsen. Nr. 1—5. gr. 8. Halle 1873—76. Pfeffer. n. 2. 20
1. Verhandlungen der freien kirchl. Versammlg. zu Halle am 20. u. 21. Octbr. 1873, nebst Programm, Wahlaufruf u. e. Nachwort d. Vorstandes. (24 S.) n. — 30
2. Verhandlungen d. Vereins zu Halle am 1. u. 2. Juni 1874. (24 S.) n. — 40
3. Verhandlungen d. Vereins zu Halle am 24. u. 25. Mai 1875. (29 S.) n. — 50
4. Referat v. Beyschlag u. Correferat v. Köstlin üb. die außerordentliche Generalsynode. (31 S.) n. — 50
5. Verhandlungen d. Vereins zu Halle am 12. u. 13. Juni 1876. Referat v. Wolf. (15 S.) n. — 50

— des evangelischen Vereins in der Provinz Sachsen. Nr. 6—13. gr. 8. Halle 877—81. Pfeffer. n. 3. 60
6-8. (39, 20 u. 19 S.) à n. — 50. — 9. (17 S.) n. — 20. — 10. (8 S.) n. — 20. — 11. (10 S.) n. — 50. — 12. (19 S.) n. — 50. — 13. (32 S.) n. — 60

— des evangelischen Vereins in der Prov. Sachsen. Nr. 14—17. gr. 8. (14, 22, 35 u. 16 S.) Halle 882—85. Pfeffer. à n. — 50

— des evangelischen Vereins in der Prov. Sachsen. Nr. 27—29. gr. 8. (26 S.) Halle, E. Strien. n. 1. 50
27. 28. (26 S.) 899. n. — 50. — 29. (48 S.) 901. n. 1. —.

Mitteilungen d. Vereins z. Förderung d. Handelsfreiheit. H 2-9 u 12. Berlin 1879-80

MITTHEILUNGEN DES VEREINS ZUR FÖRDERUNG DER HANDELSFREIHEIT.
1893. (No. 1.) Gladstone's Rede über die Währungsfrage am 28. Februar 1893 in wörtlicher Uebersetzung. Herausgegeben und eingeleitet von L. BAMBERGER. Berlin 1893. Druck der „Volks-Zeitung", Actien-Gesellschaft. 8°.
No. 2. ib. 1893. Druck und Verlag der „Volks-Zeitung", Actien-Gesellschaft. — A. u. d. T.: Goldwährung und Bimetallismus. Eine Skizze von LUDWIG COHNSTAEDT. ib. 1893. —
1895. No. 1. Bericht über die General-Versammlung des Vereins zur Förderung der Handelsfreiheit, abgehalten im grossen Börsensaale zu Stettin am 25. Mai 1895. ib. 1895. Druck der „Volks-Zeitung", Actien-Gesellschaft.
No. 2. (Sonderabdruck aus Heft 133 der „Volkswirthschaftlichen Zeitfragen".) ib. 1895. Leonhard Simion. — A. u. d. T.: Die Wirkung der Handelsverträge. Vortrag, gehalten in der Volkswirthschaftlichen Gesellschaft in Berlin am 30. November 1895 von GEORG GOTHEIN. ib. 1895. —
1896. No. 1.[1]) Bericht über die General-Versammlung des Vereins zur Förderung der Handelsfreiheit, abgehalten im Bürgerschaftssaale des Rathhauses zu Lübeck, am 16. Mai 1896. ib. 1896. Druck von „Gutenberg", Druckerei und Verlag, Act.-Ges.
1897. No. 1. (Sonderabdruck aus Heft 144 der „Volkswirthschaftlichen Zeitfragen".) ib. 1897. Leonhard Simion. — A. u. d. T.: Die Zunahme der Bevölkerung Deutschlands und die Handelsvertragspolitik. Von E. FITGER. ib. 1897. —
Nr. 2. Bericht über die General-Versammlung des Vereins zur Förderung der Handelsfreiheit, abgehalten im Bürgerschafts-Saale zu Hamburg, am 15. Mai 1897. ib. 1897. Druck von „Gutenberg", Druckerei und Verlag, Act.-Ges.
1898. No. 1.[1]) ib. 1898. Leonhard Simion. — A. u. d. T.: Einige Betrachtungen über die aktive und passive Handelsbilanz der Staaten. Von GUSTAV LEWINSTEIN. ib. 1898. —
1900. No. 1. Die Handelsbeziehungen Deutschlands zu England und den englischen Kolonien. Vortrag, gehalten in der Volkswirthschaftlichen Gesellschaft zu Berlin am 12. December 1899 von Dr. PAUL ARNDT, Assistent der Kölner Handelskammer. (Sonderabdruck aus Heft 167/168 der „Volkswirthschaftlichen Zeitfragen".) ib. 1900. —
No. 2. Der Schutz der deutschen Landwirthschaft und die Aufgaben der künftigen deutschen Handelspolitik. Vortrag, gehalten am 26. Februar 1900 in der Volkswirthschaftlichen Gesellschaft zu Berlin von Prof. Dr. WALTHER LOTZ. (Sonderabdruck aus Heft 170/171 der „Volkswirthschaftlichen Zeitfragen".) ib. 1900. —
No. 3. Bericht über die General-Versammlung des Vereins zur Förderung der Handelsfreiheit, abgehalten im Conventsaale der Börse zu Bremen, 23. Juni 1900. ib. 1900. Druck von Gutenberg. Druckerei und Verlag, Act.-Ges.
1901. No. 1. Kornzoll und Socialreform. Vortrag, gehalten am 15. Dezember 1900 in der Volkswirthschaftlichen Gesellschaft zu Berlin von Dr. HEINRICH DIETZEL. (Sonderabdruck aus Heft 177/178 der „Volkswirthschaftlichen Zeitfragen".) ib. 1901. Druck und Verlag von Leonhard Simion.
No. 2. Die Schrecken des überwiegenden Industriestaats. Von LUJO BRENTANO. (Sonderabdruck aus Heft 183/184 der „Volkswirthschaftlichen Zeitfragen".) ib. 1901. —
No. 3. Die Zweckmässigkeit des Systems der Meistbegünstigung. Von Dr. PAUL ARNDT. ib. 1901. —
1902. No. 1. Sonderinteressen gegenüber der Wissenschaft einst und jetzt. Ein Beitrag zur Beurtheilung der Wirkungen des Protektionssystems auf die Industrie. Vortrag, gehalten in der Volkswirthschaftlichen Gesellschaft zu Berlin am 6. Januar 1902 von Prof. Dr. W. LOTZ. (Sonderabdruck aus Heft 187 der „Volkswirthschaftlichen Zeitfragen".) ib. 1902. — (Eingebunden einzeln paginirt): BERICHT über die Thätigkeit des Vereins zur Förderung der Handelsfreiheit im XXI. Geschäftsjahre 1898/99. Vorgelegt in der General-Versammlung des Vereins zu Bremen am 23. Juni 1900. ib. 1900. Druck von Gutenberg, Druckerei und Verlag, Act.-Ges.
No. 2. Die amerikanische Gefahr. Vortrag, gehalten in der Münchener Volkswirthschaftlichen Gesellschaft von Dr. M. PRAGER, München. (Sonderabdruck aus Heft 191 der „Volkswirthschaftlichen Zeitfragen".) ib. 1902. —
1905. No. 1. ib. 1905. Verlag von Leonhard Simion Nf. — A. u. d. T.: Der deutsch-amerikanische Handelsvertrag und das Phantom der amerikanischen Industriekonkurrenz. Von Dr. HEINRICH DIETZEL, Professor an der Universität Bonn. ib. 1905. —

— des Vereines zur Förderung d. Lehrerbildung. Die Drucklegung besorgt von Hans Sommert. Nr. 1—4. gr. 8. Wien, (Sallmayer'sche Buchhandlg.). n. 2. 40
1. 1. Vereinsj. (22 S.) 888. n. — 40. — 2. 2. Vereinsj. (29 S.) 889. n. — 40. — 3. 2./3. Vereinsj. (33 S.) 889. n. — 80. — 4. 3. Vereinsj. (32 S.) 890. n. — 80.

Mittheilungen des Vereines zur Förderung der Lehrerbildung. Die Drucklegung besorgt v. Hans Sommert. Nr. 5—9. gr. 8. Wien, (Sallmayer'sche Buchh.). n. 4. 60 (1—9. n. 7. —)
5. 6. 4. Vereinsj. (40, 51 S.) 891. Nr. 5. n. — 80; Nr. 6. n. 1. —. — 7. 5. Vereinsj. (32 S.) 892. n. — 80. — 8. 6. Vereinsj. (32 S. m. 1 Taf.) 893. n. 1. —. — 9. 7. Vereinsj. (38 S.) 894. n. 1. —.

— d. Vereines zur Förderg. der Lehrerbildung. Die Drucklegung besorgt von Hans Sommert. Nr. 10. VIII. Vereinsj. Lex.-8. (16 S.) Wien 895. (Sallmayer'sche Buchh.) n. — 40 (1.—10.: n. 7. 40)

— des Vereines f. die Förderung des Local- u. Strassenbahnwesens (in Wien). Offizielles Organ d. Verbandes der österreichischen Localbahnen. I. Jahrg. 8 Hfte. gr. 8. (IV, 352 S. m. Fig. u. 6 Taf.) Wien 893. (Lehmann & Wentzel.) à Hft. n. 1. —

— dasselbe. II. Jahrg. 1894. 1.—11. Hft. gr. 8. (718 S. m. Fig. u. 29 Taf.) Ebd. 894. à Hft. n. 1. —

— d. Vereines f. d. Förderg. d. Local- u. Strassenbahnwesens (in Wien). Offiz. Organ d. Verbandes d. österr. Localbahnen. II. Jahrg 1894. 12. (Schluss-)Hft. gr. 8. (XX u. S. 719—820 m. Fig. u. 3 Taf.) Wien (Lehmann & Wentzel). n. 1. —

— dasselbe. III. u. IV. Jahrg. 1895—1896. à 12 Hfte. (à ca. 6 Bog. m. Abb. u. Taf.) gr. 8. Ebd. à Jahrg. n. 18. —

— V. u. VI. Jahrg. 1897—1898. à 12 Hfte. (à ca. 4 Bog. m. Abb. u. Taf.) gr. 8. Ebd. à Jahrg. n. n 24. —

— des Vereines f. die Förderg. d. Local- u. Strassenbahnwesens. Officielles Organ des Verbandes der österr. Localbahnen. Red.: N. Messing. VII.—X. Jahrg. 1899—1902. à 12 Hfte. gr. 8. Wien (Lehmann & Wentzel). à Jahrg. n.n. 24. —
1899. (512 S. m. 88 Abb. u. 5 Taf.) — 1900. (542 S. m. 185 Abb. u. 7 Taf.) — 1901. (628 S. m. 238 Abb. u. 4 Taf.) — 1902. (580 S. m. 208 Abb. u. 2 Taf.)

— des Vereins f. die Förderg. des Lokal- u. Strassenbahnwesens. Offizielles Organ des Verbandes der österreich. Lokalbahnen. Red.: N. Messing. 11.—14. Jahrg. 1903—1906. à 12 Hefte. (à Jhrg. ca. 550 S. m. Abbildgn. u. Taf.) Lex.-8. Wien (Lehmann & Wentzel). à Jhrg. n.n. 24. —

— des Vereines f. die Förderung des Lokalbahn- u. Strassenbahnwesens. Offizielles Organ des Verbandes der österreich. Lokalbahnen. Red.: N. Messing. 15.—18. Jahrg. 1907—1910. à 12 Hefte. (à ca. 36 S. m. Abbildgn.) Lex. 8. Wien, (Lehmann & Wentzel). à Jahrg. nn 24. —

—— des Vereins zur Förderung der Moorkultur im Deutschen Reiche, s. Landbote, der.

Mittheilungen des Vereins zur Förderung der Moorkultur im Deutschen Reiche. Jhg. 4—13. 1886—95. Red.: H. Grahl. Berlin. 8.
Jhg. 1—3 erschienen als Beilage zu: Der Landbote.

— des Vereins zur Förderung der Moorkultur im Deutschen Reiche. Red.: H. Grahl. 4. Jahrg. 1886. 24 Nrn. (à ³/₄—1 B.) gr. 8. Berlin, Parey. n. 8. —

— des Vereins zur Förderung der Moorkultur im Deutschen Reiche. Red.: H. Grahl. 5.—8. Jahrg. 1887—1890. à 24 Nrn. (à ³/₄—1 B.) gr. 8. Berlin, Parey. à Jahrg. n. 8. —

— d. Vereins zur Förderung der Moorkultur im Deutschen Reiche. Red.: H. Grahl. 9.—12. Jahrg. 1891—1894. à 24 Nrn. (à ca. 1 Bog.) gr. 8. Berlin, P. Parey. à Jahrg. n. 8. —

— d. Vereins z. Förderg. d. Moorkultur im Deutschen Reiche. Red.: H. Grahl. 13.—16. Jahrg. 1895—1898. à 24 Nrn. (à ca. 1 Bog.) gr. 8. Berlin, P. Parey. à Jahrg. n. 8. —

— des Vereins zur Förderung der Moorkultur im Deutschen Reiche. Red.: Max Jablonsky. 17.—19. Jahrg. 1899—1901. à 24 Nrn. gr. 8. (à ca. 12 S.) Berlin, P. Parey. à Jahrg. n. 8.—

— dasselbe. 20. Jahrg. 1902. 24 Nrn. gr. 8. (à ca. 12 S.) Berlin, Verlag der deutschen Tageszeitg. n. 10. —

— d. Vereins zur Förderung der Moorkultur im Deutschen Reiche. Red.: Max Jablonsky. 21. Jahrg. 1903. 24 Nrn. (à ca. 16 S.) gr. 8. Berlin, Deutsche Tageszeitg. n. 10. —

— dasselbe. 22.—24. Jahrg. 1904—1906. à 24 Nrn. (à ca. 12 S.) gr. 8. Ebd. à Jhrg. n. 8. —

— des Vereins zur Förderung der Moorkultur im Deutschen Reiche. Red.: Max Jablonski. 24.—28. Jahrg. 1907—1910. à 24 Nrn. (398, 390, 424 u. 454 S.) gr. 8. Berlin, Deutsche Tageszeitg. à Jahrg. 8. —

Mittheilungen d. Vereines z. Förderung d. landwirthschaftlichen Versuchswesens in Oesterreich. Redig. v. v. Liebenberg u. E. v. Proskowetz jun. H. 1-8: 1886-93 (7-8 à 2 Th.; 1 Vol. + 5 H.). Wien 18[86]-94. 4°.

Mittheilungen d. Vereines z. Förderung d. landwirthschaftlichen Versuchswesens in Oesterreich. Redig. v. v. Liebenberg u. E. v. Proskowetz jun. H. 9—12: 1894—97. Wien 1894—98. 4°.
[Sml.: Zeitschrift… nedenfor].

— des Vereines zur Förderung d. landwirthschaftlichen Versuchswesens in Oesterreich. Red. von v. Liebenberg u. Em. v. Proskowetz jun. 1. Hft. 1886. gr. 4. (87 S.) Wien, (Frick). n. 3. —

— des Vereines zur Förderung des landwirthschaftlichen Versuchswesens in Oesterreich. Red. von v. Liebenberg u. Em. v. Proskowetz jun. 2. u. 3. Hft. 1887. 1888. gr. 4. Wien, Frick. n. 12. — (I—III.: n. 15. —)
2. (III, 160 S.) 887. n. 6. —. — 3. (III, 168 S.) 888. n. 6. —.

— des Vereins zur Förderung des landwirthschaftlichen Versuchswesens in Oesterreich. Red. von v. Liebenberg u. Em. v. Proskowetz jun. 4.—9. Hft. gr. 4. Wien, W. Frick. n. 40. 10
4. 1889. (III, 130 S.) n. 6. —. — 5. 1890. (III, 120 S.) n. 6. —. — 6. 1891. (III, 123 S.) n. 6. —. — 7. 1892. 2 Thle.: 1. Thl. (III, 86 S.) n. 4. 50 u. 2. Thl. (III u. S. 87—158.) n. 4. —. — 8. 1893. 2 Thle.: 1. Thl. (III, 88 S.) n. 4. 80 u. 2. Thl. (III u. S. 89—166.) n. 4. 80. — 9. 1894. 1. Thl. (III, 68 S.) n. 4. —.

Mitteilungen d. Vereins z. Förderg. d. landwirthschaftlichen Versuchswesens in Oesterreich. Red. von v. Liebenberg u. Em. v. Proskowetz jun. IX. Hft. 1894. 2. Thl. gr. 4. (III u. 69—146 S.) Wien 895. W. Frick. n. 4. 80 (I—IX, 2: n. 53. 90)

— dasselbe. X. Hft. 1895. 2 Thle. gr. 4. (III, III u. 133 S.) Ebd. 895. 96. n. 8. 40

— dasselbe. XI. Hft. 1896. 2 Thle. gr. 4. (III, V u. 97 S.) Ebd. 896. 97. n. 7. 20

— dasselbe. XII. Hft. 1897. gr. 4. (40 S.) Ebd. 898. n. 3. — (I—XII.: n. 72. 50)

Mittheilungen des Vereins zur Förderung der Weinkultur an Mosel und Saar zu Trier. [1-]5. Trier: Lintz in Comm. 1837-43. --
Weber: H. 1. 2. 1937. Fortges. u. d. T.: Beiträge zur Verbesserung etc. von e. Mitgliede des Vereins zur Förderung des Weinbaues in Trier. Ebd. 1840. [Bibliographisch nicht nachzuprüfen]

— des Vereins zur Förderung der Weinkultur an Mosel u. Saar zu Trier. I—III. Mit 1 Steintaf. gr. 8. Trier 837, 38. (Lintz.) (à n. ¹/₆ ℛ︀) n. ¹/₂ ℛ︀

— des Vereins zur Förderung der Weincultur an Mosel und Saar zu Trier. IV. gr. 8. (Trier, Lintz.) 841. n. ¹/₆ ℛ︀

Mitteilungen vom Verein der höheren Forstbeamten Bayerns. - Fürstenfeldbruck. Jg. 9-29. 1913-1934. - (M. n. ersch.)
Früher s.: Mitt. d. Ver. Bayer. Staatsforstverwaltungsbeamter

Mittheilungen aus dem Vereine Deutsch-amerik. Freimaurer. 1. Jahrgang. New-York. Druck von Teubner. 1866. gr. 8. IV. 192 S.
Fortgesetzt unter dem neuen Titel:
Reform, die. Organ d. Vereins deutsch-amerik. Frmrer. Monatsschr. 2.—5. Jahrg. New-York. Druck v. Teubner. 1867—1870. 4 Bde. gr. 8. je 4 u. 188 S. (4. Jhrg. 192 S.)

Mittheilungen aus dem Verein deutscher Freimaurer. (Herausgegeben von J. G. Findel bis 1878) und B. Cramer.) 4 Bände u. 13 Hefte. Leipzig 1862—1885. 8.

Mittheilungen aus dem Verein deutscher Freimaurer. 1—3. Heft. Leipzig 862—64. Förster & Findel. gr. 8. n. 1 ₰ 11 ngr.
1. (32 S.) n. 6 ngr. — 2. (2 Bl., 140 S.) n. 15 ngr. — 3. (IV, 164 S.) n. 20 ngr.

— aus dem Verein deutscher Freimaurer. 2. Bd. 3 Hefte. Leipzig 865—68. (Findel.) gr. 8. [1. Heft. (S. 1—92.) n. 12 ngr., 2. Heft. (S. 93—169.) n. 10 ngr., 3. Heft. (S. 170—269.) n. 12 ngr.] n. 1 ₰ 4 ngr.

— — 3. Bd. Ebend. 869. gr. 8. (III, 268 S.) n. 1 ₰ 6 ngr.

— — 4. Bd. Ebend. 870. gr. 8. (94 S.) n. 10 ngr.

Mittheilungen aus dem Verein deutscher Freimaurer. [Hrsg. von Jos. Gabr. Findel.] Bd 1—4. Leipzig: Förster & Findel 1862—1868, Findel 1869—1871. 8°
Bd 1. H. 1—3.
1. 32 S. 1862; 2. Aufl. 31 S. 1872. 2. 140 S. 1863. 3. 154 S. 1864.
2. IV, 269 S. 1868.
3. 268 S. 1869.
4. 231 S. 1871.
[Fortges. u. d. Tit.:]

Mittheilungen aus dem Verein deutscher Freimaurer [seit 1907/08:] Jahrbuch für 1907/08. [Hrsg. 1872—1877 von Jos. Gabr. Findel, 1878—1893 von Benvenuto Cramer, 1894—1905 von Rob. Fischer, 1906ff. von Reinhold Taute.] 1871—1872 ff. Leipzig: Findel 1872—1877, 1878—1884: Naumann: Hesse 1885, 1886—1888: Naumann, 1889ff.: Zechel. 8°
1871—1872 30, 38 S. 1872; 1872—1873 54, 39 S. 1873; 1873—1874 47, 44 S. 1875; 1875—1876 128 S. 1876; 1876—1877 115 S. 1877; 1877—1878 116 S. 1878; 1878—1879 98 S. 1879; 1879—1880 92 S. 1880; 1880—1881 110 S. 1881; 1881—1882 142 S. 1882; 1882—1883 134 S. 1883; 1883—1884 128 S. 1884; 1884—1885 128 S. 1885; 1885—1886 93 S. 1886; 1886—1887 76 S. 1887; 1887—1888 101 S. 1888; 1888—1889 107 S. 1889; 1889—1890 148 S. 1890; 1890—1891 114 S. 1891; 1891—1892 99 S. 1892; 1892—1893 118 S. 1893; 1893—1894 119 S. 1894; 1894—1895 126 S. 1895; 1895—1896 112 S. 1896; 1896—1897 159 S. 1897; 1897—1898 131 S. 1898; 1898—1899 121 S. 1899; 1899—1900 153 S. 1900; 1900—1901 188 S. 1901; 1901—1902 179 S. 1902; 1902—1903 59, 89 S. 1903; 1903 bis 1904 101, 91 S. 1904; 1904—1905 76, 95 S. 1905; 1905—1906 112, 86 S. 1906; 1906—1907 111, 90 S. 1907; 1907—1908 282, 120 S. 1908; 1908—1909 176, 148 S. 1909; 1909—1910 218, 163 S., 1 Taf. 1910.
Tt. 208. Enth. Berichte üb. die Jahresversammlungen mit Angabe der gehaltenen Reden, Rechenschaftsberichte, Satzungen, Mitglverzeichn. u. a. m.

Mittheilungen, Einige, über den Verein deutscher Freimaurer. Leipzig 1909. V: *Taute, Reinhold.* (wolfstieg II, 746)

— des Vereins der Freunde des humanistischen Gymnasiums. Hrsg. vom Vereinsvorstande. Red. v. S. Frankfurter. (In zwanglosen Heften.) 1. Heft. (48 S.) gr. 8. Wien 906. C. Fromme. n — 50

— des Vereins der Freunde des humanistischen Gymnasiums. Hrsg. vom Vereinsvorstande. Red. v. S. Frankfurter. In zwanglosen Heften. 2.—10. Heft. gr. 8. Wien, C. Fromme. 7.05
2. (78 S.) 907. — 85. — 3. (71 S.) 907. — 85. — 4. (40 S.) 907. — 50. — 5. (44 S.) 908. — 50. — 6. (66 S.) 908. — 85. — 7. (42 S.) 908. — 50. — 8. (92 S.) 909. 1.—. — 9. (70 S.) 909. 1.—. — 10. (92 S.) 910. 1.—.

Mitteilungen des Vereins der Freundinnnen der jungen Mädchen. Nr. 1—53. Berlin: Verein 1884—1897. 8°

MITTEILUNGEN DES VEREINS FÜR GESCHICHTE, ALTERTÜMER UND LANDESKUNDE DES FÜRSTENTUMS SCHAUMBURG-LIPPE.
Heft 1. Bückeburg 1904. Druck der Grimme'schen Hofbuchdruckerei. Heinrich Grimme.
Heft 2. ib. 1907. — [1])

[1]) Bis 1912 war weiteres nicht erschienen.

Mittheilungen des Vereins für Gesch. u. Alterthümer der Grafschaft Mansfeld zu Eisleben. Eisleben 1887—92. 8.

MITTHEILUNGEN DES VEREINS FÜR DIE GESCHICHTE UND ALTERTHUMSKUNDE VON ERFURT.
Heft 1—11. Mit Tafeln in Farbendruck und Steindruck-Tafeln. Erfurt, 1865—1883. Selbst-Verlag des Vereins. Comm. bei Carl Villaret. 8°.

MITTHEILUNGEN DES VEREINS FÜR DIE GESCHICHTE UND ALTERTHUMSKUNDE VON ERFURT.
Heft 12. Erfurt, 1885. Selbst-Verlag des Vereins. In Comm. bei Carl Villaret. 8°.

MITT(H)EILUNGEN DES VEREINS FÜR DIE GESCHICHTE UND ALTERT(H)UMSKUNDE VON ERFURT.
Heft 13. Mit 1 Karte und 8 Tafeln. Erfurt 1887. Selbst-Verlag des Vereins. In Comm. bei Carl Villaret. 8°. — 14. Mit 2 Steindrucktafeln und 1 Stadtplan. ib. 1890. —. — 15. ib. 1892. —. — 16. Mit dem Beiheft: Das Collegium majus von G. OERGEL. [1]) ib. 1894. —. — 17. Mit 3 Planzeichnungen und 4 Abbildungen. ib. 1895. —. — 18. Mit 4 Tafeln Abbildungen. ib. 1896. Selbst-Verlag des Vereins. In Comm. bei Hugo Güther. — 19. Mit 7 Tafeln. ib. 1898. —. — 20. Mit 10 Tafeln. ib. 1899. —. — 21. Mit 1 Karte und 8 Abbildungen. [2]) ib. 1900. —. — 22. (Mit Tafeln.) ib. 1901. —. — 23. Mit 5 Tafeln Abbildungen. ib. 1902. —. — 24. Theil I: Vereinsnachrichten. ib. 1903. —. — 24. Teil II., mit 12 Tafeln, 1 Karte und 4 Abbildungen im Text, zugleich Festgabe für die Teilnehmer an der General-Versammlung des Gesamt-Vereins der deutschen Geschichts- und Altertums-Vereine zu Erfurt vom 27. bis 30. September 1903. ib. 1903. —. — 25. [3]) ib. 1904. —. — 26. (Mit Tafeln.) ib. 1905. —. — 27. Mit 11 Tafeln und 2 Plänen. ib. 1906. —. — 28. Mit 15 Abbildungen. ib. 1907. Selbstverlag des Vereins. In Kommission bei Hugo Güther. — 29. Mit mehreren Abbildungen und 2 Plänen. ib. 1908. — 30. und 31. Mit mehreren Abbildungen und Tafeln. ib. 1909/1910. — 32. ib. 1911. — 33. (Mit Tafeln.) ib. 1912. — 34. Festschrift zum 50jährigen Jubiläum des Vereins. (Mit Tafeln.) ib. 1913. — Mit den Nebentiteln: Der Verein für die Geschichte und Altertumskunde von Erfurt in den Jahren 1863—1913. Von HUGO HOFMANN. — Die sozialen und wirtschaftlichen Verhältnisse der Stadt Erfurt vor Beginn der Reformation. Von THEODOR TH. NEUBAUER. I. Teil. Gedruckt als Inaugural-Dissertation der Universität Jena.

[1]) Das Beiheft zu Heft 16 a. u. d. T.: G. OERGEL, Das Collegium majus zu Erfurt. Erfurt, 1894. Selbstverlag des Vereins für die Geschichte und Altertumskunde von Erfurt. In Komm. bei Carl Villaret. 8°.

[2]) In Mittheilungen … Heft 21: REGISTER zu den in Heft I—XX der Mitteilungen des Vereins für die Geschichte und Alterthumskunde von Erfurt enthaltenen Aufsätzen, nach den Namen der Verfasser alphabetisch geordnet.

[3]) Mitteilungen … Heft 25: VERZEICHNIS der Bibliothek des Vereins für die Geschichte und Altertumskunde von Erfurt. Aufgestellt im Herbst 1904.

— des Vereins für die Geschichte u. Alterthumskunde von Erfurt. 1—4. Heft. Erfurt, (Villaret.) br. 8. [1. Heft. (XXIV, 126 S. mit 3 Steintaff. in Farbendr. u. 8 Steindrucktaff.) 865. n. 1 ₰, 2. Heft. (XVI, 188 S. mit 3 Steindrucktaff.) 866. n. 25 ngr., 3. Heft. (XVI, 194 S.) 867. n. 25 ngr., 4. Heft. (XV, 198 S.) 869. n. 25 ngr.] n. 3 ₰ 15 ngr.

— des Vereins f. die Geschichte u. Alterthumskunde v. Erfurt. 5. Hft. gr. 8. (XV, 185 S. m. 3 Steintaf. in 4.) Erfurt 871. Villaret in Comm. n. 2. 50

— dasselbe. 6. Hft. gr. 8. (XV, 279 S. m. 1 Steintaf. in qu. 4.) Ebend. 873. n. 4. —

— dasselbe. 7. Hft. gr. 8. (XIII, 103 S.) Ebend. 876. n. 1. 20

— des Vereins für die Geschichte u. Alterthumskunde von Erfurt. 8. u. 9. Hft. gr. 8. (VIII, 218 S.) Erfurt 877—80. Villaret in Comm. à n. 1. 40

— dasselbe. 10. Hft. gr. 8. (XIII, 359 S.) Ebend. 881. n. 4. —

— des Vereins f. die Geschichte u. Alterthumskunde v. Erfurt. 11. Hft. gr. 8. (III, 246 S.) Erfurt 883. (Villaret.) n. 3. —

— dasselbe. 12. Hft. gr. 8. (LVI, 242 S.) Ebend. 885. n. 3. 60

— des Vereins f. die Geschichte u. Altertumskunde v. Erfurt. 13. u. 14. Hft. gr. 8. (XXI, 291 S. m. 1 Karte u. 8 Taf. u. XXV, 220 S. m. 2 lith. Taf. u. 1 Stadtplan.) Erfurt 887 u. 90. (Villaret.) à n. 3. —

— d. Vereins f. die Geschichte u. Altertumskunde v. Erfurt. 15. Hft. gr. 8. (III, 251 S.) Erfurt 892. (C. Villaret.) n. 3. —

— d. Vereins f. d. Geschichte u. Alterthumskunde v. Erfurt. 16.—18. Hft. gr. 8. Erfurt (H. Güther). n. 7. 50
16. (XXI, 176 S. m. 3 Abb.) 894. n. 3. —
17. (90 S. m. 3 Planzeichngn. u. 4 Abb.) 895. n. 2. —
18. (150 S. m. 4 Taf.) 896. n. 2. 50

— des Vereins f. die Geschichte u. Alterthumskunde v. Erfurt. 19. u. 20. Hft. gr. 8. Erfurt (H. Güther). n. 5. 50
19. (180 S. u. 7 Taf.) 898. n. 2. 50
20. (XX, 183 S. m. 10 Taf.) 899. n. 3. —

— des Vereins f. die Geschichte u. Altertumskunde v. Erfurt. 21.—26. Heft. gr. 8. Erfurt, (H. Güther). n. 18. 50
21. (XX, 170 S. m. 8 Abbildgn. u. 1 Karte.) 900. n. 3. —
22. (XXI, 145 S. m. Fig. u. 2 Taf.) 901. n. 3. —
23. (XX, 91 S. m. 5 Taf.) 902. n. 3. —
24. 2 Tle. (23 u. 204 S. m. Abb. u. 12 Taf.) 903. n. 4. —
25. (XXIII, 122 S.) 905. n. 2. 50
26. (XXIII, 142 S. m. 4 Taf. u. 1 Stammtaf.) 905. n. 3. —

— des Vereins f. die Geschichte u. Altertumskunde v. Erfurt. 27.—31. Heft. 8. Erfurt, H. Güther. 16. —
27. (XXIII, 82 S. m. 13 Taf.) 906. 4. —
28. (XXXIII, 144 S. m. 15 Abb. auf Taf.) 907. 4. —
29. (XXIII, 105 S. m. Abb. u. 2 Plänen.) 908. 3. —
30. 31. (XXIII, 227 S. m. Abb. u. 5 Taf.) 909/10. 5. —

— des Vereins f. Geschichte u. Alterthumkunde in Frankfurt a/M. 7. Bd. 6 Hfte. m. 1 Beilage. gr. 8. (IV, 378 u. VIII, 95 S.) Frankfurt a/M. 884/85. Voelcker. n. 4. 60

Vorh. u. d. T.: Mitteilungen an die Mitglieder des Vereins für Geschichte und Alterthumskunde. Bd. 1-6. 1871-1884.

MITT(H)EILUNGEN DES VEREINS FÜR GESCHICHTE UND ALTERT(H)UMSKUNDE DES HASEGAU(E)S

Heft 1[1]. (Mit 1 Tafel.) Ankum 1887 Verlag von B. A. Ricke 8°

Heft 1 (Mit Tafeln.) 2. vermehrte Aufl. Lingen a. d. Ems 1902. Druck von R. van Acken. — A. u. d. T Übersicht und Beschreibung der früh- und vorgeschichtlichen Erd- und Steindenkmäler, Leichenfelder, Urnenfriedhöfe, Landwehren, Ringwälle und Ansiedelungsplätze im Kreise Bersenbrück 2. Aufl. ib. 1902. —

MITT(H)EILUNGEN DES VEREINS FÜR GESCHICHTE UND ALTERT(H)UMSKUNDE DES HASEGAUES

Heft 2 ib. 1893. Im Selbstverlage des Vereins. — A. u. d. T Uebersicht über die neuere Verfassung des im Jahre 1802 saecularisirten Hochstifts Osnabrück von FERDINAND von HUGO Osnabrück 1893. Verlag von J. G. Kisling

Heft 3. 1894 Lingen a. d. Ems 1894 Im Selbstverlage des Vereins Commissionsverlag von R. van Acken.

Heft 4. 1895. ib. 1895 Im Selbstverlage des Vereins Druck von Rüdiger van Acken.

Heft 5. 1896. ib. 1896. —

Heft 6. 1897 ib. 1897 Druck und Commissionsverlag von Rüdiger van Acken.

Heft 7 1898. ib. 1898. —

Heft 8. ib. 1899. —

Heft 9. (Mit 1 Tafel.) ib. 1900. —

Heft 10. 1901 (Mit 2 Tafeln.) ib. 1901 —

Heft 11 1902. ib. 1902. —

Heft 12. 1903 ib. 1903. Im Selbstverlag des Vereins. Druck und Kommissionsverlag von R. von Acken. —

Heft 13. 1904 ib. 1904. —

Heft 14 1905. ib. 1905. —

Heft 15. 1906. Lingen 1906. Druck und Kommissions-Verlag von R. van Acken. —

Heft 16. 1909. ib. 1909. —

Heft 17 1910. ib. 1910. —

Heft 18. 1912. ib. 1912. —

[1]) (1. Aufl.) ersch. auch u. d. Titel: WILH. HARDENBECK „Übersicht und Beschreibung der früh- und vorgeschichtlichen Erd- und Steindenkmäler, Leichenfelder Urnenfriedhöfe, Landwehren, Ringwälle und Ansiedelungsplätze im Kreise Bersenbrück Ankum 1887.

— d. Vereines f. Geschichte u. Alterthumskunde d. Hasegaues. 3.—7. Hft. 1894—1898. 8. (48, 52, 50, 64 u. 52 S. m. Abb.) Lingen 894—898. (R. van Acken.) à Hft. n. — 75

— des Vereins f. Geschichte u. Alterthumskunde des Hasegaues. 8.—11. Hft. 1899—1902. 8. Lingen (R. van Acken.) n. 3. 50
8. (60 S.) 899. n. — 75. — 9. (76 S. m. Abb. u. 1 Taf.) 900. n. 1. —. — 10. (69 S. m. 2 Taf.) 901. n. 1. —. — 11. (72 S. m. Abbildgn.) 902. n. — 75.

— des Vereins f. Geschichte u. Altertumskunde des Hasegaus. 1. u. 12.—14. Heft. 8. Lingen. (R. van Acken.) à n. 1. —
1. Ueberficht u. Beschreibung der früh- u. vorgeschichtlichen Erd- u. Steindenkmäler, Leichenfelder, Urnenfriedhöfe, Landwehren, Ringwälle u. Ansiedelungsplätze im Kreise Bersenbrück. Von Wilh. Hardebeck. 2. Aufl. (61 S. m. 2 Taf.) 902.
12. 1903. (67 S.) — 13. 1904. (64 S.) — 14. 1905. (67 S.)

Mitteilungen d. Vereins f. Geschichte u. Altertumskunde d. Hasegaues. 15. u. 16. Heft. 1906 u. 1909. (61 u. 60 S.) 8. Lingen 906. 09. (R. van Acken.) à — 75

MITTHEILUNGEN DES VEREINS FÜR GESCHICHTE UND, später: & ALTERTHUMSKUNDE IN HOHENZOLLERN.

Jahrg. I—XV. Heft 1. 1867/68—1881/82. (Mit Tafeln.) Sigmaringen. Schnellpressendruck der P. Liehner'schen Buchdruckerei, später: der M. Liehner'schen Hofbuchdruckerei. 8°.

Jahrg. XV. Heft 2. 1881/82. ib. Schnellpressendruck der M. Liehner'schen Hofbuchdruckerei. A. u. d. T.: LUDWIG SCHMID, Die älteste Geschichte des erlauchten Gesammthauses der Königlichen und Fürstlichen Hohenzollern. Theil 1. Der Urstamm der Hohenzollern. ib. 1882. —

Jahrg. XVI—XVII. 1882/83 — 1883/84. (Mit Tafeln.) ib. —

MITTHEILUNGEN DES VEREINS FÜR GESCHICHTE & ALTERTHUMSKUNDE IN HOHENZOLLERN.

Jahrg. XVIII—XIX. 1884/85 — 1885/86. (Mit 1 Tafel.) Sigmaringen. Schnellpressendruck der M. Liehner'schen Hofbuchdruckerei. 8°.

Jahrg. XX 1886/87 Sigmaringen. Schnellpressendruck der M. Liehner'schen Hofbuchdruckerei. 8° — XXI 1887/88. (Mit 1 Tafel.) ib. — XXII [1]. 1888/89. ib. — XXIII 1889/90. ib. — XXIV 1890/91 ib. — XXV 1891/92. (Mit 1 Tafel und Illustrationen.) ib. — Darin mit bes. Titelbl. Protokolle der Generalversammlung des Gesammtvereins der deutschen Geschichts- und Altertumsvereine zu Sigmaringen 1891. Berlin 1892. Gedruckt in der Königlichen Hofbuchdruckerei von C. S. Mittler & Sohn. — XXVI. 1892/93. (Mit Tafeln.) Sigmaringen. Druck der M. Liehner'schen Hofbuchdruckerei. — XXVII. 1893/94. (Mit 1 Tafel.) ib. — XXVIII. 1894/95. ib. — XXIX 1895/96 und XXX. 1896/97 ib. — Darin mit bes. Titelbl. Beleuchtung und schliessliche Erledigung der bis daher noch schwebenden Frage von der Burkardinger Herkunft der Hohenzollern. Mit 4 Wappenbildern. Extra-Publikation des Vereins für Geschichte und Altertumskunde in Hohenzollern. Jahrg. 1897 — XXXI. 1897/98. (Mit 1 Tafel.) ib. — XXXII 1898/99. ib. — XXXIII. 1899/1900. (Mit Karten.) ib. — XXXIV 1900/1901 (Mit Tafeln und 1 Stammtafel.) ib. — XXXV 1901/1902. ib. — XXXVI 1902/1903. (Mit Tafeln.) ib. — XXXVII 1903/1904. ib. - XXXVIII 1904/1905. (Mit 1 Tafel.) ib. — XXXIX [2]) XXXX und XXXXI 1905—1908. ib. — XXXXII 1908—1909. (Mit Tafeln.) ib. — XXXXIII [3]) 1909—1910. ib. —

[1]) In Jahrg. XXII. 1888/89: REGISTER zum I.—XX. Jahrgang der Mitteilungen. Bearbeitet von J. SCHELLHAMMER und F. KNICKENBERG. ib. 1889.

[2]) XXXIX und XXXX m. d. Titel: Zollerische Schlösser, Burgen und Burgruinen in Schwaben. Von K. TH. ZINGELER und GEORG BUCK. Mit 141 Abbildungen. Berlin 1906. Franz Ebhardt & Co. 4°

[3]) Für 1910/11—1912/13 ist erschienen ZINGELER, Karl Anton Fürst von Hohenzollern 1911, siehe oben.

— d. Vereins f. Geschichte u. Alterthumskunde in Hohenzollern. 29. Jahrg. 1895/96 u. 30. Jahrg. 1896/97. gr. 8. Sigmaringen (Liehner). n. 2. 70
Beleuchtg. u. schliessl. Erledigg. d. bis daher noch schweb. Frage v. d. Burkadinger Herkunft d. Hohenzollern. Von Ludw. Schmid. (XIV, VIII, 218 u. VIII S. m. 1 Taf.) 897.

— dasselbe. Beihefte. gr. 8. Ebd. 896. n. 10. 80
D. Bau- u. Kunstdenkmäler in d. Hohenzollern'schen Landen. Im Auftr. d. hohenzollern'schen Landes-Ausschusses bearb. v. Karl Thdr. Zingeler u. Wilh. Frdr. Laur. Mit 22 Lichtdr., 168 Abb. im Text u. e. archäolog. Übersichtskarte v. Hohenzollern. Lex.-8. (XII, 304 u. Jahresbericht XII S.)

— des Vereins f. Geschichte u. Alterthumskunde in Hohenzollern. XXXI.—XXXIV. Jahrg. 1897/98—1900/1901. gr. 8. Sigmaringen (C. Liehner). à n. 2. 70
1897/98. (XIV, 148 S.) 899. — 1898/99. (XV, 176 S.) 899.
1899/1900. (XV, 220 S. m. 2 Karten.) 900.
1900/1901. (XV, 96 S. m. Abbildgn. u. 1 Stammtaf.) 901.

— des Vereins f. Geschichte u. Altertumskunde in Hohenzollern. 35.—38. Jahrg. 1901/2. 1902/3. 1903/4 u. 1904/5. (XIV, 78; XVI, 154; XV, 106 u. XVI, 102 S.) gr. 8. Sigmaringen (902—905). (C. Liehner.) à n. 2. 70

— d. Vereins f. Geschichte u. Altertumskunde in Hohenzollern. 39., 40. u. 41. Jahrg. 1905—1908. (XXI, 78 S.) 8. Sigmaringen 909. (C. Liehner.) 2. 70

— dasselbe. 42. u. 43. Jahrg. 1908/09 u. 1909/10. (142 S. u. XV, 123 S. m. 1 Bildnis.) 8. Ebd. (909. 10). à 2. 70

— dasselbe. Lex. 8. Ebd. 2. 70
Zollerische Schlösser, Burgen u. Burgruinen in Schwaben. Von K. Th. Zingeler u. Geo. Buck. (V, 141 S. m. 141 Abb.) 906.

MITT(H)EILUNGEN DES VEREINS FÜR GESCHICHTE U.(ND) ALTERT(H)UMSKUNDE ZU HOMBURG V. D. HÖHE.

Heft 1. (Mit Tafeln.) Homburg v. d. Höhe. 1877. Buchdruckerei des Taunusboten (G. Schudt). 8°.

Heft 2 (Enthält: L. JACOBI, Johann Christian Rind der Stifter des Bürger-Hospitals in Homburg v. d. Höhe. Mitteilungen über sein Leben, Wirken und Vermächtnis. Vortrag . Mit 1 Portrait.) ib. 1882. — 4°.

Heft 3. ib. 1883. Buchdruckerei und Verlag des Taunusboten (G. Schudt). A. u. d. T.: Friedrich Hölderlin in seinen Beziehungen zu Homburg vor der Höhe. Nach den hinterlassenen Vorarbeiten des Bibliothekars J. G. HAMEL bearbeitet von ERNST KELCHNER. ib. 1883. — 8°.

MITTEILUNGEN DES VEREINS FÜR GESCHICHTE UND ALTERTUMSKUNDE ZU HOMBURG V. D. HÖHE.

Heft 4. (Mit Tafeln.) Homburg v. d. Höhe 1891. Buchdruckerei von J. G. Steinhäuser 8°

MITTEILUNGEN DES VEREINS FÜR GESCHICHTE UND ALTERTUMSKUNDE ZU HOMBURG VOR DER HÖHE.

Heft 5. Inhalt I. Lebensbeschreibung des Prinzen Ludwig Gruno von Hessen-Homburg, von Dr ERNST SCHULZE. II. Mitglieder-Verzeichnis. (Mit 2 Tafeln und 1 Karte.) ib. 1892. —

MITTEILUNGEN DES VEREINS FÜR GESCHICHTE U. ALTERTUMSKUNDE ZU HOMBURG V. D. HÖHE.

Heft 6. Beiträge zur Lebensgeschichte des Erbprinzen Friedrich Josef von Hessen-Homburg und seiner Geschwister von Dr ERNST SCHULZE. Hierzu fünf Illustrationen in Zinkdruck und einer Kartenskizze. ib. 1899. F. Fraunholzsche Buchhandlung Staudt & Supp.

VEREIN FÜR GESCHICHTE UND ALTERTUMSKUNDE ZU HOMBURG V. D. HÖHE.

(Mitteilungen Heft 6a.) 1901 ib. 1900. Buchdruckerei Steinhäusser — A. u. d. T. Durch Nacht zum Licht. Scenen aus Homburgs vergangenen Tagen, entworfen von E. SCHULZE ib 1900. —

MITTEILUNGEN DES VEREINS FÜR GESCHICHTE UND ALTERTUMS-KUNDE ZU HOMBURG V. D. HÖHE.

Heft 7 Inhalt I. Das Homburger Waisenhaus. Von G. BAER. II. Blokade Homburgs im Jahre 1699. Von SCHLEUSSNER. ib. 1903. —

Heft 8. Briefe der Prinzessin Wilhelm von Preussen geb. Prinzessin Marianne von Hessen-Homburg an ihren Bruder Ludwig. Veröffentlicht von EMILIE DROESCHER. (Mit Tafeln.) ib. 1904. Buchdruckerei J. G. Steinhäusser

Heft 9. Das Landgrafen-Denkmal zu Homburg v. d. Höhe. Das Denkmal der Stadt Homburg, gestiftet von Seiner Majestät Kaiser Wilhelm II., wurde am 16. August 1906 enthüllt. (Mit Tafeln.) ib. 1906. —

Heft 10. Inhalt I. Das Zunftwesen in Homburg v. d. Höhe. Von Pfarrer FÜLLKRUG. II. Hessen-Homburgische Prinzen-Erzieher. Von Dr phil. WILHELM RÜDIGER. ib. 1910. —

Heft 11. Inhalt. Der Mosaikschmuck der Homburger Erlöserkirche. Ein ikonographischer Versuch von Dr phil. ERNST GERLAND. (Mit Tafeln.) Zu beziehen durch L. Staudt's Buchhandlung, Homburg v. d. H. ib. 1911. —

Heft 12. Beiträge zur Geschichte der Stadt Homburg v. d. Höhe. Die Gründung der Neustadt. Von L. ACHARD, Oberlehrer. (Mit 1 Karte.) ib. 1911. Verlag von Fritz Schicks Buchhandlung.

— des Vereins f. Geschichte u. Altertumskunde zu Homburg v. d. Höhe. 1.—5. Hft. Homburg v. d. Höhe, (F. Fraunholz). n.n. 9. —
1. I. Vereinsnachrichten. II. Der Pfahlgraben u. die Pfahlgraben-Castelle in der Umgebung v. Homburg. Vortrag, geh. am 15. Mai 1876 v. Frdr. Kofler. gr. 8. (40 S. m. 3 Taf.) 891. n. 1. 20
2. Johann Christian Rind, der Stifter d. Bürgerhospitals in Homburg v. d. Höhe. Mitteilungen üb. sein Leben, Wirken u. Vermächtnis. Vortrag, geh. am 20. Jan. 1882 v. L. Jacobi. Lex.-8. (40 S. m. Portr.) 891. n. 1. 20
3. Friedrich Hölderlin in seinen Beziehungen zu Homburg vor der Höhe. Nach den hinterlassenen Vorarbeiten v. J. G. Hamel bearb. v. Ernst Kelchner. gr. 8. (XIV, 40 S.) 883. n. 1. 20
4. gr. 4. (III, 36 S. m. 5 Taf.) 891. n. 3. —
5. Lebensbeschreibung d. Prinzen Ludwig Gruno v. Hessen-Homburg 1705—1745. Mit Benutzg. vieler ungedr. Aufzeichnungen entworfen v. Ernst Schulze. Hierzu 2 Portr. in Lichtdr. u. 1 autogr. Kartenskizze. gr. 8. (X, 166 S.) 892. n.n. 2. 40

— des Vereins f. Geschichte u. Altertumskunde zu Homburg v. d. Höhe. 6. Hft. gr. 8. Homburg, F. Supp. n.n. 2. —; (1—6 n.n. 11. —)
Beiträge zur Lebensgeschichte des Erbprinzen Friedrich Josef v. Hessen-Homburg und seiner Geschwister. Von Ernst Schulze. Hierzu 5 Illustr. in Zinkdr. u. 1 Kartenskizze. (V, 97 S.) 899.

— des Vereins f. Geschichte u. Altertumskunde zu Homburg v. d. Höhe. 8. Heft. gr. 8. Homburg (L. Staudt.) 904. n.n. 4. —
Wilhelm, Prinzessin v. Preussen, geb. Prinzessin Marianne v. Hessen-Homburg, Briefe an ihren Bruder Ludwig. Veröffentlicht v. Emilie Droescher. (IV, VIII, 264 S. m. 2 Abbildgn. u. 7 Taf.) 904.
Das 7. Heft ist vergriffen.

— des Vereins f. Geschichte u. Altertumskunde zu Homburg v. d. Höhe. 9. Heft. 8. Homburg (L. Staudt). — 50
Landgrafen-Denkmal, das, zu Homburg v. d. Höhe. (29 S. m. 4 Taf.) 906. — 50

Mittheilungen des Vereins für Geschichte und Alterthumskunde von Sangerhausen und Umgegend. 1. Heft. gr. 8. (IV, 198 S.) Sangerhausen 881, (Franke's Verlag.) cart. *
2. Heft u. d. T.:
Mittheilungen des Geschichts- und Alterthumsvereins von Sangerhausen und Umgegend. H. 2. 1888.

— d. Vereins f. Anhaltische Geschichte u. Altertumskunde. Im Auftrage d. Vereins hrsg. v. Wilh. Hosäus. 1.—5. Bd. gr. 8. Dessau, Selbstverl. d. Vereins. Jahresbeitrag n.n.n. 3.—
1. (842 S.) 875—877. — 2 (823 S.) 878—880. — 3. (VII, 859 S.) 881—884. — 4. (VII, 648 S.) 884—886. — 5. (VII, 790 S.) 887—890.

— dasselbe. 6. Bd. 1.—3. Tl. gr. 8. (468 S. m. 1 Karte.) Ebd. 891—893. Jahresbeitrag n.n.n. 3.—

— des Vereins f. anhaltische Geschichte u. Altertumskunde. Im Auftrage des Vereins hrsg. v. Frz. Kindscher. 7. Bd. 8 Tle. gr. 8. (692 S.) Dessau 894—898. (H. Haarth.) n. 6. 75; einzelne Tle. n. 1. 40

— dasselbe. 8. Bd. 6 Tle. u. Beilage zum 4. Tl. gr. 8. Ebd. n. 6. 75; einzelne Tle. n. 1. 40
1—5. (S. 1—475 m. Abbildgn. u. 7 Taf.) 898, 899. — Beilage: Geschichte des Dorfes Mehringen. Von Ewald Kühne. I. Tl. Bis zur Zerstörg. des Klosters. 1525. (284 S. m. 1 Taf.) 899.

Mitteilungen des Vereins f. anhaltische Geschichte u. Altertumskunde. 9. Bd. 1. u. 2. Tl. gr. 8. (S. 1—196 m. 1 Taf.) Dessau 901. (H. Haarth.) à n. 1. 40

— dasselbe. Im Auftrage des Vereins hrsg. v. H. Wäschke. 9. Bd. 3. Hft. gr. 8. (8. Bd. S. 587—647 u. 9. Bd. S. 197—244 m. 1 Taf.) Ebd. 902. n. 1. 40

— des Vereins für anhaltische Geschichte u. Altertumskunde. Im Auftrage des Vereins hrsg. v. H. Wäschke. 9. Bd. 4.—7. Heft. (III, II u. S. 245—582 u. 8 S.) gr. 8. Dessau 902—904. (C. Dünnhaupt.) à n. 1. 40; erh. Pr. à n. 4.—

Mitteilungen des Vereins für anhaltische Geschichte u. Altertumskunde. Im Auftrage des Vereins hrsg. v. H. Wäschke (1. Heft) u. E. Weyhe (2. Heft). 10. Bd. 1.—3. Heft. (S. 1—659 m. Abbildgn. u. 1 Taf.) gr. 8. Dessau 904 bis 906. (C. Dünnhaupt.) à n. 4.—

— des Vereins f. anhaltische Geschichte u. Altertumskunde. 10. Bd. 4. Heft. Im Auftrage des Vereins hrsg. v. E. Weyhe. (VI u. S. 661—818.) gr. 8. Dessau 907. (Hofbuchdr. C. Dünnhaupt.) 4.—

— dasselbe. 1.—3. Heft. (S. 1—460.) gr. 8. Ebd. 908—910. 11.—

MITTEILUNGEN DES VEREINS FÜR GESCHICHTE VON ANNABERG UND UMGEGEND.
Bd. 1. (Jahrbuch I bis V.) Annaberg 1896. Kommissionsverlag der Graserschen Buchhandlung (Richard Liesche). 8°.
I. Jahrbuch für 1885—88. ib. 1888. Kommissionsverlag von Hermann Grasers Buchhandlung.
II. Jahrbuch für 1888—1890. ib. 1890. —
III. Jahrbuch für 1890—1892. ib. 1893. —
IV. Jahrbuch für 1893—1894. ib. 1894. —
V. Jahrbuch für 1895—1896. ib. 1896. — A. u. d. T.: FESTSCHRIFT ZUR VIERHUNDERTJÄHRIGEN JUBELFEIER DER STADT ANNABERG am 21. September 1896. Herausgegeben vom Verein für Geschichte von Annaberg und Umgegend. Lichtdruck-Beilage: Die Stadturkunde Kaiser Maximilians vom 22. März 1501. ib. 1896. —
Bd. 2. (Jahrbuch VI bis X.) ib. 1907. Kommissionsverlag der Graserschen Buchhandlung (Richard Liesche).
VI. Jahrbuch für 1896—1898. Bd. 2. Heft 1. ib. 1898. —
VII. Jahrbuch für 1898—1900. Bd. 2. Heft 2. ib. 1901. —
VIII. Jahrbuch für 1900—1902. Bd. 2. Heft 3. ib. 1903. —
IX. Jahrbuch für 1902—1904. Bd. 2. Heft 4. ib. 1905. —
X. Jahrbuch für 1905—1907. Bd. 2. Heft 5 (letztes). ib. 1907. —
XI. Jahrbuch für 1908—1910. Bd. 3. Heft 1. ib. 1910. — A. u. d. T.: FESTSCHRIFT zum 25jährigen Bestehen des Vereins für Geschichte von Annaberg und Umgegend. 24. Juni 1910. ib. 1910. —
XII. Jahrbuch für 1910—1913. Bd. 3. Heft 2. ib. 1913. —

— des Vereins f. Geschichte v. Annaberg u. Umgegend. 1. Jahrbuch f. 1885—88. 8. (46 S.) Annaberg 888. (Graser.) n. — 80

— d. Vereins f. Geschichte v. Annaberg u. Umgegend. 2. Jahrbuch f. 1888—1890. gr. 8. (58 S.) Annaberg 890. (Graser's Verl.) n. 1.—

— dasselbe. 3. Jahrbuch f. 1891—1892. gr. 8. (90 S.) Ebd. 893. n. 1. 50

— dasselbe. 4. Jahrbuch f. 1893—1894. gr. 8. (50 S.) Ebd. 894. n. — 80

Mitteilungen d. Vereins f. Geschichte v. Annaberg u. Umgegend. V. Jahrbuch f. 1895—1896. gr. 8. Annaberg 896. (Graser.) n.n. 2.—
Festschrift zur 400jährigen Jubelfeier der Stadt Annaberg am 21. Septbr. 1896. Hrsg. v. Verein f. Geschichte v. Annaberg u. Umgegend. Lichtdr.-Beilage: Die Stadturkunde Kaiser Maximilians v. 22. März 1501. (125 S.)

— dasselbe. VI. Jahrbuch f. 1896—98. (2. Bds. 1. Hft.) gr. 8. (60 S.) Ebd. 898. n.n. 1.—

— des Vereins f. Geschichte v. Annaberg u. Umgegend. VII. Jahrbuch f. 1898—1900. (II. Bds. 2. Hft.) gr. 8. (S. 61—156.) Annaberg 901. (Graser.) n.n. 2.—

— des Vereins f. Geschichte v. Annaberg u. Umgegend. VIII. u. IX. Jahrbuch. gr. 8. Annaberg, (Graser). n.n. 2. 20
VIII. Für 1900—1902. (II. Bds. 3. Hft.) (S. 157—220.) 903. 1.—
IX. Für 1902—1904. (II. Bds. 4. Hft.) (S. 221—296.) 905. 1. 20

— des Vereins f. Geschichte v. Annaberg u. Umgegend. X. Jahrbuch f. 1905—1907. (II. Bds. 5. [letztes] Heft.) (III u. S. 297—376.) gr. 8. Annaberg 907. (Graser's Verl.) nn 1.50 (II. Bd. vollst. nn 6. 70)

— dasselbe. XI. Jahrb. f. 1908—1910. 3. Bdes. 1. Heft. Festschrift zum 25jähr. Bestehen des Vereins f. Geschichte v. Annaberg u. Umg. 24. VI. 1910. (VI, 247 S.) gr. 8. Ebd. 910. nn 2. 50

MITTHEILUNGEN DES VEREINS FÜR DIE GESCHICHTE BERLINS. Im Auftrage des Vereins unter Redaction von F. BUDCZIES herausgegeben von R. BÉRINGUIER.
Jahrg. 1—2. 1884—1885. (Berlin.) 1884—1885. Verlag des Vereins für die Geschichte Berlins. In Comm. bei E. S. Mittler und Sohn. 4°.

MITT(H)EILUNGEN DES VEREINS FÜR DIE GESCHICHTE BERLINS.
Im Auftrage des Vereins unter Redaction von F BUDCZIES herausgegeben von R BÉRINGUIER
Jahrg. 3. 1886. Berlin 1886. Verlag des Vereins für die Geschichte Berlins. In Commission (später in Vertrieb) bei E. S. Mittler und Sohn. 4°
Jahrg. 4—5. 1887—1888. ib. 1887—1888. — —
Im Auftrage des Vereins herausgegeben von R. BÉRINGUIER
Jahrg. 6—9. 1889—1892. ib. 1889—1892. — —
Im Auftrage des Vereins herausgegeben von HANS BRENDICKE
Jahrg. 10—14. 1893—1897 ib. 1893—1897 — —
Jahrg. 15. 1898. (Mit 1 Tafel.) ib. 1898. — —
Jahrg. 16—23. 1899—1906. ib. 1899—1906. — —
Im Auftrage des Vereins herausgegeben von ERNST FRENSDORFF
Jahrg. 24—25. 1907—1908. ib. 1907—1908. — —

ALT-BERLIN MITTEILUNGEN DES VEREINS FÜR DIE GESCHICHTE BERLINS
Im Auftrage des Vereins herausgegeben von ERNST FRENSDORFF
Jahrg 26 1909 ib 1909 — —
Im Auftrage des Vereins herausgegeben von HANS BRENDICKE.
Jahrg 27 1910 ib 1910. — —

MITTEILUNGEN DES VEREINS FÜR DIE GESCHICHTE BERLINS.
Jahrg 28—31 1911—1914 ib. 1911—1914 — —
REGISTER zu den Jahrgängen 1884—1908. Von RÜDIGER v SCHOELER ib. 1909. —

— des Vereins f. die Geschichte Berlins. Red.: Fr. Budczies u. R. Beringuier. 1—3. Jahrg 1884—1886. gr. 4. (Nr. 1. 1 B.) Berlin, (Mittler & Sohn). à Jahrg. n. 6. —

— des Vereins f. die Geschichte Berlins. Unter Red. v. F. Budczies hrsg. v. R. Béringuier. 4.—7. Jahrg. 1887—1890. à 12 Nrn. gr. 4. (1½ B.) Berlin, (Mittler & Sohn). à Jahrg. n. 6. —

Mittheilungen d. Vereins f. die Geschichte Berlins. Red.: R. Béringuier. Jahrg. 1891—1892. gr. 4. Berlin, (E. S. Mittler & Sohn). à Jahrg. n. 6. —
Erscheint in zwanglosen Nrn (à 1—1½ Bog.)

— dasselbe. Red.: Brendicke. Jahrg. 1893. 1894. gr. 4. Ebd. à Jahrg. n. 6. —

— des Vereins f. die Geschichte Berlins. Red.: Hans Brendicke. Jahrg. 1895—1898. à 12 Nrn. gr. 4. (IV, 128; IV, 146; IV, 144 u. IV, 162 S.) Berlin, (E. S. Mittler & Sohn.) à Jahrg. n. 6. —

— des Vereins f. die Geschichte Berlins. Red.: Hans Brendicke. Jahrg. 1899—1902. gr. 4. (1899. 142 S.; 1900. 144 S.) Berlin (E. S. Mittler & Sohn). à Jahrg. n. 6. —
Die Jahrgge. 1901 u. 1902 sind vergriffen.

— des Vereins f. d. Geschichte Berlins. Red.: Hans Brendicke. Jahrg. 1903—1906. (IV, 134; IV, 162; IV 162 u. IV, 156 S. m. Abbildgn.) 4. Berlin, (E. S. Mittler & Sohn). à Jhrg. n. 6. —

— des Vereins f. die Geschichte Berlins. Red.: Ernst Frensdorff. Jahrg. 1907 u. 1908. (à ca. 24 S. m. Abb.) 32×24 cm. Berlin, (E. S. Mittler & Sohn). à Jahrg. 6. —

— dasselbe. Register zu den Jahrgängen 1884—1908 v. Rüdiger v. Schoeler. (IV, 92 S.) 31,5×23,5 cm. Ebd. 909. 3. —
Fortsetzg., s.: Alt-Berlin.

— des Vereins f. Chemnitzer Geschichte. I. Jahrbuch f. 1873—75. gr. 8. (240 S.) Chemnitz 876. May in Comm. n. 3. —

— dass. — II. Jahrbuch für 1876—1878. gr. 8. (142 S.) (Ebendas.) 879. *

— des Vereins für Chemnitzer Geschichte. III. Jahrbuch für 1879-81. gr. 8. (III, 194 S.) Chemnitz 882. May. n.n. 3. —

— des Vereins f. Chemnitzer Geschichte. IV. Jahrbuch f. 1882—83. gr. 8. (III, 256 S.) Chemnitz 884. (May.) n. 3. —

— des Vereins f. Chemnitzer Geschichte. V. Jahrbuch f. 1884—86. gr. 8. (XXIII, 216 S.) Chemnitz 887. (May.) n.n. 3. —

— dasselbe. VI. Jahrbuch f. 1887—88. Festschrift zur 800 jähr. Jubelfeier d. erlauchten Herrscherhauses Wettin. gr. 8. (XXIX, 184 S. m. 1 Taf.) Ebd. 889. n.n. 3. —

— des Vereins f. Chemnitzer Geschichte. VII. Jahrbuch f. 1889—90. gr. 8. (III, 158 S. m. 1 lith. Taf.) Chemnitz 891. (O. May.) n.n 3. —

— dasselbe. VIII. Bd., s. Festschrift zum 750jähr. Jubiläum der Stadt Chemnitz.

— d. Vereins f. Chemnitzer Geschichte. VIII. Jahrbuch f. 1891—94. gr. 8. (III, 158 S.) Chemnitz 895. (O. May.) n. 3. —

— dasselbe, IX. Jahrbuch, s.: Festschrift z. 25jähr. Jubiläum d. Vereins f. Chemnitzer Geschichte.

— des Vereins f. Chemnitzer Geschichte. X. u XI. Jahrbuch f. 1898—1899 u. 1900—1901. gr. 8. (III, 184 S. m. 1 Taf. u. III, 133 S.) Chemnitz 899. 901. (O. May.) à n. 3. —

— des Vereins für Chemnitzer Geschichte. XII. u. XIII. Jahrbuch f. 1902—1903 u. 1904—1905. (III, 92 u. III, 176 S.) gr. 8. Chemnitz 905. (O. May.) à n. 3. —

— des Vereins f. Chemnitzer Geschichte. XIV. Jahrbuch f. 1906—1908. (VIII, 191 S. m. 1 farb. Karte.) 8. Chemnitz 908. (O. May.) 3. —

FESTSCHRIFT zur achthundertjährigen Jubelfeier des erlauchten Herrscherhauses Wettin. Herausgegeben von dem Verein für Chemnitzer Geschichte.
VI. Jahrbuch des Vereins für Chemnitzer Geschichte (1887—88.) (Mit 1 Tafel.) Chemnitz 1889. Kommissionsverlag von O. May's Buchhandlung (E. Röder). 8°

MITTEILUNGEN DES VEREINS FÜR CHEMNITZER GESCHICHTE.
VII. Jahrbuch für 1889—90. (Mit 1 Tafel.) ib. 1891. —
VIII. Jahrbuch für 1891—94. (Mit III Beilagen.) ib. 1895. —

FESTSCHRIFT zum Fünfundzwanzigjährigen Jubiläum des Vereins für Chemnitzer Geschichte. Im Auftrage des Vereins herausgegeben von PAUL UHLE.
IX. Jahrbuch des Vereins für Chemnitzer Geschichte (1895/97). ib. 1897. —

MITTEILUNGEN DES VEREINS FÜR CHEMNITZER GESCHICHTE.
X. Jahrbuch für 1898—99. (Mit 1 Tafel.) ib. 1899. —
XI. Jahrbuch für 1900—1901 ib. 1901. —
XII. Jahrbuch für 1902—1903. (Mit 1 Tafel.) ib. 1903. —
XIII. Jahrbuch für 1904—1905. (Mit 1 Tafel.) ib. 1905. —
XIV Jahrbuch für 1906—1908. (Mit 1 Skizze des Dekanates Chemnitz.) ib. 1908. —
Im Auftrage des Vereins herausgegeben von Prof. Dr. P UHLE.
XV Jahrbuch für 1908—1911. (Mit Abbildungen.) ib. 1912. —
XVI. Jahrbuch für 1913—1914. ib. 1913. —

Mittheilungen des Vereines für Geschichte der Deutschen in Böhmen . . . Prag 1862 ff. Red: *Schmalfuss, Anton.* (EB)

Mittheilungen des Vereins für Geschichte der Deutschen in Böhmen. 1.—32. Jahrg. (In Fortsetzung.) (32 Bde.) 8. Prag 1863—1894.

Mittheilungen des Vereines für Geschichte der Deutschen in Böhmen. (Fortsetzung.) 33.—42. Jahrgang. (Als Separatbeilage zum 40. Jahrg.) Festschrift zum 40jähr. Bestande des Vereines. (11 Bde.) 8. Prag 1895—1904.

Mitteilungen des Vereins für Geschichte der Dtn in Böhmen. Jg 1 ff. — Prag: Selbstverl. (1881—1894: Lpg u. Wien: Brockhaus in Komm.; 1895—1898: Prag: Dominicus in Komm.; 1899—1921: Prag: Calve in Komm.) 1862 ff.

— des Vereines für Geschichte der Deutschen in Böhmen. Redig. von A. Schmalfuß. 1. Jahrg. 4 Hefte. 2. u. 3. Jahrg. à 6 Hefte (à 2½ Bgn.). Prag 863—65. (Leipzig, Brockhaus' Sort.) Lex.-8. Jedes Heft n. 8 ngr.

— — Redig. von C. Höfler. 4. Jahrg. 6 Hefte. (à 2½ Bgn.) (Ebend.) 865—66. Lex.-8. Jedes Heft n. 8 ngr.

— — Redig. von Jos. Virgil Grohmann. 5. Jahrg. 6 Hefte u. 6—9. Jahrg. à Jahrg. 8 Hefte (à 2½ Bgn.). Ebend. 866—70. Lex.-8. Jedes Heft n. 8 ngr.

— des Vereins f. Geschichte der Deutschen in Böhmen. Red. v. Ludw. Schlesinger. 10. Jahrg. 8 Hfte. u. 11—13. Jahrg. à 6 Hfte. (2½ B.) Lex.-8. Prag 871—75. Leipzig, Brockhaus Sort. in Comm. à Hft. n. — 80

— dasselbe. 14. Jahrg. 1—4. Hft. Lex.-8. (S. 1—320 u. Beilage S. 1—76.) Ebend. 875. 76. à Hft. n. 2. —

— dasselbe. 15. Jahrg. 1876/77. 1. Hft. Lex.-8. (S. 1—88 u. Beilage S. 1—16.) Ebend. 876. n. 2. —

— des Vereins für Geschichte der Deutschen in Böhmen. Red. von Ludw. Schlesinger. Nebst der literarischen Beilage, red. von Matth. Pangerl. 15. Jahrg. 1876—77. 2—4 Hft. Lex.-8. (S. 89—332 u. Beilage S. 17—64.) Prag 877. (Leipzig, Brockhaus' Sort. in Comm. à Hft. n. 2. —

— dasselbe. 16. Jahrg. 1877/78. 4 Hfte. Lex.-8. (1. Hft. 80 u. Beilage 24 S.) Ebend. à Hft. n. 2. —

— dasselbe. 17. Jahrg. 4 Nrn. gr. 8. (391 u. Beilage 56 S.) Ebend. 878. 79. n. 9. —

— dasselbe. 18—21. Jahrg. à 4 Hfte. gr. 8. (à ca. VI, 328 u. literar. Beilage 64 S.) Ebend. 879—82. à Hft. n. 2. —

— des Vereins f. Geschichte der Deutschen in Böhmen. Nebst der literar. Beilage. Red. v. Ludw. Schlesinger. 22—25. Jahrg. 1883/87. à 4 Hfte. gr. 8. (à Hft. ca 88 u. 16 S.) Prag. (Leipzig, Brockhaus' Sort.) à Hft. n. 2. —

— des Vereins f. Geschichte der Deutschen in Böhmen. Nebst der literar. Beilage. Red. v. L. Schlesinger. 26.—29. Jahrg. 1887/88, 1888/89, 1889/90, 1890/91. à 4 Hfte. gr. 8. (à Hft. ca. 100 S.) Prag. (Leipzig, Brockhaus' Sort.) à Hft. n. 2. —

— d. Vereines f. Geschichte der Deutschen in Böhmen. Nebst der literar. Beilage. Red. v. G. Biermann u. Wenzel Hieke. 30.—33. Jahrg. 1891/92, 1892/93, 1893/94, 1894/95. à 4 Hfte. gr. 8. (à Hft. ca. 120 S.) Prag, (H. Dominicus). à Jahrg. n. 8. —

— des Vereines f. Geschichte der Deutschen in Böhmen. Nebst d. literar. Beilage. Red. v. G. Biermann u. A. Hordička. 34.—37. Jahrg. Octbr. 1895—Septbr. 1898. à 4 Hfte. gr. 8. (à Hft. ca. 120 S.) Prag, (J. G. Calve.) à Jahrg. n. 8. —

— des Vereins f. Geschichte der Deutschen in Böhmen. Nebst der literar. Beilage. Red. v. A. Hordička u. O. Weber. 38.—41. Jahrg. 1899—1902. à 4 Hfte. gr. 8. (à Jahrg. ca. 600 S.) Prag (J. G. Calve.) à Jahrg. n. 8. —

— des Vereins f. Geschichte der Deutschen in Böhmen. Nebst der literar. Beilage. Red. von A. Horcicka u. O. Weber. 42.—45. Jahrg. 1903—1906. à 4 Hefte. (à Jhrg. ca. 600 S.) gr. 8. Prag, (J. G. Calve). à Jhrg. n. 8 —

— des Vereines f. Geschichte der Deutschen in Böhmen. Nebst der literar. Beilage. Red. v. A. Horcicka u. O. Weber. 46.—49. Jahrg. 1907—1910. à 4 Hefte. (564 u. 68 S.; 418 u. 70 S.; 544 u. 76 S.; 508 u. 64 S.) gr. 8. Prag, J. G. Calve. à Jahrg. 8. —

— des Vereins f. Geschichte Dresdens. 8. Hft. gr. 8. (110 S.) Ebd. 888. n. 1. 50

— d. Vereins f. Geschichte Dresdens. 9.—11. Hft. gr. 8. Dresden, W. Baensch. n. 4. 10
9. (III, 109 S.) 889. n. 1. 50
10. (134 S.) 892. n. 1. 60
11. Dresden im Kriegsj. 1809. Von E. G. M. Frhr. v. Friesen. (III, 76 S.) 893. n. 1. —

— des Vereins f. Geschichte Dresdens. 12.—16. Hft. gr. 8. Dresden, W. Baensch. n. 8. 50
12.—14. Die Dresdner Innungen von ihrer Entstehung bis zum Ausgang des 17. Jahrh. Von Max Flemming. 1. Tl. (XI, 308 S.) 896. n. 4. 50
15. Die Lage in Sachsen während der schwedischen Invasion 1706 u. 1707 u. der Friede v. Altranstädt. Von Ernst Frhr. v. Friesen. (VII, 125 S.) 901. n. 2. —
16. Das kurfürstliche Amt Dresden vom 14. bis zum 19. Jahrh. Von Heinr. Haug. (IV, 80 S.) 902. n. 2. —

— des Vereins f. Geschichte Dresdens. 17.—19. Heft. gr. 8. Dresden, W. Baensch. n. 4. 50
17. 18. Namenbuch der Straßen u. Plätze Dresdens. Von Adf. Hantzsch. (XI, 164 S.) 905. n. 2. 50
19. Dresdner auf Universitäten vom 14. bis zum 17. Jahrh. Von Vikt. Hantzsch. (III, 112 S.) 906. n. 2. —

— des Vereins f. Geschichte Dresdens. 20. u. 21. Heft. gr. 8. Dresden, W. Baensch. à 2. —
Sigismund, Ernst, Ferdinand v. Rayski. Ein biographischer Versuch. (VI, 86 S. m. 8 Taf.) 907. (20. Heft.) 2. —
Trautmann, Otto, Kaditz bei Dresden. Verfassung, Wirtschaft u. Schicksale des Dorfs u. seiner Kirchfahrt. Mit (8) Plänen u. Abb. (VI, 131 S.) 909. (21. Heft.) 2. —

MITTEILUNGEN DES VEREINS FÜR GESCHICHTE DRESDENS.
Heft 8. ib. 1888. — 9. ib. 1889. — 10. ib. 1892. Wilhelm Baensch. —
Heft 11. ib. 1893. — A. u. d. T.: Dresden im Kriegsjahre 1809. Von E. G. M. FREIHERRN von FRIESEN. ib. 1893. —
Heft 12 bis 14. ib. 1896. — A. u. d. T.: Die Dresdner Innungen von ihrer Entstehung bis zum Ausgang des 17. Jahrhunderts. Von MAX FLEMMING. Teil 1. ib. 1896. —
Heft 15. ib. 1901. — A. u. d. T.: Die Lage in Sachsen während der Schwedischen Invasion 1706 und 1707 und der Friede von Altranstädt. Von ERNST FREIHERRN von FRIESEN. ib. 1901. —
Heft 16. ib. 1902. — A. u. d. T.: Das kurfürstliche Amt Dresden vom 14. bis zum 19. Jahrhundert. Von HEINRICH HAUG. ib. 1902. —
Heft 17 und 18. ib. 1905. — A. u. d. T.: Namenbuch der Strassen und Plätze Dresdens. Von ADOLF HANTZSCH. ib. 1905. —
Heft 19. ib. 1906. A. u. d. T.: Dresdner auf Universitäten vom 14. bis zum 17. Jahrhundert. Zusammengestellt von VIKTOR HANTZSCH. ib. 1906. —
Heft 20. ib. 1907. — A. u. d. T.: Ferdinand von Rayski. Ein biographischer Versuch von ERNST SIGISMUND. (Mit Tafeln.) ib. 1907. —
Heft 21. ib. 1909. — A. u. d. T.: Kaditz bei Dresden. Verfassung, Wirtschaft und Schicksale des Dorfs und seiner Kirchfahrt dargestellt von OTTO TRAUTMANN. Mit Plänen und Abbildungen. ib. 1909. —
Heft 22. ib. 1912. Buchdruckerei der Wilhelm und Bertha von Baensch Stiftung. — A. u. d. T.: Zur Geschichte der Besiedelung der Dresdner Gegend. Von OTTO TRAUTMANN. Mit 8 Plänen. ib. 1912. —
Heft 23. ib. 1912. — A. u. d. T.: Die Anfänge des Dresdner Zeitungswesens im 18. Jahrhundert. Von WALTER SCHÖNE. ib. 1912. —
Heft 24. ib. 1914. — A. u. d. T.: Dresden während des 30jährigen Krieges von ERNST SPARMANN. ib. 1914. —

Mitteilungen des Vereins für Gothaische Geschichte und Altertumsforschung. 1–31. Gotha: Thienemann 1897–1941. 8°
Schriftleiter. R. Ehwald u.a.
Jg. 1–3 auch mit dem Obertitel: Aus der Heimat.

— des Vereins für Hamburgische Geschichte. Im Auftrage des Vorstandes hrsg. v. Karl Koppmann. 1–3. Jahrg. gr. 8. (VIII, 148, VI, 160 u. VI, 176 S. m. 1 Steintaf.) Hamburg 878–81. Mauke Söhne. à n. 2. —

—— des Vereins für Hamburgische Geschichte. Im Auftrage des Vorstandes hrsg. von Karl Koppmann. 2.–8. Jahrg. gr. 8. (VI, 160; VI, 176; 160; 160; 186; 160; 168 S.) Hamburg 880–85, Mauke Söhne. à Jahrg. *

— des Vereins f. Hamburgische Geschichte. Hrsg. vom Vereins-Vorstand. 9. Jahrg. 1886, nebst Register f. Jahrg. VII–IX. gr. 8. (V, 186 S.) Hamburg, Mauke Söhne. n. 2. —

— dasselbe. 10. Jahrg. 1887. gr. 8. (V, 160 S.) Ebd. n. 2. —

— dasselbe. 11. Jahrg. 1888. gr. 8. (V u. S. 161–320.) Ebd. n. 2. —

— dasselbe. 12. Jahrg. 1889, nebst Register f. Jahrg. X–XII. gr. 8. (V u. S. 321–509.) Ebd. n. 2. —

— d. Vereins f. Hamburgische Geschichte. Hrsg. vom Vereins-Vorstand. 13. Jahrg. 1890. gr. 8. (V, 166 S. m Münzabbildgn.) Hamburg 891. W. Mauke Söhne. n. 2. —

— dasselbe. 14. Jahrg. 1891. gr. 8. (V u. S. 167–326.) Ebd. 892. n. 2. —

— des Vereins f. hamburgische Geschichte. Hrsg. vom Vereins-Vorstand. 15., 16. u. 18. Jahrg. gr. 8. Hamburg, W. Mauke Söhne. à n. 2. —
15. 1892, nebst Register f. Jahrg. XIII, XIV, XV. (IV u. S. 327–518.) 893.
16. 1893/94. (6. Bd. IV, 196 S.) 894.
18. 1896/97, nebst Register f. Jahrg. XVI, XVII, XVIII. (6. Bd. IV u. S. 366–557.) 897.
Bd. 17 ist vergriffen.

— des Vereins f. hamburgische Geschichte. Hrsg. vom Vereins-Vorstand. 19.–21. Jahrg. 1898/99. 1900 u. 1901. gr. 8. (VIII, 244 S.; V u. S. 245–438 u. IV u. S. 439–653 m. 8 Taf.) Hamburg 900–902. W. Mauke Söhne. à Jahrg. n. 2. —

— des Vereins f. hamburgische Geschichte. Hrsg. vom Vereins-Vorstand. 22.–25. Jahrg. 1902–1905. (IV, 184 S.; V u. S. 185–368; V u. S. 369–594 u. V, 196 S.) gr. 8. Hamburg 903–906. W. Mauke Söhne. à n. 2. —

— des Vereins f. hamburgische Geschichte. Hrsg. vom Vereins-Vorstand. 26. u. 27. Jahrg. 1906 u. 1907. (IV u. S. 197–380 u. V u. S. 381–630.) gr. 8. Hamburg 907. 08. W. Mauke Söhne. à 2. —

— dasselbe. 28. u. 29. Jahrg. 1908 u. 1909. (V, 160 S. m. 1 Taf. u. V u. S. 161–328.) gr. 8. Ebd. 909. 10. à 2. —

Mittheilungen des Vereins für Geschichte und Landeskunde zu Bad Homburg v. d. H. 1 ff.
Bad Homburg a. d. H.: Verein für Geschichte und Landeskunde 1877 ff. 8°

Mittheilungen des Vereins für Geschichte und Landeskunde von Osnabrück. Bd 12-64.
Osnabrück: Meinders (sp. Verein) 1882-1950. 8°
Vorh. u. d. T.: Mittheilungen des historischen Vereins zu Osnabrück.
Fortges. u. d. T.: Osnabrückische Mitteilungen. Jg. 65. 1952 ff.

MITTHEILUNGEN DES VEREINS FÜR GESCHICHTE UND LANDESKUNDE VON OSNABRÜCK, („Historischer Verein").
Bd. 12. 1882. ib. 1882. —

MITTEILUNGEN DES VEREINS FÜR GESCHICHTE UND LANDESKUNDE VON OSNABRÜCK, („Historischer Verein").
Bd. 13. 1886. Osnabrück 1886. J. G. Kisling. 8°.
In Mitteilungen ... Bd. 13. 1886: Inhaltsverzeichnis zu den Bänden I. bis XII. der Mitteilungen des Historischen Vereins.

MITT(H)EILUNGEN DES VEREINS FÜR GESCHICHTE UND LANDESKUNDE VON OSNABRÜCK (HISTORISCHER VEREIN).
Bd. 14. 1889. Osnabrück 1889. Verlag und Druck von J. G. Kisling. 8°.
Bd. 15. 1890. (Mit Tafeln.) ib. 1890. —
Bd. 16. 1891. (Mit Tafeln.) ib. 1891. —
Bd. 17. 1892. Mit 6 Tafeln und zahlreichen Abbildungen im Text. ib. 1893. —
Bd. 18. 1893. Mit 10 Tafeln und Abbildungen im Text. ib. 1893. —
Bd. 19. 1894. Mit 5 Tafeln und Abbildungen im Text. ib. 1894. —
Bd. 20. 1895. Mit 4 Tafeln und Abbildungen im Texte. ib. 1895. —
Bd. 21. 1896. Mit 10 Tafeln und Abbildungen im Texte. ib. 1897. —
Bd. 22. 1897. Mit den Bildern Mösers und Stüves, 1 Tafel und einigen Abbildungen im Texte. ib. 1898. —
Bd. 23. 1898. ib. 1899. —
Bd. 24. 1899. (Mit Tafeln.) ib. 1900. —
Bd. 25. 1900. ib. 1901. —
Bd. 26. 1901. ib. 1902. —
Bd. 27. 1902. (Mit Tafeln.) ib. 1903. —
Bd. 28. 1903. ib. 1904. —
Bd. 29. 1904. (Mit Tafeln.) ib. 1905. —
Bd. 30. 1905. ib. 1906. — 30. 1905. Beiheft: Register zu C. Stüves Geschichte des Hochstifts Osnabrück, bearbeitet von J. JAEGER. ib. 1905. —
Bd. 31. 1906. ib. 1907. —
Bd. 32. 1907. (Mit Tafeln.) ib. 1908. —
Bd. 33. 1908. (Mit Tafeln.) ib. 1909. —
Im Auftrage des Vereins herausgegeben von BRUNO KRUSCH.
Bd. 34. 1909. (Mit 1 Tafel.) ib. 1910. —

MITTEILUNGEN DES VEREINS FÜR GESCHICHTE UND LANDESKUNDE VON OSNABRÜCK. („HISTORISCHER VEREIN".)
Bd. 35. 1910. ib. 1911. —
Bd. 36. 1911. ib. 1912. —
Bd. 37. 1912. (Mit Tafeln.) ib. 1913. —
Bd. 38. 1913. ib. 1914. —

— des Vereins für Geschichte u. Landeskunde v. Osnabrück [„historischer Verein"]. 12. Bd. 1882. gr. 8. (XV, 411 S.) Osnabrück 882. (Meinders.) n. 4. 50
cf.: Mittheilungen des historischen Vereins zu Osnabrück.

— des Vereins f. Geschichte u. Landeskunde v. Osnabrück [histor. Verein]. 13. Bd. 1886. gr. 8. (XV, 404 S.) Osnabrück, (Meinders). n. 4. 50

— des Vereins f. Geschichte u. Landeskunde v. Osnabrück [„Historischer Verein"]. 14. Bd. 1889. gr. 8. (XVI, 434 S. m. 7 Taf.) Osnabrück 889. (Meinders. — Rackhorst.) n.n. 6. —

— des Vereins f. Geschichte u. Landeskunde v. Osnabrück („Historischer Verein"). 15.—18. Bd. 1890—1893. gr. 8. Osnabrück, (H. Meinders). à n.n. 6. —
15. 1890. (XVI, 416 S. m. 9 z. Th. lith. Taf. u. 1 Portr.)
16. 1891. (XVI, 373 S. m. 13 Taf.)
17. 1892. (XVI, 444 S. m. Abbildgn., 1 Bildnis u. 6 Taf.)
18. 1893. (XVI, 348 S. m. Abbildgn. u. 10 Taf.)

— d. Vereins f. Geschichte u. Landeskunde v. Osnabrück („historischer Verein"). 19. Bd. 1894. Mit Inhaltsverzeichniß u. alphabet. Sachregister z. 1.—16. Bd., II. gr. 8. (XVI, 228 S. m. Abb. u. 5 Taf., u. Reg. S. 65—188.) Osnabrück 894. (H. Meinders.) n.n. 6. —

— dasselbe. 20.—22. Bd. gr. 8. Ebd. à Bd. n.n. 6. —
20. 1895. (XVI, 392 S. m. Abb. u. 4 Taf.) 895.
21. 1896. (XVI, 231 S. m. Abb. u. 10 Taf.) 897.
22. 1897. (XVI, 316 S. m. Abb., 2 Bildn. u. 1 Taf.) 898.

— des Vereins f. Geschichte u. Landeskunde v. Osnabrück („Historischer Verein"). 23.—26. Bd. 1898—1901. gr. 8. (XVI, 272 S.; XVI, 310 S. m. 4 Taf.; XIX, 331 u. XX, 326 S.) Osnabrück 899—902. (H. Meinders. — Rackhorst.) à n.n. 6. —

— des Vereins f. Geschichte u. Landeskunde v. Osnabrück („Historischer Verein"). 27.—30. Bd. 1902—1905. (XIX, 347; XX, 385; XX, 352 S. m. 1 Taf. u. XIX, 280 S. m. 3 Taf.) gr. 8. Osnabrück 903—906. (H. Meinders. — Rackhorst.) à n.n. 6. —

— des Vereins f. Geschichte u. Landeskunde v. Osnabrück („Historischer Verein"). 31.—33. Bd. 1906—1908. (XX, 289; XIX, 367 u. XIX, 363 S.) 8. Osnabrück 907—09. (H. Meinders. — Rackhorst.) à nn 6. —

— dasselbe. Im Auftrage d. Vereins hrsg. v. Bruno Krusch. 34. Bd. 1909. (XIX, 483 S. u. Register zu Bd. 17—32: IV, 207 S.) 8. Ebd. 910. nn 6. —

Mittheilungen des Vereins für Lübeckische Geschichte und Alterthumskunde.
H. 1 ⟨1883, 1884⟩ ff. Lübeck. 1884 ff. 8°.
Jedes Heft besteht aus 12 Nummern, von denen 6 im Laufe eines Jahres erscheinen.

MITTHEILUNGEN DES VEREINS FÜR LÜBECKISCHE GESCHICHTE UND ALTERT(H)UMSKUNDE.
Heft 2. (1885, 1886.) (Mit Tafeln.) Lübeck. 1887. Edmund Schmersahl. 8°. — 3. (1887, 1888.) ib. 1889. — 4. (1889, 1890.) ib. 1891. — 5. (1891, 1892.) ib. 1893. — 6. (1893, 1894.) (Mit 1 Tafel.) ib. 1895. — 7. (1895, 1896.) ib. 1897. Edmund Schmersahl Nachf. — 8. (1897, 1898.) ib. 1899. — 9. (1899, 1900.) ib. 1900. Lübcke & Nöhring. — 10. (1901, 1902.) ib. 1902. — 11. (1903, 1904.) ib. 1904. — 12. Hälfte 1. 1905. ib. 1906. Lübcke & Nöhring. — 12. Hälfte 2. 1906. ib. 1907. —[2])

— des Vereins f. Lübeckische Geschichte u. Alterthumskunde. 1–4. Jahrg. 1883—1886. à 6 Nrn. (B.) gr. 8. Lübeck, (Schmersahl). à Jahrg. n. 1. 20

— des Vereins f. Lübeckische Geschichte u. Alterthumskunde. 3. Hft. 12 Nrn. [= 5. u. 6. Jahrg.] 1887. 1888. à Jahrg. 6 Nrn. (B.) gr. 8. Lübeck, (Schmersahl). à Jahrg. n. 1. 20

— dasselbe. 4. Hft. 12 Nrn. = 1889. 1890. à 6 Nrn. (B.) gr. 8. Ebd. à Jahrg. n. 1. 20

— des Vereins f. Lübeckische Geschichte u. Alterthumskunde. 5. Hft. (1891—1892.) 12 Nrn. (Bog.) gr. 8. Lübeck, (E. Schmersahl). n. 2. 40

— dasselbe. 6. Hft. (1893.) 12 Nrn. (Bog.) gr. 8. Ebd. n. 2. 40

Mitteilungen d. Vereins f. lübeckische Geschichte u. Alterthumskunde. 7. Hft. (1895—1896). 12 Nrn. (Bog.) gr. 8. Lübeck (E. Schmersahl Nachf.) n. 2. 40

— dasselbe. 8. Hft. (1897—1898.) 12 Nrn. (Bog.) gr. 8. Ebd. n. 2. 40

— des Vereins f. lübeckische Geschichte u. Alterthumskunde. 9. u. 10. Hft. à 12 Nrn. gr. 8. Lübeck 899—902. (Lübcke & Nöhring.) à Hft. (2 Jahrgge.) n. 2. 40
9. (1899. 1900.) (204 S.) — 10. (1901. 1902.) (192 S.)

— des Vereins f. lübeckische Geschichte u. Altertumskunde. 11. Heft u. 12. Heft. 1. Hälfte. 1905. 8. Lübeck, Lübcke & Nöhring. n. 3. 60
11. (12 Nrn.) (192 S.) 903.04. n. 2. 40
12. I. (1905.) (96 S.) 906. n. 1. 20

— des Vereins f. lübeckische Geschichte u. Altertumskde. 12. Heft. 2. Hälfte. 1907. (S. 97—192.) 8. Lübeck 907. Lübcke & Nöhring. 1. 20

— dasselbe. Inhaltsverzeichnis zu Heft 1—12, s.: Hach, Eduard. Erscheinen nicht mehr.

MITTEILUNGEN DES VEREINS FÜR GESCHICHTE DER STADT MEISSEN.
Bd. 1. (Heft 1—5: 1882—1886.) (Mit 1 Tafel und 1 Karte.) Meissen. 1886. In Komm. bei Louis Mosche. 8°.

MITTEILUNGEN DES VEREINS FÜR GESCHICHTE DER STADT MEISSEN.
Bd. 2—6. Meissen 1891. 1894. 1897. 1900. 1904. In Kommission bei Louis Mosche. 8°.
Bd. 7. (Mit Bildnis des Professor Dr. Loose.) ib. 1909. —
Bd. 8[1]). Heft 1. Inhalt: Das Bürgerhaus in Meissen. Von Diplom-Ingenieur Dr.-Ing. ALBERT RANNACHER. Vereinsbericht. Von Direktor OSWALD RADESTOCK. ib. 1910. — Heft 2. Inhalt: Auszüge aus den Papieren eines Sachsen. Herausgegeben von HEINRICH FREIHERRN von WELCK, Major im Königl. Kriegsministerium. Aphorismen über Romantik von Konrektor Prof. Dr. ALFRED LEICHT. Die Begründung und Weiterentwicklung der christlichen Kirche im Daleminziergaue. Von Lic. Dr. LEO BÖNHOFF. Der Schmerzensmann aus Lucas Cranachs Werkstatt. Von Dr. WOLFGANG ROCH. Der Höckrige Turm des Meissner Domes. Von Dombauführer JOSEPH SCHÄFFLER. Vereinsbericht. Von Bauamtmann VOLKMAR IHLE. ib. 1911. — Heft 3. Inhalt: Die Begründung und Weiterentwickelung der christlichen Kirche im Daleminziergaue (Fortsetzung). Von Lic. Dr. LEO BÖNHOFF. Die Einkünfte der Bischöfe von Meissen im Mittelalter. Von Dr. RUDOLF STARKE. ib. 1912. — Heft 4. Inhalt: Die Einkünfte der Bischöfe von Meissen im Mittelalter. (Fortsetzung und Schluss.) Von Dr. RUDOLF STARKE. Gehorsamstes Promemoria! Den auf der Churfürstl. Porcellain Fabrique zu Meissen anzulegenden Gewitter Ableiter betreffend. Von Dr. FUNK. Verzeichnisse zum 8. Band. Vereinsbericht. Von Bauamtmann IHLE. ib. 1913. —

— des Vereins für Geschichte der Stadt Meißen. 1. Hft. gr. 8. (120 S.) Meißen 882. Mosche in Comm. n. 1. 25

— des Vereins f Geschichte der Stadt Meissen. 1. Bd. 2—5. (Schluss-)Hft. gr. 8. Meissen, (Mosche). à n. 1. 25
2. (83 S.) 883. — 3. (V, 97 S. m. 1 lith. Karte.) 884. — 4. (67 S.) 884. — 5. (107 S.) 886.

Mittheilungen des Vereins für die Geschichte der Stadt Meissen. 2. Bd. 4 Hfte. 8. (562 S.) Meissen 887—890. (Mosche.) à Hft. n. 1. 25

— des Vereins f. Geschichte der Stadt Meissen. 3. Bd. 4 Hfte. gr. 8. (III, 470, XXXVIII u. IV S. m. 2 farb. Plänen.) Meissen 891—894. (L. Mosche.) à Hft. n. 2. —

— d. Vereins f. Geschichte d. Stadt Meissen. 4. Bd. 8 Hfte. gr. 8. (556 S.) Meissen 895—897. (L. Mosche.) n. 7. —

— dasselbe. Des 5. Bds. 1. Hft. gr. 8. (S. 1—112.) Ebd. 898. n. 3. —

Mitteilungen des Vereins f. Geschichte der Stadt Meissen. Des 5. Bds. 2. u. 3. Hft. (Schluss.) gr. 8. (S. 113—264 u. 265—416.) Meissen 899. 900. (L. Mosche.) à n. 3. —

— dasselbe. Des 6. Bds. 1. Hft. gr. 8. (120 S.) Ebd. 901. n. 3. —

— des Vereins f. Geschichte der Stadt Meissen. Des 6. Bds. 2.—4. Heft. (S. 121—487.) gr. 8. Meissen 902—904. (L. Mosche.) à n. 3. —

— dasselbe. 25. Heft. (1. des 7. Bds.) (128 S. m. 1 Bildnis.) 8. Ebd. 906. n. 3. —

— d. Vereins f. Geschichte d. Stadt Meissen. VII. Bd. 2.—4. Heft. (III u. S. 129—532 m. 1 Karte.) 8. Meissen 906—09. L. Mosche. à Heft 3. —

— dasselbe. VIII. Bd. 1. Heft. (104 S. m. 112 Fig. im Text u. auf 25 Taf.) 8. Ebd. 910. 3. —

— des Vereins f. Geschichte u. Naturwissenschaft in Sangerhausen u. Umgegend. 5. Heft. (160 S.) gr. 8. Sangerhausen 906. Selbstverlag des Vereins. n. 3. —
Hft. 1—3 erschienen u. d. T.: Mitteilungen des geschichtlich-naturwiss. Vereins in Sangerhausen. — Heft 4 ist vergriffen.

Mitteilungen d. Vereins f. Geschichte u. Naturwissensch. in Sangerhausen u. Umgegend. 6. u. 7. Heft. (155 u. 88 S.) gr. 8. Sangerhausen 907. 10. Selbstverlag des Vereins. à 2. —

MITTHEILUNGEN. Herausgegeben von dem Verein für Geschichte der Neumark. (Für die Redaktion verantwortlich: Dr. VAN NIESSEN.)
Nr. 1[1]). Januar 1891. (Landsberg a. W. Druck von R. Schneider & Sohn.) 4°. — Nr. 4. Oktober 1891. (Mit 1 Tafel.) ib. — Nr. 5. Januar 1892. — Nr. 6. April 1892. ib. — Nr. 7. Juli 1892. — Nr. 8. Oktober 1892. — Nr. 9. Januar 1893. — Nr. 11. Oktober 1893. — Nr 12. April 1894. — Nr. 13. Januar 1895.

—— des Vereins für Geschichte der Stadt Nürnberg. 1.—7. Heft. 8. Nürnberg, (Heinr. Schrag.) à Heft *M 6.80. *
Inhalt:
Heft 1. Nürnberg im Kampf mit der Vehme. — Acht Briefe Willibald Pirkheimers. — Kleinere Mitteilungen. (XX, 144 S.) 879.
» 2. Lochner, G. W. K., der Ausgang der Vorchtel. — Mummenhoff, E., Lutz Steinlingers Baumeisterbuch vom J. 1452. — Kamann, J., die Pilgerfahrten Nürnberger Bürger nach Jerusalem im 15. Jahrh., namentlich die Reiseberichte des Dr. med. Hans Lochner und des Jörg Pfinzing. — Imhof, Frhr. v., Hans Sebald Lautensacks Ansichten von Nürnberg. (XVI, 228 S.) 880.
» 3. Günther, S., die mathematischen und Naturwissenschaften an der nürnbergischen Universität Altdorf. — Loose, W., des Hieronymus Kress Kriegstagebuch von 1571—1576. Mit Portr. — Kamann, J., aus Paulus Behaims I. Briefwechsel. — Kolberg, E. Frhr. Löffelholz v., Dr. Christoph II. Scheurls Hochzeit mit Katharina Füttererin am 29. Aug. 1519. — Wanderer, F., die Geschichte des Nürnberger Peuntbrunnens. Mit 2 Abbild. — Kress, G. Frhr. v., Gründlach und seine Besitzer. I und II. (IV, 264 S.) 881.
» 4. Vogt, Wilh., die Korrespondenz des Nürnberger Rates mit seinen zum Augsburger Reichstag von 1530 abgeordneten Gesandten. — Hagen, Rud., Willibald Pirkheimer in seinem Verhältnis zum Humanismus und zur Reformation. (IV, 232 S.) 882.
» 5. Mummenhoff, E., Georg Wolfgang Karl Lochner. Nekrolog. — Scheurl, A. Frhr. v., Christoph Scheurl, Dr. Christoph Scheurls Vater. — Bach, Max, die Mauern Nürnbergs. Geschichte der Befestigung der Reichsstadt. — Kress, G. Frhr. v., Gründlach und seine Besitzer. III. — Mummenhoff, E., Studien zur Topographie und Geschichte der Nürnberger Rathäuser. (IV, 240 S.) 884.
» 6. Hartmann, B., Kulturbilder aus Altdorfs akademischer Vergangenheit. — Kamann, J., aus Nürnberger Haushaltungs- und Rechnungsbüchern des 15. und 16. Jahrh. — Petz, J., urkundliche Beiträge zur Geschichte der Bücherei des Nürnberger Rates, 1429—1538. — Kress, G. Frhr. v., Gründlach und seine Besitzer. IV. (IV, 304 S.) 836.
» 7. Vogt, W., Dr. Georg Karl Frommann. Nekrolog. — Kress, G. Frhr. v., die Berufung des Johannes Cochläus an die Schule bei St. Lorenz in Nürnberg im J. 1500. — Kamann, J., aus Nürnberger Haushaltungs- und Rechnungsbüchern des 15. und 16. Jahrh. (Schluss.) — Matthias, E., der Nürnberger Meistersänger Kunz Has. — Petz, H., urkundliche Nachrichten über den literarischen Nachlass Regiomontans und B. Walters 1478—1522. (IV, 300 S.) 888.

—— des Vereins f. Geschichte der Stadt Nürnberg. 8. Heft. gr. 8. (IV, 268 S.) Nürnb. 889, (J. L. Schrag). * 6. 80
1.—7. Heft. Ebd. 1879—88. * 47 60.

— des Vereins f. Geschichte der Stadt Nürnberg. 9. u. 10. Hft. gr. 8. Nürnberg, (J. L. Schrag). à n. 6. 80
9. (IV, 254 S.) 892. — 10. (IV, 296 S. m. 1 Bildnis.) 893.

— d. Vereins f. Geschichte d. Stadt Nürnberg. 11. Hft. gr. 8. (IV, 282 S.) Nürnberg 895. (J. L. Schrag.) n. 6. 80

— dasselbe. Hrsg. im Auftrag des Vereins v. Ernst Mummenhoff. 12. Hft. 2 Abtlgn. gr. 8. (V, 370 S. m. 5 Abb. M. e. Prospekt d. Stadt Nürnberg v. Hieron. Braun v. 1608 auf 16 Blättern in Lichtdr. m. Titelblatt u. Übersichtsplan [in gr. Fol.] u. m. Abb. im Texte.) Ebd. 896. n. 10. —

— des Vereins f. Geschichte d. Stadt Nürnberg. Hrsg. im Auftrag des Vereins v. Ernst Mummenhoff. 13. u. 14. Hft. gr. 8. (IV, 306 u. VI, 296 S.) Nürnberg 899. 901. (J. L. Schrag.) à n. 6. 80

— des Vereins f Geschichte der Stadt Nürnberg. Hrsg. im Auftrag des Vereins v. Ernst Mummenhoff. 15. Heft. (IV, 252 S.) gr. 8. Nürnberg 902. (J. L. Schrag.) n. 6. 80

— des Vereins f. Geschichte der Stadt Nürnberg. Hrsg. im Auftrage d. Vereins v. Ernst Mummenhoff. 16.—18. Heft. (IV, 320 S. m. 2 Abb.; IV, 376 S. m. 3 Abb. u. 3 Plänen u. VI, 316 S.) gr. 8. Nürnberg 904. 906. 08. (J. L. Schrag.) à Heft 6. 80

MITTEILUNGEN AUS DEM VEREIN FÜR GESCHICHTE DER STADT PIRNA.
Heft 1. 1897. Pirna 1897. Druck von F. J. Eberlein. 8°.
Heft 2. 1905. Inhalt: Wie Pirna böhmisch und wieder meissnisch wurde. Von OSKAR SPECK. ib. 1905. —
Heft 3. 1910. Inhalt: Das Treffen und die Kapitulation b. Maxen am 20. und 21. November 1759. Mit 3 Skizzen. Vortrag, gehalten vor dem „Verein für Geschichte der Stadt Pirna" im Gelände bei Maxen am 15. Juni 1910 von FRIEDRICH, Major und Abteilungskommandeur im 5. K. S. Feldart.-Regt. Nr. 64. (Mit 1 Tafel. ib. —.)

— aus dem Verein f. Geschichte der Stadt Pirna. 1. u. 2. Heft. 8. Pirna (C. Diller & Sohn). n. 1. 35
1. Melanchthons Beziehungen zu Pirna. Vortrag, geh. am 11. II. 1897 im Verein f. Geschichte Pirnas. Von Osk. Speck. (8 S.) 897. n. — 60
2. Wie Pirna böhmisch u. wieder meißnisch wurde. Von Osk. Speck. (31 S.) 905. n. — 75

MITTHEILUNGEN DES VEREINS FÜR DIE GESCHICHTE POTSDAMS. Im Auftrage desselben, später: Für denselben redigirt und herausgegeben von L. SCHNEIDER.
(Theil I.) Enthaltend 3 Lieferungen à Einen Thaler mit den Protokollen der 1sten bis 23sten Sitzung und den Vorträgen von № I. bis XLIV. (Mit 1 Tafel.) Potsdam, 1864. In Comm. der Gropius'schen Buch- und Kunsthandlung (A. Krausnick). 4°.
Theil II. Enthaltend die Lieferungen IV., V., VI. mit den Protokollen der 24sten bis 40sten Sitzung und den Vorträgen von Nr. XLV. bis LXXXIV. ib. 1866. —
Theil III. Enthaltend die Lieferungen VII., VIII., IX. mit den Protokollen der 41sten bis 58sten Sitzung und den Vorträgen von Nr. LXXXV. bis CXXVIII. ib. 1867. —
Theil IV. Enthaltend die Lieferungen X., XI., XII. mit den Protokollen der 59sten bis 77sten Sitzung und den Vorträgen von Nr. CXXIX. bis CLXIX. (Mit 1 Tafel.) ib. 1869. —
Theil V. Enthaltend die Lieferungen XIII., XIV., XV. mit den Protokollen der 78sten bis 96sten Sitzung und den Vorträgen von Nr. CLXX. bis CXCVIII. (Mit 1 Tafel.) ib. 1872. —
Neue Folge Theil I. Enthaltend die Protokolle der 97sten bis 134sten Sitzung und die Vorträge von Nr. 199 bis 246. ib. 1875. In Comm. der Buchhandlung von August Heinrich Pusch.
Neue Folge Theil II. Enthaltend die Protokolle der 135sten bis 164sten Sitzung und die Vorträge von Nr. 247 bis 270. ib. 1878. —
Neue Folge Theil III. Enthaltend die Protokolle der 165sten bis 176sten Sitzung und die Vorträge von Nr. 271 bis 274. ib. 1888. —

MITTEILUNGEN DES VEREINS DER GESCHICHTE POTSDAMS, Gesellschaft zur Pflege der Heimatkunde. Herausgegeben vom Vorstande.

(„Neue Folge. Bd. IV, Heft 1.“) 1904. (Enthaltend Nr.: 275 bis 280. — 275.: HERMANN RADEMACHER, Aufgaben der Heimat. 276: Der Burgwall an der Krampnitz bei Nedlitz. Vortrag des Medizinalrats Dr. BEHLA. 277.: HERMANN RADEMACHER, Neuere Ausgrabungen bei Nedlitz. 278.: HANS KANIA, Schinkels Nikolaikirche zu Potsdam. 279: E. HUGUENEL, Was uns die Humboldtstrasse und der Alte Markt in Potsdam erzählen. 280.: Zum Ueberfall Potsdams durch Oesterreichische Truppen im Jahre 1757. Zwei bisher noch nicht veröffentlichte militairische Berichte aus dem Geheimen Staats-Archiv.) (O. Dr.) 8°.

„Neue Folge. Bd. IV, Heft 2.“ 1907. (281.: M. HEINZE, Über die Einwanderung Lütticher Gewehrarbeiter in Potsdam. 282.: M. HEINZE, Vom „toten Franzosen“. 283.: W. BRAUNE, Aus der Lade der Bäckerinnung. 284.: Hofarzt STOLTE, Die gesundheitlichen Verhältnisse Potsdams. 285.: E. HUGUENEL, Der zweitälteste Wohnungsanzeiger der Residenzstadt Potsdam auf die Jahre 1826, 1827, 1828 und was sich daran knüpft. 286.: HERMANN von PFISTER-SCHWAIGHUSEN in Darmstadt, Über ostelbische Volkheit. Vorgetragen von Dr. med. NETTO. 287.: E. STEINBACHER, Die Uhr der Garnisonkirche. 288.: E. HUGUENEL, Ein Tuskulum in Alt-Geltow.) (Potsdam. Druck von A. W. Hayn's Erben.)

„Neue Folge. Bd. IV, Heft 3.“ 1908. 282.[1]): MARIE HEINZE, Musik und Musiker in Potsdam während des 18. Jahrhunderts. 283.: L. NOËL, Major z. D., Friedrichs des Grossen Tages- und Jahreseinteilung. 284.: FRIEDRICH BACKSCHAT, Die französische Kolonie zu Potsdam. Ein Gedenkblatt zur 150jährigen Jubelfeier der Französischen Kirche. 285.: Notizen einer Reise von Roedelheim nach Sachsen, Berlin und Hessen Kassel, unternommen im Frühjahr 1801 von Justizrat HOFFMANN. 286.: Aus der Franzosenzeit Potsdams. Vortrag, gehalten in der Märzsitzung des Potsdamer Geschichtsvereins nach der feierlichen Enthüllung der Gedächtnistafel für Louis Schneider vom prakt. Arzt Dr. NETTO. 287.: FRIEDRICH BACKSCHAT, Zwei kaiserlich französische Schutzbriefe für Potsdams nächste Umgebung. 288.: E. HUGUENEL, Potsdamer Ereignisse nach hundert Jahre alten Briefen. 289.: Die Stadtkirche zu Potsdam. Kurzer Abriss ihrer Geschichte von FRIEDRICH BACKSCHAT. Als Vortrag gehalten in der von ihm und Dr. Netto einberufenen Versammlung zur Wiederbegründung des „Vereins für die Geschichte Potsdams“ im Juni 1902. 290.: HANS E. v. SELTZER-STAHN, Architekt, Die mittelalterlichen Burgen in der Mark Brandenburg. 291.: HANS E. v. SELTZER-STAHN, Architekt, Die mittelalterliche Burg Potsdam. 292: FRIEDRICH BACKSCHAT, Das Potsdamer Feuerlöschwesen bis zum Ende des 18. Jahrhunderts. 293: F. WINKLER-Potsdam. Beitrag zur Geschichte der Potsdamer Apotheken. 294.: HERMANN RADEMACHER, Der Schutz der heimatlichen Landschaft. (ib. —).

[1]) Fälschlich 282—294 genannt, muss heissen 289—301.

[2]) Auf dem äusseren Umschlagtitel ist richtig Heft 1 angegeben.

MITTEILUNGEN DES VEREINS FÜR DIE GESCHICHTE POTSDAMS. Herausgegeben vom Vorstande.

Neue Folge. Bd. V. Heft 2.[2]) (recte! Heft 1.) 302.: Die Einführung der Städteordnung vom 19. November 1808 in Potsdam. Im Anschluss an einen Festvortrag vom 24. November 1908 nach amtlichen Quellen bearbeitet von JULIUS HAECKEL, Amtsgerichtsrat. (Mit Tafeln.) ib. 1909. — 4°.

Neue Folge. Bd. V. Heft 2. 303. Dr. phil. HANS KANIA, Oberlehrer am Friedrichs-Real-Gymnasium zu Berlin, Die Architektur der Stadt Potsdam im 18. Jahrhundert. ib. 1909. —

Neue Folge. Bd. V. Heft 3. 304. EDUARD BERTZ, Theodor Storm in Potsdam. Aus den Verbannungsjahren eines schleswig-holsteinischen Dichters. ib. 1910. —

Neue Folge. Bd. V. Heft 4. (305[1])). JULIUS HAECKEL, Amtsgerichtsrat. Der 100. Geburtstag der Königlichen Polizeidirektion zu Potsdam. Festschrift zum 30. November 1909. ib. 1910. —

Neue Folge. Bd. V. Heft 5. 306. Geh. Justizrat RADEMACHER, Der Windmüller von Sanssouci. 307. M. HEINZE, Musik und Musiker in Potsdam während der ersten Hälfte des 19. Jahrhunderts. 308. M. HEINZE, Vom weissen Ross und der Familie Puhlmann. (Mit Tafeln.) ib. 1911. Druck von A. W. Hayn's Erben (Curt Gerber).

Neue Folge. Bd. V. Heft 6. 309. JULIUS HAECKEL, Amtsgerichtsrat. Zwei alte Potsdamer Häuser, Kommandantenhaus, Ordonnanzhaus und vier Villen um Potsdam. Villa Hempel, Templin, Villa Ingenheim, Villa Alexander. 310. KURT KUHLOW, Kgl. Regierungsbauführer. Bürings Vorwerk (Charlottenhof). ib. 1911. —

Neue Folge. Bd. V. Heft 7. 311. Neues vom Jagdschloss Stern und 312. Beiträge zur Geschichte der Potsdamer Riesengrenadiere. 1. Die Anfänge des Kurprinzlichen Regiments. 2. Potsdam von Berlin's Ungnaden? 3. Die Potsdamer Bettgelder. 4. Der Grenadier im Kunsthandel. Von JULIUS HAECKEL, Amtsgerichtsrat. ib. 1912. —

Neue Folge. Bd. V. Heft 8. 313. JULIUS HAECKEL, Geschichte des Potsdamer Rathauses. 314. HANS KANIA, Kleine Beiträge zur Potsdamer Kunstgeschichte. 315. EUGEN HUGUENEL, Berühmte und bekannte in Potsdam geborene Persönlichkeiten. 316. FRIEDRICH BACKSCHAT, Geschichte der Königlichen Freischule bei dem Neuen Garten. ib. 1913. —

[1]) 305 steht nur auf dem äusseren Umschlagtitel.

—— des Vereins für die Geschichte Potsdams. 1. Bd.: Protokolle und Vorträge der 1.—6. Sitzung. Vom October 1862 bis März 1863. 2. und 3. Bd. à 3 Lfgn. gr. 4. [1. Bd. 1. Lfg. (156 S.) 2. Lfg. (224 S. mit eingedr. Holzschn. und 1 Holzschntaf.) 3. Lfg. (XXVII und 160 S.) 2. Bd. 1. Lfg. (220 S. mit eingedr. Holzschn.) 2. Lfg. (196 S. mit eingedr. Holzschn.) 3. Lfg. (XIII und 133 S. mit eingedr. Holzschn.) 3. Bd. 1. Lfg. (VIII und 150 S. mit eingedr. Holzschn.) 2. Lfg. (VIII und S. 151—334 mit eingedr. Holzschn.) 3. Lfg. (XX und S. 335—465.)] Potsdam 863—67, (Gropius'sche Buchh.) à Lfg. * 1 Thlr. *

3. Bd. 3. Lfg. wurde von L. Schneider herausgegeben.

—— des Vereins für die Geschichte Potsdams. Für denselben redig. und hrsg. von L. Schneider. 4. und 5. Thl. à 3 Lfgn. gr. 4. (144; 292 S. mit eingedr. Holzschn. und 1 Stnt.; XXI, 228; 152 S. mit 1 Chromolithogr.; 136; XXIV, 90 S.) Potsdam 868—72, (Gropius'sche Buchh.) à Lfg. * M. 3. *

Mittheilungen des Vereins für die Geschichte Potsdams. Für denselben redig. und hrsg. von L. Schneider. Neue Folge. 1. und 2. Thl. (à 8 Lfgn.) gr. 4. Potsdam, (Pusch.) [1. Thl. (XXVIII, 9, 401 S.) 875. — 2. Thl. 1. Lfg. (S. 1—120.) 877; 2. Lfg. (S. 1—16 und S. 121—224.); 3. Lfg. (XXVI, 17—26 und S. 225—328.) 878.] à Lfg. * M. 3. *

—— des Vereins für die Geschichte Potsdams. Für denselben redig. und hrsg. von L. Schneider. Neue Folge. 3. Thl. gr. 4. (294 S.) Potsdam 883, (Pusch.) **

— des Vereins f. die Geschichte Potsdams, Gesellschaft zur Pflege der Heimatskunde. Hrsg. v. Vorstande. Neue Folge. IV. Bd. 3. Heft. (214 u. IV S.) 8. Potsdam 908. (M. Jaeckel.) 1.50

— dasselbe. Neue Folge. V. Bd. 1.—4. Heft. Lex. 8. Ebd. 5.50

Bertz, Eduard, Theodor Storm in Potsdam. Aus den Verbannungsjahren e. schleswig-holstein. Dichters. (24 S.) 910. (Heft 3.) 1. —

Haeckel, Jul., die Einführung der Städteordnung v. 19. XI. 1808 in Potsdam. Im Anschluß an e. Festvortrag v. 24. XI. 1908 nach amtl. Quellen bearb. (III, 63 S. m. 3 Taf.) 909. (Heft 1.) 1.50

— Der 100. Geburtstag der königl. Polizeidirektion zu Potsdam. Festschrift z. 30. XI. 1909. (34 S.) 910. (Heft 4.) 1. —

Kania, Hans, d. Architektur d. Stadt Potsdam im 18. Jahrh. (40 S. m. 11 Taf.) 909. (Heft 2.) 2. —

MITTEILUNGEN DES VEREINS FÜR ROCHLITZER GESCHICHTE.

Heft 1. 1896. Inhalt: Die Rochlitzer Hüttenordnung mit Vorstudie und Beilagen (von W. CLEMENS PFAU). Vereinsnachrichten. Rochlitz i. Sa. (1896). Druck von Max Bode. 8°.

Heft 2. 1898. Inhalt: Geschichte des Steinbetriebes auf dem Rochlitzer Berge. Von (W.) C(LEMENS) PFAU. (Mit 1 Tafel.) ib. (1898.) —

Heft 3. M. d. T.: Topographische Forschungen über die ältesten Siedlungen der Rochlitzer Pflege. Von W. CLEMENS PFAU. (Dem Königlich Sächsischen Altertumsverein zur Jubelfeier seines fünfundsiebzigjährigen Bestehens 1900 gewidmet vom Verein für Rochlitzer Geschichte.) (Mit 3 Tafeln.) ib. 1900. — 4°.

(MITTEILUNGEN DES VEREINS FÜR ROCHLITZER GESCHICHTE.)

Heft 4. des Vereins für Rochlitzer Geschichte. 1. Geschichte der Töpferei in der Rochlitzer Gegend von den frühesten vorchristlichen Zeiten bis auf die Gegenwart unter Berücksichtigung benachbarter Ortsgebiete (S. 1—174). Mit 7 Tafeln und 44 Einzelabbildungen. 2. Vereinsnachrichten und kleinere ortsgeschichtliche, sowie prähistorische Mitteilungen (S. I—LXXV). Von W. CLEMENS PFAU. ib. 1905. — A. u. d. T.: Geschichte der Töpferei in der Rochlitzer Gegend von den frühesten vorchristlichen Zeiten bis auf die Gegenwart unter Berücksichtigung benachbarter Ortsgebiete. Mit 7 Tafeln und 44 Einzelabbildungen. Von W. CLEMENS PFAU. ib. 1905. 8°.

Heft 5. des Vereins für Rochlitzer Geschichte. Grundriss der Chronik über das Kloster Zschillen. Mit Untersuchungen über die vor- und frühgeschichtliche Zeit der Wechselburger Gegend, sowie über das Gebiet des Rochlitzer Gaues oder Zschillner Archidiakonats. Anhang: Vereinsnachrichten. Von W. CLEMENS PFAU. ib. 1909. Druck von Karl Meltzer. (P. Pretzsch Nachf.)

— des Vereins f. Rochlitzer Geschichte. 1.—3. Hft. gr. 8. Rochlitz (B. Pretzsch Nachf.). à n. 2. —

1. Die Rochlitzer Hüttenordnung m. Vorstudie u. Beilage. Von W. Clem. Pfau. (147 S.) 896.
2. Geschichte des Steinbetriebes auf dem Rochlitzer Berge. Von W. Clem. Pfau. (156 S. m. 1 Taf.) 898.
3. Topographische Forschungen üb. die ältesten Siedlungen der Rochlitzer Pflege. Von W. Clem. Pfau. (105 S. m. 3 Taf.) 900.

— des Vereins f. Rochlitzer Geschichte. 4. Heft. gr. 8. Rochlitz (B. Pretzsch Nachf.) n. 2. —
Geschichte der Töpferei in der Rochlitzer Gegend von den frühesten vorchristlichen Zeiten bis auf die Gegenwart unter Berücksicht. benachbarter Ortsgebiete. Von W. Clem. Pfau. Mit 7 Taf. u. 44 Einzelabbildgn. — Vereinsnachrichten u. kleinere ortsgeschichtl., sowie prähistor. Mitteilgn. (IV, 174 u. LXXV S.) 905.

— des Vereins f. Rochlitzer Geschichte. 5. Heft. gr. 8. Rochlitz (B. Pretzsch Nachf.). nn 5. —
Grundriss der Chronik üb. das Kloster Zschillen. Mit Untersuchgn. üb. die vor- u. frühgeschichtl. Zeit der Wechselburger Gegend, sowie üb. das Gebiet d. Rochlitzer Gaues od. Zschillner Archidiakonats. Von W. Clem. Pfau. Anh.: Vereinsnachrichten. (IV, 444 S.) 909.

— des Vereines für Geschichte und Topographie Dresdens und seiner Umgebung. 1. Heft: Dresdener Chronik vom 1. Juli bis 31. Decbr. 1869 hrsg. vom Verein. Nebst Vereins-Nachrichten. gr. 8. (VIII, 54 S.) Dresden 872, Schilling. *

— des Vereins für Geschichte und Topographie Dresdens und seiner Umgebung. 2.—4. Heft. gr. 8. (78; 166; II, 80 S.) Dresden 875—83, (Tittmann.) à Heft *

— des Vereins für Geschichte und Topographie Dresdens und seiner Umgebung. 5.—8. Heft. gr. 8. Dresden, (Tittmann.) *
Inhalt:
Heft 5. 6. Heinze, Alfr., Dresden im 7jähr. Kriege. (VIII, 192 S.) 885. *M 2.60.
„ 7. Meltzer, Otto, die Kreuzschule zu Dresden bis zur Einführung der Reformation [1539]. (IV, 62 S.) 888. *M 1.—
„ 8. Neidhardt, A., der Nachlaß des kursächsischen Premierministers Reichsgrafen Heinrich v. Brühl. (S. 1—26.) — Hantzsch, A., Geschichte des Dresdner Christmarkts. (S. 27—63.) — Hantzsch, A., der Reisewitzische Garten in Plauen bei Dresden. (S. 64—92.) — „Verehrungen" des Rates zu Dresden an hohe Beamte 1680 bis 1748. (S. 93—97.) — Müller, G., die Geistlichkeit der Superintendentur zu Dresden im Jahre 1578. (S. 98—105.) — Vereinsnachrichten 1883—1887. (S. 106—110.) — Mitgliederverzeichniß. (110 S.) 888. *M 1.50.

Mitteilungen des Vereins für vogtländische Geschichte und Altertumskunde (20—26: Altertumsvereins) zu Plauen i. V. Hrsg. von Theodor Matthias (20: C. Angermann). Jahresschr. 20. 22 ff. — Plauen: Neupert i. Komm. (32 ff: Selbstverl d. Ver.; Hohmann in Komm.) 1909 ff. 8°

Mitteilungen des geschichtlich-naturwissenschaftlichen Vereins in Sangerhausen und Umgegend. H. 3-19. Sangerhausen: Sittig 1896-1928. 8°
Vorh. u. d. T.: Mitteilungen des Vereins für Geschichts- und Altertumskunde von Sangerhausen und Umgebung. H. 2. 1888.
Fortges. u. d. T.: Mittheilungen d. Vereins für Geschichte u. Naturwissenschaften. H. 20. 1930 ff.

— d. geschichtlich-naturwissenschaftlichen Vereins v. Sangerhausen u. Umgegend. 3. Hft. gr. 8. (III, 240 S.) Sangerhausen 896. (E. Sittig.) n. 3. 50

MITTEILUNGEN DES GESCHICHTS- UND ALTERTUMSFORSCHENDEN VEREINS zu Eisenberg.
Heft 1. Eisenberg. 1886. In Komm. bei Hugo Geyer. 8°.

MITTEILUNGEN DES GESCHICHTS- UND ALTERTUMSFORSCHENDEN VEREINS ZU EISENBERG.
Heft 2. Eisenberg 1888. In Komm. bei Hugo Geyer. 8°. — Heft 3. ib. 1888. — A. u. d. T.: Festschrift zur zweihundertjährigen Jubelfeier des Herzoglichen Christiansgymnasiums zu Eisenberg den 24. September 1888. Inhalt: 1. Herzog Christian von Sachsen-Eisenberg. Vom Direktor (PROCKSCH). 2. Geschichte des Lyceums. Vom Direktor (PROCKSCH). Altenburg (1888). Druck der Pierer'schen Hofbuchdruckerei Stephan Geibel & Co. — Heft 4. Eisenberg 1889. In Komm. der Buchhandlung von Hugo Geyer. —

MITTEILUNGEN DES GESCHICHTS- UND ALTERTUMSFORSCHENDEN VEREINS ZU EISENBERG IM HERZOGTUM SACHSEN-ALTENBURG.
Heft 5—7. ib. 1890—1892. — Heft 8. ib. 1893. In Vertrieb der Buchhandlung von Hugo Geyer. — Heft 9. (Mit 1 Stammbaumtafel.) ib. 1894. In Komm. der Buchhandlung von Hugo Geyer. — Heft 10. ib. 1895. —[1]) Heft 11. ib. 1896. Im Selbstverlage des Vereins. — Heft 12. (Mit 1 Tafel.) Leipzig 1897. Kommissionsverlag von B. G. Teubner. — A. u. d. T.: O. WEISE. Der Orientalist Dr. Reinhold Rost. sein Leben und sein Streben. (Mit 1 Tafel.) ib. 1897. — Heft 13. Eisenberg 1898 In Komm. der Buchhandlung von Hugo Geyer. — Heft 14. ib. 1899. — Heft 15. (Schluss des 2. Bandes.) ib. 1900. —[2]) Heft 16. Bd. III. Heft 1. ib. 1901. — Heft 17. (Bd. III. Heft 2.) ib. 1902. — Heft 18. (Bd. III. Heft 3.) ib. 1903. — Heft 19. (Bd. III. Heft 4.) ib. 1904. — Heft 20. (Bd. III. Heft 5.) ib. 1905. — Heft 21. und 22. (Band IV. Heft 1 und 2.) ib. 1906. Im Selbstverlage des Vereins. — Heft 23. (Bd. IV, Heft 3.) ib. 1908. — Heft 24. und 25. (Bd. IV. Heft 4 und 5.) (Mit 1 Stammtafel.) ib. 1909. — (Paul Bauer Buchhandlung. i. Eisenberg, S.-A.) — Heft 26 und 27. (Bd. V, Heft 1 und 2.) (Mit 1 Tafel.) ib. 1910. Im Selbstverlage des Vereins. — Heft 28 und 29. (Bd. V, Heft 3 und 4.) ib. 1912. — Heft 30. (Bd. V. Heft 5.) ib. 1913. —

— des geschichts- u. altertumsforschenden Vereins zu Eisenberg im Herzogt. Sachsen-Altenburg. 7.—18. Hft. gr. 8. (46, 66, 66; IV, 103; 78, 71, 89 S.) Eisenberg 892—898. (H. Geyer.) à n. 1. 40

— dasselbe. 14.—17. Hft. gr. 8. (68, 56, 58 u. 73 S.) Ebd. 899—902. à n. 1. 20

— des geschichts- u. altertumsforschenden Vereins zu Eisenberg im Herzogt. Sachsen-Altenburg. 18.—20. Heft. (III. Bd. 3.—5. Heft.) (79, 77 u. 60 S.) gr. 8. Eisenberg 904. 905. (P. Bauer.) à n. 1.—

— dasselbe. 21. u. 22. Heft. (IV. Bd. 1. u. 2. Heft.) (156 S.) gr. 8. Ebd. 906. n. 2.—

— des geschichts- u. altertumsforschenden Vereins zu Eisenberg im Herzogt. Sachsen-Altenburg. 23.—25. Heft. (IV. Bd. 3.—5. Heft.) (S. 157—352 m. 1 Stammbaumtaf.) 8. Eisenberg 908. 09. (P. Bauer.) à Heft 1. —

MITTHEILUNGEN DES VEREINS VON GESCHICHTSFREUNDEN ZU RHEINBERG.
Heft 1. (Mit 1 Tafel.) Trier, 1880. Fr. Lintz'sche Buchdruckerei. 8°.
Heft 2. (Mit 1 Karte.) Rheinberg. 1883. Küpper'sche Buchdruckerei.

— des Vereins von Geschichtsfreunden zu Rheinberg. 1. Heft. gr. 8. (VII, 127 S. mit 1 Taf. in Aubeldr.) Rheinberg 880, Selbstverlag des Vereins. *

— des Vereins von Geschichtsfreunden zu Rheinberg. 2. Heft: Chronik der Stadt Rheinberg. gr. 8. (VIII, 112 S. mit 1 Taf. in Aubeldr.) Rheinberg 883, Selbstverlag des Vereins. *
1. Heft. Ebendas. 1880. *M 2.—.

— d. Vereins f. Geschichts- u. Alterthumskunde zu Kahla. 1. Bd. 1.—3. Hft. gr. 8. (S. 1—290.) Kahla 871—874. Selbstverlag d. Vereins. à 1. 50

— dasselbe zu Kahla u. Roda. 1. Bd. 4. (Schluß-) Hft. gr. 8. (IV u. S. 291—462.) Ebd. 876. 1. 50

— dasselbe. 2.—4. Bd. à 4 Hfte. gr. 8. (IV, 483 S. m. 2 Taf.; 522 u. IV, 582 S.) Ebd. 879—94. à Hft. 1. 50

— dasselbe. 5. Bd. 1. u. 2. Hft. gr. 8. (S. 1—250 m. 13 Taf.) Ebd. 895. 96. à Hft. 1. 50

Mitteilungen des Vereins f. Geschichts- u. Altertumskunde zu Kahla u. Roda. 5. Bd. 3. u. 4. Heft. (IV u. S. 251 bis 463 m. 3 Taf.) gr. 8. Kahla 898. 900. (F. Beck.) à n. 1. —

— dasselbe. 6. Bd. 1. u. 2. Heft. (181 S.) gr. 8. Ebd. 901. 904. n. 1. 50

— des Vereins f. Geschichts- u. Altertumskunde zu Kahla u. Roda. 6. Bd. 3. u. 4. Heft. (III u. S. 183—511.) gr. 8. Kahla 906. 08. (J. Beck.) nn 2. 25 (6. Bd. vollst.: nn 4. 75)

— dasselbe. 7. Bds. 1. Heft. (S. 1—112 m. 6 Taf.) gr. 8. Ebd. 909. nn 1. 25

MITTHEILUNGEN DES VEREINS FÜR GESCHICHTS- UND ALTERTHUMSKUNDE ZU KAHLA UND RODA.
Bd. 1. (Heft 1—4.) Kahla 1876. Druck von F. Beck. 8°.
A. u. d. T.:
MITTHEILUNGEN DES VEREINS FÜR GESCHICHTS- UND ALTERTHUMSKUNDE ZU KAHLA.
Heft 1. Kahla 1871. Druck von F. Beck.
Heft 2 u. d. T.: REGESTEN UND JAHRBÜCHER DER STADT ORLAMÜNDE von VICTOR LOMMER. ib. 1872. —
Heft 3. ib. 1874. —
MITTHEILUNGEN DES VEREINS FÜR GESCHICHTS- UND ALTERTHUMSKUNDE ZU KAHLA UND RODA.
Heft 4. ib. 1876. —
Bd. 2. (Heft 1—4. 1879—1884. Mit Tafeln.) ib. 1884. —

MITT(H)EILUNGEN DES VEREINS FÜR GESCHICHTS- UND ALTERT(H)UMSKUNDE ZU KAHLA UND RODA.
Bd. 3. (Heft 1—4.) Kahla 1888. Druck von F. Beck. 8°. — (Heft 1) a. u. d. T.: Regesten und Jahrbücher der Stadt Orlamünde von VICTOR LOMMER. ib. 1885. — 4. ib. 1894. — 5. (Mit 16 Tafeln.) ib. 1900. — 6. (Mit Tafeln.) ib. 1908. Hofbuchdruckerei von J. Beck. — 7. (Heft 1.) (Mit 4 Bildertafeln.) ib. 1909. — 7. Heft 2 und 3. Festschrift zur Feier des 50jährigen Bestehens des Vereins in Kahla. (Mit Tafeln.) ib. 1912. —

MITTHEILUNGEN DES VEREINS FÜR GESCHICHTS- UND ALTERTHUMSKUNDE ZU KAHLA UND RODA.
Bd. 3. Heft 1. Kahla 1885. Druck von F. Beck. — A. u. d. Tit.: REGESTEN UND JAHRBÜCHER DER STADT ORLAMÜNDE von VICTOR LOMMER. Theil 2. Gedruckt als 1. Heft des III. Bandes der Mittheilungen des Vereins für Geschichts- und Alterthumskunde zu Kahla und Roda. ib. 1885. — 8°.
Bd. 3. Heft 2. ib. 1886. —

—— des Vereins für öffentliche Gesundheitspflege in Magdeburg, s. Verhandlungen.

— aus dem Verein für öffentliche Gesundheitspflege der Stadt Nürnberg. 2. Hft. 1879. 8. (VI, 71 S. m. 5 Steintaf. in 4.) Nürnberg 879. (v. Ebner.) cart. n. 1. —

— dasselbe. 3. Hft. 1880. 8. (V, 138 S. m. 5 Steintaf.) Ebend. 880. cart. n. 2. 50

— dasselbe. 4. Hft. 1881. 8. (V, 128 S. m. 5 lith. Kurventaf.) Ebend. 881. cart. n. 2. 50

— aus dem Verein f. öffentliche Gesundheitspflege der Stadt Nürnberg. 5—8. Hft. 8. (119, 130, 127 u. III, 125 S. m. graph. Steintaf. u. 2 Tab.) Nürnberg 882—86. (v. Ebner.) cart. à Hft. n. 2. 50

— aus d. Verein f. öffentliche Gesundheitspflege der Stadt Nürnberg. 9.—12. Hft. gr. 8. Nürnberg, Ballhorn. cart. n. 9. 90
9. 1886. (III, 149 S. m. 12 Steintaf.) 887. n. 2. 40
10. 1887. (III, 148 S. m. Tab. u. graph. Taf.) 888. n. 2. 50
11. 1888. (IV, 117 S. m. 10 graph. Steintaf.) 889. n. 2. 50
12. 1889. (III, 128 S. m. 4 chromolith. Karten u. 9 Taf.) 890. n. 2. 50

— aus dem Verein f. öffentliche Gesundheitspflege der Stadt Nürnberg. XIII. Hft. 1890. gr. 8. (III. 128 S. m. 4 farb. Karten u. 4 Taf.) Nürnberg 890. Ballhorn. Kart. n. 2. 50

— dasselbe, s. a. Bericht üb. die Gesundheitsverhältnisse u. Gesundheitsanstalten in Nürnberg.

— des Vereins deutscher Glasinstrumenten-Fabrikanten, s. a. Zeitschrift f. die Glasinstrumenten-Industrie.

Ilmenau, Verein deutscher Glasinstrumenten-Fabrikanten, Mittheilungen des — I.–III. Vereinsjahr. Ilmenau 1891–94.

— aus dem Göttinger anthropologischen Vereine. Im Auftrage d. Vereines hrsg. von Herm. v. Ihering. In zwanglosen Hftn. 1. Hft. gr. 8. (58 S. m. 1 Steintaf.) Leipzig 874. C. F. Winter. n. 1. 50

— des Vereins z. Hebung der Leipziger Theaterzustände. Nr. 1—4. gr. 8. Leipzig, G. Wigand. n. 1. 30
1. (18 S.) (900.) n. — 30. — 2. (26 S.) (900.) n. — 40.
3. (33 S.) (900.) n. — 40. — 4. (18 S.) (901.) n. — 20.

— des Vereins zur Hebung der Leipziger Theaterzustände. Nr. 5. (9 S.) gr. 8. Leipzig (901). G. Wigand. n. — 25

Mitteilungen des Vereines für Heimatkunde der Gerichtsbezirke Böhm.-Aicha, Friedland, Gablonz, Kratzau, Reichenberg, Rochlitz und Tannwald. Vierteljahrsschrift zur Erforschung des Iser-Jeschkengaues. Jg 1—2. — Reichenberg: Selbstverl. d. Ver. 1907—1908.

— des Vereins für Heimatkunde zu Eberswalde. Im Auftrage des Vorstandes hrsg. vom derzeit. Schriftführer Rud. Schmidt. I. Jahrg. 1906. 1. u. 2. Heft. (64 S. m. Abbildgn.) gr. 8. Eberswalde (Eberswalder Buchh.) à n.n. — 50; erhöhter Pr. à n.n. 1. —

— des Vereins f. Heimatkunde zu Eberswalde. Im Auftrage des Vorstandes hrsg. vom derzeit. Schriftführer Rud. Schmidt. I. Jahrg. 1906. 3. u. 4. Heft. (III u. S. 65—124.) gr. 8. Eberswalde, (Eberswalder Buchh.). à nn — 50; erh. Pr. à nn 1. —

— dasselbe. II. Jahrg. 1907. 1. Heft. (64 S.) gr. 8. Ebd. nn 1. —

Mitteilungen des Vereins für Heimatkunde des Jeschken-Isergaues. Vierteljahrsschrift zur Erforschung des Jeschken-Isergaues. Jg 3 ff. — Reichenberg: Verein für Heimatkunde des Jeschken-Isergaues 1909 ff.

MITT(H)EILUNGEN DES VEREINS FÜR HEIMAT(HS)KUNDE IM KREISE SCHWEINITZ.
Vereinsjahr 1897/98. Nr. 1. 1. Halbjahr. (Herzberg (Elster). Druck von H. Schirrmeister.) (Ohne bes. Titelbl.) 4°. — Nr. 2. 2. Halbjahr. (ib. —)
1898/99. Nr. 3. 1. Halbjahr (ib. —) — Nr. 4. 2. Halbjahr. (ib. —)
1899/1900. Nr. 5. 1. Halbjahr. (ib. —)
1899/1900. Nr. 6. 1. Halbjahr. (ib. —) — Nr. 7. 2. Halbjahr. (ib. —)
1900. September. Nr. 8. (ib. —) — October. Nr. 9. (ib. —) — November. Nr. 10. (ib. —) — December. Nr. 11. (ib. —)
1901. Januar—December. Nr. 12—23. (ib. —)
1902. Januar—December. Nr. 24—35. (ib. —)
1903. Januar—December. Nr. 36—47. (ib. —)
1904. Januar—December. Nr. 48—59. (ib. —)
1905. Januar—December. Nr. 60—71. (ib. —)

MITTHEILUNGEN DES HERALDISCHEN VEREINS „ZUM KLEEBLATT“ IN HANNOVER.
Redigirt von H. AHRENS. (Mit Tafeln.)
1890. (Jahrg. I.) Hannover. Druck von Carl Küster. 4°.
1891. (Jahrg. II.) ib. —

MITTHEILUNGEN DES HISTORISCH-ANTIQUARISCHEN VEREINS FÜR DIE STÄDTE SAARBRÜCKEN UND ST. JOHANN UND DEREN UMGEGEND.
— Ueber die römischen Niederlassungen und die Römerstrassen in den Saargegenden. Von FRIEDRICH SCHRÖTER.
Abth. 1—4. Mit (1 Tafel und) 1 Karte. (Gedruckt auf Kosten des Vereins.) Saarbrücken 1846—1867. Gedruckt bei Anton Hofer. 8°.

— des historischen Vereins f. Donauwörth u. Umgegend. 1. Jahrg. gr. 8. (67 S.) Donauwörth 902. (L. Auer.) n. 2. —

— des historischen Vereins f. Donauwörth u. Umgegend. 2. Jahrg. (III, 84 S.) 8. Donauwörth 905. (L. Auer.) n. 3. —

MITTHEILUNGEN DES HISTORISCHEN VEREINS DER DIÖZESE FULDA.
Herausgeber:
Im Auftrage des Vereins Prof. Dr. LEIMBACH.
Jahrg. I. Nr. 1. Fulda, den 27. März 1897. Fulda. Druck der Fuldaer Actiendruckerei. 8°. — Nr. 2. Fulda, den 4. August 1897. — II. Nr. 1. (Mit 1 Tafel.) Fulda, den 25. Juni 1898. — Jahrg. III. Nr. 1. Fulda 1899. Druck der Fuldaer Actiendruckerei. — Jahrg. IV. ib. 1901. — Jahrg. V. Nr. 1. ib. 1902. — Jahrg. VI. ib. (1902.) —

— des historischen Vereins für Heimathkunde in Frankfurt a. O. 13. u. 14. Hft. gr. 8. Frankfurt a/O. 880. Harnecker & Co. n. 1. 80
13. Die Münzsammlung des Vereins. 2. Verzeichniß. Von F. Bardt. (16 S.) n. — 60
14. Zur Geschichte des vormals königl. Appellations-Gerichts in Frankfurt an der Oder. Von Fr. Bardt. (40 S.) n. 1. 20

Mittheilungen des historischen Vereins f. Heimathkunde zu Frankfurt a/O. 15—17. Hft. Hrsg im Namen d. Vereins v. R. Schwarze. gr. 8. (102 S.) Frankfurt a/O. 885. (Harnecker & Co.) n. 4. —

— des historischen Vereins f. Heimathkunde zu Frankfurt a. O. 18.—20. Hft. Hrsg. im Namen d. Vereins v. R. Schwarze. gr. 8. (III, 80 S. m. Abb. u. 2 Taf.) Frankfurt a/O. 895. (B. Waldmann.) n. 3. —

— des historischen Vereins f. Heimatkunde zu Frankfurt a. Oder. 21. u. 22. Heft. gr. 8. Frankfurt a/O. (G. Harnecker & Co.) à n. 2. —
21. Uebersicht über die Thätigkeit des Vereins 1860 bis 1898. (XI. 143 S.) 901. — 22. (III, 99 S.) 904.

— des historischen Vereins f. Heimatkunde zu Frankfurt an der Oder. 23. Heft. (VII, 64 S.) gr. 8. Frankfurt a/O. 907. (G. Harnecker & Co.) 1. 80

MITTEILUNGEN DES HISTORISCHEN VEREINS FÜR HEIMATKUNDE ZU FRANKFURT AN DER ODER.
Heft 23 [1]). ib. 1907. —
Heft 24. Festschrift zum 50jähr. Jubiläum des Vereins (4. Dezember 1910). ib. 1910. —
Heft 25. Bilder aus der Geschichte der Stadt Frankfurt a. Oder. Von Rektor H. BIEDER. Bd. III. ib. 1913. Druck der Königl. Hofbuchdruckerei Trowitzsch & Sohn. — [Bd. I u. II ib. 1899 u. 1908 besonders erschienen.]
Heft 26. Die Münzensammlung des Vereins. Von Oberlehrer M. WILBERG. Berlin 1913. Druck von Julius Bahlke.

[1]) In Heft 23: Satzungen, Bestimmungen üb. d. Benutzung der Bibliothek, Vorträge und Abhandlungen in den „Mitteilungen" des Vereins, Mitglieder-Verzeichnis und Katalog der Bibliothek.

Mittellungen des historischen Vereines für Kärnten. (Klgft., Leon, 1848.) Quart. 4 S.

Mittheilungen des historischen Vereins für Krain. Jg. 1-22. Laibach: Kleinmayr 1846-68. 4°
Red.: V. F. Klur; sp. Ethlein Heinrich Costa; sp. Elias Rabitsch; sp. August Dimitz.

— des historischen Vereines der Mediomatriker f. die Westpfalz in Zweibrücken. I u. II. gr. 8. Zweibrücken, F. Lehmann. n. 3. 60
I. König's, Dav., Beschreibung der Konstitution des Herzogt. Zweibrücken (1677) m. amtl. Ergänzgn. aus dem J. 1693 u. Otto Heinr. Webels Bericht an die kgl. schwedische Regierung üb. die Verhältnisse des Fürstent. Zweibrücken (1704). Hrsg. v. Rud. Buttmann. (XX, 96 S.) 900. n. 1. 60
II. Lorch's, Nik., Ruina Palatinatus Bipontini. Hrsg., übers. u. erläutert v. Rud. Buttmann. (XIII, 126 S.) 901. n. 2. —

— des historischen Vereins der Mediomatriker f. die Westpfalz in Zweibrücken. III. gr. 8. Zweibrücken 904. (F. Lehmann.) n. 2. 50
Matrikel, die, des Hornbacher Gymnasiums 1559—1630. Hrsg. v. Rud. Buttmann. 1. Tl.: Text. (IV, 159 S.)

— des historischen Vereins der Mediomatriker f. die Westpfalz in Zweibrücken. IV. u. V. 8. Zweibrücken, F. Lehmann. 3. 80
IV. Beiträge zur westpfälzischen Ortsgeschichte. I. Zweibrücker Oberamts Bannbuch vom J. 1547. II. Die Wüstungen der Bez.-Ämter Homburg, St. Ingbert, Pirmasens u. Zweibrücken. Von L. Kampfmann. (VII, 158 S.) 908. 2. —
V. Die Schule zu Hornbach, ihre Entstehung u. ihr erstes Jahr. Eine Jubiläumsgabe f. das Gymnasium Zweibrücken (1559 bis 1909). Aktenmäßig bearb. Von A. Neubauer. (VII, 112 S. m. 2 Plänen.) 909. 1. 80

Mittheilungen des Historischen Vereins zu Osnabrück (Bd 12 ff.: Mitth. d. Vereins f. Gesch. u. Landeskunde zu Osnabrück.) Bd 1-64. Osnabrück: Verein 1848-1950.
Fortges. u. d. T.: Osnabrückische Mitteilungen.

— des historischen Vereins zu Osnabrück. 1 u. 2. Jahrg. 1848 u. 1850. gr. 8. (1: XVI u. 385 S. 2: XII u. 408 S.) Osnabrück 848. 50. (Rackhorst.) (à n. 1⅓ ₰) n. 2⅔ ₰

— des historischen Vereins zu Osnabrück. 3. Bd. 1853. und 4. Bd. 1855. Osnabrück. (Rackhorst.) gr. 8. (3. Bd.: XXIV, 424 S. u. 4 lith. Taf. in Fol.; 4. Bd.: XII, 412 S., 1 lith. Plan in 4. u. 1 Tab. in Fol.) Jeder Band n. 1 ₰. 10 ngr.

— — 5. Bd. 1858. Osnabrück. (Meinders.) gr. 8. (XVI, 347 S. u. 3 lith. Taf. in 8. u. 4.) n. 1 ₰. 15 ngr.

— des historischen Vereins zu Osnabrück. 6. Bd. 1860. — 7. Bd. 1864. Osnabrück, (Meinders. — Rackhorst.) gr. 8. (XVIII, 362 S.; XVI, 399 S.) Jeder Bd. n. 1 ₰ 15 ngr.

— des historischen Vereins zu Osnabrück. 8. Bd. 1866. Osnabrück. (Meinders. — Rackhorst'sche Buchh.) gr. 8. (XVI, 392 S.) n. 1 ₰ 10 ngr.

— des historischen Vereins zu Osnabrück. 9. Bd. 1870. gr. 8. (XIX, 400 S. u. 2 Steintaf.) gr. 4. Osnabrück 870. (Meinders.) n. 4. 75

— dasselbe. 10. Bd. 1875. gr. 8. (XXVII, 388 S.) Ebend. 875. n. 4. 50

— des historischen Vereins zu Osnabrück. 11. Bd. 1878. gr. 8. (XXXV, 411 S. m. 1 Steintaf. in qu. gr. Fol.) Osnabrück, (Rackhorst). n. 4. —

MITT(H)EILUNGEN DES HISTORISCHEN VEREINES DER PFALZ.
I—III. (Mit 1 Tafel und genealogischen Tabellen.) Speier. 1870—1872. Daniel Kranzbühler'sche Buchdruckerei. 8°.
IV. (Festgabe für die Theilnehmer an der Generalversammlung der historischen Vereine Deutschlands am 21. bis 25. September 1874 zu Speier.) ib. 1874. —
V. ib. 1875. —
VI. Die praehistorischen Funde der Pfalz bearbeitet von C. MEHLIS, und Vereinsangelegenheiten. (Mit Tafeln.) Leipzig 1877. Duncker & Humblot.
VII—XII. (Mit Tafeln und Karten.) Speier. 1878—1884. L. Gilardone'sche Buchdruckerei, vorm. D. Kranzbühler.

MITTEILUNGEN DES HISTORISCHEN VEREIN(E)S DER PFALZ.
XIII. (Mit Tafeln.) Speier (später Speyer a. Rh.) 1888. H. Gilardone'sche Buchdruckerei. 8° — XIV (Mit 1 Tafel.) ib. 1889. — XV ib. 1891 — XVI. (Mit Tafeln.) ib. 1892. — XVII ib. 1893. — XVIII (Mit Tafeln.) ib. 1894. — XIX. ib. 1895. — XX. (Mit Tafeln.) ib. 1896. — XXI. ib. 1897 — XXII. (Mit 1 Tafel.) ib. 1898. — XXIII. (Mit Tafeln.) ib. 1899. Dr. Jägersche Buchhandlung. — XXIV (Mit Tafeln.) ib. 1900. — XXV (Mit Tafeln.) ib. 1901 Druck der H. Gilardone'schen Buchdruckerei. — XXVI (Mit Tafeln.) ib. 1903. —
In dessen Auftrag herausgegeben von ANTON MÜLLER.
XXVII. ib. 1904. — XXVIII. (Mit 1 Karte.) ib. 1907 — Heft 29 und 30. (Mit Tafeln.) Den Teilnehmern an der Hauptversammlung des Gesamtvereins der deutschen Geschichts- und Altertumsvereine in Mannheim gewidmet. ib. 1907 Druck der Zechner'schen Buchdruckerei.
Im Auftrage des Vereins herausgegeben von HANNS OBERSEIDER.
Bd. 31. (Mit Abbildungen.) ib. 1911. Im Selbstverlag des Historischen Vereins der Pfalz. — 32. (Mit Tafeln.) ib. 1912. Verlag des Historischen Vereins der Pfalz E. V — 33. (Mit 1 Karte u. Abbildungen.) ib. 1913. —
Im Auftrag des Vereins herausgegeben von ALBERT PFEIFFER.
Bd. 34/35. (Mit Tafeln.) ib. 1915. —

— d. historischen Vereins d. Pfalz. XXI. Bd. gr. 8. Zweibrücken 897. (M. Ruppert.) n. 4. 50
Der Hof- u. Staatsdienst im ehemaligen Herzogt. Pfalz-Zweibrücken von 1444—1604. Von Ludw. Eid. M. Orts-, Personen- u. Sachen-Index ausgestattet v. Johs. Mayerhofer. (VIII, 325 S.)

— des historischen Vereins der Pfalz. XXIII—XXV. gr. 8. (Jäger.) n. 14. —
XXIII. (III, 312 u. 24 S. m. 3 Taf.) 899. n. 5. —
XXIV. (III, 320 S. m. 6 Taf. u. 1 Stammtaf.) 900. n. 5. —
XXV. (III, 135 S. m. 2 Taf.) 901. n. 4. —

— des historischen Vereins der Pfalz. In dessen Auftrag hrsg. v. Ant. Müller. XXVI u. XXVII. gr. 8. Speier (Jäger). n. 9. —
XXVI. (V, 156 S.) 903. n. 4. —
XXVII. (XIX, 358 S. m. 1 Abbildg.) 904. n. 5. —

— des historischen Vereines der Pfalz. In dessen Auftrag hrsg. v. Ant. Müller. 28.—30. Heft. gr. 8. Speyer, (Dr. Jäger). 11. —
28. (III, 156 S. m. 1 farb. Karte.) 907. 5. —
29. 30. (III, 304 S. m. 2 Taf.) 907. 6. —

—— des historischen Vereins für die Grafsch. Ruppin. 1. Heft: Ueber die Gründung von Alt- und Neu-Ruppin. Ueber die Neu-Ruppiner Urkunde vom 9. März 1256. Beides von L. Schneider. gr. 8. (IV, 25 S.) Neu-Ruppin 887, (Petrenz.) **

—— des historischen Vereins f. die Grafsch. Ruppin. II. gr. 8. Neu-Ruppin 891, (Petrenz). ** — 75
1. Die sogenannten Kasernenstuben zu Neu-Ruppin, nach den Akten dargestellt v. F Bohm. 2. Bericht üb. die zehnjähr. Thätigkeit d. Vereins, erstattet v. dem Vorstande. (35 S.)
1. Heft. (Ebd.) 1887. ** — 50.

MITT(H)EILUNGEN DES HISTORISCHEN VEREINS FÜR DIE SAARGEGEND
Heft V (Phil. Bernh. HORSTMANN Die Franzosen in Saarbrücken (1792—97). Neuabdruck mit 11 Beilagen. Saarbrücken 1890. H. Klingebeil. — A. m. d. T (Phil. Bernh. HORSTMANN,) Die Franzosen in Saarbrücken und den deutschen Reichslanden im Saargau und Westrich (1792—94) in Briefen von einem Augenzeugen. Bändchen 1 Mit 3 Beilagen. 1796. Auf Kosten des Verfassers 1796. — 2. Mit 5 Beilagen. Auf Kosten des Verfassers 1797 (ib. 1890. —) 8°
Heft VI. Beiträge zur Saarbrücker Geschichte. I. ib. 1899. Klingebeil & Pröller.
Heft 7. Beiträge zur Geschichte der Saargegend. II. Zusammengestellt von AUGUST KROHN. ib. 1900. Historischer Verein.
Heft 8. Beiträge zur Geschichte der Saargegend. III. Mit Karte: Übersicht der Grenzen im Saargebiet in den Jahren 1790, 1814 und 1815. Zusammengestellt von AUGUST KROHN. ib. 1901. Kommissionsverlag von Karl Schmidtke.
Heft 9. (Mit 1 Tafel.) ib. 1909. Pecheur'sche Buchdruckerei.
Heft 10. Literatur über das Industriegebiet an der Saar. Von A. HASSLACHER. 2. Ausgabe. ib. 1910. —
Heft 11. Friedrich Wilhelm Stengel fürstäblich fuldischer Ingenieur, Hofarchitekt und Bauinspektor, fürstlich nassau-usingen'scher Baudirektor, herzoglich sachsen-gothaischer Rat und Baudirektor, fürstlich nassau-saarbrücken'scher Generalbaudirektor, würklicher Kammerrat und Forstkammerpräsident pp. 1694 bis 1787 von CARL LOHMEYER. Düsseldorf 1911. Druck und Verlag von L. Schwann. 4°

— des historischen Vereins f. die Saargegend. 5. Hft. gr. 8. Saarbrücken 890. Klingebeil. n. 3. 50
Die Franzosen in Saarbrücken und den deutschen Reichslanden, im Saargau u. Westrich [1792—94], in Briefen v. e. Augenzeugen. Ph. B. Horstmann. 2 Bdchn. in 1 Bd. Neuabdr. m. 11 Beilagen. (VIII, 292 S.)
Hft. 1—4 kamen nicht in den Handel.

— des historischen Vereins f. die Saargegend. 6.—8. Hft. gr. 8. Saarbrücken (C. Schmidtke). n.n. 11. 50
6. Beiträge zur Saarbrücker Geschichte. I. (181 S.) 899. n. 2. —
7. Beiträge zur Geschichte der Saargegend. Von Aug. Krohn. II. (IV, 365 S.) 900. n. 3. 50
8. Dasselbe. III. Mit Karte: Übersicht der Grenzen im Saargebiet in den J. 1790, 1814 u. 1815. (VIII, 448 S.) 901. n.n. 6. —

— des historischen Vereins f. die Saargegend. 9. u. 10. Heft. gr. 8. Saarbrücken, (C. Schmidtke). nn 8. —
9. (316 S. m. Abbildgn. u. 1 Bildnis.) 909. nn 3. —
10. Literatur üb. das Industriegebiet an der Saar. Von A. Hasslacher. 2. Ausg. (XIII, 386 S.) 910. nn 5. —

—— des historischen Vereins des Kantons Schwyz. 1.—3. Heft. gr. 8. Einsiedeln, Gebr. Benziger. [1. Heft. (XI, 106 S. mit 1 Lichtdr.-Portr.) 882. *M 2,40.; 2. Heft. (VII, 212 S.) 883. *M 3,60.; 3. Heft. (VII, 85 S.) 884. *M 1,60.] *

—— des historischen Vereins des Kantons Schwyz. 4. und 5. Heft. gr. 8. Einsiedeln, Benziger und Comp. [4. Heft. (VIII, 115 S. mit 4 Taf.) 885. *M 2.40.; 5. Heft. (X, 96 S.) 888. *M 1.60.] *

— des historischen Vereins d. Kantons Schwyz. 6. u. 7. Heft. gr. 8. Einsiedeln, Benziger u. Comp. [6. Heft. (VIII, 156 S.) 889; 7. Heft. (VIII, 162 S.) 890.] à Heft [* 2 40] * 1 20

Mitteilungen des historischen Vereins des Kantons Schwyz. 8. Heft. In-8°. VIII, 128 S. Einsiedeln, Benziger & Co. 1895. 3 —
Inhalt: Theophrastus Paracelsus, von *Ed. Kälin.* — Die grossen Waldniederlegungen in Iberg und die Holzlieferungen an den Stand Zürich, von *A. Dettling.* — Zur Geschichte der Kunstgewerbe im Kanton Schwyz im 17. Jahrhundert, von *K. Styger.* — Aus dem Rechenbuche des Handelsmannes Joachim Weidmann, von *J. B. Kälin.* — Die ökonomische Lage der beiden Frauenklöster St. Peter auf dem Bach zu Schwyz und St. Josef im Muotathale zu Ende des 18. Jahrhunderts, von *Rud. Hoppeler* — Kleine Mitteilungen.

Mitteilungen des Historischen Vereins des Kantons Schwyz. Heft 11. IV + 128 S. 8. Schwyz, Emil Steiner, 1901. [Jahresbeitrag der Mitglieder fr. 2. 50]

Mitteilungen des histor. Vereins des Kantons Schwyz. Beigabe zum Heft 11. 8. Schwyz, Emil Steiner, 1901.
s.a.Wuser, M[aurus].

Mitteilungen des Historischen Vereins des Kantons Schwyz. Heft 12 VIII + 95 S. 8. Schwyz, Emil Steiner, 1902. [Jahresbeitrag der Mitglieder fr. 2. 50]

Mitteilungen des Historischen Vereins des Kantons Schwyz. Heft 13. [Mit 4 Tafeln und 1 Karte.] IV + 151 S. 8. Schwyz, Emil Steiner, 1903. [Jahresbeitrag der Mitglieder fr. 2. 50]

Mitteilungen des Historischen Vereins des Kantons Schwyz. Heft 14. IV + 222 S. 8. Schwyz, Emil Steiner, 1904. [Jahresbeitrag der Mitglieder fr. 2. 50]

Mitteilungen des Historischen Vereins des Kantons Schwyz. Heft 15. [Mit 1 Tafel.] VIII + 224 S. 8. Schwyz, Emil Steiner, 1905. [Jahresbeitrag der Mitglieder fr. 2. 50]

Mitteilungen des Historischen Vereins des Kantons Schwyz. Heft 16. [Mit 7 Tafeln.] IV + 196 S. 8. Schwyz, Emil Steiner, 1906. [Jahresbeitrag der Mitglieder fr. 2. 50]

Mitteilungen des Historischen Vereins des Kantons Schwyz. Heft 17. II + 105 S. 8. Schwyz, Emil Steiner, 1907. [Jahresbeitrag der Mitglieder fr. 2. 50]

Mitteilungen des Historischen Vereins des Kantons Schwyz. Heft 18 u. 19 Schwyz, Emil Steiner, 1907 u. 1908. [Jahresbeitrag der Mitglieder fr. 2. 50]
Heft 18. II + IV + IV + 180 S. 1907 (*Umschlag: 1908).
Heft 19. ([Mit einer] Beilage.) IV + 192 S. 1908. — *Beilage u. d. T.:* Die Ratsprotokolle des Kant. Schwyz 1548—1798. Band 2. Beilage zu Heft 19 der Mitt' des H' V' des K' Sch' II S. + S. 83—144. Schwyz, E' St', 1908.

Mitteilungen des Historischen Vereins des Kantons Schwyz. Heft 20. IV + 310 S. 8. Schwyz, Emil Steiner's Erben, 1909. [Jahresbeitrag der Mitglieder fr. 2. 50]

Mitteilungen des Historischen Vereins des Kantons Schwyz. Heft 21. [Mit 4 Tafeln und 1 Karte.] IV + 198 S. 8. Schwyz, Emil Steiner's Erben, 1910. [Jahresbeitrag der Mitglieder fr. 2. 50]

— des historischen Vereins des Kantons Solothurn. 1. Hft. gr. 8. Solothurn, Th. Petri. n. 2. —
Zur Geschichte der Freiherren v. Bechburg. Von Ferd. Eggenschwiler. (VIII, 107 S. m. Abbildgn. u. 4 Taf.) 902.

— des historischen Vereins des Kantons Solothurn. 2. Heft. gr. 8. Solothurn, Th. Petri. n.n. 4. —
Die archäologische Karte des Kantons Solothurn nebst Erläuterungen u. Fundregister. Von J. Heierli. (92 S. m. 9 Taf. u. 1 farb. Karte.) 905.

— des historischen Vereins des Kantons Solothurn. 3. u. 4. Heft. gr. 8. Solothurn, Buchdr. C. Gassmann. (Nur direkt.) 6. 60
Arx, Max v., die Vorgeschichte der Stadt Olten. Geologisch-prähistorische Skizze. Mit 1 (farb.) Titelbilde, 1 (farb.) Uebersichtskarte, 3 (farb.) geolog. Profilen, 4 farb. Taf. u. 31 in den Text gedr. Abbildgn. (VIII, 128 S.) 909. (4. Heft.) 3. 60
Eggenschwiler, Ferd., zur Geschichte der Freiherren v. Bechburg. 2. Tl. (Mit e. Titelbild u. 37 in den Text gedr. Abb., sowie 2 Stammtaf.) (176 S.) 907. (3. Heft.) 3.

Mitteilungen des Historischen Vereins des Kantons Solothurn. Heft 5. 8. Solothurn, C. Gassmann, 1910.
s.a. Mösch, Johann.

Mittheilungen des historischen Vereines für Steiermark. Herausgegeben von dessen Ausschusse. Heft 1—42. — Uebersicht der in den periodischen Schriften des historischen Vereines für Steiermark bis einschliesslich 1892 veröffentlichten Aufsätze, ferner der historischen oder die Steiermark betreffenden Artikel in der steiermärkischen Zeitschrift. (43 Bde.) 8. Graz 1850—1894.

Mittheilungen des historischen Vereines für Steiermark. Herausgegeben von dessen Ausschusse. (Fortsetzung.) Heft 43. 44, 46 - 50. (7 Bde.) 8. Graz 1895—1903.

— des historischen Vereines für Steiermark. Hrsg. v. dessen Ausschusse. 1. Hft. Mit 3 Steindr.-Beilagen. gr. 8. (IV u. u. 159 S.) Gratz 850, Kienreich in Comm. n. 1 ᵽ — 2. Hft. Mit 7 Steindr.-Beilagen. gr. 8. (IV u. 184 S.) Gratz 851, Hesse in Comm. n. 1 ᵽ

— des historischen Vereines für Steiermark. Herausg. von dessen Ausschusse. 3—8. Heft. (à 12—18 Bgn. mit lith. Taf.) Gratz 852—58. Hesse in Comm. gr. 8. Jedes Heft n. 1 ᵽ.

— des historischen Vereines für Steiermark. Hrsg. von dessen Ausschusse. 9—12. Heft (à 15—20 Bgn. m. lith. Taf.). Gratz 859—63. Hesse in Comm. gr. 8. Jedes Heft n. 1 ᵽ

— des historischen Vereines für Steiermark. Hersg. von dessen Ausschusse. 13—17. Heft. Graz, (Leuschner & Lubensky.) gr. 8. [13. Heft. (IV, 212 S. mit 1 lith. Abbild. in qu. gr. 4.) 864. 1 ᵽ 4 ngr., 14. Heft. (IV, 232 S. mit 1 lith. Abbild.) 866. n. 1 ᵽ, 15. Heft. (IV, 243 S.) 867. n. 1 ᵽ, 16. Heft. (IV, 204 S. mit 2 lith. Abbild. in 8. u. 4.) 868 n. 1 ᵽ, 17. Heft. (LXXII, 158 S.) 869. n. 1 ᵽ] n. 5 ᵽ 4 ngr.

— des historischen Vereins f. Steiermark. Hrsg. v. dessen Ausschusse 18. Hft. gr. 8. (LII, 144 S.) Graz 870. Leuschner & Lubensky in Comm. n. 3. —

— des historischen Vereines für Steiermark. Hrsg. von dessen Ausschusse. 19—25. Hft. gr. 8. Graz 871—77. Leuschner & Lubensky in Comm. n. 23. —
19. (CVI, 234 S. m. 2 Steintaf. u. 1 Tab.) n. 5. —
20. (CXV, 98 S. u. Gedenkbuch S. LXIII—LXXVIII.) n. 3. —
21. (XX, 180 u. Gedenkbuch 31 S. m. 1 autograph. Taf.) n. 3. —
22. (LXIX, 174 S.) n. 3. —
23. (XXXVIII, Gedenkbuch S. 29—44 u. 134 S.) n. 3. —
24. (XXV, 143 S. m. 2 Steintaf.) n. 3. —
25. (LXVIII, 194 S. u. Gedenkbuch S. 47—65.) n. 3. -

— des historischen Vereines f. Steiermark. Hrsg. v. dessen Ausschusse. 26—32. Hft. gr 8. (XXI, 189; XXIV, 186; XXXII, 228; XXIV, 248; XXII, 189; XXV, 172 u. XXXIII, 172 S. m. Steintaf. u Tab.) Graz 878—84. Leuschner & Lubensky. à n. 3. —

— dasselbe. 33. Hft. gr. 8. (XX, 222 S. u. Stiria illustrata S. 193—256.) Ebend. 885. n. 4. —

— des historischen Vereines für Steiermark. Hrsg. von dessen Ausschusse. 34.—37. Hft. gr. 8. Graz, (Leuschner & Lubensky). à Hft. n. 4. —
34. (XII, 264 S. m. 1 Taf. u. Stiria illustrata S. 257—320.) 886.
35. (XXI, 156 S. m. eingedr. Holzschn. u. Stiria illustrata S. 321—384.) 887.
36. (XXXIII, 154 S.) 888.
37. (XVI, XXXV, 233 S. u. Stiria illustrata S. 385—512.) 889.

— des historischen Vereines f. Steiermark. Hrsg. v. dessen Ausschusse. 38.—42. Hft. gr. 8. Graz, (Leuschner, & Lubensky). n. 19. —
38. (XIII, XXVI, 209 S. m. 1 Taf.) 890. n. 4 —
39. (XXI, XXIV, 268 S. u. S. 155—170 m. 1 Bildnis u. 1 Karte.) 891. n. 4. —
40. (XXVI, XXIV, 298 S.) 892. n. 4. —
41 (XXIV, XXVI, 228 S.) 893. n. 3. 50
42. (XXXI, XXVI, 256 S.) 894. n. 3. 50

— d. historischen Vereines f. Steiermark. Hrsg. v. dessen Ausschusse. 43.—46. Hft. gr. 8. Graz (Leuschner & Lubensky.) à Hft. n. 3. —
43. (XXIII, XXI, 181 S.) 895.
44. (XX, 8, XXI, 296 S. m. 7 Taf.) 896.
45. (25, XIX, 252 S.) Nebst Beilage: V. Bericht d. histor. Landes-Commission f. Steiermark. April 1896 – Juni 1897. (16 S.) 897.
46. (XV, XVI, 278 S.) 898.

— des historischen Vereines f. Steiermark. Hrsg. v. dessen Ausschusse. 47.—49. Hft. gr. 8. Graz (Leuschner & Lubensky). à n. 3. —
47. (XVII, XVIII, 239 S. m. 1 Taf.) 899. — 48. (XII, XXXII, 281 S.) 900. — 49. (XII, XXXVII, XXXVIII, 340 S.) 902.

— des historischen Vereines f. Steiermark. Hrsg. v. dessen Ausschusse. 50. Heft. (VIII, IV, 186 S.) gr. 8 Graz 903. (Leuschner & Lubensky.) n. 3. —
Fortsetzung s.: Zeitschrift, steirische, f. Geschichte.

MITTHEILUNGEN DES HISTORISCH-STATISTISCHEN VEREINS ZU FRANKFURT A. O.
Heft 1. 1861. (Mit 1 Tafel.) Frankfurt a. O. 1861. Comm. der Hofbuchdruckerei von Trowitzsch und Sohn. 8°.

MITTHEILUNGEN DES HISTORISCH-STATISTISCHEN VEREINS ZU FRANKFURT A. O.

Heft 5. 1865. Geschichte der Stadt Frankfurt an der Oder von EDUARD PHILIPPI. Mit 1 lithographirten Stadtplan von 1706. ib. 1865. —

MITTHEILUNGEN DES HISTORISCH-STATISTISCHEN VEREINS ZU FRANKFURT A. O., später DES HISTORISCHEN VEREINS FÜR HEIMATHKUNDE IN FRANKFURT A. O.

Heft 8. 1868. Geschichte der Französischen Colonie in Frankfurt an der Oder vom Prediger TOLLIN. Mit einer lithographirten Ansicht der französisch-reformirten Kirche zu Frankfurt a. O. bis zum Jahre 1806. ib. 1868. —

Heft 9—12. Herausgegeben im Namen des Vereins von R. SCHWARZE. ib. 1873. —

Heft 13 Die Münzsammlung des Vereins. 2 *) Verzeichniss vom Amtsgerichtsrath F BARDT ib. 1880. Druck der Königl. Hofbuchdruckerei Trowitzsch u. Sohn.

Heft 14 Zur Geschichte des vorm. Königl. Appellations-Gerichts in Frankfurt an der Oder Von FR. BARDT ib. 1880. —

— des historisch-statistischen Vereins zu Frankfurt a/O. 9—12. Hft. gr. 8. Frankfurt a/O. 873. (Harnecker & Co.) n. 3. 30

9. Beiträge zur Geschichte der medicinischen Fakultät an der Hochschule zu Frankfurt a/O., während der Dauer ihres Bestehens von 1506 bis 1811 v. weil. J. C. Löwenstein. (S. 1—28.)
10. Die Russen in Frankfurt 1759. Von Loock. (S. 29—48.)
11. Beiträge zu e. Idiotikon d. Oder-Bruchs u. der angrenz. Gegend, gesammelt von Rubehn. (S. 49—64.)
12 Geschichte d. ehemal. städt. Lyceums zu Frankfurt a/O. von 1329 bis 1813 von Schwarze. Im Anh.: Die Gesius'schen Gesangbücher u. ihre Vorläufer. (S. 55—147.)

MITTHEILUNGEN DES HOMÖOPATHISCHEN VEREINS ZU STETTIN

Jahrg. I—IV 1876—1878. (Mit Beilagen und Tafeln.) Stettin. A. Bornemann. 8°.

Mittheilungen des Vereins der Justiz-Subaltern-Beamten des Kammer-Gerichts-Bezirks. Hrsg.: H. Grieß. Jg. 1, Nr 1—4. [Mehr nicht ersch.] Berlin 1898. fol.

— des Kärntner alpenwirtschaftlichen Vereines. Hrsg. vom alpenwirtschaftl. Vereine f. Kärnten. Schriftleitung: Karl Pulser. 1. Jahrg. 1910. 12 Hefte. (IV, 206 S. m. 5 Abb. u. 2 Taf.) Lex. 8. Klagenfurt, F. v. Kleinmayr. 4. 80

— vom Verein junger Kaufleute v. Berlin. Red.: Max Seckel u. seit 1906: Albr. B. Heymann. 1.—4. Jahrg. 1903—1906. à 24 Nrn. (VI, 218; IV, 304; IV, 248 u. IV, 248 S.) 4. Berlin, C. Heymann. à Jhrg. n. 3.—

— vom Verein junger Kaufleute v. Berlin. Schriftleitg.: Paul Eisner. 5.—8. Jahrg. 1907—1910. à 12 Nrn. (8. Jahrg. II, 172 S.) 31,5×23,5 cm. Berlin, C. Heymann. à Jahrg. 3.—; f. Mitglieder unentgeltlich.

Mitteilungen des kaufmännischen (1905: und gewerblichen) Vereins der weiblichen Angestellten zu Königsberg ... (1907: Mitteilungen der verbündeten kaufmännischen Vereine für weibliche Angestellte ...). (Schriftl.: Eva v. Roy.) Jg. 1-8. — Königsberg usw. 1905–12. 4°

Forts. u. d. T.: Die Handlungsgehilfin.

Mitteilungen des kaufmännischen Vereins zu Frankfurt a.O. 2 Aufl. H. 1 *Frankfurt a. O. 1903: (Vogel & Neuber).* 8° [F.] 04. 3069

—— des Kuhländer landwirthschaftlichen Vereines in Neutitschein. Redakt.: A. Zoebl. 15.—19. Jahrg. 1880—1884. à Jahrg. ca. 6 Nrn. (Bog.) 4. Neutitschein, Administration. à Jahrg. 5.4.

Mittheilungen des Vereins f. Kunde der Aachener Vorzeit. Im Auftrage d. Vorstandes hrsg. v. R. Pick. 1. Jahrg. 2 Hfte. gr. 8. (IV, 196 S. m. 2 Taf.) Aachen 887. 888. (Cremer.) à Hft. n. 2. —

Fortsetzg. s.: Aus Aachens Vorzeit.

MITTEILUNGEN DES VEREINS FÜR KUNST UND ALTERTUM IN ULM UND OBERSCHWABEN

Heft 1 Zum Druck fertiggestellt von H. BAZING. Ulm, 1891 Druck der J Ebner'schen Buchdruckerei. 4°

Heft 2. ib. 1891 —

Heft 3. Festgruss zur Versammlung der deutschen anthropologischen Gesellschaft am 1 bis 3. August 1892 in Ulm (Der Bockstein, das Fohlenhaus, der Salzbühl, drei prähistorische Wohnstätten im Lonethal. Ein Beitrag zur Kenntnis unseres Vaterlandes, der XXIII. allgemeinen Versammlung der deutschen anthropologischen Gesellschaft zu Ulm vom 1./3. Aug. 1892 vom Verein für Kunst u. Altertum in Ulm und Oberschwaben gewidmet.) (Mit 6 Tafeln.) ib. 1892. —

Heft 4. (Mit 1 Tafel.) ib. 1893. —

Heft 5—8. ib. 1896. Druck von Gebrüder Nübling. — A. u. d. T Sebastian Fischers Chronik besonders von Ulmischen Sachen. Herausgegeben im Auftrag des Vereins für Kunst & Alterthum für Ulm und Oberschwaben von KARL GUSTAV VEESENMEYER. ib. 1896. —

Heft 9 (Mit 1 Tafel.) ib. 1900. Druck der J. Ebner'schen Buchdruckerei. — A u. d. T Baustätte und Gründung des Münsters. Die Bildwerke des Südwestportals. Im Auftrage des Vereins für Kunst- und Altertum in Ulm und Oberschwaben dargestellt von RUDOLF PFLEIDERER. (Mit 1 Tafel.) ib. 1900. —

Heft 10. ib. 1902. Druck von Gebrüder Nübling. — A. u. d. T Schubartstudien von ERNST HOLZER. Mit einem Bild Schubarts und Musikbeilagen. ib. 1902. (—)

Heft 11 (Mit Karte.) Heft 12. ib. 1904 und 1905. Druck der J. Ebner'schen Buchdruckerei. — Heft 11 a. u. d. T Das Treffen bei Elchingen und die Katastrophe von Ulm im Jahre 1805. Von E. v LOEFFLER. (Mit 1 Karte.) ib. 1904. — Heft 12 a. u. d. T Aus Alt-Ulm. Von FRIEDRICH PRESSEL. (Mit 1 Tafel.) ib. 1905. —

Heft 13—15. ib. 1908 und 1909. (o. V o. Dr) — A. u. d. T
(1.) Bruder Felix Fabris Abhandlung von der Stadt Ulm. nach der Ausgabe des litterarischen Vereins in Stuttgart verdeutscht von K. D. HASSLER. ib. 1909. Druck der Buchdruckerei von Heinrich Frey
(2.) Onophrius Millers Lobspruch auf Ulm 1593. nach der auf der Kgl. Staatsbibliothek in München befindlichen Handschrift mitgeteilt von GREINER ib. 1909 —

Heft 16. ib. 1909 (o. V o. Dr auf dem Umschlagtitel) — A u. d. T Ulm und Umgebung im Bauernkrieg von GREINER ib. 1909. Wagner'sche Buchdruckerei.

Heft 17 Thrans Lebensgang von C DIETERLEN, Zur Geschichte der Familie von Besserer von J RIEBER, Stadtpfarrer in Ulm. ib. 1911 — A. u. d. T Thrans Lebensgang zu seinem 100 Geburtstag niedergeschrieben von C DIETERLEN, Ulm. ib. 1910-11 Druck der J Ebner'schen Buchdruckerei.

Heft 18. ib. 1912. Handels-Druckerei D Strom. — A u. d T Die Ulmer Gelehrtenschule zu Beginn des 17 Jahrhunderts und das akademische Gymnasium Darstellung und Quellenmaterial Von Professor Dr. GREINER. ib. 1912 —

— des Vereins f. Kunst u. Alterthum in Ulm u. Oberschwaben. 5.—8. Hft. hoch 4. Ulm (L. Frey). n. 5. —
Seb. Fischers Chronik bes. v. Ulmischen Sachen. Hrsg. im Auftr. des Vereins für Kunst u. Alterthum f. Ulm u. Oberschwaben v. Karl Gust. Veesenmeyer. (II, X, 278 S.)
Die früheren u. späteren Hefte werden nur an Mitglieder des Vereins geliefert.

— des Vereins f. Kunst u. Altertum in Ulm u. Oberschwaben. 9.—12. Heft. Lex.-8. Ulm (L. Frey). n.n. 4.50

9. Baustätte u. Gründung des Münsters. — Die Bildwerke des Südwestportals. Im Auftrage des Vereins f. Kunst u. Altertum in Ulm u. Oberschwaben dargestellt. Von Rud. Pfeiderer. (20 S. m. 2 Taf.) 900. n.n. 1.50
10. Schubartstudien. Von Ernst Holzer. Mit e. Bild Schubarts u. Musikbeilagen. (II, 52 u. 15 S.) 903. n.n. 1 50
11. 12. Das Treffen bei Elchingen u. die Katastrophe v. Ulm im J. 1805. Von E. v. Loeffler. — Aus Alt-Ulm. Von Frdr. v Pressel. (36 S. m. 1 Karte u. 20 S. m. Abbildgn.) 904. 905. n.n. 1.50

Mitteilungen d. Vereins f. dekorative Kunst u. Kunstgewerbe, Stuttgart. Red.: Max Hagendorn. 1. Jahrg. Juli 1900—Juni 1901. 6 Hfte. hoch 4. (à ca. 48 S. m. Abbildgn.) Stuttgart (Blumhardt & Baumann). 18. —

Mitteilungen des Vereins der Kupferschmiedereien Deutschlands. 1900-07 4° Hannover 1900-07

Mitteilungen des Vereins der Kupferschmiedereien Deutschlands. 1908-13. 4° Hannover 1908-13

Mitteilungen des Vereins für Land- und Forstwirthschaft im Herzogthum Braunschweig Braunschweig Jg 1-38 1834-1870 - (M n. erm)

—— des Vereins f. Land- u. Forstwirthschaft im Herzogth. Braunschweig. No. IX. Für d. J. 1841. gr. 8. (16½ B.) Braunschweig, (Leibrock.) *
No. I—VIII. Ebendas. ... (?)

—— des Vereins f. Land- u. Forstwirthschaft im Herzogth. Braunschweig. No. X—XIV. Für d. J. 1842—46. gr. 8. Braunschweig. (Leibrock.) [X. (15½ B.) XI. (16⅛ B.) XII. (16¾ B. u. 2 Tab.) XIII. (16 B.) XIV. (16⅜ B.) à J. * 20 Ngr.] *

Mittheilungen des Vereins für Land- und Forstwirthschaft im Herzogth. Braunschweig. Nr. XV—XIX. Für die J. 1847—51. gr. 8. Braunschweig, (Leibrock.) [XV. (VIII und 246 S.) XVI. (VIII und 254 S.) XVII. (VIII und und 264 S.) XVIII. (VI und 217 S.) XIX. (VI und 264 S.) 848—52. à Nr. * 20 Ngr.] *

—— des Vereins für Land- und Forstwirthschaft im Herzogth. Braunschweig. Nr. XX—XXIII. Für die J. 1852—55. gr. 8. Braunschweig 853—56, (Leibrock.) [XX. (VIII und 306 S.) XXI. (VIII und 195 S.) XXII. (XLIII und 151 S.) XXIII. (XLIV und 132 S.) à Nr. * 20 Ngr.] *

—— des Vereins für Land- und Forstwirthschaft im Herzogth. Braunschweig. Nr. XXIV—XXVII. Für die J. 1856—59. gr. 8. Braunschweig, (Leibrock.) [1856. (LV und 216 S.) 1857. (L und 141 S.) 1858 und 1859. (XI und 292 S.)] à Nr. * 20 Ngr. *
Nr. XXVI und XXVII wurden von W. Schönermark herausgegeben.

—— dass. — Redig. von W. Schönermark. 28. Jahrg. 1860. 12 Nrn. (à ca. 2 Bog.) gr. 8. (Ebendas.) *

—— dass. — Redig. von Demselben. 29. Jahrg. 1861. 12 Nrn. (Bog.) Lex.-8. Braunschweig, J. H. Meyer.

—— des Vereins für Land- und Forstwirthschaft im Herzogth. Braunschweig. Redact.: W. Schönermark. 30.—35. Jahrg. 1862—67. à Jahrg. 12 Nrn. (à 2—3 Bog.) Lex.-8. Braunschweig, J. H. Meyer. à Jahrg.

—— des Vereins für Land- und Forstwirthschaft im Herzogthum Braunschweig. Hrsg. von dessen Vorstande, redig. von Schönermark. 36.—42. Jahrg. 1868—1874. à Jahrg. 12 Nrn. (à 2—3 Bog.) Lex.-8. Braunschweig, (J. H. Meyer.) à Jahrg.

„Mittheilungen des landwirthschaftlichen Vereins für den Canton Basel an seine Freunde", Basel 1825 (Schweighäuser).

Mittheilungen des Land- und Forstwirthschaftlichen Vereins in Holstein Lfg 6 Oldesloe. 1860. 8°

—— des landwirthschaftl. Vereins zu Halberstadt üb. dessen Verhandlungen, Vorträge, Gutachten u. sonstige Betriebsamkeit. Hrsg. durch C. J. G. A. Jahn. 1. Hft. gr. 8. (6½ B.) Halberstadt 843. (Lindequist u. Schönrock.) *—

—— des landwirthschaftl. Vereins zu Hannover, s. Mittheilungen d. landwirthschaftl. Provinzial-Vereins rc.

— des landwirthschaftlichen Vereins zu Hannover. Redakt. Amtsassessor Hartmann. 3.—9. J. 1. 2. Mit Steintaf. gr. 8. Hannover 840—46, Helwings B. à Liefg. n. ⅓ ß

—— des landwirthschaftl. Vereins zu Hannover. 6. u. 7. Jahrg. à 2 Lfgn. gr. 8. Hannover 843, 44. (Helwing'sche Hofbuchh.) [6. (13¼ B. u. 2 Tab.) 7. (11¼ B. u. 1 Stnt.) à * 20 Ngr.] *

—— des landwirthschaftlichen Vereins zu Hannover. 8. und 9. Jahrg. 1845 und 1846. à 2 Lfgn. gr. 8. Hannover, Helwingsche Hofbuchh. à Jahrg. *
Die Fortsetzung, s. Zeitung, landwirthschaftl. —

—— des landwirthschaftlichen Vereins zu Liegnitz. Hrsg. von dessen Vorstande, redig. von Ed. Birnbaum. 1. Jahrg. Octbr. 1876 — Septbr. 1877. 12 Nrn. (Bog.) gr. 8. Liegnitz, Krumbhaar. *
Nicht weiter erschienen.

Mitteilungen des Vereins für deutsch-evangelisches Leben in den Schutzgebieten und dem Ausland. 1-29. Niedereichstädt. Verein 1900-1922. 8°

Mitteilungen des Vereins seminaristisch gebildeter Lehrer an höheren Unterrichtsanstalten und deren Vorschulen in Preussen. Berlin: Lampe 1893-1906. 8°
Red.. A. Lampe.

Mitteilungen des Vereins der Lehrkräfte an österreichischen Handelsschulen. Wien: Administration 1894-(1914). 8°

Mitteilungen des Liechtensteinischen landwirthschaftlichen Vereins an seine Mitglieder
④ Mitteilungen des liechtensteinischen Bauernvereins (in der Bibliographie nicht aufgeführt) ⑤ 1891—1919 ⑥ 8° ⑦ zuerst Monatsblatt (bis 1902), dann Vierteljahrsschrift ⑧ Buchs (SG) J. Kuhn (bis 1899); Feldkirch (A): Ludwig Sausgruber ⑩ Liechtensteinischer landwirthschaftlicher Verein ⑪ Rudolf Schädler ⑬ Bohatta Liechtensteinische Bibliographie. Jahrbuch des Historischen Vereins Liechtenstein 10 (1910). p. 161 ⑭ Zug. Matt (unvollständig).

MITTEILUNGEN DES VEREINS FÜR MATHEMATIK UND NATURWISSENSCHAFTEN IN ULM a. D. [3])
Heft 14. ib. 1909. —

[3]) Fortsetzung der Jahreshefte.

— des mathematisch-naturwissenschaftlichen Vereins in Württemberg, hrsg. v. O. Böklen. 4. u. 5. Bd. à 2 Hfte. gr. 8. (à Hft ca. 60 S. m. Fig.) Stuttgart 891. 892. J. B. Metzler's Verl. à Bd. n. 3. —
Vorh. u. d. T Mathematisch-naturwissenschaftliche Mitteilungen. Bd. 1-3. 1884-1888.

Der Milchw. Verein im Allgäu (Dr. Vogel), **Mitteilungen des Milchw. Vereins im Allgäu, Organ für die gesamte Land- und Milchwirtschaft des Bayer. Allgäus.**
Ab 1921 mit der Bayer. Molkereizeitung vereinigt (Nr. 3335). Die Schriftleiter siehe Herz!

1887-1919 Kempten

— des milchwirthschaftlichen Vereins im Allgäu. Zeitschrift f. die Milchwirthschaft u. Viehzucht des bayer. Allgäus. Hrsg. vom milchwirthschaftl. Verein im Allgäu (a. V.), unter Schriftleitg. v. Ludw. Hohenegg. 12. u. 13. Bd. 15. u. 16. Jahrg. 1901 u. 1902. à 12 Hfte. gr. 8. (à ca. 16 S.) Memmingen. Weiler im Allgäu, Milchwirthschaftl. Verein. à Jahrg. 3.—

— des milchwirtschaftlichen Vereins im Allgäu. Zeitschrift f. die Milchwirtschaft u. Viehzucht des bayer. Allgäus. Hrsg. vom milchwirtschaftl. Verein im Allgäu (e. V.), unter der Schriftleitg. v. Th. Aufsberg. 14.—17. Bd. 17.—20. Jahrg. 1903—1906. à 12 Hefte. (VIII, 356; VII, 304; VIII, 320 u. VIII, 284 S.) gr. 8. Memmingen. Sonthofen, Lehrsennerei. à Jhrg. n. 3. —

—— des mittelrheinischen geologischen Vereins, s. Karten und Mittheilungen.

—— des Münchener Entomologischen Vereins. Redact.: v. Harold. 1. Jahrg. 1877. 2 Hefte. gr. 8. (XXII, 142 S. mit 2 color. Kpfrt.) München, Th. Ackermann. **

—— dass. — Redact.: E. Steinheil und v. Harold. 2. und 3. Jahrg. 1878 und 1879. à Jahrg. 2 Hefte. gr. 8. Ebendas. [2. Jahrg. (VII, 167 S.); 3. Jahrg. (XII, 200 S. mit 1 color. Stnt. und 2 color. Kpfrst.)] à Jahrg. **

—— des Münchener entomologischen Vereins. Redact.: v. Harold. 4. Jahrg. 1880. 2 Hefte. gr. 8. (IV, 181 S.) München, Th. Ackermann. **

—— dass. — 5. Jahrg. 1881. 2 Hefte. gr. 8. (ca. 180 S.) Ebendas. **
Nicht weiter erschienen.

—— des Vereins für Münz-, Wappen- und Siegelkunde in Dresden. 1.—3. Heft. gr. 8. (S. 1—160 mit 4 photograph. Taf.) Dresden 870—74, Schilling. à Heft **ℳ 1,25. **

Mittheilungen aus dem V e r e i n e der Nat urfreunde in Reichenberg. Reichenberg 1875

MITTHEILUNGEN DES VEREINS FÜR NATURKUNDE IN REICHENBACH I. V.
Im Auftrage des Vereins herausgegeben von PAUL KLAUS
Heft 5. Reichenbach, Jan 1887 Im Selbstverlage des Vereins 8°

MITTEILUNGEN DES VEREINS FÜR NATURKUNDE FÜR VEGESACK UND UMGEGEND
Herausgegeben von S A POPPE, Vegesack
Nr 1 für 1901—1902 Vegesack (o. V o. Dr) 8° — Nr 2 für 1903. ib 1904 Druck von F W L. Borowsky — Nr 3 für 1904 ib. — Nr 4 für 1905 Selbstverlag des Vereins —
Herausgegeben von J B AHLERS Hammersbeck
Nr 5 für 1906, 07 und 1908 ib. Druck von August Borowsky — Nr 6 für 1909 (ib. —) Nr 7 für 1910 (o. O. o Dr — No. 8 für 1911—12 (Mit Tafeln.) (o. O. o. Dr)

(MITTEILUNGEN DES NATURWISSENSCHAFTLICHEN VEREIN(E)S IN ASCHAFFENBURG.)
(I.) Mit d. T DIE WALDUNGEN IN DER UMGEBUNG VON ASCHAFFENBURG. Im Auftrag des naturwissenschaftlichen Vereins daselbst geschildert von HERMANN FÜRST Mit einer kleinen Uebersichtskarte in Farbendruck (Als erster Beitrag zu einer naturwissenschaftlichen Beschreibung der Umgebung Aschaffenburgs.) Aschaffenburg 1884. C Krebs'sche Buchhandlung (E. Kriegenherdt) [1]). 8°
II Mit d. T BEITRÄGE ZUR FAUNA UND FLORA VON ASCHAFFENBURG II. Mittheilung des naturwissenschaftlichen Vereins daselbst, herausgegeben zur Feier seines 10jährigen Bestehens. ib. 1888. —
III Mit d. T BEITRÄGE ZUR FAUNA VON ASCHAFFENBURG UND UMGEGEND. III Mittheilung des naturwissenschaftlichen Vereines daselbst Die Käfer Von C(ARL) FRÖHLICH Jena 1897 Gustav Fischer
IV DIE ODONATEN UND ORTHOPTEREN DEUTSCHLANDS mit besonderer Berücksichtigung der bei Aschaffenburg vorkommenden Arten nach der analytischen Methode bearbeitet von CARL FRÖHLICH Mit 25 nach der Natur photographisch aufgenommenen Abbildungen auf 6 Lichtdrucktafeln. IV Mitteilung des naturwissenschaftlichen Vereines zu Aschaffenburg, herausgegeben zur Feier seines 25jährigen Bestehens. Gedruckt mit Unterstützung der k. b. Akademie der Wissenschaften zu München. ib. 1903. —
V Herausgegeben 1906. Aschaffenburg 1906 Wailandt'sche Druckerei Akt.-Ges. (Aufgeklebt:) C. Krebs'sche Buchhandlung (Wilhelm Hausmann).

— des naturwissenschaftlichen Vereins zu Aschaffenburg. V. Mitteilg., hrsg. 1906. (III, 79 S. m. 1 Taf.) gr. 8. Aschaffenburg, (C. Krebs). 2.40

MITTEILUNGEN DES NATURWISSENSCHAFTLICHEN VEREINS ZU DÜSSELDORF
Heft 1 (Mit 3 Tafeln.) Düsseldorf 1887 Druck von August Bagel 8°
Heft 2 Herausgegeben von dem Vorsitzenden des Vereins KARL JANSEN Den Teilnehmern an der zu Düsseldorf am 7 und 8 Juni 1892 tagenden 49 Generalversammlung des Naturhistorischen Vereins der preussischen Rheinlande, Westfalens und des Reg.-Bezirks Osnabrück dargeboten vom Naturwissenschaftlichen Verein zu Düsseldorf ib 1892 —
Heft 3. (Mit 1 Tafel.) ib. 1895 —

MITTHEILUNGEN DES NATURWISSENSCHAFTLICHEN VEREINS ZU FREIBERG IN SACHSEN.
Heft 1. Freiberg i. S. 1882. Gerlach'sche Buchdruckerei. 8°.

Mittheilungen aus dem naturwissenschaftlichen Vereine von Neu-Vorpommern und Rügen. Redig. von Frhr. v. Feilitzsch, Limpricht und Marsson. 1.—4. Jahrg. gr. 8. Berlin, Gaertner. [1. Jahrg. (V, 106 S. mit 3 Stndrt. in qu. 4. und Fol.) 869.; 2. Jahrg. (95 S. mit 1 Stndrt.) 870.; 3. Jahrg. (III, 86 S.) 872; 4. Jahrg. (XV, 117 S. mit 2 Stnt. in qu. Fol.) 873.] 1. Jahrg. *
2. und 3. Jahrg. à *ℳ 2.; 4. Jahrg. *

—— dass. — Redig. von Th. Marsson. 5. und 6. Jahrg. gr. 8. (XXV, 160 S. mit 1 Stnt. in qu. 4.) Ebendas. 873,74. *

—— aus dem naturwissenschaftlichen Vereine von Neu-Vorpommern und Rügen. Hrsg. von Th. Marsson. 7.—11. Jahrg. gr. 8. Berlin, Gärtner. [7. Jahrg. (XXV, 134 S. mit 3 Stnt. in qu. gr. 4. und 2 lithogr. Karten in 4.) 875. *ℳ 4.; 8. Jahrg. (XXXII, 91 S. mit 1 Lichtdr.-Taf. in qu. Fol.) 876. *ℳ 3.; 9. Jahrg. (XXVII, 173 S. mit 5 lithogr. Taf.) 877. *ℳ 6.; 10. Jahrg. (XX, 196 S. mit 8 lithogr. Taf.) 878. *ℳ 8.; 11. Jahrg. (XXIV, 104 S. mit 3 lithogr. Taf.) 879. *ℳ 3.] *

— dasselbe. 12. Jahrg. Mit 6 (lith.) Taf. gr. 8. (XXXII, 89 S.) Ebend. 880. n. 6. —

— dasselbe. 13. Jahrg. Mit 2 (lith.) Taf. gr. 8. (XXXV, 109 S.) Ebend. 882. n. 3. 50

— aus dem naturwissenschaftlichen Vereine v. Neu-Vorpommern u. Rügen in Greifswald. Red. v. Th. Marsson. 14. Jahrg. Mit 2 (lith.) Taf. gr. 8. (XXVII, 223 S.) Berlin 883. Gaertner. n. 6. —

— dasselbe. 15. Jahrg. Mit 1 (lith.) Taf. gr. 8. (XXXII, 58 S.) Ebend. 884. n. 2. 10

— dasselbe. 16. Jahrg. gr. 8. (XXIX, 121 S.) Ebend. 885. n. 3. —

— dasselbe. 17. Jahrg. Mit 1 (lith.) Taf. gr. 8. (XXXII, 92 S.) Ebend. 886. n. 3. —

— aus dem naturwissenschaftlichen Verein für Neu-Vorpommern u. Rügen in Greifswald. Red. von Fr. Schmitz. 18.—21. Jahrg. 1886—1889. gr. 8. Berlin, Gaertner. n. 16. —
18. Jahrg. 1886. Mit 3 Taf. (XX, 76 u. 18 S.) 887. n. 3. —
19. Jahrg. 1887. (XIX, 149 S.) 888. n. 4. —
20. Jahrg. 1888. Mit 3 Taf. (XIX, 161 S.) 889. n. 6. —
21. Jahrg. 1889. Mit 3 Taf. (XIX, 49 S.) 889. n. 3. —

— aus dem naturwissenschaftlichen Verein f. Neu-Vorpommern u. Rügen in Greifswald. Hrsg. vom Vorstand. 22.—25. Jahrg. 1890—1893. gr. 8. Berlin, R. Gaertner. n. 16. 40
22. Jahrg. 1890. (XXXI, 114 S. m. 2 Taf.) 891. n. 5. —
23. Jahrg. 1891. (XXII, 174 S. m. 1 Taf.) 892. n. 4. 20
24. Jahrg. 1892. (XXXV, 95 S. m. 1 Taf.) 893. n. 3. —
25. Jahrg. 1893. (XXXVI, 173 S.) 894. n. 4. 20

— aus d. naturwissenschaftlichen Verein f. Neu-Vorpommern u. Rügen in Greifswald. Hrsg. v. Vorstand. 26.—29. Jahrg. 1894—1897. gr. 8. Berlin, R. Gaertner. n. 14. 80

26. Jahrg. 1894. (XXVII, 180 S. m. 1 Taf.) 895. n. 4. 60
27. Jahrg. 1895. (XXXII, 104 S.) 896. n. 2. 80
28. Jahrg. 1896. (XXVIII, 158 S.) 897. n. 4. 20
29. Jahrg. 1897. (XXVII, 160 S. m. 1 Taf.) 898. n. 3. 20

— aus dem naturwissenschaftlichen Verein für Neu-Vorpommern u. Rügen in Greifswald. Hrsg. vom Vorstand. 30.—33. Jahrg. 1898—1901. gr. 8. Berlin [R. Gaertner.] Weidmann. n. 25. —

30. Jahrg. 1898. (XXXII, 124 S.) 899. n. 4. —
31. Jahrg. 1899. (XXXIV, 206 S. m. 5 Taf.) 900. n. 7. —
32. Jahrg. 1900. (XX, 222 S. m. 3 Taf.) 901. n. 7. —
33. Jahrg. 1901. (XXVIII, 159 u. 40 S. m. Abb. u. 5 Taf.) 902. n. 7. —

— aus dem naturwissenschaftlichen Verein für Neuvorpommern u. Rügen in Greifswald. Hrsg. vom Vorstand. 34.—36. Jahrg. 1902—1904. gr. 8. Berlin, Weidmann. n. 18. —

34. (XVI, 104 u. 99 S.) 903. n. 6. —
35. (XXIV, 60 u. 51 S.) 904. n. 4. —
36. (XXVIII, 188 u. 51 S. m. Abb. u. 1 Taf.) 903. n. 8. —

— aus dem naturwissenschaftlichen Verein f. Neuvorpommern u. Rügen in Greifswald. Hrsg. vom Vorstand. 37.—41. Jahrg. 1905—1909. 8. Berlin, Weidmann. 23. 20

1905. (VIII, 88 u. 51 S. m. Abbildgn. u. 3 Taf.) 906. 4.80. — 1906. (XL, 140 u. 51 S. m. 3 Taf.) 907. 8.—. 1907. (XXX, 27 u. 50 S.) 908. 2.40. — 1908. (XXVII, 61 u. 50 S.) 909. 4.—. — 1909. (63, X u. 50 S. m. 1 Taf.) 8. 910. 4. .

MITTHEILUNGEN DES NATURWISSENSCHAFTLICHEN VEREINS ZU SCHNEEBERG. Heft 1. Im Auftrag des Directoriums herausgegeben von H. JACOBI. (Mit Tafeln.) Schneeberg, 1878. Selbstverlag des Vereins. 8°.

Mittheilungen des naturwissensch. Vereins für Steyermark. Graz 1863-88, 91-92

Mittheilungen des naturwissenschaftlichen Vereines für Steiermark. 1. Heft. Graz 863. (Wiessner.) gr. 8. (III, 37 S.) 15 ngr.

— des naturwissenschaftlichen Vereines für Steiermark. Jahrg. 1881. Unter Mitverantwortung der Direction red. von Aug. v. Mojsisovics. Mit einer chromolith. Taf. u. einer lith. Karte. gr. 8. (LIII, 185 S.) Graz 882. (Wiessner.) n. 4. 65

— des naturwissenschaftlichen Vereines f. Steiermark. Jahrg. 1882. [Der ganzen Reihe 19. Hft.] Unter Mitverantwortg der Direction red. von Aug. v. Mojsisovics. Mit 1 Taf in Lichtdr., 2 lith. Taf. u. e. lith. Karte. gr. 8. (CLII, 281 S) Graz 883. (Leuschner & Lubensky.) n. 8. —

— dasselbe. Jahrg. 1883. [Der ganzen Reihe 20. Hft.] Mit 2 lith. Taf. gr. 8. (CX, 221 S.) Ebend. 884. n.n. 6. —

— dasselbe. Jahrg. 1884. [Der ganzen Reihe 21. Hft.) Red. v. R. Hoernes. Mit 2 lith. Taf. gr. 8. (CIV, 221 S. Ebend. 885. n.n. 6. —

— dasselbe. Jahrg. 1885. [Der ganzen Reihe 22. Hft.] Mit 1 lith. Taf. u. 18 Holzschn. gr. 8. (CXXXI, 307 S.) Graz 886. (Leuschner & Lubensky.) n.n. 6. —

— des naturwissenschaftlichen Vereines f. Steiermark. Jahrg. 1886—1889. [Der ganzen Reihe 23.—26. Heft.] Unter Mitverantwortg. der Direction red. von R. Hoernes. gr. 8. Graz, (Leuschner & Lubensky). à Jahrg. n.n. 6. —

1886. Mit 4 lith. Taf. u. 3 Holzschn. (XC, 215 S.) 887.
1887 Mit 1 Portr. u. 3 Taf. (LXXXV, 301 S.) 888.
1888. Mit 1 Portr., 1 chromolith. Taf. u. 9 Textfig. (CIX, 291 S.) 889.
1889. Mit 1 lith. Taf. u. 1 lith. Karte. (VC, 187 S.) 890.

— d. naturwissenschaftlichen Vereines f. Steiermark. Jahrg. 1890. 1891. [Der ganzen Reihe 27. u. 28. Hft.] Unter Mitverantwortg. der Direction red. v. Hans Molisch. gr. 8. Graz, (Leuschner & Lubensky). à Jahrg. n. 9. —

1890. (V, CXXXVII, VII, 438 S. m. 1 Karte u. 6 Illustr.) 891.
1891. (XCI, 367 S. m. 1 lith. Taf.) 892.

— dasselbe. Jahrg. 1892 u. 1893 (der ganzen Reihe 29. u. 30. Hft.). Unter Mitverantwortg. der Direction red. v. Rud Hoernes. gr. 8. Ebd. à Jahrg. n. 9. —

1892. (V, CV, 429 S. m. 2 Fig. u. 1 Bildnis.) 893.
1893. (IV, XCV, 380 S.) 894.

— d. naturwissenschaftlichen Vereines f. Steiermark. Jahrg. 1894—1897 (der ganzen Reihe 31.—34. Hft.). Unt. Mitverantwortg. d. Direction red. v. Rud. Hoernes. gr. 8. Graz (Leuschner & Lubensky). à Jahrg. n. 9. —

1894. (31. Hft.) (IV, LXXXIV, 342 S. m. 4 Abb. u. 1 Karte.) 895.
1895. (32. Hft.) (IV, LXXXII, 280 S.) 896.
1896. (33. Hft.) (IV, LXXXVIII, 229 S. m. 5 Abb., 5 Taf. u. 1 Karte.) 897.
1897. (34. Hft.) (V, XCVII, 298 S. m. 4 Textill., 3 Portr. u. 2 Taf.) 898.
Der Jahrg. 1897 war v. C. Doelter hrsg.

— des naturwissenschaftlichen Vereins f. Steiermark. Jahrg. 1898—1901. (Der ganzen Reihe 35.—38. Hft.) Unter Mitverantwortg. der Direction red. v. C. Doelter. gr. 8. Graz (Leuschner & Lubensky). à n. 9. —

1898. Mit 1 Taf. u. 4 in den Text gedr. Illustr. (V, LXXVI, 214 S.) 899.
1899. Mit 4 Taf. u. 4 Karten. (IV, LXXIII, 270 S.) 900.
1900. (IV, CI, 309 S. m. 6 Abbildgn. u. 4 Taf.) 901.
1901. (IV, LXXVI, 266 S. m. 17 Abb., 3 Taf. u. 5 Karten.) 902.

— des naturwissenschaftlichen Vereines f. Steiermark. Jahrg. 1902—1905. (Der ganzen Reihe 39.—42. Heft.) Unter Mitverantwortung der Direction red. von C. Doelter. gr. 8. Graz (Leuschner & Lubensky). à n. 9. —

1902. (XCII, 419 S. m. 6 Abb.) 903. — 1903. (III, CLVIII, 322 S. m. 25 Abb., 1 Bildnis u. 2 Taf.) 904. — 1904. (III, CXIII, 202 S. m. 2 Abb. u. 2 Taf.) 905. — 1905. (CLXII, 365 S. m. 14 Abb., 3 Taf. u. 3 Karten.) 906.

— dasselbe. Haupt-Repertorium über sämtl. Vorträge, Abhandlgn. u. wichtigere fachwissenschaftl. Notizen, welche sich in den Heften XXI bis einschliesslich XL (den Jahrgängen 1884 bis einschliesslich 1903) befinden. Veranstaltet v. e. Mitgliede. (39 S.) gr. 8. Ebd. 905. n. 1. —

Mitteilungen des naturwissenschaftlichen Vereins f. Steiermark. 43.—46. Bd. (Jahrg. 1906—1909.) Unter Mitverantwortg. der Direktion red. v. Karl Fritsch. à 2 Hefte. gr. 8. Graz, (Leuschner & Lubensky). à Bd. 9. —

43. (III, XXXVIII, 459 S. m. 2 Abb., 1 Bildnis u. 2 Karten.) 907. — 44. Mit 25 Abb., 3 Karten, 3 Taf. u. 1 Portr. (IV, XXXIV, 347 S.) 908. — 45. (III, XXXIV, 481 S. m. 50 Abb., 2 Karten u. 3 Taf.) 909. — 46. (1. Heft. 388 S. m. 19 Abb. u. 1 Bildnis.)

Mitteilungen des Nordböhmischen Vereines für Heimatforschung und Wanderpflege (vorm.: Nordböhmischer Excursions-Klub). Jg. 1 ff — Böhm. Leipa: Selbstverl. d. Ver 1878 ff. 8°

— des nordfriesischen Vereins f. Heimatkunde u. Heimatliebe, s. a. Veröffentlichungen.

— des nordfriesischen Vereins f. Heimatkunde u. Heimatliebe. Jahrg. 1905/06. 1906/07. u. 1908/09. (3.—5. Heft.) (140 S. m. 1 Taf.; IV, 150 S. u. IV, 167 S.) gr. 8. Husum 907—10. (C. F. Delff.) à 4. —

Mitteilungen des oberrheinischen Vereins für Luftschiffahrt. Nr. 1. 2. Strassburg: Verein 1897. 8°
Fortges. u. d. T.: Illustrierte aeronautische Mitteilungen. Nr. 3. 1897 ff.

Ornithologischer Verein in Wien. Mittheilungen des Ausschusses an die Mitglieder. Nr 1–6. Wien: Ornithol. Verein 1876–77. 4°
Forts. s. Mitteilungen d. Ornitholog. Vereines in Wien. 1877 98. 110. 5130

Mittheilungen des Ornithologischen Vereines in Wien (Jg. 15 ff.: 'Die Schwalbe' ...). Blätter f. Vogelkunde, Vogel-Schutz u. -Pflege. Red.: August v. Pelzeln u. Dr. Carl v. Enderes [u. a.]. Jg. 1–21 [nebst] Beibl. zu Jg. 8 und 9. Wien: Ornithol. Verein; Faesy & Frick in Comm. [u. a.] 1877 98. 4°; Jg. 13: 8°
Beibl. zu Jg. 8 u. 9 [u. d. T.:] Mittheilungen d. Ornithol. Vereines in Wien. Sektion f. Geflügelzucht ... Jg. 1. 2.
Anf. s. Ornithol. Verein in Wien. Mittheilungen d. Ausschusses an d. Mitglieder 1876–77. 110. 5131

—— des Ornithologischen Vereines in Wien. Blätter für Vogelkunde, Vogel-Schutz und -Pflege. Redact.: Aug. v. Pelzeln und Carl v. Enderes. 1.—3. Jahrg. 1877—1879. à Jahrg. 12 Nrn. (à ½—¾ Bog.) gr. 4. Wien, Faesy und Frick. à Jahrg. *

—— des ornithologischen Vereines in Wien. Blätter für Vogelkunde, Vogel-Schutz und -Pflege. Redact.: Aug. v. Pelzeln und Carl v. Enderes. 4. Jahrg. 1880. 12 Nrn. (à Nr. 1—1½ Bog.) gr. 4. Wien, (Frick.) *
—— dass. — Redact.: Aug. v. Pelzeln. 5. Jahrg. 1881. 12 Nrn. (à Nr. 1—1½ Bog.) gr. 4. (Ebendas.) *
—— dass. — 6. Jahrg. 1882. 12 Nrn. (à Nr. 1—1½ Bog.) gr. 4. (Ebendas.) *
—— dass. — Redact.: Gust. v. Hayek und Aurelius Kermenic. 7. Jahrg. 1883. 12 Nrn. (à Nr. 1—1½ Bog.) gr. 4. (Ebendas.) *
—— dass. — Redact.: Gust. v. Hayek. 8. Jahrg. 1884. 12 Nrn. (à Nr. 2 Bog.) gr. 4. (Ebendas.) *

—— des Ornithologischen Vereines in Wien. Blätter für Vogelkunde, Vogel-Schutz und -Pflege. Redact.: Gust. v. Hayek. 9. Jahrg. 1885. 12 Nrn. (à Nr. 2 Bog.) gr. 4. Wien, (Frick.) *
—— dass. — 10. Jahrg. 1886. 52 Nrn. (à Nr. 2 Bog.) gr. 4. (Ebendas.) *
—— dass. — Redact.: Friedr. K. Knauer. 11. Jahrg. 1887. 12 Nrn. (à Nr. 2 Bog.) gr. 4. (Ebendas.) *
—— dass. — Blätter für Vogelkunde, Vogelschutz und -Pflege, Geflügelzucht und Brieftaubenwesen. Redact.: Friedr. K. Knauer. 12. Jahrg. 1888. 12 Nrn. (à Nr. 2 Bog.) gr. 4. (Ebendas.) *
—— dass. — Section für Geflügelzucht und Brieftaubenwesen. Redact.: Gust. v. Hayek. 2. Jahrg. 1885. 52 Nrn. (à Nr. ½ Bog.) gr. 4. (Ebendas.) *
Diese Section ist nicht fortgesetzt. — Der 1. Jahrg. erschien als Beiblatt der Mittheilungen des Ornitholog. Vereins in Wien. Blätter für Vogelkunde etc.

Mittheilungen des österr. Vereines für Bibliothekswesen, herausgegeben vom Vereinsausschusse, I.—IV. Jahrgang 1897—1902, redigirt (1. u. 2. Jahrg.) von Dr. Josef Donabaum; (3. Jahrg.) von Dr. Josef Donabaum und Dr. August Weisz; (4.—6. Jahrg.) von Dr. August Weisz. — (Fortgesetzt unter dem Titel:) Mitteilungen des Österreichischen-Vereins für Bibliothekwesen. Herausgegeben vom Vereins-Ausschusse. VII. u. VIII. Jahrgang 1903 u. 1904, redigiert (7. Jahrg.) von Dr. August Weisz und Dr. G. A. Crüwell; (8. Jahrg.) von Dr. G. A. Crüwell. (8 Bde.)
8. Wien 1897—1904.

— des österr. Vereines f. Bibliothekswesen, hrsg. v. Vereinsausschusse. Red.: Aug. Weisz. 4.—6. Jahrg. 1900—1902. à 4 Nrn. gr. 8. (IV, 100 u. 22 S., IV, 232 u. IV, 192 S.) Wien (Gerold & Co.) a Jahrg. n.n. 3.50; für Vereinsmitglieder unentgeltlich.

— des österr. Vereines f. Bibliothekswesen. Hrsg. vom Vereins-Ausschusse, red. v. Aug. Weisz u. seit 1904 v. G. A. Crüwell. 7. u. 8. Jahrg. 1903 u. 1904. (IV, 200 u. IV, 216 S.) gr. 8. Wien (Gerold & Co.) à Jhrg. nn. 3. 50

Mitteilungen des österr. Vereines f. Bibliothekswesen. Hrsg. vom Vereins-Ausschusse, red. v. G. A. Crüwell. 9. u. 10. Jahrg. 1905 u. 1906. à 4 Nrn. (IV, 260 u. IV, 178 S.) gr. 8. Wien (Gerold & Co.) à Jhrg. n.n. 5. —

— des österr. Vereines f. Bibliothekswesen. Hrsg. vom Vereins-Ausschusse, red. v. G. A. Crüwell. 11.—13. Jahrg. 1907—1909. à 4 Hefte. (à ca. 48 S.) Lex. 8. Wien, W. Braumüller. à Jahrg. nn 5. —
Fortsetzg., s.: Zeitschrift des österreich. Vereins f. Bibliothekswesen.

Mitteilungen des österreichischen Vereins gegen Trunksucht. Red.: Dr. M. Ritter v. Proskowetz. Von 1886—1895? Wien.

—— des pädagogischen Vereines zu Wien. Redig. von Karl Jičinský. Jahrg. 1869. I. Heft. gr. 8. (25 S.) Wien, Hölder. *

Mitteilungen des Vereins zur Pflege des Jugendspieles, Zwanglose Heft: zur Förderung d. körperlichen Erziehung, 1.–7. Mitteilung, 1892—1899, Wien, 8°. 2 Bde.

Mitteilungen des Vereins zur Pflege des Deutschen Evangelischen Lebens im Auslande (1911, 8 ff.: Mitteilungen d. Ver. f. Dt.-Ev. Leben in d. Schutzgeb. u. i. Ausl.). Nr. 1 ff. (Breslau) '09 ff.

MITTHEILUNGEN DES PHYSIKALISCHEN VEREINS ZU BRESLAU October 1880. (Autographirt. s. l.)

Mitteilungen des Vereins der Rektoren Berlins und der Provinz Brandenburg. Berlin: Spamer 1895. 8°
Hrsg.: Wolter. Jg. 1.
Fortges. u. d. T.: Die Schulpflege. Jg. 1. 1895 ff.

— des rheinischen Vereins f. Denkmalpflege u. Heimatschutz. Hrsg. vom Vorstand. Red.: F. W. Bredt. 1.—4. Jahrg. Lex. 8. Düsseldorf (L. Schwann.) 24. 30
I. 3 Hefte. (III, 98 S. m. Abb. u. 3 Taf.) 907. 5. 40
II. 3 Hefte. (170 S. u. Musikbeilage 3 S., m. Abb. u. 15 (3 farb. Taf.) 908. 6. 30
III. 3 Hefte. (212 S. m. Abb. u. 40 Taf.) 909. 6. 30
IV. 3 Hefte. (206 S. m. 134 Abb. u. 31 Taf.) 910. 6. 30

MITTEILUNGEN DES RHEINISCHEN VEREINS ZUR FÖRDERUNG DES ARBEITERWOHNUNGSWESENS.
Herausgegeben vom Rheinischen Verein zur Förderung des Arbeiterwohnungswesens, Düsseldorf.
Jahrg. I. Nr. 1—4. Düsseldorf, Mai—November 1905. Düsseldorf. Druck von von Hugo Eiteljörge. (Ohne bes. Titelbl.) 4°.
Jahrg. II. Nr. 1—4. Düsseldorf, Januar 1906—Oktober 1906. ib. —
Jahrg. III. Nr. 1—2. Düsseldorf, Juni 1907—August 1907. ib. —
Jahrg. IV. Nr. 1—5. Düsseldorf, Februar 1908—Dezember 1908. ib. —
Jahrg. V. Nr. 1—12. Düsseldorf, Januar 1909—Dezember 1909. ib. —
Jahrg. VI. Nr. 1—12. Düsseldorf, Januar 1910—Dezember 1910. ib. —

MITTEILUNGEN DES RHEINISCHEN VEREINS FÜR KLEINWOHNUNGSWESEN NEBST BEILAGE: SPIEGEL RHEINISCHER BAUART.
Jahrg. VII. Januar bis Dezember 1911. Düsseldorf 1911. Selbstverlag des Rheinischen Vereins für Wohnungswesen. (Mit bes. Titelbl.)
Jahrg. VII I. Januar bis Dezember 1912. ib. 1912. —
Jahrg. IX. Januar bis Dezember 1913. ib. 1913. —
Jahrg. X. Januar bis Dezember 1914. ib. 1914. —

MITTHEILUNGEN DES KÖNIGL. SÄCHS., später: KÖNIGLICH SÄCHSISCHEN VEREINS FÜR ERFORSCHUNG UND ERHALTUNG DER VATERLÄNDISCHEN, später: VATERLÄNDISCHER ALTERTHÜMER.
Heft 1—3. (Mit Tafeln.) Dresden 1835—1846. Comm. der Waltherschen Hofbuchhandlung. 8°
Heft 4—13. (Mit Tafeln.) ib. 1847—1863. Comm. von C. C. Meinhold und Söhne.

MITTHEILUNGEN DES KÖNIGLICH SÄCHSISCHEN VEREINS FÜR ERFORSCHUNG UND ERHALTUNG VATERLÄNDISCHER GESCHICHTS- UND KUNST-DENKMALE.

Heft 14. Mit 8 lithographirten Abbildungen. ib. 1865. —

Heft 15. (Mit 1 Tafel.) ib. 1866. Druck von C. Heinrich. A. u. d. T.: JOHANNES FALKE, Geschichte der Bergstadt Geyer. Nach archivalischen Quellen dargestellt. (Mit 1 Tafel.) ib. 1866. Hermann Burdach.

Heft 16—20. Mit Abbildungen. ib. 1866—1870. Druck von C. Heinrich.

—— des k. sächs. Vereins f. Erforschung u. Erhalt. d. vaterländ. Alterthümer. 1. Hft. gr. 8. (8 B. u. 1 Stnt.) Dresden 835, (Walther'sche Hofbuchh.) *

—— des kgl. sächs. Vereins f. Erforschung u. Erhaltung der vaterländ. Alterthümer. 2. Hft. gr. 8. (5½ B. u. 6 Zeichn.) Dresden 842. (Walther'sche Hofbuchh.) *

1. Hft. Ebendas. 1835. * 15 Ngr.

—— des königl. sächs. Vereins für Erforschung und Erhaltung vaterländischer Alterthümer. 6. Heft. gr. 8. (IV und 155 S. mit 4 Radirungen.) Dresden 852, (Meinhold und Söhne.)

—— des königl. sächsischen Vereins für Erforschung und Erhaltung vaterländischer Alterthümer. 12.—18. Heft. gr. 8. [12. Heft. (IX und 77 S. mit 1 Stnt.) 13. (III und 83 S. mit 1 Stnt.) 14. (III und 92 S. mit 3 Stnt. in qu. 4.) 15. (VIII und 206 S. mit 1 Stahlst.) 16. (III und 118 S. mit 2 Kpfrt.) 17. (III und 107 S. mit 3 Stnt.) 18. (III und 125 S. mit 2 Stnt. in gr. 8. und 4.)] Dresden 861—68, (Meinhold und Söhne. — Heinrich.)

Mitteilungen des Sächsisch-Thüringischen Vereins für Erdkunde zu Halle, s. Mitteilungen des Vereins für Erdkunde zu Halle.

—— des Vereins f. Schulreform. Hrsg. v. Friedr. Lange. 1. Jahrg. 1889/90. 6 Nrn. (à Nr. 2—2½ Bog.) hoch 4. Braunschw., Salle. * 3 —; einzelne Nummern à — 60

Fortsetzung, s. Zeitschrift f. die Reform der höheren Schulen.

MITTEILUNGEN DES VEREINS ZUM SCHUTZ DER KINDER VOR AUSNÜTZUNG UND MISSHANDLUNG.[1])

1899. (Jahrg. I.) Nr 1—9. (Ohne bes. Titelblatt.) 8°
1900. Jahrg. II Nr 1—12 (Januar) — (Dezember).
1901 Jahrg. III Nr 1—12 (Januar) — (Dezember).
1902. Jahrg. IV Nr 1—12 (Januar) — (Dezember).
1903. Jahrg. V Nr 1—12. Berlin Druck und Verlag: Gustav Buschhardt
1904. Jahrg. VI. Nr 1—6. ib. —
1905—1914. Jahrg. VII—XVI. Nr 1—4. ib. Verlag von H. S. Hermann.

Mittheilungen des Vereines zum Schutze des österreichischen Weinbaues. 1-21 Wien Verl. des Vereins Frick in Komm. 1885-94.

Mittheilungen des Vereines zum Schutze d. österreichischen Weinbaues. I. 8. Wien 885. (Frick.) n. — 30

Die Reblaus u. ihre Bekämpfung durch Neuanlage widerstandsfähiger Weingärten. (48 u. Statuten d. Vereins 16 S.)

— d. Vereins zum Schutze d. österreichischen Weinbaues. II. 8. Wien 888. (Frick.) n. — 50 (I. u. II.: n. — 80)

Ueber die Vertheidigung gegen d. Reblaus. Gesetzliche Bestimmgn. betr. die Reblauskrankheit. Die Bekämpfg. d. Peronospora-Pilzes. Die Vertretg. d. Vereins. (70 S.)

— des Vereins zum Schutze des österreichischen Weinbaues an seine Mitglieder. Im Auftrag des Vereins-Ausschusses hrsg. u. red. v. Herm. Goethe. Nr. 12—15. gr. 8 (S. 238—304 m. 5 Taf.) Baden b/Wien 894. Dir. H. Goethe. Nur f. Mitglieder, Jahresbeitrag n.n.n. 2. —

Nr. 3—11 sind vergriffen.

— d. Vereins z. Schutze d. österreichischen Weinbaues an s. Mitglieder. Im Auftr. d. Vereins-Ausschusses hrsg. u. red. v. Herm. Goethe. Nr. 16—21. gr. 8. (S. 321—424 m. 2 Taf.) Baden b/Wien 894. 95. Dir. H. Goethe. Nur f. Mitglieder, Jahresbeitrag n.n.n. 2. —

—— des siebenbürgischen Vereins für Naturwissenschaften, s. Verhandlungen und Mittheilungen.

Mittheilungen des Vereins mitteldeutscher Spiritus-Interessenten zu Halle a. S. Redigirt von A. Jürgens. Nr 1—9. August 1878—81 Fol. . . . . (1.88.)

Mitteilungen des Vereins Bayerischer Staatsforstverwaltungsbeamter Nürnberg Jg 1-8 1905-1912

Forts. s.: Mitt. v. Ver. d. höheren Forstbeamten Bayerns

MITTHEILUNGEN DES STATISTISCHEN VEREINS FÜR DAS KÖNIGREICH SACHSEN.

Lief. 1—3. (1831—1833. Mit Tabellen, Karten .) Leipzig, 1833. Friedrich Christian Wilhelm Vogel. 4°

Lief. 4—6. (Mit Tabellen .) Dresden s. a. Im statistischen Bureau, Leipzig. Comm. bei Friedrich Fleischer.

Lief. 4 a. u. d. T.: Bevölkerung des Königreichs Sachsen am 3ten July 1832. Herausgegeben vom Central-Comité des statistischen Vereins. Dresden 1833. Gedruckt in der königl. Hofbuchdruckerei von C. C. Meinhold und Söhnen.

Lief. 6 a. u. d. T.: Bevölkerung des Königreichs Sachsen am 1sten December 1834. Herausgegeben vom Central-Comité des statistischen Vereins. ib. 1835. —

Lief. 7—9. ib. (1838.) Im statistischen Bureau. Leipzig. Comm. bei Friedrich Fleischer

Lief. 7 a. u. d. T.: Verzeichniss der im Königreiche Sachsen und in den angrenzenden Länderabtheilungen der Zoll-Vereinsstaaten abzuhaltenden Messen. Kram- Vieh- und Wollmärkte. Nach den Kalenderfesten auf die 5 Jahre 1836. bis mit 1840. berechnet und zusammengestellt von dem Central-Comité des statistischen Vereins im Königreiche Sachsen 1835. Dresden, gedruckt in der Königl. Hofbuchdruckerei von C. C. Meinhold und Söhnen.

Lief. 10—12. ib. (1839.) Im statistischen Bureau. Leipzig, Comm. bei Friedrich Fleischer

Lief. 11 a. u. d. T.: Beiträge zur Meteorologie des Königreichs Sachsen. 1828—1837. Dresden 1839. Gedruckt in der Königlichen Hofbuchdruckerei von C. C. Meinhold und Söhnen.

Lief. 12 a. u. d. T.: Beiträge zu einer medicinischen Statistik Sachsens. Beobachtungen im ersten Halbjahr 1838. ib. 1838. Gedruckt in der Buchdruckerei von Karl August Heinrich.

Lief. 13—16. (Mit Tabellen.) ib. 1839—1844. Gedruckt in der Buchdruckerei von C. Heinrich.

Lief. 17—18. (Mit Tabellen, Tafeln . .) ib. 1848—1849. Druck der Hofbuchdruckerei von C. C. Meinhold & Söhne.

—— des statistischen Vereins für d. Königr. Sachsen. 1—3. Lfg. gr. 4. Leipzig, Vogel. [1. (11 B. u. 1 Tab. qu. gr. Fol.) 831. 1 Thlr. 12 Gr., 2. (12½ B., 1 lith. Charte u. 1 Tab. gr. Fol.) 832. 1 Thlr. 16 Gr., 3. (16½ B., 1 lith. Charte u. 5 Tab. gr. Fol.) 833. 2 Thlr. 12 Gr.]

—— dies. 4—7. Lfg. gr. 4. Dresden. (Leipzig, Fr. Fleischer.) [4. (6½ B.) 833., 5. (3¾ B. u. 6 Tab. gr. Fol.) 834. à 16 Gr., 6. (6¼ B.) 12 Gr., 7. (17¾ B.) 835. 1 Thlr. 4 Gr.]

Die 4. Lfg fehlt im Buchhandel.

Mittheilungen des statist. Vereins f. d. Königr. Sachsen. 8—14. Lfg. gr. 4. Dresden. (Leipzig, Fr. Fleischer.) [8. (5½ B.) 837. * 19 Gr., 9. (8 B.) * 1 Thlr., 10. (8 B.) * 1¼ Thlr., 11. (9¾ B.) * 1 7/12 Thlr., 12. (7¾ B.) 838. * 1¼ Thlr., 13. u. 14. (23 B. u. 1 Tab.) 839. * à 1¼ Thlr.]
A. u. d. Ttln.: Thlr. *

Lfg. 11. Beiträge z. Meteorologie d. Königr. Sachsen. 1828—37.
12. Beiträge zu e. medicin. Statistik Sachsens. Beobachtungen im ersten Halbjahr 1838.

Mittheilungen des statistischen Vereins f. d. Königr. Sachsen. 15. u. 16. Lfg. gr. 4. (18¼ B.) Dresden 842, 44. (Leipzig, Friedr. Fleischer.) Thlr. **

—— des statistischen Vereins für das Königreich Sachsen. 17. und 18. Lfg. gr. 4. Dresden. (Leipzig, Fr. Fleischer, Verlag.) [17. (IV und 121 S. mit 1 Stnt.) 848. ** 1 Thlr., 18. (IV und 90 S.) 849. ** 15 Ngr.] **

— des Vereines österreichischer Taubstummenlehrer. Red.: Karl Fink. 1. u. 2. Jahrg. März 1892—Febr. 1894. à 12 Nrn. (Bog.) gr. 8. Wien, (Sallmayor'sche Buchh.). à Jahrg. n.n. 7. —

— des thurgauischen naturforschenden Vereins über seine Thätigkeit in den Jahren 1855/56. 1858/63. 1. u. 2. Heft. Frauenfeld 857,64. (Huber.) gr. 8. (1. Heft 63 S., 2. Heft 63 S. mit 1 Steintaf. u. 2 Tabb. in 8. u. Fol.) Jedes Heft n. 10 ngr.

MITT(H)EILUNGEN DES THÜRINGISCHEN BOTANISCHEN VEREINS. Neue Folge.
Heft I Weimar. 1891 Im Selbstverlage des Vereins. 8° — II. ib. 1892. — III. und IV ib. 1893. — V ib. 1893. — VI. ib. 1894. — VII. ib. 1895. — VIII. ib. 1895. — IX. ib. 1896. — X. ib. 1897. — XI. ib. 1897. — XII. Nebst Anhang, enthaltend Register u. s. w. zu Bd. II (1884) bis Neue Folge Heft X (1897). ib. 1898. — XIII. und XIV. ib. 1899. — XV ib. 1900. — XVI. ib. 1901. — XVII. ib. 1902. — XVIII. Mit 3 Tafeln. ib. 1903. — XIX. Mit 1 Tafel und Abbildungen im Text. ib. 1904. — XX. Mit 2 Tafeln und einer Skizze im Text. Nebst Anhang, enthaltend: Register zu den Heften XVI (1901) bis XX (1904/05), Verzeichnis der darin enthaltenen Abhandlungen, Übersicht der Hauptversammlungen. ib. 1904/1905. — XXI Mit 1 Tafel. ib. 1906. — XXII. Mit 7 Figuren im Text. ib. 1907 — XXIII. ib. 1908. — XXIV. Mit 1 Tafel. ib. 1908. — XXV Nebst Anhang, enthaltend: Register zu den Heften XXI (1906) bis XXV (1909), Verzeichnis der in diesen enthaltenen Abhandlungen, Verzeichnis der Hauptversammlungen in 1905 bis 1908. ib. 1909. — XXVI. Mit 8 Tafeln. ib. 1910. — Heft XXVII. ib. 1910. — XXVIII. Mit 5 Tafeln. ib. 1911 — XXIX. Mit 2 Tafeln und 2 Textbildern. ib. 1912. — XXX. Mit 1 Tafel ib. 1913 — XXXI Mit 2 Tafeln und 3 Textbildern. Ausgegeben am 1 Mai 1914. ib. 1914 — XXXII Mit 1 Karte und 1 Textbilde. Ausgegeben am 30. März 1915. ib. 1915. —

— des thüring. botanischen Vereins. Neue Folge. I.—XI. Hft. gr. 8. Weimar. (C. Steinert) n. 22.50
I. (IV, 43 S.) 891. n. 1.—. — II. (IV, 68 S.) 892. n. 2.—.
III. IV. (IV, 116 S.) 893. n. 3.—.
V. (IV, 125 S.) 893. n. 3.—.
VI. (IV, 70 S.) 894. n. 2.25. — VII. (IV, 64 S.) 895. n. 2.—
VIII. (IV, IV, 64 S.) 895. n. 1.75.
IX. (IV, 63 S.) 896. n. 2.—.
X. (IV, 88 S.) 897. n. 2.75. — XI. (VI, 93 S.) 897. n. 2.75.

Mitteilungen des thüringischen botanischen Vereins. 12. Hft. Nebst Anh., enth. Register u. s. w. zu Bd. II. (1884) bis neue Folge Hft. X (1897). gr. 8. (IV, 25 u. LXXX S.) Weimar 898. (C. Steinert.) n.n. 3.50; Anh. allein (LXXX S.) n. 2.50

— dasselbe. Neue Folge. 13. u. 14. Hft. gr. 8. (IV, 132 S.) Ebd. 899. n. 4.50

— dasselbe. 15. Hft. u. Anh. u. 16. Hft. gr. 8. Ebd. 8.45
15. (VIII, 79 S.) 900. n. 2.50
15. Anh. Register zu den Hftn. 11 (1897) bis 15 (1900), Verzeichnis der in denselben enth. Orig.-Arbeiten, Übersicht der Hauptversammlungen in den Jahren 1897 bis 1900. (XXXVI S.) 901. n. 1.20
16. (V, 140 S.) 901. n.n. 4.75

— des thüringischen botanischen Vereins. Neue Folge. 17.—21. Heft. gr. 8. Weimar (C. Steinert). n. 20.25
17. (VII, 128 S.) 902. n. 4.25
18. (III, 90 S. m. 3 Taf.) 903. n. 3.25
19. (II, 136 S. m. Abbildgn. u. 1 Taf.) n.n. 4.25
20. Nebst Anh., enth.: Register zu den Heften XVI (1901) bis XX (1904/05), Verzeichnis der darin enth. Abhandlgn., Uebersicht der Hauptversammlgn. (VI, 93 u. XLI S. m. 1 Fig., 2 Taf. u. 2 Bl. Erklärgn.) 904. 905. n. 4.50
21. (VI, 123 S. m. 1 Taf.) 906. n. 4.—

— des thüring. botanischen Vereins. Neue Folge. 22.—27. Heft. gr. 8. Weimar (C. Steinert). 20.70
22. Mit 7 Fig. im Text. (X, 68 S.) 907. 2.50. — 23. (V, 117 S.) 908. 3.75. — 24. (III, 113 S. m. 1 Taf.) 908. 4.50. — 25. Nebst Anh., enth.: Register zu den Heften 21 (1905) bis 25 (1909), Verzeichnis der in diesen enth. Abhandlgn., Verzeichnis der Hauptversammlgn. in 1905 bis 1908. (III, 74 u. LII S.) 909. 4.20. — 26. (III, 83 S. u. 8 Lichtdr.-Taf.) 910. 4.—. — 27. (IV, 52 S.) 910. 1.75

MITTHEILUNGEN DES THÜRINGISCH-SÄCHSISCHEN VEREINS im Jahre 1832, herausgegeben durch KARL ROSENKRANZ. (Mit Steindrucktafeln.) Halle 1832. Eduard Anton. A. u. d. T.: NEUE ZEITSCHRIFT FÜR DIE GESCHICHTE DER GERMANISCHEN VÖLKER. Von dem thüringisch-sächsischen Verein für Erforschung des vaterländischen Alterthums und die Erhaltung seiner Denkmale, herausgegeben durch KARL ROSENKRANZ.
Bd. 1 Heft 1—4. Mit Steindrucktafeln. ib. 1832. — 8°.

— des Vereins badischer Thierärzte. Red. v. Hafner. Fehsenmeier u. Hink. 1. u. 2. Jahrg. 1901 u. 1902. à 12 Nrn. gr. 8. (à ca. 16 S.) Karlsruhe, Macklot. à Jahrg. n. 5.—

— des Vereins bad. Tierärzte. Red. v. Hafner u. Fehsenmeier. 3.—6 Jahrg. 1903—1906. à 12 Nrn. (1906: 208 S.) Lex.-8. Karlsruhe, Macklot. à Jhrg. n. 5.—

— des Vereins badischer Tierärzte. Red. v. R. Hafner u. Fehsenmeier. 7.—10. Jahrg. 1907—1910. à 12 Nrn. (VI, 204; VI, 192; VI, 198 u. VI, 194 S.) Lex. 8. Karlsruhe, Macklot. à Jahrg. 5. —

Mitteilungen des Vereins für Naturwissenschaftliche Unterhaltung zu Cassel. Gegründet am 21 Jan 1871 Schriftleiter W Schultz. A v Wahl. Jg 1 Cassel 1910 Liesegang 8° A 12. 2098 4

Mittheilungen des Vereins für Verbesserung der Frauenkleidung. Jg. [1]–3. (Berlin 1897–1899 Hesse & Becker; 1,3 ff.: F. Weber.) 3 Bde 4° [5.]
Forts. s. u. d. T Die gesunde Frau. 104. 6604

Mitteilungen d. Vereins f. Verbesserg. d. Frauenkleidung. Red.: Frau Marg. Pochhammer. 1. Jahrg. Febr.—Dezbr. 1897. 12 Nrn. (Bog. m. Abb.) 4. Berlin, Allgem. Verein f. Verbesserg. d. Frauenkleidg. n. 3.—; einz. Nrn. n. —25

— dasselbe. 2. Jahrg. 1898. 12 Nrn. (Bog. m. Abb.) 4. Ebd. n. 3.—; einz. Nrn. n. —25
Kann auch vierteljährlich bezogen werden.

MITTHEILUNGEN DES VOIGTLÄNDISCHEN VEREINS FÜR ALLGEMEINE UND SPECIELLE, später: SPEZIELLE NATURKUNDE IN REICHENBACH.
Heft 1. Reichenbach, 1866. Im Selbstverlage des Vereins. 8°.
Heft 2. Herausgegeben von JOH. AUG. ERNST KÖHLER. ib. 1870. —

MITTHEILUNGEN DES VOGTLÄNDISCHEN VEREINS FÜR ALLGEMEINE UND SPEZIELLE NATURKUNDE IN REICHENBACH I. V
Heft 3. Im Auftrage des Vereins herausgegeben von OSCAR USBECK. (Mit Tafeln.) ib. 1877. —
Heft 4. Im Auftrage des Vereins herausgegeben von BRUNO HÄNEL. ib. 1884. — Dazu gehörig Wissenschaftliche Beilage u. d. T.:
HEINRICH HESSE, Die erloschenen Vulkane Deutschlands. Wissenschaftliche Beilage zum 4. Hefte der „Mittheilungen des Vogtl. Vereins für allgemeine und spezielle Naturkunde". ib. J. G. Koch's Buchdruckerei. 4°.

Mitteilungen des Vereins für kaschubische Volkskunde. Im Auftr d. Ver hrsg. von Dr. F[riedrich] Lorentz u. I. Gulgowski. H. 1. Leipzig: O. Harrassowitz 1908. 8° (08. 2479

MITTEILUNGEN DES VEREINS FÜR KASCHUBISCHE VOLKSKUNDE im Auftrage des Vereins herausgegeben von Dr F LORENTZ und J GULGOWSKI
Bd 1 (Mit 5 Tafeln) Leipzig 1910 Otto Harrossowitz 8° — A. u d T MITTEILUNGEN DES VEREINS FÜR KASCHUBISCHE VOLKSKUNDE im Auftrage des Vereins herausgegeben von Dr F LORENTZ und J GULGOWSKI Heft I ib 1908 — Heft II ib 1908 — Heft III (Mit 1 Tafel.) ib. 1909. — Heft IV (Mit 1 Tafel) ib. 1909 — Heft V (Schlussheft des ersten Bandes) (Mit 2 Tafeln) ib 1910 —
(Bd 2, 1 Heft) Heft VI[1]). ib. 1910. —

[1]) Da Bd. II noch nicht vollständig, kein Gesamttitel.

— des Vereins f. kaschubische Volkskunde. Im Auftr. d. Vereins hrsg. v. F. Lorentz u. I. Gulgowski. I. Bd. 5 Hefte. (IV, 282 S. m. Abb., 1 Bildnis u. 4 Taf.) gr. 8. Leipzig 908—10. O. Harrassowitz. 7.50

— dasselbe. 6. Heft. (2. Bd. 1. Heft.) (64 S.) gr. 8. Ebd. 910. 1.80

MITTEILUNGEN DES VEREINS FÜR SÄCHSISCHE VOLKSKUNDE.
Im Auftrage des Vereins herausgegeben von E. MOGK
Bd. 1 1897—1899. Dresden-A., Druck der Hansa. 8°
Im Auftrage des Vereins herausgegeben von E. MOGK und H. STUMME.
Bd. 2. 1900—1902. ib. — Bd. 3. 1903—1905. ib — Bd. 4. 1906—1908. ib. — Bd. 5. 1909—1911 (Mit Beilagen von Tafeln.) ib. —

— des Vereins f. sächsische Volkskunde. Im Auftrage des Vereins hrsg. v. E. Mogk u. H. Stumme. 2. Bd. 1900—1902. 12 Hefte. (IV, 384 S.) Dresden (-A., Scheffelstr. 16, I), Neue Verkehrs-Anstalt Hansa. Nur f. Mitglieder des Vereins.

MITTHEILUNGEN DES VEREINS ZUR WAHRUNG DER GEMEINSAMEN WIRTHSCHAFTLICHEN INTERESSEN IN RHEINLAND UND WESTPHALEN.
Herausgegeben von dem Vereins-Vorstande.:
Jahrg (1.) №. 1—14. November 1872 — December 1873. Düsseldorf. 4°
Jahrg 2 №. 1—12. Januar 1874 — Dezember 1874. ib.
(Jahrg.) 1875 №. 1—12. — (Jahrg.) 1882 Nro 1—12 ib.
Herausgegeben von dem Vereins-Vorstande Redigirt von H. A. BUECK.
(Jahrg.) 1883. Nro 1—12. ib.

In Jahrg. 1878 №. 10, 11 u. 12.: Katalog der Bibliothek des Vereins zur Wahrung der gemeinsamen wirthschaftlichen Interessen in Rheinland & Westphalen.

MITTHEILUNGEN DES VEREINS ZUR WAHRUNG DER GEMEINSAMEN WIRTHSCHAFTLICHEN INTERESSEN IN RHEINLAND UND WESTFALEN.
Herausgegeben von dem Vereins-Vorstande. Redigirt von H. A. BUECK.:
(Jahrg.) 1884. Nro. 1—12 (Mit 1 Tabelle.) Düsseldorf. Druck von L. Schwann. 8°
(Jahrg.) 1885. Nro. 1—12 ib. —

MITT(H)EILUNGEN DES VEREINS ZUR WAHRUNG DER GEMEINSAMEN WIRT(H)SCHAFTLICHEN INTERESSEN IN RHEINLAND UND WESTFALEN
Herausgegeben von dem Vereins-Vorstande.
Redigirt von H. A. BUECK
(Jahrg.) 1886. Nro 1—12. Düsseldorf. Druck von L. Schwann 8° — (Jahrg.) 1887 Nr 1—12 (Mit 1 Tafel.) ib. Druck von August Bagel. — (Anhang zu Heft Nr 10 und 11.) Grundzüge zur Alters- und Invalidenversicherung der Arbeiter (Ohne bes. Titelbl.) — (Anhang zu Heft Nr 12.) Verhandlungen über die „Grundzüge" für die Alters- und Invalidenversicherung der Arbeiter in der vom Centralverbande deutscher Industrieller eingesetzten Kommission. (Ohne bes. Titelbl.) —
Redigirt von W. BEUMER
(Jahrg.) 1888. Nr 1—12. ib. — Jahrg. 1889. ib. (o. Dr.) — Jahrg. 1890. ib. Gedruckt bei August Bagel. — Jahrg. 1891—1895. ib. — Jahrg. 1896. ib. — A. u. d. T. Fünfundzwanzig Jahre Thätigkeit des Vereins zur Wahrung der gemeinsamen wirthschaftlichen Interessen in Rheinland und Westfalen. Ein geschichtlicher Ueberblick von WILHELM BEUMER. (Mit Tafeln.) ib. 1896. Commissionsverlag von August Bagel. — Jahrg. 1897 ib. Druck von August Bagel. — Jahrg. 1898—1901 ib. — Jahrg. 1902. (Mit 1 Tafel.) ib. — Jahrg. 1903—1904 ib. — Jahrg. 1905. (Mit 1 Karte.) ib. — Jahrg. 1906—1914. ib. —

—— des Vereins zur Wahrung der gemeinsamen wirthschaftlichen Interessen in Rheinland und Westfalen. Hrsg. von dem Vereins-Vorstande. Jahrg. 1881 und 1882. à Jahrg. 12 Nrn. gr. 8. (à Nr. ca. 30—50 S.) Düsseldorf, (Schwann'sche Verlagsh.) à Jahrg. ·
—— dass. — Redig. von H. A. Bueck. Jahrg. 1883 und 1884. à Jahrg. 12 Nrn. gr. 8. (à Nr. ca. 30—50 S.) (Ebendas.) à Jahrg. *

—— des Vereins zur Wahrung der gemeinsamen wirthschaftlichen Interessen in Rheinland und Westfalen. Hrsg. von dem Vereins-Vorstande. Jahrg. 1885—1887. Redig. von H. A. Bueck; von Oktbr. bis Decbr. 1887 von W. Beumer. à Jahrg. 12 Nrn. gr. 8. (à Nr. 40—50 S.) Düsseldorf, Selbstverlag des Vereins. à Jahrg. *
—— dass. — Jahrg. 1888. Redig. von W. Beumer. 12 Nr. gr. 8. (625 S.) Ebendas. *

—— des Vereins zur Wahrung der gemeinsamen wirthschaftlichen Interessen in Rheinland u. Westfalen. Hrsg. von dem Vereins-Vorstande. Jahrg. 1889. Redig. v. W. Beumer. 12 Nrn. gr. 8. (496 S.) Düsseld., Selbstverlag d. Vereins. * 12 —

Mitteilungen des Vereins für deutsche Wanderungspolitik. No 1—14. (Oppeln & Leipzig. G. Maske, 11ff.. Berlin: H. Walther 1899—1900.) (55 S.) 8° [Kopit. F.]
— Kynast, Der. Beil. zu Jg. 1, H. 1—12. Jg. 2, 1—3: Deutsche Zeitschrift. Beil. zu Jg. 2, H. 4—7. [05. 6340]

— des wissenschaftlichen Vereines f. Okkultismus in Wien. Monatsschrift. Schriftleiter: Rob. Hielle. Jahrg. 1899/1900. (Septbr. 1899—Aug. 1900.) 12 Nrn. gr. 4. (à ca. 8 S. m. Abbildgn.) Wien (C. Stetter). n. 3.—

Mitteilungen des wissenschaftlichen Vereines f. Okkultismus in Wien. Erste deutsch-österreich. Monatsschrift f. Okkultismus. Schriftleiter: Rob. Hielle. 2. Jahrg. Oktbr. 1900—Septbr. 1901. 12 Nrn. gr. 4. (à ca. 8 S. m. Bildnis.) (Wien, C. Stetter. — München, F. C. Mickl.) n. 4.—

— dasselbe. Schriftleiter: Rob. Hielle. 3. Jahrg. Nr. 1. gr. 8. (31 S.) Wien 902. (C. Stetter.) n. —50

— des wissenschaftlichen Vereines f. Okkultismus in Wien. Schriftleiter: Rob. Hielle. 3. Jahrg. Nr. 2. (16 S.) gr. 8. Wien 902. (C. Stetter.) n. —25
Mit „Gnosis" vereinigt. — Vergl. a.: Seelenkunde.

MITTEILUNGEN DES WISSENSCHAFTLICHEN VEREINS (vormals Naturwissenschaftlichen Vereins) für Schneeberg und Umgegend.
Heft 2. Im Auftrag des Vorstandes herausgegeben von J. BERTHOLD. (Mit 1 Tafel.) Schneeberg, im April 1885. Selbstverlag des Vereins. 8°

— des wissenschaftlichen Vereins f. Schneeberg u. Umgegend. 3 Hft. Im Auftrag des Vereins hrsg. vom Vorstand gr 8 (XV, 81 S. m. 2 Taf.) Schneeberg 893. (B. F. Goedsche.) n. 2. -

— des wissenschaftlichen Vereins f. Schneeberg u. Umgegend. 4. Hft. Zur Feier des 25jähr. Stiftungsfestes im Auftrag des Vereins hrsg. vom Vorstand. gr. 8. (XVIII, 63 S.) Schneeberg 899. (B. F. Goedsche.) n.n. 1. 25

— des wissenschaftlichen Vereins f. Schneeberg u. Umgegend. 5. Heft. Im Auftrag des Vereins hrsg. vom Vorstand. (XVI, 64 S. m. 1 Taf.) 8. Schneeberg 904. (B. F. Goedsche.) n n. 1. 50

— des wissenschaftlichen Vereins f. Schneeberg u. Umgegend. 6. Heft. Im Auftrag des Vereins hrsg. v. Vorstand. (XV, 62 S. m. 1 Taf.) 8. Schneeberg 909. (B. F. Goedsche.) nn 1. 25

—— des Württemberg. aerztl. Vereins. Aus Auftrag desselben hrsg. v. J. F. Blumhardt, G. Cless, G. Duvernoy, J. C. v. Frank, E. Hering, C. Jäger, C. F. v. Pommer, V. A. Riecke, A. Seeger u. G. Berg. 1. Bd. 3 Hfte. Mit Stnt. gr. 8. Stuttgart 833, Metzler.

— des Vereins f. Zwangserziehung u. Fürsorge, Fortsetzg., s.: Blätter f. Zwangserziehung u. Fürsorge.

Mitteilungen an d. Vereine des Elbgaues, D. T., IV. Kr. Norden, hrsg. v. Gauturnrat, Nr. 1—23, 1892—1901, Altona-Ottensen, 4°. 2 Bde.

— der landwirthschaftlichen Vereine zu Bromberg u. Wirsitz. 1. Hft. gr. 8. (80 S.) Bromberg 847, Levit. n. 5/12 ₰

— für montanistische Vereine Österreichs. Hrsg. v. der Sektion Leoben des berg- u. hüttenmänn. Vereines f. Steiermark u. Kärnten. Red.: Carl Brisker. 1. Jahrg. 1910. 12 Hefte. (IV, 228 S. m. Abb.) Lex. 8. Leoben, (L. Nüssler). nn 5. 20

Mittheilungen der Vereinigung der arbeitenden Frauen. Wien 1903 ff. Red: *Rosen, Laura.* (EB)

— der Vereinigung der arbeitenden Frauen, Fortsetzg., s.: Frauen-Rundschau, österreichische.

Mitteilungen der Freien V e r e i n i g u n g zur Förderung guter Guitaremusik (e. V.) Sitz in Augsburg. Communications of the Free Society for the promotione of good guitar-music. Communications de la Societe libre pour la propagation de bonne musique de guitare. (No. 1: Ostern 1904.) [deutsch-englisch-französisch]. Augsburg: Druck von Lampart. Schriftleitung: F. Sprenzinger. Jahrgang 1. 1904-5. 1909.

MITTEILUNGEN DER VEREINIGUNG VON FREUNDEN DER ASTRONOMIE UND KOSMISCHEN PHYSIK.
Redigiert von W. FOERSTER zu Berlin.
Jahrg. 1. Heft 1—5. Juli—Dezember 1891. Berlin 1891. Ferd. Dümmlers Verlagsbuchhandlung. 8°. — 2. Heft 1—10. Januar—Dezember 1892. ib. 1892. — 3. Heft 1—10. Januar—Dezember 1893. (Mit Tafeln.) ib. 1893. — 4. Heft 26—36 der ganzen Reihe. 1894. (Mit 1 Tafel.) ib. 1894. — 5. Heft 37—47 der ganzen Reihe. 1895. ib. 1895. — 6. Heft 48—57 der ganzen Reihe. 1896. (Mit Tafeln.) ib. 1896. — 7. Heft 58—67 der ganzen Reihe. 1897. ib. 1897. — 8. Heft 68—77 der ganzen Reihe. 1898. ib. 1898. — 9. Heft 78—88 der ganzen Reihe. 1899. ib. 1899. — 10. Heft 89—99 der ganzen Reihe. 1900. ib. 1900. — 11. Heft 100—110 der ganzen Reihe. 1901. ib. 1901. — 12. Heft 111—121 der ganzen Reihe. (Mit 1 Tafel.) 1902. ib. 1902. — 13. Heft 122—132 der ganzen Reihe. 1903. ib. 1903. — 14. Heft 133—143 der ganzen Reihe. 1904. ib. 1904. — 15. Heft 144—154 der ganzen Reihe. 1905. ib. 1905. —
Redigiert von Professor Dr. J. PLASSMANN zu Münster.
Jahrg. 16. Heft 155—165 der ganzen Reihe. 1906. ib. 1906. — 17. Heft 166—176 der ganzen Reihe. 1907. ib. 1907. — 18. Heft 177—187 der ganzen Reihe. 1908. ib. 1908. — 19. Heft 188—199 der ganzen Reihe. 1909. ib. 1909. — 20. Heft 200—211 der ganzen Reihe. 1910. ib. 1910. —

— der Vereinigung v. Freunden der Astronomie u. kosmischen Physik. Red. v. W. Foerster. 1. Jahrg. Juli—Dezbr. 1891. 5 Hfte. gr. 8. (62 S.) Berlin, F. Dümmler's Verl. n. 3. —

— dasselbe. 2.—4. Jahrg. 1892—1894. à 10—12 Hfte. (à ca. 1 Bog.) gr. 8. Ebd. à Jahrg. n. 6. —

— d. Vereinigg. v. Freunden d. Astronomie u. kosm. Physik. Red. v. W. Foerster unt. Mitwirkung v. Plassmann u. Schleyer. 5.—8. Jahrg. 1895—1898. à 10—12 Hfte. (à ca. 1 Bog.) gr. 8. Berlin, F. Dümmler's Verl. à Jahrg. n. 6. —; einz. Hfte. n. — 60

— der Vereinigung v. Freunden der Astronomie u. kosmischen Physik. Red. v. W. Foerster unter Mitwirkg. v. Plassmann u. Schleyer. 9.—12. Jahrg. 1899—1902. gr. 8. Berlin, F. Dümmler's Verlag. à Jahrg. n. 6. —
1899. (11 Hfte.) (IV, 126 S.) — 1900. (12 Hfte.) (IV, 151 S.) 1901. (11 Hfte.) (IV, 131 S.) — 1902. (11 Hfte.) (IV, 128 S.)

— der Vereinigung v. Freunden der Astronomie u. kosmischen Physik. Red. v. W. Foerster unter Mitwirkung von Plassmann u. Schleyer. 13.—16. Jahrg. 1903—1906. 12, 11, 11 u. 11 Hefte. (IV, 142; IV, 110; IV, 128 u. IV, 122 S.) gr. 8. Berlin, F. Dümmler's Verl. à Jhrg. n. 6. —

— der Vereinigung v. Freunden der Astronomie u. kosmischen Physik. Red. v. J. Plassmann unter Mitwirkg. v. W. Foerster u. Schleyer. 17.—20. Jahrg. 1907—1910. 11, 11, 12 u. 12 Hefte. (IV, 116; IV, 128; IV, 176 u. IV, 156 S. m. 4, 4, 2 u. 7 Taf.) gr. 8. Berlin. F. Dümmler's Verl. à Jahrg. 6. —

MITTEILUNGEN DER VEREINIGUNG FÜR GOTHAISCHE GESCHICHTE UND ALTERTUMSFORSCHUNG. (Fortsetzung der Blätter „Aus der Heimat".)
Jahrg. 1901. Friedrichroda. Jac. Schmidt & Co. (Gotha. Carl Glaeser.) 8°.
MITTEILUNGEN DER VEREINIGUNG FÜR GOTHAISCHE GESCHICHTE UND ALTERTUMSFORSCHUNG.
Jahrg. 1902. ib. Jac. Schmidt & Co. Hofbuchdruckerei. — 1903. (Mit Tafeln.) ib. — 1904. (Mit 1 Tafel.) Gotha 1904. Thienemanns Hofbuchhandlung (V. Schröder). — 1905. ib. 1905. — 1906/7. ib. 1907. — 1908/1909. ib. 1909. — 1909/10. (Mit Tafeln.) ib. 1910. — 1911. ib. 1911. — 1912. ib. 1912. — 1912/13. ib. 1913. —

— der Vereinigung f. Gothaische Geschichte u. Altertumsforschung. (Fortsetzung der Blätter „Aus der Heimat".) Hrsg.: K. Lerp. Jahrg. 1901. (III, 226 S.) gr. 8. Friedrichroda. (Gotha, Herzogl. Bibliothek.) n. 2. 80

— dasselbe. Schriftleitung: R. Ehwald. Jahrg. 1902 bis 1904. gr. 8. Ebd. à n. 2. 80
1902. (III, 128 S. m. Abbildgn.) — 1903. (III, 136 S. m. 1 Taf. u. 1 Karte.) — 1904. (III, 148 S. m. 1 Bildnis.)

— dasselbe. Jahrg. 1905. (III, 146 S. m. 1 Taf.) gr. 8. Gotha 905. (Thienemann's Hofbuchh) n.n. 3. —

— der Vereinigung f. Gothaische Geschichte u. Altertumsforschung. Schriftleitg.: R. Ehwald. Jahrg. 1906/7. (III, 98 S. m. 1 Kartenskizze.) gr. 8. Gotha 907. (Thienemann's Hofbuchh.) nn 3. —

— der internationalen kriminalistischen Vereinigung. (In französ. u. deutscher Sprache.) I. Jahrg. Mai—Novbr. 1889. 3 Hfte. gr. 8. (IV, 206 S.) Berlin, J. Guttentag. n. 3. —

— dasselbe. II. Jahrg. Febr. 1890—Febr. 1891. 3 Hfte. gr. 8. (IV, 236 S.) Ebd. n. 3. —

— dasselbe. III. Jahrg. 2 Hfte. Juli 1891 u. April 1892. gr. 8. (IV, 429 S.) Ebd. n. 6. —

— dasselbe. Deutsche Ausg. Red.: Fr. v. Liszt. 4. Bd. gr. 8. (IV, 367 S.) Ebd 894. n. 8. —

— dasselbe, Register, s.: Berger, A.

— d. internationalen kriminalistischen Vereinigg. — Bulletin de l'Union internationale de droit pénal. Red.: Fr. v. Liszt. 5. u. 6. Bd. gr. 8. (325 u. XXIII, 603 S.) Berlin 895. 96. J. Guttentag. à n. 8. —

— dasselbe, Beilage zum 6. Bd., s.: Vorentwurf zu e. schweizer. Strafgesetzbuch.

— dasselbe. 7. Bd. gr. 8. (XXIII, 285 S.) Ebd. 898. n. 8. —

— der internationalen kriminalistischen Vereinigg. — Bulletin de l'Union internationale de droit pénal. Red.: Frz. v. Liszt. 8. u. 9. Bd. gr. 8. (IV, 421 u. 53 S. u. 408 S.) Berlin 899—901. J. Guttentag. à Bd. n. 8. —

Mitteilungen der internationalen kriminalistischen Vereinigung. — Bulletin del'Union internationale de droit pénal. Im Auftrage des Gesamtvorstandes red. v. Ernst Rosenfeld. 10. u. 11. Bd. (10. Bd. 658 S.) gr. 8. Berlin 902. 903. J. Guttentag. à Bd. n. 8. —

— dasselbe. 11. Bd. Beilage. gr. 8. Ebd. n. 2. —
Materialien zur Lehre v. der verminderten Zurechnungsfähigkeit. Im Auftrage der kriminal-psycholog. Sektion des kriminalist. Seminars der Universität Berlin hrsg. Von Alfr. Gottschalk. (X, 123 S.) 904.

BULLETIN DE L'UNION INTERNATIONALE DE DROIT PENAL. Im Auftrage des Gesamtvorstandes redigiert von Dr. jur. et phil. ERNST ROSENFELD, Gerichtsassessor.

Bd. 11. Beilage. Vol. 11. Supplément. ib. 1904. — A. u. d. T.: Materialien zur Lehre von der verminderten Zurechnungsfähigkeit. Im Auftrage der kriminal-psychologischen Sektion des kriminalistischen Seminars der Universität Berlin herausgegeben von Dr. ALFRED GOTTSCHALK. ib. 1904. — 8°.

Bd. 12. Dritte Beilage. Vol. 12. Troisième Supplément. ib. 1905. — A. u. d. T.: Materialien von der Rehabilitation. Im Auftrage der Internationalen Kriminalistischen Vereinigung gesammelt und herausgegeben von Dr. jur. ERNST DELAQUIS-Berlin und Dr. jur. JANKO POLEC, Auskultant am k. k. Landesgericht Laibach. ib. 1905. —

— dasselbe. 12.—14. Bd. gr. 8. Ebd. 905—907. à Bd. n. 12. —

— der internationalen kriminalistischen Vereinigg. — Bulletin de l'Union internationale de droit pénal. Im Auftr. des Gesamtvorstandes red. v. Ernst Rosenfeld. 15.—17. Bd. (17. Bd. 1. Heft. 184 S.) gr. 8. Berlin 908—10. J. Guttentag. à Bd. 12. —

MITTEILUNGEN DER INTERNATIONALEN VEREINIGUNG FÜR VERGLEICHENDE RECHTSWISSENSCHAFT UND VOLKSWIRTSCHAFTSLEHRE

Jahrg. 5) No. 1.—26. 1902—1905. Berlin. Verlag von Julius Springer. Druck von H. S. Hermann. Berlin. (Ohne bes. Titelblatt.) 8°.

- der Vereinigung bildender Künstler Österreichs. Ver sacrum. Red.-Comité: Gust. Klimt, J. M. Auchenthaler, Ferd. Andri, Otto Friedrich, Herm. Dollmayr, Frz. Hancke. Red.: Ferd. Andri. Jahrg. 1900. 24 Hfte. gr. 4. (à ca. 16 S. m. Abbildgn.) Wien (I, Wollzeile 2), Vereinigg. bild. Künstler Österreichs. n.n.n. 50.—
Vergl.: Ver sacrum. — Nicht mehr im Handel.

Mitteilungen der landeskirchlichen evang. Vereinigung. Hrsg. v. Vorstande d. Ev. Vereins in d. Prov. Sachsen. No 1. Halle a. S. 1905: (Wischan & Burkhardt). 8° [J.] [08. 9572 3]

Mitteilungen d. Vereinigg. d. technischen Oberbeamten deutscher Städte. 1. u. 2. Heft. gr. 8. Berlin, C. Heymann. à 2. —
1. Bericht üb. die Zusammenkunft der Vereinigung in Wiesbaden am 15.IX.1908. [Aus: „Techn. Gemeindebl."] (110 S.) 909.
2. Bericht üb. die Jahresversammlung der Vereinigung der technischen Oberbeamten deutscher Städte in Zürich am 6. u. 7. IX. 1909. Abgeh. vor der in Zürich vom 8.—11. IX. 1909 stattgefundenen Versammlg. des deutschen Vereins f. öffentl. Gesundheitspflege. [Aus: „Techn. Gemeindebl."] (87 S.) 910.

MITT(H)EILUNGEN DER VEREINIGUNG DER SAALBURGFREUNDE.
Herausgegeben vom Vorstande der „Vereinigung der Saalburgfreunde" als Ergänzung des Vereinsorgans „Die Saalburg". (Ohne bes. Titelbl.)
Verantwortlich: P. SCHULZE.
No. 1. 18. August 1902. Berlin. Druck: Anton Klein. 8°. — No. 2. 1. Dezember 1902. ib. — No. 3. 26. März. 1903. ib. —
Herausgegeben vom Vorstande der „Vereinigung der Saalburgfreunde". Verantwortlich P. SCHULZE.
No. 4 5 1. September 1903. ib. — No. 6. 30. März 1904. ib. Druck: Bruno Petzold.
DIE SAALBURG. Mitteilungen der Vereinigung der Saalburgfreunde.
Herausgegeben vom Vorstande der „Vereinigung der Saalburgfreunde".
Verantwortlich: P. SCHULZE.
No. 8-9 1. April. 1905. ib. —
Verantwortlich: GÖTZE:
No. 10. 20. Dezember 1905. ib. — No. 11. (Ihrem Ehrenmitgliede Geheimen Baurat Professor Louis Jacobi zum 70. Geburtstage gewidmet von der Vereinigung der Saalburgfreunde.). 21. April. 1906. ib. — No. 12. 31. Dezember. 1906 (Mit 2 Karten und 1 Facsimile) ib. — No. 13. 31. Mai 1907. (Mit) 2 Karten. ib. —
Verantwortlich: R. OEHLER:
No. 14 5. 22. März 1908. (Mit) 4 Abbildungen. ib. — No. 16. 25. Juni. 1908. (Mit 2 Abbildungen. Groß-Lichterfelde-West. Im Selbstverlage der Vereinigung der saalburgfreunde. — No. 17. 20. Dezember. (Mit) 2 Abbildungen. 1908. ib. — No. 18 19. 30. April. 1909. ib. — No. 20/21. 12. Dezember. 1909. (Mit) 3 Abbildungen. ib. — No. 22 23. 30. April. 1910. (Mit) 1 Abbildung. ib. — No. 24/25. 31 Dezember. 1910. (Mit) 6 Abbildungen. ib. —

Mittheilungen der Vereinigung der Saalburgfreunde. Hrsg. v. Vorstande d. Vereinigung d. Saalburgfreunde' als Erg. d. Vereinsorgans 'Die Saalburg'. No 1. (Hrsg.: P[aul] Schulze, Major a. D., Berlin.) *Berlin 1902: A. Klein.* 8° [04. 747

Mitteilungen der Vereinigung Deutscher Schweinezüchter. 1-28. Berlin: Vereinigung 1894-1921. 8°

— der Vereinigung schweizerischer Versicherungsmathematiker. I. Jahrg. 1. Heft. 1906. (180 S. m. 3 Tab.) 8. Bern 906. (Stämpfli & Co.) n. 4. —
Sonderabdruck aus: „Ztschr. f. schweiz. Statistik".

— der Vereinigung schweizerischer Versicherungsmathematiker. — Bulletin de l'association des actuaires suisses. 2.—5. Heft. (252 S.) gr. 8. Bern. (Stämpfli & Co.). 19. 45
2. (252 S.) 907. 5.60. — 3. (178 S.) 908. 5.—.
4. (120 S.) 909. 3.25. — 5. (XLIV, 251 S.) 910. 5.60.

Mitteilungen der Vereinigung Deutscher Landwirtschaftlicher Versuchsstationen. H. 1. *Berlin: P. Parey 1903.* 8° [03. 4486

— der Vereinigung deutscher landwirtschaftlicher Versuchsstationen. 1. u. 2. Heft. gr. 8. Ebd. à n. 2. 50
1. **Die Bestimmungen der zitronensäurelöslichen Phosphorsäure in Thomasmehlen. In Gemeinschaft m. R. Dorsch, F. Aschoff u. R. Kunze. Von Paul Wagner. (VII, 112 S.) 903. n. 2. 50**
2. **Die Ausführung v. Felddüngungsversuchen nach exakter Methode u. verschied. Fragen der Salpeter- u. Ammoniaksalzdüngung. In Gemeinschaft m. R. Dorsch u. G. Hamann. Von Paul Wagner. (IV, 95 S.) 904. n. 2. 50**

Mittheilungen über die am 19. Aug. 1849 im Or. von Elberfeld abgehaltene Vereins ▭. Als Hs gedr. Elberfeld 1849: Lucas. 32, 3 S. 8° [Umschlagtit.]
Auszug in: FZ. 3 (1849) S. 305—310.
Tt. 2133. Bericht. Rede von L. Herrig: Was dem Bunde not tut. Beigefügt ein Lied mit Noten von G. W. Mackrot.

Mitteilungen über den Allgemeinen Vereinstag der auf Selbsthilfe beruhenden Deutschen Erwerbs- und Wirtschaftsgenossenschaften. Hrsg. im Auftr. des Vereinstages...23,1882 - 30,1889. o.O.: Herausgeber 1882-90. unvollst.: DGK
Forts. u.d.T.: Mitteilungen über den Allgemeinen Genossenschaftstag.

Mitteilungen über den 29.-36. allgemeinen Vereinstag der auf Selbsthilfe beruhenden deutschen Erwerbs- und Wirtschaftsgenossenschaften. Herausgegeben von F Schenck. Charlottenburg u a O 1888-95

Mitteilungen über den 23.—39. Allgemeinen Vereinstag der auf Selbsthilfe beruhenden deutschen Erwerbs- und Wirtschaftsgenossenschaften in Oesterreich 1895—1910. Hrsg. von Karl Wrabetz. 8°. Wien, Selbstverlag des Verbandes, 1895/1911.

Mittheilungen über die Verfügungen, welche behufs Verpflegung der Krim-Armee in dem Kriege 1854—1856 mit den Lebensmittel- und Munitions-Vorräthen getroffen wurden. I. Th., nebst einem Urtheile über die Intendanz. II. Th. Beilagen zu den Mittheilungen. III. Th. Urtheil über die Feld-Intendanz in den Jahren 1856—1859. (In russischer Sprache.) (3 Bde.) 8. Leipzig 1877.

Mitteilungen aus der Vergangenheit des Zipser Komitates. Zpravy z minulosti Spiša. Közlemenyek Szepes varmegye multjából. Jg 1 ff. — Leutschau: Zipser Hist. Ges. 1909 ff. 4° (Jahrbücher d. Zipser Hist. Gesellschaft.) [Weitere bibliogr. Ang. nicht feststellbar.]

—— über die konfessionellen Verhältnisse in Württemberg. 1.—12. Heft. gr. 8. Halle, Strien. *

Inhalt:

Heft 1. Die klerikalen Konvikte und der Staatsdienst. (15 S.) 886. * 30 Pf.
„ 2. Der württembergische Patriotismus der Katholiken, gemessen an ihren Leistungen für nationale, humane und staatl. Zwecke. (25 S.) 886. * 50 Pf.
„ 3. Die Konviktspraxis und ihre Verteidigung. (22 S.) 886. * 40 Pf.
„ 4. Die konfessionelle Kriminalstatistik in Württemberg. (58 S.) 886. * 60 Pf.
„ 5. Die kirchliche Versorgung der Katholiken in Württemberg. (38 S.) 886. * 50 Pf.

Mittheilungen über die konfessionellen Verhältnisse in Württemberg ꝛc.

Heft 6. Die neue chinesische Mauer. 1. Die Thomasbulle Leo's XIII. und die kathol. Wissenschaft. (60 S.) 887. * 60 Pf.
„ 7. Die barmherzigen Schwestern im Reich und in Württemberg. (82 S.) 887. * ℳ 1.—.
„ 8. Der Etat des Kirchen- und Schulwesens und die Parität. (12 S.) 887. * 30 Pf.
„ 9. Aus Einer Gemeinde. (23 S.) 888. * 40 Pf.
„ 10. Römische Angriffe auf Württemberg aus 4 Jahrhunderten. (99 S.) 888. * 70 Pf.
„ 11. Konfessionelle Bevölkerungsbewegung in Württemberg. (72 S.) 888. * 80 Pf.
„ 12. Konviktsbemängler und Kuttenfreunde. (19 S.) 888. 15 Pf.

Vgl.: Convicte, die katholischen, in Württemberg. — Diese Schrift nimmt Bezug auf Heft 1—8 der vorstehenden Sammlung. — Die Entgegnung darauf befindet sich in Heft 12.

—— über die konfessionellen Verhältnisse in Württemberg. 13.—17. Heft. gr. 8. Halle, Strien. * 1 95

13. Die württembergischen Religionsreversalien. (18 S.) 889. * — 25.
14. Die katholische Kirche Württembergs seit Gründung d. Bist. Rottenburg. Ein Überblick üb. ihre Geschichte u. Stellg. (57 S.) 890. * — 80.
15. Einiges v. der römischen Propaganda. (19 S.) 890. * — 25.
16. Der Evangelische Bund u. der konfessionelle Friede. (16 S.) 891. * — 15.
17. Die Mönchsfrage im Lichte der Geschichte, e. Bittschrift u. e. Denkschrift. 1.—4. Aufl. (34 S.) 892. * — 50.

Mittheilungen über die Verhältnisse in den Ländern am Plata . . . Hamburg 1852. V: *Bahre, L.* (CBH)

— über die Verhältnisse in den Ländern am Plata namentlich mit Rücksicht auf die bestehenden Interessen deutschen Handels- u. Colonisationswesens in Buenos-Ayres. 1. (Thl.) A. u. d. T.: Gegenwart u. Zukunft der Plata-Länder f. deutschen Handel u. Colonisation. gr. 8. (XVI u. 218 S. m. 2 Holzschntaf.) Hamburg 852, Hoffmann & Campe. 1 ℛ

—— über physisch-geograph. u. statist. Verhältnisse v. Frankfurt a. M., v. d. geograph. Vereine daselbst. I—III. Hft. 4. (16½ B. u. 2 lith. Beil.) Frankfurt a. M. 839—41, (Schmerber'sche Buchh.) *

—— aus d. Verhandlungen u. Arbeiten d. Brieger ökonom. Vereines. Hrsg. v. Grafen Hoverden u. Schulz. 1. u. 2. Jahrg. 1838/39. u. 40. à 12 Nrn. (Bog.) 4. Brieg, Schwartz. à J.
Fortsetz., s. Mittheilungen, ökonom., aus Schlesien ꝛc.

— aus den Verhandlungen u. Arbeiten schlesischer ökonom. Vereine zu Brieg, Steinau, Glogau, Liegnitz ꝛc. Herausg. von Gr. Hoverden u. Pastor Schulz. 1r u. 2r Jahrg. 1838 u. 1840. 12 Numm. 4. Brieg, Schwartz. (à 1 ℛ) 2 ℛ

—— aus den Verhandlungen der Generalsynode der evangel.-protestant. Kirche des Großherz. Baden v. J. 1843. Redig. von einer aus d. Generalsynode berufenen Commission. gr. 8. (39¼ B.) Karlsruhe 843, Macklot. *

—— Beilagen dazu. gr. 8. (5¾ B.) Ebds.

—— aus d. Verhandlungen d. Gesellsch. naturforsch. Freunde zu Berlin. 1—3. Jahr 1836—38. gr. 8. Berlin, Nicolaische Buchh. [1. (3½ B.) * ½ Thlr., 2. (2¼ B.) * ⅓ Thlr., 3. (3 B.) * ½ Thlr.] *

—— aus den Verhandlungen der k. k. patriotisch-ökonom. Gesellschaft im Königr. Böhmen und der mit ihr verbund. Vereine. Abhandlungen aus dem J. 1846. gr. 8. (47 S.) Prag 848, (Calve'sche Vrlgsb.) *
Fortsetzung s. Verhandlungen. — Mittheilungen aus dem J. 1844. Ebendas. * 10 Ngr.

—— aus d. Verhandlungen d. naturwissenschaftl. Gesellschaft in Hamburg im Jahre 1845. gr. 8. (6⅞ B. u. 1 Tab. nebst 9 Taf. Abbild. wov. 7 col. u. 1 Landk.) Hamburg 846, Herold'sche Buchh. *

—— und Verhandlungen des niederösterreichischen Gewerbe-Vereins, s. Verhandlungen und Mittheilungen.

— über die Verhandlungen der Commission für Erörterung der Gewerbs- u. Arbeitsverhältnisse. Red.: Ed. Gottwald. 50 Nrn. Mit Beilagen. gr. 4. Dresden 849. (Grimm & Co.) n. n. 16 ngl — Neue Folge. 1 u. 2. Abonnement. gr. 4. Ebd. 849. (à Abonnement n. 18 ngl) n. 1 ℛ 6 ngl

— üb. d. Verhandll. d. baiersch. Landtages v. 1831. 4. Kempt., Dannheimer. 21 g?

Mittheilungen über die Verhandlungen des 16 u. ordentlichen Landtags im Fürstenthum Reuss j. L. Gera, o. J. 4°
A Ministerial-Vorlagen.
B Ausschuss-Berichte.
C Sitzungs-Protokolle.
16. 1900/1901. 17. 1902/1904. 18. 1905/1907.

Mitteilungen über die Verhandlungen des ordentlichen Landtags im Fürstentum Reuß j. L. *(Wird fortges.)*

— üb. d. Verhandll. d. Landtags im Königr. Sachsen. 25 Nummern gr. 4. Dresd. 831. Hilscher. 1 ℛ

—— über d. Verhandlungen d. Landtags im Königr. Sachsen. 25 Nrn. (½ Bog.) gr. 4. Dresden 831. [Zittau, Nauwerck.] 16 Gr., hrbas. Pr.

Mittheilungen über d. Verhandlungen des Landtags v. 18$\frac{42}{43}$. *Dresden.* gr. 4. (à Quartal 18 Gr.)

Mitth. über die Verhandlungen des Landtags v. 18$\frac{44}{45}$. *Ebend.* 4.

—— über die Verhandlungen des Landtags im Königr. Sachsen während der J. 1842 u. 1843. I. Kammer. 1. Bd. No. 1—36. II. Kammer. 1. Bd. No. 1—54, umfassend die Sitzungen vom 21. Novbr. 1842 — 31. März 1843. gr. 4. Dresden. (Leipzig, Hinrichs.) pro Quartal ** —

Mitteilungen über die Verhandlgn. d. Landwirtschaftsrates bei der 13. Tagung im J. 1909. (III, 127 S.) Lex. 8. Wien 909. W. Frick. 2. —

— dasselbe bei der 14. Tagung im J. 1910. (III, 375 S.) Lex. 8. Ebd. 910. 3. —

Mitteilungen über die Verhandlungen des Landwirtschaftsrates bei der XIV. Tagung im Jahre 1910. Lex.-8°. (375 S.) K 3.— Wien: Eberle 1910.

— u. Verhandlungen d. internat. wissenschaftlichen Lepra-Conferenz zu Berlin im Octbr. 1897. In 3 Bdn. gr. 8. Berlin, A. Hirschwald. n. 38. —
I. (XII, 184, 62, 108 u. 250 S. m. Abb. u. 1 Farbdr.) 897. n. 16. —
II. (X, 209 S.) 897. n. 6. —. — III. (VIII, 605 S.) 898. n. 16. —

n. Internationale wissenschaftliche Lepra-Konferenz, abgeh. v. 10. bis 16. Aug. 1909 in Bergen (Norwegen). Mitteilungen und Verhandlungen. Hrsg. von Dr. H. P. Lie. Bd 1–3. Leipzig: Barth 1909–10. 4°
1 1909. 2 3. 1910.
(Lepra. Bibliotheca internationalis. Vol. 8, Suppl. Vol. 10. 11) (10. 10076 10

Mitteilungen über die Verhandlungen der Section f. Land- u. Forstwirtschaft u. Montanwesen des Industrie- u. Landwirtschaftsrathes bei der 1.—6. Tagung. gr. Lex.-8. Wien (W. Frick.) n.n. 14. —
1. 2. Tagung in d. J. 1898 u. 1899. (III, 216 S.) 900. n.n. 2.—
3. Tagung im J. 1900. (III, 368 S.) 900. n.n. 3.—
4. Tagung im J. 1901. (III, 171 S.) 901. n. 3.—
5. Tagung im J. 1901. (III, 290 S.) 902. n. 3.—
6. Tagung im J. 1902. (III, 436 S.) 902. n. 3.—

— über die Verhandlungen der Sektion f. Land- u. Forstwirtschaft u. Montanwesen des Industrie- u. Landwirtschaftsrates bei der 7.—10. Tagung in den J. 1903, 1904 u 1905 Lex.-8. Wien (W. Frick). n. 10. —
7. (III, 231 S.) 903. n. 3. —. — 8. (III, 271 S.) 904. n. 3. —
9. (III, 48 S.) 904. n 1. —. — 10. (III, 233 S.) 905. n. 3. —

— über die Verhandlgn. der Sektion f. Land- u. Forstwirtschaft u. Montanwesen des Industrie- u. Landwirtschaftsrates bei der 11. bzw. 12. Tagung im J. 1907 bzw. 1908. (III, 358 u. III, 285 S.) Lex. 8. Wien 907.08. (W. Frick.) à 3. —

Mittheilungen über die ständischen Verhandlungen über die Reform der direkten Steuern im Kgr. Sachsen nebst der Vorlage wegen Reform der direkten Steuern und der darauf bez. ständischen Drucksachen. Nebst dem Einkommensteuergesetz vom 2. VII. 1878. 3 Bde. 4°. Dresden 1877—1878.

—— aus den Verhandlungen des Lissaer landwirthschaftl. Vereines f. die Kreise Breslau, Neumarkt u. Schweidnitz. Hrsg. v. dem Vorstande des Vereines u. redig. v. L. Schlincke. I. Hft. gr. 8. (6¾ B.) Breslau 845, G. Ph. Aderholz. *

—— aus d. Verhandlungen d. Vorstandes d. landwirthschaftl. Provinzial-Vereins f. d. Landdrostei-Bezirk Hannover. I. Jahrg. 1835/37. gr. 8. (7 B.) Hannover, (Helwing'sche Hofbuchh.) *

„Mittheilungen aus den Verhandlungen des Vorstandes des landwirthschaftlichen Provincial-Vereins für den Landdrostey-Bezirk Hannover", 1—3. Jahrgang, Hannover 1838—1840 (Flemming).

Mitteilungen der Herderschen Verlagshandlung zu Freiburg in Breisgau. Weihnachtalmanach 1907. Gr.-8°. (52 S.)

— über die am 26. April 1843 zu Gnadau gehaltene 2. Versammlung des kirchl. Central-Vereins in d. Provinz Sachsen, nebst einigen darin gehaltenen Vorträgen. gr. 8. Halle 843, Lippert (u. Schmidt.) ¼ ₰ — Dass. über die am 20. Sept. 1843 gehalt. 3. Versamml. Der Mittheil. 3. Heft. gr. 8. Ebend. 844. ¼ ₰ — 4. Versamml. Der Mittheil. 4. Hft. 8. Ebend. 844. n. ¼ ₰ — 5. Versamml. 1844. Der Mittheil. 5. Heft. gr. 8. Magdeburg 845, Falckenberg u. Comp. n. ⅙ ₰ — 6. Versamml. d. 2. April 1845. Mit Dr. Tholuck's Rede. Der Mittheil. 6. Hft. 845. n. ⅙ ₰ — 7. Versamml. am 24. Sept. 1845. Der Mittheil. 7. Heft. 846. n. ⅙ ₰ — 8. Versamml. am 22. April 1846. Der Mittheil. 8. Hft. 846. n. ⅙ ₰

— über die am 22. u. 23. Sept. 1846 zu Gnadau gehaltene 9. Versammlung des Pastoral-Vereines in der Provinz Sachsen. (9. Hft.) gr. 8. (64 S.) Magdeburg 847, Falckenberg & Co. n. ⅙ ₰

Mittheilungen aus den Versammlungen des ostpreußischen Ingenieur- und Architektenvereins. Königsberg 1873—1876

Mitteilungen für Versicherungs-Vereine. Organ d. Versicherungs-Vereine, gemäß § 53 d. Gesetzes über d. privaten Versicherungs-Unternehmungen v. 12. Mai 1901. Hrsg. C[lemens] Weilandt, Berlin. Jg 1, No 1. Berlin: Deutscher Verl. 1906. 4° [J.] 07. 9494

— für Versicherungs-Vereine. (Landwirtschaftliche Versicherungs-Zeitg.) Organ der Versicherungs-Vereine gemäß § 53 des Gesetzes üb. die privaten Versicherungs-Unternehmgn. vom 12. V. 1901. Hrsg.: C. Weilandt. 2. u. 3. Jahrg. 1907 u. 1908. à 24 Nrn. (à 8 S.) 32×24,5 cm. Berlin (NO. 18, Kniprodestr. 1 a), C. Weilandt. à Jahrg. 12. —
Erscheinen nicht mehr

— versicherungswissenschaftliche. Red.: Vikt. Ohnhäuser. Jahrg. 1904/05. 4 Hefte. (307 S. m. Fig.) Lex.-8. Ebd. n. 12. —
Sonderabdruck aus: „Mittlgn. d. öst.-ung. Verbandes d. Privat-Versicherungs-Anstalten".

— dasselbe. 2. Bd. 3 Hefte. (III, 247 S.) Lex.-8. Ebd. 906. n. 12. —

— versicherungswissenschaftliche. [Aus: „Mittlgn. d. öst.-ung. Verbandes d. Privat-Versichergs-Anstalten".] 3. Bd. 2 Hefte. (IV, 119 S.) Lex. 8. Wien 907. (F. Deuticke.) 8. —

— dasselbe. 4. u. 5. Bd. à 4 Hefte. (III. Bd. IV, 225 S.) Lex. 8. Ebd. 908. 09. à Bd. 12. —

Mitteilungen d. Württemb. forstlichen Versuchsanstalt. H. 1—2. Stuttg. 1906–10.

Mittheilungen aus den Königlichen technischen Versuchsanstalten zu Berlin. Hrsg im Auftr. d. Kgl. Aufsichts-Kommiss (1 6 Red Geh. Bergrath Dr. H[ermann] Wedding.) Jg. 1–4. 5 [nebst] Erg.H. 1–4. 6 [nebst] Erg.H 1–5. 7 [nebst] Erg.H. 1–5. 8 [nebst] Erg H 1 2. 9–12. 13 [nebst] Erg H. 1 14 [nebst] Erg.H. 1. 15. 16. 17 [nebst] Erg.H. 1. 18 [nebst] Erg H. 1 19 [nebst] Erg.H. 1. 20. 21 Berlin J Springer 1883–1903. 42 Bde 4° [J.]
1–4. 1883–1886.
5. 1887

— aus den königl. technischen Versuchsanstalten zu Berlin. Hrsg. im Auftrage der königl. Aufsichts-Kommission. Red.: H. Wedding. 1—4. Jahrg. 1883—1886. à 4—8 Hfte. hoch 4. (à Hft. 48 S. m. 2 Steintaf.) Berlin, Springer. à Jahrg. n. 10. —

— aus den königl. technischen Versuchsanstalten zu Berlin. Hrsg. im Auftrage der königl. Aufsichts-Kommission. Red.: H. Wedding. 5. u. 6. Jahrg. 1887. 1888. à 4 Hfte. hoch 4. (à Hft. ca. 50 S. m. Taf.) Berlin, Springer. à Jahrg. n. 10. —

— dasselbe. Jahrg. 1887. Ergänzungsheft I—IV. Lex.-8. Ebd. n. 12. —
I. Die Festigkeitseigenschaften d. Magnesiums v. A. Martens. Mit 3 Taf. (40 S.) n. 4. —
II. Untersuchungen üb. Festigkeitseigenschaften u. Leitungsfähigkeit an deutschem u. schwedischem Drahtmateriale. Im Auftrage d. Hrn. Ministers f. Handel u. Gewerbe v. A. Martens. (26 S.) n. 2. —
III. 1) Mikroskopische Untersuchung d. Papiers v. W. Herzberg. Mit 2 Lichtdr.-Taf. 2) Ergebnisse der Prüfungen v. Apparaten zur Untersuchung der Festigkeitseigenschaften von Papier v. A. Martens. Mit 1 lith. Taf. (44 S.) n. 5. —
IV. Ueber Druckpapiere der Gegenwart. Von A. Martens. (16 S.) n. 1. —

— dasselbe. Jahrg. 1888. Ergänzungsheft I—V. hoch 4. Ebd. n. 31. 60

I. Ergänzungen zu den im 2. Ergänzungshefte 1887 veröffentlichten Untersuchungen üb. Festigkeitseigenschaften u. Leitungsfähigkeit an deutschem u. schwedischem Drahtmateriale. Im Auftrage des Hrn. Ministers f. Handel u. Gewerbe. 1. Bestimmung d. elektrischen Leitungswiderstandes von Metalldrähten. Von A. Paalzow. 2. Zusammenhang zwischen der chemischen Zusammensetzung u. dem Kleingefüge einerseits u. der Leitungsgüte d. Telegraphendrahtes andrerseits. Unter Benutzg. amtl. Materialien v. H. Wedding. (23 S. m. 8 Taf.) n. 8. —

II. Bericht üb. die Ergebnisse von Festigkeits-Versuchen m. gelötheten Drahtseilen u. Drähten. Im Auftrage d. Hrn. Ministers der öffentl. Arbeiten erstattet v. A. Martens. Mit 2 lith. Taf. (63 S.) n. 8. —

III. Schmierölunterſuchungen, ausgeführt im Auftrage d. Hrn. Ministers f. Handel u. Gewerbe v. A. Martens. (72 S. m. 4 Taf.) n. 8. —

IV. Untersuchung japanischer Papiere. Im Auftrage d. Hrn. Ministers f. Handel u. Gewerbe v. A. Martens. Mit 3 Taf. in Lichtdr. (18 S.) n. 5. —

V. Bericht üb. die im Auftrage d. Hrn. Ministers f. Handel u. Gewerbe ausgeführten vergleichenden Untersuchungen v. Seilverbindungen f. Fahrstuhlbetrieb. Thl. I. Ergebniß der Untersuchgn. f. ruh. Belastg., erstattet v. A. Martens. (48 S. m. Fig.) n. 2. 60

— dasselbe. Red.: A. Martens. 7. Jahrg. 1889. 4 Hfte. hoch 4. (à Hft. ca. 50 S. m. Taf.) Ebd. n. 10. —

— dasselbe. Jahrg. 1889. Ergänzungsheft I—V. hoch 4. Ebd. n. 28. —

I. Resultate der Untersuchungen d. in der Eifel vorkommenden vulkanischen Sandes in Bezug auf seine Verwendbarkeit zur Mörtelbereitung. Ausgeführt im Auftrage d. Hrn. Ministers f. Handel u. Gewerbe v. Böhme. Mit 2 Taf. (26 S.) n. 3. —

II. Untersuchungen v. natürlichen Gesteinen auf Festigkeit, specifisches Gewicht, Härtegrad, Wasseraufnahme, Cohäsionsbeschaffenheit u. Wetterbeständigkeit. Von Böhme. (47 S. m. 1 Lichtdr.-Taf.) n. 4. —

III. Bericht üb. die im Auftrage d. Hrn. Ministers f. Landwirthschaft, Domänen u. Forsten ausgeführten Holzuntersuchungen. Erstattet v. M. Rudeloff. (46 u. Anlagen 71 S.) n. 7. —

IV. Festigkeitsuntersuchungen m. Zinkblechen d. schlesischen Aktien-Gesellschaft f. Bergbau u. Zinkhüttenbetrieb zu Lipine O.-S. Von A. Martens. (32 S. m. 2 Taf.) n. 4. —

V. Schmierölunterſuchungen, ausgeführt im Auftrage d. Hrn. Ministers f. Handel u. Gewerbe. Von A. Martens. Mit e. Taf. [Fortsetzung zum Ergänzungshft. III, 1888.] (57 u. 84 S. Tab.) n. 10. —

— dasselbe. 8. Jahrg. 1890. 4 Hfte. hoch 4. (à Hft. ca. 50 S. m. Taf.) Ebd. n. 12. —

— dasselbe. Jahrg. 1890. Ergänzungsheft I u. II. hoch 4. Ebd. n. 33. —

I. Versuche üb. die Beiz- u. Rostsprödigkeit d. Eisens u. Stahls. Ausgeführt im Auftrage d. Hrn. Ministers der öffentlichen Arbeiten. Bericht d. Prof. A. Ledebur in Freiberg, nebst den Versuchsergebnissen der mechanisch-techn. Versuchsanstalt. (36 S.) n. 3. —

II. Untersuchungen m. Eisenbahnmaterialien, ausgeführt im Auftrage d. Hrn. Ministers der öffentlichen Arbeiten. Von A. Martens. (54 u. 204 S. m. 5 Taf.) n. 30. —

— aus den königl. technischen Versuchsanstalten zu Berlin. Hrsg. im Auftrage der königl. Aufsichts-Kommission. Red.: A. Martens. 9.—12. Jahrg. 1891—1894. à 6 Hfte. (à ca. 3 Bog.) hoch 4. Berlin, J. Springer. à Jahrg. n. 12. —

— aus d. kgl. techn. Versuchsanstalten zu Berlin. Hrsg. im Auftr. d. kgl. Aufsichts-Kommission. Red.: A. Martens. 12.—16. Jahrg. 1894—1898. à 6—8 Hfte. (à ca. 6 Bog. m. Abb.) hoch 4. Berlin, J. Springer. à Jahrg. n. 12. —

— dasselbe. 1895. I. Ergänzungshft. Lex.-8. Ebd. 895. n. 5. —

Bericht üb. vergleich. Schmierölunterſuchgn., ausgeführt in d. J. 1889—1890. Von D. Holde. (78 S. m. Abb.)

— dasselbe. 1896. I. Ergänzungshft. hoch 4. Ebd. 896. n. 2. 60

Mittheilgn. aus d. offic. Bericht d. im französ. Ministerium d. öffentl. Arbeiten gebild. Commission des méthodes d'essai des matériaux de construction. 1. Sitzungsperiode. (1894.) 1. Bd. Allgem. Grundlagen. Uebers. v. Paul Zitzmann. (VIII, 48 S.)

— aus den königl. technischen Versuchsanstalten zu Berlin. Hrsg. im Auftrage der königl. Aufsichts-Kommission. Red.: A. Martens. 17.—20. Jahrg. 1899—1902. à 6 Hfte. hoch 4. (IV, 292; IV, 329; IV, 303 u. IV, 336 S. m. Fig. u. 3, 4, 1 u. 7 Taf.) Berlin, J. Springer. à Jahrg. n. 12. —

— dasselbe. 1. Ergänzungsheft. 1899. gr. 8. Ebd. n. 4. —

Bericht über die Raumbeständigkeit v. zehn Portlandcementen, nach Versuchen der königl. mechanisch-techn. Versuchsanstalt u. der Kommission des Vereins deutscher Portlandcement-Fabrikanten erstattet. Von M. Gary. Mit in den Text gedr. Abbildgn. u. 2 Taf. in Lichtdr. (60 S.) 899.

— dasselbe. 1. Ergänzungsheft. 1900. Lex.-8. Ebd. n. 3. —

Bericht über das Verhalten hydraulischer Bindemittel in Seewasser, nach Versuchen der königl. techn. Versuchsanstalten zu Berlin im Auftrage der von dem königl. Ministerium der öffentl. Arbeiten zu Berlin berufenen Kommission erstattet Von M. Gary. Mit in den Text gedr. Abbildgn. u. 3 farb Taf.) (47 S.) 900.

Mitteilungen aus den königl. technischen Versuchsanstalten zu Berlin. Hrsg. im Auftrage der königl. Aufsichts-Kommission. 1. Ergänzungsheft. 1901. hoch 4. Berlin, J. Springer. n. 4. —

Untersuchungen üb. den Einfluß voraufgegangener Formänderungen auf die Festigkeitseigenschaften der Metalle. Von M. Rudeloff. (III. 73 S. m. Abbildgn. u. 1 Taf.) 901.

— aus den königl. technischen Versuchsanstalten zu Berlin. Hrsg. im Auftrage der königl. Aufsichts-Kommission. Red.: A. Martens. 21. Jahrg. 1903. 6 Hefte. (IV, 322 S. m. Abbildgn.) hoch 4. Berlin, J. Springer. n. 12. —

Fortsetzung, s.: Mitteilungen aus d. königl. Materialprüfungsamt zu Groß-Lichterfelde-West.

— aus d. agrikulturchemischen Versuchs- u. Vegetationsstation Hamburg-Horn. 2. Hft. Hrsg. v. Ullmann. gr. 8. (24 S. m. 6 Lichtdr.-Taf.) Ebd. 897. n. 2. —

Vorh. u. d. T.: Mittheilungen aus dem agrikultur-chemischen Laboratorium Hamburg-Eimsbüttel.

— der herzogl. anhaltischen Versuchsstation zu Bernburg. 42. gr. 8. Stassfurt 907. R. Weicke. 1. 50

Die Bedeutung der an der Rübenpflanze durch verschiedene Düngung hervorgerufenen äusseren Erscheinungen f. die Beurteilung der Rüben u. die Düngebedürftigkeit des Bodens. Von H. Roemer u. G. Wimmer. Mit 4 farb. Taf. [Aus: „Ztschr. d. Ver. d. deut. Zucker-Industrie".] (58 S.)

Mitteilungen aus der Chemisch-technischen Versuchsstation von H. Passow in Blankenese. H. 1 u. 2. Leipzig, 1904—1905.

H. 1. Passow, H., Portlandzement und Hochofenschlacke. Offener Brief an M. Gary. — Kappen, H., Das Mineral Belit im Portlandzementklinker. 1904. Mit 4 Abb.

H. 2. Passow, H., und B. Koch. Die Schwebeanalyse in der Praxis. — Benzian, R., Beiträge zur Kenntnis der nichtgranulierten hochbasischen Schlacken. — Passow, H., Mein Verfahren zur Prüfung basischer Hochofenschlacken. 1905 Mit 9 Abb.

— aus der chemisch-technischen Versuchsstation von Hermann Passow in Blankenese. 1. u. 2. Heft. (S. 1—60 m. 9 Fig.) gr. 8. Leipzig 904. 905. Veit & Co. n. 1. 80

Mittheilungen der K.K. chemisch-physiologischen Versuchsstation für Wein- und Obstbau in Klosterneuburg bei Wien. Hrsg. von L. Roesler. H. 1-7. Wien: Frick 1876-1902. -- 12°

Mittheilungen der k. k. chemisch-physiologischen Versuchsstation für Wein- und Obstbau in Klosterneuburg bei Wien. H. 1—7. 1882—1902. Wien, seit 1902: Wien und Leipzig

Von H. 6. 1902 ab: Mitteilungen über die Arbeiten der k. k. chemisch-physiologischen Versuchs-Station für Wein- und Obstbau zu Klosterneuburg bei Wien.

—— der k. k. chemisch-physiologischen Versuchsstation für Wein- und Obstbau in Klosterneuburg bei Wien. Hrsg. von L. Roesler. 1. Heft: I. Die Methoden der Wein-Untersuchung, mit besond. Berücksicht. der Verfälschungen des Weines. — II. Die Methoden der Alkoholbestimmung in weingeistigen Flüssigkeiten. Von B. Haas. gr. 4. (VI, 96 S. mit 3 eingedr. Holzschn., 2 lithogr. Taf. und 2 Bl. Taf.-Erklärungen.) Wien 882, Frick.

2. und 3. Heft. (Ebendas.) 1878. *M 5,80.

—— der k. k. chemisch-physiologischen Versuchsstation für Wein- und Obstbau in Klosterneuburg bei Wien. Hrsg. von L. Roesler. 2. und 3. Heft. gr. 4. Wien 878, Faesy und Frick. *

Inhalt:

Heft 2. Weigert, Leop., Beiträge zur Klärung und Conservirung des Weines mit besond. Berücksicht. der Anwendung von Kaolin, Salicylsäure und Thymol. (65 S. mit 1 lithogr. Taf.) *ℳ 4.

„ 3. Haas, B., Studien über das Reifen der Trauben. (28 S.) *ℳ 1,80.

Das 1. Heft ist noch nicht erschienen.

—— der k. k. chemisch-physiologischen Versuchsstation für Wein- und Obstbau in Klosterneuburg bei Wien. Hrsg. von L. Roesler. 4. und 5. Heft. gr. 4. Wien, Frick. *

Inhalt:

Heft 4. I. Roesler, L., über die Anwendung der schwefligen Säure in der Kellerwirthschaft und den Schwefelsäure-Gehalt des Weines. (S. 1—24 mit 48 Tab.) — II. Haas, B., über den Nachweis und die Bestimmung der schwefligen Säure und Schwefelsäure im Wein. (S. 25—37.) — III. Weigert, Leop., über den Einfluss der schwefligen Säure auf Most und Wein, sowie die Vermehrung des Schwefelsäure-Gehaltes desselben durch in der Kellerwirthschaft gebräuchliche Manipulationen. (S. 39—52.) 885. *ℳ 9.20.

Heft 5. Bericht über die Thätigkeit der Versuchsstation mit 56 Analysentabellen. — Bericht über Theerfarbstoffe, Salicylsäure und schweflige Säuren im Weine. — Ueber die Zusammensetzung des Bieres mit besonderer Berücksichtigung der schwefligen Säure. — Gutachten der medicinischen Facultät der Universität Wien über das zulässige Maximum aus schwefliger Säure in gegohrenen Getränken. — Ueber den Zusatz von Glycerin zu geistigen Getränken, Extracten und Fruchtsäften. — Die Weine Bosniens und der Herzegowina. — Die Salicylsäure und deren Einfluss bei der Gährung. — Glycerinbestimmung. — Bestimmung des specifischen Gewichtes des Alkohols, des Zuckers und der schwefligen Säure — Ueber das Bitterwerden des Rothweines. — Ueber den Stickstoffgehalt des Weines. (150 S. mit 56 Tab.) 888. *ℳ 12.60.

1.—3. Heft. Ebendas. 1878—82. *ℳ 11 90.

Mittheilungen der land- und milchwirthschaftlichen Versuchs-Station in Kiel v. Adolf Emmerling und Max Schrodt. Bd. 1 (1879/80) Kiel 1880. Bd. 2 (1881/82) ebd. 1882. 8

— aus der land- u. milchwirthschaftlichen Versuchs-Station in Kiel, v. A. Emmerling u. M. Schrodt. 3. Bd. 1883/84. gr. 8. (III, 314 S.) Kiel 884. (Haeseler.) n. 8. —

— aus der land- u. milchwirthschaftlichen Versuchsstation in Kiel. 2—12. Hft. gr. 8. Kiel 880—82. Haeseler. n. 7. 20

2. Ueber die Verschlechterung des Heu's durch den Regen. Von A. Emmerling. (S. 25—35.) n. — 40
3. Ueber die Zusammensetzung der in den Jahren 1875—79 in der Provinz Schleswig-Holstein verkauften Kraftfuttermittel. Von A. Emmerling. (S. 36—72.) n. - 80
4. Aufrahmversuche mit der verbesserten Reimers'schen Milchwanne. Von M. Schrodt. Zur Aufrahmung in thönernen Gefäßen. Von M. Schrodt. (S. 73—102 mit einem eingedr. Holzschn.) n. — 40
5. Ein Fütterungsversuch mit Reismehl. Aufrahmung der Milch bei Oberkühlung. Von M. Schrodt. (S. 103—136.) n. — 60
6. Amerikanisches Fleischmehl als Futtermittel für Milchkühe. Von M. Schrodt. (S. 137—158 mit 1 Tab.) n. — 60
7. Auszug aus dem Jahresberichte der milchwirthschaftlichen Versuchs-Station für das Meiereijahr 1879/80 von M. Schrodt. (S. 159—177.) n. — 40
8. Ausführlicher Bericht über die im Jahre 1880 unter Leitung u. nach dem Plan der landwirthschaftlichen Versuchsstation ausgeführten Feldversuche v. A. Emmerling. (S. 179—266.) n. 1. 80
9. Ueber einen Fütterungsversuch mit Baumwollensamenkuchen bei Milchkühen. Vergleichende Versuche über die Verfütterung von Kleie u. Getreideschrot an Milchkühe. Von M. Schrodt. (S. 267—299.) n. — 60
10. Ueber den Dünger des tiefen Stalls. Von A. Emmerling u. G. Loges. (S. 302—319.) n. — 60
11. Ueber die Geldwerthberechnung der Futtermittel. Von A. Emmerling. (S. 320—355.) n. — 60
12. Ueber Verfütterung von Molken an Milchkühe. Von M. Schrodt. (S. 356—374.) n. — 40

cf.: Emmerling, A., Mittheilungen aus dem agriculturchemischen Laboratorium der Versuchsstation in Kiel.

Mitteilungen der österreichischen Versuchsstation für Brauerei und Malzerei. Red. F Schwackhöfer H. 1-5 Wien 1888-92.

Mitteilungen der Versuchsstation für Pflanzenkrankheiten der Landwirtschaftskammer für die Provinz Sachsen zu Halle a.S. No 1. (Halle a. S. 1903. O. Thiele.) 8° [J.] (06. 13509

— der praktischen u. wissenschaftlichen Versuchsstation für Bierbrauereibesitzer u. Malzfabrikanten. Hrsg. von Karl Michel. 5. Bd. 1880. gr. 8. (1. Hft., 16 S., nebst: Der Bau u. die Einrichtung einer Brauerei, von Karl Michel, 128 S. m. eingedr. Holzschn.) Augsburg. (Leipzig, Gracklauer.) n. 4. —

— dasselbe. 1. Bd. 1874/75. 2. Aufl. gr. 8. (IV, 126 S. m. eingedr. Holzschn.) Ebend. 878. n. 4. —

Mitteilungen aus dem Forstlichen Versuchswesen Österreichs. - Wien. 1-43 1878-1943. (H 40:1918; 1919-1928 verein. m. Zbl f d. ges Forstwes ; H. 41:1929) (Ersch. zwangl.)
Forts s : Mitt d. Forstl Bundesversuchsanst. Mariabrunn

— aus dem forstlichen Versuchswesen Oesterreichs. Hrsg. von A. v. Seckendorff. 3 Hfte. hoch 4. Wien 877. 78. Braumüller. n. 17. —

1. Mit 14. (lith.) Taf. (u. Tab.) (VII, 71 S.) n. 6. —
2. Mit 4 (lith. u. photolith.) Taf. (S. 73—166.) n. 5. —
3. Mit 6 (lith.) Taf. u. 6 (Holzschn.-)Abbildungen im Text. (VI u. S. 167—282.) n. 6. -

— dasselbe. 2. Bd. 3 Hfte. hoch 4. Wien 879—81. Gerold's Sohn. n. 30. 40

1. Mit 2 (lith.) Taf. u. 6 (Holzschn.-)Abbildungen im Texte. (111 S.) n. 6. 40
2. Mit 4 (lith.) Taf. u. 8 (Holzschn.-)Abbildungen im Texte. (S. 113—256.) n. 10. —
3. Mit 11 (lith.) Taf. mit Abbildungen im Texte. (VIII u. S. 257—414.) n. 14.

— aus dem forstlichen Versuchswesen Oesterreichs. Hrsg. v. A. v. Seckendorff. Neue Folge. 2. u. 3 Hft. Der ganzen Folge 10. u. 11. Hft. hoch 4. Wien, Gerold's Sohn. à n. 2 80

2. Beiträge zur Kenntniss der auf der Schwarzföhre [Pinus austriaca Höss] vorkommenden Pilze. Von Felix v. Thümen. I. (47 S.) 883.
3. Die doppelzähnigen europäischen Borkenkäfer. Von Fritz A. Wachtl. Mit 3 lith. Taf. u. 2 Zinkogr. (15 S.) 884.

— dasselbe. Neue Folge. 1. Hft. Der ganzen Folge 9. Hft. hoch 4. Ebend. 883. n. 1. 60

Beiträge zur Physik des Waldes. Von R. Lorenz Ritter v. Liburnau, Ernst Kramer, W. Riegler u. Fr. Ritter v. Höhnel. (22 S.)

— vom forstlichen Versuchswesen in Oesterreich. XII. Hft. Lex.-8. Wien 890. Frick. n. 8. —

Resultate forstlich-meteorologischer Beobachtungen, insbesondere in den J. 1885—1887 von Jos. Ritter v. Lorenz-Liburnau. 1. Thl. Untersuchungen üb. die Temperatur u. die Feuchtigkeit der Luft unter, in u. über den Baumkronen d. Waldes, sowie im Freilande. Unter Mitarbeit v. Frz. Eckert. Mit 6 Taf. u. 7 Abbildgn. im Text. (97 S.)

— aus dem forstlichen Versuchswesen Österreichs. Hrsg. v. der k. k. forstl. Versuchsanstalt in Mariabrunn. XIII.—XVII. Hft. hoch 4. Wien, W. Frick. n. 26. 20

XIII. Resultate forstlich-meteorologischer Beobachtungen, insbesondere in den J. 1885—1887 v. Jos. Ritter v. Lorenz-Liburnau. 2. Thl. Beobachtungen an den Radialstationen in Galizisch-Podolien, dem nordkarpat. Vorlande u. auf dem Thayaplateau in Niederösterreich. Unter Mitarbeit v. Frz. Eckert. Mit 1 Karte, 4 Taf. u. 35 Abbildgn. im Texte. (147 S.) 892. n. 16. —

XIV. Die Pflanzzeit in ihrem Einfluss auf die Entwickelung der Fichte u. Weissföhre. Eine waldbaulich-physiolog. Studie v. Adf. Cieslar. Mit 9 photolith. Taf. (72 S.) 892.) n. 2. 40

XV. Formzahlen u. Massentafeln f. die Schwarzföhre. (II. Thl. der Beiträge zur Kenntniss der Schwarzföhre.) Von Karl Böhmerle. (111 S. m. 2 Abbildgn. u. 6 Taf.) 893. n. 2. 40

XVI. Beiträge zur Kenntniss der Morphologie, Biologie m. Pathologie der Nonne (Psilura Monacha L.) u. Versuchsergebnisse üb. den Gebrauchswerth einiger Mittel zur Vertilgung der Raupe. Von Fritz A. Wachtl u. Karl Kornauth. (VII, 38 S. m. 8 Holzschn, 3 Photograv., davon 1 kolor., u. 3 Bl. Erklärgn.) 893. n. 2.40
XVII. Bericht üb. die 1. Versammlung des internationalen Verbandes forstlicher Versuchsanstalten zu Mariabrunn 1893. Erstattet v. Jos. Friedrich. (130 S. m. 16 Abbildgn. u. 4 photolith. Taf.) 894. n. 3.—

— aus dem forstlichen Versuchswesen Oesterreichs, Hrsg. v. d. k. k. forstl. Versuchsanstalt in Mariabrunn. Der ganzen Folge 18.—28. Hft. Lex.-8. Wien, W. Frick. n. 23.—
18. Die Ästung d. Laubholzes, insbes. d. Eiche. Von Gust. Hempel. (V, 128 S. m. 59 Abb.) 895. n. 4.—
19. Die krummzähn. europäischen Borkenkäfer v. Fritz A. Wachtl. (31 S. m. 5 Abb., 6 lith. Taf. u. 6 Bl. Erklärgn.) 895. n. 3.—
20. Einfluss d. Freilandvegetation u. Bodenbedeckung auf d. Temperatur u. Feuchtigkeit d. Luft v. Ed. Hoppe. (59 S. m. 1 Abb. u. 1 photolith. Taf.) 895. n. 3.—
21. Regenmessg. unt. Baumkronen v. Ed. Hoppe. (75 S. m. 9 Abb. u. 5 photolith. Taf.) 896. n. 3.—
22. Über d. Einfluss d. Witterg. auf d. Baumzuwachs. Von Jos. Friedrich. (V, 160 S. m. 40 Abb. u. 25 Taf.) 897. n. 8.—
23. Über d. Ligningehalt ein. Nadelhölzer. Von Adf. Cieslar. (40 S.) 897. n. 2.—

— aus dem forstlichen Versuchswesen Österreichs. Hrsg. v. der k. k. forstl. Versuchsanstalt in Mariabrunn. Der ganzen Folge 24.—27. Hft. hoch 4. Wien, W. Frick. n. 17.—
24. Form u. Inhalt der Fichte. Von Adalb. Schiffel. Mit 7 Taf. (VII, 139 S.) 899. n. 4.—
25. Untersuchungen üb. die Elasticität u. Festigkeit der österreich. Bauhölzer. Von Ant. Hadek u. Gabr. Janka. I. Fichte Südtirols. Mit 8 Lichtdr.- u. 13 photolith. Taf., sowie 14 Abbildgn. im Texte. (VII, 161 S.) 900. n. 6.—
26. Die näherungsweise Flächen- u. Körperberechnung in d. wissenschaftlichen Holzmesskunde. Elementar dargestellt. Von Osc. Simony. (64 S. m. 32 Abbildgn.) 901. n. 3.—
27. Die Kubierung v. Rundholz aus zwei Durchmessern u. d. Länge. Von Adalb. Schiffel. (VIII, 148 S. m. 1 Tab. u. 7 Taf.) 902. n. 4.—

— aus dem forstlichen Versuchswesen Oesterreichs. Hrsg. v. der k. k. forstl. Versuchsanstalt in Mariabrunn. Der ganzen Folge 28.—31. Heft. hoch 4. Wien, W. Frick. n. 22.—
28. Untersuchungen über die Elasticität u. Festigkeit der österreichischen Bauhölzer. II. Fichte v. Nordtirol, vom Wienerwalde u. Erzgebirge. Von Gabr. Janka. Mit 15 Taf. u. 12 Abbildgn. im Texte. (VI, 313 S.) 904. n. 8.—
29. Wuchsgesetze normaler Fichtenbestände. Von Adalb. Schiffel. Mit 4 Taf. u. 7 Abbildgn. im Texte. (VII, 106 S.) 904. n. 5.—
30. Einiges üb. die Rolle des Lichtes im Walde. Von Adf. Cieslar. Mit 4 Fig. im Texte. (VII, 105 S.) 904. n. 4.—
31. Form u. Inhalt der Lärche. Von Adalb. Schiffel. (VIII, 122 S.) 905. n. 5.—

— aus dem forstlichen Versuchswesen Osterreichs. Hrsg. v. der k. k. forstl. Versuchsanstalt in Mariabrunn. Der ganzen Folge 32.—35. Heft. Wien, W. Frick. 17.—
Janka, Gabr., u. N. Lorenz R. v. Liburnau, die Einwirkung v. Süss- u. Salzwässern auf die gewerbl. Eigenschaften der Hauptholzarten. 1. Tl.: Untersuchgn. u. Ergebnisse in mechanisch-techn. Hinsicht v. J. 2. Tl. Untersuchungen u. Ergebnisse in chem. Hinsicht von L. v. L. Mit 16 Abb. im Texte. (VIII, 115 S.) Lex. 8. 907. (33. Heft.) 4.—
Schiffel, Adalb., Form u. Inhalt der Tanne. (VII, 96 S.) Lex. 8. 908. (34. Heft.) 4.—
— Form u. Inhalt d. Weissföhre. (VII, 89 S.) 30,×21,5 cm. 907. (32. Heft.) 4.—
Untersuchungen üb. die Elastizität u. Festigkeit d. österreichischen Bauhölzer. III. Janka, Gabr., Fichte aus den Karpathen, aus dem Böhmerwalde, Ternovanerwalde u. den Zentralalpen. Technische Qualität des Fichtenholzes im Allgemeinen. (VIII, 127 S. m. Abb., 4 Taf. u. 4 Bl. Erklärgn.) Lex. 8. 909. (35. Heft.) 5.— (Vollständig: 19.—)

Mitteilungen aus dem forstlichen Versuchswesen Preußens. - Neudamm 1902-1920. - (M. n. erm.)

Mitteilungen für die Vertrauensmänner der Nationalliberalen Partei ... hrsg. vom Centralbureau der Nationalliberalen Partei. Nr. 1. Berlin: Buchh. d. Nationallib. Partei 1910. 8° [10. 33??]

Vertrauliche Mittheilungen des Königlich Dänischen Bundestagsgesandten an die vereinigten Ausschüsse, die Verfassungsangelegenheit der Herzogthümer Holstein und Lauenburg betreffend. Vom 13. September 1858. (Kopenhagen. 1858.) 4°.

Nachtrag dazu. ebd. 1858. 4°.

Grosse Freimaurerloge von Deutschland: Vertrauliche **Mitteilungen** der Gr. Frm.-L[oge] v. D[eutschland]. o. O. (1903/04). 8°.
Es lag nur eine Nummer vor. Vollständige Serie äusserst selten.

Vertrauliche **Mitteilungen** der Symb. Grossloge d. Schott. Ritus i. Dtschld. 8°. [1910:] 4°. Nicht paginiert.
Nr. 53–65. August 1907–Juli 1909.
Im Jahre 1910 wurden zwei nicht numerierte Mitteil. dat. vom 15. Febr. und 15. Juni herausgegeben.

Vertrauliche Mitteilungen vom deutschen Hilfsbund für christliches Liebeswerk im Orient. 1-7. Berlin: Hilfsbund 1898/99 - 1904/1905. 8°
Fortges. u. d. T.: Sonnen-Aufgang. 8-42. 1905/06 - 1939. 8°

Mittheilungen, Vertrauliche, vom preussischen Hofe und aus der preussischen Staatsverwaltung. Berlin 1865. V: *Seld, Albert Baron von.* (Kat. d. Bibl. d. dtsch. Reichstages. Berlin 1882.)

— vertrauliche, vom preußischen Hofe u. aus der preußischen Staatsverwaltung. Berlin 865. Neumann. 8. (IV, 211 S.) 22½ ngr.

Vertrauliche **Mitteilungen** des Matthäi-Logen-Bundes. [Leipzig 1902/03.] 8°.
Es lagen nur einige Nummern vor.

— aus der Verwaltung von Elsass-Lothringen während der Jahre 1871–1878. Verwaltung des Innern, Kirchenverwaltung, Wissenschaft u. Kunst, Bergbau- u. Hüttenwesen etc. Zusammengestellt im kaiserl. Ober-Präsidium. Lex.-8. (III, 209 S.) Strassburg 879. Schmidt. n. 5.—

Mittheilungen über die Verwaltung des Halberstädter Knappschaftsvereins in den Jahren 1857—1876. Halberstadt. 1878.
dgl. in den Jahren 1877—1881. Halle a/S., 1883.

Mittheilungen aus der Verwaltung der direkten Steuern in Preussen. No. 1—41. gr. 8°. Berlin 1869—1901.

Mittheilungen aus der Verwaltung der direkten Steuern im Königreich Sachsen. Hrsg. vom Königl. sächs. Finanzministerium. 1.—6. Bd. à 6 Hefte. gr. 8°. Dresden, C. Heinrich, 1884—1902.

Mittheilungen aus der Verwaltung der direkten Steuern im Königreich Sachsen. Hrsg. vom königl. sächs. Finanzministerium. 1. Bd. 1. Hft. Lex.-8. (80 S.) Dresden 884. Heinrich. n. 1.—

— aus der Verwaltung der direkten Steuern im Königr. Sachsen. Hrsg. vom königl. sächs. Finanzministerium. 1.—3. Bd. à 6 Hfte. Lex.-8. (XIII, 482; V, 483 u. VIII, 482 S.) Dresden 884, 885 u. 888. Heinrich. à Hft. 1. —

— aus der Verwaltung der direkten Steuern im Königr. Sachsen. Hrsg. vom königl. sächs. Finanzministerium. IV. Bd. 7 Hfte. gr. 8. (X, 551 S.) Dresden 893. C. Heinrich. n. 7. —

— dasselbe. V. Bd. 1. u. 2. Hft. gr. 8. (184 S.) Ebd. 894. n. 2. —

— aus d. Verwaltung d. direkten Steuern im Königr. Sachsen. Hrsg. v. kgl. sächs. Finanzministerium. V. Bd. 3. u. 4. Hft. gr. 8. (S. 185—322.) Dresden 895. 96. C. Heinrich. à n. 1. — (1—4: n. 4. —)

— aus der Verwaltung der direkten Steuern im Königr Sachsen. Hrsg. vom königl. sächs. Finanzministerium. V. Bd. 5. u. 6. Hft. Lex.-8. (XI, u. S. 323—454.) Dresden 899. 900. C. Heinrich. à n. 1. — ; (5. Bd. kplt. n. 6. —)

— dasselbe. VI. Bd. 1.—5. Hft. Lex.-8. (S. 1—417.) Ebd 901. 902. à 1. —

— aus der Verwaltung der direkten Steuern im Königr. Sachsen. Hrsg. vom königl. sächs. Finanzministerium. VI. Bd. 6. (Schluß-)Heft. (VII u. S. 419—472.) Lex.-8. Dresden 902. C. Heinrich. n. 1. —

— dasselbe. VII. Bd. 6 Hefte. (V, 476 S.) Lex.-8. Ebd. 903. 904. n. 6. —

— dasselbe. VIII. Bd. 1.—4. Heft. (S. 1—316.) Lex.-8. Ebd. 904—906. à n. 1. —

— aus der Verwaltung der direkten Steuern im Königr. Sachsen. Hrsg. vom königl. sächs. Finanzministerium. VIII. Bd. 5. u. 6. Heft. (XIII u. S. 317—465.) Lex. 8. Dresden 907, C. Heinrich. 2. —

— dasselbe. IX. Bd. 6 Hefte. (XII, 469 S.) Lex. 8. Ebd. 907—10. 6. —

— dasselbe. 10. Bd. 1. u. 2 Heft. (S. 1—160.) Lex. 8. Ebd. 910. 2. —

— aus der Verwaltung der direkten Steuern im preußischen Staate. Nr. 34—36. gr. 8. (108 S.) Berlin, R. v. Decker. n. 2. 95
34. (108 S.) 897. n. 1. 20. — 35. (88 S.) 898. n. — 90. — 36. (84 S.) 898. n. — 85. — Hft. 1—33 sind nicht im Handel.

— aus der Verwaltung der direkten Steuern im preußischen Staate. Nr. 28, 32 u. 37—44. gr. 8. Berlin, R. v. Decker. n. 14. 30
28. Neudruck unter Weglassung der nicht mehr geltenden Bestimmungen pp. (82 S.) 901. n. 1. 50
32. (Anastat. Neudr.) (112 S.) (895.) 902. n. 1. —
37. (708 S. m. 2 Handtaf.) 899. n. 4. —; geb. in Leinw. n. 5. —
38. (124 S. m. Formularen.) 899. n. 1. 20
39. (112 S.) 900. n. 1. 20. — 40. (108 S.) 900. n. 1. 20.
41. (82 S.) 901. n. 1. —. — 42. (98 S.) 901. n. 1. 20.
43. (84 S.) 902. n. 1. —. — 44. (70 S.) 902. n. 1. —.

— aus der Verwaltung der direkten Steuern im preußischen Staate. Nr. 45—48. gr. 8. Berlin, R. v. Decker. n. 4. 70
45. (112 S.) 903. n. 1. 20. — 46. (72 S.) 903. n. 1. —.
47. (110 S.) 904. n. 1. 20. — 48. (132 S.) 906. n. 1. 30.

Mitteilungen aus der Verwaltung der direkten Steuern im preuß. Staate. Nr. 49—53. (140 S.) gr. 8. Berlin, R. v. Decker. 6. 60
49. (140 S.) 907. 1.40. — 50. (117 S.) 908. 1.20.
51. (104 S.) 909. 1.10. — 52. (155 S.) 909. 1.60.
53. (120 S.) 910. 1.30.

— aus der Verwaltung der direkten Steuern im preußischen Staate. Statistik der preuß. Einkommensteuer-Veranlagg. f. d. J. 1893/94. Im Auftrage des Hrn. Finanzministers bearb. vom königl. statist. Bureau. Imp.-4. (III, IV, 379 S.) Berlin 893. Verlag des k. statist. Bureaus. n. 5. —

— dasselbe. Statistik der preuß. Einkommensteuer-Veranlagg. f. d. J. 1894/95 bis 1897/98. Im Auftr. des Finanzministers bearb. v. kgl. statist. Bureau. Imp.-8. Berlin, Verlag d. k. statist. Bureaus. à n. 5. —
1894/95. (III, IV, 369 S.) 894. — 1895/96. (III, V, 407 S.) 895. 1896/97. (III, XVIII, 317 S.) 896. — 1897/98. (XX, 317 S.) 897.

Mitteilungen aus der Verwaltung der direkten Steuern im preußischen Staate. Statistik der preuß. Einkommensteuer-Veranlagg. f. d. J. 1898. Im Auftrage d. Hrn Finanzministers bearb. vom kgl. statist. Bureau. Fol (III, XII, 181 S.) Berlin 898. Verlag des k. statist Bureaus. n. 5. —

— dasselbe. Statistik der preuß. Einkommensteuer-Veranlagg. f. d. J. 1899 u. der Ergänzungssteuer-Verwaltg f. die J. 1899/1901. Im Auftrage des Hrn. Finanzministers bearb. vom königl. statist. Bureau. Fol. (III XXII, 320 S.) Ebd. 899. n. 5. —

— dasselbe. Statistik der preuß. Einkommensteuer-Veranlagg. f. d. J. 1900 u. 1901. Im Auftrage d. Hrn. Finanzministers bearb. vom königl. statist. Bureau. Fol. (III XIV, 279 S. u. III, XIV, 215 S.) Ebd. 900. 901. à n. 5. —

— dasselbe. Statistik der preuß. Einkommensteuer-Veranlagg. f. d. J. 1902 u. der Ergänzungssteuer-Veranlagg. f. die J. 1902/1904. Im Auftrage des Hrn. Finanzministers bearb. vom königl. statist. Bureau. (III, XXIV, 296 S.) Fol. Berlin 902. Verlag des k. statist. Landesamts. n. 5. —

— dasselbe. Statistik der preuß. Einkommensteuer-Veranlagg. f. d. J. 1903 u. 1904. (III, XIV, 215 u. III, XIV, 215 S.) Fol. Ebd. 903. 904. à n. 5. —

— dasselbe. Statistik der preuß. Einkommensteuer-Veranlagg. f. d. J. 1905 u. die Ergänzungssteuer-Veranlagung f. d. J. 1905/1907. Im Auftrage des Hrn. Finanzministers bearb. vom königl. preuß. statist. Landesamt. (III, XXV, 296 S.) Fol. Ebd. 905. n. 5. —

— dasselbe. Statistik der preuß. Einkommensteuer-Veranlagg. f. d. Steuerj. 1908 u. der Ergänzungssteuer-Veranlagg. f. die Steuerj. 1908/1910. Im Auftrage des Herrn Finanzministers bearb. vom königl. preuß. statist. Landesamt. (III, XXVIII, 339 S.) 33×24 cm. Ebd. 908. 5. —

— aus der Verwaltung der direkten Steuern im preuß. Staate. Statistik der preuß. Einkommensteuer-Veranlagg. f. d. Steuerjahr 1909. Im Auftrage des Hrn. Finanzministers bearb. vom königl. preuß. statist. Landesamt. (III, XVII, 221 S.) 33×23,5 cm. Berlin 909. Verlag des königl. statist. Landesamts. 5. —

— aus der Verwaltung der geistlichen, Unterrichts- u. Medicinal-Angelegenheiten in Preußen. 1. Abth. Geistl. u. Unterrichtsangelegenheiten. 1. Jahrg. 1847. 6 Hfte. gr. 8. (516 S.) Berlin, G. Reimer. n. 2 ℳ

Mittheilungen über die Verwässerungs-Kunst . . . Hall 1862. V: *Schwind, Frz Ritt. v.* (WFM)

— für Veterinärbeamte. Unter Mitwirkg. zahlreicher Departements- u. Landesthierärzte. Beilage zur thierärztl. Wochenschrift. Red.: R. Schmaltz. Jahrg. 1892. Nr. 1. gr 4. (4 S.) Berlin 892. R. Schoetz. Für 1 Serie v. 10 Bog. n. 4. —
Werden seitens der Verlagshandlung nur direkt an Thierärzte geliefert.

— österreichischer Veterinäre. Gesammelt u. in zwanglosen Heften herausgeg. von G. Fr. Eckel. 1. Hft. Mit 1 Zeichn. u. 2 Tab. gr. 8. Wien 844, Braumüller u. Seidel. n. 1 ℳ

Mitteilungen österreichischer Veterinäre. (Gesammelt und in zwanglosen Heften herausgeg. v. Dr. G. Fr. Eckel, Direktor des k. k. Tierarznei-Instituts in Wien etc. 1. Heft. Mit 1 Zeichnung u. 2 Tabellen (in gr. Fol.) gr. 8. (200 S.) Wien 44. Seidel & Sohn. M. 3.— (Nicht mehr erschienen.)

— vierteljährl., aus d. Arbeiten d. Predigervereins im Neustädter Kreise. Ausgewählt u. herausgg. von J. Fr. H. Schwabe 1r—4r Bd. gr. 8. Neust. 824—27. Wagner. 6 ℳ Hbg. Pr 4 ℳ

Vierteljährliche Mitteilungen aus der Hamburger Stadtmission. Hamburg. Stadtmission 1884-1928. 8°

Vierteljährliche Mitteilungen f. d. Gau „Magdeburger Turnrat", hrsg. v. H. Mellin, Nr. 1—5, 1889/92, Magdeburg, 4°.

— üb. die Vogelwelt. Hrsg. vom österr. Reichsbund f. Vogelkunde u. Vogelschutz in Wien. Schriftleiter: Karl Boyer u. seit 1906: Karl Donner. 4.—6 Jahrg. 1904—1906. à 24 Nrn. (IV, 264 S. m. 10 Abb.; IV, 288 S. m. 16 Abb. u. 2 Taf. u. IV, 288 S. m. 18 Abb. u. 4 Taf.) 4. Korneuburg, J. Kühkopf. à Jhrg. n. 4. 60

— üb. die Vogelwelt. Hrsg. v. österr. Reichsbund f. Vogelkunde u. Vogelschutz in Wien. Schriftleiter: Frz. Weil. 7.—10. Jahrg. 1907—1910. à 24 Nrn. (à Jahrg. IV, 192 S.) 30,5×23 cm. Korneuburg, J. Kühkopf. à Jahrg. 4. 60

MITTHEILUNGEN AUS DEM VOGESENCLUB.
N° 1—17. 1873—1884. (Mit Tafeln, Karten Ohne bes. Titelblatt. — Strassburg, Universitäts-Buchdruckerei von J. H. Ed. Heitz.) 8°

MITTHEILUNGEN AUS DEM VOGESENCLUB.
N° 18. Ausgegeben am 20. September 1885. (Mit 1 Tafel. — Ohne bes. Titelblatt.) 8°
N° 19. Ausgegeben am 20 October 1886. (Mit Karten. — Ohne bes. Titelblatt — Strassburg, Druck von J H Ed. Heitz (Heitz & Mündel.).)

Mitteilungen für Volksbibliotheken. Hrsg. v. 'Zentralverein f. Gründung von Volksbibliotheken.' No 1. Berlin: Schriftenvertriebsanst. 1906. 8° [F.] (06. 1990б 9

— über das Volksgesangs-Erziehungs-System des Pfarrers Thomascil aus Schwarzstein [Kreises Rastenburg in Ostpreußen]. Mit einem Vorwort. gr. 8. (24 S.) Berlin 851, Wohlgemuth's B. (W. Schultze) in Comm n. n. 1/12 ℳ

Mitteilungen zur Volks- und Heimatkunde des Schönhengster Landes. Jg [1]—26. — Mährisch-Trübau: L. V Holzmaister-Museum 1906—1930. [Mehr nicht feststellbar.]

MITTEILUNGEN ZUR JÜDISCHEN VOLKSKUNDE. Organ der Gesellschaft für jüdische Volkskunde in Hamburg und der Gesellschaft für Sammlung und Conservierung von Kunst- und historischen Denkmälern des Judentums in Wien. Herausgegeben von Dr. M. GRUNWALD.
Neue Folge Jahrg II Heft II (Der ganzen Reihe 18. Heft) ib. 1906. — Heft III (Der ganzen Reihe 19. Heft) ib. 1906. — Heft IV (Der ganzen Reihe 20. Heft.) ib. 1906. —
Neue Folge Jahrg. 3. (Der ganzen Reihe 21 bis 24. Heft.) ib. 1907 — A. u. d. T MITTEILUNGEN .. Neue Folge. Jahrg. III. Heft I (Der ganzen Reihe 21 Heft) ib. 1907 — Heft II. (Der ganzen Reihe 22. Heft.) ib. 1907. — Heft III (Der ganzen Reihe 23. Heft.) ib. 1907 — (Heft IV.) (Der ganzen Reihe 24. Heft) ib. 1907 —
Jahrg 11 25 bis 28. Heft Leipzig 1908. M W Kaufmann. — A. u. d. T MITTEILUNGEN Jahrg 10. (recte 11!) Heft 1 (Der ganzen Reihe 25. Heft.) ib. 1908. — Heft 2. (Der ganzen Reihe 26. Heft.) ib. 1908. — Heft 3. (Der ganzen Reihe 27 Heft.) ib 1908. — Jahrg. 11. Heft 4. (Der ganzen Reihe 28. Heft.) ib. 1908. —
Jahrg. 12. 29.—32. Heft. ib. 1909 — A. u. d. T MITTEILUNGEN . . Jahrg. 12 Heft 1—4. (Der ganzen Reihe 29.—32. Heft.) ib. 1909. —
Jahrg. 13. Heft 1 (Der ganzen Reihe 33. Heft.) ib. 1910. —

MITTEILUNGEN ZUR JÜDISCHEN VOLKSKUNDE. Herausgegeben von Dr. M. GRUNWALD
Jahrg. 13 Heft 2. (Der ganzen Reihe 34. Heft.) Wien 1910 in Kommission bei Josef Schlesinger — Heft 3. (Der ganzen Reihe 35. Heft.) ib. 1910. (Druck von Max Schmersow, Kirchhain N.-L.) — Heft 4. (Der ganzen Reihe 36. Heft.) ib 1910. (—).
Jahrg. 14. 37—40. Heft ib. 1911 (—) A u. d. T MITTEILUNGEN Jahrg 14 Heft 1—4 (Der ganzen Reihe 37—40. Heft.) ib. 1911. (—).
Jahrg 15. 41—44 Heft ib 1912 (—) A u. d T MITTEILUNGEN Jahrg. 15. Heft 1—4. (Der ganzen Reihe 41—44. Heft.) ib. 1912. (—).

[1]) Die Mitteilungen weisen in der Nummerierung der Hefte und Jahrgänge viele Unregelmässigkeiten auf.
[2]) Heft VII habe ich nicht einsehen können.

— zur jüdischen Volkskunde, unter Mitwirkg. hervorrag. Gelehrter hrsg v. M. Grunwald 15. u. 16. Heft. (N. F. I. Jahrg. 2 Hefte. (II, 176 S. m. Abb.) gr. 8. Berlin 905. S. Calvary & Co. n. 4. —; einzeln à n. 2. 50

— dasselbe. 17. Heft. (N. F. 2. Jahrg. 1. Heft.) (56 S. m. Abbildgn.) gr. 8. Ebd. 906. n. 1. 50

— zur jüdischen Volkskunde. Organ der Gesellschaft f. jüd. Volkskunde in Hamburg u. der Gesellschaft f. Sammlg. u. Conservierg. v. Kunst- u. histor. Denkmälern des Judentums in Wien. Hrsg. v. M. Grunwald. Neue Folge. 3. Jahrg. 4 Hefte. (Der ganzen Reihe 21.—24. Heft.) (à ca. 32 S.) gr. 8. Berlin 907. S. Calvary & Co. 4. —

Mitteilungen zur jüdischen Volkskunde. Organ d. Gesellschaft f. jüd. Volkskunde in Hamburg u. der Gesellschaft f. Sammlg. u. Conservierg. v. Kunst- u. histor. Denkmälern des Judentums in Wien. Hrsg. v. M. Grunwald. Neue Folge. 10.—13. Jahrg. à 4 Hefte. (Der ganzen Reihe 25.—36. Heft.) (à ca. 36 S.) gr. 8. Leipzig 908—10. M. W. Kaufmann. à Jahrg. 4. —

Mitteilungen aus dem Gebiete des Volksschulwesens. Herausg. in Verbindung mit Fachmännern. Jhg. 1—16. 1876—1891/92. Osnabrück. gr. 4.

— aus dem Gebiete d. Volksschulwesens. Hrsg. von H. Brandi. 1. Jahrg. 1876. 12 Nrn. (à 1—1½ B.) gr. 4. Münster, Russell. n. 1. 50

— aus dem Gebiete des Volksschulwesens. Hrsg. von H. Brandt. 2—5. Jahrg. 1877—1880. à 12 Nrn. (à 1—1½ B.) gr. 4. Münster, Russell. à Jahrg. n. 1. 50

— dasselbe. 6. u. 7. Jahrg. Mai 1881—April 1883. à 12 Nrn. (à 1—1½ B.) gr. 4. Osnabrück, Wehberg. à Jahrg. n. 1. 50

— aus dem Gebiete d. Volksschulwesens. Hrsg. v. H. Brandi. 8. Jahrg. Mai 1883—April 1884. 12 Nrn. (à 1—1½ B.) gr. 4. Osnabrück, Wehberg. n. 1. 50

— dasselbe. 9. Jahrg. Apr. 1884—März 1885. 26 Nrn. (à 1—2 B.) gr. 4. Ebend. n. 3. 60

— dasselbe. 10. u. 11. Jahrg. Apr. 1885—März 1887. à 26 Nrn. (à 1—2 B.) gr. 4. Ebend. à Jahrg. n. 4. —

— aus dem Gebiete d. Volksschulwesens. Begründet v. H. Brandi. 12.—14. Jahrg. April 1887—März 1890. à 26 Nrn. (à 1½—2 B.) gr. 4. Osnabrück, Wehberg. à Jahrg. n. 4. —

— aus dem Gebiete d. Volksschulwesens. Hrsg. in Verbindg. m. Fachmännern. 16. Jahrg. Apr. 1891—März 1892. 52 Nrn. (1½ Bog.) gr. 4. Osnabrück, Wehberg. n. 4. —

— über die Volksvorlesungen u. verwandten Bestrebungen im Rhein- u. Maingebiet. Correspondenzblatt des Verbandes f. Volksvorlesgn. der Rhein- u. Maingegend. Hrsg. vom Ausschuß f. Volksvorlesgn. zu Frankfurt am Main. 1. Jahrg. 12 Nrn. gr. 8. (à ca. 10 S.) Frankfurt a/M., R. Hülsen. n. 2. —

— volkswirthschaftliche, aus Ungarn. Im Auftrage des königl. ung. Handelsministers unter Mitwirkg. v. Alex. Békésy, Béla Gonda, Alex. Halász etc. red. v. Jos. Szterényi. Jahrg. 1899. 4 Hfte. gr. 8. (à ca. 300 S.) Wien, A. Hölder. n. 20. —

— volkswirtschaftliche, aus Ungarn. Hrsg. vom königl. ung. Handelsministerium. Jahrg. 1906. 12 Hefte (VII, 1001 S.) Lex.-8. Wien, A. Hölder. n. 21. —

— volkswirtschaftliche, aus Ungarn. Zur Orientierg. des Auslandes hrsg. v. königl. ungar. Handelsministerium. 2.—5. Jahrg. 1907—1910. à 12 Hefte. (à Jahrg. ca. 1000 S.) Lex. 8. Wien, A. Hölder. à Jahrg. 21. —

Mitteilungen des Volkswirtschaftsdepartementes des Kantons St. Gallen. Jahrg. 1. 3 Nos. 8. St. Gallen, A. Loehrer.

No. 1: Bericht über die Pferdezucht im Kanton St. G' pro 1904/05. [Mit 1 Tabelle.] II + 16 S. (1905.)

No. 2: Bericht über die Kleinviehzucht im K' St. G' pro 1904/05, unter besonderer Berücksichtigung des Ergebnisses der Kleinviehschauen im Frühjahr 1905. [Mit 1 Tabelle.] II + 41 S. 1906.

No. 3: Bericht über die Bezirks-Rindviehschauen im K' St. G' im Herbst 1905. [Mit 1 Tabelle.] II + 16 S. 1905.

Mitteilungen des Volkswirtschaftsdepartementes des Kantons St. Gallen. Jahrg. 1. 4 Nos. 8. St. Gallen, A. Loehrer.

No. 1—3. 1905—1906 s. *Bulletin 1906, S. 74.*

No. 4: Rindviehzucht und Rindvieh-Versicherung pro 1905 im Kanton St. Gallen. [Mit 3 Tabellen.] II + 24 S. 1906.

Mitteilungen des Volkswirtschaftsdepartementes des Kantons St. Gallen. Jahrg. 2. No. 1. 8. St. Gallen, A. Loehrer, 1906.

No. 1: Bericht über die Kleinviehzucht im Kanton St. Gallen pro 1905/06, unter besonderer Berücksichtigung des Ergebnisses der Kleinviehschauen im Frühjahr 1906. [Mit 1 Tabelle.] II + 34 S. 1906.

Mitteilungen des Volkswirtschaftsdepartementes des Kantons St. Gallen. Jahrg. 2. No. 2: Bericht über die Bezirks-Rindviehschauen im Kanton St. Gallen im Herbst 1906. [Mit 1 Tabelle.] II + 14 S. 8. St. Gallen, A. Loehrer, 1906.

Mitteilungen des Volkswirtschaftsdepartementes des Kantons St. Gallen. Jahrg. 2. No. 3: Rindviehzucht und Rindvieh-Versicherung pro 1906 im Kanton St. Gallen. [Mit 2 Tabellen.] II + 22 S. 8. St. Gallen, A. Loehrer, 1907.

Mitteilungen des Volkswirtschaftsdepartementes des Kantons St. Gallen. Jahrg. 3. 3 Nos. 8. St. Gallen, A. Loehrer 1908.

No. 1 Bericht über die Kleinviehzucht im Kanton St. Gallen pro 1906/07, unter besonderer Berücksichtigung des Ergebnisses der Kleinviehschauen im Frühjahr 1907 und der Kant. landw Ausstellung im Herbst 1907. [Mit 2 Tabellen.] II + 41 S.

No. 2 u. 3: Rindviehzucht und Rindvieh-Versicherung pro 1907 im Kanton St. Gallen. [Mit 2 Tabellen.] II + 49 S.

Mitteilungen des Volkswirtschaftsdepartementes des Kantons St. Gallen. Jahrg. 4. 3 Nos. 8. St. Gallen, A. Loehrer, 1908—1909.

No. 1: Bericht über die Kleinviehzucht im Kt. St. Gallen pro 1907/08, unter besonderer Berücksichtigung des Ergebnisses der Kleinviehschauen im Frühjahr 1908. [Mit 2 Tabellen.] II + 46 S. 1908.

No. 2 und 3: Rindviehzucht und Rindvieh-Versicherung pro 1908 im Kanton St. Gallen. [Mit 3 Tabellen.] II + 44 S. 1909

Mitteilungen des Volkswirtschaftsdepartementes des Kantons St. Gallen. Jahrg. 5. 3 Nos. 8. St. Gallen, A. Loehrer, 1909—1910.

No. 1: Bericht über die Kleinviehzucht im Kt. St. Gallen pro 1908/09, unter besonderer Berücksichtigung des Ergebnisses der Kleinviehschauen im Frühjahr 1909. [Mit 5 Tabellen.] II + 50 S. 1909.

No. 2 und 3: Rindviehzucht und Rindvieh-Versicherung pro 1909 im Kanton St. Gallen. [Mit 3 Tabellen.] II + 33 S. 1910.

—— vollständige, der Verhandlungen bei den Stadtverordneten zu Annaberg in den öffentl. Sitzungen vom 1. Nov. u. 2. Dec. 1844 in Betreff der Weihe der dasigen kathol. Kirche, verbürgt v. Herrm. Haustein. gr. 8 (2 B.) Annaberg 845. (Rudolph u. Dieterici.) *

Vorläufige **Mittheilungen.** [Unterz.:] Die g. u. v. Joh.-Loge Austria zur siegenden Humanität. o. O. [ca 1872.] 1 Bl. 4⁰ [Kopftit.]
Tt. 1690.

Vorläufige **Mittheilungen** an Aufnahmesuchende der Loge: „Allvater zum freien Gedanken“ in Lahr. o. O. [1871]. 1 Bl. 4⁰. [Kopftit.]

Vorläufige **Mittheilungen** an Aufnahmesuchende der Loge „Erwin“ in Kehl. [Dat.:] 19. Mai 1871. 1 Bl. 8⁰. [Kopftit.]

Vorläufige **Mittheilungen** [der Loge Franklin Nr 2 in New York]. [New York 1870.] 6 S. 8⁰ [Kopftit.]

— vorläufige, über Casp. Hauser d. Findling etc. Mit Hausers Bildn. 12. Nürnb., Bauer u. R.

7 Internat. Geographen-Kongr., Berlin 1899. Vorläufige **Mittheilungen** über Organisation und Programm. *Berlin 1899.* (34 S.) 8⁰ [oo. 2726

Vorläufige **Mitteilungen** a) aus der Personalstatistik der im Rechnungsjahre 1901 der Fürsorgeerziehung endgültig überwiesenen Fürsorgezöglinge, sowie b) aus den häusl. Verhältnissen der Eltern u. Geschwister dieser Zöglinge, nebst e. Kosten-Übersicht. Bearb. im Kgl. Preuss. Minist. d. Innern. *Berlin: Strafanstalts-Verwaltung 1903.* (23 S.) 8⁰ [F.] [03. 6333 4

Vorläufige **Mittheilungen** an solche Personen, die sich in den Bund der Freimaurer aufnehmen lassen wollen. [New York] o. J. 8 S. 8⁰
Tt. 1689.

Freimaurerloge „Zu den 3 Cedern“ Stuttgart. Vorläufige **Mittheilungen** [an solche, die dem Bunde der Freimaurer näher treten wollen]. o. O. u. J. 2 Bl. 4⁰.

Mitteilungen vom Vorstand des Vereins von Gasfachmännern Deutschlands über die Wasserversorgungsfrage. 4⁰ (München 1870)

— über das oldenburgische schwere Wagenpferd. gr. 8. (23 S.) Oldenburg 874. Stalling's Verl. n. — 75

— über das schwere oldenburgische Wagenpferd. In Veranlassg. der internationalen landwirtschaftl. Tierausstellg. in Hamburg 1883 revidiert. 8. (27 S.) Bremen 883. Heinsius. n. — 60

Mittheilungen an meine Wähler. [Berlin 1849.] V: *Landferman, Dietrich Wilhelm.* (wen S. 221)

Mitteilungen aus dem Gebiete der Wahrheit, des Nützlichen und Schönen v Der Freimüthige (SG II).

— aus Waldbau. Unter Mitwirkung der Lehrer der Königl. höheren landwirthschaftlichen Lehranstalt herausg. von H. Settegast. 1. Heft. Berlin 859. Bosselmann. (Wiegandt & Hempel.) gr. 8. (IV, 110 S.) n. 27½ ngr.

Mittheilungen: Des Wanderers Mittheilungen aus der Fremde v. Der Wanderer in der Schweiz

— über die deutsche Colonie „Wartburg" in East-Tennessee, Verein. Staaten von Nordamerika. [Abdr. aus dem Leipziger „General-Anzeiger für Deutschland."] 16. (22 S.) Leipzig 848. (Klinkhardt. Lützen, Joachim.) 1/12 ₰

Mitteilungen über Weinbau & Kellerwirtschaft Organ des Rheingauer Vereins für Obst- Wein- und Gartenbau und der Königlichen Lehranstalt für Obst- und Weinbau zu Geisenheim am Rhein Jg. 1-30. Wiesbaden 1889/90-1918. -- Gei 1*

— über Weinbau u. Kellerwirtschaft. Organ d. Rheingauer Vereins f. Obst-, Wein- u. Gartenbau u. der Königl. Lehranstalt f. Obst- u. Weinbau zu Geisenheim a/Rh. Hrsg. v. R. Goethe, red. v. Fr. Zweifler. 1. Jahrg. Juli 1889—Juni 1890. ca. 12 Nrn. (B. m. Abbildgn.) gr. 8. Wiesbaden, (Bechtold & Co.). n. 1. 50

— über Weinbau u. Kellerwirtschaft. Organ des Rheingauer Vereins f. Obst-, Wein- u. Gartenbau, der Obst- u. Weinbau-Abteilg. der deutschen Landwirtschafts-Gesellschaft u. der kgl. Lehranstalt f. Obst- u. Weinbau zu Geisenheim a/Rh. Hrsg. v. R. Goethe u. red. v. Fr. Zweifler. 2.—6. Jahrg. 1890—1894. à 12 Nrn. (Bog.) gr. 8. Wiesbaden, (R. Bechtold & Co.). à Jahrg. n. 1. 50

— über Weinbau u. Kellerwirtschaft. Organ d. Rheingauer Vereins f. Obst-, Wein- u. Gartenbau, d. Obst- u. Weinbau-Abteilg. d. deutschen Landwirtschafts-Gesellschaft u. der kgl. Lehranstalt f. Obst- u. Weinbau zu Geisenheim a/Rh. Hrsg. v. R. Goethe u. red. v. Fr. Zweifler. 7.—10. Jahrg. 1895—1898. à 12 Nrn. (Bog.) gr. 8. Geisenheim. (Wiesbaden, R. Bechtold & Co.) à Jahrg. n. 1. 50

— über Weinbau u. Kellerwirtschaft. Organ des Rheingauer Vereins f. Obst-, Wein- u. Gartenbau u. der königl. Lehranstalt f. Obst-, Wein- u. Gartenbau zu Geisenheim a/Rh. Hrsg. v. R. Goethe u. geleitet von Fr. Zweifler. 11. u. 12. Jahrg. 1899 u. 1900. à 12 Nrn. gr. 8. (à ca. 16 S. m. Abbildgn.) Geisenheim. (Wiesbaden, R. Bechtold & Co.) à Jahrg. n. 1. 50

Mitteilungen über Weinbau u. Kellerwirtschaft. Organ des Rheingauer Vereins f. Obst-, Wein- u. Gartenbau u. der königl. Lehranstalt f. Obst-, Wein- u. Gartenbau zu Geisenheim a/Rh. Hrsg. v. R. Goethe u. geleitet v. C. Seufferheld. 13. u. 14. Jahrg. 1901 u. 1902. à 12 Nrn. gr. 8. (à ca. 16 S. m. Abbildgn.) Ebd. à Jahrg. n. 2.—

Mitteilungen über Weinbau u. Kellerwirtschaft. Organ der königl. Lehranstalt f. Wein-, Obst- u. Gartenbau, d. Rheingauer Vereins f. Wein-, Obst- u. Gartenbau, sowie zahlr. anderer Fachvereine. Hrsg. v. Wortmann u. geleitet v. C. Seufferheld. 15.—18. Jahrg. 1903—1906. à 12 Nrn. (à ca. 16 S. m. Abbildgn.) 8. Geisenheim. (Wiesbaden, R. Bechtold & Co.) à Jhrg. n. 2.—

— über Weinbau u. Kellerwirtschaft. Organ der königl. Lehranstalt f. Wein-, Obst- u. Gartenbau, des Rheingauer Vereins f. Wein-, Obst- u. Gartenbau, sowie zahlreicher anderer Fachvereine. Hrsg. v. Wortmann u. geleit. v. J. Fischer. 19.—22. Jahrg. 1907—1910. à 12 Nrn. (à ca. 16 S. m. Abbildg. u. Taf.) 8. Geisenheim. (Wiesbaden, R. Bechtold & Co.) à Jahrg. 2.—

— üb. Wein-, Obst- u. Seidenbau. Von William Löbe. gr. 8. Leipzig, 1844. Reichenbach. — 15
— — s. Zeitschrift f. Wein, Obst- u. Seidenbau.

Mittheilungen des Deutschen Weinbauvereins Im Anschlusse an die Annalen der Oenologie hrsg. vom Deutschen Weinbauvereine red. von A[dolph] Blankenhorn [u.a.] No 1 [Mehr nicht ersch.?] Trier Lintz in Comm. 1874. -- 121*

Mitteilungen des Deutschen Weinbau-Vereins (Jg. 8, Nr 5-9 u.d.T Mitteilungen des Deutschen Weinbau-Verbandes). Hrsg. vom Deutschen Weinbau-Verein. Jg. 1-5. [Nebst Beil. mehr nicht ersch.] Mainz Theyer in Komm. 1906-13. -- 121* Forts. u.d.T.: Zeitschrift für Weinbau und Weinbehandlung. -- s. Nr 537.

— des deutschen Weinbau-Vereins. Hrsg. v. deutschen Weinbau-Verein. Red. v. Fuhr. 2.—5. Jahrg 1907—1910. à 12 Nrn. (IV, 442; IV, 494 u. IV, 368 S. m. Abb.) gr. 8. Mainz (Karmelitenplatz 6), Karl Theyer. à Jahrg. 6. —

Mitteilungen des deutschen Weinbau-Vereins. Hrsg. v. deutschen Weinbau-Verein. Red. v. Fuhr. Sonder-Ausg. Weingesetz-Entwurf. (19 S.) gr. 8. Mainz (Karmelitenplatz 6) (908). Karl Theyer. —50

[Mitteilungen der Loge Adam Weishaupt zur Pyramide in Berlin an Aufnahmesuchende.] [Handschriftl. dat.: 6. Mai 1913.] o. O. u. J. 1 Bl. 4°.

Russische Bank für auswärtigen Handel, Weitere Mittheilungen betreffend die Leitung der —, im letzten Jahrzehnt nebst einem Wort an den Berliner Börsen-Courier Berlin 1891

Mittheilungen von der Weltausstellung in Paris 1878. Stuttgart. 1879.

Mitteilungen, betr. die Weltausstellung in St. Louis 1904. Auf Grund des v. Reichskommiss. übermittelten Materiales hrsg. v. J. J. Weber. No 1—18. (Lpz. '03.) 4°

Mitteilungen betreffend die Weltausstellung in St. Louis 1904. Auf Grund des v Reichskommissariat übermittelten Materiales hrsg. Leipzig, 1903—04.

Mittheilungen üb. d. Wiener Weltausstellung von 1873. In Druck geg. v. d. Gewerbe-Commission. 128 Stn. 8. u. 12 Tfln. 4. Basel, Druck v. Bürgin & Moos. 1875

— aus der Werkstätte der Natur. Hrsg. von Leop. Besser, Ludw. Brehm, Alfr. und Reinh. Brehm, Louis Büchner etc. 1. Bd. 4 Hefte. gr. 4. (1. Heft IV und 44 S.) Frankfurt a. M. 858. [Hamm, Grote'sche Buchh.] *
Der 2. und 3. Bd. erschienen unter dem Titel: Aus allen Reichen der Natur, vgl. dieses.

— aus der Werkstätte der Natur. Herausg. von Leop. Besser, Ludw. Brehm, Alfr. u. Reinhold Brehm, Ludwig Büchner etc. 1. Bd. 4 Hefte (à 6 Bgn.). Frankfurt a. M. 858. Meidinger. gr. 4. n. 2 ₰.

Mittheilungen über das Wesen und die Behandlung der Cholera.... Leipzig 1849. V: *Jörg, Eduard.* (Ky)

— über das Wesen u. die Behandlung der Cholera. Aus dem Westen von Nord-Amerika (von Ed. Jörg). Veröffentlicht u. mit einem Nachtrage versehen von (J. Ch. Gottfr.) Jörg. gr. 8. (16 S.) Leipzig 849, Teubner. 1/12 ₰

— des christlichen Vereins junger Männer „Westend" zu Frankfurt a. M. Hrsg.: Siegfr. Kniest. 1. Jahrg. Juli 1894—Juni 1895. 12 Nrn. (Bog.) gr. 8. Frankfurt a/M. 894. (Leipzig, R. Werther.) n. 2.—

— westpreußische landwirtschaftliche. Organ der Landwirtschaftskammer f. die Prov. Westpreußen. Red. v. A. Steinmeyer. 9.–11. Jahrg. 1904–1906. à 52 Nrn. (354, 342 u. 346 S) gr. Fol. Danzig, A. W. Kasemann. à Jhrg. n. 6. —

— westpreußische landwirtschaftliche. Organ d. Landwirtschaftskammer f. die Prov. Westpreußen. Red. v. A. Steinmeyer. 12. Jahrg. 1907. 52 Nrn. (à ca. 6 S.) 47,5 ×32 cm. Danzig, Landwirtschaftskammer f. die Prov. Westpreußen. nnn 6. —
Nicht durch den Buchhandel zu beziehen.

— aus Wien. Zeitgemälde d. Neuesten u. Wissenswürdigsten aus d. Gebiete d. Künste u. Wissenschaften, mit d. Resultaten pract. Anwendung; aus d. Kreise d. höheren geselligen u. öffentl. Volkslebens, d. Tagesgeschichte u. gemeinnütz. Anstalten dies. kaiserl. Residenz. Hrsg. v. Frz. Pietznigg. 1. u. 2. Bd. gr. 8. (à 10 B.) Wien 832, 33, Sollinger. à

— dies., hrsg. v. dems. Neue Folge. Jahrg. 1833. 4 Hfte. u. J. 1834. 1. u. 2. Hft. 8. (à H. 9¾ B.) Wien, (Beck.) [833. u. 34. 1. à H. 14 Gr., 2. 20 Gr.]

Mittheilungen über Wien in naturwissenschaftlicher und ärztlicher Beziehung. Berlin 1832. V: *Sachs*, *Johann Jacob*. (Call)

Mittheilungen üb. Wien in naturwissenschaftl. u. ärztl. Beziehung, u. d. sämmtl. allgem. u. speciellen Verhandlungen d. neuerlich daselbst Statt gehabten 10. Versammlung deutscher Naturforscher u. Aerzte. gr. 8. (4 B.) Berlin 832, Hirschwald. Thlr.

Wiener Mittheilungen. Redakteur und Herausgeber Dr. M. Letteris. Druck und Verlag von Keck und Pierer. 4. 2spaltig. Wöchentlich 1mal. 3 fl. halbjährig. Wien 1854.

— wiener. Zeitschrift für israelit. Cultur-Zustände. Redig. und hrsg. von M. Letteris. Jahrg. 1855. 52 Nrn. (½ Bog.) gr. 4. Wien, Prandel und Meyer. *

— wiener. Zeitschrift für israelitische Cultur-Zustände. Redig. und hrsg. von M. Letteris. 3–7. Jahrg. 1856–60. à Jahrg. 52 Nrn. (½ Bog.) gr. 4. Wien, (Prandel und Ewald.) à Jahrg. **

— Wiener Zeitschrift f. Wissenschaft u. Kunst, orientalische Studien u. israelitische Kulturzustände. Redact. u. Eigenthümer Dr. M. Letteris. 8. Jahrg 4. 1860. 45 Nrn. Wien, Prandel & Meyer. 7 fl.

— Wiener. Zeitschrift für Wissenschaft und Kunst. orientalische Studien und israelitische Kulturzustände. Redacteur und Eigenthümer: Dr. M. Letteris. IX. Jahrg. 1861. 45 Nrn. 4. Wien, Prandel & Meyer. 7 fl.

— Wiener. Zeitschrift für Wissenschaft und Kunst, orientalische Studien und israelitische Culturzustände. Redact.: M. Letteris. 10. Jahrg. 1862. 52 Nrn. gr. 4. Wien, (Prandel.) *

— Wiener, photographischen Inhalts. Hrsg. unter Mitwirkg. hervorrag. Fachmänner. XI. Jahrg. 1906. 12 Nrn. (à ca. 32 S. m. Abbildgn. u. Taf.) gr. 8. Wien, R. Lechner's Sort. n. 4. —
Vergl.: Lechner's Mitteilungen usw.

— Wiener, photographischen Inhalts. Red.: L. Hörmann. XII.–XV. Jahrg. 1907–1910. à 12 Nrn. (à ca. 48 S. m. Abb. u. Taf.) gr. 8. Wien, R. Lechner's Sort. 12. u. 13. Jahrg. à 4.—; 14. u. 15. Jahrg. à 6. —

— Wiener, aus dem Gebiete der Literatur, Kunst, Kartographie u. Photographie. Red.: L. Hörmann. 18. Jahrg. Mai 1906–April 1907. Ausg. m. literar. Inhalt. 12 Nrn. (à ca. 32 S. m. Abbildgn.) gr. 8. Wien, R. Lechner's Sort. n. 3. —
Vergl.: Lechner's Mitteilungen usw.

— Wiener, aus dem Gebiete der Literatur, Kunst, Kartographie u. Photographie. Hrsg. unter Mitwirkg. hervorrag. Schriftsteller. Red.: L. Hörmann. 19.–22. Jahrg. Mai 1907–April 1911. Ausg. m. literar. Inhalt. à 12 Nrn. (à ca. 24 S. m. Abb.) gr. 8. Wien, R. Lechner's Sort. 19. u. 20. Jahrg. à 3.—; 21. u. 22. Jahrg. à 4. —

— über Wiesbaden und vom Mittelrhein, s. Zeitschrift für Baukunde.

Mitteilungen des Magistrats Wilhelmshaven. Bd 1 Wilhelmshaven (1903): Süss. 8° (og. 6446

Kiel, Mittheilungen über die Windhose, welche am 26. Juli 1864, Nachmittags gegen 5 Uhr durch das Holsteinische Kirchdorf Süsel zog. Mit 1 Kupfertafel. (Aus: Mittheilungen des Vereins nördl. der Elbe zur Verbreitung naturw. Kenntnisse. 7. Heft.) Kiel 1866.

— über die Wirksamkeit des Bauernvereins und der Ackerbauschule zu Badersleben. Monatsschrift zur Unterhaltung und Belehrung des Bauernstandes. Hrsg. von dem baderslebener Vereine bäuerl. Landwirthe. Redig. von A. Krämer. 1. Jahrg. 1861. 12 Nrn. (Bog.) gr. 8. Badersleben. Braunschweig, Leibrock *

— über die Wirksamkeit des Bauernvereins und der Ackerbauschule zu Badersleben. Monatsschrift zur Unterhaltung und Belehrung des Bauernstandes. Hrsg. von dem Baderslebener Vereine bäuerl. Landwirthe. Redact.: A. Krämer. 2. Jahrg. 1862. 12 Nrn. (Bog.) gr. 8. Badersleben. Braunschweig, Leibrock. *
Nicht weiter erschienen.

Wirtschaftliche Mitteilungen. Fachzeitschrift für die Interessen der Landwirtschaft. Mannheim: Bensheimer 1891-(1902). 8°
Red.: Fritz Koch.

— aus dem Gebiete d. Wissenschaft u. Kunst. Ein Wochenblatt f. gebild. Stände. Redig. v. Sause. 1. Jahrg. 1852. Oct.–Dec. 12 Nrn. (Bog.) m. 3 Stndr. 4. Guben, Meyer
Fortges. u. d. T · Lausitzisches Wochenblatt. Guben 1834.

Wissenschaftliche Mittheilungen aus Bosnien und der Hercegovina. Herausgegeben vom Bosnisch-Hercegovinischen Landesmuseum in Sarajevo. Redigirt von Dr. Moriz Hoernes. Band 1–7 Wien 1893 ff. 7 Bde. 4°

— wissenschaftliche, aus Bosnien u. der Hercegovina. Hrsg. vom bosnisch-hercegovin. Landesmuseum in Sarajevo. Red. v. Mor. Hoernes. 1. u. 2. Bd. Lex.-8. Wien, (C. Gerold's Sohn). Kart. à n. 20. —
1. Mit 30 Taf. u. 760 Abbildgn. im Texte. (XVIII, 593 S.) 893.
2. Mit 9 Taf. u. 238 Abbildgn. im Texte. (XII, 692 S.) 894.

— wissenschaftliche, aus Bosnien u. d. Hercegowina. Hrsg. v. bosnisch-hercegovin. Landesmuseum in Sarajevo. Red. v. Mor. Hoernes. 3. Bd. Lex.-8. (XXVI, 660 S. m. 1178 Abb. u. 16 Taf.) Wien 895. (C. Gerold's Sohn.) Kart. n. 20. —

— dasselbe. 4. Bd. Lex.-8. (XX, 592 S. m. 975 Abb. u. 9 Taf.) Ebd. 896. Kart. n. 20. —
Hieraus einzeln:
Apfelbeck, Vict., Fauna insectorum balcanica. II. (21 S. m. 1 Taf.) n. —60 (I. u. II.: n. 1. 40)
Dollfus, Adrien, Land-Isopoden d. Balkanregion (Bosnien, Hercegovina, Serbien u. Insel Corfu) im Landesmuseum zu Sarajevo. (4 S. m. 12 Abb.) n. —30
Fiala, Frz., die prähistor. Ansiedlg. auf dem Debelo Brdo bei Sarajevo. (36 S. m. 255 Abb.) n. 3. —
— d. Ergebnisse d. Untersuchg. prähistor. Grabhügel auf d. Glasinac im J. 1894. (32 S. m. 69 Abb.) n. 2. —
— kleine Mittheilgn. (16 S. m. 55 Abb.) n. 1. 20
— über ein. Wallbauten im nordwestl. Bosnien. (18 S. m. 15 Abb.) n. —48

Flucek, Jos., zur Hydrologie zweier Bezirke d. Hercegovina. (4 S.) n. — 20
— Bacteriolog. Untersuchgn. in Sarajevo. (7 S.) n. — 20
Glück, Leop., Beiträge zur phys. Anthropologie d. Spaniolen. (6 S.) n. — 20
Lilek, Emilian, Volksglaube u. volkstüml. Cultus in Bosnien u. d. Hercegovina. (92 S. m. 2 Abb.) n. 1. 20
Notizen aus I. Thl.: Archäologie u. Geschichte. (18 S. m. 14 Abb. u. 2 Taf.) n. 1. 20
Notizen aus II. Thl.: Volkskunde. (11 S.) n. - 20
Nowotny, Ed., ein röm. Mysterienrelief im bosnisch-hercegovin. Landesmuseum. (8 S. m. 1 Abb.) n. — 20
Patsch, Carl, die griech. Münzen d. bosnisch-hercegovin. Landesmuseums. (16 S.) n. — 40
— Archäologisch-epigraph. Untersuchgn. zur Geschichte der röm. Prov. Dalmatien. 1. Thl. (53 S. m. 79 Abb.) n. 2. 40

Petri, Karl, Revision d. mittel- u. westeurop. Arten der Gattg. Plinthus Germ. (21 S.) n. — 40
Radić, Frz., Beschreibg. e. gothischen Altarbildes in der Allerheiligen-Kirche zu Curzola. (8 S. m. 1 Abb.) n. — 20
Radimský, W., die vorgeschichtl. u. röm. Alterthümer des Bezirkes Županjac in Bosnien. (35 S. m. 77 Abb.) n. 2. —
— Bericht üb. d. Ausgrabgn. v. Domavia bei Srebrenica in d. J. 1892 u. 1893. (42 S. m. 52 Abb. u. 4 Taf.) n. 2. —
— die Gradina Čungar bei Cazin. (21 S. m. 140 Abb.) n. 2. 40
— der Narenta-See des Skylax. (6 S.) n. — 20
— Archäolog. Tagebuchblätter. Fortsetzg. (17 S. m. 27 Abb.) n. 1. — (1.—3.: n. 3. 40)
— Tumuli im Bezirke Bilek (Hercegovina). (5 S. m. 9 Abb.) n. — 30
— Prähistor. Wallbauten im Bez. Bihać. (12 S. m. 35 Abb.) n. 1. —
Ruvarac, Hilarion, die Regierung d. Banus Tvrtko (1353—1377). M. 3 Excursen. (20 S.) n. — 40

Truhelka, Čiro, eine handschriftl. Chronik aus Sarandapor. (18 S.) n. — 40
— Slavische Inschriften in Bosnien. (13 S. m. 15 Abb. u. 2 Taf.) n. 1. —
— die „phrygische Mütze“ in Bosnien. (7 S. m. 10 Abb.) n. — 40
— die Tätowirung bei d. Katholiken Bosniens u. d. Hercegovina. (16 S. m. 78 Abb.) n. 1. 60
— Verzeichniss d. bosnischen, serb. u. bulgar. Münzen des Landesmuseums in Sarajevo. (21 S. m. 34 Abb.) n. 1. —

Mitteilungen, wissenschaftliche, aus Bosnien u. d. Hercegowina. Hrsg. v. bosnisch-hercegovin. Landesmuseum in Sarajevo. Red. v. Mor. Hoernes. 5. Bd. Lex.-8. (XIV, 579 S. m. 454 Abb. u. 78 Taf.) Wien 897. (C. Gerold's Sohn.) Kart. n. 20. —

Hieraus einzeln:

Apfelbeck, Vict., Fauna insectorum balcanica. III. (20 S.) n. — 40 (I.—III.: n. 1. 80)
Beck v. Mannagetta, G. Ritter, ein botan. Ausflug auf d. Troglav (1913 M.) bei Livno. (12 S.) n. — 24
Dombrowski, Ernst Ritter v., Grundlagen e. Ornis Nordwestserbiens. (35 S.) n. — 70
Fiala, Frz., Ausgrabgn. auf d. Debelo Brdo bei Sarajevo im J. 1894. Mit 7 Taf. u. 23 Abb. im Texte. (8 S.) n. 1. 20
— Beiträge zur röm. Archäologie d. Hercegovina. M. 2 Taf. u. 12 Abb. im Texte. (10 S.) n. — 60
— röm. Brandgräber bei Rogatica. M. 2 Taf. u. 1 Abb. im Texte. (4 S.) n. — 40
— die Ergebnisse d. Untersuchung prähistor. Grabhügel auf dem Glasinac im J. 1895. Mit 52 Abb. im Texte. (28 S.) n. 1. 20
— Viola Beckiana n. sp. e sectione Melanium D. C. (2 S. m. 1 farb. Taf.) n. — 40
Franić, Dragutin, die Lage auf d. Balkanhalbinsel zu Beginn d. 13. Jahrh. (34 S.) n. — 70
Ganglbauer, Ludw., neue Pselaphiden aus Bosnien u. d. Hercegovina. (3 S.) n. — 20
Glück, Leop., zur physischen Anthropologie d. Albanesen. M. 9 Abb. im Texte. (38 S.) n. 1. 20
— zur physischen Anthropologie d. Zigeuner in Bosnien u. d. Hercegovina. I. D. mohammedan. Zigeuner. M. 6 Taf. u. 10 Abb. im Texte. (31 S.) n. 2. —
Gutwiński, Roman, über die bis jetzt in Bosnien u. der Hercegovina entdeckten Algen (m. Ausschluss der Diatomaceen), nebst kurzen Andeutgn. üb. d. Sammeln d. Algen f. d. im Sammeln derselben nicht Bewanderten. M. 1 Taf. (11 S.) n. — 40
Hoffer, P. Alex., S. J., Fundorte röm. Alterthümer im Bezirke Travnik. M. 6 Abb. im Texte. (18 S.) n. — 48
Karliński, Justin, Kieselalgen- (Diatomeen-) Flora Bosniens u. d. Hercegovina. (17 S.) n. — 40
Kellner, J., römische Baureste in Ilidže bei Sarajevo. M. 10 Taf. u. 127 Abb. im Texte. (32 S.) n. 2. —
Notizen aus II. Thl.: Volkskunde. (18 S.) n. — 40
— aus III. Thl.: Naturwissenschaft. (3 S.) n. — 20

Patsch, Carl, die griechisch-röm. Privatsammlgn. Bosniens u. d. Hercegovina. M. 6 Abb. im Texte. (4 S.) n. — 20
— archäolog.-epigraph. Untersuchungen zur Geschichte der römischen Prov. Dalmatien. 2. Thl. M. 123 Abb. im Texte. (65 S.) n. 2. 40
Radimský, W., archäolog. Tagebuchblätter. Fortsetzg. u. Schluss. M. 11 Abb. im Texte. (13 S.) n. — 40 (Kplt.: n. 3. 80)
— Leop. Glück, Joh. Nep. Woldřich, G. Ritter Beck v. Mannagetta, der prähistor. Pfahlbau v. Ripač bei Bihać. M. 47 Taf. u. 26 Abb. im Texte. (95 S.) n. 10. —
Schultze-Detmold, A., Beschreibg. neuer Ceuthorrhynchen u. Baridien aus d. Balkangebiet. (7 S.) n. — 20
Truhelka, Čiro, altbosnische Inschriften. Mit 1 Taf. u. 37 Abb. im Texte. (29 S.) n. 1. 20
Weisbach, A., prähistor. Schädel vom Glasinac. (16 S.) n. — 40
Werner, Othmar, Bericht üb. d. auf d. Halbinsel Sabioncello gesammelten Macro-Lepidopteren. (6 S.) n. — 20

— wissenschaftliche, aus Bosnien u. der Hercegovina. Hrsg. vom bosnisch-hercegovin. Landesmuseum in Sarajevo. Red. von Mor. Hoernes. 6. Bd. Lex.-8. (XXIII, 898 S. m. 787 Abbildgn. u. 28 Taf.) Wien 899. (C. Gerold's Sohn.) Kart. n. 20. —

Hieraus einzeln:

Apfelbeck, Vict., zur Kenntniss der paläarktischen Curculioniden. Synonymische u. zoogeograph. Beiträge nebst Beschreibungen neuer Arten von der Balkanhalbinsel. I. Otiorrhynchini et Brachyderini. (44 S.) n. — 60
Bašagić, Safvet Beg R., der älteste Ferman der Cengić-Begs. (10 S. m. 1 Taf.) n. — 40
Carić, Ant. Elias, Volksaberglaube i. Dalmatien. (24 S.) n. — 40
Defterdarović, Ibrahim Beg, alte Briefschaften der Familie Resulbegović. (31 S. m. 4 Abb. u. 3 Taf.) n. 1. —
Degen, Arpad v., aus dem botanischen Nachlasse Franz Fiala's. (4 S.) n. — 20
Doležal, Ed., über e. Theil der auf Bosnien entfallenden Wasserscheide zwischen dem Pontus u. der Adria. (14 S. m. 4 Taf.) n. — 80
Dragičević, Thom., neolithische Fundstätte auf den „Kraljevine“ bei Novi Šeher. Bericht üb. eine Probegrabg. im J. 1896. (7 S. m. 18 Abbildgn.) 898. n. — 60
Fiala, Frz., Beiträge zur Flora Bosniens u. der Hercegovina. (25 S. m. 1 Abbildg. u. 1 Taf.) n. — 60
— Bericht üb. die Ausgrabungen am Debelo Brdo bei Sarajevo im J. 1895. (10 S. m. 47 Abbildgn.) n. 1. 20
— griechische Bronzehelme aus Bosnien u. der Hercegovina. (7 S. m. 11 Abbildgn. u. 3 Taf.) n. — 80
— prähistorische Bronzen aus Bosnien u. der Hercegovina. (9 S. m. 24 Abbildgn. u. 1 Taf.) n. — 80
— die Ergebnisse der Untersuchung prähistorischer Grabhügel auf dem Glasinac im J. 1896. (26 S. m. 59 Abbildgn.) n. 1. 60
— die Ergebnisse der Untersuchung prähistorischer Grabhügel in Südostbosnien (anschliessend an den Glasinac) im J. 1897. (29 S. m. 75 Abbildgn. u. 1 Taf.) n. 2. —
— das Flachgräberfeld u. die prähistorische Ansiedelung in Sanskimost. (68 S. m. 202 Abb. u. 4 [1 farb.] Taf.) n. 5. 20
— archäologische Miscellen. (11 S. m. 20 Abbildgn.) n. — 60
Grgjić-Bjelokosić, Luka, Volksglaube u. Volksbräuche in der Hercegovina. (24 S.) n. — 40
Grimmer, Joh., fossile Säugethierreste aus der Save. (10 S. m. 9 Abbildgn.) n. — 40
Gutwiński, Roman, ein Beitrag zur Kenntnis der fossilen Diatomaceen Bosniens. (Diatomaceenlager bei Petrovo-Seljo.) (6 S.) n. — 20
— über die v. Erich Brandis, S. J. in der Umgegend von Travnik gesammelten Algen. (16 S. m. 2 Abb.) n. — 40
— systemat. Uebersicht der v. Justin Karliński in d. Umgebung von Gračanica während des Herbstes 1897 gesammelten Algen. (9 S. m. 1 Abbildg.) n. — 20
Kiarić, Iwan, u. Ant. Elias Carić, Verlobungs- u. Hochzeitsgebräuche in Bosnien u. Dalmatien. (16 S.) n. — 20
Kuhač, Frz. Xav., das türkische Element der Volksmusik der Croaten, Serben u. Bulgaren. Ein Beitrag zur vergleich. Musikwissenschaft. (40 S.) n. — 80
Lorenz-Liburnau, Ludw. v., die Wildziegen der griechischen Inseln u. ihre Beziehungen zu anderen Ziegenformen. (36 S. m. 6 Abbildgn. u. 3 [2 farb.] Taf.) n. 1. 60
Notizen aus I. Thl.: Archäologie u. Geschichte. (26 S. m. 51 Abbildgn.) n. 1. 60
— aus II. Thl.: Volkskunde. (14 S.) n. — 20
— aus III. Thl.: Naturwissenschaft. (12 S.) n. — 20
Nuber, C. F., Beitrag zur Chronologie slavonischer Münzen. (11 S.) n. — 20

Patsch, Carl, archäologisch-epigraphische Untersuchungen zur Geschichte der römischen Prov. Dalmatien. 3. Thl. (VI, 121 S. m. 80 Abb. u. 6 Taf.) n. 5. —; (1—3. n. 9. 80)
Protić, Geo., Beitrag zur Kenntniss der Kieselalgen (Diatomaceen) Bosniens u. der Hercegovina. (12 S.) n. — 20
Šišić, Ferd. v., die Schlacht bei Nicopolis (25. IX. 1396.) (37 S.) n. — 60
Thallóczy, Ludw. v., wie u. wann wurde Hervoja Grossvojvode v. Bosnien? (8 S. m. 1 Taf.) n. — 60
Truhelka, Ćiro, die slavonischen Banaldenare. Ein Beitrag zur croat. Numismatik. (140 S. m. 124 Abb.) n. 4. 40
Verhoeff, Carl, Diplopodenfauna v. Bosnien, Hercegovina u. Dalmatien. (23 S.) n. — 40
Wasmann, E., S. J., zur Kenntniss d. bosnischen Myrmekophilen u. Ameisen. (6 S. m. 3 Abbildgn.) n. — 40
Werner, Frz., Beiträge zur Kenntniss der Reptilien- u. Batrachierfauna der Balkanhalbinsel. (25 S.) n. — 40

Mitteilungen, wissenschaftliche, aus Bosnien u. der Hercegovina. Hrsg. vom bosnisch-hercegovin. Landesmuseum in Sarajevo. Red. von Mor. Hoernes. 7. Bd. Lex.-8. (X, 696 S. m. 305 Abbildgn. u. 13 Taf.) Wien 900. (C. Gerold's Sohn.) Kart. n. 20. —
Hieraus einzeln:
Celestin, Vjekoslav, Beschreibung einiger bosnischen Münzen des städtischen Museums in Essegg. (10 S. m. Fig.) n. — 40
Čurčić, Vejsil, ein Flachgräberfeld der Japoden in Ribić bei Bihać. (32 S. m. 46 Abbildgn. u. 3 Taf.) n. 2. —
Jelić, L., das älteste kartographische Denkmal über die röm. Prov. Dalmatien. (48 S. m. 1 Abb. u. 5 Taf.) n. 3. —
Ippen, Thdr., alte Kirchen u. Kirchenruinen in Albanien. (13 S. m. 11 Abbildgn.) n. — 50
Kišpatić, M., die krystallinischen Gesteine der bosnischen Serpentinzone. (108 S.) n. 2. 20
Klapálek, Frz., Beiträge zur Kenntniss der Trichopteren- u. Neuropterenfauna v. Bosnien u. der Hercegovina. (12 S. m. 1 Taf.) n. — 50
Kulinović, Mehmed Fejzibeg, Volksaberglauben u. Volksheilmittel bei den Muhammedanern Bosniens u. der Hercegovina. (28 S.) n. — 60
Lilek, Emilian, Vermählungsbräuche in Bosnien u. der Hercegovina. (48 S.) n. 1. —
Malý, Karl F. J., floristische Beiträge. (27 S.) n. — 60
Meringer, Rud., das volksthümliche Haus in Bosnien u. der Hercegovina. (44 S. m. 90 Abb. u. 2 farb. Taf.) n. 3. —
Notizen aus I. Thl., Archäologie u. Geschichte. (1 S. m. 1 Abbildg.) n. — 20
— aus II. Thl., Volkskunde. (8 S.) n. — 20
— aus III. Thl., Naturwissenschaft. (2 S.) n. — 20
Patsch, Carl, archäologisch-epigraphische Untersuchungen zur Geschichte der römischen Provinz Dalmatien. 4. Thl. (134 S. m. 154 Abbildgn.) n. 6. —; (1—4 n. 15. 80)
Protić, Geo., zur Kenntniss der Flora der Umgebung v. Vareš in Bosnien. (28 S. u. S. 137—149.) n. — 80
Siebenrock, Frdr., über einige fossile Fische aus Bosnien. (12 S. m. 3 Taf.) n. 1. 50
Strobl, P. Gabr., Dipterenfauna v. Bosnien, Hercegovina u. Dalmatien. (120 S.) n. 3. —
Truhelka, Ciro, eine Inschrift des Banus Kulin. (6 S. m. 2 Abbildgn.) n. — 40

— dasselbe. 8. Bd. Lex.-8. (X, 617 S. m. 271 Abbildgn. u. 19 Taf.) Ebd. 901. Kart. n. 20. —

— wissenschaftliche, aus Bosnien u. der Herzegowina. Hrsg. vom bosnisch-herzegowin. Landesmuseum in Sarajevo. Red. v. Mor. Hoernes. 9. Bd. (XIV, 581 S. m. 308 Abbildgn., 1 Bildnis u. 97 Taf.) Lex.-8. Wien 904. (A. Holzhausen.) Kart. n. 20 —
Bd. 1—7. Jetzt Ebd. 893—900. Ermäss. Pr. à n. 10. —; auch der Preis der Sonderabdrucke ist um 50 Proz. ermässigt.

— wissenschaftliche, aus Bosnien u. der Herzegowina. Hrsg. vom bosnisch-herzegowin. Landesmuseum in Sarajevo. Red. v. Mor. Hoernes. 10. u. 11. Bd. Lex. 8. Wien, A. Holzhausen. Kart. à 20. —
10. Mit 11 Taf., 214 Abbildgn. im Texte u. 5 Stammtaf. (IX. 676 S.) 907.
11. Mit 56 Taf., 2 Karten u. 258 Abbildgn. im Texte. (XV 722 S.) 909.

— wissenschaftl., d. Instituts zur Behandlg. v. Unfallverletzten in Breslau. 1. Hft. Mit Beiträgen v. A. Bogatsch, P. Eckardt, J. Franz etc. Lex.-8. (80 S. m. 12 Abb.) Breslau 897. E. Trewendt. n. 2. —

— wissenschaftliche, des schweiz. alpinen Museums in Bern. Nr. 1. 8. Bern (K. J. Wyss). n. — 60
Das alpine Rettungswesen in der Schweiz. Von W. Kürsteiner. (28 S. m. 5 Taf.) 905.

— wissenschaftliche, des schweizerischen alpinen Museums in Bern. Nr. 2 u. 3. 8. Bern, K. J. Wyss. 2. 20
Büren-v. Salis, Eug. v., die Schmetterlings-Sammlung. (11 S.) 908. (Nr. 2.) — 20
Nussbaum, Fritz, die Täler der Schweizeralpen. Eine geograph. Studie (IV, 116 S. m. 12 Abbildgn. im Text u. auf 4 Taf. u. 3 weiteren Taf.) 910. (Nr. 3.) 2. —

— wissenschaftliche, der physicalisch-medicinischen Societät zu Erlangen redig. von E. v. Gorup-Besanez, J. Gerlach, Fr. Pfaff. 1. Bd. 1. Heft. Erlangen 858. Blaesing. gr. 8. (S. 1—204., 2 lith. Taf. u. 4 lith. Tab. in Fol.) n. 1 ℛ︎.

— wissenschaftliche, der physicalisch-medicinischen Societät zu Erlangen red. von E. v. Gorup-Besanez, D. J. Gerlach, Fr. Pfaff. 1. Bd. 2. Heft. Erlangen 859. Blaesing. gr. 8. (IV, 89 S., 2 lith. Taf. u. 1 lith. Karte in 4 u. Fol.) n. 10 ngr.
Der Preis des 1. Heftes ist auf n. 20 ngr. herabgesetzt.

— aus d. Wissenswürdigsten d. Geographie, Geschichte, Naturkunde u. d. Mythologie f. d. höh. Jugendalter. (Neue Ausg. d. „Bildungsblätter.") Lex.-8. (30 B. u. 48 Stnt.) Wesel 840, Bagel.

Mittheilungen: Wöchentliche Mittheilungen aus den interessantesten Erscheinungen der Litteratur zur Belehrung und Unterhaltung aller Stände
s.a. Wöchentliche Mittheilungen aus den interessantesten Erscheinungen der Litteratur im Gebiete der schönen Wissenschaften, der Industrie, des Handels, der Oekonomie und Landwirthschaft.

— wöchentliche, aus den interessantesten Erscheinungen d. Literatur, zur Belehrung u. Unterhaltung aller Stände. 1r—8r Jahrg. 1833—1840. gr. 4. Burgdorf, Langlois 1833—37. n. 6¼ ℛ︎ 1838—40. à n. 2¼ ℛ︎

— wöchentliche, aus den interessantesten Erscheinungen d. Literatur, zur Belehrung u. Unterhaltung für alle Stände. 9.—15. Jahrg. 1841—1846. à 12 Hefte. gr. 4. Burgdorf, Langlois. 9., 10. J. à n. 2¼ ℛ︎ 11. J. 1⅚ ℛ︎ 12.—14. J. à 2½ ℛ︎ 15. J. 2 ℛ︎

— wöchentliche, aus den interessantesten Erscheinungen der Literatur. Zur Unterhaltung u. Belehrung aller Stände. 16—21. Jahrg. 1847—1852. à 52 Nrn. gr. 4. (Bog.) Burgdorf, Langlois. à Jahrg. 2 ℛ︎

— wochentliche, aus den interessantesten Erscheinungen der Literatur. Zur Unterhaltung u. Belehrung aller Stände. Herausg.: C. Langlois. 22—27. Jahrg. 1853—58. à 52 Nrn. (à 1 Bgn.). Burgdorf, Langlois. gr. 4. Jeder Jahrg. 2 ℛ︎.

— wöchentliche, aus den interessantesten Erscheinungen der Literatur. Zur Unterhaltung u. Belehrung aller Stände. Herausg.: C. Langlois. 28—32. Jahrg. 1859—63. à 52 Nrn. (à 1 Bgn.) Burgdorf, Langlois. 4. 28—31.: à 2 ℛ︎; 32.: 1 ℛ︎ 15 ngr.

Mittheilungen: Wöchentliche Mittheilungen aus den interessantesten Erscheinungen der Litteratur im Gebiete der schönen Wissenschaften, der Industrie, des Handels, der Oekonomie und Landwirthschaft
① 1. 7. 1832—29. 12. 1833 und ab 3. 1. 1847: Zur Unterhaltung und Belehrung aller Stände: später. Gratisbeilage zum Berner Volksfreund ② Wöchentliche Mittheilungen zur Unterhaltung und Belehrung aller Stände (5. 1. 1834—27. 12. 1835). Wöchentliche Mittheilungen aus den interessantesten Erscheinungen der Litteratur zur Belehrung und Unterhaltung aller Stände (3. 7. 1836—27. 12. 1846). Wöchentliche Mittheilungen aus den interessantesten Erscheinungen der Litteratur (ab 3. 1. 1847). Wöchentliche Mittheilungen zur Unterhaltung und Belehrung (später) ⑤ 1. 7. 1832—1863 (v. sub 1) ④ 4° ⑦ Wochenschrift ⑧ Burgdorf: C. Langlois, P. Eggenweiler ⑨ C. Langlois, Vater ⓪ neutral ⑥ Be: L. Lu. Z ⑥ Ab Neujahr 1864 erschien die Zeitschrift nur noch als Beigabe des «Emmenthaler Boten» und des auf diesen folgenden «Berner Volksfreundes» (Be).

— wöchentliche, a. d. engl. period. Literatur, s. Albion.

— wöchentl., aus d. neuest. selbstständ. Schriften u. sonst. Verhandlungen üb. d. asiat. Cholera. — Als Anh. d. 2. Bds. d. „Beiträge Mecklenburg. Aerzte z. Medicin u. Chirurgie." — Hrsg. v. W. Hennemann. 16 Nrn. gr. 8. (6 B.) Schwerin 831, 32, (Rostock,) Stiller.

Mittheilungen: Wöchentliche Mittheilungen zur Unterhaltung und Belehrung [aller Stände]
s.a. Wöchentliche Mittheilungen aus den interessantesten Erscheinungen der Litteratur im Gebiete der schönen Wissenschaften, der Industrie, des Handels, der Oekonomie und Landwirthschaft.

— wöchentliche, zur Unterhaltung u. Belehr. aller Stände. 1. Jahrg. 1834. 52 Nrn. (Bog.) gr. 4. Burgdorf. (Leipzig, Kreße.)

Mittheilungen: Wöchentliche Mittheilungen der Bezirke Winterthur und Andelfingen
⑤ 1857 ⑦ Winterthur-Töß ⑬ BGSZ: 12, p. 28 ⑥ Es handelt sich vielleicht um die Zeitung «Wöchentlicher Anzeiger der Bezirke Winterthur und Andelfingen».

Mitteilungen aus der Landlichen Wohlfahrts- und Heimatpflege in Wurttemberg und Hohenzollern. Hrsg. vom Verein f. ländl. Wohlfahrtspflege Nr. 1 -6. [Heilbronn Selbstverlag.] Dez. 1905.—April 1907 4° [Fortges. u. d. Titel:]

Schwäbische **Heimat**. Blätter fur Volkswohlfahrt und Heimatpflege auf dem Lande. Hrsg. vom Verein fur ländl. Wohlfahrtspflege in Wurtt. u. Hohenzollern. Jg. 1 ff. [Heilbronn Selbstverlag 1907 -12.] 4°

— aus der Wohnungs- u. Grundstücksverwaltung. Hrsg. vom statist. Amt der Stadt Zürich. 7. (Schluss-)Heft. Die Wohngs.- u. Grundstückserhebg. in der Stadt Zürich im Oktbr./Novbr. 1896. II. Tl. Textl. Darstellg. (40 S.) 31,5×23 cm. Ebd. 907. 1.60

Mitteilungen über die Wurmkrankheit (Ankylostomiasis), ihre Verbreitung u. ihre Bekämpfung auf d. preuß. Bergwerken. ⟨Nach d. Akten d. Kgl. Preuß. Minist. f. Handel u. Gewerbe.⟩ Berlin (1903): Reichsdr. (28 S.) 4° [F. u. Ant.] 07. 13176 2

MITTEILUNGEN DES ZABERGÄU-VEREINS. Erweiternde Beilage zum Zaber-Boten. Herausgegeben im Auftrag des Zabergäuvereins unter verantwortlicher Schriftleitung von A. HOLDER.

(Vereinsjahr 1.) Jahrg. I Blatt 1—8. 1900. Mai—Dezember Brackenheim. Druck und Verlag von F Ziegler 4° —

(Vereinsjahr 2.) Jahrg. II Blatt 1—12. 1901 Januar—Dezember ib. —

— zahn-ärztliche, nebst Anzeiger. Officiell. Organ des wirtschaftl. Verbds. deutscher Zahn-Ärzte. Hrsg.: Wirtschaftlicher Verband deutscher Zahnärzte. Red. v: Rud. Löhr. 1. Jahrg. Juli 1910—Juni 1911. 12 Nrn. (à ca. 8 S.) Lex. 8. München, M. Steinebach. 2.40

— über Zeichen- u. Kunst-Unterricht. Hrsg. vom neuen Fachverein württemb. Zeichenlehrer, zugleich Organ dieses Vereins. Red.: K. Huberich. Jahrg. 1906. 12 Nrn. (à ca. 16 S. m. Abbildgn.) Lex.-8. Stuttgart, Neuer Fachverein württemb. Zeichenlehrer. n. 3.30
Erscheinen nicht mehr.

Mitteilungen des deutschen Zeitschriftenvereins. Berlin: Dtsch. Zeitschriftenverein 1882-1899. 8°

Mittheilungen der schweizerischen Centralanstalt f das forstliche Versuchswesen. Hrsg. vom Vorstande derselben Ant. Bühler. 1. Bd. 3 Hfte. gr. 8. (VII, V, 429 S. m. 5 Zinkätzgn., 2 Taf. u. 1 Plan.) Zürich 891. 892. Fäsi & Beer. n. 8. —

— dasselbe. 2. Bd. 3 Hfte. gr. 8. (VI, 269 S.) Ebd. 892. n. 6. —

— dasselbe. 3. Bd. gr. 8. (V, 206 S. m. 4 Taf.) Ebd. 894. n. 6. —

– d. schweizer. Centralanstalt f. das forstliche Versuchswesen. Hrsg. v. Vorstande derselben, Ant. Bühler. 4. Bd. gr. 8. (VII, 327 S. m. 1 Taf.) Zürich 895. Fäsi & Beer. n. 6. —

— dasselbe. Hrsg. v. Vorstande derselben, C. Bourgeois. 5. u. 6. Bd. gr. 8. Ebd. à Bd. n. 6.—
5. (VI, 259 S. m. 2 Taf.) 897.
6. (VI, 206 S. m. 13 Fig. u. 21 lith. Taf.) 898.

Mitteilungen der schweizerischen Centralanstalt für das forstliche Versuchswesen. Hrsg. vom Vorstande derselben, Arnold Engler. VII. u. VIII. Bd. gr. 8. Zürich (Fäsi & Beer.) n. 18.80
VII (IV, 409 S. m. 14 Taf.) 903. n. 10. —
VIII. 2 Hefte. (VI, XXIV, 287 S. m. Abbildgn. u. 16 Taf.) 903. 905. n. 8. 80

— der schweizerischen Centralanstalt f. das forstliche Versuchswesen. Hrsg. v. Vorstande derselben, Arnold Engler. IX. Bd. Lex. 8. Zürich, Beer & Co. 16.80
IX. Mit e. Karte der Schweiz u. 7 lith. Taf. (VIII, 290 u. 55 S.) 907. 12. —
X. 1. (101 S. m. Abb. u. 6 Taf.) 910. 4.80

— des Central-Comité f. die land- u. forstwirthschaftliche Statistik d. Königr. Böhmen betr das J. 1870 u. 1871. Als Fortsetzg. der früheren Rechenschaftsberichte.] Lex.-8. (LXX, 38 u. XCIX, 68 S. m. 7 Chromolith. in qu. 4.) Prag 871. 72. Calve in Comm. à n. 4. —

— dasselbe für d. J. 1872. 1. Hft. Bericht üb. die Ueberschwemmg. am 25. u. 26. Mai 1872 in Böhmen. Lex.-8. (IV, 68 S. m. e. Steintaf. u. 2 chromolith. Karten in qu. Fol.) Ebend. 872. n. 2. —

— dasselbe f. d. J. 1873. hoch 4. (LXI, 89 S. m. 1 chromolith. Karte in qu. gr. 4) Ebend. 874. n. 4. —

— dasselbe f. d. J. 1874. 1. Hft. hoch. 4. (XLIV, 62 S.) Ebend. 875. n. 3. —

— dasselbe f. d. J. 1875. hoch 4. (XL, 61 S.) Ebend. 876. n. 2. —

MITTEILUNGEN DER DEUTSCHEN ZENTRALE FÜR JUGENDFÜRSORGE (E. V.). Im Auftrage des Präsidiums herausgegeben von Dr jur FRIEDA DUENSING, Geschäftsführerin der Deutschen Zentralstelle für Jugendfürsorge.

Jahrg. II[1]). No. 3. Berlin, 15. September 1907. Berlin. Buchdruckerei Gutenberg (Fr Zillessen). (Ohne bes. Titelblatt.) 8° quer — No. 4. Berlin, 15. Dezember 1907. ib. —

Jahrg. III. Nr. 1 Berlin, 15. März 1908. ib. — Nr. 2. Berlin, 15. Juni 1908. ib. — Nr 3. Berlin, 15. Sept. 1908. ib. — Nr 4. Berlin, 15. Dez. 1908. ib. —

Jahrg. IV Nr 1 Berlin, 15. März 1909. ib. — Nr 2. Berlin, 15. Juni 1909. ib. — Nr 3. Berlin, 15. Sept 1909. ib. — Nr. 4. Berlin, 15. Dez. 1909. ib. —

Jahrg. V Nr 1 Berlin, 15. März 1910. ib. — Nr. 2. Berlin, 15. Juni 1910. ib. — Nr. 3. Berlin, 15 Sept 1910. ib. — Nr 4. Berlin, 15. Dez. 1910. ib. —

Jahrg. VI. Nr. 1 Berlin, 15. März 1911 ib. — Nr 2. Berlin, 15. Juni 1911 ib. — Nr 3. Berlin, 15. Sept. 1911 ib. — Nr. 4. Berlin, 15. Dez. 1911 ib. — [Nr 4 Titel fingiert.]

Im Auftrage des Präsidiums herausgegeben von Dr jur ALIX WESTERKAMP. Geschäftsführerin der Deutschen Zentrale für Jugendfürsorge.

Jahrg. VII. Nr 1 Berlin, 15. Febr 1912. ib. — Nr 2. Berlin, 15. April 1912. ib. — Nr 3. Berlin, 1 Juni 1912. ib. — Nr 4. Berlin, 15. August 1912. ib. — Nr 5. Berlin, 1 Oktober 1912. ib. —

Mitteilungen der preussischen Central-Genossenschafts-Kasse. Heft 1 u. 2. Statistische Ergebnisse des Katasters der im Königr. Preussen vorhandenen eingetragenen Genossenschaften. Berlin 898—99.

— d. preuß. Central-Genossenschafts-Kasse. I. Hft. Statist. Ergebnisse d. Katasters d. im Königr. Preußen vorhandenen eingetrag. Genossenschaften. gr. Fol. (VII, 85 S. m. 1 farb. Karte.) Berlin 898. C. Heymann's Verl. n. 5. —

— der preußischen Central-Genossenschafts-Kasse. II. Hft. Statistische Ergebnisse des Katasters m. Einschluß des I. Nachtrages der im Königr. Preußen vorhandenen eingetragenen Genossenschaften. gr. Fol. (VI, 27 S.) Berlin 899. C. Heymann. n. 1.60; (I u. II n. 6.60)

MITTHEILUNGEN DES CENTRAL-INSTITUTS FÜR AKKLIMATISATION IN DEUTSCHLAND zu Berlin. Redigirt von L. BUVRY.

Jahrg. 1—4. 1859—1862. (Mit 1 Tafel.) Berlin 1859—(1862). Gewerbebuchhandlung von Reinhold Kühn. fol.

— des Central-Instituts für Akklimatisation in Deutschland zu Berlin über sämmtliche das Gebiet der Eingewöhnung betr. Gegenstände von L. Buvry. 3. Jahrg. 1862. 12 Nrn. oder 4 Hefte (à 2 Bgn.). Berlin 862. R. Kühn. gr. 8. n. 1 ℛ 10 ngr.

—— der k. k. Central-Commission zur Erforschung und Erhaltung von Baudenkmalen, s. a. Mittheilungen der k. k. Central-Commission zur Erforschung und Erhaltung der Kunst- und historischen Denkmale.

—— der k. k. Central-Commission zur Erforschung und Erhaltung der Baudenkmale. Unter Leitung von Carl v. Czoernig. Redakt.: Carl Weiss. 1. Jahrg. 1856. 12 Nrn. (à 1—2 Bog. mit eingedr. Holzschn. und Stnt.) Wien 856. (Gerold's Sohn.) *

—— der k. k. Central-Commission zur Erforschung und Erhaltung der Baudenkmale. Hrsg. unter der Leitung von Carl Frhrn. von Czoernig. Redig. von Carl Weiss. 2—6. Jahrg. 1857—61. à Jahrg. 12 Nrn. (à 8 Bog. mit eingedr. Holzschn. und Kpfr.- oder Stnt.) Imp.-4. (Wien, Prandel und Ewald.) [2—5. Jahrg. à * 2 Thlr. 20 Ngr., 6. Jahrg. * 2 Thlr. 24 Ngr.] *

1. Jahrg. (Ebendas.) 1856. * 2 Thlr. 20 Ngr.

—— der k. k. Central-Commission zur Erforschung und Erhaltung der Baudenkmale. Hrsg. unter der Leitung von Karl Frhrn. v. Czoernig. Redact.: Karl Weiss. 7. und 8. Jahrg. 1862 und 1863. à Jahrg. 12 Nrn. (à 3 Bog. mit eingedr. Holzschn. und Kpfr.- und Stnt.) Imp.-4. Wien, (Prandel.) à Jahrg. *

—— dass. — Hrsg. unter der Leitung von Jos. Alex. Frhrn. v. Helfert. Redact.: Ant. Ritter v. Perger. 9.—12. Jahrg. 1864—67. à Jahrg. 12 Nrn. (à 3—4 Bog. mit eingedr. Holzschn. und Kpfr.- und Stnt.) Imp.-4. (Ebendas.) à Jahrg. *

Mittheilungen der k. k. Central-Commission zur Erforschung und Erhaltung der Baudenkmale. Hrsg. unter der Leitung von Jos. Alex. Frhrn. v. Helfert. Redact.: Karl Lind. 13. Jahrg. 12 Nrn. (à 3—4 Bog. mit eingedr. Holzschn., Kpfr.- und Stnt.) Imp.-4. Wien 868, (Prandel.) *

—— dass. — 14.—18. Jahrg. à 12 Nrn. (à Nr. 3—4 Bog. mit eingedr. Holzschn., Kpfr.- und Stnt.) Imp.-4. Wien 869—73, (Gerold's Sohn.) à Jahrg. *

—— dass. — Suppl.-(19.) Bd. und Neue Reihe. 1. Jahrg. à 3 Hefte. gr. 4. (Mit lithogr. und chromolithogr. Taf. und in den Text gedr. Holzschn.) (Ebendas.) 874. *

—— dass. — 20. Bd.: Personen-, Orts- und Sachregister zu dem 1.—17. Bd. und zum 1.—5. Jahrbuche. 3 Hefte. gr. 4. (LXXVII S.) (Ebendas.) 874. à Heft * ℳ 2. *

— der k. k. Central-Commission zur Eforschung u. Erhaltung der Kunst- u. historischen Denkmale. Hrsg. unter der Leitg. d. Alex. Frhr. v. Helfert. Red.: Karl Lind. 1. Bd. [Neue Folge der Mittheilgn. d. k k. Central-Commission zur Erforschg. u. Erhaltg v. Baudenkmalen.] gr. 4. (1. Hft XVIII, 28 S. m. 8 eingedr. Holzschn. 2 Steintaf. u. 1 Kpfrtaf. in gr 4. u. (qu. Fol.) Wien 875. Gerold's Sohn in Comm. n. 12. —

cf. Mittheilungen der k. k. Central-Commission zur Erforschung u. Erhaltung der Baudenkmale.

— der k. k. Central-Commission zur Erforschung u. Erhaltung der Kunst- u. historischen Denkmale. Hrsg. unter der Leitung von Jos. Alex. Frhr. v. Helfert. Red.: Karl Lind. 2—8. Bd. à 4 Hfte. [Neue Folge der Mittheilungen d. k. k. Central-Commission zur Erforschung u. Erhaltung von Baudenkmalen.] gr. 4. Wien 876—82. Gerold's Sohn in Comm. à Bd. n. 12. —

2. Bd. (VIII, 96 u. CXLII S. mit 132 eingedr. Holzschn. u. 15 Taf.) — 3. Bd. (VI, 50 u. CLVI S. mit 143 eingedr. Holzschn. u. 10 Taf.) — 4. Bd. (1. Hft. 14, XLVI S. mit 1 phototyp. Taf. u. 32 in den Text gedr. Illustr.) — 5. Bd. (1. Hft. 56 S. mit 31 eingedr. Illustr. u. 1 Steintaf.) — 6. Bd. (1. Hft. 74 S. mit 44 eingedr. Illustr. u. 2 Steintaf.) — 7. (1. Hft. 80 S. mit 57 eingedr. Illustr. u. 1 Lichtdr.-Taf.) — 8. (1. Hft. 78 S. mit 61 eingedr. Illustr. u. 2 Lichtdr.-Taf.)

— der k. k. Central-Commission zur Erforschung u. Erhaltung der Kunst- u. historischen Denkmale. Hrsg. unter der Leitg. von Jos. Alex. Frhr. v. Helfert. Red.: Karl Lind. 9—12. Bd. à 4 Hfte. [Neue Folge der Mittheilgn. der k. k. Central-Commission zur Erforschg. u. Erhaltg v. Baudenkmalen.] gr. 4. (à Hft. ca. 92 S. m. 74 eingedr. Illustr. u. 14 Taf.) Wien 883—86. (Gerold's Sohn.) à Jahrg. 12. —

— der k. k. Central-Commission zur Erforschg. u. Erhaltung der Kunst- u. historischen Denkmale. Hrsg. unter d. Leitg. v. Jos. Alex. Frhr. v. Helfert. Red.: Karl Lind. 13.—16. Bd. à 4 Hfte. [Neue Folge der Mittheilgn. der k. k. Central-Commission zur Erforschg. u. Erhaltg. v. Baudenkmalen.] gr. 4. (à Hft. ca. 60 S. m. eingedr. Fig. u. Taf.) Wien 887—890. (Kubasta & Voigt.) à Jahrg. n. 16. —

— der k. k. Central-Commission zur Erforschung u. Erhaltung der Kunst- u. historischen Denkmale. Hrsg. unter der Leitg. von Jos. Alex. Frhr v. Helfert. Red: Karl Lind. 17.—20. Bd. à 4 Hfte. Neue Folge der Mittheilgn. der k. k. Central-Commission zur Erforschg. u. Erhaltg. v. Baudenkmalen. gr. 4. (à Hft. ca. 80 S. m. Illustr. u. Taf) Wien 891—894. (W. Braumüller.) à Bd. n. 16. —

— d. k. k. Central-Commission zur Erforschg. u. Erhaltg. der Kunst- u. historischen Denkmale. Hrsg. unter d. Leitg. von Alex. Frhrn. v. Helfert. Red.: Karl Lind. 21.—24. Bd. à 4 Hfte. (à ca. 10 Bog. m. Illustr. u. Taf.) Neue Folge der Mittheilgn. der k. k. Central-Commission zur Erforschg. u. Erhaltg. v. Baudenkmalen. 1895—1898. gr. 4. Wien (W. Braumüller). à Bd. n.n. 16. —

— der k. k. Central-Commission f. Erforschung u. Erhaltung der Kunst- u. historischen Denkmale. Hrsg. unter der Leitg. Sr. Exc. des Präsidenten dieser Commission Jos. Alex. Frhrn. v. Helfert. Red.: Karl Lind. 25.—28. Bd. à 4 Hfte. Neue Folge der Mittheilgn. der k. k. Central-Commission f. Erforschg. u. Erhaltg. v. Baudenkmalen. 1899—1902. gr. 4. (à ca. 60 S. m. Abbildgn. u. Taf.) Wien (W. Braumüller.) à Jahrg. n.n. 20. —

— dasselbe. Red.: Wilhelm Kubitschek u. Alois Riegl. 3. Folge. 1. Bd. 1902. 12 Nrn. gr. 4. (à ca. 25 Sp.) Ebd. n.n. 5. —

— der k. k. Zentral-Kommission f. Erforschung u. Erhaltung der Kunst- u. historischen Denkmale. Hrsg. unter der Leitg. ihres Präsidenten Sr. Exz. Frhrn. v. Helfert. Red.: Wilh Kubitschek u. Alois Riegl. 3. Folge. 2.—4. Bd. 1903—1905. à 12 Nrn. (à ca. 24 Sp. m. Abbildgn.) 4. Wien, (A. Schroll & Co.). à Jhrg. n.n. 5. —

— dasselbe. Red.: Max Dvořák u. Wilh. Kubitschek. 3. Folge. 5. Bd. 1906. 12 Nrn. (à ca. 48 Sp. m. Abbildgn.) 4. Ebd. n.n. 5. —

— dasselbe Register 1856—1903, s.: Register.

— d. k. k. Zentral-Kommission f. Erforschung u. Erhaltung der Kunst- u. historischen Denkmale. Hrsg. unt. der Leitg. ihres Präsidenten Sr. Exz. Frhrn. v. Helfert. 3. Folge. 6.—9. Bd. 1907—1910. à 12 Nrn. (à ca. 48 Sp. m. Abb. u. Taf.) 32×24 cm. Wien, (A. Schroll & Co.) à Bd. nn 4. —

Mitteilungen der Centralkommission für wissenschaftliche Landeskunde von Deutschland. No. I. Ausgegeben am 15. Februar 1886. (Münster 1886.) 8 S.
in Sammelband Circulare Briefe und Berichte des Zentral-Ausschusses für Deutsche Landeskunde aus den Jahren 1882—1886. 8°

MITTEILUNGEN DER CENTRALKOMMISSION FÜR WISSENSCHAFTLICHE LANDESKUNDE VON DEUTSCHLAND. No. I. Ausgegeben am 15. Februar 1886. (Ohne bes. Titelblatt. — Druck von E. C. Brunns Buchdruckerei. Münster i. W.) 8°.

— der deutschen Zentralstelle f. internationalen Briefwechsel. Nr. 11. Der Rundschreiben der deutschen Zenstralstelle neue Folge. Von K. A. Mart. Hartmann. gr. 8. (19 S.) Marburg 902. N. G. Elwert's Verlag. n. — 20

Nr. 1—10 sind nicht im Handel.

— der deutschen Zentralstelle f. internationalen Briefwechsel. Nr. 12. Der Rundschreiben der deutschen Zentralstelle neue Folge. Von K. A. Mart. Hartmann. (22 S.) gr. 8. Marburg 903. N. G. Elwert's Verlag. n. — 20

— der deutschen Zentralstelle f. internationalen Briefwechsel. Nr. 13—18. Der Rundschreiben der deutschen Zentralstelle neue Folge. Von K. A. Mart. Hartmann. (18, 18, 19, 20, 22 u. 19 S.) 8. Marburg 904—09. N. G. Elwert's Verl. à — 20
Sonderabdrucke aus: „Die neueren Sprachen".

— der Centralstelle der vereinigten Handels- u. Gewerbekammern u. des Centralverbandes der Industriellen Oesterreichs zur Vorbereitg. der Handelsverträge, Nr. 1—7. Zur Vorbereitg. der künft. Handelsverträge zusammengestellt. gr. 4. Ebd. n.n. 18. 60

1. Ein- u. Ausfuhr, die, v. Papier u. Papierwaren in den wichtigsten Staaten sammt den einschlägigen Zolltarifen. Zusammengestellt von der nied.-österr. Handels- u. Gewerbekammer. (XXII, 107 S.) 902. n.n. 2. 50
2. Ein- u. Ausfuhr, die, v. Häuten, Leder u. Lederwaren, sowie von Kürschnerwaren in den wichtigsten Staaten sammt den einschlägigen Zolltarifen. Zusammengestellt v. der nied.-österr. Handels- u. Gewerbekammer. (XXIV, 137 S.) 902. n.n. 2. 50
3. Ein- u. Ausfuhr, die, v. Maschinen u. Apparaten, Eisenbahnfahrzeugen, Instrumenten u. Uhren in den wichtigsten Staaten sammt den einschlägigen Zolltarifen. Zusammengestellt von der Handels- u. Gewerbekammer in Prag. (199 S.) 902. n.n. 2. 50
4. Ein- u. Ausfuhr, die, v. Wolle, Wollengarn u. Wollenwaren in den wichtigsten Staaten, sammt den einschläg. Zolltarifen. Zur Vorbereitg. der künft. Handelsverträge zusammengestellt v. der Handels- u. Gewerbekammer in Brünn. (XXII, 178 S.) 902. n.n. 2. 50
5. Ein- u. Ausfuhr, die, v. Flachs, Hanf, Jute u. anderen vegetabilischen Spinnstoffen (m. Ausnahme v. Baumwolle), sowie v. Waren daraus in den wichtigsten Staaten sammt den einschlägigen Zolltarifen. Zur Vorbereitg. der künft. Handelsverträge zusammengestellt von der Handels- u. Gewerbekammer in Reichenberg. (XIX, 163 S.) 902. n.n. 2.50
6. Ein- u. Ausfuhr, die, v. Eisen u. Eisenwaren in den wichtigsten Staaten sammt den einschlägigen Zolltarifen. Zur Vorbereitg. der künft. Handelsverträge zusammengestellt v. der nied.-österr. Handels- u. Gewerbekammer. (XX, 287 S.) 902. n.n. 3. 60
7. Ein- u. Ausfuhr, die, von Holz- u. Holzwaren in den wichtigsten Staaten sammt den einschlägigen Zolltarifen. Zur Vorbereitg. der künft. Handelsverträge zusammengestellt von der Handels- u. Gewerbekammer in Krakau. (XX, 144 S. m. 1 Tab.) 902. n.n. 2. 50

— der grossherzogl. hessischen Centralstelle f. die Landesstatistik. 12. Bd. Jahrg. 1882. gr. 8. (VII, 336 S.) Darmstadt 883. Jonghaus. n. 4. 20

— dasselbe. 13. Bd. Nr. 279—301. Jan.—Decbr. 1883. gr. 8. (VII, 368 S.) Ebend. 884. n. 4. 60

— dasselbe. 14. Bd. Nr. 302 - 325. Jan.—Decbr. 1884. gr. 8. (VIII, 384 S. m. 1 Steintaf.) Ebend. 885. n. 4. 80

— der Zentralstelle der vereinigten Handels- u. Gewerbekammern u. des Zentralverbandes der Industriellen Oesterreichs zur Vorbereitung der Handelsverträge. Nr. 8—24. gr. 4. Ebd. n.n. 26. 90

8. Ein- u. Ausfuhr, die, v. Glas u. Glaswaren in den wichtigsten Staaten sammt den einschlägigen Zolltarifen. Zusammengestellt v. den Handels- u. Gewerbekammern in Reichenberg u. Pilsen. (XX, 92 S.) 902. n.n. 2. 50
9. Dasselbe, von Drechsler- u. Schnitzstoffen sowie Waren daraus, Kork u. Korkwaren, Flechtstoffen u. Geflechten, sowie Bürstenbinder- u. Siebmacherwaren in den wichtigsten Staaten samt den einschlägigen Zolltarifen. Zusammengestellt v. den Handels- u. Gewerbekammern in Wien u. Reichenberg. (XX, 158 S.) 903. n.n. 2. 50
10. Dasselbe, von Seide u. Seidenwaren in den wichtigsten Staaten samt den einschlägigen Zolltarifen. Zusammengestellt von der Handels- u. Gewerbekammer in Wien. (XX, 123 S.) 903. n.n. 2. 50
11. Der neue allgemeine russische Zolltarif vom 16/29. I. 1903. (77 S.) 903. n.n. 1. 30
12. Ein- u. Ausfuhr, die, von unedlen Metallen u. Waren daraus in den wichtigsten Staaten samt den einschlägigen Zolltarifen. Zusammengestellt v. der nied.-österr. Handels- u. Gewerbekammer. (IV, XXI, 257 S.) 903. n.n. 3. 60
13. Dasselbe, von Baumwolle, Baumwollgarn u. Baumwollwaren in den wichtigsten Staaten samt den einschlägigen Zolltarifen. Zusammengestellt vom Centralverband der Industriellen Oesterreichs. (XXII, 261 S.) 903. n.n. 3. 60
14. Zusammenstellung der Zolltarife der europäischen Länder u. der Vereinigten Staaten von Amerika f. die Warengruppe Edelmetalle u. Waren daraus. Zusammengestellt v. der Handels- u. Gewerbekammer in Wien. (25 S.) 903. n.n. — 90
15. Dasselbe f. die Gruppe Konfektionswaren. Zusammengestellt v. der nied.-österr. Handels- u. Gewerbekammer. (34 S.) 903. n.n. — 90
16. Dasselbe f. die Gruppe Tonwaren. Zusammengestellt v. der nied.-öst. Handels- u. Gewerbekammer. (35 S.) 903. n.n. — 90
17. Dasselbe f. die Gruppe Getränke. Zusammengestellt v. den Handels- u. Gewerbekammern in Pilsen, Bozen u. Görz. (40 S.) 903. n.n. — 90
18. Zolltarif, der neue bulgarische, vom 10. IV. (28 III.) 1903 im Vergleich m. dem geltenden Zolltarif. Der Akzisen- u. Octrois-Tarif. (64 S.) 903. n.n. 1. —
19. Zusammenstellung der Zolltarife der europäischen Länder u. der Vereinigten Staaten von Amerika f. die Gruppe Mineralien u. Steinwaren. Zusammengestellt von den Handels- u. Gewerbekammern in Pilsen, Troppau u. Innsbruck. (48 S.) 903. n.n. — 90
20. Dasselbe für die chemische u. verwandten Industrien. (207 S.) 903. n.n. 1. 80
21. Protokoll, stenographisches, der Plenarversammlung der Zentralstelle der vereinigten Handels- u. Gewerbekammern u. des Zentralverbandes der Industriellen Oesterreichs zur Vorbereitung der Handelsverträge am 3. X. 1903 im Sitzungssaale der nied.-österr. Handels- u. Gewerbe-Kammer. (37 S.) 903. Unentgeltlich.
22. Zolltarif, der neue serbische, vom 30./17. III. 1904 im Vergleich m. dem geltenden Zolltarif. Die inneren Abgaben. (118 S.) 904. n.n. 1. 30
23. Zolltarif, der neue allgemeine rumänische, im Vergleich m. dem geltenden Zolltarife. (99 S.) 904. n.n. 1. 30
24. Zolltarif, der neue bulgarische, vom 17./31. XII. 1904. (71 S.) 905. n.n. 1. —

Nr. 1—7. Ebd. 902. n.n. 18. 60.

— der handelspolitischen Zentralstelle der vereinigten Handels- u. Gewerbekammern u. des Zentralverbandes der Industriellen Oesterreichs. Nr. 25. Lex.-8. Ebd. 906. n.n. 1. 30
Zolltarif, der neue spanische, vom 25. VI. 1906. (76 S.)
Erschien früher u. d. T.: Mitteilungen der Zentralstelle der vereinigten Handels- und Gewerbekammern...

— der handelspolitischen Zentralstelle der vereinigten Handels- u. Gewerbekammern u. des Zentralverbandes der Industriellen Österreichs. Nr. 26. Lex. 8. Ebd. 909. nn 3. 60
Zolltarif, der neue, der Vereinigten Staaten v. Amerika (Payne-Tarif) vom 3. VIII. 1909. (VIII, 153 S.)

Mitteilungen der grossherzoglich hessischen Centralstelle für die Landesstatistik. Darmstadt: Jonghaus 1871-1928. 8°
Fortges. u. d. T.: Mitteilungen des hessischen landesstatistischen Amtes. 1928 ff.

— dasselbe, s. a. Notizblatt des Vereins f. Erdkunde zu Darmstadt.

— dasselbe 15. Bd. Nr. 326 - 350. Jan.—Decbr. 1885. gr. 8. (VIII, 400 S. m. 1 Steintaf.) Ebend. 886. n. 5. —

— der grossherzoglich hessischen Centralstelle für die Landesstatistik. 16.—19. Bd. gr. 8. Darmstadt, Jonghaus. n. 20. 40

16. Bd. Nr. 351—375. Jan. bis Decbr. 1886. Mit 2 lith. Taf. (VIII, 400 S.) 887. n. 5. —
17. Bd. Nr. 376—400. Jan. bis Decbr. 1887. Mit 1 lith. Taf. (VIII, 400 S.) 888. n. 5. —
18. Bd. Nr. 401—425. Jan. bis Decbr. 1888. Mit 1 lith. Taf. (VIII, 400 S.) 889. n. 5. —
19. Bd. Nr. 426—452. Jan. bis Decbr. 1889. Mit 1 lith. Taf. (VIII, 432 S.) 889. n. 5. 40

— der grossherzogl. hessischen Centralstelle f. die Landesstatistik. 20.—23. Bd. gr. 8. Darmstadt, (G. Jonghaus). n. 22. —

20. Bd. Nr. 453—479. Jan.—Decbr. 1890. Mit 1 lith. Taf. (VIII, 432 S.) 890. n. 5. 40
21. Bd. Nr. 480—506. Jan.—Decbr. 1891. Mit 1 lith. Taf. (VIII, 432 S.) 891. n. 5. 40
22. Bd. Nr. 507—534. Jan.—Decbr. 1892. Mit 1 lith. Taf. (VIII, 448 S.) 892. n. 5. 60
23. Bd. Nr. 535—562. Jan.—Decbr. 1893. Mit 1 lith. Taf. (VIII, 448 S.) 893. n. 5. 60

— d. grossherzogl. hessischen Centralstelle f. d. Landesstatistik. 24.—27 Bd. gr. 8. Darmstadt, G. Jonghaus. n. 19. 80

24. Nr. 563—588. Jan. bis Decbr. 1894. (VIII, 416 S. m. 1 lith. Taf.) 894. n. 5. 20
25. Nr. 589—609. Jan. bis Decbr. 1895. (VIII, 336 S. m. 1 Taf.) 895. n. 4. 40
26. Nr. 610—632. Jan. bis Decbr. 1896. (VIII, 368 S. m. 1 Taf.) 896. n. 4. 80
27. Nr. 633—658. Jan. bis Decbr. 1897. (VIII, 416 S. m. 1 lith. Taf.) 897. n. 5. 40

— d. grossherz. hess. Centralstelle f. d. Landesstatistik. 28.—31. Bd. gr. 8. Darmstadt, G. Jonghaus. n. 17. —

28. Nr. 659—680. Jan.—Dezbr. 1898. Mit 1 lith. Taf. (VIII, 352 S.) 898. n. 4. 60
29. Nr. 681—699. Jan.—Dezbr. 1899. Mit 1 lith. Taf. (VIII, 304 S.) 899. n. 4. —
30. Nr. 700—718. Jan.—Dezbr. 1900. Mit 3 lith. Taf. (VIII, 301 S.) 900. n. 3. 80
31. Nr. 719—740. Jan.—Dezbr. 1901. (VII, 352 S.) 901. n. 4. 60

— der grossherzogl. hessischen Zentralstelle f. die Landesstatistik. 32.—35. Bd. Nr. 741—822. gr. 8. Darmstadt, G. Jonghaus. n. 17. 20

32. Jan. bis Dezbr. 1902. (VIII, 336 S.) 902. n. 4. 40
33. Jan. bis Dezbr. 1903. (VIII, 370 S.) 903. n. 4. 20
34. Jan. bis Dezbr. 1904. (VII, 256 S.) 904. n. 3. 40
35. Jan. bis Dezbr. 1905. (VIII, 436 S.) 905. n. 5. 20

— der grossherzogl. hessisch. Zentralstelle f. d. Landesstatistik. 36.—38. Bd. 8. Darmstadt, Buchh. grossh. Staatsverlags. 10. 80

36. Nr 823—842 Jan bis Dezbr 1906. (VIII, 320 S.) 906. 4. 20
37 Nr 843—860. Jan. bis Dezbr. 1907 (VII, 296 S.) 907 3. 80
38 Nr 861—875. Jan. bis Dezbr. 1908. (V, 208 S.) 908. 2. 80

Mitteilungen der Centralstelle der Preussischen Landwirtschaftskammern (Viehverwertungsstelle) Verantw. Schriftleiter [Hieronymus] *Burckhardt* Berlin 1902—1906. 4 *[Kopf[illegible]]*
[Seit 1907 vereinigt mit „Korrespondenz d. Centralstelle [illegible]

Mitteilungen d. Centralstelle d. Preuss. Landwirtschaftskammern. Jg 6 ff 1907 [illegible] Berlin 1907 ff [illegible]
[illegible] 1909

— der Zentralstelle f. deutsche Personen- u. Familiengeschichte. 1. Hft. (46 S.) Lex.-8. Leipzig 905. Breitkopf & Härtel. n. 1. —

— d. Zentralstelle f. deutsche Personen- u. Familiengeschichte. 2.—7. Heft. Lex. 8. Leipzig, H. A. L. Degener. 17. 60

2. (IV, 208 S.) 908. 4.— — 3. (III, 90 S. m 1 farb Taf.) 908. 2.—. — 4. (III, 109 S.) (909.) 2.50. — 5. (III, 125 S.) 909. 3.—. — 6. (III, 83 S.) 910. 2.50. — 7 (III, 143 S.) 910. 3. 60

Mitteilungen der Zentralstelle des Deutschen Städtetages. Hrsg. Reinnold] *Schalhorn.* Bd 1 ff. Berlin 1909 ff. 4⁰
1 April 1907—Febr 1909. 1909 2. März 1909—Dez. 1910.

— des Centralverbandes deutscher Industrieller, siehe Verhandlungen.

Mitteilungen des Zentralverbandes Deutscher Kaufleute.
Leipzig: Thamm 1890-(1900). 8⁰
Red.: Hermann Schulze.

— d. Berliner Centralvereins f. Stenotachygraphie. Red.: W. Benicke. 1. Jahrg. Mai 1898—April 1899. 12 Nrn. (à ca. 8 S) gr. 8. Berlin (NO, Kaiserstr 14), Centralverein f. Stenotachygraphie. n.n. 2. 40

— des Central-Vereins f. Hebung der deutschen Fluss- u. Kanal-Schiffahrt, s.: Zeitschrift f. Binnen-Schiffahrt.

Mittheilungen des landwirthschaftlichen Central-Vereins für den Regierungsbezirk Kassel. Hrsg. vom Vorstande desselben und redig. von Vogeley. Jahrg. 1871 und 1872. à Jahrg. 26 Nrn. (à ½—1 Bog.) Lex.-8. Cassel, (Freyschmidt.) à Jahrg. *
Vgl.: Anzeiger und Zeitschrift des landwirthschaftl. Central-Vereins.

— des landwirthschaftlichen Central-Vereins im Fürstenthum Osnabrück. Hrsg. von C. Raven. 1. Hft. 8. (86 S.) Osnabrück 847, Rackhorst in Comm. ¼ Thlr.

—— des landwirthschaftl. Centralvereins f. Schlesien. Hrsg. v. dem Vereins-Directorium. 1. u. 2. Hft. gr. 8. (12¼ B.) Breslau 845, Max u. Comp. à

—— des landwirthschaftlichen Central-Vereins für Schlesien. Hrsg. von dem Vereins-Vorstande, redig. von v. Görtz. 3—6. Heft. gr. 8. Breslau, (Max und Comp.) [3. (135 S.) 4. (133 S.) 847. 25 Ngr., 5. (IV und 135 S.) 848. 12½ Ngr., 6. (III und 150 S.) 851. 15 Ngr.] 1
1. und 2. Heft. Ebendas. 1845. * 20 Ngr.

—— des landwirthschaftlichen Central-Vereins für Schlesien. Hrsg. von dem Vereins-Vorstande, redig. von v. Görtz. 7—18. Heft. gr. 8. Breslau, (Max und Comp.) [7. und 8. Heft. (VI und 208 S. mit 2 Stat. in qu. 4.) 856,57., 9. (III und 151 S.) 858., 10. (III und 160 S.) 859., 11. (VI und 188 S.) 860., 12. (IV und 188 S.) 861., 13. (IV und 189 S.) 862. à Heft * 12 Ngr.] Thlr. *

MITTHEILUNGEN DES CENTRALVEREINS FÜR DAS WOHL DER ARBEITENDEN KLASSEN. Enthaltend: Nachrichten über die für das Wohl der arbeitenden Klassen gegründeten und wirkenden Anstalten. Aufsätze und Vorschläge zur Förderung des Arbeiterwohls. Nachrichten vom Centralverein und den mit demselben in Verbindung stehenden Provinzial- und Lokalvereinen.
Jahrg 1: 1848—1849. Enthaltend Die Lieferungen von I. bis III. Die Mittheilungen No. 1 bis 65. Berlin. 1849. In Comm. bei Veit & Comp. 8⁰.

MITTHEILUNGEN DES CENTRALVEREINS FÜR DAS WOHL DER ARBEITENDEN KLASSEN.
Jahrg. 2: 1849—1850. Enthaltend: Die Lieferungen IV. bis IX. ib. 1850. —
Jahrg. 3 1851—1852. Enthaltend: Die Lieferungen X. bis XV ib. 1852. In Komm. bei Trowitzsch & Sohn.
Heft (Lief.) 10. ib. 1851 — A. m. d. Umschlagt.: Die preussischen und übrigen deutschen Sparkassen. Herausgegeben von dem Centralverein für das Wohl der arbeitenden Klassen. ib. 1851 —

MITTHEILUNGEN DES CENTRAL-VEREINS FÜR DAS WOHL DER ARBEITENDEN KLASSEN
Redacteur: C. SCHNEITLER.:
Neue Folge Bd. 1 (1853—55.) Berlin. 1855. Franz Duncker. (W. Besser's Verlagshandlung.)
Neue Folge. Bd. 2. Heft 1—3. (Mit 1 Plane von Berlin.) ib. 1855. 1859. 1856. —

— des Centralvereins für das Wohl der arbeitenden Klassen. 1 u. 2. Jahrg. 1—6. Lfg. gr. 8. (1. Jahrg. VI u. 444 S. 2. Jahrg. 270 S.) Berlin 849. 50, Veit & Co. in Comm. à Lfg. n. ⅙ Thlr. — Red.: J. C. Glaser. 7—9. Lfg. gr. 8. (209 u. 113 S.) Ebd. 850, in Comm. à n. ⅙ Thlr.

— dies. 10 Hft., enthaltend Materialien u. Arbeiten zur Kenntniß, Vervollkommnung u. Ausbreitung des Sparkassenwesens. gr. 8. (IV u. 124 S.) Berlin 851, Trowitzsch & Sohn in Comm. n. ½ Thlr. — 11—13. Hft. gr. 8. (11: 102 S. 12: IV u. 290 S. 13: 112 S.) Ebd. 851. 52, in Comm. 11: n. ⅙ Thlr. 12: n. 1 Thlr. 13: n. ½ Thlr. — 14. Hft., enthaltend den Jahresbericht über die Wirksamkeit des Vereins u. einen Vortrag üb. die Belgischen Musterwerkstätten. gr. 8. (76 S.) Ebd. 852, in Comm. n. 6 ngr — Red.: C. Schneitler. 15. Hft. gr. 8. (XII u. 99 S.) Ebd. 852, in Comm. n. ⅓ Thlr.

Mittheilungen des Centralvereins für das Wohl der arbeitenden Klassen. Red.: C. Schneitler. Neue Folge. (Jahrg. 1853.) Berlin, Besser's Verlhdlg. gr. 8. 3 Thlr.

— — Neue Folge. 2. Bd. 1—3. Heft. Ebend. 855, 56. (288 S. u. 1 lith. Plan von Berlin in Fol.) n. 1 Thlr. 15 ngr.
Fortsetzung hiervon s. Zeitschrift des Centralvereins in Preußen ꝛc.

Mittheilungen des Central-Vereins deutscher Zahnärzte. Herausg. von Mor. Heider. Bd. 1. Wien 1860. gr. 8.
Später: Deutsche Vierteljahrsschrift f. Zahnheilkunde.

—— des Central-Vereines deutscher Zahnärzte. Hrsg. von Mor. Heider. 1. Bd. 4 Hefte. gr. 8. (1. Heft 50 S.) Wien 860, Gerold's Sohn. *

— des Central-Vereines deutscher Zahnärzte, hrsg. von W. Heider. Jahrg. 1862 und 1863. à Jahrg. 4 Hefte. gr. 8. (à 3 Bog.) Wien, (Gerold's Sohn.) à Jahrg. *

— der Zentralvereinigung der Architekten der im Reichsrate vertretenen Königreiche u. Länder. Red.-Komitee: Alois v. Wurm-Arthkreuz, Alfr. Poltz. Leop. Bauer, Alfr. Castelliz, Ferd. v. Feldegg. Verantwortlich: Ferd. Fellner Ritter v. Feldegg. 1.—3. Jahrg. 1908—1910. à 12 Nrn. (à ca. 10 S.) Lex. 8. Wien, Lehmann & Wentzel. à Jahrg. 6. —

Grossmeister-Verein von Hamburg, Bayreuth und Frankfurt. Mitteilungen über die Ziele und Zwecke des Freimaurerbundes aufgest. von den Grosslogen von Hamburg, Bayreuth, und Frankfurt. [Hamburg 1900: Rademacher.] 8 S. 8⁰ [Kopftit.]
Aus: HZC. 34 (1900—1901) S. 59—63.

[Dasselbe.] Mitteilungen über Ziele ... Aufgest. von ... 2. Aufl. Ulm: Kerler o. J. 14 S. 8⁰
Abgedr. in: FZ. 54 (1900) S. 340—341; L. 23 (1900) S. 188—189; HL. 33 (1900) S. 2950 bis 2952; Z. 31 (1900—1901) S. 65—67; Bayr Bbl. 2 (1901—1902) S. 12—16.
Holländ. Übers. in: UF. 10 (1900) S. 397 bis 398.
cf. Bbl. 15 (1901) S. 537 (G. Diercks).

Mitteilungen über Ziele und Zwecke des Freimaurerbundes. Aufgestellt von den Grosslogen von Hamburg, Bayreuth, Frankfurt. 3. Aufl. Ulm: Kerler o. J. 12 S. 8⁰.
cf. W. 2090.

— über Ziele u. Zwecke des Freimaurerbundes. Aufgestellt v. den Grosslogen v. Hamburg, Bayreuth u. Frankfurt. 1. u. 2. Aufl. 16. (à 14 S.) Ulm (901. 902). H. Kerler. n. — 30

Mitteilungen über das Elberfeld-Barmer Zufluchtshaus. Elberfeld: Zufluchtshaus 1882-1931. 8⁰

Mitteilungen der Physikalischen Gesellschaft Zürich. 1901. Nr. 1. II + 32 S. 8. Zürich, Buchdr. F. Lohbauer (Buchh. Albert Müller), 1901. [fr. 1. —]
(Erscheinen in zwanglosen Heften.)

Mitteilungen der Physikalischen Gesellschaft Zürich. Nr. 2—4. 8. Zürich, Buchdr. F. Lohbauer (Buchh. Albert Müller), 1902 *u.* 1903. [*je* fr. 1. —]
1902. Nr. 2. II + 12 S. — 1902. Nr. 3. [Mit Figuren.] II + 16 S. — 1903. Nr. 4. [Mit Figuren.] II + 16 S.

Mitteilungen der Physikalischen Gesellschaft Zürich. 1903. Nr. 5 *u.* 1904. Nr. 6. [*je* Mit Figuren.] II + 48 + 4 *u.* II + 18 S. 8. Zürich, Buchdr. F. Lohbauer (Buchh. Albert Müller), 1903 *u.* 1904. [fr. 1. 50 *u.* —. 75]

Mitteilungen der Physikalischen Gesellschaft Zürich. 1904. Nr. 7. [Mit Figuren und 1 Tafel.] II + VI + 40 S. 8. Zürich, Buchdr. F. Lohbauer (Buchh. Albert Müller), 1904. [fr. 2. —]

Mitteilungen der Physikalischen Gesellschaft Zürich. 8. (Zürich, Buchh. Albert Müller.) [*je* fr. 1. —]
1905. Nr. 8. [Mit 1 Figur.] II + 20 S. Zürich. Buchdr. F. Lohbauer, 1905.
1906. Nr. 9. [Mit Figuren und 1 Tafel.] II + 60 S. Z', Buchdr. J. Leemann, 1906.

Mitteilungen der Physikalischen Gesellschaft Zürich. 1906. Nr. 10. II + 23 S. 8. Zürich, Buchdr. F. Lohbauer (Buchh. Albert Müller), 1906. [fr. 1. —]

Mitteilungen der Physikalischen Gesellschaft Zürich. ... Nr. 11—13. [Mit Figuren.] 8. Zürich, Buchdr. F. Lohbauer (Buchh. Albert Müller). [*je* fr. 1. —]
1907. Nr. 11 *u.* 12. II + 28 *u.* II + 30 S. 1907.
1908. Nr. 13. II + 32 + 3 S. 1908.

Mitteilungen der Physikalischen Gesellschaft Zürich. 1909. Nr. 14 *u.* Nr. 15. 8. Zürich. Buchdr. F. Lohbauer (Buchh. Albert Müller), 1909.
Nr. 14. [Mit 3 Tafeln] II + 38 S. [fr. 2. —] — Nr. 15. [Mit Figuren.] II + VIII + 68 S [fr. 2. 50]

Mitteilungen aus dem Kinderspital Zürich und dem Hygieneinstitut der Universität. Eine Sammlung ausgewählter zürcherischer Universitätsschriften. Hrg. unter Leitung von Professor Dr. Oskar Wyss. Band 1. 4 Hefte. [Mit 1 Tafel.] IV + II + II + 388 S. 8. Zürich-Selnau, Gebr. Leemann & Co., 1907—1909. fr. 4. —
Heft 1, März 1907. IV + 117 S. [fr.] 1. 50 — Heft 2/3, Oktober 1907. II S. + S. 119—290. [fr.] 2. 50 — Heft 4, April 1909. II S. + S. 291—388. [fr.] 1. 50
(Die «M' aus dem K' ... Zürich» werden in Zukunft in den neu erscheinenden «[Schweizerischen] Aerztlichen Mitteilungen aus Universitäts-Instituten» enthalten sein.)

Zwanglose Mitteilungen aus Verein deutscher Freimaurer. [Leipzig: V. d. F.] o. J. 2 Bl. 8⁰. [Kopftit.]
Werbeblatt. Die Bedeutung der ZwM. als Vereinsorgan.

Zwanglose **Mitteilungen** aus dem Verein deutscher Freimaurer. Nr 1 ff. Nr 1. 2. Hrsg.: E[rnst] Clausen. Nr 3 ff. Hrsg.: E[rnst] Clausen und R[einhold] Taute. [Leipzig 1910 ff.: Zechel.] 8⁰ [Kopftit.]
1—6. 56 S. 1910.

MITTEILUNGEN AUS DEM BERLINER ZWEIGVEREINE DES ALLGEMEINEN DEUTSCHEN SPRACHVEREINS. Schriftleiter ADOLF REINECKE.
Jahrg. 2—3. 1891—1892. Berlin. Verlag des Berliner Zweigvereins des A. D. S.-V. 8⁰.

Mitteilungsblatt des Turnvereins Apolda (e. V.), D. T. (gegr. 1856), hrsg. v. Vorstand d. T. V., Jg. 1—12, Apolda 1910—1921, Gr.-8⁰. 4 Bde.

Mitteilungs-Blatt f. d. Mitglieder d. Spree-Turngaues, hrsg. v. Gauvorstand, Berlin-Oberschöneweide, 4⁰. 9 Bde.
Jg. 1: Nr. 14 (November-Nr.) 1887, Verwaltungs-Bericht, erstattet vom Vorstand.
Jg. 2: Nr. 12 26, 1888, 1907—1921.

Mitteilungs-Blatt der Berliner Turngenossenschaft (Gau Berlin IV), hrsg. v. Vorstand, Jg. 1—28, 1890—1917, Berlin, Gr.-8⁰. 14 Bde.

Mitteilungsblatt des Kieler Turnvereins ⟨E. V.⟩. Jg. 1 ff. Kiel. 1897 ff. 8⁰

Mitteilungsblatt des Kieler Turnvereins, E. V., hrsg. v. Turnrat d. Kieler T. V., Jg. 11—20, Kiel 1909 1918, Gr.-8⁰. 7 Bde.

Mitteilungsblatt der Holzarbeitergewerkschaft Zürich
④ Mitteilungen für schweizerische Holzarbeiter (1887) ⑤ 1876—? ⑧ Zürich ⑫ sozialistisch ⑬ Zum Abschied. «Schweizerische Holzarbeiter-Zeitung» Nr. 27 vom 1. 7. 1922.

Mitteis: Die allgemeinsten Charakterzüge der neuen Geschichte 14 S.–Eger, Progr 1852

Mitteis: Ueber meteorologische Linien. 8 S.–Laibach, Progr 1854

Jahres-Bericht und Programm des k. k. akademischen Gymnasiums zu Laibach für das Schuljahr 1854. rc. 4. (28 S. und 2 Taf.) Laibach. Druck von Ignaz v. Kleinmayr und Fedor Bamberg. 1854.
Inhalt: Ueber meteorologische Linien. Von Dr. Mitteis. — Schulnachrichten.

Mitteis: Abbé Nollet in seiner Stellung gegen Benjamin Franklin. 12 S. – Laibach, Progr 1856.

Mitteis, Emil. Beiträge zur Kenntniss der Bibromparacymolsulfonsäure. Freiburg i. B., 1882.

Mitteis, Ludw., über die privatrechtl. Bedeutg. der ägypt. βιβλιοθήκη ἐγκτήσεων. — Zu der Stelle des Ulpian D. 27, 10, 1 pr. — Das Receptum nautarum in den Papyrusurkunden, s.a Berichte üb. die Verhandlungen der königl. sächs. Gesellschaft der Wissensch. Philol.-histor. Kl. 62. Bd. 9. Heft.

Ludwig Mitteis. 1 Über die privatrechtliche Bedeutung der ägyptischen βιβλιοθήκη ἐγκτήσεων. 2 Zu d. Stelle d. Ulpian D. 27, 10, 1 pr 3. Das Receptum nautarum in d. Papyrusurkunden. Leipzig Teubner 1910. S. 249–278. 8°
(Berichte über d. Verhandlungen d. Kgl. Sächs. Gesellsch. d. Wiss. zu Leipzig Philol.-hist. Kl. Bd 62 H 6.) [10. 18031 4

— Der Entwurf e. Novelle zum allgemeinen bürgerlichen Gesetzbuch. (28 S.) gr. 8. Wien 908. M. Perles. 1.—
Sonderabdruck aus: „Neue freie Presse".

Mitteis, Ludw., Erinnerung an Adolf Exner. Vortrag in d. Vollversammlg. d. Wiener jurist. Gesellschaft am 1. Dezbr. 1894. gr. 8. (30 S. m. Bildn.) Wien 894. Manz. n. 1.—

Mitteis, Ludw., zwei Fragen aus dem bürgerlichen Recht. Dekanats-Progr. (88 S.) 8. Leipzig 905. A. Edelmann. n. 1. 50

Mitteis, Ludw., zur Geschichte der Erbpacht im Alterthum. s.a Abhandlungen der kgl. sächs. Gesellsch. der Wissensch. Phil.-hist. Classe 20, IV.

Zur Geschichte der Erbpacht im Alterthum. Von Ludwig Mitteis. *Leipzig B. G. Teubner 1901* (66 S.) 4°(8°)
Abhandlungen d. K. Sächs. Gesellschaft d. Wiss. Philol.-hist Kl. Bd 20, No 4 [01. 11C4

Mitteis, L., s. Handbuch, systematisches I. 6. 1.

— über drei neue Handschriften des syrisch-römischen Rechtsbuchs. (59 S.) Lex.-8. Berlin 905. (G Reimer.) n. 2. 50
Sonderabdruck aus: „Abhandlgn. d. preuss. Akad. d. Wiss."

Mitteis, Ludw., die Individualisirung der Obligation. Civilistische Studie. gr. 8. (IV, 114 S.) Wien 886. Hölder. n. 2. 80

— z. Kenntnis d. litterarisch-artistischen Urheberrechts nach d. österr. Gesetz v. 26. XII. 1895, s.a Festschrift zum 70. Geburtstage Dr. Joseph Ungers.

Mitteis, zur Kenntniss d. öster. litterar. artist. Urheberrechts nach dem Gesetz v. 26. 12. 95.

— Zur Lehre v. den Libellen u. der Prozesseinleitung nach den Papyri der früheren Kaiserzeit. s.a Berichte üb. die Verhandlungen der königl. sächs. Gesellschaft der Wissenschaften. Philol.-histor. Kl. 62. IV

Ludwig **Mitteis**: Zur Lehre von den Libellen u. der Prozeßeinleitung nach den Papyri der früheren Kaiserzeit. Leipzig: Teubner 1910. S. 61–126. 8° [Umschlagt.]
(Berichte über d. Verhandlungen d. Kgl. Sächs. Gesellsch. d. Wiss. Philol.-hist. Kl Bd 62, H 4.) [11 11013

— die Lehre v. der Stellvertretung nach römischem Recht m. Berücksicht. d. österreichischen Rechtes. gr. 8. (VIII, 311 S.) Ebend. 885. n. 7. 20

— aus den griechischen Papyrusurkunden. Ein Vortrag, geh. auf der VI. Versammlung deutscher Historiker zu Halle a. S. am 5. IV. 1900. gr. 8. (50 S.) Leipzig 900. B. G. Teubner. n. 1. 20

— Römisches Privatrecht bis auf die Zeit Diokletians, s.a Handbuch, systematisches, der deutschen Rechtswissenschaft. I. 6.

Römisches Privatrecht bis auf die Zeit Diokletians. Von Ludwig **Mitteis**. Bd 1 Leipzig Duncker & Humblot 1908. 8°
= **Handbuch**, Systematisches, d. Deutschen Rechtswissenschaft. Abt. 1. T. 6, Bd 1. [08. 8130

Mitteis, L., Neue Rechtsurkunden aus Oxyrhynchos. S.-A. 22 S. 1.—

Mitteis, Ludw. Reichsrecht u. Volksrecht in den östlichen Provinzen d. röm. Kaiserreichs. Mit Beiträgen zur Kenntniss d. griech. Rechts u. der spätröm. Rechtsentwicklg. gr. 8. (XIV, 561 S.) Lpz. 891, Teubner. * 14 —

Zwei Streitschriften aus Hermupolis vom III. u. IV. Jahrhundert nach Chr. Nach Lesung von Carl Wessely. Übers. u. jurist. erl. von Ludwig **Mitteis**. *Wien: Hof- u. Staatsdr. 1894.* (68 S.) 4°
Aus: Corpus Papyrorum Raineri. Bd 1 [04. 1907 6

— griech. Texte, s.: Wessely, Carl.

— **s.: Urkunden, griechische, der Papyrussammlung zu Leipzig.**

— **s.: Zeitschrift der Savigny-Stiftung f. Rechtsgesch.**

Mittel (Ueber die) zur Abhülfe der Arbeitsnoth. Als Mscr. gedruckt. 4°. Berlin 1845.

Mittel, über, gegen das Abnehmen der Kühe an Milch, das Fallen des Getreides, das Schwarzwerden des offenstehenden Weines. Von F. J. 8. Zürich 845, Orell, Füßli u. Co. 6 ngl

Mittel, Das allerleichtest und einzige, die Protestanten zu vereinigen. Germanien [Elberfeld] 1802. V: *Benzenberg, Heinrich.* (MGT) (Wr)

— u. Anweisung, ein Elixir zum langen Leben zu bereiten. 1 versiegeltes Couv. in 8. Hamb. 842. (Berendsohn.) 1/3 ß

Mittel und Aufgaben der preussischen Universitätsbibliotheken. (Verf.: B.) *Leipzig 1900: Ramm & Seemann.* (18 S.) 8° [Kopft. F.]
Aus Börsenblatt f. d. deutschen Buchhandel 1900. No 156 u. 157 [00. 7951 9

Mittel zur Beförderung des geistlichen Lebens, i.: Schutzengelbrief.

— sich von Sommersprossen, Hühneraugen rc. zu befreien. 8. Pirna 3e verm. A. 811. Friese. 12 gr.

— und Belehr. f. Hämorrhoidalkranke, Hypochondristen ꝛc. 8. Stuttg. Erhard. 804.

— u. Belehr. für Hämorrhoidalkranke, Hypochondristen ꝛc. 8. Stuttg. ... 2e Aufl. 804. (Sattler). 5 gr — Dass. 8. Altenb. 809. 3e A. (Aue in Altona). 8 gr

— — dass. 8. Lpz. Bauer. 810.

— — dass. französisch. 810.

— u. Belehr. f. Harthörige ꝛc. 8. Hamb. 808. Kratsch. 6 gr

Mittel

Ein in dem Königreiche Preußen ungemein bewährt befundenes Mittel wider die Seuche des Rindviehes, durch den Druck zum allgemeinen Gebrauche bekannt gemacht von einem vornehmen Patrioten.- Brandenburg:Hallen 1765. 8 S. 8°

— das beste u. ausführlichste, wider d. Kindermord. Dresd. 781. Hilscher. 2 gr

—— die besten, geg. Gicht, Rheumatismus, Flechten, Krätze, Taubheit, Augenkrankheiten, Kröpfe, Wechselfieber, Scharlachfriesel ꝛc., wie auch Mittel, d. weibl. Schönheit zu erhalten u. wieder herzustellen. Nebst e. Anh., durch d. einfache Streichen viele Gebrechen d. menschl. Körpers zu beseitigen ꝛc. 2. u. 3., stark verm. Aufl. (7 u. 8¼ B.) 8. Quedlinburg 831, Ernst. à

— über die besten, die ärmern u. niedern Volksklassen mit dem Inhalte d. heil. Schrift bekannter zu machen; eine gekr. Preisschrift. Aus d. Holländ. übers. v. Hnr. Hesse. 8. Münst. 803. Waldeck. 12 gr

Mittel, d. besten, gegen d. d. Menschen u. Hausthieren, d. Oekonomie u. Gärtnerei schädl. Thiere. 8. Quedlinburg, 1801. 2. Aufl. 1802. 3. Aufl. 1826. Ernst. — 15

— die besten, die Krankheiten der Haare zu vermeiden ꝛc. Nebst einer Anleitung zur Pflege der Haare ꝛc. Als Anhang: Das vorzügl. Mittel, um die Runzeln aus dem Gesichte hinwegzubringen. 16. Nordhausen 834. Fürst. ⅓ ₰ — 2e Aufl. 8. Ebd. 837. ⅓ ₰

— die besten, zuverläss., z. Verbesser. d. Feldwirthschaft, besond. f. Prediger auf d. Lande. 8. Leipz. 784. Hilscher. 7 gr

— — Bewährte, gegen das Aufblähen des Rindviehes von G. D . . r. 8. Augsburg 08. Rieger. M. —.25

— bewährte, gegen das Aufblähen d. Rindviehes, v. G D . . r 8. Augsb. 815. M. Rieger. 2 gr

— aus Erfahrung bewährte u. geprüfte, Fliegen, Wanzen, Schaaben, Ratten, Mäuse, Flöhe ꝛc. aus Kleidern u. Kasten ꝛc. zu vertreiben; aus d. Engl. 8. Brünn. 3 gr; (auch Neukirch in Basel. 1 gr)

Bewährte *Mittel* das Aufblähen d. Rindviches vom Klee u. anderm saftigen Futter zu verhüten u. zu heilen ... zusammengetragen v. D. P. U. St. 1793. 16 S. P

Mittel, Die bewährtesten, gegen alle Fehler des Magens ... Quedlinburg 1827. V: *Stahmann, Friedrich* (call)

— die bewährtesten, gegen alle Fehler des Magens u. d. Verdauung, so wie auch gegen Schnupfen, Brustverschleimungen u. s. w. 8. Quedl. 827, Ernst.

— die bewärtesten, gegen alle Fehler d. Magens u. d. Verdauung ꝛc. 8. Quedlinb. 827. 5e Aufl. 832. Ernst. 10 gr

—— die bewährtesten, geg. alle Fehler d. Magens u. d. Verdauung, so wie auch geg. Schnupfen, Brustverschleimung, Bluthusten, Darrsucht, Würmer, Urinbeschwerden ꝛc. Ingl. Heilung d. Lasters d. Trunksucht; genaue Beschreib. u. sichere Cur d. lebensgefährl. Milzbrandkarfunkels (blaue Blatter). Nebst Vorsichts- u. Verhaltungsmaßregeln beim Gebr. einig. starkwirkenden Arzneimittel ꝛc. 3—5., umgearb. Aufl. 8. (7, 9 u. 9½ B.) Quedlinburg 828—35, Ernst. à

— die bewährtesten, gegen alle Fehler des Magens u. der Verdauung, wie auch gegen Schnupfen, Brustverschleimung, Bluthusten, Urinbeschwerden, Verhaltungsregeln bei Erkältung, ingleichen Heilung d. Lasters der Trunksucht. Nebst Hufeland's Haus- u. Reise-Apotheke. 5e, von Neuem durchgesehene Aufl. 8. Quedlinburg 835, Ernst. $^5/_{12}$ ₰ — 6e, von Neuem durchgeseh. Aufl. 8. Ebd. 838. $^5/_{12}$ ₰

—— die bewährtesten, geg. alle Fehler d. Magens u. d. Verdauung, ingleichen Heilung d. Lasters d. Trunksucht. Nebst Hufelands Haus- u. Reiseapotheke. 6., von Neuem durchges. Aufl. 8. (9 B.) Quedlinburg 840, Ernst'sche Buchh.

— die bewährtesten, gegen alle Fehler d. Magens u. d. Verdauung. Nebst Hufelands Haus- u. Reise-Apotheke. 7. von Neuem durchges. u. verm. Aufl. 8. Quedlinb. 842, Ernst. $^5/_{12}$ ₰

— das Kalben der Kühe bei Tage zu bewirken. Als Verhütungsmittel vieler Feuersbrünste auf dem Lande höchst wichtig. Aus d. Holländ. übertragen von einem alten prakt. Oekonom. Ein verklebtes Couv. Gr. Hain 836. (Leipzig, Klein.) ¼ ₰

— ein billiges, zwischen d. beiden vornehmsten Meinungen über d. Dauer d. Strafe im künftigen Leben. Aus d. Franzos. (v. Chr. S. Krause). 8. Leipz. 782. Linke. 4 gr

— ein billiges zwischen den beiden vornehmsten Meinungen üb. d. Dauer d. Strafe im künftigen Leben, a. d. Franz. 8. Lpz. Linke. 783.

Mittel, Ein billiges, zwischen den beyden vornehmsten Meynungen über die Höllenstrafen; a. d. Franz. ... Leipzig 1783. Ü: *Krause, Chn Sigismund.* (Ky) (MGT)

Mittel, Die billigsten und zuverlässigsten, gegen Gicht, Rheumatismus ... Quedlinburg 1827. V: *Stahmann, Friedrich.* (call)

— gegen die Bleichsucht ꝛc., s. Fleckenkünstler.

—— drei unfehlbare, geg. d. Cholera. Nebst e. Abhandl. üb. d. Chlor, salpetersaure Räucherungen u. Waschungen mit Wasser, Seife od. Lauge. 8. (¼ B.) Stettin 831, [Morin'sche Buchhandlung.]

— 30 unfehlbare, zu der goldenen Kunst, sich aus allen Geldverlegenheiten zu befreien (von Eduard Maria Oettinger). gr. 16. (31 S.) Leipzig 848, Koffka. Verklebt ⅙ ₰

Mittel (Durch welche) ist den Leinwebern zu helfen?. Eine Bittschrift an alle deutschen Throne von R., ein Volksfreund. kl. 8°. Minden, Essmann, s. a. (1844).

— einfaches, alle Arten Getreide sicher u. auf die wohlfeilste Art aufzuspeichern, ohne daß dieselben in Jahrhunderten dem Verderben unterworfen sind u. auch die Keimkraft behalten. Auf Erfahrung gegründet, und zur Oeffentlichkeit gebracht durch e. Freund der Oekonomie. Mit 1 Steindrucktaf. gr. 8. Nürnberg 844, Leuchs u. Comp. 12 ngl

— e. einfaches, den Rosenkranz andächtig zu beten. (Gebetsperle Nr. 242.) (31 S.) 11,9×7,8 cm. Augsburg (909). Literar. Institut v. Dr. M. Huttler. nn — 10

Mittel, Einfaches, die übermässige Vermehrung der Sperlinge zu hemmen. [Hildesheim 1799.] V: *Firnhaber, Johann Heinrich.* (MGT) (Rotermund, Gel. Hannover. Bremen 1823.)

Mittel, einfaches, den beim Abkühlen der Bierwürze zurückbleibenden Kühlenschleim, Kühlsatz, Geläger, ohne chemische Mittel oder mechan. Vorrichtung u. ohne Filtrirbeutel binnen 1/4 Stunde so zu läutern, daß die darin enthaltene Würze rein gewonnen wird, die Gefahr einer wilden Gährung vermieden ist ꝛc. Vom Braumeister J. N. in Baiern. ... Nürnberg 837. Leuchs u. Comp. 1 ℛ

— e. einfaches u. natürliches, zur Verhütung der Empfängnis, empfohlen v. e. Menschenfreunde. gr. 8. (29 S. m 2 Abbildgn.) Leipzig 894. M. Spohr. n. — 50

Mittel, e. einfaches u. natürliches, zur Verhütung d. Empfängnis, empfohlen v. e. Menschenfreunde. 3., verm. u. verb. Aufl. gr. 8. (36 S. m. 2 Abb.) Leipzig 898. M. Spohr. n. — 60

Mittel, e. einfaches u. natürliches, zur Verhütung der Empfängnis, empfohlen v. e. Menschenfreunde. 7., verm. u. verb. Aufl. (40 S.) 8. Leipzig 909. M. Spohr. — 60

—— einfaches, zur Verhütung der Kartoffel-Krankheit. qu. 16. Elberfeld 854, Schmachtenberg.

—— einfaches u. vorzügl., Kleider v. allen Flecken zu reinigen, u. ihnen Glanz u. Appretur zu geben, ohne sie zu zertrennen. 1 versieg. Couvert. Ulm 838, (Nübling.)

Mittel, ein einfaches, wohlfeiles durch zehnjährige Erfahrung bewährtes, geringen Weinmost in guten Wein umzuwandeln. Stuttgart (853.) Göpel. (1 Bgn. in Fol.) verklebt nn. 6 ℛ

— 41 chemisch u. ärztlich geprüfte, als gut und zugleich durch langjähr. Erfahrung unschädlich befundene. 8. Leipzig 834. Franke, jetzt Melzer. Verklebt 1/8 ℛ

Mittel, Das einzige, einem durch den Krieg verarmten Lande aufzuhelfen. Dresden 1810. V: *Schmidt, August Gottlieb.* (Ky)

— das einzige, einem durch d. Krieg verarmten Lande aufzuhelfen. 8. Dresd. 810. Arnold. 18 g

— das einzige, die Einkünfte d. Pfarrer zu verbessern. 8. Ulm 809. Wohler. 5 g

— die einzigen, Friede zu machen; aus dem Französ. 8. Nürnb. 798. Grattenauer. 3 g

Mittel, die einzigen, zur baldigen Verwirklichung der deutschen Einheit u. Macht. An Fürst u. Volk. Von K D. gr. 8. (14 S.) Augsburg 848, Rieger. 1/12 ℛ

— einziges erprobtes, neu erkaufte Schuhe u. Stiefeln so dauerhaft u. wasserdicht zu erhalten, daß man statt 4 Paar nur 1 Paar jährlich braucht. Nicht für Reiche, sondern f. Minderbegüterte von J. J. G. 4e, mit e. Anhange verm. Aufl. Ein verklebtes Couvert. ... Leipzig 833. Zirges, jetzt Melzer. n. 1/12 ℛ

— einziges probates, neu erkaufte Schuhe u. Stiefeln so dauerhaft u. wasserdicht zu erhalten, daß man statt 4 Paar nur 1 Paar jährl. braucht. Von J. J. G. 3e verm. Aufl. 1 versiegeltes Couvert in qu. 8. Leipz. 832. (Zirges). 2 g

— einziges u. untrügl., gegen die sogenannte wilde Guhr in den Braugefäßen. Aus den nachgelass. Papieren eines alten Bierbrauers. 8. Leipzig 834. Fort. Versieg. 1/3 ℛ — In qu. 16. Leipzig, Drobisch. 2/3 ℛ

Mittel, einziges untrügliches, eine jede brennende Esse augenblicklich zu löschen, daß daraus weder f. d. Hausbesitzer u. Nachbaren, noch für d. Haus selbst d. mindeste Schade entstehen kann ꝛc. Mit 2 Kupft. Neue Ausgabe. 8. Leipz. 823, Leich.

— natürl. Liebe einzuflößen. 8. Berl. 796. Hayn. 4 g

— üb. die, Diebstähle zu entdecken, bes. in Städten. 8. Mannh. Schwan und G. 785.

— neu entdecktes untrügl., auf eine leichte u. anmuthige Weise in seiner geistigen und sittl. Bildung die entschiedensten Fortschritte zu machen und auch bei geringen Geistesanlagen eine Fulle neuer, eigenthüml., geistreicher Bemerkungen hervorzubringen. 2e verb. u. verm. Aufl. gr. 12. Rinteln 837. Osterwald. 3/4 ℛ

o. N., Mittel, die Erdäpfel viele Jahre gut zu erhalten.
Augsburg 1813

— von d., die Gesundheit zu erhalten ꝛc. 8. Salzb. 794. Mayr. 4 g

— zur Erhaltung u. Beförder. der Schön- u. Gesundheit. 8. Quedlinb. 795. Ernst. 4 g

— zur Erlangung u. Erhaltung eines schönen Busens. 2 Bdchn. 12. Berl. 795, 96. Schöne 1 ℛ 4 g

Mittel. Erprobte und bewährte M' gegen die hauptsächlichsten Schädlinge der Gartengewächse. Mit 14 Abbildungen 32 S. 8. Rüti ⟨Zürich⟩, Verlag des »Schweizer. Pflanzenfreund« Ernst Meier, Gartenbau-Geschäft, [1908]. fr. —.20
Gratisbeilage zum Familien-Kalender ... 1909 und zu Schröter's Küchen- u. Hauskalender . 1909. Zürich. Th. Schröter's Verlag... |

Mittel, Erprobte und bewährt erfundene, wider den Rheumatismus, die Gicht und das Podagra. Quedlinburg 1823. V: *Westphal, Carl.* (Ky) (MGT) (EngM)

— erprobte u. bewährt gefundene, wider d. Rheumatismus, die Gicht u. d. Podagra, von (C. Westphal). 8. Quedlinb. 823. Basse. 12 g

— erprobte sichere, zur Verhütung u. Heilung der drei größten Winterübel: des Schnupfens, des Hustens und der erfrorenen Glieder. 32. Posen 836. Heine. Verklebt 1/4 ℛ

Mittel, Das erprobte, das Ausgehen der Haare zu verhindern . . . Quedlinburg 1824. 2. Aufl. 1825. V: *Westphal, Carl.* (EngM) (Ky) (MGT, »Mittel, Erprobte« (call)

— erpropte, das Ausgehen d. Haare zu verhindern, den Haarwuchs zu befördern u. zu bewirken, daß kahle Stellen des Kopfs sich wieder mit Haaren bedecken; so wie bewährte Vorschriften, um Warzen, Sommersprossen rc. wegzubringen. Von einem prakt. Arzt (C. Westphal). 2e Aufl. 8. Quedlinb. 825. Basse. 8 Gr.

—— erprobte, das Ausgehen d. Haare zu verhindern, den Haarwuchs zu beförd. u. zu bewirken, daß kahle Stellen d. Kopfs sich wieder mit Haaren bedecken; so wie bewährte Vorschriften, um Warzen, Sommersprossen rc. wegzubringen. Von e. prakt. Arzte. 2. Aufl. 8. (2½ B.) Quedlinburg 832, Basse.

—— erprobte, den zu weit hervorsteh. Hüften u. d. ungleich. Haltung d. Schultern vorzubeugen u. abzuhelfen, wenn junge Leute sich täglich mehr. Male dies. Mittels bedienen. qu. 8. Hildburghausen 830, (Kesselring.) Verklebt.

—— erprobtes, schnell zu buttern. Nach vieljähr. Erfahr. hrsg. v. e. denkenden Landwirthe. 8. (½ B.) Kaschau 830, [Leipzig,] G. Wigand. Verklebt.

— ein durch vieljähr. Erfahrung erprobtes, wie man Gänse binnen 14 Tagen nicht nur außerordentl. schmackhaft machen, sondern auch so kräftig mästen kann, daß sie drei Kannen Fett oder erstaunlich große Lebern ihrem Besitzer verschaffen. Nebst e. Belehrung, das im Frühjahr so häufige Sterben der jungen Gänse zu verhüten. Von J. J. in S.... 3e verm. Aufl. 1 versiegeltes Couvert in qu. 8. Leipz. 832. (Zirges). 2 Gr.

—— ein durch vieljähr. Erfahr. erprobtes, wie man Gänse binnen 14 Tagen nicht nur außerordentlich schmackhaft machen, sondern auch so kräftig mästen kann, daß sie 3 Kannen Fett od. erstaunlich große Lebern ihrem Besitzer verschaffen. Nebst e. Belehr., das im Frühjahr so häuf. Sterben d. jungen Gänse zu verhüten. Von J. J. in S.... 4. Aufl. Leipzig 834, [Franke.] Verklebt.

Mittel, ein durch vieljähr. Erfahrung erprobt., wie man Gänse binnen 14 Tagen nicht nur außerordentlich schmackhaft machen, sondern auch so kräftig mästen kann, daß sie 3 Kannen Fett oder erstaunlich große Lebern ihrem Besitzer verschaffen. Nebst einer Belehrung, das im Frühjahr so häufige Sterben der jungen Gänse zu verhüten. Von J. J. in S... 4e Aufl. Ein verklebtes Couvert. ... Leipzig 834. Zirges, jetzt Melzer. n. 1/12 Thlr.

— erprobtes, f. Kaffeeliebhaber rc. 8. Straubing. 806. (Schorner). 6 Gr.

— d. ersten, d. Christenthum b. d. Kathol. aufzuhelfen. 8. Germ. (Wohler in Ulm) 805.

— d. ersten, das Christenthum bei d. Kathol. aufzuhelfen. 8. Germ. 806. (Wohler in Ulm). 4 Gr.

— Briefe oder irgend einen Körper, der ein gewisses Gewicht nicht übersteigt, mit e. telegraphischen Geschwindigkeit von 100 Lieues in der Stunde fortzuschaffen. Aus d. Französ. von einem bayer. Artillerie-Offizier. Mit 4 Figuren in Holz. Lex.-8. München 845. (Franz.) n. 2/3 Thlr.

— Recepte u. Künste, fünf ganz neu erprobte, welche f. Jedermann v. großem Nutzen sind. (1. allerhand Flecken aus allen Arten Zeuge zu bringen. 2. vortreffl. Oel aus den Körnern d. Sonnenblumen zu machen. 3. u. 4. zwei erprobte Mittel, die Wanzen schnell zu vertilgen. 5. Aufdeckung d. Geheimnisses, eine wohlfeile Seife zu machen; nebst einem Mittel, rohe Leinwand u. Kattun zu bleichen rc.) 8. Elberf. 811. Mannes. 2 Gr.

— 5 erprobte, wohlthätige, f. Land- u. Hauswirthe. Leipz. 820. P. Vogel, 4 Gr.

— fünfzig, gegen böse Gläubiger, oder Borgen macht Sorgen. Humoristische Skizzen aus dem Leben. Hrsg. v. Nikanor I. (F. Lubojatzky.) Mit (eingedr.) Holzschn. nach C. Reinhardt. 8 Lfgn. Lex. 8. (272 S.) Dresden 847. 48, Meinhold & Söhne. (à 1/3 Thlr.) 2 2/3 Thlr.

Mittel, geheimes, zur Reinigung d. engl. gelben Stiefelstolpen. 8. Altona. 805. Bechtold. 5 Gr.

—— wider entstand. Gehörschwäche u. Taubheit. Ein versieg. Couvert. Magdeburg 838, [Baensch.]

— wider entstandene Gehörschwäche u. Taubheit. Ein versiegeltes Couvert. .. Magdeburg 838. Richter. 1/3 Thlr.

MARIA. Geistliche und kräftige Mittel wider die grausame Sucht der Pest, welche täglich zu der allerseeligsten Mutter Gottes hernach zu denen Heiligen Sebastiano, Rocho und Rosalia bey denen PP Franziskanern in Pressburg werden ausgespendet werden. Pressburg 1739: Druck. Royer (8 f.) - 160 mm

Mittel, geringes

Mittel, Ein ringes, befördert den Reichthum. Ein Lustspiel in drey Aufzügen von K. G. T. O. O. 1785. V: *Traun, Carl Emanuel Graf.* (GGr V/325, Nr. 71/19) (BiblPort)

Mittel, ein geringes, befördert den Reichthum. Lustspiel v. Traun. 8. Wien, Hörling. 785.

Mittel und Recepte, geprüfte u. bewährte, für Landwirthe. Leipzig (858.) Wengler. (1 Bgn. in Fol.) verklebt 1 Thlr.

Mittel, Gantz gewisse, und unwidersprechliche Gründe . . . die (sogenandte) Protestirende zu vereinigen . . . O. O. 1711. V: *Leonhardi, Joh.* (ZuWZür)

Mittel und Gründe, Ganz gewisse, die Protestirenden zu vereinigen. O. O. 1711. V: *Leonhardi, Johann.* (Myl)

Mittel, Die gewissesten und wirksamsten diätetischen und arzneilichen, gegen den Magenkrampf. Quedlinb. 1823. V: *Westphal, Carl.* (EngM) (Ky)

— die gewissesten u. wirksamsten diätet. u. arzneil., gegen den Magenkrampf u. andere Krankheiten des Magens, von (C. Westphal). 8. Quedlinb. 823. Basse. 10 Gr.

— glückl., d. edle Jugend wohl zu erziehen. 8. Ulm 757. Stettin. 4 Gr.

Mittel und Hauptresultate aus den meteorologischen Beobachtungen in Basel von 1826 bis 1836, angestellt von P(eter) Merian. In Bern von 1826 bis 1836, angestellt von [Johann] F[riedrich] Trechsel. In St. Gallen von 1827 bis 1832, angestellt von Daniel Meyer (N. Denkschr Schweizer Ges. für Naturwiss. Band 2) 4 (Neuchâtel 1838)

— e., zur Hebung der ländlichen Wohlfahrt od. Wer nimmt sich der schulentlassenen männl. Jugend auf dem Lande an? Von e. Freunde der Jugend. (67 S.) 12. Regensburg (903) (A. Coppenrath's Verl. n. — 50

Mittel, ein Zimmer sehr schnell zu heizen. [Riga, 1804.] V: *Wichmann, Johann Carl.* (R-N)

— wider Herrschsucht d. bösen Weiber ꝛc. 8. Augsburg, Wolf.

— gegen Holz=Frevel, s. Welche Mittel ꝛc.

— wider die Hundswuth, von d. Landmann Schmiedekamp in Stapelage im Fürstenthum Lippe. gr. 8. Lemgo 813. Meyer. 1 gr.

— wider verschiedene, d. Menschen, Thieren u. Erdfrüchten schädliche Insekten u. andere Thiere ꝛc. 8. Grätz 801. Tusch 9 gr.

– Dass., 2 Aufl., s. Mitteln

§ MITTEL, Kräftige, Wider die Herrsch- und Regiersucht, denen bösen Weibern zum Neuen Jahr geschenkt. O. O. u. J. (c. 1700). 8°.

Mittel, Leicht und kräfftiges, die unruhigen Gemüther zu stillen ... O. O. 1721. V: *Hannenberg, Gottfried.* (Jes)

— leichtes, d. Kindern die Anfangsgründe d. franzöf. Sprache beizubringen. Mit Kärtchen. 8. Leipz. 804. Jacobäer. (Aue in Altona). 18 gr.

o. N., Ein leichtes, wohlfeiles und durch zuverlässige Erfahrungen bewährtes Mittel, den Gras- und Heuertrag der Wiesen, Triften und Koppeln um das Dreifache zu erhöhen.
Neuburg a. D. o. J.
(ca. 1800)

— leichtes u. zuverlässiges, sich ohne Fleisch u. ohne Kosten die kräftigst., wohlschmeckendsten u. nahrhaftesten Fleischbrühen zu verschaffen. 8. Leipz. Sommer. 815.

Mittel, leichtes u. zuverlässiges, sich ohne Fleisch u. ohne Kosten die kräftigsten, wohlschmeckendsten u. nahrhaftesten Fleischbrühen zu verschaffen. 8. Lpz. 825. 2e A. 817. (W. Nauck). 3 gr.

— letztes und sicherstes, gegen chronische Krankheiten, oder Ludwig Cornaro's vier Abhandlungen über die Vortheile eines mäßigen Lebens. Ein Buch für Unterleibskranke und Solche, welche sich durch Geistesanstrengungen, Kummer u. Sorge, Ausschweifungen in der Liebe u. Uebermaaß im Essen u. Trinken geschwächt haben. M. hydriat. u. a. Bemerkungen herausgeg. v. Karl Munde. 8. Gotha 842, Gläser. 2/3 ₰

— über die, die venerische Ansteckung unmöglich zu machen. 8. Altenb. 800. Litt. Compt. 4 gr.

— gegen d. Mai- u. Spätfrost u. gegen die Maikäfer. 8. Grätz 804. (Wienbrack in Leipz.) 6 gr.

Berlin. Meteorolog. Institut.

— — Monatl. Mittel für Druck, Temperatur, Feuchtigkeit u. Niederschläge und fünftägige Wärmemittel sämmtlicher mit dem Meteorologischen Institut vereinigten deutschen Stationen. Jahrg. 1864—78. (A. m. d. T Preussische Statistik. Amtliches Quellenwerk. Herausg. in zwanglosen Heften vom Kgl. Stat. Bur. in Berlin. XII, XIV, XIX, XXIII—XXV, XXVII, XXXII—XXXIV, XXXVII, XXXXIV, XXXXVII, XXXXIX.)
Berlin 1867—79.
(Jahrg. 1877 enthält das Bildniss von H. W Dove, 1878 einen Nekrolog Dove's von Georg Neumayer.)

Mittel, Monatliche, der Jahrgänge 1864, 1865, 1866 für Druck, Temperatur, Feuchtigkeit und Niederschläge und fünftägige Wärmemittel sämmtlicher mit dem meteorolog. Institut zu Berlin vereinigten deutschen Stationen. Veröffentlicht von H. W Dove. Berlin 1867. Fol.
Ist: Preuss. Statistik. H. 12. (D.)

—— des Jhg. 1878 . Veröffentl. vom meteorolog. Institut. Berlin 1868—79. Roy-4.
Ist Preuss. Statistik. H. 14. 19. 23—25. 27. 33—34. 37. 41. 47. 49.

— üb. d. nächsten u. geschwind wirkenden, Nahrung u. Verdien in einem Staate zu verbreiten, (von Chr. Hnr. Binder). 4. (Mecklenb.) 787. Bödner. 3 gr.

— natürl., d. Scharwerk, od. Frohne in Bayern aufzuheben. 8. Münch. 802. Fleischmann. 16 gr.

— neuentdecktes, sauer gewordenes Bier nicht nur gut, sondern besser, feiner im Geschmack und haltbarer als vorher zu machen, ohne Zusatz von Austerschalen, Kreide, Potasche ꝛc., sondern durch Pflanzenstoffe. 16. Nürnberg 845, Leuchs u. Comp. verklebt. n. 8 ₰

—— ein neuentdecktes sicheres, zur Verlängerung des menschlichen Lebens. A. u. d. T.: Die neuentdeckte Heilkraft der weissen Senfsamen in allen Krankheiten des Unterleibes, Hartleibigkeit, Verdauungsbeschwerden, Nervenkrankheiten etc. Gestützt auf sichere Erfahrungen bewährter Aerzte. Aus dem Französ. gr. 8. (24 S.) Hamburg 853, Heller.

Mittel, neu entdecktes untrügl., auf e. leichte u. anmuth. Weise in seiner geistigen u. sittl. Bildung d. entschiedensten Fortschritte zu machen u. auch bei geringen Geistesanlagen e. Fülle neuer, eigenthüml., geistr. Bemerkn. hervorzubringen. 2., verb. u. verm. Aufl. gr. 12. (7 B.) Rinteln 837, Osterwald.

— nützl., z. Bestand d. poln. Reichstage. 2 Thle. 8. Warschau 764. 1 ₰

Mittel gegen die geheimen Ordensverbindungen unter den Studirenden. Von einem Academiker. Dresden: Hilscher. 8°
Kl. 2801.

Mittel gegen die geheimen Ordensverbindungen unter den Studirenden. Allen academischen Behörden zur Prüfung vorgelegt, allen academischen Mitgliedern zur Beherzigung übergeben, von einem Academiker. Dresden: Hilscher 1824. VI, 56 S. 8°

Mittel, Physisch-moralische, nach Willkühr Knaben und Mägdchen zu zeugen; a. d. Franz. Leipzig 1781. Ü: *Pescheck, Christian August.* (Ky) (OL) (MGT)

Mittel, e. praktisches, gegen den Ultramontanismus. Realpolit. Studie. gr. 8. (58 S.) Elberfeld 876. Loll. n. 1. —

— probates, neu erkaufte Schuhe u. Stiefeln so dauerhaft u. wasserdicht zu erhalten, daß man statt Vier Paaren nur Ein Paar jährl. braucht. Erfunden u. bekannt gemacht v. J. J. G. 5. Aufl. qu. 8. Quedlinburg 847; Ernst. Verklebt. 1/12 ₰

— probates, zur gänzlichen Vertilgung des Duwock (equisetum palustre et arvense). 12. Bremen 841, Kaiser. n. 1/6 ₰

Mittel (Radicales) gegen die Noth der Arbeiter von einem Freunde der Arbeiter und der Arbeit. 8°. Berlin 1848.

Ein Mittel für Deutschlands Rettung oder Deutschland in kurzer Zeit in ein Paradies zu verwandeln. Von einem Bewohner des Kaiserstuhls im Großherzogthum Baden. (Freiburg i. Br.) Im April 1848. 23 S. 8°.

— — wider Rheumatismus, Gicht und Podagra. Ausgewählt und mit eigenen Erfahrungen bereichert von einem sich selbst kurirten Menschenfreund. 2te Aufl. 8. Ebend. 820.

Des Sanitätsrathes zu *Zürich* Mittel, so bey dem Biß wütender Hunde zu gebrauchen. 4°. (Plv. antilyssus *Meadii.*)

1755

— schnelle, gegen die schweren Folgen d. niedrigen Getreidepreises im Sommer 1821. Einige Vorschläge v. Diätophilus. gr. 8. Manh. 821. Schwan u. G. 6 gl

— sechs, wider die Wanzen. Heilbr. 826. Claß. 3 gl

—— und Rezepte, 86 durch vieljähr. Erfahr. v. e. prakt. Landmanne erprobte, zum Gebr. in jed. Haushaltung, besond. aber in großen Oekonomien auf d. Lande. qu. gr. 8. Breslau 831, Pelz. Verklebt.

— sichere u. durch Erfahrung bestätigte, sich von Sommersprossen, Hühneraugen, Warzen rc. zu befreien. 3te Aufl. 8. Pirna, Friese. 811.

Mittel, sichere, sich vor der herannahenden Cholera zu schützen. Nebst einer untrügl. Heilmethode derselben, nach den während der diesjähr. Epidemie in Rußland gemachten Erfahrungen. Von einem französ. Arzte. In's Deutsche übertr. von A. F. Ritter. gr. 16. (32 S.) Berlin 848, Weyl und Comp.

— u. Recepte, sichere u. untrügliche, alle Wanzen aus Betten, Stühlen, Tischen, Schränken rc., wenn sie auch noch so lange darin genistet haben, ganz gewiß zu vertreiben, sie zu tödten, u. ihre Brut völlig auszurotten. Nebst einem Anhange: üb. die sichere Vertilgung d. Motten. 8e verm. Aufl. 8. Leipz. 827, Sommer. (Versiegelt.)

Mittel, sichere, die Wanzen aus Betten, Stuben, Kammern, Häusern rc. ganz gewiß zu vertreiben. Nebst einem Anh. über die sichere Vertilgung der Motten. 8. Leipzig, Sommer in Comm. 821. Rthlr. -

— sichere, die Wanzen aus Betten, Stuben, Kammern Häusern rc. ganz gewiß zu vertreiben. Nebst einem Anh. üb. die sichere Vertilgung der Motten. 8. Leipz. 8e Aufl. 827. (W. Nauck). 6 gl

— sichere, zuverlässige u. untrügl., alle Ratten u. Mäuse aus Häusern, Gärten, Feldern etc. z. vertreiben etc. 8. Leipzig, 1827. 2. Aufl. 1828. 3. Aufl. 1829. (Nauck.) — 7½

— sicheres u. billiges, alles dumpfig oder müchzend gewordene Getraide zum Verkauf geeignet zu machen rc. 32. (Dresden 849, Grimm.) Versiegelt. 1 ngl

— sicheres, gegen Kornwucher und Kornnoth oder die Kunst aus rohen Kartoffeln durch ein ganz einfaches Verfahren das schönste Kartoffelmehl zu erhalten rc. Vom Prof. L..... qu. 16. Arnstadt 843, Meinhardt. verklebt. 1/6 ngl

— sicheres, einen Staat reich zu machen, in Abschaffung d. Brachflachses und Einführung des Frühflachses. 2 Stck. 8. Gotha, Ettinger. 787.

Mittel, Sicheres, einen Staat reich oder blühend zu machen ... Gotha 1787. V: *Weissenborn, Johann Chn.* (Ky)

— sicheres, e. Staat reich od. blühend zu machen, in Abschaffung d. Brachflachses, u. in Abschaffung d. Hut, Trift rc. (v. J. Chr. Weißenborn). 2 Stcke. 8. Gotha 787. Ettinger. 4 gl

Mittel, e. sicheres, die gute Presse zu verbreiten. (20 S.) 16. Warnsdorf (906). A. Opitz. n. — 10

— sicheres, zur Verlängerung d. Lebens u. z. Erhaltung u. Befestigung d. Gesundheit. gr. 8. Erlang., Heyder. 12 gl

— sicheres, zur Verlängerung des Lebens und zur Erhaltung u. Befestigung der Gesundheit. 2e Aufl. gr. 8. Erlangen 839. Heyder. Verklebt 1/3 ngl

Mittel, Sicheres, um künftigen Hornviehseuchen zuverlässig vorzubeugen. Glogau 1774. V: *Jetze, Franz Chph.* (Ky) (BV)

— sicheres, um künftigen Hornviehseuchen vorzubeugen rc. (v. F. C. Jetze). 4. Glogau. 774. Gbr. Fr. Günther. 4 gl

Mittel, Die, Weinberge gegen die nachtheiligen Folgen der Nachtfroste zu sichern ... Leipzig 1799. V: *Voit, Johann Peter.* (Ky) (Engoec)

Mittel die Weinberge gegen die nachtheiligen Folgen der Nachtfröste zu sichern, und dadurch den Wein-Mißwachs zu verhüten. Leipzig: Rein 1799. 30 S. -- 21*
BJ: Mittel die Weinberge ... und unter Veit, J. P.: Mittel die Weinberge .... Leipzig & Bern 1799. -- Bibliotheca oeconomica: Die Mittel Weinberge gegen die nachtheiligen Folgen der Nachtfröste zu sichern .... (Von J. P. Voit). -- Bibliotheca oenologica: Veit, J. P.: Mittel Weinberge .... Leipzig & Bern 1799. -- Dochnahl: Die Mittel Weinberge .... (Von J. P. Voit). -- Kayser: Mittel ..., angeblich von J. P. Voit. -- Weber: 1798.

— d. sicherste, sich von d. Zahnschmerzen zu befreien u. s. w. 8 Pirna, Friese. 5 gl

— d. sicherst., sich vn d. Zahnschmerzen z. befr. u. s. w. 8. Pirna. (Lpz. Joachim) 803.

Mittel, Das sicherste, zum Frieden. Wien 1797. V: *Müller, Joh. v.* (GGr)

— d. sichersten, s. v. Krämpfen zu befreyen, siehe G. W. Becker.

Mittel sichersten Krämpfe
Die sichersten Mittel sich von den Krämpfen zu befreien. Für Aerzte und Nichtärzte durchaus umgearb. von G(ottfried) W(ilhelm) Becker. 120 S., gbd.
Pirna: 1808

JB 2.063

Ueber die sichersten Mittel, in Armuth zu gerathen und Armuth zu befördern; oder von den wahren Ursachen der täglich zunehmenden Anzahl der Armen. *Berlin, Maurer.*
(*Aus* „Inquiries concerning the poor Edinburg 1783.)"
1785

— die sichersten, gegen Gicht, Rheumatismus, Krätze, Flechten, Hautausschläge aller Art rc. 3e Ausg. 8. Quedlinburg 836. Ernst. 3/8 ngl

— die sichersten, wider Gicht, Rheumatismus u. Podagra. 5e Ausg. 8. Regensb. 826. Daisenberger. 10 gl

—die sicherst.en, wider d. Hämorrhoiden, Hypochondrie u. Hysterie; ausgewählt u. mit eigenen Erfahrungen bereichert v. e. sich selbst glücklich kurirten Menschenfreund. 2e A. 8. Berl. 814. (Regensb., Daisenberger). 18 gr

— — die sicherslen, wider die Hämorrhoiden, Hypochondrie und Hysterie; ausgewählt und mit eigenen Erfahrungen bereichert von einem sich selbst glücklich kurirten Menschenfreund. 2te Aufl. 8. Regensburg, Daisenberger. 819.

— die sichersten f. junge Herren, sich in Gesellschaften beliebt zu machen. Eine herzerfreuende Zusammenstellung v. Kunststücken ꝛc. 8. Berlin 843. (Grobe.) n. 1/8 Rthl

—die sichersten wider Hühneraugen u. Warzen; so wie nützl. Belehrungen über kalte und schweiß. Füße u. unterdrückten Fußschweiß. 8. Quedl. 826. Basse. 8 gr

—die sichersten, wider die Hypochondrie ꝛc. 2e Aufl. 8. Nürnb. 815. Zeh. 20 gr

—die sichersten, wider die Lungensucht u. Auszehrung, nicht nur für solche, die sie bereits haben, sondern auch noch nicht genug bekannte Warnungen f. solche, d. sich vor selben hüten u. bewahren wollen. 4e Ausg. 8. Wien 821. (Tendler). 16 gr

—die sichersten, wider die Lungensucht u. Auszehrung, nebst Trostgründen f. daran Leidende. 5e Aufl. 8. Leit. 826. (München, Daisenberger). 18 gr

Ueber die sichersten Mittel, die Armuth zu unterstüzen und Ursachen der Vermehrung der Armen in grossen Stadten. *Berlin.* 1785

Mittel sichersten untrüglichsten

Die sichersten und untrüglichsten Mittel sich von den Krämpfen zu befreyen, kein Geheimniß. Für Aerzte und Nichtärzte, und besonders für alle diejenigen zu Tage befördert, welche von diesen Uebel gequält werden und sich nach Hülfe sehnen. 23 S., gbd.

O.O.: 1802

JB 2.062

— u. Recepte, die sichersten u. untrügl., alle kalte Fieber gründlich zu heilen u. Rückfällen so wie üblen Folgen vorzubeugen. Nebst e. Anhang üb. die Gelbsucht. 8. Glogau 827. Neue Günthersche B

—d. in d. chymischen, wider die Wanzen zufällig entdeckte Stein d. Weisen. 8. Manh. 780. Löffler. 3 gr

—gegen d., d. Menschen u. Hausthieren, d. Oekonomie u. Gärtnerei schädlichen Thiere. 8. Quedlinb. 802. 3e A. 826. Ernst. 12 gr

—über die, gegen d. Ueberhandnehmen d. Selbstmords, (v. Chr. Fr. Sintenis). 8. Leipz. 792. (W. Vogel). 4 gr

— unfehlbares, gegen die Cholera, (von d. Wißnizer Juden in Galizien). 8. Leipz. 831. (Weygand). 1 gr

—unfehlbares, gegen die Gicht, od. Anweis., wie ein Jeder sich selbst auf eine leichte, wohlfeile Art vor d. fürchterl. Schmerzen dieses Uebels sichern u. gänzlich befreien kann, durch vieljähr. Erfahrung erprobt ꝛc. 8. Leipz. 822, (Dessau, Ackermann). 1 Rthl

Mittel, Unfehlbares, wider Magenkrampf, Vollblütigkeit, Rheumatismus . . . 2. Ausg. Leipzig 1854. V: *Reclam, Carl.* (Ky)

Mittel, unfehlbares, wider Magenkrampf, Vollblütigkeit, Rheumatismus und alle Erkältungskrankheiten. Erkannt und bewährt in der richtigen Anwendung des warmen Wassers. Von einem prakt. Arzte. 2. Ausg. 8. (48 S.) Leipzig 851. [Kaiserslautern, Meuth.] *

—— unfehlbares, wider Verdauungsstörungen, Magenschwäche, allgemeine Körperschwäche ꝛc. Erkannt und bewährt in dem vorschriftsmäßigen Genusse des bair. Bieres. Von einem prakt. Arzte. 2. Ausg. 8. (IV und 56 S.) Leipzig 854. [Kaiserslautern, Meuth.] *

Letztere zwei Schriftchen erschienen bereits 1852 unter den Titeln: Wasser, das warme, und seine Heilkräfte ꝛc. und Bier, das baierische, und seine Heilkräfte.

Mittel, Unfehlbares, den Büchernachdruck zu verhindern. . . . Tübingen 1790. V: *Ploucquet, Wilhelm Gottfried.* (Ky) MGT) (cb)

—unfehlbares, d. Büchernachdruck zu verhindern, (von W. G. Ploucquet). 4. Tüb. 790. Osiander. 2 gr

Anonym: „Das untrügliche Mittel zur schnellen Herstellung aller im Kriege ruinirten Landgüter. (Als II. Nachtrag zu der Schrift: Ueber Preussens Geldhaushalt und neues Steuersystem)", Prenzlau 1823. — Vorh.. Preuß. Staatsbibl. Berlin.

MITTEL, Untrügliche, glücklich in der Liebe und Ehe zu seyn. Mit 1 Kupfer Bremen 1803. 16° (1/3 Rthl. Lippert, Halle, c. 1860.)
— — Dasselbe 2 Aufl Gotha 1806. 12° (15 ggr.) (36 xr Scheible, vor 1870.)

—untrügl., in d. Liebe u. Ehe glücklich zu seyn. 12. Frankf. a. M. 805. (Gebhard u. K.) 8 gr

—untrügl., glücklich in der Liebe u. Ehe zu seyn. 12. Gotha 806. Steudel. 16 gr

— untrügliches, der Theurung der ersten Lebensbedürfn. abzuhelfen ꝛc. 8. Witth. Kühne. 800.

—untrügliches, die Kinder ohne Wiege sehr leicht in einen festen, ruhigen u. erquickenden Schlaf zu bringen. 8. Berl 821. Maurer'sche Buchh. 4 gr

—untrügliches, aus vieljährigen Erfahrungen erprobtes, Warzen, Muttermäler u. sogenannte Schandläuse auf eine leichte Art zu vertreiben. In verschlossener Briefform. Rotweil, Herder. 6 gr

—einzig untrügl., jede brennende Esse augenblicklich zu löschen, Nebst Anleit., Essen anzulegen. Mit 2 Kpf. 8. Penig 803. N. A. 823. (Leipz., Leich). 12 gr

—untrügliches, f. Mädchen, Männer zu erhalten. Halle, Dietlein. 4 gr

—das untrüglichste, zur Herstellung aller im Kriege ruinirten Landgüter; als 2r Nachtr. zu der Schrift: Ueber Preußens Geldhaushalt u. neues Steuersystem. gr. 8. Prenzlau 823. Ragoczy. 6 gr

— — die untrüglichsten u. sichersten gegen die Wiederkehr des Fruchtmangels u. d. Theurung nach rein staatswirthschaftl. Ansichten, v. Freyh. v. St. 8. Wien. (Leipz., Kummer in C.) 818.

— gegen das Unvermögen im Beischlafe. 8. Leipz. 817. Joachim. 4 gr.

— über die, zur Verbesserung d. Rechtspflege in d. Provinzen d. Preuß. Reichs. gr. 8. Berl., Dümmler. 8 gr.

— das Anlaufen u. Gefrieren der Fensterscheiben, für immer, vollkommen zu verhindern. (Mit 1 Steindruck.) 8. Berlin.. Gropius. n. 1/6 rthl

— das Anlaufen u. Gefrieren d. Fensterscheiben, für immer, vollkommen zu verhindern. 8. (1 B. u. 1 Stndr.) Berlin 834, Gropius.

— die, zur Verhütung v. zu vielem Kindersegen. Ausg. durch d. „Neu-Malthusian. Bund" (unt. Mitwirkg. v. C. R. Drysdale). Letzte verb u. verm. Ausg. (März 1895). Autor. Uebersetzg. aus d. Holl. v. H. Wolf. 8. (20 S. m. 6 Abb.) Leipzig 895. E. Kunze. -- 40

— dasselbe. Ausg. durch d. „Neu-Malthusian. Bund" (als Rechtsperson anerkannt durch kgl. Beschluss v. 30. I. 1895, Nr. 24) unt. Ehrenvorsitz d. Ministers d. Innern u. Dr. C. R. Drysdale. Letzte verb. u. verm. Ausg. (März 1895). Autor Uebersetzg. aus d. Holl. v. H. Wolf. (Neudruck.) 8. (20 S. m. 7 Abb.) Ebd. 898. n. — 60

Mittel, die, zur Verhütung v. zu vielem Kindersegen. Ausg. durch den „Neu-Malthusian. Bund" (als Rechtsperson anerkannt durch königl. Beschluss vom 30. I. 1895, Nr. 24) unter Ehrenvorsitz des Ministers des Innern u. C. R. Drysdale. Letzte verb. u. verm. Ausg. (März 1895.) Autoris. Uebersetzg. aus dem Holl. von H. Wolf. (30.—35. Taus.) 8. (32 S. m. 8 Abbildgn.) Leipzig-Thonberg (900). E. Kunze. — 60

Mittel zur Verhütung von Revolutionen. Aus den vertrauten Schreiben eines deutschen Geheimenrathes, vom Jahre 1794. 8. Zürich und Winterthur 1843.

— üb. die, gegen die Verletzung öffentl. Anlagen u. Zierrathen. 8. Berl. 791. Voß. 6 gr.

Mittel, über die, der Kohlendampf im Zimmer, u. die schädl., ja selbst tödtl. Folgen desselben zu vermeiden, u. doch d. Erwärmung d. Zimmer nicht zu schaden. 8. Berlin 823, jetzt Logier.

— über die, den Kohlendampf im Zimmer u. d. schädlichen Folgen desselben zu vermeiden rc. 8. Berl. 823. Logier. 2 gr.

A. O. V., Ueber die Mittel zur Verminderung der Widerstände bei Eisenbahnzügen. Mit 57 Textfiguren u. einer Tafel. 8. (71 S.) 1.—
Wien: Hartleben 1890.

Mittel vernünftige bewährte

Vernünftige und bewährte Mittel zur Erlangung und Erhaltung eines schönen Busens. Ein diätetisch Büchlein für Mädchen und Mütter.
Berlin: 1796

s.: Mittel, Vernünftige und bewährte, zur Erlangung und Erhaltung einer schönen Gorge... Th.2.

Mittel, Vernünftige und bewährte, zur Erlangung und Erhaltung einer schönen Gorge . . . Berlin 1795—96.
V: *Siede, Johann Christian.* (BGG)

Mittel vernünftige bewährte

Vernünftige und bewährte Mittel zur Erlangung und Erhaltung einer schönen Gorge. Ein diätetisch Büchlein für Mädchen und Mütter. Th.1 - 2, gbd., Abb.

Berlin: Schoene 1795 - 1796

JB 3.822

— verschiedene auf Erfahrung gegründete, welche bei Mühlenwerken von jedem Mühlenbesitzer mit Vortheil anzuwenden sind. Nebst Anweisung zur richtigen Führung eines Mühlenwerkes für Lehrlinge u. angehende Gesellen. 8. Bautzen 844. (Schulze'sche Buchh.) n. 1/3 rthl

— die, in einigen Wohnungen so häufigen Wanzen auf e. leichte u. sichere Art zu vertilgen, durch allerhand Versuche entdeckt u. approbirt rc. Prag 809. Neureutter. 1 gr.

— üb. d. z. Vertilg. od. Abhalt. d. See- od. Bohrwurms an Schiffen. gr. 8. Hamburg, Bohn. 801.

— über die, z. Vertilgung d. See- od. Bohrwurms an Schiffen u. Wassergebäuden. gr. 8. Hamb. 801. (Campe). 12 gr.

— — über die, Vertilgung d. See- und Bohrwurms. gr. 8. Hamb. 807. Jetzt Hoffmann und Campe und der Preis.

— zur Vertilgung schädl. Thiere, s. a. Vertilgung.

— z. Vertilgung schädl. Thiere. 8. Leipzig, 1796. 2. Aufl. 1799. Voss. 1. —

— z. Vertilgung aller schädlichen Thiere in Häusern, Gärten, Feldern u. Wiesen. 8. Pirna, 1809. (Leipzig, Friese.) Breslau, 1823. Gosohorsky — 10

— üb. die, zur Verzinsung u. Ablösung d. Privat-Hypotheken. 8. Bresl. 827. Leukart. 20 gr.

— u. Geheimnisse, 40 untrügliche u. erprobte, die Krankheiten des Rotzes, der Druse, d. Spates, der Verwundungen u. viele andere wichtige Krankheiten an den Pferden leicht u. sicher zu heilen. Ferner den Pferden das Köcken abzugewöhnen rc. Für Roßärzte, Kurschmiede rc. 16. Ronneburg 850, Hofmeister. Verklebt. n. 1/3 rthl

— 40 vorzügl. wirksame, z. Vertreibung u. Vertilgung d. Ratten, Mäuse, Kornwürmer, Schaben, Wanzen, Motten, Kohl- u. Baumraupen, Erdflöhe, Ohrenwürmer, Ameisen u. noch andere die Pflanzen zerstör. Insekten. 2e verb. Aufl. qu. 8. Quedlinb. 831. Ernst. 6 gr.

Mittel, Der hochllöblichen Burgerschaft in Hamburg vorgeschlagene zulaengliche, das blinde und halsstarrige Judenvolk auf den Weg des Erkenntnisses zu bringen . . . Hamburg 1706.
V: *Thode, Carsten.* (Schr)

Mittel, Die vorzüglichsten, zur Vertreibung der Hühneraugen, Fussschwielen, Warzen . . . Quedlinburg 1825.
V: *Westphal, Carl.* (Call) (MGT) (Ky)

— die vorzügl., z. Vertreibung d. Hühneraugen, Warzen, Muttermaler, Fußschwielen, übermäßigen Fußschweiß rc. 2e Aufl. Quedl. 826. 3e Aufl. 829. Ernst. 8 gr.

— die vorzüglichsten, zur Vertreibung d. Hühneraugen, Warzen, Muttermähler u. Fußschwielen, nebst nützl. Belehrn. üb. Fußschweiß, kalte Füße, Einwachsen d. Nägel ꝛc., u. e. Anweis., erfrorne Glieder u. Frostbeulen, wie auch Fußgeschwüre, Ueberbeine u. a. Uebel bestens zu heilen. Aus d. Schriften berühmt. Aerzte gesammelt. 4. u. 5., sehr verm. Aufl. 8. (4½ u. 5½ B.) Quedlinburg 829, 33, Ernst. à Thlr.

— die vorzüglichsten, zur Vertreibung der Hühneraugen, Warzen, Muttermähler u. Fußschwielen, nebst nützl. Belehrungen über Fußschweiß, kalte Füße, Einwachsen der Nägel ꝛc. und einer Anweisung, erfrorne Glieder u. Frostbeulen, wie auch Fußgeschwüre, Ueberbeine, Quetschungen, Verbrennungen u. a. Uebel bestens zu heilen, 5e verm. Aufl. 8. Quedlinburg 833. Ernst. 1/3 ℛ — 5e (6e) verm. Aufl. 840. 5/12 ℛ

— vorzüglichstes, dem jungen weißen Weine während der Gährung d. angenehmsten Muscateller-Geschmack zu geben, so wie zu bewirken, daß der Wein überhaupt mehr Reife u. Süßigkeit bekömmt. Auf Erfahrungen gegründet u. veröffentlicht von e. prakt. Weinbauer (F. v. Brandenburg). 8. Leipzig 835. (Pönicke u. Sohn.) Verklebt n. 1/2 ℛ

Mittel, wahre, durch welche unschuldig Angeklagte aus d. Gefängniß gebracht werden können. 8. Frkf. a. M. 772. Brönner; auch Gebhard u. K. 8 gr

Wahre Mittel, durch welche unschuldig Angekl. aus dem Gefängnisse u. von hartem Verfahren ungewissenh. Richter befreit werden können, oder: Beantwortung der Rechtsfrage: Wenn erreicht die General-Inquisition ihr Ende, oder wenn nimmt die specielle ihren Anfang? *Frankf.* 772. 8.

— wahre u. vortreffl., wodurch d. k. k. Erbreiche glückl. gemacht werden können. Mit Kpf. 4. Nürnb. 768. Bauer. 6 gr

Mittel, Die wahren, zur Vergrösserung eines Staats. O. O. 1753. V: *Philippi, Johann Albrecht.* (ML)

Mittel u. Wege; Lstspl. nach d. Engl. d. Gr. Colmann. 8. Manh. 790. Schwan u. G. 6 gr

— und Wege der Landwirthschaft aufzuhelfen, s. Bürgermeister.

Mittel, welche, erscheinen empfehlenswerth, um die in einigen Seidenbau-Districten herrschende Krankheit des Maulbeerbaumes zu bekämpfen od. hintanzuhalten? (Internationaler land- u. forstwirthschaftl. Congress zu Wien 1890, 124. Hft.) Berichterstatter: Die Section Trient d. Landesculturrathes f. Tirol. gr. 8. (14 S.) Wien 890. (Frick.) n. — 80

Mittel (Welcher) bediente sich die Demokratie, um die Fürsten zu stürzen und die Völker zu blenden? 8°. Regensburg 1849.

— in der gelehrten Welt berühmt zu werden. 8. 736.

Mittel, Die, in der gelehrten Welt berühmt zu werden. Dresden 1740. V: *Hagedorn, Christian Ludwig von.* (Schr)

— wie Rittergutsbesitzer Armen in d. ersten Tagen der Erndte wohlfeiles Brod verschaffen können, (von Mich. Ebermann). gr. 8. Leipz. 805. Köhler. 2 gr

— über die wirksamsten, z. Beförder. d. Fleißes, d. Betriebsamkeit ꝛc. (v. J. F. Dauvier). 8. Berl. 788. Maurer's B. 8 gr

— wodurch dem Rindvieh die Tränke angenehm gemacht werden kann, s. L. v. Wiersbitzky.

— wodurch Häuser gegen Anzündung bewahrt ꝛc. werden. 8. Linz 802. Akadem. B. 4 gr

MITTEL, Die, wodurch sich ein jedweder, zu einer angenehmen Heyrath befördern kan. In einer angenehmen (u. pikanten) Liebes-Historie vorgestellt Mit TKpf. Franckfurt, bey Johann Plantin (Augsburg) 1722. 8°. Aeusserst selten!

Mittel

Wol-bewehrte Mittel wieder das weit um sich greiffende Sterben des Rind-Viehes. Aus vornehmer und erfahrner Doctorum medic. deßhalben hrsg.Schrifften aus. getragen. - Zerbst: Ernst; Wittenberg: Hanauer 1717. 15 S. 8°

— wohlfeilstes u. prakt. bewährtes, rothe u. weiße Weine, so wie alle gegohrnen weinartigen Getränke, Biere ꝛc. zu schönen; desgl. stumpf, zähe oder moltrig gewordene mit dem unbedeut. Verlust tadelfrei wieder herzustellen. Ein versiegeltes Couvert. ... Weißensee 839. (Großmann.) 1/2 ℛ

— zehn, u. Recepte, v. Pferden, Schafen ꝛc. 8. Leip. 806. (W. Rauck). 6 gr

Mittel, Ein zuverlässiges, die so schädlichen Wölfe von den Viehherden abzuhalten. [Riga 1805.] V: *Mellin, Ludwig August Graf.* (R-N)

— die zuverlässigsten u. billigsten, gegen Gicht, Rheumatismus, Krätze u. s. w. v. X. Y. Z. 8. Quedlinb. 827. 2e Aufl. 828. 3e Aufl. 831. Ernst. 9 gr

— zwanzig, u. Recepte, v. Rindvieh, v. Gänsen ꝛc. 8. Lpz. 806. (W. Rauck). 9 gr

— zwanzig, und Recepte, vom Rindvieh, Gänsen ꝛc. 8. Leipzig, Sommer. 806.

— die allgemein zweckdienlichsten, den menschl. Körper gesund zu erhalten. Eine leichtfaßl. Belehrung, wie man vom Kindl. bis zum Greisenalter sich zu verhalten hat. 8. Cöslin 840. Hendeß. 1 ℛ

— zwey erprobte, sich beim Durchgehn der Pferde wider alle Gefahr zu schützen, herausgegeben von J. Riem. (aus d. Magazin aller n. Erfind. bes. abgedr.) 4. Lpz. Baumgärtner. 805.

Mittel zwei spezifische

Zwey specifische Mittel gegen den Krebs. Aus dem Französischen übers.von Johann Gottfried Pfähler. 102 S., gbd.

Weimar: Hoffmann 1784

1. Lefèbure (de Saint-Ildefont, Guillaume René): Das Arsenik und der flüchtige Salmiakgeist als specifische Mittel gegen den Krebs (Remède éprouvé pour guérir radicalement le cancer... Dt.) von (G.R.) Lefèbure (de Saint-Ildefont) und (M.) Martinet.
2. Martinet, (M.): Medicinisch-chemische Beobachtungen über den Krebs.

JB 3.055

Mittel, zwei specifische, gegen d. Krebs; aus d. Französ. von J. G. Pfähler. 8. Weimar 784. Hoffmann. 6 gr (b. Haller in Bern 5 gr)

— 32 leicht ausführbare, erprobte, für die Gesundheit, Land- u. Hauswirthschaft. qu. 8. Danzig 825, Gerhard.

—— 32 leicht ausführbare, probate, f. d. Gesundheit, Land- u. Hauswirthschaft. Durch vieljähr. Erfahr. geprüft u. bewährt gefunden v. e. prakt. Oekonom. qu. 8. Danzig 829, (Gerhard.) Versiegelt.

— u. Recepte, zwei u. zwanzig, üb. Viehkrankheiten u. Vertilgung d. Ungeziefers. 8. Leipz., (W. Nauck). 12 gr

Mittelacher, Karl

Mittelacher, Carl, das Grundgesetz der Kraft. gr. 8. (86 S. m. eingedr. Holzschn.) St. Petersburg 875. (Röttger.) n. 2. 40

Mittel-Albanien [Schlagwort]

Mittel-Albanien (**Musakija**), s.: Adriatisches Meer.

Mittelalter, Das, u. d. Ritterzeiten ...,
s.a. Bauer, Johann Christian August

Mittelalter, Das, und die Ritterzeiten, **nicht wie sein konnten, sondern wie sie waren ... Leipzig 1800. V:** *Bauer, Johann Christian August.* (BGE)

Mittelalter, das, u. d. Ritterzeiten, nicht, wie sie sein sollten sondern wie sie waren. 8. Leipz. 800. Weigel. 16 gr

Mittel- und Ost-Alpen — Die — in ihrer orogr. Gruppirung. Nach Sonklar. 1,850,000. G. M. 1870.

Mittel-Amerika [Schlagwort]

Mittel-Amerika, s.a. Amerika.

Mittel-America, s.a. Kriegsschauplatzkarten.

Mittel-America — Karte von — oder Westindien; entworfen nach bewährten Hilfsmitteln, von Fridr. Gottlieb Canzler, der Philosoph. Dr. zu Göttingen. Nürnberg, 1796. bey Homanns Erben. 1 : 6,000 000 1 Bl.

Mittelbach, Albin: ['Heil König Albert!' Hymnus zum 70. Geburtst. u. 25 j. Regierungsjub. S. M. d. Königs.] *Rochlitz i. S. 1899: M. Bode.* (S. 23.) 4°
Rochlitz i. S., st. R m. PG, OP 1899 (014)

Mittelbach, Anna, Grammatik zum 3. Tle. des Lehrbuchs der englischen Sprache f. höhere Mädchenschulen, s.: Dintler, Rud.

— Lehrbuch der englischen Sprache f. höhere Mädchenschulen, s.: Dintler, Rud.

MITTELBACH, Gustav: Die Volksdichteverhältnisse im Brüx—Dux—Teplitzer Braunkohlenbecken und dessen Umgebung. — 1906. 106 Bl. Diss. Graz, Univ.

Mittelbach, Robert

Mittelbach R Afrika. Schulwandk. 1 7 500 000. a. Lwd in Mappe. Kötzschenbroda

[Robert] **Mittelbach's** Automobilkarte von Mitteleuropa. (Maßst. 1:1,500,000. Leipzig. Mittelbach [1903]; Geogr. Kunstanst. 'Globus', Dresden-Kötzschenbroda.) (1 Kartenbl. 85×80 cm.) [Kopft.] [kol.] [<6 4837]

Mittelbach, R, Bezirkskarte der Amtshauptmannschaften Dresden Alt- und Neustadt. Bearb auf Veranlassung der königl Amtshauptmannschaft 1 : 50,000. Aubeldr und color Imp.-Fol Nebst Ergänzungsblatt (in 4.) und Ortsverzeichniss. gr 8. (8 S.) Dresden 886, v. Zahn und Jaensch. * 4 —
Ortsverzeichniss allein * — 50

Mittelbach, R. Bezirkskarte der Amtshauptmannschaften Dresden-Alt- u. Neustadt. Bearb. auf Veranlassg. d. königl. Amtshauptmannschaften. 1 : 50,000. 4 Bl. Aubeldr. u. color qu. gr. Fol. Kötzschenbroda 889, Mittelbach's Selbstverlag. à Blatt * — 80
Auf Leinw. à * 1 50; auf 1 Blatt * 2 —; auf Leinw. * 3 —

Mittelbach, Rob., Dislocations-Karte der Truppen u. Landwehrbezirke des deutschen Heeres. Bearb. nach den Anlagen zur Allerhöchsten Cabinets-Ordre vom 1 Febr 1890 u. den officiellen Rang- u. Quartierlisten der Königl. Preuss., Königl. Bayer., Königl. Sächs. u. Königl. Württemberg. Armeecorps. 1 1300000. Kötschenbroda. Selbstverlag, 1890. Imp.-Fol. Photolith. u. Farbendr (4 M.) (b.)

Mittelbach, R., Führer u. Panorama zum Hochwalde bei Zittau. 8. (19 S. m. 1 Lichtdr.-Panorama in gr. Fol.) Dresden 884. (Leipzig, Hinrichs' Sort.) n. 1. —

Mittelbach's (**R**). Karte d. Alpenländer f. Automobilisten u. Radfahrer. I—III. 1 : 300,000 Farbdr Leipzig. je M. 1.50
, I. Schweiz (westl. Hälfte). 88 × 39 cm. 1909.
II. Schweiz (östl. Hälfte). 88 × 63 cm. 1909.
III. Tirol. 1910. (Die nämlichen Karten für Touristen, je M. 1.50)

—— —— Karte von Dresden und Umgebung 1 : 50,000 Nach der Bezirkskarte für die Amtshauptmannschaften Dresden Alt und Neustadt umgedruckt. Sect. I—IV Chromolithogr. gr. Fol. Ebendas. 886. à Sect * 1 20
Inhalt
I Dresden Meissen-Moritzburg — II Dresden-Haide-Radeberg. — III. Dresden Tharandt. IV Dresden-Pillnitz

—— —— Karte von Dresden und Umgebung. Nach der Schul-Wandkarte für den Schulgebrauch bearb 1 50,000. Chromolithogr qu Fol Dresden 887, Huhle * — 20

—— —— Karte v. Dresden u. Umgebung. 1 : 75,000. Photolithogr. u. Farbendr. (49×58,5 cm.) Dresd. 892, Urban. * 1 —

Mittelbach's **Karte** für Rad- und Motorfahrer von Mecklenburg und Rügen. (Massst. 1:300,000. Nach d. neuesten offiz. Unterlagen unter Mitw. d. Gauverbände d. Deutschen Radfahrerbundes... Leipzig: Mittelbach [1906]; Photolith. Globus, Dresden-Kötzschenbroda.) (1 Kartenbl. 70×54 cm mit Legende.) [kol.] [07. 000

Mittelbach, R. Orts- und Entfernungskarte des Königreichs Sachsen. 1 150 000 Leipzig. 6 Bl. c. 1 nebst 2 Ergänzungsblättern.

Mittelbach, R., Orts- und Entfernungskarte vom Königr. Sachsen. 1 150,000. Sect. 1, 2 und 4—7. Lithogr und color. Mit je 1 Ergänzungsbog Text. gr Fol. Leipzig 883,84, (Hinrichs'sche Buchh.) Sect. 1, 2, 4 und 5 à ** 2 —
Sect. 6 und 7 ** 1 20
Für Aufziehen auf Leinw. ** 1 —

Mittelbach, R. Orts- u. Entfernungskarte d. Königr. Sachsen. 1 : 150,000. Sect. 1, 2 u. 5. Aubeldr. u. color. Lpz. 891, Hinrichs' Sort. à Sect. * 2 40
1. Leipzig. Mit Nachträgen bis 1888. 38×47,5 cm.
2. Dresden. Mit Nachträgen bis 1889. 39×48,5 cm. Nebst Ergänzungsbogen.
5. Chemnitz. Mit Nachträgen bis 1887. 38,5×48,5 cm. Nebst Ergänzungsbogen.

—— dass. — Nachtrag III u. IV üb. alle während der Finanzperiode 1888—1889 u. 1890—1891 eingetretenen Veränderungen an Eisenbahnen, Chausseen etc. Aubeldr. (46×46,5 cm.) Ebd. 890,92. à Nachtr. * — 50

— Ortszeiger f. die Orts- u. Entfernungskarte, die Generalstabskarte, sowie alle Specialkarten v. Sachsen. Bearb. nach den neuesten kartograph. u. statist. Unterlagen. gr. 8. (172 S.) Ebend. 885. n. 1. 50

Plan der Lössnitzortschaften. (Bearb. von R[obert] **Mittelbach**. Maßst. 1 12,500. Kötzschenbroda-Dresden: Photolith. R. Mittelbach [1906].) (1 Kartenbl. 61×45 cm.) 8° [Kopft.] [kol.]
[Umschlagt. .] Neuester Plan d. Lössnitzortschaften bearb. v. Mittelbach. [06. 8400

[Umschlagt] Radfahrerkarte von Berlin u. weitere [!] Umgebung. Bearb. nach d. 'Deutschen Strassenprofilkt. f. Radfahrer' v. R **Mittelbach**, in Kötzschenbroda. (Massst. 1 300000.) *Leipzig (R.) Mittelbach [1896].* (1 Ktnbl. ;;) 1 Bd 8. [96. 5408

Mittelbach s **Radfahrerkarte** von Kiel und Lübeck mit weiterer Umgebung, bearb nach der Karte des Gaues 1 Hamburg des D R B 1 300000 Leipzig [1908] 1 Bl Fol 64,48 cm, aufgez auf Leinen in Futteral 8° Farbendruck.

—— Schulkarte vom Königr Sachsen. 1 : 700,000. Neue Ausg. 1890. Farbendr. qu. Fol. Ebd. 890. * – 10

Mittelbach, R. Schulwandkarte v. Afrika. Nach den neuesten Quellen m. besond. Berücksicht. der colonialen Erwerbungen u. Schutzgebiete europ. Staaten f. die Schule bearb. 1 : 7,500,000. 4 Bl. Chromolithogr. Imp.-Fol. Kötzschenbroda 889, Mittelbach's Selbstverlag. * 7 —; Auf Leinw. m. Stäben * 11 —

—— —— Schul-Wandkarte von Dresden und Umgebung. 1 : 8000. 6 Bl Chromolithogr. qu. Fol. (Ebendas.) 887
Auf Leinw mit Stäben ** 22 50

—— —— Schulwandkarte von Dresden u. Umgegend. 1 : 8000. 6 Blatt. Chromolithogr. Imp.-Fol. Kötzschenbroda 889, Mittelbach's Selbstverlag. 15 —; auf Leinw. m. Stäben * 22 50

—— Schulwandkarte d. Königr. Sachsen. 1 : 150,000. 4 Bl. Chromolithogr. Imp.-Fol. Kötzschenbroda 889, Mittelbach's Selbstverlag. 6 —; auf Leinw. m. Stäben * 12 —

Mittelbachs Spezialkarte des Rhein Westfäl. Industriebezirks (mit Hohencurven. Bearb. von R. **Mittelbach**). Massst 1 75,000. (1–4.) (*Leipzig. Mittelbach [1902]); Kötzschenbroda & Dresden: Kunstanst. Globus.* (4 Kartenbl. je 56 × 45 cm.) 8° [kol.]
1 Essen 2 Dusseldorf 3 Dortmund 4 Gummersbach [02. 391

Mittelbach's Neueste Specialkarte der Provinz Brandenburg, z. Hand- u. Bureaugebrauche. Massstab 1 300 000. Leipzig [1907]. 8°. 86 × 112 cm.
(Mittelbach - Neueste Spezialkarten f. Hand, Reise u. Kontor.)

Neueste Specialkarte der Grafschaft Glatz. Unter Mitw d. Hauptvorstandes d. Glatzer Gebirgsvereins anlässl. d. 25jähr. Bestehens d. Ver bearb. u. hrsg von R[obert] **Mittelbach**, Topogr Maßst. 1 : 75,000. (Leipzig: Mittelbach [1906]; Photolith. Globus, Dresden-Kötzschenbroda.) (1 Kartenbl. 82× 92 cm.) 8° [kol.] [06. 11644

Mittelbach. Mittelbach's Strassenprofilkarte vom Bodensee u. Umgebung. Massstab 1 : 300 000 für die Längen.... Nach den neuesten offiziellen Unterlagen, unter Mitwirkung der Gauverbände des Deutschen Radfahrerbundes ... bearb. und hrg. Zeichnung, Photolithographie u. Druck der graph. Kunstanstalt «Globus» Dresden-Kötzschenbroda. 456/476 mm. 1 Bl. fol., *aufgezogen in Futteral* 8. Leipzig, Mittelbach, [1901]. [M. 1. 60]
Titel auf dem Futteral: Strassenprofilkarte für Radfahrer vom Bodensee u. weit. Umgebung. Leipzig, Mittelbach....

— zur Vergrösser. eines Staats. gr. 8. Berl. 753.

Mittelbach, Rob., Deutsche Strassenprofilkarte für Radfahrer unter Mitwirkung der Gauverbände des deutschen Radfahrerbundes u. Consulate der allgemeinen Radfahrer-Union bearb. In 80 Blatt. Leipzig, Hinrichs' Sort. in Comm., 1890—92. gr. Fol. Lith. u. kolor. (Je 1 M. 50 Pf.)
1. Flensburg. – 2. Insterburg. – 2a.–10. Königsberg-Elbing. – 3. Kiel. – 4. Lübeck. – 5. Stralsund. – 6. Greifswald. – 7. Kolberg. – 8. Stolp. – 9. Danzig. – 10. Elbing. – 11. Angerburg. – 12. Bremen. – 13. Hamburg. – 14. Schwerin. – 15. Malchow. – 16. Stettin. – 17. Stargard. – 18. Schneidemühl. – 19. Thorn. – 20. Osterode. – 21. Johannisburg. – 22. Osnabrück. – 23. Hannover. – 24. Salzwedel. – 25. Rathenow. – 26. Berlin. – 27. Meseritz. – 28. Posen. – 29. Inowrazlaw. – 30. Wesel. – 31. Bielefeld. – 32. Göttingen. – 33. Magdeburg. – 34. Dessau. – 35. Guben. – 36. Glogau. – 37. Lissa. – 38. Cöln. – 39. Siegen. – 40. Kassel. – 41. Erfurt. – 42. Leipzig. – 43. Dresden. – 44. Görlitz. – 45. Breslau. – 46. Bonn. – 47. Frankfurt a. M. – 48. Fulda. – 49. Coburg. – 50. Zwickau. – 51. Prag. – 52. Trautenau. – 53. Neisse. – 54. Oppeln. – 55. Trier. – 56. Mainz. – 57. Würzburg. – 58. Nürnberg. – 59. Fürth. – 60. Tabor. – 61. Iglau. – 62. Olmütz. – 63. Bielitz. – 64. Metz. – 65. Strassburg. – 66. Stuttgart. – 67. Ingolstadt. – 68. Regensburg. – 69. Budweis. – 70. Znaim. – 71. Lundenburg. – 72. Trentschin. – 73a. Mülhausen. – 73. Schlettstadt. – 74. Ulm. – 75. München. – 76. Salzburg. – 77. Ischl. – 78. St. Pölten. – 79. Wien. – 80. Komorn.

Mittelbach, R., Deutsche Straßenprofilkarte für Rad- und Motorfahrer Unter Mitwirkung der Gauverbände des Deutschen Radfahrerbundes und der Konsulate der Allgem. Radfahrer-Union bearb. 82 Bl., teils in Landkartenmanier L, teils in Profilmanier P 1 : 300 000. Leipzig, [1900–1905]. |

Angerburg	L	No 11	Insterburg	L	No 2	Prag	P	No 51
Berlin	L	No 26	Johannisburg	L	No 21	Rathenow	L	No 25
Bielefeld	L	No 31	Ischl	P	No 77	Regensburg	P	No 68
Bielitz	P	No 63	Kassel	L	No 40	Salzburg	P	No 76
Bonn	L	No 46	Kiel	L	No 3	Salzwedel	L	No 24
Bremen	L	No 12	Koburg	L	No 49	St. Pölten	P	No 78
Breslau	P	No 45	Köln	L	No 88	Schneidemühl	L	No 18
Budweis	P	No 69	Kolberg	L	No 7	Schwerin	L	No 14
Danzig	L	No 9	Komorn	P	No 80	Siegen	L	No 39
Dessau	L	No 81	Kreuzburg	L	No 45a	Stargard	L	No 17
Dresden	L	No 43	Leipzig	L	No 42	Stettin	L	No 16
Elbing	L	No 10	Lissa	L	No 87	Stolp	L	No 8
Erfurt	L	No 41	Lübeck	L	No 4	Stralsund	L	No 5
Flensburg	L	No 1	Lundenburg	P	No 71	Straßburg i. E.	L	No 65
Frankfurt a. M.	L	No 47	Magdeburg	L	No 33	Stuttgart	L	No 66
Freiburg i. B.	L	No 73	Mainz	L	No 56	Tabor	P	No 60
Fulda	L	No 48	Malchow	L	No 15	Thorn	L	No 19
Furth	P	No 59	Meseritz	L	No 27	Trautenau	P	No 52
Glogau	L	No 36	Metz	L	No 64	Trentschin	P	No 72
Görlitz	L	No 41	Mülhausen	P	No 73a	Trier	L	No 55
Göttingen	L	No 32	München	L	No 75	Ulm	L	No 74
Greifswald	L	No 6	Neiße	P	No 53	Wesel	L	No 30
Guben	L	No 35	Nürnberg	L	No 58	Wien	P	No 79
Hamburg	L	No 13	Olmütz	P	No 62	Würzburg	L	No 57
Hannover	L	No 23	Oppeln	L	No 54	Znaim	P	No 70
Iglau	P	No 61	Osnabrück	L	No 22	Zwickau	L	No 50
Ingolstadt	L	No 67	Osterode	L	No 20			
Inowrazlaw	L	No 29	Posen	L	No 28			

R. **Mittelbachs** Touristenkarten vom Königreich Sachsen. Bearb. nach der im Auftr. d. Kgl. Ges.-Minist. hrsg. Orts- u. Entferngskt. v. Kgr. Sachsen. Masst. 1 120000. Bl. [1.] *Leipzig: Mittelbach [1896].* 8. [96. 5409

Mittelbach, R., Uebersichtskarte für das Erzgebirge und seine Umgebung. 1 : 250,000. Aubeldr. and color. qu. gr. Fol. Annaberg 887, Graser. * 1 25

Mittelbach, R. Uebersichtskarte f. das Erzgebirge u. seine Umgebung 1 : 250,000. 2. verb. Aufl. Chromolithogr. qu. gr. Fol. Annaberg 889, Graser. * 1 50

[R.] **Mittelbach's** Umgebungskarte von Düsseldorf. Masst. 1 : 75,000. *Leipzig: Mittelbach [1903]; Dr. d. graph. Kunstanst. 'Globus', Dresden-Kötzschenbroda.* (1 Kartenbl. 34 × 41 cm.) 8° [kol.] [03. 560

[R.] **Mittelbach's** Umgebungskarte von Elberfeld u. Barmen. Masst. 1 : 75,000. *Leipzig: Mittelbach [1903]: Photolith. d. graph. Kunstanst. 'Globus', Dresden-Kötzschenbroda.* (1 Kartenbl. 40 × 33 cm.) 8° [kol.] [03. 560

Mittelbach, S. F.

— Friedr. Albrecht als ein Geschlechts- und Ehrennahme des hochgräfl. Hauses Schönburg. Waldenburg 1753. fol.

Mittelbach, S. F., Ruhm- und Ehrengedächtnis des uralten hochgräflichen Hauses Schönburg. Schneeberg 1738. fol.

Mittelberger, Gottlieb: Gottlieb Mittelbergers Reise nach Pennsylvanien im Jahre 1750 und Rückreise nach Teutschland im Jahre 1754. *Enthaltend nicht nur eine Beschreibung des Landes nach seinem gegenwärtigen Zustande, sondern auch eine ausführliche Nachricht von den unglückseligen und betrübten Umständen der meisten Teutschen, die in dieses Land gezogen sind, und dahin ziehen, Frankfurt und Leipzig 1756. (6), 120 S.*

Mittelberger, ..., Reise nach Pensylvanien 1750 u. Rückreise nach Deutschland 1754. 8. Stuttg. 756. Metzler. 3 g.

Mittelböhmen [Schlagwort]

Mittelböhmen, s.: Radfahrerkarten. Mittelbach.

Mitteldeutschland [Sachliches OW]

Mitteldeutschland. Glogau, Flemming (1866?) . . . . (Br. Mus.)

—— Westliches. Ebda (1866?) . . . . (Br. Mus.)

Mitteldeutschland [Schlagwort]

Mitteldeutschland, s.a. Deutschland, Verkehrskarte.

Mitteldeutschland s.a. Eisenbahnkarten. Deutschland.

Mitteldeutschland — Operations-Karte von —. 2,000,000. München, Mey & Widmayer. 1. Bl.

Mitteldorf, Ant., u. Ferd. Moos, das neue Rheingauer Kaiser-Skatspiel. Anleitg. z. Erlerng. desselben. 12. (39 S.) Oestrich 898. (Leipzig, C. F. Tiefenbach.) n. 1.—

Mitteldorf, Josef. Ueber die geographische Verbreitung der Aktinomykose beim Rind in Bayern. Nebst Berücksichtigung des dermaligen Standes der Aktinomycesfrage. Diss. Vet.-Med. Bern. Mit 1 Karte. 30 S. 8. Donauwörth. Ludwig Auer, 1901.

Mitteldorf, Mor., das Heiligthum, für Confirmanden erschlossen, nebst Anh., enth. einen kurzen Abriß der Kirchengeschichte u. Luther's Katechismus. 8. (IV, 76 S.) Leipzig 878. Webel. — 60

Mitteleuropa [Sachliches OW]

Mitteleuropa, od. neue große Charte, von den wichtigsten Ländern von Europa. Nebst Erläuterung u. Tabellen in 72 Blättern. gr. Fol. Leipz. Hinrichs. 814. In Atlas geheftet od. in Etui schwarz: 1: illum. 1/

— — Neueste Eisenbahn- u. Postkarte. Folio. Hoch 8. Wien, Ferdinand Klemm. In Umschlag 30 kr
1867.

Mittel-Europa [Schlagwort]

Mittel-Europa, s.a. Automobilkarten. Freytag. Wolf. — Eisenbahnkarten. — Europa.

– s.a. Radfahrerkarten. Hauptroutenkarte.

– s.a. Radfahrerkarten. Mittelbach.

Mittel-Europa — Karte von — in 64 Sectionen entworfen von Joseph Marx Freyherrn von Lichtenstern Wien 1809. 1: 650,000. 64 Bl.

Mittel-Europa nebst ganz Italien etc., geogr.-physik.-statist. Karte von, (25 + 20), von C. W. Th. Haurand. Selbstverleger. Wien, Jägerzeile Nr. 50. 1861.
color., eleg. cart. u. aufgezogene Doppelkarte 1 fl. 50 kr.
einfach. color. 1 fl. 40 kr.
ohne geolog. Gebirgskarte 1 fl. 20 kr. und 1 fl. 10 kr.
color. unaufgespannte Karten 60 u. 70 kr.
geolog. Gebirgskarte allein 30 kr.

— Mittel Europa, (Postkarte von enthaltend Deutschland, Niederlande, Belgien, die Schweiz und einen grossen Theil von Oesterreich, England, Frankreich, Polen, Danemark und Ober-Italien, mit Bezeichnung aller Eisenbahnen und Dampfschiff Course. 2 Bl. 1868. Ebds. 2 fl.

Mittel-Europa — Reisekarte von — von M. Herrmann. Glogau, Flemming 1868. 1 Bl.

— — Mittel Europa, Post- u. Reisekarte mit allen Eisenbahnen u. Dampfschiffs-Coursen. Cartonirt in Taschenformat. Wien. Artaria & Comp. 1 fl. 50 kr.
1870

Mitteleuropa's — Specialkarte der Eisenbahnen etc von C. Raab. Glogau, Flemming 1856. 4 Bl.

— — Specialkarte d. Eisenbahnen von. 2 gr. Folio Bl. Von J. Paulny. Wien, Jakob Dirnbocks Buchhandlung (G. Draudt.) In Umschlag. 3 fl. 60 kr.
1867.

Mittel-Europa. Tapeten-Eisenbahn-Wandkarte, mit Angabe der Landes-Eintheilung, Schienenverbindungen und Poststrassen. 12' h. u. 19 ¼' br. (von Flensburg—Ancona und Paris—Bukarest). Prag, H. C. Satow in Commission. Auf braunem Papier in Braun 18 fl., auf weissem mit color. Grenzen 25 fl., mit farbiger Länder-Eintheilg. 36 fl.
1867.

Mittel-Europa, Neue Uebersichtskarte von, resp. d. österr.-ungar. Monarchie, im Masse 1 : 75.000. Qu.-Fol. Farbendruck. 3 A. westl. Genf, Lyon. 4 A. Turin, Marseille. 5 A. Toulon. 4 E. Hermannstadt, Bukarest. Wien, k. k. milit.-geogr. Institut. General-Depot R. Lechner's Hof- u. Univ.-Buchh. à 1 fl. Subscript.-Preis à 90 kr. Grenzcolor (v. 2 Bl.) à 5 kr Berichtigungsblätter (2) à 10 kr. S. 407
1885.

Mittel-Europa, Neue Uebersichtskarte von, resp. der österr.-ungar. Monarchie im Masse 1 : 750.000. Q.-Folio. Farbentondruck. 5. Liefg. Blatt A. 5, B. 5, C., F. 6. Wien, k. k. milit.-geogr. Institut. General-Depot: R. Lechner's Hof- u. Univ.-Buchh. à 1 fl. Grenzcolorit à 5 kr S. 197
1884.

Mittel-Europa, Neue Uebersichtskarte von, in 45 Bl. im Massstabe 1 : 750.000. Qu.-Fol. Farben-Terrain-Druck. 6. Liefg. der Blätter A. 2, B. 2, B. 3, C. 3. Wien, k. k. milit.-geogr. Instit. General-Depot *R. Lechner's k. k. H.- u. U.-B. à 1 fl., Subscript.-Preis à 90 kr., Grenz-Colorit à 5 kr. S. 364
1884.

Mittel-Europa, Neue Uebersichtskarte v., respect. d. österr.-ung. Monarchie im Mass 1 : 750.000. Lief. 7 Qu.-Fol. Farbentondruck. Wien, k. k. milit.-geogr. Institut. General-Depot *R. Lechner's H.- u. U.-B. Ladenpreis à 1 fl., Subscript.-Pr. à 90 kr., f. 3 Bl. Grenz-Colorit à 5 kr S. 2
1885.

Mittelfranken [Sachliches OW]

Mittelfranken, die Hersbrucker u. Fränkische Schweiz, s.: Woerl's Reisehandbücher.

Der 1. Verein für Mittelfranken, 1. Mitteilungen aus Mittelfranken. Ansbach 1861

Mittelfranken [Schlagwort]

– s.a. Bayern. Wenng.

Mittelfranken, s.a. Heimatskärtchen. 46.

– s.a. Radfahrerkarten Mittelbach.

Mittel-Franken. Liebenow, W., neue Spezialkarte f. Reise, Bureau u. Verkehr der Reg.-Bezz. Mittel-Franken u. Oberpfalz. Mit Zugrundelegg. v. amtl. Karten neu bearb. v. Hans Ravenstein. 1:300,000. (Volks-Ausg.) 59,5×73 cm. Farbdr. Frankfurt a/M. (907). L. Ravenstein. 1.20

— Loreck, G., u. A. Winter, Karte v. Mittelfranken. Bearb. unter Mitwirkung v. Fr. Nüchter. 1:500,000. 33×23,5 cm. Farbdr. München (910). Piloty & Loehle. nn — 25

Mittelfranken. Pfeiffer, G., Karte v. Mittelfranken. 7. Aufl. 25,5 × 21,5 cm. Farbendr. Fürth 894. A. Schmittner. n.n. — 10

Mittelfranken. Pfeiffer, G., Karte v. Mittelfranken. 9. Aufl. 21,5 × 25,5 cm. Lith. u. kolor. Fürth 896. A. Schmittner. n. — 10

— Ravenstein's deutsche Reisekarten. Neueste mittelfränkische Wander-, Rad- u. Motorfahrer-Karte. 1:300,000. 38×29 cm. Farbdr. Ansbach (909). F. Seybold. — 60

Mittelgut u. Ausschuß zur Leipzer Ostermesse 1773. 8. Wittenb. 774. Zimmermann. 4 gr.

Mittelhaus, Karl

Mittelhaus, Carol., de Baccho attico. Dissertatio inaugeralis. gr. 8. (56 S.) Breslau 874. Maruschke & Berendt. n. 1. 50

Mittelhaus, Carolus *(geb. Breslau 28. 5. 1849)*: De Baccho Attico. Vratislaviae (1874). (56 S.) 8° *[Im Buchhandel 1874 bei Maruschke & Berendt in Breslau.]*
Breslau, Phil. Diss. v. 13. März 1874

Mittelhaus, C., De Baccho Attico. Diss. 1874. 56 S.

Mittelhäuser, Christoph Dan. Lebrecht, prakt. Arzt in Dresden. [Gotha 1802.] V: *Engelhardt, Carl Aug.* (MGT)

Mittelhäuser, Ch. D De h y d r o c e p h a l o interno rarae magnitudinis, s. K a l t s c h m i e d , Karl Friedrich (Präs.)

Mittelhäuser, E. [aus Roda (Herzogt. S.-Altenburg)]: Ueber Incontinentia urinae des Weibes und ihre Behandlung . . Jena, Druck v. B. Engau, 1889. 48 S. + 1 Bl. 8°
Jena, Med. Fak., Inaug.-Diss. v. [25. Jun.] 1889

Mittelhäuser, E., üb. Incontinentia urinae d. Weibes u. ihre Behandlung. Inaug.-Diss. gr. 8. (48 S.) Jena 889. Rudolstadt, Dabis. n. — 60

Mittelhäuser, E., Unfall u. Nervenerkrankungen. Eine sozial-medizin. Studie. (86 S.) gr. 8. Halle 905. C. Marhold. n. 1. 60

Johann Daniel Mittelhaeuser

Practische Abhandlung vom Accouchiren, in welcher die Instrumente, die dabey zu gebrauchen sind,... beschrieben werden. Von Joh[ann] Daniel Mittelhäußern [Mittelhaeuser]. Leipzig: Kiesewetter 1754. 524 S. 8

Mittelhäußer, Joh(ann) Daniel: Practische Abhandlung vom Accouchiren, in welcher die Instrumente...bey verschiedenen schweren Geburten...samt andern sonderbaren Zufällen schwangerer und kreißender Weiber aus vieljähriger Erfahrung angezeiget und beschrieben werden. 542 S., gbd.

Leipzig: Kiesewetter 1754

JB 6.618

Mittelhäuser, Jh. Dan., († 1769.) prakt. Abhandl. vom Accouchiren. 8. Stockh. 754. (Brockhaus in Leipz.) 10 gr.

— gründl. Nachrr. v. d. bisher unter d. Rindviehe grassir. Seuche. 8. Stockh. 767. (Brockhaus in Leipz.) 8 gr.

— v. d. Viehseuche. 8. Ebend. 767.

Mittel-Italien [Sachliches OW]

Mittel-Italien. (Auf Stein gravirt.) *Herausgeg. v. k. k. Militär geogr. Inst. zu Wien im J. 1851, 52 Bl., 16' H., 25'' Br., Massstab: 1 Wr. Zoll = 1,200 Wr. Klftr. Verhältn.* 1:86.400. Basirt auf die Militär-Aufnahme v. J. 1841 – 1843 im Masse 1 Wr. Zoll = 400 Wr. Klftr. Blatt C 9 enthält die Höhen über dem Meere und Bl. C 12 die geographischen Positionen der trigonometrischen Punkte in Toscana; Blatt C 13, Bemerkungen über das Chiana-Thal; Blatt C 14, Bemerkungen über die Maremmen; Blatt D 14, Territorialeintheilung von Toscana; Blatt E 6, Bemerkungen über die Anfertigung der Karte; Blatt F 6, Zeichen-Erklärung; Blatt F 16, Skelette und Sanitäts-Karte; Blatt H 14. Bemerkungen über die pontinischen Sümpfe; Blatt I 11 u. 12, Höhen über dem Meere im Kirchenstaate; Bl. I 13. geographische Position, und
1. Blatt I 17, Territorial-Eintheilung des Kirchenstaates mit den beiden Enclaven Benevento und Pontecorvo.

Mittel-Italien [Schlagwort]

Mittel-Italien, s. Hand- u. Reisekarten. 34.

Mittel-Italien, Hypsometr. Karte von. Im Masst. v. 1:750.000. Farbdk. in Hoch-Folio. Wien, Eigenthum d. k. k. Generalstabes. Rud. Lechner's k. k. Hof- und Universitäts-Buchhandlung. 2 fl.
S. 168
1883.

Mittel-Kärnten [Sachliches OW]

Mittel- u. West-Kärnten u. das nördl. Krain etc. Von R. Maschek. Massstab 1:150.000. Westl. Blatt I. Hochfolio. Tonfarbendruck. Ebds. Cartonnirt in 8. 1 fl. 50 kr.
1882.

Mittel- u. West-Kärnten u. d. nördl. Krain etc. von R. Maschek. 1:150.000. — Oestl. Blatt. II. (Mittel-Kärnten u. das nördl. Krain.) Hoch-Folio. Ebds. Carton. in 8. 1 fl. 50 kr.
1882.

Mittelkärnten [Schlagwort]

Mittelkärnten, s.: Kärnten.

Mittelklassen-Lesebuch f. den Reg.-Bez. Niederbayern, s.: Lesebuch f. das 4. u. 5. Schulj. der niederbayerischen Volksschulen.

Mittell, L., Hauptstellen-Uebersichten zu den neuen Reichsjustizgesetzen nebst Fristentabelle, zur raschen Orientierg. in der Praxis. 12. (55 S.) Tübingen 900. H. Laupp. n. — 90

Mittell, L., Leitfaden durch die Civil-Prozeß-Ordnung u. Gerichtsverfassung, zugleich e. Repetitorium, f. Studierende, angeh. Praktiker, Gerichtsschreiber u. Aktuare. Im Anh. Prüfungsfragen, Uebersichten der Hauptgesetzesstellen u. andere Beilagen. 8. (X, 255 S.) Tauberbischofsheim 888. Lang. geb. n. 1. 80

Mittell, L., Ratgeber für badische Gerichtsvollzieher, enthaltend Ergänzungen und Erläuterungen zu den bad. Dienstvorschriften für Gerichtsvollzieher mit Berücksicht. der Entscheidungen des Reichsgerichts und anderer Gerichte, sowie der Erlasse des Großh. Bad. Justizministeriums, nebst einem ausführl. alphabet. Inhaltsverzeichnisse zu der amtl. Ausgabe der Dienstvorschriften. 8. (VI, 94 S.) Tauberbischofsheim 887, Lang. cart. *

Mittell, Margar., Lehrbuch der französ. Sprache f. höhere Mädchenschulen, s.: Boerner, Otto.

Mittell, Margarete, der französische Unterricht in der höh. Mädchenschule nach den Bestimmgn. vom 31. V. 1894. gr. 8. (64 S.) Berlin 899. [R. Gaertner.] Weidmann. n. 1.—

Mittelländisches Meer [Schlagwort]

Mittelländisches Meer, s. a. Europa. Baur, C. F. — Petermann, A.

Mittelländischen Meeres — Karte des — Nach astronomischen Beobachtungen und nach alten und neuen Reisenachrichten verfasst von Herrn Bonne. Neu herausgegeben von Herrn F. A. Schraembl 1737. 1: 6,000,000 1 Bl.

Mittelländischen Meeres — Karte des — Nach astronomischen Beobachtungen. Neu herausgegeben von Johann Walch und zu haben im Willischen Kunstverlage in Augsburg 1795. 1: 6000000. 1 Bl.

Mittelland-Kanal-Frage? Wie steht Oberschlesien zur —. (Sonderabdruck aus der Zeitschrift des Oberschlesischen Berg- und Hüttenmännischen Vereins.) Kattowitz 1899.

Mittelmaier u. v. **Bernuth.** Beitrag z. Gesch. des Schwemmsystems. Graz 1895.

Mittelmann, Fritz, Albert Emil Brachvogel u. seine Dramen, s. a. Teutonia. 14. Heft.

Albert Emil Brachvogel und seine Dramen. Von Dr. Fritz Mittelmann. Leipzig: Avenarius 1910. XVIII, 209 S. 8°
(Teutonia. H. 14.) [10. 17864

Mittelmann, Hans, Referendar a. Berlin: Gegen wen kann der durch eine unerlaubte Handlung des Konkursverwalters Verletzte seine Schadensersatzansprüche geltend machen? Jena 1907: A. Kämpfe. (40 S.) 8°
Jena, Jur. Fak., Ref. Thon, Diss. v. 4. April 1907
[Geb. 1. März 83 Berlin; Wohnort: Berlin; Staatsangeh.: Preußen; Vorbildung: Dorotheenstädt. Realgymn. Berlin Reife O. 01; Studium: Berlin 2, Marburg 1, Berlin 4 S.; Rig. 12. März 07.]

Mittelmann, Herm., s.: Adressbuch der überseeischen u. orientalischen Briefmarkensammler

Mittelmann, Hermann (Hrsg.), s. Briefmarken-zeitung, Internationale, „Südamerika".

Mittelmann, Herm., illustrierter Führer durch die Bukowina. Mit Unterstützg. des Landesverbandes f. Fremdenverkehr in der Bukowina hrsg. (129 S. m. 1 Karte u. 1 Plan.) 21×11,5 cm. Czernowitz 907/08. (R. Schally.) nn 1. —

— Gedichte der Philatelie. Gesammelt u. hrsg. 1841—1891. 8. (30 S.) Czernowitz 891. (H. Pardini.) n. — 60

— Heiteres und Ernstes aus der Bukowina, s. Porubsky, F.

Mittelmann, Herm., Katalog der existierenden Briefmarken-Zeitungen. 16. (16 S.) Mähr.-Ostrau 888, Kittl. *

— (Hrsg.), s. Philatelisten-Zeitung, Oesterreichische.

— (Hrsg.), s. Südamerika

Mittelmann, Josef, u. Béla Gyulai, Handels-Statistik f. die unteren Classen der Fachschulen. Mit besond. Berücksicht. der vaterländ. Gesetze u. der damit eng verbundenen Verordngn. u. Einrichtgn. gr. 8. (165 S.) Budapest 878. Lauffer. n. 2. 40

Mittelmann, L., elektrische Licht- u. Kraftanlagen im Anschluss an Elektrizitätswerke. Mit besond. Berücksicht. des städt. Elektrizitätswerkes Halle a. S. u. e. Anh.: Winke f. Behandlung u. Instandhaltg. elektr. Licht- u. Kraftanlagen. breit 8. (III, 47 S. m. 23 Fig.) Halle 901. C. O. Lehmann. n. 1. 20

Mittelmann, Waldemar Fritz: Brachvogels Trauerspiel 'Narziß'. Marburg 1909: (Abel, Greifswald). 46 S. 8° ¶(Ersch. vollst. u. d. T.: Die Dramen Brachvogels, als: Teutonia. Arbeiten z. german. Philol. H. 14.)
Marburg, Phil. Diss. v. 2. Juni 1909, Ref. Elster
[Geb. 30. Jan. 86 Berlin; Wohnort: Berlin; Staatsangeh.: Preußen; Vorbildung: Dorotheenstädt. Realgymn. Berlin Reife O. 04; Studium: Berlin 1, München 1, Berlin 1, Marburg 1, Berlin 2, Marburg 2 S.; Rig. 3. Juni 08.]
[U 09. 3195

Mittelmark [Schlagwort]

Mittelmark — Charte von der — etc. von F. L. Güssefeld. Nürnberg bej den Homännischen Erben. 1785. 1 : 350,000. 1 Bl.

Mittelmeer [Sachliches OW]

Mittelmeer, das, und die orientalische Frage. 8. Berlin 836. Gropius. n. 1/4 ℳ

Das Mittelmeer und seine Küstenstädte, Madeira und Kanarische Inseln. 3. Aufl. Leipzig u. Wien 1907 8°.
(Meyers Reisebücher.)
[Dasselbe.] 4. Aufl. Leipzig u. Wien 1910. 8°.

Mittelmeer u. Levante. Zeitschrift f. Handel, Industrie u. Verkehr. Organ der deutschen Vereinigg. f. den Orient-Verkehr. Hrsg. v. Rud. Fitzner. (In deutscher u. französ. Sprache.) Oktbr.—Dezbr. 1907. 4 Nrn. (à ca. 32 S. m. Abb.) 31,5×23 cm. Berlin-Wilmersdorf, H. Paetel. à Nr. 1. —
Mehr nicht erschienen.

Rund ums Mittelmeer. Reisebriefe an e. Freund. Hrsg. von Adolf Wilbrandt. Stuttgart & Berlin: Cotta 1900. 101 S. 8° [09. 12936 II

Mittelmeer [Schlagwort]

Mittelmeer, s.: Seekarten.

Mittelmeer-Fahrt, die, der „Augusta Victoria" 1891. 100 Momentphotogr. qu. gr. 4. (2 Bl. Text.) Hamburg 891 Strumper & Co. In 2 Leinw.-Mappen. 125. —; einzelne Blätter à 1. 50

Mittelmeerfahrten und Orientreisen. Unter besond. Berücks. d. Vergnügungsfahrten d. Hamburg-Amerika-Linie bearb. von Otto Odrich. Mit 5 Karten. Berlin A. Goldschmidt 1907—08. (VIII, 113 S.) 8° [F. u. Ant.]
— **Reiseführer,** Griebens. Bd 109. [07. 8334

Mittelmeerländer [Schlagwort]

Mittelmeerländer, östl., s.: Palästina, Langhans.

Deutsche **Mittelmeerreise** vom 1. August bis 1. September 1905. Unter Leitung d. Prof. Miller Stuttgart u. Lorenz Neapel. Red. von Franz Benöhr. 2. erw. Aufl. Stuttgart Selbstverl. d. Reiseleitung. Kempten & München Kösel in Comm. 1906. 300 S. 8°
[Rückent.:] 30 sonnige Tage. [illegible]

Mittelmeier, Hans. Ueber die Melitriose und über eine neue aus diese darstellbare Zuckerart. (Bern) Berlin, 1890.

Mittelmeier, Wilh., d. Falschmünzer od. d. Bürgermeister in 1000 Aengsten, s.: Theater, klein.

— der Räuber,

Mitteln, von den, wider verschiedene den Menschen, Thieren und Erdfrüchten theils beschwerliche, theils schädliche Insekten und andere Thiere. Ein nützliches Handbuch für Stadt- u. Landleute. 2e Aufl. 8. Grätz 817. Kienreich. $^1/_3$ ₰

– Dass., 1 Aufl., s. Mittel

Mitteln, v. d., in Grunden sein Glück zu machen. Ein Anh. zu einer Reise über die Gebirge ec. (v. G. W. A. Fikenscher). 8 (Leipz.) 799.

Mitteln (Von den), den Zustand der Arbeiter gründlich und auf die Dauer zu verbessern. Mit Bemerkungen u. darauf Bezügliches: Steuern, Wahlen der Volksvertreter, Volks-Unterricht, freie Presse, Volksversammlungen und allgemeine Bewaffnung. (Von Crelle.) gr. 8°. Berlin, G. Reimer, 1849.

Von den Mitteln, den Armen Nahrung und Feuerung zu verschaffen. *Dresden.* 1767.

Mittelpartei, eine, im Reich. 1. u. 2. Abdr. gr. 8. (IV, 43 S.) Leipzig 881 Duncker & Humblot. n. 1. —

Mittelpartei, Die, Tyrols und deren Beruf. Einige Worte von F. B. F. Trient 1877. V: *Bossi-Fedrigotti, Philipp Graf.* (margr)

Mittelrhein [Schlagwort]

Mittelrhein, s.: Radfahrerkarten. — Rhein.

Mittelrheingebiet [Schlagwort]

Mittelrheingebiet, s.a. Radfahrerkarten. Mittelbach. Ravenstein.

Mittelrhein-Gebiet. s.a. Rhein.

Mittelrhein-Gebiet. Peip's, C., Taschenatlas vom Mittelrhein-Gebiet. 16 Karten in feinstem Farbendr. 1.—5. Taus. qu. 4. (4 S.) Stuttgart 897. Hobbing & Büchle. Geb. in Leinw. (in 12) n. 2. —

Mittelrhein-Gebiet. Ravenstein, Hans, Karte des Mittelrhein-Gebietes zur Uebersicht der Verkehrswege u. Gebirgsgruppen. 1 : 100,000. 6 Blatt. Farbendr. gr. Fol. Frankfurt a/M. 890. Ravenstein. n.n. 14. —; auf Leinw. n. 20. —; m. Stäben n. 20. —

Mittelschule, die. Zeitschrift für die Lehrwissenschaften u. das öffentl. Erziehungswesen, unter Mitwirkung mehrerer deutschen Schulmänner herausgeg. von Rector Dr. Schnitzer u. Prof. Kapff. 1., 2. Jahrg. 1845, 1846. à 4 Hfte. gr. 8. Reutlingen 845, 46, Mäcken Sohn. à n. $2^2/_3$ ₰

Mittelschule, die. Zeitschrift f. die gesamten Interessen d. deutschen Mittelschulwesens. Zentralorgan der seminarisch vorgebildeten Mittelschullehrer u. Rektoren Deutschlands. Hrsg. v. H. Umhöfer, unterstützt durch Abelt, G. Backhaus, A. Bendziula rc. 1. Jahrg. 1887. 6 Hfte. gr. 8. (à Hft. ca. 96 S.) Halle, Anton. à Hft. n. 1. —

— dasselbe. 2. Jahrg. 1888. 1. Halbjahr. 3 Hfte. gr. 8. (à Hft. ca. 96 S.) Ebd. n. 3. —

— dasselbe. 2. Jahrg. 1888. 2. Halbjahr. 12 Nrn. (B.) Lex.-8. Halle, Heynemann'sche Buchdr. n. 3. —

— dasselbe. Pädagog. Zeitschrift f. die Interessen d. deutschen Mittel- u. Volksschulwesens. 3. u. 4. Jahrg. 1889, 1890. à 24 Nrn. (B.) Lex.-8. Ebd. à Jahrg. n. 6. —

Mittelschule, die. Zeitschrift f. die Angelegenheiten d. gesamten mittleren Schulwesens. Hrsg. vom preuß. Verein f. Lehrer u. Lehrerinnen an mittleren Schulen u. höheren Mädchenschulen. Zugleich Centralorgan f. Rektoren. Schriftleiter: C. Mischke. 5. Jahrg. 1891. 24 Nrn. (Bog.) Halle a/S., H. Schroedel. n. 6. —
Fortsetzung s.: Mittelschule, die, u. höhere Mädchenschule.

Die **Mittelschule.** Hrsg. v. Preuss. Verein f. d. mittlere Schulwesen. Schriftl.: Friedrich Kirchert. Jg. 23 ff. ib. 1909 ff. 8°. 4°

Mittelschule, die. Pädagogische Zeitschrift. Hrsg. vom preuß. Verein f. das mittlere Schulwesen. Schriftleiter: Frdr. Kirchert. 24. Jahrg. 1910. 24 Hefte. (XI, 620 S. m. 3 Abb. u. 2 Taf.) gr. 8. Halle, H. Schroedel. nn 6. —
Erschien früher u. d. T.: Mittelschule u. höhere Mädchenschule, die.

— die, u. höhere **Mädchenschule.** Pädagogische Zeitschrift. In Verbindg. m. den namhaftesten deutschen Pädagogen hrsg. vom preuß. Verein f. Lehrer u. Lehrerinnen an mittleren Schulen u. höheren Mädchenschulen. Zugleich Centralorgan f. Rektoren. Schriftleiter: C. Mischke. 6., erweit. Jahrg. 1892. 24 Hfte. (à ca. $1^1/_2$ Bog.) gr. 8. Halle a/S., H. Schroedel. n.n. 6. —

— — dasselbe. 7. u. 8. Jahrg. 1893. 1894. à 24 Hfte. (à ca. $1^1/_2$ Bog.) gr. 8. Ebd. à Jahrg. n.n. 8 —; einzelne Hfte. à n.n. — 50
s. a. Mittelschule, die.

— d., u. höh. **Mädchenschule.** Pädagog. Zeitschrift. Hrsg. v. preuß. Verein f. Lehrer u. Lehrerinnen an Mittelschulen u. höh. Mädchenschulen. Zugl. Centralorgan f. Rectoren. Schriftleiter: C. Mischke. 9.—12., erweit. Jahrg. 1895—1898. à 24 Hfte. (à ca. 20 S.) gr. 8. Halle, H. Schroedel. à Jahrg. n.n. 8. —; einz. Hfte. n.n. — 50
Kann auch vierteljährlich bezogen werden.

— u. höhere Mädchenschule, die. Pädagogische Zeitschrift. Hrsg. vom preuß. Verein f. Lehrer u. Lehrerinnen an Mittelschulen u. höh. Mädchenschulen. Schriftleiter: Herm. Haase. 13.—16. erweit. Jahrg. 1899—1902. à 24 Hfte. gr. 8. (à ca. 20 S.) Halle, H. Schroedel. à Jahrg. n.n. 8.— Die Jahrgge. 15 u. 16 sind v. C. Mischke redigiert.

— u. höhere Mädchenschule, die. Pädagogische Zeitschrift. Hrsg. vom preuß. Verein f. Lehrer u. Lehrerinnen an Mittelschulen u. höh. Mädchenschulen. Schriftleiter: Herm. Haase. 17.—20 erweit. Jahrg. 1903—1906. à 24 Hefte. (VIII, 496; X, 500; VIII, 524 u. IX, 500 S.) gr. 8. Halle, H. Schroedel. à Jhrg. n.n. 8.—

— u. höhere Mädchenschule, die. Pädagogische Zeitschrift. Hrsg. vom preuß. Verein f. Lehrer u. Lehrerinnen an Mittelschulen u. höheren Mädchenschulen. Schriftleiter: Frdr. Kirchert. 21.—23. Jahrg. 1907—1909. à 24 Hefte. (IX, 520; XII, 544 u. XI, 592 S.) gr. 8. Halle, H. Schroedel. 21. u. 22. Jahrg. à 8.—; 23. Jahrg. 6.—

– Fortsetzung, s. Mittelschule, Die.

— österreichische. Mittheilungen der Vereine „Mittelschule in Wien" u. „deutsche Mittelschule in Prag". Hrsg. v. V. Langhans, K. Tumlirz u. E. Maiss. 1. Jahrg. 4 Hfte. gr. 8. (1. Hft. 80 S.) Wien 887. Hölder. n. 7. 20

— dasselbe. Mittheilungen der Vereine „Mittelschule in Wien", „deutsche Mittelschule in Prag", „die Realschule in Wien" u. „innerösterreich. Mittelschule" in Graz. Red. v. V. Langhans, E. Maiss, M. Glöser, K. Zelger u. K. Tumlirz. 2. Jahrg. 4 Hfte. gr. 8. (1. Hft. 96 S. m. 1 Tab.) Ebd. 888. n. 7. 20

— dasselbe. Red. v. V. Langhans, Karl Tumlirz, J. Meixner, Ed. Maiss, Ferd. Maurer. 3. Jahrg. 4 Hfte. gr. 8. (1. Hft. 144 S.) Ebd. 889. n. 7. 20

— dasselbe. Red. v. V. Langhans, Karl Tumlirz, J. Meixner, Ed. Maiss, Karl Jauker. 4. Jahrg. 4 Hfte. gr. 8. (1. Hft. 128 S.) Ebd. 890. n. 7. 20

— österreichische. Gemeinsames Organ der Vereine „Mittelschule" u. „Die Realschule" in Wien, „Deutsche Mittelschule" in Prag, „Innerösterreich. Mittelschule" in Graz, „Mittelschule f Oberösterreich u. Salzburg in Linz" u. „Bukowiner Mittelschule in Czernowitz". Red. v. Feod. Hoppe, Geo. Schlegl, Jos. Meixner, Gust. Effenberger, Frz. Scholz, Jul. Gartner u. Vinc. Faustmann. 5.—8. Jahrg. 1891—1894. à 3—4 Hfte. gr. 8. (à Hft. ca. 112 S.) Wien, A. Hölder. à Jahrg. n. 7. 20

Mittelschule, österreichische. Gemeinsames Organ d. Vereine „Mittelschule" u. „Die Realschule" in Wien, „Deutsche Mittelschule" in Prag, „Mittelschule f. Oberösterreich u. Salzburg in Linz" u. „Bukowiner Mittelschule in Czernowitz". Red. v. Feod. Hoppe, Geo. Schlegl, Jos. Meixner, Mor. Strach, Karl Jauker, Ferd. Barta, Vinc. Faustmann. 9.—10. Jahrg. 1895—1896. à 3—4 Hfte. (à ca. 7 Bog.) gr. 8. Wien, A. Hölder. à Jahrg. n. 7. 20

Mittelschule, österreichische. Gemeinsames Organ d. Vereine „Mittelschule" u. „Die Realschule" in Wien, „Deutsche Mittelschule" in Prag, „Mittelschule für Oberösterreich u. Salzburg in Linz" u. „Bukowiner Mittelschule in Czernowitz". Red. v. Feod. Hoppe, Geo. Schlegl, Frz. Daurer, Gust. Spengler, Adb. Horčička, Ant. Polascheck. 11. Jahrg. 1897. 3—4 Hfte. (à ca. 7 Bog.) gr. 8. Ebd. n. 7. 20

— dasselbe. Red. v. Pet. Maresch, Ant. Frank, Frz. Haluschka, Ant. Michalitschke, Ant. Horčička, Ant. Polaschek. 12. Jahrg. 1898. 3—4 Hfte. (à ca. 7 Bog.) gr. 8. Ebd. n. 7. 20

Mittelschule, österreichische. Gemeinsames Organ der Vereine „Mittelschule" u. „Die Realschule" in Wien, „Deutsche Mittelschule" in Prag, „Mittelschule für Oberösterreich u. Salzburg in Linz", „Bukowiner Mittelschule" in Czernowitz u. „Deutsche Mittelschule für Nordmähren in Olmütz". Red. von Leop. Eysert, Stanisl. Schüller, Mich. Gaubatz, Ant. Frank, Osk. Langer, Ant. Romanovsky, Ferd. Zinner. 13.—16. Jahrg. 1899—1902. à 3—4 Hfte. gr. 8. (à 6—7 Bog.) Wien, A. Hölder. à Jahrg. n. 7. 20

Mittelschule, österreichische. Gemeinsames Organ der Vereine „Mittelschule" u „Die Realschule" in Wien, „Deutsche Mittelschule" in Prag, „Mittelschule für Oberösterreich u. Salzburg" in Linz, „Bukowiner Mittelschule" in Czernowitz u. „Deutsche Mittelschule f. Nordmähren" in Olmütz. Red. v. Heinr. R. v. Hoepflingen u. Bergendorf, Jos. Hickl, Hans Januschke, Ant. Frank, Ernst Sewera, Jos. Bittner, Ludw. Tesař 17.—20. Jahrg. 1903—1906. à 4 Hefte. (II, 482; II, 471; II, 468 u. II, 480 S.) gr. 8. Wien, A. Hölder à Jhrg. n. 7. 20

— österreichische. Gemeinsames Organ der Vereine „Mittelschule" u. „Die Realschule" in Wien, „Deutsche Mittelschule" in Prag, „Mittelschule in Oberösterreich u. Salzburg" in Linz, „Bukowiner Mittelschule" in Czernowitz u. „Deutsche Mittelschule f. Nordmähren" in Olmütz. Red. v. Hickl, Eduard Schuścik, Alois Neusser, Jos. Hinterleitner, Frz. Strauss, Vinzenz Neuwirth, Romuald Wurzer. 21.—24. Jahrg. 1910. à 4 Hefte. (à Jahrg. ca. 480 S.) gr. 8. Wien, A. Hölder. à Jahrg. 7. 20

Mittelschule, Die vor- und nachmärzliche, Österreichs. Wien 1889. V: *Krones, Ritter v. Marchland, Franz Xav.* (Verz. d. Stud. Bibl. Klagenfurt. X. Klagenf. 1907.)

Mittelschulen. Frankfurt a. M. 1910. V: *Schaumann, Gustav.* (stuFrankf I, 183)

Mittelschulen, die deutsch-evangelischen, in Siebenbürgen u. die denselben drohende Gefahr. Eine Rechts- u. Kulturfrage. gr. 8. (III, 119 S.) Leipzig 880. O. Wigand. 1. 50

Mittel=Schulen, üb., ihre Form und Bestimmung, siehe J. F. Degen.

Die **Mittelschulenquête** der Kulturpolitischen Gesellschaft 1 1. (Wien-Leipzig: M. Perles 1907.) 8° . 107. 9930

Mittelschul-Enquete, die, im k. k. Ministerium f. Kultus u. Unterricht. Wien, 21.—25. I. 1908. Stenograph. Protokoll. Referate u. Korreferate. Statistik der m. dem Öffentlichkeitsrechte beliehenen Gymnasien u. Realschulen in Betreff ihres Umfanges, ihrer Erhalter u. in Betreff der Unterrichtssprache im Schulj. 1907/08. Hrsg. im Auftrage d. Ministeriums f. Kultus u. Unterricht. (XIV, 760 S.) Lex. 8. Wien 908. A. Hölder. 15.50; geb. 18.—

Mittelschul-Enquête der „Wage". Hrsg. v. d. Red. der „Wage". Red. u. eingeleitet v. Rob. Scheu. I. Haupttheil. gr. 8. Wien 898. Gesellschaft f. graph. Industrie. n.n. — 85
Was leistet die Mittelschule? Gutachten von B. Hatschek, I. Schnabel, M. Herz u. a., m. d. sich anschliess. Discussionen. (VI, 133 S.)

Mittelschulexamen, das, auf d. XIX. rhein. Lehrertage in Godesberg 1895, s. a. Abhandlungen, pädagog., Nr. 27.

[F.] Das Mittelschulexamen auf d. XIX Rheinischen Lehrertage in Godesberg 1895. E. Stimmungsbild. *Bielefeld: A Helmich [1896]* (16 S.) 1 Bd 8.
= Abhandlungen, Pädagogische II. 27 (98. 1317

Der Mittelschulgesetzentwurf im ungarischen Reichstag. — Mitth. der wichtigsten Reden des ungarischen Abgeordnetenhauses vom 5. bis 17. März 1883. — Hermannstadt Drotleff 1883. XI, 416 S.

Mittelschulgesetzentwurf, der, im ungarischen Reichstage. Mittheilung der wichtigsten Reden d. ungar. Abgeordnetenhauses vom 5. bis 17. März 1883. [Uebersetzung aus den stenograph. Reichstagsberichten.] gr. 8. (XI, 416 S.) Hermannstadt 883. (Michaelis.) n. 2. 40

Mittelschullehrer, der. Vorbereitung zur Ablegg. des Mittelschullehrer-Examens. Methode Rustin. Selbst-Unterrichts-Briefe hrsg. vom Rustinschen Lehrinstitut. Red. v. C. Ilzig. Bearb. v. Gust. Behrendt, Max Baumann, Frz. Büßler u. v. a. 1.—123. Lfg. Lex.-8. (4141 S. m. Abb., 1 Tabelle, 12 farb. Karten u. 38 farb. Kartens. in gr. 4.) Potsdam (900—902). Bonneß & Hachfeld.
Subskr.-Pr. à n. — 90; Einzelpr. à n. 1. 25

Mittelschullehrer, der. Vorbereitung zur Ablegung des Mittelschullehrer-Examens. Methode Rustin. Selbst-Unterrichts-Briefe, hrsg. vom Rustinschen Lehrinstitut. Red. v. C. Ilzig. Bearb. v. Gust Behrendt, Max Baumann, Frz. Büßler u. v. a. 124—214 Lfg. (2894 S. m. Abbildgn. u. 3 farb. Karten.) Lex.-8. Potsdam (903. 904. Bonneß & Hachfeld. Subskr.-Pr. à n. — 90; Einzelpr à n. 1. 25

Mittelschullehrer- u. Rektoratsprüfung, die. E. Ratgeber f. d. auf Ablegg. beider Prüfgn. hinziel. Fortbildg. des Lehrers, in Gemeinschaft m. Girardet, Löwer, Paust etc. hrsg. v. L. Hohmann. (In 2 Reihen zu je 8 Hftn.) 1. Reihe, 1. u. 8. Hft.; u. 2. Reihe, 1 Hft. gr. 8. Breslau 898. F. Hirt. n. 2. 10
I, 1. Die Mittelschullehrerprüfung. 1. Hft. Geschichte d. Pädagogik. Die Grundwissenschaften d. Pädagogik. Allgem. Pädagogik. Von L. Hohmann. (72 S.) n. — 80
8. Dasselbe. 8. Hft. Französ. u. engl. Sprache. Von Otto Wendt. (48 S.) n. — 50
II. Die Rektoratsprüfung. 1. Hft. Allgem. Pädagogik u. Didaktik. Aus d. Schulpraxis. Von L. Hohmann. (80 S.) n. — 80

Mittelschullehrer- u. Rektoratsprüfung, die. Ein Ratgeber f. die auf Ablegg. beider Prüfgn. hinziel. Fortbildg. des Lehrers, in Gemeinschaft m. Girardet, Habermas, W. Hering, Imhäuser etc. hrsg. v. L. Hohmann. I. Reihe, 2., 3., 5. u. 6. Hft. u. II. Reihe, 2. u. 8. Hft. gr. 8. Breslau, F. Hirt. n. 3. 90
I. 2. Die Mittelschullehrerprüfung. 2. Hft.: Religion. Von Habermas. (61 S.) 900. n. — 70
3. Dasselbe. 3. Hft.: Deutsch. Von W. Vorbrodt. (76 S.) 902 n. — 80
5. Dasselbe. 5. Hft.: Naturwissenschaften. Von L. Imhäuser. (48 S.) 899. n. — 50
6. Dasselbe. 6. Hft.: Geographie. Von Johs. Ziesemer. (48 S.) 901. n. — 50
II. 2. Die Rektoratsprüfung. 2. Hft.: Religion. Von Habermas. (64 S.) 901. n. — 70
8. Dasselbe. 8. Hft.: Französische u. englische Sprache. Von Otto Wendt. (60 S.) 899. n. — 70

Mittelschullehrer- u. Rektoratsprüfung, die. Ein Ratgeber f. die auf Ablegg. beider Prüfgn. hinziel. Fortbildg. des Lehrers, in Gemeinschaft m. Frdr. Habermas, W. Hering, L. Imhäuser u. a. hrsg. v. Ludw. Hohmann. I. Reihe, 1. 4. 7. Heft u. II. Reihe, 3—6. Heft. gr. 8. Breslau F. Hirt. n. 5. 20
I, 1. Mittelschullehrerprüfung, die. 1. Heft. Geschichte der Pädagogik. Die Grundwissenschaften der Pädagogik. Allgemeine Pädagogik. Von Ludw. Hohmann. 2. verb. Aufl. (58 S.) 903. n. — 80
4. Dasselbe. 4. Heft. Geschichte. Von W. Hering. (84 S.) 903. n. — 80
7. Dasselbe. 7. Heft. Mathematik. Von B. Wiese. (50 S.) 905. n. — 60
II, 3. Die Rektoratsprüfung. 3. Heft. Deutsch. Von W. Vorbrodt. (93 S.) 904. n. 1. —
4. Dasselbe. 4. Heft. Geschichte. Von W. Hering. (80 S.) 903. n. — 80
5. Dasselbe. 5. Heft. Naturwissenschaften. Von L. Imhäuser. (72 S.) 904. n. — 80
6. Dasselbe. 6. Heft. Geographie. Von Johs. Ziesemer (32 S.) 903. n. — 40

Mittelschullehrer- u. Rektoratsprüfung, die. Ein Ratgeber f. die auf Ablegg. beider Prüfgn. hinziel. Fortbildg. des Lehrers, in Gemeinschaft m. Frdr. Habermas, W. Hering, L. Imhäuser u. a. hrsg. v. Ludw. Hohmann. I. Reihe. 3.—6. u. 8. Heft u. II. Reihe. 1. Heft. gr. 8. Breslau, F. Hirt. 4. 70
I. 3. Die Mittelschullehrerprüfung. 3. Heft: Deutsch. Von W. Vorbrodt. 2. durchgeseh. Aufl. (80 S.) 907 1. —
4. Dasselbe. 4. Heft. Geschichte. Von Wilh. Hering. 2., verb Aufl. (91 S.) 907. 1. —
5. Dasselbe. 5. Heft Naturwissenschaften. Von L. Imhäuser 2., durchgeseh. Aufl. (48 S.) 908. — 50
6. Dasselbe. 6. Heft: Geographie. Von Johs. Ziesemer. 2., durchgeseh. Aufl. (53 S.) 908. — 60
8. Dasselbe. 8. Heft: Französische u. englische Sprache. Von Otto Wendt. 2., neubearb. Aufl. (56 S.) 907. — 60
II. 1. Rektoratsprüfung, die. 1. Heft: Allgemeine Pädagogik u. Didaktik. Aus der Schulpraxis Von Ludw. Hohmann. 2., erweit. u. verb. Aufl. (96 S.) 909. 1. —

Mittelsdorf (Hrsg.), s. Bahn frei!

Mittelsdorf, J., s.: Bau- u. Kunstdenkmäler, die, d. Stadt Hanau.

Mittelsdorf, J., Bremen, s.: Renaissance, deutsche.

Mittelsdorf, J., Frankfurt, Hanau u. Umgegend, s.: Renaissance, deutsche.

— **Prozess-Grundsätze.** Ein Beitrag zu dem erwarteten Entwurfe eines Prozess-Gesetzes für den norddeutschen Bund. Neuwied 868. Heuser's Verlag. gr. 8. (V, 82 S.) n. 10 ngr

Mittelsdorf, J., s. Renaissance, deutsche.

– s. Winkler, August

Mittelshöfer, C. (Red.), s. Wochenschrift, Wiener medizinische.

Mittelsinn [Schlagwort]

Mittelsinn, s.: Bayern. Karte.

Mittelstädt (Hrsg.), s. Treitschke: Reden im deutschen Reichstage 1871-1884.

[F.] v. **Mittelstaedt**, Adolf [Rekt.]: Zur Geschichte der deutschen höheren Mädchenschule. Charlottenburg, Druck v. C. J. Neubelt, 1891; 3—30 S. 4.
Charlottenburg, st. HM, P 1891**

[F.] v. **Mittelstaedt**, Adolf [Rekt.]: Warum soll und in welcher Weise kann die Erziehung zur praktischen Hausfrau durch den Unterricht in der höheren Mädchenschule gefördert werden? Charlottenburg, Druck v. R. Münch, 1894; 3—19 S. 4.
Charlottenburg, st. HM, P 1894**

Mittelstaedt, Anna, Anweisung zur selbständigen Vermögensverwaltung für die alleinstehende Frau. In zehn Frauenbriefen behandelt. Mit Sachregister. (79 S.) gr. 8. Hannover 903. C. Meyer. n. 1. 50

Mittelstaedt, Anna, Anweisung zur selbständ. Vermögensverwaltung f. die alleinstehende Frau. In 10 Frauenbriefen behandelt. 2., unveränd. [Titel-]Ausg. Mit ausführl. Sachregister. (79 S.) 8. Hannover 909. C. Meyer. 1. —

— juristischer Ratgeber f. die Frauenwelt, s.: Kroon, G.

Mittelstaedt, Annie, a. Berlin: Der Krieg von 1859. Bismarck und die öffentliche Meinung in Deutschland. Stuttgart 1904: Union. (VI, 65 S.) 8° [F.] ¶(Teil einer Arbeit mit demselben Titel.)
Heidelberg, Phil. Fak., Ref. Marcks, Diss. v. 21. Sept. 1904
[Geb. 14. Juni 69 Wunstorf b. Hannover; Wohnort: Wunstorf; Staatsangeh.: Preußen; Vorbildung: Lehrerinnenseminar Berlin; Studium: Berlin 5. Heidelberg 3 S.; Rig. 15. Dez. 03.]

Mittelstaedt, Annie, der Krieg von 1859, Bismarck u. die öffentliche Meinung in Deutschland. (X, 184 S.) gr. 8. Stuttgart 904. J. G. Cotta Nachf. n. 3. 60; geb. in Leinw. n. 4. 60

Mittelstaedt, Franz *Wilhelm* [aus der Prov. Posen]: Aus d. pharmakolog. Institut d. Univ. Greifswald. Ueber chronische Bariumvergiftung und die Einwirkung des Bariums auf die Hefegärung ... Greifswald, Druck v. J. Abel, 1895; 51 S. 8.
Greifswald, Med. Fak., Inaug.-Diss. v. 9. Aug. 1895

Mittelstaedt, Frz., Charakteristik der wichtigsten homöopathischen Heilmittel, s.: Müller, Clotar.

Mittelstädt, J. v., Beurtheilung einiger Abschnitte des Entwurfes e. norddeutschen Prozeßordnung. I. Berlin 870. Guttentag. gr. 8. (98 S.) n. 12 ngr.

— — II. Ebend. 870. gr. 8. (75 S.) n. 8 ngr.

Mittelstaedt, J. v., Prozess-Grundsätze. Ein Beitrag zu dem erwarteten Entwurfe eines Prozess-Gesetzes für den norddeutschen Bund. gr. 8. (V und 82 S.) Neuwied 868, Heuser's Verlag. *

Mittelstaedt, J., Tapferkeit u. Edelmut, s.: Volks- u. Jugend-Erzählungen.

Die erste Arbeit in der neu geweihten Loge zur Wahrheit und Treue zu Neuwied, gehalten vom [Br Joh. Ulrich v. **Mittelstädt**] am 12. Juni 1892. Neuwied [1892]: Heuser. 12 S. 8°
Abhandlung über den 8. Psalm: Herr unser Herrscher, wie herrlich ist dein Name in allen Landen, da man dir danket im Himmel.

Mittelstaedt, Joh., u. Curt Hillig, das Verlagsrecht. Reichsgesetz üb. das Verlagsrecht v. 19. VI. 1901 m. Erläutergn. u. e. Anh., enth. das Reichsgesetz betr. das Urheberrecht an Werken der Litteratur u. der Tonkunst v. 19. VI. 1901. gr. 8. (XVIII, 189 S.) Leipzig 901. S. Hirzel. n. 4. —; geb. n. 5. —

Mittelstaedt, Ludovicus Otto (*geb Schneidemühl 16. 7. 1834*)
De juris patronatus, quod reale dicitur, origine Vratislaviae (1856). (32 S.) 8°
Breslau, Jur. Diss. v. 3. Mai 1856

Mittelstädt, Otto, die Affaire Dreyfus. Eine kriminalpolit. Studie. 1. u. 2. unveränd. Aufl. gr. 8. (à VII, 112 S.) Berlin 899. J. Guttentag. n. 2. —

Mittelstädt, Otto, gegen die Freiheitsstrafen. Ein Beitrag zur Kritik des heut. Strafensystems. 1. und 2. Aufl. gr. 8. (VI, 88 S.) Leipzig 879, Hirzel. *

Vor der Fluth. Sechs Briefe z. Politik d. dtsch. Gegenwart v. Otto **Mittelstädt**. 5. u. 6. Taus. *Leipzig: S. Hirzel 1897.* (IV, 146 S.) 1 Bd 8. [97. 7276

Vor der Fluth. 6 Briefe z. Politik d. deutschen Gegenwart von Otto **Mittelstädt**. 7. u. 8. Taus. *Leipzig: S. Hirzel 1897.* (IV, 146 S.) 8° [04.14604 10

Mittelstädt, Otto, vor d. Fluth. 6 Briefe zur Politik d. deutschen Gegenwart. 9. Taus. gr. 8. (IV, 146 S.) Leipzig 898. S. Hirzel. n. 2. —

Mittelstädt, Otto, Kaspar Hauser u. sein badisches Prinzenthum. gr. 8. (IV, 168 S.) Heidelberg 876. Bassermann. n. 2. —

Mittelstaedt, Otto, aus der Praxis der Zuckerindustrie, s. a. Rathke's, Alb., Bibliothek f. Zucker-Interessenten. 12.

Aus der Praxis der Zuckerindustrie. F. Rechenb. f. Chemiker, Techniker u. Siedemeister. Zsgest. v. Otto **Mittelstaedt**, Chem. zu Amsterdam. *Magdeburg: A. Rathke 1896.* (43 S.) 1 Bd 8.
= Bibliothek, A. Rathke's, f. Zucker-Interessenten Bd 12 [96. 3524

Aus der Praxis der Zuckerindustrie. E. Beitr. z. chem. Betriebskontrole in d. Zuckerfabrikation. Von Otto **Mittelstaedt**, Chemiker zu Amsterdam. 2. verm. u. verb. Aufl. *Magdeburg: A. Rathke 1897.* (64 S.) 1 Bd 8.
= Bibliothek, A. Rathke's, f. Zucker-Interessenten Bd 12 [97. 3673

Aus der Praxis der Zuckerindustrie. Ein Beitrag z. chem. Betriebscontrolle in d. Zuckerfabrikation. Von Otto **Mittelstaedt** Betriebsleiter, Amsterdam. 3. Aufl. *Magdeburg: A. Rathke 1902.* (101 S.) 8°
= Bibliothek, A. Rathke's, f. Zucker-Interessenten Bd 12 [02. 5755

Mittelstaedt, W., die Aerztin. Aus Erbarmen, s.: Engelin's Roman- u. Novellenschatz 114. Bd.

Mittelstaedt, W. s. Familienbibliothek, Schweizer. Nr. 64.

Mittelstaedt, Wilma, Studentenliebe. Roman. (89 S.) 8. Würzburg 910. Memminger. 1.50; geb. in Leinw. 2. —

Mittelstand: Der Mittelstand
s. a. Schweizer Gewerbe-Partei.

Mittelstand, der. Nachrichten des deutschen Bundes f. Handel u. Gewerbe. Jur. Person, Sitz Leipzig. Red.: Max Heil. 2. u. 3. Jahrg. 1903 u. 1904. à 12 Nrn. (à ca. 8 S.) gr. 4. Leipzig (J. Mäser). à Jhrg. n.n. 3. —

Mittelstand, Der, und die Mittelschule oder Wodurch kann unser Mittelstand und namentlich der Handwerkerstand wieder gehoben werden? Barmen 1853. V: *Doerpfeld*, *Friedr. Wilh.* (Kat. der ständ. Bibl. Stuttgart 1907, S. 40.) (Stam)

Mittelstand, der, und die Mittelschule, oder: wodurch kann unser Mittelstand, und namentlich der Handwerkerstand, wieder gehoben werden? Welches ist der nächste Hebel, und wo ist derselbe anzusetzen? (Von Dörpfeld.) gr. 8. (46 S.) Barmen 853, (Langewiesche.) *

Mittelstand (Unser) in Deutschösterreich. 8°. Wien, A. Pichlers Wwe. u. Sohn, 1888.

Mittelstands-Bibliothek, gewerbliche. Hrsg. v. der wissenschaftl. Zentralstelle der Mittelstands-Vereinigg. f. Handel u. Gewerbe E. V. (Sitz Düsseldorf). 1.—6. Heft. gr. 8. Düsseldorf, Verlag der Mittelstands-Vereinigg. f. Handel u. Gewerbe. 1. —

Engel, Aug., das Gesetz üb. die Sicherung der Bauforderg. vom 1. VI. 1909. Erläutert v. E. (34 S.) 909. (Nr. 6.) — 25
Gauer, Eduard, die Schäden im Auktionswesen u. ihre Bekämpfung. (15 S.) 909. (Nr. 4.) — 15
Irl, die Vergebung öffentlicher Arbeiten an Handwerker-Genossenschaften. Vortrag auf dem 25. rhein. Handwerkertag in Mayen am 11. VII. 1909. (16 S.) 909. (Nr. 2.) — 15
Jung, Frz., das Borg-Unwesen im Handwerk u. seine Bekämpfung durch Einziehungsämter auf genossenschaftl. Grundlage. (16 S.) 909. (Nr. 1.) — 15
Mannes, Osk., das Gesetz gegen den unlauteren Wettbewerb vom 7. VI. 1909. (16 S.) 909. (Nr. 5.) — 15
Stocky, wie treibt man fortschrittliche Mittelstandspolitik? (14 S.) 909. (Nr. 3.) — 15

Mittelstands-Freunde, Falsche. Hrsg vom Wahlverein d. Liberaler Berlin [1907] 8° [L ms Haglet]

Mittelstandskongress, international., abgeh. zu Lüttich vom 16.—18. VIII. 1905 unter dem Protektorate des Handelsministers Gustave Francotte u. Justizministers van den Heuvel u. unter dem Ehrenpräsidium des Gouverneurs Pety de Thozée u. Bürgermeister Kleyer. 2 Bde. 8. Brüssel 906. (Berlin, Puttkammer & Mühlbrecht.) n. 15. —

1. Sitzungen u. Berichte. (136, 15, 26, 4, 5, 5, 8, 8, 3, 10, 3, 4, 2, 2, 2. 1, III, 31, 28, 3, 40, 22, 16, 1 u. 38.) — 2. Enth. die auf den allgemeinen Tl. bezügl. Berichte. (VII, 73, 5, 6, 24, 43, 9, 30, 20, 13, 26, 5, 74, 43, 92, 36, 9, 21, 41, 13, 43 u. 6 S.)

H. A., MITTELSTANDSPOLITIK. (o. O. 1909.) 4°

DIE DEUTSCHE MITTELSTANDSVEREINIGUNG UND DER HANSA-BUND (o. O. 1909.) 8°

Mittelstedt, Matth. Th. Eph., († d. 24. Febr. 1777.) s. Deisterei. — Gaillard, Gesch. Franz I. — Jos. Newton, Abhandl. — Roberson's Geschichte v. Schottland. — Th. Sherlock, heil. Reden.

Mittelstein, Max, Beiträge zum Postrecht. gr 8. (IV, 144 S.) Berlin 891. F. Vahlen. n. 3 —

Mittelstein, Max, deutsches Binnenschiffahrtsrecht, s. a. Handbibliothek, juristische 57. Bd.

Mittelstein, Max, deutsches Binnenschiffahrtsrecht, s. a. Handbibliothek, Leipziger juristische.

Mittelstein, deut. Binnenschiffahrtsrecht. 2 Bde. Leipzig 896—900.

Deutsches Binnenschiffahrtsrecht. Von Dr **Max Mittelstein**, Oberl.-Ger.R. in Hamburg 2., gänzl. umgearb. Aufl. Bd 1 2 *Leipzig. Rossberg 1900–03.* 2 Bde 8° [F.]
— **Handbibliothek**, Leipziger Juristische. Bd 57 132. [03. 0185]

Mittelstein, Max, die Einkindschaft nach Hamburgischem Recht m. Berücksicht. d. gemeinen Rechts. gr. 8. (V, 95 S. m 2 Tab.) Hamburg 886. Seippel. n. 2. —

— das Hamburgische Gesetz betr. Grundeigentum und Hypotheken, nebst zugehör. Verordnungen und Gesetzen mit Anmerkungen aus den Motiven und der Rechtsprechung. 8. (V, 110 S.) Ebendas. 886. *
— dass. — Ausg. mit Anhang, enthaltend die Zusätze und Bestimmungen vom 5. Decbr. 1887. 8. (V, 110, 4 S.) Ebendas. 888. *

— das hamburgische Gesetz betr. Grundeigenthum u Hypotheken, nebst verwandten hamburg. Gesetzen u. Verordngn. Erläutert v. M. 2., umgearb. u. sehr verm. Aufl. 8. (271 S.) Hamburg 894. H. Seippel. n. 2. 60; geb. n 3. —

— das hamburgische Gesetz betr. Miethezahlung und deren Sicherung vom 16. Mai 1888 mit Anmerkungen. 8. (18 S.) Ebendas. 888. *

Mittelstein, Max, das Hypothekenrecht d. bürgerl. Gesetzbuches. 8. (VIII, 250 S.) Hamburg 898. H. Seippel. n. 5. —; geb. n.n. 6. —

— die Miethe nach dem Rechte des Deutschen Reiches. gr. 8. (VIII, 352 S.) Berlin 900. F. Vahlen. n. 6. —; geb. n. 7. —

Mittelstein, Max, die Miete nach dem Rechte des Deutschen Reiches. 2., gänzlich umgearb. Aufl. (IX, 612 S.) gr. 8. Berlin 909. F. Vahlen. 11. —; geb. n 12. —

— die Reichsgesetze betr. die privatrechtl. Verhältnisse der Binnenschiffahrt u. der Flößerei, s. a. Handbibliothek, Leipziger juristische.

— die Reichs-Gesetze, betr. d. privatrechtl. Verhältnisse der Binnenschiffahrt u. Flößerei, s. a. Meinhold's juristische Handbibliothek.

Mittelstein, Max: Die Reichs-Gesetze, betr. die privatrechtlichen Verhältnisse der Binnenschiffahrt und Flößerei vom 15. 6. 1895 nebst den ergänzenden Vorschriften älterer Reichsgesetze, insbes. des Handelsgesetzbuches, sowie den sämmtlichen Ausführungsvorschriften u. den Spezialvorschriften über die Schifffahrt auf dem Rheine und der Elbe. Leipzig 1896.
(Meinhold's Juristische Handbibliothek. Red. von Max Hallbauer. Bd 57.)

Mittelstein, M. Die Reichsgesetze betr. die privatrechtlichen Verhältnisse der Binnenschiffahrt und der Flößerei vom 15. VI. 1895 in der vom 1 1 1900 an geltenden Fassung. Leipzig 1900.

— Deutsches Schiffspfandrecht u. Schiffsgläubigerrecht. gr. 8. (VIII, 309 S.) Hamb. 889, Seippel. * 6 —

Mittelstein, Max, See-Unfallversicherungsgesetz, s.: Guttentag's Sammlung deutscher Reichsgesetze.

Mittelstenscheid, Erich, aus Düsseldorf: Ueber eine cyklische Base $C_8 H_{15} N$ aus Methylheptenylamin. *Hildesheim 1901: A. Lax.* (62 S.) 8°
Göttingen, Phil. Diss. v. [6. Febr.] 1902

Mittelstenscheid, Erich, über eine cyklische Base $C_8H_{15}N$ aus Methylheptenylamin. Diss. gr. 8. (61 S.) Göttingen 901. (Vandenhoeck & Ruprecht). n. 1. 40

Mittelstiller G.: Theken-Betrachtungen. 50 Graz. I. 88. Progr.

Mittelstrass, Gebr., die Blitzableiter nach den neuesten Erfahrungen und zweckmässigsten Constructionen, nebst Preis-Courant über Blitzableiter und Haustelegraphen. 2. Aufl. 1869; 3. Aufl. gr. 8. (40 S. mit eingedr. Holzschn.) Magdeburg 875, (E. Baensch.) *
Die 1. Aufl. war nicht im Handel.

Mittelstrass, Gebrüder, Die Blitzableiter nach den neuesten Erfahrungen zweckmässigster Construction. (Preis-Courant.) Magdeburg 1871.

Mittelstraß, Jul., Vorschriften f. die Aufstellung u. den Betrieb der Dampfkessel nach den Bestimmgn. der Gewerbe-Ordng. f. den Norddeutschen Bund vom 21. Juni 1869, den Ausführungs-Bestimmgn. zu derselben vom 4. Septbr. 1869, der Bekanntmachg. d. Bundesrathes vom 29. Mai 1871, dem Gesetze vom 3. Mai 1872 u. dem Regulativ vom 24. Juni 1872. Systematisch bearb. gr. 8. (143 S.) Elberfeld 875. (Loll.) n. 3. —

Mittelstraß, Rudolf, Referendar b. d. Kgl. Amtshauptmannschaft Leipzig: Das Recht des Überhangs und Überfalls nach dem deutschen Bürgerlichen Gesetzbuche. Leipzig: O. Wigand 1908. (85 S.) 8°
Leipzig, Jur. Fak., Diss. v. 9. März 1908
[Geb. 5. Aug. 81 Jeßnitz (Anhalt); Wohnort: Leipzig; Staatsangeh.: Sachsen; Vorbildung: Gymn. Aschersleben Reife O. 00; Studium: Marburg 2, Leipzig 6 S.; Rig. 16. Jan. 04.]

Mittelstraße: Politische Mittelstraße
② Neue St. Galler Zeitung (II) (gegen Ende 1841) ⑤ 1. 4. 1841—31. 12. 1841
⑦ Wochenblatt ⑧ St. Gallen ⑬ BGSZ: 1046. 1047.

Mittelverwaltung, die freie. Eröffnungsrede des Stadtgerichtspräsidenten bei der jährlichen Verlesung der Amts-Eide am 6. Januar 1846. gr. 8. (44 S.) Basel 846, Bahnmaier. n $^1/_6$ ₰

Mittelverwaltung, die freie. Eröffnungsrede des Stadtgerichtspräsidenten bei der jährl. Verlesung der Amts-Eide am 6. Jan. 1846. gr. 8. (44 S.) Basel 847, Bahnmaier's Buchh. *

Das Mittelwasser der Ostsee bei Swinemünde. Berlin 1890.

Zehnjährige Mittelwerthe (1866—75) nebst neunjährigen Stundenmitteln (1867—75) für Dorpat. Mit 2 lithogr Taf. (Ergänzungsheft zum 2. Bde. der Dorpater meteorol. Beobacht.) Dorpat 1877.

Zwanzigjährige Mittelwerthe aus den Meteorologischen Beobachtungen von 1866—85 für Dorpat. (Ergänzungsheft zum 4. Bde. der Dorpater meteorol. Beobacht.) Dorpat 1887

Ueber den Mittelzustand abgeschiedener Seelen. Vernünftig und schriftmässig erwogen. Schleswig. 1834. P.

Mittemann, E., der Kinder Hort, s.a. Dick, Alex

Mittemann, E., u. Günz, Marie, Der Kinderhort, Bewegungsspiele u. Lieder, gesamm. u. hrsg. v. Alexander Dick, Frankfurt a. M. 1894, VIII u. 96 S., 8°.

Mittemayer, J., Gedanken von der wahren Existenz, Natur und Beschaffenheit der Polypen, mit K. 4. Dresden. 755.

Mitten, Wilhelm

Mitten, Gulielm., Enumeratio muscorum omnium Austro-Americanorum autori hucusque cognitorum. gr. 8. (659 S.) London 869, Williams und Norgate. geb. *

Erinnerungen aus dem Leben einer Erzieherin. (Verf.: Dorette Mittendorf.) Kassel: Röttger (1909). 96 S. 8°

Mittendorf, Fr., pädagogischer Frühling. (III, 72 S.) 8. Braunschweig 906. E. Appelhans & Co. n. — 80

— Schillers Lebensideale u. die Gegenwart. Vortrag, geh. im Braunschweiger Lehrerverein. (28 S.) gr. 8. Ebd. 905. n — 30
Sonderabdruck aus: „Neues braunschweig. Schulbl."

Mittendorf, Gust. Dissertatio de Friderici Thuringorum landgravii et Misniae marchionis vita et regno. 8. Hannoviae 1844.

Mittendorf, Gust. Herzog Christian's von Braunschweig Wirksamkeit während des dreissigjährigen Krieges. 8. Hannover 1845.

Johann Heinrich Mittendorf Summarische doch deutliche Anleitung zu der edlen Rechenkunst. 8. 4 B. 1738.

Mittendorfer, Hans, Dorfglocken aus Oberösterreich. Gedichte. (XV, 159 S. m. 1 Bildn.) kl. 8. Linz 909. Zentral-Druckerei vorm. E. Mareis. 1.60; geb. 2. 50

Mittendorfer, Joh. Ev., die Benobelung des Marchfeldes. Programmatische Denkschrift. Mit e. Karte des Marchfeldes. gr. 8. (62 S.) Wien 901. (A. Eisenstein & Co.) n. 2. —

Mittendorfer, Joh. B., Wallfahrtskirche „Maria Hilf" bei Mondsee. Nebst e. kurzen Chronik der Abtei u. d. Marktes Mondsee, sowie seiner nächsten Umgebg. Nach bewährten Quellen zusammengestellt. (63 S. m. 8 Abbildgn.) 16. Linz 907. Preßverein. — 25

Mittensteiner, Jak., neuer Taschenatlas der Erde in 22 Blätt. 12 Augsburg 837, M. Riegers Buchh. (Himmer.) $^1/_3$ ₰

Mittentzwei, Klara

MITTENTZWEI, Clara (ps.), Was sind die Männer? Unmenschen — also keine Menschen. O J (1861).
Ins Schwedische übersetzt. 1863. — Weller, Lex. Ps. p. 365.

Mittenzwei, Clara, Was sind die Männer? Unmenschen — also keine Menschen! Antwort auf die Broschüre: Beweis, daß die Frauenzimmer keine Menschen sind, von Just. Wallfisch. Leipzig 861. Poenicke. 8. (30 S.) n. 5 ngr.

Mittenwald [Sachliches OW]

Mittenwald. Vom N. St. K. 1:2,500. 1 Bl.

Mittenwald [Schlagwort]

Mittenwald, s.: Bayern. Karte.

Mittenwald, s.: Deutschland. Karte. (Abt. Beyern.)

Mittenwald, s.: Deutschland. Übersichtskarte.

Mittenwalde [Schlagwort]

Mittenwalde, s.: Deutschland. Kürschner-Peip.

Mittenwalde, s.: Preussen. Messtischblätter.

MITTENYI, Julius: De praedestinatione divina. — (1873) 66 S. 4° (Handschr.) Diss. 296
Diss. Wien, Univ.

Erinnerungen eines 90ers aus dem Feldzuge gegen Frankreich 1870. Von Rechn.R. **Mittenzwei**, Greiz — Gera, Reuß Geraer Verl.Anst u. Dr 1910. 34, 11 S. 8° A 12 131

Mittenzwei, W[alter], Medizinalprakt. a. Kämmerei: Zur Charakteristik der durch Bacterium Paratyphi hervorgerufenen Krankheitsbilder. Leipzig 1906: B. Georgi. (44 S.) 8°
Leipzig, Med. Fak., Ref. Curschmann, Diss. v. 26. Febr. 1906
[Geb. 22. Juli 80 Kämmerei, Sachsen; Wohnort: Brandis b. Leipzig; Staatsangeh. Sachsen; Vorbildung Kgl. Gymn. Leipzig Reife O. 01; Studium: Leipzig 4, Berlin 2, Leipzig 4 S., Coll. 26. Febr. 06, Approb. 12. Febr. 06.]

Mittenzweig, (Rud.) Bruno (geb. Treptow an d. Rega) De carnis animalium aegrotantium esu. Berolini (1853) (36 S.) 8°
Berlin, Med. Diss. v. 26. März 1853

Mittenzweig, Hugo

Mittenzweig, H., üb. criminellen Abort. Vortrag, geh. auf d. XII. Hauptversammlg. d. preuss. Medicinalbeamten-Vereins zu Berlin (26. u. 27. Apr. 1895.) [Aus: „Allg. med. Centralzeitg."] gr. 8. (14 S.) Berlin 895. O. Coblentz. n. 1. —

Mittenzweig, Hugo, die Bakterien-Aetiologie der Infections-Krankheiten. gr. 8. (VIII, 136 S.) Berlin 886. Hirschwald. n. 2. 80

Mittenzweig, Hugo, Leitfaden für gerichtliche Obductionen. Ausgearbeitet auf Grund des Regulativs vom 13. Febr. 1875. gr. 8. (VIII, 112 S.) Berlin 878, Hirschwald. *

— s.: Zeitschrift f. Medizinalbeamte.

Mittenzweig, Richard, appr. Arzt a. Oranienburg: Aus d. Anst. Herzberge d. Stadt Berlin. ⟨Dir.: G. Medizinalrat Prof. Dr. Moeli⟩. Hirngewicht und Geisteskrankheit. Berlin 1904: G. Reimer. (36 S.) 8°
Leipzig, Med. Fak., Ref. Flechsig, Diss. v. 28. Sept. 1904
[Geb. 4. Mai 74 Oranienburg; Wohnort: Lichtenberg b. Berlin; Staatsangeh.: Preußen; Vorbildung: Gymn. Steglitz Reife M. 95; Studium: Greifswald 3, Berlin 8 S.; Coll. 19. Dez. 04; Approb. 19. Dez. 01.]

Mittenzwey, Johann Christian [Praes.], s. Ide, Theophil Heinrich: Disputatio anti-Blanchiniana sive contra Josephi Blanchini canonicarum scripturarum vulgatae latinae editionis vindicias.

Mittenzwey, Karl

Mittenzwey, Carl, Album der obererzgebirgischen Staats-Eisenbahn. Malerische Ansichten an der obererzgebirgischen Staats-Eisenbahn und in deren Nähe. Nach der Natur gez. Zwickau 859. Richter. gr. 4. (12 lith. Bl.) n. 2 ℛ 20 ngr.

Mittenzwey, Kuno, a. Leipzig: Über abstrahierende Apperzeption. Mit 3 Figuren im Text. Leipzig: W. Engelmann 1907. (138 S.) 8° ¶ (Aus: Psychologische Studien Bd 2 H. 5. 6.)
Leipzig, Phil. Fak., Ref. Wundt-Volkelt, Diss. v. 26. Febr. 1907
[Geb. 14. Sept. 81 Leipzig; Wohnort: Leipzig; Staatsangeh.: Sachsen; Vorbildung: Thomas-Gymn. Leipzig Reife O. 01; Studium: Leipzig 6, Berlin 1, Leipzig 4 S.; Rig. 31. Juli 06.]

Mittenzwey, L., Aufgaben f. das geometrische Rechnen. Eine Ergänzg. zu jedem Lehrbuche der Elementargeometrie. Zum Gebrauche f. Bürger- u. Mittelschulen, Seminare u. Mittelklassen höherer Lehranstalten. Ausg. f. die Hand d. Lehrers m. Resultaten u. Andeutgn. d. Lösungsverfahrens. gr. 8. (IV, 92 S. m. eingedr. Fig.) Leipzig 887. Klinkhardt. n. 1. 20

— dasselbe. Ausg. f. die Hand d. Schülers. gr. 8. (58 S. m. eingedr. Fig.) Ebd. 887. n. — 50

Mittenzwey, L., Aufgabensammlung aus dem bürgerlichen Rechnen für Mittel- u. Fortbildungsschulen, sowie Oberklassen der Volksschulen. 8. (40 S.) Leipzig 881. Merseburger. n.n. — 25

— Aufgabensammlung aus dem bürgerlichen Rechnen f. Mittel- u. Fortbildungsschulen, sowie Oberklassen der Volksschulen. 2., verm. Aufl. 8. (48 S.) Leipzig 887. Merseburger. n.n. — 25

— Gottes Auge. Das Walten der göttl. Vorsehg. Eine Darstellg. mannigfacher wunderbarer Függn. in den Schicksalen der Menschen. Zur Belehrg. u. Erhebg. f. jung u. alt auf Grund wirkl. Begebenheiten erzählt. Mit 30 Text-Abbildgn. u. e. Titelbilde. gr. 8. (IX, 148 S.) Leipzig 887. Spamer. n. 2. —; geb. n. 2. 50

— Gottes Auge. Das Walten der göttl. Vorsehg. Eine Darstellg. mannigfacher wunderbarer Függn. in den Schicksalen der Menschen. Zur Belehrg. u. Erhebg. f. jung u. alt, auf Grund wirkl. Begebenheiten erzählt. 2. (Titel-)Aufl. gr. 8. (V, 148 S. m. 30 Textabbildgn. u. 1 bunten Titelbild.) Leipzig 893. O. Spamer. n. 2. - ; kart. n. 2. 50

— Börne-Samtaler, s.: Ekko of tysk Talesprog.

— Bürgerkunde. Zum Gebrauche in Fortbildungsschulen u. höh. Lehranstalten sowie zum Selbstunterricht. 5. umgearb. u. verm. Aufl. der „40 Lektionen über die vereinigte Gesetzeskunde u. Volkswirtschaftslehre". (XXII, 205 S.) 8. Wiesbaden 908. E. Behrend. 2.20; geb. in Leinw. 2. 80

Mittenzwey, L., die Darstellungsformen im Rechnen, nebst method. Andeutgn. m. Berücksicht. d. Auswahl u. Anordng d. Lehrstoffes f. die verschiedenen Unterrichtsstufen. gr. 8. (XII, 103 S.) Gotha 891. Wiesbaden, E. Behrend. n. 1. 60

—— geometrisches Figuren-Spiel. 12. (10 Stnt. mit 2 S. Text und 10 Holztäfelchen.) Leipzig 881, Ehrlich. In Mappe *

— Geometrie für einfache Volksschulen. Ein Leitfaden für Lehrer u. Übungsbuch für Schüler. 8. (52 S. m. eingedr. Holzschn.) Leipzig 882. Klinkhardt. n. — 40; Resultate (4 S.) n. — 20

Mittenzwey, L., Geometrie f. einfache Volksschulen. Ein Leitfaden f. Lehrer u. Übungsbuch f. Schüler. 2. Aufl. 8. (52 S.) Leipzig 886. Klinkhardt. n. — 40

— Geometrie f. einfache Volksschulen. Ein Leitfaden f. Lehrer u. Übungsbuch f. Schüler. 3. Aufl. gr. 8. (52 S. m. 50 Fig.) Leipzig 890. Klinkhardt. n. — 40

— Geometrie f. einfache Volksschulen. E. Leitfaden f. Lehrer u. Uebungsbuch für Schüler. 4. Aufl. gr. 8. (52 S. m. 50 Fig.) Leipzig 898. J. Klinkhardt. n. — 40

Mittenzwey, L., Geometrie für Volks- und Fortbildungsschulen und untere Klassen höherer Lehranstalten in drei sich erweiternden Kreisen. Mit 165 in den Text eingedr. Fig. und mehr denn 1000 Constructions- und Berechnungsaufgaben. Ausg. A. Für die Hand des Lehrers. 8. (XXXII, 224 S.) Leipzig 878, Klinkhardt. *

— Geometrie f. gehob. Volks- u. Fortbildungsschulen u. untere Klassen höh. Lehranst. in 3 sich erweit. Kursen. M. 176 in d. Text eingedr. Fig. u. mehr denn 2000 Konstruktions- u. Berechnungsaufgaben. Ausg. A. Für die Hand d. Lehrers. 2., umgearb. Aufl. gr. 8. (XXXVIII, 280 S.) Ebd. 898. n. 3. —

—— dass. — Ausg. B. Für die Hand des Schülers. 3 Hefte. 8. Ebendas. [1. Heft. 1. und 2. Aufl. (32 S. mit eingedr. Holzschn.) 878,79; 2. Heft. (35 S. mit eingedr. Holzschn.) 878; 3. Heft. (36 S. mit eingedr. Holzschn.) 878.] à Heft * 30 Pf. *

— dasselbe. Ausg. B. Für die Hand des Schülers. 1—3. Hft. 8. Ebend. 880—82. à n. — 30
1. 3. verb. Aufl. (32 S. m. eingedr. Holzschn.)
2. 3. verb. Aufl. (35 S. m. eingedr. Holzschn.)
3. 2. verb. Aufl. (36 S. m. eingedr. Holzschn.)

— Geometrie f. Volks- u. Fortbildungsschulen u. untere Klassen höherer Lehranstalten. Ausg. B in 3 Hftn. Für die Hand der Schüler. gr. 8. (Mit eingedr. Fig.) Ebend. 885. à n. — 30
1. 5. Aufl. (32 S.) — 2. 4. Aufl. (35 S.) — 3. 3. Aufl. (36 S.)

— Geometrie f. Volks- u. Fortbildungs-Schulen u. untere Klassen höherer Lehranstalten. Ausg. B in 3 Hftn. Für die Hand der Schüler. 1. u. 2. Hft. 8. Ebd. à n. — 30
1. 7. Aufl. (32 S.) 889. — 2. 5. Aufl. (35 S.) 888.

—— Geometrie f. gehobene Volks- u. Fortbildungs-Schulen u. untere Klassen höherer Lehranstalten. Ausg. B. 3 Hefte. Für die Hand der Schüler. 8. (Mit Fig.) Ebd. 891. [1. Heft. 8. Aufl. (32 S.); 2. Heft. 6. Aufl. (35 S.); 3. Heft. 4. Aufl. (36 S.).] à Heft * — 30

— Geometrie f. gehobene Volks- u. Fortbildungs-Schulen u. untere Klassen höherer Lehranstalten. Ausg. B in 3 Hftn. Für die Hand der Schüler. gr. 8. Leipzig, J. Klinkhardt. à n. — 30
1. 9. Aufl. (32 S. m. 26 Fig.) 894. — 2. 7. Aufl. (35 S. m. 35 Fig.) 894. — 3. 4. Aufl. (36 S. m. Fig.) 891.

— dasselbe. Ausg. B. in 3 Hftn. f. d. Hand d. Schüler. gr. 8. Ebd. 898. à n. — 30
1. 10. Aufl. (32 S. m. 20 Fig.)
2. 8. Aufl. (40 S. m. 41 Fig.)
3. 5. Aufl. (44 S. m. 24 Fig.)

Mittenzwey, L., Geometrie f. gehobene Volks- u. Fortbildungs-Schulen u. untere Klassen höherer Lehranstalten. Ausg. B in 3 Heften. Für die Hand der Schüler. 8. Leipzig, J. Klinkhardt. à n. — 30
I. 11. Aufl. (32 S. m. Fig.) 902. — II. 10. Aufl (40 S. m. Fig.) 905. — III. 6. Aufl. (44 S.) 905.

— Geometrie f. gehobene Volks- u. Fortbildungs-Schulen u. untere Klassen höh. Lehranstalten. Ausg. B in 3 Heften. Für die Hand der Schüler. I. u. II. Heft. 8. Leipzig, J. Klinkhardt. à — 30
I. 13. Aufl. (32 S.) 907. — II. 11. Aufl. (40 S. m. Fig.) 908.

— der praktische Geschäftsmann oder das Wichtigste aus der Praxis des Geschäftslebens. Ein Hand- u. Hilfsbuch für jedermann, insbesondere für angehende Geschäftsleute, sowie zum unterrichtlichen Gebrauch für Lehrer an Fortbildungsschulen. gr. 8. (XV, 319 S.) Leipzig 882. Merseburger. n. 4. —

— Gesetz üb. die eingeschriebenen Hülfskassen m. Erläuterungen u. Anmerkungen unter steter Beziehung auf das Reichs-Krankenkassengesetz. Nebst e. prakt. Anleitg. zur Buchführg. f. obige Kassen. Bearb. u. hrsg. f. Alle, welche versicherungspflichtig u. versicherungsbedürftig sind. 8. (48 S.) Leipzig 884. Leopold & Bär. n. — 60

— Gesetzeskunde. Die Verfassg., Gesetzgebg. u. Verwaltg. d. Deutschen Reiches u. Einzelstaates m. besond. Berücksicht. Preußens u. Sachsens, allgemein faßlich dargestellt Zur Selbstbelehrg. f. Laien u. zum unterrichtl. Gebrauche an Fortbildungsschulen u. höheren Lehranstalten. gr. 8. (XXVIII, 500 S.) Leipzig 883. Hahn's Verl. n. 4. —

— Gesetzeskunde in Verbindung m. Volkswirtschaftslehre als Unterrichtsdisciplin, s. a. Zeit- u. Streitfragen, pädagogische.

Mittenzwey L., Gesetzeskunde in Verbindung mit Volkswirtschaftslehre als Unterrichtsdisziplin. Gotha 1889

—— mathematische Kurzweil oder 300 Aufgaben, Kunststücke, geistanreg. Spiele, Ueberraschungen, verfängl. Schlüsse, Scherze u. dgl. aus der Zahlen- und Formenlehre für Jung und Alt zur Unterhaltung und Belehrung. 8. (VI, 106 S.) Ebendas. 879. geb. *

— mathematische Kurzweil oder 300 Aufgaben, Kunststücke, geistanregende Spiele, Ueberraschungen, verfängliche Schlüsse, Scherze u. dgl. aus der Zahlen- u. Formenlehre für Jung u. Alt zur Unterhaltung u. Belehrung. 8. (VI, 106 S.) Leipzig 880. Klinkhardt. geb. n. 1. 50

— mathematische Kurzweil od. 333 Aufgaben, Kunststücke, geistanreg. Spiele, Überraschgn., verfängl. Schlüsse, Scherze u. dgl. aus der Zahlen- u. Formenlehre f. jung u. alt zur Unterhaltg. u. Belehrg. 3., verm. Aufl. 8. (120 S. m. Fig.) Leipzig 895. J. Klinkhardt. Kart. n. 1. 50

— mathematische Kurzweil od. 333 Aufgaben, Kunststücke, geistanreg. Spiele, verfängl. Schlüsse, Scherze, Ueberraschgn. u. dergl. aus der Zahlen- u. Formenlehre f. alt u. jung zur Unterhaltg. u. Belehrg. 4. verm. Aufl. (108 S. m. Fig.) 8. Ebd. 904. Kart. n. 1. 50

Mittenzwey, L., mathematische Kurzweil od. 333 Aufgaben, Kunststücke, geistanreg. Spiele, verfängl. Schlüsse, Scherze, Überraschgn. u. dergl. aus d. Zahlen- u. Formenlehre f. jung u. alt zur Unterhaltg. u. Belehrg. 5. Aufl. (108 S. m. Fig.) 8. Leipzig 907. J. Klinkhardt. Kart. 1. 50

— s.: Lehrplan f. e. achtklassige mittl. Volksschule.

— 40 Lektionen üb. die vereinigte Gesetzeskunde u. Volkswirtschaftslehre. Zum Gebrauche in Fortbildungsschulen u. höheren Lehranstalten bearb. gr. 8. (XX, 178 S.) Gotha 890. Behrend. n. 1. 80

Mittenzwey, L., 40 Lektionen üb. die vereinigte Gesetzeskunde u. Volkswirtschaftslehre. Zum Gebrauche in Fortbildungsschulen u. höheren Lehranstalten. 2. Aufl. gr. 8. (XXII, 182 S.) Gotha 894 Wiesbaden, E. Behrend. n. 1. 80; geb. in Leinw. n. 2. 25

— 40 Lektionen über die vereinigte Gesetzeskunde u. Volkswirtschaftslehre. Zum Gebrauche in Fortbildungsschulen u. höheren Lehranstalten u. zum Selbstunterricht. 3., umgearb. Aufl. gr. 8. (XXII, 189 S.) Wiesbaden 900. E. Behrend. n. 2. —; geb. in Leinw. n. 2. 50

— 40 Lektionen üb. die vereinigte Gesetzeskunde u. Volkswirtschaftslehre. Zum Gebrauche in Fortbildungsschulen u. höh. Lehranstalten u. zum Selbstunterricht. 4., umgearb. u. verm. Aufl. (XXII, 200 S.) gr. 8. Wiesbaden 903. E. Behrend. n. 2. —; geb. in Leinw. n. 2. 50

Mittenzwey, L., d. Pflege des Bewegungsspieles insbes. durch die Schrebervereine. Zugl. e. Darstellg. der Entwickelg. u. Einrichtg., sow. d. Ziele u. Aufgaben dieser Vereine. Mit d. Bildn. v. Schreber u. Hauschild. gr. 8. (VII, 138 S.) Leipzig 896. E. Strauch. n. 1. 50

— d. Pflege d. Individualität in d. Schule, s.: Magazin, pädagogisches.

— Rechenbuch f. Volksschulen in 3 Hftn. gr. 8. (76, 72 u. 60 S. m. Fig.) Leipzig 894. J. Klinkhardt. à n. — 25; kart. à n. — 30

—— das bürgerliche Rechnen. Eine reichhalt. Auswahl entsprechend geordneter Aufgaben aus dem Gebiete des gesamten prakt. Rechnens mit vollständ. Lösung. Zum Schulgebrauche, sowie zum Selbstunterrichte. 8. (VIII, 144 S.) Leipzig 881, Merseburger. *

— Reden u. Ansprachen in Schulen u. Vereinen. (X, 254 S.) gr. 8. Leipzig 905. Dürr'sche Buchh. n. 3. —

— Reden u. Ansprachen in Schulen u. Vereinen. 2. verm. Aufl. (X, 268 S.) gr. 8. Leipzig 911. Dürr'sche Buchh. 4. —

— s.: Sammelmappe, pädagogische.

— das Spiel im Freien. Eine reichhalt. Auswahl v. Gruppenspielen zum Gebrauche f. Spielvereine, bei Kinder- u. Volksfesten, sowie auf dem Turnplatze u. bei Turnfahrten 2c., nebst e. Abhandlg. üb. die erzieherische Bedeutg. der Jugendspiele, üb. Einrichtgn. v. Spielvereinen u. Spielplätzen 2c. bearb. 12. (X, 153 S.) Leipzig 884. Merseburger. cart. n. 1. —

— das Spiel im Freien. Eine reichhalt. Auswahl von Gruppenspielen z. Gebrauche f. Spielvereine, bei Kinder- u. Volksfesten, sow. auf dem Turnplatze u. bei Turnfahrten 2c., nebst e. Abhandlg. üb. d. erzieher. Bedeutg. d. Jugendspiele, über Einrichtgn. von Spielvereinen u. Spielplätzen 2c. 2. Aufl. 12. (VIII, 151 S.) Leipzig 897. E. Merseburger. Kart. n. 1. —

— das Spiel im Zimmer. Eine reichhalt. Sammlg. ausgewählter Spiele zum Gebrauch f. jung u. alt, f. den Einzelnen, wie f. kleinere u. größere Kreise. 8. (X, 140 S.) Ebend. 887. cart. n. 1. —

— sprechen Sie Deutsch?, s.a. Koch's Sprachführer. 1.

— sprechen Sie Deutsch? Praktisches Hand- u. Hilfsbuch f. jedermann zur Erlerng. e. richt. Deutsch. Gemeinfaßlich bearb. 8. (VIII, 160 S.) Leipzig 894. Dresden, C. A. Koch. 1. 20

— s.: Studien, pädagogische.

Mittenzwey, Louis

— des Lehrers ärztlicher Beruf, s.a. Studien, pädagogische. 183. Heft.

Des Lehrers ärztlicher Beruf. Geschrieben z. Verhütung u. Bekämpfung d. Volkskrankheiten durch rechte Lehre u. Pflege in Schule, Haus u. Leben von L[ouis] **Mittenzwey**, Schuldir Leipzig Siegismund & Volkening 1903 XII, 145 S. 8°
(Pädagogische Studien. H 183.) [11. 1376

Mittenzwey, L., die Berufswahl. Wegweiser u. Ratgeber f. alle Berufsarten in Wissenschaft, Kunst, Handel, Verkehr u. Gewerbe u. auf allen Lebensgebieten im Reichs-, Staats- u. Gemeindedienst wie in Privatstellg., unter Berücksicht. v. Licht- u. Schattenseiten, Anforderg. u. Gewährleistgn. Für Eltern, Vormünder, Lehrer u. die heranwachs. Jugend bearb. (XV, 217 S.) gr. 8. Leipzig 910. Dürr'sche Buchh. 4. —

Mittenzwey, Louis, Erzählungen, s.: Filhés, Bertha.

Mittenzwey, L., die schädlichen Folgen der Trunksucht u. ihre Abwehr auch durch die Schule. Beitrag zur Schul- u. Volksgesundheitspflege. gr. 8. (III, 23 S.) Leipzig 903. Siegismund & Volkening. n. — 60

— Frauenfrage u. Schule m. besond. Berücksicht. der Gemeinschaftserziehung — Koedukation — beider Geschlechter, s.a. Magazin, pädagogisches.

Mittenzwey, L[ouis]: Frauenfrage u. Schule mit besonderer Berücksichtigung der Gemeinschaftserziehung — Koedukation — beider Geschlechter. — Langensalza: Beyer 1909. VI, 106 S. 8° (Pädag. Magazin. H. 357.)

Mittenzwey, L., Frauengestalten. E. histor. Hilfsbuch, gewidmet d. Schule u. d. Hause. gr. 8. (VIII, 154 S.) Wiesbaden 898. E. Behrend. n. 2. —; Geschenkausg. m. e. Bildn. d. Kaiserin. 1. u. 2. Aufl. (VIII, 154 u. IV, 154 S.) Geb. in Leinw. à n. 3. —

Kunst und Schule. Bearb. von L[ouis] **Mittenzwey** *Leipzig: Siegismund & Volkening [1902].* (VIII, 116 S.) 8°
· Sammelmappe, Pädagogische H. 180.

— Lernschule od. Arbeitsschule?, s.a. Magazin, pädagogisches.

Lernschule oder Arbeitsschule? Eine krit. Betrachtung von L[ouis] **Mittenzwey**, Schuldir. Langensalza: Beyer 1910. VI, 100 S. 8°
(Pädagogisches Magazin. H. 420.) [11. 9555

— Reformversuche auf dem Gebiete der Schulorganisation. Ungeteilte Schulzeit. Kurzstunden. Förderungsunterricht. Schule im Freien, s.a. Magazin, pädagogisches.

Reformversuche auf dem Gebiete der Schulorganisation. Ungeteilte Schulzeit. Kurzstunden. Förderunterricht. Schule im Freien. Neuzeitl. Bestrebungen – naturgemäße Ausführungen – prakt. Erfahrungen. Von L[ouis] **Mittenzwey**, Schuldir. Langensalza Beyer 1909. VI, 170 S. 8°
(Pädagogisches Magazin. H. 368.) [11. 9309

— Tuberkulose als Volkskrankheit u. deren Bekämpfung insbesondere auch durch die Schule. Beitrag zur Schul- u. Volksgesundheitspflege. gr. 8. (II, 17 S.) Leipzig 903. Siegismund & Volkening. n. — 40

Mittenzwey, L., die Zukunft unserer Kinder. Ein Ratgeber bei der Wahl e. Berufes f. alle Lebensgebiete im Staatsdienst wie in Privatstellg. Die verschiedenen Berufsarten in Wissenschaft u. Kunst, Handel, Verkehr u. Gewerbe, betrachtet nach ihren Licht- u. Schattenseiten u. in ihren Anfordergn. u. Gewährleistgn. Nebst e. Anh. üb. die weibl. Berufszweige. Für Eltern, Vormünder, Lehrer u. heranwachs. Schüler bearb. gr. 8. (XVI, 228 S.) Leipzig 885. Klinkhardt. n. 3. —

Mittenzwey, Otto. Ueber die äthylirten Ortho- und Paraamidophenole. Erlangen, 1880.

Mitter, Dominik, die Brennereien und deren Ueberwachung, empirisch und wissenschaftl. bearb. (2., verb. Aufl.) gr. 8. (96 S. mit eingedr. Holzschn., 1 Holzschnt. in qu. Fol. und 1 Tab. in qu. Imp.-Fol.) Budweis 857, (Hansen.) *

Mitter, Dominik, die Geheimnisse der Brennereien zurückgeführt auf die einfachen Gesetze der Natur. Budweis 864. Hansen in Comm. gr. 8. (51 S.) n. 18 ngr.

— die Produkten-Steuer nach dem Resultate der Spiritus-Enquete-Commission in Wien. Mit 6 Xylografien der Spiritus-Apparate nach Allégré, Derosne, St. Marc und des Rittingerischen Control-Apparats. Budweis 861. Hansen in Comm. gr. 8. (VIII, 81 S., 4 Holzschntaf. in 4. u. 2 Tab. in Fol.) n. 22½ ngr.

Mitter, Hans, Referendar in Leipzig: Die patentrechtliche Lizenz im Falle einer Änderung in der Person des Patentinhabers. Borna-Leipzig 1907: R. Noske. (61 S.) 8°
Leipzig, Jur. Fak., Diss. v. 21. Sept. 1907
[Geb. 8. April 83 Nordhausen a. H.; Wohnort: Leipzig-Gohlis; Staatsangeh.: Sachsen; Vorbildung: König-Albert-Gymn. Leipzig Reife O. 02; Studium: Leipzig 7, Freiburg i. B. 1 S.; Rig. 13. Febr. 07.]

Mitter, *Jean* Julius [app. Arzt aus Limburg a. d. L.]: Aus d. patholog. Institut zu Kiel. Beitrag zur Kenntnis des Balantidium coli im menschlichen Darmkanale. Kiel, Druck v L. Handorff, 1891; 41 S., 1 Bl., 1 Taf. 8°
Kiel, Med. Fak., Inaug.-Diss. v [28. März] 1891

Mitter, Jul., Beitrag zur Kenntnis d. Balantidium coli im menschlichen Darmkanale. Diss. gr. 8. (41 S. m. 1 Taf.) Kiel 891. (Gnevkow & v. Gellhorn.) n. 1 60

Mitterbacher, Bern., Untersuchung des Giesshübler Sauerbrunnens, s. Fr. Damm.

Mitterbacher, Carl Rud., s. Mitterbacher, Karl Rud.

Mitterbacher, Frz., Bilder aus Gleichenberg. gr. 8. (99 S.) Graz 856, (Ferstl'sche Buchh.) **

Bilder aus Gleichenberg. Nach der Natur aufgenommen und lithogr. von J. Passini. Mit erklärendem Text versehen von Dr. Franz Mitterbacher. Gratz, 1856. Druck von C. Tanzer. Verlag der Gleichenberger Aktien-Gesellschaft. (32 Bl. 4.) (Hier bloß der Text.)

Mitterbacher, Frz., Kaulbach's Nero. Mit Benutzg. der vorzüglicheren Kritiken erläutert. 2. Aufl. 8. (15 S.) Graz 874. Ferstl'sche Buchh. n — 25

– (Red.), s. Zeitung, Gratzer

Mitterbacher, Gust., Abschieds-Rede zur Schluss-Feier des Schuljahres 1872/1873 am k. k. Staats-Gymnasium zu Salzburg in der Aula academica. gr. 8. (11 S.) Salzburg 873, Dirr. *

Mitterbacher, Hugo, S. O. Cist., „kommet, lasset uns anbeten!" 6 Predigten, hauptsächlich f. das 40stünd. Gebet. Hrsg. v. den Vätern vom Allerheiligsten Sakrament in Bozen. (96 S.) 8. Buchs (907). Verl. des Emmanuel. 1. —

Mitterbacher, Jul., und Vinc. Neumayer, Erläuterungen zur Strafproceß-Ordnung vom 23. Mai 1873, sammt dem Gesetze vom 23. Mai 1873 betr. die Bildung der Geschwornenlisten. 6 Lfgn. gr. 8. (VIII, 1014 S.) Graz 873,74, Leuschner und Lubensky. 1.—5. Lfg. à *M 2,40.; 6. Lfg. *M 3,20. *

Mitterbacher, Julius u. Dr. Vincenz **Neumayer**, **Erläuterungen** zur Strafprozeßordnung vom 23. Mai 1873. **Neue wohlf. Ausg.** 8. Lief. 1. (S. 1—158) geh. 1 fl.
Graz: Leuschner & Lubensky 1881.

Mitterbacher, Julius und Dr. Vinc. **Neumayer**, Erläuterungen z. Strafproceßordnung vom 23. Mai 1873. **Wohlfeile Ausg.** gr. 8. 2. Lief. (S. 159—430) geb. 1 fl.
Graz: Leuschner & Lubensky 1882.

Mitterbacher, Julius u. Dr. Vincenz **Neumayer**, Erläuterungen zur Strafproceßordnung vom 23. Mai 1873. Neue wohlf. Ausg. 8. Lief. 3—4. (S. 431—1014) geh. à 1 fl.
Graz: Leuschner & Lubensky 1882.

Mitterbacher, Jul., die Strafprozeßordnung für die im Reichsrathe vertretenen Königreiche und Länder der österreichisch-ungarischen Monarchie vom 23. Mai 1873 und deren Einführungsgesetz. Mit Commentar. gr. 8. (XXXV, 786 S.) Wien 882, Manz'sche Hofverlagsb. *

Mitterbacher, Karl Rud.

Mitterbacher, Carl Rud. (Böhmen), De organo thymo. Diss. med. Wien (Congregat. Mechitaristic.) 31. VII. 1824. 35 S. (4.—) 23427
Seinen Eltern gewidmet.

Mitterbacher von Mitternburg, Julius

Mitterbacher, L., Unterricht in d. meth. Analysis, s. a. Pasquich.

Unterricht in der mathematischen Analysis und Maschinenlehre. 1. St. enthaltend die Buchstabenrechnung und die sogenannte Analysis endlicher Grössen, wie sie in seinen Papieren Hr. *Jos. Mitterpacher von Mitternburg* hinterlassen hat. Herausgegeben von *J. Pasquich*. Leipzig, Weidmannische Buchh. 588 S. 8.
1790.

Mitterpacher v. Mitternburg, Jos., Unterricht in der mathemat. Analysis u. Maschinenlehre, aus dessen hinterlass. Papieren hersgg. v. J. Pasquich. 2 Bde. Mit Kpf. u. Beilagen. gr. 8. Leipz. 790—98. Weidmann. 5 Rthlr.

Mitterbacher v Mitternburg, Ludwig

— Anfangsgr. d. physikal. Astronomie, m. K. gr. 8. Wien, Beck. 776.

— Anfangsgründe d. physikal. Astronomie. gr. 8. Wien 781. (Beck). 1 Thlr. 16 gr.

— Anfangsgründe d. physikal. Oekonomie. 8. Wien 776.

Mitterpacher v. Mitternburg, Ldw., († d. 25. Mai 1814.) Ausz. aus Chaptal's, Rozier's, Parmentier's u. Dussieur's Abhandl. üb. d. Bau d. Weinstocks u. über die Kunst: Wein, Branntwein u. Essig zu bereiten. Aus d. Latein. übersetzt v. Andr. Haliczky. 8. Ofen 814. Universitäts-Buchdr. 6 gr.

— compendium historiae naturalis. 8. Ofen 799. (Eggenberger in Pesth). 14 gr.

— elementa rei rusticae III Tmi. 8maj. Ofen 777, 79, 94. (Eggenberger in Pesth). 2 Thlr. 16 gr.

— physikal. Erdbeschreib. gr. 8. Wien 788. N. Aufl. 816. Beck. 1 Thlr. 8 gr.

Ludwig Mitterbacher von Mitternburg

Physikalische Erdbeschreibung. Von Ludwig Mitterbacher von Mitternburg. Wien: Wappler 1789. 306 S. 8°

Mitterbecher, L., physikalische Erdbeschreibung. Neue Aufl. gr. 8. Wien, Beck'sche Buchhandl. 816.

— kurzgefaßte Naturgesch. d. Erdkugel. gr. 8. Wien, Trattner. (Tendler) 774.

— Opera oeconomica. 8maj. (Leipz., Barth). 815.

— s. Math. Piller, iter per Posoniam.

— Praelectiones Technologiace. 8. Budae, Typ. 800.

— Sätze aus d. Baue d. Färbekräuter, Wald-, Wein- u. Gartenbaues. 8. Wien 776.

— Sätze aus d. Naturgesch. d. Pflanzen, d. Acker- u. Weinbaues 8. Wien 775.

— Summarium tractatus de vitis cultura, parte paranti vinum crematum et acetum. Auctor. Chaptal, Rozier, Parmentier et Dussieux. 8. Ofen 813. Typogr. S. (Landes in Pressburg). 4 gr.

— Technologia Oeconomiae. 8. Budae, Typ. 794.

— Unterricht über die Maulbeerbaum- u. Seidenzucht. 8. Ofen 813. Universitäts-Buchdr. 8 gr.

Mitterbecher, L., s. Mitterbacher v. Mitternburg, Ludwig

Mitterberg, s. Spiller v. Mitterburg.

Mitterberg, C. H. L. W. Spiller v., Beyträge zur Gesetzgeb. s. Beyträge.

— Beytr. zur genauern Kenntniß der Reichsverf. Deutschl. 8. Coburg, Ahl. 800.

— neue Beyträge z. Staatsrechte und zur Geschichte von Sachsen. gr. 8. Eisenach, Wittekind. 801.

— diplomatische und actenmäßige Nachrichten von den Instituten in Coburg rc. 4. Coburg, Ahl. 810.

— Sammlung von Polizeygesetzen und Verordn. 2 Thle. 4. Ebend. 791. 93.

Mitterberger, Karl, Verzeichnis der im Kronlande Salzburg bisher beobachteten Mikrolepidopteren (Kleinschmetterlinge). (358 S.) gr. 8. Salzburg 909. (Berlin, W. Junk.) 10. —

Verzeichnis der im Kronlande Salzburg bisher beobachteten Mikrolepidopteren (Kleinschmetterlinge). Von Karl **Mitterberger.** Salzburg 1909. Ringlschwendtner & Rathmayr 352 S. 8°
Aus: Mitteilungen d. Gesellschaft f. Salzburger Landeskunde. Bd 49. (10. 1820)

Mosaik. Erläuterungen für freimaurerische Bezeichnungen von Gust. **Mitterdorfer.** [ca 1876].
[Hn. 3 (1876) S. 96.]

Mitterdorfer, J., Gastunia, ein Taschenbuch f. Gasteins Kurgäste rc. Mit 1 Kpf. 12. Salzb. 820. Duyle. 1 Thlr.

Mitteregger, Jos., chemische Analyse d. Radeiner Sauerbrunnens m. e. Anh.: „Charakteristik d. genannten Sauerbrunnens" v. C. F. Henn. 8. (19 S.) Wien 872. Braumüller. n. — 60

— — Analyse d. Heilquellen in Kärnten 186.

Mitteregger, Jos., die qualitative und quantitative chemische Analise für Anfänger. Eine kurze Anleitung zur qualitativen Analise auf nassem und trocknem Wege, zu einfacheren quantitativen Analisen, Titrirmethoden und zu den wichtigsten techn. Proben. gr. 8. (VI und 89 S.) Klagenfurt 861, (Leon'sche Buchh.)

Mitteregger, Jos., die qualitative u. quantitative chemische Analyse für Anfänger. Eine kurze Anleitg. zur qualitativen Analyse auf nassem u. trockenem Wege, zu einfacheren quantitativen Analysen, Titrirmethoden u. zu den wichtigsten technischen Proben. 2., verb. u. verm. Aufl. Klagenfurt 868. J. & F. Leon's Buchh. gr. 8. (VI, 93 S.) 18 ngr.

— Analysen der Heilquellen in Kärnten. [Aus den Jahrb. des naturhistor. Landesmuseums von Kärnten.] Klagenfurt 869. (Liegel.) gr. 8. (134 S.) n. 25 ngr.

Mitteregger, Jos., Anfangsgründe der Chemie für die IV. Classe der Realschulen. gr. 8. (VIII, 162 S. m. 21 Holzschn.) Wien 888. Hölder. n. 1. 40; geb. n. 1. 72

Mitteregger, Jos., Anfangsgründe der Chemie f. die IV. Classe der Realschulen. 2., verm. Aufl. gr. 8. (VIII, 163 S. m. 21 Holzschn.) Wien 892. A. Hölder. Geb. n.n. 1. 72

Mitteregger, Dr. Josef, Anfangsgründe der Chemie. Für die 4. Classe der Realschulen. 3. unveränderte Auflage. Mit 21 Holzschn. Gr.-8. (VI, 163 S.) Geb. -.90
Wien: Hof- u. Staatsdruckerei 1895.

Mitteregger, Jos., Anfangsgründe d. Chemie f. d. 4. Classe d. Realschulen. 4., im Wesentl. unveränd. Aufl. gr. 8. (VI, 163 S. m. 21 Holzschn.) Wien 897. A. Hölder, Geb. n. 1. 80

Mitteregger, Jos., Anfangsgründe der Chemie u. Mineralogie f. die 4. Classe der Realschulen. 5. Aufl. gr. 8. (VI, 160 S. m. 62 Holzschn.) Wien 900. A. Hölder. Geb. in Leinw. n. 1. 90

Mitteregger, Dr. Josef, Anfangsgründe der Chemie und Mineralogie für die IV. Klasse der Realschulen. Mit 62 Holzschnitten. Wien 1903. A. Hölder. Preis, geheftet 1 K 40 h, gebunden 1 K 90 h.
6. Aufl.

Mitteregger, Jos., Anfangsgründe der Chemie u. Mineralogie f. die 4. Klasse der Realschulen. 7. Aufl. (VI, 160 S. m. 62 Abbildgn.) 8. Wien 905. A. Hölder. Geb. in Leinw. n. 1. 70

Mitteregger's, (Jos.), Anfangsgründe der Chemie u. Mineralogie f. die 4. Klasse der Realschulen. Neu bearb. v. Alto Arche. 7. umgearb. Aufl. (VI, 132 S. m. 55 Abb. u. 6 Taf.) gr. 8. Wien 908. A. Hölder. Geb. 1. 65

Mitteregger Dr. J.: Beiträge zur Quellenkunde Kärntens. 26. Klagenfurt R. 84. Progr.

Mitteregger Dr. J.: Beiträge zu einer Statistik des Klagenfurter Trinkwassers mit einem Plane von Kl. 22. Klagenfurt R. 75. Progr.

— der junge Chemiker. Ein Leitfaden f. die ersten Arbeiten im Laboratorium. gr. 8. (VI, 38 S.) Klagenfurt 893. J. Leon sen. n. — 80

Mitteregger, Jos., Lehrbuch der Chemie f. Oberrealschulen. 2 Thle. gr. 8. Wien, Hölder. n. 4. 84
1. Anorganische Chemie. Mit 45 Holzschn. u. 1 Spectraltaf. in Farbendr. 3. Aufl. (VIII, 278 S.) 886. n. 3. —
2. Organische Chemie. Mit 12 Holzschn. 2. Aufl. (VII, 152 S.) 884. n. 1. 84

— Lehrbuch der Chemie f. Oberrealschulen. 2. Thl.: Organische Chemie. Mit 12 Holzschn. 3., unveränd. Aufl. gr. 8. (VI, 152 S.) Ebd. 888. n. 1, 68

— Lehrbuch der Chemie f. Oberrealschulen. 2 Thle. gr. 8. Ebd. 891. geb. in Leinw. ** 5 16
1. Anorganische Chemie. Mit 45 Holzschn. u. 1 Spectraltaf. in Farbendr. 4. Aufl. (VIII, 279 S.) ** 3 —.
2. Organische Chemie. Mit 12 Holzschn. 4. verb. Aufl. (VI, 165 S.) ** 2 16.

— Lehrbuch der Chemie f. Oberrealschulen. 2 Thle. 5., verb. Aufl. gr. 8. Wien 893. A. Hölder Geb. n. 5. 32
1. Anorganische Chemie. (VI, 279 S. m. 45 Holzschn. u. 1 farb. Spectraltaf.) n. 3. —
2. Organische Chemie. (Umgearb. Aufl.) (V, 180 S. m. 12 Holzschn.) n. 2. 32

Mitteregger, Dr. Josef, Lehrbuch der Chemie für Oberrealschulen. I. Theil: Anorganische Chemie. 6. gekürzte Auflage. Wien, 1895, Alfred Hölder. (Min.-Erl. vom 17. Juni 1895, Z. 12101.) Geh. 1.12, geb. 1.32

— dasselbe. II. Thl.: Organische Chemie. 6., umgearb. u. verm. Aufl. gr. 8. (V, 185 S. m. 12 Holzschn.) Ebd. 896. Geb. n. 2. 40

— Lehrbuch der Chemie f. Oberrealschulen. 1. Thl.: Anorganische Chemie. Mit 45 Holzschn. u. 1 Spectraltaf. in Farbendr. 7., verb. Aufl. gr. 8. (VI, 215 S.) Ebd. 898. Geb. n. 2. 32

— Lehrbuch d. Chemie f. Oberrealschulen. I. u. II. Thl. gr. 8. Ebd. Geb. n. 4. 62
I. Anorganische Chemie. Mit 46 Holzschn. u. 1 Spectraltaf. in Farbendr. 8., dem neuen Normallehrplane entsprechend umgearb. Aufl. (V, 218 S.) 901. n. 2. 42
II. Organische Chemie. 7., dem neuen Normallehrplane entsprechend umgearb., Aufl. (V, 146 S. m. 13 Holzschn.) 900. n. 2. 20

— Lehrbuch der Chemie für Oberrealschulen. 2 Tle. gr. 8. Ebd. Geb. in Leinw. n. 4. —
1. Anorganische Chemie. 9. Aufl. Mit 46 Holzschn. u. 1 Spektraltaf. in Farbendr. (V, 218 S.) 904. n. 2. 10
2. Organische Chemie. 8. Aufl. Mit 13 Holzschn. (V, 146 S.) 904. n. 1. 90

Mitteregger, Dr. Josef, Lehrbuch der Chemie für Oberrealschulen I. Teil Anorganische Chemie. 10., inhaltlich im wesentlichen unveränderte, somit gemäß Min. Erl. vom 2. November 1903, Z. 359?? allgemein zulässige Auflage Wien 1906. Alfred Hölder. Geh K 1 92, geb. K 2.42.

— u. Ant. **Effenberger**, Lehrbuch der Chemie u. chemischen Technologie f. höhere Handelslehranstalten. Mit e. Anh.: Übersichtliche Anleitg. zur qualitativen chem. Analyse der wichtigsten Mineralverbindgn. gr. 8. (VI, 289 u. Anh. 8 S. m. 55 Abbildgn.) Ebd. 893. Geb. in Leinw. n. 3. 40

Mitteregger, Jos., s. a. Leitfaden der Naturkunde.

Mitteregger, Dr Josef, Leitfaden der Naturkunde für landwirthschaftliche Schulen. I. Theil Die unbelebte Natur und ihre Kräfte. 8º. (VIII, 189 S.) Wien, Hölder. fl. 1 —.
1887.

Mitteregger, Dr. Josef, Leitfaden der Naturkunde für landwirthschaftliche Schulen. 2. unveränderte Auflage. Mit 99 Abbildungen. 8. (VIII, 189 S.) 1.-
Wien: Hölder 1896.

— Leitfaden der Naturkunde f. landwirtschaftliche Schulen. 3., unveränd. Aufl. (VIII, 189 S. m. 99 Abb.) gr. 8. Ebd. 907. 1. 96

Mitteregger, Josef. Der Sauerbrunnen bei Ebriach. Klgft., Leon, 1866. 21 S. — Le Sorgenti Acidule presso Ebriach. 2 ed. Claghenfurt, Bertschinger, 1870. 20 S. — (3. Aufl.) Klgft., Bertschinger & Heyn, 1877. 24 S.

Mitteregger, J Statistik des Klagenf Trinkwassers. 37 S – Klagenfurt, Progr 1878.

— **trattato** di chimica inorganica delle scuole reali superiori. Tradotte sulla II. ed. originale da Ernesto Girardi. Con 45 incisioni originali in legno intercalate nel testo ed 1 tavola spettrale in colori. gr. 8. (VIII, 252 S.) Ebend. 886. n. 3. 20

Mitteregger: Untersuchung einiger Mineralquellen Kärntens. Zs. 33 S. 8º. – Klagenfurt OR, Progr. 1861,62.

Mitteregger, Pet., deutsches Lesebuch f. Mädchen-Lyzeen. 1. Bd. gr. 8. (XVI, 208 S.) Wien 902. F. Deuticke. Geb. in Leinw. n. 2. 20

Mitteregger, Pet., deutsches Lesebuch für Mädchen-Lyzeen. II.—IV. Bd. 8 Wien, F. Deuticke. Geb. in Leinw. n. 9. 60
II. (XV, 290 S.) 903. n. 2. 80. — III. (X, 309 S.) 903. n. 3.—. — IV. (XIII, 384 S.) 904. n. 3. 80.

— griechische, römische u. vaterländische Sagen u. Erzählgn. Ein Anh. zum 1. Bde. seines deutschen Lesebuches f. Mädchen-Lyzeen. gr. 8. (IV, 89 S.) Ebd. 902.
Geb. in Leinw. n. 1. 40

Mitterer, Herm. Anleitung bürgerl. Baukunst u. Bauzeichnung. München 1815. Fol.

Mitterer, Herm., Anleit. z. bürgerl. Baukunst u. Bauzeichn., mit d. noth. Grundsätzen begleit. Mit 20 Kpf. gr. Fol. Münch. 818. (Leipz., Fr. Fleischer). 2 ℛ 16 gℛ

Mitterer, (H.,) Anleitung z. bürgerl. Baukunst u. Bauzeichnung mit den nöthigsten Grundsätzen begleitet. Mit 20 Steintaf. gr. Fol. München 824. (Leipz., Fr. Fleischer.)

Mitterer, Herm., Anleitung zur bürgerl. Baukunst u. Bauzeichnung. 4e Aufl. Fol. München 834. (Leipzig, Fr. Fleischer.) n. 2 2/3 ℛ

Mitterer, Herrmann, Anleitung z. Geometrie f. Künstler ꝛc. gr. 8. München, Fleischmann. (a. Giel.)

Mitterer, H. Anleitung zur Geometrie für Künstler und Werkleute. München 1810.

Mitterer, Herm., Anleitung z. Geometrie f. Künstler u. Werkleute, mit vorzügl. Hinsicht auf d. Baukunst, u. die damit verwandten Künste. 3. Aufl. gr. 8. (21 B., 2 Stnt. u. viele eingedr. Abbildn.) München 831. (Leipzig, Fr. Fleischer.)

— Anleit. z. Geometrie f. Künstler u. Werkleute ꝛc. gr. 8. München 3e Aufl. Mit 2 Steindr. u. eingedr. Abbildd. gr. 8. Ebd. 832. (Fr. Fleischer in Leipz.) 1 ℛ 8 gℛ

Mitterer, Herm., Anleitung zur Geometrie für Künstler u. Werksleute, mit vorzügl. Hinsicht auf die Baukunst und die damit verwandten Künste. 4e Aufl. 834. 5e Aufl. Mit vielen eingedr. Holzschn. gr. 8. München 838. Leipzig, Fr. Fleischer. n. 1 1/3 ℛ

Mitterer, Herm., Anleitung zur Geometrie für Künstler und Werksleute mit vorzüglicher Hinsicht auf die Baukunst, und die damit verwandten Künste. 7. Aufl. gr. 8. (VIII und 328 S. mit eingedr. Holzschn.) München 853, (Finsterlin.) *

Mitterer, Herm., Anleitung zur Geometrie für Künstler und Werksleute mit vorzügl. Hinsicht auf die Baukunst und die damit verwandten Künste. 8. (Titel-)Aufl. (853)59. * 1 Thlr. und 9. Aufl. gr. 8. (VIII und 328 S. mit eingedr. Holzschn. und 2 Stnt.) München 860, (Fleischmann's Separat-Conto.) *

— Anleitung z. Hydraulick f. prakt. Künstler u. Werkmeister, mit vorzügl. Hinsicht auf d. Brunnenwesen. Mit 21 Kpf. Roy. Fol. Münch. 820, (Leipz., Fr. Fleischer.)

— Anleit. zur Hydraulik. 2e Aufl. gr. Fol. Ebd. 833. n. 4 ℛ

— Anleitung zur Hydraulik für praktische Künstler und Werkmeister mit vorzügl. Hinsicht auf das Brunnenwesen. 8. (Titel-)Aufl. 4. (184 S. mit 21 Kpfrt. in gr. Fol.) München (833)59, Fleischmann's Separat-Conto. *

Mitterer, Herm., Anleit. zur Mechanik für prakt. Künstler u. Werkmeister, mit vorzügl. Hinsicht auf d. Mühlenbau. Mit 20 Steintaf. gr. Fol. Münch. 822. (Leipz., Fr. Fleischer). 3 ℛ 18 gℛ

Mitterer, H., Anleitung zur Mechanik, mit vorzüglicher Hinsicht auf den Mühlenbau. 2te Aufl. München. 1828. 8. 3½ Thlr

— Anleitung zur Mechanik für praktische Künstler und Werkmeister mit vorzügl. Hinsicht auf den Mühlenbau. 4. (Titel-)Aufl. 4. (186 S. mit 20 Kpfrt. in gr. Fol.) München (822)59, Fleischmann's Separat-Conto. *

— Zeichnungsschule f. Schlosser. 1s Hft. Mit 28 Taf. qu. Fol. (Leipz.) 828. Fr. Fleischer. 3 ℛ

— die deutsche Zimmerwerkskunst, als Fortsetzung der bürgerl. Baukunst u. Bauzeichnung. Mit 35 Kpf. gr. Fol. München 818. 2e Aufl. 822. (Fr. Fleischer in Leipz.) 4 ℛ 12 gℛ

Mitterer, H., Die deutsche Zimmerwerkskunst etc. Mit 35 gez. Tfln. 3. Aufl. München 1825. Fol.

— die deutsche Zimmerwerks-Kunst, als Fortsetzung der bürgerl. Baukunst und Bauzeichnung. Mit 35 gezeichneten Tafeln. 5e Aufl. gr. 4. München 840. (Leipzig, Fr. Fleischer.) n. 4 ℛ

Mitterer, Ign.

Mitterer, J., praktische Chorsingschule, insbesondere zur Heranbildg. tücht. Kirchenchöre, sowie zum Gebrauche an Instituten u. Lehranstalten. gr. 8. (IX, 160 S.) Regensburg 894. A. Coppenrath's Verl. n. 1 50;
geb. in Leinw. n. 1. 90

Mitterer, J., prakt. Chorsingschule insbes. zur Heranbildg. tücht. Kirchenchöre, sow. z. Gebrauche an Instituten u. Lehranstalten. 2., verm. u. verb. Aufl. gr. 8. (X, 172 S.) Regensburg 897. A. Coppenrath's Verl. n. 1. 20

Mitterer, J., prakt. Chorsingschule insbesondere zur Heranbildung tüchtiger Kirchenchöre, sowie zum Gebrauche an Instituten u. Lehranstalten. 3., verm. u. verb. Aufl. gr. 8. (X, 178 S.) Regensburg 903. A. Coppenrath's Verl.
n. 1. 20

Mitterer, Ign., praktische Chorsingschule insbesondere zur Heranbildung tüchtiger Kirchenchöre, sowie zum Gebrauche an Instituten u. Lehranstalten. 4., verm. u. verb. Aufl. (XI, 180 S.) gr. 8. Regensburg 908. A. Coppenrath's Verl. nn 1.20; kart. nn 1. 50

Mitterer, Ign., praktische Chorsingschule. Suppl. Eine Auswahl v. 1—4 stimm. Singübgn. zur Förderung der Treffsicherheit u. des guten Vortrages. (IV, 147 S.) gr. 8. Regensburg 904. A. Coppenrath's Verl. 1. 20

— prakt. Leitfaden f. d. Unterricht im röm. Choralgesange vornehml. zum Gebrauche in kirchl. Seminarien u. Lehrerbildungsanst. gr. 8. (VIII, 102 S.) Ebd. 896. n. 1. —; kart. n. 1. 20

Mitterer, Ign., Missa festiva in hon. S. Caroli Borromaei ad IV voces inaequales et organum [cum duobus trombonis ad lib.] Partitur. qu. gr. 4. (24 S.) Innsbruck 880, F. Rauch's Buchh. *
5 Stimmen. (28 S.) *

Mitterer, Ign., die wichtigsten kirchlichen Vorschriften f. katholische Kirchenmusik. Nebst e. Anh.: „Über den Gesang d. Priesters am Altare". [Unter Benützg. d. vom Salzburger Cäcilienverein hrsg. Sammlg. liturg. Verordngn. f. kathol. Kirchenmusik.] Für die Hand der Lehrer u. Chorregenten zusammengestellt u. geordnet. 8. (102 S.) Regensburg 885. Coppenrath. n. 1. 20

— dasselbe. 2. Aufl. 12. (105 S.) Ebend. 886. n. 1. —

Mitterer, Ign., die wichtigsten kirchlichen Vorschriften f. katholische Kirchenmusik. Für die Hand der Chorregenten u. Organisten zusammengestellt u. geordnet. 3., umgearb. Aufl. 12. (126 S.) Regensburg 891. Coppenrath's Verl. n. 1. —

— die wichtigsten kirchlichen Vorschriften für Kirchenmusik. Für die Hand der Chorregenten, Organisten u. Kirchensänger zusammengestellt u. erläutert. 4., auf Grund des päpstl. Motuproprio vom 22. XI. 1903 umgearb. Aufl. (153 S.) kl. 8. Ebd. 905. n 1. 20

Mitterer, Jos., g'spassige G'schicht'n. Gedichte im bayer. u. tiroler Dialekt. gr. 8. (IV, 64 S. m. Bildn.) München 896. J. Lindauer. n. 1. —

Mitterer, Jos., g'spassige G'schicht'n. Gedichte in bayer. u. tyroler Mundart. 2. verm. Aufl. Mit Illustr. v. C. S. Luber u. Ad. Johnssen. 8. (96 S. m. Bildnis.) München 901. J. Lindauer. Geb. in Leinw. n. 2. —

Mitterer, Jos., g'spassige G'schicht'n. Gedichte in bayer. u. tiroler Mundart. 3., stark verm. Aufl. Mit Illustr. v. C. S. Luber u. Ad. Johnssen. (124 S.) 8. München 910. J. Lindauer. 1.20; geb. 2. —

Mitterhuber, Fritz, approb. Arzt aus Karthaus-Prüll: Ein Beitrag zur Casuistik rasch verlaufender Endarteriitis laetica (Umschlagt.: luetica) der Bacilargefässe [vielm. Basilargefässe]. *München 1900: Kastner & Lossen.* (39 S.) 8°
München, Med. Diss. v. 1900

Mitterlein, J. C. W., die Essig-Fabrikation für kleine und große Haushaltungen. Eine Auswahl der besten Essig-Recepte. 8. 16. Bautzen 842, Reichel. n. 1/6 ₰

Mittermaier, Carl Jos. Ant., zum Andenken an, s. Goldschmidt.

Nachträglicher Glückwunsch der juristischen Fakultät für Karl Josef Anton **Mittermaier** in Heidelberg zum 50jährigen Dr.-Jubiläum [29. März] vom 8. Mai 1859.

— Gundelin, Berner und Barth über die neue bayerische Strafgesetzgebung. Augsburg 862. v. Jenisch & Stage. gr. 8. (IV, 148 S.) n. 20 ngr.

Mittermaier,

— Die Fabriken im Grossherzogtum Baden und ihre Leistungen für die Verbesserung der Zustände der Fabrikarbeiter. 4°. Frankfurt a. M., s. a.

Mittermaier. D. Versuch d. Verbrechens d. Abtreibg d. Leibesfrucht. Erlang. 1866.

Mittermaier, B. Das neue Reichs-Seuchengesetz. (S.-A.) Leipzig 1894.

Mittermaier, Carl , s. Mittermaier, Karl

Mittermaier, Frz., vollständiges alphabetisches Inhalts-Verzeichniß zum 1—50. Bd. nebst 9 Beilageheften, f. Archiv für die civilistische Praxis.

Mittermaier, Hermann [app. Arzt aus Heidelberg]: Ueber das Vorkommen von Glaukom in kataraktösen Augen. .. Heidelberg, Univ.-Buchdr. v. J. Hörning, 1889; 32 S. 8°
Heidelberg, Med. Fak., Inaug.-Diss. v. [12. März] 1889

Mittermaier, K., u. F. Mittermaier, Bilder aus dem Leben v. K. J. A. Mittermaier. Zur 500jähr. Jubelfeier der Universität Heidelberg gewidmet. Mit dem Bildnisse Mittermaier's u. 8 Bildern in Lichtdr. nach Zeichngn. u. Aquarellen v. K. Roux. Lex.-8. (68 S.) Heidelberg 886. Weiß' Verl. n. 3. —; geb. n.n. 4. 20

Mittermaier, K., das Schlachten, geschildert u. erläutert auf Grund zahlreicher u. neuerer Gutachten. Im Auftrag des Heidelberger Tierschutzvereins (Vors.: Rehrer) dargelegt. gr. 8. (28 S.) Heidelberg 902. C. Winter, Verl. n. — 60

Mittermaier, Karl [aus Gebensbach '(Oberbayern)']: Beitrag zur Kenntnis der Mikrofauna der Oberen Kreideschichten von Transkaukasien. M. 1 Taf. Abb. ... Erlangen, k. b. Hofbuchdr. v. A. Vollrath, 1896; 27 S., 1 Bl., 1 Taf. 8.
Erlangen, Phil. Fak., Inaug.-Diss. v [14. Febr.] 1894

Mittermaier, [Karl], die öffentliche Gesundheitspflege in Städten und Dörfern mit besond. Beziehung auf die Beseitigung der menschl. Abfallstoffe. Im Auftrage der Centralstelle des landwirthschaftl. Vereins in Baden verfaßt. gr. 8. (IV, 45 S.) Karlsruhe 875, (Braun'sche Hofbuchh.) **

Mittermaier, (H.), Madeira. qu. Fol. (2 lithogr. Karten, wovon 1 in Buntdr., und 8 S. Text in 4.) Darmstadt 864, Jonghaus'sche Hofbuchh. In Mappe. *
Grosse Ausg. *

Mittermaier, Carl, Madeira und seine Bedeutung als Heilungsort. Nach mehrjährigen Beobachtungen für Aerzte geschildert. gr. 8. (VIII und 158 S.) Heidelberg 855, J. C. B. Mohr. *

Mittermaier, Karl u. Jul. Goldschmidt, Madeira u. seine Bedeutung als Heilungsort. Nach vieljähr. Beobachtgn. geschildert. 2. Aufl. gr. 8. (VIII, 236 S.) Leipzig 885. F. C. W. Vogel. n 6. —

Mittermaier, Carl, die Reinigung u. Entwässerung der Stadt Heidelberg nebst e. Anh. über die Wasserversorgung der Stadt. Denkschrift der von dem Heidelberger naturhistorisch-medicin. Verein erwählten Commission: Prof. Dr. Friedreich, Prof. Dr. Knauff, Dr. Mittermaier, Prof. Dr. Moos. Mit 1 lith. Taf. u. 1 (lith.) Plan (in Buntdr.). Heidelberg 870. Bassermann. gr. 4. (VIII, 94 S.) n. 1 ₰

Mittermaier, Karl Joseph

(—). — Viro illustrissimo Carl Joseph Mittermaier .... solennia semisaecularia doctoratus .... summa cum veneratione et observantia sincere gratulatur vandalus quidam agricola. Inest commentatio ad Plinii N. H. XIV, 4. De foenore vinario. [Berlin] (G. Schade) 4. IV. 1809. 9 S. (3.50) 23429

Mittermaier, Karl Joseph Anton

Mittermaier, Carl Jos. Ant., vier Abhandlungen aus dem Strafrechte. 1. Werth der Kenntniß der Rechtsübung für die Gesetzgeber. 2. Verhältniß der Begnadigung. 3. Erfahrungen über die Wirkungen der gesetzlichen Beweistheorie. 4. Erfahrungen über die Wirkungen der Vorschriften neuer Strafgesetzbücher in Bezug auf Zurechnung. [Als Einleitung zur neuesten Ausg. von Feuerbach's „Strafrechtsfälle." — Besonderer Abdr.] Lex. 8. (47 S.) Frankfurt a. M. 849, Heyer. (Wien, Gerold.) n. 1/3 ℛ

Mittermaier, Car. Jos. Ant.: Disquisitio de alienationibus mentis quatenus ad jus criminale spectant. *Heidelberg*. Groos. 825. 4maj. (16 Gr.)

— Anleit. zur Vertheidigungskunst im dreifachen Criminalprocesse. u. in d. auf Oeffentlichkeit u. Geschwornengerichte gebauten Strafverfahren mit Beispielen. gr. 8. Landsh. 814. 2e verb. A. 820. 3e A. 828. Krüll. 1 ℛ 12 gℓ

— Anleitung zur Vertheidigungskunst im deutsch. Strafprozesse u. in dem auf Mündlichkeit u. Oeffentlichkeit gebauten Strafverfahren mit den Eigenthümlichkeiten von Geschwornengerichten. 4. umgearb. und verm. Aufl. gr. 8. Regensburg 845, Manz. 1 5/6 ℛ

– s. Archiv für die civilist. Praxis.

– s. Archiv d Criminalrechts.

Mittermaier, C. J. A., die Bedeutung der würdigen Stellung des Advokatenstandes für die Rechtspflege und die neuesten darauf sich beziehenden Leistungen auf dem Gebiete der Wissenschaft, der Gesetzgebung und freiwill. Vereinigungen. gr. 8. (44 S.) Heidelberg 861, J. C. B. Mohr. *
Aus: Archiv für civilistische Praxis, besonders abgedruckt.

Mittermaier: Beiträge zur Criminalstatistik mit vergl. Bem. uber die Verhaltnisse der Verbrechen u. der Criminal-Justiz in Frankreich, England, den Niederlanden, der Schweiz, Baiern, Baden u. Lippe-Detmold. Berlin 1830
(S.-A. a. Annalen d. deutschen u ausland. Kriminalrechtspflege begr von Hitzig)

Mittermaier, K. Jos. Ant: Beytrr. zu der Lehre vom Schadenersatz. *Landsh.* 813. 8.

— Beitr. z. deutschen Privatrechte als Zusätze zu den Grundsätzen d. gemeinen deutschen Privatrechts. gr. 8. Landsh. 824. Krüll. 8 gℓ

Ders.: Beiträge zum deutsch. Privatrechte, als Zusätze zu den Grundsätzen d. gem. deutsch. Privatrechts. *Landshut*, (Manz in *Regensburg*.) 824. gr. 8. (8 Gr.)

Mittermaier, K. Jos. Ant.: Bemerkk. üb. d. neuesten Entwurf e. Strafgesetzbuchs f. d. K. Hannover. (Aus d. Heidelb. Jahrb. d. Literatur abgedr.) *Heidelberg*, Osswald. 823. gr. 8. (8 Gr.)

Mittermaier. E. [richtig: K.] J. A.: Bemerkungen über den neuen Entwurf eines Strafgesetzbuches für das Königreich Hannover. Heidelberg 1824.
(S.-A. a.: Heidelberger Jahrbücher d. Literatur. Jg. 17.)

— Bemerkk. üb. d. neuesten Entwurf eines Strafgesetzbuchs f. d. Königr. Hannover. gr. 8. Heidelb. 825. Oswald. 8 gℓ.

— Einleitung in d. Studium d. german. Rechts. gr. 8. Landsh. 812. Thomann. 22 gℓ

Mittermaier, (I.), der württembergische Entwurf der Strafprocessordnung in Vergleichung mit den neuesten legislativen und wissenschaftl. Leistungen und in Bezug auf Strafverfahren geprüft. gr. 8. (23 S.) Heidelberg 864, J. C. B. Mohr.
Aus: Heidelberger Jahrbücher, besonders abgedruckt.

Mittermaier, C. J., Erfahrungen über die Wirksamkeit der Schwurgerichte in Europa u. Amerika, über ihre Vorzüge, Mängel u. Abhülfe. 3 Hefte. Erlangen, Enke's Verlag. gr. 8. n. 2 ℛ 26 ngr
1. Heft. Die Rechtsprechung durch Geschworene in England, Schottland, Irland, Amerika, Frankreich, Belgien. (S. 1—220.) n. 28 ngr
2. Heft. Die Rechtsprechung durch Geschworene in den deutschen Staaten. (S. 221—490.) 865. n. 28 ngr
3. Heft. Die Rechtsprechung in der Schweiz u. Italien. Ergebniß der gesammelten Erfahrungen. (VIII u. S. 491—786.) 865. n. 1 ℛ

– s. Feuerbach, P. J. A. v. Lehrbuch d. peinl. Rechts.

Mittermaier, Gefängnisseinrichtungen in England. Heidelberg 850.

—— die Gefängnißverbesserung insbesondere die Bedeutung und Durchführung der Einzelnhaft im Zusammenhange mit dem Besserungsprinzip nach den Erfahrungen der verschiedenen Strafanstalten. gr. 8. (VI und 184 S.) Erlangen 858, Enke's Verlagsbuchh. *

Mittermaier, C. J. A., die Gesetzgebung und Rechtsübung über Strafverfahren nach ihrer neuesten Fortbildung dargestellt und geprüft. gr. 8. (XII und 686 S.) Erlangen 856, Enke's Vrlgsh. *

— üb. die Grundfehler d. Behandl. d. Criminalrechts in Lehr- u. Strafgesetzbüchern. gr. 8. Bonn 819. Weber. 9 gℓ

— Grundriß zu Vorlesungen üb. d. bürgerl. Proceß. gr. 8. Heidelb. 829. Mohr. 2 gℓ

— Grundriß zu Vorlesungen üb. deutsche Rechtsgeschichte. gr. 8. Heidelb. 824. Groos. 5 gℓ

— Grundriß zu Vorlesungen üb. das Strafverfahren nach den Bestimmungen d. deutschen Gesetzgeb. u. nach dem französ. Gesetzbuche. 8. Bonn 819. Marcus. 6 gℓ

— Grundsätze d. gemeinen deutschen Privatrechts mit Einschluß d. Handels-, Wechsel- u. Seerechts. 2 Abthll. gr. 8. Landsh. ... 2e A. 824. 3e A. 826. 4e A. 830. Krüll. 4 ℛ 8 gℓ

—— Grundsätze d. gemeinen deutsch. Privatrechts, mit Einschluß d. Handels-, Wechsel- u. Seerechts. 2 Abthln. 4., völlig umgearb. u. sehr verm. Ausg. gr. 8. (65 1/2 B.) Landshut 830. [Regensburg, Manz.]

— Grundsätze des gemeinen deutschen Privatrechts, mit Einschluß des Handels-, Wechsel- und Seerechts. In 2 Abthll. 5e völlig umgearb. u. sehr verm. Ausg. gr. 8. Regensburg 837, 38. Manz. 5 2/3 ℛ

— Grundsätze des gemeinen deutschen Privatrechts, mit Einschluß des Handels-, Wechsel- u. Seerechts. In 2 Abthl. 6. völlig umgearb. u. sehr verm. Ausg. gr. 8. Regensburg 842, 43, Manz. 6 2/3 ℛ — 7. umgearb. u. verm. Aufl. gr. 8. Ebend. 846, 47. 7 1/4 ℛ

Mittermaier, [Karl Jos. Ant.]: Gutachten vom 24. 12. 1833 zur Rechtssache des … Fürsten von Löwenstein wider den Herzog von Arenberg, die Herausgabe der Herrschaft Saffenburg und der Grafschaft Schleiden, nunmehr … der Grafschaft Recklinghausen betr. Münster 1834. fol.

— Handbuch des peinl. Processes. 2 Bde. gr. 8. Heidelb. 810. Mohr. 6 Thlr. 16 Gr.

— Handbuch des peinl. Prozesses. 1r u. 2r Thl. gr. 8. Heidelb. Mohr u. W. 810 u. 12. (1r 3 Rthlr. 12 gr. 2r 3 Rthlr. 4 gr.)

— Commissionsbericht üb. die Verbesserung des durch die Verordnung vom 28. Juli 1832 mangelhaft gewordenen Zustandes der Preßgesetzgebung im Großherzogthum Baden. Erstattet in der öffentl. Sitzung vom 19. Aug. 1833. 8. Karlsruhe 833. (Groos.) n. $\frac{1}{6}$ Thlr.

— Lehrbuch des deutschen Privatrechts. gr. 8. Landsh. 821. Krüll. 2 Thlr.

Mittermaier, Karl Jos. Ant., die Lehre vom Beweise im deutschen Strafprozesse nach der Fortbildung durch Gerichtsgebrauch und deutsche Gesetzbücher in Vergleichung mit den Ansichten des engl. u. franz. Strafverfahrens. gr. 8. Darmstadt 834. Heyer's Verlagsh. $2\frac{2}{3}$ Thlr.

— s. Magazin für … Seelenkunde.

Mittermaier, Karl Jos. Ant., die Mündlichkeit, das Anklageprincip, die Oeffentlichkeit und das Geschwornengericht in ihrer Durchführung in den verschied. Gesetzgebungen dargestellt und nach den Forderungen des Rechts und der Zweckmäßigkeit mit Rücksicht auf die Erfahrungen der verschied. Länder geprüft. gr. 8. Stuttgart 845, Cotta. 2 Thlr.

Mittermaier, K. Jos. Ant.: Diss. inaug. de nullitatt. in causis crimin. observatt. spec. I. *Heidelb.*, Mohr u. Zimmer. 809. gr. 4. (10 Gr.)

— s. Pardessus: Lehrb. d. Handelsrechts.

(Mittermaier, Carl Jos. Ant.: Practicum des Criminalrechts. Kollegienheft des Leon. Jos. Schmitz. Bonn [um 1850].)

Mittermaier, Car. J.: De principio imputationis alienationum mentis in jure criminali recte constituendo. Progr. Heidelbergae 1837.

—— de principio imputationis alienationum mentis in jure criminali recte constituendo. 4maj. ($7\frac{3}{4}$ B.) Heidelbergae 838, J. C. B. Mohr. *

Mittermaier, C. Jos. Ant.: Ueb. d. Fonkschen Prozess. (Aus d. Heidelb. Jahrb. d. Literatur abgedruckt.) *Heidelb.*, Osswald. 823. gr. 8. (8 Gr.)

— üb. d. Fonk'schen Proceß. (Aus d. Heidelb. Jahrb. d. Literatur abgedr.) gr. 8. Heidelb. 824. Mohr. 8 Gr.

— — der gemeine deutsche bürgerliche Prozeß in Vergleichung mit dem preußischen und französischen Civilverfahren und mit den neuesten Fortschritten der Prozeßgesetzgebung. gr. 8. Bonn, Markus. 820.

— der gemeine deutsche bürgerliche Prozeß, in Vergleichung mit dem preußischen u. französischen Civilverfahren u. mit den neuesten Fortschritten d. Prozeßgesetzgebung. 1r u. 2r Beitrag, 2e verm. Aufl. gr. 8. Bonn 822 u. 27, Marcus. à 1 Rthl.

— dess. 3r Beitrag. gr. 8. Bonn 823, Marcus.

— dess. 4r Beitrag. — A. u. d. T.: Die summar. Verfahrungsarten des gemeinen deutschen Prozesses in Vergleichung mit dem preuß. u. französ. Verfahren u. mit den neuesten Fortschritten d. Prozeßgesetzgebung. gr. 8. Bonn 826, Marcus.

—— der gemeine deutsche bürgerl. Prozeß in Vergleich. mit dem preuß. u. franz. Civilverfahren u. mit d. neuest. Fortschritten d. Prozeßgesetzgebung. 3. Beitr. 2., durchaus umgearb. u. sehr verm. Aufl. gr. 8. ($17\frac{1}{4}$ B.) Bonn 832, Marcus.
1. u. 2. Beitr., 2. Aufl., u. 4. Beitr. Ebendas. 1822—27. 3 Thlr. 4 Gr.

— der gemeine deutsche bürgerliche Prozeß in Vergleichung mit dem preuß. u. franz. Civilverfahren und mit den neuesten Fortschritten d. Prozeßgesetzgebung. 1r Beitrag. 3e durchaus umgearb. u. sehr verm. Aufl. gr. 8. Bonn 838, Marcus. $1\frac{1}{4}$ Thlr.

— dass. 4r Beitrag. A. u. d. T.: Die summarischen Verfahrungsarten des gemeinen deutschen bürgerlichen Prozesses in Vergleich mit dem preuß. u. franz. Civilverfahren und mit den neuesten Fortschritten der Proceßgesetzgebung. 2e durchaus umgearb. u. sehr verm. Aufl. gr. 8. Ebd. 840. $1\frac{2}{3}$ Thlr.

—— der gemeine deutsche bürgerliche Prozeß, in Vergleichung mit dem preußischen und französischen Civilverfahren und mit den neuesten Fortschritten der Proceßgesetzgebung. Erster Beitrag. 3. durchaus umgearb. und sehr verm. Aufl. 8. Bonn 868, Marcus. *

Reise-Tagebuch von Karl Joseph Anton Mittermaier nachm. Prof. d. Rechte in Heidelberg. Als Ms. gedr. *(Offenbach a. M. 1902: C. Forger.)* (61 S.) 8° [F.] (… 3

— s. Scholz, J.: Das Schäfereirecht.

— die englische Staatsverfassung in ihrer Entwickelung nach der neuesten Schrift von E. S. Creasy. Mit einem Anhang von Frz. Lieber über die englische u. französische Freiheit. [Abdr. aus der Zeitschrift für ausländische Gesetzgebung. XXI. Bd. 2. Hft.] gr. 8. (40 S.) Heidelberg 849, J. C. B. Mohr. — 2. Aufl. gr. 8. (40 S.) Ebd. 849. n. $\frac{1}{6}$ Thlr.

— die Strafgesetzgebung in ihrer Fortbildung geprüft nach den Forderungen der Wissenschaft u. nach den Erfahrungen über den Werth neuer Gesetzgebungen, u. üb. d. Schwierigkeiten der Codification mit vorzügl. Rücksicht auf d. Gang der Berathungen von Entwürfen der Strafgesetzgebung in constitutionellen Staaten. 1. Beitrag. gr. 8. Heidelberg 841, K. Winter, Universitätsbuchh. n. $1\frac{3}{4}$ Thlr. — 2. Beitrag. 843. n. $1\frac{2}{3}$ Thlr.

— die öffentl. u. mündliche Strafrechtspflege u. das Geschwornengericht in Vergleichung mit dem deutschen Strafverfahren. 8. Landsh. 819. Weber in Münch. 8 Gr.

—— das deutsche Strafverfahren in d. Fortbildung durch Gerichts-Gebrauch u. Partikular-Gesetzbücher, u. in genauer Vergleich. mit dem engl. u. franz. Straf-Prozesse. 2 Abthln. 2., durchaus umgearb. u. sehr verm. Aufl. gr. 8. ($58\frac{1}{2}$ B.) Heidelberg 832, 33, Mohr.

— das deutsche Strafverfahren in der Fortbildung durch Gerichts-Gebrauch und Particular-Gesetzbücher u. in genauer Vergleichung mit dem engl. u. franz. Straf-Processe. In 2 Thlen. 3e gänzlich umgearb. u. viel verm. Aufl. gr. 8. Heidelberg 839. 40. Mohr. $4\frac{1}{2}$ Thlr.

— das deutsche Strafverfahren in der Fortbildung durch Gerichts-Gebrauch u. Landes-Gesetzbücher in genauer Vergleichung mit dem engl. u. franzöſ. Straf-Verfahren. In 2 Thln. 4. umgearb. u. verm. Aufl. gr. 8. Heidelberg 845, 46, Mohr. 5 1/3 ℔

—— das englische, schottische und nordamerikanische Strafverfahren im Zusammenhange mit den polit., sittl. und socialen Zuständen und in den Einzelnheiten der Rechtsübung dargestellt. Lex.-8. (XIII und 569 S.) Erlangen 851, Enke's Vrlgsh. *

— d. engl., schott. u. nordamerik. Strafverfahren. Erlangen 856.

— s. Stürzer, J v · Bemerkungen z. dermal. bayer Civilgerichts-Verfahren

— Theorie d. Beweiſe im peinl. Proceſſe ꝛc. 2 Bde. gr. 8. 809.

— Theorie d. Beweiſes im peinlichen Proceſſe nach d. gemeinen poſitiven Geſetzen u. d. Beſtimmungen d. franzöſ. Criminalgeſetzgebung. 2 Thle. gr. 8. Manh. (Darmſt., Heyer; auch Groos in Heidelb.) 2 ℔ 16 gr.

— Theorie d. Beweiſes im peinlichen Prozeſſe nach d. gemeinen poſitiven Geſetzen u. d. Beſtimmungen d. franzöſ. Criminalgeſetzgebung. 2 Thle. gr. 8. Darmſt. 821, Heyer.

— die Todesſtrafe nach den Ergebniſſen der wiſſenſchaftlichen Forſchungen, der Fortſchritte der Geſetzgebung und der Erfahrungen. Heidelberg 862. J. C. B. Mohr. gr. 8. (VIII, 169 S.) n. 16 ngr.

— Verſuch e. wiſſenſchaftl. Behandl. d. deutſchen Privatrechts. gr. 8. Landsh. 815. Krüll. 10 gr.

Mittermaier, K. J., das Volksgericht in Geſtalt der Schwur- u. Schöffengerichte, ſ. Sammlung gemeinverſtändl. wiſſenſchaftl. Vorträge.

Mittermaier KJ das Volksgericht in Gestalt der Schwur- und Schöffengerichte. (Sammlung gemeinverständlicher wissenschaftlicher Vorträge 18) Berlin 1866

— Volksgericht in Gestalt d. Schwur- u Schöffenger. 2. Aufl. Berl. 874.

—— und Zachariä, krit. Zeitschr. f. Rechtswissenschaft, s. Zeitschrift.

—— der gegenwärtige Zuſtand der Gefängnißfrage mit Rückſicht auf die neueſten Leiſtungen der Geſetzgebung und Erfahrungen über Gefängnißeinrichtung mit beſond. Beziehung auf Einzelnhaft. gr. 8. (VIII und 175 S.) Erlangen 860, Enke's Verlagsbuchh. *

— der gegenwärtige Zuſtand der Gefängnißfrage mit Rückſicht auf die neueſten Leiſtungen der Geſetzgebung und Erfahrungen über Gefängnißeinrichtungen mit beſonderer Beziehung auf Einzelhaft. Erlangen 863. Enke. gr. 8. (VIII, 175 S.) n. 26 ngr.

— über den gegenwärtigen Zuſtand der Civilprozeß-Geſetzgebung in Deutſchland. [Aus: Archiv für civiliſtiſche Praxis.] Heidelberg 867. J. C. B. Mohr. gr. 8. (XXIII, 162 S.) 20 ngr.

Mittermaier, Carl Jos. (Anton), der neueste Zustand der Gefängnisseinrichtungen in England nach engl. Erfahrungen über Einzelnhaft. Dargestellt und geprüft. gr. 8. (90 S.) Heidelberg 850, J. C. B. Mohr. Thlr. *
Aus: Kritische Zeitschrift für Rechtswissenschaft, 23. Bd., besonders abgedruckt.

— über d. neueſten Zuſtand d. Criminal-Geſetzgebung in Deutſchland. Mit Prüfung d. neuen Entwürfe f. die Königr. Hannover u. Sachſen. Mit e. Anhange, enthaltend: Allgem. Bemerkk. üb. d. beſond. Theil d. Criminal-Geſetzbuchs v. Verbrechen u. Strafen, v. Hofr. Dr. Stübel. gr. 8. Heidelb. 825. Engelmann. 1 ℔ 8 gr.

—— italienische Zustände. gr. 8. (17¾ B.) Heidelberg 844, J. C. B. Mohr.

Mittermaier, Ludw., der Abtrünnige, ſ.: Jugendbibliothek.

— Jakob Altmann, ſiehe Abendunterhaltungen, lehrreiche, 15. Bd.

— Jakob Altmann, od.: Herr, führe uns nicht in Verſuchung. Eine Erzählg., der chriſtl. Jugend u. dem chriſtl. Volke gewidmet. 2. verb. Aufl. Mit e. Stahlſt. 8. (136 S.) Regensburg 875. Volks- u. Jugendſchriften-Verl. 1. —

Mittermaier, L., zwei Brüder, ſ. Jugendbibliothek, neue, für Unterhaltung.

— zwei Brüder aus dem Volke, ſiehe Feierſtunden.

Mittermaier, Ldw., zwei Brüder aus dem Volke. Eine Geſchichte dem reiferen Jünglingsalter u. Erwachſenen erzählt. Mit 1 Stahlſt. 8. Augsburg (846,) 847, v. Jeniſch und Stage. 24 ngr.

— der Fall der Zackenburg, ſ.: Jugendbibliothek, neue.

— aus dem Leben e. Arbeiters, ſ. Erzählungen, katholiſche, für die reifere Jugend.

— aus dem Leben eines Heimathloſen, ſ. Abendunterhaltungen, lehrreiche ꝛc.

— aus dem Leben e. Heimathloſen, od.: Ueberall wacht der Herr üb. Diejenigen, die Ihm vertrauen. Eine Erzählg f. die chriſtl. Jugend u. das chriſtl. Volk. 3. verb. Aufl. Mit e. Stahlſt. 8. (176 S.) Regensburg 875. Volks- u. Jugendſchriften-Verl. 1. 20

—— Theodor Neuhofer's Leben, Reiſen und Schickſale im Morgen- und Abendlande. Ein Lebensbild für die reifere Jugend und Erwachſene. 2., umgearb., verb. und verm. Aufl. der Erzählung: „Das Buch vom ewigen Juden." 8. (168 S. mit 1 Stahlſt.) Augsburg 853, Lampart und Comp. (Leipzig, Hübner.) Thlr.

— Thdr. Neuhofer, ſ. Abendunterhaltungen.

Mittermaier, Ludw., wunderbare Schickſale der Geſchwiſter von Thierſtein. Eine Erzählung für die reifere Jugend. Mit 1 Stahlſt. gr. 8. (222 S.) Augsburg 847, Rieger. ⅔ ℔

— die Gräfin von Seeburg, oder die Rettung durch den Sohn. Eine Geſchichte aus den Zeiten des Mittelalters für die reifere Jugend u. für Erwachſene. Mit 1 Stahlſt. 2. wohlfeilere (Titel-) Ausg. 8. (176 S.) Augsburg (849) 852, Lampart & Co. (Leipzig, Hübner.) ⅓ ℔

—— die Gräfin von Seeburg, oder: Die Rettung durch den Sohn. Eine Geſchichte aus den Zeiten des Mittelalters für die reifere Jugend und für Erwachſene. 2., wohlf. Ausg. 8. (176 S. und 1 Stahlſt.) Augsburg 851(52,) Lampart und Comp. (Leipzig, Hübner.)

— die Gräfin v. Seeburg od. die Rettg. durch den Sohn. Eine Geschichte aus den Zeiten d. Mittelalters f. die reifere Jugend u. deren Freunde. 2. verb. Aufl. Mit 1 Stahlst. 8. (166 S.) Ebend. 875. 1. 20

Mittermaier, Ludw., die Familie Seehofen, s. Abendunterhaltungen, lehrreiche.

Mittermaier, Ludw., die Familie Seehofen, oder des Großvaters Abendstunden im Kreise seiner Enkel. Der reiferen Jugend u. Erwachsenen gewidmet. 2. Aufl. Mit 1 Stahlstich u. Vignette. 8. (138 S.) Straubing 877. Volks- u. Jugendschriften-Verl. cart. 1. —

— der Sohn der Griechin. Ein Lebens- und Zeitbild aus dem 3. Jahrhundert. Der christlichen Jugend und dem Volke erzählt. Mit einem Vorworte von Joh. Ev. Stadler. 2., vielfach verb. Aufl. 8. (147 S. mit 1 Stahlst.) Augsburg 853, Lampart und Comp. (Leipzig, Hübner.)

— der Sohn der Griechin. Ein Lebens- u. Zeitbild aus dem 3. Jahrh. Der christl. Jugend u. dem Volke gewidmet. Mit e. empfehl. Vorworte v. Joh. Ev. Stadler. 3. verb. Aufl. Mit 1 Stahlst. 8. (183 S.) Ebend. 876. 1. 20

— die Söhne d. Waffenschmiedes, s. Volks- u. Jugendschriften, deutsche.

— die Söhne des Waffenschmieds. Ein lehrreiches Lebensbild aus den Zeiten des Mittelalters. Jung u. Alt erzählt. 12. (IV u. 144 S.) Donauwörth 852, Veith. 12 ngr

Mittermaier, M., über die Gründe der Verpflichtung zur Edition von Urkunden. Inaugural-Dissertation. gr. 8. Heidelberg 835. Mohr. 3/8 rß

Mittermaier, Philipp

Mittermaier, Ph., s. a. Beitrag zur Geschichte des Schwemmsystems.

Mittermaier, Ph., und **L. v. Bernuth**, Beitrag zur Geschichte des Schwemm-Systems. Eine Warnung für alle Stadtverwaltungen. Gr.-8. (392 S.) 3. —
Graz: Wagner 1896.

Mittermaier, Ph., das neue Reichs-Seuchengesetz, besprochen im Namen des internationalen Vereins gegen Verunreinigg. der Flüsse, des Bodens u. der Luft. [Aus: „Gesundheit".] gr. 8. (15 S.) Leipzig 894. R. Böhm. n. 1. —

— gegen das Schwemmsystem. Bemerkungen zu dem Aufsatze von v. Pettenkofer „Gut Ding braucht Weile". (Neue Ausg.) 8. (23 S.) München 890. (G. Franz' Sort.) n. — 30

Mittermaier, das Heidelberger Tonnensystem, s. Begründg. u. Bedeutg., s. a. Sammlung v. Abhandlgn., Gutachten u. Vorträgen über Städtereinigg. u. Verwerthg. städt. Abfallstoffe f. d. Landwirthschaft.

Das Heidelberger Tonnensystem, seine Begründung und Bedeutung. Dargest. v. Medicinalr. Dr. [Phil.] **Mittermaier** in Heidelberg. *Halle a. S.: F. Leineweber 1897.* (29 S., 1 Bl.) 8.
— Sammlung v. Abhandlungen, Gutachten u. Vorträgen üb. Städtereinigung. H. 1. [97. 7875

Mittermaier, Wolfg., die Behandlung unverbesserlicher Verbrecher, s. a. Darstellung, vergleichende, des deutschen u. ausländischen Strafrechts. III.

Mittermaier, W[olfg.], Die Behandlung unverbesserlicher Verbrecher. Berlin 1908. 8°.
(Vergl. Darstellung d. deutschen u. ausländ. Strafrechts, hrsg. von Karl v. *Birkmeyer* [u. a.]. Allg. Tl. Bd 3.)

Mittermaier, W[olfgang], Dr., Prof. d. Rechte: Kritische Beiträge zur Lehre von der Strafrechtsschuld. Giessen 1909: Kindt. 55 S. 4°
Gießen, Progr. zum Ludwigstage 1909 [U 10. 1317

— Kritische Beiträge zur Lehre v. der Strafrechtsschuld. (Progr.) (56 S.) gr. 8. Giessen 909. A. Töpelmann. 1. —

— Vorläufige Entlassung, s.: Darstellung, vergleichende, des deutschen u. ausländischen Strafrechts, IV.

— u. G. **Clement**, Erörterung üb. die Einrichtung v. Gefängnislehrkursen, s. a. Grenzfragen, juristisch-psychiatrische. V, 6.

Mittermaier, W., und G. Clement, Erörterung über die Einrichtung von Gefängnislehrkursen. Vortrag, gehalten am 17. Juli 1906 zu Butzbach auf der 4. Hauptversammlung der Vereinigung für gerichtliche Psychologie und Psychiatrie im Großherzogtum Hessen. Halle a. S., 1907. 29 S.

Mittermaier, Wolfg., die Militärstrafgerichtsordnung vom 1. XII. 1898. Systematisch dargestellt. gr. 8. (VI, 95 S.) Berlin 899. J. Guttentag. n. 2. —
Sonderabdruck aus: „Zeitschr. f. d. ges. Strafrechtswiss."

Einladung zur öffentlichen Probe-Vorlesung, welche Dr. Wolfgang **Mittermaier** zur Erlangung der Venia legendi bei der juristischen Facultät der Ruprecht-Carls-Universität zu Heidelberg Montag, d. 25. Jan. 1897 ... abhalten wird. Thema: Das Moment des Anfangs der Ausführung im Versuchsbegriff. *Heidelberg*, Druck v. J. Hörning, *1896*; 1 Bl. 8.
(Nicht für den Austausch)

Mittermaier, Wolfgang [Dr. jur. zu Heidelberg]: Die Parteistellung der Staatsanwaltschaft im reformirten deutschen Strafverfahren ... Stuttgart, F. Enke, 1897; VI, 245 S. 8.
Heidelberg, Jur. Fak., Hab.-Schr. v. [25. Jan.] 1897

Mittermaier, W., die Reform des Verfahrens im Strafprozess, s.: Grenzfragen, juristisch-psychiatrische. II. 6.

— s.: Schwurgerichte u. Schöffengerichte.

— Die Stellung des Bürgers zur Reform der Gerichtsverfassung u. des Strafprozesses. Vortrag, geh. im Verein „Frauenstimmrecht" in Frankfurt a. M. (30 S.) 8. Gießen 909. A. Töpelmann. — 60

— **Theobald, Bücking** u. **Sommer**, die Tätigkeit des medizinischen, im besonderen des psychiatrischen Sachverständigen vor Gericht, s. a. Grenzfragen, juristisch-psychiatrische. V, 6.

Mittermaier, W., u. a., Die Tätigkeit des medizinischen, im besonderen des phychiatrischen Sachverständigen vor Gericht. Vortrag, gehalten am 17. Juli 1906 zu Butzbach auf der 4. Hauptversammlung der Vereinigung für gerichtliche Psychologie und Psychiatrie im Großherzogtum Hessen. Halle a. S., 1907. 37 S.

— s. a. Verbrechen u. Vergehen wider die Sittlichkeit usw.

— — Verbrechen und Vergehen wider die Sittlichkeit im internationalen Recht. Berlin 1906. Lex.-8°. 474 S.

-- Wie studiert man Rechtswissenschaft? Das Studium der Rechtswissenschaft u. seine zweckmäss. Einrichtg Eine Anleitg. f. Studierende. (Violets Studienführer.) (IV, 176 S.) gr. 8. Stuttgart 911. W. Violet. 2. 50

Mittermann Viktor: De Pauli Silentiarii epigrammatis.
H. 1900 PN 1338 Diss.Wien Univ. 1573

Mittermann, V[iktor] Die Grundgedanken der griechischen Sozialphilosophie S. 3—30. 8. Progr. K. k. Staats-Gymn. *Krems* 1907

Mittermayer, s.a. Mittermaier

Mittermayer, J., der Christ beym heiligen Meßopfer. 8. München, Giel. 816.

Beitrag zur Erklärung einiger Stellen in der ersten philippischen Rede des Cicero. Von Jos. Mittermayer, R. u. P. d. G. 1841 Ebend. — S. 1—24.
Progr. Aschaffenburg

Beitrag zur Erklärung einiger Stellen in der zweiten philippischen Rede des Cicero. I. Abthl. Von Dr. Jos. Mittermayer, R. u. P. des G. — 1843. Aschaffenburg, gedr. bei M. J. Wailandt's W. u. Sohn. S. 28.
Progr Aschaffenburg

Beitrag zur Erklärung einiger Stellen in der zweiten philippischen Rede des Cicero. II. Abtheilung. Von Dr. Jos. Mittermayer, R. u. P. des G. — 1845. Ebend. — S. 3—32. [S. Nr. 121.]
Progr. Aschaffenburg

Ueber den Brief des Horatius an die Pisonen von Jos. Mittermayer, Studrector u. P. — 1827 Ebend. — S. 1—16.
Progr. Aschaffenburg

Ueber den Brief des Horatius an die Pisonen. Zweite Abtheilung. Von Dr. Jos. Mittermayer, Stdr. u. P. — 1847. Ebend. — S. 3—31. [S. Nr. 102.]
Progr. Aschaffenburg

Mittermayer, J., drei Schulreden, welche in dem Schuljahre 1833—34 an der Königl. Studienanstalt zu Aschaffenburg gehalten worden sind. gr. 4. Aschaffenburg 834. Pergay. 1/6 Thlr

Rede des Studienrektors Mittermayer zu Asch. gehalten bei der feierlichen Preiß-Vertheilung am 31 Aug. 1831 [Warnungen gegen den mehr und mehr einreißenden Freiheitsschwindel.] — Ohne Druckort. — 1 Bogen unpag.
Progr. Aschaffenburg

MITTERMAYR, Dominikus (Schnaitsee): De rheumatismo acuto. (Titel nach der Urkunde)
15.7.1871 - Urk; F 73; Chr 1871/72,19
Diss.Ingolst.-Landsh.-Mchn.

Mittermeier, L. L., Handbuch der Zeichnen- und Malerkunst. Enthaltend: die verschied. Methoden, selbst ohne vorhergehenden Unterricht im Zeichnen u. ohne natürl. Anlage treu nach der Natur u. nach Original-Gemälden zu zeichnen, das Ganze der Pastell-, Elfenbein- u. Miniatur-, Oel-, Glas-, Porzellan- u. Staffir- oder Gebäudemalerei 2c. Mit Abbild. 8. (Mit 1 Taf.) Nordhausen 843, Fürst. $1^1/_2$ Thlr

Mittermüller, Eugen: Die deutsche Korkindustrie. Eisenach 1909 Kahle. 61 S. 8°
Jena, Phil. Diss. v. 12. Febr. 1909, Ref. Pierstorff
[Geb. 20. Jan. 84 Dermbach; Wohnort: Weimar, Staatsangeh.: Sachsen-Weimar; Vorbildung: Lessing-Gymn. Frankfurt a. M. Reife O. 03; Studium: München 3, Berlin 2, Jena 3 S.; Rig. 12. Dez. 08.] [U 09. 2203

Mittermüller, Rupert

Mittermüller: Albert III. Herzog v. München-Straubing. 82 S.-Metten, Progr. 1867. 1869

Mittermüller: Herzog Arnulf von Boioarien. 27 S. -Metten, Progr. 1863

Mittermüller, R., Beiträge zu e. Geschichte der ehemaligen Benedictiner-Universität in Salzburg. gr. 8. (72 S.) Salzburg 889. (Mittermüller.) n. 1. 20

Historische Erläuterungen über einige kontroverse Thaten und Lebensumstände Karls des Großen. Von P Rupert Mittermüller, O. S. B. — 1850. Ebend. — S. 3—20.
Progr. Metten

Mittermüller, P. R., altbayerische Geschichte in Lebensbildern f. Volksschulen. 16. (65 S.) Landshut 871. Thomann. — 30

Mittermüller, Rup., Die hl. Hostien u. die Juden in Deggendorf. Landshut 1866.

Mittermüller, Rupert, Leben und Wirken des frommen Bischofes Michael Wittmann von Regensburg. Aus Aktenstücken und den hinterlassenen Papieren des Dahingeschiedenen zusammengetragen und zum Besten des bischöfl. Knabenseminars der Diöcese Regensburg hrsg. gr. 8. (XIV und 486 S. mit dem Bildnisse des Verewigten in Stahlst.) Landshut 859, Thomann'sche Buchh. *

Mittermüller, Rupert, das Kloster Metten und seine Aebte. Ein Ueberblick über die Geschichte dieses alten Benedictinerstiftes. Mit 1 (lith.) Ansicht des Klosters. Straubing 856. Schorner. Lex.-8. (XVI, 342 S.) n. 1 Thlr. 15 ngr.

Die bischöflichen Seminarien und ihre Gegner. [Von P Rupert Mittermüller O. S. B., P. der Gesch.] — 1849. Ebend. — S 3—20.
Progr. Metten

Winke und Erinnerungen zum Studium der Geschichte für Gymnasial-Schüler. Von P Rupert Mittermüller, O. S. B., P. der Gesch. — 1850. Ebend. — S 3—31.
Progr. Metten

Winke und Erinnerungen zum Studium der Geschichte für Gymnasial-Schüler. (Fortsetzung und Schluß.) Von P Rupert Mittermüller, O.S.B., P. der Gesch. — 1860. Ebend. — S. 3—31. [S. Nr. 202.]
Progr. Metten

Das Zeitalter des heiligen Rupert. Von P Rupert Mittermüller O. S. B., P. der Gesch. — 1864. Deggendorf, Kollmann. — S. 3—30.
Progr. Metten

Mittermüller, Rupert, das Zeitalter des heil. Rupert, Apostels der Bajoarier. Programm. 2., verb. und verm. Aufl. gr. 8. (82 S.) Straubing 855, Scherner. *

Mitternacht, die; Singspl. in 1 A. 8. Wien 807. Wallishausser. 5 Kr

Mitternacht, Die heilige, des dritten Juli. Braunschweig 1815. V: *Römer, Jacob Ludw.* & *Julie Römer.* (Mitth. Dr. H. Bäsecke.)

Mitternacht das Signal, in sechszehn Briefen, an eine Dame von Stande, aus dem Engl. 2 Theile, 8. Daselbst, 780. Schwickert. 18 sgl.

Mitternacht, Jo. Carl (Zeitz/Meißen), De exceptione non numeratae pecuniae adversus cambium. Diss. jur. Präs. Jo. Heinrich Berger. Wittenberg (Chr. Gerdes) 11. VII. 1709. 32 S. (5.—) 23430

— — De exceptione non numeratae pecuniae adversus cambium. Präs. Jo. Heinr. Berger. Wittenberg (Gerdes) 11. VII. 1709. Editio II. 1719. 32 S. (5.—) 23431

Mitternacht, P. C., festum de spasmo Mariae a dominica Judica ad Palmarum olim celebratum. Lips. 1722 4.

Mitternachtsblatt f. gebildete Stände. Herausg. v. Müllner. 4. Braunschw., Vieweg. Jahrg. 1826 u. 1827. à 8 ₰ 16 ₰ 3r u. 4r Jahrg. v. Müllner. 1828. u. 29. 4. Wolfenb.. Verlags-Compt. à 8 ₰ 16 ₰. 5r—7r Jahrg. 1830—32. Fortgesetzt unt. d. T.: Mitternachtszeitung; herausg. v. C. Niedmann u. Köchy. gr. 4. Ebd. (à J. 8 ₰) 24 ₰

Mitternachtsgeist, Der, in der Tempelherrngruft ... Quedlinburg 1827. V: *Stahmann, Friedrich.* (GGr X, 344) (Zeitschr. f. Büch. N. F. 15, 1923, S. 117)

Der **Mitternachtsgeist** in der Tempelherrengruft oder Der Gang unter der Saale. Ritter- und Geistergeschichte aus den Zeiten der Entstehung des Freimaurer-Bundes. Nebst einer kurzen Geschichte des Tempelherrenordens. Quedlinburg u. Leipzig: Basse 1827. 224 S. 8°
Kl. 3999, TB. 248.
[L. 23 (1824) S. 21.]

Mitternachtsglocke, Die. Eine romantische Geschichte vom Verfasser des Mönchs. Aus d. Engl. Erfurt 1800. V: *Lewis, Matthew Gregory.* (BGE IV³, 564)

Mitternachtsglocke, d., a. d. Engl. 2 Bde. m. K. 8. Erfurt, Beyer u. M. 800.

Mitternachtsglocke, die; aus d. Engl. 2 Bde. Mit Kpf. 8. Erfurt 800. (Otto). 1 ₰ 20 gr

Mitternachtsglocke, die, oder Walther von Windheim. Roman, von Jean Pierre. 8. Quedlinb. Basse. 819.

Mitternachtsglocke, die, oder die Räuber im verfallenen Schlosse. 3 Thle. 2. verb. Aufl. Leipzig 845. (Literar. Museum.) 3 ₰

Mitternachtsglocke, die, oder die Räuber im verfallenen Schlosse. 3 Thle. 3., verb. Aufl. Leipzig 866. Literarisches Museum. 8. (461 S.) 1 ₰

Mitternachtsstunde

Mitternachtsstunden, die,; od. wagen gewinnt, wagen verliert. Lustsp. 8. Leipz. Gräff. 790.

Mitternachtsstunde, die, oder wagen gewinnt, wagen verliert. Lstspl. in 3 A. 8. Leipz. 790. (Wienbrack). 5 gr

Mitternachtsstunde, die,. Sing-spiel in 3 A. nach la Ge... ou erle v. Lambrecht. 8. Nürnb. Stein. 801.

Mitternachtsstunde, die schreckenvolle. Geistergeschichte aus d. 12n. Jahrhund. 8. Wien ... K. Haas.

Mitternachts-Zeitung, Berliner. Red.: A. Huth. 1. Jahrg. 1878/79. 52 Nrn. (³/₄ B. m. eingedr. Illustr.) gr. 4. Berlin, Huth & Co. 6. —

Mitternachtzeitung f. gebild. Stände. 5—10. Jahrg. 1830—35. à 208 Nrn. (½ B.) Mit Stndr. u. Titvign. Nebst literar. Beil. gr. 4. Braunschweig, Horneyer. à J.
Die Hrsgabe d. Jahrg. 1830. Jan.—April, besorgte C. Niedmann (†4. Mai 1830), Mai—Dec. u. J. 1831, Jul. Schütz. J. 1832 mit Beilagen u. d. Beiblatte: Dramaturgische Blätter, redig. v. K. Köchy, u. J. 1833 haben keinen genannten Hrsgeb. J. 1834 besorgte K. Andree, u. J. 1835 K. Köchy.

Mitternachtzeitung f. gebildete Stände. Jahrg. 1833—1840. à 208 Numm. Mit Beilagen. gr. 4. Braunschweig, Verlags-Comptoir. (à n. 8 ₰) — 9r J. 1834. redig. von Karl Andree. 10r J. redig. v. K. Köchy. 11r—14r J. redig. v Ch. Horneyer u. Dr. Brinckmeier. Lex.-8. Ebd. Horneyer. (à 8 ₰)

Mitterpacher von Mitternburg, Julius,
s. Mitterbacher von Mitternburg, Julius

Mitterrutzner, Johannes Chrysostomus

Mitterrutzner, J C : Ein Blatt der Erinnerung an Monsignor Jos. Grasser, weiland Bischof v Verona etc., vom Jahre 1807–10 Professor u. Rector unseres Gymnasiums. 22 S. – Brixen, Progr. 1888.

Mitterrutzner, J C Ein Blatt der Erinnerung an Dr Jos. Resch, Gymnasialpräfect zu Brixen und Geschichtschreiber 9 S – Brixen, Progr 1882.

Mitterrutzner, Jo. Chrys., **conspectus** hierarchiae catholicae per orbem terrarum concilii oecumenici Vaticani. [8. Dec. 1869—20. Oct. 1870.] Accedunt archiepiscopi cum episcopis in part. in fid. et supremis ordinum regularium moderatoribus, qui concilio interfuere. gr. 8. (64 S.) Brixen 871. Weger. n. — 50

Mitterrutzner, I.Ch. Die rhätoladinischen Dialekte in Tirol u. ihre Lautbezeichnung. 30 S 8° – Brixen, Progr 1856

Mitterrutzner Dr J C Die Dinka-Sprache in Central-Afrika Kurze Grammatik, Text und Wörterbuch Heraus · mit Unterstützung der k Akad. d. Wiss. in Wien. 8. XV u. 307 S., Brixen theol. Verlags-Anstalt. 3 fl. 40 kr.
1866.

Mitterrutzner, J C., die **Dinka-Sprache** in Central-Africa. Kurze Grammatik, Text u. Wörterbuch. Hersg. mit Unterstützung der kaiserl. Akademie der Wissenschaften in Wien. Brixen 866. Weger. gr. 8. (XV, 308 S.) n. 2 ₰ 8 ngr.

Mitterrutzner, J. Chr., Fragmente aus dem Leben d. Fragmentisten [Jak. Phpp. Fallmerayer]. gr. 8. (42 S.) Brixen 887. Weger. n. — 72

Mitterrutzner Dr. J. C.: a) Fragmentum poeticum Valentini Forer autobiographicum. 10. b) Summa reliquae vitae lineamenta e documentis adiecit in prosa, mit Porträt. 4. Brixen 77. **Progr.**

— immerwährender katholischer Hauskalender, s.: Rothmiller, N.

— Dr. Ign. **Knoblecher,** apostolischer Provikar der katholischen Mission in Central-Afrika. Brixen 869. Weger. gr. 8. (43 S.) n. 6 ngr.

Mitterrutzner, Jos. Chrysost., das Leben des sel. Paul vom Kreuze, s. Leben des heil. Paul vom Kreuze.

Mitterrutzner, Joh. Chrysost., das Leben des ehrwürd. Dieners Gottes Vincenz Maria Strambi, aus der Congregation der Passionisten, Bischof von Macerata und Tolentino (geb. 1745, gest. 1824). Nach den Akten des Seligsprechungsprozesses bearb. 8. (XVI und 336 S. mit Portr. in Stahlst.) Schaffhausen 854, Hurter'sche Buchh.

—— kurze Lebensbeschreibung des hochw. Hrn. Alois Haller, apostol. Missionärs zu Chartum in Central-Afrika. (Geb. am 7. Juni 1820, gest. am 10. Juni 1854.) 8. (VII und 72 S.) Innsbruck 855, Wagner'sche Buchh.

—— s. Reßmer.

Mitterrutzner, J. C., leichte Methode f. Lateiner, italienisch zu lernen, od. Abstammung u. Verwandtschaft der italienischen Sprache. Mit vorausgehenden Bemerkungen über den indo-germanischen Sprachstamm. Programm. gr. 8. (VI u. 21 S.) Innsbruck 851, Wagner in Comm. 6 ngr

Mitterrutzner, J. Ch., Joseph Cardinal Mezzofanti, der grosse Polyglott. Eine Lebensskizze. gr. 8. (46 S.) Brixen 885. (Wien, Pichler's Wwe. & Sohn) n. 1. —

Mitterrutzner, Joh. Chrys., Joseph Cardinal Mezzofanti, der grosse Polyglott. Eine Lebensskizze. 2. (Titel-) Aufl. gr. 8. (46 S.) Wien 891. A. Pichler's Wwe. & Sohn. n. 1. —

Mitterrutzner· Geographische Notizen aus dem apostol. Vikariate in Central-Afrika 18 S 8° und Karte – Brixen, Progr. 1861

Mitterrutzner, Johs Chrysostomus, aus dem Schatze e. glücklichen Menschen. Eine Autobiographie des hochwürd. Herrn M., veröffentlicht u. ergänzt von Eduard Jochum. (IV, 92 S. m. Bildnis.) gr. 8. Brixen 903. A. Weger. n. 1. —

Mitterrutzner Dr. J.: Slavisches aus dem östlichen Pusterthale in Tirol. 26. Brixen 79. **Progr.**

— die Sprache der Bari in Central-Afrika. Grammatik, Text u. Wörterbuch. Ebend. 867. gr. 8. (XXV, 262 S.) n. 2 ℛ 8 ngr.

Mitterstiller, Gabr., die Collectanea-Frage der Instructionen f. den Unterricht an den Gymnasien in Oesterreich. gr. 8. (III, 56 S.) Graz 885. Leuschner & Lubensky. n. 1 60

Mitterstiller, Gabriel Theken-Betrachtungen. 8 (S. 3—52). **Progr.** Erstes Staats-G. *Graz* 1888

Mitterwieser, Alois, a. Griesstätt am Inn: Geschichte der Stiftungen und des Stiftungsrechts in Bayern. München 1907: R. Oldenbourg. (104 S.) 8° [J.]
Würzburg, Jur. Fak., Ref. Meurer, Diss. v. 10. Febr. 1907
[Geb. 10. Mai 76 Griesstätt; Wohnort: Würzburg; Staatsangeh.: Bayern; Vorbildung: Gymn. Freising Reife Juli 97; Studium: München 8 S.; Rig. 1. Febr. 05.]

Mittheilung usw., s. Mitteilung usw

Mittl, Underschidliche Heilsame, So zur Zeit der Infection vnd Pest nutzlich mögen angewendet vnd gebraucht werden. Clgft., Kleinmayr, 1713. 120 S.

Mittl, Hans

— Die Besteigung des Montblanc, s.: Theater, kleines.

— Die Helden bei Sendling, s.: Radermacher's, F., Vereinsbühne.

— Ein mißlungener Trick, s.: Heidelmann's, A., Theaterbibliothek.

Mittl, Hans, Beppos Weihnacht, s.: Heidelmann's, A., Kinder-Theater.

Die Prädestinations- und Reprobations-Lehre des heiligen Augustin. Von Dr. Ludwig Mittl, ... — 1857 Ebend. — S. 3—30.
Progr Regensburg.

Mittler, Ernst Siegfried

Mittler's Almanach. Ein Jahrbuch f. alle Freunde der deutschen Wehrmacht. 1911. Schriftleitung: Hoppenstedt. (VIII, 306 S. m. 22 [6 farb.] Taf.) 8. Berlin, E. S. Mittler & Sohn. In Pappbd. 4.—; in Luxus-Geschenkeinbd. 8. —

Militärische Bücher Nach Schlagworten geordnet u. mit alph Autorenreg. Abgeschlossen Herbst 1908. Ernst Siegfried **Mittler** & Sohn, Kgl. Hofbuchh. Berlin: (Mittler 1908). VIII, 240 S. 8°
[10. 499] 11

Militärische Bücher. Nach Schlagworten geordnet u mit alphab. Autorenregister Abgeschlossen Januar 1909. Ernst Siegfried **Mittler** u. Sohn, Kgl. Hofbuchh. Berlin. (Mittler 1909). IV, 240 S. 8°
[10. 6946

Mittler, Ernst Siegfried, & **Sohn:** Militärische Bücher. Berlin 1910

Jahre, Einhundert, des Geschäftshauses Ernst Siegfried Mittler und Sohn Königliche Hofbuchhandlung und Hofbuchdruckerei in Berlin. (Als Hs. gedr.) Berlin 1889

Militärischer Katalog von **Mittler's** Sortiments-Buchhandlung (A. Bath *Berlin (Mittler)* **1893.** (... S. 8° [J.]

Militärischer Katalog von **Mittler's** Sortiments-Buchhandlung (A. Bath (Ausg. 1905.) *Berlin: Mittler's Sortimentsbuchh. 1905.* (130 S.) 8° [J.]

Mittler, E. S., Verzeichniß einer vorzüglichen Auswahl derjenigen Schriften aus der gesammten Militair-Literatur, welche in näherer oder entfernterer Beziehung zu dem Studio der milit. Künste und Wissenschaften stehen. 2te Aufl. 8. Berlin, Mittler. 818.

Mittler, Er. Siegfr., Verzeichn. e. vorzügl. Auswahl derjen. Schriften aus d. gesammten Militär-Literatur, welche in näherer od. entfernt. Beziehung zu d. Studio d. militär. Künste u. Wissenschaften stehen. 3e Aufl. 8. Berl. 823. Mittler. 6 gr.

Mittler u. Sohn. Verzeichnis der Marine-Literatur. Berlin 1899. 27 S.

Verzeichniss der Werke über Land- und Seemacht sowie über Kolonien aus dem Verlage von **Ernst Siegfried Mittler** u. Sohn, Kgl. Hofbuchh. 1789–1898. *Berlin: E. S. Mittler & Sohn 1899* (VIII, 239 S.) 8° [J.]
[00. 4839

Mittler, Ernst Siegfried und Sohn. Verzeichniss militärischer Werke, einbegriffen: Marine-Literatur aus dem Verlage der königlichen Hofbuchhandlung von 1816—1878. 8. Berlin 1878.

— — Verzeichniss der Werke aus der Militär- und Marine-Literatur, welche in dem Verlage der königlichen Hofbuchhandlung von Ernst Siegfried Mittler und Sohn erschienen sind 1816—1885 (und 7 Nachträge bis September 1892). (2 Bde.) 8. Berlin 1885—1892.

Mittler, F., s. Unvermählte, die.

Mittler, Frz. Ludw., Herzog Heinrichs von Braunschweig Klagelied. Mit einem Nachworte über das Leben und die Dichtungen des Burkard Waldis. (Verm. Abdr. aus dem hessischen Jahrbuche für 1855.) br. 8. (70 S.) Cassel 855, Bertram. *

—— deutsche Volkslieder, s. Volkslieder, deutsche.

— deutsche Volkslieder. Marburg 855. Elwert. Lex.-8. (VII, 992 S.) 3 ₰. 20 ngr.

MITTLER, Franz Ludw. — Deutsche Volkslieder. Gesammelt von —. Zweite, mit e. Quellenverzeichniss vermehrte wohlfeile Ausgabe (zweispaltig). Frankfurt am Main. Gr. 8°. (2 Rthl.) (In Dresden.) (3 Mk. 50 Pfg. M. Edelmann, Nürnb., 1907.)
VII u. 98 u. 36 S. Enth. 1561 Nrn. Eine der besten Volksliedersammlungen. Grösstenteils aus d. hessisch. Volksmund zusammengetragen. — Zuerst gedr. Marburg und Leipzig 1846. 8°. (Goedeke, l. c., 22.)

Mittler, Frz. Ludw., deutsche Volkslieder. 2., mit einem Quellenverzeichniss verm. wohlf. Ausg. gr. 8. (VII und 1028 S.) Frankfurt a. M. 865, Völcker. *

Mittler Jun., Heinr., Beiträge zur Theorie des Patentrechtes. gr. 8. (VII, 165 S.) Berlin 894. C. Heymanns Verl. n. 3. —

Mittler jun., Heinr., illoyale Concurrenz u. Markenschutz. E. Studie aus d. Immaterial-Güter-Rechte unt. rechtsvergleich. Berücksicht. d. österreich. u. deutschen Gesetzgebg. gr. 8. (XII, 254 S.) Wien 896. Manz. n. 5. —

Mittler, Heinr., Versuche über Transfusion des Blutes. [Aus d. Sitzungsber. d. k. Akad. d. Wiss.] Wien 869. (Gerold's Sohn.) Lex.-8. (14 S.) 3 ngr.

Mittler, Ldw., Taschenbuch für Cactusliebhaber. Auf neue Erfahrungen gestützte Kultur und Uebersicht der im teutschen Handel vorkomm. Cactuspflanzen. Mit 1 (illum.) Abbild. gr. 16. Leipzig 841. (Schreck.) $^3/_4$ ₰ — 2. Bd. Mit 4 Abbild. (auf 2 Taf.) gr. 16. Ebend. 844. n. $^5/_6$ ₰

Mittler, Siegfried Toeche-
s. Toeche-Mittler A 12. 6849

Mittler, Theodorus De schismate in ecclesia Romana sub pontificatu Benedicti noni orto disputatio critica. Tur sumptib. Or Fuessl. et soc. 1835. 2 Bl., 44 S. 8°.
Zürich, Phil. Fac. Antrittsprogramm v 16. Mai 1835.

Mittmann, Eugen (geb. Freistadt in Schles. 31. 1. 1821) De syphilidis historia notae quaedam. Berolini (1844). (36 S.) 8°
Berlin, Med. Diss. v. 19. März 1844

Mittmann, Georg [app. Arzt]: Ueber einen Fall von Lupus cornutus ... Strassburg i. E., Buchdr. C. Gœller, 1892; 32 S. 8.
Strassburg, Med. Fak., Inaug.-Diss. v. 1892

Mittmann, Heinrich: Über Gefässgeschwulste[!] des Kehlkopfs. *Würzburg 1897: Becker.* (42 S.) 8°
Würzburg, Med. Diss. v 1897

Mittmann, Jos., Krone u. Mark. Eine Tabelle zur Wertvergleichg. beider Geldsorten. Fol. Freiwaldau 892. A. Blažek. n. — 10

Mittmann, Lina, Hans Friedleins Myrtenstöcklein, s. a. Jugendheim. Nr. 36.

Hans Friedleins Myrtenstocklein. Frei nach d. Engl. von Lina **Mittmann**. Kassel: J G Oncken [1906]. (92 S.) 8°. [F.]
= **Jugendheim**. 36. 107. 2931 4

Mittmann, Otto [aus Breslau] Chemische Untersuchungen über das Bay-Öl (oleum myrciae acris) Berlin, Druck d. Norddeutsch Buchdr. u. Verlagsanst., 1889. 2 Bl. 20 S. 1 Bl. 8°
Breslau, Phil. Fak., Inaug.-Diss. v. 29. Jul. 1889

Album schlesischer Lieder. Für e. mittlere Singstimme mit Klavierbegl. ⟨oder f. Klavier allein⟩ von Paul **Mittmann**. (Bd 1.) *Striegau: A. Hoffmann [1902].* 4°(2°) 103. 3762

Mittmann, *Joseph* Richard [pr. Arzt zu Kattowitz in Oberschles.]: Hat die Craniectomie bei Mikrocephalie ihre Berechtigung? ... Würzburg, Becker's Univ.-Buchdr., 1895; 44 S., 1 Bl. 8.
Würzburg, Med. Fak., Inaug.-Diss. v 1895

Mittmann, Richard [cand. med. aus Neustadt (Schlesien)]: Untersuchungen von Fingernägel-Schmutz auf Microorganismen Würzburg, Druck d. Bonitas-Bauer'schen Buchdr, 1887; 34 S. u 1 Taf. 8°
Würzburg, Med. Fak., Inaug.-Diss. v 1887

Mittmann, Robert

Mittmann, R., die Bakterien u. die Art ihrer Untersuchung, s.: **Abhandlungen, allgemein-verständliche naturwissenschaftliche.**

Mittmann, Robert [aus Breslau] Beiträge zur Kenntnis der Anatomie der Pflanzenstacheln ... (Aus: Verhandl. d. botan. Vereins d. Prov. Brandenburg 1888) Berlin, *Druck v. Mesch & Lichtenfeld,* 1888; 43 + 1 S. 8°
Berlin, Phil. Fak., Inaug.-Diss. v. 14. März 1888

v. **Mittnacht.** Karte vom Königreich Württemberg nebst Theilen der angrenzenden Länder, als Generalkarte des topographischen Atlasses. 1 : 200 000. Stuttgart 1840, 1859 und 1868. Je 4 Bl. L. Fl.

Mittnacht, Hermann v.

Mittnacht, Frhr. v., Erinnerungen an Bismarck. 1.—6. Aufl. (à 86 S.) 8. Stuttgart 904. J. G. Cotta Nachf. n. 1. 50; geb. in Leinw. n. 2. —

— dasselbe. Neue Folge (1877—1889). 1.—5. Aufl. (à 80 S.) 8. Ebd. 905. n. 1. 50; geb. in Leinw. n. 2. —

Rückblicke. Von Dr. [Hermann] Frh. v. Mittnacht, Württemb. Staatsmin. a. D. Mit d. Bildn. d. Verf. 1.-3. Aufl. Stuttgart & Berlin: Cotta 1909 165 S. 8°

Mittnacht, Frhr. v., Rückblicke. 4., teilweise geänd. u. erweit. Aufl. (V, 175 S. m. Bildnis.) 8. Stuttgart 909. J. G. Cotta Nachf. 2.50; geb. in Leinw. 3. 30
1.—3. Aufl. (165 S. m. Bildnis.) 909. 2.50; geb. 3.30.

Mittnacht, Frhr. v., s.: **Verfassungsrevision.**

Mittrich, Gustav Adolph (Ostritz), De anomaliis systematis uropoëtici in scarlatina. Diss. med. Leipzig (Staritz) 31. III. 1846. 16 S. (2.50) 23440

v. Mittrowsky, Graf, Jh. Nep., († d. 20. Mai 1799.) Mährische Aussichten. 16 u. 26 Heft. Mit Zeichn. v. Pt. Conrad. 8. Brünn 798—99.

— s. Briefe, physikal., üb. d. Besuv.

MITTROWSKY Graf [ ] v Physikalische Briefe uber den Vesuv u die Gegend von Neapel Schonfeld, Prag 1785

Mittscherlich, Fürst, im Oberlausitzer Sagenkranz . . . Bautzen 1895. V: *Wagner, Joh. Andr. Freih. v.* (Berl)

(Mittsching, E. G.): „Belehrend rathgebender Hauswirth. Zum Gebrauch in Städten und auf dem Lande", 2 Theile, Dresden 1784 (Walther). 2 Auflage Breslau 1786 (Korn).

Mitverwendung, Die preussische, für den Reichsfrieden. kl. 8. Ulm 1795.

Mittweg, Aloysius Conradus: De somno sano ac morboso. Halae (1820) Hendel 39 S. 8°
Halle-Wittenberg, Med. Diss. v 29. Febr 1820
Geb. Essen 10. 9. 1797 V
Verf erlebte die Diplomerneuerung 1870 als Sanitätsrat in Essen.

Mittweg, Karl

Mittweg, Carl, Gerichtsref aus Trier Die unerlaubten Handlungen nach Bürgerlichem Gesetzbuch. *Trier 1899: J. Lintz.* (82 S.) 8°
Erlangen, Jur Diss. v 15. Juni 1898

Mittweg, Car (geb. Trier 27 8. 1843) Ueber paralysis progressiva und die Erscheinung der Kleptomanie bei derselben. Berlin (1869). (34 S.) 8°
Berlin, Med. Diss. v. 21 Sept. 1869

Mittweg, Karl Heinrich Alois

Mittweg, Car Henr Alovs. (geb. Essen 30. 10. 1828) De uteri polypis Berolini (1853). (32 S.) 8°
Berlin, Med. Diss. v. 21 Sept. 1853

Mittweida [Schlagwort]

Mittweida, s.: Geologische Karten. Spezialkarte. (Sachsen.)

Mittweida, s.: Sachsen. Karte. **Messtischblätter.**

Der Mittwoch der stillen Woche oder der Abend des 3. April 1833 zu Frankfurt a. M. L L 15 S 8.

Mittwoch, Eug., s.: Augenärzte, die arabischen.

— s.: Ibn Saad, Biographien.

— die arab. Lehrbücher d. Augenheilkunde, s.: Hirschberg, J.

Mittwoch, Eugenius: Proelia Arabum paganorum (Ajjâm al 'Arab) quomodo litteris tradita sint. *Berolini: Mayer & Mueller 1899.* (44 S.) 8°
Berlin, Phil. Diss. v. 1 Febr 1899

— Sammlung F. Sarre, s.: Sarre, Frdr.

Mittwochblatt, allgemeines, Unterhaltung für Geist u. Herz. Herausg. von Günther Fröbel. Nebst dem Beiblatte Helios. Populäre Zeitschrift fur Literatur u. Kunst. Redigirt von Ad. Martiny. 1r—7r Jahrg. 1834—1840. Mit Abbildd. u Titelvign. gr.4. Rudolstadt, Fröbel. (Leipz., Englmann.) à Jahrg. n. 3 ₰ — ohne Abbildd. à Jahrg. 2 ₰

— Erlanger, (ein belletristisch-histor. Blatt, das aus 14 lebenden Sprachen Uebertragungen in die deutsche, u. deutsche Originalaufsätze enthalt); redigirt von Dr. Fridr. Otto. 1r Jahrg. 1835. April - Juni. 4. Erlangen, Blasing. 1/6 ₰ — 1835. Juli - December. 30 Numm. gr. 4. Ebd. n. 1/2 ₰

Mittwochs-Anzeiger für die Gemeinde Bern
(5) 1881—1883 (6) 2° (7) Wochenblatt (8) Bern Hallersche Buchdruckerei (10) der Drucker (12) Anzeigeblatt (14) Be L.

Mittwochsblatt
v. a. **Schweizer** Handels-Courier

Mittwochsblatt. –
Rudolstadt – 1.I.1835 – 5.I.1841.
Vorh. u.d.T : Allgemeines Mittwochsblatt.
Fortges. u.d T.: Der Vaterlandsfreund.

Mittwochsblatt. – Allgemeines Mittwochsblatt –
Rudolstadt – 17.IX.1834 – 25.XII.1834.
[mehrmals mit vorhergehendem Titel wechselnd]
Vorh. u.d.T . Rudolstädter Mittwochsblatt.
Fortges. u.d T Mittwochsblatt

Mittwochsblatt. – Rudolstädter Mittwochsblatt –
4.XII.1833 – 10.IX.1834
Vorh. u.d.T.: Rudolstädter Nachrichtsblatt.
Fortges. u.d T Allgemeines Mittwochsblatt.

Mittwochs-Blättlein von Basel
v. **Avis-Blättlein** Dienstags.

Mittwochs-Zeitung: Post und Ordinari Mittwochs-Zeitung
v. **Post** und Ordinari Samstags- und Mittwochs-Zeitung.

Mittwochs-Zeitung / Samstags-Zeitung
(2) auch «Basler Mittwochs- und Samstags-Zeitung», «Ordinari-Zeitung» und «Baseler Zeitung» genannt (5) 1682 oder 1683—Ende 1796 (6) 4° (7) wöchentlich 2× (8) Basel Jakob Werenfels (1683—mindestens 1688), Johann Jakob des Joh. Rudolf Thurneysen (vor 1766). Johann Schweighauser (seit 1766) (9) Extra-Ordinari-Zeitung (unregelmäßig erscheinende Extrablätter in größeren Lettern wie die gewöhnliche Zeitung gedruckt) (10) Direktorium der gesamten Kaufmannschaft: Pächter Postverwalter Johann Heinrich Schaub (30. 12. 1721—1731). Wilhelm Thurneyßen (30. 12. 1721—1729). Joh. Heinr Schaub jun (1731—31 7. 1744). Postmeister Johann Schorndorff und Kassier Andreas Burckhardt (März 1745—1765). Kassier Andreas Burckhardt. Kassier Karger, Johann Konrad Dienast (1766—1780), Verwaltung durch Beamte des Direktoriums (1781—1790) (11) Emanuel Schönbauer (1. 6. 1685—1692). Hans Jakob Hoffmann (1722—1733). Hans Jakob Battier, Stiftsherr (1733—Frühjahr 1744). Johann Rudolf Iselin (Frühjahr 1744—20. 1 1768), Emanuel Falkner (1768—1796); Mitarbeiter Johann Heinrich Lambert (1746—1748) (13) BGSZ. 184; Johann Karl Lindau: Das Medaillenkabinett des Postmeisters Johann Schorndorff zu Basel (Basler Beiträge zur Geschichtswissensch. Bd. 28, Basel 1947, p. 27, 28) Fritz Heitz. Johann Rudolf Iselin (Basler Beiträge zur Geschichtswissensch. Bd. 32 Basel 1949 p. 77—82) (14) Bs: U (unvollständig) (15) Seit ungefähr 1752 Baslerstab als Titelvignette, seit ungefähr 1768 bis 1796 Basilisk mit dem Standeswappen.

Basler Mittwochs-Zeitung: Basler Mittwochs- und Samstags-Zeitung
v Mittwochs-Zeitung.

Schaffhauser Mittwochs(-Zeitung): Schaffhauser Mittwochs- und Samstags-Zeitung
v. **Post** und Ordinari Mittwochs- und Samstags-Zeitung.

Mittwoch-Zeitungs-Vortrab - Samstag-Zeitungs-Vortrab
v. **Merkwürdigkeiten** der neuesten Welt-Geschichten.

Mitursachen, Wahrscheinliche wichtige, der so enormen Brod-, Fleisch- und Buttertheuerung . . . Annaberg [1806]. V: *Scheffler, Johann Gottlieb.* (Kat. d. stat. Bureaus. Dresden 1890.)

Mitverwendung, Die Preussische, für den Reichsfrieden. Ulm 1795. V: *Müller, Joh. v.* (MGT) (Adel) (Ky) (WBL) (GGr)

Mitverwendung, preuß., für d. Reichsfrieden, (von Jh. v. Müller l.) 8. Frankf. a. M. 795. Eßlinger. (Schäfer). 3 gr

Mitwelt, die, od. Biographie merkwürd. Personen u. histor. Gemälde d. neuesten Zeit. Eine Quartalschrift. 16—36 hrsgg. v. Karl Nicolai. 46 v. H. A. Erhard fortges. 8. Arnst. 820. Hildebrand. à 20 gr 3 ₰ 8 gr

Mitwirkung der Eltern bei der Erziehung ihrer Kinder zur Unterstützg. der Kirche u. der Schule v. Petrus Emeritus. gr. 8. (43 S.) Siegburg 898. (Aachen, J. Schweitzer.) n. — 60

Mitwirkung der Polizei- u. Gemeindebehörden bei Ausübung der militär. Kontrole. Ministerial-Entschließung v. 24. Oktbr. 1885. 8. (8 S.) Ansbach 886. Brügel & Sohn. n. — 20

Mitwitz [Schlagwort]

Mitwitz, s.: Bayern. Karte.

Mitz, A., sex argum. mathemat. dissertat. 8. maj. Bamb. Göbhard. 799.

Mitz, Benedikt: Theses miscellaneae ex jure naturali et philosophia morali, s. Linder, Andreas (Praes.)

Mitz, Daniel: De arcana historia, s. Weiss, Andreas (Praes.)

Mitz, Daniel: De libertate Helvetica, von der Schweizer Freiheit (ad Art VI IPO). 63 S –
Basel, Jur. Diss. v. 8. Febr. 1746.

Mitz, Daniel. Dissertatio de libertate Helvetica, Von der Schweitzer-Freyheit, quam una cum annexis ex lege amplis. iurecons. ordinis pro licentia in utroque iure summos honores rite consequendi offert. Basel, J. J. Thurneisen, 1746. Kl.4° 3 Bl. 58 S. *Mit einigen Ornamenten.* Br., lose.
Haller VI, 1650: „artige Streitschrift"

Mitzenius, Adolph

—— Pensionat Birnmost. Comödie. (Den Bühnen gegenüber als Mscr. gedr.) 8. (85 S.) Darmstadt 864, (Küchler.)

Mitzenius, A., Darmstadt und seine Umgebungen. Ein kurzer Wegweiser für Fremde und Einheimische. 32. (64 S. mit 14 Holzschn. und 2 lithogr. Plänen in gr. 16.) Darmstadt 861, (Köhler jun.) *

Mitzenius, A., Darmstadt, seine Wälder u. Höhen, Bergstraße u. vorderer Odenwald. Mit 16 (eingedr.) Xylograph., 1 (chromolith.) Plan (in qu. 4.) u. 1 Stahlst. (in qu. 4.) 2. Aufl. gr. 16. (91 S.) Darmstadt 871. Küchler. 1. 50

Mitzenius, Adph., Harun al Raschid. Drama in 5 Akten. Darmstadt 867. Würtz'sche Buchh. 8. (VII, 104 S.) n. 20 ngr.

— Johannes. Idylle in zehn Gesängen. gr. 8. (84 S.) Darmstadt 872. Schorkopf. n. 1. —

Mitzenius, Adph., Johannes. Idylle in 10 Gesängen. 2. Aufl. gr. 8. (46 S.) [Berlin 888, Verlag des literar. Deutschland.] Danzig, C. Hinstorff's Verlag. * M 1.—; geb. *

—— die Kunst der öffentlichen Rede. Praktische Winke. 8. (40 S.) Leipzig 886, [Rühle.] Freund. *

— die Kunst der öffentlichen Rede. Praktische Winke. 4., verb. Aufl. 8. (82 S.) Leipzig 888. [F. Freund.] Oranienburg, Freyhoff's Verl. n. 1.—

— über Luther u. die Kirche unserer Tage, oder wo ist Licht u. wo noch nicht? [Joh. 1, 5.] Ein Wort zur Orientirung u. Verständigung. Frankfurt a. M. 868. Völcker. 8. (20 S.) n. 2⅔ ngr.

Mitzenius, Karoline

Mitzenius, Caroline, unter der Bettelbuche u. and. Erzählgn. aus dem Odenwald. Mit e. Illustr. 8. (XV, 134 S.) Darmstadt 899. J. Waitz. n. 1. 60; geb. n.n. 2. 20

Mitzenius, Caroline, die Brüder. Roman. 3 Bde. 8. (737 S.) Hamm [Berlin] 864, Grote'sche Verlagsh.

Mitzka, Prof., französische Schulgrammatik. gr. 8. Heidelberg 838. Groos. 2 ₰ 3 sgr

Mitzla, G., u. A. Peetz, Lesebuch f. gewerbl. Fortbildungsschulen, m. besond. Berücksicht. der östl. Provinzen des preuß. Staates. Unter Mitarbeit v. Th. Feuerstein hrsg. gr. 8. (VIII, 403 S. m. Abbildgn.) Berlin 900. Leipzig, J. Klinkhardt. Geb. in Leinw. n.n. 2. —

[Lied.] Dem Br. und Freunde Joh. Merkel als einen Beweis der herzlichsten Theilnahme von [G. Z.] P[latner] u. [G. A.] M[itzky]. Ueberreicht in der Johannesfest□ [z. d. drei Pfeilen in Nürnberg] 5818. [Nürnberg 1818.] 2 Bl. 4⁰ [Umschlagtit.]
Tt. 2539. Ohne Noten: „Ist dies nicht der Liebe Wonne . . ."

[Lied.] **Dem Br. Merckel** [!] zur Feyer seiner beglückten Rückkehr ins Vaterland gewidmet vom Br. G. A. **Mitzky.** [Unterz.:] L. Am 7. März 1816. [Nürnberg 1816.] 2 Bl. 8⁰ [Umschlagtit.]
Kl. 1814, Tt. 2545. Ohne Noten: „Sey mir gegrüsst an hochgeweihter Stätte . . ."

Mitzky, G. A., Dem Br. Merkel zur Feyer Seiner Rückkehr ins Vaterland. (Loge z. d. 3 Pfeilen Nürnberg.) Am 7. März 1816. 8. 2 Bl. — Kloss 1814.

Mitzky, Jo. Henr., De vario coffeae potum parandi modo. 28 pp. Viteb. 4°.
1782

Mitzlaff, Eugenia v., durch Kreuz zur Krone. Erzählung. 2 Thle. 4. Aufl. Halle 869. Fricke. 8. (III, 398 u. III, 350 S.) 1 ₰ 21 ngr.; in engl. Einb. 2 ₰

— durch Kreuz zur Krone. Eine Erzählg. 2 Thle. 8. (394 u. 342 S.) Ebend. 874. 6. —

—— durch Kreuz zur Krone. Eine Erzählung. 2 Thle. 6. Aufl. 8. (394; 342 S.) Ebendas. 880. geb. *

— durch Kreuz zur Krone. Eine Erzählg. 2 Tle. in 1 Bde. 7. Aufl. 8. (394 u. 342 S.) Ebend. 886. 6 —; geb. n. 7. —

— durch Kreuz zur Krone. Eine Erzählg. 2 Tle. in 1 Bde. 8. Aufl. 8. (III, 394 u. III, 342 S.) Ebd. 892. n. 6. —; geb. n. 7. —

Mitzlaff, Eugenia v., durch Kreuz zur Krone. Eine Erzählg. 2 Tle. in 1 Bde. 9. Aufl. 8. (III, 394 u. III, 342 S.) Halle 898. J. Fricke's Verl. 6. – ; geb. n. 7. —

Mitzlaff, Eugenia v., das irdische und das himmlische Erbe. Eine Familiengeschichte. 2. Aufl. 8. (439 S.) Halle 880, Fricke's Verlag. ℳ 3,75.; geb. *

Mitzlaff, Eugenie v, das irdische u. das himmlische Erbe. Eine Familiengeschichte. 3. Aufl. gr. 8. (III, 439 S.) Halle 872. Fricke. 3. 75

Mitzlaff, Eugenia v., das irdische u. das himmlische Erbe. Eine Familiengeschichte. 4. Aufl. 8. (439 S.) Halle 880. Fricke's Verl. 3. 75; geb. n. 4. 50

Mitzlaff, Eugenia v., das irdische u. das himmlische Erbe. Eine Familiengeschichte. 5. Aufl. 8. (439 S.) Halle 889. Fricke's Verl. 3. 75; geb. n. 4. 50

Mitzlaff, Eugenia v., das irdische u. himmlische Erbe. Eine Familiengeschichte. 6. Aufl. 8. (III, 439 S.) Halle 899. J. Fricke's Verl. 3. 75; geb. n. 4. 50

—— Gott ist mein Heil. Eine Erzählung aus der Gegenwart. 4. Aufl. 8. (VI, 376 S.) Ebendas. 874. geb. *

Mitzlaff, Eugenia v., Gott ist mein Heil Eine Erzählg. aus der Gegenwart 5. Aufl. 8. (XIX, 376 S.) Halle 884. Fricke's Verl. n. 3. – ; geb. n. 4. –

Mitzlaff, Eugenia v., Gott ist mein Heil. Eine Erzählung aus der Gegenwart. 6. Aufl. 8. (III, 381 S.) Halle 894 J. Fricke's Verl. n 3. —; geb. n 4 —

— Promadeni, e. Lebensbild aus der Mission in Ost-Indien. 8. (VI, 90 S.) Ebend. 872. n. — 80

Mitzler von Kolof, s. Mizler von Kolof

B*** an seine Mit-Zöglinge in der Ofnerischen Pflanz-Schule der Geistlichkeit Ungerns: über Theresiens Tod. o. O. (Ofen). o. J. (1780). o. Dr 4 f. - kl. 8°

Mitzscherling, Arthur, a. Leipzig: Die Farbenkurve bei Reduktion auf gleiche Helligkeiten. Mit 8 Fig. im Text. Leipzig: W. Engelmann 1905. (30 S.) 8° ¶(Aus: Wundt, Psycholog. Studien Bd 1, H. 2.)
Leipzig, Phil. Fak., Ref. Wundt u. Wiener, Diss. v. 22. Juni 1905
[Geb. 17. Juli 79 Leipzig; Wohnort: Leipzig, Staatsangeh.: Sachsen; Vorbildung: Nikolaigymn. Leipzig Reife O. 00; Studium: Leipzig 9 S.; Rig. 2. März 05.]

Mitzschke: Die Principien des Protestantismus in ihrem Verhältnisse zum Katholicismus. 31 S. – Progr. Naumburg 1857

Mitzschke, A.

Mitzschke: Auslegung von Evang. S. Joh. III, 1-16. 57 S.–Naumburg, Progr. 1865.

Mitzschke, E. G., s. Mitzschke, Paul

Mitzschke, Ellen, u. Paul **Mitzschke,** Sagenschatz der Stadt Weimar u. ihrer Umgegend. (XVIII, 152 S.) 8. Weimar 904. H. Böhlau's Nachf. n. 2. 40

Mitzschke, Paul, Anfänge u. Entwickelung der Naumburger Hussitensage. (16 S.) 8. Naumburg 904. Weimar (Bankstr. 2). Archivrat Dr. Mitzschke. n. — 40

Mitzschke, Paul, Beiträge zur Geschichte der Kurzschrift. [Aus: „Zeitschr. f. Stenogr. u. Orthogr."] gr. 8. (16 S.) Berlin 876. Mittler & Sohn. — 30

Mitzschke, Paul, die Bibliotheken Naumburgs. 8. (16 S.) Naumburg 880, Domrich. *

Mitzschke, P., üb. e. Brevier d. 15. Jahrh. m. tschechischen Glossen. [Aus: „Sitzungsber. d. k. böhm. Ges. d Wiss."] gr. 8. (S. 21 – 25.) Prag 892. (F. Řivnáč.) n. – 20

Mitzschke, Paul, Jaroslav Cermák u. sein Gemälde „Die Hussiten vor Naumburg". gr. 8. (8 S.) Naumburg 883. Domrich. n. — 20

Mitzschke, Paul, s.: Geschichtsbibliothek, thüringisch.-sächsische.

Mitzschke, Paul, Das Naumburger Hussitenlied. Ein Beitrag zur Geschichte der deutschen volkstüml. Dichtg. Unter Benutzg. der Akten des Naumburger Referendarkirschfestzeltes. Mit Bildnissen, Noten u. e. Bogen Karikaturen v. 1832. (32 S.) gr. 8. Naumburg 907. J. Domrich. 1. —

—— Naumburger Inschriften. Gesammelt und erläutert. 1.—4. Lfg. 16. (S. 1—320.) Naumburg 877—79, (Domrich.) à Lfg. * 50 Pf. *

—— Naumburger Inschriften. Gesammelt und erläutert. 5. und 6. (Schluß-)Lfg. 16. (S. 321—488.) Ebendas. 880,81. à Lfg. * 50 Pf. *
1.—4. Lfg. (Ebendas.) 1877—79. à * 50 Pf.

— eine griechische Kurzschrift aus dem 4. vorchristlichen Jahrhundert. gr. 8. (28 S.) Leipzig 885. Robolsky. n. — 60

—— Martin Luther, Naumburg a/S. und die Reformation. Festschrift zur Begrüssung der Versammlung vormal. Schüler des Naumburger Domgymnasiums am 30. Septbr., 1. und 2. Oktbr. 1885 in Naumburg. gr. 8. (36 S.) Naumburg 885, Domrich'sche Buchh. *

Mitzschke, Paul, s.: Mitteilungen aus dem Mitzschkeschen Familien-Verbande.

—— die Familie Mitzschke, Werschener Linie. Eine etymologisch-genealog. Studie. Mit 1 Stammbaume. gr. 4. (10 S.) (Ebendas.) 877.

— Museum der Stolze'schen Stenographie od. Uebersicht der wichtigsten Daten aus der Geschichte dieses Systemes. 8. (23 S.) Ebend. 876. — 45

— Museum der Stolze'schen Stenographie oder Uebersicht der wichtigsten Daten aus der Geschichte dieses Systemes. 2., verm. u. verb. Aufl. 8. (24 S.) Berlin 877. Mittler & Sohn. n. — 50

Mitzschke, E. G., Quaestiones Tironianae. Diss. 1875. 46 S.

— quaestiones Tironianae. gr. 8. (46 S.) Ebend. 876. n. — 80

Stephan Roth, ein Geschwindschreiber des Reformationszeitalters. Von Paul **Mitzschke**. *Berlin: Verband Stolzescher Stenographenver. 1895.* (20 S.) 1 Bd 8. [96. 9186

— **Stephan Roth, e. Geschwindschreiber des Reformationszeitalters. gr. 8. (20 S. m. 1 Abb.) Berlin (N. 31, Gartenstr. 72, II) 896. H. Schumann. n. — 50**

— **Marcus Tullius Tiro.** [Aus: „Zeitschr. f. Stenogr. u. Orthogr."] gr. 8. (16 S.) Ebend. 875. — 30

Was bedeutet der Name Tümpling? Von Archivrath Dr Paul **Mitzschke**. (Vorr Wolf v Tümpling.) *Weimar 1904: Hof Buchdr.* (28 S.) 4° [F.] 104.5.20

Mitzschke, Paul, Wegweiser durch die historischen Archive Thüringens. Im Namen u. Auftrag d. „Thüringer Archivtages" bearb. u. hrsg. gr. 8. (IX, 86 S.) Gotha 900. F. A. Perthes. n. 2. —

Mitzugoro, japanische Tuschzeichnungen. 1. und 2. Mappe. 4. (à Mappe 24 Lichtdr.-Taf.) Berlin 885, Bette. à Mappe *M 12.50. *
1. Mappe ist vergriffen.

Mitzugoro u. Motoharu, japanische Tuschzeichnungen. 3. u. 4. Mappe. gr. 4. (à 12 z. Th. farb Taf.) Berlin 891. P. Bette. à n. 7 50
Mappe I u. II sind vergriffen.

Miura, K., s.: Neurologia.

Miura, Moritzi (geb. Miharu in Japan 11. 5. 1857) Beiträge zur Kenntniss der Gallencapillaren. Berlin (1884) (27 S.) 8
Berlin, Med Diss. v. 5. Aug. 1884

MJVÉN, JOHN ALFRED. Ueber die Polymethacrylsäure. Leipzig, 1894.

Miville, J. J. Specimen mathematicum-phy[sicum]. Basil. 1782. 4.

Miville, Johann Friedrich. Leichenpredigt über Psalm 62, 2. bey dem Leichenbegängnis der weiland ... Frau Esther Ochs, Herrn Achilles Weiss, des gr Raths ..., gewesenen ehelichen Hausfrau, gehalten .. [zu Basel], den 19. Mäy 1788. 8. Basel.

Miville, [Johann Jacob]. Ansprache, Personalien und Leichengebet, gehalten bei Beerdigung des Herrn Dr. Hans Burckhardt-Brenner, Stadtschreiber in Basel, den 23. August 1876. [zu Basel]. 8. (Basel 1876.)

Miville, J[ohann] J[acob]. Zur Erinnerung an Herrn Pfarrer Jakob Christoph Grunauer, ehemaligen Pfarrer zu St. Alban, heimgegangen den 10. October 1878 ... Leichenrede und Personalien, vorgetragen ... [zu Basel]. 8. Basel.

Miville, J[ohann] J[acob]. Zur Erinnerung an Frau Esther Valeria Stockmeyer, geb. Burckhardt. Personalien und Leichenrede, gesprochen den 23. März 1887 ... zu Basel. 8. [Basel.]

Miville, [Johann Jacob]. Grabrede bei der Beerdigung von Frau Pfarrer Charlotte Burckhardt-La Roche, ... den 7. August 1857 ... [zu Basel] gehalten. 8. Basel.

Miville, J[ohann] J[acob]. Leichenrede, gehalten bei der Beerdigung von Frau Elisabeth Bernoulli geb. Bär, ... den 2. April 1880. 8. Basel.

Miville, J[ohann] J[acob]. Leichenrede bei Beerdigung des Herrn Joh[ann] Jacob Reber-Geilinger, gehalten ... [zu Basel] den 27. November 1865. 8. Basel.

Miville, J[ohann] J[acob]. Leichenrede bei Beerdigung von Frau Catharina La Roche, geborne Bernoulli, gehalten den 28. Mai 1871 ... [zu Basel]. 8. [Basel.]

Miville, J[ohann] J[acob]. Leichenrede bei Beerdigung des Herrn Simon Emanuel La Roche, Pfarrers .. in Basel, gehalten den 23. Jenner 1861 ... [zu Basel]. 8. Basel.

Miville, J[ohann] J[acob]. Leichenrede bei Beerdigung von Herrn Andreas Werthemann-VonderMühll. den 27 April 1874 .. [zu Basel] gehalten. 8. *Lithographiert* [Basel.]

Miville, J[ohann] J[acob]. Leichen-Rede, gehalten bei der Beerdigung von Herrn Wilhelm Siber-Sulger (gestorben in Langenbruck den 22. August 1865) (beerdigt in Basel ...). 8. Basel.

Miville, J[ohann] J[acob]. Personalia und Leichen-Rede bei Beerdigung des Herrn Eduard Kern-Werthemann, den 18 Juli 1879 [zu Basel] gehalten. 8. *Lithographiert.* [Basel.]

Miville, Johann Jacob, s.a. Wahlpredigt ... Basel 1861

Miville, J. J., Wahlpredigt vor Erwählung eines Hauptpfarrers zu St. Peter und Antrittspredigt, sammt Einsegnungshandlung von S. Preiswerk. gr. 8. (28 S.) Basel 861, Bahnmaier's Verlagsh. *

Miwa, S. u. W. Stoeltzner, Über die bei jungen Hunden durch kalkarme Fütterung entstehende Knochenerkrankung. S.-A. Jena 98. Fischer.

Mix, Doris (Emma Schultz), Frau Ilse. Für alle Freundinnen v. „Trotzkopf" u. „Trotzkopfs Brautzeit erzählt". 8. (144 S.) Mainz 895. G. Frommann's Verl. 2. 50; geb. in Leinw. n. 3. —

Mix, Doris (Emma Schultz), Meister Oertell. Eine Familiengeschichte aus Alt-Danzig. (150 S.) kl. 8. Danzig 906. L. Saunier. n. 2. —; geb. n. 3. —

— **Wachsen u. Werden.** Eine Erzählg. f. die Jugend. 2. Aufl. 8. (165 S.) Danzig (894). Berlin, Deutschverlag v. Ernst Cumme. Geb. in Leinw. n. 3. —; ermäß. Preis 2. —

Mix, Doris, wachsen u. werden. Eine Erzählung f. die Jugend. 8. (165 S.) Danzig 894. C. Hinstorff's Verl. Geb. in Leinw. n.n. 3. —

Mix, Gustav [Oberl. Dr.]: Zur Geschichte der Cäsartragödien. Friedeberg Nm., Druck v. C. Eisermann (1890), 1 Bl., 16 S. 4°
Friedeberg Nm., f. G, OP 1890 · 76;

Mix, G[ustav]: * (Hauptsätze aus der Theorie der Kugelformationen nebst Anwendungen.) 28 Bl. 4° (2°)
Halle-Wittenberg, Phil. Diss. v. 21. März 1874
Geb. [Gross-Hertzberg (Kr Neustettin) 23. 7 1843]

Mix, Gust. die Inquisition, s.: Wartburghefte.

— Zur Reform des theologischen Studiums. Ein Alarmruf. Nebst e. Anh., enth. die Prüfungsinstruktion f. Kandidaten der Theologie vom 12. II. 1799. (43 S.) gr. 8. München 908. J. F. Lehmann's Verl. 1. 20

Mix & Genest, s.a. **Anleitung zum Bau elektrischer Haustelegraphen-, Telephon- u. Blitzableiter-Anlagen.**

Mix & Genest: Anleitung zum Bau elektrischer Haustelegraphen-, Telephon- und Blitzableiter-Anlagen. Berlin 1890
Mix & Genest: Anleitung zum Bau elektrischer Haustelegraphen-, Telephon- und Blitzableiter-Anlagen. 3. Aufl. Berlin 1895
Mix & Genest: Anleitung zum Bau elektrischer Haustelegraphen-, Telephon- und Blitzableiter-Anlagen. 4. Aufl. Berlin 1897
Mix & Genest: Anleitung zum Bau elektrischer Haustelegraphen-, Telephon- und Blitzableiter-Anlagen. 5. Aufl. Berlin 1899
Mix & Genest: Anleitung zum Bau elektrischer Haustelegraphen-, Telephon-, Kontroll- und Blitzableiter-Anlagen. 6. Aufl. Berlin 1910

Mix & Genest, A.-G., Anleitung zum Bau elektrischer Haustelegraphen-, Telephon- u. Blitzableiter-Anlagen. 3., erweit. Aufl. gr. 8. (XIV, 327 S. m. 431 Abbildgn.) Berlin 895. Polytechn. Buchh n. 4. 50; geb. n. 5. —

Mix und Genest: Der Blitzableiter, seine Wirkung, seine Nothwendigkeit und seine Einrichtung. Berlin 1884

Mix & Genest, Telephon-, Telegraphen- und Blitzableiter-Fabrik: Jll. Preisliste. 9. Aufl. Berlin 1890

Mix & Genest, Telephon-, Telegraphen- und Blitzableiter-Fabrik: Jll. Preisliste. 11. Aufl. Berlin 1892

Mix & Genest, Telephon-, Telegraphen- und Blitzableiter-Fabrik: Jll. Preisliste. 12. Aufl. Berlin 1895

Mix & Genest, Telephon-, Telegraphen- und Blitzableiter-Fabrik: Jll. Preisliste. 13. Aufl. Berlin 1899

Mix und Genest, neue Telephonapparate. Berlin 1892

Mixa, Jos., die indirekte Besteuerung in Oesterreich-Ungarn. Handbuch für Zucker- u. Spiritus-Fabrikanten, Bierbrauer, alle verzehrungssteuerpflichtigen Unternehmungen u. Kontrolsorgane. 2. Aufl. Mit 2 lith. Beilagen. 8. (452 S.) Wien 880. Manz in Comm. n.n. 7. —

Mixa, Jos., die indirekte Besteuerung in Oesterreich-Ungarn. Handbuch für Zucker- und Spiritus-Fabrikanten, Bierbrauer, alle verzehrungssteuerpflicht. Unternehmungen und Kontrolsorgane. Mit 2 Beilagen. (459 S.) 1879. *ℳ 4.; 2. Aufl. 8. (452 S.) Wien 880. [Brünn, Selbstverlag.] **

—— praktischer Gefälls-Dienst. Hilfsbuch für die höhere Ausbildung der k. k. und königl. ungar. Finanzwache-Angestellten in Bezug auf das Untersuchungs-Verfahren über Gefälls-Uebertretungen und die indirekte Besteuerung. 2 Thle. 8. Boskowitz. Brünn, Selbstverlag. [1. Thl. (243 S.) 879. *ℳ 2.; 2. Aufl. (272 S.) 880. **ℳ 2,50.; 2. Thl. (452 S.) 879. *ℳ 3.; 2. Aufl. (V, 452 S. mit 1 Stnt.) 880. **ℳ 4.] **

Mixa, Hdb. d. indirekten Besteuerung in Oesterreich. 2. Aufl. Wien 880.

—— praktischer Rathgeber im ausübenden Gefälls-Dienste. 8. (208 S.) Brünn 878, Karafiat. *

Mixed-Pickles. Neues Bilderbuch f. Hagestolze m. Orig.-Zeichngn. v. Gravé, Binder etc. gr. 8. (112 S.) Wien 889. Mich. Storn. geb. n. 6. —

MIXED-PICKLES. Neues Bilderbuch für Hagestolze. Mit Original-Zeichnungen von Gravé, Binder etc. Wien-Leipzig, o J 8⁰ (Mk. 5—) (1 Mk. 50 Pfg G Priewe, 1895; 2 Mk. 50 Pfg. Taussig, 1904.)

Das Marinejahr von Dr. [Wilhelm] **Mixius**. Kiel. R. Cordes [1906]. (31 S.) 8° [F.] [08. 835 8

Mixius, die aktive Torpedoboots-Division. Fröhliche Marineverse. Mit Bildern v. Böse. gr. 8. (71 S.) Wilhelmshaven 899. Gebr. Ladewigs. Kart. 3. —

Mixius, *Karl* Wilhelm [aus Mönchmühle]: Bakteriologische Untersuchungen einiger Fälle von puerperaler Sepsis ... Berlin, C. Vogt's Buchdr., *1892*; 45 S., 1 Bl. 8.
Berlin, Med. Fak., Inaug.-Diss. v. 4. Aug. 1892

Mixner, Hans, der landesfürstl. Markt Frohnleiten u. seine Wasserheilanstalt. Mit 8 Illustr u. 1 Promenadenplan. 8. (VIII, 60 S.) Graz 893. Verl. „Leykam". n. — 90

REDERN, Wilh. Graf v. — Erstes Berliner Mixpickel oder die Reise zur Hochzeit in fünf Gesängen. (Satyre auf den Grafen v. R., nachherigen Intendanten in Berlin.) Goethe'sche und Schiller'sche Verse travesirt. Hamburg u. Altona, bei Ezechiel. 8⁰. **Mspt.** Tit. u. 4 Bll. (6 Mk., v. Zahn & Jaensch, Dresden, Cat. 138. (192] no. 1934.)

Mixpickles. Humoristisch-satyr. Wochenblatt. Redact.: Ebeling. 1. Jahrg. 1864. 52 Nrn. (Bog. mit eingedr. Holzschn.) gr. 4. Leipzig, G. J. Purfürst.

Mixpickles-Album. Illustrirt von Wilh. Schröter. 8. (72 S. mit eingedr. Holzschn.) Leipzig 864, G. J. Purfürst. *

Mixtur für Kornkipperer und Händler. 12. München 846, Kaiser. n. 2 *ngl*

Mixtur für Kornkipperer und Händler. 12. (36 S.) München 847, Kaiser. *

Mixtur, musikalische. Mehreren Millionen Musik mach. Mitmenschen m. merklich mannhaftem Muthe, m. möglichst mangelhafter Malice, maßlos mitleidig, meistens manierlich, minneglich mitgetheilt v. M. M. 50. Aufl. [Die ersten 49 Auflagen erscheinen später.] 16. (IV, 36 S.) Annaberg 880. Graser. n. — 50

Mixtur, welche eingenommen u. gut verdauet alle ganzen u. halben Narren zu curiren, sowie auch diejenigen, welche zu dem allgemeinen Uebel Neigg. haben, davor zu bewahren u. die Liebes- u. Geisteskrankheiten der Jetztzeit zu heilen sucht, v. Pfiffïcus Philanthrop. 16. (83 S.) Lingen 872. Paderborn, Kleine in Comm. — 60

Mixturen u. Heilpillen aus d. Hausapotheke e. inspirirten, wenn auch hinkenden Reiseteufels in Duodez. Hrsg. v. H. Helmuth. 1. Thl. — A. u. d. T.: Ehrentempel merkwürd. Possendichter, od.: Hallesche Bummlerlectüre, nicht für Bummler, sondern f. Freunde d. Kunst, d. Scherzes u. heiterer Laune, enthalt.: Knallerbsen, Zündpulver, Raketen u. Leuchtkugeln, aus d. neumodernsten literär. Fehde-, Kunst- u. Possenwelt. M. 7 lith. Darstell. gr. 8. (20 B.) Halle 833, Helmuth.

Mixturen f. Menschenkinder aus allen Ständen, (v. Er. Fr. Vogel.) gr. 8. Bayreuth 786. Lübeck. 14 *gr*

MIXTUREN für Menschenkinder aus allen Ständen, von verschiedenen Verfassern (*Jean Paul Friedr. Richter, Joh. Sam. Völkel, Kletter, Erhard Friedr.* u. *Joh. Wilh. Vogel*). Mit interess. Titelvignette. Frankfurt u. Leipzig (Lübeck's Erben in Bayreuth) 1786. Gr. 8⁰. (14 gr.) (3 Mk. C. G. Börner, Lpz., 1907; 18 Kr. Halm & Goldmann, Wien, 1907; 6 Mk. Gust. Fock, Lpz., 1907.)
6 Bll. Vorst. u. 243 S. Enth. 61 Nrn.,

Miyahara, Takekuma, appr. Arzt a. Chirau [vielm. Chiran] ⟨Kagoshima⟩, Japan: Casuistische Beiträge zur Lehre vom Hydrocephalus congenitus internus. Mit 3 [vielm. 2] Lichtdrucktafeln. München 1905: Kastner & Callwey. (32 S.) 8°
München, Med. Fak., Ref. v. Bollinger, Diss. v. 6, März 1907
[Geb. 13. Jan. 74 Chiran, Prov. Kagoshima, Japan; Wohnort: Chiran; Staatsangeh.: Japan; Vorbildung: Gymn. Kagoshima Reife O. 94; Studium: Med. Akad. Nagoya 8, München 3 S.; Rig. 6. März 07.]

Miyakata, Taichi: Zur Frage der Behandlung der croupösen Kinderpneumonie mit Römers Pneumokokkenserum. Rostock 1909: Adler. 50 S. 8°
Rostock, Med. Diss. v. 26. Nov. 1909, Ref. Brüning, Martius
[Geb. 22. April 71 Tokio; Wohnort: Tokio; Staatsangeh.: Japan; Vorbildung: Prov.-Normalsch. Tokio Reife Mai 93; Studium: Tokio Med. Akad. 13, Rostock 4 S.; Rig. 26. Okt. — 3. Nov. 09.] [U 10. 3916

Miyake, Rioichi, aus Hirashima ⟨Japan⟩: Ein **Beitrag** zur Anatomie des Musculus dilatator pupillae bei den Säugetieren. *Würzburg: A. Stuber 1901.* (S. 193—213.) 8° ¶(Aus: Verhandlungen d. Phys.-med. Gesellsch. zu Würzburg, N.F. Bd 34.)
Würzburg, Med. Diss. v. 1901

Miyashita, Schunknz [Dr., e.a. Assistenzarzt d. chirurg. Univ.-Klinik zu Tokio]. Experimentelle Studien uber die Verheilung der Lederhaut-, Aderhaut- u. Netzhautwunden. Wurzburg, k. Universitätsdr. v. H. Stürtz, 1888, 20 S. 8°

Würzburg, Med. Fak., Inaug. Diss. v. 1888

Miyata, Tetsuo, prakt. Arzt a. Japan: Ein Fall von Cystenbildung durch Verfettung eines gemischten Sarkoms. (Mit zwei Taf.) München 1906: Kastner & Callwey. (30 S., 2 Taf.) 8°

München, Med. Fak., Ref. v. Angerer, Diss. v. 20. Jan. 1908

[Geb. 25. Juli 70 Juki (Kr. Ibaraki-ken, Japan); Wohnort: Tokio; Staatsangeh.: Japan; Vorbildung: Gymn. Tochigi Reife Aug. 88; Studium: Tokio Jur. Schule 4, Med. Akad. 10, Institut d. fremden Sprachen „Tokiogaikokugogakko" 6, Univ. 8, München 3 S.; Rig. 20. Jan. 08.]

Miyoshi, Keisuke, japan. Stabsarzt a. Shimonosheki: Über Enterolithen. München 1908: Wolf. 54 S. 8°

München, Med. Diss. v. 5. Febr. 1909, Ref. v. Angerer

[Geb. 10. Febr. 75 Ayagi; Wohnort: Ayagi; Staatsangeh.: Japan; Vorbildung: Mittelsch. Kioto Reife März 93; Studium: Kioto Med. Hochsch. 8, München 3 S.; Rig. 5. Febr. 09.] [U 09. 3369

Miyoshi, M., über die Herbst- u. Trockenröte der Laubblätter. (5 S.) Lex. 8. Tokyo 909. (Berlin, R. Friedländer & Sohn.) nn 1.—

— Ueber das Vorkommen gefüllter Blüten bei e. wildwachsenden japanischen Rhododendron, nebst Angabe üb. die Variabilität v. Menziesia multiflora, Maxim. (13 S. m. 3 [1 farb.] Taf. u. 3 Bl. Erklärgn.) Lex. 8. Ebd. 910. nn 2.40

2 Sonderabdrucke aus: „Journal of the college of science, imperial university of Tokyo".

Mizerski, Anast., choroby narzędzi oddychania i krążenia według Leberta „Grundzüge der ärztlichen Praxis". Zeszyt I. Thorn 869. Rakowicz. gr. 8. (IV, 160 S.) n.n. 1 *ℛ* 7½ *ngr.*

Mizerski, Anastas. (geb. Borowo in Posen 7. 8. 1837) De chloroformii usu inter partum. Berolini (1861). (28 S.) 8°

Berlin. Med. Diss. v. 5. Aug. 1861

Mizerski, Ludov. De crimine plagii potissimum ex jure Romano. Berolini (1865). (77 S.) 8°

Berlin, Jur. Diss. v. 28. Apr. 1865

Mizerski, Ludov., de crimine plagii potissimum ex jure romano. Dissertatio inauguralis juridica. gr. 8. (78 S.) Berlin 865, (Calvary und Comp.) *

Mizirida, Leb. u. Begebenheiten, a. d. Frz. 8. Lpz. Clanner. 749.

Lorenz Mizler de Kolof

Laurentius Mizlerus [Lorenz Mizler de Kolof]: De balsami vulnerarii universalis usu ac praestantia. Erfordiae (1747:) Hering. 37 S. 8°

Erfurt, Med. Diss. v. 28. Juni 1747

Mizler von Kolof, Lorenz Christoph

— s. Acta literaria

Mizler, Lorenz. Anfangs-Gründe des General Basses. Leipzig (1739).

— Anfangsgründe des Generalbasses, n. mathem. Lehrart abgef. u. einer hierzu erfundnen Maschine. 8. Ebend. 740.

Mizler v. Kolof, Lor. Chr., († im Mai 1778.) musikal. Bibliothek. 3 Bde. u. 4n Bdes. 1s Stück. Mit Kpf. 8. Leipz. 736—54. Autor. 2 *ℛ* 22 *gr*

Mizler, musikal. Bibliothek. 3 Bde. und 4n Bds 1s Stck. 8. Leipzig, Autor. 737-52.

Mizler, L. Neu eröffnete Musikalische Bibliothek Oder Gründliche Nachricht nebst unpartheyischem Urtheil von musikalischen Schriften und Büchern. 1. Band [von 4 Bänden] Welcher bestehet aus sechs Theilen . Leipzig, Verlag des Verfassers und bey Brauns Erben in Commission, 1739 (= 1737—38). 8° 17 Bl. 64 S. 1 Bl. 78 S. 1 Bl. 78 S. 1 Bl. 88 S. 1 Bl. 76 S. 1 Bl. 121 S. 7 Bl. *Mit 4 gefalt. Kupfern* und 1 Tabelle. — Angebunden: Schröter, Chr. G. Sendschreiben an Lorenz Mizler In welchem I. der bevorstehenden Reformation der Music, II. einer Aufgabe wegen der Temperatur, III. einiger nüzlicher Erfindungen gedacht, Und etliche nöthige Erinnerungen für die Tonkünstler eingeschaltet worden Nordhausen 1738. 16 S. Pgt. d. Z.

Eitner VII, 11.

— Warschauer Bibliothek, od. Nachrr. v. verschied. Büchern u. Schriften rc. in Polen. 4 Thle. mit Regist. Leipz. 736—754, 55. Autor. 8 *ℛ*

— historiar. Poloniae et Lithuaniae scriptorum collectio magna. II Tmi. fol. Warschau. 764-67.

— historiar. Poloniae et Lithuaniae scriptarum collectio magna. II Tmi. Fol. Warschau 761 u. 69. 9 *ℛ*

Mizler, L. Chr. Dissertatio quod musica scientia sit. 2 ed. Lipsiae 1734. 4.

— s. Fredro, A M.: Monita.

— musikal. Staarstecher. 8. Leipzig, Autor. 740.

MIZOGUCHI, Orie (Nagano): Ein Beitrag zur Localisation der Tuberkulose im Kindesalter.- München: Kastner & Callwey 1910. 53 S.
15.11.1911 - Chr 1911/12,26; U 12.5745
Diss. Ingolst.-Landsh.-Mchn.

Mizokuchi, Kiroku, a. Japan: Über die Pleomorphie des Basalzellencarcinoms. Würzburg 1908: P. Scheiner (22 S.) 8°

Würzburg, Med. Fak., Ref. Borst, Diss. v. 14. Mai 1908

[Geb. 3. Nov. 76 Saga; Wohnort: Würzburg; Staatsangeh.: Japan; Vorbildung: Gymn. Saga Reife 96; Studium: Okayama 10, Würzburg 3 S.; Rig. 10. März 08.]

Mizscherling, Johann Gottfried (Rennersdorf / Meißen), **Controversias testamentarias nonnullas. Präs. Augustin Leyser. Wittenberg** (Eichsfeld) **Aug. 1735. 28 S. (4.50) 23444**

Mkhithar d'Airivank, Histoire chronologique. Trad. par M. Brosset, s. Mémoires de l'Acad. impér. des sciences de St.-Pétersbourg.

Mladeneč, keršanski, ali ogledalo pobožnega življenja. Za mlade in odrašene ljudi. Po nemškem. 12. (142 S.) Klagenfurt 853, Leon'sche Buchh.

Mladeneč, Keršanski, ali ogledalo pobožnega življenja za mlade in odrašene ljudi. Po nemškem. V Celovcu, Leon, 1853. 142 S. — 2. natis. 1861.

Mladenowitsch, Ljubomir, Kreistierarzt a. Kruschewatz in Serbien: Aus d. physiolog. u. histolog. Institut d. Tierärztl. Hochschule zu Dresden. Direktor: Geh. Med.-Rat Prof. Dr. Ellenberger. Vergleichende anatomische und histologische Untersuchungen über die Regio analis und das Rectum der Haussäugetiere. Mit 23 Abb. im Text. Dresden 1907: W. Ulrich. (152 S.) 8°

Leipzig, Med. Fak., Ref. Ellenberger, Diss. v. 22. Juli 1907

[Geb. 21. Sept. 77 Kruschewatz (Serbien); Wohnort: Golubatz (Serbien); Staatsangeh.: Serbien; Vorbildung: Gymn. Kruschewatz Reife O. 96; Studium: Tierärztl. Hochsch. Dresden 7½ S.; Coll. 31. Juli 07.]

Mlčoch, Mich., Psalmi latinae Vulgatae. Eorum sonus et sensus literalis. 10 fasc. gr. 8. (306 u. VI S.) Olmütz 898, E. Hölzel. n. 5. 50

Mlčoch, Melch., psalmi latinae Vulgatae. gr. 8. (306 u. VI S.) Olmütz 898. Regensburg, Verlagsanst. vorm. G. J. Manz. n. 5. 50

Mlčoch, Melch., s.a. Psalterium.

Mlčoch, Melchior, Psalterium seu liber Psalmorum iuxta Vulgatam Latinam et versionem textus originalis Hebraici cum notis introductionalibus et cum argumentis exegeticis, quibus harmonia utriusque versionis demonstratur. Olmütz, Hölzel, 1890, gr. 8°, 517 S., 10 Mk.
Recens. von Hoberg, Litt. Rundsch. 1891, S. 197–198; von B. Schäfer, Litt. Handw. 1890, S. 632–633, von Zenner, Stimmen a. M.-Laach 1891, Heft 2. von A. Koch, (Tüb.) Theol. Quartalschr. 1893, S. 322–323.

Mleinek, C., s. Kultur u. Fortschritt.

— Praktische Massnahmen, s.a. Kultur u. Fortschritt

Mleinek C praktische Massnahmen zur Reform der fachgewerblichen Ausbildung der Frau. (8 S.) (Kultur und Fortschritt 282 283) Gautzsch 1910

Mleinek, Klara, die Arbeitszeit in den Kontoren, s.a. Schriften des kaufmännischen Verbandes f. weibliche Angestellte. 7.

Mleinek, Klara: Die Arbeitszeit in den Kontoren. Zusammenstellung u. Kritik der Erhebungen sowie d. Verhandlungen d. Kommission u. d. Beirats f. Arbeiterstatistik. — Berlin 1907: (Chasté.) 69 S. 8° (Schriften d. kaufmänn. Verbandes f. weibl. Angestellte. 7.)

Mleinek, Clara. — Verband f. handwerksmässige u. fachgewerbl. Ausbildung d. Frau. Bericht über die Gründungsversammlung am 10. Okt. 1909 im Rathause z. Charlottenburg. Im Auftr. d. Vorstandes zsgest. v. Clara Mleinek. — Berlin: Verband f. handwerksmässige u. fachgewerbl. Ausbildung d. Frau (1909). 51 S. 8° [Schriften d. Verbandes f. handwerksmäss. u. fachgewerbl. Ausbildung d. Frau. 1.]

MLEYNEK, JOHANN: Am feyerlichen Tage des fünfzigjährigen Priester-Jubiläums Sr. Hochwürden Hrn. Sebastian Valentius von Eberle. Ofen 1806. Gedr. mit kön. Universitäts-Schriften. 4 f. - 8°

Mlinarska, Friederike v., geb. Biernbrodt, vor dem Kaminfeuer. Mährchen. Mit 8 von der Verf. gezeichneten Kpfrn. 8. (207 S.) Stallupönen 876. (Leipzig, Siegler.)

Mlinik, Isidor I. (geb. Rossien in Russl. 22. 5. 1850) Ueber den Soorpilz. Berlin (1877). (31 S.) 8°
Berlin, Med. Diss. v. 1. Sept. 1877

Młodnicki, Marianus, de Argolidis dialecto. (24 S.) gr. 8. Brody 906. F. West. 1. —

Młodzież chrześciansko-katolicka w obec swietych sakramentów Kościola Bożego. Kraków 856. (Wien, Prandel u. Meyer.) 16. (VII, 232 S.) n. 14 ngr.

Młónk, Pjet., dar pošleneho seleneho schtwórtka sa lube serbske mótki, kiž swój kschczeński slub wobnowja. Bautzen 866. (Leipzig, Schmaler & Pech.) 32. (32 S.) 1½ ngr.

Mluvnice, krátká, německého jazyka pro Cechy, Muravany, Slezany a Slováky. 8. (126 S.) Wien 851(52,) Wenedikt.

Mluvnice. Krátká — německého jazyka pro Čechy, Moravany, Slezany a Slovákv. Druhé, rozmnožené a veskrz opravené vydáni. Ve Vidni 1857, U Vojtěcha Ondř. Venedikta. (140 S. 8.) (Kurze Grammatik der deutschen Sprache für Czechen, Mähren, Schlesier und Slovaken. 2te vermehrte u. durchaus verbesserte Ausgabe. Wien, bei Alb. Andreas Wenedikt 1857.)

Mluvnice, krátká, německého jazyka pro Čechy, Moravany, Slezany a Slováky. 3. wydáni. Wien 857. Wenedikt. 8. (IV, 140 S.) 8 ngr.

Mluvnice-německá — pro žaký druhe třídy na městkých a hlavnich školách v cisařstvi Rakouském. Ve Vidni, 1855. Tiskem L. Grunda. (86 S. 8.) (Deutsche Sprachlehre für die Schüler der zweiten Klasse in den Stadt- und Hauptschulen im österr. Kaiserthume.) (Böhmisch)

Mlynek, L. Wilhelmsauer Dialekt. Programm der Realschule in Tarnow 1907

Mna in Sudario reposita Luc. 19 . . . Oeniponte 1778. V: *Aigner, Phil.* (Jes)

Mnaseae Patarensis fragmenta. Colleg. et commentario instrux. Eug. Mehler. 8maj. (135 S.) Lugduni-Batav. 847. (Lipsiae, T. O. Weigel.) *

Mnemonik, od. prakt. Gedächtnißlehre, nach den Vorlesungen des Hrn. Feinaigle. gr. 8. Frankfurt, Varrentrapp. 811.

Mnemonik des Schachspieles, od.: Versinnlichung des Bretes u. der Züge. 2 Bde. In 108 Stnt. u. Erklärungen. br. qu. 16. (120 Blätt.) Wien 842. (Leipzig, Friedr. Fleischer.) *

Mnemosyne

— ein tägl. Notiz- u. Erinnerungsbuch für d. Geschäftsleben. 8. Leipz., Centr.-Compt. 12 gr.

Mnemosyne. Taschenbuch des Andenkens. (Hrsg.: Karl Andreas von Boguslawski.) Berlin ...
[Berichtszt 1740/60.] H. 1. 1817. 2. 1818.

Mnemosyne oder meine Erinnerung. Oschatz 1797—98. V: *Gersdorf, Charlotte Eleonore Wilhelmine von.* (EE) (OL) (schl) (MGT) (Ky)

Mnemosyne, od. meine Erinnerung. Von der Verf. d. „Familie Walberg." 2 Thle. 8. Oschatz 797 u. 798. Oldecop. 1 ℛ 8 ℊ

Mnemosyne, oder meine Erinnerungen, von der Verf. der Familie Walberg und der Situationen (Fr. von Gersdorf) 8. Oschatz, 797. Oldecop, (Leipzig, G. Fleischer in Komm.)

Mnemosyne. Eine Zeitschrift. Altona 1800. H: *Berger, Joh. Erich von.* (A) (Sauer, Säculardichtungen. Berl. 1901. S. 595.)

— eine Zeitschrift. 1r Bd. 2 Stucke. 8. Altona. 800. Hammerich. 1 ℛ

— ein Handbuch f. gebildete Frauenzimmer. Mit Kpf. u. Musik. 12. Frankf. a. M. 802. Körner. 2 ℛ

Mnemosyne. Ein Handbuch f. gebildete Frauen . . . . Hg.: W. Linck. 1803. 2 Bl., 259 S.
Frankfurt/M. Goed. VIII, 60, 63.

— d. literar. Journal, im Charakter d. Literaturbriefe, f. jeden gebild. Freund d. Literat. ꝛc. Hrsgg. v. C. G. Schelle 1r Bd. 6 Hefte. 8. Zerbst (Leipz.) 803. Joachim. 3 ℛ

Mnemosyne, ein poetisches Taschenbuch auf . . . Hg.: K. Giesebrecht. 1807.
Bremen. Goed. VIII, 65, 101. Goed. VI, 113.

— — ein Wochenblatt f. Kunst und Literatur, herausg. von Ebers. 817. 1s Quart. 4. Leipzig, Hofmeister. 817.

— Taschenbuch d. Andenkens, v. (K. A. v. Boguslawsky.) 1s Hft. 12. Berl. 817. (Leipz., Centr.-Compt.) 1 ℛ 21 ℊ

— eine Samml. v. Gedichten z. Auswendiglernen f. d. Jugend. 1s Bdchn. f. Kinder von 6—10 Jahren. 6 ℊ 2s Bdchn. f. Kinder v. 10—12 Jahren. 6 ℊ 3s Bdchn. f. Kinder v. 12—16 Jahren. 12 ℊ 8. Ansb. 822—23. Gassert. 1 ℛ

Mnemosyne. Erzählungen f. die Jugend. Nach d. Engl. Mit 1 Vign. gr. 12. Berl. 825, Amelang.

— oder Erinnerungsblatt f. Geschichte, Litt. u. Kunst. 1r u. 2r Jahrgg. 1826 u. 27. gr. 4. Würzb., Stahel. à 2 Rthl.

— od. Erinnerungsblatt f. Gesch., Litt. u. Kunst. 1r—7r J. 1826—32. gr. 4. Würzb., Stahel. 1r u. 2r J. à 1 ℛ 12 ℊ 3r J. 3 ℛ 4r—7r J. à 3 ℛ

—— oder Erinnerungsblatt für Geschichte, Literatur u. Kunst. 3—9. Jahrg. 1828—34. à 104 Nrn. gr. 4. Würzburg, Stahel. à
1. u. 2. Jahrg. 1826, 27. Ebendas. à 2 Thlr. 12 Gr. — Diente auch als Beilage der „Neuen Würzburger Zeitung."

Mnemosyne. Schilderungen aus dem Leben und Beiträge zur Kenntniss des menschlichen Herzens . . . Von dem Verf. der »Bilder des Lebens«. Aarau 1834—35. V: *Rothpletz, Anna geb. von Meiss* (pseud. *Rosalie Müller*). (EE) (GGr III, 990) (ABJP) (Pataky, Deutsche Frauen.)

Mnemosyne. Schilderungen aus d. Leben u. Beiträge zur Kenntniß d. menschl. Herzens. Zum Vergnügen u. zur Bildung d. weibl. Welt. Von d. Verfin d. „Bilder d. Lebens" (Rosalie Müller). 1—3. Thl. gr. 12. Aarau, [Sauerländer, Vrlsh.]
Thl. 1. Nannina.
" 2. Die stille Alpe am Vierwaldstätter See. — Briefe üb. d. Beruf u. die Bildung d. Frauen. } (25½ B.) 834. 2 Thlr. 8 Gr.
" 3 Die Burgtrümmer v. Rheineck. — Sympathie. — Briefe üb. d. Beruf ꝛc. d. Frauen. (11½ B.) 835. 1 Thlr. 4 Gr.

Mnemosyne, od. stufenweise geordn. Stoff zu Gedächtnißübungen. Ein nützl. Handb. f. d. Jugend u. ihre Bildner. Hrsg. v. ein. Lehrerverein. gr. 8. (13½ B.) Leipzig 835, Gebr. Reichenbach.

Mnemosyne. Tijdschrift voor classieke litteratuur onder redactie van E. J. Kiehl, E. Mehler, S. A. Naber. I. deel. 1852. 4 stukke. gr. 8. (428 S.) Leyden, Brill. n. 3 ℛ

Mnemosyne. Bibliotheca philologica Batava. Scripserunt et collegerunt C. G. Cobet, T. J. Halberstma, H. G. Hamaker etc. Vol. VIII et IX. (Jahrg. 1859 und 1860.) à Vol. 4 partes. gr. 8. (à Pars ca. 112 S.) Leiden 859. 60, Brill. à Vol. * 8 Thlr. *

— — Scripserunt et collegerunt J. Bake et C. G. Cobet. Voll. X. et XI. [Novae seriei Voll. I. et II.] à 4 Hefte (à 8—10 Bgn.) Amsterdam 861. 62, F. Müller. gr. 8. Jeder Bd. nn. 2 ℛ 26 ngr

Mnemosyne Bibliotheca philologica Batava. Scripserunt C. G. Cobet, C. M. Francken, H. van Herwerden etc. Collegerunt H. T. Karsten, H J. Polak, H. W. van der Mey. Nova series. Vol. I—IV à 4 Hfte. gr. 8. (à Hft. 96 S.) Leipzig 873—76. Harrassowitz. à Vol. n.n. 9. —

Mnemosyne. Bibliotheca philologica Batava. Scripserunt C. G. Cobet, C. M. Francken, H. van Herwerden etc., collegerunt C. G. Cobet, H. W. van der Mey. Nova series. Vol V—X. à 4 Hfte. gr. 8. (à Hft. ca. 128 S.) Lugduni Batavorum 877—82. Leipzig, Harrassowitz. à Vol. n.n. 9. —

Mnemosyne. Bibliotheca philologica Batava. Scripserunt C. G. Cobet, C. M. Francken, H. van Herwerden etc., collegerunt C. G. Cobet, H. van der Mey. Nova series. Vol. VIII—XII. à Vol. 4 Hefte. gr. 8. (à Heft ca. 112 S.) Lugduni Batavorum 880—84. (Leipzig, Harrassowitz.) à Bd. **

Mnemosyne. Bibliotheca philologica Batava. Scripserunt C. G. Cobet, C. M. Francken, H. van Herwerden etc., collegerunt C. G. Cobet, H. W. van der Mey. Nova series. Vol. XI—XIV. à 4 partes. gr. 8. (à Hft. ca 112 S.) Lugduni Batavorum 883—86. Leipzig, Harrassowitz. à Vol. n.n. 9. —

Mnemosyne. Bibliotheca philologica Batava, collegerunt S. A. Naber, J. van Leeuwen jr., I. M. J. Valeton. Nova series. Vol. XV—XVIII. à 4 partes. gr. 8. (à Hft. ca. 112 S.) Lugduni Batavorum 887—890. Leipzig, Harrassowitz. à Bd. n.n. 9. —

Mnemosyne. Bibliotheca philologica Batava, collegerunt S. A. Naber, J. van Leeuwen, J. F., I M. J. Valeton. Nova series. Vol. XIX—XXII. à 4 partes. gr. 8. (à Hft. ca. 124 S.) Lugduni Batavorum 891—894. Leipzig, O Harrassowitz à Bd. n n. 9 —

Mnemosyne. Bibliotheca philologica Batava, collegerunt S. A. Naber, J. van Leeuwen J. F., I. M. J. Valeton. Nova series. Vol. XXIII—XXVI. à 4 partes. (à ca. 7 Bog.) gr. 8. Lugduni Batavorum 895—898. Leipzig, O. Harrassowitz. à Vol. n.n. 9. —

Mnemosyne. Bibliotheca philologica Batava, collegerunt S. A Naber, J. van Leeuwen J. F., I. M. J. Valeton. Nova series. Vol. XXVII—XXX. à 4 partes. gr. 8. (IV, 452; IV, 452; IV, 460 u. IV, 434 S.) Lugduni Batavorum 899—902. Leipzig, O. Harrassowitz. à Vol. n.n. 9. —

Mnemosyne. Bibliotheca philologica Batava, collegerunt S. A. Naber, J. van Leeuwen J. F., I M. J. Valeton. Operam suam polliciti sunt J. J. Hartman, H. van Herwerden, A. E. J. Holwerda u. a. Nova series. Vol. XXXI—XXXIV à 4 partes. (IV, 452; IV, 452; IV, 444 u. IV, 448 S.) gr. 8. Leiden 903—906. Buchh. u. Druckerei vorm. E. J. Brill. — Leipzig, O. Harrassowitz. à Vol. n.n. 9. —

Mnemosyne. Bibliotheca philologica batava. Collegerunt S. A. Naber, J. van Leeuwen J. F., I. M. J. Valeton. Operam suam polliciti sunt J. J. Hartman, H. van Herwerden, A. E. J. Holwerda u. a. Nova series. Vol. XXXV—XXXVIII. à 4 partes. (IV, 449; IV, 448; IV, 448 u. IV, 448 S.) gr. 8. Leiden 907—10. Buchh. u. Druckerei vorm. E.J.Brill. —Leipzig, O.Harrassowitz. à Vol. nn 9. —

—— Organ für Gedächtniskunst. In zwanglosen Heften hrsg. von C. T. Mauersberger. 1.—3. Heft. gr. 8. (S. 1—98.) Leipzig 883,84, Klinkhardt. à Heft * 60 Pf. *

Mnemosyne. Organ für Gedächtnißkunst. In zwanglosen Heften hrsg. von C. T. Mauersberger. 4.—8. Heft. gr. 8. (S. 99—291.) Leipzig 885, Klinkhardt. à Heft * 60 Pf. *
1.—3. Heft. Ebendas. 883,84. à * 60 Pf.

— — zur, des Herrn Jos. Kreil. Nachschrift eines Triestiners. (von D. von Rosetti.) gr. 8. Heubner. 819.

Mnemosyne die Zweite, oder dichterische Erinnerungen ... Leipzig 1811. V: *Gersdorf*, *Charlotte Eleonore Wilhelmine von*. (EE) (MGT) (schl)

Mnemosyne, die zweite, oder dichterische Erinnerungen, v. Wilhelmine v. G****, mit Kupf. gr. 8. Leipzig, Voß. 811.

— die zweite, oder dichterische Erinnerungen an Wlh. v. G. (Gersdorf). 8. Leipz. 812. Voß. 1 ß 8 g.

Mnemosynens Nachtfeier bei Berlins Denkmälern, Gedicht (v. Laurenzi). gr. 8. Berl. 808. Maurers B. 8 g. Schrbp. 12 g.

Μνημόσυνον, siehe: Volkslieder, Neugriechische.

Mnemosynon bisseculare continens syllabum decanorum qui ordini philosoph. Altorf. per duo saecula praefuerunt ... Altorfi 1781. V: *Will*, *Georg Andreas*. (Erman & Horn, Bibliogr. d. dtsch. Universitäten. 2. Leipz. u. Berl. 1904.)

Mnemosynon Excellentissimo atque Illustrissimo Domino Comiti Francisco Széchényi De Sárvari, Felsö Videk ... O. O. 1798. V: *Nagy*, *Franz*. (Széchenyi 2/95) (BIBLPORT)

Mnemotechnik, s.a Miniatur-Bibliothek des Nützlichen u. Angenehmen.

Mnemotechnik, die, erläutert durch Anwendung derselben auf die Hauptdaten der bayr. Geschichte und Geographie zum Schul- und Selbstunterricht. 8. (24 S.) Augsburg 847, Schmid'sche Buchh.

MNICH, JOSEPH: Festrede zur Jubiläumsfeier des vor 100 Jahren eingeführten Orden der Frommen Schulen zu Ungarisch-Altenburg, vorgetragen am 14. Sonntage nach Pfingsten 1839. Pesth 1840. Gedr mit Jos. Beimel's Schriften 19 S. - 8°

Mnioch, Johann Jakob

Mnioch, Jh. Jak., († d. 22. Febr. 1804.) Analecten. 2 Thle. 8. Görl. 804. (Anton in Halle). 2 ß

— Archiv guter und böser Einfälle. 8. Danzig, Troschel. 798.

— s. Beitrr. z. Kritik d. schön. Wissensch.

— Erläuterungs-Variationen üb. die Tendenz d. Fichte'schen Schrift: Bestimmung d. Menschen u. s. w. 8. Görl. 801. (Anton in Halle). 6 g.

— u. K*** Erzähll. u. Gedichte, s.a. Papillons 1r.

— u. K*** Erzählungen und Gedichte. (N. Titel: von Papillons. 1r) gr. 8. Görlitz, Anton. 795.

Mnioch, J. J., üb. Gebetsformeln. Götting. 1800. 8.

— Gedichte. 1s Bdchen. 8. Görl. 789 N. Aufl. 795. (Anton in Halle). 16 g.

— Ideen üb. Gebetsformeln. 8. Görl. 799. (Anton in Halle). 6 g.

— Lesebuch f. d. Mittelstand, größtentheils in Erzähll. bestehend. 1r Bd. 8. Berl. 796. (Krause). 10 g.

Mnioch, (J. J.) Lesebuch f. d. Mittelstand, 1s Bdchn. 8. jetzt Burchhardt in Berlin.

— s. Mnioch, Maria, zerstr. Blätter.

— Neujahrslitanei für 1791—1800. 8. Danzig 791. Brückner. 8 g.

— s. Oden e. Preußen.

– s. Papillons.

– s. Quartalschrift, Jenaische.

Rundgesänge für frohe und trauliche Feste. Der Loge zu den drey Weltkugeln [in Berlin] gewidmet. [Von Joh. Jak. **Mnioch.**] Berlin: Petit & Schöne 1790. VIII, 40 S. 8°
Kl. 1595. Ohne Noten.

— kl. vermischte Schriften. 2 Bdchen. 8. Danz. 794, 95. (1s Bdchn. Kummer in Leipz.) 20 gr.

— kleine vermischte Schriften. 1s Bdchen. 8. Danz. Troschel. 794

— sämmtl. auserles. Schriften. 3 Bdchn. 8. Görl. 798, 99. (Anton in Halle). (1r Bd. A. u. d. T.: Worte d. Lehre d. Trostes u. d. Freude. 1 ℛ 8 gr. 2r Bd. Auch u. d. T.: Ernst u. Laune. 1 ℛ 16 gr. 3r Bd. A. u. d. T.: Streit u. Friede, od. Dornen u. Blumen, 1 ℛ 16 gr.) 4 ℛ 16 gr.

Mnioch, Jh. Jak., 1) die Vermählung, e. Hymne. 2) d. Entbindung, eine Romanze. 8. Königsb. 801. Unzer. 8 gr.

Mnioch, J. J., s. J. H. W. Witschel, Morgen- u. Abendopfer.

Mnioch, Maria, geb. Schmidt, († 1799.) zerstreute Blätter; hrsgg. v. J. J. Mnioch. (A. u. d. T.: für Frauen u. Jungfrauen ein edlen u. weibl. häusl. Sinnes.) 8. Görl. 800. 2e unveränd. Ausg. 821. Halle, Anton. 1 ℛ

Mniszech, Graf G. V., der Schulantrag d. Fürsten Liechtenstein. Seine geschichtl. Berechtigg. 12. (15 S.) Wien 888. (Mayer & Co.) n. — 80

Mniszech, Graf Vandalin, s.a. Schwarz-Roth.

— „Quidde's Caligula": Ein Stiefelmärchen aus altaegyptischer Zeit. 3. Taus. gr. 8. (20 S.) Ebd. 894. n. — 40

Mniszech, Graf Vandalin, Halt! Ein Mahnruf am Grabe Carnots. gr. 8. (III, 41 S.) Frankfurt a/M. 894. (Jaeger's Verl.) n. 1

— dasselbe. 3.—5. Taus. Volksausg. gr. 8. (III, 41 S.) Ebd. 894. n. — 50

Moe, F E. G. Ergebnisse der energischen Chlorirung aromatischer Substanzen. Zürich 1878.

Moa-Bai [Schlagwort]

Moa-Bai, s.: Seekarten.

Mo'allaqāt, s. Mu'allaqāt

Moarx, D.

Moarx, des, Künstlerreise. Ein Scherz seinen Kindern gewidmet von F. M. Mit 6 (chromolithogr.) Bildern von H. Hendrichs. qu. 4. (12 S.) Langensalza 877, Beyer und Söhne. cart.

Moarx, D., Künstlerreise. Ein Scherz, seinen Kindern gewidmet von F. M. (12 S. m. 6 Bildern in Farbendr. v. E. Härtel.) qu. gr. 4. Langensalza 888. Beyer & Söhne. cart. 1. 50

Möbel. 20 (lithogr.) Blatt moderner Vorlagen für Tischler. Fol. Berlin 863, A. Jonas. *

Möbel u. Decoration. Hrsg.: Hans Schmauk. 1. Jahrg. 1898. 24 Hfte. (à ca. 12 S. m. Abb.) gr. 4. Nürnberg (J. Ph. Raw's Verl.). n.n. 8. —
Kann auch vierteljährlich bezogen werden.

— **u. Decoration.** Reich illustr. Zeitschrift f. Schreiner, Bildhauer, Tapezierer etc. Hrsg.: Hans Schmauk. 2. Jahrg. 1899. 24 Nrn. gr 4. (288 S.) Nürnberg (Brunnengasse 48), H. Schmauk & Co. n.n. 8. —

— **u. Dekoration.** Illustr. Zeitschrift f. das gesamte Kunstgewerbe. 3.—5. Jahrg. 1900—1902. à 24 Nrn. gr. 4. (à ca. 12 S.) Ebd. à Jahrg. n.n. 10. —

— **u. Dekoration.** Illustrierte Zeitschrift f. das gesamte Kunstgewerbe. Fach-Organ des Verbandes bayer. Schreinermeister. Red.: Hans Schmauk. 6.—8. Jahrg. 1903—1905. à 24 Hefte. (à Jahrg IV, 150 S. m. Abb. u. 96 Taf.) gr. 4. Dresden, H. Schmauk & Co. à Jhrg. n.n. 10. —

— — dasselbe. Illustrierte deutsche Tischlerzeitg. Fach-Organ des Verbandes bayer. Schreinermeister. Red.: Hans Schmauk. 9. Jahrg. 1906. 24 Hefte. (IV, 200 S. m. Abb. u. 96 Taf.) gr. 4. Ebd. n. 8. —

— **u. Dekoration.** Illustrierte deutsche Tischlerzeitg. Fach-Organ des Verbandes bayer. Schreinermeister. Red.: Hans Schmauk. 10. u. 11. Jahrg. 1907 u. 1908. à 24 Hefte. (386 u. 388 S.) 32×24,5 cm. Dresden, [H. Schmauk & Co.]. Berlin, A. Paul & Co. à Jahrg. 8. —
Fortsetzg., s. Innenausbau, der.

Möbel, einfache, im neuzeitlichen Stil. I. u. II. Tl. 41,5×30,5 cm. Ravensburg (910). O. Maier. In Mappe 20. —
I. Wohnungs-Einrichtungen, bürgerliche, in einfach moderner Ausführung. Hrsg. v. Archit. E. Grundt. (II S., 10 Taf. u. 3 Detailbog.) In Mappe 10. —
II. Dasselbe Hrsg. v. Archit. F. Nierholz. (II S., 11 Taf. u. 4 Detailbog.) In Mappe 10. —

Englische Möbel. Aus d. Sammlung d. k. k. österr. Museums für Kunst u. Industrie in Wien. Hrsg. von Wlha. 4°. 1. Heft. 20 Blatt
Wien: Plaschka 1902. * K 15.—

Möbel- u. Geräthschaften d. Mittelalters aus d. ältesten Schlössern und Burgen der österr. Monarchie mit ausschliessl. Bewilligung d. P. T Besitzer photographirt v. Andr Groll. kl. Fol.-Cart., in Umschlag I. Band. 1. Heft, (Bl. 1—42). Wien, Fr. Paterno in Comm. 1860 per [illegible]

Möbel aus dem Herrenhause der allgemeinen land- u. forstwirthschaftlichen Ausstellung zu Wien 1890. Fol. (14 Lichtdr.-Taf.) Wien 891, Schroll u. Comp. In Mappe * 12 50

— **u. Innenräume,** neue. Ausgeführte Wohnungseinrichtgn. im modernen Stil. I. Serie. 5 Lfgn (60 Lichtdruck-Taf.) Fol. Wien (903. 904). F. Wolfrum & Co. Mit Mappe à n. 8. —

— **& Interieurs** aus der Ausstellg. des Wiener Kunstgewerbe-Vereins 1903 nebst anderen ausgeführten Arbeiten & Entwürfen. (70 Lichtdr.-Taf.) Fol. Wien (903). A. Schroll & Co. In Mappe n. 42. —

Möbel von der Jubiläums-Gewerbeausstellung Wien 1888. (60 T) fol Wien 1890

Möbel, moderne. Vorlagen für Möbeltischler und Holzbildhauer von Prignot, Liénhard, Pfnor, Coignet, Lenoir etc. 144 Taf. (In 12 Lfgn.) Fol. (à Lfg. 12 Stnt.) Berlin 886, Claesen und Comp. In Mappe à Lfg * ℳ 10.—. *

—— dass. — 2. Aufl. 144 Taf. 1.—3. Lfg. Fol. (à Lfg. 12 Stnt.) Ebendas. 887,88. In Mappe à Lfg. * ℳ 10.—. *

Möbel, moderne. Vorlagen f. Möbeltischler u. Holzbildhauer v. Prignot, Lienard, Pfnor, Coignet, Lenoir etc. 2. Aufl. 144 Taf. 4—6. Lfg. Fol. (à 12 Steintaf.) Berlin 891 Hessling & Spielmeyer In Mappe. à n. 10.—

Möbel, moderne, in einfacher Ausführung. Ergebnis d. vom rhein. Verein zur Förderg. des Arbeiterwohnungswesens u. der Firma Fried. Krupp in Essen ausgeschriebenen Wettbewerbes. Preisgekrönte u. angekaufte Entwürfe f. vollständ. Wohnungs-Einrichtgn., bestehend aus Wohnzimmer, Schlafzimmer u. als Wohnraum benutzbarer Küche. (In 12—15 Lfgn.) I. Serie. 6 Lfgn. gr. Fol. (54 z. Tl. farb. Taf.) Düsseldorf 902. F. Wolfrum. à n. 4.—; in 1 Leinw.-Mappe n. 26.—

Möbel, moderne, in einfacher Ausführung. Ergebnis des vom rhein. Verein zur Förderg. des Arbeiterwohnungswesens u. der Firma Fried. Krupp in Essen ausgeschriebenen Wettbewerbes. Preisgekrönte u. angekaufte Entwürfe f. vollständ. Wohnungs-Einrichtgn., bestehend aus Wohnzimmer, Schlafzimmer u. als Wohnraum benutzbarer Küche. 7—12. Lfg. (54 z. Tl. farb. Taf.) gr. Fol. Nebst Preisangaben u. Erläutergn. (11 S.) gr. 4. Düsseldorf (903). F. Wolfram. à n. 4.—; als II Serie in 1 Leinw.-Mappe n. 26.—

Möbel, praktische moderne. Zimmereinrichtungen, gezeichnet an der süddeutschen Schreiner-Fachschule in Nürnberg. (30 T) qu 4° Nürnberg (1906)

— u. Zimmer der deutsch-nationalen Kunstgewerbe-Ausstellung München 1888. Nach Auswahl von Paul Naumann. 5 Lfgn. Fol. (à Lfg. 12 Taf. in Lichtdr.) Dresd. 889, Gilbers' Verlag. à Lfg. * 10 —; compl. in Mappe * 50 —

— u. Zimmereinrichtungen d. Gegenwart. E. Sammlg. v. Möbeln, Decorationen u. Wohnräumen in allen Stilarten. (In 10 Lfgn.) 1. Lfg. gr. Fol. (10 Lichtdr.-Taf. m. 3 Bl. Text.) Berlin 898. E. Wasmuth. In Mappe n. 10.—

— u. **Zimmereinrichtungen** der Gegenwart. Eine Sammlg. v. modernen Möbeln, Decorationen u. Wohnräumen in allen Stilarten. 2.—10. (Schluss-)Lfg. gr. Fol. (à 10 Taf. in Farb- u. Lichtdr.) Berlin (899—901). E. Wasmuth. à n. 10.—

— u. **Zimmereinrichtungen** der Gegenwart. Eine Sammlg. v. modernen Möbeln, Decorationen u. Wohnräumen in allen Stilarten. I. Folge. 1.—6. Lfg. (60 Taf. in Farb- u. Lichtdr.) gr. Fol. Berlin (902—905). E. Wasmuth. à Lfg. n. 10.—

— u. **Zimmereinrichtungen** der Gegenwart. Eine Sammlg. v. modernen Möbeln, Decorationen u. Wohnräumen in allen Stilarten. I. Folge. 7.—10. (Schluss-) Lfg. (40 Taf. in Farb- u. Lichtdr.) 48,5×32,5 cm. Berlin (906—10). E. Wasmuth. à Lfg. 10.—

Möbel-Album, Wiener. Ein Vorlagewerk f. Kunst- u. Möbeltischler etc. Fol. (60 Lichtdr.-Taf. m. 1 Bl. Text.) Wien 892, Thiel u. Schkerl. In Mappe * 60 —

Möbel-Arbeiter-Journal: vol. 1—9, no. 4, Feb. 1, 1883—Apr. 14, 1891

Fortnightly, 1883—89; monthly 1890—91 Sub-title: Offizielles Organ der Internationalen Möbel-Arbeiter-Union von Amerika, 1883—84, thereafter Official Organ of the International Furniture Workers Union of America. Published in English and German, with one page in English, 1883—84. Merged with FURNITURE WORKERS' JOURNAL, Jan. 1, 1885, and thereafter pages 2—3 in German, under original German title. Title varies: FURNITURE WORKERS' JOURNAL vol. 3—9, 1885—91. Volumes 1—2, 1883—84 designated as "Jahrgang," rather than "volume." Followed by GENERAL WOOD WORKERS JOURNAL (Brooklyn, N.Y.). Large quarto, each issue usually 4 pages. Edited by Henry Emrich, Feb. 1, 1883—Jan. 1891. Published by the Executive Committee of the Union 1883—91
New York, NY

Möbel-Architekt, der. Zeitschrift f. moderne Möbel, Innen-Architektur u. Dekoration. Orig.-Aufnahmen in Lichtdr. Red.: Johs. Kramer. 1. Jahrg. Oktbr. 1900—Septbr. 1901. 12 Hfte. gr. 4. (à ca. 10 Taf. u. 5 Bog. Details in qu. Fol.) Berlin, Kanter & Mohr. n. 80.—

— **dasselbe.** Red.: Wilh. Rehme. 2. Jahrg., Oktbr. u. Novbr. 1901. 2 Hfte. gr. 4. (à ca. 10 Taf. m. 4 S. illustr. Text.) Ebd. à Hft. n. 8.—
Mehr nicht erschienen.

Möbelarchitekt, der. Eine Sammlung moderner Möbel, Innenarchitekturen u. Dekorationen, hrsg. v. Wilh. Rehme 1. Bd. 118 Taf. in Lichtdr. nach Original-Aufnahmen, 1 Doppeltaf. in Dreifarbendr. u. 60 Bl. Details nebst einleit Text. (Neue [Titel-]Ausg.) (15 S.) gr. 4. Leipzig [900.901]. 903. Baumgärtner. In Leinw.-Mappen. 60.—

Möbelausstellung vom Klub der Industriellen für Wohnungseinrichtung in Wien 1904. (42 T) 1905 (55 T) fol Wien (1905) 06

Möbel-Ausstellung, 16., 1904. Veranstaltet vom Klub der Industriellen f. Wohnungs-Einrichtung in Wien. 42 Blätter Lichtdr. nach Naturaufnahmen. Fol. Wien (905). A. Schroll & Co. In Mappe n. 26.—

— **17., 1905.** K. k. Gartenbau-Gesellschaft. Veranstaltet vom Klub der Industriellen f. Wohnungseinrichtg. in Wien. 75 photogr. Naturaufnahmen auf 55 Taf. in Lichtdr. (IV S. Text.) Fol. (906). In Mappe n. 34.—
Wien: Schroll

Möbel-Bazar. Musterblätter für Tischler und Holzbildhauer. Mit erklär. Text in deutscher, engl. und französ. Sprache. 12 Lfgn. Imp.-4. (à Lfg. 16 Holzschntaf.) Stuttgart 871,72, Engelhorn. à Lfg. ℳ 1.

Möbel-Bazar, neuer Stuttgarter. Entworfen und gezeichnet von theoret. und prakt. gebildeten Fachmännern. 1. Jahrg. 1883. 12 Hefte. Fol. (à Heft 6 Stnt.) Stuttgart 880, Horster. à Heft ℳ 1,50.

—— dass. — 2. Jahrg. 1884. 12 Hefte. Fol. (à Heft 4 Stnt. mit 2 Bog. Details.) Ebendas. à Heft ℳ 2.

Möbelformen der französischen Renaissance, nach den im oesterreich. Museum und in anderen Sammlungen befindl. Originalen. Unter Leitung von H. Herdtle aufgenommen und autogr. von Schülern der Kunstgewerbeschule. 1. und 2. Lfg. gr. Fol. (à Lfg. 6 Bl.) Wien 881, Paterno's Nachf. à Lfg. * ℳ 4. *
Nicht weiter erschienen.

Möbel-Halle, s. Universal-Möbel-Halle.

Moebelhalle, Wiener. Fach-Zeitschrift für Moebel-, Kunst- und Bautischler, Tapezierer, Drechsler und alle verwandten Branchen. Officielles Organ für Mittheilungen der Wiener Tischlergenossenschaft und des „Club der Industriellen für Wohnungseinrichtungen" in Wien. Hrsgbr.: Rob. Kulka. 5.—9. Jahrg. 1880—1884. à Jahrg. 24 Nrn. (à Nr. 2 Bog.) 4. Wien, Expedition. à Jahrg. **

Moebelhalle, Wiener. Fach-Zeitschrift für Moebel-, Kunst- und Bautischler, Tapezierer, Drechsler und alle verwandten Branchen. Mit der Gratisbeilage: „Die Braut", illustrirte Damenzeitung. Hrsgbr.: Rob. Kulka. 10.—13. Jahrg. 1885—1888. à Jahrg. 24 Nrn. (à Nr. 2 Bog.) 4. Wien, Expedition. à Jahrg. **

Möbelhalter, Wiener Fachzeitschrift für Möbel- Kunst- u. Bautischler. Hrsg. v. R. Julka. Wien: Administration 1875.

Möbelindustrie, Deutsche. Leipzig: Braun 1879,1880. 4°

Möbel-Industrie-Ausstellung, 8. Wiener, 1889. Veranstaltet vom Club der Industriellen für Wohnungs-Einrichtg. in Wien. Fol. (25 Lichtdr.-Taf.) Wien 889. Schroll & Co. In Mappe. n. 25.—

Möbel-Industrie-Ausstellung, 11. Wiener, 1894. Veranst. v. Club d. Industriellen f. Wohnungs-Einrichtg. in Wien. Schlaf- u. Speisezimmer-Möbel, Corpus-Möbel, Tische u. Sitzmöbel, Divans, Schreibtische u. Luxus-Möbel in den modernen Stilarten. gr. Fol. (60 Lichtdr.-Taf. m. 2 Bl. Text.) Wien 895. A. Schroll & Co. In Mappe n. 60.—

Möbelindustrie-Kalender, deutscher. Taschenbuch f. Tapezierer, Möbelhändler rc. 1898. 12. (III S., Schreibkal., 32 u. 58 S.) Leipzig, Schulze & Co. Geb. in Leinw. n. 1.25

Möbelindustrie-Kalender, deutscher. Taschenbuch f. Tapezierer, Möbelhändler rc. 2. Jahrg. 1899. 12. (II S., Schreibkalender, 25 u. 56 S.) Leipzig, Schulze & Co. Geb. in Leinw. n. 1.25

Moebelindustrie-Zeitung, deutsche. Central-Organ für Ausstattung, Moeblirung und Decoration der Wohnräume. Fachzeitschrift für Möbelfabrikanten und Kunsttischler, Tapezierer rc. Redact.: W. Schmidt. 1. Jahrg. 1879. 24 Nrn. (à ½—1 Bog. mit Stnt.) Imp.-4. Berlin SO., W. Schmidt. (Franzstr. 14.) *

Moebelindustrie-Zeitung, deutsche. Central-Organ für Ausstattung, Moeblirung und Decoration der Wohnräume. Fachzeitschrift für Kunsttischlerei, Moebelfabrikation, Tapezirer rc. Redact.: W. Schmidt. 2. Jahrg. 1880. in Nrn. (à Nr. ½—1 Bog. mit Stnt.) Imp.-4. Berlin, Expedition. Nur wenige Nrn. erschienen.

Moebelindustrie-Zeitung, deutsche. Central-Organ für Ausstattung, Moeblirung u. Decoration der Wohnräume. Fachzeitschrift für Möbelfabrikanten u. Kunsttischler, Tapezierer rc. Red.: W. Schmidt. 1. u. 2 Jahrg. 1879 u. 1880. à 24 Nrn. (à ½—1 B. m. Steintaf.) Imp.-4. Berlin SO. (Leipzig, Braun's.) à Jahrg. n. 12.—

Möbel-Journal. Herausg. von Ferd. List. 17. Jahrg. 859. 12 Lfgn. (à 6 lith. Taf.) Wien, (Prandel & Ewald.) 4. n. 4 ₰

Möbel-Journal, berliner. Muster-Sammlung für Möbel-Fabrikanten, Tischler, Tapezierer und Decorateure. 1. und 2. Jahrg. 1860 und 1861. à Jahrg. 8 Hefte. (à 6 Stnt.) Fol. Berlin, A. Jonas. * 5 Thlr. 10 Ngr.; ill. *
Einzelne Hefte * 20 Ngr.; ill. *
Einzelne Blatt * 4 Ngr.; ill. *
Die Abtheilungen für Tapezierer und für Tischler (à 24 Blatt) einzeln * 3 Thlr. 20 Ngr.; ill. * 3 Thlr. 22½ Ngr.

Moebel-Journal, deutsches, s.a. Hettwig, Carl.

Moebel-Journal, deutsches. Orig.-Zeichnungen moderner Moebel u. vollständ. Modelle, Grundrisse etc. zu sämmtl. Ansichten in natürl. Grösse. Hrsg. v. Carl Hettwig. 1. u. 2. Jahrg. à 6 Lfgn. Imp.-4. (1 Lfg. 6 Steintaf. u. 1 Musterbeilage in Imp.-Fol.) Berlin 872. 73. Grieben. à Lfg. n. 3.—

— dasselbe. 3 Jahrg. 6 Lfgn. Imp.-4. Ausg. A. [Ansichten.] Fol. (à Lfg. 6 Steintaf.) Ebend. 874. n. 12.—

— dasselbe. Ausg. B. [Modelle.] (à Lfg. 3 B. in Imp.-Fol.) Ebend. 874. n. 12.—

— dasselbe. 4. Bd. 6 Lfgn. Imp.-4. (1. Lfg. 6 Chromolith. u. 3 Steintaf. m. Modellen in Imp.-Fol.) Leipzig 875. Streller in Comm. à Lfg. n. 3.—

List Ferdinand. Erstes Wiener Möbel-Journal. Herausgegeben von — —. 12. Jahrg. 45—48 Lieferung. Wien, 1856. Druck von Friedrich Manz (Jede Lieferung mit 6 litographirten Blättern. 8.) (Vgl. 2326/1853.)

List Ferdinand — Erstes Wiener Möbel-Journal. Herausgegeben von — —. 12. Jahrg. Nr. 49—52. Wien, 1856. Druck von Friedrich Manz. (Jede Lieferung mit 6 lithographirten Blättern 8.) (Vergleiche 791/1856.)

List Ferdinand — Erstes Wiener Möbel-Journal herausgegeben von — —. 12. Jahrg. 1856. 53. 54. Lieferung. Wien, 1856. Druck von Friedrich Manz. (Tafel Nr 313—324. 8.)

Möbeljournal, das mainzer, nach Londoner, Mainzer u. Pariser Zeichnungen entworfen. In Stein gravirt v. C. L. Born u. Comp. 1. u. 2. Bd. à 6 Hfte. (à Hft. 12 Bl.) qu. gr. 8. Mainz, Kunze. [1. Bd. 843, 44. Einzeln à Hft. * 10 Ngr., Compl. * 1 Thlr. 17½ Ngr.; 2. Bd. 845, 46. à Hft. * 7½ Ngr. * 1 Thlr. 15 Ngr.] *

—— dass. Gezeichnet v. B. B. Franz u. J. Schmahl. Neue Folge. 1. Jahrg. (1846.) 8 Hfte. qu. 4. Ebds. (Einzeln à Hft. * 11 Ngr., color. à Hft. * 15 Ngr.) schwarz * 2 Thlr. 12 Ngr., color.*
Jedes Heft enth.: 3 maler.-perspectiv. u. 3 beschreibend geometrische Blätter, nebst e. Impr.-Fol. Bog. worauf die Verzierungen in natürl. Grösse dargestellt sind.

—— neuestes mainzer, s.a. Freudenvoll, D.

— neuestes Mainzer, gezeichn. u. herausgeg. v. Dr. Freudenvoll. I. 1.—3. Liefg. (à 8 Blätter.) qu. Fol. Mainz 846. (v. Zabern.) à n. 26 ngr

Möbel-Journal, neuestes Mainzer, gezeichn. v. D. Freudenvoll. 1. Jahrg. 4—6. Lfg. qu. Fol. (à 2 Bl. Text u. 8 lith. Taf. wovon 6 in Imp. Fol.) Mainz 847, v. Zabern in Comm. 4 u. 5: à n. ⅚ ₰ 6: n. 26 ngr

Möbel-Journal, neuestes Mainzer, gez. von D. Freudenvoll. 2. u. 3. Jahrg. à 6 Liefgn. (à 8 lith. Bl.) Mainz (853—56.) v. Zabern in Comm. Fol. Jede Liefg. n. 25 ngr

— Pariser. 1.—12. Hft. Mit à 4 ill. Bl. St. Gallen 841, 42, Tribelhorn. à n. ½ ₰

Moebel-Journal, praktisches, hrsg. von W. Kruspig. 1. Jahrg. 1878. 6 Hefte. gr. Fol. (à Heft 4 color. Stnt. mit Modellen in Imp.-Fol. und 4 S. autogr. Text in Fol.) Gotha, Oesterheld's Selbstverlag. à Heft * M 3,50. *
Nicht weiter erschienen.

List, Ferdinand. Wiener Möbel-Journal. *Wien. Friedr. Manz.* XIV. Jahrg. 67.—78. Liefer. Taf. Nr. 397—468. gr. 8°. 12 Liefer. o. 72 Blätter 4 fl.
Jeden Monat erscheint 1 Lief. von 6 lithogr. Blättern.

List, Ferdinand. Wiener Möbel-Journal. *Wien. Friedrich Manz.* XIV. Jhrg. 79. u. 80. Lief. Taf. Nr. 469—480, gr. 8°. 12 Lief. od. 72 Bl. 4 fl.

— Wiener. Herausg. von Ferd. List. 9—14. Jahrg. 1853—58. à 12 Liefgn. (à 6 lith. Bl.) Wien. (Prandel u. Meyer.) 4. Jeder Jahrg. n. 4 ℛ.

— wiener. Hrsg. von Ferd. List. 16. und 17. Jahrg. 1858 und 1859. à Jahrg. 12 Lfgn. (à 6 Stnt.) hoch 4. Wien, (Prandel und Ewald.) à Jahrg. **

Möbelmagazin, od. Samml. Londner u. Pariser Möbeln, als Muster f. Tischler. 1s—11s Hft. m. K. Fol. Leipz. Leo. 802—10. (à 1 Rthlr.)

Möbel-Magazin, das. Illustriertes Zentralorgan f. die Gesamtinteressen aller holzverarbeit. Industrien, besond. für die Möbelfabrikation; sowie f. Tapezierer, Dekorateure, Glaser, Vergolder u. Sargmagazine. Red.: Pet. Malle. Jahrg. 1904. 26 Nrn. (432 S. m. Abb. u. 27 Taf.) Fol. Berlin, Verlagsgesellschaft „Das Möbel-Magazin". n. 2.—

— dasselbe. Mit den Beiblättern: „Der mod. Tischler" u. „Der mod. Tapezierer". 2. u. 3. Jahrg. 1905 u. 1906. à 26 Nrn. (636 u. 832 S. m. Abb. u. Taf.) Fol. Ebd. à Jhrg. n. 5.—

Möbel-Magazin, das kleine, enthalt.: Abbildungen der neuesten Divans, Fauteuils, Stühle, Vorhänge u. Betten. Für Tischler u. Tapezierer, sowie zur Auswahl f. Jedermann, der elegante Möbel liebt. qu. 16. (31 ill. Stnt.) Leipzig 842, Gebhardt u. Reisland. *

Möbel-Magazin, neu eröffnetes, f. Tischler u. Ebenisten. 11 Hefte. 4. Leipz. 802. Leo. 11 ℛ

Möbelmagazin, neues berliner. Eine Sammlung von Originalzeichnungen, nebst Details in größerem Maaßstabe und erläut. Text für Tischler, Bildhauer und Vergolder. 1. Lfg. Fol. (6 Stnt. und 1 Blatt Text.) Berlin 851, Grieben. *

Möbel-Mappe, neue. Neuzeitliche Vorlagen f. Möbeltischler. I. Serie. 1.—4. Mappe. 41×32 cm. Ravensburg, O. Maier. In Mappe à 10.—
Nierholz, F., Salon-Möbel. 5 Empfangsraum-Einrichtgn. in moderner Ausstattg. 18 teils farb. Taf. perspektiv u. geometr. Ansichten, 10 Detailbog. u. Preisberechngn. (II S. Text.) (908.) (Mappe 3.)
Reiff, T., Speisezimmer-Möbel. 5 Esszimmer-Einrichtgn. in moderner Ausstattg. 26 Taf. Vorlagen u. 6 Detailbog. (II S. Text.) (908.) (Mappe 1.)
Schmohl, P., 12 Schlafzimmer-Einrichtungen. 23 Taf. perspektiv. u. geometr. Ansichten, nebst zahlreichen Details. Preisgekrönte Entwürfe aus dem Wettbewerb der kgl. württb. Centralstelle f. Gewerbe u. Handel in Stuttgart. (23 Taf. u. 9 Detailtaf.) (908.) (Mappe 2.)
Voss, Fritz, 5 Küchen-Einrichtungen. 15 zum Tl. farb. Taf. m. perspektiv. Ansichten, geometr. Darstellgn. u. zahlreichen Details m. allen Preisberechngn. (15 Taf. u. 5 Detailbog. m. 4 S. Text 32×24,5 cm.) (908.) (Mappe 4.)

Möbel-Mode-Journal, neuestes. Herausg. von Louis Beneke. 4—6. Jahrg. (1856—58.) Neue Folge. 1—3. Bd. à 12 Liefgn. (à 3—4 lith. Taf.) Berlin, Th. Grieben. Fol. Jeder Jahrg. n. 4 ℛ. 24 ngr.; einzelne Liefgn. à n. 20 ngr.
Bildet die Fortsetzung der „Neuen Berliner Mode-Zeitung für Tischler."

Möbel-Mode-Journal, neuestes. 5. und 6. Jahrg. oder Neue Folge 2. und 3. Bd. à Bd. 12 Lfgn. (à 4 Stnt.) Fol. Berlin 857. 58, Th. Grieben. [5. Jahrg. * 4 Thlr. 24 Ngr., einzelne Lfgn. * 20 Ngr.; 6. Jahrg. * 4 Thlr., einzelne Lfgn. * 12 Ngr.] *
Ist nicht fortgesetzt worden.

Möbelpolirer, d. englische. Aus d. Engl. 8. Quedlinb. 824. 2e A. 831. Basse. 12 ℊ

Möbel- u. Bauschreiner, der süddeutsche. Illustr. Fachblatt f. die gesamte Möbel- u. Bauschreinerei u. verwandte Geschäftszweige. Mit der Unterhaltungsbeilage: „Gute Unterhaltung". Unter Mitwirkg. hervorrag. Fachmänner hrsg. v. Leonh. Heilborn. 1. Jahrg. Oktbr.—Dezbr. 1901. 6 Nrn. hoch 4. (à ca. 16 S. m. Abbildgn. u. farb. Taf.) Heilbronn. Stuttgart, Greiner & Pfeiffer. n.n. 1.30

— dasselbe. 2. Jahrg. 1902. 24 Nrn. hoch 4. (à ca. 16 S. u. 8 S. in gr. 8 m. farb. Taf.) Stuttgart, Greiner & Pfeiffer. n.n. 5.20

Möbel- u. Bauschreiner, der süddeutsche. Illustriertes prakt. Fachblatt f. die gesamte Möbel- u. Bauschreinerei u. verwandte Geschäftszweige. Mit der Unterhaltungsbeilage: „Gute Unterhaltung". Unter Mitwirkg. hervorrag. Fachmänner hrsg. v. Leonh. Heilborn. Gewerbliches u. industrielles Publikationsorgan ersten Ranges. 3.—5. Jahrg. 1903—1905. à 24 Hefte. (1905: 728 S. m. Abb. u. Taf.) hoch 4. Stuttgart, Greiner & Pfeiffer. à Jhrg. n. 6.—

— dasselbe. 6. Jahrg. 1906. 24 Hefte. (876 S. m. Abb. u. Taf.) 4. Stuttgart, Greiner & Pfeiffer. n. 7.—

Möbel- u. Bauschreiner, der süddeutsche. Illustriertes prakt. Fachblatt f. die gesamte Möbel- u. Bauschreinerei u. verwandte Geschäftszweige. Mit der Unterhaltungsbeilage: „Gute Unterhaltg." Unter Mitwirkg. hervorrag. Fachmänner hrsg. v. Leonh. Heilborn. Gewerbliches u. industrielles Publikationsorgan ersten Ranges. Offizielles Organ des Schreinermeisterverbandes f. Württemberg u. Hohenzollern usw. 7.—10. Jahrg. 1907—1910. à 24 Hefte. (IV, 960. IV, 1052; IV, 1204 u. IV, 1184 S. m. 15, 22, 37 u. 25 Taf.) 33×24 cm. Stuttgart, Greiner & Pfeiffer. 7. u. 8. Jahrg. à 8.—; 9. u. 10. Jahrg. à 8.40

Möbel-Tischler, der. Ein Musterbuch f. Möbel-Geschäfte, enth. vollständ. Wohnungs-Einrichtgn. in 118 Möbel- u. Polstermöbel-Abbildgn. auf 24 (lith.) Taf. qu. gr. 4. (4 S. Text.) Berlin 891. S. Mode's Verl. Kart. 4.—

Moebel- u. Bautischler, der. Ein Taschenbuch zur Lohn- u. Preisberechng. aller vorkomm. Bau- u. Möbeltischlerarbeiten f. Meister u. Gehülfen bearb. v. den vereinigten Tischlnen in Zwickau. 8. (VIII, 150 S.) Zwickau 874. Dominik. geb. n. 3.—

Möbel-Tischler, der kleine, enthalt.: Abbildungen von Möbels nach dem neuesten Geschmacke. qu. 16. (31 ill. Bl.) Leipzig 843, Gebhardt u. Reisland. Thlr. *

Möbeltischler, der moderne. Samml. v. Original-Meubles-Zeichnungen im neuesten Geschmack. gr. Fol. (12 lith. Taf.) Berlin 846, Heymann. n. 1½ ℛ

Möbeltischler, der praktische. Eine Sammlung grösstentheils ausgeführter Arbeiten mit Details in natürl. Grösse. Hrsg. von Wilh. Kick. 1. und 2. Serie. à 6 Lfgn. Fol. (à Lfg. 4 Stnt. mit 7 Bog. Details.) Stuttgart 883, Wittwer. à Lfg. ℳ 2,50.; à Serie

—— dass. — Hrsg. von Wilh. Kick und Otto Seubert. 3. Serie. 10 Hefte. Fol. (à Heft 4 Stnt. mit 6 Detailbog.) Ebendas. 884. à Heft ℳ 2,50.

Möbeltischler, der praktische. Eine Sammlg. grösstentheils ausgeführter Arbeiten m. Details in natürl. Grösse. Hrsg. v. Wilh. Kick u. O. Seubert. 1—3. Serie. à 6 Lfgn. Fol. (à 4 Steintaf. m. 7 Bog. Details.) Stuttgart 883—85. Wittwer. à Lfg. 2. 50 (à Serie cplt. in Mappe: n. 16. —)

Möbel- und Bautischler, der praktische, s. Kick, Wilh., und Otto Seubert.

Möbeltransport-Kalender 1897. Hrsg. u. bearb. (unt. Mitwirkg. bewährter Fachmänner) v. Louis Müller. 7. Jahrg. gr. 16. (XVI, 80 S. u. Schreibkalender.) Berlin (s.o. Schmidstr. 7a), Verlag der Zeitschrift „D. Fuhrhalter". Kart. n. 1. 50

Möbelzeichner, der. Selbstunterrichts-Briefe im Fachzeichnen, Stillehre, Kalkulation usw. f. Tischler, Drechsler, Möbel-Fabrikanten, Zeichner, Fachschüler, Gehilfen, Lehrlinge usw. Beilage z. illustr. Tischlerzeitg. Wohnungskunst- u. Holzarchitektur. Hrsg. u. red. v. Alfr. Busch. 1. Bd. 1910. 6 Hefte. (1. Heft. IV, 4 S.) 8. Berlin, (N. 65, Malplaquetstr. 14—16) Vorbereitungs-Bureau d. Norddtsch. Tischler-Fachsch. 4.—
Erscheint nicht mehr.

Möbelzeichnungen in natürlicher Größe. 1., 2. Liefg. Blatt 1—16. Lith. Imp.-Fol. Berlin 845, 46, Heymann. n. 2 ₰ Jedes Blatt n. 1/8 ₰

Möbel-Zeichnungen in natürlicher Größe. 3. Lfg. gr. Fol. (6 lith. Taf.) Berlin 847, C. Heymann. n. 24 ngr (1—3: n. 2 ₰ 24 ngr)

Möbelzeichnungen f. Tischler, in 6 Blätt. gr. 4. Berl. 827. Logier. 1 ₰

Moberg, Axel, Buch der Strahlen, s.: Barhebräus.

— s. 'Obeidallah B. Ahmed Al-Mikâli, Gedichte.

Moberg (J. C.), Untersuchungen über die Grünsteine des westlichen Blekinge und der angrenzenden Theile Schonens. Mit 1 Uebersichtskarte. Stockholm 1896. 8.

Moberg, Peter (Karlskrona/Schweden), De origine voluptatis. Diss. graduad. Präs. Johann Christoph Muhrbeck. Greifswald (A. F. Röse) 16. X. 1771. 24 S. (5.—) 23446
Gew.: Friedrich Carl Sinklaire, Paul Stockenström, Helena Catharina Enander.

Moberly Fortschritt: 1881? Moberley, MO
Weekly.

Mobiliar-Assekuranzgesetz für den Kanton Zug. Vom 5. April 1871. 5 S. 8.

Mobiliar-Assecuranz, Die staatliche, im Kanton Glarus; ein Mahnruf . . . Glarus 1890. V: *Meyer, Conr.* (Cat. d. Stadtbibl. Zürich. Zürich 1864—97.)

Mobiliar-Assekuranz Die staatliche, im Kanton Schaffhausen, ein Mahnruf zur Beherzigung. Schaffhausen 1889. V: *Meyer, Konrad.* (zuwzür 13, 1909, I, S. 79)

Mobiliar-Besitzstand, unser. Zugleich Werthtaxe f. die Feuerversicherungs-Police. gr. 4. (76 S.) Leipzig 892. Jüstel & Göttel n. 3. —

Mobiliar-Entwürfe, vier, für Wohnzimmer. Mit 6 Details. Winterthur 1879

Mobiliar-Feuerversicherungen, die. Verordnung vom 11. Septbr. 1872. Die Brandversicherungskammer. Verordnung vom 30. Aug. 1875. 8 (6 S.) Würzburg 883. Stahel. — 20

Mobiliar-Feuerversicherungswesen, das, im Königreich Bayern nach den bestehenden Verordnungen mit einer Uebersicht der in Bayern concessionirten Mobiliar-Feuerversicherungs-Assekuranzen. 8. (23 S.) München 861, Franz.

Mobiliarverlosung, Cupidos, ein neues Gesellschaftsspiel . . . Berlin 1791. V: *Plant, Johann Traugott.* (ML)

Mobiliar - Versicherungsgesellschaft, Die schweizerische, und ihre 37jährige Wirksamkeit. 4. Aufl. Zürich 1864. V: *Meyer, Conr.* (Cat. d. Stadtbibl. Zürich. Zürich 1864—97.)

Mobiliar - Versicherungsgesellschaft, Die schweizerische, und ihre 41jährige Wirksamkeit. 5. Aufl. Zürich 1868. V: *Meyer, Conr.* (Cat. d. Stadtbibl. Zürich. Zürich 1864—97.)

Schweizer. Mobiliar - Versicherungs - Gesellschaft in Bern. Auszug aus der 46. Hauptrechnung pr. 30. Juni 1872. 8 Stn. 8. 1873

Mobiliar - Versicherungsgesellschaft, Die schweizerische, und ihre 50jährige Wirksamkeit. Zürich 1877. V: *Meyer, Conr.* (Cat. d. Stadtbibl. Zürich. Zürich 1864—97.)

Mobiliar-Versicherungs - Gesellschaft, Schweizer., auf Gegenseitigkeit und ihre fünfzigjährige Wirksamkeit. Jubiläumsschrift bearb. von einem Freunde vaterländ. Anstalten. 60 Stn. 8. und 1 Tabl. fol. Zürich, Druck von J. Herzog. 1877

Mobiliar-Verzeichnis (f. Feuerversicherung). (Von O. Vater.) (19 S.) gr. 8. Rudolstadt 904. (Müller.) n. — 20

Mobilien-Entwürfe hrsg. vom Gewerbe-Verein in Hamburg unter Mitwirkung hamburg. Architekten und Bildhauer. 1.—7. Heft. gr. Fol. Hamburg, Boysen. *

Inhalt:

Heft 1. Mobiliar eines Speise-Zimmers. (5 Stnt. in Imp.-Fol.) 872. *M. 2,50.
» 2. Hauers, Wilh., Einrichtung eines Herren-Zimmers. (7 Stnt. in Fol. und Imp.-Fol.) 874. *M. 2,50.
» 3. Koch, Paul, Einrichtung eines Wohnzimmers. (6 Stnt. in Fol.) 874. *M. 2,50.
» 4. Grotjan, J., Einrichtung eines Damen-Salons. (6 Stnt. in Fol. und Imp.-Fol.) 874. *M. 2,50.
» 5. Jordan, Speisezimmer. (5 Stnt. in Fol. und Imp.-Fol.) 874. *M. 2.
» 6. Hauers, Wilh., Wohnzimmer. (2 Stnt. in Fol. und Imp.-Fol.) 874. *M. 2.
» 7. Grotjan, J., Schlafzimmer. (6 Stnt. in Fol. und Imp.-Fol.) 874. *M. 2,50.

Mobilien-Entwürfe, hrsg. vom Gewerbe-Verein in Hamburg unter Mitwirkung hamburg. Architecten und Bildhauer. 8. und 9. Heft. gr. Fol. Hamburg 875, Boysen. à Heft *M. 2,50. *

Inhalt:

Heft 8. Cigarrenschrank. Entworfen von Ed. Hallier. (5 Stnt. in gr. Fol. und Imp.-Fol.)
» 9. Ausstattung eines Empfangszimmers. Entworfen von Thdr. Necker. 4 Blatt Entwürfe und 4 Detailzeichnungen. (Stnt. in gr. Fol. und Imp.-Fol.)
1.—7. Heft. Ebendas. 1872—74. *M. 16,50.

Mobilisierung und Hypothecirung von Lagergütern durch das Warrantsystem. [Zittau 1876.] V: *Roscher, Carl.* (Kat. d. stat. Bureaus. Dresden 1890.)

Mobilisirungs-Plan München 1870.

Mobilmachung, die, d. Weiber. Von Vir. gr. 8. (96 S.) München 896. O. Galler. 1.20

Mobilmachungsplan, Ein Brandenburgischer, aus dem Jahre 1477. Aus: „Kriegsgeschichtliche Einzelschriften." 3. Heft. Berlin 1884.

[F.] Ein Brandenburgischer Mobilmachungsplan aus dem Jahre 1477 . . 2. durchges. Aufl. Berlin. E. S. Mittler & Sohn 1896. 2 Bl., 36 S.) 8.
— Einzelschriften, Kriegsgeschichtliche. H. 3, 1]. [50. 6137

Möbis, Emil, Gedichte. 12. (110 S.) Neu-Ruppin 897. R. Michaölis. n. 1.50; geb. n. 2.50

Moebis, Ernesto: Über die Aufspaltung des δ-Chlor-γ-valerolactons durch die Salze schwacher Säuren. (Berlin: G. Schade 1909.) 29 S. 8°
Berlin, Phil. Diss. v. 29. Jan. 1909, Ref. Fischer
[Geb. 12. Sept. 80 Iquique; Wohnort: Berlin; Staatsangeh.: Chile; Vorbildung: Staats-Univ Chile Baccal. O. 03; Studium: Berlin 8 S.; Rig. 14. Jan. 09.] [U 09. 237

Mobitz, Friedr., experimentelle Studien über die quantitativen Veränderungen des Hämoglobingehaltes im Blute bei septischem Fieber. Inaugural-Dissertation. gr. 8. (84 S. mit 3 graph. Stnt.) Dorpat 883, (Karow.) *

Möbius [Sachliches OW]

Möbius, Paul, als Schulmann u. Dichter, s. Schmeißer, Rich.

Möbius [Verfasser]

Möbius: Üb. d. sittl. Gefahren d. Buchhandlungs-Lehrlinge. Leipzig 1863
Schul-/Univ.-Schrift

Moebius, Diss. de temperamentis, Jen. 4°. 1751

Moebius, über die Verbreitg. des Weichselzopfes in d. Reg.-Bezz. Marienwerder, Bromberg u. Posen. gr. 8. (20 S.) Jena 900. G. Fischer. n. 2.25
Sonderabdruck aus: „Klin. Jahrb."

Moebius, A., Constantin Brunners Lehre, das Evangelium f. d. Gemeinschaft d. geistig Lebendigen. Eine Studie. (75 S.) gr. 8. Berlin (910). Verl. Neues Leben W. Borngraeber. 2.—

Moebius, A. E., s. Moebius, August Ferdinand

Möbius, Alfr., Bilder aus Großzschochers Vergangenheit. Geschichte der Dörfer Großzschocher-Windorf. Nach Quellen bearb. u. Schule u. Haus gewidmet. (VI, 116 S. m. Abbildgn. u. 4 Taf.) 8. Leipzig 906. (J. v. Schalscha-Ehrenfeld.) n. 2.—

Möbius, Alfred: Darstellung und Beurteilung der pädagogischen Ansichten Justus Mösers. Leipzig 1909: Hirschfeld. VI, 99 S. 8°
Leipzig, Phil. Diss. v. 23. Okt. 1909, Ref. Volkelt, M. Heinze †
[Geb. 27 Mai 78 Leipzig, Wohnort Leipzig Staatsangeh. Sachsen, Vorbildung: Sem. Grimma bis 98, Wahlfähigk. Nov 00; Studium: Leipzig 7 S. Rig. 8 Juni 09.] [U 10. 3197

Möbius, Ant., s. Ciceronis orationes selectae.

Möbius, Ant., Probe einer Uebersetzung u. fortgehenden Erklärung der hebräischen kleinen Propheten. — Der Prophet Micha. gr. 8. Lemgo 834 Meyer. 1/6 ₰

Moebius, August Ferdinand

— — u. (Socius) **August Lang** (Collmen/Freiberg), De peculiaribus quibusdam ae quationum trigonometricarum affectionibus disquisitio analytica. Leipzig April 1815. 22 S. (2.50) 23461

Möbius, A. F., u. Walt. F. **Wislicenus**, Astronomie, s.a. Sammlung Göschen.

Astronomie. Größe, Bewegung u. Entfernung d. Himmelskörper Von A[ugust] F[erdinand] **Möbius**. 11 Aufl. bearb. von Dr Hermann Kobold. 1 Leipzig Göschen 1910 8°
(Sammlung Göschen 11.) A 12. 1124 II

Möbius, Aug. Ferd., die wahre u. d. scheinbare Bahn d. Halley'schen Kometen bei seiner Wiederkunft im J. 1835, anschaul. dargest. u. faßl. erklärt. M. 1 Kpfrt. (gr. Fol.) 1. Aufl. (2½ B.) 834., 2., verm. u. verb. A. (3 B.) gr. 8. Leipzig 835, Göschen. à .

— A. F. Beitrag zu der Lehre von der Auflösung numerischer Gleichungen. Leipzig 1853.

Möbius, (A. F.,) Beobachtt. a. d. Universit.-Sternwarte zu Leipzig, nebst Beschreib. d. jetzig. Einrichtung derselben u. e. Anhange geometr. Inhalts; mit 1 Kpfr. gr. 8. Leipzig 823, Cnobloch.

Möbius, Bilder aus der evangel. Bewegg. in der Steiermark, s.a. Wartburghefte. 18. Hft.

Möbius: Bilder aus der evangelischen Bewegung in der Steiermark. Von Pastor Möbius in Goslar. (Leipzig: C. Braun 1901.) (22 S.) 8° [Kopft.]
Aus: Sonntagsbote d. Ev. Bundes (1901.)
Wartburghefte. No 18.

Möbius, A. F., Kurze Darstellung der Haupt Eigenschaften eines Systems von Linsengläsern. (Aus Crelle's Journ. d. M. V. V Bd., 2. Heft.)

Möbius, Aug. Ferd., die Elemente der Mechanik des Himmels, auf neuem Wege ohne Hülfe höherer Rechnungsarten dargestellt. gr. 8. (21 B. u. 2 Figurentaf.) Leipzig 843, Weidmann'sche Buchh.

— — Variationum quas elementa motus perturbati planetarum subeunt nova et facilis evolutio. Leipzig (C. P. Melzer) 24. X. 1844. 15 S. (2.50) 23460

Möbius A. F. Ueber das Gesetz der Symmetrie der Krystalle und die Anwendung dieses Gesetzes auf die Eintheilung der Krystalle in Systeme. (Aus den Berichten über d. Verhandl. d. k sächs. Gesellsch.d. Wissensch.) Leipzig. 1850. 8.

Möbius, A. F., über die Grundformen der Linien der dritten Ordnung. [Aus den Abhandlungen der mathematisch-phys. Classe der Königl. Sächs. Gesellschaft der Wissenschaften zu Leipzig.] hoch 4. (84 S. m. 1 lith. Taf. in qu. Fol.) Leipzig 849, Weidmann (jetzt Hirzel). n. 24 ngl

Möbius, A. F. Über die Grundformen der Linien der dritten Ordnung. 1852.

Möbius, A. F. Die Hauptsätze der Astronomie, s.a. Sammlung Göschen.

Möbius, Aug. Ferd., die Hauptsätze d. Astronomie, z. Gebr. bei seinen Vorlesn. f. Gebildete zusammengestellt. gr. 8. (2 B.) Leipzig 836, [Göschensche Vrlsh.] *

—— die Hauptsätze der Astronomie z. Gebrauche bei seinen Vorlesungen f. Gebildete zusammengestellt. 2., verb. u. verm. Aufl. gr. 8. (2 B.) Leipzig 844, Göschensche Vrlgsh. *

Möbius, Aug. Ferd., die Hauptsätze der Astronomie zum Gebrauche bei seinen Vorlesungen für Gebildete zusammengestellt. 3., verb. und verm. Aufl. gr. 8. (32 S.) Leipzig 853, Göschen'sche Vrlgsh. *

Möbius, Aug. Ferd., die Hauptsätze der Astronomie zum Gebrauche bei seinen Vorlesungen für Gebildete zusammengestellt. 6. verb. Aufl. gr. 8. (36 S.) Stuttgart 874, Göschen'sche Verlagsh.

— der barycentrische Calcül, ein neues Hülfsmittel z. analytischen Behandlung d. Geometrie dargestellt. Mit 4 Kpfr. gr. 8. Leipz 827, Barth.

Möbius. A. F. Der Halley'sche Komet. 2. A. 1835.

—— Lehrbuch d. Statik. 2 Thle. gr. 8. (43¾ B. u. 3 Kpfrt.) Leipzig 837, [Göschensche Vrlsh.]

– Ueber eine Methode, um von Relationen, welche der Longimetrie angehören, zu entsprechenden Sätzen der Planimetrie zu gelangen. Leipzig 1853.

—de computandis occultationibus fixarum per planetas. Diss. astron. 4. Leipz. 815. (Reclam). 12 gl

Möbius, A. F. Analytische Sphaerik. 4.

—— die Theorie der Kreisverwandschaft in rein geometrischer Darstellung. hoch 4. (67 S.) Leipzig 855, Hirzel. *
Aus: Abhandlungen der mathemat.-phys. Classe der königl. sächs. Gesellschaft der Wissenschaften, besonders abgedruckt.

Moebius, August Ferdinand, De minima variatione azimuthi stellarum circulos parallelos uniformiter describentium commentatio qua ad audiendam orationem. Leipzig (C. Tauchnitz) Mai 1816. 20 S. (2.50) 23459

Möbius, Aug. Ferd., gesammelte Werke. Hrsg. auf Veranlassung der königl. sächs. Gesellschaft der Wissenschaften. 4 Bde. Lex.-8. Leipzig, Hirzel. [1. Bd. Hrsg. von R. Baltzer. (XX, 634 S. mit 1 Stahlst.-Bildnisse von Möbius.) 885. *M 16.—.; 2. Bd. Hrsg. von F. Klein. (VII, 708 S.) 886. *M 16.—.; 3. Bd. Hrsg. von F. Klein. (V, 580 S. mit eingedr. Fig.) 886. *M 14.—.; 4. Bd. Hrsg. von W. Scheibner. Mit einem Nachtrage, hrsg. von F. Klein. (VIII, 731 S.) 887. *M 18.—.] *

Möbius, A. F., gesammelte Werke. Hrsg. auf Veranlassg. der königl. sächs. Gesellschaft d. Wissenschaften. 4. Bd. Hrsg. v. W. Scheibner. Mit e. Nachtrage, hrsg. v. F. Klein. Lex.-8. (VIII, 731 S.) Leipzig 887. Hirzel. n. 18. — (cplt.: n. 64. —)

Möbius, Christian Gottlieb

BROCKENMÄDCHEN, Das. Eine abentheuerliche Geschichte (von *Chrn. Gottlieb Möbius*, geb. 29. Octob. 1772 zu Zeitz, 1823 OLGer-Assessor in Naumburg). 3 Thle. Mit 1 TKpf. Leipzig, bei Friedrich Gotthold Jacobäer 1795, 96, 97 8°. (In Dresden Lit. germ. rec. C 913.) (3 Rthl. Scheible, vor 1870.)
Pikanter Roman. 470, 512 u. 388 (208?) Seiten (excl Titelbll.). Goedeke V. 529. 55. 2 Neue Allg D Bibl 29. 325.

Möbius, Chr. Gli., s.a. Ad. v. Ilmenstein.

ILMENSTEIN, Adolph von, der Kreuzfahrer und seine schöne Armgard. Ein romantisches Gemälde aus der Vorzeit (von *Christian Gottlieb Möbius*). Leipzig, bei Friedr. Gotthold Jacobäer. 1795 8°.
TKpf., Tit., 1 Bl. Vorr u. 226 S. Einiges ziemlich frei. — Anon.-Lex. I. p. 30 (nach Kayser u. Meusel).

SCHALLER, Anton, aus Erlau, vom Verfasser des Brockenmädchens und des Grafen Zerner *(Chrn. Gottlieb Möbius)*. 2. Thle. Mit Kpf Leipzig, Martini, 1802. 8° Selten!

ZERNER, Graf, und seine Familie, eine Geschichte vom Verf. des Brockenmädchens *(Chrn. Gottlieb Möbius)*. 2 Thle. Chemnitz, Starke, 1801—2. 8° (In Dessau, Herzogl. Bibl.)

— — Dasselbe. Neue Auflage. 2 Thle. Ebd. 1817 8°.
Neue Allg. dtsch. Bibl. 72,353. — Goedeke V, 529, 55, 3.

Die ersten zehn Jahre weiblicher Vormundschaft in Deutschland. Von DORA MÖBIUS. Nachdruck verboten. Separatabdruck aus der Monatsschrift „Die Frau". Heft 8. 17. Jahrg. (1910). Berlin. W. Moeser Buchdruckerei. (Ohne bes. Titelblatt.) gr. 8°.

Möbius, E., die Tiergebiete der Erde, ihre kartograph. Abgrenzg. u. museolog. Bezeichng. [Aus: „Archiv f. Naturgeschichte".] gr. 8. (15 S. m. 1 farb. Karte.) Berlin 891. Nicolai's Verl. n. 1. 50

Möbius, Ed. Ant. Ldw.

— s. Anacreontis Carmina.

– s. Cicero, Orationes.

Möbius, Ed. Ant. Ldw., elementa philosophiae logicae scholarum. 8. Lemgo 810. Meyer. 8 gl

– s. Musaeus, Hero et Leander.

– s. Nachtfeier d. Venus.

– s. Sappho's Oden.

Möbius, Emil, Ferdinand Möhring. Ein Lebensbild. Mit dem Bilde des Komponisten. 8. (V, 58 S.) Stolp 893. H. Hildebrandt. n. 1. —

Möbius, Erich, Assist. an d. chirurg.-orthopäd. Heilanst. von Prof. Dr Leser, aus Wittenberg Über operative **Heilung großer** Bauchnarbenbrüche. *Halle a. S. 1904: C. A. Kaemmerer & Co.* (48 S.) 8°
Halle, Med. Diss. v. 2. Febr. 1904

Möbius, Ernst [aus Leipzig]: Beiträge zur Charakteristik der Brüder des gemeinsamen Lebens. Leipzig, Druck v. C. Grumbach (1888), IV + 60 S. + 2 Bl. 8°
Leipzig, Phil. Fak., Inaug.-Diss. v. 20. Febr. 1888

Möbius, Ernst, Beiträge zur Charakteristik der Brüder des gemeinsamen Lebens. Diss. Leipzig 1888, Gustav Fock. 8°. IV, 60 S.

Moebius, Ernst [Dr.]: Über die Entwicklung der Naturschilderung in den englischen Reisewerken über Afrika. Kiel, Druck v. L. Handorff, 1895; 1—24 S. 4.
Kiel, st. HM, P 1895**

Moebius, [Ernst], Dr.: Schulrede am hundertjährigen Todestage Schillers. Kiel 1906: L. Handorff. (S. 3—10.) 4°
Kiel, st. HM P 1906 [140]

Studie über die Frauenakademie Chapuzeaus v. Ernst **Möbius**. Kiel 1900. 4°. Progr. d. Höh. Mädchenschule

Möbius, F., nützl. ABC-, Buchstab.- u. Lesebuch, mit Kpf. gr. 8. Bresl. 809. N. A. 814. W. G. Korn. 20 gr

Möbius, F., Lehrbuch der Statik. Leipzig 1837. 2 Bde. 8°.

Möbius, F. A., Die Elemente der Mechanik des Himmels auf neuem Wege ohne Hilfe von höheren Rechnungsarten. Mit 2 Figtfln. Leipzig 1843. 8°.

Moebius, Fr. W[ilhelm], approb. Arzt aus Friesenried. **Statistischer Bericht über 112 in den Jahren 1896—1900 in der kgl. chirurgischen Klinik zu München operierte Hernien.** *München 1902: C. Wolf & Sohn.* (40 S.) 8°
München, Med. Diss. v. 1902

Moebius, Friedrich, approb. Arzt aus Göttingen. **Ueber Combination** von Osteomalacie mit Symptomen des Morbus Basedowii und des Myxoedems. *Göttingen 1899: Dieterich.* (44 S.) 8°
Göttingen, Med. Diss. v. [29. Aug.] 1899

Moebius, Frdr., über Combination v. Osteomalacie m. Symptomen des Morbus Basedowii u. des Myxoedems. Diss. gr. 8. (44 S.) Göttingen 899. (Vandenhoeck & Ruprecht.) n. 1. —

Möbius, Geo., theologie canonica. 8. Coph. 707.

Möbius, Gust., Erörterungen und Aphorismen die Vormundschaftsordnung vom 5. Juli 1875 betr. gr. 8. (24 S.) Breslau 876, Maruschke und Berendt. *

Möbius, Gustav, Die Schulturnräume, ihre Anlage und Einrichtung, Wiener-Neustadt 1896, 9 S., Gr.-8°.

Möbius, H., kleine Gesangschule. Systematische Übungen zur Erlernung der Noten u. der Treffsicherheit beim Singen. Für die Volksschule bearb. gr. 8. (27 S.) Dresden 888. Meinhold & Söhne. n. — 50

Möbius, H. 30 Notentafeln. 1.—3. Abtl. Taf. 1—30. Imp.-Fol. Dresd., Meinhold u. Söhne. [1. Abtl. Taf. 1—12. 889. * 6 —; 2. Abtl. Taf. 13—20. 889. * 4 —; 3. Abtl. Taf. 21—30. 892. * 5 —.] * 15 —

Möbius, H., H. Pöthig und O. Werner, Rechenbuch für Volksschulen. 4 Hefte. 1.—3. verb. Aufl. gr. 8. (51; 64; 55; 44 S.) Leipzig 880—83, Klinkhardt. à Heft * 20 Pf. *

— — — dasselbe. Praktische Winke u. Facitbuch dazu. gr. 8. (101 S.) Ebend. 881. n. 1. —

— — — Wiederholungs- u. Ergänzungsheft zu dem Rechenbuch für Volksschulen in 4 Hftn. gr. 8. (56 S.) Ebend. 882. n.n. — 25

— — — dasselbe. Facitbuch. gr. 8. (13 S.) Ebend. 882. n. — 40

Möbius, H., H. Pöthig, O. Werner, Rechenbuch f. Volksschulen in 4 Hftn. gr. 8. Leipzig, Klinkhardt. à n. — 20
1. 6. Aufl. (51 S.) 886. — 2. 5. Aufl. (64 S.) 885. — 3. 5. Aufl. (55 S.) 885. — 4. 4. Aufl. (44 S.) 886.

— H. **Pöthig, O. Werner**, Rechenbuch f. Volksschulen in 4 Hftn. gr. 8. Leipzig, Klinkhardt. à n. — 20
1. 7. Aufl. (51 S.) 887. — 2. 7. Aufl. (64 S.) 888. — 3. 7. Aufl. (55 S.) 889. — 4. 5. Aufl. (47 S.) 889.

—— H. Pöthig, O. Werner. Rechenbuch f. Volksschulen in 4 Heften. gr. 8. Lpz., Klinkhardt. [1. Heft. 9. Aufl. (51 S.) 891; 2. Heft. 9. Aufl. (64 S.) 892; 3. Heft. 8. Aufl. (55 S.) 892; 4. Heft. 5. Aufl. (47 S.) 889.] à Heft * — 20

Möbius, H., H. Pöthig, O. Werner, Rechenbuch f. Volksschulen in 4 Hftn. gr. 8. Leipzig, J. Klinkhardt. à n. — 20
1. 9. Aufl. (51 S.) 891. — 2. 9. Aufl. (64 S.) 892. — 3. 9. Aufl. (55 S.) 894. — 4. 6. Aufl. (47 S.) 893.

Möbius, H., H. Pöthig, O. Werner, Rechenbuch f. Volksschulen in 4 Hftn. gr. 8. Leipzig, J. Klinkhardt. à n. — 20
1. Der Zahlenraum v. 1—100. 12. Aufl. (51 S.) 897.
2. D. Zahlenraum v. 1—1000. 11. Aufl. (64 S.) 897.
3. 10. Aufl. (55 S.) 897.
4. D. bürgerl. Rechnungsarten. 7. Aufl. (47 S.) 898.

— — — dasselbe. **Wiederholungs- u. Ergänzungsheft.** 2. Aufl. gr. 8. (55 S.) Ebd. 895. n. — 25

Möbius, H., H. Pöthig, O. Werner, Rechenbuch f. Volksschulen in 4 Hftn. 1. u. 3. Hft. gr. 8. Leipzig 900. J. Klinkhardt. à n. — 20
1. Der Zahlenraum von 1—100. 13. Aufl. (51 S.)
3. Der unbegrenzte Zahlenraum. Die Bruchrechnung. 11. Aufl. (55 S.)

Möbius, H., H. Pöthig, O. Werner, Rechenbuch u. Volksschulen in 4 Heften. 2. Heft. Der Zahlenraum von 1—1000. 12. Aufl. (64 S.) gr. 8. Leipzig 902. J. Klinkhardt. n. — 20

Möbius, H., H. Pöthig, O. Werner, Rechenbuch f. Volksschulen in 4 Heften. I. Heft. Der Zahlenraum v. 1—100. 14. Aufl. (51 S.) 8. Leipzig 909. J. Klinkhardt. — 20

Möbius, Heinr. Chr. Wilh., Predigt am Tage der Stadtverordnetenwahl zu Benneckenstein. Dom. II. Advent, d. 5. Decbr. 1847 gehalten. gr. 8. (15 S.) Nordhausen 847, Förstemann. n. 1/12 rf

Moebius, Heinz, Referendar in Berlin: Die Verpachtung eines Handelsgeschäftes. Borna-Leipzig 1905: R. Noske. (IX, 59 S.) 8° [F.]
Rostock, Jur. Fak., Ref. Lehmann, Diss. v. 5. Juni 1905
[Geb. 3. Okt. 81 Posen; Wohnort; Berlin; Staatsangeb.: Preußen; Vorbildung: Wilhelms-Gymn. Berlin Reife M. 00, Studium: Berlin 1, Freiburg i. B. 1, Berlin 4 S.; Rig. 7. Febr. 05.]

Möbius, Hermine. Fünf Erzählungen für jung u. alt, s. Köhler's illustr. Jugend- u. Volksbibliothek.

— deutsche Göttersagen, s.: Aus unserer Väter Tagen.

Möbius, Hermine, deutsche Götter- u. Heldensagen. Für d. Jugend erzählt. M. Illustr. v. E. H. Walther u. Th. Arldt. gr. 8. (446 S.) Dresden (897). A. Köhler. n. 2. 40; geb. in Leinw. n. 3. —

Möbius, Hermine, deutsche Götter- u. Heldensagen. Für die Jugend erzählt. Mit Illustr. v. E. H. Walther u. Th. Arldt. 3. Aufl. gr. 8. (446 S.) Dresden (901). A. Köhler. Geb. in Leinw. n. 3. —

Möbius, Hermine, deutsche Götter- u. Heldensagen. Für die Jugend erzählt. Buchschmuck v. Arpad Schmidhammer. 4 Aufl. (4.—8. Taus.) (IV, 448 S.) 8. Dresden (903). A. Köhler. Geb. in Leinw. n. 3. —

Möbius, Hermine, deutsche Götter- u. Heldensagen. Für die Jugend erzählt. Buchschmuck v. Arpad Schmidhammer. 5. Aufl. (9. u. 10. Taus.) (IV, 448 S. m. 14 Vollbildern.) 8. Dresden 908. A. Köhler. Geb. in Leinw. 3. —

Möbius, Hermine, Märchen. Für die Jugend ausgewählt u. bearb. Mit 6 Vollbildern v. Gust. Bartsch. 8. (234 S.) Dresden 890. Alex. Köhler. geb. n. 2. —

— Märchen. Für die Jugend ausgewählt u. bearb. Mit 6 Chromobildern v. E. H. Walther. 8. (234 S.) Dresden 891. A. Köhler. Geb. in Leinw. n. 2. 50

— Marianne. Erzählg. Illustr. v. E. H. Walther. gr. 8. (175 S.) Ebd. 895. 2. —; geb. in Leinw. n. 3. —

— die Nibelungensage, s.: Aus unsrer Väter Tagen.

— u. Hugo Möbius, Peter Rosegger. Ein Beitrag zur Kenntnis seines Lebens u. Schaffens. Mit zahlr. Illustr., e. Handschriftendr.-Beilage u. e. alphabet. Verzeichnis der hochdeutschen Schriften Roseggers. (III, 155 S.) Lex.-8. Leipzig (903). L. Staackmann. Kart. n. 3. 50

— Heinrich Schaumberger. Sein Leben u. seine Werke. Nach authent. Quellen dargestellt. Mit Schaumberger's (Lichtdr.-)Bildnis. 8. (VII, 424 S.) Wolfenbüttel 883. Zwißler. n. 3. —; geb. n. 4. —

— Heinrich Schaumberger. Leben u. Werke. Biographie. — Schaumberger, Heinr.: Eine Weihnacht auf dem Lande. Eine lust. Knabengeschichte. (60 u. 48 S. m. 10 Taf. u. 1 Fksm.) 8. Leipzig (905). C. Grumbach. 1. —; geb. 1. 50; ermäß. Preis n. — 75; geb. n. 1. —

— aus Stadt u. Land, s.: Rosegger, Pet.

— Wohltun bringt Segen u. andere Erzählungen, s.a. **Bücherei f. die Jugend. 17. Bdchn.**

MÖBIUS, Hermine
(F) Wohlthun bringt Segen und andere Erzählungen. Von Hermine Möbius. (Ambros' Bücherei XVII.) Wien. [1899.] Pichler. 8°. 76 S. mit 1 Tafel. Geb. fl. —·40

Möbius, Hugo, s.a. Möbius, Hermine

Möbius, Hugo, die Kinder Israel nie in Aegypten. Populär-wissenschaftl. Studie üb. die Lage d. bibl. Landes Mizraim. 8. (17 S.) Ilmenau 884. Schröter. — 30

Möbius, J., s. Möbius, Paul Julius

Möbius, Jh. Aug., histor.-diplomat. Nachrr. v. Voigtlande u. d. Stadt Mühltrof. 8. Jena 760. Melchior. 12 gr.

— Johann August (Martinsckirgen./Meißen), Fori aliquot observationes. Präs. Gottfr. Lud. Mencken. Wittenberg (Gerdes) 29. VI. 1723. 16 S. (4.—) 23467

— Johann Friedrich (Glauchau/Schönburg), Observationes medicas miscellaneas theoreticas et practicas. Diss. med. Präs. Lorenz Heister. Helmstedt (P. D. Schnorr) 19. XII. 1730. 40 S. (5.50) 23468

Möbius, Joh. Gtl., der Holz-Bein- u. Horn-Drechsler. Ein Beitr. zu bess. Fortbildung d. Drechslerei u. zu Vorlagen in Handwerksschulen, insbesond. f. d. Sonntags-Handwerksschule in Nürnberg bearb. 1. Hft. gr. 4. (6 Kpfrt. u. 1 B.) Nürnberg 837, Riegel u. Wießner. *

Möbius, Julius Paul, s. Möbius, Paul Julius

Möbius, Karl, s.a. Möbius, Karl August

Möbius, Karl, Ästhetik der Tierwelt. (V, 128 S. m. 195 Abb. u. 3 [2 farb.] Taf.) Lex. 8. Jena 908. G. Fischer. 6.—; geb. 7. 50

Moebius, Karl, die Auster und die Austernwirthschaft. 8. (VII, 126 S. mit 1 zinkotyp. Karte und 9 eingedr. Holzschn.) Berlin 877, [Wiegandt, Hempel und Parey.] Parey. *

Möbius, Karl, über Austern- und Miesmuschelzucht und die Hebung derselben an den norddeutschen Küsten. gr. 8. (67 S. mit eingedr. Holzschn. und 1 lithogr. und color. Karte in qu. Fol.) Berlin 870, Wiegandt, Hempel und Parey. *

— der Bau des Eozoon canadense nach eigenen Untersuchungen verglichen mit dem Bau der Foraminiferen. gr. 4. (18 S. mit 18 lithogr. und chromolithogr. Taf. und 18 Bl. Tafelerklärungen.) Kassel 878, Fischer. *
Aus: Palaeontographica, besonders abgedruckt.

— über den Bau, den Mechanismus u. die Entwicklung der Nesselkapseln einiger Polypen u. Quallen, s. Abhandlungen aus dem Gebiete der Naturwissenschaften.

— Beiträge zur Lehre v. d. Fortpflanzung d. Gewächse. gr. 8. (VIII, 212 S. m. 36 Abb.) Jena 897. G. Fischer. n. 4. 50

— F. Richters u. E. v. Martens, Beiträge zur Meeresfauna der Insel Mauritius u. der Seychellen, bearb. nach Sammlungen, angelegt auf einer Reise nach Mauritius von K. Möbius. Mit einer (chromolith.) Karte u. 22 (lith., zum Thl. farb.) Taf. Mit Unterstützung der königl. Akad. d. Wiss. in Berlin hrsg. gr. 4. (VI, 352 S.) Berlin 880. Gutmann. cart. n. 68. —

Bericht über die Sparkasse der Stadt Mühlberg a. Elbe 1866–1906. Aus Anlaß ihres 40j. Bestehens am 1. Okt. 1906 verf v Rendanten (Karl) Moebius. Mühlberg a. Elbe (1906) F. Lindhorst. (20 S.) 8° [N.]

Bericht über Untersuchungen des Zustandes der Geschlechtsdrüsen weiblicher und männlicher Aale v Karl Möbius. Berlin. 1887. Siehe in 5. Bericht der Commission zur wissenschaftlichen Untersuchung der deutschen Meere in Kiel. Jg. 12—16. Fol.

—— die Bewegungen der fliegenden Fische durch die Luft, nach eigenen und fremden Beobachtungen beschrieben und erklärt. gr. 8. (VI, 40 S. mit 1 eingedr. Holzschn. und 1 Stnt.) Leipzig 878, Engelmann. *
Aus: Zeitschrift für wissenschaftl. Zoologie, besonders abgedruckt.

Möbius, Karl, die Bildung, Geltung und Bezeichnung der Artbegriffe und ihr Verhältniss zur Abstammungslehre. gr. 8. (36 S.) Jena 886, Fischer. *
Aus: Zoologische Jahrbücher, besonders abgedruckt.

Bruchstücke einer Infusorienfauna der Kieler Bucht v Karl Möbius. (Mit 7 Taf, Taf IV—X) Sonderabdruck aus Archiv für Naturgeschichte. 1888, 1 Berlin. 1888 8°

Möbius, K., Bruchstücke e. Rhizopodenfauna d. Kieler Bucht. [Aus: „Abhandlgn. d. k. preuss. Akad. d. Wiss. zu Berlin".] gr. 4. (31 S. m. 5 Taf.) Berlin 889. (G. Reimer.) cart. n. 3. —

Systematische Darstellung der Thiere des Plankton's, gewonnen in der westlichen Ostsee und auf einer Fahrt von Kiel in den atlantischen Ocean bis jenseit der Hebriden v Karl Möbius. Mit 2 Tafeln. (Berlin. 1887.) Siehe in 5. Bericht der Commission zur wissenschaftlichen Untersuchung der deutschen Meere in Kiel. Jg. 12—16. Fol.

Ueber den Fang und die Verwerthung der Walfische in Japan. Von Karl Möbius. Mit Bildern aus einem japanischen Werke. Berlin. 1894. Siehe in Mittheilungen der Sektion für Küsten und Hochseefischerei. Jg 10. Beilage. 8°

Möbius, Karl, Fauna der Kieler Bucht, s.: Meyer, H. A.

Möbius, K., und Fr. Heincke, die Fische der Ostsee. Mit (eingedr.) Abbild. aller beschriebenen Arten und 1 (chromolithogr.) Verbreitungskarte. gr. 8. (V, 207 S.) Berlin 883, Parey. *
Aus: IV. Bericht der Commission zur wissenschaftlichen Untersuchung der deutschen Meere in Kiel, besonders abgedruckt.

— das Flaschentierchen, folliculina ampulla, beschrieben u. abgebildet. Mit 1 Taf. [Aus: „Abhandlgn. aus dem Gebiete der Naturwissenschaften". 10. Bd.] gr. 4. (14 S.) Hamburg 887. Friederichsen & Co. n. 1. 50

— die Formen, Farben u. Bewegungen der Vögel, ästhetisch betrachtet. (12 S.) Lex.-8. Ebd. 904. n. — 50

Möbius, K., die Formen u. Farben der Insekten ästhetisch betrachtet. (8 S.) Lex.-8. Berlin 905. (G. Reimer) n. — 50

Möbius, Carl, neue Gorgoniden des naturhistorischen Museums zu Hamburg. gr. 4. (12 S. mit 8 chromolithogr. Taf.) Jena 861, Frommann. *
Aus: Verhandlungen der k. Leop.-Carol. deutschen Akad., besonders abgedruckt.

Möbius, K., über die Grundlagen der aesthetischen Beurtheilung der Säugethiere. gr. 8. (19 S.) Berlin 900. (G. Reimer.) n. 1. —
Sonderabdruck aus: „Sitzungsber. d. preuss. Akad. d. Wiss."

Möbius (Carl) Ist das Eozoon ein versteinerter Wurzelfüssler oder ein Mineralgemenge? (Sep.-Abdr. aus d. Zeitschr „Die Natur", Jahrg. 1879.) Halle. 8.

— können die Tiere Schönheit wahrnehmen u. empfinden? (9 S.) Lex.-8. Ebd. 906. n. — 50
S Sonderabdr. aus: „Sitzungsber. d. preuss. Akad. d. Wiss."

Können wir dazu beitragen, den Bestand unserer nutzbaren Seetiere zu vermindern, zu erhalten oder zu vermehren? Vortrag geh v Karl Möbius. (Kiel. Rendsburg 1883) 8°

—— das Meerleuchten, nach einem im hamburger Athenaeum gehaltenen Vortrage. 8. (32 S. mit 1 Stnt. Abbild. leuchtender Seethiere.) Hamburg 861, Perthes-Besser und Mauke.

Nachtrag zu dem im Jahre 1873 erschienenen Verzeichniss der wirbellosen Thiere der Ostsee v. Karl Möbius. (Berlin. 1884.) Siehe in: 4. Bericht der Commission zur wissenschaftlichen Untersuchung der deutschen Meere in Kiel. Jg. 7—11. Abth. 2. Fol.

Die Ost- und Nordsee nach den neueren deutschen Untersuchungen v Karl Möbius. Mit Abb. ⟨Separatabdruck aus der Zeitschrift „Die Natur". Jg. 1877, Nr 42—46⟩ Halle. (1877) 8°

— die Pantopoden, s.a. Ergebnisse, wissenschaftliche, der deutschen Tiefsee-Expedition.

Die Pantopoden der deutschen Tiefsee-Expedition 1898–1899. Von K[arl] Möbius. Mit Taf. 24–30. ⟨Taf. 1–7.⟩ *(Jena: G. Fischer 1902.)* (S. 177–196.) 4°
= Ergebnisse, Wissenschaftl., d. deutschen Tiefsee-Expedition auf d. Dampfer Valdivia 1898–1899. Bd 3, Lfg 6.

Möbius, Carl, die echten Perlen, s.a. Abhandlungen aus dem Gebiete der Naturwissenschaften.

Möbius. K., Dr., Die echten Perlen, ein Beitrag zur Luxus-, Handels- und Natur-Geschichte derselben. Hamburg 1857.

— neue Seesterne des Hamburger u. Kieler Museums, s. Abhandlungen aus dem Gebiete der Naturwissenschaften.

—— wirbellose Seethiere, s. Anleitung zu wissenschaftlichen Beobachtungen auf Reisen.

Möbius, Karl Ueber die Thiere der schleswig-holsteinischen Austernbänke, ihre physikalischen und biologischen Lebensverhältnisse. (Sitzungsberichte der Königlich Preussischen Akademie der Wissenschaften zu Berlin. 1893. VIII. S. 67—92.) Berlin 1893. 26 S. 8°

Möbius, Kupffer, Haeckel u. A., Die wirbellosen Thiere der Ostsee. Mit 4 Kpfrt. Pb. Kiel 1873. Fol.

—— das Thierleben am Boden der deutschen Ost- und Nordsee, s.a. Sammlung gemeinverständl. wissenschaftl. Vorträge.

Möbius C, das Tierleben am Boden der deutschen Ost- und Nordsee. (Sammlung gemeinverständlicher wissenschaftlicher Vorträge 122) Berlin 1871

Möbius, K., die Thierwelt Ost-Afrikas, s.a. Deutsch-Ost-Afrika.

Die **Thierwelt** Ost-Afrikas und der Nachbargebiete. Hrsg. unter Red. von Prof. K[arl] Möbius. [1. 2.] (Berlin: D. Reimer) 18(95–)98. 4°(8°)
[1.] Wirbelthiere. (In 5 Lfgen.) (1895–96.)
[Sondert. von Lfg. 1:] Matschie, Paul Die Säugethiere Deutsch-Ost-Afrikas. 1895.
[2.] Wirbellose Thiere. (In 9 Lfgen.) 18(96–)98.
(Deutsch-Ost-Afrika. Bd. 3. 4.) [11. 17100

Kurzer Ueberblick der in der Kieler Bucht von uns beobachteten Wirbellosen Thiere, als Vorläufer einer Fauna derselben. Von **Heinrich Adolph Meyer** und **Karl Möbius.** Abgedruckt aus dem 28. Jg (1862) von „Troschel's Archiv für Naturgeschichte" Hamburg. 1862 8°

— über den Umfang u. d. Einrichtg. d. zoolog. Museums zu Berlin. [Aus: „Sitzungsber. d. preuss. Akad. d. Wiss."] Lex.-8. (12 S.) Berlin 898. (G. Reimer.) n. — 50

Untersuchungen über die Nahrung der Heringe im Jahre 1875–76. Von **Karl Möbius.** (Berlin. 1878.) Siehe in 3. Jahresbericht der Commission zur wissenschaftlichen Untersuchung der deutschen Meere in Kiel. Jg. 4. 5 und 6. Fol.

Das Wandern der deutschen Sommervögel. Von K[arl] **Möbius.** Berlin: H. Paetel 1899. (10 S.) 4° (8°)
Aus Himmel u. Erde Jg. 12 H 1 [05. 1351 8

—— über die Goethe'schen Worte: „Leben ist die schönste Erfindung der Natur und der Tod ist ihr Kunstgriff viel Leben zu haben." Rede beim Antritt des Rectorats an der königl. Universität zu Kiel, gehalten am 5. März 1879. 4. (16 S.) Kiel 879, Universitäts-Buchh. *

Möbius, Karl August

Bibliothek Karl (August) Möbius, [Zoologe], (geb. 1825, gest. 1908). 1. Leipzig. Weg 1909. 8°
(Max Weg: Ant.-Katalog. Nr 115.)

— Carl August (Cossdorf/Meißen), Varia juris civilis capita. Präs. Christian Gottlob Einert. Leipzig (Langenheim) 14. VI. 1773. 15 S. (4.—) 23462
Widm. v.: Christian Gottlob Einert.

Möbius, C(arolus) A(ugustus): • Enthelminthica. 69 S. 8° (4°) XIX Taf. quer-8°
Halle-Wittenberg, Phil. Diss. v 30. Dez. 1853
Geb. Eilenburg 7 2. 1825. V
Verf. erlebte die Diplomerneuerung 1903 als Geheimer Regierungsrat, ordentlicher Professor der Zoologie in Berlin.

Möbius, Karl August Die Tiergebiete der Erde, ihre kartographische Abgrenzung und museologische Bezeichnung. ([S. A.] Archiv für Naturgeschichte. 1891. Heft 3.) Berlin 1891 15 S. 1 Krt. 8°

Möbius, Karl Emil, s. Anakreons Lieder.

Möbius, Kaspar Franz Wilib.

Möbius, Ksp. Frz. Wilib., Versuch e. Uebersetzung d. Briefs Pauli an die Römer, s.a. **Pauli Briefe an die Römer.**

Möbius, K. F. W., Versuch einer Uebersetzung des Briefs Pauli an die Römer, nebst Bemerkungen darüber. 8. Jena, Gabler. 804.

Möbius, Kurt, Referendar: Die Zwangsvollstreckung in die Eigentümerhypothek. Borna-Leipzig 1909: Noske. IX, 54 S. 8°
Jena, Jur. Diss. v. 14. Jan. 1910, Ref. Löning
[Geb. 2. Sept. 85 Senftenberg; Wohnort: Lübbenau; Staatsangeh.: Preußen; Vorbildung: Gymn. Kottbus Reife O. 06; Studium: Grenoble 1, Straßburg 2, Berlin 3 S.; Rig. 30. Nov. 09.] [U 10. 2360

a. **Möbius,** Martin [Dr phil. aus Leipzig]. Ueber den anatomischen Bau der Orchideenblätter und dessen Bedeutung für das System dieser Familie . . (Aus: Pringsheim's Jahrb. f. wiss. Bot. Bd. XVIII, H. 4.) Heidelberg, *Druck v. G. Bernstein in Berlin* 1887; 82 S. u. 4 Taf. 8°
Heidelberg, Phil. Fak., Hab.-Schr. v. 1887

Beiträge zur Lehre von der Fortpflanzung der Gewächse. Von Prof. Dr M[artin] **Möbius.** M. 36 Abb. im Text. Jena: G. Fischer 1897. (VIII, 212 S.) 1 Bd 8. [97. 5.4

Möbius, M., die Farben in der Pflanzenwelt, s.: Abhandlungen, allgemeinverständl. naturwiss. 26.

Möbius, M., üb. den Habitus der Pflanzen. [Aus: „Verhandlgn. d. naturhist.-med. Vereins zu Heidelberg".] gr. 8. (23 S.) Heidelberg 893. C. Winter. n. — 60

Möbius, Martin Handbuch der systematischen Botanik
2. Aufl. s. Warming, Eugen

Möbius, Mart., Kryptogamen, s.a. **Wissenschaft u. Bildung.**

Kryptogamen. Algen, Pilze, Flechten, Moose u. Farnpflanzen. Von Dr M[artin] **Möbius,** Prof., Frankfurt a. M. Leipzig Quelle & Meyer 1908 (IV, 104 S.) 8° [ﬀ.]
— **Wissenschaft** u. Bildung 47 [08. 10276

Der japanische Lackbaum, Rhus vernicifera DC. Eine morphol.-anatom. Studie von M[artin] Möbius. Mit 1 Taf. u. 29 Abb. *(Frankfurt a. M.: M. Diesterweg in Komm. 1899.)* (S. 203–247.) 4°
— **Abhandlungen** hrsg. von d. Senckenbergischen naturforschenden **Gesellschaft.** Bd 20, H. 2, (•.) [03. 23540

Ⓢ — Der japan. Lackbaum. 899 **(KBl. 82.) Jetzt: Frankfurt a/M. (Viktoria-Allee 7), Senckenberg. naturforsch. Gesellschaft.** Erm. Pr. nn 2. —

Möbius, Mart., botanisch-mikroskopisches Praktikum f. Anfänger. (IX, 121 S. m. 12 Abbildgn.) gr. 8. Berlin 903. Gebr. Borntraeger. Geb. in Leinw. n. 2. 80

— Botanisch-mikroskopisches Praktikum f. Anfänger. 2. Aufl. (XI, 123 S. m. 15 Abb.) 8. Berlin 909. Gebr. Borntraeger. Geb. in Leinw. 3. 20

— Matthias Jacob Schleiden. Zu seinem 100. Geburtstage. Mit 1 Bildnis Schleidens u. 2 Abbildgn. im Text. (III, 106 S.) gr. 8. Leipzig 904. W. Engelmann. n 2. 50

Möbius, Mart., Steckbriefe, erlassen hinter 80 literarischen Uebelthätern gemeingefährl. Natur, m. d. getreuen Bildnissen der Dreißig versehen v. Bruno Paul. 1.—3. Tausd. 8. (132 S.) Berlin 900. Schuster & Loeffler. 3. —; geb. 4. 50

— australische Süsswasseralgen. II. [Aus: „Abhandlgn. d. Senckenberg naturforsch. Gesellsch."] gr. 4. (42 S. m. 2 Taf.) Frankfurt a/M. 894. (M. Diesterweg.) n. 2. 50
Der 1. Tl. kam nicht in den Handel.

— Moritz Edwin (Dresden), De chemica chlorosis natura eiusque therapia. Diss. med. Leipzig (W. Staritz) 18. X. 1850. 16 S. (2.50) 23469

Möbius, O., s.: Studien üb. Regeneration der Gewebe.

Möbius, Osw., Wien u. Umgebungen, s.a. **Grieben's Reisebücher.**

Wien und Umgebungen. (Grosse Ausg.) Prakt. Reisebuch. 14. Aufl., neu bearb. v Oswald Möbius in Wien. M. Kt. u. Plänen. *Berlin: A. Goldschmidt 1897.* (IV, 257 S., 1 Bl., 3 Kt., 2 Pl.) 1 Bd 8.
= **Reisebücher**, Griebens. Bd 8. [97. 4387

Möbius, Oswald: Wien und Umgebungen. Prakt Führer f Reisende. 16. Aufl., neu bearb. von – Mit 6 Karten. Berlin. A. Goldschmidt 1901 (IV, 208 S.) 8°
= Reisebücher, Griebens. Bd 8.

Moebius, Otto [approb. Arzt aus Hamburg]. Ueber die Foerster'sche Iridektomia maturans zur künstlichen Reifung immaturer Katarakte. Kiel, Druck v Schmidt & Klaunig, 1886; 18 + 2 S. 8°.
Kiel, Med. Fak., Inaug. Diss. v 17 Jul 1886.

Möbius, Otto, über die Foerster'sche Iridektomia maturans zur künstlichen Reifung immaturer Katarakte. Inaugural-Dissertation. gr. 8. (13 S.) Kiel 886, (Lipsius und Tischer.) *

Möbius, Otto Raimund, a. Martinroda, Referendar im Großherzogtum Sachsen-Weimar-Eisenach: Über das Verhältnis des Urteils ⟨in Strafsachen⟩ zum Eröffnungsbeschluß. Erlangen 1907: E. Th. Jacob. (V, 68 S.) 8°
Erlangen, Jur. Fak., Ref. Allfeld, Diss. v. 25. April 1907
[Geb. 5. Okt. 77 Martinroda b. Ilmenau; Wohnort: Erlangen; Staatsangeh.: S.-Weimar; Vorbildung: Gymn. Jena Reife O. 96; Studium: Jena 6 S.; Rig. 8. März 07.]

Möbius, Otto, über das Verhältnis des Urteils (in Strafsachen) zum Eröffnungsbeschluss. (Problem der Tateinheit). (V, 68 S.) 8. Erlangen 907. M. Mencke. 1. 20

Möbius, Paul, s.a. Möbius, Paul Julius

Möbius, Paul, s.a. † Paul, M.

Möbius, Paul, die Bedeutung der deutschen Männergesangvereine für die Culturentwickelung der Gegenwart. Festrede zur 15jähr. Stiftungsfeier des Leipziger Zöllnerbundes am 17. April 1876 gehalten. gr. 8. (18 S.) Leipzig 876, Schmidt und Günther. **

Möbius, Paul (geb. Witstock 8. 9. 1848) Beiträge zur Physiologie und Pathologie der Varolsbrücke Berlin (1870). (32 S.) 8°
Berlin, Med. Diss. v 25. Mai 1870

Möbius, Paul, Erhard der Waffenschmied. Eine Volkserzählung. 8. (309 S.) Leipzig 852, Arnold. 1 ϸ 6 ngr.

—— Erinnerungen eines Schulmannes aus den letzten 25 Jahren. gr. 8. (293 S.) Leipzig 878, Theile. *

Möbius, Paul, das Fahrrad u. seine richtige Behandlung, s.a. Miniatur-Bibliothek.

Moebius (**P.**). Das Fahrrad und seine richtige Behandlung. 1901 Leipzig. 8°. (18 S. m. Fig.) M. —.10

Möbius, Paul, ein Festgruss zu dem 100jährigen Jubiläum des Gothaischen Lehrerseminars am 21. Juni 1880. gr. 8. (39 S.) Gotha 880, F. A. Perthes. *

Möbius, Paul, die Forderungen der Gegenwart an die Bildung der Frauen. Festrede am 12. Jan. 1866 im Auftrage des Leipziger Lehrervereins gehalten. Leipzig 866. Weber. gr. 8. (20 S.) n. 5 ngr.

Möbius, Paul, über die Freundschaft im Spiegel der deutschen Dichtung. Vortrag, auf der VIII. Thüringer Lehrerversammlung zu Sondershausen gehalten. 8. (23 S.) Gera 886, (Th. Hofmann.) *

—— über die Gemütspflege in der Volksschule. Vortrag. 1. und 2. Aufl. gr. 8. (17 S.) Gera 883, Issleib und Rietzschel. *

—— s. Jahresbericht über das Lehrerseminar zu Gotha.

—— Inwiefern vermag auch die Schule der gegenwärtigen Verwilderung der Jugend entgegen zu wirken? Vortrag gehalten auf der V. allgemeinen Thüring. Lehrerversammlung zu Ohrdruf am 6. Aug. 1878. gr. 8. (22 S.) Ohrdruf 878, Stabermann jun. *

Möbius, Paul, Katechismus der deutschen Literaturgeschichte, s. Weber's illustr. Katechismen.

—— Bar Kochba. Trauerspiel in 5 Aufzügen. (Bühnen gegenüber Mscr.) 8. (158 S.) Leipzig 863, Weber. *

—— deutsche Litteraturgeschichte, s.a. Weber's, J. J., illustrirte Katechismen.

— deutsche Litteraturgeschichte. 6., vervollständigte Aufl. 8. (VIII, 224 S.) Leipzig 882. Weber. geb. n. 2. —

Möbius, Paul, deutsche Litteraturgeschichte. 7., verb. Aufl. v. Ghold. Klee. 12. (VIII, 189 S.) Leipzig 896. J. J. Weber. Geb. in Leinw. n. 2. —

Möbius, P.: Fr. Rückert ein deutscher Dichter. Festrede. Leipzig 1867. 16 S. Mit 1 Holzschnittafel.
Schul-/Univ.-Schrift

— Friedrich Rückert ein deutscher Dichter. Festrede zur Leipziger Rückertfeier am 27. Febr. 1867 gehalten. Leipzig 867. Weber. gr. 8. (16 S. mit 1 Holzschntaf.) n. 5 ngr.

—— Schiller als deutscher Nationaldichter. Festrede zur Säcularfeier von Schiller's Geburtstag, 10. Novbr. 1859. gr. 8. (16 S.) Leipzig 859, Weber. Thlr. **

—— der Seegen des Gebets. Predigt über Matth. 7, 7—11. gr. 8. (15 S.) Leipzig 857, Hinrichs'sche Sortimentsbuchh. **

Möbius, P: Shakespeare als Dichter d. Naturwahrheit. Leipzig 1864. 20 S.
Schul-/Univ.-Schrift

— Shakespeare als Dichter der Naturwahrheit. Festrede bei der Shakespearefeier zu Leipzig am 23. April 1864 gehalten. Leipzig 864. (Voigt &) Günther. gr. 8. (20 S.) 3 ngr.

—— die deutsche Shakespearefeier. Eine Rechtfertigung derselben nach einem im kaufmänn. Vereine zu Leipzig gehalt. Vortrage. 8. (15 S.) Leipzig 864, Werner.

—— Theologen oder Seminaristen? s. Vorträge und Abhandlungen, pädagogische.

— die Ueberbürdung der Volksschule. Pädagogischer Vortrag auf der 13. allgemeinen sächs. Lehrerversammlung gehalten. Leipzig 867. Klinkhardt. 8. (20 S.) 3 ngr.

Möbius, Paul Julius

Möbius, P. J., Abriss der Lehre v. den Nervenkrankheiten. 12. (VIII, 188 S.) Leipzig 893. J. A. Barth. Geb. in Leinw. n. 4. 50

Möbius, Paul Jul., über die Anlage zur Mathematik. gr. 8. (VII, 331 S. m. 51 Bildnissen.) Leipzig 900. J. A. Barth. n. 7. —; geb. in Leinw. n. 8. 50

Möbius, P(aul) J(ulius). Ueber die Anlage zur Mathematik. 2., vermehrte und veränderte Aufl. Mit [1 Figur und] 59 [*d. i.* 60] Tafeln [meist Porträts, sowie 1 Porträt-Tafel nebst Nekrolog des Verfassers]. IV + XVI + 264 S. 8. Leipzig, Johann Ambrosius Barth, 1907. [M. 4. 50]
Ausgewählte Werke. Von P. J. M'. Band 8....
Darin S. 32/4. 48/51. 55. 59f. 66f. 83. 91. 99f. 102. 104/11. 116f. 122. 124/6. 129f. 143. 150f. 166f. 172f. 191. 194f. 198. 220. 240. 243. 253 etc. Schweizer betr., insbes. die Familie Bernoulli *und* Leonhard Euler *(mit Porträt-Tafel).*

Vermischte Aufsätze. Von P[aul] J[ulius] Möbius. *Leipzig: J. A. Barth 1898.* (3 Bl., 173 S.) 1 Bd 8.
— Möbius, P. J.. Neurologische Beiträge. H. v. [98. 9837

— üb. d. Behandlung v. Nervenkranken u. d. Errichtg. v. Nervenheilstätten. gr. 8. (29 S.) Berlin 896, S. Karger. n.n. — 50

Ueber die Behandlung von Nervenkranken und die Errichtung von Nervenheilstätten. Von Dr. P[aul] J[ulius] Möbius in Leipzig. 2. Aufl. Berlin: S. Karger 1896. (32 S.) 1 Bd 8. [96. 7368

Beiträge zur Lehre von den Geschlechts-Unterschieden. Von P[aul] J[ulius] Möbius in Leipzig. H. 1–12 Halle a. d. S.: C. Marhold 1903–06. 9 Bde 8°
1 — Geschlecht u. Krankheit. 1903.
2 — Geschlecht u. Entartung. 1903.
3. 4 — Über die Wirkungen d. Castration. 1903.
5 — Geschlecht u. Kopfgrösse. Mit 5 Fig. u. 1 Taf. 1903.
6 — Goethe u. d. Geschlechter. 1903.
7. 8 — Geschlecht u. Kinderliebe. Mit 35 Schädelabb. 1904.
9—11/12 — Die Geschlechter d. Thiere. Th. 1–3.
1. 1905. 2. 1906. 3. (Mit 35 Abb.) 1906. [07. 14714

— Beiträge z. Lehre v. d. Geschlechts-Unterschieden. 2. Heft. Geschlecht u. Entartg. 2. Aufl. (44 S.) gr. 8. Halle 907. C. Marhold. 1. —

— dasselbe. (Gesamtausg.) Nebst e. Einführg. v. Ernst Jentsch u. e. biograph. Skizze. Mit e. Bildn. d. Verf., 93 Abb. u. 1 Taf. (31, 39, 44, 119, 47, 30, 72, 32, 46 u. 68 S.) gr. 8. Ebd. 907. 12. —; geb. in Leinw. 13. —

— neurologische Beiträge. 1. u. 2. Hft. gr. 8. Ebd. 894. n. 7. —
1. Über den Begriff der Hysterie u. andere Vorwürfe vorwiegend psychologischer Art. (V, 210 S.) n. 4. —
2. Über Akinesia algera. Zur Lehre von der Nervosität. Über Seelenstörungen bei Chorea. (III, 138 S.) n. 3. —

— neurologische Beiträge. 3. u. 4. Hft. gr. 8. Leipzig 895. J. A. Barth. n. 7. —
3. Zur Lehre v. d. Tabes. (III, 154 S.) n. 3. —
4. Über verschied. Formen d. Neuritis. Über verschied. Augenmuskelstörungen. (III, 216 S.) n. 4. —

Damen-Kalender für gute und für schlimme Damen. [Verf.: Paul Julius Möbius.] Halle a. S.: C. Marhold [1906]. (207 S.) 8° [J.] [07. 14407

Moebius, Paul Jul., allgemeine Diagnostik der Nervenkrankheiten. gr. 8. (IV, 338 S. mit 101 Abbild. im Text.) Leipzig 886, F. C. W. Vogel. *

— Diagnostik der Nervenkrankheiten. 2., veränd. u. verm. Aufl. gr. 8. (VIII, 434 S. m. 104 Abbildgn.) Leipzig 894. F. C. W. Vogel. n. 8. —; geb. n. 9. 25

— üb. die Eintheilung der Krankheiten. Neurologische Betrachtgn. [Aus: „Centralbl. f. Nervenheilkde. u. Psychiatrie".] gr. 8. (13 S.) Coblenz 892. (W. Groos.) n. — 65

— üb. Entartg., s. a. Grenzfragen d. Nerv.- u. Seelenlebens.

Ueber Entartung von P[aul] J[ulius] Möbius (in Leipzig). Wiesbaden: J. F. Bergmann 1900. (S. 95–123.) 8°
= Grenzfragen d. Nerven- u. Seelenlebens H 3. [00. 10307

Möbius, Paul Jul., über die primären und chronischen Erkrankungen des willkürlichen Bewegungsapparates. gr. 8. (16 S.) Leipzig 882, Böhme. *
Aus: Centralblatt für Nervenheilkunde etc., besonders abgedruckt.

— s.: Gedanken üb. die Schule.

Geschlecht und Entartung. Von P[aul] J[ulius] Möbius in Leipzig *Halle a. d. S.: C. Marhold 1903.* (45 S.) 8°
— Möbius: Beiträge z. Lehre von d. Geschlechts-Unterschieden. H. 2. [03. 9391 8

Geschlecht und Kinderliebe. Von Dr. P[aul] J[ulius] Möbius in Leipzig. Mit 35 Schädelabb. *Halle a. S.: C. Marhold 1904* (72 S.) 8°
— Möbius: Beiträge z. Lehre von d. Geschlechts-Unterschieden. H 7 8. [04. 3799 8

Geschlecht und Kopfgröße. Von Dr. P[aul] J[ulius] Möbius in Leipzig Mit 5 Fig. u. 1 Taf. *Halle a. S.: C. Marhold 1903.* (47 S.) 8°
— Möbius: Beiträge z. Lehre von d. Geschlechts-Unterschieden. H. 5. [04. 1170 8

Geschlecht und Krankheit. Von P[aul] J[ulius] Möbius in Leipzig *Halle a. d. S.: C. Marhold 1903.* (39 S.) 8°
— Möbius Beiträge z. Lehre von d. Geschlechts-Unterschieden. H. 1. [03. 9390 8

— Geschlecht u. Unbescheidenheit. Beurtheilung des Buches v. O. Weininger „Ueber Geschlecht u. Charakter". 1. u. 2. Aufl. (30 S.) gr. 8. Halle 904. 907. C. Marhold. n. 1. —

— Geschlecht u. Unbescheidenheit. Beurteilung des Buches v. O. Weininger „Ueber Geschlecht u. Charakter". 3. Aufl. (30 S.) gr. 8. Ebd. 907. 1. —

Die Geschlechter der Thiere. Von Dr P[aul] J[ulius] Möbius, Leipzig Th. 1–3. Halle: C. Marhold 1905–06. 3 Bde 8°
1 1905. 2. 1906. 3. Mit 35 Abb. 1906.
— Möbius: Beiträge z. Lehre von d. Geschlechtsunterschieden. H. 9–12 [07. 14715

— d. umschrieb. Gesichtsschwund, s. a. Pathologie u. Therapie, specielle.

Möbius, Paul Julius: Der umschriebene Gesichtsschwund. Mit 7 Abb. Wien 1895. 38 S. Hölder
(Specielle Pathologie u. Therapie. Hrsg. von H. Nothnagel. Bd XI, 2, Abt. 2.)

Goethe und die Geschlechter. Von Dr P[aul] J[ulius] Möbius in Leipzig. *Halle a. S.: C. Marhold 1903.* (30 S.) 8°
— Möbius: Beiträge z. Lehre von d. Geschlechts-Unterschieden. H. 6. [03. 19980 8

Moebius, Paul J[ul]., Im Grenzlande. Aufsätze über Sachen des Glaubens. Leipzig 1905. 8°.
(*Möbius, P. J., Ausgewählte Werke. Bd 5.*)

Möbius, Paul Jul., Grundriss des deutschen Militair-Sanitätswesens. Ein Leitfaden für die in das Heer eintretenden Aerzte. gr. 8. (XIV, 157 S.) Leipzig 878, F. C. W. Vogel. *

Die Hoffnungslosigkeit aller Psychologie. Von P[aul] J[ulius] Möbius. Halle a. d. S.: C. Marhold 1907. (69 S.) 8° [08. 13698 8

Die Hoffnungslosigkeit aller Psychologie. Von P[aul] J[ulius] **Möbius.** 2. Aufl. Halle a. d. S.: C. Marhold 1907. (67 S.) 8° (07. 7095

— üb. J. J. Rousseaus Jugend, s.a. **Beiträge zur Kinderforschung. 2. Hft.**

Möbius, P[aul] J[ulius]: Über J J Rousseaus Jugend. Von Dr med. et phil P[aul] J[ulius] Möbius in Leipzig. Langensalza. H. Beyer & Söhne 1899. (29 S.) 8⁰
= Beiträge z. Kinderforschung. H. 2.

—— Ueber infantilen Kernschwund, s.a. **Abhandlungen, Münchener medicinische.**

Möbius, P. J. Ueber infantilen Kernschwund. In-8⁰. 34 S. München, J. F. Lehmann (Depot für die Schweiz: E. Speidel, Oberstrass-Zürich). 1 35
*** Münchner medicin. Abhandlungen Heft 22. (VI. Reihe, Heft 4). 1892

— über den Kopfschmerz. gr. 8. (46 S.) Halle 902. C. Marhold. n. 1. —

Möbius, Paul Jul., **d. Basedow'sche Krankheit,** s.a. **Pathologie u. Therapie, specielle.**

Die Basedow'sche Krankheit. Von Dr. P[aul] J[ulius] **Möbius** in Leipzig. Wien. A. Hölder 1896. (2 Bl., 121 S.) 8.
— Pathologie, Specielle, u. Therapie. Bd 22. [96. 851

— **die Basedow'sche Krankheit.** 2., verm. Aufl. (V, 155 S.) Lex.-8. Wien 906. A. Hölder. n. 4. 20

Möbius, P[aul] J[ulius]. Ueber (Joseph Victor von) Scheffels Krankheit. Mit einem Anhang: Kritische Bemerkungen über Pathographie. 40 S. 8. Halle a. d. S., Carl Marhold, 1907. [M. 1. —]

Über Robert Schumanns Krankheit. Von P[aul] J[ulius] **Möbius.** Halle: C. Marhold 1906. (52 S.) 8° (o6. 10908 B

—— J.-J. Rousseau's Krankheitsgeschichte. 8. (VIII, 192 S.) Lpz. 889, F. C. W. Vogel. * 4 —

— über Kunst u. Künstler. Mit 10 Abbildgn. auf 7 Taf. 8. (VII, 296 S.) Leipzig 901. J. A. Barth. n. 7. —; geb. in Leinw. n. 8. 50

— über Mäßigkeit u. Enthaltsamkeit. Vortrag, geh. bei dem 5. Jahresfest des Leipziger Mäßigkeitsvereins zum Blauen Kreuz. 8. (12 S.) Dresden (899). Verbandsbuchhandlung. — 15

— die Migräne, s.a Pathologie u. Therapie, specielle.

Möbius, P. J.: Die Migräne. Wien 1894. 108 S.
(Specielle Pathologie u. Therapie. Hrsg. von H. Nothnagel. Bd XII, 3, Abt. 1.)

— die Migräne. 2., durchgeseh. Aufl. (IV, 124 S.) gr. 8. Wien 903. A. Hölder. n. 2. 80

Möbius, P. J., über die hereditären Nervenkrankheiten, s. **Sammlung klinischer Vorträge.**

—— das Nervensystem des Menschen und seine Erkrankungen, s. **Universal-Bibliothek** Nr. 1410.

—— die Nervosität, s.a. **Gesundheitsbücher, illustrierte.**

— die Nervosität, s.a. **Weber's illustrierte Katechismen.**

—— **die Nervosität.** 8. (XII, 191 S.) Leipzig 882, Weber. * geb. *

— **die Nervosität.** 2. Aufl. 8. (XII, 195 S.) Leipzig 885. Weber. n. 2. —; geb. n.n. 3. —

Möbius, P[aul] J[ulius]. (Friedrich) Nietzsche. Mit einem Titelbilde [Tafel, und 1 Porträt-Tafel]. (Neue Ausgabe.) XII + 194 S. 8. Leipzig, Johann Ambrosius Barth, 1904. [M. 3. —, geb. 4. 50]
Ausgewählte Werke. Von P. J. M'. Band 5....

Möbius, P[aul] J[ulius]. Nietzsche. 3., mit der 2. übereinstimmende Ausgabe. Mit einem Titelbilde [Tafel, und 1 Porträt-Tafel]. XII + 194 S. 8. Leipzig, Johann Ambrosius Barth, 1909. [M. 3. —. geb. 4. 50] —
Ausgewählte Werke. Von P. J. M'. Band 5...
(Neue Ausgabe [= 2. Ausgabe].) Leipzig ... 1904

—— zur **Pathologie** des Halssympathikus. gr. 8. (37 S.) Berlin 884, Hirschwald. *
Aus: Berliner klinische Wochenschrift, besonders abgedruckt.

— über d. Pathologische bei Goethe. 8. (VI, 208 S.) Leipzig 898. J. A. Barth. n. 2. 40; geb. in Leinw. n. 3. 20

— über das Pathologische bei Nietzsche, s.a. **Grenzfragen des Nerven- u. Seelenlebens. 17.**

Möbius, Paul Julius: Ueber das Pathologische bei Nietzsche von – Wiesbaden: J. F. Bergmann 1902. (VI, 106 S.) 8⁰
= Grenzfragen d. Nerven- u. Seelenlebens. H. 17.

Möbius, P[aul] J[ulius]. J(ean-)J(acques) Rousseau. Mit einem Titelbild ([Tafel] und einer Handschriftprobe). XXIV + 312 S. 8. Leipzig, Johann Ambrosius Barth, 1903. [M. 3. —]
Ausgewählte Werke. Von P. J. Möbius. Band 1....

— über den Schädel e. Mathematikers. (13 S. m. 3 Fig. u. 4 Taf.) gr. 8. Leipzig 905. J. A. Barth. — 80
Sonderabdruck aus: „M., ausgew. Werke".

— s.a. **Schmidt's Jahrbücher der in- u. ausländ. Medicin.**

— über Schopenhauer. 8. (III, 264 S. m. 12 Bildnissen.) Leipzig 899. J. A. Barth. n. 4. 50; geb. in Leinw. n. 5. 50

Möbius, P[aul] J[ulius]: Ueber den physiologischen Schwachsinn des Weibes. Von – Halle a. S.: C. Marhold 1900. (26 S.) 8⁰
= Sammlung zwangloser Abhandlungen aus d. Gebiet d. Nerven- u. Geisteskrankheiten. Bd 3, H. 3.

Ueber den physiologischen Schwachsinn des Weibes. Von P[aul] J[ulius] **Möbius.** 2. Aufl. *Halle a. S.: C. Marhold 1901* (34 S.) 8°
— Sammlung zwangloser Abhandlungen aus d. Geb. d. Nerven- u. Geisteskrankh. Bd 3, H. 3. (01. 6086 B

Ueber den physiologischen Schwachsinn des Weibes. Von P[aul] J[ulius] **Möbius.** 3. Aufl. *Halle a. S.: C. Marhold 1901.* (93 S.) 8°
Aufl. 1 u. 2 erschienen als: Sammlung zwangloser Abhandl. aus d. Geb. d. Nerven- u. Geisteskrankh. Bd 3, H. 3. (04. 38co

— üb. den physiologischen Schwachsinn des Weibes. 4. Aufl. gr. 8. (101 S.) Halle 902. C. Marhold. n. 1.50

Ueber den physiologischen Schwachsinn des Weibes. Von Dr. P[aul] J[ulius] Möbius in Leipzig. 6. veränd. Aufl. *Halle a. S.: C. Marhold* 190., (131 S.) 8° [04. 1908 3

Ueber den physiologischen Schwachsinn des Weibes. Von Dr. P[aul] J[ulius] Möbius in Leipzig. 7., veränd. Aufl. Halle a. d. S.: C. Marhold 1905. (140 S.) 8° [05. 5956

Ueber den physiologischen Schwachsinn des Weibes. Von Dr P[aul] J[ulius] Möbius in Leipzig. 8., veränd. Aufl. Halle a. d. S.: C. Marhold 1907. (164 S.) 8° [07. 8039

— Ueber den physiolog. Schwachsinn des Weibes. 9. verm. Aufl. Mit e. Nachruf u. dem Bildnis d. Verf. (XII, 171 S.) gr. 8. Halle 908. C. Marhold. 1. 60

— **Stachyologie. Weitere vermischte Aufsätze. gr. 8. (VII, 219 S.) Leipzig 901. J. A. Barth. n. 4. 80; geb. in Leinw. n. 6. —**

— **über die Tabes. Eine Abhandlg. f. prakt. Aerzte. gr. 8. (132 S.) Berlin 897. S. Karger. n. 3. 50**

Möbius, Paul Jul., ausgewählte Werke. 1.—7. Bd. gr. 8. Leipzig, J. A. Barth. à n. 3. —; geb. in Halbfrz. à n. 4. 50
1. J. J. Rousseau. Mit e. Titelbild. (XXIV, 312 S.) 903.
2. 3. Goethe. 2 Thle. (X, 265 S. m. 1 Bildnis u. V, 260 S. m. 1 Taf.) 903.
4. Schopenhauer. Mit 13 Bildnissen. (XII, 282 S.) 904.
5. Nietzsche. Mit 1 Titelbilde. (XI, 194 S.) 904.
6. Im Grenzlande. Aufsätze üb. Sachen des Glaubens. (XII, 228 S. m. 1 Bildnis.) 905.
7. Franz Joseph Gall. Hierzu 5 Taf. u. 7 Fig. im Texte. (VII, 222 S.) 905.

Möbius, Paul Jul., ausgewählte Werke. II., III., V. u. VIII. Bd. gr. 8. Leipzig, J. A. Barth. 13.50; geb. in Halbfrz. 19. 50
II. Goethe. 1. Thl. 3. unveränd. Aufl. Mit e. Titelbilde. (X, 264 S.) 909. 3.—; geb. 4. 50
III. Dasselbe. 2. Thl. 2. unveränd. Aufl. Mit 1 Taf. (III, 260 S.) 909. 3.—, geb. 4. 50
V. Nietzsche. 3., m. der 2. übereinstimm. Ausg. Mit 1 Titelbilde. (XI, 194 S.) 909. 3.—; geb. 4. 50
VIII. Ueber die Anlage zur Mathematik. 2., verm. u. veränd. Aufl. (XVI, 264 S. m. Bildnis u. 59 Taf.) 907. 4.50; geb. 6. —

Über die Wirkungen der Castration. Von Dr P[aul] J[ulius] Möbius in Leipzig. Halle a. S.: C. Marhold 1903. (99 S.) 8°
— Möbius: Beiträge z. Lehre von d. Geschlechts-Unterschieden. H 3/4. [04 1908 11

Über die Wirkungen der Castration. Mit Textabb. Von Dr P[aul] J[ulius] Möbius in Leipzig. 2. verm. Aufl. Halle a. d. S.: C. Marhold 1906. (119 S.) 8°
— Möbius: Beiträge z. Lehre von d. Geschlechts-Unterschieden. H. 3/4. [07. 8040

Möbius, R., s.: Jahresbericht, sechster, über das Lehrerseminar zu Gotha.

Möbius, R., die materialistischen Ideen in der modernen Volkserziehung u. ihre Gegensätze zum Reiche Gottes. Zur Orientirung über die Forderungen der modernen Erziehungswissenschaft. Frankfurt a. M. 870. Heyder & Zimmer. gr. 8. (V, 137 S.) n. 20 ngr.

Möbius, R., Sammlung von Zeichnungen zu Eisengittern aller Art. als: Attikan-, Balkon-, Brücken-, Fenster-, Façaden-, Hof-, Grab-, Rampen-, Spiegel-, Thorwegs-, Treppen-, Thürgittern, nebst e. Tabelle, worin d. Gewicht pro laufenden Fußes angegeben ist. 12 Hefte Jedes 4 Bl. enthaltend. ... Berlin ... Schroder. 10 ₰ Einzelne Hefte 1 ₰

Moebius, R., Sammlung von Zeichnungen zu eisernen Gittern aller Art, als Attiken-, Balkon-, Brücken-, Fenster-, Façaden-, Hof-, Garten-, Grab-, Rampen-, Spiegel-, Thorwegs-, Treppen-, Thür-Gittern, nebst einer Tabelle, worin das Gewicht pro laufenden Fuß angegeben ist. Für Architecten, Baugewerke, Eisengießereien, Schlosser u. a., auch als Vorlegeblätter für Gewerks- u. a. Schulen. 2. Aufl. Lithogr. qu. 1/2 gr. Fol. (50 Blätter.) Berlin 842, Schroeder. n. 4 1/2 ₰

Moebius, R., Sammlung von Zeichnungen zu eisernen Gittern aller Art. Für Architekten, Bauhandwerker, Eisengiessereien u. als Vorlagen für Gewerks- u. andere Schulen entw. u. lith. Neue Ausg. 1. u. 2. Liefg.: Bl. 1—48. Berlin 856. Schroeder. gr. Fol. Jede Liefg. n. 1 ₰. 20 ngr.

Möbius, R. Sammlung von Zeichnungen gusseiserner Gitter aller Art. Berlin. 1837

Möbius, R., die christliche Schule. gr. 8. Gotha 873. Leipzig. Pehmann. * 2 —

—— die christliche Schule. Ein zweiter Beitrag zur Orientirung über die Forderungen der modernen Erziehungswissenschaft. gr. 8. (VIII, 142 S.) Gotha 873, Schloeßmann. *

Möbius, Rhold., die zwölf Gebote d. Flachsbaues. Zur Erklärg. der Vorschriften f. die Mitglieder der Sächs Flachsbau-Gesellschaft. gr. 8. (24 S.) Chemnitz 884. (Döbeln, Schmidt.) — 30

Möbius, Rhold., landwirthschaftliche Tagesfragen. Fünf Vorträge in den landwirthschaftl. Vereinen zu Schönerstädt und Gersdorf-Minkwitz gehalten. gr. 8. (VII, 83 S.) Leisnig 870, (Ulrich.) *

Möbius, Dr. Rhold., Die Unfallversicherung der in land- und forstwirthschaftl. Betrieben beschäftigten Personen im Kgr. Sachsen. Vortrag, geh. in der Oekon. Gesellschaft 15. März 1889. gr. 8°. Dresden, G. Schönfeld's Verl., 1889.

Möbius, Rich., die freie deutsch-evangelische Nationalkirche. Ein Votum zur Begründung dieser wichtigen Forderung unserer Tage. gr. 8. (23 S.) Friedberg 848, Bindernagel. *

Möbius, Rob., die Milchfehler, ihre Verhütung u. Abstellung. 8. (26 S.) Plauen 886. (Neupert.) n. — 50

Möbius, Theodor

Möbius, Th., Analecta Norroena, s.a. Analecta.

Möbius, Th., Analecta Norroena. Auswahl aus der isländ. und norweg. Litteratur des Mittelalters. 2. Ausg. gr. 8. (XXXI, 338 S.) Leipzig 877, Hinrichs'sche Buchh. *

Möbius, Theodor (Hrsg.), s. Ari Thorgilsson· Isländerbuch

Möbius, Thdr., Catalogus librorum islandicorum et norvegicorum aetatis mediae editorum versorum illustratorum. — Skáldatal s. poetarum recensus Eddae Upsaliensis. 8maj. (XIII und 207 S.) Lipsiae 856, Engelmann. *

—— **Edda Saemundar Hins Fróda, s. Edda.**

Moebius, Theodor, s. Feier, Die, des Geburtstages des Königs Wilhelm I. ...

Möbius, Th., dänische Formenlehre. gr. 8. (VIII, 136 S.) Kiel 871. Schwers. n. 2. 40

—— Fornsögur, s. Fornsögur.

Möbius, Thdr., s.a. Gemeindewahlordnung, neue, f. das Herzogt. Bukowina.

Möbius, T., Neue Gemeinde-Wahlordnung f. das Herzogt. Bukowina m. Ausnahme der Landeshauptstadt Czernowitz (Gesetz vom 28. VIII. 1908, Landesgesetzbl Nr 42), u. Wahlschutzgesetz, (Gesetz vom 26. I. 1907, Reichsgesetzbl. Nr 18). 2., verb. Aufl (VIII, 58 S.) 8. Czernowitz, R Schally 1 50. 1910

Möbius, Thdr., altnordisches Glossar. Wörterbuch zu einer Auswahl alt-isländ. und alt-norweg. Prosatexte. gr. 8. (XII und 532 S.) Leipzig 866, Teubner. *

—— Hattatal Snorre Sturlusonar. I. [Gedichte.] gr. 8. (122 S.) Halle 879, Buchh. des Waisenhauses. *

Möbius, Th., Hattatal Snorra Sturlusonar. II. [Gedicht und Commentar.] gr. 8. (140 S.) Halle 881, Buchh. des Waisenhauses. *
I. Ebendas. 1879. *M 2,40.

Islendingadrápa Hauks Valdisarsonar. Ein isländ. Gedicht des 13. Jahrh. hrgg. v. Theodor Möbius. Kiel. 1874. Siehe in Schriften d. Univ zu Kiel, Bd. 21. 4°.

Möbius, Th., s. Kormaks Saga.

—— über die altnordische Philologie im skandinavischen Norden. Ein vor der germanist. Section der Philologenversammlung zu Meissen (29. Septbr. bis 2. Octbr. 1863) gehalt. Vortrag. gr. 8. (40 S.) Leipzig 864, Serig'sche Buchh.

—— über die altnordische Sprache. gr. 8. (III, 60 S.) Halle 872, Buchh. des Waisenhauses. *

—— Verzeichniss der auf dem Gebiete der altnordischen [altisländischen und altnorwegischen] Sprache und Literatur von 1855 bis 1879 erschienenen Schriften. gr. 8. (IV, 130 S.) Leipzig 880, Engelmann. *
Bildet die Fortsetzung zu: Möbius, Th., Catalogus librorum islandicorum et norvegicorum aetatis mediae editorum versorum illustratorum. *M 4. — Vgl. XII. Bd. 2. Abthl. S. 46.

Moebius, Wilhelm, Gerichtsrefer.: Zwangsvollstreckung in eine unter Eigentumsvorbehalt verkaufte Sache. Burg b. M. 1909: (Hopfer). 53 S. 8°
Heidelberg, Jur. Diss. v. 23. Sept. 1909, Ref. Heinsheimer
[Geb. 1 Nov 84 Burg b. Magdeburg; Wohnort: Burg; Staatsangeh.: Preußen; Vorbildung Gymn. Burg Reife O. 03; Studium: Heidelberg 3, Halle 3 S.; Rig. 27 Mai 09.] [U 10. 1946

Möbius, Willy, zur Theorie des Regenbogens u. ihrer experimentellen Prüfung, s.a Abhandlungen der königl. sächsischen Gesellschaft der Wissenschaften. Math.-physik. Klasse 30, I.

Möbius, Willy, a. Leipzig. Zur Theorie des Regenbogens und ihrer experimentellen Prüfung. Leipzig 1907: B. G. Teubner. (S. 107—250.) 8° ¶(Aus: Abhandlungen d. Kgl. Sächs. Gesellsch. d. Wiss.)
Leipzig, Phil. Fak., Ref. Wiener-Bruns, Diss. v. 25. Juli 1907
[Geb. 16. Febr. 79 Leipzig, Wohnort: Leipzig; Staatsangeh.: Sachsen; Vorbildung Nikolai-Gymn Leipzig Reife O. 98; Studium: Leipzig 12 S.; Rig. 19. Dez. 06.]

Moebius, Wolfgang, aus Dresden Die sprachlichen Ausdrücke für Gradverhältnisse im Parzival. *Leipzig-R. 1898: O. Schmidt.* (102 S.) 8°
Leipzig, Phil. Diss. v [30. Jan.] 1899

Moebs, Alfred [prakt. Arzt]: Aus der Krankenabteilung des Armenhauses zu Breslau (Prof. Hirt). Beitrag zur Pathologie der Gehirnerweichung Breslau, Druck v Robert Nischkowsky, 1887; 33 + 1 S. + 1 Bl. 8°
Breslau, Med. Fak., Inaug.-Diss. v 16. Jun. 1887

Moebs, Alfr., Beiträge zur Pathologie der Gehirnerweichung. Inaugural-Dissertation. gr. 8. (33 S.) Breslau 887, (Köhler.) *

— Lehrbuch für Bürgerschulen, besonders für höhere Knaben- u. Mädchenschulen. 1. Stufe: Für Unterklassen. gr. 8. (IV u. 140 S.) Berlin 852, Nitze. n. 1/6 ß

Möbus, A., geographischer Leitfaden f. Bürgerschulen, besond. f. höhere Knaben- u. Mädchenschulen. I. u. II. Stufe, f. Mittelklassen. gr. 8. (4½ B.) Berlin 846, Plahn'sche Buchh.

Möbus, A., geographischer Leitfaden für Bürgerschulen, besond. für höh. Knaben- und Mädchenschulen. 3. und 4. Stufe, für Oberklassen. gr. 8. (VI und 116 S.) Berlin 847, Plahn'sche Buchh.
1. und 2. Lehrstufe. Ebendas. 1846. 7½ Ngr.

Möbus, A., geographischer Leitfaden für Bürgerschulen, besonders für höhere Knaben- und Mädchenschulen. 1. und 2. Stufe, für Mittelklassen. 2., verb. Aufl. gr. 8. (IV und 67 S.) Berlin 855, Gaertner.

—— dass. — 2. Abthl., für Oberklassen. 2., durchweg umgearb. Aufl. gr. 8. (111 S.) Ebendas. 857.

Möbus, A., geographischer Leitfaden für Bürgerschulen, besonders für höhere Knaben- und Mädchenschulen. 1 Abthl., für Mittelklassen. 3., gründl. durchgeseh. Aufl. gr. 8. (74 S.) Berlin (861)62, Gaertner. *

Möbus, A., geographischer Leitfaden für Bürgerschulen, besond. für höhere Knaben- und Mädchenschulen. 2. Abthl. Für Oberklassen. 3., durchweg umgearb. Aufl. gr. 8. (87 S.) Berlin 868, Gaertner.
1. Abthl. 3. Aufl. Ebendas. 1862. * 5 Ngr.

Möbus, A., geographischer Leitfaden für Bürgerschulen, besonders für höhere Knaben- u. Mädchenschulen. 1. Abthl. Für Mittelklassen. 4. durchweg umgearb. Aufl. Berlin 870. Gaertner. 8. (58 S.) n. 5 ngr.

Möbus, A., geographischer Leitfaden für Bürgerschulen, besonders für höhere Knaben- und Mädchenschulen. 2 Abthlgn. 8. Berlin, Gärtner.
Inhalt:
Abthl. 1. Für Mittelklassen. 4. durchweg umgearb. Aufl. 1870. und 5. durchgeseh. Aufl. (56 S.) 874. 30 Pf.
2. Für Oberklassen. 4. umgearb. Aufl. (87 S.) 873. 75 Pf.

Möbus, A., geographischer Leitfaden für Bürgerschulen, besonders für höhere Knaben- und Mädchenschulen. 2 Abtlgn. gr. 8. Berlin, Gaertner's Verlag. *
Inhalt:
Abtl. 1. Für Mittelklassen. 6. durchges. Aufl. (56 S.) 880.; 7. wesentlich orthographisch durchges. Aufl. (59 S.) 882. * 50 Pf.
» 2. Für Oberklassen. 5. nach Stoff und Orthographie umgearb. Aufl. (87 S.) 882. * 75 Pf.

Möbus, A., geographischer Leitfaden f. Bürgerschulen, besonders f. höhere Knaben- u. Mädchenschulen. 1. u. 2. Abtlg. 8. Berlin, Gaertner. n. 1. 25; geb. n. 1. 55
1. Für Mittelklassen. 8. Aufl. (58 S.) 887. n. — 60; geb. n. — 65
2. Für Oberklassen. 6. Aufl. (87 S.) 889. n. — 75; geb. n. — 90

—— Lesebuch für Bürgerschulen, besonders für höhere Knaben- und Mädchenschulen. 1. Stufe: Für Unterklassen. gr. 8. (IV und 140 S.) Berlin 852, [Gaertner.] *

— Lesebuch für Bürgerschulen, besonders für höhere Knaben- und Mädchenschulen. II. Stufe. Für Mittelklassen. 2 Abthlgn. gr. 8. Berlin 858, Gaertner. [1. Abthl. (III und 156 S.) * 8 Ngr., 2. (III und 228 S.) * 12 Ngr.] *
I. Stufe. Ebendas. 1852. * 5 Ngr.

— Lesebuch für Bürgerschulen, besond. für höhere Knaben- und Mädchenschulen. 1. Stufe. Für Unterklassen. 2. Aufl. 1862. und 3., durchgeseh. Aufl. gr. 8. (128 S.) Berlin 867, Gaertner. *

— dass. — 2. Stufe. Für Mittelklassen. 2 Abthlgn. 2., verm. Aufl. gr. 8. Ebendas. [1. Abthl. (168 S.) 865. * 8 Ngr., 2. Abthl. (234 S.) 867. * 12 Ngr.] *

— — 2. Stufe. Für Mittelklassen. 1. Abthl. 3., verb. Aufl. Ebend. 870. gr. 8. (172 S.) n. 8 ngr

— Lesebuch für Bürgerschulen, besonders für höhere Knaben- und Mädchenschulen. 1. Stufe und 2. Stufe 1. und 2. Abthl. gr. 8. Ebendas. *
Inhalt:
Stufe 1. Für Unterklassen. 4., durchgeseh. Aufl. (128 S.) 871. (* 50 Pf.) * 60 Pf.
2. Für Mittelklassen. 1. und 2. Abthl. 3. verb. Aufl. [1. Abthl. (172 S.) 870. * 80 Pf., 2. Abthl. (232 S.) 875. * ℳ 1,20.] * ℳ 2.

— Lesebuch f. Bürgerschulen, besonders f. höhere Knaben- u. Mädchenschulen. I. Stufe 1. u. 2. Thl. u. 2. Stufe 1. Thl. gr. 8. Ebend. 875. 76. n. 3. 40
I. Stufe 1. Thl. Für Unterklassen. 5. Aufl. (128 S.) n. — 60
I. Stufe 2. Thl. Für Unterklassen. (160 S.) n — 80
II. Stufe 1. Thl. Für Mittelklassen. 4. Aufl. (174 S.) n. — 80
II. Stufe 2. Thl. Für Mittelkassen. 3. durchgeseh. Aufl. (232 S.) n. 1. 20

Möbus, A., Lesebuch für Bürgerschulen, besonders für höhere Knaben- und Mädchenschulen. 1. Stufe 2 Thle. und 2. Stufe 1. Thl. gr. 8. Berlin 876, Gärtner. *
Inhalt:
Stufe 1. 1. Thl.: Für Unterklassen. 5. Aufl. (128 S.) * 60 Pf. — 2. Thl.: Für Unterklassen. (160 S.) * 80 Pf.
„ 2. 1. Thl.: Für Mittelklassen. 4. Aufl. (174 S.) * 80 Pf.
2. Stufe 2. Thl. Ebendas. 1875. * ℳ 1,20.

— Lesebuch für Bürgerschulen, besonders für höhere Knaben- und Mädchenschulen. 2 Stufen. à 2 Thle. gr. 8. Ebendas. *
Inhalt:
Stufe 1. 1. Thl.: Für Unterklassen. 6. Aufl. (128 S.) 881. * 60 Pf. — 2. Thl.: Für Unterklassen. 2. Aufl. (160 S.) 882. * 80 Pf.
„ 2. 1. Thl.: Für Mittelklassen. 5. und 6. Aufl. (176 S.) 879,82. * 80 Pf. — 2. Thl.: Für Mittelklassen. 4. Aufl. (232 S.) 882. * ℳ 1,20.

— Lesebuch für Bürgerschulen, besonders für höhere Knaben- und Mädchenschulen. 1. Stufe: Für Unterklassen. 2 Tle. 8. Ebendas. [1. Tl. 7. Aufl. (128 S.) 887. * 60 Pf.; 2. Tl. 3. Aufl. (160 S.) 886. * 80 Pf.] *
2. Stufe, in 2 Tln. Ebendas. 1882. * ℳ 2.—.

— Stoffe zu deutschen Stilübungen. Eine Sammlung von Musterstücken, Entwürfen und Aufgaben für die Oberklassen höherer Schulen. gr. 8. (VIII und 280 S.) Berlin 865, Gaertner. *

— Stoffe zu deutschen Stilübungen. Eine Sammlung von Musterstücken, Entwürfen und Aufgaben für die Oberklassen höherer Schulen. 2. umgearb. und verm. Aufl. gr. 8. (VIII, 320 S.) Ebendas. 883. *

Moebus, Bruno. Beiträge zur Kenntnis des diluvialen Ogliogletschers. Diss. Phil. Bern. [Mit 1 Figur, 1 Karte und 1 Tafel Profilen. — Separat-Abdruck aus: Mitteilungen der Naturforschenden Gesellschaft in Bern aus dem Jahre 1901. Nr. 1500-1518.] 29 S. 8. Bern, K. J. Wyss, 1901.

Moebus, Joseph *(geb. Buchwitz bei Breslau 14. 1. 1855)*: Beitrag zur Statistik der antiseptischen Behandlung complicirter Frakturen. Breslau 1882. (38 S.) 8° *[Im Buchhandel 1882 bei Köhler in Breslau.]*
Breslau, Med. Diss. v. 20. März 1882

Möbusz, 100 Jahre Lehrerbildung. (1807/1907.) Festschrift zur Hundertjahrfeier des Lübecker Lehrerseminars. (VI, 210 S. m. 3 Taf.) gr. 8. Lübeck (909). Gebr. Borchers. nn 2. —

Möbusz, Albin: Ueber den Darmkanal der Anthrenus-Larve nebst Bemerkungen zur Epithelregeneration. M. 3 Taf. *Berlin: Nicolai 1897.* (43 S. mit Taf.) 8° (Aus: Archiv für Naturgeschichte, 1897.)
Leipzig, Phil. Diss. v. [29. Okt.] 1897

Mo'callaqāt, s. Mu'allaqāt

Mocatta, Frederic Dav., die Juden in Spanien und Portugal und die Inquisition. Ins Deutsche übertr. von S. Kayserling. gr. 8. (VII, 91 S.) Hannover 878, Schmorl und v. Seefeld. *

Mocchegiani a Monsano, P. Petrus, Collectio indulgentiarum theologice, canonice ac historice digesta. Opus a M. dispositum, nutu et auctoritate Aloysii a Parma, totius ord. Minorum ministri glis, in lucem editum. gr. 8. (XI, 1149 S.) Ad Claras Aquas (Quaracchi) 897. (Freiburg i/B., Herder.) n.n. 8. —

— Directorium tertii ordinis saecularis S. P. Francisci juxta novissima S. Sedis decreta dispositum atque auctoritate Aloysii a Parma, ministri generalis totius ordinis Minorum in lucem editum. 12. (VIII, 207 S.) Ebd. 897. n.n. — 75

— Directorium sanctae viae crucis, a M. concinnatum et auctoritate Aloysii a Parma, totius ordinis Minorum ministri generalis, editum. 12. (VIII, 174 S.) Ebd. 897. n.n. — 75

Mocchegiani, Petr., O.F.M., Iurisprudentia ecclesiastica ad usum et commoditatem utriusque cleri. 3 Tom. gr. 8. Ad Claras Aquas (Quaracchi). Rom, Desclée, Lefebvre & Co. n. 17. 20
I. (VII, 767 S.) 904. n. 6. —. — II. (III, 824 S.) 905. n. 6. —. III. (Opus postumum.) (VII, 616 S.) 905. n. 5. 20.

Mocenni, E. D. B., Handbuch d. italien. Sprache u. neuern Literatur 2c. (Enchiridio della lingua e litteratura italiana presente etc.) gr. 8. Kopenh. 817. Schubothe. 1 ₰ 16 gl

Mocenni, H. D. B., Handbuch d. italien. Sprache und neuern Literatur. gr. 8. Copenh. Schubothe 811

Moch, Alois: Die socialen Verhältnisse der Malteserkommende Gröbnig zu Anfang des 19. Jahrhunderts. *Leobschütz (1898): W. Witke.* (I—XVI S.) 4°
Leobschütz, k. kath. G, OP 1898 (203)

Moch, Gaston, die Armee der Demokratie. Autoris. Uebersetzg. aus dem Franz. v. Alfr. Herm. Fried. gr. 8. (XVI, 468 S.) Stuttgart 900. J. H. W. Dietz Nachf. n. 4. —; geb. in Leinw. n. 4. 60

Moch, Heinrich [Arzt aus Brumath '(Unt.-Els.)']: Die Nasenrachenpolypen und ihre operative Behandlung ... Strassburg, Universitätsbuchdr. J. H. E. Heitz, 1893; 63 S., 1 Taf. 8.
Strassburg, Med. Fak., Inaug.-Diss. v. 1893

Moch, Josef [aus Wernersdorf '(Ob.-Schles.)']: Ueber den Einfluss von Eisenpräparaten auf die Magenverdauung ... Nürnberg, Druck d. Handelsdr. Nürnberg, *1895*; 73 S. 8.
Erlangen, Med. Fak., Inaug.-Diss. v. 23. Juli 1892

Mochammed's Lehre von Gott, s. W. Haller.

Mochel, Jh. Jak., Reliquien verschied. philosoph., pädagog., poet. u. medic. Aufsätze; gesamm. v. J. C. Schmohl. gr. 8. Halle 781. Gebauer. 21 gr

— Urne; herausg. v. J. C. Schmohl. 8. Leipz. 780. Weygand. 16 gr

Möchel, Heinr., Blätter und Blüten. Gedichte. gr. 16. (VIII, 114 S.) Reichenberg 872, Schöpfer.

Möchel, Heinr., neue Blätter und Blüten. Gedichte. 8. (100 S.) Pilsen 878, (Schiebl.) *

—— der Führer auf der Bahn Pilsen-Eisenstein-Deggendorf und in den Böhmerwald. Zum Gebrauche für Touristen. 2. verm. und verb. Aufl. 16. (188 S. mit 2 lithogr. Karten.) Ebendas. 878. cart. *

Möchel, Heinr., neues Räthselbuch. E. Sammlg. v. 300 d. verschiedenartigsten Räthsel in Versen f. jung u. alt. Verf., geordn. u. hrsg. 12. (71 S.) Wien 896. C. Graeser. n. — 90; geb. in Leinw. n. 1. 20

Möchel, R., s. Mitteilungen der Bezirks- u. Gemeindebeamten.

Mochnacki, Maur., Powstanie narodu polskiego, w r 1830 i 1831. 2. Wydanie. 4 Tom. 8. (XVI und 1195 S.) Breslau 850, S. Schletter. *

Mochnacki, Maur., Pisma rozmaite. Oddział porewolucyjny. (Vermischte Schriften.) 2 Tomy. 2. wydanie. 8. (XXIV und 475 S.) Berlin 860, Schletter's Verlag. *

Mochnacki, Maur., Powstanie narodu polskiego, w r 1830 i 1831. 2. wydanie. 4 tomy. 8. (XVI u. 1195 S.) Breslau 848, Schletter. n. 6 ℳ

Mochow, Eug., das Gespenst im Küraß, s.: Stavenow, B.

Mochow, Eug., Lieutenantsleben u. Lieben, s.: Zapfen, Hans vom.

— Mars u. Amor. Scenen aus d. Offiziersleben. gr. 8. (109 S.) Mülheim a/d. R. 896. J. Bagel. 1. —

— Mars u. Amor. Scenen aus dem Offiziersleben. — Zapfen, Hans vom, Eug. Mochow etc.: Lieutenantsleben u. Lieben. Humoristische Skizzen. (Umschlag: Mochow, Eug.: Humorist. Skizzen aus dem Offiziersleben.) (101 u. 112 S.) 8. Mülheim a/R. (904). J. Bagel. — 60

— Militär-Humoresken, s.: Stavenow, B., d. Gespenst im Küraß.

Möchten doch alle Fürsten so sein, wie Karl und Ehrenfeld; eine Geschichte ... Wien 1786. V: *Sintenis, Christian Friedrich.* (GGr IV, I, 598, 11) (Zeitschr. f. Büch. N. F. 15, 1923, S. 117)

Möchten doch alle Fürsten so sein, wie Karl u. Ehrenfeld; e. Geschichte f. dieses aufgeklärte Jahrhund. (v. G. T. J. Müller). 8. Wien 786. Gerold. 1 ℳ

Möchtest du gesund werden? Joh. K. 5. V. 6. Mein letzter Beitrag zur tröstl. Unterhaltung f. Kranke, u. f. bejahrte Christen, die den Tod fürchten. Eine Fortsetz. d. Buches: „Herr! den du lieb hast, der ist krank." Von d. Verf. „Herr! bleibe bei uns, ꝛc." (G. Blum.) Mit Titlkpfr. 8. (18½ B. grober Druck.) Augsburg 833, (Kollmann; Regensburg, Manz.)

Mock, Bernard, Prediger Bourrier, der „Held" des evangelischen Bundes u. der „Evangelisator" Frankreichs, auf der Bärenjad verfolgt u. abgefaßt. 4. Aufl. (48 S.) gr. 16. Paderborn 902. Bonifacius-Druckerei. n. — 15
Sonderabdruck aus: „Bonifacius-Broschüren".

Mock, Bernard, die Generalhetze des Evangelischen Bundes in Braunschweig. (S. 65—128.) kl. 8. Paderborn 909. Bonifacius-Druckerei. — 30
Sonderabdr. aus: „Bonifacius-Broschüren".

— Jesuitenmoral od. Luthermoral? Ein Beitrag zur Jesuitenhetze, dem evangel. Bunde zur Betrachtg. vorgelegt. 1. u. 2. Aufl. (à 64 S.) kl. 8. Ebd. 903. 904. n. — 20

Mock, Bernard: Treu zu Rom. Monatliche Beilage zum Leo (Sonntagsblatt f. d. kathol. Volk). Red. von Dr. –. Jg. 1. Paderborn: Bonifacius-Dr. 1909. 8°

— der Wolf im Schafspelze od.: Die Evangelisationsgesellschaft zur „Bekehrung" der Katholiken. (32 S.) kl. 8. Ebd. 904. n. — 15

Mock, Bernard, die Zeremonien u. Gebete bei d. Bischofsweihe. Nach dem röm. Pontificale lateinisch u. deutsch hrsg. (52 S.) 16. Paderborn (910). Bonifacius-Druckerei. — 25

Mock, D., De Pauli Diaconi historia Langobardorum. Gel. 1875. 11 S. 1.—

Mock, Emil [app. Arzt aus Frankfurt a. M.]: Untersuchungen über die Hygienische Bedeutung des fettsauren Kupfers ... *Nürnberg, W. Tümmel's Buch- u. Kunstdr.*, 1892; 34 S. 8.
Würzburg, Med. Fak., Inaug.-Diss. v. 1892

Mock, Ernst, approb. Arzt aus Haigerloch: Aus d. Tübinger Universitäts-Augenklinik. Beitrag zur Kasuistik der Stauungspapille. *Tübingen: F. Pietzcker 1904.* (27 S.) 8°
Tübingen, Med. Diss. v. 1904

Mock, Frits. Ex Libris. [Mit Porträt-Vignette des Künstlers. IV S. + 23 Tafeln, in Mappe.] 4. ([Basel, Selbstverlag des Künstlers,] 1909.) [fr. 25. —]
(Diese Mappe wurde im Frühjahr 1909 in 60 numerierten Exemplaren hrg. — [Exemplar] N° 17.)
Die 23 Tafeln sind: 4 Radierungen, gedr. bei H. Wetteroth in München; 2 Lithographien, gedr. bei E. Hindermann in Basel; 17 Holzschnitte, abgezogen vom Künstler selbst.

Mock, Heinr. Aug., Wegweiser in d. Geometrie z. prakt. Schulgebr. in Volks- u. Fortbildungsschulen f. Seminaristen u. Lehrer, in Wiederholungsfragen, Antworten u. Aufgaben nebst Zeichngn., method. bearb. I. Tl. „Das Sommersemester". II. Tl. „Das Wintersemester". gr. 8. (108 S. m. Fig.) Hamm 893. Breer & Thiemann. n. 1. 80

Mock, Heinr. Aug., Wegweiser in der Geometrie zum praktischen Schulgebrauche in Volks- u. Fortbildungsschulen f. Seminaristen u. Lehrer, in Wiederholungsfragen, Antworten u. Aufgaben nebst Zeichngn., methodisch bearb. gr. 8. (108 S.) Hamm 894. Breer & Thiemann. n. 1. 80

Mock, Hermann: Ueber Eclampsie der Gebärenden. Halle [1868]: Lipke. 30 S. 8°
Halle-Wittenberg, Med. Diss. v. 21. Aug. [1868]
Geb. Sigmaringen (Fürstent. Hohenz.-Sigmaringen) 16. 11. 1844. V.

Mock, [Hermann]: Katalog der Lehrer-Bibliothek. Rottweil (1909): Schwarzwälder Volksfreund. 308, V S. 8°
Rottweil, k. G P 1909 (802) [S 09. 327

Mock, [Johann Samuel]. Damen-Carroussel in Dresden 1709. o. O. u. J.
26 Taf. in Kupferst. gr 2°.
Stecher: Wolfgang.

Mock, Johannes, approb. Arzt aus Bodenrode: **Aus d. pathol. Institute zu Kiel. Ueber einen Fall von ausgedehnter Gallenblasenzerstörung in Folge von Gallensteinen.** *Kiel 1901: P. Peters.* (16 S.) 8°
Kiel, Med. Diss. v [3. Juni] 1901

Mock, Th. D., de donatione a Carolo Magno sedi apostolicae a. 774 oblata. Dissertatio historica et critica. gr. 8. (102 S.) Münster 861, Brunn'sche Buchdruckerei.

Mock, Th.D.: Geschichte der Entstehung des Kirchenstaates. I. Abschnitt 554-604. 32 S. – Heiligenstadt, Progr. 1870.

Möck, Gli. Wlh.

v. Mök, Gli. Wlh., († d. 18. März 1793.) s. 1) Geschichte v. Europa. 2) Leben J. v. Crawford.

Moecke, Eugen: Über zweiachsig-symmetrische Kurven 4. O. mit zwei Doppelpunkten. (Schluss folgt 1892.) Gross-Strehlitz, Druck v. M. verw. Hübner, *1891;* S. 1—20, 1 Taf. 4°
Gross-Strehlitz, k. G, OP 1891 (204)

Moecke, Eug., üb. zweiachsig-symmetrische Kurven 4. O. m. zwei Doppelpunkten. gr. 4. (20 S. m. 1 Taf.) Gross-Strehlitz 891. (A. Wilpert.) n. 1. 20

Moecke, Eugen: Über zweiachsig-symmetrische Kurven 4. O. mit zwei Doppelpunkten. '(Forts. u. Schluss [d. P-Beil. 1891].)' Gross-Strehlitz, Druck v. M. verw. Hübner, *1892;* 1—16 S., 1 Taf. 4.
Gross-Strehlitz, k. G, OP 1892 (206)

Moecke, Hans [app. Arzt aus Breslau]: **Aus d. Augenklinik zu Kiel. Über Geschwulstbildung der Thränendrüse. . . . Kiel, Druck v. L. Handorff, 1891; 24 S. 8°**
Kiel, Med. Fak., Inaug.-Diss. v. [24. Jun.] 1891

Moecke, Hans, üb. Geschwulstbildung der Thränendrüse. Diss. gr. 8. (24 S) Kiel 891. (Gnevkow & v. Gellhorn.) n. 1. 60

Mockel, Henr. (geb. Lechenich 17 11 1815) Quaedam de congestione venosa et de morbis inde proficiscentibus. Berolini (1842). (31 S.) 8°
Berlin, Med. Diss. v. 15. Jan. 1842

Mockel, M., Mockel'sche Viersatz-Bindungen. E. Sammlg. v. 270 neuen, soliden u. eigenart. schön im Gewebe ausfall. Bindgn. f. Herren- u. Damenkleiderstoffe aus Wolle, Baumwolle, Leinen, Seide etc., welche nach e. selbst erfund. Methode hergestellt sind. M. Erläuterg. der Herstellungsweise. qu. gr. 4. (32 Taf. m. 2 S. deutschem, französ. u. engl. Text.) Aachen 894. (Leipzig, G. Weigel.) n. 5. —

Möckel's Adreß- u. Auskunftsbücher. Nr. 1—42. 44—110. 12. Leipzig 894. Möckel's Verl. à n. — 10
1—5. Weida i. Th. (II, 55 S.) — 6—11. Netzschkau i. V. (72 S.) — 12—16. Treuen i. S. (67 S.) — 17—22. Falkenstein i. V. (72 S.) — 23—28. Mylau i. V. (76 S.) — 29—31. Schöneck i. V. (28 S.) — 32—34. Schönheide i. Erzgeb. (64 S.) — 35—37. Eibenstock i. Erzgeb. (84 S.) — 38. 39. Schwarzenberg i. Erzgeb. (48 S.) — 40. 41. Geyer i. Erzgeb. (48 S.) — 42. Johanngeorgenstadt i. Erzgeb. (61 S.) — 44—47. Ehrenfriedersdorf i. Erzgeb. (114 S.) — 48. Lauter i. Erzgeb. (50 S.) — 49. 50. Thum i. Erzgeb. (64 S.) — 51. 52. Artern, Prov. Sachsen. (49 S.) — 53—55. Zwönitz i. Erzgeb. u. Niederzwönitz. (82 S.) — 56—59. Lößnitz i. Erzgeb. (58 S. m. 1 Abbildg. u. 1 farb. Karte.) — 60. Burkhardtsdorf i. Erzgeb. (42 S.) — 61. 62. Frankenhausen a. Kyffhäuser. (38 S.) — 63. 64. Penig i. S. (41 S.) — 65. 66. Waldenburg i. S. u. Altstadt-Waldenburg. (38 S.) — 67. 68. Kahla i. Th. (40 S.) — 69. 70. Thalheim i. Erzgeb. (29 S.) — 71. 72. Lichtenstein — (Callnberg). (51 S.) — 73. 74. Rodewisch i. V. (36 S.) — 75. 76. Neustadt i. S. (48 S.) — 77—79. Greußen i. Th. (52 S.) — 80—82. Hohenstein (Ernstthal). (53 S.) — 83. 84. Neustadt (Orla). (49 S.) — 85. 86. Senftenberg N.-L. (43 S.) — 87. 88. Königsee i. Th. (34 S.) — 89—91. Lengefeld i. Erzgeb. (42 S. m. 1 Karte.) — 92—94. Bischofswerda i. S. (77 S.) — 95—97. Finsterwalde N.-L. (49 S.) — 98—101. Olbernhau i. S. (62 S. m. 1 Karte). — 102—104. Frohburg i. S. (35 S. m. 1 Karte.) — 105—107. Auma i. Th. (29 S. m. 1 Karte.) — 108—110. Roda (S.-A.) (51 S.)
Nr. 43 fällt aus.

Möckel's Adreß- u. Auskunftsbücher. Red.: Arno Reuther. Nr. 43, 111—734 u. 744—751. 12. Leipzig, H. Haag.

Inhaltsübersicht in alphabetischer Ordnung:

Adorf i. S. (34 S. m. 1 Karte.) 896. (Nr. 310—313.) Subskr.-Pr. n. — 40; Einzelpr. n. — 60
Alaunwerk, s.: Freienwalde.
Alsleben a. Saale. (44 S. m. 1 Karte.) 895. (Nr. 255—257.) n. — 30
Alt- u. Neugersdorf, Königr. Sachsen. Bearb. auf Grund amtl. Unterlagen. (67 S. m. 1 Karte.) 898. (Nr. 707—714.) n. — 40
Alt-Kietz,
Alt-Tornow, } s.: Freienwalde.
Angermünde (Prov. Brandenburg). Bearb. v. Häbnel auf Grund amtl. Unterlagen. (92 S. m. 1 Karte.) 898. (Nr. 632—638.) n. — 50
Arnswalde (N.-M.), Brandenburg. Bearb. v. Wollenberg auf Grund amtl. Unterlagen. (71 S. m. 1 Karte.) 898. (Nr. 639—645.) n. — 50
Asch in Böhmen. (71 S. m. 1 Karte.) 896. (Nr. 329—335.) Subskr.-Pr. n. — 70; Einzelpr. n. 1. 05
Bärenstein i. S. (Bez. Zwickau.) Bearb. von M. Böhne. (40 S. m. 1 Karte.) 896. (Nr. 412—417.) Subskr.-Pr. n. — 40; Einzelpr. n. — 60
Beeskow, Prov. Brandenburg. Bearb. v. Beseler auf Grund amtl. Unterlagen. (56 S. m. Karte.) 897. (Nr. 566—570.) n. — 50
Berka a. d. Ilm. (25 S.) 895. (Nr. 175—178.) n. — 40
Bernau i. Mark, Prov. Brandenburg. Bearb. v. Bleckmann auf Grund amtl. Unterlagen. (66 S. m. 1 Karte.) 896. (Nr. 369—373.) Subskr.-Pr. n. — 50; Einzelpr. n. — 75
Blankenhain. (S.-Weimar.) (34 S.) 896. (Nr. 162—165.) n. — 40
Brambach i. Vogtl. u. Schönberg. (30 S. m. 1 Karte.) 895. (Nr. 239. 240.) n. — 20
Burgstädt, Königr. Sachsen. Bearb. v. R. Lindner auf Grund amtl. Unterlagen. (110 S. m. 1 Karte.) 896. (Nr. 397—403.) n. — 80
Buttstädt i. Thür. (58 S.) 896. (Nr. 278—280.) n. — 30
Calau (Niederlausitz). Bearb. v. R. Opitz auf Grund amtl. Unterlagen. (70 S.) 897. (Nr. 492—496.) Subskr.-Pr. n. — 40; Einzelpr. n. — 60
Camburg a. S. (40 S. m. 1 Karte.) 895. (Nr. 179—182.) n. — 40
Colditz, Königr. Sachsen. Bearb. auf Grund amtl. Unterlagen. (95 S. m. 1 Karte.) 898. (Nr. 722—727.) n. — 50
Cönnern a. d. Saale. (57 S. m. 1 Karte.) 895. (Nr. 129—131.) n. — 30
Coswig i. Anh. (72 S. m. 1 Karte.) 895. (Nr. 226—229.) n. — 40
Crossen a. O., Prov. Brandenburg. Bearb. v. Kutschbach auf Grund amtl. Unterlagen. (128 S. m. 1 Karte.) 896. (Nr. 421—433.) Subskr.-Pr. n. — 80; Einzelpr. n. 1. 20
Crottendorf i. Erzgeb. (64 S. m. 1 Karte.) 895. (Nr. 199—202.) n. — 40
Dahme (Mark), Prov. Brandenburg. Bearb. v. Weber auf Grund amtl. Unterlagen. (99 S. m. 1 Karte.) 898. (Nr. 744—751.) n. — 50
Dippoldiswalde. (54 S.) 896. (Nr. 336—338.) Subskr.-Pr. n. — 30; Einzelpr. n. — 45
Driesen, N.-M., Prov. Brandenburg. Bearb. auf Grund amtl. Unterlagen. (70 S. m. 1 Karte.) 898. (Nr. 701—706.) n. — 50
Drossen, Prov. Brandenburg. Bearb. v. G. Küchler u. A. Pester, auf Grund amtl. Unterlagen. (63 S. m. 1 Karte.) 896. (Nr. 443—447.) Subskr.-Pr. n. — 50; Einzelpr. n. — 75
Ebersbach, Königr. Sachsen. Bearb. v. Förster u. Rau auf Grund amtl. Unterlagen. (120 S. m. Karte.) 897. (Nr. 581—590.) n. — 50
Eckartsberga. (25 S. m. 1 Karte.) 895. (Nr. 117—119.) n. — 30
Eger in Böhmen. (109 S.) 896. (Nr. 286—294.) n. — 90
Elster i. S., s.: Kamenz.
Fichtelgebirge, unter besond. Berücksicht. v. Wunsiedel u. Umgebung. Bearb. auf Grund amtl. Unterlagen. (80 S.) 898. (Nr. 681—686.) n. — 75
Freienwalde a. O., nebst Alt-Kietz, Alt-Tornow u. Alaunwerk. (113 S. m. 1 Karte.) 896. (Nr. 359—368.) Subskr.-Pr. n. 1. —; Einzelpr. n. 1. 50
Freyburg a. U. in Gewerbe, Handel u. Industrie. (25 S.) 895. (Nr. 183—186.) n. — 40
Friedeberg, N.-M., Prov. Brandenburg. Bearb. v. Jung auf Grund amtl. Unterlagen. (94 S. m. 1 Karte.) 898. (Nr. 646—652.) n. — 60
Friedland (Böhmen). Bearb. v. Moser auf Grund amtl. Unterlagen. (82 S. m. 1 Karte.) 898. (Nr. 591—598.) n. — 70

Friedland (Mecklenburg). Bearb. v. Bibow auf Grund amtl. Unterlagen. (68 S. m. 1 Karte.) 898. (Nr. 614—622.) n. — 50

Fürstenberg a. Oder, Prov. Brandenburg. Bearb. v. Kanig auf Grund amtl. Unterlagen. (80 S. m. 1 Karte.) 896. (Nr. 448—454.) Subskr.-Pr. n. — 40; Einzelpr. n. — 60

Geithain i. S. (52 S. m. 1 Karte.) 895. (Nr. 135—137.) n. — 30

Gerbstedt, Stadt, u. Amtsgemeinde Gerbstedt, Prov. Sachsen. (67 S. m. 1 Karte.) 895. (Nr. 230—233.) n. — 40

Geringswalde i. S. (57 S. m. 1 Karte.) 895. (Nr. 258—261.) n. — 40

Gersdorf i. Sachs. (Bez. Zwickau.) (30 S.) 895. (Nr. 171—174.) n. — 40

Gollnow, Prov. Pommern. Bearb. v. Lück auf Grund amtl. Unterlagen. (84 S. m. 1 Karte.) 898. (Nr. 660—666.) n. — 50

Gößnitz, S.-Alt. (28 S. m. 1 Karte.) 895. (Nr. 132—134.) n. — 30

Gräfenthal in Thür. in Gewerbe, Handel u. Industrie. (32 S. m. 1 Karte.) 895. (Nr. 187—190.) n. — 40

Graslitz in Böhmen. (59 S.) 895. (Nr. 299—304.) n. — 60

Greifenhagen, Prov. Pommern. Bearb. v. Möller auf Grund amtl. Unterlagen. (89 S. m. 1 Karte.) 897. (Nr. 505—511.) Subskr.-Pr. n. — 50; Einzelpr. n. — 75

Großröhrsdorf i. Sachsen. (71 S.) 896. (Nr. 382—386.) Subskr.-Pr. n. — 50; Einzelpr. n. — 75

Hainichen i. S. (56 S. m. 1 Karte.) 895. (Nr. 141—143.) n. — 30

Hartha i. S. (43 S. m. 1 Karte.) 895. (Nr. 266—269.) n. — 40

Heinersdorf, s.: Lausigk.

Helmbrechts i. Bayern. (29 S.) (895). (Nr. 43.) n. — 10

Hettstedt, Prov. Sachsen. (84 S.) 896. (Nr. 281—285.) n. — 50

Jeßnitz i. Anhalt. (40 S. m. 1 Karte.) 895. (Nr. 213—216.) n. — 40

Jöhstadt i. Sachsen. (76 S. m. 1 Karte.) 895. (Nr. 195—198.) n. — 40

Jüterbog (Prov. Brandenburg). (54 S. m. 1 Karte.) 896. (Nr. 355—358.) Subskr.-Pr. n. — 40; Einzelpr. n. — 60

Kamenz i. S. Bearb. v. Uhlig auf Grund amtl. Unterlagen. — II. Elstra i. S. Bearb. v. Bewilogua auf Grund amtl. Unterlagen. (141 S. m. Karte.) 897. (Nr. 599—606.) n. — 50

Kirchberg i. S. (71 S.) 895. (Nr. 191—194.) n. — 40

Komotau i. Böhmen. (103 S. m. 1 Karte.) 895. (Nr. 244—250.) n. — 70

Königsberg, N.-M., Prov. Brandenburg. Bearb. auf Grund amtl. Unterlagen. (79 S. m. Karte.) 897. (Nr. 486—491.) Subskr.-Pr. n. — 50; Einzelpr. n. — 75

Königs-Wusterhausen, Prov. Brandenburg. Bearb. v. P. Barschow auf Grund amtl. Unterlagen. (48 S. m. 1 Karte.) 896. (Nr. 439—442.) Subskr.-Pr. n. — 40; Einzelpr. n. — 60

Kremmen, Prov. Brandenburg. Bearb. v. Schultz auf Grund amtl. Unterlagen. (54 S. m. 1 Karte.) 896. (Nr. 434—438.) Subskr.-Pr. n. — 40; Einzelpr. n. — 60

Kyritz (Prignitz), Prov. Brandenburg. Bearb. v. K. Matthieß auf Grund amtl. Unterlagen. (67 S. m. 1 Karte.) 898. (Nr. 728—734.) n. — 50

Lausigk i. Sachsen m. Heinersdorf u. Reichersdorf. (55 S. m. 1 Karte.) 895. (Nr. 138—140.) n. — 30

Lehesten i. Thür. (29 S. m. 1 Karte.) 896. (Nr. 270.) n. — 30

Leimbach, s.: Mansfeld.

Leisnig i. Sachsen. (97 S. m. Karte.) 896. (Nr. 387—391.) Subskr.-Pr. n. — 50; Einzelpr. n. — 75

Lobenstein, Reuß j. Linie. (46 S. m. Ansicht u. 1 Karte.) 895. (Nr. 144—147.) n. — 40

Lübben, Niederlausitz, Prov. Brandenburg. Bearb. auf Grund amtl. Unterlagen. (90 S. m. 1 Karte.) 897. (Nr. 468—474.) Subskr.-Pr. n. — 50; Einzelpr. n. — 75

Lübbenau, Niederlausitz, Prov. Brandenburg. Bearb. auf Grund amtl. Unterlagen. rev. v. E. Bruchmann. M. Führer u. Karte durch d. Spreewald. (62 S.) 897. (Nr. 481—485.) Subskr.-Pr. n. — 50; Einzelpr. n. — 75

Lugau i. Erzgeb. (39 S.) 895. (Nr. 120. 121.) n. — 20

Mansfeld (Prov. Sachsen) u. Leimbach. (87 S. m. 1 Karte.) 896. (Nr. 314—317.) Subskr.-Pr. n. — 40; Einzelpr. n. — 60

Marienberg i. Sachs. (42 S. m. 1 Karte.) 895. (Nr. 111—118.) n. — 30

Meuselwitz i. S.-A. (48 S. m. 1 Karte.) 895. (Nr. 262—265.) n. — 40

Münchberg in Gewerbe, Handel u. Industrie. (32 S. m. 1 Karte.) 895. (Nr. 148—151.) n. — 40

Muskau. Bearb. auf Grund amtl. Unterlagen. (48 S. m. 1 Karte.) 898. (Nr. 695—700.) n. — 40

Nauen, Prov. Brandenburg. (75 S. m. 1 Karte.) 896. (Nr. 339—343.) n. — 50

Nebra a. d. Unstrut. (23 S.) 895. (Nr. 158—161.) n. — 40

Nerchau i. S. (32 S.) 896. (Nr. 273. 274.) n. — 20

Neudamm, N.-M., Prov. Brandenburg. Bearb. v. Musche auf Grund amtl. Unterlagen. (104 S. m. Karte.) 897. (Nr. 528—536.) Subskr.-Pr. n. — 50; Einzelpr. n. — 75

Neugersdorf, s.: Altgersdorf.

Nossen u. Siebenlehn (Königr. Sachsen). (122 S. m. 1 Karte.) 896. (Nr. 295—298.) n. — 40

Oederan i. S. Bearb. v. Ziegenhals auf Grund amtl. Unterlagen. (86 S. m. Karte.) 897. (Nr. 537—544.) Subskr.-Pr. n. — 50; Einzelpr. n. — 75

Ohrdruf i. Thür. (57 S. m. 1 Karte.) 895. (Nr. 251—254.) n. — 40

Oppelsdorf, s.: Reichenau i. S.

Oranienburg, Prov. Brandenburg. (56 S. m. 1 Karte.) 896. (Nr. 305—309.) Subskr.-Pr. n. — 50; Einzelpr. n. — 75

Pasewalk, Prov. Pommern. Bearb. v. Eggert auf Grund amtl. Unterlagen. (96 S. m. 1 Karte.) 898. (Nr. 715—721.) n. — 50

Pegau in Sachsen. (66 S. m. 1 Karte.) 895. (Nr. 152—157.) n. — 60

Peitz, Niederlausitz, Prov. Brandenburg. Bearb. v. Rempel auf Grund amtl. Unterlagen. (84 S. m. 1 Karte.) 896. (Nr. 463—467.) Subskr.-Pr. n. — 40; Einzelpr. n. — 60

Perleberg (Prov. Brandenburg). (101 S. m. 1 Karte.) 896. (Nr. 374—381.) Subskr.-Pr. n. — 80; Einzelpr. n. 1. 20

Pulsnitz, Königr. Sachsen. Bearb. v. R. Karte auf Grund amtl. Unterlagen. (69 S. m. 1 Karte.) 896. (Nr. 418—423.) Subskr.-Pr. n. — 50; Einzelpr. n. — 75

Pyritz i. P. Bearb. v. Schuhmacher auf Grund amtl. Unterlagen. (118 S. m. 1 Karte.) 898. (Nr. 623—631.) n. — 75

Radeberg. (12 u. 112 S. m. 1 Karte.) 896. (Nr. 344—350.) Subskr.-Pr. n. — 70; Einzelpr. n. 1. 05

Raguhn i. Anh. (25 S.) 895. (Nr. 166—170.) n. — 50

Reichenau i. S. u. Bad Oppelsdorf. Bearb. v. Franz auf Grund amtl. Unterlagen. Mit Führer u. Karte. (100 S.) 897. (Nr. 571—580.) n. — 75

Reichersdorf, s.: Lausigk.

Reppen, Prov. Brandenburg. Bearb. v. W. Koehler auf Grund amtl. Unterlagen. (46 S. m. 1 Karte.) 896. (Nr. 392—396.) Subskr.-Pr. n. — 40; Einzelpr. n. — 60

Roßlau i. Anhalt. (64 S. m. 1 Karte.) 895. (Nr. 217—220.) n. — 40

Ruhland, s.: Senftenberg.

Saaz i. Böhmen. (140 S. m. 1 Karte.) 896. (Nr. 318—324.) Subskr.-Pr. n. — 70; Einzelpr. n. 1. 05

Sandersleben (Anhalt). (17 S. m. 1 Karte.) 895. (Nr. 234. 235.) n. — 20

Scheibenberg i. Erzgeb. (60 S. m. 1 Karte.) 895. (Nr. 209—212.) n. — 40

Schleusingen, Pr. S. (50 S. m. 1 Karte.) 896. (Nr. 275—277.) n. — 30

Schmiedeberg in Böhm. (51 S. m. 1 Karte.) 896. (Nr. 315—318.) Subskr.-Pr. n. — 40; Einzelpr. n. — 60

Schneeberg i. S. Bearb. v. Mehnert auf Grund amtl. Unterlagen. (120 S. m. Karte.) 897. (Nr. 556—565.) n. — 75

Schwarzenbach a. S. (27 S.) 895. (Nr. 241—243.) n. — 30

Schwedt a. O. Bearb. v. Wildt auf Grund amtl. Unterlagen. (133 S. m. 1 Karte.) 897. (Nr. 497—504.) Subskr.-Pr. n. — 80; Einzelpr. n. 1. 20

Seelow, Prov. Brandenburg. Bearb. v. O. Schulz unter theilweiser Benutzung amtl. Unterlagen. (67 S. m. Karte.) 897. (Nr. 523—527.) Subskr.-Pr. n. — 40; Einzelpr. n. — 60

Senftenberg (N.-L.). Bearb. v. Lehmann auf Grund amtl. Unterlagen. II. Ruhland, Prov. Schlesien. Bearb. v. Domaschke auf Grund amtl. Unterlagen. (143 S. m. Karte.) 897. (Nr. 512—522.) Subskr.-Pr. n. — 80; Einzelpr. n. 1. 20

Siebenlehn, s.: Nossen.

Spreewald, s.: Lübbenau.

Stadtilm i. Thür. (28 S. m. 1 Karte.) 895. (Nr. 236—238.) n. — 30

Stadtsulza. (30 S. m. 1 Karte.) 895. (Nr. 114—116.) n. — 30

Strasburg, U.-M., Prov. Brandenburg. Bearb. v. G. Niebe auf Grund amtl. Unterlagen. (85 S. m. 1 Karte.) 898. (Nr. 607—613.) n. — 50

Treptow a/Toll. Bearb. v. Schultz auf Grund amtl. Unterlagen. (67 S. m. 1 Karte.) 898. (Nr. 653—659.) n. — 50

Triptis. (26 S. m. 1 Karte.) 895. (Nr. 122—124.) n. — 30

Vetschau, Nieder-Lausitz, Prov. Brandenburg. Bearb. v. Schmidt auf Grund amtl. Unterlagen. (54 S. m. 1 Karte.) 897. (Nr. 475—480.) Subskr.-Pr. n. — 40; Einzelpr. n. — 60

Weipert i. Böhmen. (80 S. m. 1 Karte.) 895. (Nr. 221—225.) n. — 50

Werder (Havel). (66 S. m. 1 Karte.) 896. (Nr. 351—354.) Subskr.-Pr. n. — 40; Einzelpr. n. — 60

Wittstock a. Dosse, Prov. Brandenburg. Bearb. v. Klemt auf Grund amtl. Unterlagen. (76 S.) 898. (Nr. 687—694.) n. — 60

Wolgast (Prov. Pommern). Bearb. v. Ramdohr auf Grund amtl. Unterlagen. (201 S. m. 1 Karte.) 898. (Nr. 667—680.) n. — 50

Wolkenstein i. S. Adreßbuch u. Führer f. Stadt u. Warmbad Wolkenstein. Mit Touristen-Führer u. Karte. Bearb. v. Steinbach. (93 S.) 896. (Nr. 404—411.) Subskr.-Pr. n. — 80; Einzelpr. n. 1. 20

Wunsiedel, s.: Fichtelgebirge.

Wurzbach i. Th. (22 S.) 895. (Nr. 125.) n. — 10

Zeulenroda, R. ä. L. (198 S. m. 1 Karte.) 895. (Nr. 203—208.) n. — 60

Zielenzig, Prov. Brandenburg. Bearb. v. Lene auf Grund amtl. Unterlagen. (152 S. m. 1 Karte.) 896. (Nr. 455—462.) Subskr.-Pr. n. — 80; Einzelpr. n. 1. 20

Zöblitz i. Erzgeb. (32 S. m. 1 Karte.) 895. (Nr. 126—128.) n. — 30

Zschopau i. S. Adreßbuch u. Führer durch Zschopau u. Umgegend. M. Touristen-Führer u. Karte. Bearb. v. Wagner. (125 S.) 897. (Nr. 545—555.) n. — 75

Nr. 735—743 sind noch nicht erschienen. — Verleger ist von Leipzig verzogen und sein gegenwärtiger Aufenthaltsort nicht bekannt.

Moeckel's Operntextbibliothek. Nr. 1. 12. Zwickau 895. C. R. Moeckel. n. — 50

Der Schelm v. Bergen (Nach Freimannsrecht). Frei nach der Volkssage bearb. Romant. Oper in 3 Aufzgn. Text u. Musik v. Fritz Thar. (31 S.)

Möckel, Albr., Entwürfe zu modernen Tischler-Arbeiten. I. Serie. Abth.: Bautischler-Arbeiten: 1. u. 2. Hft. Fol. (30 farb. Taf.) Zwickau 894. (C. R. Moeckel.) n. 12. —

— dasselbe. Abth.: Möbeltischler-Arbeiten. 1. u. 2. Hft. Fol. (30 farb. Taf.) Ebd. 894. n. 12. —

Möckel, Albr., Motive zu allerhand modernem Gitterwerk, wie Hausthürgitter, Einfriedigungen, Zieranker etc. 3 Lfgn. Fol. (à 12 Bl.) Ebd. 895. 12. —

Moeckel, August Fried. (Eibenstock/Erzgebirge), De hydrorhachitide. Diss. med. Präs. Christ. Fried. Ludwig. Leipzig (Glueck) 27. VIII. 1822. 100 S. (3.—) 23472
Gew.: Carl Chr. Ernst Hahmann.

August Friedrich Moeckel

De Hydrorhachitide commentatio pathologico-chirurgica. Auctore Augusto Friderico Moeckel. Lipsiae: Reclam 1822. 141 S. 8°

C. H. Aug. Moeckel quae fuerit syphilidis forma ad seculi decimi quinti finem, quaeritur. Diss. inaug. histor. med. Lips. 1841 8 (Collectiones scriptorum de syphilide enumerant prolegomena ad *Hier Fracastorii carmen de morbo gallico.* Lips. 1830. 8)

— **C. H. Aug.** (Dresden), Quae fuerit syphilidis forma ad seculi decimi quinti finem, quaeritur. Diss. histor.-med. Leipzig (W. Vogel) 28. IX. 1841. 52 S. (3.—) 23471
Gew.: Albert Braune.

Möckel, Chr. Hnr.

— Anweis. z. deutschen Schönschreibekunst. Mit 24 Kpft. 4. Altenb. 797. Mit n. Titelbl. 801. (Centr.-Compt. in Leipz.) auf Schrbp. 2 ß Holl. Pap. 3 ß (Coppenrath in Münst.) 3 ß

Möckel, Chr. Hnr. Berechnungstabellen üb. d. Interusurium bei Kaufgeldern u. Zahlungen b. Tageszeit 2c. 4. Altenb. 804. Liter.-Compt. 18 gl Hdg. Pr. 6 gl

Möckel, Christian Die Durlacher und Hanauer Transmigranten in Mühlbach. 32 S. **Progr.** *Mühlbach* 1881

Möckel, Erwin: Die Entstehung des Plauer Sees, des Drewitzer oder Alt-Schweriner Sees und des Krakower Sees ... (Aus: Arch. Nat. Meckl. 46.) Güstrow, Druck d. Rathsbuchdr., 1892: 2 Bl., 35 S., 3 Taf. 8.
Rostock, Phil. Fak., Inaug.-Diss. v [3. Aug.] 1891

Möckel, G. L., die Johannes-Kirche zu Dresden. 20 (photolithogr.) Bl. Ansichten, Grundrisse und Details, mit übersichtl. Zusammenstellung der Herstellungskosten. Fol. (2 S.) Dresden 882, Gilbers'sche Hofverlagsh. *

— ausgeführte u. projectirte Kirchen, Villen u. Wohnhäuser mit übersichtlicher Zusammenstellung der Herstellungskosten. (In 12 Lfgn.) 1—7. Lfg. gr. Fol. (à 6 Bl. in Lichtdr.) Ebend. 880. 81. à n. 6. —

Möckel, G. L., ausgeführte u. projectirte Kirchen, Villen u. Wohnhäuser m. übersichtlicher Zusammenstellung der Herstellungskosten. 8—12. Lfg. Fol. (à 6 Lichtdr.- u. Steintaf.) Dresden 883. Gilbers' Verl. à n. 6. —

Möckel, G. L., Zwickau, s. Renaissance, deutsche.

Möckel, Georg [app. Arzt aus Wiesbaden]: Zur Kenntnis der Amblyopieen und Amaurosen nach Blutverlust. ... Tübingen, Druck d. L. F. Fues'schen Buchdr., 1890; 43 S., 2 Tab. 8°
Tübingen, Med. Fak., Inaug.-Diss. v. 1890

Moeckel, G. Zur Kenntnis d. Amblyopieen u. Amaurosen nach Blutverlust. 8. (43 S. m. 2 Tab.) Tüb. 890, [Moser] Pietzcker * * 1 —

Möckel, Gust., Turner u. Helden. Kriegsgeschichtliche Erinnerungsblätter nach eigenen Angaben d. Turner. Gesammelt u. hrsg. (123 S. m. Bildnissen.) Lex. 8. Berlin-Steglitz (908). Verlag Kraft u. Schönheit. 2.50; geb. 3. —

Möckel, G. Turner u. Helden. Berlin-Steglitz 1909. 123 S.

Moeckel, Heinrich

Moeckel, (Fredericus) Henricus *(geb. Lüben in Schles. 10. 4. 1835)* De aortae ascendentis aneurysmate. Vratislaviae (1860). (31 S.) 8°
Breslau, Med. Diss. v. 18. Jan. 1860

— **Heinrich August** (Auerbach), De diosma crenata oleo crotonis tiglii et carbone animali. Diss. pharm.-med. Leipzig (Staritz) 14. XII. 1830. 28 S. (3.50) 23475
Gew.: Wilhelm Andreas Haas, Ludwig Cerutti.

— **Hermann** (Pegau), De periculis in operanda phimosi obviis. Diss. med. Präs. Christian Adolph Wendler. Leipzig (A. Edelmann) 1. XI. 1861. 23 S. mit Biogr. (M.: E. Schultze.) (2.50) 23476

Möckel, Hermann Richard Emil, aus Bärenwalde Die Entwicklung des Volksschulwesens in der ehemaligen Diöcese Zwickau während der Zeit von der Mitte des 18. Jahrhunderts bis zum Jahre 1835. *Leipzig: F. Brandstetter 1900.* (172 S.) 8° ¶ (Kap. 3, 6, 15 u. 16 erschien in Pract. Schulmann, Jg. 1898 u. 1900.)
Leipzig, Phil. Diss. v [15. Dez.] 1900

1723. * Selectae aliquot Obſervationes Dioptricae. Praeſ. Matthia Mario *Roth*, Reſp. J. Matthia *Moeckel.* Vitemb. 2 Bog.

Gesänge zur Feier der Einweihung des neuen Logenhauses der St. Joh. □.·. Carl zum Felsen im Or. Altona am 22. März 1846. Gedichtet vom Br. J. M. Wulff. In Musik gesetzt vom Br. J. P. M. **Möckel.** [Altona 1846: Hammerich & Lesser.] 3 Bl. 8° [Umschlagtit.]
3 Gesänge ohne Noten.

— **Carl Friedrich** (Annaberg), De thuris in vet. Christ. Sacr. usu. Präs. Georg Heinrich Martini. Leipzig (Stopffel) 23. IX. 1752. 54 S. (5.50) 23473

Möckel, Kurt, aus Erfurt: Ueber Jodoso-, Jodo- und Jodiniumverbindungen des p-Jodchinolins und substituierter p-Jodchinoline. *Freiburg i. B.: Speyer & Kaerner 1901.* (28 S.) 8°
Freiburg i. B., Phil. Diss. v. 1901

Möckel, Max, Turnerstreiche, s.a. Bibliothek turner. Unterhaltungen. 13. Bdchn.

Möckel, Max, Turnerstreiche, Schwank in 1 Aufz., Leipzig. 37 S., 8°.

Möckel, Oskar, Tierarzt. Aus d. Anatom. Inst. d. Tierärztl. Hochsch. zu Dresden. Die Venen des Kopfes des Pferdes und ihre Variationen. Mit 10 Abb. Dresden 1909 · Franke. 84 S. 8°
Leipzig, Veterinär-Med. Diss. v. 5. Juli 1909, Ref. Baum
[Geb. 15. Febr. 84 Leipzig-Lindenau; Wohnort: Plauen i. V.; Staatsangeh.: Sachsen, Vorbildung Realgymn. Plauen Reife O. 04; Studium. Dresden Tierärztl. Hochsch. 9 S.; Coll. 23. Juli 09; Approb. 1 Juli 08] [U 09. 2833

Möckel, Paul, appr. Arzt a. Ziegenberg (Taunus) Hessen: Aus d. chirurg. Universitätsklinik zu Gießen. Zur Kasuistik der Karbolgangrän. Gießen 1905: v. Münchow. (22 S.) 8°
Gießen, Med. Fak., Ref. Poppert, Diss. v. 29. Nov. 1905
[Geb. 8. Juli 80 Ziegenberg, Wohnort: Ziegenberg; Staatsangeh.: Hessen; Vorbildung: Realgymn. Gießen Reife Aug. 00; Studium: Gießen 5, Kiel 1, Würzburg 1, Gießen 3 S., Coll. 14. Aug. 05, Approb. 10. Juli 05.]

MÖCKEL, RICHARD. Die Einwirkung von Anilin auf β-Chlor-α-Hydroxy-Propionsäureäthylester. Würzburg, 1883.

Möckel, Rich., die Entwicklung des Volksschulwesens in der ehemaligen Diöcese Zwickau während der Zeit von der Mitte des 18. Jahrh. bis zum J. 1836. gr. 8. (172 S.) Leipzig 900. F. Brandstetter. n. 2. —

Möckel Robert: De enallages adiectivi in T. Livi a. u. c. libris usu.
II. 1908 PN 2568 Diss. Wien. Univ.

Mocken, J. Anleitung zur einfachen u. ordnungsmässigen Kirchenkassen-Führung. 1 u. 2. Aufl. gr. 8. (16 S.) Köln 889,90, Bachem. ** — 30

Mocken, J., Leitfaden zur Anlegung, Fortführung u. Berichtigung der Kirchen-Lagerbücher. 8. (11 S.) Köln 893. J. P. Bachem. n. — 25

Mookenhaupt, Joseph [app. Arzt aus Elkenroth im Rheinl.]: Aus d. chirurg. Klinik zu Kiel. Zwei Fälle von Darmtuberculose mit Stenosebildung .. Kiel, Druck d. »Nord-Ostsee-Zeitg«, 1894; 17 S. 8.
Kiel, Med. Fak., Inaug.-Diss. v. [24. Dez.] 1894

Mooker, Gustavus Bruno [Cameniciensis]: De Musis a poetis Graecorum in componendis carminibus invocatis. Lipsiae, typ. O. Brandstetteri, 1893; 2 Bl., 68 S., 1 Bl. 8.
Leipzig, Phil. Fak., Inaug.-Diss. v. [15. Apr.] 1893

Mocker, Jos. Das Agnes-Kloster in Prag, s. Tomek, W. W.

—— Der Pulverthurm in Prag. Hrsg. v. d. kgl. Hauptstadt Prag. Fol. (28 photolithogr. Taf. m. 9 Bl. Text in böhm., deutscher u. franzö. Sprache.) Prag 889, (Bursik u. Kohout). In Mappe * 72 —

Möckern [Schlagwort]

Möckern, s.: Preussen. Messtischblätter.

Moeckert, A. G., de jure resignandi officialium publicorum. 8. Goett. Brose. 798.

Moeckert, Aug. Wilh. (Rinteln), Specimen inaug. de jure resignandi officialium publicorum. Göttingen (Barmeier) 10. III. MDCCLXCVIII. 29 S. (3.—) 23477

Moeckert, Johann Nikolaus [Praes.], s. Dewitz, Botho Christoph von: Diss. de jure praecedendi ex jure gentium.

— Johann Nikolaus (Jena), De donatione inter vivos revocabili et mortis caussa irrevocabili. Diss. inaug. Präs. Johann Wilhelm Dietmar. Jena (Schill) 28. II. 1759. 30 S. (4.50) 23478

— — (Schwarzburg), In qua jus devolutionis imperanti ex jure territoriali conveniens ex principiis juris naturalis deducere conatur. Diss. philos. Präs. Christian Friedrich Polz. Jena (Schill) 6. IV. 1754. (5.—) 23479
Gew.: Christian Ulrich von Ketelhodt. — Widm. v.: Christian Friedrich Polz, C. G. von Ketelhodt (Oppon.).

Moeckert, Johann Nikolaus [Praes.], s. Ketelhodt, Friedrich Wilhelm von Dissertatio de agnato in feudo citra consensum obligato.

Moeckert, Johann Nikolaus [Praes.], s. Salzmann, Gottfried Justin Wilhelm. Dissertatio iuridica de bonae fidei possessore singulari a restitutione fructuum perceptorum non semper immuni.

Möckesch, Mart. Sam., Beweise für die celtische Abstammung der Walachen oder Romänen, besonders derer, welche im Großherzogth. Siebenbürgen leben. Hermannstadt 867. (Frank & Dreßnandt.) gr. 8. (70 S.) n. 16 *ngr.*

Möckesch, Mart. Sam., Haideblümchen. Zigeunerische Dichtungen und Sprichwörter in's Deutsche übers. 16. (56 S.) Bukarest 873, (Popper.)

Möckesch, Viktor: General der Kavallerie Michael Frh. v. *Melas* 1729—1806. Hermannstadt, Wien & Lpz. ('00). 65 S.

Möckesch, Vikt., General der Kavallerie Michael Freiherr v. Melas 1729—1806. Ein Lebensbild für sein Volk. gr. 8. (65 S. m. 2 Taf.) Hermannstadt (900): G. A. Seraphin. n. 1. —; geb. n. 1. 70

Möckmühl [Schlagwort]

Möckmühl, s.: Deutschland. Kürschner-Pelp.

Mookrauer, Paul [app. Arzt aus Berlin]: Ueber die Ausgangsstadien nicht geheilter Psychosen ... München, J. G. Weiss'sche Buchdr., 1894; 23 S. 8.
München, Med. Fak., Inaug.-Diss. v. 1894

Mockrehna [Schlagwort]

Mockrehna, s.: Preussen. Messtischblätter.

Močnik, Franz Ritter von

(——) Abbreviaturen zu Močnik's Arithmetik und Algebra. gr. 8. (14 S.) Wien 874, Seidel und Sohn. *

(——) Abbreviaturen und Zusätze zu Močnik's Geometrie. gr. 8. (VIII, 24 S.) Ebendas. 874. *

Močnik, Frz., Anfangsgründe der Geometrie in Verbindung mit dem Zeichnen. Für Unterrealschulen. 12. u. 13. umgearb. Aufl. Prag 867,69. Tempsky. gr. 8. (VII, 231 S. mit 223 in den Text gedr. Holzschn.) 15 *ngr.*

Močnik, Frz. Ritter v., Anfangsgründe der Geometrie in Verbindung mit dem Zeichnen. Für Unterreal- und Bürgerschulen. 13. und 14. Aufl. 1869,71, und 15., nach dem metr. Maßsysteme umgearb. Aufl. gr. 8. (227 S. mit 226 in den Text gedr. Holzschn.) Prag 878, Tempsky.

—— dass. — Mit böhm. Terminologie. gr. 8. (236 S.) Ebendas. 873.

Močnik, Frz. Ritter v., Anfangsgründe der Geometrie in Verbindung mit dem Zeichnen für Unterrealschulen. 16. verb. Aufl. gr. 8. (VI, 196 S. mit 202 in den Text gedr. Holzschn.) Prag 877, Tempsky. *

—— dass. — Mit böhm. Terminologie. gr. 8. (VI, 204 S. mit 202 in den Text gedr. Holzschn.) Ebendas. 877. *

Močnik, Frz. Ritter v., Anfangsgründe der Geometrie für die zweite, dritte und vierte Classe der Realschulen. 17. umgearb. Aufl. gr. 8. (VI, 194 S. mit 199 in den Text gedr. Holzst.) Prag 881, Tempsky. geb. *

Močnik's, Frz. Ritter v., Anfangsgründe der Geometrie f. die 1.—3. Klasse der Mittelschulen, bearb. v. Joh. Spielmann. 28., nach den neuen Lehrplänen umgearb. Aufl. (107 S. m. 148 Fig.) 8. Wien 910. F. Tempsky. Geb. 1. 80

Mozhnik, Dr. Franz. Anleitung zum Kopfrechnen für die erste Klasse der Volksschulen in den k. k. Staaten. Verfaßt von — —. 8. (94 S.) Wien. Gedruckt bei Leopold Grund. 1847. Ungebunden 6 kr.; gebunden 8 kr. C. M.
Verlag der Schulbücher-Verschleiß-Administration

Močnik, Frz., Anleitung zum Rechnen. gr. 8. (245 S.) Wien 856, Separat-Conto des Schulbücher-Verlages. *

Močnik, Frz., Anleitung zum Rechnen. Wien 856. (Leipzig, Steinacker.) 8. (245 S.) n. 13 ngr.

Mocnik, Dr. Franz. Anleitung zum Rechnen für die erste Klasse der Unter-Realschule von zwei Jahrgängen. 8. (170 S 1 Bl.) Wien 1854. Gebunden in Leinwandrücken 23 kr C. M.
Verlag der Schulbücher-Verschleiß-Administration

—— Anleitung zum Rechnen als Lehr- und Uebungsbuch der Arithmetik für die I. und II. Classe der Unterrealschulen. 12., verb. Aufl. gr. 8. (IV und 264 S.) Prag 867, Tempsky.

— geometrische Anschauungslehre für die Unter-Gymnasien. 1. Abth. Für die 1. u. 2. Klasse. Mit 153 in den Text gedr. Holzschn. 853. — 2. Aufl. 854. — 3. umgearb. Aufl. Wien 857. Gerold. gr. 8. (VII, 100 S.) 15 ngr.

— — 2. Abth. Für die 3. u. 4. Klasse. Mit 109 in den Text gedr. Holzschn. 853. — 2. Aufl. Wien 856. Gerold. gr. 8. (IV, 104 S.) 15 ngr.

—— dass. — 2. Abthl. 2. Aufl. gr. 8. (IV und 104 S. mit 109 in den Text gedr. Holzschn.) Ebds. 856.

Močnik, Frz., geometrische Anschauungslehre für die Unter-Gymnasien. 1. Abthl. 3—5. Aufl. gr. 8. (IV und 96 S. mit 153 in den Text gedr. Holzschn.) Wien 857—62, Gerold's Sohn. *

—— dass. — 2. Abthl. 3. und 4. Aufl. gr. 8. (98 S. mit 109 in den Text gedr. Holzschn.) Ebendas. 859,61. *

Močnik, Frz., geometrische Anschauungslehre für die Unter-Gymnasien. 2 Abthlgn. Wien, Gerold. gr. 8. Jede Abtheilung n. 12 ngr.
1. Abth. 4—6. Aufl. Mit 153 in den Text gedr. Holzschn. 859—64. (IV, 96 S.) — 2. Abth. 3—5. Aufl. Mit 109 in den Text gedr. Holzschn. 858—64. (98 S.)

— geometrische Anschauungslehre für die Unter-Gymnasien. 2 Abthlgn. Wien, Gerold's Sohn. gr. 8. [1. Abthl. 7—9. Aufl. (IV, 96 S. mit 153 in den Text gedr. Holzschn.) 867—71. 2. Abthl. 6. Aufl. (IV, 99 S. mit 109 in den Text gedr. Holzschn.) 868.] Jede Abthl. n. 12 ngr.

—— geometrische Anschauungslehre für Unter-Gymnasien. 2 Abthlgn. gr. 8. Wien, Gerold's Sohn. [1. Abthl. 8.—10. Aufl. 1869—72, und 11.—13., mit Rücksicht auf die metr. Maße umgearb. Aufl. (VIII, 91 S. mit 126 in den Text gedr. Holzschn.) 873—75.; 2. Abthl. 6. Aufl. 1868, und 7.—9., mit Rücksicht auf die metr. Maße umgearb. Aufl. (IV, 99 S. mit 108 in den Text gedr. Holzschn.) 872—75.] à Abthl. *ℳ 1,20. *

—— geometrische Anschauungslehre für Unter-Gymnasien. 2 Abthlgn. gr. 8. Wien, Gerold's Sohn. [1. Abthl. 14.—17. unveränd. Aufl. (VIII, 91 S. mit 126 in den Text gedr. Holzschn.) 877—79.; 2. Abthl. 10.—12. unveränd. Aufl. (IV, 99 S. mit 108 in den Text gedr. Holzschn.) 876—79.] à Abthl. * ℳ 1,20. *

—— geometrische Anschauungslehre für Unter-Gymnasien. 2 Abthlgn. gr. 8. Wien, Gerold's Sohn. [1. Abthl. 18. unveränd. Aufl. (VIII, 91 S. mit 126 in den Text gedr. Holzschn.) 881; 19. durchges. und 20. unveränd. Aufl. (VIII, 100 S. mit 126 in den Text gedr. Holzschn.) 882,84; 2. Abthl. 13. unveränd. Aufl. (IV, 99 S. mit 108 in den Text gedr. Holzschn.) 881; 14. verb. Aufl. (III, 107 S. mit 94 in den Text gedr. Holzschn.) 883.] à Abthl. *ℳ 1,20. *

Močnik, Frz. v., geometrische Anschauungslehre für Unter-Gymnasien. 2 Abthlgn. gr. 8. Wien 885, Gerold's Sohn. [1. Abthl. (für die I. und II. Classe). 21. mit Rücksicht auf den neuen Lehrplan für Gymnasien umgearb. Aufl. (IV, 81 S. mit 110 in den Text gedr. Holzschn.); 2. Abthl. (für die III. und IV. Classe). 15. mit Rücksicht auf den neuen Lehrplan für Gymnasien umgearb. Aufl. (115 S. mit 95 in den Text gedr. Holzschn.)] geb. à Abthl. *ℳ 1.50. *

Močnik, Frz. Ritter v. Geometrische Anschauungslehre f. Unter-Gymnasien. 2 Abthlgn. gr. 8. Wien, Gerold's Sohn. geb. à Abthl. * 1 50
1. [Für die I. u. II. Classe.] 22. verb. Aufl. Mit 100 eingedr. Holzschn. (82 S.) 891. — 2. [Für die III u. IV Classe.] 17. Aufl. Mit 95 eingedr. Holzschn. (IV, 114 S.) 889.

Močnik, Frz. Ritter v., geometrische Anschauungslehre f. Unter-Gymnasien. 1. Abth. (Für die 1. u. 2. Classe.) 23. unveränd. Aufl. gr. 8. (IV, 82 S. m. 110 Holzschn.) Wien 893. C. Gerold's Sohn. Geb. in Leinw. n. 1. 50

— dasselbe. 18., umgearb. Aufl. Von Frz. Wallentin. gr. 8. (III, 96 S. m. 86 Holzschn.) Ebd. 894. Geb. in Leinw. n. 1. 30

Močnik, Dr. Franz Ritter von, Geometrische Anschauungslehre für Untergymnasien. I. Abtheilung (für die 1. und 2. Classe). Von Doctor Franz Wallentin. 24. Auflage. Wien 1895. Karl Gerold's Sohn. (Min.-Erl. v. 8. Januar 1895, Z. 30089) —.60, in Lnwd. geb. —.75

Močnik, Dr. Franz Ritter von, Geometrische Anschauungslehre für Untergymnasien, II. Abtheilung (für die 3. u. 4. Classe). Von Dr. Franz Wallentin. 9. Auflage. Wien 1896. K. Gerold's Sohn. (Min.-Erl. vom 12. Januar 1896, Z. 29617 ex 1895.) Geh. —.50, in Leinwandband —.65

Močnik's, Frz. Ritter v., geometrische Anschauungslehre f. Unter-Gymnasien. Bearb. v. Joh. Spielmann. 2 Abthlgn. gr. 8. Wien u. Prag, F. Tempsky. — Leipzig G. Freytag Geb. in Leinw. à n. 1. 50
I Für die I. u. II. Classe. 25., veränd. Aufl. (IV, 82 S. m. 114 Fig.) 898.
II. Für die III. u. IV. Classe. 20., veränd. Aufl. (III, 91 S. m. 91 Fig.) 899.

Močnik's, Frz. Ritter v., geometrische Anschauungslehre f. Unter-Gymnasien. Bearb. v. Joh. Spielmann. 2 Abthlgn. gr. 8. Wien 901. F. Tempsky. — Leipzig, G. Freytag. Geb. in Leinw. à n. 1. 50
1. Für die I. u. II. Classe. 26., durchgeseh. Aufl. (IV, 76 S. m. 114 Fig.)
2. Für die III. u. IV. Classe. 21., durchgeseh. Aufl. (II, 86 S. m. 91 Fig.)

Močnik's, Frz. Ritter v., geometrische Anschauungslehre f. Unter-Gymnasien. Bearb. v. Joh. Spielmann. I. u. II. Abtlg. 8. Wien 904. F. Tempsky. Geb. in Leinw. à n. 1. 50
I. (Für die I. u. II. Klasse.) 27., wesentlich unveränd. Aufl. (IV, 76 S. m. 114 Fig.) — II. (Für die III. u. IV. Klasse.) 22., wesentlich unveränd. Aufl. (II, 85 S. m. 91 Fig.)

— Arithmetik, Algebra u. Geometrie, s.: Abbreviaturen.

—— die angewandte Arithmetik, nebst einer übersichtlichen Darstellung der einfachen kaufmännischen und gewerblichen Buchführung. gr. 8. (234 S.) Wien 856, Separat-Conto des Schulbücher-Verlags. *

— die angewandte Arithmetik, nebst einer übersichtlichen Darstellung der einfachen kaufmännischen und gewerblichen Buchführung. Wien 856. (Leipzig, Steinacker.) 8. (234 S.) n. 12 ngr.

— angewandte Arithmetik u. einfache gewerbliche Buchführung f. Bürgerschulen. 6. umgearb. Aufl. gr. 8. (III, 144 S.) Prag 876. Tempsky. n. 1. 20; Ausg. m. böhm. Terminologie (III, 146 S.) n. 1. 20

Mocnik, Dr. Franc L'aritmetica applicata insieme con una esposizione prospettica della tenuta particolare dei libri commerciali e di professione per la II. classe delle scuole reali inferio i in due corsi del — — —. 8. (262 p.) Vienna. Stamperia di L. Grund 1854.
Verlag der Schulbücher-Verschleiß-Administration

Močnik, Dr. Francesco Cav., Aritmetica particolare e generale ad uso degl' istituti magistrali. Bearbeitet von Attilio Stefani. 4., im wesentlichen unveränderte, daher gemäß den Min.-Erl. vom 20. November 1895, Z. 25512, beziehungsweise vom 29. Jänner 1902, Z. 283, zulässige Auflage. Wien 1906. Schulbücherverlag. Geb. K 2.50.

Močnik, Fr., Aritmetika pro I a II třídu nižšího Gymnasia Dle — . vzdělal Martin Čulen. 8. (280 S. 3 Bl.) Ve Vídni. Tisk Carla Ueberreutera. 1854. (Arithmetik für die I und II. Klasse der Unter-Gymnasien.) Gebunden 36 kr. C. M.
Verlag der Schulbücher-Verschleiß-Administration

Mocnik, Franeisk — Aritmetike pentru a doa ši a treja klas a šk. ale'or nazionale din Bukovina. Din kompunerea german a lui — — —. Tradus de Camoil Andrievic. 8. (190 S.) Viena Cau tiperit la Leopold Grund. 1850. (Arithmetik fur die zweite und dritte Klasse der Bukovinaer Nationalschulen.) Ungebunden 12 kr., gebunden 16 kr. C. M. Verlag der Schulbücher-Verschleiß-Administration

Moczník, Dr. Fr. Arytmetyka przemysłowo-handlowa obejmująca oraz krótki rys pojedynczej buhalteryi kupieckiej i przemysłowéj na drugą klasę niższych szkół realnych. W Wiedniu, 1855. Wycisnięto u L. Grunda. (262 S. 8.) (Gewerbs- und Handels-Arithmetik zugleich kurzer Abriß der einfachen Gewerb- und kaufmännischen Buchhaltung für die zweite Klasse der Unterrealschulen.) (Polnisch.) Schulbücherverlag

— — Carte de comput pentru şcoalele poporale austriace. Editiune in trei părţĭ. Wien 1894. K. k. Schulbücher-Verlag. (Min.-Erl. v. 7. Juni 1894, Z. 12742.)
I. Theil (Unterstufe). Steif gebunden 30 h
II. Theil (Mittelstufe). Steif gebunden 40 h
III. Theil (Oberstufe). Steif gebunden 50 h

— Întăĭa carte de computŭ pentru scólele poporale. (Erstes Rechenbuch für allgemeine Volksschulen.) 8. revidirte Ausgabe. Wien 1890. K. k. Schulbücherverlag. (Min.-Erl. 13. December 1889. Z. 24556.) Broschirt —.8

Močnik, A. Dr.-lui Fr. Cavaler de, Carte de comput pentru şcoalele poporale austriace. Ediţiune in trei părţĭ. Prelucrată de K Kraus şi M. Habernal. Wien 1904. K. k. Schulbücher-Verlag. Partea I: Treapta inferioră. Preis, gebunden 50 h. Partea II: Treapta medie. Preis, gebunden 60 h.

Močnik, A. Dr.-lui Fr. Cavaler de, Carte de comput pentru şcoalele poporale austriace. Ediţiune in trei părţĭ Partea III: Treapta superioară. Prelucrată de K. Kraus şi M. Habernal. Wien 1907. Schulbücherverlag. Geb. K —.70.

Mocnik, Dr. Francesco. Corso di Geometria ad uso dei Ginnasi Superiori del — —. Traduzione fatta sulla seconda edizione. 8. (VIII, 284 p.) Vienna. Coi tipi della vedova e del figlio di A. Pichler, 1854. Legato L. a. 2. cent. 90.
Verlag der Schulbücher-Verschleiß-Administration

— elementi di geometria in combinazione col disegno. Ad uso delle scuole reali inferiori e delle scuole civiche Nuova ed. gr. 8. (209 S. m. eingedr. Holzschn.) Wien 876. Gerold's Sohn. n. 1. 80

—— Elementi di geometria in combinazione col disegno. Ad uso delle scuole reali inferiori e delle scuole civiche. Nuova ediz. gr. 8. (209 S. mit eingedr. Holzschn.) Ebendas. 877. *

— geometrische Formenlehre u. Anfangsgründe der Geometrie f. Realschulen. Bearb. v. Joh. Spielmann. 18., geänd. Aufl. der „Anfangsgründe der Geometrie". gr. 8. (IV, 158 S. m. 216 Fig.) Wien 900. F. Tempsky. Geb. in Leinw. n. 2. 10

— dasselbe u. Anfangsgründe der Geometrie f. Realschulen. Bearb. v. Joh. Spielmann. 19., im wesentlichen unveränd. Aufl. (IV, 156 S. m. 216 Fig.) 8. Wien 904. F. Tempsky. Geb. in Leinw. n. 2. 10

—— geometrische Formenlehre für die erste Classe der Realschulen. gr. 8. (IV, 65 S. mit 67 in den Text gedr. Holzst.) Prag 882, Tempsky. *

Močnik, Geometrische Formenlehre für die erste Classe der Realschulen. Bearbeitet von Dr. Ferdinand Maurer. 2. veränderte Auflage. Prag und Wien 1893. F. Tempsky. (Min.-Erl. v. 13. September 1893, Z. 19590) Geheftet 60 h Gebunden 90 h

Močnik's geometrische Formenlehre für die I. Classe der Realschulen. 2. veränderte Auflage Mit 85 in den Text gedruckten Figuren. Gr.-8. (59 S) —.30, geb. —.45
Prag, Tempsky 1893.

—— geometrische Formenlehre für Lehrerinnen-Bildungsanstalten. gr. 8. (116 S. mit 138 in den Text eingedr. Holzschn.) Ebendas. 878. *

— — Geometrische Formenlehre für Lehrerinnen-Bildungsanstalten, mit 135 in den Text gedruckten Holzschnitten. 2. verbesserte Auflage. Verlag von Karl Gerold's Sohn in Wien 1892.

— Geometrische Formenlehre für Lehrerinnenbildungsanstalten. 3. verbesserte Auflage, bearbeitet von Eduard Sykora. Mit 150 in den Text eingedruckten Holzschnitten. Wien und Prag 1896. F. Tempsky (Min.-Erl. v. 1. September 1896, Z. 21505.) Brosch. —.70, geb. —.90

Močnik, Dr. Franz Ritter von, Geometrische Formenlehre für Mädchen-Bürgerschulen. Wien und Prag bei F. Tempsky, Leipzig bei G. Freytag, 1891. (Min.-Erl. 25. Jannar 1891. Z. 523.) Geheftet —.60, cartonnirt —.70

— — Geometrische Formenlehre für Mädchen-Bürgerschulen. Bearbeitet von E. F. Wenghart. 2. verbesserte Auflage, mit 181 Figuren. Wien und Prag, Tempsky. Leipzig 1894. Freytag. (Min.-Erl. v. 15. Juni 1894, Z. 13815.) Gebunden 1 K 50 h

Močnik, Geometrische Formenlehre für Mädchenbürgerschulen. Bearbeitet von E. F. Wenghart. Mit 162 Figuren und 118 geometrischen Ornamenten. 3., verbesserte Auflage. Wien 1903. F. Tempsky. Preis, gebunden 1 K 70 h.

— **geometrische Formenlehre für Mädchen-Bürgerschulen. Bearb. v. E. F. Wenghart. Mit 162 Fig. u. 118 geometr. Ornamenten. 3., verb. Aufl. (II, 135 S.) gr. 8. Leipzig 904. G. Freytag.** Geb. n. 1. 70

— Geometrische Formenlehre f. Mädchen-Bürgerschulen. Bearb. v. E. F. Wenghart. Mit 161 Fig., 118 geometr. Ornamenten u. 1 Taf. m. Buchstaben. 4., nach dem Lehrplan v. 15. VII. 1907, Z. 2368, umgearb. Aufl. (130 S.) 8. Ebd. 908. Geb. 1. 70

—— die geometrische Formenlehre in der Volksschule. Eine Anleitung für Lehrer zur Ertheilung des geometr. Unterrichtes. 2. Aufl. gr. 8. (101 S. mit eingedr. Holzschn.) Prag 878, Tempsky. *

—— die geometrische Formenlehre in der Volksschule. Eine Anleitung für Lehrer zur Ertheilung des geometr. Unterrichtes. 3. Aufl. gr. 8. (103 S. mit eingedr. Holzschn.) Ebendas. 880. geb. *

— dasselbe in der Volksschule. Eine Anleitg. f. Lehrer zur Ertheilg. d. geometr. Unterrichtes. 4. Aufl. gr. 8. (91 S. m. Fig.) Prag 892. F. Tempsky. — Leipzig, G. Freytag. Geb. n.n. 1. 10

— geometria combinata col disegno ad uso delle scuole cittadine. Con 183 incisioni in legno intercalata nel testo. [Traduzione dal tedesco.] gr. 8. (III, 166 S.) Prag 885. Tempsky. n. 1. 50

— geometria combinata col disegno ad uso delle scuole cittadine. Traduzione dal Tedesco. 2. Ed. inalterata. gr. 8. (154 S. m. 183 Holzschn.) Ebd. 894. Kart. n. 1. 80

—— Geometria intuitiva per il ginnasio inferiore. Parte I.: Per la 1. e 2. classe. gr. 8. (VIII und 119 S. con 158 fig. intercalate nel testo.) Wien 854, Gerold's Sohn.

Močnik, Frz., Geometria intuitiva per il ginnasio inferiore. Parte 2.: Per la 3. e 4. classe. gr. 8. (IV und 120 S. con 113 fig. intercalate nel testo.) Wien 855, Gerold's Sohn. Thlr.

—— **Geometria intuitiva per il ginnasio inferiore. Parte 1. Per la 1. e 2. classe. Con 158 fig. intercalate nel testo (in Holzschn.) Edizione 2. gr. 8. (VIII und 119 S.) Wien 857, Gerold's Sohn.**

—— geometria intuitiva per il ginnasio inferiore. Parte 1. Per la prima e seconda classe. Con 158 fig. intercalate nel testo. 3. ediz. 1863. 15 Ngr. e 4. ediz. 8. (VIII und 112 S.) Wien 868, Gerold's Sohn.

— **geometria intuitiva per il ginnasio inferiore. Parte 1 e 2. 8. Wien 879. Gerold's Sohn.** à n. 1. —
1. Per la 1. e 2. classe. Con 158 fig. intercalate nel testo. Ed. 5. (VIII, 112 S.)
2. Per la 3. e 4. classe. Con 113 fig. intercalate nel testo. Ed. 4. invariata. (IV, 130 S.)

—— Geometria intuitiva per il ginnasio inferiore. Parte 2, per la 3a e 4a classe. Con 113 fig. intercalate nel testo. Ediz. IV. invariata. gr. 8. (IV, 130 S.) Wien 881, Gerold's Sohn. *

Močnik, Dr. Francesco Cav., Geometria per gli istituti magistrali. Seconda edizione italiana riveduta da Attilio Stefane. (Mit 207 Illustrationen im Texte.) Wien 1892. K. k. Schulbücher-Verlag. (Min.-Erl. v. 13 März 1893, Z. 2575) —.60

Močnik, Cav. Dr. Fr. de, Geometria per gli istituti magistrali. Terza edizione italiana riveduta da Attilio Stefani. Con 211 figure intercalate nel testo. Wien, k. k. Schulbücher-Verlag. 1902. Preis, gebunden 1 K 30 h.

— Geometrie in Verbindung m. dem Zeichnen f. Bürgerschulen. Mit 200 in den Text gedr. Holzschn. 8. (190 S.) Prag 874. Tempsky. n. 1. 50; m. böhm. Terminologie n. 1. 50

—— Geometrie in Verbindung mit dem Zeichnen für Bürgerschulen. Mit 183 in den Text gedr. Holzschn. 2. verb. Aufl. 1878; 3. unveränd. Aufl. gr. 8. (V, 176 S.) Prag 879, Tempsky. *
—— dass. — Mit böhm. Terminologie. gr. 8. (IV, 184 S.) Ebendas. 879. *

—— Geometrie in Verbindung mit dem Zeichnen für Bürgerschulen. 4. unveränd. Aufl. gr. 8. (IV, 180 S. mit 183 in den Text gedr. Holzschn.) Prag 883, Tempsky. geb. *

— Geometrie in Verbindung m. dem Zeichnen f. Bürgerschulen. Mit 183 in den Text gedr. Holzschn. 4. Aufl. gr. 8. (IV, 180 S.) Ebend. 884. n. 1. 40

—— Geometrie und geometrisches Zeichnen für Knaben- und Bürgerschulen. 1.—3. Heft. [Für die 1.—3. Classe.] 5. verb. Aufl. gr. 8. Wien und Prag 888, Tempsky. — Leipzig, Freytag. [1. Heft. (IV, 70 S. mit 107 Holzschn.) * 60 Pf.; geb. ** 80 Pf.; 2. Heft. (77 S. mit 109 Holzschn.) * 60 Pf.; geb. ** 80 Pf.; 3. Heft. (III, 80 S. mit 108 Holzschn.) * 72 Pf.; geb. ** 90 Pf.] *ℳ 1.92.; geb. **

Močnik's Geometrie und geometrisches Zeichnen für Knaben-Bürgerschulen. Bearbeitet von Josef L. Haase. I. Heft (für die 1. Classe) mit 108 in den Text gedruckten Holzschnitten. 7. umgearbeitete Auflage. Prag u. Wien, F. Tempsky. Leipzig, G. Freytag. 1894. (Min.-Erl. v 1. Februar 1895, Z. 29335.) Geb. 1 K

Močnik's Geometrie und geometrisches Zeichnen für Knaben-Bürgerschulen, bearbeitet von Josef L. Haase. II. Heft. (Für die II. Classe.) Mit 103 in den Text gedruckten Figuren. 7. umgearbeitete Auflage. Wien und Prag. F. Tempsky. 1096. (Min.-Erl. v. 4. Nov. 1896, Z. 27021.) Gebunden —.50

Močnik's Geometrie und geometrisches Zeichnen für Knaben-Bürgerschulen. Bearbeitet von Josef L. Haase. III. Heft. 6. verbesserte Auflage. Mit 105 in den Text gedruckten Figuren. Wien, Prag. F. Tempsky, Leipzig, Freitag. 1894. (Min.-Erl. v. 13. März 1894, Z. 2683.) Geb. 1 K

Močnik's Geometrie und geometrisches Zeichnen für Knaben-Bürgerschulen. Bearbeitet von Josef L. Haase. 3. Heft (für die 3. Classe). Mit 108 in den Text gedruckten Figuren. 7. verbesserte Auflage. Wien u. Prag. Verlag v. F. Tempsky. 1897. (Min.-Erl. v. 5. Mai 1897, Z. 9391.) Geb. —.50

Močnik, Geometrie und geometrisches Zeichnen für Knaben-Bürgerschulen. Bearbeitet von Heinrich Halbgebauer. I. Heft. (Für die erste Klasse.) Mit 117 in den Text gedruckten Figuren, darunter eine Figurentafel. 8., verbesserte Auflage. Wien 1903. F. Tempsky. Preis, gebunden 1 K.

— Geometrie u. geometrisches Zeichnen f. Knaben-Bürgerschulen. Bearb. v. Heinr. Halbgebauer. I. u. II. Heft. 8. Ebd. Geb. à n. 1.—
I. (Für die erste Klasse.) Mit 117 in den Text gedr. Fig. (darunter 1 Fig.-Taf.). 8., verb. Aufl.) 904. — II. (Für die 2. Klasse.) 8., umgearb. Aufl. (78 S. m. 111 Fig.) 903.

Močniks Geometrie und geometrisches Zeichnen für Knabenbürgerschulen. Bearbeitet von Heinrich Halbgebauer. Ausgabe in einem Bande. Mit 317 in den Text gedruckten Figuren (darunter 4 Figurentafeln). Wien 1906. F. Tempsky. Geb. K 2.50.

Močniks Geometrie und geometrisches Zeichnen für Knabenbürgerschulen. Bearbeitet von Heinrich Halbgebauer. III. Heft. (Für die 3. Klasse.) Mit 104 in den Text gedruckten Figuren. 8., verbesserte Auflage. Wien 1906. F. Tempsky. Geb. K 1.—.

— dasselbe. Mit 317 in den Text gedr. Fig. (darunter 4 Fig.-Taf.). Ausg. in 1 Bde. (216 S.) gr. 8. Ebd. 907. Geb. 2. 50

Močniks Geometrie und geometrisches Zeichnen für Knabenbürgerschulen. Bearbeitet von Heinrich Halbgebauer. I. Heft (für die 1. Klasse). Mit 128 Figuren. 9., nach dem neuen Lehrplane vom 15. Juli 1907, Z. 2368, bearbeitete Auflage. Wien 1908. F. Tempsky. Geb. K 1.10.

Močniks Geometrie und geometrisches Zeichnen für Knabenbürgerschulen. Bearbeitet von Heinrich Halbgebauer. II. Heft. Mit 121 Figuren. 9., nach dem Lehrplane vom 15. Juli 1907 bearbeitete Auflage. Wien 1908. F. Tempsky. Geb. K 1.10.

Mozhnik, D. Francesco. Guida all'aritmetica per la seconda e terza classe delle scuole elementari minori e maggiori opera del — —. 8. (190 p.) Vienna. Presso L. Grund. 1850.
Verlag der Schulbücher-Verschleiß-Administration

Mozhnik, Dr. Francesco. Guida al conteggiare a mente o all' aritmetica mentale per la prima classe elementare dal — — 8. (110 p.) Vienna. Presso Leopoldo Grund. 1850.
Verlag der Schulbücher-Verschleiß-Administration

Močnik, Cav. Franc, L'insegnamento dell' aritmetica nei due primi anni scolastici delle scuole popolari. Prima versione italiana autorizzata dall' autore di Vittorio Cav. Castiglioni. Wien 1882. K. k. Schulbücher-Verlag. Preis eines Exemplars, broschirt, 65 kr.

Mocnik, Dr. Fr., Kniha početuí pro první tridu nižši realni školy. Od — — 8. (168 S. 2 Bl.) Ve Vidni. Tiskem L. Grunda. 1852. (Rechenbuch für die erste Klasse der Unter-Realschulen.) Gebunden 23 kr. C. M.
Verlag der Schulbücher-Verschleiß-Administration

Мочніка, Дра, Фр. рицаря де, Рахункова книжка для австрийских всеелюдних шкіл народних. Видане в трох частях. Перша часть: ступень низший. Обробили К. Кравс і М. Габернаэль, переложив Омелян Попович. Wien 1903. K. k. Schulbücher-Verlag. Preis eines gebundenen Exemplars 50 h.

Мочніка, Дра. Фр. рицаря де, Рахункова книжка для австрийских всеелюдних шкіл народних. Видане в трох частях. Друга часть: Ступень середний. Обробили К. Кравс і М. Габернаэль, переложив Омелян Попович. Wien 1904. K. k. Schulbücher-Verlag. Preis eines gebundenen Exemplars 60 h.

Мочніка, Дра. Фр. рицаря де, Рахункова книжка для австрийских всеелюдних шкіл народних. Видане в трох частях. Трета часть: Ступень вищий. Обробили К. Кравс і М. Габернаэль, переложив Омелян Попович. Wien 1905. K. k. Schulbücherverlag. Preis eines gebundenen Exemplars 90 h.

Močnik, Dr. Franz Ritter von, Ksiażka rachunkowa dla austryackich szkół ludowych pospolitych (Rechenbuch für allgemeine Volksschulen mit polnischer Unterrichtssprache). Ausgabe in drei Theilen, auf die Kronenwährung umgestellt. Wien 1894. K. k. Schulbücher-Verlag. (Min.-Erl. v. 23. Mai 1894, Z. 10525.)

I.	Theil	(Unterstufe).	Steif gebunden	30 h
II.	„	(Mittelstufe).	„ „	40 h
III.	„	(Oberstufe).	„ „	50 h

Močnik, Dr. Fr., Ksiażka rachunkowa dla austriackich szkół ludowych pospolitych. Wydanie w trzech częściach. Część I.: Stopień niższy. Opracowali K. Kraus i M. Habernal. Wien 1903. K. k. Schulbücher-Verlag. Preis, gebunden 40 h.

Močnik, Dr. Fr., Ksiażka rachunkowa dla austryackich szkół ludowych pospolitych. Wydanie w trzech częsiach. Część druga: Stopień średni. Opracowali: K. Kraus i M. Habernal. Wien 1908. Schulbücherverlag. Geb. K —.60.

Močnik, Frz., Lehrbuch der Algebra für das Ober-Gymnasium. gr. 8. (IV u. 216 S.) Wien 851, Gerold. — 2. verm. Aufl. gr. 8. (VIII u. 250 S.) Ebd. 851. 27 ngl

—— Lehrbuch der Algebra für das Ober-Gymnasium. 3. Aufl. (X und 250 S.) 853. und 4., verm. Aufl. gr. 8. (XII und 256 S.) Wien 855, Gerold's Sohn.

—— Lehrbuch der Algebra für die Ober-Gymnasien. 5—7. Aufl. gr. 8. (X und 246 S.) Wien 857—61, Gerold's Sohn. *

—— Lehrbuch der Algebra für die Ober-Gymnasien. 8. Aufl. gr. 8. (X und 225 S.) Wien 863, Gerold's Sohn. *

Močniks Lehrbuch der Arithmetik und Algebra nebst einer Aufgabensammlung für die V. bis VII. Klasse der Realschulen, bearbeitet von Dr. Karl Zahradníček. 30., nach den neuen Lehrplänen umgearbeitete Auflage. Wien 1910. F. Tempsky. Geh. K 3.60, geb. K 4.10.

Močniks Lehrbuch der Arithmetik und Algebra nebst einer Aufgabensammlung für die V. bis VIII. Klasse der Gymnasien und Realgymnasien, bearbeitet von Dr. Karl Zahradníček. 31., nach den neuen Lehrplänen umgearbeitete Auflage. Wien 1910. F. Tempsky. Geh. K 3.42, geb. K 3.92.

Močniks Lehrbuch der Arithmetik und Algebra nebst einer Aufgabensammlung für die oberen Klassen der Gymnasien. Bearbeitet von Anton Neumann. (29., unveränderte, somit gemäß Min.-Erl. vom 22. Jänner 1904, Z. 1812, allgemein zulässige Auflage.) Wien 1905. F. Tempsky. Geh. K 3.20, geb. K 3.70.

Močniks Lehrbuch der Arithmetik und Algebra nebst einer Aufgabensammlung für die oberen Klassen der Gymnasien. Bearbeitet von Anton Neumann. 30., im wesentlichen unveränderte, somit gemäß Min.-Erl. vom 2. August 1905, Z. 29167, allgemein zulässige Auflage. Wien 1907. F. Tempsky. Geh. K 3.20, geb. K 3.70.

—— dass. — für die oberen Classen der Mittelschulen. 13. und 14. umgearb. und verm. Aufl. gr. 8. (IV, 283 S.) Ebendas. 873,75. *

—— Lehrbuch der Arithmetik und Algebra für die oberen Classen der Mittelschulen. 15. und 16. Aufl. (IV, 272 S.) 1876,77; 17. verb. Aufl. gr. 8. (IV, 264 S.) Ebendas. 878. *

—— Lehrbuch der Arithmetik und Algebra für die oberen Classen der Mittelschulen. 18. unveränd. Aufl. (264 S.) 1880; 19. verb. Aufl. gr. 8. (VIII, 300 S.) Wien 882, Gerold's Sohn.
—— dass. — nebst einer Aufgaben-Sammlung für die oberen Classen der Mittelschulen. 20. unveränd. Aufl. gr. 8. (VIII, 300 S.) Ebendas. 884.

— Lehrbuch der Arithmetik u. Algebra, nebst e. Aufgaben-Sammlg., f. die oberen Classen der Mittelschulen. 21. Aufl. gr. 8. (VII, 309 S.) Ebend. 885. n. 3. 20; geb. n. 3. 70

Močnik, Dr. Franz Ritter von, Lehrbuch der Arithmetik und Algebra, nebst einer Aufgabensammlung für die oberen Classen der Mittelschulen. 22. Auflage. Wien 1890. Gerold's Sohn. (Min.-Erl. 13 Februar 1890. Z. 2650.) 1.60 Gebunden 1.85

Močnik, Dr. Franz Ritter von, Lehrbuch der Arithmetik und Algebra nebst einer Aufgabensammlung für die oberen Classen der Mittelschulen. 23. Auflage. Wien 1891. C. Gerold's Sohn. (Min.-Erl. 26. März 1891. Z. 5743.) 1.60, gebunden 1.85

Močnik, Dr. Franz Ritter von, Lehrbuch der Arithmetik und Algebra, nebst einer Aufgabensammlung für die oberen Classen der Mittelschulen. 24. Auflage. Wien 1893. K. Gerold's Sohn.

Močnik, Dr. Franz Ritter von, Lehrbuch der Arithmetik und Algebra nebst einer Aufgaben-Sammlung für die oberen Klassen der Mittelschulen, bearbeitet von Anton Neumann. Ausgabe für Realschulen. 26., veränderte Auflage. Wien 1902. F. Tempsky. Preis, geheftet 3 K 20 h, gebunden 3 K 80 h.

— Lehrbuch d. Arithmetik u. Algebra, Resultate, s.a. Matek, B.

— dasselbe. Resultate zur Aufgabensammlung darin von B. Matek. gr. 8. (III, 110 S.) Ebd. 889. cart. n. 1. 80

— dasselbe f. die oberen Klassen der Realschulen, bearb. v. Ant. Neumann. 27. Aufl. Unveränd. Abdr. der 26. Aufl. (324 S.) 8. Wien 904. F. Tempsky. Geb. in Leinw. n. 3. 80

Močniks Lehrbuch der Arithmetik und Algebra nebst einer Aufgabensammlung. Für die oberen Klassen der Realschulen bearbeitet von Anton Neumann. (28., unveränderte, allgemein zulässige Auflage.) Wien 1905. F. Tempsky. Geh. K 3.30, geb. K 3.80.

— Lehrbuch der Arithmetik u. Algebra für Ober-Gymnasien. 9—11., gänzlich umgearb. Aufl. Ebend. 867—70. gr. 8. (IV, 268 S.) n. 24 ngr.

—— Lehrbuch der Arithmetik und Algebra für Ober-Gymnasien. 11. Aufl. 1870, und 12. Aufl. gr. 8. (IV, 255 S.) Ebendas. 872. *

— Lehrbuch der besonderen u. allgemeinen Arithmetik für Lehrerbildungsanstalten. gr. 8. (IV, 272 S.) Prag 878. Tempsky. n. 2. —

—— Lehrbuch der besonderen und allgemeinen Arithmetik für Lehrerbildungsanstalten. gr. 8. (IV, 272 S.) Ebendas. 879. *
—— dass. — für Lehrerinnen-Bildungsanstalten. gr. 8. (VI, 240 S.) Ebendas. 879. *

—— Lehrbuch der besonderen und allgemeinen Arithmetik für Lehrerbildungsanstalten. 2. Aufl. gr. 8. (254 S.) Prag 881, Tempsky. geb. *
—— dass. — für Lehrerinnen-Bildungsanstalten. 2. Aufl. gr. 8. (230 S.) Ebendas. 881. geb. *

Močnik's Lehrbuch der besonderen und allgemeinen Arithmetik für Lehrer- und Lehrerinnen-Bildungsanstalten. Bearbeitet von Anton Behaler, Director der k. k. Lehrerbildungsanstalt in Reichenberg. 4. verbesserte Auflage. Wien und Prag 1893. Verlag von F. Tempsky. (Min.-Erl. v. 8. October 1893, Z. 21025.) Geh. 2 K, geb. 2 K 50 h

Močnik's Lehrbuch der besonderen und allgemeinen Arithmetik für Lehrer- und Lehrerinnen-Bildungsanstalten, bearbeitet von Anton Behacker. 5. verbesserte Auflage. Wien und Prag, 1896. Verlag von F. Tempsky. (Min.-Erl. vom 3. Februar 1896, Z. 1381.) Geh. 1.10, geb. 1.35

— **Lehrbuch der besond. u. allgem. Arithmetik für Lehrer- u. Lehrerinnenbildungsanstalten.** Bearb. von Ant. Behacker. 5., verb. Aufl. gr. 8. (262 S.) Wien 898. F. Tempsky. Geb. in Leinw. n. 2. 70

Močnik's Lehrbuch der besonderen und allgemeinen Arithmetik für Lehrer- und Lehrerinnen-Bildungsanstalten. Bearbeitet von Ant. Behacker 6., durchgesehene Auflage. Wien und Prag 1902 F. Tempsky Preis, geheftef 2 K 40 h, gebunden 2 K 90 h.

— Lehrbuch der besonderen u. allgem. Arithmetik f. Lehrer- u. Lehrerinnenbildungsanstalten. Bearb. v. Ant. Behacker. 7. Aufl. Unveränd. Abdr. der 6. Aufl. (II, 254 S.) 8. Ebd. 905. Geb. in Leinw. n. 2. 90

Močniks Lehrbuch der besonderen und allgemeinen Arithmetik für Lehrer- und Lehrerinnenbildungsanstalten. Bearbeitet von Anton Behacker. Wien 1905. F Tempsky. Preis, gebunden 2 K 90 h.

- u. Behacker's Lehrbuch der Arithmetik f. Lehrer- u. Lehrerinnen-Bildungsanstalten. Bearb. v. Frz. Krünes. 8., durchgeseh. u. bericht. Aufl. (262 S.) 8. Wien 907. F. Tempsky. Geb. 2. 90

—— Lehrbuch der Arithmetik für das Unter-Gymnasium. I. Abthl.: Für die 1. und 2. Klasse. 1. Aufl. IV und 154 S.) 1850. und 2. Aufl. gr. 8. (IV und 156 S.) Wien 851, Gerold, Verlag.

—— Lehrbuch der Arithmetik für das Unter-Gymnasium. 1. Abthl.: Für die 1. und 2. Klasse. 3. Aufl. (VI und 165 S.) 1851. und 4., verm. Aufl. gr. 8. (VI und 173 S.) Wien 851, Gerold, Verlag.

—— dass. — 2. Abthl.: Für die 3. und 4. Klasse. 3., verm. Aufl. gr. 8. (IV und 120 S.) Ebds. 851.

Močnik, Dr Franz, k k Schulrath und Volksschul-Inspektor für Krain. Lehrbuch der Arithmetik für das Unter-Gymnasium. II. Abth Für die 3. und 4. Klasse. Vierte verm. Auflage 8. Wien 1853.

Mocnik, Dr. Franz — Lehrbuch der Arithmetik fur das Untergymnasium. Von — — Zweite Abtheilung. Für die III. und IV. Klasse. Fünfte vermehrte Auflage. Wien, 1855. Verlag und Druck von Karl Gerold's Sohn. (IV. 120 S. 8.)

— Lehrbuch der Arithmetik für die Unter-Gymnasien. 1. Abth.: Für die 1. und 2. Klasse. 5. Aufl. 854. — 6. Aufl. 855. — 7 Aufl. 856. — 8. Aufl. Wien 857. Gerold. gr. 8. (VI, 175 S.) 18 ngr

— — 2. Abth. Für die 3. u. 4. Klasse. 4. Aufl. 853. — 5. Aufl. 855. — 6. Aufl. Wien 857. Gerold. gr. 8. (IV, 120 S.) 15 ngr

—— Lehrbuch der Arithmetik für die Unter-Gymnasien. 1. Abthl. Für die 1. und 2. Klasse. 8—12. Aufl. gr. 8. (VIII und 192 S.) Wien 857—61, Gerold's Sohn. *

—— dass. — 2. Abthl. Für die 3. und 4. Klasse. 6—8. Aufl. gr. 8. (IV und 124 S.) Ebendas. 857—61. *

— Lehrbuch der Arithmetik für die Unter-Gymnasien. 1. Abth. Für die 1. u. 2. Klasse. 9—13. Aufl. Ebend. 858—64. gr. 8. (VIII, 183 S.) n. 16 ngr

— — 2. Abth. Für die 3. u. 4. Klasse. 7—9. Aufl. Ebend. 859—62. gr. 8. (IV, 124 S.) n. 12 ngr

—— Lehrbuch der Arithmetik für die Unter-Gymnasien. 1. Abthl. Für die 1. und 2. Klasse. 13.—15., verb. Aufl. gr. 8. (IV und 200 S.) Wien 863—67, Gerold's Sohn. *

— Lehrbuch der Arithmetik für die Unter-Gymnasien. 1 Abthl. Für die 1. u. 2. Klasse. 14—16. verb. Aufl. Ebend. 865—70. gr. 8. (IV, 200 S.) n. 16 ngr

—— dass. — 2. Abthl. Für die 3. und 4. Klasse. 9. Aufl. 1862. und 10., verb. Aufl. gr. 8. (IV und 124 S.) Ebendas. 866. *

—— Lehrbuch der Arithmetik für Unter-Gymnasien. 2 Abthlgn. gr. 8. Wien, Gerold's Sohn. *

Inhalt:

Abthl. 1. Für die 1. und 2. Classe. 16. Aufl. 1868. *M 1,60.; 17. Aufl. 1870, und 18.—21., nach dem metr. Maßsysteme umgearb. Aufl. (IV, 192 S.) 872—75. *M 1,80.

2. Für die 3. und 4. Classe. 11. und 12. Aufl. 1868,70, und 13.—15., mit Rücksicht auf die metr. Maße und Gewichte umgearb. Aufl. (IV, 134 S.) 872—75. *M 1,40.

—— Lehrbuch der Arithmetik für Unter-Gymnasien. 2 Abthlgn. gr. 8. Wien, Gerold's Sohn. *

Inhalt

Abthl. 1. Für die 1. und 2. Classe. 22. und 23. verb. Aufl. (IV, 134 S.) 1876,77, 24. und 25. Aufl. (VI, 176 S.) 878,79. *M 1,80.

2. Für die 3. und 4. Classe. 16.—18. Aufl. (IV, 134 S.) 876—79. *M 1,40.

—— Lehrbuch der Arithmetik für Unter-Gymnasien. 2 Abthlgn. gr. 8. Wien, Gerold's Sohn. *

Inhalt:

Abthl. 1. Für die erste und zweite Classe. 26. und 27. Aufl. (VI, 176 S.) 880,82; 28. Aufl. (VI, 172 S.) 884. *M 1,80.

„ 2. Für die dritte und vierte Classe. 19. und 20. unveränd. Aufl. (152 S.) 880,83. *M 1,50.

—— Lehrbuch der Arithmetik für Unter-Gymnasien. 2 Abthlgn. Mit Rücksicht auf den neuen Lehrplan für Gymnasien umgearb. gr. 8. Wien 885, Gerold's Sohn. *
geb. *

Inhalt:

Abthl. 1. Für die erste und zweite Classe. 29. Aufl. (III, 144 S.) *M 1.80.; geb. *M 2.20.

„ 2. Für die dritte und vierte Classe. 21. und 22. Aufl. (120 S.) *M 1.50.; geb. *M 1.90.

— Lehrbuch der Arithmetik f. Unter-Gymnasien. 1. Abth. 30., unveränd. Aufl. gr. 8. (III, 144 S.) Wien 889. Gerold's Sohn. geb. n. 2. 20

Močnik, Dr. Franz Ritter von, Lehrbuch der Arithmetik für Untergymnasien 1. Abtheilung. 31. Auflage. Wien 1891. K. Gerold's Sohn. (Min.-Erl. 7. März 1891. Z. 4061.) Geb. 1.—

—— Lehrbuch der Arithmetik f. Unter-Gymnasien. 2 Abthlgn. gr. 8. Ebd. 892. geb. * 3 90

1. Für die I. u. II Classe 32. unveränd. Aufl. (III. 144 S.) * 2 — — 2. Für die III. u. IV. Classe. 24. unveränd. Aufl. (120 S.) * 1 90.

— Lehrbuch der Arithmetik f. Unter-Gymnasien 1. u. 2. Abth. gr. 8. Wien, C. Gerold's Sohn. n. 3. 10; geb. in Leinw. n. 3.90

1. Für die I. u. II. Classe. 33., umgearb. Aufl. (III, 124 S.) 893. n. 1. 60; geb. n. 2. —

2. Für die III. u. IV. Classe. 24. unveränd. Aufl. (120 S.) 892. n. 1. 50; geb. n. 1. 90

— dasselbe. 2. Abth. f. die III. u. IV. Classe. 25., umgearb. Aufl., bearb. v. W. Pscheidl. gr. 8. (193 S.) Ebd. 894. Geb. in Leinw. n. 1. 60

— Lehrbuch der Arithmetik f. Unter-Gymnasien, bearb. v. Ant. Neumann. 2 Abthlgn. gr. 8. Ebd. 898. Geb. in Leinw. n. 3. 40

1. Für die I. u. II. Classe. 35., veränd. Aufl. (III, 124 S.) n. 1. 80

2. F. d. III. u. IV. Classe. 26., veränd. Aufl. (110 S.) n. 1. 60

— Lehrbuch der Arithmetik f. Unter-Gymnasien, bearb. v. Ant. Neumann. 1. Abtlg. f. die I. u. II. Klasse. 36., veränd. Aufl. gr. 8. (III, 148 S.) Leipzig 902. G. Freytag. Geb. in Leinw. n. 2. —

Močnik, Lehrbuch der Arithmetik für Untergymnasien, bearbeitet von Anton Neumann. I. Abteilung, für die I. und II. Klasse. 36., veränderte Auflage. Wien und Prag 1902. F. Tempsky. Preis, geheftet 1 K 60 h, gebunden 2 K 10 h.

Močnik, Lehrbuch der Arithmetik für Untergymnasien. Bearbeitet von Anton Neumann. Zweite Abteilung für die III. und IV. Klasse. 27., veränderte Auflage Wien 1902. F. Tempsky. Preis, geheftet 1 K 45 h, gebunden 1 K 95 h.

Močnik, Frz. Ritter v., Lehrbuch der Arithmetik f. Unter-Gymnasien, bearb. v. Ant. Neumann. 2 Abtlgn. 8. Wien 904. F. Tempsky. Geb. in Leinw. n. 4.05
1. Für die I. u. II. Klasse. 37. Aufl. Unveränd. Abdr. der 36. Aufl. (III, 148 S.) n. 2.10
2. Für die III. u. IV. Klasse. 28. Aufl. Im wesentlichen unveränd. Abdr. der 27. Aufl. (III, 134 S.) n. 1.95

Močniks Lehrbuch der Arithmetik für Untergymnasien. Bearbeitet von A. Neumann. (38., unveränderte, somit nach Min.-Erl. vom 7. Oktober 1904, Z. 34381, allgemein zulässige Auflage.) Wien 1906. F. Tempsky. Geh. K 1.60, geb. K 2.10.

Močniks Lehrbuch der Arithmetik für Untergymnasien, bearbeitet von Anton Neumann. I. Abteilung. 39., im wesentlichen unveränderte, somit gemäß Min.-Erl. vom 13. Juni 1906, Z. 22736, allgemein zulässige Auflage. Wien 1907. Geh. K 1.80, geb. K 2.30.

—— Lehrbuch der Geometrie. gr. 8. (300 S. mit 265 in den Text eingedr. Holzschn.) Wien 856, Separat-Conto des Schulbücher-Verlags. *

Močnik, Lehrbuch der Geometrie für die oberen Classen der Gymnasien. Bearbeitet von Johann Spielmann. 23., umgearbeitete Auflage. Wien und Prag 1902. F. Tempsky. Preis, geheftet 3 K 30 h, gebunden 3 K 80 h.

Močnik, Lehrbuch der Geometrie für die oberen Klassen der Gymnasien. Bearbeitet von Johann Spielmann. 24., im wesentlichen unveränderte Auflage. Wien 1904. F. Tempsky. Preis, geheftet 3 K 30 h, gebunden 3 K 80 h.

— Lehrbuch der Geometrie f. die oberen Klassen der Gymnasien. Bearb. v. Joh. Spielmann. 25. Aufl. Unveränd. Abdr. der 24. Aufl. (269 S. m. 201 Fig.) 8. Wien 906. F. Tempsky. Geb. n. 3.80

—— dass. — für die oberen Classen der Mittelschulen. 12. neu bearb. Aufl. 1874, und 13. vollständig umgearb. Aufl. gr. 8. (VIII, 301 S. mit 314 in den Text gedr. Holzschn.) Ebendas. 876. *

—— Lehrbuch der Geometrie für die oberen Classen der Mittelschulen. 14. verb. Aufl. gr. 8. (VIII, 276 S. mit 272 in den Text gedr. Holzschn.) Ebendas. 876. *

— dasselbe, f. die oberen Classen der Mittelschulen. 14. verb. Aufl. Mit 272 in den Text gedr. Holzschn. gr. 8. (VIII, 276 S.) Ebend. 877. n. 3. 60

—— Lehrbuch der Geometrie für die oberen Classen der Mittelschulen. 15. umgearb. Aufl. (VIII, 250 S. mit 223 in den Text gedr. Holzschn.) 1879; 16. unveränd. Aufl. (VIII, 250 S. mit 224 in den Text gedr. Holzschn.) 1882; 17. Aufl. gr. 8. (VIII, 293 S. mit 221 in den Text gedr. Holzschn.) Ebendas. 884. *

—— Lehrbuch der Geometrie für die oberen Classen der Mittelschulen. 18. dem neuen Lehrplane entsprechende Aufl.

(VIII, 293 S. mit 221 in den Text gedr. Holzschn.) 886; 19. verb. Aufl. gr. 8. (IV, 308 S. mit 227 in den Text gedr. Holzschn.) Wien 887, Gerold's Sohn. geb. *

— Lehrbuch der Geometrie für die oberen Classen der Mittelschulen. 20., unveränd. Aufl. gr. 8. (X, 307 S. m. 227 Holzschn.) Ebd. 889. geb. n. 3. 60

—— Lehrbuch der Geometrie f. die oberen Classen der Mittelschulen. 21. unveränd. Aufl. gr. 8. (X, 307 S. m. 227 Holzschn.) Wien 891, Gerold's Sohn. geb. * 3 60

— dasselbe f. die oberen Classen der Mittelschulen. 22., im wesentlichen unveränd. Aufl., bearb. v. Frz. Wallentin gr. 8. (VI, 290 S. m. 227 Holzschn.) Ebd. 894. Geb. in Leinw. n. 3. 60

— Lehrbuch der Geometrie f. die oberen Classen d. Realschulen. Bearb. v. J. Spielmann. 23. umgearb. Aufl. gr. 8. (VI, 293 S. m. 223 Fig.) Ebd. 901. Geb. in Leinw. n. 3. 80

Močniks Lehrbuch der Geometrie für die IV. und V. Klasse der Realschulen. Bearbeitet von Johann Spielmann. 25., nach den neuen Lehrplänen bearbeitete Auflage. Wien 1910. F. Tempsky. Geb. K 2.10.

Močniks Lehrbuch der Geometrie für die IV. bis VIII. Klasse der Gymnasien und Realgymnasien. Bearbeitet von Johann Spielmann. 26., nach den neuen Lehrplänen bearbeitete Auflage. Wien 1910 F. Tempsky. Geb. K 3.80.

—— Lehrbuch der Geometrie für Lehrerbildungsanstalten. gr. 8. (188 S. mit 227 in den Text eingedr. Holzschn.) Ebendas. 878. *

Močnik, Frz. Ritter v., Lehrbuch der Geometrie f. Lehrerbildungsanstalten. 3. Aufl. gr. 8. (178 S. m. 209 Holzschn.) Wien 892. C. Gerold's Sohn. Geb. in Leinw. n. 2. —

— Lehrbuch d. Geometrie f. Lehrerbildungsanst. 4., verb. Aufl., bearb. v. Ed. Sykora. gr. 8. (IV, 180 S. m. 214 Holzschn.) Wien u. Prag 896. F. Tempsky. — Leipzig, G. Freytag. n. 1. 60; geb. in Leinw. n. 2. —

— dasselbe f. Lehrer- u. Lehrerinnenbildungsanstalten. Bearb. v. Ant. Behacker. Mit 216 in den Text eingedr. Holzschn. 6., durchgeseh. Aufl. (II, 174 S.) 8. Ebd. 904. Geb. in Leinw n. 2 10

—— Lehrbuch der Geometrie für das Ober-Gymnasium. Mit 324 in den Text eingedr. Holzschn. 1. Aufl. (VIII und 229 S.) und 2., verm. Aufl. gr. 8. (X und 286 S.) Wien 851, Gerold, Verlag.

— Lehrbuch der Geometrie für die Ober-Gymnasien. Mit 372 in den Text gedr. Holzschn. 3. Aufl. 853. (X, 298 S.) — 4. Aufl. 856. (VIII, 347 S.) — 5. Aufl. Wien 858. Gerold. gr. 8. (VIII, 347 S.) 1 ₰. 10 ngr.

—— Lehrbuch der Geometrie für die Ober-Gymnasien. 5. Aufl. 1858. 1 Thlr. 10 Ngr. und 6. Aufl. gr. 8. (VIII und 347 S. mit 372 in den Text gedr. Holzschn.) Wien 860, Gerold's Sohn. *

—— Lehrbuch der Geometrie für Obergymnasien. 7. Aufl. 1863. und 8., umgearb. Aufl. gr. 8. (VIII und 300 S. mit 350 in den Text gedr. Holzschn.) Wien 866, Gerold's Sohn. *

— Lehrbuch der Geometrie für Ober-Gymnasien. 8—11., umgearb. Aufl. Ebend. 866—70. gr. 8. (VIII, 300 S. mit 350 in den Text gedr. Holzschn.) n. 1 ₰

—— Lehrbuch der Geometrie für Ober-Gymnasien. 10. und 11. Aufl. gr. 8. (VIII, 288 S. mit 352 in den Text eingedr. Holzschn.) Ebendas. 870,73. *

— Lehrbuch der Geometrie f. Ober-Gymnasien. Mit 352 in den Text eingedr. Holzschn. 11. Aufl. gr. 8. (VIII, 288 S. m. eingedr. Holzschn.) Ebend. 872 n. 3. —

Močnik, Frz. Ritter v., Lehr- u. Uebungsbuch der Arithmetik für Bürgerschulen. 1—3. Hft. gr. 8. Prag 878—80. Tempsky. n. 1. 90; Ausg. m. böhm. Terminologie n. 2. 90
1. Zunächst für die 6. Classe der österreichischen Bürgerschulen. 2. Aufl. (V, 97 S.) n. — 90
2. Zunächst für die 7. Classe der österreichischen Bürgerschulen. 3. Aufl. (108 S.) n. — 80
3. Angewandte Arithmetik u. einfache gewerbliche Buchführung. Für die 8. Classe der österreichischen Bürgerschulen. 7. Aufl. (IV, 124 S.) n. 1. 20

—— Lehr- und Uebungsbuch der Arithmetik für Bürgerschulen. 3 Hefte. gr. 8. Prag, Tempsky. *
Inhalt:
Heft 1. Für die sechste Classe der österreichischen Bürgerschulen. 3. unveränd. Aufl. (V, 93 S.) 880. * 72 Pf.
„ 2. Für die siebente Classe der österreichischen Bürgerschulen. 3. unveränd. Aufl. (IV, 84 S.) 880. * 80 Pf.
„ 3. Angewandte Arithmetik und einfache gewerbliche Buchführung. Für die achte Classe der österreichischen Bürgerschulen. 8. durchges. Aufl. (112, 8 S.) 882. *ℳ 1.
Auch mit böhm. Terminologie zu gleichen Preisen.

Močnik, Frz., Ritter v., Lehr- u. Übungsbuch der Arithmetik f. Bürgerschulen. 2. u. 3. Hft. gr. 8. Prag 883. Tempsky. — Leipzig, Freytag. n. 1. 12
2. Für die 7. Classe achtclass. Volks- u. Bürgerschulen u. f. die 2. Classe der dreiclass. Bürgerschulen. Ausg. f. Mädchen-Bürgerschulen. 4. Aufl. (III, 46 S.) n. — 40
3. Für die 8. Classe achtclass. Volks- u. Bürgerschulen u. f. die 3. Classe der dreiclass. Bürgerschulen. Ausg. f. Mädchen-Bürgerschulen. 9. Aufl. (IV, 78 S.) n — 72

Močniks Lehr- und Übungsbuch der Arithmetik für die III. und IV. Klasse der Mittelschulen. Bearbeitet von Dr. Karl Zahradníček. 30., nach den neuen Lehrplänen umgearbeitete Auflage. Wien 1910. F. Tempsky. Geh. K 2.50, geb. K 3.—.

— Lehr- u. Ubungsbuch der Arithmetik f. die 1. u. 2. Klasse der Mittelschulen. Bearb. v. Karl Zahradníček. 40., nach d. neuen Lehrplänen umgearb. Aufl. (156 S.) 8. Ebd. 910. Geb. 2. 50

Močnik, Frz. Ritter v., Lehr- und Übungsbuch der Arithmetik für die unteren Classen der Realschulen. 17. mit Rücksicht auf den Normallehrplan für die österreich. Realschulen umgearb. Aufl. 3 Hefte. gr. 8. Prag 880, Tempsky. [1. Heft. (III, 82 S.) * 90 Pf.; 2. Heft. (III, 98 S.) *ℳ 1.; 3. Heft. (III, 70 S.) * 90 Pf.] geb. *
Ausg. mit böhm. Terminologie zu gleichen Preisen.

— —- Lehr- und Uebungsbuch der Arithmetik für die unteren Classen der Realschulen bearbeitet von Dr. Ferd. Maurer. 3. Heft. 19. verbesserte Auflage. Gr.-8. (68 S.) --.30, geb. —.50
Prag F Tempsky 1895

Močnik, Dr. Franz Ritter von, Lehr- und Uebungsbuch der Arithmetik für die unteren Classen der Realschulen, bearbeitet von Dr. Ferdinand Maurer. 2. Heft. 20. verbesserte Auflage. Wien und Prag 1896. F. Tempsky. (Min.-Erl. v. 25. April 1896, Z. 9409.) Geh. —.50
Gebunden —.75

— Lehr- u. Übungsbuch der Arithmetik, f. die unt. Classen der Realschulen bearb. von Ant. Neumann. 3 Hfte. gr. 8. Ebd. geb. in Leinw. n. 4. 30
1. 22., veränd. Aufl. (II, 102 S.) 900. n. 1. 10; geb. n. 1. 60
2. 21., umgearb. Aufl. (88 S.) 900. n. 1.—; geb. n. 1. 50
3. 20., veränd. Aufl. (II, 72 S.) 901. Geb. n. 1. 20

— Lehr- u. Uebungsbuch der Arithmetik f. die unteren Klassen der Realschulen, bearb. v. Ant. Neumann. 3 Hefte. 8. Wien, F. Tempsky.
Geb. in Leinw. n. 4. 30
1. 23., im wesentl. unveränd. Aufl. (II, 94 S.) 904. 1. 60
2. 22., im wesentl unveränd. Aufl. (82 S.) 904. 1. 50
3. 21., im wesentl. unveränd. Aufl. (II, 74 S.) 903. 1. 20

Močniks Lehr- und Übungsbuch der Arithmetik für die unteren Klassen der Realschulen. Bearbeitet von A. Neumann. II. Heft. (23., unveränderte, sonach gemäß Min.-Erl. vom 25. September 1903, Z 25099, allgemein zulässige Auflage.) Wien 1906. F. Tempsky. Geh. K 1.—, geb. K 1.50.

Močniks Lehr- und Übungsbuch der Arithmetik für die unteren Klassen der Realschulen, bearbeitet von A. Neumann. I. Heft. 24., im wesentlichen unveränderte, sonach gemäß Min.-Erl. vom 30. Juni 1903, Z. 21499, allgemein zulässige Auflage. Wien 1907. F. Tempsky. Geh. K 1.20, geb. K 1.70.

dasselbe f. die unteren Klassen der Realschulen, bearb. v. Ant. Neumann. 2. Heft. 24., im wesentlichen unveränd. Aufl. (82 S.) 8. Ebd. 908. Geb. 1. 60

Močniks Lehr- und Übungsbuch der Arithmetik für die unteren Klassen der Realschulen. Bearbeitet von Anton Neumann. III Heft. 22., im wesentlichen unveränderte Auflage. Wien 1908. F. Tempsky. Geh. K —.70, geb. K 1.20.

—— Lehr- und Uebungsbuch der Arithmetik für Unterreal- und Bürgerschulen. 14. Aufl. 1872. ℳ 1,50, und 15. umgearb. und erweit. Aufl. gr. 8. (247 S.) Prag 873, Tempsky. *

—— dass. — Mit böhm. Terminologie. gr. 8. (248 S.) Ebendas. 878. *

—— Lehr- und Uebungsbuch der Arithmetik für Unterrealschulen. 16. verb. Aufl. gr. 8. (VIII, 251 S.) Prag 877, Tempsky. *

—— dass. — Ausg. mit böhm. Terminologie. gr. 8. (VIII, 251 S.) Ebendas. 877. *

Močnik, Cav. Franc. de, Libro d'aritmetica per la prima classe delle scuole cittadine. Versione dal tedesco fatta dal prof. E. Zavagna. Edizione riveduta ed adattata alla valuta in corone. Wien 1895. K. k. Schulbücher-Verlag. (Min.-Erl. v. 12. Juni 1895, Z. 13489.)

— — Primo libro d' aritmetica per le scuole popolari austriache. K. k. Schulbücher-Verlag. Wien 1894. (Min.-Erl. v. 12. Juni 1894, Z. 12842.) Broschirt 16 h
— — Secondo libro d' aritmetica (umgestellt auf die Kronenwährung). Broschirt 24 h
— — Terzo libro d' aritmetica (desgleichen). Gebunden 28 h
— — Quarto libro d' aritmetica (desgleichen). Gebunden —.34
— — Libro d' aritmetica per la V. classe (desgleichen). Broschirt —.20

Močnik, Cav. Dr. Fr., Quinto libro d' aritmetica per le scuole popolari austriache di 4 e 5 classi. K. k. Schulbücher-Verlag. Wien 1896. (Min.-Erl. v. 24. März 1896, Z. 4979.) Gebunden —.30

Močnik, Cav. Dr. Fr., Quinto libro d'aritmetica per le scuole popolari austriache di 6., 7. ed 8. classi. K. k. Schulbücher-Verlag. Wien, 1896 (Min.-Erl. vom 31. Jänner 1896, Z. 2129) —.40

— Secondo libro d' Aritmetica per le scuole popolari. (8. revidirte Ausgabe.) Wien 1889. K. k. Schulbücherverlag. (Min.-Erl. 6. December 1889. Z. 23712.) Broschirt —.12

Močnik, Dtt. Franc. Cav de, Libro di testo per l'insegnamento della geometria negl' istituti magistrali maschili e femminili. Prima versione italiana autorizzata dall' autore di Vittorio Car. Castiglioni (mit 227 Illustrationen im Texte). Wien 1882. K. k. Schulbücher-Verlag. Preis eines Exemplars, broschirt, 90 kr.

—— fünfstellige Logarithmen-Tafeln zum Schulgebrauche. gr. 8. (XII, 71 S.) Wien 877, Gerold's Sohn. *

— fünfstellige Logarithmen-Tafeln. gr. 8. (XII, 71 S.) Ebd. 897. n. 1. 20

— fünfstellige Logarithmen-Tafeln zum Schulgebrauche. 2. Aufl. Durchgesehen v. Joh. Reidinger. (XII, 80 S.) gr. 8. Wien 904. F. Tempsky. — Leipzig, G. Freytag. Geb. in Leinw. n. 1. 50

— Fünfstellige Logarithmen-Tafeln zum Schulgebrauche. 2. Aufl., durchgesehen v. Joh. Reidinger. (XII, 80 S.) gr. 8. Wien 909. F. Tempsky. -- Leipzig, G. Freytag. Geb. 1. 50

Moznik, Franc., Manuale di aritmetica. Tradotto ad uso dei ginnasi austro-italiani dal Gius. Zampieri. Parte I. Per le classi prima e seconda. 8. (IV und 232 S.) Vienna 852, Gerold figlio. *

—— dass. — Parte 2. Per le classi terza e quarta. 8. (IV und 164 S.) Ebds. 852. *

— manuale di aritmetica. Tradotto ad uso dei ginnasi austro-italiani dal Gius. Zampieri. Parte I. Per le classi I. e II. Ediz. II. 855. — Ediz. III. aumentata. Vienna 857. Gerold. gr. 8. (IV, 236 S.) 18 ngr.

—— Manuale di aritmetica. Tradotto ad uso dei ginnasi austro-italiani dal Gius. Zampieri. 2. Edizione 1857. und 3. Ediz. Parte 1. Per le classi prima e seconda. 8. (VI und 218 S.) Wien 862, Gerold's Sohn. **

—— Manuale di aritmetica. Tradotto ad uso dei ginnasi austro-italiani dal Gius. Zampieri. 4. ediz. Conformata alla 14. ediz. tedesca migliorata. Parte I. Per le classi prima e seconda. 8. (VII und 232 S.) Wien 866, Gerold's Sohn. *

— manuale di aritmetica ad uso dei ginnasi inferiori. Versione italiana del Gius. Zampieri. Parte II. per le classi 3. e. 4. Ed. IV. sulla 16. ed. tedesca. gr. 8. (IV, 164 S.) Wien 867. Gerold's Sohn. n. 1. 40

—— Manuale di aritmetica ad uso dei ginnasi inferiori. Versione italiana di Gius. Zampieri. 2 parti. gr. 8. Ebendas. *

Inhalt:

Parte 1. Per le classi I e II. 3a ediz. sulla 23a ediz. tedesca. (VIII, 239 S.) 876. *ℳ 1,80.
» 2. Per le classi III e IV. 4a ediz. sulla 16a ediz. tedesca. (IV, 164 S.) 877. *ℳ 1,40.

— manuale di aritmetica ad uso dei ginnasi inferiori. Versione italiana del Gius. Zampieri. Ed. V. Sulla 23a ed. tedesca. Parte I. Per le classi prima e seconda. gr. 8. (VIII, 239 S.) Ebend. 876. n. 1. 80

—— Manuale di aritmetica ed algebra per le classi superiori delle scuole medie. Traduzione dal tedesco in italiano, eseguita sulla XVa edizione. gr. 8. (378 S.) Ebendas. 878. *

Mocnik Ferencz. Mértan Alsó-reál iskolák használatára. Dr. Mocnik Ferencz után fordította Dr. Szabóky Adolf. 265 a szövegbe nyomott idommal. Bécsben 1855. Nyom. Grund Leopoldnál. (315 S. 8. geb.) (Geometrie für Unter-Realschulen. Nach Dr. Franz Mocnik übersetzt von Dr. Adolph Szabóky. Mit 265 in den Text gedruckten Figuren. Wien, 1855. Druck von Leop. Grund. Im k. k. Schulbücher-Verlage.)

Moznyk, Dr. F., Nastawlenyje k czyslenyju dla druhoj i tretoj klassy uczyłyszcz prychod czych i holownych w c. k. derżawnych. 8. (190 S. 1 Bl.) W Widnu, Typom L. Grunda. 1850 (Rechenbuch für die zweite und dritte Klasse der Pfarr- und Hauptschulen im Kaiserthume Oesterreich) Gebunden 16 kr. C. M.
Verlag der Schulbücher-Verschleiß-Administration

— Nauka o arithmetice pro nižší gymnasia. Oddíl II pro III a IV třídu. Přeložil Frant. Smetana. gr. 8. (IV u. 140 S.) Prag 852, Calve. 9 ngr.

—— Nauka o arithmetice pro nižší gymnasia. Oddíl II. pro III. a IV třídu. Přeložil Frant. Smetana. gr. 8. (IV und 140 S.) Prag 852, [Tempsky.]

Mozhnik, Dr. Franciszek, Nauka rachunków na drugą i trzecią klasę szkół parafialnych i głównych. Przez — —. 8. (190 S. 2 Bl.) W Wiedniu. Wycisnięto u. L. Grunda. 1850. (Rechenbuch für die zweite und dritte Klasse der Pfarr- und Hauptschulen.) Ungebunden 12 kr., geb. 16 kr. CM.
Verlag der Schulbücher-Verschleiß-Administration.

Mocznik, Dr. Fr., Nauka rachunków dla pierwszéj klasy niższych szkół realnych. Przez — —. 8. (170 S. 1 Bl.) W Wiédniu. 1852 (Rechenbuch für die erste Klasse der unteren Realschulen.) Ungebunden 17 kr., geb. 23 kr. C. M.
Verlag der Schulbücher-Verschleiß-Administration

— — Početnice pro školy obecné. Vydání trojdílné. Wien und Prag 1894. K. k. Schulbücher-Verlag. (Min.-Erl. v. 4. Juni 1894, Z. 12129.)
I. Theil (Unterstufe). Steif gebunden 30 h
II. Theil (Mittelstufe). Steif gebunden 40 h
III. Theil (Oberstufe). Steif gebunden 50 h

— — První početnice pro školy obecné. K. k. Schulbücher-Verlag. Wien und Prag 1894. (Min.-Erl. v. 12. Juni 1894, Z. 12842.) Broschirt 16 h
— — Druhá početnice (auf die Kronenwährung umgestellt). Broschirt 24 h
— — Třetí početnice (desgleichen). Geb. 28 h
— — Čtvrtá početnice (desgleichen). Geb. 34 h
— — Početnice pro V. třídu (desgleichen). Broschirt 20 h

Močnik, Dr. František rytíř, Početnice pro obecné školy. Vydání trojdílné. Druhý díl: Střední stupeň. Zpracovali K. Kraus a M. Haberna l. Wien und Prag 1908. K. k. Schulbücher-Verlag Preis, gebunden 50 h.

Močnik, Dr. Fr. rytíř, Pátá početnice pro školy obecné čtyř- a pětitřídné. K. k. Schulbücher-Verlag. Wien und Prag, 1896. (Min.-Erl. vom 5. Februar 1896, Z. 2581.) Geb. —.60

Močnik, Dr. Fr., Pouka u algebri za višu Gimnaziu. S němačkog preveo Věkoslav M. Golub. I—II svezak. 8. (372 S.) U Becu, Tiskom Dra gutina Ueberreutera. 1854 (Lehrbuch der Algebra fur die Ober-Gymnasien.) 1. Theil 25 kr., 2. Theil 19 kr. C. M. Verlag der Schulbücher-Verschleiß-Administration

Močnik, Dr. Fr., Pouka u Računici za dolnji gimnasiu. S němackoga preveo Vekoslav M. Golub. Drugi razdělak za III i IV razred. 8. (146 S. 1 Bl.) U Becu. Pecatano kod udove i sina A. Pichlera. 1853. (Rechenbuch für die unteren Gymnasien Zweiter Theil fur die III und IV. Klasse) Kosiet gebunden in Leinwandrucken 21 kr. C. M. Verlag der Schulbücher-Verschleiß-Administration

Močnik, Fr., Pouka u računici za nižu Gimnasiu. S. něměckoga preveo Věkoslav M. Golub. Pérvi razdělak za I. i II. razred. 8. (242 S 2 Bl) u Becu, Tiskom Dragutina Ueberreutera. 1853. (Arithmetik fur die Unter-Gymnasien. Uebersetzt aus dem Deutschen von V. M. Golub. — Erster Theil fur die I. und II. Klasse) Gebunden in Leinwandrucken 30 kr. C. M. Verlag der Schulbücher-Verschleiß-Administration

Močnik, Dr. Fr., vitez pl., Računica za avstrijske obče ljudske šole. Izdaja v treh delih. Prvi del: Nižja stopnja. Predelala K. Kraus in M. Habernal. Wien 1903. K. k. Schulbücher-Verlag. Preis, gebunden 40 h.

Močnik, Dr. Fr. vitez pl., Računica za avstrijske obče ljudske šole. Izdaja v treh delih. Drugi del Srednja stopnja. Predelala K. Kraus in M. Habernal. Wien 1904. K. k Schulbücherverlag. Preis, gebunden 50 h.

Močnik Dr. Fr. vitez, Računica sa avstrijske obče ljudske šole Izdanje v treh delih. Tretji del Višja stopnja. Predelala K. Kraus in M Habernal. Wien 1904. K k. Schulbücherverlag. Preis, gebunden 70 h.

Močnik, Dr. Franjo vitez, Računica za austrijske opće pučke škole. Izdanje u tri dijela. Prvi dio: Niži stepen (Unterstufe). Wien 1895. K. k. Schulbücher-Verlag. (Min.-Erl. v. 28. Mai 1895, Z. 12400.) Steif gebunden —.15

— — Računica za austrijske opće pučke škole. Izdanje u tri dijela. Drugi dio: Srednji stepen (Mittelstufe). Wien 1895. K. k Schulbücher-Verlag. (Min.-Erl. vom 6. Juni 1895. Z. 13030.) Steif gebunden -.20

— — Računica za austrijske opće pučke škole. Izdanje u tri dijela. Treći dio: Viši stepen (Oberstufe). Wien 1895. K. k. Schulbücher-Verlag. (Min.-Erl. vom 12. Juni 1895, Z. 13563.)

Močnik, Dr. Fr. vitez, Računica za austrijske opće pučke škole. Izdanje u tri dijela. Prvi dio: Niži stepen. Priredili K. Kraus i M. Habernal. Wien 1904. K. k. Schulbücherverlag. Preis, gebunden 45 h.

Močnik, Dr. Fr. vitez, Računica za austrijske opće pučke škole. Izdanje u tri dijela. Treći dio Viši stepen. Priredili K. Kraus i M. Habernal. Wien 1907. K. k. Schulbücherverlag. Geb. K — 70.

— — Računica za občne ljudske šole. Izdaja v treh delih. Wien 1894. K. k. Schulbücher-Verlag. (Min.-Erl. v. 7. Juni 1894, Z. 12743.)
I. Theil (Unterstufe). Steif gebunden 30 h
II. Theil (Mittelstufe). Steif gebunden 40 h
III. Theil (Oberstufe). Steif gebunden 50 h

Močnik, Fr. R. v., Tretja računica za slovenske ljudske šole. 5. revidirte Auflage. Wien 1881. K. k. Schulbücher-Verlag. Preis eines Exemplares, broschirt 15 kr.

— Rechenbuch f. Bürgerschulen. Bearb. v. Eman. Reinelt. Einteilige Ausg. 2., verb. Aufl. (IV, 246 S.) gr. 8. Wien 903. F. Tempsky. Geb. n. 2.40

— Drittes Rechenbuch für österreichische allgemeine Volksschulen. 18. Auflage (revidirter Text). Wien 1889. K. k. Schulbücherverlag. Brosch. —.13

— Erstes Rechenbuch für österreichische allgemeine Volksschulen. Wien 1894. K. k. Schulbücher-Verlag. (Min.-Erl. v. 29. Mai 1894, Z. 10524.) Broschirt 16 h
— Zweites Rechenbuch (auf die Kronenwährung umgestellte Ausgabe des Textes v. Jahre 1893). Broschirt 24 h
— Drittes Rechenbuch (desgleichen). Geb. 28 h
— Viertes Rechenbuch (desgleichen). Geb. 34 h
— — Rechenbuch für die fünfte Classe der Volksschulen von acht Classen (desgleichen). Br. 26 h

Močnik, Dr. Franz Ritter von, Fünftes Rechenbuch für österreichische allgemeine Volksschulen von 4 und 5 Classen. Umgearbeitete, auf die Kronenwährung umgestellte Ausgabe. Wien 1895. K. k. Schulbücher-Verlag. (Min.-Erl. v. 25. Mai 1895, Z. 10750.) Geb. -.30

Močnik, Dr. Franz Ritter von, Fünftes Rechenbuch für österreichische allgemeine Volksschulen von 6, 7 und 8 Classen. Umgearbeitete, auf die Kronenwährung umgestellte Ausgabe. Wien 1895. K. k. Schulbücherverlag. (Min.-Erl. vom 25. Mai 1895, Z. 10750) Geb —.40

Močnik, Dr. Franz Ritter von, Fünftes Rechenbuch für österreichische allgemeine Volksschulen von 6, 7 und 8 Klassen, bearbeitet von Konrad Kraus. Wien 1909. Schulbücherverlag. Geb. K 1.—.

Močnik, Dr. Franz Ritter von, Rechenbuch für die dritte Classe der Mädchen-Bürgerschulen. Dreizehnte verbesserte Auflage. F. Tempsky, Wien und Prag. G. Freitag, Leipzig 1892.

Močnik, Dr. Franz Rit. v., Rechenbuch f. d. I. Classe d. Knaben-Bürgerschulen. 6. unveränd. Aufl. 8. (60 S.) Prag, F. Tempsky 30 kr., in Lwd. geb. 40 kr. 1885

— Rechenbuch für die fünfte Classe der österreichischen allgemeinen Volksschulen von 8 Classen. (Revidirter Text.) Wien 1889. K. k. Schulbücherverlag. (Min.-Erl. 6. December 1889. Z. 23712.) Broschirt —.10

Močnik, Frz. Ritter v., Rechenbuch für Knaben-Bürgerschulen. 2 Hefte. 4. verb. Aufl. gr. 8. (84; III, 83 S.) Prag 884. à Heft * 72 Pf. * geb. à Heft * 92 Pf. *

Močnik, Frz. v., Rechenbuch für die 1.—3. Classe der Knaben-Bürgerschulen. gr. 8. Prag 885,86, Tempsky. [1. Classe. 5. umgearb. und 6. unveränd. Aufl. (III, 60 S.) * 60 Pf.; 2. Classe. 5. umgearb. Aufl. (III, 98 S.) * 80 Pf.; 3. Classe. 9. umgearb. Aufl. (V, 78 S.) * 60 Pf.] *

Močnik's Rechenbuch für die 1. Classe der Knaben Bürgerschule, bearbeitet von Josef L. Haase. 10. umgearbeitete Auflage. Wien und Prag. F. Tempsky. (Min.-Erl. v. 12. Juni 1895, Z. 13711.) Geb. —.60

— — Dasselbe für die 3. Classe der Knaben-Bürgerschule, bearbeitet von Josef L. Haase. 13. umgearbeitete Auflage. Wien und Prag. F. Tempsky. (Min.-Erl. v. 14. Juni 1895, Z. 13960.) Geb. —.60

Močnik's Rechenbuch für die erste Classe der Knaben Bürgerschulen. Bearbeitet von Emanuel Reinelt. 11. umgearbeitete Auflage. Wien und Prag. F. Tempsky. 1896. (Min.-Erl. v. 31. Januar 1897, Z. 1061.) Geb. —.50

— Rechenbuch f. die 1.—3. Classe der Knaben-Bürgerschulen. gr. 8. Ebd. Geb. in Leinw. n. 3. 50
1. Bearb. v. Eman. Reinelt. 11., umgearb. Aufl. (II, 86 S.) 897. n. 1.—
2. Bearb. v. Eman. Reinelt. 11., umgearb. Aufl. (II, 126 S.) 898. n. 1. 30
3. Bearb. v. Jos. L. Haase. 13., umgearb. Aufl. (112 S.) 896. n. 1. 20

— dasselbe f. die I. u. III. Klasse der Knaben-Bürgerschulen. Bearb. v. Eman. Reinelt. gr. 8. Ebd. 902. Geb. n. 2. 60
I. 13. Aufl. Inhaltlich unveränd., nach der neuen Rechtschreib. hergestellter Abdr. der 12. Aufl. (III, 100 S.) n. 1. 20
III. 15., verb. Aufl. (II, 128 S.) n. 1. 40

— — Rechenbuch für die 1. Classe der Mädchen-Bürgerschulen. Bearbeitet von Jos. L. Haase. 9. umgearbeitete Auflage. Wien und Prag 1894. Tempsky. (Min.-Erl. v. 15. Juni 1894, Z. 12643.) Gebunden 1 K

Močnik's Rechenbuch für die zweite Classe der Mädchen-Bürgerschulen. Bearbeitet von L. Haase. 10. umgearbeitete Auflage. Tempsky. Wien und Prag 1894. (Min.-Erl. v. 12. April 1894, Z. 7533.) Gebunden 1.—

— Rechenbuch f. die 1.—3. Classe der Mädchen-Bürgerschulen. gr. 8. Ebd. Geb. in Leinw. n. 3. 20
1. Bearb. v. Eman. Reinelt. 10. umgearb. Aufl. (II, 82 S.) 897. n. 1. —
2. Bearb. v. Eman. Reinelt. 11., umgearb. Aufl. (86 S.) 898. n. 1. —
3. Bearb. v. Jos. L. Haase. 14., umgearb. Aufl. (II, 102 S.) 896. n. 1. 20

Močniks Rechenbuch für die II. Klasse der Knabenbürgerschulen. Durchgesehen von Heinrich Halbgebauer und Robert Neumann. 12. Auflage. Wien 1907. F. Tempsky Geb. K 1.50.

Močnik's Rechenbuch für die 3. Classe der Mädchen-Bürgerschulen. Bearbeitet von Emanuel Reinelt. 15., umgearbeitete Auflage. Wien und Prag 1899. Verlag von F. Tempsky. Geb —.60

— dasselbe f. die II. u. III. Klasse der Mädchen-Bürgerschulen. Bearb. v. Eman. Reinelt. gr. 8. Ebd. Geb. n. 2. 30
II. 12., durchgeseh. u. bericht. Aufl. (II, 98 S.) 903. n. 1. 10
III. 16., unveränd. Aufl. (IV, 116 S.) 902. n. 1. 20

Močniks Rechenbuch für Knabenbürgerschulen. Bearbeitet von Heinrich Halbgebauer und Robert Neumann. II. Teil. 13., nach dem Lehrplane vom 15. Juli 1907, Z. 2368, umgearbeitete Auflage. Wien 1908. F. Tempsky. Geb. K 1.50.

Močniks Rechenbuch für Knabenbürgerschulen. Bearbeitet von Heinrich Halbgebauer und Robert Neumann. I. Teil. 15., nach dem Lehrplane vom 15. Juli 1907, Z. 2368, umgearbeitete Auflage. Wien 1908. F. Tempsky. Geb. 1.40.

Močniks Rechenbuch für Knabenbürgerschulen. Bearbeitet von Heinrich Halbgebauer und Robert Neumann. III. Teil. 16., nach dem Lehrplane vom 15. Juli 1907, Z. 2268, umgearbeitete Auflage. Wien 1908. F. Tempsky. Geb. K 1.50.

— Rechenbuch f. Knaben- u. Mädchen-Bürgerschulen. 1. u. 2. Hft. 4. Aufl. gr. 8. (V, 84 u. III, 83 S.) Ebend. 884. à n. — 72

Močniks Rechenbuch für Mädchen-Bürgerschulen. Bearbeitet von Heinrich Halbgebauer und Heinrich Neumann. I. Teil. 12., nach dem Lehrplane vom 15 Juli 1907, Z. 2368, umgearbeitete Auflage. Wien 1908. Verlag von F. Tempsky. Geb. K 1.40.

Močniks Rechenbuch für Mädchenbürgerschulen. Bearbeitet von Heinrich Halbgebauer und Robert Neumann. II. Teil. 14., nach dem Lehrplane vom 15. Juli 1907, Z. 2368, umgearbeitete Auflage. Wien 1908. F. Tempsky. Geb. K 1.40.

Močniks Rechenbuch für Mädchenbürgerschulen. Bearbeitet von Heinrich Halbgebauer und Robert Neumann. III. Teil. 17., nach dem Lehrplane vom 15. Juli 1907, Z. 2368, umgearbeitete Auflage. Wien 1908. F. Tempsky Geb. K 1.30.

Močniks Rechenbuch für Mädchenbürgerschulen. Bearbeitet von Heinrich Halbgebauer und Robert Neumann. Einteilige Ausgabe. 4., nach dem Lehrplane vom 15 Juli 1907, Z. 2368, umgearbeitete Auflage. Wien 1909. F. Tempsky. Geb. K 2.40.

— Viertes Rechenbuch für österreichische allgemeine Volksschulen. 22. Auflage (revidirter Text). Wien 1889. K. k. Schulbücherverlag. In Leinwandrücken —.16

Močnik Fr v, Rechenbuch für Volksschulen. I-V In verschied. Aufl. Wien 1873-74

Močnik, Dr. Franz Ritter von, Rechenbuch für österreichische allgemeine Volksschulen. Ausgabe in drei Theilen. K. k. Schulbücherverlag. 1891. (Min.-Erl. 28. Mai 1891. Z. 10588.) I. Theil: Unterstufe —.17, II. Theil: Mittelstufe —.18

Močnik. Dr. Franz Ritter von, Rechenbuch für österreichische allgemeine Volksschulen. Ausgabe in drei Theilen. K. k. Schulbücherverlag, 1892. III. Theil: Oberstufe.

Močnik, Dr. Franz Ritter von, Rechenbuch für österreichische allgemeine Volksschulen Ausgabe in drei Teilen. Bearbeitet von K. Kraus und M. Habernal. Wien und Prag. K. k. Schulbücher-Verlag. 1908.

Močnik, Dr. Franz Ritter von, Rechenbuch für österreichische allgemeine Volksschulen. Ausgabe in drei Teilen. Bearbeitet von K. Kraus und M. Habernal. Oberstufe. Wien und Prag. K. k. Schulbücher-Verlag. Preis, in Halbleinen gebunden 65 h.

Močnik, Dr. Franz Ritter von, Rechenbuch für die Volksschulen mit ruthenischer Unterrichtssprache. Ausgabe in drei Theilen. Auf die Kronenwährung gestellt. Wien 1894. K. k. Schulbücher-Verlag. (Min.-Erl. v. 8. Juni 1894, Z. 13073.)
I. Theil (Unterstufe). Steif gebunden 30 h
II. Theil (Mittelstufe). Steif gebunden 40 h
III. Theil (Oberstufe). Steif gebunden 50 h

Močnik, Dr. Franz Ritter von, Zweites Rechenbuch für österreichische allgemeine Volksschulen. 23. Auflage (revidirter Text). Wien 1889. K. k. Schulbücherverlag. Broschirt —.12

Močnik, Franz, *Dr.*, *k. k. Schulrath.* Das Rechnen mit Rücksicht auf die neue österr. Münzwährung. Ein Handbuch für Alle, die sich mit den Rechnungs-Vortheilen der neuen österr. Währung bekannt machen wollen. Mit 6 Reduktionstabellen. *Wien* 1858. *Wilh. Braumüller.* Gedruckt bei *J. Stöckholzer v. Hirschfeld.* VI, 77 S., 1 Bl. 8°. 30 kr.

—— das Rechnen mit Rücksicht auf die neue österreichische Münzwährung. Ein Handbuch für Alle, die sich mit den Rechnungs-Vortheilen der neuen österreich. Währung bekannt machen wollen. 1. und 2. Aufl. gr. 8. (79 S. mit 6 Reduktionstabellen.) Wien 858, Braumüller's Verlags-Conto. *

—— der Rechen-Unterricht in der Volksschule. Eine Anleitung für Lehrer zum Gebrauche der Rechenbücher für Volksschulen. 2. nach dem neuen Lehrplänen umgearb. Aufl. (412 S.) 1877. *M 1,90.; 3. unveränd. Aufl. gr. 8. (IV, 340 S.) Prag 878, Tempsky. *

—— der Rechenunterricht in der Volksschule. Eine method. Anleitung für Volksschullehrer. 4. verb. Aufl. gr. 8. (286 S.) Ebendas. 884. *

— der Rechen-Unterricht in der Volksschule. Eine method. Anleitg. f. Volksschullehrer. 5. Aufl. gr. 8. (259 S.) Prag 891. F. Tempsky. — Leipzig, G. Freytag n. 2. —; geb. in Leinw. n.n. 2. 40

— der Rechen-Unterricht in d. Volksschule. E. method. Anleitung f. Volksschullehrer. 6. Aufl. gr. 8. (238 S. m. Fig.) Ebd. 896. Geb. in Leinw. n. 3. —

Močniks Rechenunterricht in der Volksschule. Eine methodische Anleitung für Volksschullehrer. 7 Aufl. Gr.-8°. (VI, 238 S.) Wien: Tempsky 1903. geb. K 3 80

Mocnik Számtan az Al-gymnasium számára. Dr. Mocnik után magyarra fordítva. Második rész (a III. és IV. osztály számára.) Bécsben, 1855. Mechitaristák nyomdája. (200 S. 8.) geb. (Algebra für Untergymnasien. Nach Dr. Mocnik ins Ungarische übersetzt. Zweiter Theil (für die III. u. IV. Klasse.) Wien, 1855. Mechitharisten-Buchdruckerei. Im k. k. Schulbücher-Verlag.)

—— logarithmisch-trigonometrische Tafeln. Lex.-8. (XII und 77 S.) Wien 858, Gerold's Sohn. *

Močnik, Frz. Ritter v., logarithmisch-trigonometrische Tafeln. 2. Aufl. Lex.-8. (XII, 77 S.) Wien 873, Gerold's Sohn. *

—— logarithmisch-trigonometrische Tafeln. 2. Aufl. (XII, 77 S.) 1877. *M 1,20.; 3. Aufl. gr. 8. (XII, 77 S.) Wien 880, Gerold's Sohn. *

logarithmisch-trigonometrische Tafeln. 5. Aufl. gr. 8. (XII, 77 S.) Ebd. 897. n. 1. 30

-- Logarithmisch-trigonometrische Tafeln. 6. verm. Aufl., besorgt v. Joh. Reidinger. (XIV, 100 S.) gr. 8. Ebd. 906. Geb. 2. —

—— Tavole logaritmiche-trigonometriche. 1. ediz. italiana. gr. 8. (XII und 77 S.) Wien 864, Gerold's Sohn. *

Mozhnik, Fr. Ser., Theorie der numerischen Gleichungen mit einer Unbekannten. Mit bes. Berücksichtigung auf die neueste von Cauchy erfundene allgem. Auflös.-Methode. Wien 1839. 8°.

—— Trattato di algebra pel ginnasio superiore. Traduzione sulla 2. edizione tedesca per cura del Pietro Magrini. gr 8. (X und 277 S.) Wien 854, Gerold's Sohn.

—— Trattato di algebra pel ginnasio superiore. Traduzione per cura da Pietro Magrini. 2. ediz. corredato sulla 7. ediz. del testo orig. tedesco comparsa nel 1861. gr. 8. (IV und 272 S.) Wien 863, Gerold's Sohn. *

—— Trattato di aritmetica ad uso delle classi inferiori delle scuole medie e per le scuole civiche. gr. 8. (372 S.) Wien 877, Gerold's Sohn. *

Močnik, Dott. Francesco. Trattato di Aritmetica. Seconda edizione invariata. 8. (372 S.) geb. 1 fl.
Wien. Carl Gerold's Sohn 1881

— trattato di aritmetica ed algebra e raccolta di problemi per le classi superiori delle scuole medie. Traduzione italiana autorizzata, fatta sulla 24. ed. del testo originale tedesco. Di Enrico Menegazzi. gr. 8. (V, 316 S.) Triest 894. J. Dase. n. 4. 80

— trattato di geometria ad uso delle classi superiori delle scuole medie. Prima versione italiana autorizzata dall'autore fatto sulla 20. ed. originale tedesca di Enrico Menegazzi. gr. 8. (VI, 300 S. m. 227 Fig.) Triest 891. Dase. n. 4. 80

Mocnik, D. Fr., Uputba u računanju za pervi razred nižih stvarnih milištah od dva godišnja tecaja. S němackoga preveo Vekoslav M. Golub. 8. (174 S.) U Becu. Tiskano kod L. Grunda. 1853. (Anleitung zum Rechnen für die erste Abtheilung der unteren Realschulen.) Gebunden in ledernem Rücken 23 kr. C. M.
Verlag der Schulbücher-Verschleiß-Administration

MOCQUANDER, Die Auslachenswürdigkeiten der Welt. In 12 wahrhafften Geschichten vorgestellet. Erster (einz.) Zeitvertreib. (In Versen.) Amsterdam, o. J. (c. 1720). 8⁰. 8 Bll. Sehr selten! (1/3 Rthl. W. Weber, Berlin, Cat. 74; jetzt theurer!)
Haydinger's Bibl. I. 2. (Wien 1876). no. 553.

Mocquard, M.

— Jessie. Roman. Uebersetzt mit besonderer Bewilligung des Verfassers von Alb. Beckmann. Frankfurt a. M. 861. Keller. 8. (3 Bl., 378 S.) 2 ℳ

Mocquard, M., Jessie. Roman. 3 Vols. (Bibliothèque choisie. Vol. 890—892.) 16. (488 S.) Naumburg 861, Paetz.

Mocquerien (so!). O. O. 1754. 8⁰. (Ir. Stuttgart.)

Mocsáry, A., Chrysididen v. Madagaskar, den Comoren u. Ostafrika, s.: Reise in Ostafrika. II.

Mocsáry, Alex., characteristische Daten zur Hymonopterenfauna Siebenbürgens. Lex.-8. (9 S.) Budapest 884. (Berlin, Friedländer & Sohn.) n. 1. —

Mocsáry, Alex. Monographia Chrysididarum orbis terrarum universi. Diss. gr. 4. (XV, 643 S. m. 2 Taf.) Budapest 889. (Berl., Friedländer u. Sohn.] * 32
Aus: Abhandlgn. der ungar. Akad. d. Wiss., besonders abgedruckt.

—— Species generis Anthidium Fabr. regionis palaearcticae. Lex.-8. (38 S.) 884. Budapest (Berlin) *
Vorstehende zwei Schriften sind aus: Természetrajsi Füzetek, besonders abgedruckt.

MOCSÁRY, ANTON: Betrachtungen und Seufzer eines sich wahrhaft erkennenden Herzens über das menschliche Looss. Übersetzt durch den Verfasser. Pest 1800: Landerer. 107, 3 S. - 180 mm

Mocsary, S., Chrysididae v. westlichen u. zentralen Südafrika, s.: Denkschriften d. modizin.-naturwiss. Gesellschaft zu Jena. XVI, 1.

Mocsonyi, Alex. v., Religion u. Wissenschaft. Eine Studie üb. deren Verhältnis. (61 S.) 8. Wien 906. W. Braumüller. n. 1. —

Rückenmarksschwindsucht (Tabes dorsalis). Vorlesungen f. Aerzte geh. im Klin. Institut d. Grossfürstin Helena Pawlowna zu St. Petersburg von Dr. O[sip] O[sipovic] Moczutkowski [Močutkovskij]. Autor. Uebers. Berlin: O. Coblentz 1900. (96 S.) 8⁰

Moczarski, v., s. Keihl.

v. Moczarski, Ritter Jos., die Kaltwasser-Heilanstalt Kreuzen in Oesterreich ob d. Enns, nebst einem Anhang: Die Burgen u. Schlösser des unteren Mühlviertels. Mit einer (lith.) Ansicht von Kreuzen. 12. (XII u. 120 S.) Linz 850, Fink. (Leipzig, Hübner.) n. 1/3 ℳ

Moczutkowski, O. O., Rückenmarksschwindsucht (Tabes dorsalis). Vorlesungen f. Aerzte, geh. im klin. Institut d. Grossfürstin Helene Pawlowna z. St. Petersburg. Autoris. Uebersetzg. gr. 8. (96 S.) Berlin 900. O. Coblentz. n. 2. —

Moczygemba, F. L. B. M., Enchiridion sacerdotum curam animarum agentium. 16. (828 S.) Romae 870. (Leipzig, Brockhaus' Sortiment und Antiq.)

Moczyński, Mich. (geb. Posen 24. 9. 1825): De atresia pudendi. Berolini (1850). (28 S.) 8⁰
Berlin, Med. Diss. v. 30. Sept. 1850

Moczyński, P[eter]: De Titi Livi in libris ab urbe condita propria elocutione quaestiones. P. 1. *Deutsch-Krone 1901: P. Garms.* (25 S.) 4⁰ [Ant. u. J.]
Deutsch-Krone, k. G, P 1901 (28)

Moczyński, P[eter], Prof.: De Titi Livi in libris ab urbe condita propria elocutione quaestiones II. *Deutsch-Krone 1903: F. Garms.* (S. 1—9.) 4⁰ [J. u. Ant.] ¶ [Forts. d. P-Beil. 1901.]
Dt. Krone, k. G, P 1903 (30)

FSC
www.fsc.org
MIX
Papier | Fördert gute Waldnutzung
FSC® C083411

Kolibri 360 GmbH
Ferdinand-Jühlke-Straße 7
99095 Erfurt, Deutschland
produktsicherheit@kolibri360.de